石油化工厂设备检修手册

压缩机组

王福利　主　编

田吉新　戴有桓　副主编

中国石化出版社

U0808358

内 容 提 要

本书重点介绍了石油化工生产常用的活塞式压缩机、离心式压缩机、轴流式压缩机、螺杆式压缩机和各种类型风机的基本结构、工作原理、主要易损件、主机的安装与检修、机组的日常维护与故障处理、转子动平衡和机组的状态监测。为方便设备管理人员和检修、安装技术人员的使用,本书还对压缩机的驱动机,如各种类型的电动机、蒸汽轮机以及烟气轮机的结构特点、工作原理、安装、检修作了必要的介绍。

本书结合作者的检修、安装经验,并以较新的国家标准或行业标准作为编写依据。书中后面附有附录,可供读者对与压缩机相关的某些资料进行查阅。

本书可作为石油化工设备工程师及现场检维修、安装技术人员的必备工具书,也可以作为石油化工工艺技术人员的参考资料。

图书在版编目(CIP)数据

石油化工厂设备检修手册. 压缩机组/王福利主编.
—北京:中国石化出版社,2007(2020.9 重印)
ISBN 978-7-80229-282-6

Ⅰ. 石… Ⅱ. 王… Ⅲ. ①石油化工-化工设备-检修-手册②压缩机-机组-检修-手册 Ⅳ. TE682-62

中国版本图书馆 CIP 数据核字(2007)第 037212 号

未经本社书面授权,本书任何部分不得被复制、抄袭,或者以任何形式或任何方式传播。版权所有,侵权必究。

中国石化出版社出版发行
地址:北京市东城区安定门外大街 58 号
邮编:100011 电话:(010)57512500
发行部电话:(010)57512575
http://www.sinopec-press.com
E-mail:press@sinopec.com
北京艾普海德印刷有限公司印刷
全国各地新华书店经销

*

787×1092 毫米 16 开本 39.5 印张 1008 千字
2020 年 9 月第 1 版第 6 次印刷
定价:158.00 元

出版说明

《石油化工厂设备检修手册》是在原《炼油厂设备检修手册》的基础上补充、修订、编写而成的。原手册共有五个分册，已于1980年前后陆续出版。二十多年来，这套丛书为我国炼油工业的发展做出了应有的贡献，得到了现场工程技术人员的好评。

随着科学技术的飞速发展，我国的炼油工业技术水平不断提高，管理水平日趋完善；石油化学工业也犹如初升的太阳，在国家经济建设中占有越来越重要的地位。老装置的技术改造，新装置的建设和投产，以及各种技术条件、标准及规范的变化，对设备检修技术及管理水平提出了新的要求。因此，迫切需要重新组织编写一套设备检修丛书，这就是《石油化工厂设备检修手册》诞生的由来。

本手册以国家、部委颁发的最新规范、标准为准绳，密切联系生产实际、力求解决检修现场带有普遍性的问题，跟上检修技术不断发展的步伐。这次修订，增加了土建工程、防腐工程、吊装工程三个分册；并把转动设备和静止设备按类别划分为数个分册。同时，对原有各分册的内容也进行了充实，在原来以炼油厂设备检修为主线的基础上，注意增加了石油化工厂设备检修方面的内容。修订后的手册在具体内容上，更加深入地接触了检修现场的实际情况。

修订后的《石油化工厂设备检修手册》的内容包括：基础数据、焊接、土建工程、防腐蚀工程、泵、压缩机组、容器、加热炉、换热器、工艺管线、吊装工程等分册。在组织编写过程中，得到了中国石油化工集团公司、中国石油天然气集团公司、中国石油大学等有关方面的大力支持，使手册得以顺利出版，特此表示感谢。

前　言

由于生产技术和装备不断更新换代，以及生产装置实行长周期安全运行，都对压缩机组的安装、检修和维护的技术水平和工作质量提出了更高的要求。

为适应当前生产发展的需要，本书在原《炼油厂设备检修手册——机泵》有关压缩机的内容基础之上，充实了大量的新内容，并尽可能地采用新的标准、规范和规程，以方便读者查阅。

除了压缩机组所必备的工程热力学和气体动力学基础理论知识以外，本书还系统地介绍了各种主要类型压缩机、风机及其驱动机的结构、工作原理、主要参数及性能指标、主要易损件、机组的安装、检修、维护、状态监测以及故障与处理。因此，本书是石油化工厂设备技术管理人员、设备安装和检修公司的工程技术人员常用的一本工具书，可以帮助读者解决有关压缩机、风机机组的安全运行和检修维护工作中遇到的某些技术问题。本书也可以作为从事压缩机、风机安装、检修、设备维护的中、高级技术工人培训的参考资料。

本书共分十章，编写人员分别为：绪论、第一章 工程热力学和气体动力学基础知识、第二章 活塞式压缩机 田吉新；第三章 离心式压缩机 陈志军；第四章 轴流式压缩机 戴有桓；第五章 螺杆式压缩机 田吉新；第六章 风机 王广军；第七章 驱动机(第一节 工业汽轮机) 曹景；第七章(第二节 烟气轮机) 戴有桓；第七章（第三节 异步电动机、第四节 同步电动机）张树科；第八章 传动机构 王广军；第九章 转子动平衡 戴有桓；第十章 压缩机组状态监测及故障诊断 戴立刚；附录 陈志军、田吉新。

本书在编写过程中，得到了胡安定、李兆斌、朱理琛、宋天民、郭建、沈立智、黄梓友、陆磐谷、张春雨、杨磊等专家、教授的具体指导，并得到了中国石化股份公司炼油事业部、中国石化出版社和石家庄炼油化工股份有限公司领导的大力支持，在此一并表示感谢。

由于水平有限，难免有错误或不当之处，恳请读者提出宝贵意见。

编　者

目　　录

绪　　论

在石油化工生产过程中，大量的压缩机组发挥着无可替代的作用。各式各样的原料气、中间气体及气体产品，需要按照工艺流程路线以及工艺参数的要求，提高气体压力，完成预期的化学反应、压缩制冷或气体分离提纯等工艺过程。根据工艺要求，还可以将生成气增压或液化，以便于储存或长距离输送。动力锅炉以及加热炉，燃料需要充分燃烧，更是离不开送风机及引风机。压缩空气作为自动控制系统或某些特殊机械的动力源，在生产现场得到了广泛的应用。

由于石油化工生产工艺过程的特殊性，许多场合需要蒸汽透平来驱动各种类型的压缩机。能量回收系统在石油化工生产过程中，越来越受到人们的高度重视。通过机组中的烟气轮机、工业尾气膨胀机，回收了相当可观的一部分能量，并将其重新转变成为驱动机械的有用功(或者转变成电能)。这样既降低了能耗，又降低了生产成本。

目前，石油化工生产的大型化、一体化、集约化发展趋势明显加快，越来越多的技术先进的大型压缩机组已经成为石油化工工艺生产过程中的关键设备，成为企业设备管理和实行特级维护的重点。

生产装置的长周期安全运行对压缩机组的设计、制造、安装、操作、状态监测、设备维护和检修质量等各个环节提出了许多新的研究课题。因此，要加快引进、吸收国外先进的设计、制造、安装、状态监测和维护检修技术，总结提高国内的先进技术和经验，以适应我国石油化工生产新形势的要求。

一、压缩机的分类与特点

(一) 按压缩机的工作原理和结构形式分类

按压缩机的工作原理可以将压缩机分为容积型和速度型两大类。容积型压缩机压力的提高是依靠压缩气体的体积来实现的，而速度型压缩机是首先使气体分子获得一个相当大的速度，然后通过扩压器，使速度降低，将动能转化为压力能。

容积型和速度型压缩机由于结构的不同又可以分为以下几种，见图 0－1。

- 压缩机
  - 容积型
    - 往复式
      - 活塞式
      - 膜片式
    - 回转式
      - 螺杆式
      - 转子式
      - 滑片式
      - 罗茨式
      - 水环式
  - 速度型
    - 离心式
    - 轴流式
    - 混流式

图 0－1　压缩机分类

1. 空积型往复式压缩机

(1) 往复活塞式压缩机

在容积式压缩机中，往复活塞式压缩机(以下简称为活塞式压缩机)是应用得最早、最为广泛和最具有代表性的。活塞式压缩机的压力范围十分广泛，其出口压力可以从几 atm 到 3500atm，甚至更高。

活塞式压缩机具有典型的曲柄连杆结构，见图 0－2。曲轴的转动带动连杆绕着十字头销摆动的同时，又随同十字头—活塞杆—活塞组合体沿汽缸轴线方向作往复运动。曲轴每转动一周，活塞在汽缸内、外止点间(对卧式压缩机而言)或上、下止点间(对立式压缩机而言)往复运动一次，压缩机也就完成了吸气—压缩—排气—膨胀的循环过程。气体的吸入和排出则由吸气阀和排气阀自动控制。

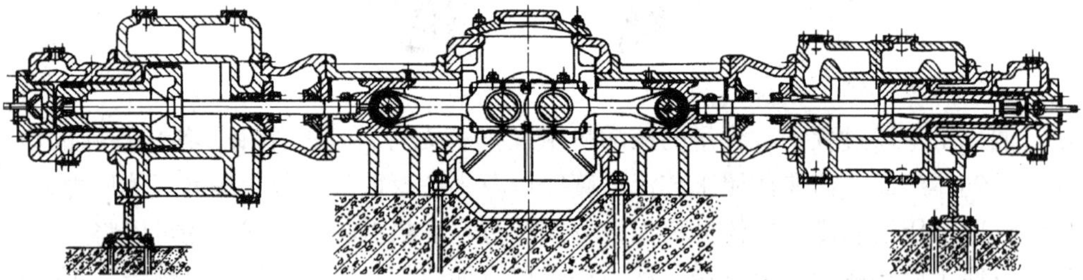

图0－2　2D型活塞式压缩机

(2) 往复膜片式压缩机

往复膜式压缩机属于往复式压缩机的范畴(以下简称膜片式压缩机)。膜片式压缩机曲轴箱与活塞式压缩机的曲轴箱相似。膜片式压缩机的结构图见图0－3，其作用原理也与活塞式压缩机相似，是目前获得高压和超高压洁净气体的有效途径。

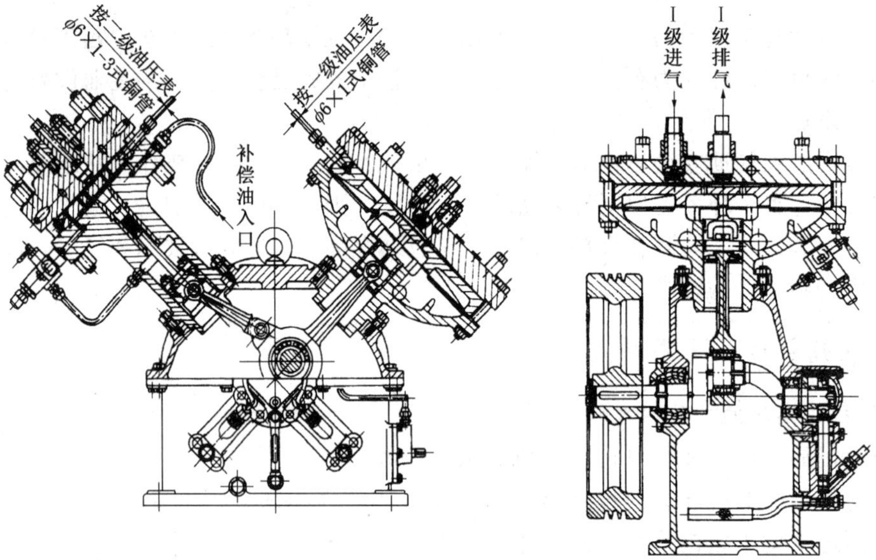

图0－3　膜片式压缩机

与普通活塞式压缩机相比，膜片式压缩机的不同之处在于：油缸中活塞的往复运动，周期性地改变油缸的油压，通过油压的变化，促使膜腔中的膜片产生往复振动，从而改变膜腔(气体压缩室)的容积。活塞往复一次，膜片随之振动一次，膜腔内完成了吸气—压缩—排气—膨胀的循环过程。由于膜腔与油缸之间被膜片隔离，所以被压缩的气体不会受到油的污染。

在每一冲程中，如果通过油缸活塞环的泄漏量不能及时得到补偿，膜片组件将不能充分接触气压缸头，因此会导致压缩机性能下降。所以膜片式压缩机与普通活塞式压缩机相比的另一个不同之处是必须设置补偿回路系统，在轴上安装了补液泵，用来给油压缸头补偿液压油，以补偿活塞上活塞环泄漏的油量。

2. 容积型回转式压缩机

容积型回转式压缩机的汽缸内，通常都有一个或两个转子，转子旋转时产生的容积变化实现了气体压缩。按照转子结构以及容积变化的特点，回转式压缩机又有许多型式。常见的有螺杆式压缩机(见图0－4)、滑片式压缩机(见图0－5)、转子式压缩机(见图0－6)、罗茨式压缩机(见图0－7)、水环式压缩机(见图0－8)等。

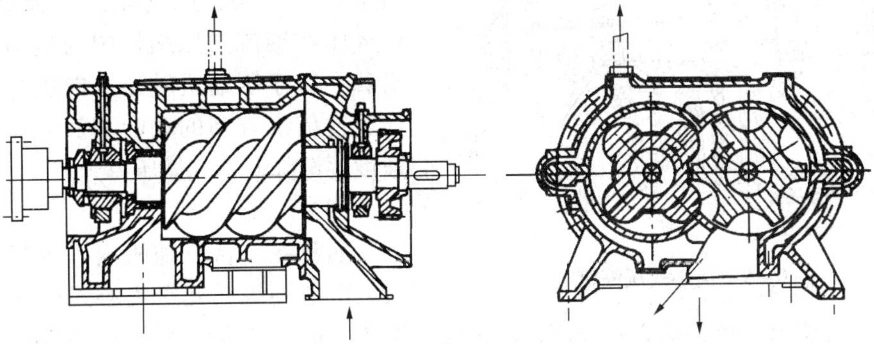

图0－4　螺杆式压缩机

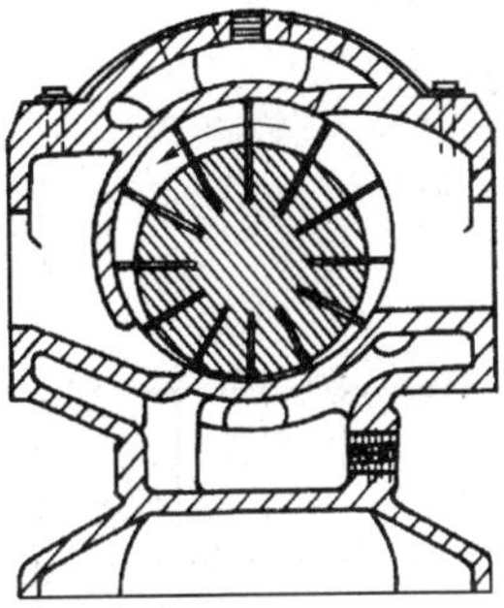

图0－5　滑片式压缩机

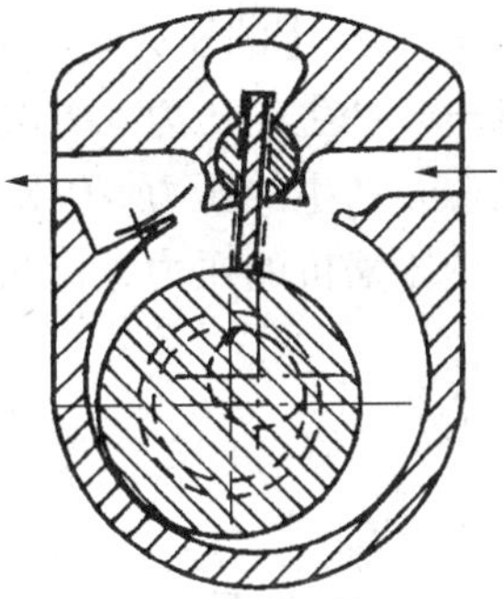

图0－6　转子式压缩机

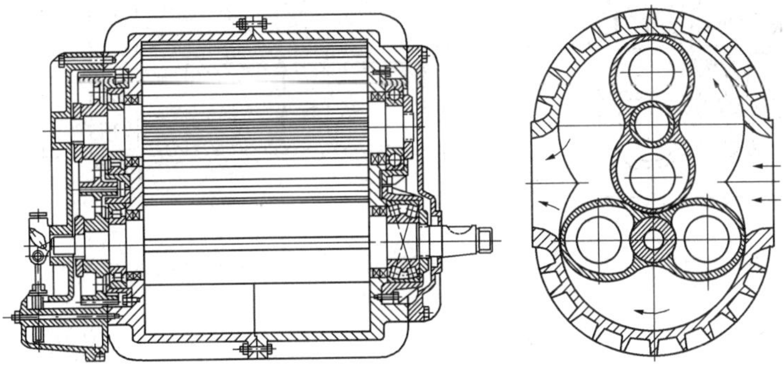

图0－7　罗茨式压缩机

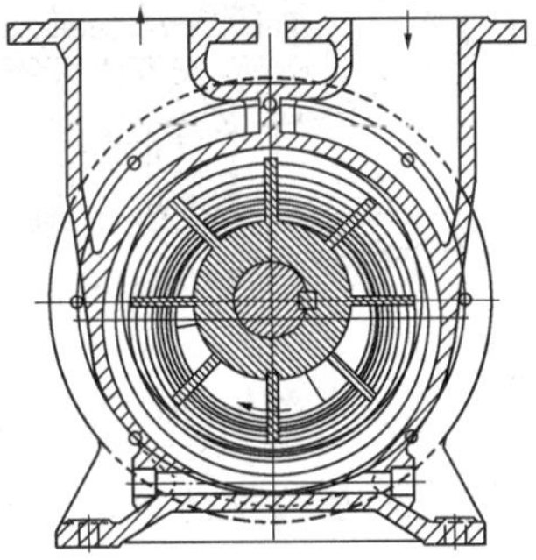

图0－8　水环式压缩机

3. 速度型压缩机

速度型压缩机按气体流动方向的不同可分为离心式压缩机、轴流式压缩机和混合式压缩机3种。

(1) 离心式压缩机

离心式压缩机(见图0－9)的汽缸内，主轴带动叶轮旋转时，气体沿轴向吸入，并以很高的速度沿着垂直于压缩机轴的径向方向被离心力甩出，进入扩压器后，气流速度降低，压

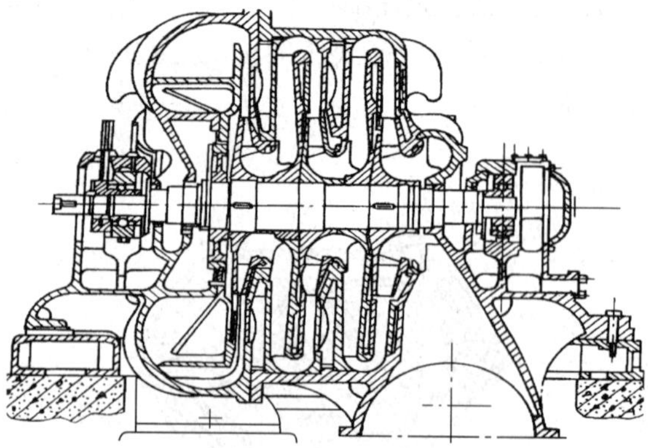

图 0-9　离心式压缩机

力升高。

(2) 轴流式压缩机

轴流式压缩机中(见图 0-10)，同样是由于转子旋转，使气体产生很高的速度，但气体在轴流式压缩机中的运动，大致是沿着平行于压缩机轴的方向进行的。当气体流过依次排列的动叶和静叶栅时，气流速度逐渐降低，气体压力升高。

(3) 混流式压缩机

通常在一台压缩机内，在若干级轴流式之后加一级或几级离心式叶轮的组合式压缩机。这种机器比单纯离心式经济，流量大时比离心式更轻便，结构也更为紧凑。

(二) 按气体压力高低分类

速度型压缩机按其出口表压的不同，可以将其分为通风机、鼓风机和压缩机。

通风机—— 产生的压力≤0.015MPa($1500mmH_2O$)；

鼓风机——产生的压力 >0.015MPa，≤0.2MPa；

压缩机——产生的压力 >0.2MPa；

不同类别压缩机的压力、流量使用范围见图 0-11。

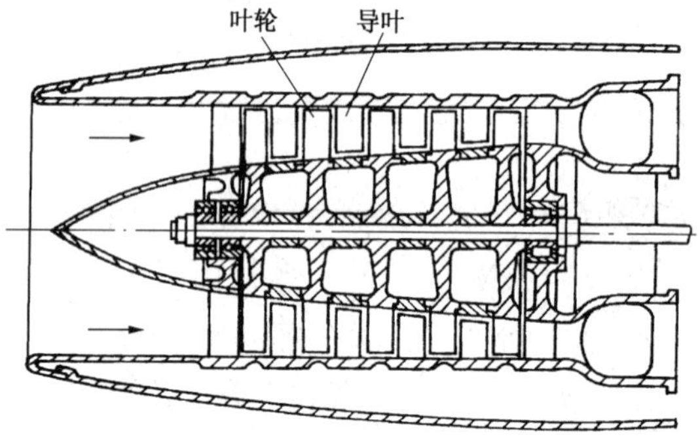

图 0-10　轴流式压缩机

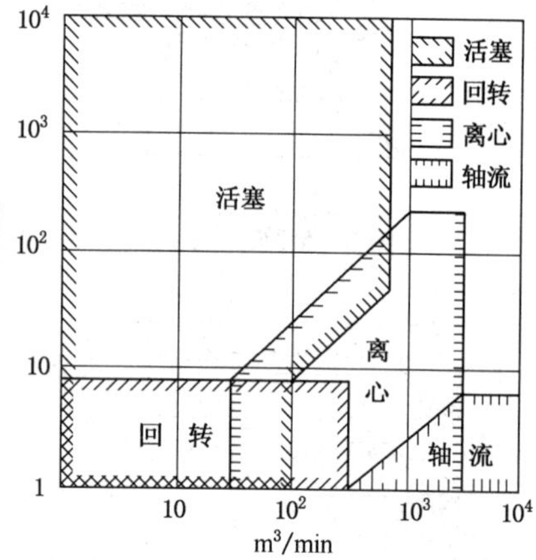

图 0-11　各类压缩机的应用范围

(三) 压缩机的其他分类方法

1. 按排气压力分类

低压压缩机产生的压力 >0.2MPa，且≤1.0MPa；

中压压缩机产生的压力 >1.0MPa，且≤10MPa；

高压压缩机产生的压力 >10MPa，且≤100MPa；

超高压压缩机产生的压力 >100MPa。

2. 按轴功率大小分类

小型压缩机轴功率≥10kW，≤50kW；

中型压缩机轴功率 >50kW，≤250kW；

大型压缩机，轴功率 >250kW。

3. 按排气量大小分类

微型压缩机排气量≤$1m^3/min$（以下为进气状态排气量）；

小型压缩机排气量 >$1m^3/min$，且≤$10m^3/min$；

中型压缩机排气量 >$10m^3/min$，且≤ $100m^3/min$；

大型压缩机，排气量 >$100m^3/min$。

（四）几种速度型、容积型压缩机的特性对比（见表 0－1）

表 0－1　几种速度型、容积型压缩机特性对比

		特　　性	优　　点	缺　　点
速度型压缩机	离心式压缩机	流量和出口压力的变化由性能曲线决定。出口压力过高，将导致机组发生喘振	1）排气量均匀，无脉动 2）外形尺寸及重量较小，结构较简单，易损件少，设备维护，检修工作量较小	1）气流速度高，损失较大，小流量机组效率低 2）不适应在小流量、超高压的范围内使用
	轴流式压缩机	流量和出口压力的变化由性能曲线决定。特性曲线较陡，压力变化时，流量变化较小。出口压力过高，将导致机组发生喘振。流量超过一定限度，流道发生气流阻塞，性能遭到破坏	1）气流流动摩擦损耗较离心压缩机小，因此效率较高 2）适于特大输气量、低压或中压 3）可通过调整定子叶片和转子叶片的角度改变流量	1）稳定工作范围较窄 2）由于空气动力造成的振动，以及对灰尘污染敏感，有可能损坏叶片 3）出口压力较低
容积型压缩机	活塞式压缩机	气量调节时，排气压力几乎不改变	1）气流速度低，损失小，效率较高 2）从低压到超高压，适应压力范围广 3）同一台压缩机可压缩不同的气体	1）往复惯性力无法彻底平衡 2）活塞式压缩机排气脉动性大 3）不适用于大流量的场合 4）维修工作量较大
	螺杆式压缩机	螺杆式压缩机具有低压、较大流量的操作特性。转子的长度和直径，决定了压缩机的压力和流量	1）螺杆式压缩机无往复式压缩机的气流脉动，也没有离心式压缩机的喘振现象 2）零部件少，结构紧凑，运行平稳，寿命长，维护简单 3）对气体带液要求不太严格	转子型线复杂，加工要求高，噪声大

二、压缩机在石油化工生产中的应用以及发展趋势

（一）压缩机在石油化工生产中的应用

在许多气体加工的生产装置中，大型压缩机组作为关键设备在生产中扮演重要角色，其典型应用范围见表 0－2。

表 0－2　压缩机在石油化工领域的应用范围

分　类	生 产 工 艺	介　　质	工作压力范围/MPa
石油炼制	催化裂化	富气 空气	1.2～1.6 0.2～0.4
	催化重整（含固定床、连续法及芳烃抽提）	氢气 氮气	0.6～2.8 1.2～1.7

续表

分类	生产工艺	介质	工作压力范围/MPa
石油炼制	加氢精制	氢气	2.3~11.5(汽、煤、柴油加氢) 3.1~11.9(蜡油加氢) 11~19.6(渣油加氢) 8~18.4(润滑油加氢) 4.5~10.7(石蜡加氢)
	加氢裂化	氢气	5.6~19.6
	制氢	原料气、氢气	2.5~3.5 1.6~3.5
	延迟焦化	富气	0.8~1.6
	脱硫	氢气	7、11、16
	硫酸法烷基化	氨气	1.6
	氢氟酸烷基化	氮气	3.0
	溶剂脱蜡、石蜡成型	氨	1.3~1.6
化工	乙烯、丙烯	裂解气 乙烯气 丙烯气	3.7 1.9 1.8
	高压聚乙烯	乙烯气 一次 二次	15~25 150~320
	聚丙烯	丙烯气	2.6
	氯乙烯	乙烯、氯 合成气	1.0 0.5
	丙烯氰	丙烯、空气	丙烯2.0 空气0.2
	合成橡胶	丙烯、生成气	丙烯2.0 生成气1.6
	甲醇	合成气、乙烯气	4.9、5.3
化肥	合成氨	氮、氢混合气 循环气 空气 氮气 氨	15、20、32、60 升压3~4 3.5，7.0 2.5~3.5 1.5，3.5
	尿素	二氧化碳	15，20
化纤	合成纤维	乙炔 空气 二氧化碳	1.2 0.35~1.2 0.4
空分	制氧、制氮	空气、氧气、氮气	0.5~0.8，2.5 22
空气动力	仪表风	空气	0.4~0.6
动力装置(锅炉，电站)	锅炉鼓、引风，煤粉输送，电站冷却塔通风	空气、烟气	10~700mmH_2O

（二）压缩机组的大型化成为当前石油化工的发展趋势

越来越多的大功率进口压缩机组或引进国外先进技术生产的国产大型压缩机组已经或准备投入运行。300万t/a催化裂化的轴流式空气压缩机原动机功率已经达到12000kW，350万t/a催化裂化的轴流式空气压缩机原动机功率已经达到18000kW。催化裂化装置的富气压缩机原动机的功率有相当一部分已经超过5000kW，用于能量回收的烟气轮机的额定功率已经提高到10000~20000kW。乙烯裂解气压缩机的功率达到10750kW，高压聚乙烯一次压缩机操作压力29.9MPa，功率1300kW，二次压缩机操作压力260MPa，功率6400kW。这些核心设备的运行质量如何，直接关系到企业的经济效益和安全生产。

1. 长周期安全运行

大机组的检修周期一般都已经提高到连续运行 2～3 年，要实现这样一个目标，机组及其零部件从设计、制造，到安装和维护检修都存在着一个与国际标准接轨、适应长周期运行的问题。目前开展的大机组状态监测和特级维护，使得现场管理水平登上了一个新的台阶。但是，诸如转子叶片断裂等突发性设备事故，仍然难以避免。因此，对这一类问题，在设计标准、制造质量及检验、安装检修、工艺操作、状态监测及故障诊断等方面应尽快与国际标准接轨，向国际先进技术水平靠拢。

2. 活塞式压缩机的管系振动及状态监测

活塞式压缩机组气流脉动引起的管系振动，在生产现场几乎成为一个普遍遇到的棘手问题。管系的设计应该与压缩机组的设计相匹配，力求从设计源头上解决气流脉动引发的一系列振动问题。即便如此，现场仍然会出现一些预料之外的振动，留给设备维护和检修人员去解决这些遗留问题。

国内活塞式压缩机的状态监测与透平式压缩机的状态监测相比，起步较晚、实用化的发展进程较慢。目前，在机体的设计方面，尚未考虑到状态监测元器件的相应固定位置。在这方面，国外有些公司，如美国本特利公司，对活塞式压缩机的在线状态监测的研制工作取得了较大的进展。该系统监测的项目包括：活塞杆下沉、吸、排气阀温度和机体振动三大类，其典型组态图见图 0－12。

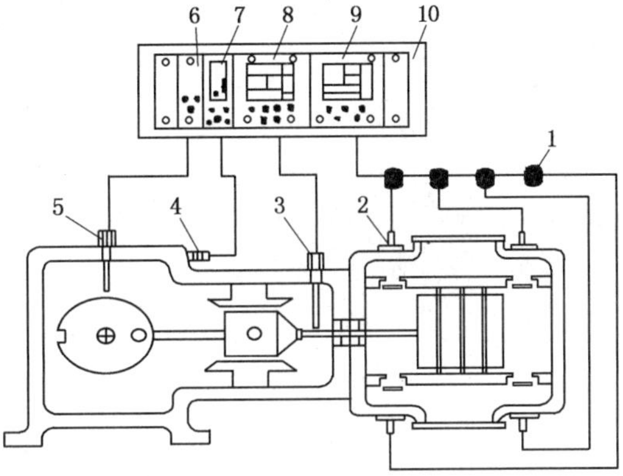

图 0－12　活塞式压缩机在线监测的典型组态图

1—温度传感器接口模块；2—温度传感器；3—非接触式位移传感器；4—速度传感器；5—键相器；6—系统监测器；7—双通道速度监测器；8—6 通道活塞杆下沉监测器；9—32 通道气阀温度监测器；10—监测器框架

近年来，在石油化工关键大机组上采用了非接触式电涡流传感器监测活塞杆下沉方法，效果应该是肯定的。但是活塞式压缩机工作条件最为苛刻的气阀，也是活塞式压缩机运行中最容易损坏的零部件，其工作状态的监测开展得却比较缓慢。因此有必要加快研发进度，尽早推出适合于国产各类大、中型活塞式压缩机状态监测的市场化定型产品。

3. 系统噪声的控制

对大型压缩机组的噪声的有效控制，目前仍然是一个薄弱环节。可以参照 GBJ 87—1985“工业企业噪声控制设计规范”和国际标准化机构颁布的“噪声允许标准”对现场噪声进行控制和治理。一些压缩机组由于设计等方面的原因，在入口管线、叶轮流道或出口管线内发生湍流，使得压缩机组变成了流体动力性噪声源。有的厂房内的噪声强度已经远远大于 90dB(A)，不仅操作人员无法在现场工作，就连特级维护各专业人员的定期检查、维护活动也受到不同程度的影响。设计上在吸入和排出管路采用消音器，可以减少管路的噪声。湍流形成的噪声可通过压缩机的机壳放射出去。通过设计完全消除湍流噪声几乎是不可能的，在压缩机安装好之后，可对机壳和管道采用专门设计的隔音罩、夹套和外包封皮对噪声加以控制。

4. 能耗的控制与管理

我国石油化工生产平均综合能耗和国外先进水平相比，仍然是国外先进水平的 1.3～

1.5 倍左右。除规模效益上的原因之外，强化对高能耗大机组的节能技术改造和用能分析评价是十分必要的。采用变频调速技术，使高能耗机组处于最高效率点附近工作，以及采用可调静叶的轴流风机可比常规的离心式风机获得更高的效率。对关键大机组定期开展用能分析诊断，不仅对于机组的设备技术状态分析是必要的，而且对提出降低能耗的改进措施、设备更新和技术改造都有着重要的指导意义。

第一章　工程热力学和气体动力学基础知识

第一节　气体的状态参数

一、气体的基本状态参数

热力学中常用温度、压力和比容等物理量来描述和确定气体工质的状态。这3个状态参数是可以通过测量得到的，通常叫做基本状态参数。此外还有些由基本状态参数导出的参数，如内能、焓、熵，称之为状态参数。

（一）温度

温度是表示气体冷热程度的一个宏观物理量，它是大量分子热运动的集体表现。根据分子运动理论，温度是量度物体分子无规则平均移动动能的一个尺度。气体分子平均移动动能与热力学温度的关系如下：

$$mc^2/2 = BT$$

式中　m——气体分子的平均质量；

c——气体分子的平移运动的均方根速度；

B——比例常数；

T——绝对温度，K。

（二）压力

容器中的气体作用在器壁上的真实压力通常叫做绝对压力。当绝对压力高于大气压力时，仪表测得的气体压力叫做表压。当绝对压力低于大气压力时，仪表测得的气体压力叫做真空度。它们之间的关系如下：

绝对压力 = 表压 + 大气压力

绝对压力 = 大气压力 - 真空度

有必要指出的是：只有气体的绝对压力才能作为气体的状态参数。

压力的国际单位是帕(Pa)，$1\text{Pa} = 1\text{N/m}^2$，工程上常用兆帕(MPa)作为压力单位，$1\text{MPa} = 10^6\text{Pa}$。

（三）比容

单位质量气体的体积叫做比容。假设气体的质量为 m，体积为 V，其比容 $v = V/m$。

需要注意的是：①如果只给出容积而不说明物质的量，就不能说明状态，比容是状态参数，不能笼统地把体积混淆为状态参数；②同一气体在不同的温度和压力下，比容不同。

二、由基本状态参数导出的状态参数（内能、焓、熵）

对于一个确定的系统，内部的气体（工质）具有的总能量包括：

1）系统作整体宏观运动的动能；

2）系统在重力场中的位能；

3）系统内部分子作无规则运动所具有的热力学能，简称内能；

4）其他能量，如工质的化学能、核能和电磁能等。

通常在热力学中认为4)其他能量,在热力过程中保持不变。因此,系统的能量为前3种能量之和。实际工程当中,对于气体压缩机、汽轮机和烟气轮机等设备来说,当进、出口气体工质位差变化不大、速度变化不太大的时候,系统总能量的变化则主要表现为内能的变化。

（一）内能

内能是由以下4部分能量组成：

1）分子作无规则的平移运动所具有的平移动能；

2）多原子组成的分子作旋转运动所具有的旋转动能；

3）分子内部原子振动所具有的振动能；

4）由分子间作用力所形成的位能。

前3种能量是温度的函数，最后1种能量随分子间距离变化而变化，即决定于气体的比容。由于气体内能决定于气体的温度和比容，而温度和比容是状态参数，因此，内能也是一个状态参数。

对于理想气体,由于假定分子间没有作用力,也就没有内位能,内能只考虑内动能。因此,此时内能变成了温度的单值函数,即 $u=f(T)$;图1－1和图1－2表示了不同过程内能的变化。

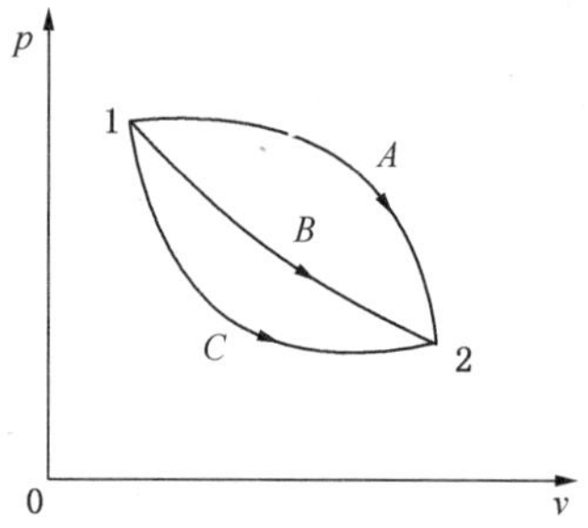

图1－1　不同过程的内能变化相同

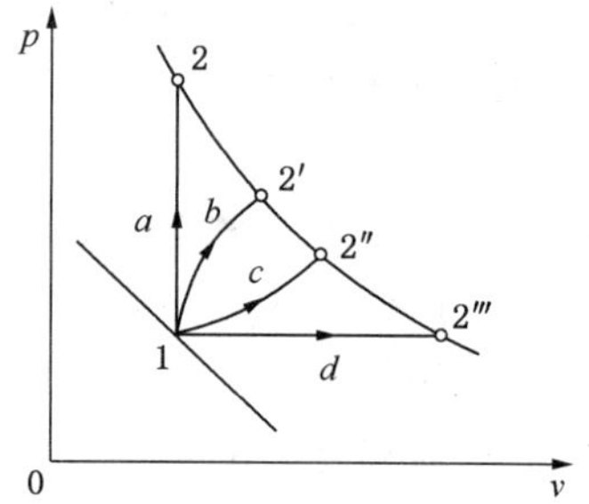

图1－2　不同过程内能的变化比较

图1－1中，过程1－A－2和1－B－2变化途径不同，但是初始和终了状态是相同的，因此内能的变化也是相同的。图1－2气体由初始1经过不同的过程a、b、c、d分别到达状态2、2′、2″和2‴，因为这些点都在同一等温线上，所以每个过程内能的变化都是相同的。

（二）焓

在一定状态下，每1kg工质都有一定的内能(u)、压力(p)和比容(ν)值，其内能与$p\nu$的和称为系统的比焓(h)，即 $h=u+p\nu$。$m$kg工质的内能为 $U=um$，相应地 $m$kg工质的焓为 $H=U+pV$。焓与内能具有相同的单位，在SI制中，H 与 U 的单位都是kJ/kg。

从上面定义式中可以看出:焓是气体的能量。它等于工质流入或流出热力设备时带进或带出的内能与流动能之和,是随着工质移动而转移的一种能量。当气体流入开口系统时,系统所增加的能量为流入气体的焓;反之,从开口系统流出气体,系统所减少的能量也是流出气体的焓。

对于理想气体来说，因为内能是温度的单值函数，而且pV也是温度的单值函数，所以，焓也是温度的单值函数，即 $H=f(T)$。

（三）熵

功和热量都是气体与外界之间可以相互传递的能量。功是气体和外界发生机械作用时传递的能量（除热量之外）。在无耗散的准静态过程中，气体的容积功为 $\delta w=p\mathrm{d}\nu$。气体的压强是气体做功的动力，而比容的变化是衡量气体做功与否的标志。

热量是气体与外界发生热交换时传递的能量。气体的温度对热交换所起的作用，就像压强对做功所起的作用一样，是促使能量传递的推动力。与 $d\nu$ 相对应的某种状态参数将作为衡量气体和外界是否发生热交换的标志，这种状态参数的变化就定义为熵，用符号 ds 来表示。在微元可逆过程中，单位质量的气体，将热力系统与外界交换的热量与交换时系统的温度之比定义为比熵 ds：

$$ds = \delta q/T$$

对于 $m$kg 的工质，其熵的变化为

$$dS = \Delta Q/T$$

从熵在过程中是增大还是减小，就可以判断工质是吸热还是放热。用温度和熵这两个独立状态参数可以构成 $T-S$ 图，图中每一个点代表工质的一个状态，每一条曲线代表一个状态变化过程，如压缩机的压缩过程或汽轮机的膨胀过程等。曲线下面对应的微元面积表示过程中交换的热量，见图 1－3。理想气体或实际气体的状态参数以及压缩机所消耗的功，也可以应用气体的 $T-S$ 图直接求出。

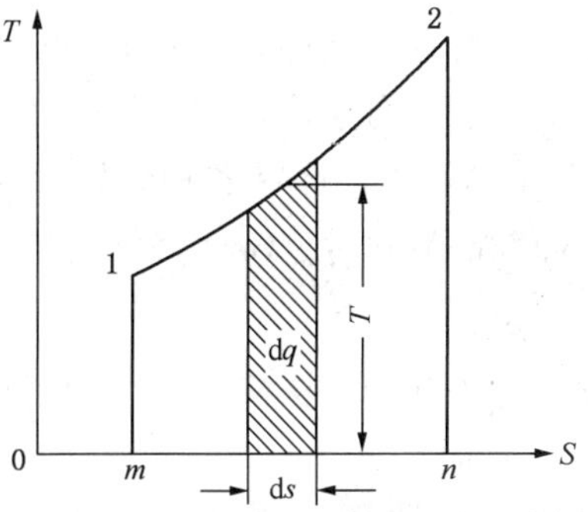

图 1－3　用 $T-S$ 图表示过程中交换的热量

工质在膨胀或压缩的热力过程中，熵的变化值 ΔS（$\Delta S = S_1 - S_2$、S_1、S_2 分别代表工质初态和终态的熵值）可代表过程的理想程度。若 $\Delta S = 0$，则过程理想的、无损失的可逆过程。若 $\Delta S > 0$，则表示是一个有内损失的非理想过程。在分析汽轮机的热力过程时，常用 ΔS 的大小来代表过程的非理想程度。

第二节　气体的状态方程

一、理想气体的状态方程

人们把气体分子假想成一些不占据容积，相互间没有吸引力、运动自由不受牵制的弹性质点，这样的气体被称之为理想气体。工程中实际应用的气体，如氮气（N_2）、氢气（H_2）、一氧化碳（CO）、二氧化碳（CO_2），氧气（O_2）以及这些气体混合组成的空气等，当压力低于 1.01×10^5 Pa，温度大于 0℃时，把它们当作理想气体来处理。

离液态较近的气体，如蒸汽动力装置中的水蒸气、制冷装置中的氨蒸气，以及高压低温下的空气等，由于接近液态，分子间距离变小，分子本身的体积和分子间的引力已经不容忽视而必须给予考虑的气体则称为实际气体。

对于理想气体的状态变化遵循着下面的规律，即理想气体的状态方程。

$$p\nu = RT$$

式中　p——气体的绝对压力，Pa；

ν——气体的比容，m^3/kg；

T——气体的绝对温度，K；

R——气体常数，J/（kg · K），其值随气体而异，可查表 1－1 或通过下式计算求得。

$$R = 8314/M$$

式中　M——气体相对分子质量；

8314——通用气体常数，J/（kg·K）。

表 1－1　常见气体的气体常数

气　体	相对分子质量	气体常数 R/［J/（kg·K）］	气　体	相对分子质量	气体常数 R/［J/（kg·K）］
氧　气	32.00	260	一氧化碳	28.01	297
氮　气	28.01	297	二氧化碳	44.01	187
氢　气	2.018	4120	空　气	28.97	287.06

国际单位制中采用 mol（摩尔）作为物质的量的基本单位。如果气体质量的 kg 数，等于它的相对分子质量 M，就把这些气体称为 1mol 气体。1mol 气体的所占的体积叫摩尔体积（标准状态下，1mol 各种理想气体的摩尔体积均为 22.4m^3），由于 1mol＝Mkg，因此 $V_m = MV$m^3/mol；此时，1mol 气体的状态方程式表达为：

$$pV_m = MRT$$

因为相对分子质量 M 和 R 都是常数，令 $MR = R_m$

$$pV_m = R_mT$$

式中，R_m 叫做摩尔气体常数，对于所有理想气体来说，R_m 是一个都相等的通用常数，R_m＝8.314J/（mol·K）。

工程实际中，常常遇到的是混合气体。实践证明，如果混合气体中各组成气体可以当作理想气体来看待，且相互之间没有化学反应，则混合气体仍然具有理想气体的性质。混合气体特性常数可以通过以下两种方法求得。

（1）已知混合气体的体积成分

$$M_{mix} = \sum M_i r_i$$

式中　M_{mix}——混合气体平均相对分子质量；

M_i——组分气体相对分子质量；

r_i——组分气体占混合气体的体积百分数。

$$R_{mix} = R_m / M_{mix}$$

式中　R_{mix}——混合气体特性常数，J/（kg·K）；

R_m——摩尔气体常数，其值为 8.314J/（mol·K）。

（2）已知混合气体的质量成分

$$R_{mix} = \sum g_i \cdot R_i$$

式中　R_{mix}——混合气体特性常数，J/（kg·K）；

g_i——组分气体的质量占混合气体的质量的百分数；

R_i——组分气体的特性常数，$R_i = R_m / M_i$。

二、实际气体的状态方程

如果气体的温度等于或低于临界温度，即使压力不高，气体的体积比相同压力下的理想气体所占的体积要小。在高压时，由于实际气体分子本身体积的影响，使得在相同的压力下，实际气体的体积比理想气体所占的体积要大。此时，理想气体的状态方程对实际气体已经不能适用。工程上通常引用气体可压缩性系数 Z 来对理想气体的状态方程进行修正。

$$pv/T = ZR$$

式中 p——实际气体的绝对压力；

v——实际气体的比容；

T——实际气体的绝对温度；

R——气体的特性常数；

Z——实际气体的压缩性系数。

气体的压缩性系数 Z 表示实际气体偏离理想气体的程度。其值可以通过对比压力 p_r（气体压力与气体临界压力之比）、对比温度 T_r（气体温度与气体临界温度之比），在气体压缩性系数通用曲线（见图 1－4）中查找。

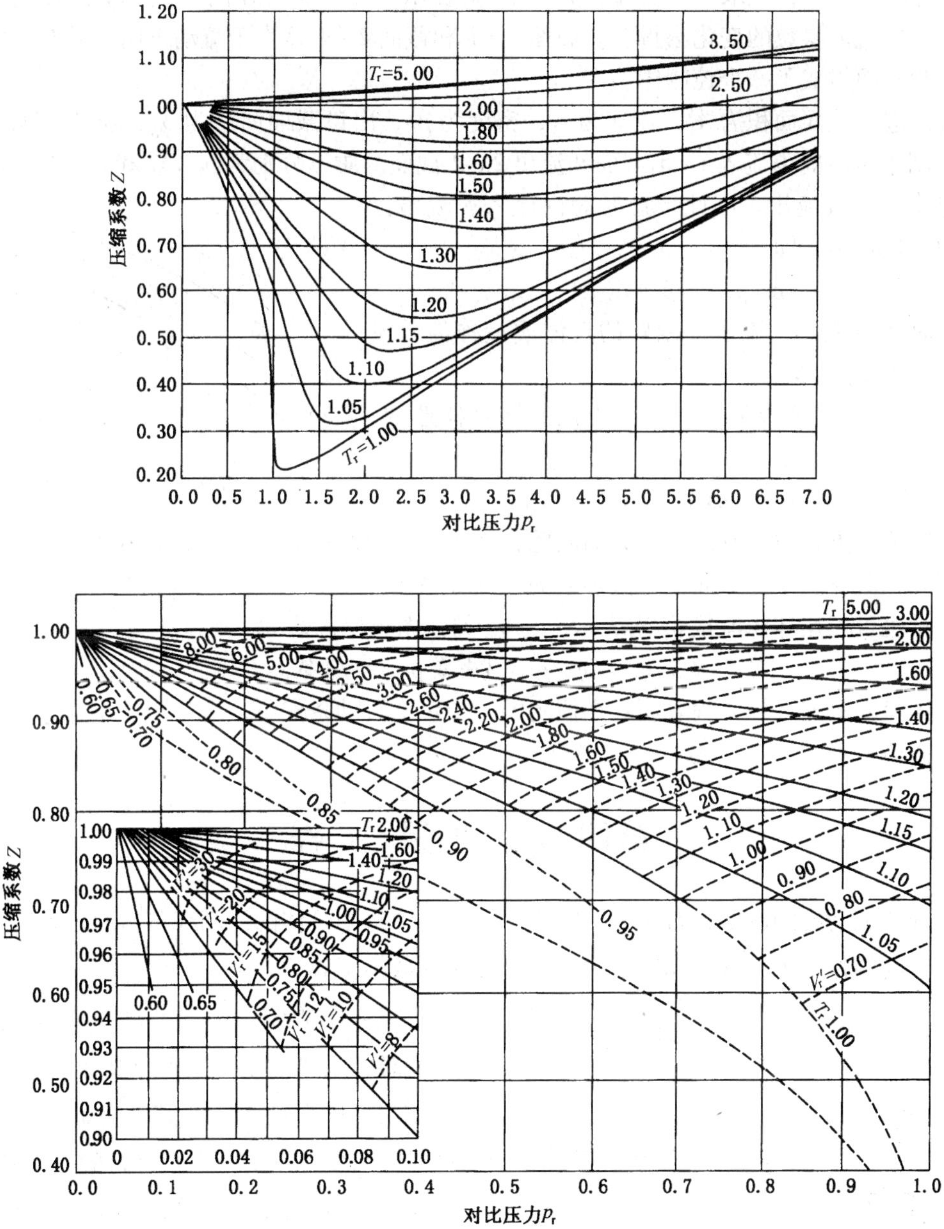

图 1－4　气体压缩性系数通用曲线

$Z>1$ 表示实际气体的比容比按理想气体状态方程计算出的比容要大，表明气体分子本身的体积不可忽略。

$Z<1$ 表示实际气体的比容比按理想气体状态方程计算出的比容要小，表明气体分子间的引力不可忽略。

$Z=1$ 表明该气体可当作理想气体处理。当压缩机在很高的压缩比和温升下工作时，气体的压缩性系数可取入口及出口压缩性系数的平均值。

第三节　流体流动的连续性方程

假定在流场中任意取一个流管，如图 1-5 所示，并且假定在同一截面上流体的参数比沿流动方向流体参数的变化小得多。截面 1-1 和截面 2-2 垂直于流动方向，并与两截面间的流管侧表面组成了一个控制体。

流体进口截面面积为 A_1，流速为 v_1，密度为 ρ_1，出口截面面积为 A_2，流速为 v_2，密度为 ρ_2，则单位时间内流入 1-1 截面和流出 2-2 截面的质量分别为 $\rho_1 v_1 A_1$ 和 $\rho_2 v_2 A_2$；而侧表面无流体流进或流出。因此单位时间内流入、流出控制体的质量相等。即

$$\rho_1 v_1 A_1 = \rho_2 v_2 A_2$$

将单位时间内流入、流出控制体的流体质量称为质量流量，记为 q_m，即

$q_m = dm/dt$，单位为 kg/s；因为控制体是任选的，所以

$$q_m = \rho VA = 常数$$

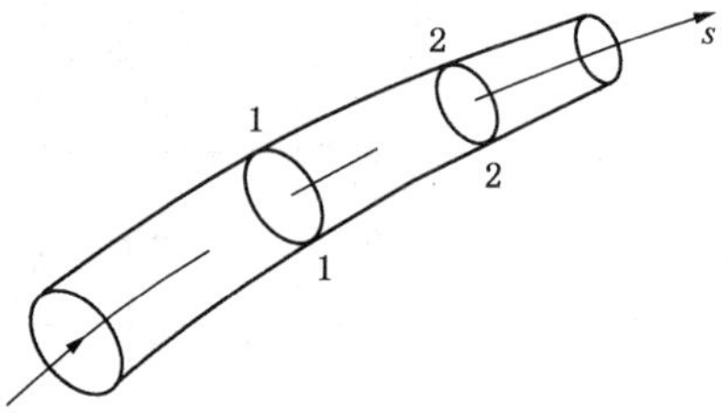

图 1-5　连续流动方程控制体示意图

连续流动方程中没有涉及到力的问题，因此，无论对有、无黏性的流体都是适用的。它建立了同一流管、不同截面上气流参数的相互关系。

流量也可以用体积流量 q_v 来表示，与 q_m 的关系可以表达为

$$q_v = q_m/\rho = VA \text{ 或 } \rho q_v = 常数$$

流体流动的连续性方程表明：在假定的一维定常流动条件下，通过同一流管、任意截面上的流体质量流量保持不变。

第四节　动 量 方 程

在管道流动的问题中，有时并不需要计算流场中每个具体的流动细节，而是要知道流体与物体之间的作用力，这时动量定律是一个方便的数学工具。

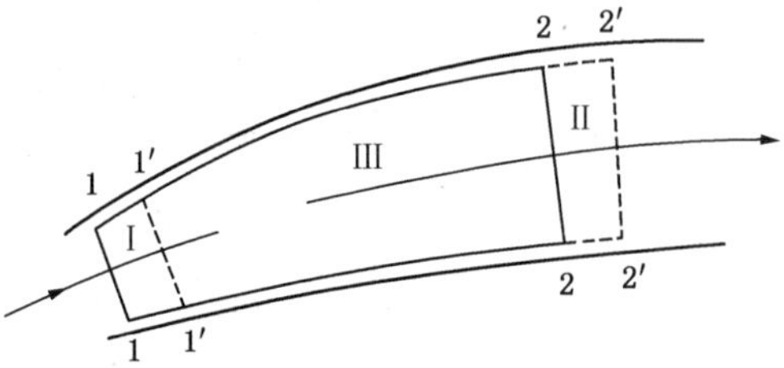

图 1-6　动量方程推导用图

对于一个确定的系统，动量定律表达为：某一瞬时，系统的动量对时间的变化率等于该瞬时作用在该系统上的所有外力的合力，而且动量对时间变化率的方向与合力的方向相同。

就图 1-6 所示的一维定常流管，取 11221 线围成的空间为一个控制体，瞬时 t 占据此控

制体内的流体为系统。经过时间 dt 后，此系统流动到虚线所示位置。为方便描述，将流动分为图 1－6 所示的 3 个区域。

在瞬时 t 和 $t+dt$，系统的动量分别以 $M_{\text{I}+\text{III}}$ 和 $M_{\text{II}+\text{III}}$ 表示。系统经过时间 dt 后动量的变化为

$$M_{\text{II}+\text{III}} - M_{\text{I}+\text{III}}$$

由于流动是定常的，所以在空间区域Ⅲ的流动参数不随时间变化，因此，区域Ⅲ的动量是相同的。因此

$$M_{\text{II}+\text{III}} - M_{\text{I}+\text{III}} = M_{\text{II}} - M_{\text{I}} = dm_{\text{II}} \cdot v_2 - dm_{\text{I}} \cdot v_1 = dm_2 \cdot v_2 - dm_1 \cdot v_1$$

式中，dm_{I} 是空间区域Ⅰ内的流体质量，也是 dt 时间内通过控制面 1－1 流入控制体的流体质量 dm_1；dm_{II} 是在 dt 时间内从控制面 2－2 流出的流体质量 dm_2；

由于 $dm_1 = dm_2$，所以系统的动量对时间的变化率为

$$(M_{\text{II}+\text{III}} - M_{\text{I}+\text{III}})/dt = v_2 . dm_2/dt - v_1 . dm_1/dt$$

根据动量定律，外界对瞬时占据控制体内流体的全部作用力 $\sum F$ 等于

$$\sum F = q_m(v_2 - v_1)$$

这种形式的一维定常流动的动量方程，对于可压缩或不可压缩流体，都是可以使用的。

第五节 能量方程

一、闭口系统的能量方程

闭口系统（又称封闭系统）具有固定数量的物质，没有物质流入系统或从系统流出。但是闭口系统可以通过作功或传热与外界相互作用，此时系统本身的状态也将随之发生改变，如图 1－7 所示。

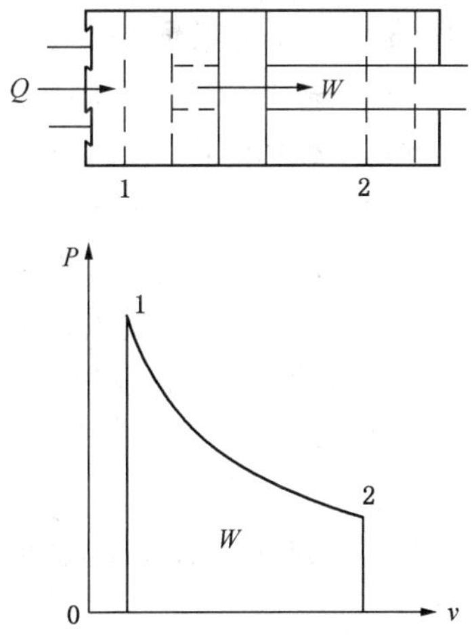

图 1－7 闭口系统

假定有一汽缸，内部充满气体工质，进、排气门是关闭的。过程开始时气体工质的状态处于 $P-V$ 图上的点 1 位置，此时外界给它加热使之膨胀，推动活塞从位置 1 移动到位置 2，气体工质也就到达状态 2 的位置。

假定系统从外界吸收的热量为 Q，气体受热膨胀对外作功为 W（即膨胀功），状态 1 时的气体内能为 U_1，状态 2 时的内能为 U_2，根据热力学第一定律得出：

$$U_1 + Q - W = U_2$$

或改写成 $Q = (U_2 - U_1) + W = \Delta U + W$

对 1kg 气体，上式应为：$q = \Delta u + w$

上式中的热量 q、内能变量 Δu 和膨胀功 w 都是代数值，可正可负。工程热力学通常规定：系统吸热为正，系统对外作功为正，系统内能增加为正，反之为负。

从闭口系统的能量方程（又称为非流动能量方程）中可以看出：加给系统的热量，一部分用来增加工质的内能，其余的以作功的方式传给外界，并转化为机械能。

二、开口系统的能量方程

在蒸汽轮机、气体压缩机等机械中，工质并非总是被封闭在汽缸内，而是连续地或者周期性地流入、流出（称之为开口系统），而且单位时间内流过每个截面积的流量可以看作是不变的。系统空间内各点的状态参数，以及系统与外界交换的热量和功量也都不随时间而改变，图1－8示意一个开口系统。

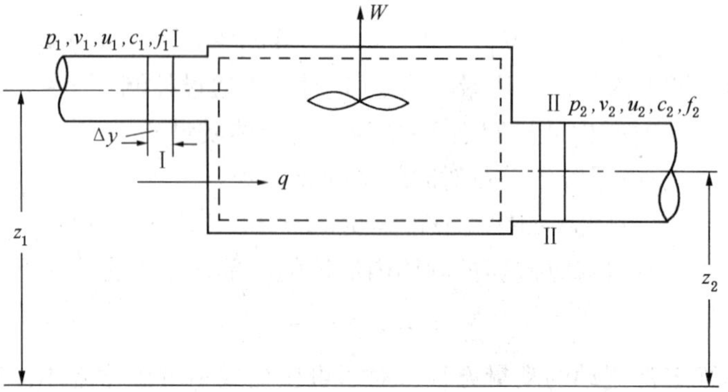

图1－8　开口系统

工质从截面Ⅰ－Ⅰ处流入，从截面Ⅱ－Ⅱ处流出。工质在Ⅰ－Ⅰ处的压力、比容、速度、截面面积分别为：p_1、ν_1、c_1、f_1；

工质在Ⅱ－Ⅱ处的压力、比容、速度、截面面积分别为：p_2、v_2、c_2、f_2；

对于稳定流动的开口系统，1kg 工质的能量转换方程为：

$$q + u_1 + p_1\nu_1 + c_1^2/2 + z_1 = u_2 + p_2\nu_2 + c_2^2/2 + z_2 + w_s$$

式中　w_s——1kg 工质流过气（汽）缸时，对外作的机械功；

u_1、u_2——1kg 工质流入或流出系统时的内能（即比内能）；

$p_1\nu_1$、$p_2\nu_2$——1kg 工质进入系统或流出系统时带入或带出的流动能；

$c_1^2/2$、$c_2^2/2$——1kg 工质进入系统或流出系统时的动能；

q——1kg 工质从外界吸入的热量；

z_1、z_2——1kg 工质进入系统或流出系统时的位能。

对于汽轮机、气体压缩机而言，进出口工质的速度相差不多，进出口位置高度差别也不大，因此动能差和位能差便可忽略不计，此时开口系统的能量方程则可以简化为：

$$q = \Delta u + \Delta(pv) + w_s$$

上式中的 $\Delta u + \Delta(p\nu)$，可用比焓的变化量 Δh 来表示，开口系统的能量方程又可以简化为：

$$q = \Delta h + w_s$$

上述开口系统的能量方程表明：外界传给系统的热量 q，等于工质进入系统和流出系统时比焓的变化量 Δh 与工质流过汽缸时对外作的机械功 w_s 之和。

第六节　欧拉方程

如果将离心式压缩机内的气体在叶轮流道内的流动简化为稳定的一元流动，那么利用欧拉方程来计算叶轮对气体作功就显得更加方便了。

气体在叶轮入口和出口处的速度三角形见图 1-9。叶轮流道内气体动量矩在瞬间的变化见图 1-10。

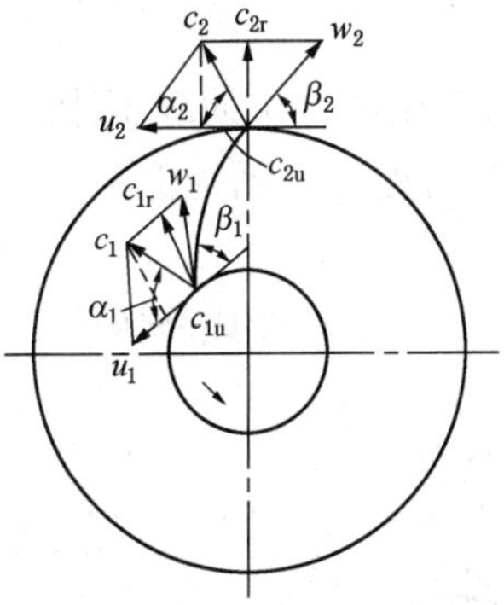

图 1-9　叶轮进、出口速度三角形

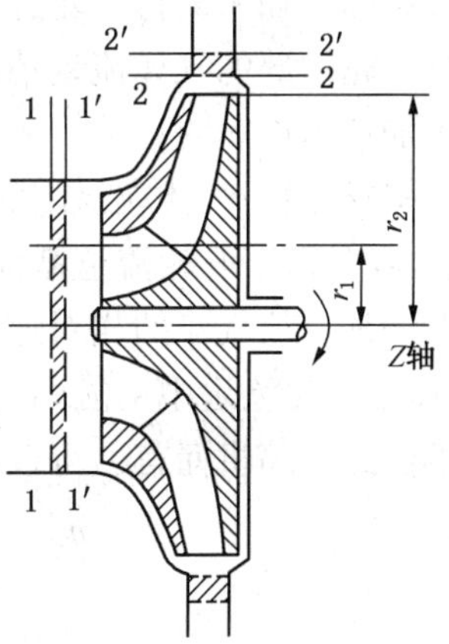

图 1-10　叶轮流道内气体动量矩变化图

圆周分速度与叶轮对气体作功量有关，径向分速度 c_r 与气体的流量有关。原动机传给叶轮的转矩 M 可用动量矩定理求得。根据动量矩定理，所研究的气体质量，在任一瞬间，相对某一固定轴线的动量矩之时间导数，等于所有外力对同一轴线的合成力矩。可以写成

$$d(m_{cr})/dt = M$$

式中　M——作用于研究气体质量的所有外力的合成力矩；

r——该气体质量中心到旋转轴线的距离；

m_{cr}——动量矩。

外力通过叶轮对气体作功时，外力仅对旋转 Z 轴产生力矩。由于径向分速度与 Z 轴相交，而轴向分速度与 Z 轴平行，因此，它们对 Z 轴的动量矩为零。

当气体假定为稳定流动时，气体质量在 dt 时间内，从位置 1-2 运动到 1′-2′，总的动量矩的变化等于两个基元体积 2-2′和 1-1′中动量矩之差。因此，作用在截面 1-1 和 2-2 间气体质量上的总的外力矩为

$$M_Z = (c_{2u}r_2 - c_{1u}r_1)dm/dt$$

而单位时间内的质量流量为：$dm/dt = G$，所以动量矩方程的表达式为

$$M_Z = (c_{2u}r_2 - c_{1u}r_1)G$$

传给叶轮的功率为

$$N = M_Z\omega = (c_{2u}r_2\omega - c_{1u}r_1\omega)G = (c_{2u}u_2 - c_{1u}u_1)G$$

叶轮对 1kg 的气体所作的功为 L_t

$$L_t = M_Z\omega/G$$

即

$$L_t = (c_{2u}u_2 - c_{1u}u_1)$$

根据能量转换与守恒定律，传给叶轮的机械功转换成气体的能量，故对 1kg 的气体所获得的能量为

$$h_t = L_t = c_{2u}u_2 - c_{1u}u_1$$

我们称 h_t 为在叶轮叶片流道中，1kg 的气体所获得的能量头。利用进出口速度三角型关系，还可以得到欧拉方程的另一种表达形式：

$$h_t = (u_2^2 - u_1^2)/2 + (w_1^2 - w_2^2)/2 + (c_2^2 - c_1^2)/2$$

由上式可知，如果测得叶轮进、出口速度，就可以计算出叶轮对 1kg 的气体所作的功，而可以不管叶轮内部的气体流动情况。当然，这是一种假定的理想状态。

上式更加清晰地表明：

1）第一项相当于气体在封闭的叶轮流道内，因离心力作用所产生的静压能的提高。

2）第二项是由于叶轮流道截面积变化而使气体静压能的提高，因为流道截面积从进口到出口逐渐增加，故气流的相对速度减小。

3）气体在叶轮流道中动能的增加，可在叶轮后面的扩压器中转变成静压能。

对于轴流式压缩机而言，可以取 $r_2 = r_1 = r$，则有

$$h_t = (w_1^2 - w_2^2)/2 + (c_2^2 - c_1^2)/2$$

第七节　柏努利方程

从能量方程中除去那些考虑内部热力学现象的项目，能量方程就变成了描述纯机械过程的方程式。柏努利方程的实质是：外界传给气体的机械功，用于压缩气体、克服流动损失并使气体动能发生变化。

对 1kg 气体的通用柏努利方程式为：

$$h_t = \int_1^2 \mathrm{d}p/\rho + (c_2^2 - c_1^2)/2 + h_h$$

式中　ρ——气体的密度；

p——气体的压力；

h_h——气体在级内的流动损失；

下标 1、2——代表级的进、出口截面。

柏努利方程说明叶轮对气体作功转化为 3 部分能量：

1）提高了气体的静压能，气体压力由 P_1 上升到 P_2。对压力较低的通风机，可不考虑机内气体密度的变化，此时，静压能的提高等于$\int_1^2 \mathrm{d}P/\rho = P_2 - P_1$。对压缩机来讲，因压力较高，应考虑气体密度的变化，此时静压能（即压缩功）的提高，就与气体在级内的压缩过程有关。

2）提高了气体的动能。

3）克服气体在级内的流动损失。

柏努利方程与能量方程一样，可应用于级中任意两个进、出口截面，h_h 表示两截面间的流动损失。

柏努利方程也可以与气流在流道中的速度联系起来，形成了相对运动中的柏努利方程：

$$(W_1^2 - W_2^2)/2 + (U_2^2 - U_1^2)/2 = \int_1^2 \mathrm{d}p/\rho + h_h$$

式中　h_h——气体流动损失。

上式表明，气体在叶轮流道中相对速度的减小和圆周速度的增加，形成了气体静压能的提高并克服气体流动损失。

第八节　卡诺循环与热效率

压缩机组的驱动机，除了大量采用电动机以外，在一些特定的场合，汽轮机、烟气轮机、燃气轮机也发挥着难以取代的特殊作用。在这些热机中，工质都是从热源吸收热量，然后进入热机膨胀作功。膨胀作功之后的工质压力降低，失去了作功能力，通过冷凝器或废热锅炉向冷源放热，冷凝水或乏气（乏气最终排入大气与空气混合）又重新被水泵或压缩机送入热源（例如锅炉、再生器或燃烧器）加热吸收热量，这一过程称之为热力循环，又称卡诺循环。卡诺循环从理论上指出了热力循环过程中，工质从热源吸收的热量，不可能连续和完全地转变为功，因此热机的热效率永远小于100%。

卡诺循环由两个定温过程和两个绝热过程组成，如图1－11所示。

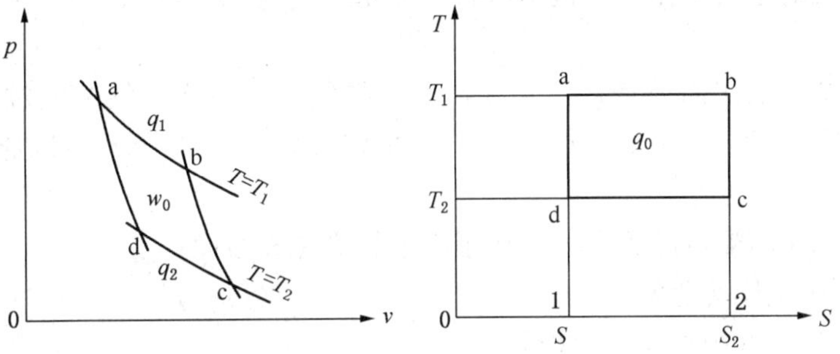

图1－11　卡诺循环的 $p-\nu$ 图和 $T-S$ 图

图中a－b为定温膨胀过程，在温度 T_1 下工质从同温热源吸入热量 q_1，b－c是绝热膨胀过程，工质的温度由 T_1 降低到 T_2，c－d是定温压缩过程，在 T_2 温度下，工质向同温冷源排出热量 q_2。d－a是绝热压缩过程，工质又恢复到初始状态。在 $p-\nu$ 图上，a－b－c－d围成的面积，表示1kg工质对外所作的功 w。根据热效率定义，$\eta=(q_1-q_2)/q_1$

$$\eta = 1 - q_2/q_1 = 1 - T_2/T_1$$

从上面的卡诺循环热效率表达式，可以看出：

1）卡诺循环热效率仅仅取决于高温热源和低温冷源的温度，与工质的性质和热机的类型等无关。提高热源温度和降低冷源的温度，都可以使卡诺循环热效率提高。

2）由于高温热源温度 T_1 不可能无限大，低温冷源的温度 T_2 也不可能为绝对零度，因此卡诺循环热效率永远小于1。

第二章　活塞式压缩机

第一节　活塞式压缩机的工作循环、主要参数及其性能指标

一、活塞式压缩机的工作循环

（一）活塞式压缩机的理论压缩循环

活塞式压缩机的主要工作机构包括汽缸、活塞、进气阀与排气阀(均为自动开启和关闭的单向阀)。

活塞式压缩机的工作循环是指活塞在汽缸内往复运动一次，气体经过一系列状态变化后，又回到初始吸气状态的全部工作过程。活塞式压缩机的工作原理可以通过工作循环加以说明。

理论压缩循环对压缩机的工作情况作了以下的简化和假设：

1）循环过程中气体无泄漏；

2）气体在流动过程中没有阻力损失；

3）排气过程终了时，汽缸内的气体被全部排尽；

4）吸、排气过程中气体的温度保持不变；

5）气体压缩过程按不变的热力指数进行，即过程指数是一个常数。

在这样一个理论循环全过程中，认为气体的状态没有发生变化，只是气体的流动过程，所以不属于热力过程。只有在压缩过程中气体状态才发生变化，属于热力过程。

图 2－1 为活塞式压缩机的理论循环压容图，又称为理论示功图。示功图上 4－1－2－3－4 所包围的面积称为理论指示功，是指在一理论循环过程中活塞对气体所作的功，其值为吸入、压缩和排出过程功的总和。规定活塞对气体作功为正，气体对活塞作功为负，则理论循环总功为

$$W = W_{吸} + W_{压} + W_{排}$$

其中

$$W_{吸} = -p_1V_1$$

$$W_{压} = \int_2^1 p\mathrm{d}v = -\int_1^2 p\mathrm{d}v$$

$$W_{排} = p_2V_2$$

$$W = -p_1V_1 - \int_1^2 p\mathrm{d}v + p_2V_2 = \int_1^2 V\mathrm{d}p$$

而$\int_1^2 V\mathrm{d}p$ 的积分，正好就是图 2－1 中 $p-V$ 图上 1－2－3－4－1 所包围的面积；

不同的压缩过程所构成的循环，其理论循环功也不同。常见的压缩过程有等温压缩(图 2－2 中的 1－2)、绝热压缩(图 2－2 中的 1－2″)和多变压缩过程(图 2－2 中的 1－2′)。

1. 等温理论循环功 W_{is}

理想气体　　$W_{is} = p_1V_1\ln(p_2/p_1)$

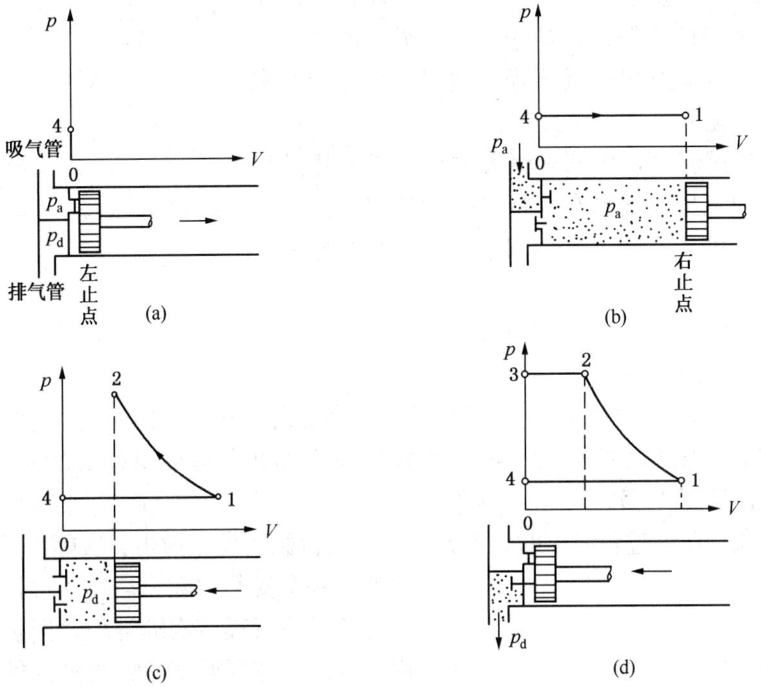

图 2－1　活塞式压缩机理论循环压容图

(a) 缸内没有气体，容积为零，活塞从左死点开始右行时，吸气过程开始，并假定吸气过程压力不变。(b) 活塞运行到右止点，4－1 水平线表示吸气过程；(c) 活塞开始左行，缸内气体容积逐渐缩小，气体压力不断升高。1－2 线表示压缩过程；(d) 当压力升高到一定值时，顶开排气阀，开始排气。2－3 水平线表示排气过程，3－4 线表示排气终了至吸气的瞬间变化过程。

实际气体　$W_{is}=p_1V_1\ln(p_2/p_1)(Z_1+Z_2)/2Z$

式中　W_{is}——每一循环等温理论循环功(指示功)，J；

V_1——每一循环理论吸气量，m^3；

p_1、p_2——吸、排气压力(绝)，Pa；

Z_1、Z_2——对应吸、排气状态的压缩性系数。

2. 绝热理论循环功 W_{ad}

理想气体　$W_{ad}=p_1V_1k/(k-1)[(p_2/p_1)^{\frac{k}{k-1}}-1]$

实际气体　$W_{ad}=p_1V_1k/(k-1)[(p_2/p_1)^{\frac{k}{k-1}}-1](Z_1+Z_2)/2Z$

式中　k——绝热指数。

3. 多变理论循环功 W_{pol}

理想气体　$W_{pol}=p_1V_1m'/(m'-1)[(p_2/p_1)^{(m'-1)/m'}-1]$

实际气体　$W_{pol}=p_1V_1m'/(m'-1)[(p_2/p_1)^{(m'-1)/m'}-1](Z_1+Z_2)/2Z$

式中　m'——多变指数，对于石油化工大、中型压缩机，可取 $m'=k$；

3 种不同压缩过程的理论循环在 $p-V$ 图上的比较，见图 2－2，当 $1<m'<k$ 时，$W_{is}<W_{pol}<W_{ad}$；

图 2－2 表明，在压缩过程初始、终了的压力均为 p_1、p_2 的条件下，等温理论循环

$(m'=1)$耗功最小，绝热理论循环$(m'=k)$耗功最大，介于两者之间的多变理论循环耗功居中。可见，创造较好的冷却条件，使压缩过程接近于等温过程，从理论上来讲，可以减少功耗。

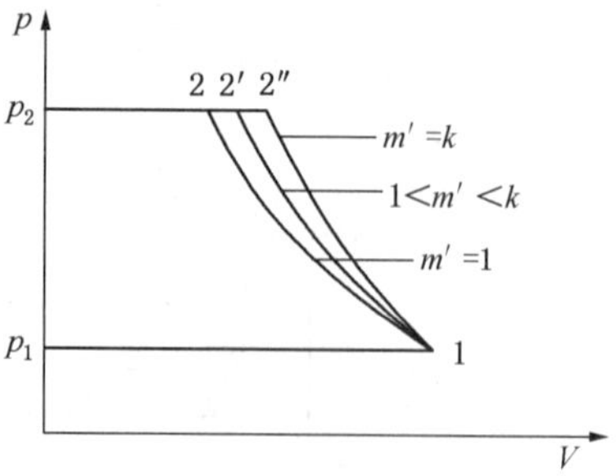

图 2－2　不同压缩过程理论循环功的比较

在实际生产过程中，压缩过程大多介乎于绝热过程和等温过程之间，虽然气体有热量向外界传出，但并未达到等温过程，即 $1 < m' < k$，将这样的过程称为多变过程。

（二）活塞式压缩机的实际压缩循环

1. 实际示功图的分析

理论压缩循环对压缩机的工作情况作了一系列的简化和假设，而活塞式压缩机的实际循环却是一个复杂的循环过程，一般采用示功仪测量汽缸内气体体积和压力的变化曲线—示功图来加以分析，见图 2－3。

由于压缩机在压缩过程终了时，不允许活塞与汽缸盖发生撞击，实际上活塞与汽缸盖间保留着一个安装间隙。当排气过程结束以后，活塞开始返回行程，汽缸容积逐渐扩大，残留在缸内的高压气体开始膨胀，当缸内气体压力降至低于进气压力时，进气阀打开，开始了下一个循环的进气过程。活塞每往复运动一次，都重复着气体膨胀－进气－压缩－排气 4 个过程。图 2－3 中 1－2 曲线表示实际压缩过程、2－3 曲线表示实际排气过程、3－4 曲线表示实际膨胀过程、4－1 曲线为实际吸入过程。1－2－3－4－1 表示压缩机的一次实际循环。整个循环过程中，1－2 和 3－4 可以视为热力学过程，其他过程可以当作为气体流动过程。如果将实际压缩循环和理论压缩循环（图 2－3 中虚线所示）相对比，发现两者存在一定的差别。

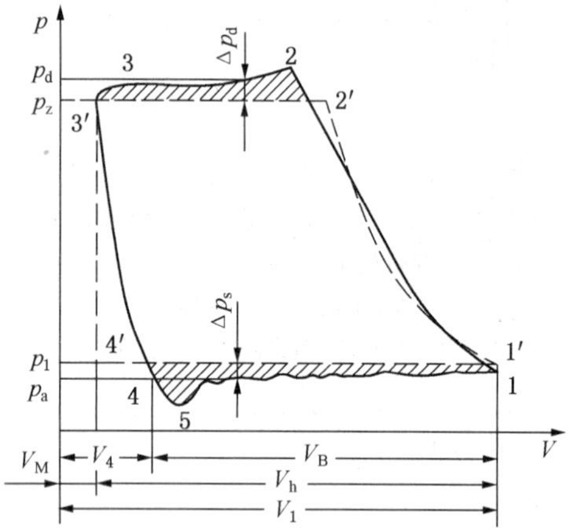

图 2－3　实际示功图

（1）余隙与膨胀

活塞式压缩机的余隙容积包括：活塞在内、外止点处（对于立式压缩机是指活塞在上、下止点处）活塞端面与汽缸盖之间的间隙，以及汽缸内壁与活塞端面至第一道活塞环间的环形间隙、汽缸容积至气阀阀片间的整个通道容积等。这些间隙的存在使得缸内气体无法排净。吸气之前，余隙容积内的高压气体先要进行膨胀，实际上等于减少了吸气量，降低了汽缸利用率。因此，要求余隙容积尽量小一些，但又不能太小，否则由于热膨胀和受力拉伸作用，活塞和活塞杆将发生撞缸事故。

（2）气阀阻力损失

由于气流通道和气阀存在一定阻力，所以气流通过时，必然产生阻力损失。因此汽缸内的压力比入口管道内气体压力（又称名义吸入压力）要低，吸气阀从开始开启到全开还要克服较大的局部阻力，图中点 4 为吸气阀开始开启，点 5 对应吸气阀全开。同理，汽缸内实际排气压力应高于排出管道气体压力（又称名义排出压力），排气阀在点 2 处增加了局部阻力。示功图上吸入线和排出线呈波浪状，是由于气流速度随活塞速度以及阀片的惯性振动而变化，导致阻力损失不稳定而产生的。

（3）热交换的影响

实际循环过程中热量交换对气体的影响是相当复杂的，压缩机工作一段时间以后，汽缸各部位的温度逐渐趋于稳定，它高于气体的吸入温度，低于排气温度。气体在每一个循环过程中热量交换的情况也是不断变化的。压缩开始时气体的温度低于汽缸的温度，于是气体吸收了一部分热量，此时的压缩过程为 $m'>k$ 的多变压缩过程。随着压缩过程的进行，气体温度不断提高，气体与汽缸的温差逐渐缩小，到某一瞬间，温差等于零时，压缩过程也演变成绝热过程，$m'=k$。继续压缩，当气温高于汽缸壁温时，气体通过汽缸壁向外界散热，气体进行 $m<k$ 的多变压缩。膨胀过程，开始时气体温度比汽缸温度高，一边对外放热，一边膨胀降温，$m'>k$。中间某瞬时，$m'=k$，随后 $m'<k$。

热交换的影响反映在示功图上，可以看到多变指数 m 不是一个常数。实际压缩曲线的开始阶段，在理论循环绝热线之外，后一阶段在理论循环绝热线之内。

2. 实际气体对压缩过程的影响

实际气体对循环的影响主要是对循环功的影响，可分成两部分考虑：①理想气体所耗的功；②受气体分子影响的体积，包括分子间吸引力和分子体积的影响。气体分子本身的体积和分子间吸引力在循环中所耗功的计算较复杂，通常采用简化公式来计算，不仅方便，而且实践证明误差也很少。

实际气体的等温压缩功为

$$W_{is}=p_1V_1\ln(p_2/p_1)(Z_1+Z_2)/2Z$$

实际气体的绝热循环功为

$$W_{ad}=p_1V_1k/(k-1)[(p_2/p_1)^{(k-1)/k}-1](Z_1+Z_2)/2Z$$

实际气体的多变循环功为

$$W_{pol}=p_1V_1m'/(m'-1)[(p_2/p_1)^{(m'-1)/m'}-1](Z_1+Z_2)/2Z$$

式中，Z_1、Z_2 分别为吸、排气状态下的可压缩性系数。可以看出，实际气体与理想气体的偏差是用 $(Z_1+Z_2)/2Z$ 来加以修正的。

一般来讲,空气在10MPa压力以下,氮氢混合气在4~5MPa压力以下,可以当作理想气体处理,大于此压力应作为实际气体处理。氨气即使在压力不高的情况下已与理想气体有显著的差别。比较合理的判别标准是利用可压缩性系数 Z 值,当 Z 值接近与1时,可作为理想气体处理。

由于诸多因素的影响，实际指示图的图形相当复杂。很难直接导出计算公式，为了求得压缩机的实际循环功，又称“指示功”，即图2-2中1-2-3-4-1围成的面积，通常采用以下两种方法。

（1）实测法

用微机系统或电测法把不同时刻汽缸内的压力及其相应的活塞位置描绘出来，见图2-4，它的面积相当于压缩机每一转所消耗的功。为了便于计算和比较，常把示功图面积折算成同宽度而面积相等的长方形，该长方形的高度称为“平均指示压力”，以 p_i 表示。

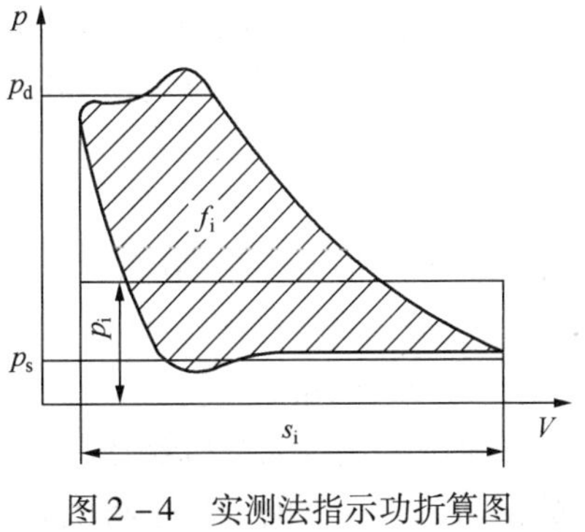

图2-4　实测法指示功折算图

$$p_i=m_pf_i/S_i$$

式中　p_i——平均指示压力，kPa；

f_i——指示图面积，cm^2；

s_i——指示图宽度，cm；

m_p——指示图的压力坐标比例尺，kPa/cm。

对于单作用汽缸，活塞每往复一次缸内所消耗的指示功 W_i 为

$$W_i = p_i SF$$

若压缩机转速为 n，则指示功率 N_i 为

$$N_i = nW_i/60 = 0.0167 p_i \, s \, F \, n$$

式中 N_i——指示功率，kW；

p_i——平均指示压力，kPa；

F——活塞面积，m^2；

s——活塞行程，m；

n——压缩机转速，r/min。

对双作用汽缸活塞每往复一次所消耗的功为两侧汽缸之和，对于多级压缩机则为各级汽缸耗功之和。

（2）解析法

先将实际指示图简化成类似理论指示图的图形，便于找出计算公式。考虑到吸、排气过程的阻力损失和压力脉动，用“平均吸、排气压力线”（水平线）来代替实际的吸、排气线，采用等面积法简化，保持简化前、后的总面积不变。按等功的原则，把实际膨胀、压缩过程指数简化为常数，所得的膨胀、压缩过程线称为“当量过程线”。经验表明，不论膨胀还是压缩过程，其当量多变指数 m 近似等于该气体的绝热指数 k 时，就能满足等功法的原则。然后，参照理论循环功的计算公式并考虑到实际气体的影响，就可以得出简化计算公式。

二、活塞式压缩机的主要参数及其性能指标

1. 转数 n

是指活塞式压缩机的曲轴每分钟的转数，单位为 r/min。转数的变化对排气量、气阀的寿命、相对运动摩擦零部件的磨损，以及对机身固定部件和基础施加的惯性力、机器的振动以及机械效率都将产生不同的影响。现在微型和小型压缩机的转数为 1000 ~ 3000r/min，中型压缩机为 500 ~ 1000r/min，大型压缩机为 250 ~ 500r/min。

2. 活塞行程 s

是指活塞内、外止点间的间距，也等于曲拐轴与主轴中心距的两倍，单位为 m。

3. 活塞平均速度 C_m

活塞在运动中的速度是变化的，在始点（如外止点）为零，然后逐渐加速，在中点时最大，然后逐渐降速，到终点（内止点）又为零，返行时亦如此。

$$C_m = \frac{sn}{30}$$

式中 C_m——活塞平均速度，m/s；

s——活塞行程，m；

n——压缩机转速，r/min。

活塞平均速度大则机器轻巧，但气流速度大，阻力损失也大。惯性力加大，容易引起较大的振动，易损件的寿命也将受到影响。活塞平均速度一般控制在 3 ~ 5m/s。

4. 级数

气体经一级压缩就达到终压的，称为单级压缩机。经两级压缩达到终压的，称为两级压缩机。经三级以上压缩达到终压的，称为多级压缩机。通常，级间气体都经过冷却器加以冷却。

对于大型活塞式压缩机选择级数时，降低能耗是其主要考虑因素。长期连续运转的的大中型压缩机按最高效率点选取级数，各级的压力比一般为 2 ~ 4。级数 Z 是依据排气压力和吸气压力之比来确定的。

$$Z = \ln\varepsilon / \ln\varepsilon_i$$

式中 ε——压缩机的总压力比；

ε_i——压缩机的一级最佳压力比。

5. 列数

每一个连杆对应的活塞组和汽缸称为一列，每一列可以配置一个或几个压缩机级。

6. 压力比 ε

压缩机每一级或者压缩机的进出口压力之比称为该级或压缩机整机的压力比，即 $\varepsilon = p_2/p_1$。由于汽缸内的余隙容积不可避免，所以压力比越大，排气压力越高，残留气体膨胀后所占的容积也越大，吸气量必然减少，效率下降。如果采用多级压缩，可使每一级压力比减小，从而提高了各级汽缸利用率。实际上多级压缩的每级压力比一般为 2 ~ 4。

7. 容积效率

容积效率是压缩机实际排气量与汽缸行程容积之比。

$$\eta_V = V/V_H$$

式中 V——压缩机实际排气量，m^3/min；

V_H——汽缸行程容积。

$$V_H = F \cdot s \cdot n$$

F——活塞面积，m^2；

S——活塞行程，m；

n——转数，r/min。

η_V 也可以从图 2 - 5 查得。

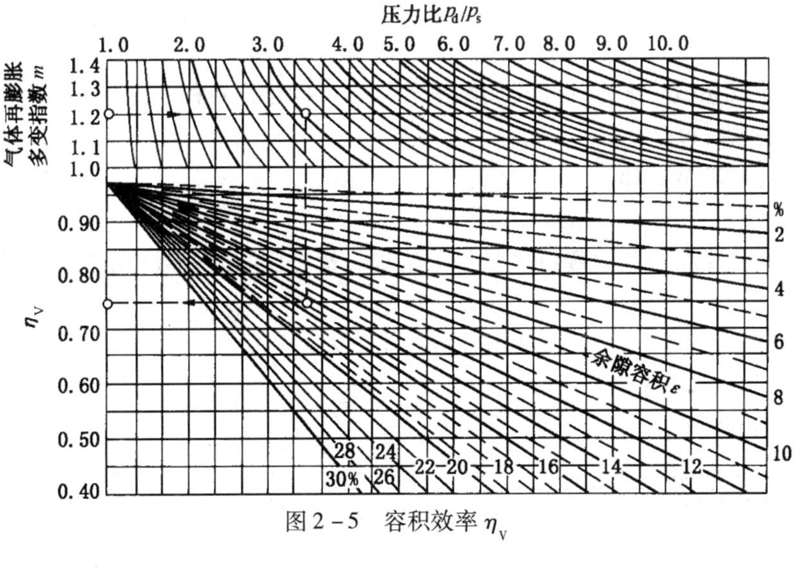

图 2 - 5 容积效率 η_V

图 2－5 中的常用压缩机相对余隙容积值可由表 2－1 估定。

表 2－1　压缩机相对余隙容积 ε 值

汽缸结构特性	低压级	中压级	高压级	超高压级	用簧片阀
余隙容积 ε 值	0.07～0.12	0.09～0.16	0.14～0.20	>0.20	0.03～0.07

气体多变膨胀过程指数可查表 2－2。

表 2－2　多变指数 m

进气压力/MPa		≤0.15	0.15～0.4	0.4～1	1～3	>3
m	k 为任意值	$1+0.5(k-1)$	$1+0.62(k-1)$	$1+0.75(k-1)$	$1+0.88(k-1)$	k
	$k=1.4$	1.2	1.25	1.3	1.35	1.4

8. 排气量 V

排气量是指在压缩机末级测得的单位时间内排出的气体，换算成为第一级进气状态的压力和温度（必要时还要考虑湿度）下的气体体积，单位为 m^3/min。压缩机的额定排气量，即压缩机铭牌上标记的排气量是指特定进气状态（温度 $t=20℃$、压力 $p=0.1MPa$）时的排气量。

$$V_n = V_s T_0 p_s / p_0 T_s$$

式中　V_n——标准状态下的排气量，m^3/min

V_s——进气状态下的排气量，m^3/min；

T_0——标准状态下的进气温度，293K；

p_0——标准状态下的进气压力，为 0.1MPa；

T_s——进气状态下的温度，K；

p_s——进气状态下的压力（绝压），MPa。

影响压缩机实际排气量的因素是多方面的，不仅有影响进气的因素（如余隙容积内气体的膨胀、吸气阀的阻力及缸内气体被加热等），还有汽缸活塞环以及填料函轴封的泄漏损失，使得压缩机实际排气量比理论吸入量要小。压缩机实际排气量可表示为：

$$V_d = \pi/4 D_1^2 \lambda_0 s N_f$$

式中　V_d——实际排气量，m^3/s；

D_1——第一级活塞直径，m；

λ_0——排气系数，表示压缩机实际排气量与实际行程容积之比；

s——行程，m；

N_f——每秒转数，Hz。

9. 排气系数

压缩机的排气系数是指该级排气量与理论排气量之比。第一级汽缸的排气系数即为压缩机的排气系数 λ。

$$\lambda = V/V_{th} = \lambda_v \lambda_p \lambda_t \lambda_g$$

式中　V——该级排气量；

V_{th}——理论排气量；

λ_v——容积系数；

λ_p——压力系数；

λ_t——温度系数；

λ_g——泄漏系数。

常用压缩机排气系数见表2-3。

表2-3 常用压缩机排气系数λ

压缩机类型	排气量/(m^3/min)	排气压力/MPa	级数	排气系数
氮氢压缩机	≤40	15.1~32.1	4~6	0.73~0.79
	>100	32.1	6	0.75~0.80
石油气压缩机	10~117	1.1~4.3	2~4	0.65~0.80
CO_2 压缩机	45~62	21.1	5	0.75~0.76
氧气压缩机	32~120	2.1~4.5	2~4	0.65~0.73
空气压缩机	<0.15	0.7	1	0.33~0.50
	0.15~0.9	0.7	1	0.50~0.65
	1~3	0.7	2	0.65~0.75
	3~10	0.7	2	0.70~0.80
	10~100	0.7	2	0.72~0.80

10. 排气温度 T_d

$$T_d = T_s \cdot \varepsilon^{1-1/K}$$

式中 T_d——排气温度，K；

T_s——吸气温度，K；

ε——对多级压缩是指每级的压力比；

k——气体绝热指数。

压缩机任何一级排气温度的变化都应该引起重视。排气温度过高，对有油润滑的压缩机，容易产生润滑油的分解、聚合或者与压缩气体发生化学反应，造成润滑油失效或在气阀上形成粘结与积炭，破坏压缩机的正常运行。而对无油润滑的压缩机，排气温度过高，充填聚四氟乙烯的密封环会产生严重的热变形，进而导致密封失效。因此，必须采取有效措施，严格控制排气温度。几种常见的气体压缩机对排气温度的限制见表2-4。

表2-4 气体压缩机对排气温度的限制

压缩气体	润滑状态	排气温度限制值/℃	说明
空气	汽缸有油润滑 矿物油	180	防止粘性失效与积炭
	合成油	200~250	防止粘性失效与分解
	无油润滑	160	防止热变形
氮氢混合气	有油润滑	160	矿物油粘性失效
	无油润滑	180	防止热变形
氢气	有油润滑	170	防止粘性失效
氧气	无油润滑	140	密封材料防止氧化
氯气	干	130	电化腐蚀
	湿	100	氧化腐蚀
甲烷	无油润滑	180	
乙烯乙炔气		100	不饱和烃高温分解
丙烷、丁烷气		100	高温时会聚合成白色乳状物
C_4，C_5 等重碳氢气		80~100	高温时会聚合成白色乳状物
氨气		145~150	高温时会聚合成白色乳状物
R22		140	高温时润滑油结焦及分解

11. 功率与效率

(1) 指示功率

压缩机按示功图测得或计算出的实际循环功称为“指示功”，单位时间内消耗的指示功称为指示功率。任何一级汽缸的指示功率为：

$$N_{ij} = 0.0167P_s(V_h \cdot n)\lambda_0 K/(K-1)[(p_d/p_s)^{1-1/k} - 1]$$

式中 p_s、p_d——缸内实际平均吸排气压力，kPa；

V_h——汽缸每转的行程容积，m^3；

λ_0——容积系数；

n——转数，r/min；

k——气体绝热指数。

对于实际气体，考虑到气体压缩性的影响：

$$N_{ij} = 0.0167P_s(V_h \cdot n)\lambda_0 K/(K-1)[(P_d/P_s)^{1-1/k} - 1](Z_1 + Z_2)/2Z_1$$

式中，Z_1、Z_2 分别表示任意级压缩初始和终了状态下的气体可压缩性系数。

(2) 轴功率

指示功率为单位时间内压缩机直接对气体所消耗的能量，轴功率则是驱动机传给压缩机曲轴的实际功率。显然轴功率除用来克服压缩气体所需要的指示功率外，还必须克服机器各运动部件摩擦功耗，工程上常用机械效率 η_m 来表示摩擦功耗的影响，于是轴功率就表示为：

$$N = N_{ij}/\eta_m$$

η_m 与压缩机的结构形式、转数、活塞平均速度、制造与安装质量、润滑状况有关。

大中型压缩机 $\eta_m = 0.9 \sim 0.95$

无十字头小型压缩机 $\eta_m = 0.85 \sim 0.90$

高压循环压缩机 $\eta_m = 0.80 \sim 0.85$

小型机的摩擦功耗所占相对比值较大型机为大，故 η_m 较低。无油润滑压缩机的摩擦功耗较大，η_m 一般取下限。

(3) 驱动机功率

驱动机的功率除了应包含轴功率之外，还要考虑到驱动机的传动损失，压缩机运转时负荷的波动、进气状态、冷却水温的变化以及压缩机的泄漏等因素都会引起功率的增加，因此驱动机的总功率为：

$$N_z = (1.05 \sim 1.15)N/\eta_c$$

式中 N——轴功率；

η_c——传动效率，皮带传动 $\eta_c = 0.96 \sim 0.99$，齿轮传动 $\eta_c = 0.97 \sim 0.99$，联轴器直联 $\eta_c = 1$。

(4) 压缩机效率

压缩机效率是衡量机器经济性的重要指标。等温理论循环功率与实际循环指示功率(即汽缸消耗指示功率)之比称为等温效率。绝热理论循环功率与实际循环指示功率之比称为绝热效率。对一般往复式压缩机等温效率为 0.60 ~ 0.73，绝热效率为 0.65 ~ 0.85。

12. 活塞力

活塞处于汽缸内不同位置时，缸内气体的压力不同，每列活塞所受到的载荷也不同。活塞力的大小与活塞两侧气体的压力、活塞的直径以及汽缸的布置等有关。

在单级压缩机中，计算出活塞在内、外止点时的活塞力，两个数值中较大的一个，就是型号中所表示的最大活塞力。在两列多级压缩机中，要计算出每列中活塞在内、外止点时的活塞力，在4个数值中绝对值较大的一个，就是型号中所表示的最大活塞力，单位以10^4N表示。压缩机在设计时已经考虑到了活塞力的平衡问题，通过汽缸的合理布置（如对称平衡型压缩机）活塞力基本上可以维持平衡。若不能平衡时，就要采取“附加尾杆”或“平衡段”等方式加以平衡，否则压缩机在运转过程中会引起振动。平衡段只起平衡活塞力的作用，它是不消耗功的。

活塞式压缩机活塞杆、曲轴、连杆等零部件的尺寸主要是根据活塞力设计的，我国将活塞力分成1、2、3.5、5.5、8、12、16、22、32、45及80×10^4N等几个档次。每个档次又推荐相应的曲轴转数、活塞平均速度及活塞杆直径尺寸，有利于主要零部件的标准化、系列化、通用化。

13. 惯性力及其平衡措施

活塞式压缩机的惯性力分为旋转惯性力和往复惯性力两类。旋转惯性力是由于曲轴旋转中心和质量中心不重合引起的。旋转惯性力

$$I_r = m_r r\omega^2$$

式中　m_r——不平衡旋转质量；

r——旋转半径；

ω——曲柄旋转角速度。

往复惯性力是由于十字头、活塞、活塞杆及连杆部分质量作变速直线运动引起的。往复惯性力I可以看作是一阶往复惯性力和二阶往复惯性力两部分惯性力之和，即

$$I = m_P r\omega^2\cos\alpha + m_P r\omega^2\lambda\cos2\alpha$$

式中　m_P——往复运动总质量；

α——曲柄转角；

λ——曲柄半径与连杆中心距之比。

一阶往复惯性力（$m_P r\omega^2\cos\alpha$）变化的周期等于曲轴旋转一转的时间，其最大值是在转角为0°时，最小值是在转角为180°时。二阶往复惯性力（$m_P r\omega^2\lambda\cos2\alpha$）变化的周期等于曲轴旋转半转的时间，其最大值是在转角为0°和180°时，其最小值是在转角为90°和270°时。曲轴转角α的定位见图2－6。

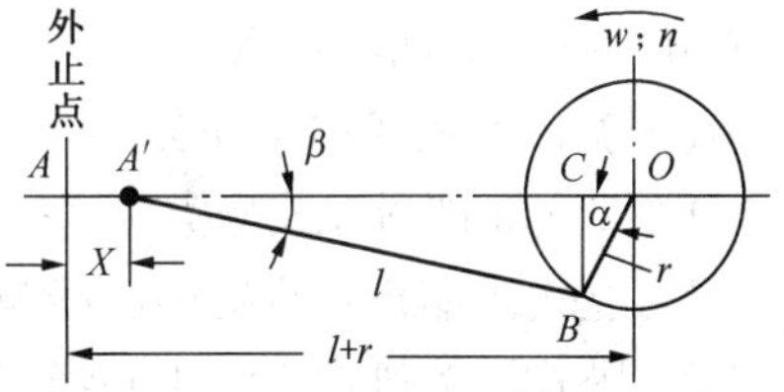

图2－6　曲柄连杆机构的运动关系图

未平衡的惯性力和惯性力矩，能够通过轴承座、机身滑道、地脚螺钉等部位，造成机器或基础的振动，影响管道连接的可靠性，加大机组的能耗，严重时会破坏机组正常运行。

旋转惯性力一般可在曲轴处采用加装“平衡块”的方法加以平衡。通过平衡重量的均匀、对称布置，它们的惯性力矩也可以互相平衡。

单列压缩机的往复运动惯性力无法平衡，但一阶惯性力可以采用加平衡重的方法使其转向。多列压缩机常见的平衡方法有两种：一种是通过各列曲轴上曲拐错角的合理配置，部分或全部抵消惯性力。另一种是在同一曲拐上配置几个汽缸，通过各列汽缸中心线夹角的合理布置，使整个机器合成惯性力成为大小不变，方向始终沿着曲柄方向外指的力，这样就可以

用加平衡重的方法使惯性力得以平衡。当有部分惯性力或惯性力矩不能得到平衡时，必须建造足够大的基础以减少机器振动。

各种结构形式活塞式压缩机的惯性力和惯性力矩，通过优化设计可以得到较好的综合效果，但是要想完全、彻底地解决还很困难。

常用几种结构形式的活塞式压缩机惯性力和惯性力矩的平衡情况，见表2-5。

表2-5 常用几种结构形式的活塞式压缩机惯性力和力矩的平衡情况

结构型式	不平衡的旋转惯性力、力矩		一阶往复惯性力及力矩(最大值)		二阶往复惯性力及力矩(最大值)		平衡重
	I_r	Mr	一阶惯性力 I'	一阶惯性力矩 M'	二阶惯性力 I''	二阶惯性力矩 M''	
二列立式（曲柄错角180°）	0	$m_r r\omega^2 a$	0	$m_p r\omega^2 a$	$2m_p r\omega^2\lambda$	0	$m_0=m_r r/r_0$
二列立式（曲柄错角90°）	$\sqrt{2}m_r r\omega^2$	$\sqrt{2}m_p r\omega^2 a/2$	$\sqrt{2}m_p r\omega^2$	$\sqrt{2}m_p r\omega^2 a/2$	0	$m_p r\omega^2\lambda a$	$m_0=m_p r/r_0$
二列单排V型(60°夹角)	$m_r r\omega^2$	0	$\sqrt{3}m_p r\omega^2/2$	可略去不计	$\sqrt{3}m_p r\omega^2\lambda/2$	可略去不计	$m_0=m_r r/r_0$
L型压缩机(90夹角)	$m_r r\omega^2$	0	$m_p r\omega^2$	可略去不计	$\sqrt{2}m_p r\omega^2\lambda$	可略去不计	$m_0=(m_r+m_p)r/r_0$
二列对称平衡型	0	$m_p r\omega^2 a$	0	$m_p r\omega^2 a$	0	$m_p r\omega^2\lambda a$	$m_0=m_r r/2r_0$
四列对称平衡型	0	0	0	0	0	0	$m_0=m_r r/2r_0$

注：(1) 表中，m_r—不平衡的旋转质量；m_p—往复运动总质量；a—二列轴向列间距；r—曲柄旋转半径；ω—曲柄旋转角速度；$\lambda=r/L$，曲柄半径与连杆中心距之比。

(2) 表中的数值是在各列往复运动质量相等，不平衡旋转运动质量相等的情况下得到。

第二节　活塞式压缩机的分类、结构型式与应用

一、活塞式压缩机的分类与型号表示法

活塞式压缩机有各种不同的分类方法，每种分类方法都侧重于体现它们在结构、工作方式或其他某些方面的特点。

(一) 活塞式压缩机分类

1. 按汽缸排列方式分类

1) 立式压缩机：汽缸中心线与地面垂直，见图2-7(a)。

2) 卧式压缩机：汽缸中心线呈水平，且汽缸只布置在机身一侧，见图2-7 (b)。

3) 角度式压缩机：汽缸中心线互成一定角度。按汽缸排列的形状，又可分为L型(见图2-7(c))；V型(见图2-7(d))；W型(见图2-7 (e))；扇型(见图2-7 (f))等。

4) 对置式压缩机：汽缸水平置于机身两侧，见图2-7(g)(h)(i)，在对置式压缩机中，如相对列的活塞运动方向相反，又称为平衡式，见图2-7(g)(h)。

2. 按压缩机的级数分类

气体经一级压缩达到终压的，称为单级压缩机。经两级压缩达到终压的，称为两级压缩机。经三级以上压缩达到终压的，称为多级压缩机。

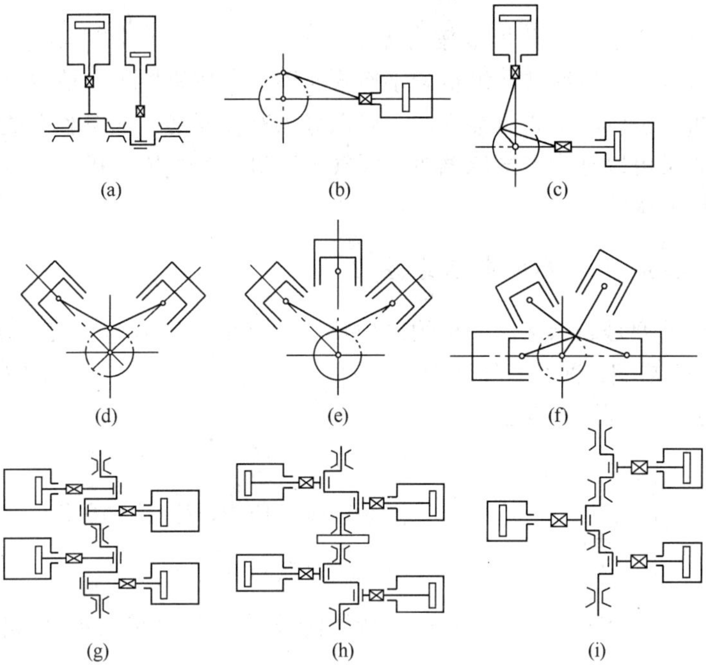

图 2－7　汽缸中心线相对地平面不同位置的各种配置

3. 按活塞在汽缸内压缩气体的方式分类

活塞在汽缸内仅在一端压缩气体的，称为单作用式压缩机。活塞在汽缸内两端进行同一级次压缩循环的，称为双作用式压缩机。活塞在汽缸内一端或两端进行两个或两个以上的不同级次压缩循环的，称为级差式压缩机，见图 2－8。

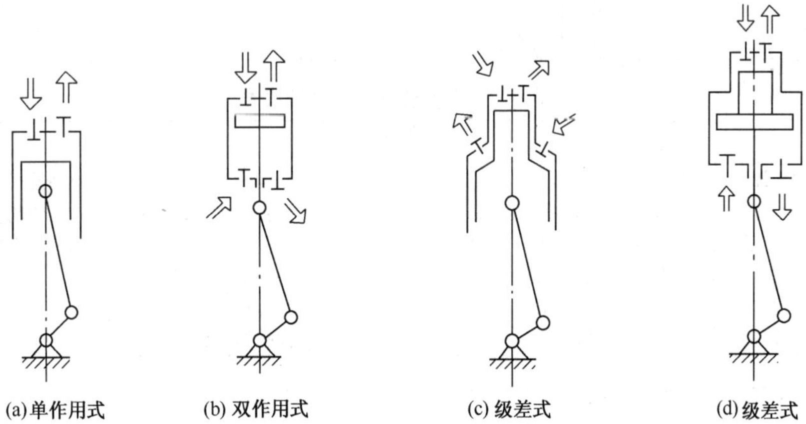

图 2－8　活塞往复一次汽缸中实现的气体压缩循环

4. 按压缩机的列数分类

汽缸配置在机身同一条中心线上的压缩机，称为单列压缩机。汽缸配置在机身一侧或两侧的两条中心线上的压缩机，称为两列压缩机。汽缸配置在机身一侧或两侧的两条以上中心线上的压缩机，称为多列压缩机。

5. 其他

除了上述分类方法以外，还可以按有无十字头，分为有十字头压缩机和无十字头压缩机；按冷却方式可以分为风冷式压缩机和水冷式压缩机；按机器工作地点可分为固定式压缩机和移动式压缩机；按汽缸是否有油润滑，可以分为有油润滑压缩机和无油润滑压缩机；按压缩气体的种类，又可以称为空气压缩机、氧气压缩机、氢气压缩机、氨压缩机、天然气压缩机、二氧化碳压缩机等。

二、活塞式压缩机型号的表示方法

活塞式压缩机的型号表示了压缩机的结构特点、流量、压力等参数以及结构上的差异。依据 JB 2589—1986 规定，采用如下方法表示：

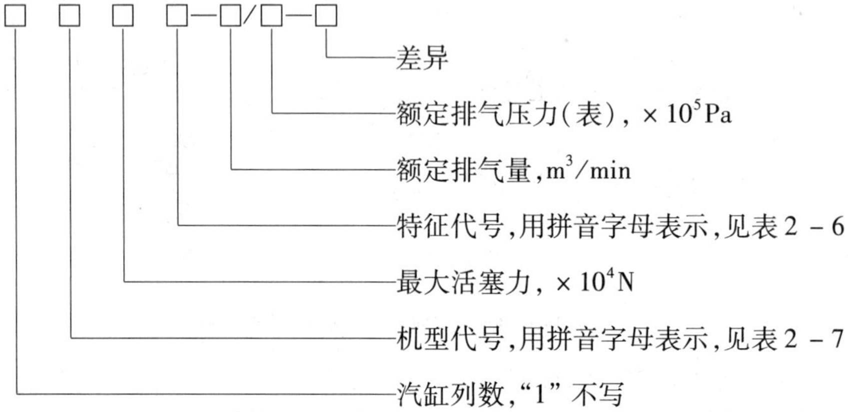

注：对于循环机，额定排气压力这一项，应示出额定进、排气压力，中间以“—”隔开。

表 2－6　活塞式压缩机特征代号

特征代号	表示	特征代号	表示
W	无油润滑	F	风冷
D	低噪声罩式	Y	移动式

表 2－7　活塞式压缩机机型代号

机型代号	表示	机型代号	表示
Z	立式压缩机，汽缸直立排列	X	角度式压缩机，汽缸呈星型排列
P	卧式压缩机，汽缸位于曲轴同侧	M	对称平衡型，卧式，电机位于曲轴一端
V	角度式压缩机，汽缸呈 V 型排列	H	对称平衡型，卧式，电机位于汽缸之间
W	角度式压缩机，汽缸呈 W 型排列	D	两列对称平衡型压缩机
L	角度式压缩机，汽缸呈 L 型排列	DZ	对置型压缩机
S	角度式压缩机，汽缸呈扇型排列	HY	回转活塞式或摆杆活塞式

大型活塞式制冷压缩机常用以下方法表示：

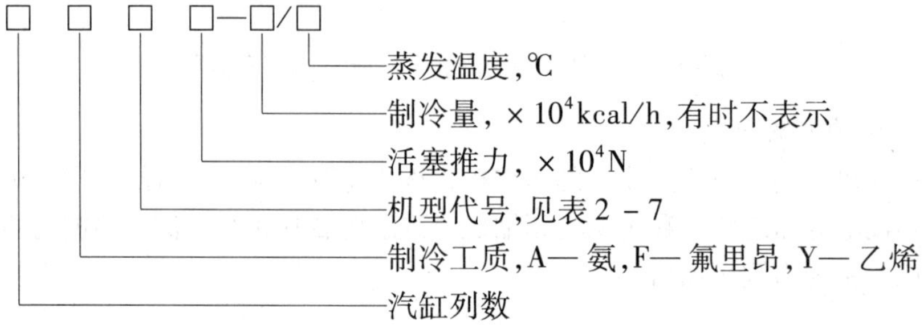

中小型活塞式制冷压缩机常用以下方法表示

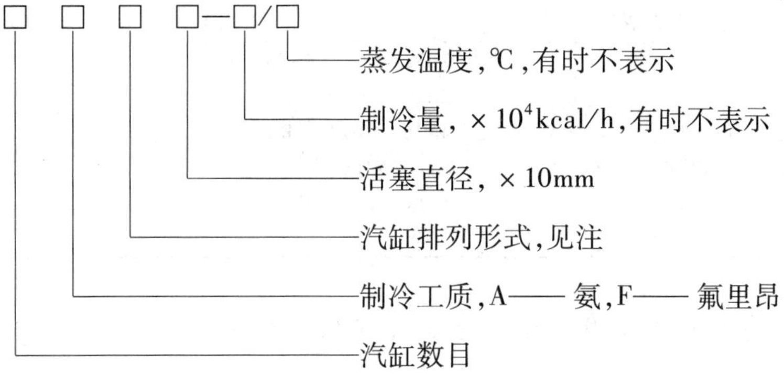

注：代号 S 表示 8 缸双 S 型；代号 W 表示 6 缸 W 型；代号 V 表示 2，4 缸 V 型。

三、活塞式压缩机在石油化工生产中的应用

活塞式压缩机在石油化工生产中、高压及超高压，低流量范畴内，仍然占据着难以替代的重要位置。由于设计水平和加工质量不断提高，近年来国产活塞式压缩机也得到了广泛的应用。表 2－8 是活塞式压缩机在石油化工生产中的应用示例。

表 2－8　活塞式压缩机在石油化工生产中的应用

序号	生产装置	应用机型	电机功率/kW
1	100 万 t/a 加氢裂化改造，新氢	4M80－47.4/11－192－BX	4000
	100 万 t/a 加氢裂化	4M50－24.5/23－192－BX	3400
2	120 万 t/a 加氢裂化	4M50－36/11－192－BX	3400
3	140 万 t/a 加氢裂化	4M50－27/21－192－BX	3200
4	160 万 t/a 加氢裂化	4M50－36/11－192－BX	3400
5	200 万 t/a 渣油脱硫加氢提浓氢	2D80－9/80－200－BX	1800
	200 万 t/a 渣油脱硫加氢，新氢	4M80－30/22－200－BX	3600
6	60 万 t/a 连续重整，氢增压机	4M40－139/2－8－50/8－25－BX	2400
	60 万 t/a 连续重整，氢增压机	4M40－135/2－6－55/6－20－BX	2800
	60 万 t/a 连续重整，氢增压机	4M50－186/2－8－82/7.2－20－BX	3200
7	80 万 t/a 加氢精制	4M40－23.6/16－98－BX	1800
	80 万 t/a 柴油加氢	4M50－49/11－89－BX	3200
8	100 万 t/a 柴油加氢改质新氢机	4M80－50/9.8－25－15/25－125－BX	2800
9	120 万 t/a 催化柴油加氢精制	4F2＋1 新氢－循环氢联合压缩机	3800
10	300 万 t/a 柴油加氢新氢机	2D80－53.4/11.5－68－BX	2900
11	100 万 t/a 焦化富气	2D32－24/6－18－19/12－35－BX	1000
12	制氢	2D20－23.4/4－27－BX	500
13	1.5 万 t/a 甲醇　合成气	4M12－25/5－49－BX	800
14	苯乙烯尾气氢提纯　原料气	4M10－34/35－BX	500
	解吸气氢提纯装置	2D20－103/8－BX	630
15	2.5 万 t/a 甲乙酮　氢压机	4M10－15.7/33－BX	200
16	PSA	4M20－181/10－BX 解吸气	1200
17	聚酯二阶段芳烃联合	4M40－157/2.3－8.8－57.6/8.1－25.5BX	2800
	40 万 t/a 芳烃联合	4M50－106/5－15－41/14－37－BX	3400
18	加氢分子筛脱蜡	4M10－10.3/1.7－6－5.4/5.6－65－6.44/56－65	500
19	120 万 t/a 航煤加氢　循环氢	2D20－29/14.5－27－BX	650

续表

序号	生产装置	应用机型	电机功率/kW
20	航煤脱臭	2D32－12/15.7－88－BX	850
21	氨气压缩机	2AD15－35/50	630
22	尾气回收　解吸气	4M16－108/12－BX	800
23	乙烯装置　甲烷制冷压缩机	BTD－NTCC	760
24	高压聚乙烯一次压缩机	B6Df－IIC	1300
	高压聚乙烯二次压缩机	F－8	6400

四、石油化工生产常用的几种活塞式压缩机的特点

1. 石油气压缩机

1）石油气中含有高碳不饱和烃类化合物，在一定的温度和压力下，会发生聚合反应，生成高分子聚合物。这些聚合物会粘着在阀片、活塞环及填料上，严重时会破坏压缩机正常工作。一般控制温度不要超过130℃。

2）石油气中的某些烃类化合物在压缩过程中会析出冷凝液，排气阀设置在汽缸的下面，有的还设有排凝阀定期排凝，防止汽缸发生液击。

3）石油化工用气多数气体属于易燃、易爆、有毒、有害气体。因此要求压缩机具有可靠的密封措施。对电机也应采用防爆电机或采用通风防爆、保持电机内正压等方法。

2. 氮氢气压缩机

氮氢气压缩机压力高、级数多，对密封的要求相当严格。通常都设置中体结构，有利于封阻气体的排放，又便于检修。这种压缩机活塞力较大，缸径较小，活塞杆直径相对较大，为平衡活塞力常用贯穿活塞杆的活塞。

3. 循环压缩机

循环压缩机主要用于克服生产装置系统的阻力降，增加循环气体的压力，使得未充分参与反应的气体物料，经循环压缩机升压后，重新进入反应系统。

1）循环压缩机的压力一般较低，多采用单级压缩。

2）循环压缩机在使用上要求保持一定的进、排气压力差，而且要求在切换时，供气量不变。

4. 二氧化碳压缩机

1）二氧化碳气体密度大，不宜选择过高的活塞平均速度，否则气体阻力损失加大，功耗增加。

2）二氧化碳气体中含有一定水分，具有强腐蚀性。气阀的弹簧、阀片的选材应有特殊要求。压缩机在冬季使用时，冷却水温度不能太低，以免产生冷凝液体，发生液击。

5. 氨压机

1）氨的临界温度高，吸气温度又低，缸套可不用水冷却，只在排气通道的周围才用水冷却。

2）为防止氨气液化产生液击，在汽缸盖上装有假头盖，用强力弹簧顶住，当发生液击时，假头盖被顶开，冷凝液放出。在两级压缩中，采用汽缸上的旁路安全阀，使吸、排气口连通，用以防止液击。对于大、中型氨压机，都将排凝阀置于下部，便于排凝。同时汽缸端部有液体旋塞阀，定期排液。

3）氨有毒，且与空气混合易于燃烧，所以对密封要求高。选材上不可用铜（磷锡青铜除外）。

6. 氧压机

1）汽缸内不用油润滑，否则容易引起爆炸事故。通常采用蒸馏水或皂钾液等液体润滑剂，也可以采用聚四氟乙烯塑料等自润滑材料。

2）汽缸内摩擦零件的选材有严格的要求，应防止产生火花、氧化或静电。在辅助设备中，冷却器宜用铜管或不锈钢管，避免由于氧化产生火花，这一点在温度高的出口管线上特别重要。

7. 乙烯超高压压缩机

在高压聚乙烯生产工艺中，通常采用一次压缩机的低压段（1～3段）将气体压缩到3.5MPa，经过4～6段压缩达到29MPa，然后进入二次压缩机一段入口，压缩到110MPa，通过段间冷却器将气体温度由90℃降至40℃，进入工段继续压缩到260MPa，通过超高压冷却器将气体送入反应器。乙烯超高压压缩机具有以下特点：

1）随着压力的增加，气体比容的减少变得越来越不明显，气体几乎接近液态。因此，汽缸的余隙容积对效率影响不大。虽然压力比较高，但是容积效率下降得不多。由于乙烯绝热指数较小，压缩后温度上升得缓慢。

2）在超高压的条件下，活塞力甚至可达100×10^4N以上，在超高压交变应力作用下的零部件，疲劳破坏的问题显得尤为突出。零部件结构尽量避免凹口、沟槽、锐角、阶梯，易于准确计算并消除应力集中现象。对零部件的加工精度、安装和检修质量也都提出了更高的要求。

3）超高压的条件下的动密封结构比较复杂，密封的难度较大。材料选用、制造精度和安装质量任何一方面的差异，都将对密封效果产生影响，成为超高压压缩机的一个关键。例如F－8型压缩机采用扇形填料，密封效果良好。

8. 有油润滑压缩机

由于石油化工工艺气体性质的多样化，使得汽缸和填料函强制润滑使用的润滑油，其选用要求变得更加严格和苛刻。要考虑到操作条件下对润滑油黏度、氧化安定性的影响，又要考虑不与被压缩气体发生化学反应，并要有较好的水溶性。闪点一般要求比排气温度高20～25℃。石油化工常用气体对润滑油的要求见表2－9。

表2－9　石油化工常用气体对润滑油的要求

气　体	对润滑油的要求及原因	可用润滑油	代　用　油
空　气	应有较好的抗氧化能力，润滑油的闪点应比最高排气温度高40℃	HS13、HS19 单级用DAA100、DAA150 两级用DAA68、DAA100 低压用DAB32	11#柴油机油。10#汽油机油，30#、40#、50#机械油
氮、氢气、氮氢混合气	对润滑油具有化学惰性，可用压缩机油	HS13、HS19 DAA68、DAA100、DAA150	低压HG－11饱和汽缸油，高压HG－24饱和汽缸油
氧　气	使矿物油剧烈氧化而引起爆炸，故不能用矿物油	蒸馏水加体积分数为6%～8%的甘油，或无油润滑	
氯　气	在一定条件下与润滑油中的烃类作用生成氯化氢，对钢铁有腐蚀	无油润滑（石墨）、合成油或二硫化钼	

气　　体	对润滑油的要求及原因	可用润滑油	代　用　油
乙　烯	为防止乙烯被润滑油污染，不用矿物油	80% 甘油加 20% 蒸馏水或白油	
石油气	冷凝液对润滑油有溶解作用，用高黏度润滑油	HS19 DAA100、DAA150	
二氧化碳	水溶解二氧化碳生成酸，恶化润滑油性质，要干燥除水	HS13、HS19、 DAA68、DAA100、DAA150	40#机械油
氨	要求润滑油的凝固点低	13#冷冻机油	
氟里昂	要求润滑油的凝固点低	18#、25#冷冻机油	

9. 无油润滑压缩机

这种压缩机的活塞环和填料密封大多数采用聚四氟乙烯为基体，加入铜粉、石墨粉、玻璃纤维等材料经压制成型烧结而成。由于材料本身具有自润滑性能，所以可不用或少用润滑油。这种压缩机的特点有：

1）活塞平均速度和转数要比有油润滑压缩机低一些。

2）采取各种有效措施（如设置刮油环等），阻止活塞杆上的润滑油带入汽缸。

3）由于聚四氟乙烯塑料导热系数低，因此工作温度不能像有油润滑那样高，并且应加强冷却。

4）要求阀片运动时不与金属产生摩擦。环状阀与导向块有摩擦，因此气阀不宜选用环状阀。

5）如果气体中含有微量水分，在无油润滑条件下，应考虑汽缸防腐蚀的措施。

五、石油化工中压、高压和超高压活塞式压缩机结构特点简介

1. 中压活塞式压缩机结构简介

以 2D25 - 10.7/12 - 90 - BX 型两列两级压缩对称平衡型压缩机为例，结构见图 2 - 9，主要技术规范和各级气体参数见表 2 - 10 和表 2 - 11。

表 2 - 10　2D25 - 10.7/12 - 90 - BX 型压缩机主要技术规范

项　　目	技 术 规 范	项　　目	技 术 规 范
压缩介质	$H_2$96%，$CH_4$2.44%	电机型号	TAKW800 - 18/2150
吸入状态下的流量	10.7m^3	电机功率	800kW
活塞行程	0.32m	冷却水耗量	60t/h
主轴转数	333.3r/min	传动方式	联轴器刚性连接
吸/排气压力	1.177/8.829MPa	气量调节范围	0、50%、100%
吸/排气温度	40℃/139℃	气量调节方式	手动气控顶开吸气阀
轴功率	660kW	主机外形尺寸	6828 × 1030 × 1185mm
主机质量	12159.23kg		

表 2 - 11　2D25 - 10.7/12 - 90 - BX 型压缩机各级气体参数

项目＼级	一　级	二　级	项目＼级	一　级	二　级
吸气压力/MPa	1.177	3.415	排气温度/℃	140	139
吸气温度/℃	40	40	汽缸内径/mm	300	190
排气压力/MPa	3.45	8.829	安全阀排放压力/MPa	3.795	9.886

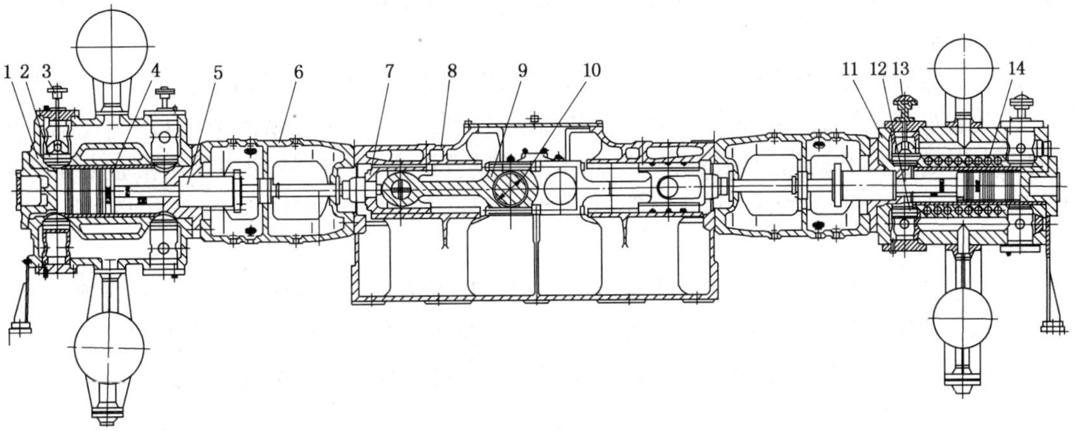

图 2-9　2D25-10.7/12-90-BX 型新氢压缩机剖面图

1—汽缸；2—吸气阀；3—调节器；4—低压缸活塞；5—填料函；6—中体；7—十字头；
8—机身；9—连杆；10—曲轴；11—高压缸；12—高压缸排气阀；13—高压缸进气阀调节器；14—高压缸活塞

压缩机组主要由同步电机、刚性联轴器、压缩机及附属设备构成。

压缩机本身由一个机身、两个中间接筒(又称中体)、一级汽缸、二级汽缸(位于机身左、右两侧各一个)以及传动机构等构成，汽缸下面设有汽缸支座。

(1) 机身(见图 2-10)

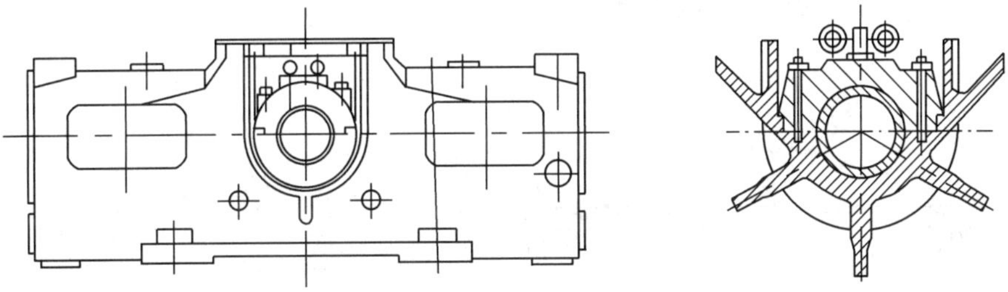

图 2-10　2D25-10.7/12-90-BX 型压缩机机身

机身为对称平衡式，由曲轴箱、油池和两组十字头滑道组成的灰铸铁件(HT25-47)。机身装有曲轴、连杆和十字头等。机身用 4 个地脚螺栓固定在基础上。机身顶部有可拆卸盖板，便于安装、检修主轴承、曲轴、连杆。每个十字头滑道都有两个窗口用金属盖板密封，便于内件的安装和检修。机身顶部设有通风装置。

(2) 中间接筒(见图 2-11)

中间接筒为铸铁(HT25-47)制成的双室型筒状部件。它是机身和汽缸间的连接桥梁。接筒中间隔板装有填料，用来防止汽缸填料函漏出的有害气体窜入机身内。中间接筒与机身连接侧设有安装刮油环的隔板，用以把机身滑道与接筒分开，阻止机身中的润滑油通过活塞杆进入汽缸，刮油环刮下的油流回油池。

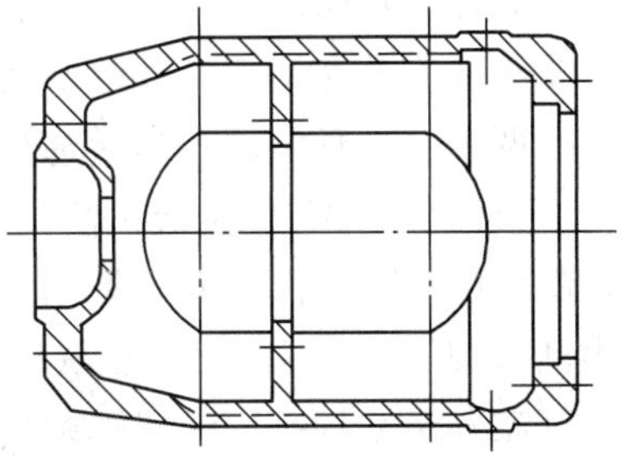

图 2-11　2D25-10.7/12-90-BX 型压缩机双室型中间接筒

中间接筒分开的两室上部和底部分别接有填料冷却水、润滑油、充气及漏气回收和排凝专用管线。中间接筒两侧的窗口可以打开，用于填料的检修和维护。工作时窗口用金属盖板密封。

（3）汽缸

低压缸为铸铁(JT30－54)制成的带有气道和水道3层内壁的筒形铸件。高压缸为锻钢制造，汽缸水道是机加工形成的。低压缸和高压缸缸套均为合金铸铁制成(JT25－47C)，缸套的工作表面进行了氮化处理，缸套与缸体采用过盈配合。汽缸体的两端由缸盖和缸座封闭。轴侧缸座内设置填料函，阻止往复运动的活塞杆通过缸座时造成缸内气体的外漏。

（4）气阀

气阀在汽缸上为径向布置，双作用汽缸在轴端和盖端都设有气阀孔。吸气阀布置在汽缸体的上部，排气阀装在缸体的下部。吸、排气阀的阀片依据阀前后的气体压差与弹簧力的综合作用，自动实现打开与关闭。吸气阀、排气阀可以是环状阀，也可为网状阀。

（5）活塞组件

活塞组件(两套)参见图2－12，包括活塞、活塞杆、活塞环和支承环等。

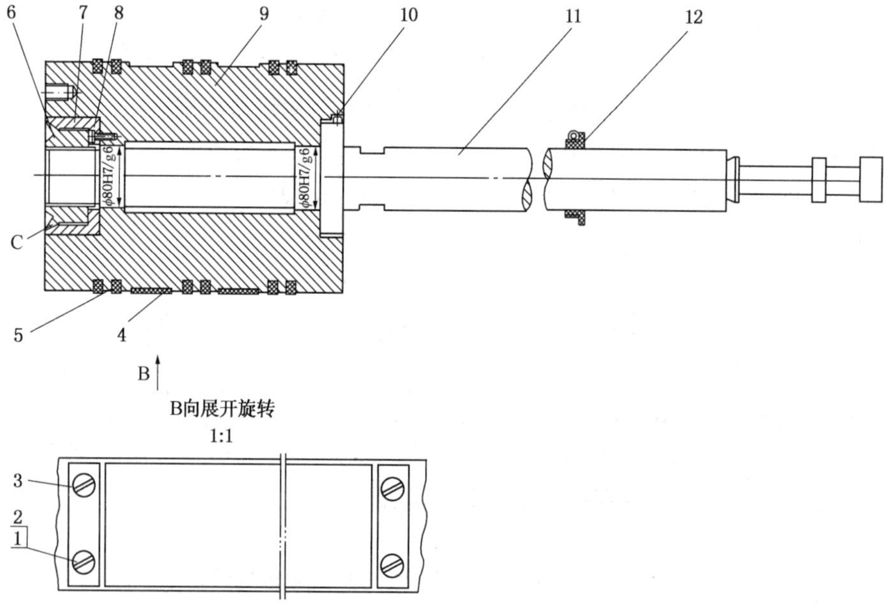

图2－12　2D25－10.7/12－90－BX型压缩机一级活塞组件

1—螺钉；2—厌氧胶；3—定位块；4—支承环；5—活塞环；6—螺母；7—垫；8—螺钉；9—活塞；10—销；11—活塞杆；12—挡油盘部件

一级活塞采用实心结构，由铸铝ZL401制成。活塞杆为42CrMo锻制。活塞杆与填料密封工作表面经特殊的淬火处理。活塞环分成3组，每组由两个靠近的、单独的活塞环组成。两个支承环安装在活塞底部两组活塞环间的凹槽内，支承环只占活塞圆周的1/3，每个支承环都由两个定位环定位。当活塞在汽缸内往复运动工作时，支承环起着导向作用。

二级活塞由$35^{\#}$钢制成，活塞杆为42CrMo锻制，见图2－13。活塞环分成3组，每组由3个靠近的单独的活塞环组成。两个支承环安装在活塞底部两组活塞环间的凹槽内，支承环只占活塞圆周的1/3，每个支承环都由两个定位块定位。

活塞与活塞杆是用活塞杆帽紧固的。活塞是靠活塞杆肩部的的外圆及活塞帽外圆作径向定位。紧固后将螺帽的卷边压入活塞端部的开槽处以防松动。

一、二级活塞环和支承环均由填充聚四氟乙烯材料制成。

（6）活塞杆密封填料

2D25 - 10.7/12 - 90 - BX 型压缩机是引进德国博尔齐格公司技术生产的，原设计属于带有漏气回收、充气保护的有油润滑填料，其密封填料结构如图 2 - 14 所示。

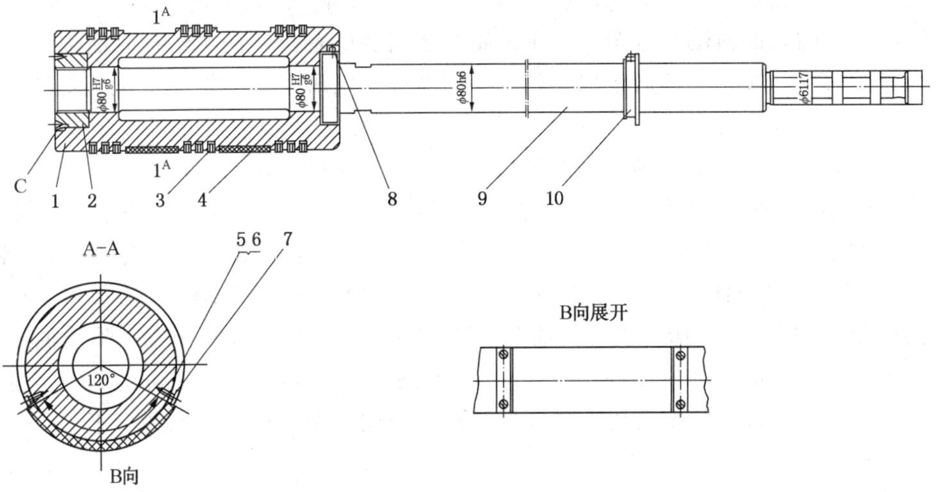

图 2 - 13　2D25 - 10.7/12 - 90 - BX 型压缩机二级活塞组件

1—活塞；2—螺母；3—活塞环；4—支承环；5—螺钉；6—厌氧胶；7—定位块；8—销；9—活塞杆；10—挡油盘部件

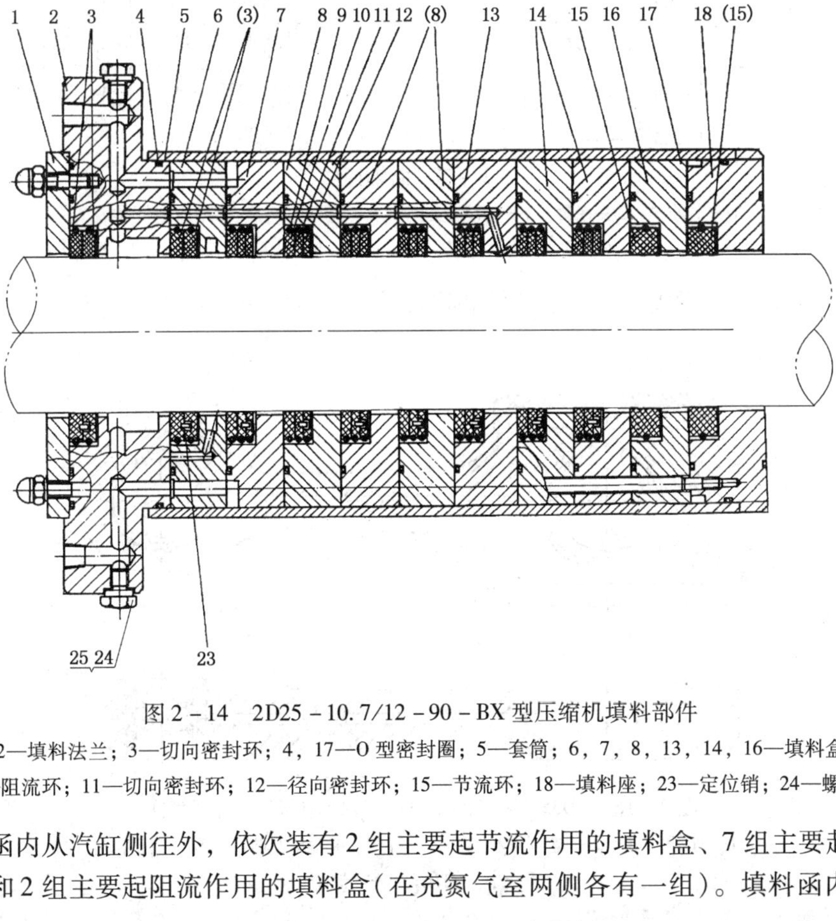

图 2 - 14　2D25 - 10.7/12 - 90 - BX 型压缩机填料部件

1—压盖；2—填料法兰；3—切向密封环；4，17—O 型密封圈；5—套筒；6，7，8，13，14，16—填料盒；9—填料弹簧；10—阻流环；11—切向密封环；12—径向密封环；15—节流环；18—填料座；23—定位销；24—螺堵；25—垫

填料函内从汽缸侧往外，依次装有 2 组主要起节流作用的填料盒、7 组主要起密封作用的填料盒和 2 组主要起阻流作用的填料盒（在充氮气室两侧各有一组）。填料函内设有冷却

水通道，用来降低填料的温度。填料函内设有润滑油孔，用来加强润滑和密封效果。

如果密封元件使用了自润滑性能良好的材料，也可以采用无油润滑。

（7）传动机构

包括主轴承、曲轴(1个)、连杆(2个)和十字头(2个)；主轴瓦由上、下两部分组成。瓦背由钢制成，内表面衬轴承合金。主轴瓦组装于机身的轴承座内。轴瓦有肩部翻边，表面有轴承合金的对接凸缘。用两肩距离与轴承座的宽度来实现轴瓦的轴向定位。主轴承为非中间开边，而是在轴承中心水平面下5mm。因此，上半轴瓦和轴承盖一起在轴承座内实现径向定位。轴承盖上的圆柱销是用于上部轴瓦在轴承盖上正确定位之用。

轴承螺栓的预紧力是靠其伸长量保证的。每个螺栓中心都有一个圆孔,孔内装有测量圆柱棒,可用深度千分尺测量螺栓紧固前后的伸长量,从而保证轴瓦的紧固和轴承与轴颈的润滑间隙。

曲轴由35#钢锻制而成。它由主轴颈、曲柄颈、拐臂、带密封槽的主轴颈和联轴器法兰组成，参见图2-15。密封槽与机身挡油盖配合，借助于密封元件的作用，阻止油池润滑油外漏。曲轴靠近联轴器侧的主轴颈，与轴向定位轴承配合，用于确定曲轴的轴向定位。其余的主轴颈和曲柄颈与轴承的配合可作轴向位移以适应曲轴温升后的轴向线膨胀。

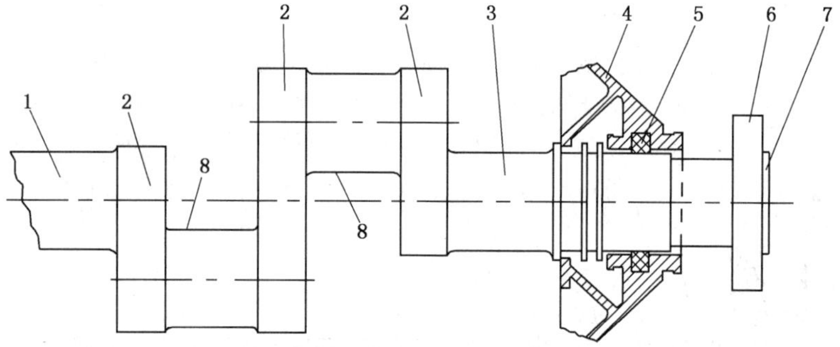

图2-15　曲轴简图

1—主轴颈；2—拐臂；3—定位主轴颈；4—机身挡油盖；5—密封元件；
6—联轴器法兰；7—定位止口；8—曲柄颈

连杆由35#钢锻制而成，分为连杆体和连杆盖两部分，参见图2-16。通过2根35CrMo

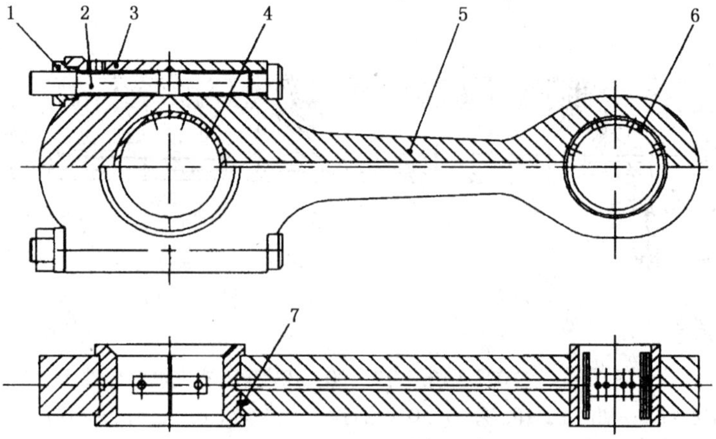

图2-16　2D25-10.7/12-90-BX型压缩机连杆简图

1—连杆螺母；2— 连杆螺栓；3— 连杆盖；4—大头轴瓦；5—连杆体；
6—小头轴瓦；7—定位销

特制的连杆螺栓将连杆体和连杆盖与两体式曲柄颈轴瓦组成一体。连杆大头瓦与压缩机主轴瓦基本相同。十字头销轴承为整体式，由钢瓦背、青铜中间层及轴承合金电镀层组成，与连杆小头孔过盈配合。

连杆在工作中承受相当大的交变应力，这不仅对连杆的材质和加工精度提出了严格要求，安装时还必须对连杆螺栓的预紧力实行严格控制，可通过连杆螺栓伸长量测量专用工具进行测量。连杆螺栓紧固后，应将螺母卷边压入连杆螺栓头部槽中止退。

连杆杆身中心的油孔与大、小头轴瓦外部的环槽相通，由十字头过来的润滑油通过环槽、油孔实现对十字头销和曲柄销的润滑。

十字头的结构参见图 2－17。

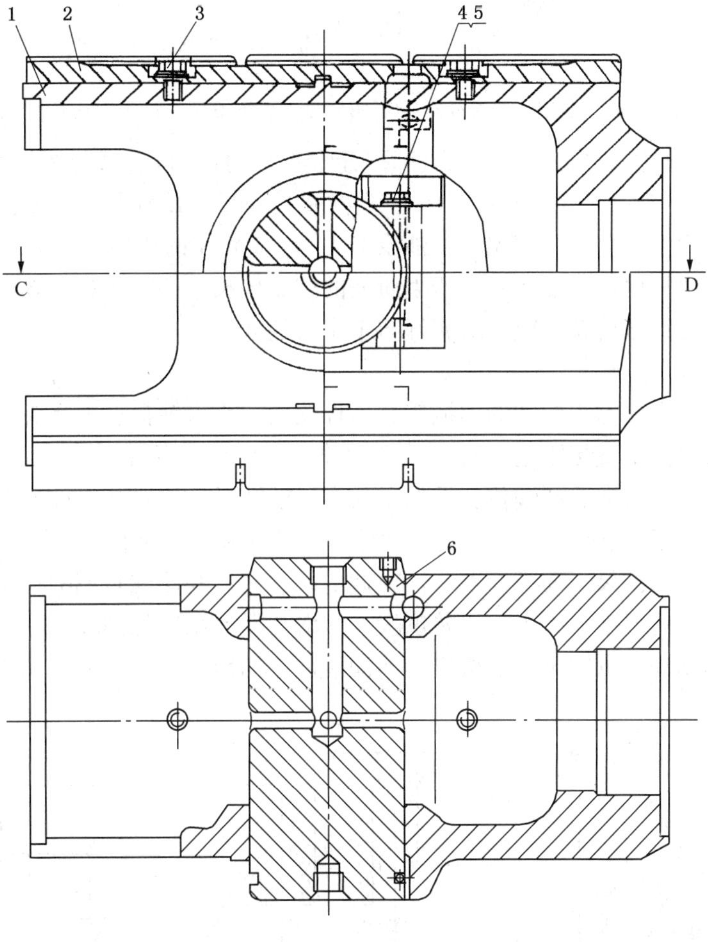

图 2－17　2D25－10.7/12－90－BX 型压缩机十字头简图

1—十字头体；2—滑板；3—滑板紧固螺钉；4—螺钉；5—定位销；6—十字头销

十字头体由 25#铸钢制成。上、下两个滑板用螺钉紧固在十字头体上，滑板的工作面铸有一层轴承合金，滑板沿纵向与十字头体以榫槽定位。十字头销由 42CrMo 制成，其工作表面十字头锥经过硬化处理并与销孔紧配合。其轴向定位是通过插入十字头销一端的安全销孔的定位销来实现的。

润滑油是从滑道的油孔经十字头滑板、十字头体、十字头销的油孔、油槽再流向十字头滑板的支承表面。由于各润滑点需要的油量不同，所以各导油通道的截面尺寸不同。

(8) 液压十字头连接器(见图 2－18)

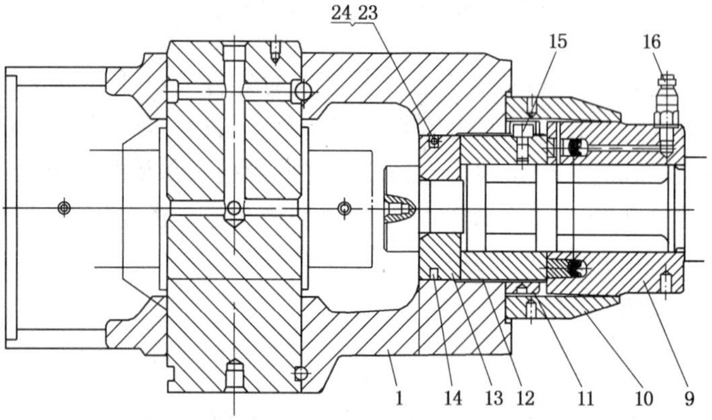

图 2－18　2D25－10.7/12－90－BX 型压缩机液压连杆十字头连接器

液压紧固装置是由压力体⑨、压力活塞(组装在压力体内)、紧固螺母⑩及密封圈(组装在压力体内)组成。活塞杆是通过(两半的)止推圈⑬和螺圈⑫与十字头①连在一起的。液压紧固装置也装在活塞杆上。手动超高压油泵产生的 150MPa 的压力，将环形活塞及压力体分别压向螺圈及活塞杆肩部，使活塞杆产生所需的初始伸长。这时将紧固螺母旋入至十字头端部实现机械定位，泄压后就完成了活塞杆与十字头的连接。

(9) 润滑系统

传动机构中的主轴承、曲轴的曲柄销、连杆的大、小头轴瓦、十字头销和滑道采用了强制润滑。主油泵由曲轴直接驱动，机身的油池作为系统的油箱来使用，可以储存至少 8min 的油泵循环油量，装有油温和油位就地指示仪表。油池最低位置装有放油阀，油路总吸油口设有过滤精度不少于 30μm 的粗过滤器。油池与稀油站和主油泵相连。

稀油站包括辅助油泵、油冷却器、油压调节阀、精过滤器(过滤精度不大于 40μm)、安全阀以及就地安装的温度、压力、压差仪表。润滑油循环系统见图 2－19。主油泵用于压缩机正常工作，辅助油泵可用于压缩机启动前润滑部位的预润滑，也可以在主油泵油压低于设

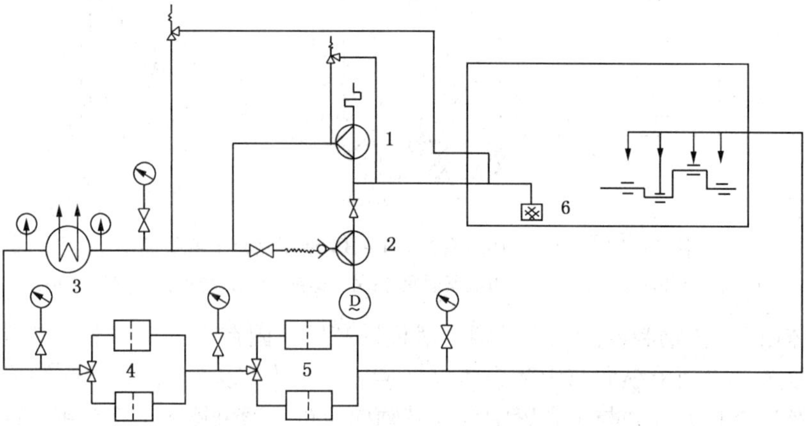

图 2－19　传动机构润滑油循环系统

1—主油泵；2—辅助油泵；3—油冷却器；4—粗滤油器；5—精滤油器；

6—油池及内过滤网

定值时自启动。辅助油泵由单独的电机拖动。主轴承和十字头滑道润滑点都直接与润滑油管线连接。连杆大、小头轴瓦是通过机件内部的油路提供润滑油的。连杆体中心的纵向油孔与大、小头轴瓦外部的环形槽相通，由十字头来的润滑油，通过环形槽及油孔对十字头销和曲柄销实现润滑。润滑系统要求供油温度超过65℃，油压低于0.16MPa时报警并启动辅助油泵，油压低于0.12MPa压缩机自停。

汽缸和填料如果采用注油润滑方案，可启用注油器系统向指定注油点供油。

(10) 压缩机附属设备

附属设备包括进气过滤器、一级、二级吸气缓冲罐、一级、二级排气缓冲罐、列管式中间冷却器(用于压缩气体的中间冷却)、一级、二级气体分离器(用于压缩后气体的气、液分离)、水冷却系统(用于工艺气体的级间冷却、汽缸、填料及润滑油的冷却)、气体调节器(用于压缩机排气量的调节)、安全阀、手动盘车机构、仪表及其联锁控制系统等。

2. 高压活塞式压缩机结构简介

以4M50－33.7/11－192－BX四列三级对称平衡型压缩机为例，该机型为沈阳气体压缩机厂引进德国博尔齐格公司技术生产的加氢裂化装置用新氢压缩机，结构剖面图见图2－20，其结构主要技术规范和各级气体参数见表2－12和表2－13。

表2－12　4M50－33.7/11－192－BX主要技术规范

项　目	技术规范	项　目	技术规范
压缩介质	氢气	传动方式	直连
压缩机转数	300r/min	冷却水消耗量	190000kg/h
轴功率	2772kW	气量调节范围	0、50%、100%、90%
行　程	0.4m	气量调节方法	压开吸气阀、固定余隙阀
标准流量	20850Nm^3/h	主机质量	45000kg
电机型号	TAKW3080－20/2600	主机尺寸	8100mm×3500mm×1600mm
电机功率	3080kW		

表2－13　4M50－33.7/11－192－BX压缩机各级气体参数

项　目	一　级	二　级	三　级
吸气压力/MPa	1.196	3.16	7.61
吸气温度/℃	40	40	40
排气压力/MPa	3.16	7.61	18.95
排气温度/℃	141	130	134
汽缸内径/mm	495	305	160×2
安全阀排放压力/MPa	3.48	8.22	20.1

(1) 对称平衡型机身

该机为四列对称平衡型机身，两列为一组。两个机身用螺栓连接在一起，两个侧面及上平面共有3个圆柱销定位。由生产厂组装好，以保证主轴承的同轴度要求。

机身由曲轴箱、油池和两组十字头滑道组成。机身装有曲轴、连杆、十字头。每组机身由4个地脚螺栓固定在基础上，机身材料为HT25－47。

机身顶部为开口式，用来安装主轴承、曲轴和连杆。总装完毕后，用机身盖板密封。每个十字头滑道部位都有两个窗口，用于十字头、十字头与活塞杆连接装置、刮油环及滑道的安装与维修。安装或检修过后，窗口用金属盖板密封。机身顶部有通风装置，用于曲轴箱的通风换气。

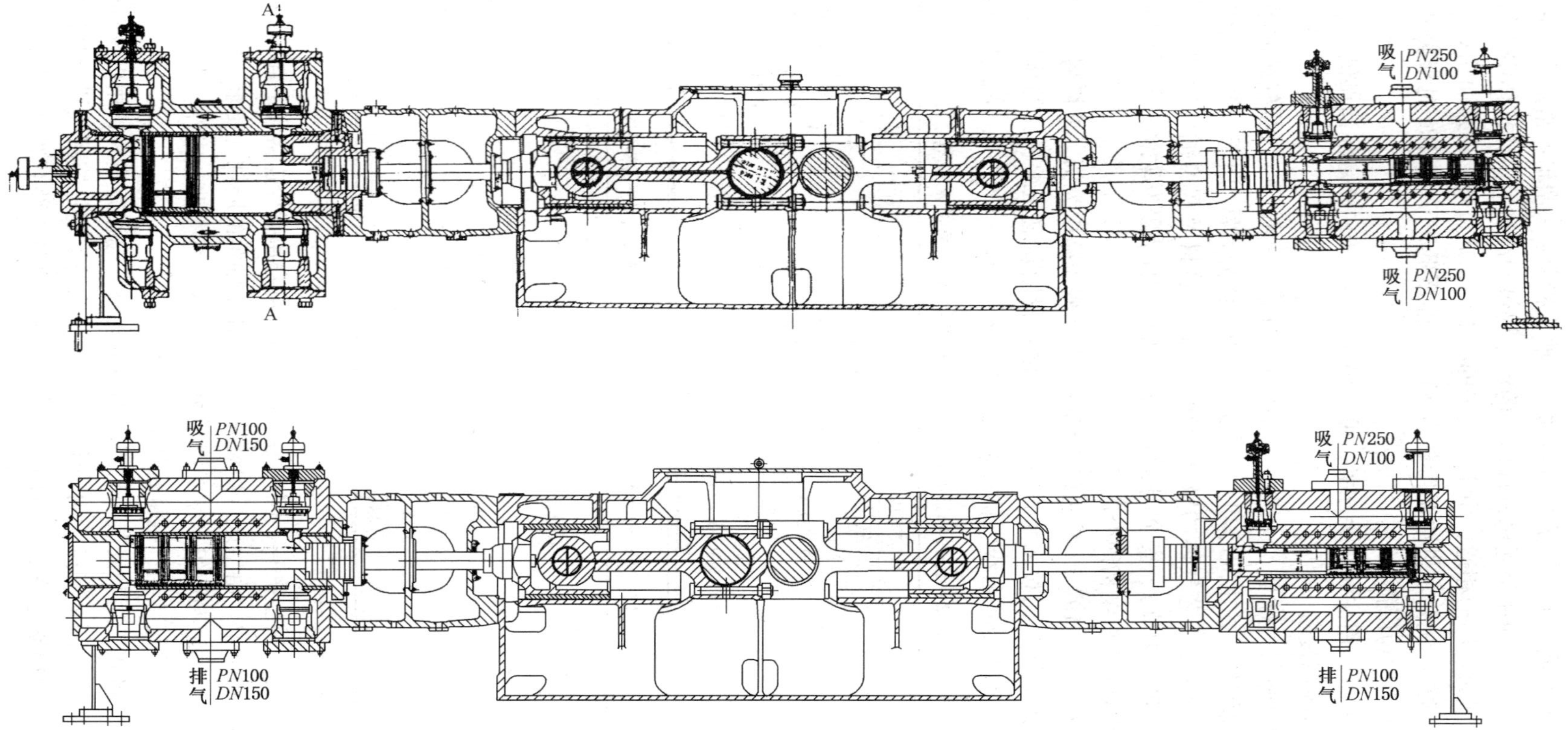

图 2－20　4M50－33.7/11－192BX 型氢气压缩机Ⅰ－Ⅲ级剖面图（上图）和Ⅱ－Ⅲ级剖面图（下图）

（2）中间接筒

中间接筒，又称中体，为 HT25－47 铸造的双室型结构，数量为 4 个。它是连接机身和汽缸的桥梁。在与机身和汽缸连接的法兰面上采用 O 型密封圈密封，并通过专用弹性螺栓把它们连接在一起。接筒与机身连接侧设有安装刮油环的隔板。接筒设有中间隔板，中间隔板装有填料，防止填料漏出的工艺气体进入机身内污染润滑油或对机件造成腐蚀。

（3）汽缸

各级汽缸均为双作用形式。一级汽缸（一个）为 HT25－47 铸造，二、三级缸为 35# 锻钢制造（二级汽缸 1 个、三级汽缸 2 个），各级汽缸均配有干式缸套。其中一级汽缸套为合金铸铁 JT25－47C 制成，二级汽缸套为合金铸铁 JT25－47D 制成，三级汽缸套的材料为 38CrMoAlA。

一级汽缸盖设有固定余隙阀调节装置，可使压缩机在 90% 负荷下工作。各级汽缸的吸气阀都设有压开吸气阀的调节装置，以便在 0、50%、100% 范围内调节气量。固定余隙阀和压开吸气阀的调节装置均为气动手控。

每级汽缸均有注油孔，缸套外部设有冷却水套。除一级缸的水套是铸出的以外，其余各级水套为机加工制成。各列汽缸下部设有支架，以支承汽缸重量。汽缸进气在汽缸上方，排气在下方。

（4）气阀

该机型共采用两套气阀，一套是环状阀，一、二、三级阀座、阀盖为 45# 锻钢，各级阀片为 30CrMnSiA，弹簧材料为油淬火的 50CrVA。另一套是网状阀，阀座、阀盖为 3Cr13 铸钢，阀片和缓冲片材料为 60Si2MnA，弹簧材料为 50 CrVA。

（5）活塞组件

一级活塞为铸造筒形结构，材料为球墨铸铁 QT42－10，见图 2－21。二级活塞为锻制实心结构，材料为 35# 钢。三级活塞与杆锻为整体，材料为 42CrMo。各级活塞杆材料均为 42CrMo。活塞杆与填料接触的工作表面经过高频淬火处理。

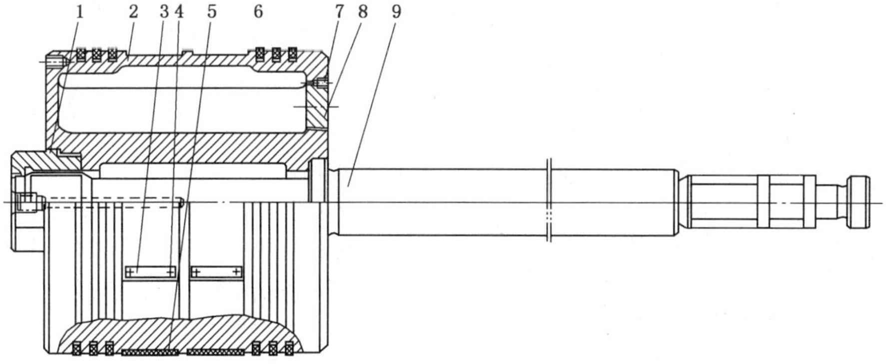

图 2－21　4M50－33.7/11－192－BX 压缩机一级活塞

1—螺母；2—活塞；3—挡块；4—螺钉；5—支承环；6—活塞环；7—螺钉；8—方头螺堵；9—活塞杆

活塞靠活塞杆肩部及活塞帽外圆作径向定位。活塞杆中心有一孔，孔内可放电加热棒，对活塞杆端部加热，使活塞杆伸长，然后旋紧活塞杆螺帽，冷却后就实现了紧固。紧固后螺帽的卷边压入活塞杆端部开槽处，以防松动。紧固所需的扭矩，经计算转化成角度并由图纸提供，操作准确、简单。

一级活塞环呈2组均匀分布，每组由3个相邻的、单独的活塞环组成。两组活塞环之间在活塞的下部设置2个支承环。材料为填充聚四氟乙烯材料。

二级活塞环呈4组均匀分布，每组由2个相邻的、单独的活塞环组成。每两组之间在活塞的下部设置1个支承环(共3个)，材料为填充聚四氟乙烯材料。

三级活塞环呈4组均匀分布，每组由3个相邻的、单独的活塞环组成。每两组之间在活塞的下部设置1个支承环(共3个)。活塞环的材料为ZCuSn10Pb1锡青铜。

各级支承环材料均为填充聚四氟乙烯材料。

(6) 活塞杆密封填料

该机填料采用引进的ARECO结构。一级汽缸填料为5组密封元件加1组节流环。二级汽缸填料为6组密封元件加1组节流环。三级汽缸填料为8组密封元件加2组节流环。一级、二级密封元件为2个填充聚四氟乙烯密封环加1个青铜阻流环。三级密封元件为2个青铜环中间夹1个填充聚四氟乙烯密封环。填料盒材料为3Cr13。填料采用注油润滑并通冷却水冷却。填料法兰设有一个漏气回收孔，通过接筒上的接管引至放火炬系统。

(7) 传动机构

传动机构由曲轴、连杆、十字头等部件组成。

曲轴由35CrMo锻钢制成。曲轴上不钻油孔，可以减少加工量又可避免应力集中。

连杆用35#锻钢制成。连杆大头瓦与压缩机主轴瓦基本相同。十字头销轴承为整体式，由ZCuSn10Pb1锡青铜制成，与连杆小头孔过盈配合。

连杆螺栓为35CrMo，为保证连杆螺栓有准确的预紧力，要求连杆螺栓的初始伸长量符合图纸上规定的技术要求。连杆螺栓紧固后，将螺母卷边压入螺栓头部槽中，以防松动。

由于该机一、三级和二、三级的往复运动的质量不能平衡，所以三级采用了十字头加平衡重的结构，以平衡相对两列的往复运动质量，平衡块通过螺栓固定在十字头体上。

十字头体由25#铸钢制成，其工作表面铸有一层轴承合金。十字头销材料为42CrMo，工作表面经过淬火处理。其轴向定位是通过插入一端的安全销来实现的。

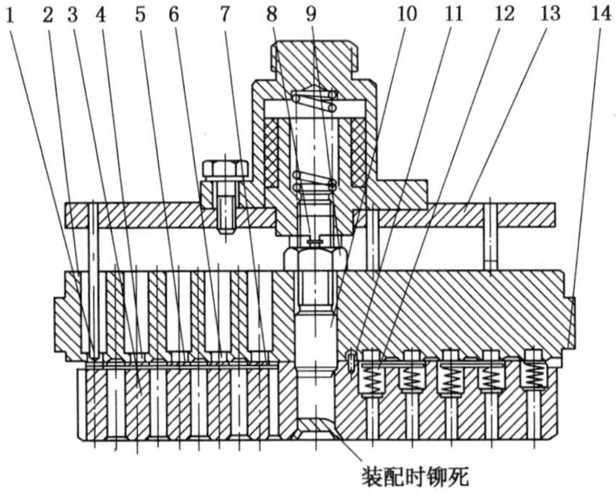

图2－22　4M50－33.7/11－192BX型氢气压缩机气阀部件

1—阀片；2—阀座；3—阀盖；4—阀片；5—阀片；6—阀片；7—阀片；8—销；9—螺母；10—螺栓；11—销；12—弹簧；13—无负荷压叉；14—垫

(8) 压缩机的控制与保护系统

排气温度高于160℃或循环油压低于0.245MPa报警。循环油压低于0.157MPa停车。盘车与主电机联锁，当盘车装置处于盘车位置时主电机不能启动。

(9) 气量调节结构

为适应压缩机排气量的调节和使压缩机实现无负荷(无压力)启动，本机采用两种方法进行气量调节。

在各级吸入阀上方装设顶开气阀阀片的压叉，压叉上接气动执行结构，接通执行结构气源就可以工作了，见图2－22。本机压开吸气阀装置可以实现0、50%、100%三档调节。但是这种调节方式仅用于压缩机启动前和正常停车，不能经常用作调节气量。

（10）固定余隙容积调节结构

当需要进行气量调节时，利用气动执行结构将密封元件打开，汽缸工作腔便与补加余隙容积相通，从而增加了压缩机汽缸的余隙容积，改变了汽缸容积系数，达到气量调节的目的。由于它的气量调节范围是固定的(不可改变的)，所以无法实现压缩机无负荷启动，必须使用排气管和进气管连通调节的方法来实现。本机的固定余隙阀可调节气量10%。

3. 超高压压缩机结构简介

以F－8型超高压压缩机为例，它属于卧式两级八缸对置平衡型压缩机，其结构平面布置见图2－23。为保证柱塞运动的直线性，延长密封的使用寿命，F－8型超高压压缩机采用了汽缸运动中心在同一直线上的对称型结构，其往复机构为两侧汽缸所公用。两端柱塞分别借助中间导杆和框架式十字头连接。使作用在相对的两柱塞的柱塞力可以相互抵消一部分。

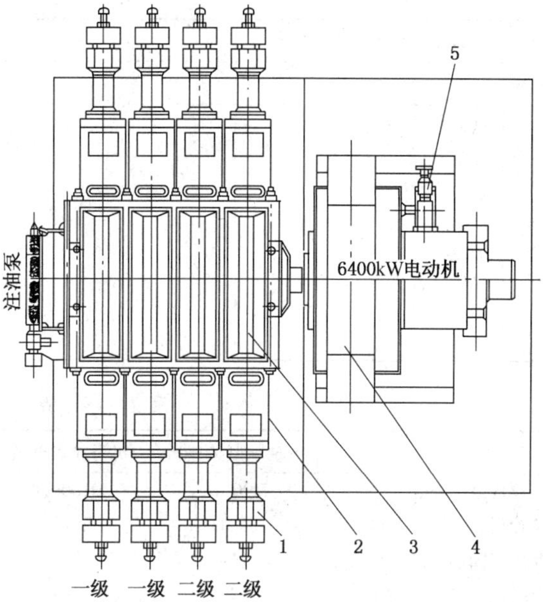

图2－23　F－8型超高压压缩机结构平面布置

1—汽缸；2—中体；3—机身；4—电动机；5—电动盘车器

F－8型乙烯超高压压缩机的技术参数见表2－14。

（1）机体

机体包括机身和中体(又称隔离室)，由FC25铸铁制成。机器的传动部件(曲轴、连杆、十字头等)安装在机身内。5个主轴承均由有两个配合侧面的主轴承压盖固定在指定位置上，机体上部通过贯穿螺栓用油压紧固，以增加机身的刚性。机体各部油压紧固参数见表2－15。

表2－14　F－8型乙烯超高压压缩机技术参数

参数分类及名称		技术参数值		
分类	名　　称	单　　位	指　标　值	
性能参数	生产能力(排气量)	t/h	38.1	
	级　数	m^3/h	1	2
	吸入容量	MPa	96.5	73.2
	设计压力	MPa	140	270
	试验压力	MPa	216	850
	安全阀启跳压力	MPa	144	270
	吸入压力	MPa	25	107
	排出压力	MPa	110	200
	吸入温度	℃	40	40
	排出温度	℃	90	80
	吸入压力变动范围	MPa	22～28	
	吸入温度变动范围	℃	30～50	30～50
	转　数	r/min	200	200
	计算轴功率	kW	5860	
	额定功率	kW	6400	
	内部油消耗量	L/h	260	

参数分类及名称		技术参数值		
分类	名　　称	单　　位	指　标　值	
结构参数	汽缸数		4	4
	柱塞直径	mm	88	80
	行　程	mm	380	340
	柱塞平均速度	m/s	2.54	2.27
	额定柱塞力	10^4N	90	90
	气体柱塞力	10^4N	51.6	77.2
	余隙比		25	31
	压力比		4.4	4.31

表 2－15　螺栓油压紧固参数

	主轴承紧固螺栓	机身拉紧螺栓	十字头紧固螺栓	连杆螺栓	中体螺栓
螺栓规格/mm	M90×4	M100×4	M90×4	M90×4	M72×4
螺栓材料	SCM3	SCM3	SCM3	SCM4	SCM3
油压紧固力/10^4N	114	170	163	102	60
所需油压/MPa	120	140	140	81	111.5
螺母回转角	80°	420°	215°	210°	200°

F－8 型超高压压缩机的运动机构见图 2－24。

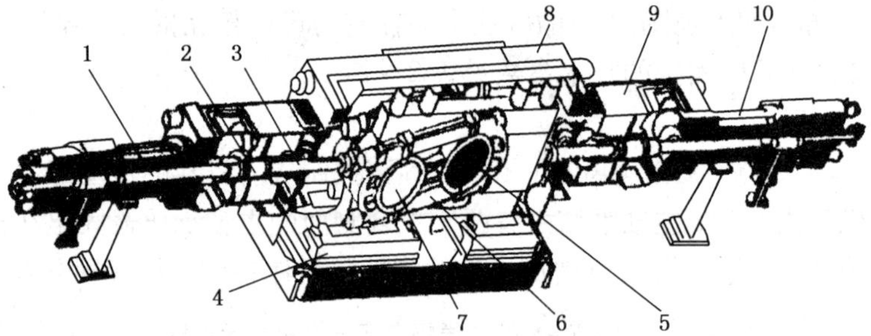

图 2－24　压缩机运动机构

1—柱塞；2—中间导向瓦；3—中间导杆；4—滑块；5—曲轴；6—连轩；7—十字头；8—机身；9—中体；10—汽缸连接螺栓

曲轴有 4 个曲拐，由 SF55 锻钢制成。轴端有与曲轴整体锻造的法兰与电机主轴刚性连接。

连杆由铸钢制成，包括本体、大头轴瓦和小头轴瓦 3 个部分。大头轴瓦衬有巴氏合金，连杆小头为叉型，有 2 个衬有巴氏合金的轴瓦。叉型结构便于装配和调整。

十字头是连接连杆与作往复运动的中间导杆的部件，具有导向作用，见图 2－25。由主辅十字头组成，共分为 4 块，用 4 个紧固螺栓依靠油压紧固。十字头销轴由 SCM4 锻钢制成，具有较高的硬度和韧性。十字头下部滑块有上下两面挂有巴氏合金的主滑块和左、右两面用螺钉紧固的青铜辅助滑块组成。采用倒“T”型十字头，连杆固定在十字头中间的框架式结构，减少了跳动量，保证了十字头和汽缸的同心度。

中体使得汽缸和驱动部分完全隔开，结构见图 2－26。为保证柱塞运动能准确对中和导向，中体内装有中间导杆、嵌有铅青铜的导向套和挠性的可吸收不同心的压缩杆等零部件。为防止压缩气体漏入机身，中体采用油封并装有挡油圈和填料。

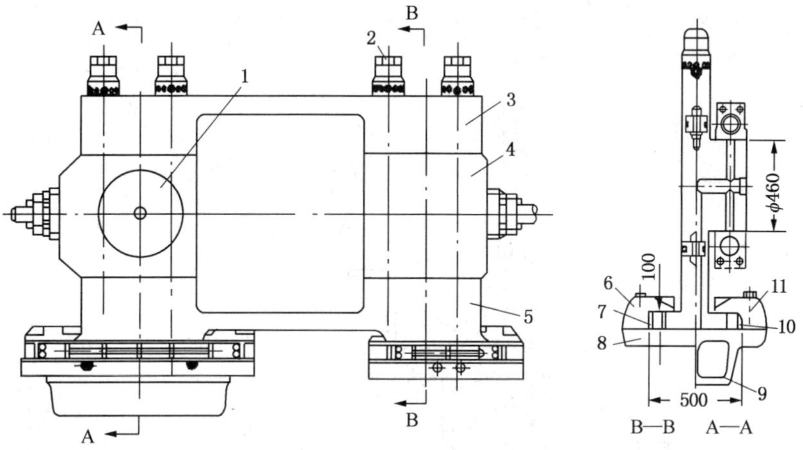

图 2-25　十字头

1—十字头销；2—十字头螺栓及螺母；3—十字头上体；4—十字头中间体；5—十字头滑块；6—副十字头导轨；7—副十字头侧瓦；8—副十字头导板；9—主十字头导板；10—主十字头侧瓦；11—主十字头导轨

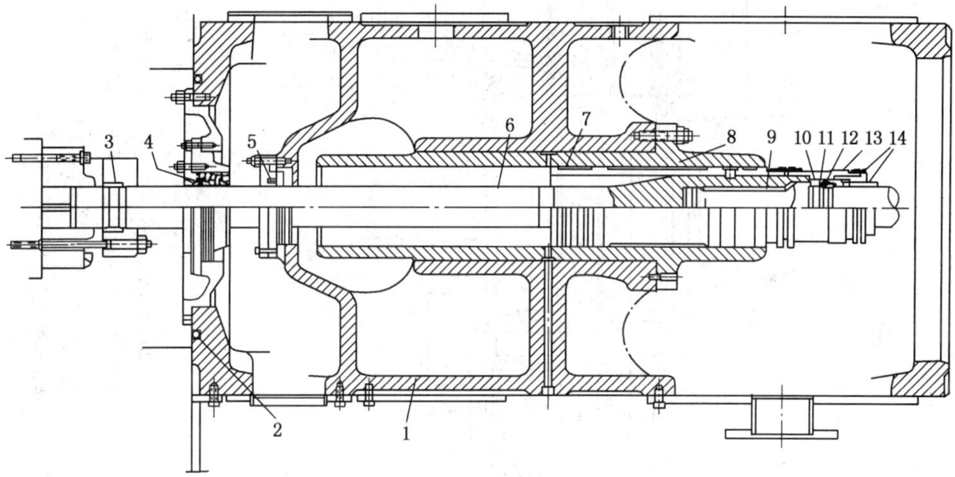

图 2-26　中体

1—中体；2—O 形环；3—连接环；4—刮油环；5—刮油填料环；6—中间导杆；7—导向环；8—导套；9—压缩杆；10—压力弹簧；11—压紧环；12—压力弹簧；13—柱塞螺母；14—联轴器螺母

（2）汽缸

F-8 型超高压压缩机一、二级共有 8 个汽缸，每个缸端部装有进出气组合阀一个，所以均为单作用。一、二级汽缸结构相似，二级汽缸结构见图 2-27。一、二级汽缸均为圆柱形热压配合双层结构，几何形状简单，无横截面变化，无凹槽，应力分布较均匀。汽缸内外套材料为 AISI 4340 高强钢。在内汽缸盖处装有填料箱，以冷却柱塞，防止汽缸渗漏出的气体直接流向中体侧。漏向内汽缸盖侧的气体，在基环处可导向收集管内。

二级汽缸金属填料箱结构见图 2-28。

柱塞和汽缸间采用扇形金属填料密封，填料由铅青铜材料（JIS LBC_4）制成。金属填料由径向开口三瓣 R 环和切向开口三瓣 T 环组合而成，外周用手镯式弹簧固定。R 环装在汽缸侧，T 环装在机身侧，R 在轴向将 T 环切口遮住，达到轴向密封。

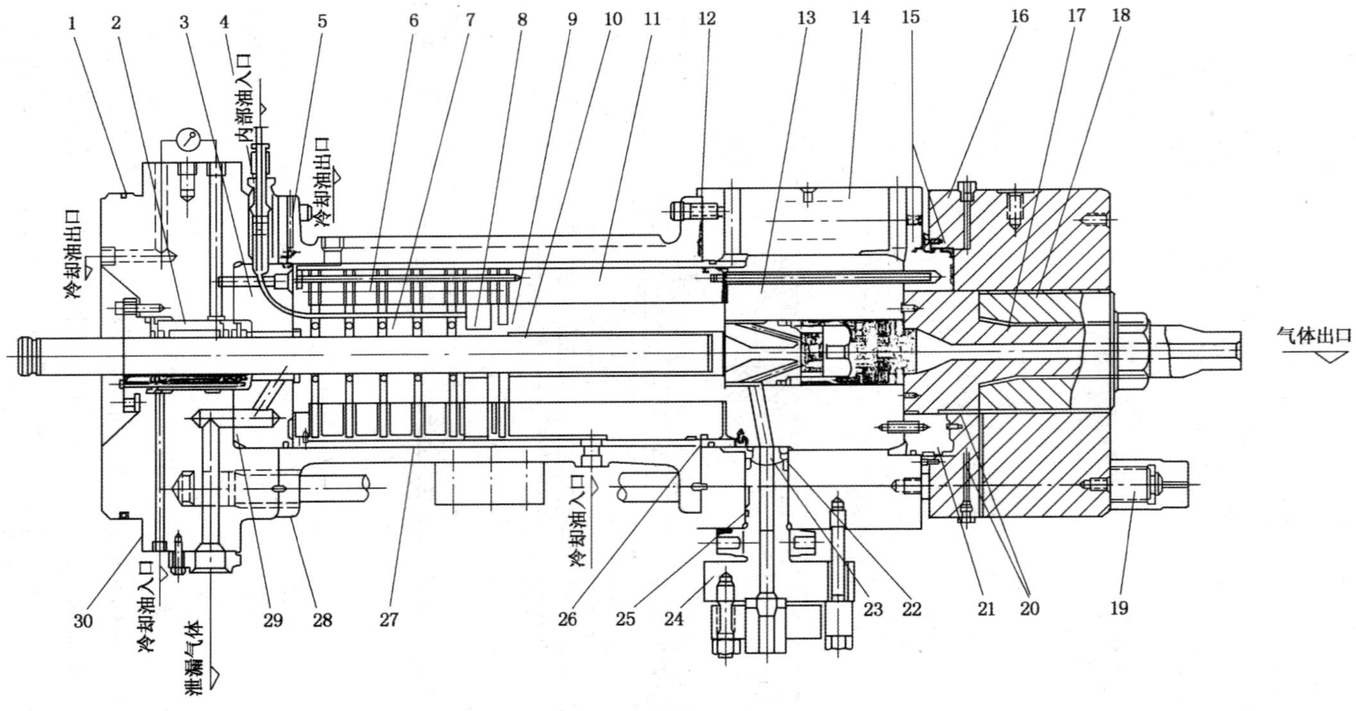

图 2-27　二级气缸结构

1,5,12,15,20,25,26,29—O 形环;2—填料箱;3—基环;4—注油止回阀;
6—金属填料组;7—高压金属填料环;8—导向瓦;9—减压环;10—柱塞;11—热压缸套;13—阀芯;14—汽缸阀盖;
16—气缸盖;17—排出管接座;18—中心螺纹顶杆;19—气缸螺栓;21—油压活塞;22—弹簧;
23—透镜垫圈;24—吸入管接座;27—填料衬套;28 一冷却筒;30—内气缸盖

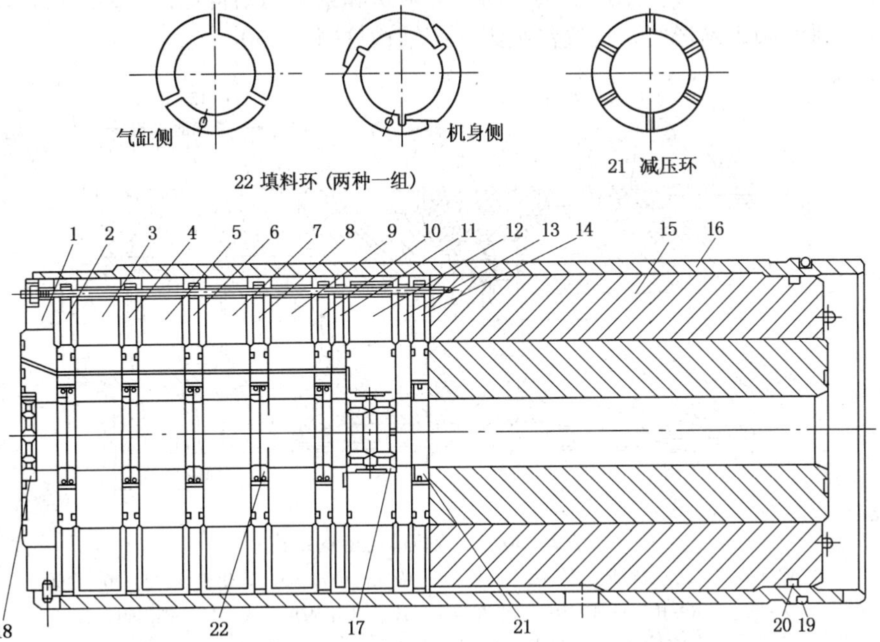

图 2－28　二级汽缸金属填料箱结构

1—D1 环；2—D2 环；3—z 环；4—K4 环；5—z 环；6—K6 环；7—z 环；8—K8 环；9— z 环；
10—K10 环；11—D11 环；12—G12 环；13—D13 环；14—K14 环；15—热压缸套；16 一金属填料衬套；
17—导向环；18—支承环；19，20—O 形环；21—减压环；22—填料环

一、二级汽缸柱塞均为圆柱形，由碳化钨高温烧结而成。依靠金属填料间的导向环进行导向。中间导杆与柱塞之间的连接见图 2－29。

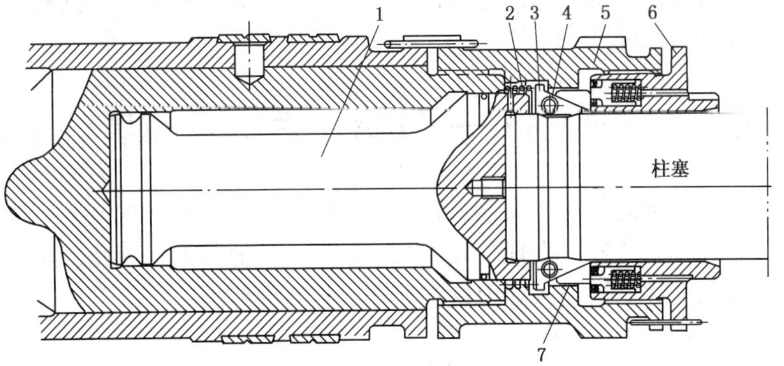

图 2－29　中间导杆与柱塞的连接

1—压缩杆；2—压力弹簧；3—压紧环；4—压力弹簧；5—螺母；
6—杆联轴器螺母；7—压环

具有平底槽的柱塞端部，压装在中间导杆的压缩杆端面上。紧固联轴器螺母时圆锥形压环沿着压紧环内圆锥部分推向平底槽，使柱塞保持准确的同心。拧紧螺母后，需要用开口销防止转动。

F－8 型超高压压缩机使用的气阀，阀的两侧压差很大，承受相当大的交变载荷。为了

延长使用寿命和方便检修，采用了具有简单的形状和紧凑的结构进出气组合阀形式。吸气阀为环形阀，排气阀为锥形阀。二级汽缸组合阀结构见图 2－30。

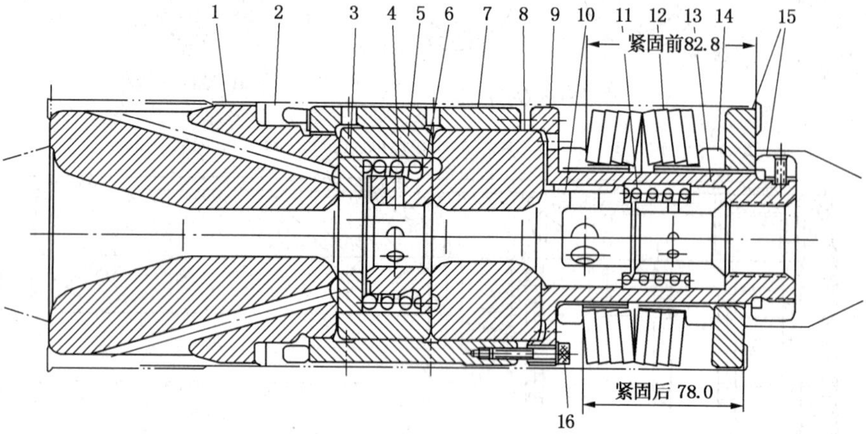

图 2－30　二级汽缸组合阀结构

1—吸入阀座；2—密封环；3—吸入阀板；4—吸入阀弹簧；5—碳化钨导向套；6—隔环；7—导套；8—排出阀座；9—排出阀挡箱；10 —排出阀提升头；11—排出阀弹簧；12—板簧；13—排出阀挡；14—弹簧座；15—阀门压紧装置；16—螺栓

（3）油系统

F－8 型超高压压缩机的油系统分为内部油系统、外部油系统、冷却油系统 3 部分。

内部油系统是采用白油（LP－15）润滑柱塞和金属填料的，由 12 台高压泵和 8 台低压泵组成的注油泵组分别向二级汽缸和一级汽缸注油。

外部油系统是用来润滑十字头滑板、导轨、主轴承、十字头销轴和曲轴轴承的，由齿轮泵、油冷却器、过滤器、管路、仪表等构成外部油循环系统。

冷却油系统由齿轮泵压出，经油冷却器、过滤器后，分 3 路去冷却汽缸、柱塞、金属填料以及润滑中间导杆。

第三节　易损件——气阀、活塞环和填料密封

活塞式压缩机在正常运行时，气阀、活塞环（包括支承环和导向环），以及活塞杆填料密封所处的工作条件相当苛刻，出现失效的几率远高于其他部件。因此，在强制性的小修或中修维护中，这些易损件已被列入必须检查处理或更换的范围。

一、气阀

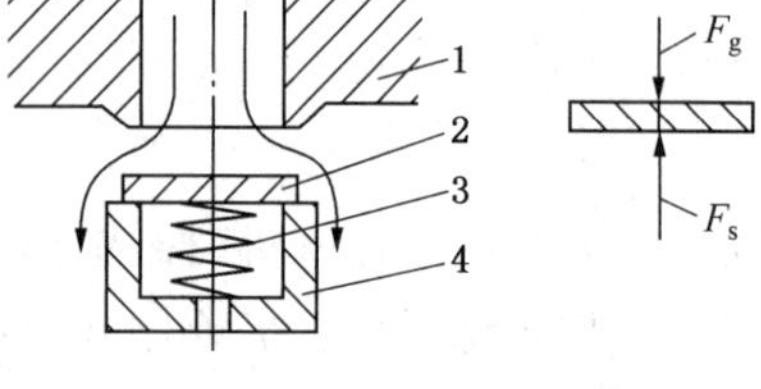

图 2－31　气阀主要组成部分

1—阀座；2—阀片；3—弹簧；4—升程限制器

活塞式压缩机一般都使用自动阀，随着汽缸内气体压力的变化而自行启闭。任何形式的自动阀都由 4 个基本部分组成，见图 2－31。

（一）气阀的结构分类及特点

各种气阀的结构分类及特点见表 2－16。

环状阀和网状阀由于结构比较简单，通流面积大，强度高，制造方便以及易于实现系列化、标准化等优

点，在石油化工工艺流程压缩机中得到了广泛应用。

表 2－16　各种气阀的结构分类及特点

气阀型式		结构特征	优　　点	缺　　点	适用场合
环阀	环状阀（图 2－32a，b）	阀片呈环形	形状简单，应力集中部位少，抗疲劳好。加工方便，省料	各环动作不易一致。气流阻力大，普通环状阀缓冲效果差，导向部分易磨损，寿命较短	除超高压压缩机以外的各种压缩机 由于阀片经常与导向块摩擦，通常不适用于无油润滑压缩机
环阀	网状阀（图 2－33）	阀片呈网形	阀片动作一致，阻力比环状阀片小，可设缓冲片。带自弹性网状阀片的网状阀无导向部分磨损，弹条的弹性力能适应阀片启闭的需要，采用圆柱形弹簧钢丝直径可比环状阀的大，数量可减少	运动质量大，形状复杂，易造成应力集中，加工复杂	在大型低速压缩机低、中压汽缸上应用较多，尤其适应无油润滑压缩机
孔阀	碟形阀（图 2－35）	启闭元件呈碟形	结构强度高，阀座密封面成圆弧形或圆锥形，阻力小。加工简便	通流面积小，质量大，不适应大气量压缩机，启闭不及时	小型压缩机
孔阀	杯型阀（图 2－34）	启闭元件呈杯形			高压或超高压压缩机
孔阀	菌型阀（图 2－36）	启闭元件呈菌形			高压或超高压压缩机
直流阀（图 2－37）		阀片安装方向与气流方向一致	阀片本身有弹性，质量轻，启闭及时，流通面积大，阻力小	制造精度高，排气阀余隙容积大，阀片密封性差。阀片薄，受压低寿命较短	低压、高转数压缩机
舌簧阀（图 2－38）		阀片为特殊形状的薄弹簧片，一端固定，一端自由	结构简单，阀片本身有弹性，质量轻，启闭及时	寿命不长	微型高速压缩机
条状阀	槽型阀（图 2－39）	阀片为槽型长条状	阀片刚性好，弹簧为条形片弹簧，具有变刚性，又能起缓冲作用	阀片制造复杂	低速压缩机
条状阀	自弹条状阀（图 2－40）	阀片为薄的矩形条片	阀片本身有弹性，质量轻，启闭及时。升程低	阀片薄，受压低寿命不长	低压高转数压缩机

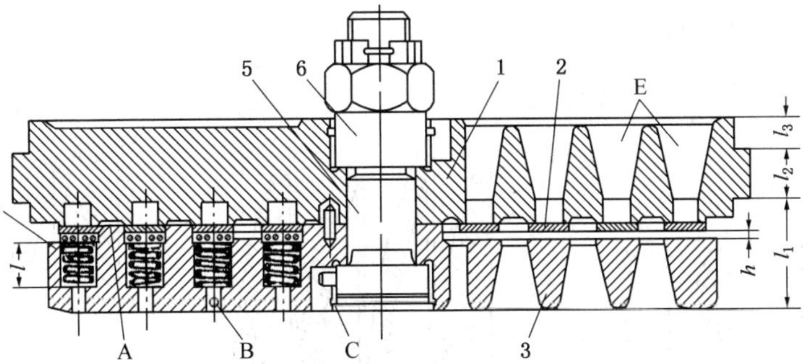

图 2－32a　低压级环状阀

1—阀座；2—阀片；3—升程限制器；4—弹簧；5—螺栓；6—紧固件；
A—升程限制器的凸台；B—弹簧支承座下的小孔；C—防转销；E—环形进气通道

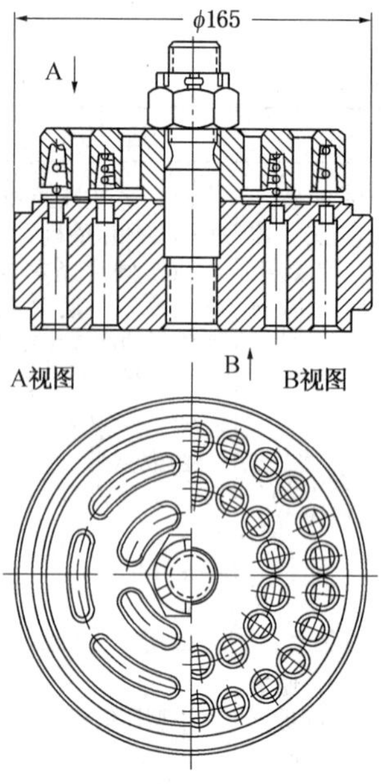

图 2－32b　高压级(32MPa)
用环状阀

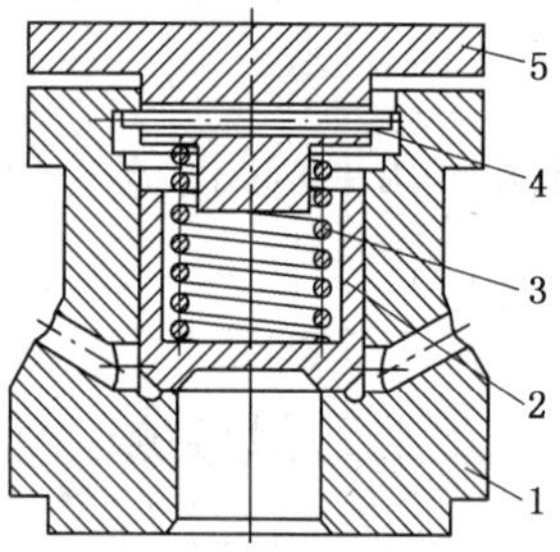

图 2－34　杯形阀
1—阀座；2—阀芯；3—弹簧；
4—销；5—升程限制器

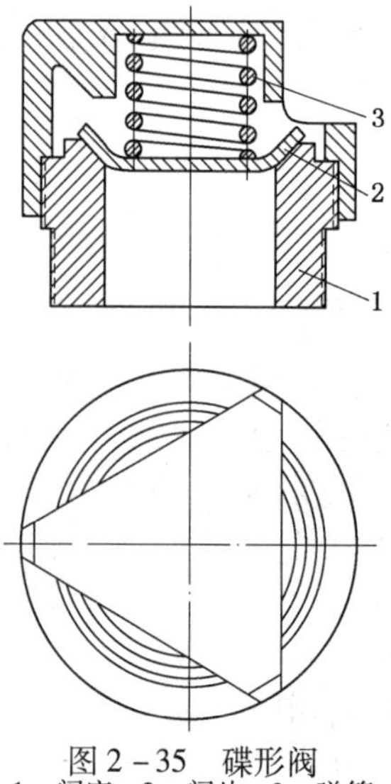

图 2－35　碟形阀
1—阀座；2—阀片；3—弹簧

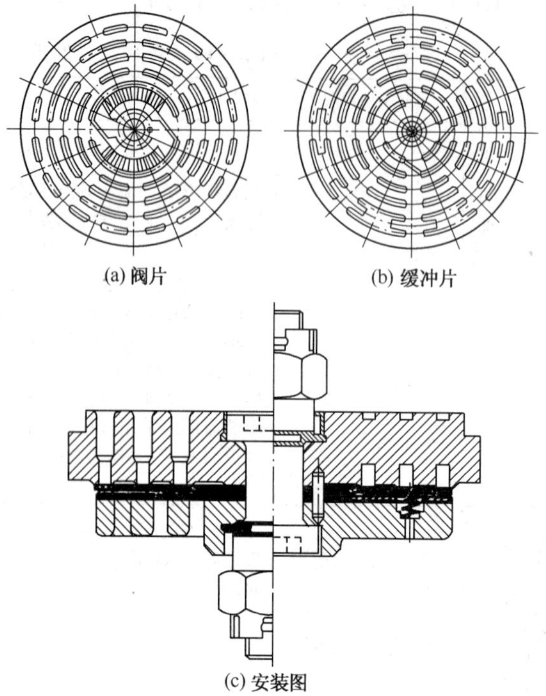

(a) 阀片　(b) 缓冲片　(c) 安装图

图 2－33　网状阀

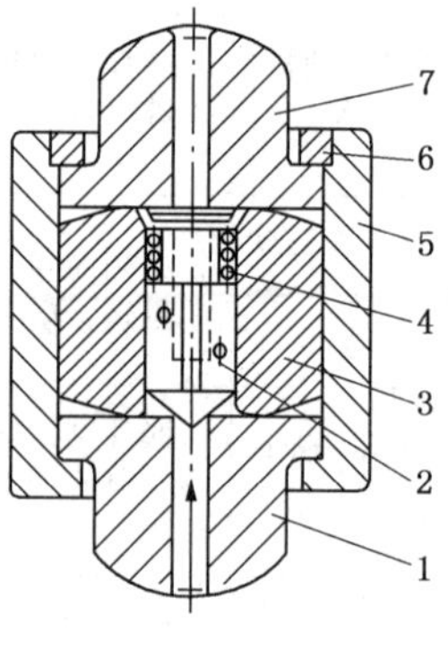

图 2－36　菌状阀
1—阀座；2—阀芯；3—阀体；4—弹簧；
5—阀套；6—挡环；7—升程限制器

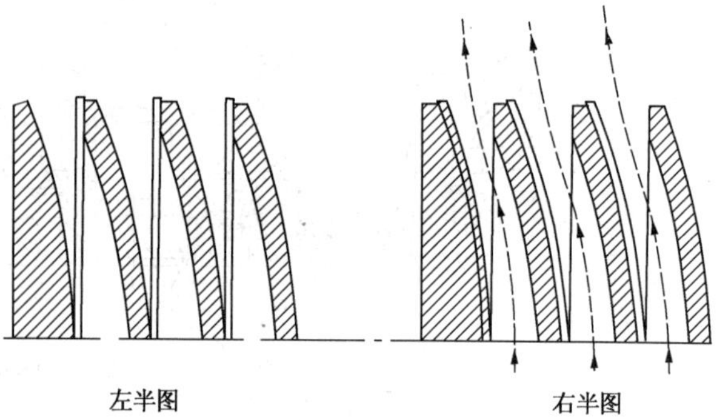

图 2－37　直流阀
左半图为阀片处于关闭状态，右半图为阀片处于全开状态

（二）环状阀和网状阀的阀片

环状阀阀片呈环形，单环阀片比其他形式的阀片应用更为广泛。阀片的厚度在 0.8 ~ 3mm 之间，按外径大小和压差高低选择。推荐的环状阀片尺寸系列见表 2－17。

网状阀阀片与升程限制器之间有一个或几个缓冲片，阀片背面始终贴在缓冲片上，或者阀片开启时首先接触缓冲片，不直接与升程限制器产生撞击，见图 2－33。阀片呈网状，相当于将环状阀片连成一体。阀片本身具有弹性，自中心数起第 2 圈上，径向筋条铣出一个斜口，同时在很长弧度内铣薄。当阀片中心圈被夹紧而外缘四周作为阀片时，能够在升程内上、下运动。

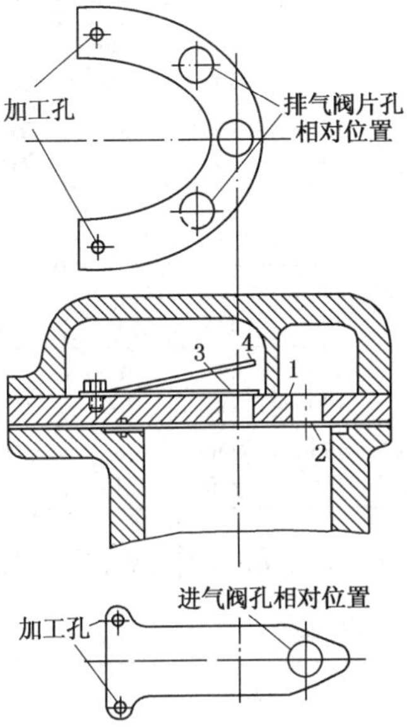

图 2－38　舌簧阀

1—阀座；2—进气阀片；3—排气阀片；4—限制器

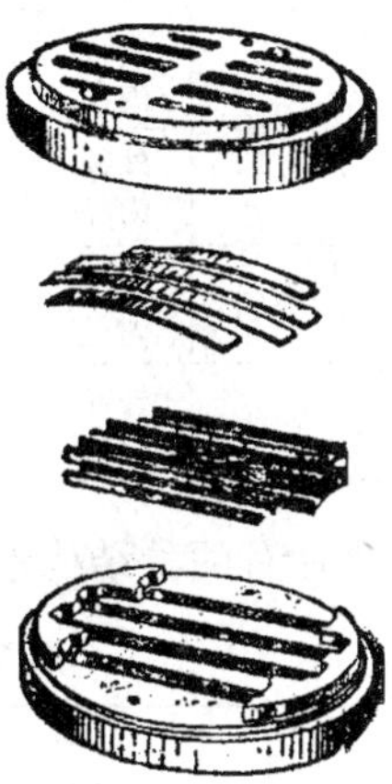

图 2－39　槽形阀

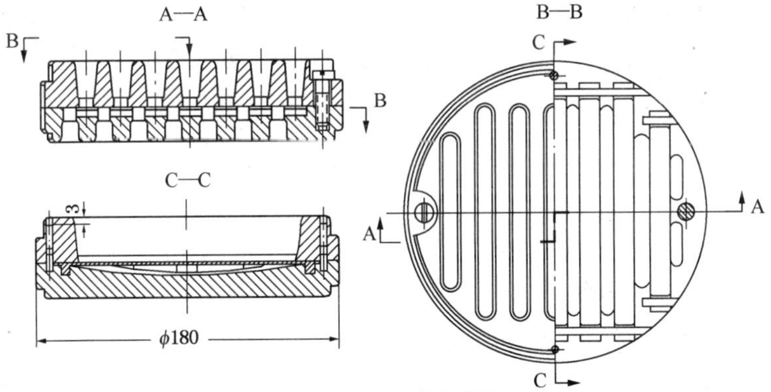

图 2－40　自弹条状阀

表 2－17　推荐的环状阀片尺寸系列

阀片型式	同一气阀中相邻环外径差	组别		阀片直径/mm 阀片环数顺序 1	2	3	4	5	6	7	8	9
I	25	一组	外径 内径	32 17								
			外径 内径	50 35								

续表

阀片型式	同一气阀中相邻环外径差	组别		阀片直径/mm 阀片环数顺序 1	2	3	4	5	6	7	8	9
Ⅰ	25	二组	外径 内径	35 20	60 45							
			外径 内径	45 30	70 55							
		三组	外径 内径	40 25	65 50	90 75	115 100	140 125	165 150	190 175	215 200	240 225
			外径 内径	55 40	80 65	105 90	130 115	155 140	180 165	205 190	230 215	255 240
Ⅱ	35	一组	外径 内径	60 40	95 75	130 110	165 145	290 180	235 215			
			外径 内径	80 60	115 95	150 130	185 165	220 200	255 235			
		二组	外径 内径	70 50	105 85	140 120	175 155	210 190	245 225	280 260		
		三组	外径 内径	55 35	90 70	125 105	160 140	195 175	230 210	265 245	300 280	

网状阀的阀片有两种结构形式，见图 2－41 和图 2－42，其性能对比见表 2－18。

表 2－18　两种不同网状阀片的性能比较

阀片形式	结构特征	优　点	缺　点
带自弹性网状阀片（见图 2－33 及 2－41）	各环用筋条连成一体，自中心数起第 2 圈上，径向筋条处铣出一个斜切口，切断处的两个半环铣薄（图中阴影部分），使之具有弹性。当阀片中心第 1 圈被夹紧时，第 3 圈以后各圈起密封作用	启闭一致，无需导向，具变刚性，启闭及时	结构复杂，容易造成应力集中，制造费工，运动质量大，弹条部分易断裂
无自弹性网状阀片（见图 2－42）	除无弹性外，其余均同带自弹性网状上（在阀座上要设导向凸台）	启闭一致，通流面积大	与导向凸台有摩擦

（三）弹簧元件

活塞每往复运动一次，气阀就经历着从开启到关闭的整个运动过程。长期承受交变载荷作用的弹簧的性能能否保持稳定，必将对气阀能否正常工作造成直接影响。

一旦弹簧失弹，阀片停留在升程限制器上的时间将延长，将在更接近止点的位置或气流速度更低时才开始关闭，甚至活塞已经到达止点，阀片仍未回到阀座上，造成关闭滞后。此时，活塞已经开始了压缩行程，使吸入的气体回窜，不仅减少了排气量，同时，阀片在弹簧力和窜出气流的共同作用下撞向阀座，造成严重敲击，噪声变大，并且使得阀片和阀座损坏加剧。

如果弹簧选择不当，弹簧过硬，以至于当活塞速度达到最大时，气体推力也不足以克服弹簧力，阀片在阀座和升程限制器之间将产生颤振现象。此时气阀的流通截面减小，阻力损失加大，阀片来回撞击，使气阀寿命缩短。

环阀上，一般每个阀片都配备有几只弹簧，如果其中一部分提前失效，阀片可能出现弹簧整体失弹或造成阀片歪斜，加剧了阀片、弹簧以及气阀其他部件的损坏。这些损坏的部件的残片和碎块如果掉入汽缸，会引起更大的事故发生。

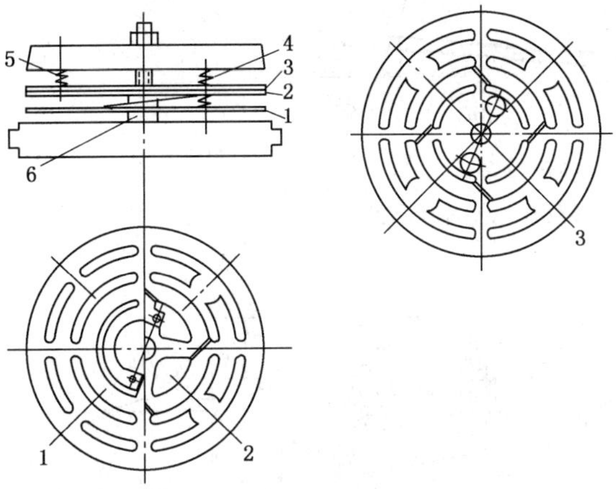

图 2－41　带导向片的网状阀零件结构及装配位置
1—阀片；2—导向片；3—缓冲片；4—阀片弹簧；5—缓冲片弹簧；6—垫片

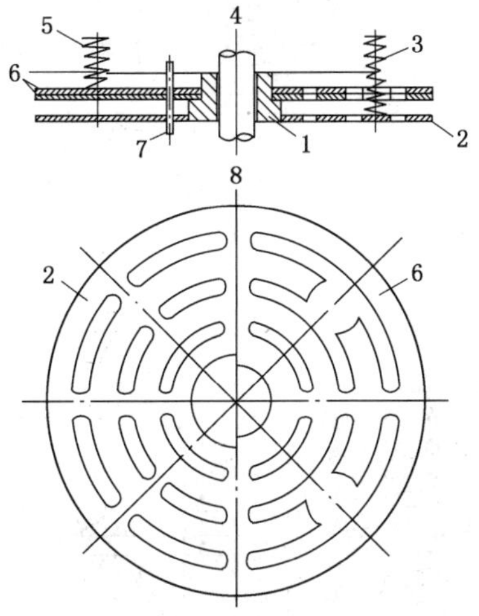

图 2－42　中心导向的网状阀零件结构和装配位置
1—垫片；2—阀片；3—阀片弹簧；4—阀挡；5—缓冲片弹簧；6—缓冲片；7—定位销；8—阀座

气阀上各种形式的弹簧对比见表 2－19 及图 2－43～2－50。

表 2－19　气阀弹簧

弹簧形式	优　点	缺　点	应用范围
柱形弹簧（图 2－43）	弹簧中径小，旋绕比小，刚性大，运动质量小。结构简单，制造方便，气阀弹力可借助弹簧个数多少调配，弹力在阀片分布均匀	刚性不变，对腐蚀缺口敏感，容易折断	应用极广泛
环形弹簧（图 2－44）	弹簧钢丝直径粗，制造容易，不易折断	刚性不变，弹力小，运动质量大，各环之间易产生碰撞摩擦，弹力在阀片上分布不均匀，使用中容易产生应力恢复而失去弹力	用于环状阀
锥形弹簧（图 2－45）	具有变刚性，与升程限制器弹簧孔没有摩擦	制造工艺复杂	应用不普遍
塔形弹簧（图 2－46）	具有变刚性。与升程限制器弹簧孔没有摩擦。各圈之间不发生碰撞和摩擦		
板形弹簧（图 2－47、48、49、50）	具变刚性。轴向高度小，升程限制器高度小，因而汽缸余隙小。板弹簧对缺口和腐蚀的敏感性小，耐用	弹簧与阀片摩擦，制造工艺复杂	很适用于窄通道气阀广泛应用于高转数压缩机

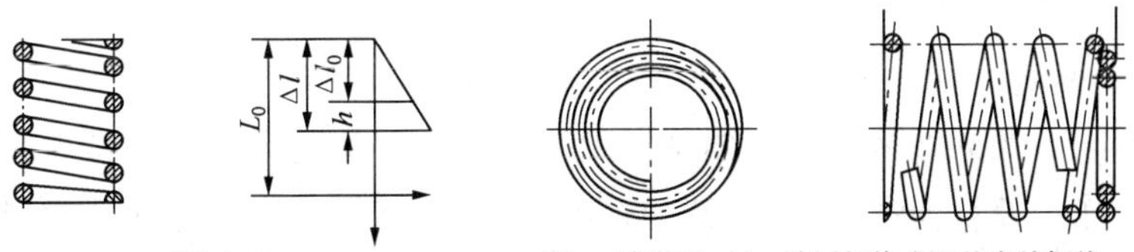

(a) 两端磨平　　(b) 一端磨平，另一端尾部绕成阿基米德螺线

图 2－43　柱形弹簧

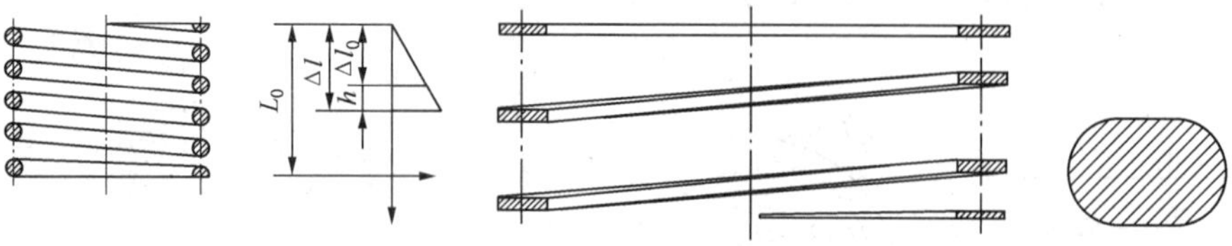

(a)　　　　(b)　　　　(c)

图 2 - 44　环形弹簧

（a）圆形截面；（b）矩形截面；（c）鼓形截面

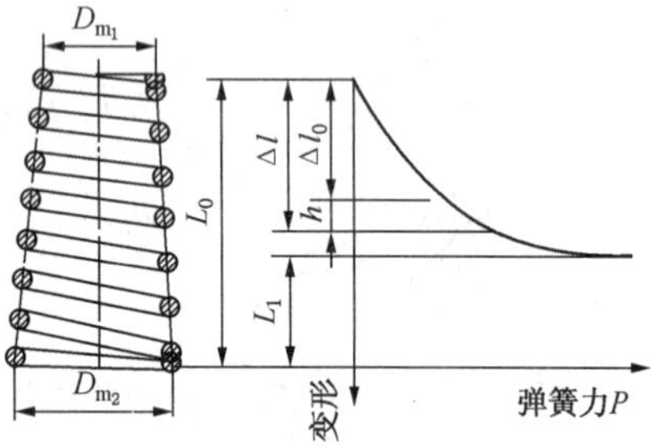

图 2 - 45　锥形弹簧及其特性曲线

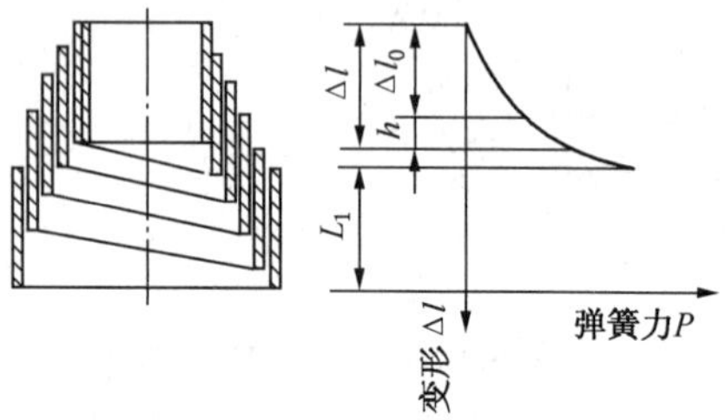

图 2 - 46　塔形弹簧及其特性曲线

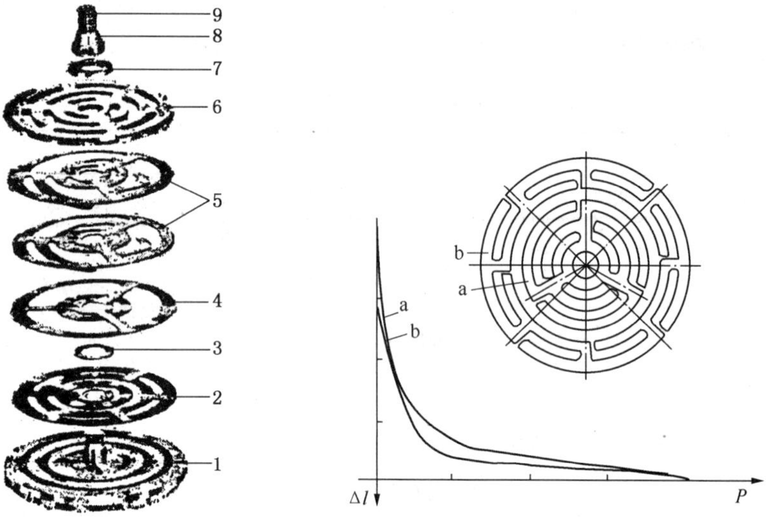

(a) 网状阀使用的悬臂式板弹簧　　(b) 环状阀使用的悬臂式板弹簧及其特性曲线

图 2 - 47　悬臂式板形弹簧

1—阀座；2—阀片；3—垫圈；4—缓冲片；5—悬臂式板弹簧；

6—升程限制器；7—垫圈；8—防松螺母；9—螺栓

（四）升程限制器

根据采用不同形式的弹簧，升程限制器上弹簧支承部分有孔型、槽型，采用板式弹簧时无需支承部分。除了带自弹性条状、网状阀以外，一般均设有阀片导向凸台或中心垫圈。一种称之为气垫阀的单环环状阀见图 2 - 51，其升程限制器上开有阀片缓冲槽，阀片启闭时，背面产生“气垫力”和“吸附力”，降低了阀片对升程限制器和阀座的撞击力。阀片与气垫槽侧面有高速气流冲出，使阀片获得较大的相对稳定的开启能力，并且避免了阀片与升程限制器的侧面摩擦。根据阀片厚度和升程大小，气垫阀升程限制器上可设或不设导向凸台。

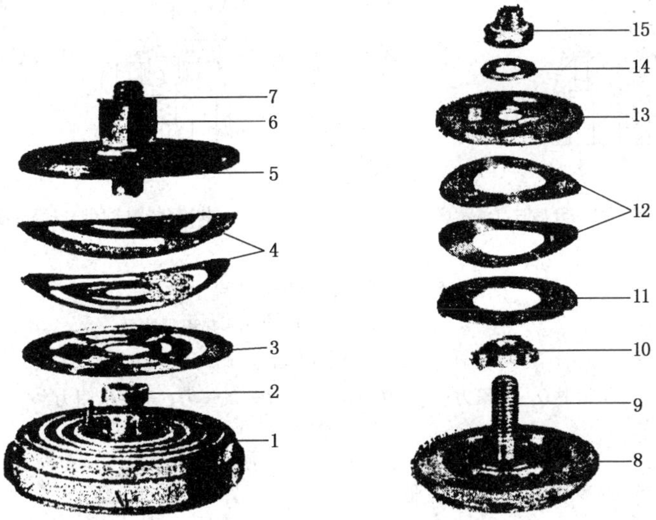

(a)网状阀使用的柱面形板弹簧　　(b)环状阀使用的柱面形板弹簧

图 2－48　柱面形板弹簧

1—阀座，2—导向圈；3—阀片；4—柱面形板弹；5—升程限制器；6—槽形螺母；7—螺栓；8—阀座；9—螺栓；10—导向块；11—阀片；12—柱面形板弹簧；13—升程限制器；14—垫圈；15—防松螺母

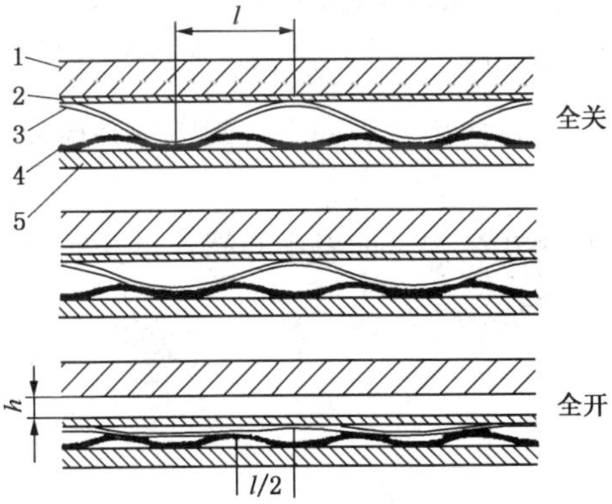

图 2－49　波形板弹簧杠杆臂变化示意图

1—阀座；2—阀片；3—波形板弹簧；4—支撑片；5—升程限制器

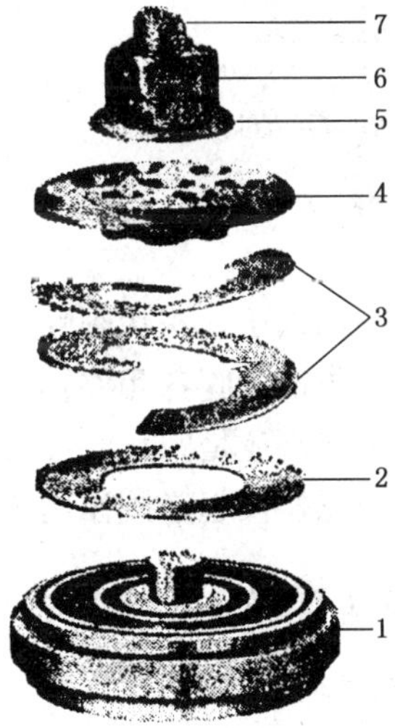

图 2－50　弹簧垫圈形板弹簧

1—阀座；2—阀片；3—弹簧垫圈形板弹簧；4—升程限制器；5—垫圈；6—槽形螺母；7—螺栓

（五）连接件

螺栓和螺母是用来连接阀座和升程限制器的，螺栓和螺母均应采取可靠的防松措施，见图 2－52。中心螺栓一般采用带台阶的螺栓，螺栓防松可将螺纹旋入端铆牢。

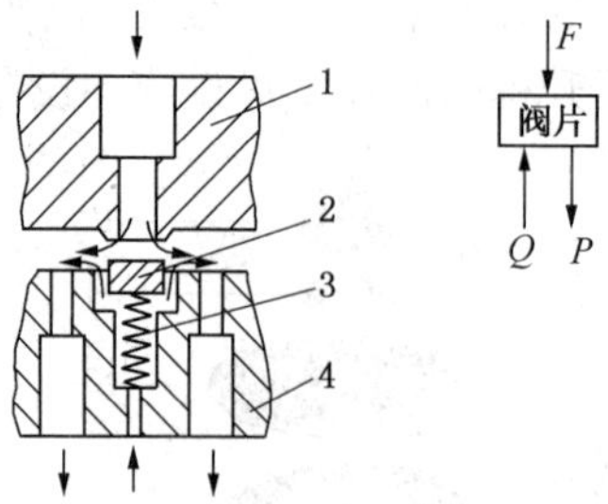

(a) 气垫阀开启时气流示意图

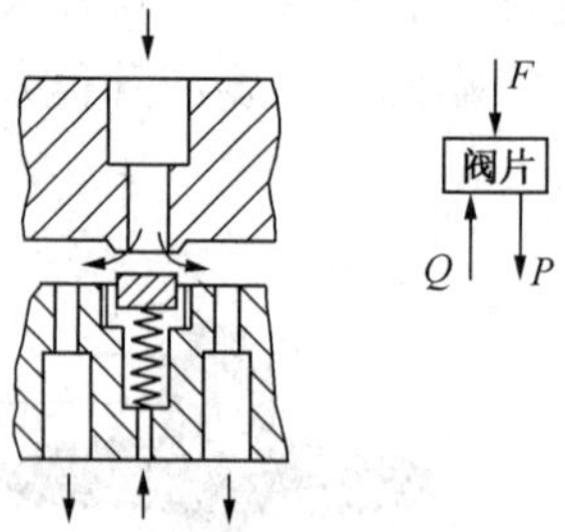

(b) 气垫阀关闭时气流示意图

图 2－51　气垫阀启闭时气流示意图

1—阀座；2—阀片；3—弹簧；4—升程限制器

开启时 $F \geqslant Q + P$；关闭时 $Q \geqslant F + P'$；

其中 Q—弹簧力；F—气流顶推力；P—气垫力；P'—吸附力

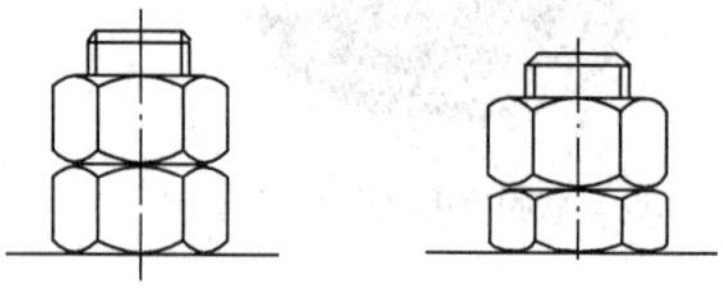

(a) 对顶螺母

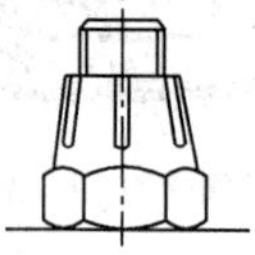

(d) 自紧式螺母

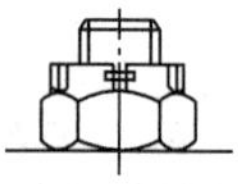

(b) 六角槽形螺母加开口销

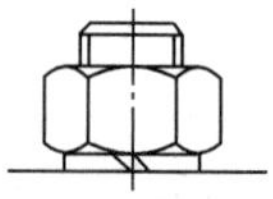

(c) 加弹簧垫圈

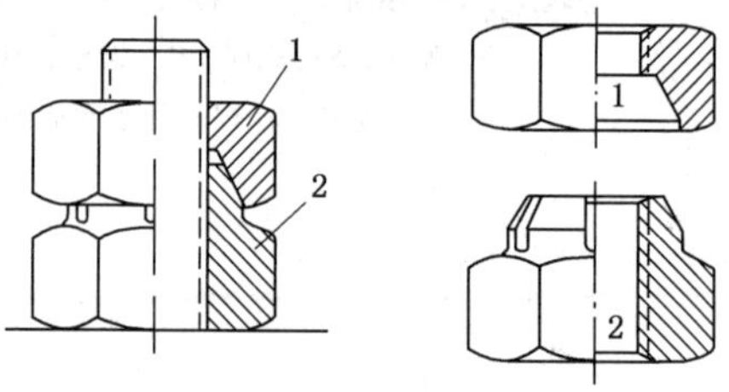

(e) 销紧式双螺母

图 2－52　气阀螺母防松形式

气阀垫圈用以压紧网状阀片、导向片和缓冲片，也可以用作导向台、阀座和升程限制器的定位用。销子供气阀各元件轴向定位用。

不论是环状阀还是网状阀都可以作成开式结构和闭式结构，前者中心螺栓承受阀片冲击力，后者中心螺栓仅起连接作用，见图 2－53、图 2－54。

二、活塞环以及支承环和导向环

（一）活塞环

活塞环是密封汽缸工作面和活塞间缝隙的零件，对有油润滑的汽缸而言，活塞环同时还起着润滑油的分布和导热的作用。

活塞环装入汽缸后，见图 2－55，活塞环的弹力使之产生一个对汽缸壁的压紧力。气体通过间隙产生节流，于是在活塞环前后产生一个压差，活塞环被推向环槽压力低的一侧，阻止了气体沿环槽端面的泄漏。作用在环内表面的气体压力大于作用在环外表面的气体的压力。在压力差的作用下，环被压向汽缸工作表面，阻止了气体沿汽缸壁面泄漏。

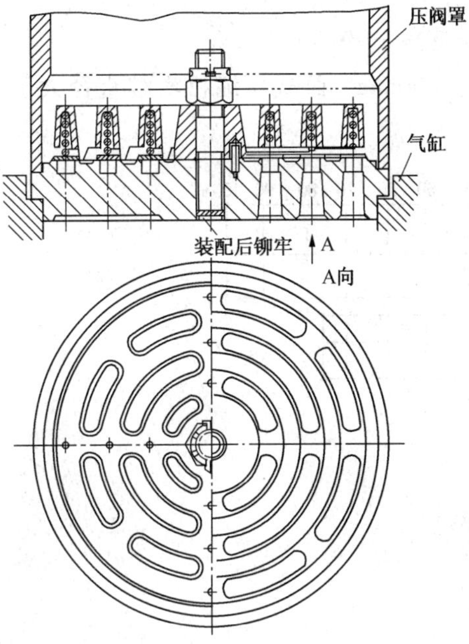

图 2－53　开式结构环状阀

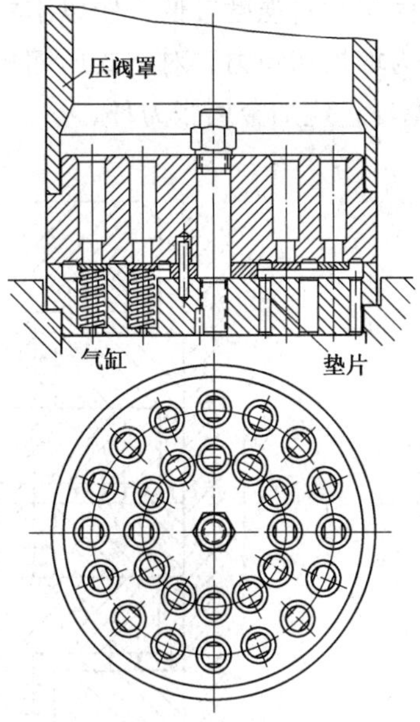

图 2－54　闭式结构环状阀

气体经多道活塞环的阻塞和节流之后，只有轻微的泄漏。从图 2－56 中可以看出，活塞环的密封主要还是靠前 3 道环，3 道环后增加环数所起的作用不大。所以活塞环的数量也是不宜过多，过多反而会增加磨损和功耗。活塞环的数量，通常与密封的压力差、环的耐磨性、切口形式等因素有关。一般铸铁的活塞环数量可按表 2－20a 选用。填充聚四氟乙烯活塞环数量可比铸铁的活塞环数量少 1/4～1/5，可参阅表 2－20b。对于高压级，以及易漏的气体，活塞环的数量可以多一些。

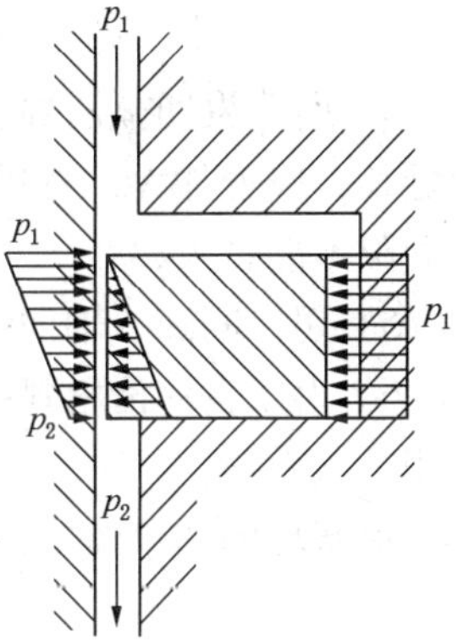

图 2－55　活塞环密封原理

表 2－20a　活塞环圈数与压力差的关系

压力差/MPa	0.2～0.5	0.5～3.0	3.0～12	12～24	24～35	35～50
活塞环数量	2～3	3～5	5～10	10～15	15～18	18～24

表 2－20b　填充聚四氟乙烯活塞环圈数

压力差/MPa	0～3.5	1.1～8.4	1.7～14	10.5～20.8	21～35
活塞环数量	2	3	4	5	6

铸铁活塞环的金相组织是细片状的珠光体组织，硬度应比汽缸工作表面高 10%～15%。经硬化处理的钢质汽缸套或超高压压缩机的碳化钨汽缸套，采用合金铸铁活塞环时，其布氏硬度以 320～350 为宜。同一活塞上的活塞环硬度不能相差 4 个及以上布氏硬度。

采用无油或少油润滑，使用填充聚四氟乙烯活塞环时，结构与金属环相似，但有时需要在活塞环内侧加金属张力环，以增大预比压。采用填充聚四氟乙烯活塞环时，应注意以下几点：

1）级压力比不能太高，排气温度不能超过 160℃，缸壁温度不超过 110℃，避免磨损加剧；

2）由于材料强度较低，所以结构尺寸略大于金属环尺寸；

3）为增加初弹力，对立式压缩机汽缸直径大于600mm、卧式压缩机汽缸直径大于300mm的活塞环，应加金属张力环；

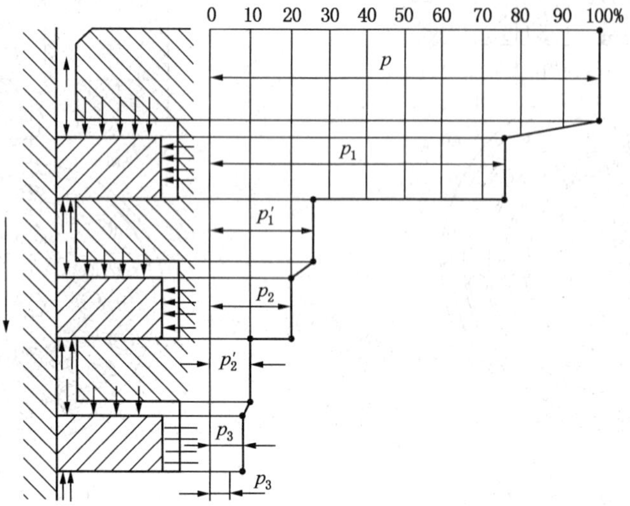

图2－56　气体通过活塞环的压力变化

4）由于聚四氟乙烯材料具有冷流性（聚四氟乙烯材料在一定载荷持续作用下，随着时间的延长，应变加大，然后趋于恒定，这种应变增大的特性称之为冷流性），因此汽缸与活塞环间隙不能过大；

5）切口间隙、轴向环槽宽间隙应略大于金属环；

6）由于自润滑材料强度较低、耐磨性差，因此应设置自润滑材料制成的支撑环，配套使用。

活塞环的切口形式见图2－57。

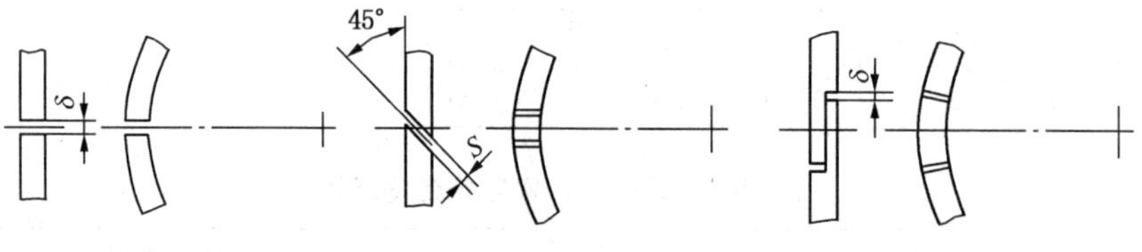

(a)直口　　(b)斜口　　(c)搭口

图2－57　活塞环切口形式

灰铸铁活塞环的与尺寸见表2－21。

填充聚四氟乙烯活塞环断面尺寸及热膨胀间隙见表2－22。

（二）支承环与导向环

活塞上的活塞环主要是起密封作用，阻止汽缸内活塞两侧空间由高压侧向低压侧产生的气体泄漏。除了立式压缩机以外，各种压缩机的盘形活塞（悬挂式活塞除外）都支承在汽缸工作表面上。直径较大的活塞，都采用轴承合金或填充聚四氟乙烯等材料制成支承环，用以承担活塞与汽缸工作面之间的载荷、运动摩擦与磨损。

表 2－21　灰铸铁活塞环的尺寸

外　径	径向厚度 t/mm		轴向高度	推荐热间隙		自由开口	径向弹力	质　量
D/mm	公称尺寸	公差	h/mm	直口 δ/mm	斜口 s/mm	A/mm	Q/kgf	G/kg
20	1.4	±0.125	2	0.15～0.25	0.1～0.2	0.50	0.8	0.0012
21	1.4					0.60	0.8	0.0013
22	1.4					0.80	0.9	0.0014
24	1.5					0.90	1.0	0.0015
25	1.5					1.10	1.0	0.0016
26	1.6					1.10	1.0	0.0018
28	1.7				0.15～0.25	1.15	1.1	0.0024
30	1.8		2.5	0.20～0.30		1.26	1.4	0.0025
32	1.8					1.65	1.5	0.0027
34	1.9					1.80	1.6	0.0029
35	1.9					2.00	1.7	0.0030
38	2.0					2.40	1.8	0.0032
40	2.0			0.30～0.40		2.90	1.9	0.0034
42	2.0				0.20～0.30	3.60	2.0	0.0040
45	2.1					4.00	2.1	0.0046
48	2.2					4.50	2.2	0.0055
50	2.2					5.20	2.3	0.0058
52	2.3					5.50	2.4	0.0060
55	2.4				0.30～0.40	5.50	2.4	0.0070
58	2.5					6.00	2.5	0.0074
60	2.6			0.40～0.55	0.30～0.45	6.50	2.7	0.0078
62	2.7					6.50	2.7	0.0084
65	2.8					7.00	2.8	0.0092
68	2.9					7.40	2.9	0.0100
70	3.0		3			7.50	3.0	0.0112
75	3.0					9.50	3.2	0.0138
78	3.1			0.50～0.70	0.30～0.50	10.0	3.3	0.0140
80	3.2					10.0	4.1	0.0170
82	3.3				0.40～0.60	10.0	4.2	0.0172
85	3.5					10.0	4.4	0.0180
88	3.5					11.0	4.4	0.0188
90	3.6					11.2	4.5	0.0210
92	3.6					11.8	4.5	0.0220
95	3.8					11.8	4.7	0.0240
98	3.9	±0.15		0.60～0.80	0.40～0.60	12.0	4.8	0.0260
100	4.0					12.2	4.9	0.0280
102	4.0					13.2	5.0	0.0290
105	4.0					14.5	5.0	0.0305
108	4.0		3.5			14.8	5.3	0.0320
110	4.1				0.50～0.70	14.8	5.6	0.0340
112	4.2					15.0	5.7	0.0350
115	4.3					15.2	5.8	0.0360
118	4.4			0.70～0.90		15.5	6.0	0.0390
120	4.4					16.8	6.0	0.0041
125	4.6					17.5	6.3	0.0440
130	4.8					18.0	6.6	0.0450
135	4.8					21.0	7.8	0.058

续表

外　径	径向厚度 t/mm		轴向高度	推荐热间隙		自由开口	径向弹力	质　量
D/mm	公称尺寸	公差	h/mm	直口 δ/mm	斜口 s/mm	A/mm	Q/kgf	G/kg
140	5.0	±0.15	4	0.80～1.00	0.60～0.80	21.0	8.0	0.060
145	5.2					21.0	8.1	0.064
150	5.4					21.5	8.3	0.070
155	5.6			0.90～1.20	0.60～0.90	21.5	8.3	0.073
160	5.6					23.6	8.4	0.078
165	5.8				0.70～1.0	23.6	8.7	0.083
170	6.0					24.0	8.7	0.089
175	6.1	±0.18	5	1.00～1.30		24.0	10.0	0.116
180	6.3					24.0	10.5	0.128
185	6.5					24.0	10.6	0.131
190	6.6					25.2	11.0	0.138
195	6.8			1.10～1.40	0.80～1.0	25.2	11.0	0.117
200	7.0					25.8	11.5	0.153
205	7.2					25.8	11.5	0.160
210	7.4					26.5	12.0	0.169
215	7.4		6	1.20～1.50		26.8	13.5	0.212
220	7.6				0.90～1.20	27.5	14.0	0.217
225	7.8					27.6	14.3	0.225
230	8.0					27.8	14.5	0.242
235	8.1			1.30～1.60		28.7	14.6	0.248
240	8.3					29.6	15.2	0.254
245	8.3		7			29.6	16.7	0.285
250	8.4				1.00～1.30	31.0	16.9	0.322
260	8.7			1.40～1.70		31.5	17.0	0.349
270	9.0					32.6	17.4	0.370
280	9.2			1.50～1.80	1.10～1.40	34.0	17.4	0.392
290	9.6			1.60～1.90		34.0	18.0	0.417
300	10.0					34.0	18.0	0.475
310	10.0		8	1.7～2.00	1.20～1.50	34.5	19.0	0.500
320	10.2	±0.21				34.5	19.0	0.575
330	10.5			1.8～2.10	1.30～1.60	35.0	19.5	0.602
340	10.8					36.0	19.7	0.646
350	11.0			1.9～2.20		38.0	20.3	0.670
360	11.2				1.40～1.70	40	20.8	0.704
370	11.5			2.0～2.30		41	21.4	0.748
380	12.0					41	22.0	0.782
390	12.2			2.1～2.40	1.50～1.80	42	22.0	0.820
400	2.5					42	22.0	0.860
410	12.5		9	2.2～2.50	1.60～1.90	44	24.0	0.900
420	12.8					46	25.0	0.980
430	13.0			2.3～2.60		48	25.4	0.980
440	13.5			2.30～2.60	1.70～2.00	49	25.9	1.030
450	13.6			2.40～2.70		50	26.6	1.070
460	13.8					52	27.2	1.110
470	14.0			2.5～2.80	1.80～2.10	54	27.3	1.150
480	14.3					55	28.0	1.200
490	14.5			2.6～2.90		57	28.3	1.290

外　径	径向厚度 t/mm		轴向高度	推荐热间隙		自由开口	径向弹力	质　量
D/mm	公称尺寸	公差	h/mm	直口 δ/mm	斜口 s/mm	A/mm	Q/kgf	G/kg
500	14.5		10	2.6～3.00	1.90～2.30	57	29.6	1.390
510	15.0			2.7～3.10		57	30.9	1.500
520	15.3				2.00～2.40	57	31.0	1.617
530	15.6			2.8～3.20		58	31.5	1.740
550	16.2			2.9～3.30	2.10～2.50	60	33.0	1.935
560	16.4			3.0～3.40		62	33.0	2.010
580	17.0			3.1～3.50	2.20～2.60	63	34.0	2.162
600	17.5			3.2～3.60		66	35	2.312
620	18.0			3.3～3.70	2.30～2.70	70	37	2.450
630	18.2	±0.26			2.40～2.80	72	37	2.510
650	18.8			3.40～3.80		74	38	2.680
670	19.0		12	3.5～3.90	2.50～2.90	74	43	3.480
690	19.5			3.6～4.00	2.60～3.00	75	43	3.610
710	20.2			3.70～4.10	2.70～3.10	77	45	3.750
730	20.8			3.80～4.20		78	46	3.860
750	21.2			3.90～4.30	2.80～3.20	82	47	4.150
780	22.0			4.10～4.50	2.90～3.30	85	49	4.520
800	22.5			4.20～4.60	3.00～3.40	88	50	4.650
820	23.0			4.30～4.70	3.10～3.50	90	51	4.960
850	23.7		14	4.50～4.90	3.20～3.60	93	60	5.150
880	24.5			4.60～5.00	3.30～3.70	96	62	6.520
900	25.0			4.70～5.10		98	63	6.920
920	25.5			4.80～5.20	3.40～3.80	101	64	7.080
950	26.2			5.00～5.40	3.50～3.90	105	66	7.700
980	27.0			5.10～5.50	3.60～4.00	110	68	8.130
1000	27.3			5.20～5.60	3.70～4.10	115	70	8.350
1030	28.2			5.40～5.80	3.80～4.20	118	72	9.000
1060	29.0			5.50～5.90	3.90～4.30	122	74	9.500
1100	30.0			5.70～6.10	4.10～4.50	125	76	10.10

注：1）开口形式可选取直口和斜口，如有特殊需要也可取其他形式。

2）活塞环的倒角尺寸 C，圆角尺寸 R 以及端面加工要求，参考下表选取；

外径 D/mm	内圆倒角 C/mm	外圆圆角 R/mm	表面粗糙度 R_a/μm
$D \leqslant 250$	≤0.5	≤0.1	0.40
$250 < D < 500$	≤1.0	≤0.3	0.80
$D \geqslant 500$	≤1.5	≤0.5	1.60

3）如有必要，允许对表中除 D、h、t 外的其他要素（如自由开口等），根据具体情况修正。

4）计算热间隙对，温差取 150℃；

5）1kgf ＝ 9.81N。

表 2－22　填充聚四氟乙烯活塞环断面尺寸及热膨胀间隙　　mm

D	t	b	e	δ_a	D	t	b	e	δ_a
40 42 45 48 50	5	4	1.5	0.12	52 55 58 60 62 65 68 70	6	5	2	0.15

续表

<table>
<tr><th>D</th><th>t</th><th>b</th><th>e</th><th>δ_a</th></tr>
<tr><td>72</td><td rowspan="18">8</td><td rowspan="18">6</td><td rowspan="6">2. 5</td><td rowspan="16">0. 18</td></tr>
<tr><td>75</td></tr>
<tr><td>78</td></tr>
<tr><td>80</td></tr>
<tr><td>82</td></tr>
<tr><td>85</td></tr>
<tr><td>88</td><td rowspan="5">3</td></tr>
<tr><td>90</td></tr>
<tr><td>92</td></tr>
<tr><td>95</td></tr>
<tr><td>98</td></tr>
<tr><td>100</td><td rowspan="7">3. 5</td></tr>
<tr><td>102</td></tr>
<tr><td>105</td></tr>
<tr><td>108</td></tr>
<tr><td>110</td><td rowspan="9">0. 22</td></tr>
<tr><td>112</td></tr>
<tr><td>115</td></tr>
<tr><td>118</td><td rowspan="6">10</td><td rowspan="6">8</td><td rowspan="6">4. 0</td></tr>
<tr><td>120</td></tr>
<tr><td>125</td></tr>
<tr><td>130</td></tr>
<tr><td>135</td></tr>
<tr><td>140</td></tr>
<tr><td>145</td><td rowspan="18">12</td><td rowspan="18">10</td><td rowspan="6">5</td><td rowspan="18">0. 28</td></tr>
<tr><td>150</td></tr>
<tr><td>155</td></tr>
<tr><td>160</td></tr>
<tr><td>165</td></tr>
<tr><td>170</td></tr>
<tr><td>175</td><td rowspan="6">6</td></tr>
<tr><td>180</td></tr>
<tr><td>185</td></tr>
<tr><td>190</td></tr>
<tr><td>195</td></tr>
<tr><td>200</td></tr>
<tr><td>205</td><td rowspan="6">7</td></tr>
<tr><td>210</td></tr>
<tr><td>215</td></tr>
<tr><td>220</td></tr>
<tr><td>225</td></tr>
<tr><td>230</td></tr>
</table>

<table>
<tr><th>D</th><th>t</th><th>b</th><th>e</th><th>δ_a</th></tr>
<tr><td>235</td><td rowspan="2">12</td><td rowspan="2">10</td><td rowspan="6">8</td><td rowspan="14">0. 35</td></tr>
<tr><td>240</td></tr>
<tr><td>245</td><td rowspan="12">15</td><td rowspan="12">12</td></tr>
<tr><td>250</td></tr>
<tr><td>260</td></tr>
<tr><td>270</td></tr>
<tr><td>280</td><td rowspan="6">10</td></tr>
<tr><td>290</td></tr>
<tr><td>300</td></tr>
<tr><td>310</td></tr>
<tr><td>320</td></tr>
<tr><td>330</td></tr>
<tr><td>340</td><td rowspan="7">12</td></tr>
<tr><td>350</td></tr>
<tr><td>360</td><td rowspan="12">18</td><td rowspan="12">15</td><td rowspan="12">0. 4</td></tr>
<tr><td>370</td></tr>
<tr><td>380</td></tr>
<tr><td>390</td></tr>
<tr><td>400</td></tr>
<tr><td>410</td><td rowspan="7">14</td></tr>
<tr><td>420</td></tr>
<tr><td>430</td></tr>
<tr><td>440</td></tr>
<tr><td>450</td></tr>
<tr><td>460</td></tr>
<tr><td>470</td></tr>
<tr><td>480</td><td rowspan="11">20</td><td rowspan="11">18</td><td rowspan="7">16</td><td rowspan="11">0. 45</td></tr>
<tr><td>490</td></tr>
<tr><td>500</td></tr>
<tr><td>510</td></tr>
<tr><td>520</td></tr>
<tr><td>530</td></tr>
<tr><td>540</td></tr>
<tr><td>550</td><td rowspan="4">18</td></tr>
<tr><td>560</td></tr>
<tr><td>580</td></tr>
<tr><td>600</td></tr>
</table>

注：*D*—汽缸直径；*t*—聚四氟乙烯活塞环径向厚度；*b*—活塞环高度也等于轴向厚度；*e*—活塞环周向线胀间隙；δ_a—轴向线胀间隙。

支承环可以设在活塞的中间，也可以分两段布置在活塞的两端。为避免活塞因热膨胀卡住，支承环承压表面在圆周上只占 90°或 120°，并将其按汽缸尺寸加工。活塞的其余部分与汽缸工作表面有 1 ~ 2mm 的间隙。承压表面两边 10 ~ 20mm 的部分略微锉去一点，前后两端作成 2° ~ 3°的斜角，有利于形成楔形润滑油层。为使轴承合金紧贴在活塞上，浇注前在活塞上加工出燕尾槽。

无油润滑压缩机支承环的结构见表 2 – 23 及图 2 – 58 ~ 图 2 – 64。立式无油润滑压缩机上设置的导向环，其结构形状与支承环相同。

表 2 – 23　无油润滑压缩机支承环结构

结构型式	优　点	缺　点	应用场合
分瓣式支承环（图 2 – 58）	气体从未镶嵌部分的活塞体与汽缸壁之间的间隙通过，对支承环无附加作用力	加工复杂	低压级大直径活塞
整体组合式支承（导向）环（图 2 – 59、图 2 – 60）	支承环不受背压，使用寿命长，活塞和支承环的热膨胀可由计算获得	结构复杂，在卧式压缩机中，与整体组合式活塞环同时起支承作用时，会影响密封效果	用于立式或角度式压缩机（迷宫式压缩机）
热压过盈整体支承环（图 2 – 61）	支承环不受背压，使用寿命长，活塞和支承环的热膨胀可由计算获得，并能稳定气体对活塞环冲击	活塞环采用整体式时，安装比较麻烦	大直径支承环用于整体式活塞 小直径支承环用于组合式活塞
无过盈量整体支承环（图 2 – 62）	安装方便。支承环不受背压。使用寿命长	支承环工作时，热膨胀不易掌握，它与汽缸之间的间隙要留得稍大些	温度较低的组合式活塞
整圈开口式支承环（活塞环式支承环）（图 2 – 63）	支承环结构形式简单，支承环同时起活塞环作用	支承环接受背压，磨损快，尤其当支承环设置在活塞体两端，在双作用汽缸中使用寿命更短	低转速压缩机压差不大的汽缸
带卸荷槽的整圈开口式支承环（图 2 – 64）	比不带卸荷槽的整圈开口式支承环使用寿命长，图中 b 型结构支承环在气体力的作用下能产生缓慢的旋转，从而使之外圆周面都能到达承压位置，且磨损均匀，不能起活塞环作用		压差稍大的汽缸中的小直径活塞

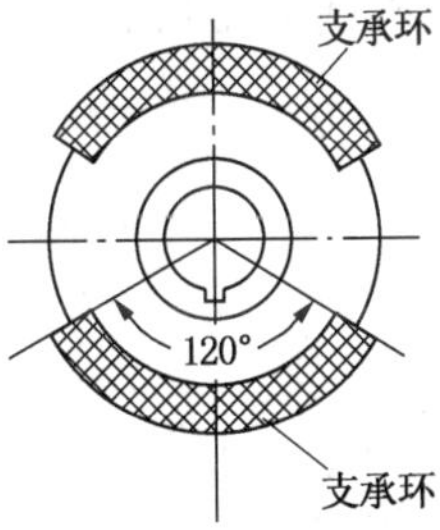

图 2 – 58　分瓣式支承环

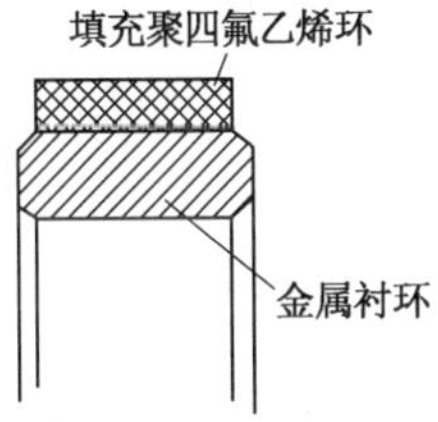

图 2 – 59　整体组合式支承环

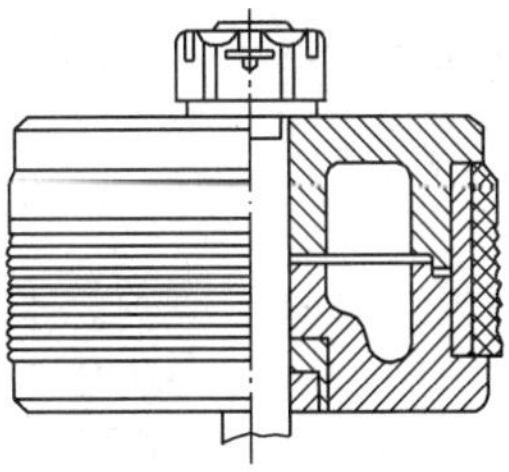

图 2 – 60　支承环与活塞合成一体的套筒式组合环

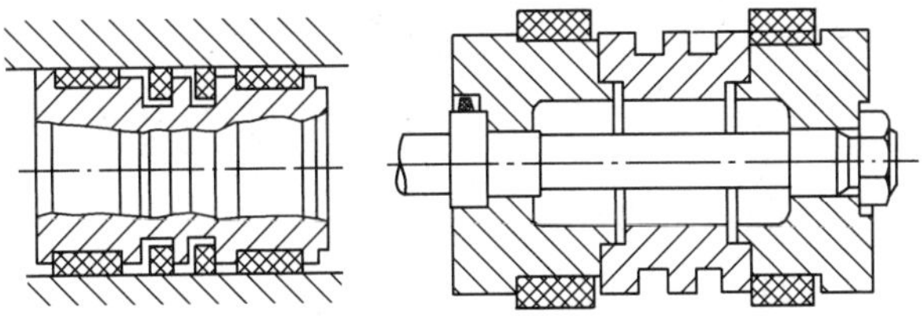

(a) 整体活塞　　(b) 组合活塞

图 2 – 61　热压过盈整体支承环

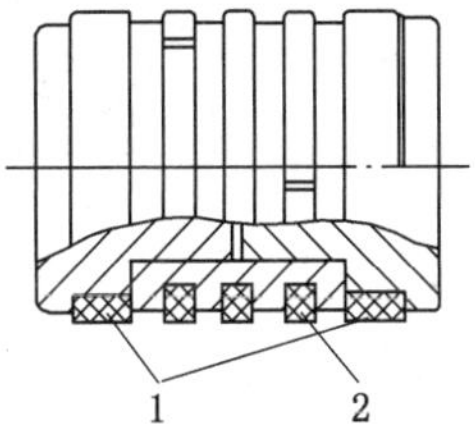

图 2 – 62　无过盈量整体支承环

1—支承环；2—活塞环

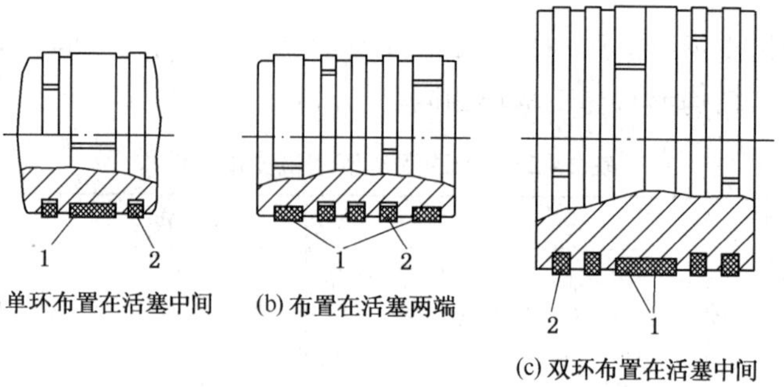

图 2－63　整圈开口式支承环（活塞环式支承环）

1—支承环；2—活塞环

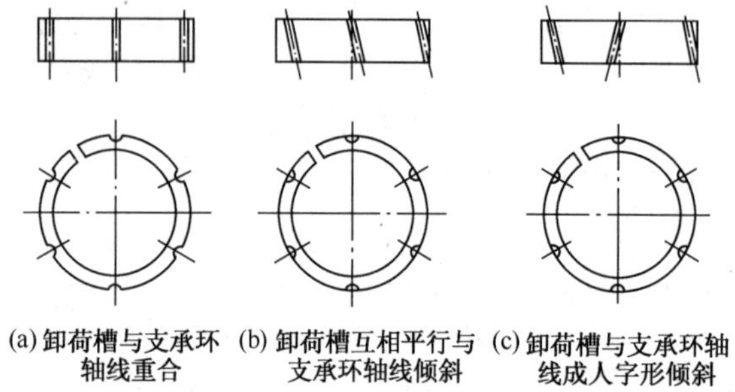

图 2－64　带卸荷槽的整圈开口式支承环

三、填料函与刮油环

（一）填料函

填料函主要是由密封盒、导向套、压盖构成，密封盒内填料环是其中的关键性零件，它与活塞环类似，都是利用节流和阻塞作用实现密封的。目前应用最多的还是自紧式填料，按密封圈结构形式不同，可分为平面和锥面填料两大类。前者一般用于中低压汽缸，后者用于高压汽缸。

1. 平面填料

低压三瓣式斜口密封圈，见图 2－65，其结构简单，易于制造。但是它对活塞杆的比压不均匀，锐角一方比压较大，因此内圆磨损不均匀密封圈磨损后，相邻两瓣接口处不可避免地留有缝隙，无法阻挡气体的泄漏。所以只适用于低压级。

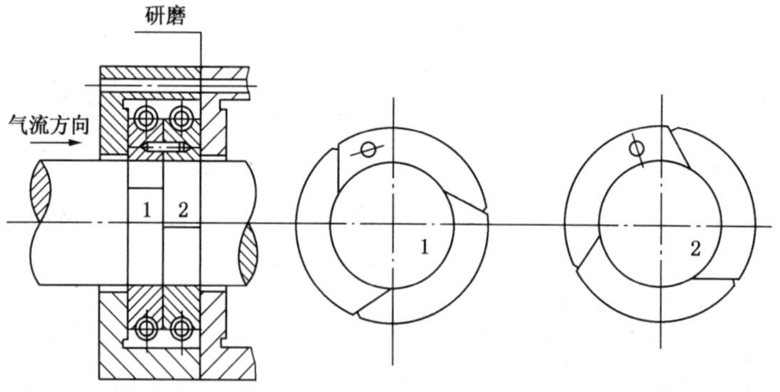

图 2－65　低压三瓣斜口密封圈

三瓣式斜口、直口密封圈尺寸分别见表 2－24、表 2－25。

压力在 10MPa 以下的中压密封，一般多采用三六瓣密封圈，其结构及其在填料函中的布置，见图 2－66。

表 2－24　三瓣斜口密封圈尺寸　　mm

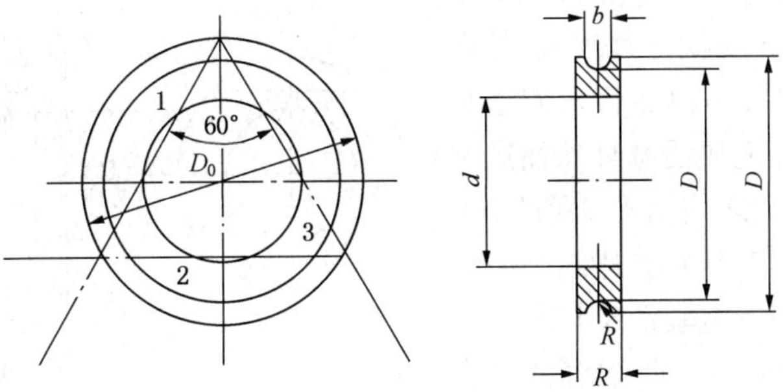

活塞杆直径/d 公称尺寸	活塞杆直径/d 公差	B 公称尺寸	B 公差	D_1	D	D_0	b	R	选用弹簧
25	+0.0237	7	−0.015 −0.055	35	40	46	5	2	0.5×3.5×100
30				40	45	52			0.5×3.5×100
35	+0.027			45	50	60			0.5×3.5×111
40				50	55	70			0.5×3.5×123
45				54	60	78	6	2.5	0.5×3.5×136
50				64	70	87			0.8×4.8×195
55	+0.030	8		69	75	98			0.8×4.8×208
60				74	80	105			0.8×4.8× 223
65				79	85	112			0.8×4.8×236
70				84	90	120			0.8×4.8×249
80				98	105	140			0.8×4.8×289

注：如有必要，允许采用其他的开口型式，但 d、D、B 尺寸应保持不变。

表 2－25　三瓣直口密封圈尺寸　　mm

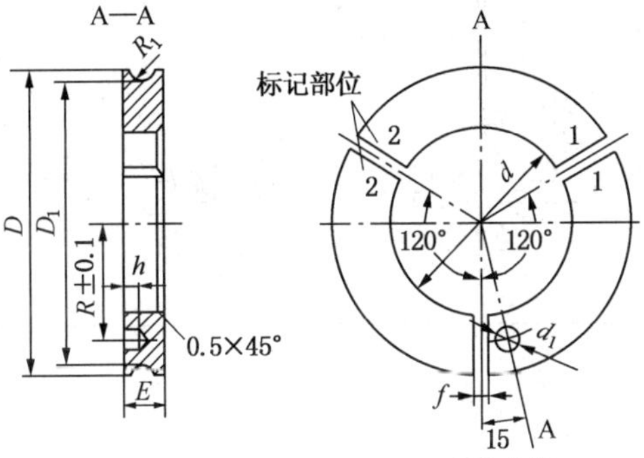

活塞杆直径 d 公称尺寸	活塞杆直径 d 公差	D	D_1	B 公称尺寸	B 公差	R	f	d_1	h	R	选用弹簧
25	+0.023	50	40	7	−0.015 −0.055	2	1.5	3.5	3.5	18	0.5×3.5×i23
30		55	51							20	0.5×3.5×123
35	+0.027	60	56							23	0.5×3.5×138
40		65	61							25	0.5×3.5×147
45		70	65	8		2.5				27	0.8×4.8×195
50		75	70							30	0.8×4.8×208
55	+0.030	80	75					4.5	4.5	33	0.8×4.8×223
60		90	85							37	0.8×4.8×249
65	+0.030	95	90	8		2.5	1.5			40	0.8×4.8×266
70		100	95							42	0.8×4.8×289
80		110	105							47	0.8×4.8×307
90	+0.035	120	114	9	−0.015 −0.055	3	2			52	1×5.5×335
100		130	124							57	1×5.5×364
110		140	134							62	1×5.5×392
120		150	144							67	1×5.5×420
130	+0.040	160	154							72	1×5.5×449

密封圈装在填料函的密封盒内，每个密封盒内装有两个（有时也多两个）密封圈。六瓣密封

圈为主密封圈,装在密封盒低压侧,是防止气体沿活塞杆轴向泄漏的主要元件。主密封圈由3块弧形片和3块帽形片组成,并在外圈周向槽内装有镯形小弹簧将六瓣密封圈箍紧,使3块弧形片抱住活塞杆从而产生密封作用。3块弧形片之间留有3条1.5~2mm的径向收缩缝。使得弧形片内圆磨损后,仍能在弹簧力作用下抱紧活塞杆起密封作用。但是气体可能沿径向收缩缝的径向和轴向产生泄漏。3块帽形片从径向堵住了气体的泄漏。而副密封圈的存在,恰好起到堵住气体轴向泄漏的作用。3块扇形片圆周外槽同样用镯形小弹簧箍紧,副密封圈的3块扇形片之间也留有3条收缩缝。主副密封圈上还有保证主付圈上收缩缝互相错开的定位销孔。

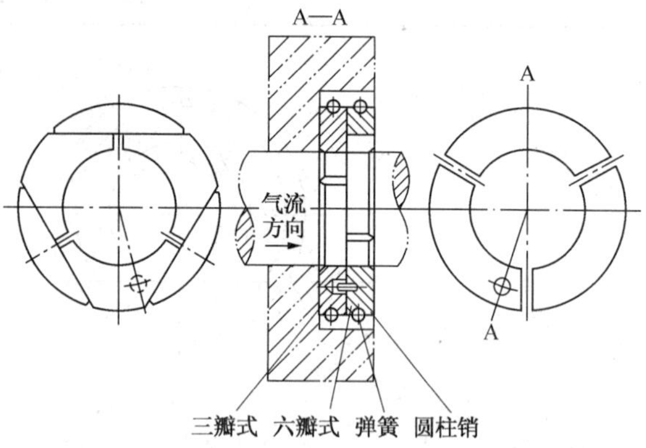

图2-66 三六瓣及斜三瓣密封圈

三瓣直口密封圈尺寸见表2-25,六瓣密封圈尺寸见表2-26。

表2-26 六瓣密封圈尺寸 mm

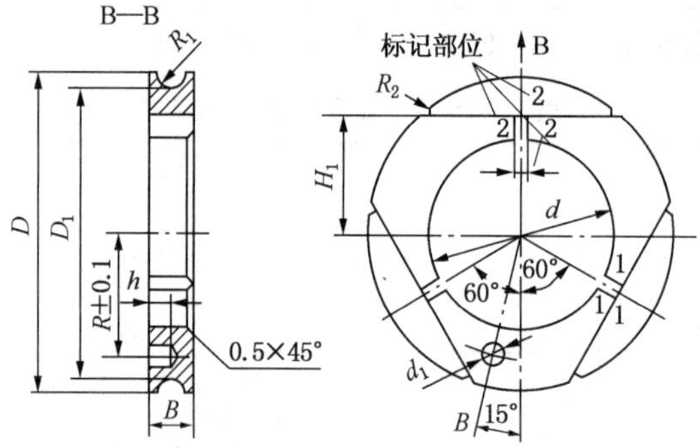

活塞杆直径 d		D	D_1	B		R_1	f	d_1		h	R_2	R	H_1	选用弹簧
公称尺寸	公差			公称尺寸	公差			公称尺寸	公差					
25	+0.027	50	46	7	-0.015 -0.055	2	1.5	3	+0.02	3	1.5	18	16.5	0.5×3.5×123
30		55	51									20	19	0.5×3.5×123
35		60	56									23	21.5	0.5×3.5×136
40		65	61									25	24	0.5×3.5×147
45		70	65	8		2.5						27	26.5	0.8×4.8×195
50		75	70									30	20	0.8×4.8×208
55	+0.030	80	75					4	+0.025	4	2	33	31.5	0.8×4.8×223
60		90	85									37	34	0.8×4.8×240
65		95	90									40	36.5	0.8×4.8×266
70		100	95									42	39	0.8×4.8×289
80		110	105									47	45	0.8×4.8×307
90	+0.035	120	114	9		3	2					52	50	1×5.5×335
100		130	124									57	65	1×5.5×364
110		140	134									62	60	1×5.5×392
120		150	144									67	65	1×5.5×420
130	+0.040	160	154									72	70	1×5.5×449

平面填料的密封圈盒数见表 2－27。

表 2－27　平面密封圈盒数

工作压力差/MPa	10	25	40	64	100
活塞杆直径/mm	密 封 圈 盒 数				
25～50	3	4	4～5	5～6	6～7
55～80	4	4～5	5～6	6～7	7～8
90～150	5	5～6	6～7	7～8	

注；密封圈采用工程塑料时，盒数可减少，参见表 2－29。

平面填料在各类无油润滑压缩机上同样得到了普遍的应用。由于所采用的工程塑料的强度、弹性低于金属材料，所以在结构上和密封环的几何尺寸上与金属密封圈有些差异，其基本结构见图 2－67。

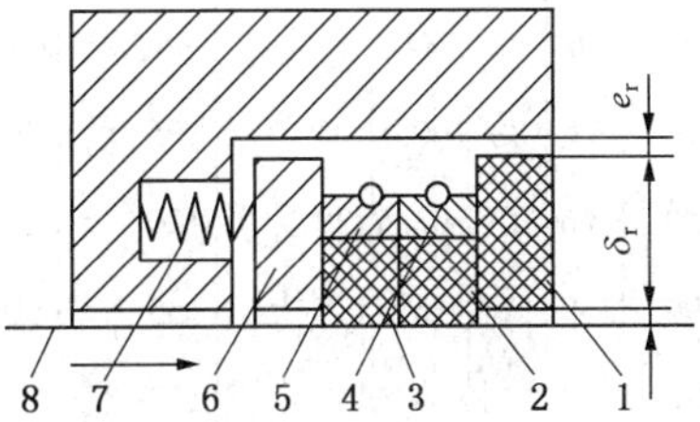

图 2－67　平面填料函

1—阻流环；2—密封环甲；3—密封环乙；4—围带；5—周向弹簧；6—节流环；7—轴向弹簧；8—活塞杆；e_r—周向间隙；δ_r—轴向间隙

表 2－28 列出了直径 30～120mm 活塞杆的密封元件各部分尺寸，以供参考。

使用表 2－28 时注意以下几点：

1）对小直径低压密封，可采用无围带、无小帽的单切口整环；

2）表中周向开口间隙 f 是指整环单开口的数值，如为三瓣三开口，则每个 f 值取相应表中 f 值的 1/3 或小于 f 的 1/2；

3）表中的公差值为相对于公称尺寸需要保证的间隙值；

表 2－28　直径 30～120mm 活塞杆的密封元件的各部分尺寸　　mm

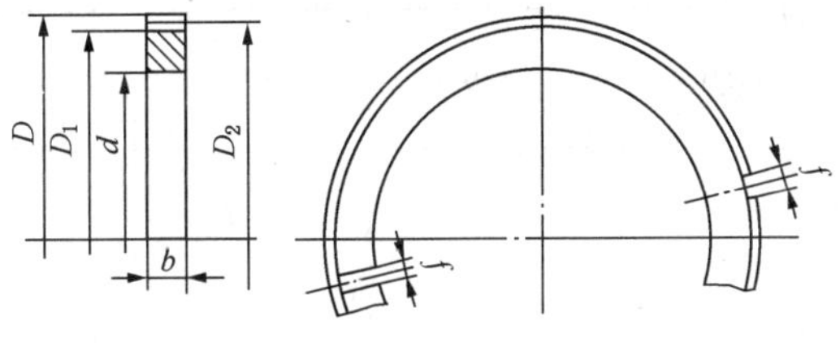

(a) 圈带式密封环

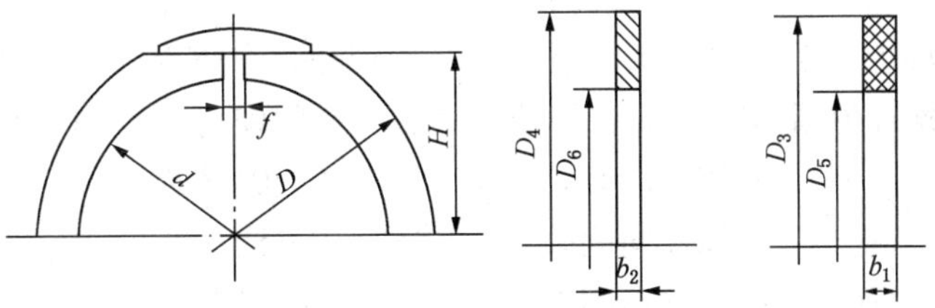

(b) 小帽式密封环　　(c) 节流环　　(d) 阻流环

活塞杆直径 d	D	D_1	D_2	D_3	D_4	D_5	D_6	b	b_1	b_2	H	f	R_1	R_2	无轴向弹簧轴向间隙 a	有轴向弹簧轴向间隙 a_1
30	43	40	41.5	$46^{-0.12}_{-0.147}$	$46^{-0.1}_{-0.2}$	$30^{+0.18}_{+0.15}$	32	$5^{-0.125}_{-0.15}$	$5^{-0.125}_{-0.15}$	5	18	1.7	1.25	1.5	0.375～0.45	
35	48	45	46.5	$52^{-0.135}_{-0.166}$	$52^{-0.1}_{-0.2}$	$35^{+0.21}_{+0.175}$	37	$5^{-0.125}_{-0.15}$	$5^{-0.125}_{-0.15}$	5	21	2.0	1.25	1.5	0.375～0.45	

续表

活塞杆直径 d	D	D_1	D_2	D_3	D_4	D_5	D_6	b	b_1	b_2	H	f	R_1	R_2	无轴向弹簧轴向间隙 a	有轴向弹簧轴向间隙 a_1
40	56	53	54.5	$60^{-0.156}_{-0.192}$	$60^{-0.1}_{-0.2}$	$40^{+0.24}_{+0.2}$	42	$6^{-0.15}_{-0.18}$	$6^{-0.15}_{-0.18}$	5	24	2.3	1.25	1.5	0.45 ~ 0.54	
45	61	58	59.5	$65^{-0.169}_{-0.208}$	$65^{-0.1}_{-0.2}$	$45^{+0.27}_{+0.225}$	47	$6^{-0.15}_{-0.18}$	$6^{-0.15}_{-0.18}$	5	27	2.6	1.25	1.5	0.45 ~ 0.54	
50	69	65	67	$75^{-0.195}_{-0.24}$	$75^{-0.1}_{-0.2}$	$50^{+0.3}_{+0.25}$	52	$7^{-0.175}_{-0.21}$	$7^{-0.175}_{-0.21}$	5	30	2.9	1.5	1.5	0.525 ~ 0.63	
55	74	70	72	$80^{-0.208}_{-0.256}$	$80^{-0.2}_{-0.3}$	$55^{+0.33}_{+0.275}$	58	$7^{-0.175}_{-0.21}$	$7^{-0.175}_{-0.21}$	5	33	3.2	1.5	1.5	0.525 ~ 0.63	
60	81	77	79	$90^{-0.234}_{-0.288}$	$90^{-0.2}_{-0.3}$	$60^{+0.36}_{+0.3}$	63	$7^{-0.175}_{-0.21}$	$7^{-0.175}_{-0.21}$	5	35	3.5	1.5	2	0.525 ~ 0.63	0.09 ~ 0.12
65	86	82	84	$95^{-0.247}_{-0.304}$	$95^{-0.2}_{-0.3}$	$65^{+0.39}_{+0.325}$	68	$7^{-0.175}_{-0.21}$	$7^{-0.175}_{-0.21}$	5	38	3.7	1.5	2	0.525 ~ 0.63	0.09 ~ 0.12
70	93	88	100.5	$105^{-0.273}_{-0.336}$	$105^{-0.2}_{-0.3}$	$70^{+0.42}_{+0.35}$	73	$8^{-0.2}_{-0.24}$	$8^{-0.2}_{-0.24}$	6	41	4	1.5	2	0.6 ~ 0.72	1.05 ~ 1.35
80	106	101	103.5	$120^{-0.312}_{-0.384}$	$120^{-0.2}_{-0.3}$	$80^{+0.48}_{+0.4}$	83	$8^{-0.2}_{-0.24}$	$8^{-0.2}_{-0.24}$	6	47	4.5	1.5	2	0.6 ~ 0.72	1.05 ~ 1.35
90	119	114	116.5	$135^{-0.355}_{-0.432}$	$135^{-0.3}_{-0.4}$	$90^{+0.54}_{+0.45}$	94	$9^{-0.23}_{-0.27}$	$9^{-0.23}_{-0.27}$	6	53	5	2	2	0.69 ~ 0.81	1.15 ~ 1.5
100	133	128	130.5	$152^{-0.395}_{-0.486}$	$152^{-0.3}_{-0.4}$	$100^{+0.6}_{+0.5}$	104	$10^{-0.25}_{-0.3}$	$10^{-0.25}_{-0.3}$	7	59	5.5	2	2	0.75 ~ 0.9	1.3 ~ 1.65
110	146	140	143	$170^{-0.442}_{-0.544}$	$170^{-0.3}_{-0.4}$	$110^{+0.66}_{+0.55}$	114	$11^{-0.28}_{-0.33}$	$11^{-0.28}_{-0.33}$	7	65	6	2	2	0.84 ~ 0.99	1.4 ~ 1.8
120	160	154	157	$185^{-0.48}_{-0.592}$	$185^{-0.3}_{-0.4}$	$120^{+0.72}_{+0.6}$	124	$12^{-0.3}_{-0.36}$	$12^{-0.3}_{-0.36}$	7	72	6.5	2	2	0.9 ~ 1.08	1.5 ~ 1.95

4）表中阻流环的材料为尼龙，如无阻流环则轴向间隙可按 a 的 2 倍计算，即密封环甲、乙所需间隙之和；

5）表中周向弹簧槽半径 R_1 应大于弹簧半径，以免弹簧嵌入槽内不便取出。

无油润滑填料函数目可参考表 2－29 选取。

表 2－29　无油润滑填料函数目选取参考表

活塞杆直径/mm \ 压差/MPa	1.0	1.6	2.5	4.0	6.4	10.0
30 ~ 35	3	3	4	4	5	5
55 ~ 80	4	4	4	5	5	6
90 ~ 150	3	4	5	5	6	6

节流轴套在填料函中处于紧靠汽缸的位置，其作用是使气体节流和为活塞杆导向。它与活塞杆的配合间隙较小，采用填充聚四氟乙烯塑料较好。为便于散热，可在填充聚四氟乙烯中隔以铜环，并在外径处留有一定间隙补偿热膨胀，其间隙可参考如下经验数据：

$$内径径向间隙 = (0.25 \sim 0.30)\% d$$

$$外径径向间隙 = (0.15 \sim 0.18)\% D$$

$$轴向间隙 = (2.5 \sim 3.0)\% L$$

式中　d——活塞杆直径，mm；

D——衬套外径，mm；

L——填充聚四氟乙烯衬套总长，mm。

对铜环，其间隙应取填充聚四氟乙烯环的 2 倍。

2. 锥面填料

当最大密封压差大于 10MPa 时，填料函内常设置锥面填料。锥面填料的结构见

图 2－68。

密封盒内装有外圈和固定圈，两圈的锥形内口形成一个双锥面的密封腔。密封腔内装有一个 T 形环和两个锥环，固定圈高压侧设置轴向小弹簧，推挤外圈和固定圈将三环夹紧。T 形环和两个锥环之间的定位销保证三环上收缩缝相互错开。前后锥环是主密封圈，T 形环从径向和轴向将前后锥环的收缩缝堵死。轴向弹簧推力通过固定圈与密封环的锥面传递给各密封环。锥面与轴线夹角一般为 10°、20°、30°，根据不同的密封压差，调整适当的角度，可以得到合适的密封力。这些密封面的预紧力是轴向弹簧力，自紧力是压缩机工作时产生的气体压力。锥面填料加工困难，应用不如平面填料广泛。

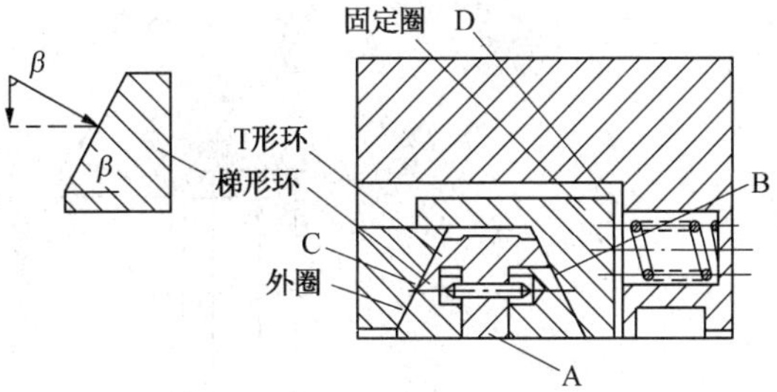

图 2－68　锥面填料的结构

锥面填料尺寸见表 2－30a、2－30b、2－30c，锥面填料密封圈盒数见表 2－31。

表 2－30a　T 形环　　mm

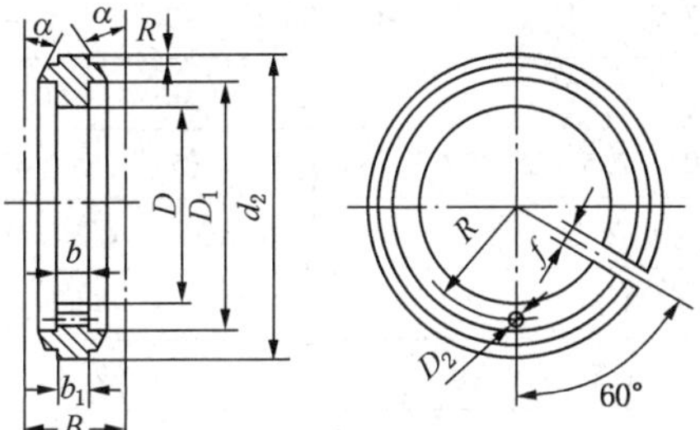

T形环

活塞杆直径 D	公称尺寸	25	30	35	40	45	50	55	60	65	70	80	90	100	110	120	130
	公差(Gd)	+0.016 −0.007		+0.018 −0.008				+0.020 −0.010					+0.023 −0.012				+0.027 −0.014
D_1	公称尺寸	34	39	44	49	55	59	64	70	76	82	93	103	116	126	136	146
	公差(D)	+0.027				+0.03					+0.035				+0.04		
d_2		40	45	50	55	61	67	73	80	87	95	105	115	130	140	150	160
x									1								
f		1.5							2					2.5			
R		15	17.5	20	22.5	25	27.5	30	32.5	35	38	43	48	54	50	64	69
D_2	公称尺寸	1.6							2								
	允　差	0.01															
B		18								28				34			
b		4								6				8			
b_1	$\alpha=10°$								20					24			
	$\alpha=20°$								15					18			
	$\alpha=30°$								10					12			

表 2-30b 前锥环尺寸 mm

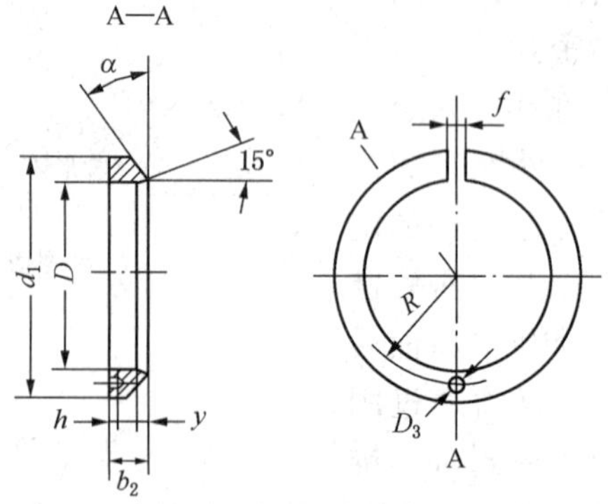

活塞杆直径 D	公称尺寸	25	30	35	40	45	50	55	60	65	70	80	90	100	110	120	130
	公差(*Gd*)	+0.016 -0.007		+0.018 -0.008				+0.020 -0.010					+0.023 -0.012				+0.027 -0.014
d_1	公称尺寸	34	39	44	49	55	59	64	70	76	82	93	103	116	126	136	146
	公差(*db*)	-0.010 -0.027				-0.012 -0.032					-0.015 -0.038				-0.018 -0.045		
b_2		7								11				13			
R		15	17.5	20	22.5	25	27.5	30	32.5	35	38	43	48	54	59	64	69
D_3		2							2.5								
h		3.5							4					4.5			
f		1.5							2					2.5			
y		2										2.5					

注：前锥环的 α 角度应与配套使用的 T 形环的 α 角度相同。

表 2-30c 后锥环尺寸 mm

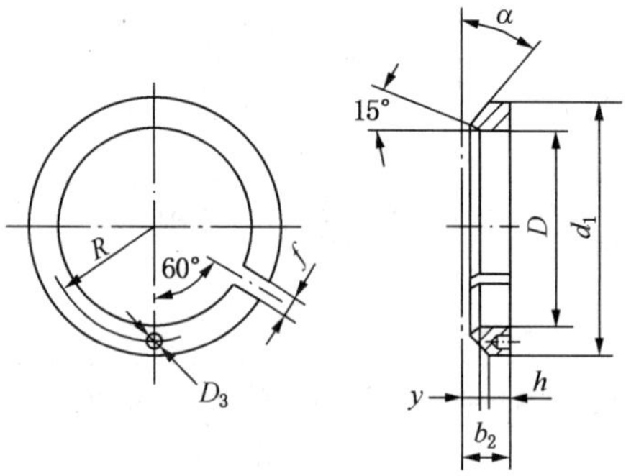

活塞杆直径 D	公称尺寸	25	30	35	40	45	50	55	60	65	70	80	90	100	110	120	130
	公差(*Gd*)	+0.016 -0.007		+0.018 -0.008				+0.020 -0.010					+0.023 -0.012				+0.027 -0.014
d_1	公称尺寸	34	39	44	49	55	59	64	70	76	82	93	103	116	126	136	146
	公差(*db*)	-0.010 -0.027				-0.012 -0.032					-0.015 -0.038				-0.018 -0.045		

续表

b_2	7								11				13			
R	15	17.5	20	22.5	25	27.5	30	32.5	35	38	43	48	54	59	64	69
D_3	2							2.5								
h	3.5							4					4.5			
f	1.5							2					2.5			
y	2										2.5					

注：后锥环的 α 角度与所配套使用的 T 形环的 α 角度相同。

表 2－31　锥形密封圈盒数

工作压力差/MPa	密封圈的 α 角		
	10°	20°	30°
<10		1	3
10～20		2	3
20～32	1	2	3

3. 填料函的冷却、润滑和气封

不论填料函采取有油润滑还是无油润滑，填料与活塞杆之间摩擦产生的热量是不可忽视的。这些不断产生的热量，如果不被取出，填料函密封元件以及活塞杆摩擦部位都将过热，同时还必然向汽缸内气体传递热量，这些异常现象必将威胁压缩机的正常运行。填料函的冷却是转移摩擦热的有效措施。冷却方式有内部冷却和外部冷却两种，见图 2－69 和图 2－70。

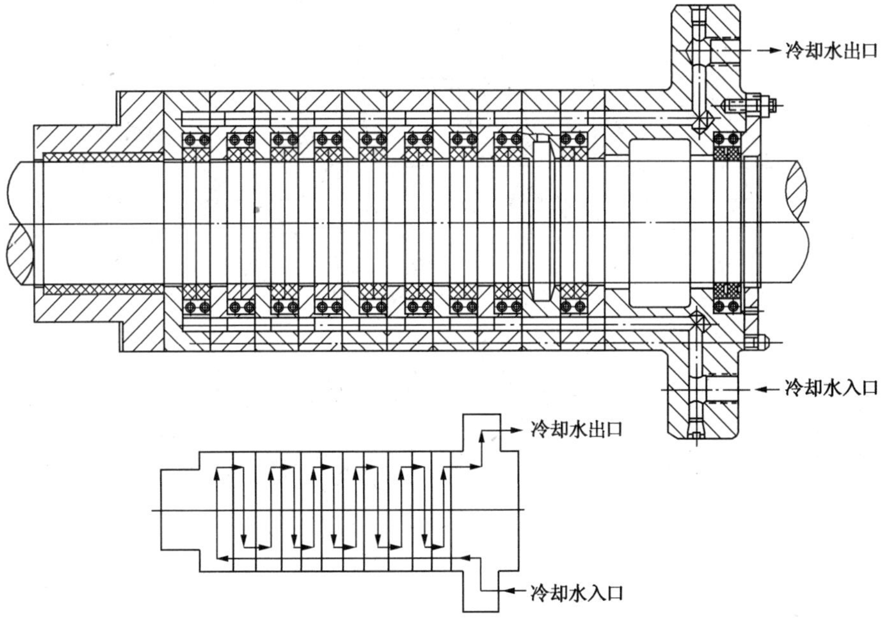

图 2－69　内部冷却方式

填料函内，特别是采用铸铁、青铜等金属材料制成的密封圈时，都由注油器提供强制润滑。润滑不仅降低了摩擦系数，润滑油形成的油膜也增强了密封效果。即便采用填充聚四氟乙烯等工程塑料制成的密封圈时，如果工艺条件允许，有时也采取少油润滑的方式，用来提

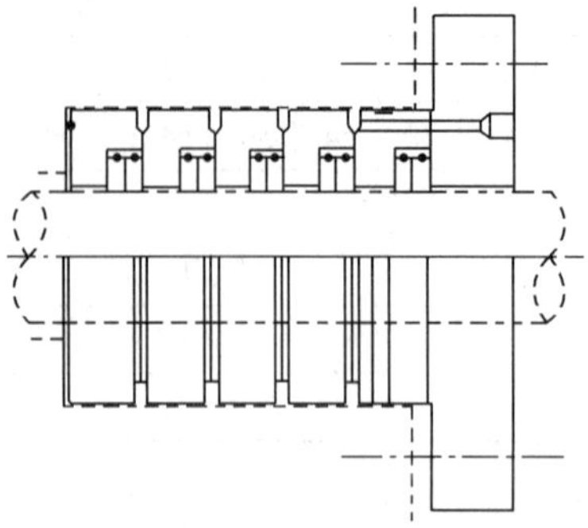

图 2－70　外部冷却方式

高密封圈的使用寿命。

为了防止有毒、有害、易燃易爆气体泄漏，可在填料函中靠近大气侧，设置前置填料函，以便将泄漏气体回收、放空。前置填料函一般为 1～2 个，材料与结构与主填料函相同。

对于必须严格控制气体向外界泄漏的压缩机，可以采用沿着与泄漏相反的方向，强制注入惰性气体，在工艺气体与大气之间形成阻塞密封，这就是通常所说的气封，见图 2－71。

气封的压力应稍高于密封件上游工艺气体的压力。通常这种形式填料函的阻塞密封腔与排气孔相连，气封的压力应稍高于排气孔处的压力，以便将从压缩机密封件泄漏出来的气体，通过排气孔带走。

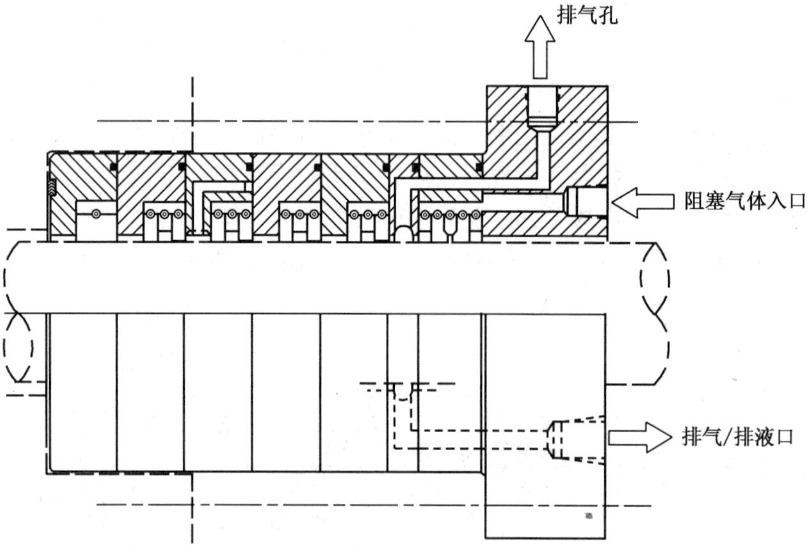

图 2－71　带有气封的填料函

（二）刮油器

在绝对不允许压缩气体与润滑油接触的压缩机（如氧气压缩机等）以及无油润滑压缩机上，刮油器的作用在于刮掉进入十字头滑道的活塞杆携带的润滑油，防止润滑油被带入汽缸和填料。同时刮油器还可以起到防止从填料函泄漏出来的气体漏到曲轴箱的作用。刮油器可以设置在汽缸填料函末端，也可以设置在中体与机身连接法兰处，刮下的润滑油沿回流孔流回十字头滑道侧油池。

典型的刮油环填料结构见图 2－72。

四、易损件的常用材料

1. 气阀阀片常用材料（见表 2－32）
2. 弹簧常用材料（见表 2－33）
3. 阀座常用材料（见表 2－34）

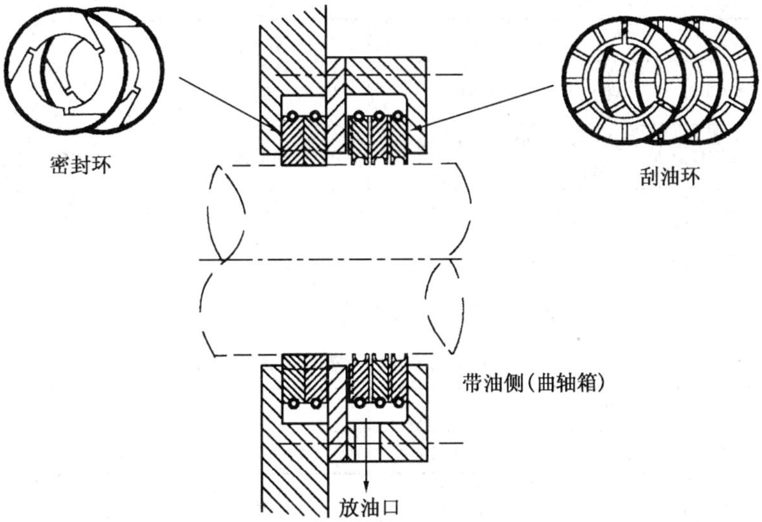

图 2－72　典型的刮油环填料结构

表 2－32　阀片常用材料

应用场合	材　　料	备　　注
无腐蚀性气体：空气，氮氢气、石油气有腐蚀性气体：二氧化碳、氧气等	30CrMnSiA 1Cr13，2Cr13，3Cr13、1Cr18Ni9Ti	可选代用材料：30CrMoA、38Cr 20CrNi4VA，37CrNi3，12CrNi3A 4Cr13MoA，钛合金 BT－6
超高压压缩机	35CrMo，35CrMoVA，GCr15	
压差 <0.4MPa 温度 <160℃	纯聚四氟乙烯	多做成杯状或菌状
压差 <2MPa 温度 <160℃	填充聚四氟乙烯	
压差 <8MPa	MC 尼龙	进气阀

注：合金结构钢制作的阀片表面可进行辉光离子氮化处理，用以提高抗疲劳强度、冲击韧性及耐磨性。

表 2－33　弹簧常用材料

应用场合	材　　料	备　　注
排气温度 <120℃	碳素弹簧钢丝，如 65Mn，Ⅲ，Ⅱ，Ⅱa，Ⅰ三级	用于一般要求不高的压缩机
使用温度可达 250～400℃	合金弹簧钢丝或板材 50CrVA，60Si2Mn，60Si2，65Mn	50CrVA 对缺口敏感性小，用于长周期运转压缩机
CO_2 以及其他腐蚀性介质	4Cr13，1Cr18Ni9Ti、Cr18Ni12Mo2Ti，Cr18Ni12Mo3Ti，17－7PH	
O_2 压缩机	3－1 硅锰青铜， 4－3 锡锌青铜，铍青铜	也可用不锈钢

注：弹簧钢丝也可采用油淬火或经气体软氮化处理后再卷制气阀弹簧。

表 2－34　阀座常用材料

应用场合	材　　料	应用场合	材　　料
压差≤0.6MPa	HT 20－40	压差 >100MPa	33CrNi3MoA
0.6MPa <压差 < 1.6MPa	HT 30－54，合金铸铁，稀土球墨铸铁	腐蚀性介质	1Cr13 ICr18Ni9Ti

续表

应用场合	材料	应用场合	材料
1.6MPa < 压差 < 4.0MPa	稀土球墨铸铁或锻钢	氧气压缩机	稀土球墨铸铁 HPb59 - 1，1Cr13 1Cr18Ni9Ti
4.0MPa < 压差 < 100MPa	35，45，40Cr，30CrMoA，35CrMoA	无油润滑压缩机	合金铸铁，1Cr13，1Cr18Ni9Ti

注：阀座密封面可进行表面淬火提高耐磨性，碳钢或合金钢制作的阀座可进行磷化处理防腐蚀。

升程限制器的材料可与阀座相同或选用低一级的材料。

4. 气阀连接螺栓、螺母等零件常用材料(见表 2 - 35)

表 2 - 35　气阀连接螺栓、螺母等零件常用材料

名称	螺栓	螺母	垫圈	定位销
材料	35、40、45，35CrMo，40Cr、2Cr13	A3	35	35，45

5. 活塞环常用材料(见表 2 - 36)

表 2 - 36　活塞环常用材料

材料分类		说明	应用场合
金属	普通灰铸铁	普通灰铸铁可进行表面处理来改善性能，如磷化处理、硫化处理、涂硬铬、蒸汽处理及喷镀钼等	低中压级活塞环，牌号可根据汽缸直径选用 汽缸直径　牌号 ≤200　HT30 - 54、HT25 - 47 200 ~ 300　HT20 - 40 或 HT25 - 47 ≥300　HT20 - 40
	球墨铸铁	耐磨性较普通灰铸铁高	用于中、高压级活塞环
	合金铸铁	在普通铸铁中加入适量的 Cr、Ni、Cu、Ti，Mo 等元素，经一定热处理后。韧性好、硬度和耐磨性高	用于中、高压级活塞环或高转速压缩机小直径活塞环
	石墨化钢	与球墨铸铁缸套相配时，具有最佳的耐磨性	中、高压级活塞环
	铜合金	韧性高、耐磨及耐腐蚀性好	
非金属	石墨	具有自润滑性能，导热性能好，摩擦系数和热膨胀系数小，耐腐蚀，具有一定的强度和刚度 韧性差，易碎裂，压缩干燥气体时易磨损，产生石墨灰污染气体，压缩 潮湿气体在缸壁生成石墨膏，加剧活塞环磨损	压缩一定湿度的气体，活塞线速度不大的中小型输气系统的无油润滑压缩机
	填充聚四氟乙烯	具自润滑性，摩擦系较小，韧性、耐腐蚀性好，具有较高的热稳定性 导热性差，热膨胀系数大。强度低，易产生冷流 通过填充剂的选择和配比含量，能改善元件的强度、耐磨性和导热性	无油润滑压缩机
	环氧树脂	当介质露点低于 - 75℃时，比填充聚四氟乙烯更耐磨	适宜于压缩干燥气体
	酚醛树脂	将纤维织物用专门方法绕制成形的层压酚醛树脂环，需有油润滑，但对润滑要求不如金属环严格	特别适合于压缩机汽缸壁会凝集出水分的湿气体以及压缩能恶化汽缸润滑的气体，如石油气等

续表

材料分类		说　明	应用场合
非金属	填充聚酰胺（尼龙）	具自润滑性、强度高，无冷流，耐腐蚀与填充聚四氟乙烯相比，摩擦系数大，导热性更差，膨胀系数也更大，热稳定性也差，而且易吸收水分后发泡膨胀	用于有油或少油润滑活塞环
	填充聚酰亚胺	机械性能、热稳定性比填充聚四氟乙烯高，强度比聚酰胺高，摩擦系数大，成型制品容易因密度不均而产生裂纹或孔隙，目前质量不够稳定	用于高温，高压差、高速条件下无油润滑活塞环
复合材料	金属塑料	整体金属塑料：用青铜粉末模压烧结成多孔性金属基体（金属骨架），然后在真空中浸渍聚四氟乙烯（含20% MoS_2） 复合金属塑料：在钢板或锡青铜底板上烧结或喷涂一层多孔青铜，然后再在多孔金属基体上浸渍聚四氟乙烯加填充剂的薄膜	具有金属和塑料的优点：强度高、导热性好，又具有自润滑性能，耐磨性好，摩擦系数小，热膨胀系数也不大
	金属纤维减摩材料	利用青铜短纤维烧结成蜂窝状的金属架，然后在真空中浸渍含填充剂的四氟乙烯	

注：非金属活塞环用的弹力环，其材料可采用65Mn或不锈钢（4Cr13，3Cr13，1Cr18Ni9Ti），在氧气压缩机上可采用3－1硅锰青铜、4－3锡锌青铜、铍青铜。

6. 填料密封圈及刮油环常用材料（见表2－37）

表2－37　填料密封圈及刮油环常用材料

分　类	材　料	说　明
金　属	HT 20－40、ZQSn8－12、ZChSnSb11－6、ZQPb25－5	适于中高压汽缸填料密封，有油润滑场合
非金属	填充聚四氟乙烯、填充尼龙、填充含铅聚甲醛、填充石墨M204L	适用于低中压汽缸填料密封，能实现无油润滑
复合材料	金属塑料、金属纤维减摩材料	

第四节　活塞式压缩机的流量调节

通常，人们总是按最大排气量来选择压缩机。但是生产过程中会由于种种原因需要改变气量，其主要方法如下6种。

一、定期停转调节

对于小型压缩机一般在出口装有缓冲罐，如果耗气量降低而排气量不变，缓冲罐的压力就要升高，反之缓冲罐的压力就要下降。因此可以利用压力继电器来控制压缩机电机的开停，实现排气量的间断调节。

石油化工生产装置中压缩机一般为多机配制，可根据生产需要，停止部分压缩机的运转，以调节系统供气量。

如果启动次数频繁，也可以采用离合器使原动机和压缩机脱开。

二、改变转数调节

使用变频器改变电动机转数，或使用汽轮机调速系统调节转数，这种方法不仅可使调节过程连续，同时也是最为经济的调节方法。

三、控制吸入调节

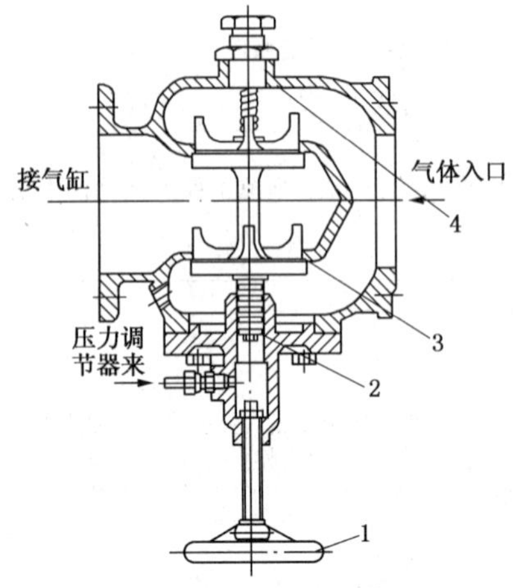

图 2－73　停止吸气调节阀
1—手轮；2—小活塞；3—阀板；4—阀体

控制方法有停止吸入和节流吸入两种。停止吸入时压缩机空转，因此只能进行间断的调节。停止吸入调节方式应用较广，启动时可关闭进气阀。正常运行时通过压力调节器减荷阀截断进气（见图 2－73），但是如果减荷阀不严密，会有少量气体被吸入，类似于节流吸入，会使汽缸内温度急剧升高，因此是危险的。为了避免这种情况的发生，减荷阀的密封要可靠，安装位置要尽量靠近吸气阀。

节流吸入在理论上可以进行连续无级调节，但是在排气量降低，排气压力不变的情况下，压缩比大大增加，排气温度可能超出允许范围，因此工业上很少采用。

四、排气管和进气管连通调节

这种方法简单可靠，方便易行，但是功率消耗大，是最不经济的一种调节方法。

空气压缩机可以把部分气量直接放入大气，用放空量来调节装置的用气量。启动压缩机时，可以将放空阀全开来卸荷，但对易燃易爆、有毒有害气体是不允许这样操作的。

压缩机末级排出的气体经冷却后，通过节流阀返回一级入口。在保证各级工况不变的情况下，可以连续调节气量。

大型多段压缩机，经常配置图 2－74 这种管路，可作为启动时卸荷使用，也可以用来调节各段压缩比。当作为气量调节时，第一段引去部分气量到吸入管之后，就必然会产生压缩比的重新分配。第一段压缩比的降低，中间各段的压缩比保持原状，而末段的压缩比会随着排气量降低的程度成比例的上升。末段的温度会超出允许范围，应该引起足够的重视。

五、压开吸气阀调节

完全压开吸气阀，排气量可接近于零。对多段压缩机，各段吸气阀的压开由总的输气量调节器来实现，见图 2－75。

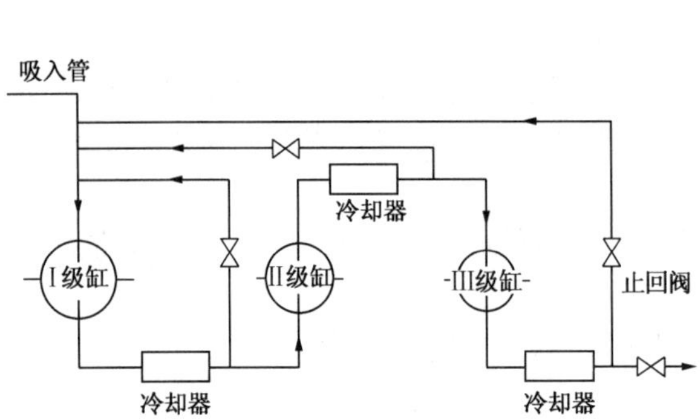

图 2－74　排出与吸入连通的调节方式

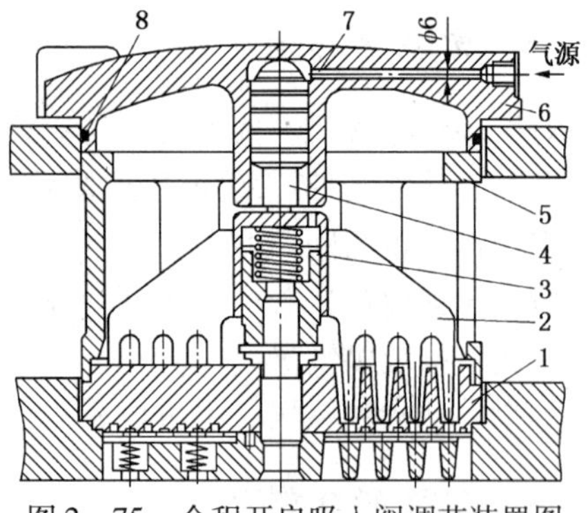

图 2－75　全程开启吸入阀调节装置图
1—阀座；2—压叉；3—弹簧；4—小活塞；
5—压罩；6—气阀压盖；7—密封槽；8—密封圈

部分压开吸气阀，由于吸气阀部分开启，被吸入的气体仍有相当一部分被压缩至出口管道。沿吸气阀开启的缝隙被推回的气体经过不同程度的压缩，温度较高，经过多次压缩会导致排气温度升高。阀片不断地受到冲击和弯曲，也会影响吸气阀的严密性，因此这种方法实际上很少采用。

部分行程压开吸气阀，当压缩机吸气终了时，吸气阀片借助于调节装置中弹簧力的作用，保持在开启状态。活塞反向运动时，汽缸内气体通过吸气阀流出汽缸外，当作用在阀片上的气流压力达到一定值，能克服调节装置中弹簧力时，吸气阀开始关闭，从而起到定量调节的作用，见图2－76。

压开吸气阀调节，经济性较好，结构紧凑，可作为卸荷空载启动时使用。在大中型压缩机上应用较多，特别是部分行程压开吸气阀方法经济性好，自动调节比较方便。

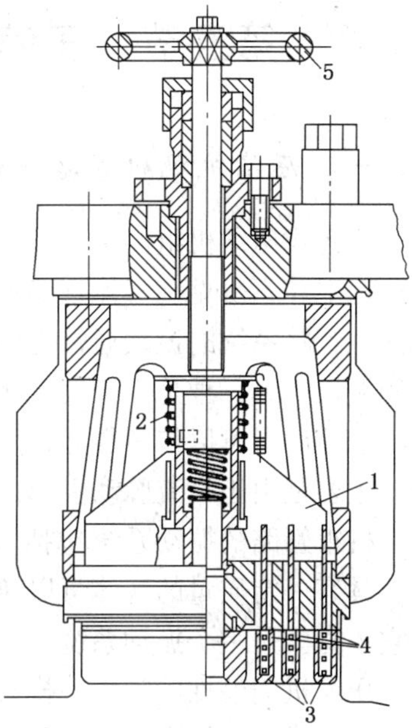

图2－76　气流动力作用的部分行程压开吸气阀调节机构

1—顶开压叉；2—压紧弹簧；3—阀片；弹簧；4—阀片；5—手柄

六、连接补助容积调节

可分为固定余隙腔和可变余隙腔两种。通过固定容积补充余隙调节器和可变容积补充余隙调节器实现调节，见图2－77(a)和图2－77(b)，前者可实现分级调节，后者可实现连续调节。这种调节器一般装在汽缸盖上。补助容积在多段压缩机中，并非各段都设置，所以各段间的压缩比将重新分配。

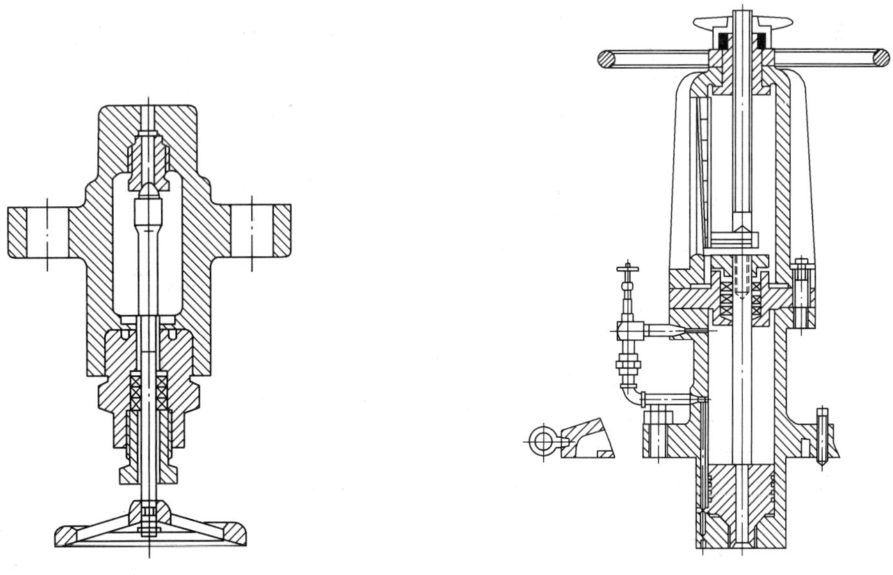

(a) 固定容积补充余隙调节器　　(b) 可变容积补充余隙调节器

图2－77　补充余隙调节器

第五节　压缩机机组管路系统的振动及其控制

一、压缩机机组管路系统的振动分析

活塞式压缩机组由于设计、制造、安装不当等原因造成的管路系统的振动，在试运、投产过程中并不少见。气体管路的气流脉动和管路的机械振动，严重影响了压缩机组运行的可靠性。管路系统的振动通常有两种情况：一种是由于机器的动力平衡不好或基础存在问题引起的振动；另一种是由于气流脉动引起的振动。前者只发生在机器本身、基础及机器附近的管路，而后者可以传得很远，对机组管路系统的振动影响较大。实践表明，机组管路系统的振动主要是由于气流脉动引起的。

机组管路的振动系统包括气柱系统和管路结构系统。管路系统内所容纳的气体称为气柱。具有一定质量的气体可以压缩、膨胀。通常把气柱看成一个类似于弹簧的连续弹性体，即它本身就是一个振动系统。

压缩机周期性的吸气、排气，导致管路内气流压力脉动。对气柱而言，这就构成了一种激励，形成气体压力波动，压力波沿气柱以声速传播，在管道的转弯或截面变化处会形成激振力，从而引发管路结构系统的机械振动，脉动能量将转化为管路振动的机械能。

引起振动的激振力归纳起来也有两种：一是压缩机吸、排气对管路气柱的激振；二是气流压力脉动对管路结构系统形成的激振力。

对于气柱系统，根据配管情况、始末端边界条件，决定了它的一系列固有频率各种管路气柱固有频率的简易计算公式见表 2－38。

表 2－38　各种管路的气柱固有频率计算公式

序 号	管路结构简图	计 算 式
1	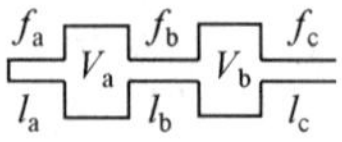	$V_b\frac{\omega_0}{a}=\frac{\left(\frac{V_a\omega_0}{af_b}+\frac{f_a}{f_b}\tan\frac{\omega_0 l_a}{a}+\tan\frac{\omega_0 l_b}{a}\right)f_a}{\left(\frac{V_a\omega_0}{af_b}+\frac{f_a}{f_b}\tan\frac{\omega_0 l_a}{a}\right)\tan\frac{\omega_0 l_b}{a}-1}+\frac{f_c}{\tan\frac{\omega_0 l_c}{a}}$
2	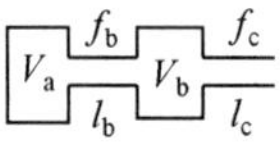	$V_b\frac{\omega_0}{a}=\frac{\left(\frac{V_a\omega_0}{af_b}+\tan\frac{\omega_0 l_b}{a}\right)f_a}{\frac{V_a\omega_0}{af_b}\tan\frac{\omega_0 l_b}{a}-1}-\frac{f_c}{\tan\frac{\omega_0 l_c}{a}}$
3	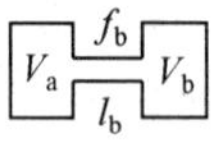	$V_b\frac{\omega_0}{a}=\frac{\left(\frac{V_a\omega_0}{af_b}+\tan\frac{\omega_0 l_b}{a}\right)f_b}{\frac{V_a\omega_0}{af_b}\tan\frac{\omega_0 l_b}{a}-1}$
4	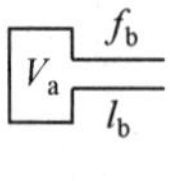	$\tan\frac{\omega_0 l_b}{a}=\frac{af_b}{V_a\omega_0}$
5	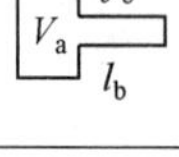	$\tan\frac{\omega_0 l_b}{a}=\frac{V_a\omega_0}{af_b}$
6	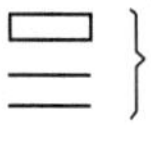	$\tan\frac{\omega_0 l_b}{a}=0$ 或 $\frac{\omega_0 l_b}{a}=0$、π、$2\pi\cdots\cdots$

续表

序 号	管路结构简图	计 算 式
7	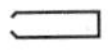	$\tan\frac{\omega_0 l_b}{a}=\infty$ 或 $\frac{\omega_0 l_b}{a}=\frac{\pi}{2}$、$\frac{3\pi}{2}$……
8	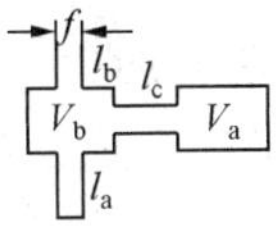	$\frac{V_b\omega_0}{af_b}=\tan\frac{\omega_0 l_a}{a}-\text{ctg}\frac{\omega_0 l_b}{a}+\frac{\frac{V_a\omega_0}{af_b}+\tan\frac{\omega_0 l_c}{a}}{1-\frac{V_a\omega_0}{af_b}\tan\frac{\omega_0 l_c}{a}}$

注：l—管道长度，f—管道通流面积，ω_0—气流固有频率，a—声速。

当激振频率接近于气柱某一阶固有频率时，气柱系统将做出最大振动响应，形成气柱共振。同样，对于管路结构系统，也有一系列固有频率(管路结构系统的固有频率可采用计算方法或实测法获得)，当激振频率接近于管路结构系统某一阶固有频率时，管路结构系统也将产生机械共振。最为严重的是，激振频率与气柱固有频率及管路结构系统固有频率三者重合，气柱和管路均处于共振状态，导致管路产生强烈振动，甚至发生破坏性事故。

工程上，通常规定激励频率等于0.8～1.2倍固有频率时，就认为处于共振状态。0.8～1.2倍固有频率是一个范围，称为共振区。活塞式压缩机周期性的吸排气造成对管路气体的激励是无法彻底避免的。因此，必须合理配制管路系统，使得气柱固有频率、管路系统固有频率避开上述共振区，管路系统的振动才能有效得以控制。

二、气流脉动对压缩机组正常工作的影响

管道内的压力脉动，特别是共振时，会影响压缩机的排气量、增加压缩机的功率消耗、恶化气阀的工作、增大汽缸与运动机构零件承受的载荷、破坏安全阀的严密性、引起管道剧烈振动、易于损坏压力计、流量计等就地指示仪表。

1. 气流脉动对压缩机排气量的影响

压缩机进气管道的气流压力脉动将直接影响汽缸内吸气行程终点的压力，而汽缸内压缩的气体质量又与汽缸内吸气行程终点的压力有关。因此，进气管道的气流压力脉动将对压缩机排气量的增大或减少产生影响。

多级压缩机第一级排气管内的压力脉动也将影响压缩机的排气量。第一级排气终点的压力决定了第一级汽缸余隙容积内气体膨胀终了所占的汽缸容积，即影响第一级汽缸的容积效率，从而直接影响到压缩机的排气量。

2. 气流脉动对压缩机气阀工作的影响

由于压缩机进气管道的气流压力脉动的影响，进气阀偏离了正常工作状态，或者是延迟关闭，或者是提前关闭。在气流反向压差的作用下，加剧了阀片与阀座的冲击，特别是吸气管道的负压现象，在进气阀上的表现比排气阀更为常见，因此进气阀的损坏较为频繁。强烈的压力脉动使得气阀在开启和关闭过程中，出现重复开启的现象，如图2－78所示。

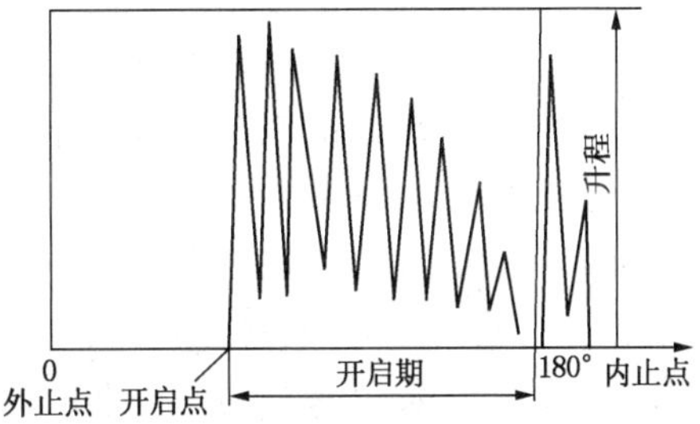

图2－78　气阀重复开启现象

重复开启的结果，增加了阀片与阀座的撞击次数，降低了气阀的使用寿命。由于减少了气阀的时间截面，从而降低了气阀的通流能力，加大了阻力损失。

3. 气流脉动对压缩机组功率消耗的影响

由于不均匀气流的阻力损失比稳定气流要大，气体沿管道流动又只占有循环的一部分时间，所以实际的气流速度比平均值要高，而压力损失与速度的平方成正比，因此，气阀排气的间歇性与管道气流脉动将引起相当大的压力损失和功率消耗。

当气柱固有频率与激励频率相等发生共振时，脉动功率损失明显加大，如单个单作用汽缸发生一阶共振时，指示功率可比正常时增加 10%；任意级的排气管道的压力脉动对功率损失的影响要比进气管强烈得多，共振时的脉动损失可达前级指示功率的 70%。

4. 气流脉动对压缩机组管道振动的影响

活塞式压缩机组管道系统内的气流脉动的起因存在于整个系统之中，是由整个系统综合因素决定的。压缩机汽缸交替变换地吸排气，汽缸的排列与间距，汽缸数目与彼此间的曲柄角关系，排气管、储气罐、分支管路以及系统管路等因素都可能成为影响活塞式压缩机组管道系统内的气流脉动的原因。脉动气流在管道内改变方向或遇到管道截面积发生变化时，将产生引起管道振动的激励力，脉动能量转化为管道振动的机械能。管道的振动与管道气体压力脉动值成正比。

管路振动会使管道、支架甚至混凝土基础松动或损坏，此时急于恢复损坏的部位并非治本之策，从源头上解决气流脉动引发的系统共振才是压缩机组平稳运行的关键。

三、气流脉动的减振控制措施

气流脉动对压缩机的影响，使得压缩机的排气量不稳、效率下降、功率损失增加。一般因气体压力脉动增加的损失大约在 4% ~8% 之间。为了预防和控制管道内的气流脉动，首先应该掌握管道系统内气流脉动的固有频率和各阶脉动压力的振幅值，必要时还要计算管路结构系统的固有频率。只有找出管道系统振动的内在原因，才能恰当地选择降低管道系统振动的有效方法。有些措施在压缩机设计阶段就已经考虑在内，如合理布置汽缸，适当配置各级压力比；压缩机的入口、出口设置吸气、排气缓冲罐；有些措施也可以在生产现场根据振动分析结论，采取因地制宜的措施，如在管道中设置声学滤波器、孔板、改变管道长度以及改变管路支承方式等。

1. 合理布置汽缸，适当配置各级压力比

作用于管道的汽缸数目及其作用相位，对作用于气柱的激励力的阶次和振幅值，起着决定性的影响。由压缩机传出的压力脉动可能存在着各种频率，但其中主要的是那些会带来最大压能高峰的频率。

单作用汽缸激励力的基频是：$f=n/60$，n——每分钟转数。

双作用汽缸的基频是单作用汽缸的两倍。

如果汽缸以相同的错角围绕曲轴排列，当汽缸数目为奇数时：

$f=(\mathrm{r/min})$(汽缸数)(汽缸的作用面数*)/60

注：* 单作用汽缸作用面数 =1　双作用汽缸作用面数 =2

当汽缸数目为偶数时：$f=(\mathrm{r/min})$(汽缸数)/60

如果是多只单作用汽缸在同一系统中并联操作，脉冲的大小视汽缸的组合情况和曲拐错角的状况而定。在同一相位同时发生的波形下，脉冲的量是叠加的。主共振简谐可以等于曲拐数，而以下的简谐系列为主简谐的倍数。激励力的最大振幅发生在主简谐时，阶次越高，激励力的振幅越小。从控制管道压力脉动的观点来看，一个级的汽缸制成双作用，列的曲柄错角合理布置，可使汽缸作用于管道的相位比较均匀。多级压缩机级间管道，当一端为前一级的排气，另一端为后一级的进气时，激励力不是相互加强，而是相互抵消。这使得总的压力脉动降低，对于小型压缩机显得更为重要。级间管道脉动压力的振幅值及其相位，是相应进、排气阀开始开启瞬时曲柄转角的函数，而气阀的开始开启瞬时取决于汽缸内的压力比，所以适当配置级中压力比也是设计阶段需要考虑的内容之一。

2. 设置缓冲器

压缩机汽缸上面的吸入口和下面的排气口分别设置了吸气缓冲罐和排气缓冲罐。缓冲罐起着将汽缸(振源)和管道隔开的作用，使得缓冲罐后面管道的气流脉动得以缓和。它不仅降低了脉动气流的振幅，同时也改变了气柱的固有频率。

缓冲罐的形式，低压时为圆筒形，高压时可制成球形，有的在缓冲罐内加装芯子，进一步构成声学滤波器。安装时最好直接将缓冲罐配置在汽缸上下，不用中间接管。若不能这样配置，连接管道的截面积应比汽缸接管的截面积大 50%；管道转弯处应取较大的弯曲半径，保证气流平稳。一个级如果有几个汽缸，可以公用一个缓冲罐。缓冲罐上进排气管的配置方式对气流压力脉动的衰减有影响，见图 2－79 所示。

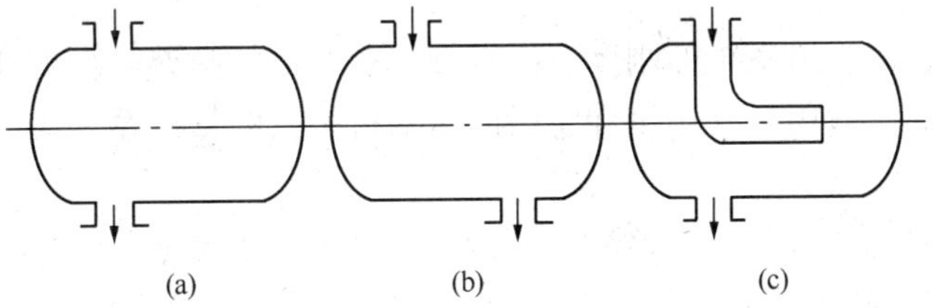

图 2－79 缓冲器与管道的连接方式

其中，(a)缓冲效果差，(b)比(a)缓冲效果可提高 15% ~20%，(c)由于气流的转折，可比(b)减小脉动振幅达 60%。

3. 设置声学消振器

声学消振器可分为声抗式、声阻式和组合式 3 种。声抗式消振器根据滤波的原理，阻止一定频率的脉动在消振器后面的管道内通行。该频率取决于消振器腔内气体的质量和弹性。声阻式消振器是靠克服粘性摩擦力使脉动的能量被吸收或扩散。组合式消振器则兼有声抗式和声阻式的作用，是压缩机常用的消振器，如图 2－80 所示。

组合式消振器内腔隔板将其分为两个不等的容积，并采用两根或三根两端开启、沿长度

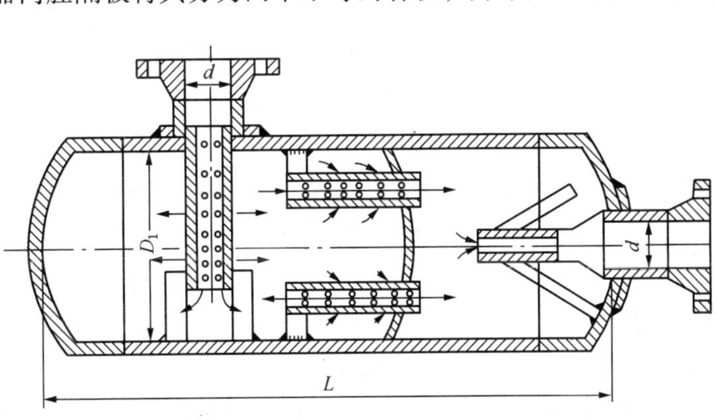

图 2－80 组合式声学滤波器

上开有小孔的导管连通，进出口管上也开有小孔。这种结构使气流沿导管并通过侧面小孔分离与传播压力波，通过不同长度的路径达到各波相互干涉，当许多不同频率的波在消振器内混合时，就可以起到消振的作用。

组合式消振器内进口侧与出口侧容积比为3:2，器内连接导管的总截面积应比入口法兰流通面积要大些。连接导管上小孔的直径为导管直径的1/4，小孔间距为导管直径的1/3；声学消振器安装的位置离汽缸越近，效果越好。

声学消振器尽管效果好、阻力小，但是结构复杂，不如缓冲罐应用得普遍。

4. 设置孔板

管道上应用孔板能使气流的压力脉动得到一定程度的缓和。孔板装在气流前面，如压缩机的吸气管道上，装在滤清器法兰和管道法兰处；在排气管道上，则装在储气罐进口法兰处。装孔板的地方必须是压力脉动的波节处，切勿随意安置。

孔板是一薄板，厚度为3～5mm，$d/D=0.43\sim0.52$（d为孔径，D为管内径）声速高的介质取下限，反之取上限。用孔板控制气流脉动引起压力损失和功率损失，经济性较差，可能有噪声。采用孔板只有与消除共振相比较才是合算的。

5. 改变管道长度

改变管道长度，使管道系统的刚度、固有频率及共振的简谐阶次得到提高，同时使激励降低，从而避免共振。适用于处于设计阶段的压缩机装置的管道系统。

6. 加强管道支承

为降低管道振幅，通常在管道系统中采用减振元件，如在支承上使用石棉胶板或其他材料制成的减振衬垫，以及阻止振动发展的制动器。此外，还可以在管道上紧固动力消振器等。

为防止管道系统发生共振，在选择管道两个支座间的距离时，应使管段的固有频率比激励基频高30%或低30%。

管道转弯处是激励力作用之处，布置管道时应尽量少用弯头，不用急弯弯头，采用弯曲半径较大的弯管。当管路较长时，推荐使用大直径管，转弯处应有刚性卡箍或支承。

四、关于控制脉动和振动的设计方法的准则

在标准API 618－1995《石油、化工和天然气工业用往复压缩机（第四版）》中，关于脉动和振动的控制，列出了以下3种设计方法可供参考。

1）使用各种脉动抑制装置，满足正常操作情况下的脉动水平的要求。

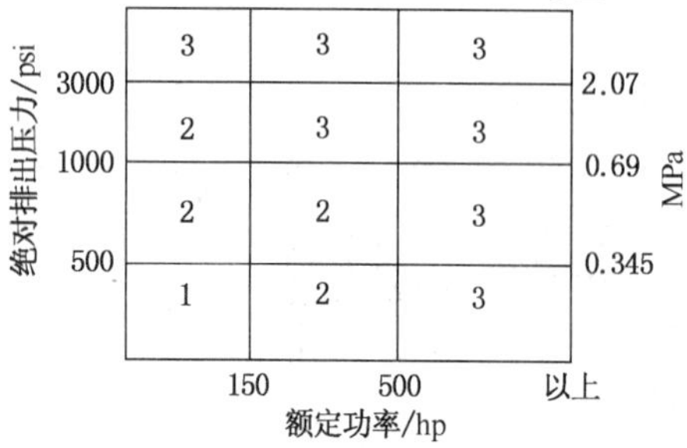

图2－81　控制脉动和振动的适当设计方法的准则

2）使用各种脉动抑制装置和成熟的声学模拟技术，并对管段和固定系统进行机械分析，以达到防止共振、实现控制脉动和振动的目的。

3）不仅包括上述方法2的内容，还要求对压缩机汽缸、压缩机集合管和相关的管线系统进行机械分析，包括声学系统共振和机械系统共振之间的相互作用。对压缩机气阀和气体通道相互作用的声学影响进行研究，并对性能进行确认。使用声学和机械研究方法的目的在于使装置的设计更加经济和有效，以达到控制振动的目的。图2－81给出了应用适当的设计方法的准则。对于超出图示的范围，

应使用设计方法3。

第六节　活塞式压缩机的安装

压缩机安装之前应作好充分的准备工作，主要包括技术资料、施工组织措施、施工方案的编制、安装施工现场的清理、安装记录、压缩机的开箱检验及保管、基础的中间交接，垫铁、地脚螺栓、小千斤顶以及安装所需工机具等的准备。

各种结构形式的活塞式压缩机的安装程序和具体方法也不尽完全相同，但是基本的安装程序和技术要求，仍然有章可循。

一、整体出厂的活塞式压缩机的安装

对于一些中小型压缩机，已由制造厂组装、经试运转合格后整体包装出厂。对于在运输和保管期内有保障措施的压缩机，现场安装时可以整体安装，不必解体拆卸。必要时，仅对部分零部件进行清洗和检查。

压缩机安装时，设备的清洗和检查应符合下列要求：

1）活塞式压缩机应对曲轴、各部位轴承、活塞、连杆、十字头（包括十字头销轴）、气阀和填料等零部件进行清洗和检查，其中气阀和填料不得采用蒸汽清洗；

2）用润滑油封存的活塞式压缩机，在规定油封期限内安装时，除气阀外，其他零部件可不进行拆洗；

3）隔膜式压缩机应拆卸清洗缸盖、膜片、吸气阀和排气阀，应无损伤和锈蚀。

压缩机的安装水平偏差不应大于0.20/1000，并在下列部位进行测量：

1）卧式压缩机、对称平衡型压缩机应在机身滑道面或其他基准面上测量；

2）立式压缩机应拆去汽缸盖，并在汽缸顶平面上测量；

3）其他型式的压缩机应在主轴外露部分或其他基准面上测量。

二、解体出厂的活塞式压缩机的安装

大型压缩机组在制造厂组装、试运合格后，分拆成几个部分，包装出厂。

压缩机组装前，设备的清洗和检查应符合下列要求：

1）零件、部件和附属设备应无损伤和锈蚀等缺陷；

2）零件、部件和附属设备应清洗洁净；清洗后应将清洗剂和水分除净，并在加工面上涂一层润滑油。无润滑压缩机及其与介质接触的零件和部件不得涂油；气阀、填料和其他密封件不得采用蒸汽清洗。

压缩机组装前应检查零、部件的原有装配标记。下列零件和部件应按标记进行组装：

1）机身轴承座、轴承盖和轴瓦；

2）同一列机身、中体、连杆、十字头、中间接筒、汽缸和活塞组件；

3）机身和相应位置的支承架；

4）填料函、密封盒应按级别与顺序进行组装。

尽管活塞式压缩机主机的型式和结构不尽相同，但是主机的安装大体包括以下几个步骤：①单个机身的找平、对正；②两列机身之间的找正；③机身（滑道与机身铸为一体）——中间接筒与汽缸或机身——中体滑道与汽缸三者之间的找正对中；④运动部件的组

装；⑤汽缸余隙的调整；⑥填料函及吸、排气阀的组装等。

1. 机身安装就位前的检查

将煤油注入机身内，使油升至最高油位，机身外部涂一层白垩粉，持续时间不得小于4h，检查无渗漏现象；

清洗机身或中体时，必须将油路清洗干净，确保润滑油路畅通、清洁。

2. 机身就位调整

机身就位调整时，基础定出的标高、中心线决定机身的位置，主轴和中体滑道轴线应与基础中心线相重合，允许偏差5mm，标高允许偏差±5mm。机身安装的纵向和横向水平偏差不大于0.05/1000，现介绍几种不同类型机身安装就位的主要调整方法和技术要求。

（1）卧式单列机身的找平、对正

卧式压缩机、对称平衡型压缩机的单个机身横向安装水平应在机身轴承孔处用水平仪（卧式或框式水平仪、合象水平仪）进行测量，纵向安装水平应在滑道的前、后两点的位置上进行测量，见图2－82。

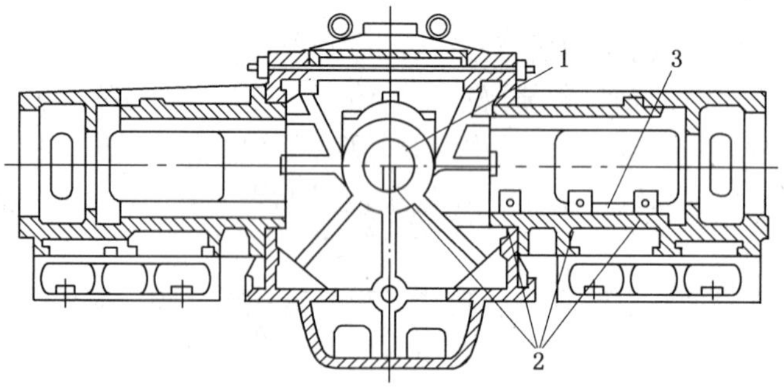

图2－82　测量机身纵、横向安装水平

1—轴承孔；2—水平仪；3—下滑道

列向水平度倾向，在允许偏差范围内应高向汽缸端。轴向水平度倾向，在允许偏差范围内，M型机身高向电动机端。H型压缩机主轴系整体结构的（如H22），应高向两机身的内侧轴承座孔。电动机采用双独立轴承，应高向两机身的外侧轴承座孔。调整方法是用机身下的垫铁或千斤顶进行调整。

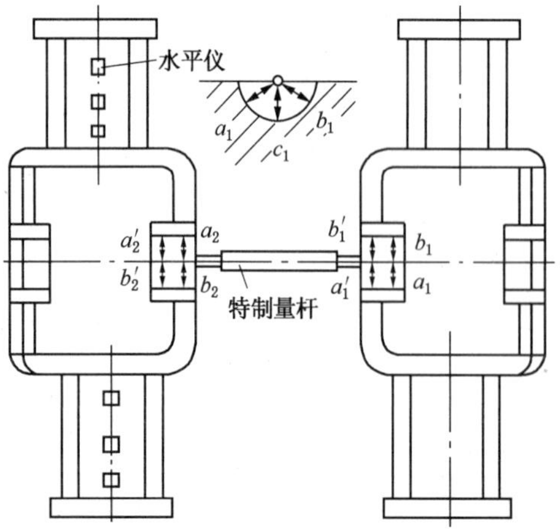

图2－83　两列机身找正示意图

（2）卧式压缩机分开的两个机身的找正

以第一个机身为基准，决定第二个机身的位置，包括找第二个机身的标高、主轴承孔的同轴度、两机身的跨距、两机身的平行度。主轴承孔轴线的同轴度偏差不得大于0.03mm，并保持机身轴向水平度不变。借助特制量杆或测距桥尺、水平仪并采用拉钢丝法找正。拉钢丝初步确定第二个机身位置，见图2－83；以第一个机身轴承洼窝处为准，挂一根主轴中心线钢丝，以此初步确定第二个机身位置，两架线到机身的距离应相等。

以第一个机身主轴承洼窝两端，左、右、下

取测点：a_1、b_1、c_1 和 a'_1、b_1'、c'_1，两端共 6 点，调整钢丝，使 $a_1=b_1=c_1$，$a_1'=b_1'=c'_1$，允许误差为 ±0.01mm。然后以此钢丝线为准，同样在第二个机身主轴承洼窝两端，取 6 个点，移动第二个机身标高及前后位置，使 $a_2=b_2=c_2$，$a_2'=b_2'=c'_2$。找正时应同时使两个机身的标高及前、后中心位置相同。标高允许误差为 ±0.05mm，前、后中心误差为 ±0.05mm。同时使用特制的量杆或桥规尺测量两机身的跨距，允许误差为 ±0.10mm。

主轴安装后还应复测，以便正式确定两机身标高和前后位置。使用特制样尺，在机身前后每列，以十字头滑道为中心的钢丝线处进行测量，允许误差为 ±0.10mm/m。

(3) 立式压缩机机身的就位与调整

立式压缩机机身的找正与找平应在机身与中体、机身与汽缸、中体与汽缸的接合面上测量。对于多级汽缸、汽缸与机体铸为一体的机组，可在汽缸与汽缸结合面上测量。机身的纵向和横向水平度偏差不大于 0.05mm/m。

(4) L 形压缩机机身的就位与调整

L 形压缩机机身的找正与找平时，水平列机身列向水平可在机身滑道上测量，水平度偏差不大于 0.05mm/m，水平度倾向应高向汽缸盖端。水平列机身轴向水平度可在机身轴承处测量，其水平度偏差不大于 0.05mm/m，水平度倾向应高向电动机端。垂直列机身水平度可在与汽缸连接止口面或机身滑道上测量，其水平度偏差不大于 0.05mm/m。

(5) 多列压缩机的各列机身

多列压缩机的各列机身轴线的平行度偏差不得大于 0.10mm/m。

3. 组装曲轴和轴承

曲轴和轴承的油路应洁净和畅通，曲轴的堵油螺塞和平衡块的锁紧装置应紧固。

轴瓦钢壳与轴承合金层粘合应牢固，无脱壳和哑音现象。

轴瓦背面与轴瓦座应紧密贴合，其接触面面积不应小于 70%。

轴瓦与主轴颈之间的径向和轴向间隙应符合设备技术文件的规定。无规定时，径向间隙可参照表 2－39 执行。对设有轴向定位的主轴两侧，放入半圆铜环后，两侧轴向定位间隙应相等，若设备技术文件无规定，总间隙应在 0.20～0.50mm 间选取。

表 2－39　主轴瓦（薄壁瓦）与轴颈径向间隙

瓦衬材料	铅基合金与锡基合金	铜基合金	铝基合金	锑镁合金
径向间隙	(0.0005～0.00075)D	(0.00075～0.001)D	(0.001～0.00125)D	(0.0012～0.0015)D

注：(1) D—主轴或曲柄销轴颈直径；

(2) 轴颈大的取大值。

对开式厚壁轴瓦的下瓦与轴颈的接触弧面夹角不应小于 90°，接触面面积不应小于该接触弧面面积的 70%，四开式轴瓦的下瓦和侧瓦与轴颈的接触面面积不应小于每块瓦面积的 70%，接触点应均匀分布。

薄壁瓦的瓦背与瓦座应紧密贴合。为保证瓦背与瓦座应紧密贴合，上下片轴瓦分开面之间的突出高度（过盈值）应符合图纸规定或参照表 2－61。如果瓦背与瓦座仅部分贴合，轴瓦与轴颈的工作面只有个别段接触，轴瓦散热不良，磨损加剧。如过盈值超出规定，轴瓦应力可能超出基体的屈服强度，轴瓦受热冲击表层容易发生破裂。当轴瓦外圆直径小于或等于 200mm 时，其接触面面积不应小于瓦背面积的 85%，当轴瓦外圆直径大于 200mm 时，其接触面面积不应小于瓦背面积的 70%，且接触均匀。薄壁瓦的组装间隙应符合设备技术文件的规定。由于薄壁瓦经过精密加工，通常瓦面的合金层不允许刮研。当需要刮研时，应修刮轴瓦座的内表面。

曲轴安装的水平度偏差不应大于 0.10/1000，并在曲轴每转 90°的位置上，用水平仪在主轴颈上进行测量。

曲轴安装后，检查各曲拐臂开度差。检查各曲柄销在 0°、90°、180°、270°四个位置的曲拐臂开度差值，其允许偏差应符合设备技术文件的规定。无规定时，其偏差不得大于活塞行程的 10^{-4}。

检查主轴颈和曲柄销轴颈在 0°、90°、180°、270°四个位置上的平行度，偏差不得大于 0.15mm/m。

曲轴轴线对滑道轴线的垂直度偏差不大于 0.10/1000。

曲轴组装后盘动数转，应无阻滞现象。

4. 中体滑道的找正

分拆出厂的压缩机，如果机身与中体滑道分成两个部件，又必须拆开运输时，机身与中体滑道的组装，可用拉钢丝线法或采用激光准直仪找正对中。

采用拉钢丝线法找正中体滑道轴线与主轴轴线的垂直度。钢丝直径与重锤质量关系，架线间跨度与钢丝自重挠度的关系参见表 2-40 和表 2-41。

表 2-40 钢丝直径与重锤质量关系

钢丝直径/mm	0.35	0.40	0.45	0.50
重锤质量/kg	9.45	12.34	15.62	19.20

表 2-41 架线长度与钢丝自重挠度的关系

钢丝架线两支点间距/m 距最近支点距离/m	4	5	6	7	8	9	10	11	12	13	14	15	16
0.5	4	7	10	12	14	15	16	17	19	20	22	24	26
1.0	7	13	19	23	26	28	30	33	36	38	41	44	49
1.5	9	19	26	31	36	40	43	46	50	54	58	63	67
2.0	10	23	33	40	46	51	55	59	64	69	75	80	85
2.5		24	38	47	54	61	66	71	77	83	89	95	100
3.0			40	53	62	70	76	83	89	96	103	109	115
3.5				55	68	77	85	94	101	108	116	124	129
4.0					70	83	93	102	111	118	128	134	140
4.5						86	98	109	120	129	136	144	150
5.0							100	114	126	136	145	153	158
5.5								116	130	142	152	159	167
6.0									132	145	157	165	174
6.5										146	160	170	181
7.0											161	174	185
7.5												176	189
8.0													190

注：挠度值的单位为 1/100mm。

用百分表控制主轴的轴向窜动，盘动曲轴在 180°前、后位置，用内径千分尺测量曲柄轴颈两端至钢丝线的距离，见图 2-84，其值分别为 A、B、C、D、E、F、G、H；垂直度偏差可按下式计算：

$$\Delta K = (A + B - E - F)/2S$$
$$\Delta K = (C + D - G - H)/2S$$

式中　S——曲轴两次测量位置间的距离，可近似取为活塞行程；

ΔK——垂直度偏差，其值应不大于0.08mm/m。

采用激光准直仪找正对中，应注意以下几点：

1）激光发射装置使用时，光点在20mm距离内的漂移值不得大于0.10mm/m，激光光斑应为正圆形；

2）激光发射装置和光电接收靶应安放牢固；

3）激光发射装置在接通电源点燃激光发射器以后，如果光束闪跃，可调大输出电流，稳定后尽量调小，以3～5mA为最佳；

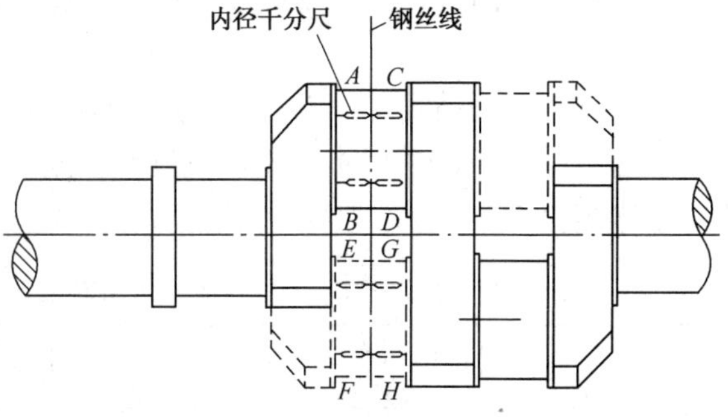

图2-84　垂直度偏差测量示意图

4）使用激光发射装置的现场，2m以内不得进行电焊和气焊；

5）应避免振动、气流和气温等对激光光束的影响；

6）调节安放在主轴承座孔的光电接收靶的中心与主轴承孔几何轴线重合，光电接收靶的中心与激光光束轴的偏差，不得低于现行国家标准《形状和位置公差值》规定的9级公差值；

7）调节安放在中体滑道内的光电接收靶的中心与滑道轴线重合，光电接收靶的中心与激光光束轴的同轴偏差，不低于现行国家标准《形状和位置公差值》规定的9级公差值。

5. 组装汽缸

卧式压缩机的汽缸安装时，检查、清洗汽缸体与中体连接止口面。汽缸与中体连接时，应对称均匀拧紧连接螺栓，汽缸支承必须与汽缸支承面接触良好，受力均匀。

可采用拉钢丝法找正汽缸轴线与中体滑道轴线的同轴度，其方法见图2-85。

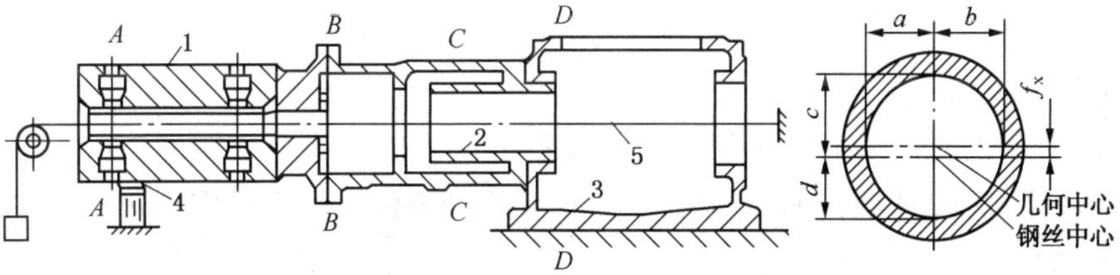

图2-85　卧式活塞压缩机汽缸与中体滑道同轴度检测

1—汽缸；2—滑道；3—机身；4—调整垫铁；5—钢丝线

以机身为准，以滑道$C-C$，$D-D$(即滑道的前、后位置)剖面的几何中心为中心线，调整钢丝与滑道同轴。

以钢丝为基准，逐段调整汽缸，使汽缸与钢丝同轴。校正时，应使$C-C$，$D-D$，$B-B$和$A-A$4个剖面中的a、b、c、d4个读数，满足下列条件：

$$a + b = c + d$$
$$a = b = c - f_x = d + f_x$$

式中 f_x——受检断面钢丝静挠度，mm；

a、b——受检断面左、右两个测点距该截面几何中心的距离，mm；

c、d——受检断面上、下两个测点距钢丝中心的距离，mm。

若不能同时满足上述条件，应调整配合面的径向间隙和修整结合端面。同时也应考虑各断面圆度的影响因素。卧式汽缸轴线对中体滑道轴线的同轴度允许偏差，应符合表2－42的规定。

如需调整汽缸轴线时，不得在汽缸端面加放偏垫或对汽缸施加外力。处理后的止口面，其接触面积应达到60%以上。调整汽缸水平度，其偏差不得大于0.05mm/m，且其倾斜方向应与中体倾斜方向一致(高向汽缸盖端)，并符合表2－42的规定。

表2－42 卧式压缩机汽缸轴线对滑道轴线的同轴度允许偏差 mm

气缸直径	径向位移	轴向倾斜	气缸直径	径向位移	轴向倾斜
100～300	≤0.07	≤0.02	500～1000	≤0.15	≤0.06
300～500	≤0.10	≤0.04	>1000	≤0.20	≤0.08

检查填料座轴线与汽缸轴线的同轴度偏差，也应符合表2－42规定。

立式汽缸找正时，汽缸水平度的测量，可在缸盖与汽缸上止口接触面上进行，汽缸工作表面直径大于150mm时，也可在缸套镜面上测量。水平度偏差不得大于0.05mm/m。止口接触面上无法放置水平仪时，可加设块规与平尺。汽缸与机身或汽缸与中体轴线的同轴度，应符合表2－42的规定。相接触的止口面，其接触面积应达到60%以上。

采用激光准直仪找正时，应使安放在汽缸镜面内的光电接收靶中心与汽缸轴线重合。光电接收靶中心与激光光束轴的偏差，不低于现行国家标准《形状和位置公差值》规定的9级公差值。

活塞在汽缸内四周的间隙应均匀，其最大与最小间隙之差应不大于活塞与汽缸间平均间隙值的1/2。

汽缸填料函组件按设备技术文件要求组装。

汽缸组装后，其冷却水路应按设备技术文件的规定进行严密性试验，应无渗漏。

6. 组装连杆

检查油路，应清洁、畅通。

厚壁的连杆大头瓦与曲柄轴颈的接触面面积不应小于大头瓦面积的70%。薄壁的连杆大头瓦不宜研刮，其连杆小头轴套(轴瓦)与十字销的接触面面积不应小于小头轴套(轴瓦)面积的70%。

连杆大头瓦与曲柄轴颈的径向间隙、轴向间隙应符合设备技术文件的规定。

连杆小头轴套(轴瓦)与十字销的径向间隙、轴向间隙均应符合设备技术文件的规定。

连杆螺栓和螺母应按设备技术文件规定的预紧力，均匀拧紧和锁牢。

7. 组装十字头

卧式压缩机十字头滑板与滑道应均匀接触，接触面面积不应小于滑板面积的60%，否则，应刮研修理。

卧式压缩机十字头放入滑道后用角尺及塞尺测量十字头在滑道前后两端与上下滑道的垂直度。滑板与滑道间的间隙在行程的各位置上均应符合设备技术文件的规定。若无规定，可按(0.0007～0.008)D选取，D为十字头外径。

卧式压缩机十字头轴线的调整：

1）对下滑道受力的十字头，应将其轴线调至高于滑道轴线0.03mm的位置，以预先补偿运行过程中的磨损。

2）对上滑道受力的十字头，应将其轴线调至低于滑道轴线，其值为十字头与滑道的间隙值加0.03mm。

3）整体十字头在制造厂加工时，已按其轴线向上或向下偏移数值进行了加工。因此，安装时应将轴线向上偏移的十字头安装到下滑道受力侧。反之，安装到上滑道受力侧。

对称平衡型压缩机的十字头组装时，应按制造厂所作的标记进行并不得装错，以保持活塞杆轴线与滑道轴线重合。

立式压缩机十字头安装的调整：

1）十字头承磨面与滑道之间的接触面，应均匀接触达50%以上。否则，应刮研修理。

2）十字头承磨面与滑道之间的间隙，应符合设备技术文件的规定，若无规定，可按(0.0007~0.008)D选取，D为十字头外径，其间隙应保持两侧均匀分布。

十字头销轴与销孔的安装：

1）十字头销轴与销孔的接触面积不应低于60%；

2）连杆小头轴孔工作面的圆柱度，其偏差不得低于现行国家标准《形状和位置公差值》规定的7级公差值；

3）连杆小头轴瓦与十字头销轴应均匀接触，接触面积不应低于70%；其径向间隙应符合设备技术文件的规定；若无规定，对镶有巴氏合金的衬套可按(0.0004~0.0006)d，对于铜合金衬套，可按(0.0007~0.0012)d，d为十字头销轴直径；

4）连杆小头轴瓦之端面与十字头销孔内侧凸台平面的轴向间隙，应符合设备技术文件的规定；

5）连杆螺栓的紧固，应符合设备技术文件规定的伸长量或给定力矩。

十字头与活塞杆的连接：

1）当用螺纹连接时，十字头凸缘端面应与锁紧螺母的接触面配研，并达到接触均匀；

2）当用余隙调整垫连接时，调整垫应分别与十字头凸缘内孔底面及活塞杆后端面均匀接触；

3）当用楔键连接时，应保证键的上、下面与键槽配合面紧密配合，用塞尺检查键两侧面的间隙应相等；

4）当采用液压连接器连接时，应按设备技术文件规定的步骤和油压参数进行；

5）十字头所有的连接螺栓和锁紧装置，应均匀拧紧和锁牢。

8. 组装活塞和活塞杆

活塞环表面应无裂纹、夹杂物和毛刺等缺陷。

活塞环在汽缸内作漏光检查。在整个圆周上漏光不超过2处。每处对应的弧长不大于36°，且与活塞环开口的距离应大于对应15°的弧长，但非金属环除外。

活塞环与活塞环槽端面之间的间隙、活塞环放入汽缸的开口间隙，均应符合设备技术文件的规定。

活塞环在活塞环槽内应能自由转动。手压活塞环时，环应能全部沉入槽内，相邻活塞环开口的位置应互相错开。

活塞与汽缸镜面之间的间隙应符合设备技术文件的规定。

浇有轴承合金的活塞支承面，与汽缸镜面的接触面面积不小于活塞支承弧面的60%。

活塞杆与活塞应连接牢固并锁紧。活塞与活塞杆组件装入汽缸时，活塞杆穿过填料环之前，应在活塞杆端部安装导入套筒，以免损伤填料环，参见图2－86，活塞杆与十字头应连接牢固并锁紧。

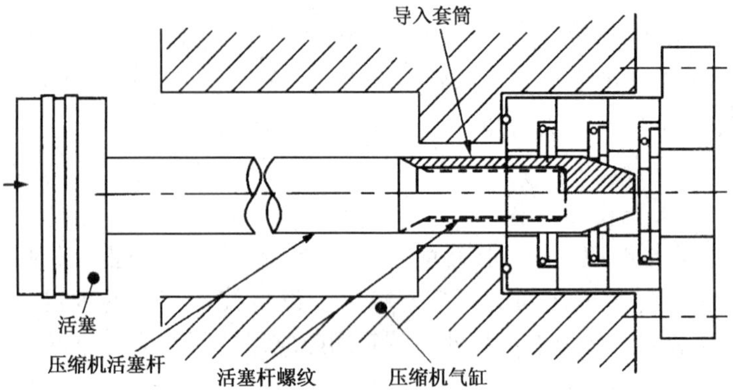

图2－86　穿过填料环安装压缩机活塞杆

活塞在汽缸内的内、外止点处的汽缸余隙应符合设备技术文件的规定。从各级汽缸的出入口气阀处，分别用4根铅条，对称放入汽缸（铅条厚度为各级汽缸余隙的1.5倍）。盘车使活塞位于内、外止点处，铅条被压扁的厚度即为汽缸余隙。

汽缸余隙可用以下方法进行调整：①调整十字头与活塞杆连接处垫片的厚度；②调整十字头与活塞杆连接处的双螺母；③调整汽缸与汽缸盖间的垫片厚度。

9. 组装填料和刮油器

油、水、气孔道应清洁和畅通；

各填料环的装配顺序不得互换；

填料与各填料环端面、填料盒端面的接触应均匀，其接触面积不小于端面面积的70%；

填料、刮油器与活塞杆的接触面积应符合设备技术文件的规定。无规定时，其接触面积不小于该组环面积的70%，且接触应均匀。

刮油刃口不应倒圆；刃口朝向来油方向。

填料和刮油器组装后，各处间隙应符合设备技术文件的规定，并能自由转动。

填料压盖的锁紧装置应锁牢。

10. 活塞杆径向跳动检测

检查各级活塞杆在活塞往复运动一次行程中，活塞杆的水平径向跳动和垂直径向跳动，以检验运动机构综合安装效果。该跳动值应与压缩机出厂前测试结果相接近。活塞杆径向跳动的检测，应在水平和垂直方向分别进行，允许偏差为0.00015s，s为活塞行程（mm）。

活塞杆径向跳动的检测，应在装上压缩机所有相关部件后，并且其装配尺寸、平行度、垂直度、和同轴度都在允许偏差范围内时，通常在常温下进行。

11. 组装气阀

各气阀弹簧的自由长度应一致；阀片和弹簧应无卡住和歪斜现象；

阀片升程应符合设备技术文件的规定；

气阀组装后应注入煤油进行严密性试验（塑料阀片例外），应无连续的滴状渗漏。

12. 组装盘车装置

盘车装置可在曲轴就位后进行组装，并应符合设备技术文件的规定；

调整操作手柄的各个位置，其动作应正确可靠。

三、无油润滑活塞式压缩机的安装

无润滑压缩机及其附属设备的安装除应按整体出厂或解体出厂往复活塞式压缩机的安装工程施工及验收规范的规定执行外，还应符合下列要求：

1）组装前对防锈油封零件进行脱脂，汽缸镜面、活塞杆表面不应有锈迹存在；

2）汽缸、填函组装后，其冷却水系统应按设备技术文件规定的压力进行严密性试验，无渗漏现象；

3）填函组件的各处间隙，应符合设备技术文件的规定；

4）支承环与汽缸镜面的间隙、支承环与环槽端面的间隙，均应符合设备技术文件的规定；

5）刮油环的组装，其刃口应朝向来油的方向，活塞杆上的挡油环应组装牢固；

6）组装活塞前应在活塞杆表面、汽缸镜面上涂一层$0^{\#}$二硫化钼粉，并将多余的二硫化钼粉除去；

7）采用内部冷却的活塞杆，其冷却液进、排管路应畅通，管接头装配牢固。

压缩介质为氧气及易燃易爆气体的压缩机，凡与介质接触的零件和部件(活塞杆、填料、挡油环等)、附属设备和管道均按现行国家标准《机械设备安装工程施工及验收通用规范》中的有关规定进行脱脂。脱脂后采用无油干燥空气或氮气吹干，并应将零件、部件和管路两端口作无油封闭。

四、附属设备的安装

压缩机的附属设备(冷却器、气液分离器、缓冲器、干燥器、储气罐、滤清器、放空罐等)就位前，应检查管口方位、地脚螺栓孔和基础的位置，应与施工图相符。各管路应清洁和畅通。

附属设备中的压力容器在安装前的强度试验和严密性试验，按国家现行《压力容器安全技术监察规程》的规定执行。当压力容器外表完好、具有合格证、在规定的质量保证期内安装时，可不作强度试验，但应作严密性试验。

卧式设备的安装水平和立式设备的垂直度偏差均不大于1/1000。

淋水式冷却器排管的安装水平和排管立面的垂直度偏差均不大于1/1000，其溢水槽溢水口处于水平状态。

五、工艺管道与机器的连接

与机器连接的工艺气体管道安装以前必须将内部处理干净。为了确保机器与管道连接后不受附加外力的影响，管道与机器的连接应符合下列要求：

1）配对法兰在自由状态下应平行且同心，平行度偏差一般不大于0.3mm，法兰直径小于300mm时，法兰平行度偏差不大于直径的1/1000，径向位移以全部螺栓能顺利穿入为准；

2）配对法兰在自由状态下的间距，以能顺利放入垫片的最小距离为宜；

3）管道与机器最终连接时，应在联轴器上用百分表监视其径向位移，不允许超过0.05mm，否则应对管道重新调整；

4）管道与机器最终连接后，应对联轴器的对中进行复查。

六、4M50－33.7/11－192－BX型压缩机主机安装

机器组件开箱验收合格。基础混凝土凝固前，放好斜垫铁用的垫板，垫板与基础接触表面应平整，其接触面积应大于垫板面积的70%。垫板找好水平，并保持在同一标高上。基础通过中间验收，彻底凝固并按基础准备要求放好垫铁后，即可安装主机。

1. 机身安装

1）机身就位。清理基础平面和地脚螺栓孔，放入地脚螺栓及底板，使之正确配合，将机身按螺栓孔就位，置于放好的斜铁上。

2）机身初步找平，找正。机身水平度要求0.04/1000，水平仪置于主轴孔及滑道上。主轴线应与基础中心线重合，允许偏差±2mm，标高允许偏差±1mm。初步找平，找正合格后，可对机身地脚螺栓预留孔进行灌浆及干沙填充处理。

3）机身精确找平，找正。调整垫铁，水平仪置于主轴孔及滑道上，机身水平度要求0.04/1000。当机身水平符合技术要求时，使斜铁与机身支座完全接触，均匀承受机身重量，这时将地脚螺栓孔按对称位置紧固，同时检验机身水平的变化。如果在紧固前后其水平度基本无变化即为合格，否则应重新找水平。精确找平，找正合格后，将斜铁用电焊点住，这时可对机身进行二次灌浆。推荐使用不收缩的灌浆材料，二次灌浆至少40h后，才能进行下一步的安装。

4）曲轴、连杆、十字头的安装。检查或清洗合格后，进行组装。曲轴装入机身并紧固好主轴承螺栓。安装连杆并紧固好连杆螺栓。十字头通过滑道处法兰孔装入，并用十字头销与连杆小头轴承联接。各部位安装间隙见表2－43，并对实测值作好记录。

5）电机的安装。电机安装前的基础准备工作与主机相同，并应按制造厂提供的设备技术文件的规定安装。压缩机与电机的同轴度，以压缩机主轴为基准调整电机轴，同轴度应不大于0.03mm。两轴找正后，可用螺栓将联轴器紧固。本机是靠紧固后联轴器法兰面上产生的摩擦力传递扭矩的，所以应按图纸规定的螺栓伸长量和油压，采用液压紧固工具紧固。

2. 汽缸、中间接筒的安装

先将汽缸与中间接筒连接好，它们之间靠精确的止口定位。组装时一定要将它们之间的O形密封圈装入密封槽中。

将填料和刮油环组装好，特别注意各填料盒的顺序，以及各密封元件应按填料部件图纸指定的安装位置组装，不得装错。用压缩风检验填料函各通路是否畅通。刮油环组装时应特别注意V形刮油圈开口应朝向机身侧。组装好的汽缸部件才能与机身对接。

汽缸的水平调整方法与机身找水平基本相同。将组装后的汽缸上接筒止口与机身中体滑道止口对装定位，用螺栓紧固好。通过汽缸支承底板上的紧定螺钉调整汽缸水平度，要求见表2－44，其水平度应与各列中体滑道相一致。

汽缸水平调整合格后，用斜铁将支座底版垫好，紧固支座地脚螺栓，如果汽缸水平无变化，可将斜铁用电焊点住，即可对支承基础进行二次灌浆。待充分凝固后，再进行下一步安装。

3. 活塞安装

活塞与活塞杆的紧固，使用电加热棒按图纸规定进行，紧固所需的扭矩经精确计算后可以转化为角度。

表 2 – 43　4 M50 – 33.7/11 – 192 – BX 型压缩机主机各部位安装间隙要求值　　mm

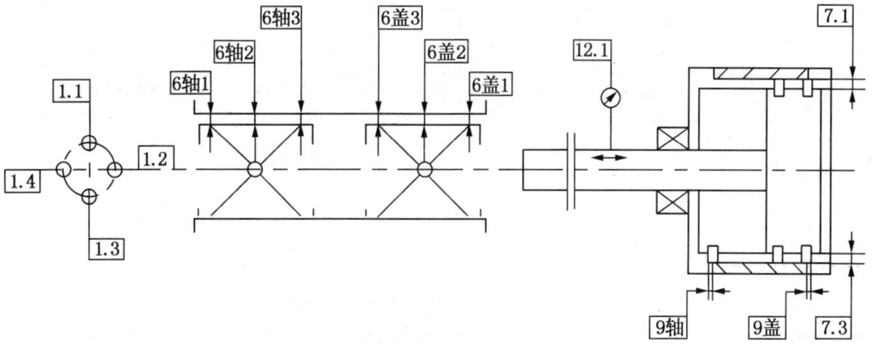

垂直部位

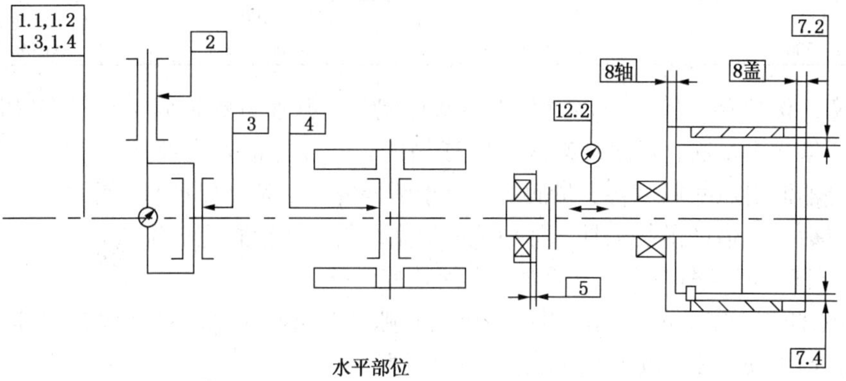

水平部位

序号	部位名称	明　　细	Ⅰ列要求值	Ⅱ列要求值	Ⅲ列要求值	Ⅳ列要求值
1	曲臂距差（千分表测量）	未装电机前 1/2	0.04			
		未装电机前 3/4	0.04			
		全部组装完 1/2	0.133			
		全部组装完 3/4	0.133			
2	主轴承间隙	轴径	(280 – 0.145) ~ (280 – 0.105)			
		轴承直径	280.105 ~ (280.105 + 0.072)			
		间隙	0.21 ~ 0.322	0.21 ~ 0.322	0.21 ~ 0.322	0.21 ~ 0.322
	定位轴承	轴向间隙	0.188 ~ 0.388	0.188 ~ 0.388	0.188 ~ 0.388	0.188 ~ 0.388
3	曲柄销轴承	轴径	(280 – 0.145) ~ (280 – 0.105)			
		轴承直径	280.1 + 0.072			
		间隙	0.205 ~ 0.317			
4	十字头销轴承	轴径	(160 – 0.085) ~ (160 – 0.065)			
		轴承直径	160.09 + 0.02			
		间隙	0.155 ~ 0.195	0.155 ~ 0.195	0.155 ~ 0.195	0.155 ~ 0.195
5	刮油环端面	间隙				
6	十字头与滑道间隙	轴侧 1	0.44 ~ 0.56	0.44 ~ 0.56	0.44 ~ 0.56	0.44 ~ 0.56
		轴侧 2	0.44 ~ 0.56	0.44 ~ 0.56	0.44 ~ 0.56	0.44 ~ 0.56
		轴侧 3	0.44 ~ 0.56	0.44 ~ 0.56	0.44 ~ 0.56	0.44 ~ 0.56
		盖侧 1	0.44 ~ 0.56	0.44 ~ 0.56	0.44 ~ 0.56	0.44 ~ 0.56
		盖侧 2	0.44 ~ 0.56	0.44 ~ 0.56	0.44 ~ 0.56	0.44 ~ 0.56
		盖侧 3	0.44 ~ 0.56	0.44 ~ 0.56	0.44 ~ 0.56	0.44 ~ 0.56
7	活塞与汽缸周向	间隙 1/3				
		间隙 2/4				
8	活塞止点间隙	轴侧	5 ± 1	3 ± 1	12 ± 1	3 ± 1
		盖侧	5 ± 1	5 ± 1	12 ± 1	5 ± 1

续表

序号	部位名称	明　　细	Ⅰ列要求值	Ⅱ列要求值	Ⅲ列要求值	Ⅳ列要求值
9	活塞环越程	轴侧 盖侧	-2.5 -2.5	2 2	-2 -2	2 2
10	机身滑道水平	数值≤ 方向	0.04/1000	0.04/1000	0.04/1000	0.04/1000
11	汽缸镜面水平	数值≤ 方向	0.04/1000	0.04/1000	0.04/1000	0.04/1000
12	活塞杆跳动	水平 垂直	0.10 0.10	0.09 0.09	0.09 0.09	0.09 0.09

表2-44　汽缸水平度调整值

汽缸直径/mm	水　平　度	汽缸直径/mm	水　平　度
~300	0.02/1000	500~1000	0.06/1000
300~500	0.04/1000	>1000	0.08/1000

将活塞杆保护套(又称导向套)装于活塞杆尾部，并通过螺钉固定在活塞杆尾部中心螺孔内。将活塞水平吊起，活塞环装入活塞环槽内，并保证活塞支撑环位于活塞下部120°范围内。对有油润滑压缩机可将少量润滑油涂于活塞杆、活塞杆保护套及汽缸工作表面。准备工作就绪以后，可借助吊装工具，平稳地将活塞缓慢引入汽缸完成组装。

4. 活塞杆与十字头的连接及活塞止点间隙的调整

1）活塞杆与十字头的紧固。当活塞止点间隙调整合格以后，将紧固螺母紧固到十字头颈部端面，即可使用手动超高压泵进行液压紧固。

将超高压泵的软管接头与压力体上的接头接牢，以150MPa的表压对压力体第一次打压。这时活塞杆尾部被拉长，紧固螺母与十字头颈部端面分离，用棒扳手将紧固螺母拧紧。然后泄压，第一次液压连接完成。

在初始伸长状态下，保持1h。

再次以150MPa的压力，按第1次的方法进行紧固，然后泄压。

在活塞杆拉伸状态下，再保持1h。

再次以150MPa的压力，进行第3次紧固，泄压后全部紧固工作完成。

在需要松开活塞杆与十字头联接时，应借助超高压泵。但是超高压泵的油压绝对不可以大于150MPa，以免活塞杆尾部产生永久变形，使得活塞杆报废。

2）活塞止点间隙的调整。

取下活塞杆保护套，将夹紧元件(压力体密封橡胶圈、压力活塞、止退圆柱销、紧固螺母)组装成一体，装入活塞杆端部，并用扳手将紧固螺母尽量旋入至活塞侧。

将调节圈旋入螺圈内,使其径向开孔对准螺圈上任何一个螺孔,并用内六角螺钉将其固定。

将两半的止退圈装于活塞杆尾部，并用卡箍将其连为一个整体。

用扳手通过调节圈上的开口，将螺圈拧入十字头，直至止点位置。此时，一定要防止活塞杆转动。

螺圈旋入后，再用扳手将紧固螺母旋向十字头侧，使紧固螺母与十字头颈部端面、压力体与活塞杆肩部、活塞杆尾部与止退圈紧密锁紧。此时，初步紧固完成。可通过盘车来测定活塞在左右止点处的间隙。此时，应考虑紧固过程中活塞杆端部的伸长，活塞将向盖侧方向移动图纸规定的距离。如果此时止点间隙合格，活塞止点间隙的调整就已经完成。

如果不合格，可将紧固螺母旋开，将调节圈上的定位内六角螺钉拧下，用扳手转动调节圈，按要求调整的方向旋至调节圈的径向开孔与螺圈上的另外两螺孔相对。然后重复前述步骤，重新调整活塞止点间隙，直至调整合格为止。

活塞止点间隙调整合格以后，还要将紧固螺母旋开，并将六角螺钉拧下，在其螺纹部位浸上适量的粘接剂，再拧入调节圈内使其固定，防止松动。

5. 4M50－33.7/11－192－BX 型压缩机主要螺纹连接部位要求（见表 2－45）

表 2－45　主要螺纹连接部位要求

序　号	部　　位	规　　格	扭矩/N·m	伸长量/mm
1	地脚螺栓	M56	3719	
2	主轴承螺栓	M42×3		0.32～0.38
3	曲轴联轴器螺栓	M52×3	5710	0.38
4	十字头滑板螺钉	M12	97	
5	连杆螺栓	M52×3		0.48～0.60
6	机身对接螺栓	M20	412	
7	机身上盖板螺钉	M30	1925	
8	机身与接筒连接螺栓	M33	1106	
9	十字头销定位安全螺钉	M16	215	

注：1. 在十字头滑板紧固时，应在螺纹部位涂润滑油或二硫化钼；
2. 机身对接螺栓为两列以上机身才有。

第七节　活塞式压缩机的检修

一、检修周期与检修内容

（一）检修周期

检修周期可参考表 2－46。经验表明，坚持预防性的状态维修和计划检修对活塞式压缩机的安全运行是十分必要的。根据设备的运行状况、状态监测结果以及是否有备机，可适当调整检修周期。

表 2－46　检修周期　　月

检修类别	小　　修	中　　修	大　　修
检修周期	4～6	6～12	24

（二）检修内容

1. 小修

1）检查或更换各级吸、排气阀片、阀座、弹簧及负荷调节器，清理气阀部件上的结焦及污垢。

2）检查并紧固各部连接螺栓和十字头防转销。

3）检查并清理注油器、单向阀、油泵、过滤器等润滑系统，并根据油品的化验结果决定是否更换润滑油。

4）检查并清理冷却水系统。

5）检查或更换压力表、温度计等就地仪表。

2. 中修

1）包括小修内容。

2）检查更换填料、刮油环。

3）检查修理或更换活塞组件(活塞环、导向环、活塞杆、活塞等)。

4）必要时对活塞杆做无损探伤。

5）检查机身连接螺栓和地脚螺栓的紧固情况。

6）检查并调整活塞余隙。

3. 大修

1）包括中修项目。

2）检查测量汽缸内壁磨损情况，并测量汽缸内壁或缸套的圆度、圆柱度，根据磨损情况，更换汽缸套或做镗缸、镶缸处理。

3）检查各轴承磨损或更新轴承，并调整其间隙。

4）检查十字头滑板及滑道、十字头销、连杆大、小头瓦、主轴颈和曲轴颈的磨损。

5）十字头销、连杆螺栓、活塞杆、曲轴做无损探伤。汽缸螺栓、中体螺栓、主轴承紧固螺栓等必要时做无损探伤检查。

6）根据机组的运行及状态监测情况，调整机体水平度和中心位置，调整汽缸及管线的支承。

7）检查、校验安全阀、压力表及温度计。

8）检查清扫冷却器、缓冲罐、分离器等，并做水压试验和气密性试验。

9）检查及修补基础。基础和机体及有关管线进行防腐，清理油箱并更换润滑油。

10）检查修理电动机并进行电气、仪表及其安全联锁系统的检查调试。

二、检修与质量标准

（一）拆检前的准备工作

1）掌握设备平时运行状况，确定检修内容，备齐必要的图纸资料。

2）编制检修方案及施工方案，做好检修记录。

3）备齐检修所需的工器具(包括专用工具、量具、起重设备等)、配件及材料。

4）切断电源、系统盲板隔离，机体倒空置换合格，符合安全检修规定。

（二）拆卸与检查

1）拆卸联轴节，检查机组对中。

2）拆卸附属管线，检查并清理管线的结垢与腐蚀产物。

3）检查活塞杆在往返行程上的摆动量。

4）打开曲轴箱盖、滑道侧盖及中体侧盖。拆下吸、排气阀，用10mm左右的软铅条测量汽缸在左、右(或上、下)止点处的余隙。

5）打开汽缸盖、拆开十字头与活塞杆的连接锁紧装置，取出活塞，检查活塞组件及活塞杆的磨损。

6）拆下填料、刮油环等组件，检查磨损。

7）拆卸十字头销、连杆螺栓，取出十字头及连杆，检查十字头滑道、滑板、连杆大小头瓦及十字头销轴的磨损，调整或紧固十字头滑板的连接螺栓。

8）检查吸、排气阀阀片、弹簧、阀座、阀体压筒等是否磨损或裂纹。清除阀组件的结焦和污垢。

9）检查测量汽缸或缸套工作表面的磨损。

10）拆卸主轴承，检查测量轴瓦及轴颈的磨损。

11）检查测量曲轴颈的磨损，并测量臂距差。

12）在拆卸过程中，一旦具备条件，应核查机身水平度。

13）拆卸检查并清理级间冷却器、润滑油冷却器、水站冷却器等。

14）拆卸检查润滑油系统，清理油箱，更换润滑油。

15）安全阀调校。

16）所有检查项目及其数据均应记录在案。

（三）活塞式压缩机的检修及其质量标准

1. 机体

1）检查或调整机体的纵向和横向水平度，其偏差不大于0.05mm/m。

2）检查或调整各列滑道，其中心线平行度为0.1mm/m。

3）检查或调整十字头滑道中心线与主轴承座孔中心线，两中心线的垂直度为0.01mm/m。

4）曲轴箱用油面团清理干净。

2. 汽缸（或缸套）

1）检查汽缸内表面，应光洁，无裂纹、气孔、拉伤痕迹等。

2）检查汽缸内径，其圆柱度公差应符合表2－47要求，否则需进行镗缸或更换汽缸套。

表2－47　汽缸（或缸套）内径圆柱度公差　　mm

气缸内径	圆柱度	气缸内径	圆柱度
<100	0.13	400～450	0.30
100～150	0.15	450～500	0.33
150～200	0.18	500～550	0.35
200～250	0.20	550～600	0.38
250～300	0.23	600～650	0.40
300～350	0.25	650～700	0.43
350～400	0.28		

3）汽缸内表面只有轻微的擦伤或拉毛时，用半圆形的油石沿汽缸圆周进行研磨修理。但当表面拉伤超过圆周1/4，并有严重沟槽，沟槽深度大于0.4mm，宽度大于3mm时，应进行镗缸处理或更换缸套。

4）汽缸经镗缸处理后，其直径增大值不得超过原设计缸径的2%，汽缸壁厚减少量不得超过原壁厚的1/12。活塞力增大不得超过原设计值的10%，镗去尺寸在直径上不超过2mm时（2mm一级/每次），仍可用原活塞和活塞环，否则需重新配制。

5）带级差活塞的串联汽缸，各级汽缸镗去的尺寸应一致。

6）镗去尺寸超过10～25mm，应镶缸套。缸套在靠近定位凸肩处按过盈配合，长度约为缸长的1/3，过盈值为（0.0001～0.0002）D。其他处按间隙配合，间隙值为（0.00005～0.0001）D。结构上应允许缸套沿轴向热膨胀，因此多在缸盖端用凸缘固定，另一端留有轴向间隙，并加密封垫。

7）汽缸经过镗缸或配镶缸套后，应进行水压试验。试验压力为操作压力的1.5倍，但不得小于0.8MPa，稳压30min，应无浸漏和出汗现象。

8）检查汽缸与十字头滑道，其同轴度应符合表2－48的要求，汽缸水平度偏差不大于

0.05mm/m。

表 2-48　汽缸中心线与滑道同轴度　mm

气缸直径	同轴度		气缸直径	同轴度	
	平行位移	倾　斜		平行位移	倾　斜
≤100	0.05	0.02	300~500	0.1	0.04
100~200	0.07		500~1000	0.15	0.06

3. 活塞及活塞环

1）检查活塞、活塞环，其表面应光滑，无磨损、划伤、裂纹、变形及铸造、机加工等缺陷。检查支承环的耐磨轴承合金层应无裂纹或脱落，如有脱落应重新补修。检查活塞环的平行度，将活塞环平放在平板上，用手指沿环的上表面四周轻敲，活塞环两端与平板之间无间隙为宜。

2）活塞环在活塞槽内应活动自如，有一定的张力，用手压紧时，活塞环应全部埋入环槽内，并比活塞表面低0.5~1.0mm。

3）活塞与汽缸的安装间隙应符合设计要求，或符合下式计算的数值：铸铁活塞为(0.08%~0.12%)Dmm，铸铝活塞为(0.16%~0.24%)Dmm。D为汽缸直径。

4）活塞与汽缸的极限间隙应符合设计要求，如无设计值时参照表2-49。

表 2-49　活塞与汽缸的极限间隙　mm

气缸内径	极限间隙	气缸内径	极限间隙
≤100	0.9	>400~450	3.50
>100~150	1.20	>450~500	4.00
>150~200	1.50	>500~550	4.50
>200~250	1.80	>550~600	4.90
>250~300	2.20	>600~650	5.40
>300~350	2.50	>650~700	5.90
>350~400	3.00		

5）用压铅丝法检查活塞的余隙，调整活塞余隙使之符合设备技术文件要求。

6）活塞环安装时，相邻两活塞环的搭接口应错开120°，且尽量避开进气口。

7）活塞环与汽缸要求有良好的贴合，活塞环外径与汽缸接触线不得小于周长的60%，或者在整个圆周上，漏光不多于两处，每处弧长不大于45°，漏光处的径向间隙不大于0.05mm。

8）活塞环、导向环置于活塞中，其热胀间隙(接口间隙及侧间隙)应符合设计要求，如无设计值时参照表2-50。

表 2-50　活塞环(金属)的接口及侧间隙　mm

气缸直径	组装间隙		极限间隙	
	接口间隙	侧　间　隙	接口间隙	侧　间　隙
≤100	0.4	0.03~0.05	2.5	0.15
>100~150	0.5	0.04~0.06	2.5~3.0	0.15
>150~200	0.8	0.05~0.07	3.5	0.15
>200~250	1.0	0.05~0.07	4.0	0.20
>250~300	1.2	0.06~0.09	4.5	0.20
>300~350	1.4	0.06~0.09	5.0	0.20

续表

气缸直径	组装间隙		极限间隙	
	接口间隙	侧间隙	接口间隙	侧间隙
>350~400	1.6	0.07~0.10	5.5	0.20
>400~450	1.8	0.07~0.10	6.0	0.20
>450~500	2.0	0.09~0.12	6.5	0.20
>500~550	2.2	0.09~0.12	7.0	0.20
>550~600	2.4	0.09~0.12	7.5	0.25
>600~650	2.6	0.09~0.12	8.0	0.25
>650~700	2.8	0.09~0.12	8.0	0.25

9）聚四氟乙烯活塞环和导向环的热胀间隙可分别按下列公式计算。

$$A=(2.8\% \sim 3.2\%)D$$

$$S=0.01h+\mathrm{H9/d9}$$

$$B=(0.015 \sim 0.018)b$$

式中 A——活塞环和导向环的接口间隙，mm；

D——活塞外径，mm；

S——活塞环在活塞槽中的侧间隙，mm；

h——活塞环宽度，mm；

H9/d9——基孔制间隙配合极限值，mm；

B——导向环的侧间隙，mm；

b——导向环的宽度，mm。

10）新换的活塞，其中心必须与活塞杆中心重合，对卧式汽缸来说，允许活塞下部间隙稍大，活塞在汽缸内允许整体平行偏差不超过0.04mm。

4. 活塞杆

1）活塞杆做无损探伤检查，不得有裂纹及其他缺陷。

2）活塞杆表面应光滑，无纵向划痕、镀层脱落等缺陷，表面粗糙度为R_a0.8。

3）活塞杆直线度公差值为0.06mm/m，最大不大于0.10mm/m。

4）活塞杆圆柱度公差值见表2-51。

表2-51 活塞杆圆柱度公差 mm

活塞杆直径	圆柱度公差值	活塞杆直径	圆柱度公差值
40~80	0.02~0.05	80~120	0.03~0.07

5）活塞杆的最大磨损量：活塞杆直径50~80mm，直径减少0.55~0.65mm，81~120mm，直径减少0.65~1.0mm，对于磨损严重的活塞杆常用镀铬法恢复原有尺寸。如果活塞杆的弯曲不大，可用磨削方法修直，然后镀铬修复（镀层厚度一般在0.05~0.15mm），镀铬后进行磨削，以提高硬度和耐磨性。

6）用盘车方式检查活塞杆的摆动量，其值不大于0.10mm/m。

7）活塞杆拧入十字头或连接螺母时，用手摆动不得有松动现象，活塞杆螺纹不得有变形、断裂等缺陷。

5. 气阀

1）阀片应平整，不得有变形、裂纹、划痕等缺陷。如有轻微麻面或划痕可用研磨法消除。

2）阀座密封面不得有腐蚀麻点、划痕，表面粗糙度为 R_a0. 8。如有轻微麻面或划痕可用研磨法消除。阀座边缘不得有裂纹、沟槽等缺陷。阀座与阀片接触应连续封闭，金属阀片组装后应进行煤油试漏，在 5min 内不得有渗漏。

3）阀弹簧应有足够的弹力，在同一阀片上各弹簧直径及自由高度应保持一致。不合格的弹簧应该更换，确保阀片升降自由，不得有卡涩及倾斜现象。阀片的升降高度应符合设计要求或参照表 2 –52 要求。

表 2 –52　阀片的升降高度

转速/(r/min)	阀片升程/mm	转速/(r/min)	阀片升程/mm
≤250 250 ~500	4 ~5 3 ~4	500 ~1000	1. 5 ~3

6. 密封填料和刮油环

1）填料函中心线与活塞杆中心线应保持一致。

2）密封环内圆面和两端面应光洁无划痕、磨伤、麻点等缺陷，表面粗糙度为 R_a0. 8。对平面密封圈，两端面不平行度在 100mm 长度上不大于 0. 02mm，内孔圆柱度不大于内径公差之半。密封圈边缘导棱去毛刺，而刮油圈的刮油齿不得导棱。

对于锥形密封圈：T 形环与前后锥环的锥面应同时加工，与相邻的压紧环，支承环接触面积不小于 75%，且均匀接触。前后锥形直角部分不得倒角。

3）密封圈应在活塞杆或假轴上用铅丹油对研，密封圈与活塞杆接触面积应达 70% 以上。用涂色法检查，接触点不少于 4 ~5 点/cm^2，严禁用金刚砂研磨。

4）组合式密封填料接口缝隙一般不小于 1mm(通常为 2 ~4mm)，而锥面密封填料的接口缝隙一般不小于(0. 01 ~0. 02)d，其中 d 为活塞杆直径。各圈填料开口均匀错开组装。

5）安装时应注意方向。对于三、六瓣的密封圈，三瓣的靠汽缸侧，六瓣的靠十字头侧并将开口错开用圆柱销定位。每组密封圈均应作好标志。

6）金属填料和石墨填料在填料盒内的轴向间隙应符合设计要求，一般为 0. 05 ~0. 10mm，最大不超过 0. 25mm，聚四氟乙烯填料轴向间隙比金属填料大 2 ~3 倍，一般为 0. 20 ~0. 25mm；

7）填料轴向端面应与填料盒均匀接触。

8）刮油环与活塞杆接触面不得有沟槽、划痕、磨损等缺陷，接触线应均匀分布，且大于圆周长的 70%。

9）检查冷却水通路，特别是工程塑料制成的密封圈，冷却水通畅是保证密封的基本条件。

7. 十字头与导轨

1）检查十字头、十字头销、滑板及导轨，应无裂纹、划痕等缺陷。

2）十字头滑板与十字头体的连接应紧密，不得有松动现象。

3）检查及调整十字头滑板与导轨之间的间隙，使之符合设计要求，或参照表 2 –53 要求安装。

4）滑板与导轨应接触均匀，用涂色法检查其接触面积不小于全面积的 70%，或接触点不少于 2 点/cm^2。

（5）检查十字头销，最大磨损和圆柱度公差见表2－54，无法修复时更新。

表2－53　十字头滑板与导轨的间隙　　mm

十字头直径	安装间隙	十字头直径	安装间隙
50～80	0.09～0.20	>180～260	0.29～0.34
>80～120	0.20～0.24	>260～360	0.34～0.39
>120～180	0.24～0.29	>360～500	0.39～0.46

表2－54　十字头销最大磨损及圆柱度公差　　mm

销直径	直径最大磨损	圆柱度	
		组装公差	磨损极限值
≤70	0.5	0.02	0.04～0.06
>70～180	0.5	0.03	0.05～0.08

6）十字头销与连杆小头瓦之间的间隙应符合设计要求，或按经验公式计算：

衬套为铜合金：$\delta=(0.0007\sim0.0012)d$

衬套为轴瓦浇注巴氏合金：$\delta=(0.0004\sim0.0006)d$

式中 d 为十字头销直径，mm。

7）锥形十字头销，锥面与十字头孔对研配合，其接触面不小于90%。

8）十字头销孔中心线对十字头摩擦面中心线不垂直度不大于0.02mm/100mm。

9）十字头与活塞杆如果是螺纹连接，与活塞杆连接的螺纹孔中心线，对十字头摩擦面的中心线不同心度不大于2级精度的十字头直径的公差。倾斜度不大于0.015mm/100mm。安装活塞杆紧固螺母的支承面，对十字头中心线不垂直度不大于0.02mm/100mm。

8. 曲轴

1）检查(包括使用无损探伤检验方法)曲轴、连杆、连杆螺栓及大、小头轴瓦，不允许有裂纹及明显划痕等缺陷。瓦衬不允许有烧瓦或脱层。

2）曲轴安装水平度误差不大于0.1mm/m。曲轴直线度公差值不大于0.05 mm/m，主轴颈径向圆跳动值不大于0.05mm。曲轴最大弯曲度应不大于0.01mm/m。

3）主轴颈中心线与曲轴颈中心线平行度偏差不大于0.03mm/m。

4）曲轴中心线与汽缸中心线垂直公差值不大于0.15mm/m。

5）检查曲轴的曲臂开度差值。对于主轴承为剖分结构的曲轴的曲臂开度差值可按经验公式计算：

安装时：$\delta\leqslant 8\times S/100000$

使用时：$\delta\leqslant 25\times S/100000$

式中 S 为活塞行程，mm。测量时用内径百分表在距曲臂边缘15mm处，测量曲拐朝上和朝下两个位置的曲臂开度差值。

6）轴颈的圆柱度公差值见表2－55。

表2－55　轴颈圆柱度公差　　mm

轴颈直径	圆柱度公差		轴颈直径	圆柱度公差	
	主轴颈	曲轴颈		主轴颈	曲轴颈
≤80	0.010	0.010	180～270	0.020	0.020
80～180	0.015	0.015	270～360	0.025	0.025

7）主轴颈及曲轴颈擦伤凹痕面积大于轴颈面积的2%，轴颈上沟槽深度≥0.1mm时，必须进行修理。主轴颈及曲轴颈减小3%时应更换新轴。磨损不超过0.05mm时，可用专门夹具夹研磨修整。磨损较大时可进行金属喷涂和机加工磨削，修理时应严格保持圆角半径，以防留下疲劳断裂的隐患。

8）轴颈与轴承应均匀接触，接触角60°~90°（连杆大头轴承60°~70°），接触点不少于2~3点/cm^2，轴承衬套应与轴承座、连杆瓦窝均匀贴合，接触面积应大于70%。

9）检查轴承合金层与轴承衬，要求结合良好，合金层表面不得有裂纹、气孔等缺陷，薄壁瓦不得用刮研方法修复。轴承合金的磨损不得超过原厚度的1/3。轴承与轴颈的径向间隙应符合设计要求，或参照表2-56。

表2-56 轴承径向间隙

mm

轴颈直径	安装间隙	极限间隙	轴颈直径	安装间隙	极限间隙
50~80	0.08~0.10	0.06	120~180	0.13~0.18	0.28
80~120	0.10~0.13	0.20	180~220	0.18~0.20	0.32

10）曲轴的轴向窜动，只能用一侧止推间隙控制，其间隙值符合设计要求，或控制在0.15~0.20mm范围内，其余各支承轴承轴向间隙为0.60~0.90mm。

11）主轴颈与滚动轴承配合为H7/k6，滚动轴承与轴承座配合为J7/h6。

12）键槽磨损的修理。键槽宽度磨损不超过5%时，可扩大槽宽尺寸继续使用，磨损超过原槽宽的5%时，应补焊后再加工使用。

9. 连杆

1）连杆大头分解面磨损轻微时可研磨修整，修整后分解面应保持平行不得偏斜，涂色检查接触均匀，接触面积不小于70%。

2）大头瓦轴瓦合金层应结合良好，无裂纹、气孔、脱层等现象。轴瓦合金层磨损后不足原厚度1/2，应重新清瓦。轴瓦安装时要求与轴接触均匀，接触面应在轴颈正下方60°~90°（连杆大头瓦60°~75°），用涂色法检查，不小于2~3个色印/cm^2。瓦背应与连杆瓦窝均匀贴合，接触面不小于总面积的70%，大头瓦检修的技术要求与主轴瓦相同。

检查小头整体式轴套，如发现烧损、轴套松动、或十字头销间隙过大，应判废更新。

3）连杆弯曲的检查：连杆大、小头孔中心线不平行度在100mm长度上不大于0.03mm。两中心线共面性误差在100mm长度上不大于0.05mm。检查方法见图2-87，以两根假轴穿入大、小头孔，以大轴为基准，在小轴上间距100mm长度处用百分表测量。顶部读数差为不平行度值，与顶部相差90°的侧面上读数差为共面性误差。若弯曲超差可用手动丝杠压直，扭曲超差可在扳钳上敲击校正。

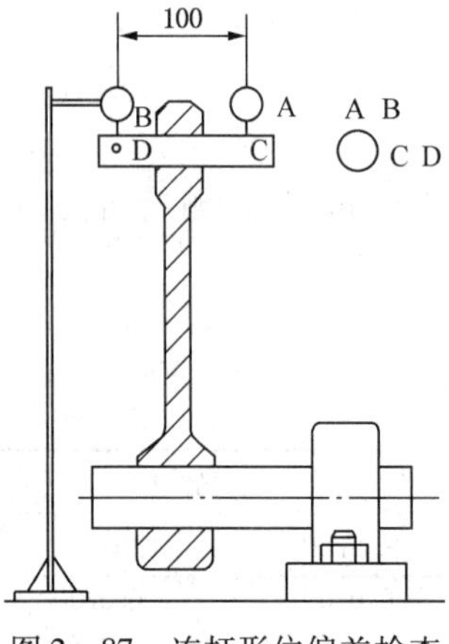

图2-87 连杆形位偏差检查

4）连杆螺栓的螺纹应无损伤。可用5倍放大镜，必要时用磁粉或超声波检查，螺栓不允许有裂纹。螺栓端面与连杆螺栓孔端面应对研，接触均匀，接触面在80%以上。装配时应测量连杆螺栓紧固时的弹性伸长量：对碳素钢制连杆螺栓不应超过螺栓两端支承面间长度的0.03%，对合金钢制连杆螺栓的不应超过螺栓两端支承面间长度的0.04%，连杆螺栓的残余变形量不得大于2‰。

10. 联轴器

1）联轴器检修时，严禁用手锤直接锤打，以免损伤联轴器。

2）联轴器对中找正应符合设备技术文件要求，或参照表 2－57。

表 2－57　联轴器对中误差　mm

联轴器直径	刚性联轴器		弹性联轴器	
	轴向误差	径向误差	轴向误差	径向误差
200～400	≤0.03	≤0.04	≤0.04	≤0.07
>400～600	≤0.04	≤0.05	≤0.05	≤0.08
>600～800	≤0.05	≤0.06	≤0.06	≤0.09
>800	≤0.06	≤0.07	≤0.07	≤0.10

三、活塞式压缩机主要零部件的修复

（一）机身（曲轴箱）的修复

1. 轴承孔或轴承座孔表面磨损的修复

1）磨损量小于 0.5mm，而且均匀，可采用电刷镀法修复。刷镀严格控制尺寸，刷镀后可不加工。

2）若磨损量很大，且不均匀，可用金属喷涂法并按图纸技术要求进行精加工，以达到修复目的。

2. 机身油池渗油的修复

经检查发现油池渗油时，如果并未发现明显裂纹，可采用浸渗技术进行修复。具体有内压浸渗法和真空压力浸渗法。浸渗剂有水玻璃型、合成树脂型和厌氧型 3 种，其中水玻璃型应用较多。

机身、汽缸或汽缸盖的非工作表面有裂纹，需要进行进行修理时，可采用补板法、堵丝堵法、补焊法、金属扣合法以及粘接等方法。

修复后需用煤油试漏，保持 4h 以上，以不见油迹印出为准。

机身下部排油孔放油丝堵或盲板的静密封如果发生渗漏，应及早处理，否则时间一长，可能影响正常供油或渗入基础造成腐蚀。

（二）曲轴的修复

1. 轴颈磨损的修复

1）曲轴主轴颈和曲柄销轴颈的磨损达到表 2－58 中的数值，应进行修复。

表 2－58　轴颈允许磨损量　mm

轴颈直径	圆度和圆柱度		轴颈直径	圆度和圆柱度	
	主轴颈	曲柄销颈		主轴颈	曲柄销颈
<100	0.10	0.12	300～400	0.30	0.35
100～200	0.20	0.22			
200～300	0.25	0.30	400～500	0.35	0.40

2）手工研磨。当磨损量 <0.05mm 时，可采用专用研磨夹具研磨。夹具铸铁瓦内径应按所修理轴颈尺寸确定。铸铁瓦内径的圆度和圆柱度应不低于 6 级精度。其宽度应略宽于轴瓦的宽度，铸铁瓦的圆角比轴颈圆角大 1mm。研磨工艺分细研与精研，一定要选择符合质量标准的研磨膏，以保证研磨质量。研磨夹具如图 2－88。

3）电刷镀法修复。当磨损量 >0.05mm 而 <0.5mm，并且磨损较均匀时，可用电刷镀法修复。

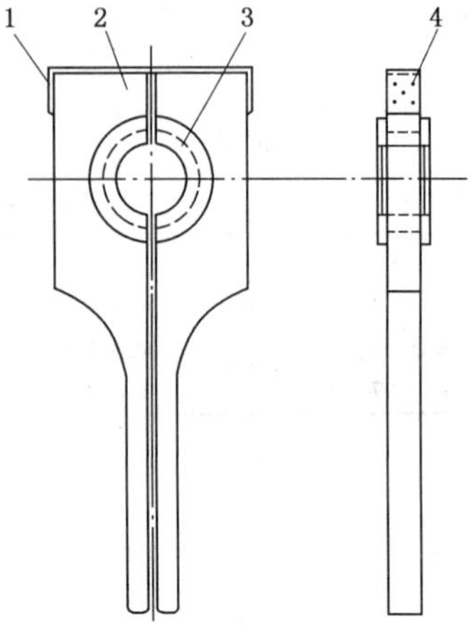

图 2－88　研磨夹具

1—牛皮带；2—木夹；3—铸铁瓦；4—钉子

4）金属热喷涂法修复。轴颈磨损量 >0.5mm，或几经修理尺寸小于极限尺寸，应使用金属热喷涂法修复。喷涂后需要机加工磨削，轴颈的圆角尺寸应是 $R/d = 0.06 \sim 0.08$，最小不小于表 2－59 规定的数值。

表 2－59　轴颈与轴瓦最小圆角半径　　mm

轴颈直径 d	最小圆角半径 R	
	轴　颈	轴　瓦
30～50	2.0	2.5
50～70	2.5	3.0
70～100	3.0	4.0
100～150	4.0	5.0
150～200	5.0	6.0
200～250	6.0	7.0
250～300	7.0	8.0
>300	9.0	10.0

2. 曲轴弯曲变形的修复

1）冷压法。对弯曲不大的小钢质曲轴，可采用机械方法加压校正。使用 V 形架将曲轴架在平台上，弯曲凸面部位朝上，在对应部位的下方放置千分表，以便观察加压时的变形量。准备就绪后，分阶段缓慢加压，最后一次压下量不能过大，避免产生塑性变形。校正时的反弯曲量不宜超过原弯曲量的 1～1.5 倍。加压过程中还应根据变形的方向和程度，用小铜锤沿轴表面进行敲击冷作，避免应力集中。

2）热压法。对变形量大的曲轴，应采用热压法校正。用 V 形架将曲轴架在平台上，先用氧气—乙炔火焰加热弯曲凸面，温度控制在 500～550℃之间，当表面呈暗红色时，对弯曲凸面加上压力，其方法同冷压法。加压过程中继续对弯曲部位缓慢加热，温度要求均匀。一般需要反复进行数次，直到稍有反向弯曲为止。热压校正过的曲轴需要进行消除应力退火处理，加热部位缓慢加热到 150～200℃，到达此温度时，应迅速用绝热材料保温，温度降到 50～70℃时，可以自然冷却。

3. 键槽磨损的修复

1）键槽磨损宽度不超过原宽度 5% 时，可以加宽修复，但加宽不得超过原来宽度的 15%。键应按扩大后的键槽宽度配制。若键槽磨损宽度超过原宽度 5%，可补焊后按原设计尺寸加工。

2）修复后的键槽中心线对轴的轴心线的对称度不低于 9 级精度。

4. 曲轴出现以下情况，已经不具备修理价值，应判废更新。

1）轴颈减少量超过原直径的 15%；

2）探伤检查发现存在超过规定的缺陷。

3）弯曲无法校直。

4）裂纹无法消除。

（三）连杆的修复

1. 连杆大端变形的修复

由于连杆大端薄壁瓦的余面高度太大，或厚壁瓦两侧垫片厚度不一致等原因，连杆螺栓拧紧时，连杆大端会产生变形，见图2－89。

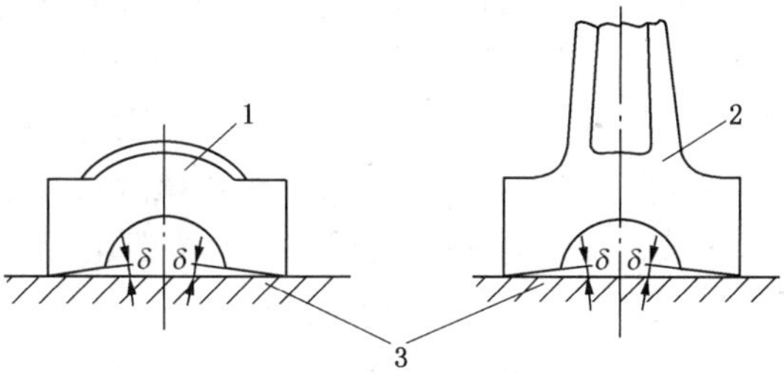

图2－89　连杆大端变形

1—大端盖；2—连杆体；3—平板；δ—间隙

1）镗修大端孔。将连杆体和大端盖的两剖分面分别磨去少许，使剖分面垂直于杆体，然后将大端盖组装在杆体上，按大、小头孔中心距尺寸重镗大端孔。

2）检查两螺栓孔圆度、平行度、圆柱度以及两螺栓孔两端平面对其轴线的垂直度。如果不符合图纸技术要求，应进行镗孔或铰孔修复，并按修复后孔径配制螺栓。

2. 连杆小头孔磨损的修复

1）镗小头孔，取出轴套，量准大、小头孔中心距尺寸，按技术要求镗制小头孔。

2）按镗孔实际尺寸配制衬套外径，并保证其过盈量。衬套与孔的配合应是H7/r6。

3. 连杆体弯曲或扭曲变形的修复

1）校正变形。测得连杆变形量以后，对中小型连杆可用冷校法进行校正，对大型连杆可用机械热压法校正。方法与曲轴校正方法相同。

2）偏差的修正。校正后的连杆，要求对大小端平面进行磨削或刮研修正，使其保持平行。同时要注意检查是否因校正而引起新的裂纹或其他缺陷。

4. 连杆螺栓头及螺母支承面的检修

连杆螺栓头及螺母支承面与孔端面如有接触不良，划伤或擦痕等情况，应进行刮研修复。如发现以下情况之一，应立即予以更换。

1）螺纹损坏或配合松动。

2）发现裂纹或其他质量缺陷。

3）螺栓残余变形超过规定。

装配连杆螺栓时，可用测微卡规、专用卡规等工具测量其弹性伸长量，不应超过连杆螺栓长度的1/1000。使用中如果发现连杆螺栓的残余变形量大于2/1000，应予以更换。

（四）滑动轴承轴瓦的修理

1. 厚壁瓦磨损与拉伤的修理

厚壁瓦轴瓦的厚度与轴颈直径之比大于1∶20，瓦衬合金厚度一般在3～8mm。如果曲轴主轴瓦和连杆大头瓦的磨损未超过最大允许极限，可通过调节垫片来调整间隙，或刮研修复接触面以满足轴瓦与轴承体或轴颈之间均匀接触以及各项间隙的技术要求。增减调整垫片时，两瓦口上的垫片厚度要相等，不要加偏垫。采用刮研法修复时，轴颈与瓦的接触面积应大于总面积的80%，接触点要求均匀分布。安装时要测量和调整好轴与瓦的配合间隙。不允许用过分拧紧或松弛螺栓的方法调整间隙。同时要防止轴瓦错位，以免影响油膜形成。多轴承的安装最好先从中间位置的轴承开始。

厚壁轴瓦发现裂缝、变形过大，脱壳占总面积15%以上以及磨损后轴承合金的厚度不足原厚度的2/3时，应予以更换。

2. 厚壁瓦轴承合金的浇注、焊补与机加工

1）准备工作。除尽原有的合金，然后用10%～15%的盐酸溶液清洗瓦面，而后放到

70～100℃水中清洗，然后在75～90℃的10%苛性钠溶液内浸泡，中和酸性，最后用70～100℃水中清洗干净。清洗干净后立即将轴瓦投入熔化的锡坩埚内挂锡。要求所挂锡低薄而均匀，厚度在0.1～0.2mm，表面呈银色，即可备用。

2）浇注合金。将合金破碎成小块放在坩埚内，上覆盖20～40mm厚的木屑，并放入少量氯化铵，加热至380～480℃，合金熔化即可浇注。

3）模具预热。浇注前模具应预热到200℃左右，轴瓦也应预热到200～230℃，轴瓦装入模具后，浇注就可以开始进行了。浇注过程要快，浇注终了时要减慢速度，浇注时要清除渣滓及其他杂质，以免进入轴瓦内。

4）留出加工余量。轴瓦合金层加工余量，见表2－60。

表2－60　轴瓦合金层加工余量　mm

轴颈直径	<50	100～200	200～300
加工余量	5	10	10～15

5）机加工。在对开面间，垫上与轴瓦允许最大磨损量相同尺寸的垫片，按图纸技术要求达到最高精度。为进一步对轴瓦进行刮研，应留有0.1～0.15mm的刮研余量。

6）合金层的焊补。浇注后的合金层若出现小气孔，可用350～380℃的烙铁补焊。合金层局部不够加工时，也可用补焊法修复。修补时先要除油脱脂，然后将原有合金层表面烤熔一层，在用与原有轴承合金相同的合金条补焊，最后进行精加工。但必须保证合金层不脱壳，轴瓦合金层剥落面不得超过100 mm^2，并且每片瓦上不得多于两处。

3. 薄壁瓦的更换与调整

薄壁瓦轴瓦厚度与轴颈直径之比小于1:20，瓦衬合金厚度较薄，一般在0.3～0.8mm左右。薄壁瓦与主轴颈或曲柄销的贴合度主要靠加机工精度来保证。对开式薄壁轴瓦一般不允许刮研，两半瓦口上也不放置垫片。大修时，当瓦衬严重划伤、烧瓦、脱层、瓦背和座孔贴合不匀，径向间隙超过规定值时，则需要更换。

为了防止轴瓦在轴承座内转动，装配时必须给予轴瓦一定的紧力。其值的大小一般用轴瓦两端分开面处的凸出高度(过盈值)来表示。轴瓦两端分开面处的凸出高度与轴径大小有关，如图纸上未明确给出，可参照表2－61。

表2－61　轴瓦两端分开面处的凸出高度和轴径的关系　mm

轴颈直径 D	凸出高度 δ	轴颈直径 D	凸出高度 δ
60	0.03	150	0.07
70	0.035	180	0.085
80	0.04	200	0.09
90	0.045	220	0.10
100	0.05	240	0.11
110	0.05	260	0.12
120	0.055	280	0.13
130	0.06	320	0.15
140	0.066	360	0.17

轴瓦两端分开面处的凸出高度的测量和调整应注意以下几点：

1）测量轴瓦两端分开面处的凸出高度时，应先将轴瓦擦拭干净，放入轴承座内，用扳手轻轻地板紧轴承螺母，使轴瓦在轴承座内压服贴合，然后用塞尺在两边分别进行测量，松

紧合适的塞尺厚度 s 即为上、下两片轴瓦两边的凸出高度。见图 2－90；不允许使用规定扭力矩板紧轴承螺母，否则轴承盖和轴承座分开面之间的间隙会全部或局部失掉，使测量结果失真。

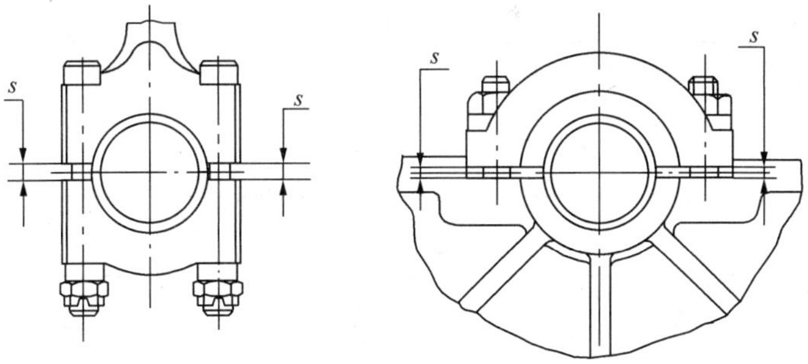

图 2－90　用塞尺测量轴瓦两端分开面高于连杆体或轴承座分开面

2）若塞尺厚度为 s，则上、下片轴瓦两端分开面各应磨低的高度为：

$$T = (s - 2\delta)/2$$

式中　δ——轴瓦两端分开面突出于轴承座分开面的应有高度。

加工轴瓦两端分开面时，应将上下片轴瓦先后压紧在轴承盖内，然后放到垫有细砂布的平板上磨平，直到符合要求为止。

如果轴瓦两端分开面处的凸出高度过低又无法调配时，也可在瓦口上焊铜皮。焊接时必须保证将铜皮下过多的焊锡挤掉。当烙铁移出后，仍需使用工具紧紧压着铜皮，待焊锡凝固后才能拿开。铜皮表面残留的焊锡及其他杂质要清理干净。焊接时动作要快，要准确，时间一长温度过高会使轴承合金熔化。铜皮的长度与轴瓦宽度相同，其宽度在朝外的一边与轴瓦瓦壳外圆齐平，朝内一边应缩入轴瓦内圆 0.25～0.3mm。

4. 滑动轴承轴向间隙的调整

止推轴承的主轴径通常位于电机一侧。止推环或主轴瓦上的止推翻边与曲轴上轴向定位端面之间，以及连杆轴瓦上止推翻边与曲柄或十字头内侧端面之间的贴合度，用校准平板研点刮削来检查，间隙值通过测量或调整止推环轴向厚度或轴瓦翻边的轴向高度来控制。

滑动轴承轴向定位的轴向间隙，应按图纸要求进行控制与调整。通常止推轴承的两侧各留出相同的轴向间隙，一般为 0.15～0.25mm。可用随机提供的半圆铜环插入检查。止推轴承的另一端，即轴的允许伸长端的轴向间隙约为每米轴长 1mm。

如果止推轴瓦是可调整的，应按检测结果调整垫片厚度。如果止推轴瓦是不可调整的，可重新加工轴瓦端面或补焊瓦衬，以取得必要的轴向间隙。

轴向间隙可用塞尺或千分表检测，见图 2－91。

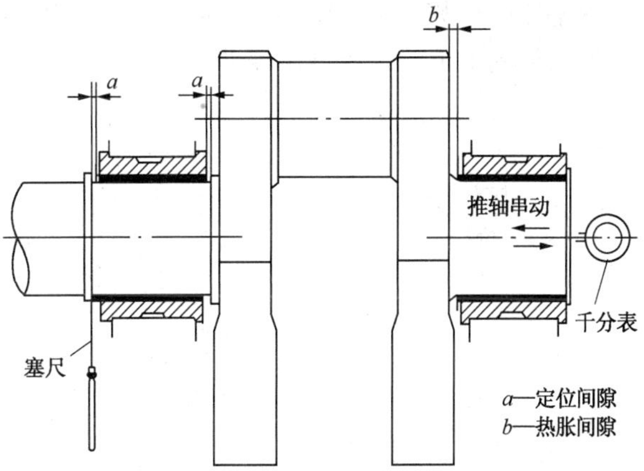

图 2－91　主轴轴向间隙的检查

（五）汽缸的修复

1. 汽缸镜面磨损或严重拉伤的修复

汽缸（包括缸套）长期运行必然产生

磨损。最大磨损部位往往在气阀孔附近，相当于在止点时最外的一道活塞环的位置。如果磨损量超过表 2－62 中的数值，同时镜面上有明显机械损伤或轴向沟槽时，可采用镗、磨或珩磨的方法进行修理。汽缸经镗孔后留有的研磨余量见表 2－63。

表 2－62　汽缸镜面允许磨损量　　mm

汽缸直径	<100	100～150	150～300	300～400	400～700	700～1000	1000～1200	1200～1500
圆周均匀磨损	0.3	0.5	1.0	1.2	1.4	1.6	1.75	2.0
圆度，圆柱度	0.15	0.25	0.4	0.6	0.6	0.8	1.0	1.2

表 2－63　汽缸研磨余量　　mm

气缸直径	铸铁汽缸或缸套	锻钢气缸
25～125	0.02～0.10	0.01～0.04
150～275	0.08～0.16	0.02～0.05
300～500	0.12～0.20	0.04～0.06

2. 镶套或配制活塞

如果镗缸直径需大于原尺寸 2mm 以上才能消除镜面的缺陷，则应按新缸直径配制活塞和活塞环。

镗缸时如果镜面发现疏松或其他缺陷，缸径需要扩大 10～25mm 时，则应镶汽缸套。对中等直径汽缸的缸套厚度取 8～10mm，大直径汽缸缸套厚度取 16～25mm。对于长度较长的缸套，为了便于压入缸体，往往将缸套外圆直径制成不同直径的两段或三段。过盈配合部位的过盈量等于$(0.0001 \sim 0.0002)D$，其间隙部位的间隙值等于$(0.00005 \sim 0.0001)D$，D 为缸套外圆直径。

缸套内径留有研磨余量，缸套压入缸体后，进行镗磨或研磨。镗磨或研磨时，必须按缸体原来的定位基准找正。

3. 气阀孔与气阀支承座密封面损伤的修复

气阀支承座密封面轻微损伤时，可在气阀上涂以研磨膏进行对研，直到接触面平整贴合良好为准。如果损伤严重，可进行镗削与研磨修复。

（六）活塞和活塞杆的修复

1. 活塞体的修复

活塞体的外圆面上的擦伤或轻度磨损，可用细锉去除毛刺，再用油石轻轻磨光。

活塞体的支承托瓦合金层脱落，或过度磨损，可按浇注轴承合金的方法修复。按图纸技术要求加工时，应留有适当的刮研余量，以便在汽缸对中时刮研调整。

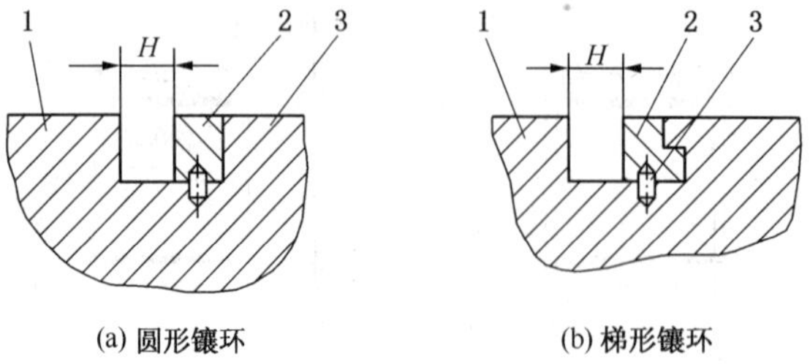

图 2－92　活塞环槽镶环结构形式

1—活塞体；2—镶环；3—定位销；H—槽宽

铸造活塞出现裂纹或严重磨损时应判废更新。

2. 活塞环槽的修复

活塞环槽损伤时，可用镶环法修复。镶环为两个半环，结构形式见图 2－92，其材质与活塞体相同。活塞环槽侧面对活塞杆安装孔的垂直度不低于 7 级精度。

3. 活塞杆磨损的修复

活塞杆磨损或有擦伤、划痕时，先将这些缺陷通过机加工去掉，然后按镀铬工艺要求进行镀铬。镀层厚度一般在0.05~0.15mm。最后通过磨削达到图纸技术要求。如果活塞杆不仅磨损，还存在弯曲变形，则应该仔细测量弯曲程度，若弯曲量不大，可用磨削方法修直，然后镀铬修复。

用填充聚四氟乙烯作密封圈的填料函，不要使用镀铬活塞杆，否则将严重影响工作寿命。活塞杆表面最好采用高频表面淬火。

如果活塞杆磨蚀严重，可先磨削修整，然后喷涂修复。如果活塞杆不仅严重磨蚀，还存在弯曲变形，应先热压校直，然后磨削修整，再进行喷涂修复。

活塞杆表面与密封圈接触处的硬度应符合设备技术文件的规定，或参照表2-64。

表2-64 活塞杆表面与密封圈接触处的硬度要求

活塞杆材料	35	45		40Cr	38CrMoAl	3Cr13
硬 度	HRC38~45		HRC48~56	HRC47~52	HV800~1100	HRC23~29
热处理方法	表面淬火	镀铬	表面淬火	表面淬火	渗氮	表面淬火
应 用	空气及无腐蚀气体	空气及无腐蚀气体		空气及无腐蚀气体，有较高强度和抗疲劳强度	强度、硬度、耐磨性、耐腐蚀性较高	腐蚀性气体及氧气

活塞杆表面修复后，还必须进行磁粉探伤检查，不得有裂纹产生。

四、试车与验收

对于新安装的压缩机的试车，通常需要进行空负荷、空气负荷试车。如果压缩机的工艺介质不是空气，在空气负荷试运转合格后，还要进行工艺气体的负荷试车，经24h负荷试运转以后，各项技术指标和工艺参数达到设备技术文件规定或满足生产要求，则可以办理交接和验收手续。

对于大修后的压缩机，通常可以在进行空负荷试车合格后，对机组拆下的部件按要求回装，在对机组进行全面检查，包括用惰性气体置换空气合格以后，可用工艺介质进行带负荷试车。

（一）试车前的准备

1）检查检修记录，确认检修记录准确无误，各部间隙均符合要求。各级安全阀经校验、整定，其动作应灵敏、可靠。

2）彻底清理油箱，并加入足量合格的润滑油。

3）检查确认各螺栓已按要求上紧。

4）清理现场，检查各仪表、电器、水系统、油系统、风系统均已具备试车条件。

5）拆下各级吸、排气阀(至少每侧拆下吸、排气阀各一个)。

6）将油温加热至启动条件，启动润滑油泵，将油温、油压调至设计值，并检查各润滑点的供油及回油情况是否良好。

7）启动注油器(有油润滑压缩机)，使汽缸及填料充分润滑。

8）开启冷却水进、出口阀，检查冷却水的压力及回水情况。

9）盘车无卡涩现象。

10）点动电机，确认电机转向正确。

（二）试车

1. 空负荷试车

空负荷试车的目的是检查活塞式压缩机的运动部件是否运转灵活，并达到“跑合”。使活塞杆和填料箱内密封环达到严密的“研合”。检查润滑和冷却系统工作的可靠性；排除故障，为负荷试车创造条件。空负荷试车的步骤如下：

1）按操作规程启动机组，检查各部件有无异常（响声、温度、振动等）；

2）检查油温、温压是否正常；

3）检查各轴承、滑道、汽缸及填料（有油润滑压缩机）的润滑情况，观察回油是否畅通；

4）检查各摩擦部位的温度，滑动轴承及十字头滑道不超过65℃，滚动轴承不超过70℃，填料温度不大于140℃；

5）连续运行1～2h后，若无任何异常现象，即可停机做必要的检查（紧固件有无松动，摩擦件是否磨损等）。

2. 负荷试车

活塞式压缩机负荷试车的目的是在压缩气体的工作条件下，检查各部运动部件的运转情况和密封性能，全面检验压缩机组的技术性能指标和工艺参数是否符合设备技术文件及满足生产的要求。为压缩机正式投入生产运行创造条件。负荷试车的步骤如下：

1）缸内通入介质，检查各密封部位应无泄漏；

2）盘车检查汽缸应无撞击声；

3）按机组操作规程启动机组，检查各传动件及汽缸有无异常；

4）检查压缩机主轴轴承、滑道等部位温度是否正常；

5）检查各级吸、排气阀温度是否正常；

6）检查各级汽缸进、出口气体温度和冷却水回水温度是否正常；

7）检查各级排气压力是否符合设计要求；

8）检查填料密封及刮油密封是否泄漏；

9）基础在工作时的振幅允许值不得超过下列规定：

转数 <200r/min，振幅应 <0.25mm

转数在200～400r/min，振幅应 <0.20mm

转数 >400r/min，振幅应 <0.15mm

10）压缩机所属的电气、仪表及各联锁报警装置应达到各专业技术规定的要求；

11）运转过程每2h记录一次机组的运行参数，并及时处理运行中发现的问题。

（三）验收

1）在工作负荷下连续运行24h后，各项技术指标均达到设计要求或能满足生产需要。

2）检修记录齐全、准确并符合本规程要求。

3）机组达到完好标准要求，即可按规定办理验收手续，移交生产使用。

第八节　活塞式压缩机的日常维护、状态监测、故障诊断与常见故障的处理

一、日常维护

1）定时巡检，并做好记录。

2）定时检查各部轴承及摩擦副部位的温度，应符合规定。

3）定时检查油温、油压、油位、油过滤器压差，并定期对润滑油化验分析或更新。

4）定时检查汽缸、填料等部位冷却水出口温度。

5）定时检查压缩机各段进出口压力、温度、流量及各气阀温度。

6）定时检查各级密封的泄漏及活塞杆的位移。

7）定期监测机组的振动，包括基础、压缩机本体以及管路系统。

8）定时检查各运动件有无异常响声，各部紧固螺栓是否松动或断裂。

9）检查辅助油泵电源指示，并确保开关在“自启动”位置。润滑系统备用油泵应定期进行自启动试验。

10）大型机组应实行特级维护，机、电、仪、管、操有关人员按时对机组进行巡检，并定期对机组存在的问题进行协商处理。

11）定期检查更换指示失灵或附件损坏的各种指示仪表。

12）保持机组洁净，清除机体表面、油系统，基础表面及周围地面的油污或积水。

二、状态监测和故障诊断

活塞式压缩机的曲柄连杆机构在运行中产生的变向冲击和变载冲击，以及活塞对汽缸的横向冲击，阀片对阀体密封面的冲击、脉动气流对管道的冲击和管道的机械振动等。所有这些振动交织在一起，给活塞式压缩机的故障诊断带来相当大的难度。

除了日常维护中经常采用的依靠手摸、眼看、耳听的实际经验诊断法之外，还应结合各种型式活塞式压缩机的结构特点，对重点部位使用必要的状态监测手段，以提高故障诊断的能力。目前采用的监测手段有以下几种。

1）进、出口气阀的温度监测。采用温度传感器，安装在阀盖上，通过压缩机的温度传感器接口模块，将温度信号输入32通道气阀温度监测器中。这样可以对同一机组多个气阀阀盖温度进行监视和对比，以判断气阀的工作状态和性能优劣。

2）机体振动监测。可在机体的某些特征部位，如汽缸、滑道等，安装压电式速度传感器。可以安装在机体不同的方位上，即使在压缩机具有很大的交叉轴向振动的情况下也能使用。两个速度传感器采集的信号，同时输入一个双通道振动监测器中。可以设置报警值，有助于判断主轴承磨损、曲轴不平衡、运动部件连接松动、气阀损坏等故障。

3）活塞杆下沉监测。在机体接近活塞杆的适当位置上，采用一个非接触式电涡流位移传感器，当活塞支承环磨损时，水平放置的活塞杆就会下沉，非接触式电涡流位移传感器与活塞杆之间的间隙就会发生变化，所产生的电压变化信号输入6通道活塞杆下沉监测器，就可以监测活塞的工作状况，避免因支承环严重磨损，导致活塞环加速磨损，参见图0－12活塞式压缩机在线监测的典型组态图。

三、常见故障的处理(见表 2－65)

表 2－65　压缩机常见故障原因分析及处理方法

序号	故障现象	故障原因	处理方法
1	轴承温度高	a. 轴瓦与轴颈接触不均匀，或接触面小，单位面积上的比压过大 b. 轴承间隙过小 c. 轴颈圆柱度和轴直线度偏差过大 d. 润滑油量供应不足或中断 e. 油变质 f. 进油温度过高	a. 用涂色法刮研轴瓦，改善单位面积上的比压 b. 调整轴承间隙 c. 校直轴 d. 检查油泵、管线和油过滤器 e. 更换润滑油 f. 调节油冷却器进水量
2	汽缸温度高	a. 冷却水供给不足 b. 冷却水管堵塞 c. 缺少润滑油	a. 适当加大冷却水供给量 b. 检查并疏通水管 c. 检查注油泵及管线
3	填料函发热	a. 活塞杆与填料配合间隙不合适 b. 活塞杆与填料函装配时产生偏斜 c. 填料冷却水供应不足或水管堵塞 d. 填料函润滑油污垢或供油不足	a. 适当调整间隙 b. 重新装配 c. 加大供水量或疏通供水管线 d. 更换润滑油或调整供油量
4	排气温度高	a. 排气阀泄漏 b. 入口过滤器堵塞 c. 吸入气体温度超过规定值 d. 吸气阀泄漏 e. 汽缸或冷却器效果差	a. 拆检并清理排气阀 b. 拆检并清理入口过滤器 c. 检查工艺流程 d. 拆检并清理吸气阀 e. 检查冷却水系统或清洗冷却器
5	汽缸内和运动部件有异常声音	a. 阀片断裂或弹簧断裂 b. 阀体压筒破裂或松动 c. 汽缸余隙容积太小 d. 汽缸中积聚液体 e. 汽缸中有异物 f. 缸套松动或断裂 g. 活塞或活塞环严重磨损 h. 活塞紧固螺母松动或活塞杆断裂 i. 连杆螺栓、轴承压盖螺栓、十字头螺母松动或断裂 j. 主轴承、连杆大小头轴承、十字头滑道间隙过大 k. 十字头滑板螺栓松动或断裂 l. 十字头滑板断裂 m. 各轴承紧力太小或无紧力 n. 曲轴与联轴节配合松驰	a. 检查更换阀片或弹簧 b. 重新压紧或更换压筒 c. 调整余隙容积 d. 检查积液原因并处理 e. 检查处理 f. 检查更换缸套 g. 检查修理或更换 h. 重新紧固螺母或更换活塞杆 i. 检查紧固或更换 j. 检查并调整间隙 k. 检查紧固或更换 l. 检查更换滑板 m. 调整轴承紧力 n. 检查处理
6	管路发生不正常的振动	a. 管卡太松或断裂 b. 支撑刚性不够 c. 管架或吊架不牢 d. 管路系统产生气柱共振或管路机械共振	a. 紧固或更换管卡 b. 加固支撑 c. 加固管架或吊架 d. 重新配置管路系统
7	油泵出口压力低或无压力	a. 吸入管法兰或接头漏，吸入空气 b. 油泵壳体或轴封有泄漏 c. 吸入阀有故障或油管堵塞 d. 油箱内油位太低 e. 油过滤器堵塞 f. 油泵驱动机转速下降 g. 安全阀故障	a. 查堵漏点 b. 检查并消除漏点 c. 检查并疏通油管 d. 添加润滑油 e. 清洗油过滤器 f. 查明原因并恢复到正常转速 g. 重新调校安全阀
8	油温升高	a. 油冷却器供水不足 b. 油冷却器结垢 c. 润滑油变质	a. 加大油冷却器供水量 b. 检查、清洗油冷却器 c. 更换润滑油

续表

序号	故障现象	故障原因	处理方法
9	压缩机排气压力低	a. 活塞环漏气 b. 气阀漏气	a. 检查更换活塞环 b. 检查更换阀片
10	排气量达不到设计要求	a. 气阀泄漏 b. 活塞环严重磨损或断裂 c. 填料漏气 d. 卸荷阀故障 e. 汽缸余隙容积过大	a. 检查更换气阀 b. 检查更换活塞环 c. 检查更换填料 d. 检查处理卸荷装置 e. 调整汽缸余隙
11	主机振动加大	a. 地脚螺栓松动，基础倾斜，或有裂纹 b. 电机与压缩机对中变坏 c. 管道振动对主机造成的影响	检查与检修

第三章　离心式压缩机

第一节　概　　述

离心式压缩机是压缩和输送气体的一种机器，通过高速旋转的叶轮把原动机的能量传送给气体，使气体的压力和速度升高。随后，气体在机内的固定元件中将速度能转换为压力能。离心压缩机中的气体在压缩机中的运动是沿垂直于压缩机轴的径向进行的。离心压缩机排气均匀，气流无脉冲、无油，性能曲线平坦，操作范围较宽。与其他型式的压缩机相比较，离心式压缩机具有流量大、故障率低、日常维护工作量小，运行周期长等优点；其原有的压头低的不足也随着高速工业汽轮机的驱动得以解决，因此离心式压缩机已成为石化企业大机组中的主力军，得到越来越广泛的应用。

离心式压缩机一般分为几段进行压缩，段与段之间设置冷却器。每一个段又由一个或几个压缩级组成。而每一个级是离心式压缩机升压的基本单元，它主要由一个叶轮及与其相配合的固定元件构成。由于级在压缩机（或压缩机段）中所处的位置不同，级又可分为首级、中间级和末级。离心式压缩机本体包括转子、定子和轴承等部件。转子由主轴、叶轮、联轴器、止推盘，有时还有平衡活塞和轴套等组成。定子由机壳、隔板、级间密封和轴端密封、进气室、蜗壳组成。

图3－1是水平剖分型离心式压缩机本体的剖面图。

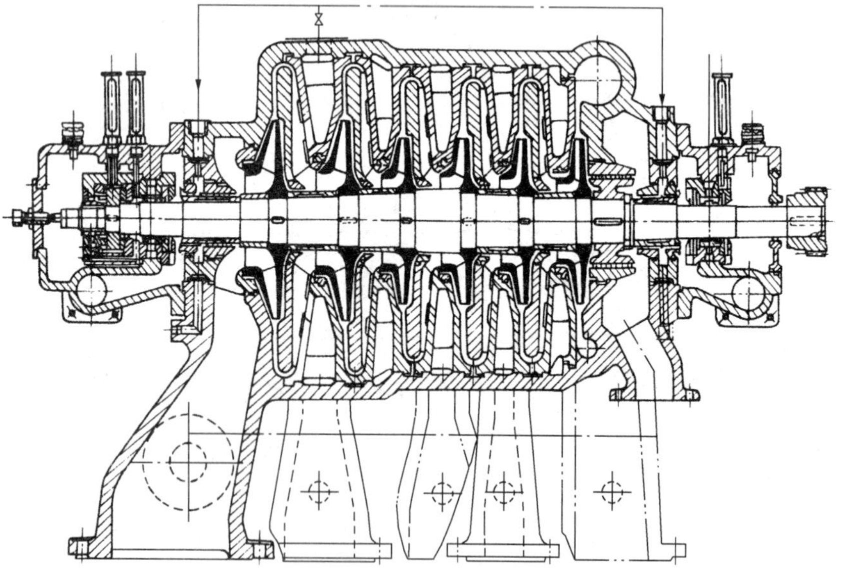

图3－1　水平剖分型离心式压缩机剖面图

第二节　离心式压缩机的工作原理、性能及流量调节

一、离心式压缩机的工作原理

图3－2为某一离心压缩机纵剖面构造图。气体由吸气室吸入，在驱动机的作用下，通过高速旋转的叶轮对气体做功，使气体的压力、速度、温度提高，然后流入扩压器，使气体速度降低，压力提高。弯道、回流器主要起导向作用，使气体流入下一级继续压缩。由于气体在压缩过程中温度升高，而高温下压缩气体耗功大，故在压缩过程中采用中间冷却。通过蜗壳（排气室）和排气管到中间冷却器进行冷却，冷却后的气体再经过高压侧吸气室进入下一级继续压缩，最后经蜗壳输出气体。

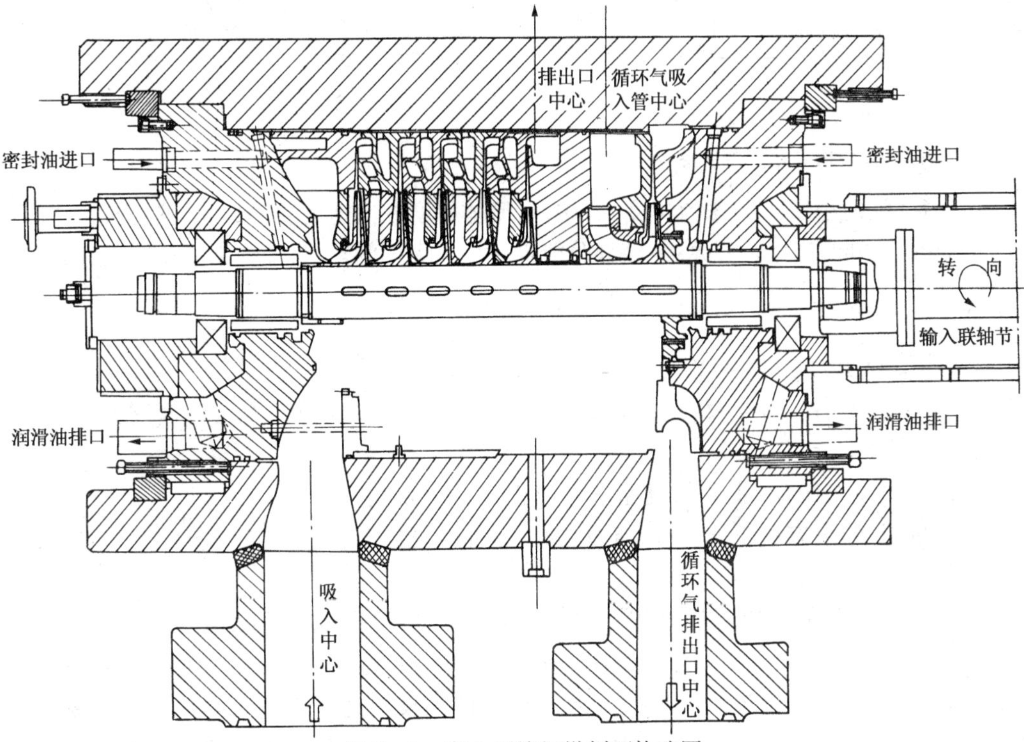

图3－2　离心压缩机纵剖面构造图

为平衡轴向力，设有平衡盘，残余轴向力则由推力轴承承受。为防止级内、级间、段间漏气，设有轮盖密封、隔板密封、段间密封。汽缸两端设有轴封（浮环密封、干气密封等），以防止气体外漏。

二、离心式压缩机能量损失及多变压缩

（一）能量损失

级中叶轮对气体所做的功，不可能全部变为有用的能量，而有一部分损耗掉。离心式压缩机级中的能量损失 h_{los}，基本上包括3部分：流动损失 h_{hyd}，轮阻损失 h_{df} 及漏气损失 h_l。其中，流动损失 h_{hyd} 又可分为摩擦损失 h_{fric}、分离损失 h_{sep}、冲击损失 h_{sh}，二次涡流损失 h_{sec} 及尾迹混合损失 h_{mix} 5部分。

总功 h_{tot}、理论功 h_{th}及各种损失可由图 3 -3 来表示。

1. 流动损失

(1) 摩擦损失

由于气体存在粘性，当有粘滞性的非理想流体沿固体壁面流动时，流体流场可分为两个区，边界层区和主气流区。在流经贴近壁面处，流速小，为边界层区。而在中间部分，流速大，为主气流区，见图 3 -4。

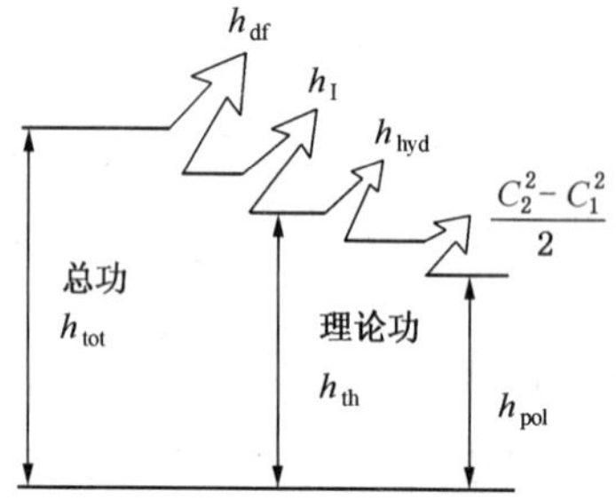

图 3 -3 总功 h_{tot}、理论功 h_{th}及各种损失之间的关系

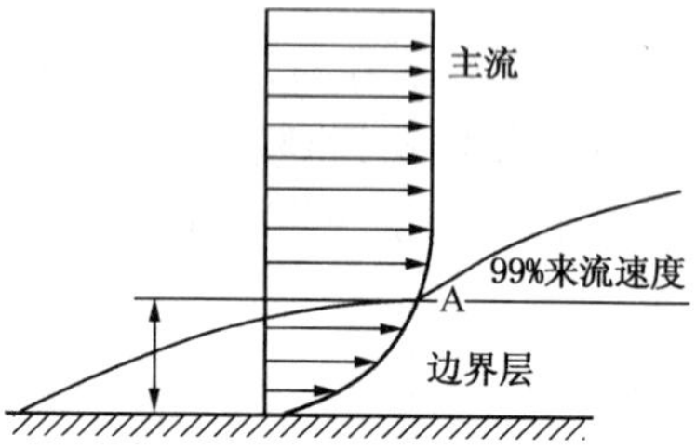

图 3 -4 接近物体壁面的气流流速分布

在边界层(流速小于99%来流速度区)中,沿流体厚度方向速度急剧变化,速度梯度大,层与层之间速度各不相同,产生相互摩擦,使部分能量转变为无用的热量,即产生了摩擦损失 h_{fric}

$$h_{fric} = \int_1^2 \lambda(1/d_h) \cdot c^2/2 \cdot dx$$

式中 λ——摩擦阻力系数(与相对粗糙度、雷诺数 Re 有关)；

d_h——水力直径，$d_h = 4Pr$，水力半径 $Pr = S/U$，S 为截面积，U 为湿润周界的周长；

c——流速。

可见，摩擦损失在 h_{fric}主要与流速平方成正比，也就是与进口处的容积流量 Q_{in}的平方成正比。h_{fric}与 Q_{in}的关系曲线见图 3 -5。

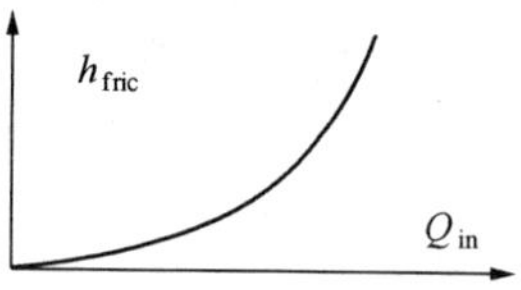

图 3 -5 h_{fric}与 Q_{in}的关系曲线

(2) 分离损失

气体的黏性还会引起边界层增厚，进而边界层与流道壁面分离，从而产生分离损失 h_{sep}。这是因为在压缩机的扩压通道(如叶轮、扩压器等)中，存在与速度梯度($\partial p/\partial x < 0$)方向相反的逆压力梯度($\partial p/\partial x > 0$)，即沿主气流方向，由于通流面积不断增大，气体的流速不断降低，压力不断上升，主流无法给边界层足够的动能，使之克服摩擦力继续前进，边界层内的气流会逐渐滞止下来。停滞的流体微团逐渐堆积，由于边界分离层的分离点后的压力比分离点处高，迫使这些停滞的流体微团反方向逆流，进而迅速扩张，引起倒流，产生旋涡，主气流被挤的离开物体壁面，出现了边界层的分离，见图 3 -6、图 3 -7。即使在设计工况下，在叶轮非工作面接近出口处以及截面突变、急剧转弯处等，都会产生分离。由于边界层分离和产生旋涡，引起很大的能量损失——分离损失。

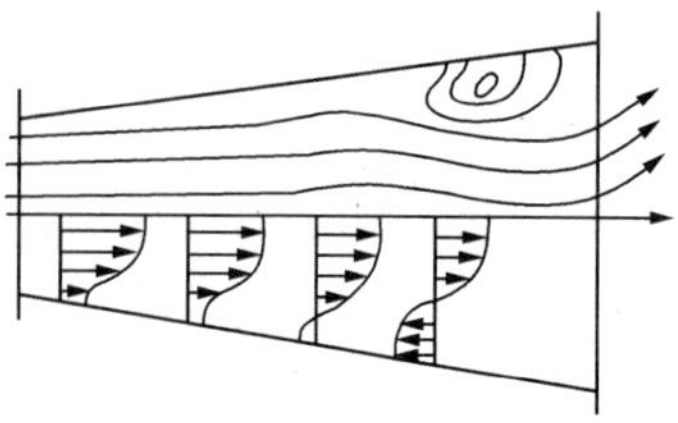

图 3 -6 扩压通道中旋涡区的产生

实践表明，边界层分离与流道形状、壁面粗糙度、气流雷诺数等许多因素有关。其中主要与流道形状影响最大，如流道扩压程度很大、截面突然变化、急剧弯曲等都会加

速分离现象的产生。为减少分离损失，对压缩机的扩压流道，常常限制其扩张角或扩压度。对于圆锥形扩压管，其扩张角 θ 定义为：

$$\theta = 2\arctan[(d_2 - d_1)/(2b)]$$

式中 θ——扩张角；

b——圆锥形扩压管长度；

d_1、d_2——圆锥形扩压管进、出口直径。

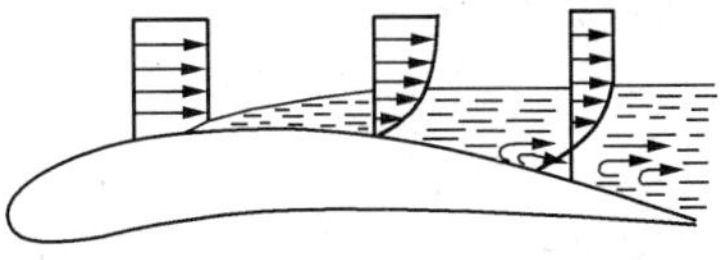

图 3－7　气流流过翼型叶片时边界层的发展及分离

而对于压缩机的流通部分，因不是圆锥形，只能用当量扩张角来表示。实际叶轮还要考虑阻塞系数的影响，流道面积不均匀变化时，采用“当地当量扩张角”来表示，一般要求当地当量扩张角小于 6°～7°。

对可压缩流体，扩压度常用进、出口速度之比来表示。对于叶轮叶道进、出口，扩压度小于等于 1.6～1.8，不能大于 2。

（3）冲击损失

叶轮叶片的安放角是按照设计工况点的流量确定的，当实际进口流量 Q_{in} 与设计流量 Q_{in0} 不同时，气流的进口角 β_1 与叶片安放角 β_{1A} 将不一致，气流会对叶片产生冲击作用，并引起边界层严重分离，带来很大损失。因此，把因工况变动，造成气流对叶片的冲击而产生的分离损失，称为冲击损失 h_{sh}。冲击损失 h_{sh} 实际上是特殊情况下的分离损失 h_{sep}，是由于气流冲角 $i(i=\beta_{1A}-\beta_1)$ 变化而产生的分离损失 h_{sep}，见图 3－8。在设计工况下，$Q_{in}=Q_{in0}$，$\beta_1=\beta_{1A}$，冲角 $i=0$，在叶轮非工作面出口处产生分离，见图 3－8(a)；小流量时，$Q_{in}<Q_{in0}$，$\beta_1<\beta_{1A}$，正冲角，气流冲向工作面，在非工作面产生分离，并向出口处逐渐扩大，使分离损失增大，见图 3－8(b)；大流量时，$Q_{in}>Q_{in0}$，$\beta_1>\beta_{1A}$，负冲角，气流冲向非工作面，在工作面产生分离，通流面收缩，并使非工作面出口处分离减小，见图 3－8(c)。

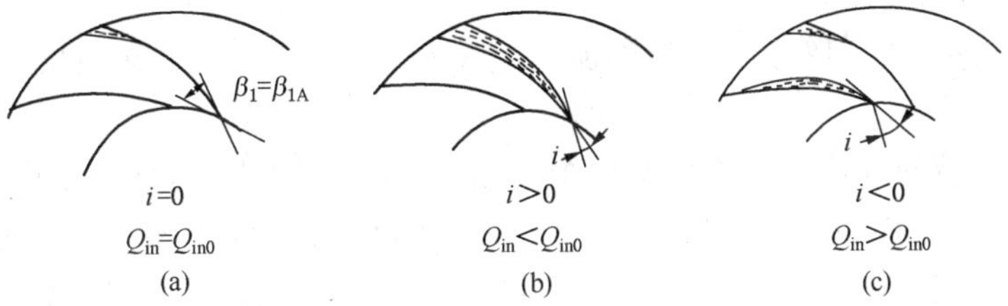

图 3－8　不同冲角下叶轮流道中的气流分离情况

含有冲击损失 h_{sh} 的分离损失 h_{sep} 与进口体积流量 Q_{in} 的关系曲线如图 3－9 所示。

（4）二次涡流损失

二次涡流损失产生的机理见图 3－10。

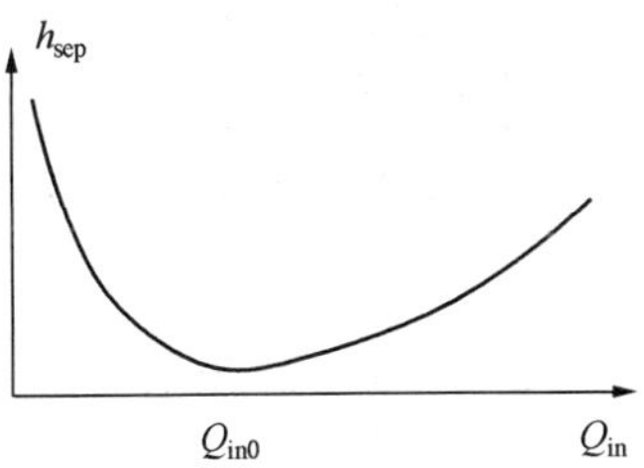

图 3－9　h_{sep} 与 Q_{in} 的关系曲线

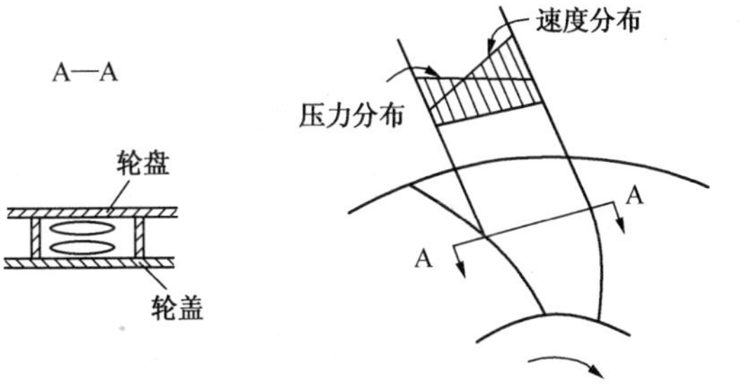

图 3－10　叶轮流道中二次涡流的产生

二次涡流发生在速度方向急剧变化之处，如叶轮叶道、吸入室、弯道。由于叶道是弯曲的并存在轴向涡流，因此在同一直径的叶道截面上气流速度是不均匀的。对于后弯叶片型叶轮，叶片工作面气流小，压力高。而叶片非工作面气流大，压力低。由于叶轮流道内气流速度和压力分布的不均匀性，沿主流法线方向也存在压力梯度。这样，便产生了两侧壁面处边界层中的气体，在压力差的作用下由工作面流向非工作面，这种流动方向与主气流方向大致相垂直，称为二次涡流。二次涡流干扰了主气流的流动，同时由于二次涡流的存在，工作面侧由于补充了新的具有较大动能的气流，从而使边界层减薄；而非工作面侧恰恰相反，边界层增厚，加速了边界层的分离，更易产生分离损失，因此称为二次涡流损失 h_{sec}。

（5）尾迹混合损失

气流尾迹产生的机理见图 3－11。

由于叶片尾部总有一定的厚度，气流流出叶轮时，通流面积突然增大，在叶片尾部形成充满旋涡的气流，产生损失，称为尾迹损失。叶片边界层的增厚及分离，则会加大尾迹区。尾迹区与主流区的气流在速度、压力上相差很大，相互混和，又逐渐均匀化，在此混合过程中产生了损失，称为尾迹混合损失 h_{mix}。尾迹混合损失与叶道出口处气速、叶片尾部厚度及边界层流态有关。采用翼形叶片代替等厚度叶片，可大大减少尾迹损失。若采用等厚度叶片时，削薄叶轮出口处叶片厚度，也是减少尾迹损失的一个有效方法。实验表明，削薄后级的多变效率可提高 2%。

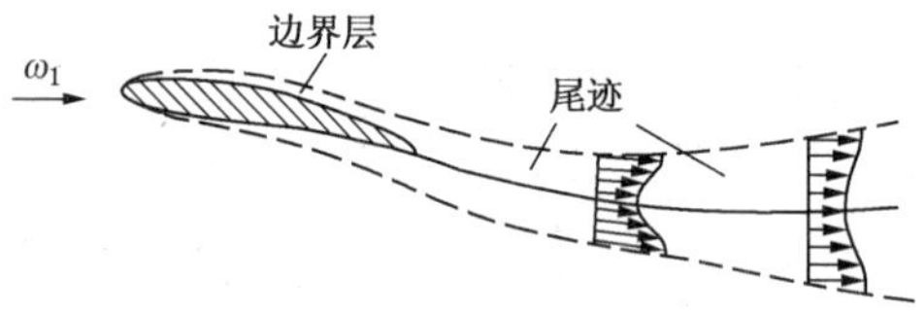

图 3－11　叶片后的气流尾迹

由于二次涡流损失、尾迹混合损失相对较小，可忽略，同时又可将冲击损失归入分离损失，因此对流动损失 h_{hyd} 主要考虑摩擦损失 h_{fric} 和含有冲击损失的分离损失 h_{sep}。

2. 轮阻损失及漏气损失

对于级的总损失 h_{los}，除了上面讲的流动损失 h_{hyd} 外，还有前面讲过的轮阻损失 h_{df} 和漏气损失 h_l。

压缩机通过叶轮向气体传递能量。对于实际叶轮，叶轮除了对气体作功消耗级的功和功率外，不仅存在叶轮内部的流动损失 h_{hyd} 外，而且还存在着叶轮的轮盖、轮盖的外侧面及轮缘与周围气体的摩擦所产生的轮阻损失 h_{df} 和叶轮出口高压漏到叶轮进口低压端的漏气损失 h_l，见图 3－12 和图 3－13。

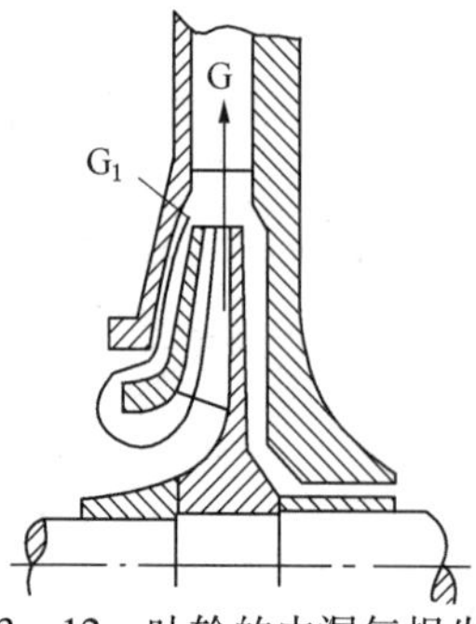

图 3－12　叶轮的内漏气损失和轮阻损失分析

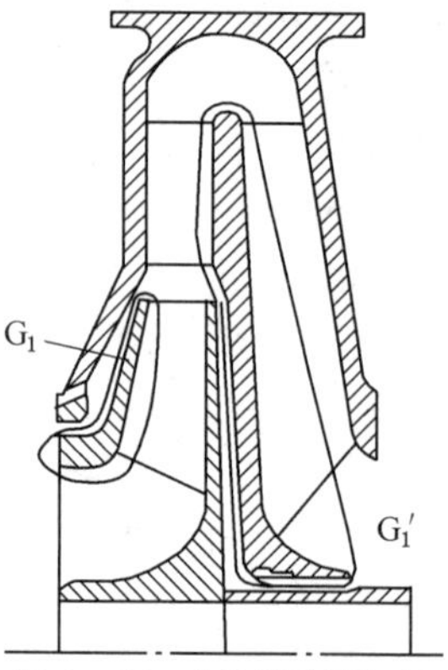

图 3－13　通过隔板与轴之间的密封漏气

轮阻损失 h_{df} 是克服轮盘、轮盖外侧面以及轮缘与周围间隙中气体的摩擦所消耗的外功。这部分外功转换成热量，并传给气体，由于是从叶轮流道外传给气体的，因此不在叶轮理论功 h_{th} 中。

漏气损失 h_l 是由于叶轮进出口存在压差，出口处不断会有气体 G_l 经过轮盖密封处的间隙面倒流到叶轮进口处。这部分气体不是级中的有效流量，而是循环运动，它不断地被压缩和膨胀，而消耗部分外功。另外一路自回流器出口，经过隔板与轴之间的密封间隙的漏气量 G'_l，考虑在固定元件的损失中。

我们把 h_{df}、h_l 以及级中的流动损失 h_{hyd} 统统归为级的总损失 h_{los}。因此，对于级的总耗功 h_{tot}，则有 $h_{tot}=h_{th}+h_{los}=h_{th}+h_{df}+h_l+h_{hyd}$。

（二）多变压缩

在实际压缩过程中，由于离心式压缩机不可能像往复式压缩机那样，将每一级汽缸做成带水夹套形式，因此等温过程不可能实现；由于损失的存在，绝热过程也不可能实现；实际过程，只能是多变。但可以设法向等温过程靠拢，例如在若干级后设置段间冷却器，甚至在级与级之间设置级间冷却器。设有中间冷却器，$h_{ad}>h_{pol}>h_{is}$，即多变压缩功 h_{pol} 可小于绝热压缩功，但仍大于等温压缩功。

通过多变功 $h_{pol}=[m/(m-1)]\cdot RT_1(\varepsilon^{(n-1)/n}-1)$（$m$ 为多变指数，n 为绝热指数）表达式，可以看出：

1）h_{pol} 与进口温度 T_1 成正比，这从另一侧面表明需要进行中间冷却，以便降低耗功；

2）气体相对分子质量 M 愈小，气体常数 R 就愈大，$R=8314/M$，所需的 h_{pol} 就愈大。因此，相对分子质量较小的轻组分气体（如 H_2）往往较难压缩。

3）当然压缩比 ε 愈大，所需的多变压缩功就愈大，肯定需要通过多缸、多段、多级才能实现大的压缩比。

在离心式压缩机中，使用最多的是多变效率，多变效率是指气体在多变压缩过程中，压力由 p_1 增至 p_2 所获得的多变压缩功与实际总耗功之比，即 $\eta_{pol}=h_{pol}/h_{tot}=[m/(m-1)]/[n/(n-1)]$。

压缩机转子本身也会产生机械损失，那是因为压缩机本身存在轴承的摩擦损失，这部分摩擦损失占一部分功率消耗；同样如果存在齿轮传动等还会存在传动功率消耗，因此，压缩机的总效率 $\eta=\eta_m\cdot\eta_{pol}$，其中 η_m 为轴、变速器、联轴器等的机械效率，对大功率的机组，$\eta_m=(98\sim99)\%$。

三、离心压缩机的性能曲线

整台压缩机的性能曲线形状与级的性能曲线大致相似，对级性能曲线的分析，也同样适用于整机的性能曲线。

对于离心式压缩机来说，压缩机级的工作状况是由进口容积流量、进气压力、进气温度及工作转速等4个独立变量决定的。在进气状态一定，转速不变的条件下，反映压缩机性能的主要参数压力比 $\varepsilon(\varepsilon=p_2/p_1)$、多变效率 η_{pol}、功率 N，都是进口容积流量 Q_{in} 的函数。压缩机级的压力比 ε、多变效率 η_{pol}、功率 N 随进口容积流量 Q_{in} 变化的关系称为压缩机级的特性。用曲线表示这些参数之间的关系称为性能曲线，即 $\varepsilon=f(Q_{in})$ 曲线、$\eta=f(Q_{in})$ 曲线、$N=f(Q_{in})$ 曲线。压缩机的性能曲线清晰地表明了在某转速及进气状态下，ε、η、N 与 Q_{in} 间的关系。因此，通过性能曲线，对不同流量，压缩比，效率间的关系就能一目了然，并指导压缩机避开喘振及阻塞工况而安全、经济、合理地运行。

（一）级性能曲线的形状

级性能曲线的形状如图 3－14 中所示的 N 线、η_{pol}线、$\int_1^2 dp/\rho$ 线和 ε 线。先看级压力的提高量$\int_1^2 dp/\rho$ 与进口容积流量 Q_{in} 的曲线形状。已知叶轮理论功 $h_{th}=\int_1^2 dp/\rho+(c_2^2-c_1^2)/2+h_{hyd}$，忽略动能的变化，则有$\int_1^2 dp/\rho=h_{th}-h_{hyd}$，根据欧拉方程 $h_{th}=u_2c_{2u}-u_1c_{1u}$，若假设叶片无限多，且无限薄，则有 $c_{1u}=0$，那么 $h_{th}=u_2c_{2u}=u_2^2\cdot(c_{2u}/u_2)$。根据叶轮出口处的速度三角形，则有 $h_{th}=u_2^2\cdot(u_2-c_{2r}\cdot\cot\beta_{2A})/u_2=u_2^2[1-(c_{2r}/u_2)\cdot\cot\beta_{2A}]$。

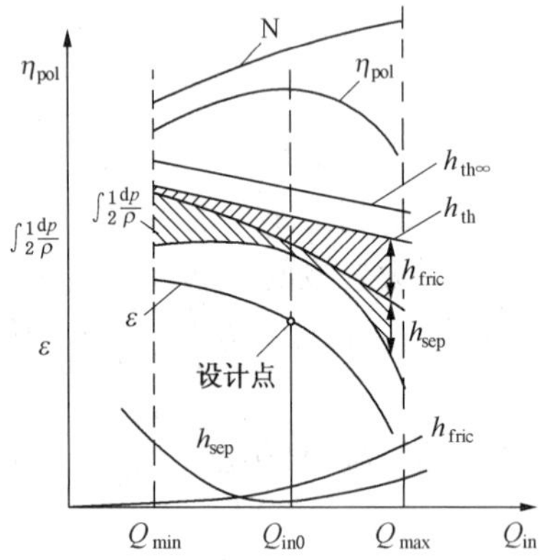

图 3－14　级的性能曲线

对于径向式叶轮，其叶轮出口叶片安放角 $\beta_{2A}=90°$，$\cot\beta_{2A}$趋于零，此时的 $h_{th}=u_2^2$ 为一水平线。

对于后弯式叶轮，$\beta_{2A}<90°$，$\cot\beta_{2A}$为正值，h_{th}要小于径向叶轮下的值；另外，当 Q_{in}增大时，即流速 c、c_{2r}增大，而 u_2 及 β_{2A}均不变，因此 h_{th}随 Q_{in}的增大而降低，为图 3－14 中所示的形状。

由于轴向涡流的存在使气流在叶轮出口处的气流角 $\beta_2<\beta_{2A}$；加之边界层的厚度使叶轮通流面积变小而使 c_{2r}增大。因此实际的 $h_{th}<h_{th}$，为图 3－14 中的形状。

在 h_{th}线的基础上，减去流动损失即摩擦损失 h_{fric}和分离损失 h_{sep}，即得到了图 3－14 中的压力的提高量$\int_1^2 dp/\rho$ 与 Q_{in}的关系曲线。

压比 ε 与 Q_{in} 的关系曲线则与$\int_1^2 dp/\rho$ 线相类似。因为 $\varepsilon=p_2/p_1\approx1+h_{pol}/(RT_1)$，$(\varepsilon-1)$与 h_{pol}成正比，也就是 $\varepsilon-Q_{in}$曲线的形状与 $h_{pol}-Q_{in}$曲线相似，是一条随流量增大而压力比减小的曲线。

根据 $\eta_{pol}=h_{pol}/h_{tot}$和 $N=G\cdot h_{tot}$则可得 η_{pol}和 N 与 Q 的曲线。

压缩机性能曲线的实际获得方法为两种，一种是设计时根据模型级叶轮进行相似计算而得，另一种是对已制造出的机器进行性能试验，并根据实测的数据绘制而成。

（二）性能曲线分析

1. 效率 η 曲线

可以看到，在设计流量 Q_{in0}下，多变效率 η_{pol}最高。这是因为在 $Q_{in}=Q_{in0}$时，气流的情况与叶片几何形状最协调，此时，气流冲角大都在0°附近，冲击分离损失 h_{sep}最小，摩擦损失 h_{fric}也不大，因此总的流动损失 h_{hyd}为最小。$Q_{in}>Q_{in0}$，时，随着 Q_{in}的增加，摩擦损失 h_{fric}增加很快，冲击分离损失 h_{sep}同时也增大，迭加后的流动损失 h_{hyd}很大，因而使效率 η_{pol}下降很快，此段曲线较陡。$Q_{in}<Q_{in0}$时，随着 Q_{in}的减少，虽然摩擦损失 h_{fric}随流量减少而减小，但正冲角增大后产生的冲击分离损失 h_{sep}增大很快，另外，内漏气损失及轮阻损失相对所占的比例就增大，所以在流量减小时，效率随流量减小而下降。这就使效率 η 曲线呈现出中间高、两头低的形状。

2. 压比 ε(或出口压力 p_{out})线

可以看到，压比(或出口压力)随进口流量的增加而降低。这正如前面所讲，是因为一方面理论能量头 h_{th}会随 Q_{in}的增加而降低；另一方面，流动损失 h_{hyd}也会随 Q_{in}的增加而增大，从而使气体实际所获得压力的提高量$\int_1^2 dp/\rho$ 随 Q_{in}增加而降低。一般对于一定的叶轮级，在转速、进气温度、气体常数一定的情况下，可以测得级的性能压比 ε 曲线。在实测的性能压比 ε 曲线上，必须注明转速、进气温度及介质。

3. 功率 N 曲线

可以看到，功率 N 随 Q_{in} 的增加而增大。这是因为 $N = G \cdot h_{tot}$，一方面随着进口容积流量 Q_{in} 增加，质量流量 G 在大多数情况下也会增加；另一方面，随着 Q_{in} 的增加，导致流动损失 h_{hyd} 也会随之而增大，使得总功 h_{tot} 增大，G 和 h_{tot} 同时增大的结果，使得 N 随 Q_{in} 的增加而增大。但当 Q_{in} 增大较多时，h_{th} 会下降，ε 将明显下降，这时 N 也可能下降。

需要补充的是，压缩机的级数愈多，则气体密度变化的影响愈大，压缩机的性能曲线就愈陡，稳定工况区域也愈狭窄，而且主要集中在后几级，若出现喘振或阻塞工况，一般也多数发生在后面的级中。

另外，转速愈高，也会使性能曲线变得愈陡。

四、离心压缩机的喘振及防喘振措施

（一）旋转脱离

在性能曲线的左支，随着 Q_{in} 的减少，气流正冲角增大，冲向叶片的工作面，而使叶片非工作面上产生的边界层分离区扩大。由于气流的不均匀性，以及叶片加工和装配上存在差异，气流分离总是在某一个或几个叶道上首先发生，如图 3－15 中的 B 叶道。分离区缩小了 B 叶道的有效通流截面，主流产生阻塞，并造成流向相邻 A、C 叶道的气流产生偏移，冲角发生变化。它使进入 A 叶道的冲角变小而偏向非工作面，使 A 叶道的非工作面上的分离区有所改善；但使进入 C 叶道的冲角变大而偏向工作面，使 C 叶道的分离区扩大。C 叶道的分离，又反过来使 B 叶道的冲角变小而冲散分离区，于是分离区、又称脱离团则由原来的 B 叶道转移到 C 叶道。依此类推，脱离团以 ω' 做与叶轮旋转方向相反的旋转传播，所以这种现象称为旋转脱离。由于脱离团的旋转角速度 ω' 小于叶轮的 ω，在绝对坐标系上看，脱离团仍以 $(\omega - \omega')$ 与叶轮 ω 同向旋转，但毕竟慢了半拍，因此旋转脱离又被称为旋转失速。

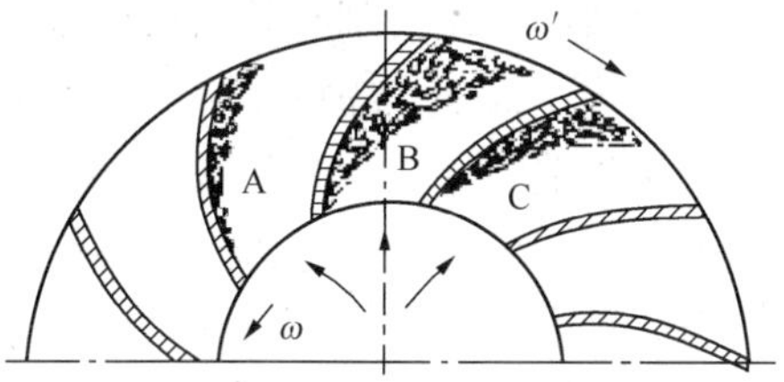

图 3－15　旋转脱离示意图

ω—叶轮旋转方向；ω'—脱离团旋转方向

需要指的是，旋转脱离既可以在叶轮中发生，同样也可以在固定元件扩压器中发生，而且往往首先发生在有叶扩压器中，同样，旋转脱离既可以在某一级中发生，也可以在不同的级中同时发生，脱离团的数目、旋转角速度 ω' 各不相同。

旋转脱离是发生喘振的先兆，其发生时气流将产生脉动，压缩机的出口压力、进口流量以及振动值都会产生较明显的波动，但其程度均小于喘振。

（二）喘振

1. 喘振的原因

压缩机在运行中，进口容积流量 Q_{in} 的降低，会使叶轮或有叶扩压器叶片的非工作面上出现边界层分离，并进而产生旋转脱离。若 Q_{in} 仍继续降低，旋转脱离会进一步扩大，并由若干个团组成一个大团。当压缩机的流道中几乎大部分为脱离区时，流动状况严重恶化，气体压力无法得到提高，造成压缩机出口压力 p_{out} 突然下降。由于压缩机总是与管网联合工作的，此时管网中的压力还来不及下降（尤其是大容量管网），管网压力高于压缩机出口压力，管网中的气体倒流回压缩机。压缩机因倒流而增加了流量，分离消失，恢复正常工作，并向管网送气。送气后，压缩机的 Q_{in} 又重新降低，管网中的气体再次倒流。这样周而复始，整个系统，即压缩机与管网产生了周期性的低频、大幅度压力振荡，这种压力振荡会引起严重的噪音，并使机组发生强烈振动。这种现象，称为“喘振”。发生喘振时的流量 Q_c 称为“喘振流量”。

喘振的频率与强度与管网容量有关。若管网容量大，则频率低，强度大；若管网容量小，则频率高，强度小，甚至很不明显。因此，喘振的内因是压缩机进口容积流量过小而产生的旋转脱离，而其生成条件则是取决于管网特性曲线与压缩机性能曲线交点的位置是否落在压缩机的喘振工况区内。

2. 喘振的后果

压缩机出口压力 p_{out} 和进口流量 Q_{in} 明显降低并产生大幅度波动。气流的强烈脉动引发激振，使转子、轴承、壳体、出口管线都会发生振动。噪声由原连续变为周期性的，且显著增剧，甚至有爆音出现。强烈的振动引起轴承、密封的损坏，严重时将损坏转子。

（三）防喘振措施

喘振是离心压缩机的固有特性，是导致压缩机损坏的主要原因之一，应给予充分的重视。每台离心压缩机都有防喘振控制系统以保护压缩机不会损坏。

一般为了保证压缩机不进入喘振区，在喘振临界线的右边留有一定的裕量，再做一条曲线作为保护曲线，也叫控制曲线。采用部分回流的方法，使之既适应工艺低负荷生产的要求，又满足压缩机的流量大于临界极限流量的要求，从而避免进入喘振区。防喘振控制一般有以下 3 种方法。

1. 固定极限流量法

在一定的转速时，根据压缩机的特性曲线可以知道该转速下的最小安全流量 Q_{min}，运行时，使防喘振调节器的给定值 $Q_{给}=Q_{min}$，$Q_{min}>Q_c$，当流量小于 Q_{min} 时，开大回流阀，使实际流量一直不小于 Q_{min}，就不至于使压缩机进入喘振区。

如果机组在一定范围内变速时，Q_{min} 也变化，如果仍然采用固定极限流量的控制方案，则只能选用最高转速时的 Q_{min} 作为 $Q_{给}$，但是这样在低速部分负荷时显然是不经济的，但它的优点是方案简单，容易操作。

2. 可变极限流量法

为了减少压缩机的能量损耗，在压缩机的转速变化时，防喘振控制系统的给定值也应随之变化，这就是可变极限流量法防喘振系统。其实际方法是把各种转速下的最小允许流量计算出来，把计算结果作为防喘振系统的给定值，这样不会使压缩机进入喘振区，又使循环气量最小，提高了压缩机的效率，降低了能耗。

3. 出口放空法

对于那些空气、二氧化碳或氮气等介质的压缩机，由于放空对周围环境影响不大，因此，可以采用出口放空的方法来解决机组喘振问题。对于有毒、有害、污染性、易燃易爆类介质的压缩机出口放空需要考虑回收及处理。

（四）稳定工况

喘振工况与阻塞工况之间的区域为级的稳定工况区域。衡量级的性能，不仅要有高的效率和压比，而且还需要有较宽的稳定工况区域。

五、离心压缩机的管网特性及调节

（一）管网

管网是离心压缩机实现气体介质输送任务的管道系统，位于压缩机入口之前的管道与位于压缩机出口之后的管道之和是一个完整的管道系统，称之为管网。管网一般均由管线、管件、阀门和设备等4大要素组成。对管网的要求是：管网内干净清洁；管网的连接部位有良好的密封性；作用于压缩机的力和力矩要在允许范围内；管网系统配有可靠的安全措施。

压缩机运行可以根据具体生产所需进行串联和并联运行。串联运行可以解决生产工艺要求压力高或要求压力调节范围的的场合，多用于旧装置改造需要，但由于串联后较单台压缩机性能曲线陡得多而会使管网性能曲线位置变化时引起压力大幅上升或下降而应用较少。并联运行可满足大流量或流量大幅度变化的场合，但是对于并联运行中流量较小的压缩机易产生喘振现象。

（二）管网性能曲线

管网性能曲线不仅反映了管网的结构特性和工作状况，当管网与压缩机联合构成一个密闭的气体输送系统时，也对压缩机的运行有这直接影响，因此，分析管网特性曲线具有以下意义：

1. 有利于指导管网的设计工作

管网的结构设计、管件参数的选择要符合压缩机工作参数的要求，使压缩机能够在最高效率范围内工作。图3－16为管网与压缩机联合工作性能曲线图。

图中曲线1为管网特性曲线，曲线2为压缩机性能曲线，曲线3为压缩机效率曲线，管网与压缩机性能曲线交于A点，该点即为压缩机的工况点。压缩机工况点必须使压缩机在高效率区工作的要求，这样设计才是合理的。压缩机工况点是随管网特性曲线移动而变化的。

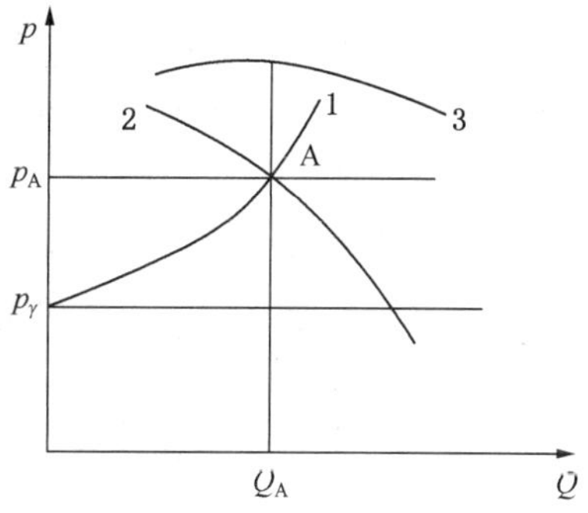

图3－16　管网与压缩机理合工作性能曲线

2. 有利于分析和判断压缩机的运行状态

压缩机的运行状态不仅与自身性能有关，而且还受管网特性性能的直接影响。管网系统流量由于某种因素发生变化时，压缩机系统应该能够通过自身的阻力变化，恢复原来稳定工况，实现稳定运行，这种压缩机的运行状态才是稳定的。否则就会使压缩机处于一种不稳定工况工作的状态，如管网特性曲线落入压缩机喘振区的工况，这种工况不能保证压缩机以至整个系统稳定运行。

（三）管网调节

离心压缩机与管网联合工作，共同实现气体介质的输送任务。但由于生产工艺和产品产量的变化，往往要求气体介质的流量或压力也应相应变化，这就需要进行管网调节来满足需求。由于生产工艺变化特点不同，所以对气体介质的参数也有不同要求。有时要求流量变化或压力变化，有时两者同时都要改变，针对这些需求的不同，管网调节有等压力调节、等流量调节和比例调节3种形式。等压力调节是指保持压缩机排气压力不变，只改变气体流量的一种调节形式。等流量调节是指保持压缩机输送气体介质的流量不变，只改变气体排气压力的一种调节形式。比例调节是指保持压缩机压力比不变或保持两种气体介质的容积流量百分比不变的一种调节形式。实际应用中较多的具体为以下5种调节方法。

1. 压缩机出口节流调节

压缩机出口节流调节是一种常用的调节方法，它是利用出口阀开度的变化，增加或减小管网阻力，使管网性能曲线的形状和位置发生变化，从而改变压缩机的工况点，实现气体介质参数的变化，以满足生产工艺的要求。出口节流调节有出口节流等压力调节和出口节流等流量调节两种。

（1）出口节流等压力调节

出口节流等压力调节是保持管网系统某一特定部位压力不变，只改变气体流量的一种调节方法。具体操作为减小压缩机出口阀开度，管网阻力增加，管网特性曲线形状和位置变化，流量减小，出口压力会升高，将出口压力增加值全部用于克服出口阀门关小而增加的阻力消耗上，从而使系统压力保持不变，这样就实现了等压力调节的目的。

（2）出口节流等流量调节

出口节流等流量调节是保持工艺系统气体流量不变，只改变压力的一种调节方法。管网系统压力降低时，采取关小压缩机出口阀，增加管网阻力，出口压力会升高，要使出口压力升高值全部用于克服出口阀门的阻力所消耗上，这样系统压力虽然降低了，但是压缩机流量还保持不变，即实现了等流量调节的目的。

2. 压缩机进口节流调节

压缩机进口节流调节是将节流阀装在压缩机入口管网系统，利用节流阀开度的变化，改变压缩机性能曲线的形状和位置，从而改变压缩机的工况点，实现进口节流调节的目的。进口节流调节比出口节流调节经济性较好，因为功率消耗较少。同样，进口节流调节有进口节流等压力调节和进口节流等流量调节两种。

（1）进口节流等压力调节

进口节流等压力调节是指保持出口管网系统某一部位压力不变，只改变气体介质流量的一种调节方法。通过改变压缩机进口节流阀的开度来实现节流调节。

（2）进口节流等流量调节

进口节流等流量调节是指保持生产工艺气体介质流量不变，只改变系统操作压力的一种调节方法。这种调节可以使压缩机在更小的流量下稳定运行，扩大了压缩机的稳定工况范围，同时也是一种结构简单、操作方便、能耗低的一种调节方法。

3. 转速调节

转速是离心式压缩机的一个重要性能参数，改变转速是改变压缩机性能的有效措施。转速调节有等压力和等流量调节两种，它们都是通过改变压缩机转速来实现的。由于变转速调节无节流损失，因此运行效率较高。当离心压缩机转速由 n 变化为 n' 时，其流量 Q、压力比 ε 和功率 N 等的性能参数将按照以下规律变化：

$$Q' = (n'Q)/n$$

$$\varepsilon' - 1 = (n'/n)^2(\varepsilon - 1)$$

$$N' = (n'/n)^3 N$$

式中 Q'、Q——转速改变前后的流量；

ε'、ε——转速改变前后的压力比；

n'、n——转速改变前后的转速；

N'、N——转速改变前后的功率。

4. 进口导叶调节

进口导叶调节是改变叶轮进口轴向或径向导叶角度的一种调节方法。它是利用改变导叶角度，使压缩机性能曲线发生位移，从而改变压缩机工况点，以达到调节气体参数、满足生产工艺的目的。

5. 扩压器叶片安装角调节

对于有叶扩压器的压缩机，改变扩压器叶片安装角度，使压缩机性能曲线的位置和形状发生变化，改变压缩机工况点，达到调节气体参数、满足生产工艺的目的。

第三节　离心式压缩机的分类、结构及零部件

一、离心式压缩机的分类

离心式压缩机可分为水平剖分型离心压缩机（如MCL型）、垂直剖分型（如BCL型）离心压缩机和多轴式离心压缩机等。

水平剖分型离心压缩机是指汽缸被剖分为上下两部分，通常被称为上下机壳，上下机壳用联接螺栓联成一个整体，便于拆装检修。上下机壳均为组合件，由缸体和隔板组成，隔板组装于缸体内，并构成气体流动的环形空间。低、中压压缩机（一般低于5MPa）多采用水平剖分型压缩机。

垂直剖分型离心压缩机也就是筒形压缩机，上下剖分的隔板（用联结螺栓联成一个整体）和转子装在筒形汽缸内，汽缸两侧端盖用螺栓紧固。隔板与转子组装后，用专用工具送入筒形缸体。检修时，需要打开端盖，将转子与隔板同时由筒形缸体拉出，以便进一步分解检修。由于筒形汽缸为圆筒型，因此抗内压能力强、密封性好、刚性好，对于温度与压力所引起的变形也较均匀。这种压缩机安装困难，检修不便，对于压力较高或易泄漏的气体介质多采用垂直剖分型压缩机。

多轴式离心压缩机是指一个齿轮箱中由一个大齿轮驱动几个小齿轮轴，每个轴的一端或两端安装有一级叶轮。这种压缩机的叶轮轴向进气，径向排气，通过管道将各级叶轮连接起来。通过不同齿数的齿轮，使从动轴获得不同的转速，从而使不同级的叶轮，均能在最佳状态下运行，中间冷却器设在机体下面，每级压缩后的气体均经过一次冷却再进入下一级，机组运行效率较高。这种压缩机结构简单，体积小，适用于中低压力的空气、蒸汽或惰性气体的压缩。

表3－1为国内部分离心压缩机一览表。

表3－1　国内部分离心压缩机一览表

系　列	气体介质	排气量/(m^3/min)	压力/MPa(A)	功率/kW	制造厂	备　注
MCL、2MCL、3MCL、DMCL型水平剖分压缩机	各种气体	3.5～35000	4.5	630～20000	沈阳鼓风机厂	引进意大利新比隆公司技术
BCL、2BCL、3BCL型垂直剖分压缩机	各种气体	3.5～1600	70	630～20000		
DH、DHP型多轴式压缩机	各种气体	250～5500	ε5～10，p_c＜1.2MPa	1000～12000		引进日本日立公司技术
VK8－3S型多轴式压缩机	各种气体	100～175	ε5～10，p_c＜1.2MPa	800～4000		引进德国德马格公司技术

续表

系　　列	气体介质	排气量/(m^3/min)	压力/MPa(A)	功率/kW	制造厂	备　　注
E 型水平剖分离心压缩机	各种气体	35～4500	4.5	6300	陕西鼓风机厂	自主开发
BCH、PCH、POB 型垂直剖分压缩机	各种气体	3～1700	70	～20000	上海鼓风机厂	与日本日立公司合作生产
MCH、DMCH 型水平剖分压缩机	各种气体	80～5000	4.5	～15000		
DH、HPT 型多轴式压缩机	各种气体	75～5500	0.86	～12000		
DA 型离心压缩机	各种气体	14～1500	7.5	75～17000		
EI、MQ 型离心压缩机	各种气体	50～860	2.5		重庆通用机器厂	自主开发

二、离心式压缩机的技术参数

目前，国内化工行业所使用的离心式压缩机，最高排气压力已达 70MPa 以上，最大工作转速 20000r/min 左右，最大驱动功率约 23500kW。表 3－2 是国内化工行业中使用的部分离心式压缩机的技术参数。

表 3－2　国内化工行业部分离心式压缩机主要技术参数

型　　号	流量/(Nm^3/h)	进口压力/MPa	出口压力/MPa	进口温度/℃	排出温度/℃	转速/(r/min)	功率/kW	介质
GLY2000－150/25	新鲜气段 121500 循环气段 68600	2.53 13.26	13.26 14.95	38 53.4	184 69	10440	19695	氢氮气
DA930－121	55800	0.09(A)	3.63(A)	37.8	低压缸 213 高压缸 174	低压缸 7100 高压缸 11300	轴功率 8600	空气
5CK57＋7CK31	一段入口 54080m^3/h	0.09(A)	3.62(A)	37.8	168	低压缸 6600 高压缸 10700	7983	空气
9C26＋9B26	一段入口 8878	0.422(A)	44.05(A)	32.22	168	10800	4075	原料气
2BCG＋2BF9－8	新鲜气段一段入口 5616 循环气段 8424	2.531(A) 13.415(A)	13.415(A) 14.953(A)	37.78 43.3	172.2 67.9	10687	17577	氢氮气
4C57＋7CK45	一段：27096kg/h 二段：48619.6kg/h 三段：64243.4kg/h	0.0986(A) 0.3198(A) 0.68	0.3234(A) 0.717 1.862	－32.3 30.7 35.2	66.1 107.2 133.3	低压缸 6700 高压缸 8900	9165	氨
2MCL607＋2BCL306A	27636 干气	0.0942(A)	14.126(A)	40	127	低压缸 7200 高压缸 13900	9660	二氧化碳
2M9－8	一段：24211 二段：50748	0.3041 0.471	0.471 1.913	－7 4		10295	5078.6	氨
2MCL607＋2BCL306A	28800	0.1177	14.323	45		低压缸 6900 高压缸 13400	10184	二氧化碳

续表

型　号	流量/(Nm³/h)	进口压力/MPa	出口压力/MPa	进口温度/℃	排出温度/℃	转速/(r/min)	功率/kW	介质
CMR66－1＋ CM32－3	38300	0.098	3.532	32	145	低压缸 9330 高压缸 15320	9627.9	空气
2MCL805＋ 2MCL456	38830(干气)	0.0924	3.59	32	164.9	低压缸 7520 高压缸 11630	11323	空气
3MCL607＋ MCL525	一段入口 16600	0.1982	1.821	－17.8	113	8500	6130	氨
MGL456＋ BCL455＋BCL357	低压缸进口干气 7773	0.4473	4.159	35	105	10220	3680	原料气
2BC9＋2BF9＋ 2BF8－6	一段入口 6065	2.556	23.637	37.8	34.4	10479	19066	氢氮气
VS707＋VS106	27640	0.1053	3.051	40	100	7050	5000	二氧化碳
RS2358	8926kg/h	0.102	1.962	－102	69.4	12765	1510	乙烯
R－287	38661kg/h	0.9762	3.698	－34	－76	12360	2065	工艺气
RZ1716＋R457	58204kg/h	0.1324	1.295	40	93.8	6480	5150	裂解气
RS3717	125259kg/h	0.1275	1.7658	－40	92	4770	8690	丙烯
TC450/320－13	100000	29.04	31.392	35		2970	466	氢氮气
K480－41－2	28800	0.0907(A)	0.1962～ 0.2453	40～50	120～130	8100	1500	氧化氮
K350－6－1	22020	0.0952(A)	0.6867			8600	1810	
4M9－5＋4M3＋ 3M10－8	109501	0.1324	3.718	40	93	5140	23592	裂解气
2M9－7	一段：114181 二段：25181 三段：37184	0.1069 0.4208 0.9035	0.4208 0.9035 1.8374	－101 －44.6 －12.7	－10.3 10.4 46.3	9453	2860	乙烯
4M9－7	一段：115767 二段：144495 三段：159786	0.1305 0.258 0.9633	0.258 0.9633 1.6736		－7.8 58.9 87.8	4614	18039	内烯
4M8－6＋3M×5	39987	0.1354	1.2459	40	94	11256	5888	裂解气
1M5	34337	1.025	3.649	－34	77	11834	2265	工艺气
2M10	一段：6090 二段：9271 三段：16470	0.103 0.4032 0.7014	0.4032 0.7014 1.8894	－102 －6 －8	－4 15 64	9150	1621	乙烯
4M8－7	一段：60366 二段：83606 三段：77657 四段：81147	0.1315 0.2806 0.6553 0.9771	0.2806 0.6553 0.9771 1.6824	－40 －9 36 55	－6 36 58 88	4122	9574	丙烯
EI420－3.5/0.97	25200						1600	空气
D1000－35	63000						4000	空气
2MCL－606	30900						3978	富气
2MCL457－34	6000						915	富气
3C1170M＊3	203						1100	空气

续表

型　　号	流量/(Nm^3/h)	进口压力/MPa	出口压力/MPa	进口温度/℃	排出温度/℃	转速/(r/min)	功率/kW	介质
SVK8－3S	9000						1120	空气
CV23M＊3	3600						330	空气
3MCL605	一段 102.5 二段 218.3 三段 8.063 四段 37.876	0.1032 0.125 0.406 0.734	0.125 0.406 0.734 1.646			7170	5034	丙烯
MCL526	一段 72022 二段 69874 三段 68649 四段 69154 五段 73233	0.022 0.147 0.386 0.822 1.749	0.162 0.403 0.888 1.776 3.657			5950	10750	裂解气

轴流压缩机的多变效率一般要比离心压缩机高。但轴流压缩机只适用于大流量、低压力的场合，而离心压缩机可用于大中流量，高中低压力，性能曲线比较平坦。

三、离心式压缩机的结构

离心式压缩机由于输送的介质、介质的压力、排气量不同，而有许多种规格，但组成的基本元件大致相同。离心式压缩机的结构与汽轮机相似，也是由固定不动的定子与作高速旋转运动的转子所组成。转子多为双支承柔性轴结构，主轴上安装有叶轮、平衡盘、止推盘、联轴器，有时还有平衡活塞、轴套或迷宫套筒等组成。叶轮叶片采用出口角 30°～60°的后向叶片结构。由于气体介质比液体密度小，因此，压缩机叶轮直径比较大，转速比较高，这样才能使气体介质获得较大的动能。定子由机壳、隔板、级间密封和轴端密封、进气室、蜗壳组成。隔板将机壳分成若干空间以容纳不同级的叶轮，并且还组成扩压器、弯道和回流器。有时叶轮进口还设有导流器。进气室是用来把气体从进口管或中间冷却器引入到叶轮中去，一般有轴向、径向、径向环流 3 种结构型式。由于压缩机转速比较高，承载力比较大，压缩机轴承一般采用滑动轴承，如多油楔式径向轴承、止推轴承等，这对于防止油膜共振有利。主机一般是由汽轮机、压缩机低压缸、增速箱及压缩机高压缸等 4 部分组成，并安装在同一个底座上。另外还配置有段间或级间中间冷却器及进出口气液分离器、防喘振控制系统、振动和轴位移及瓦温等仪表监测系统以及润滑油系统。机组润滑、密封及调速可以共用一套油系统，也可以使用单独的系统，依据实际需要和现场条件。

四、离心式压缩机主要零部件

（一）转子

转子是离心式压缩机的主要部件，它通过旋转对气体介质作功，使气体获得压力和速度能。转子是由主轴以及套在轴上的叶轮、平衡盘、推力盘、联轴器、轴套、锁母等组成。

转子上的各个零件一般用热套法与轴联成一体，以保证在高速旋转下不致松脱，其中叶轮、平衡盘与轴的过盈量在 1.4‰左右，其他轴套等为 0.7‰左右。叶轮、平衡盘、联轴器等大零件还往往用键与轴固定，以传递扭矩和防止松动。有的叶轮、平衡盘则使用销钉与轴固定。这样可以避免运行中发生位移，造成摩擦、撞击等故障。转子主要部件如轴、叶轮、联轴器、齿轮、平衡盘等都应单独进行动平衡，转子组装后还必须进行动平衡试验，以便消除不平衡引起的严重后果。

转子上各零件的轴向位置靠轴肩或套来定位。

1. 叶轮

叶轮是压缩机中的一个最重要的部件。叶轮通过叶片对气体做功，使气体获得能量，是对气体做功的惟一元件。叶轮设计的好坏，对压缩机的性能将起到决定性的作用。

叶轮根据结构特点可分为3种型式。

（1）开式叶轮

结构简单，由轮毂和叶片组成，无轮盘、轮盖，气体通道直接由机壳构成，气体流动损失较大，叶片与机壳容易发生摩擦。因此，在大机组中很少使用。

（2）半开式叶轮

半开式叶轮与开式叶轮相比，结构有所改进，它是由轮盘和叶片组成，无轮盖，见图3－17(c)，轮盘应力较小，u_2 可达400～540m/s，单级压比高 $\varepsilon>3$，在小功率的机组中使用广泛，但其叶道中的气流会在叶片与固定壁面之间的间隔中泄漏，使其级效率要低于闭式叶轮，流动损失也比较大。

（3）闭式叶轮

闭式叶轮结构比较完善，由轮盘、轮盖和叶片组成，轮盘套在轴上，通过叶片联接轮盖，图3－17(a)、(b)即为闭式叶轮。这种叶轮轮盘应力大，u_2 受到限制（＜300～320m/s），气体被密闭于叶轮流道内流动，漏气损失小，级效率较高，压比小。图3－17(a)是应用最广泛的叶轮型式。

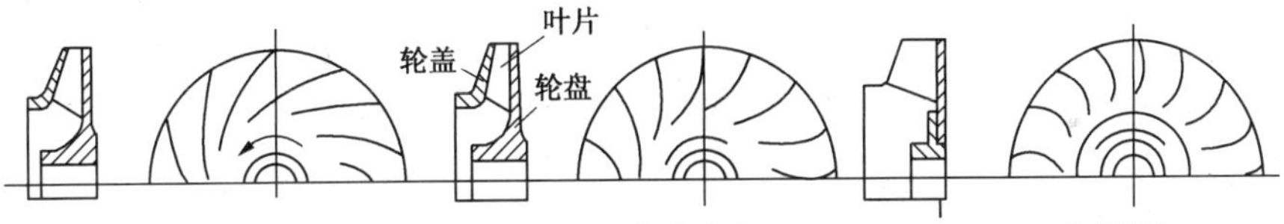

图3－17　叶轮叶片

按照叶轮制造工艺方法的不同，叶轮又分为铆接叶轮（一般不采用）、铣制铆接叶轮、焊接叶轮、铸造叶轮以及铣制焊接叶轮等，其中大机组所用的大多数为将叶片与轮盘铣成一体，然后与轮盖焊接的铣制焊接叶轮。

按照叶片的弯曲形式，叶轮又分为后弯（叶片出口安放角 $\beta_2<90°$）、径向（$\beta_2=90°$）和前弯（$\beta_2>90°$）三种，见图3－17。由图3－18可以看出，在相同的圆周速度 u_2 和流量 C_{2r} 条件下，后弯式的 C_{2u} 和 C_2 最小，前弯式的 C_{2u} 和 C_2 最大，径向式介于两者之间。

假设 $C_{1u}=0$，根据欧拉方程，可推出 $h_{th}=u_2C_{2u}$，由于已假设 u_2 相同，比较气体在3种叶轮中所获的理论能量头 h_{th}，只需看 C_{2u} 的大小，因此后弯叶片的 h_{th} 最小，前弯叶片最大。但由于前弯叶片的 C_2 最大，反过来又决定其多变效率 η_{pol} 最小，而后弯叶片 η_{pol} 最大。这是因为前弯叶片的 C_2 大，这部分动能必须在扩压器中通过逐步降速后才能转变为压力，而气体在扩压器中的流动损失比较大，因此效率低。而后弯叶片，尽管 h_{th} 较小，但其 C_2 也小，说明在叶轮中直接转换成静压力的能量比例大，C_2 小在扩压器中的流动损失小，因此其 η_{pol} 大。所以大机组中，实际使的的几乎全是后弯叶轮，而前弯叶片多用在压差小，流量大的通风机中。

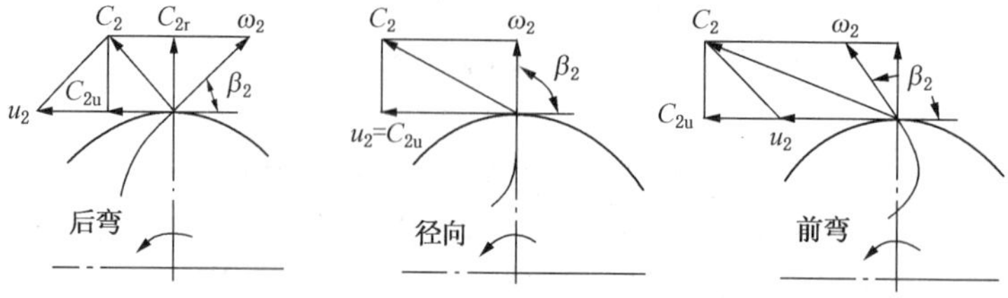

(a) 后弯叶片　　(b) 径向叶片　　(c) 前弯叶片

图 3-18　不同形式叶片的出口速度三角形

另外，一种介于离心式和轴流式压缩机之间的混流式压缩机(见图 3-19)应用日趋广泛。气流一般轴向进入叶轮，在叶轮中的流动方向与轴线构成某一角度，叶轮出口流速不仅有径向、切向分速，而且还有轴向分速。其具有下列特点：①流量大；②叶道内没有明显的转弯，流动性能好；③叶道内气流速度梯度较小，能量损失也较小。

2. 主轴

主轴上安装所有的旋转零件。它的作用就是支持旋转零件及传递扭矩。主轴是阶梯轴，它方便于零件安装，各阶梯突肩起轴向定位作用。近来也有采用光轴，它具有形状简单、加工方便等特点。

3. 平衡盘

(1) 轴向力

在多级离心式压缩机中，由于每级叶轮两侧气体的作用力大小不等，使转子受到一个指向低压端的轴向合力，这个合力就称轴向力。轴向力使转子产生轴向位移，严重时不仅会引起推力轴承磨损，甚至还会与缸体隔板相碰，造成灾难性事故，因此要设法平衡它。

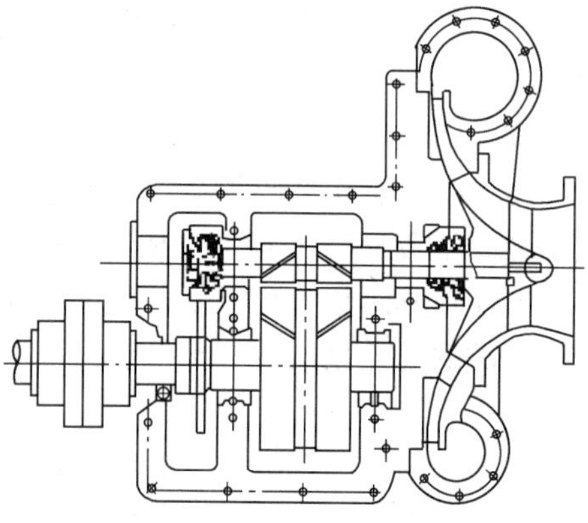

图 3-19　一般工业用的单级混流式压缩机

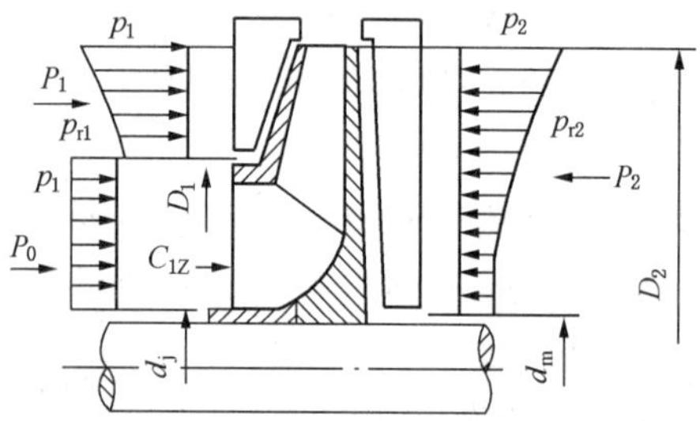

图 3-20　闭式叶轮轴向力计算

在假设轮盖、隔板密封不漏气的情况下，闭式叶轮气动轴向力的分布如图 3-20 所示，其中

$$P_0 = p_1 \cdot (\pi/4)(D_1^2 - d_j^2) + (G/g) \cdot C_{1z}$$

$$P_1 = \int_{D_1/2}^{D_2/2} p_{r1} \cdot 2\pi r \mathrm{d}r$$

$$P_2 = \int_{D_m/2}^{D_2/2} p_{r2} \cdot 2\pi r \mathrm{d}r$$

由于轮盖、轮盘两侧间隙中的气体压力分布 p_{r1} 和 p_{r2} 不好确定，无法计算，因此再假设：①两侧间隙中压力分布规律相同，即 $p_{r1} = p_{r2} = p_r$，即轮盖密封处直径 D_1 以上到叶轮外径 D_2 处的压力相等；②间隙中气体均以 $1/2\omega$(ω 为叶轮的角速度)旋转，则指向叶轮进口处的总的气动轴向力 P 为：

$$P = P_2 - P_1 - P_0 = (\pi/4) \cdot (D_1^2 - d_m^2) \cdot p_2 - (\pi\rho g u_2^2/32g) \cdot [(D_1^2 - d_m^2) - (1/2D_2^2)(D_1^4 - d_m^4)] - (\pi/4)(D_1^2 - D_j^2)p_1 - (G/g) \cdot C_{1z}$$

式中　p_1、p_2——叶轮进、出口处气体压力；

G——质量流量；

g——重力加速度；

ρ——气体的密度。

若气体压力不高、密度ρ较小，可略去离心力的影响，并设 $d_m \approx d_j = d$，则轴向力计算公式简化为：

$$P = (\pi/4)(D_1^2 - d^2)(p_2 - p_1) - (G/g) \cdot C_{1z}$$

可以看出，产生叶轮气动轴向力的原因是叶轮进出口压差 $p_2 - p_1$ 所致，压差越大，则产生的轴向力就越大。

实际上由于轮盖、隔板密封处有间隙，不仅存在着级内漏气，而且还存在级间漏气，造成叶轮两侧间隙中气体流动情况不相同，见图3－21，轮盘侧的气体压力要大于轮盖侧，实际的轴向力要大于按上述公式所算出的轴向力，因此又须再增加一个附加气动轴向力 P'，即

$$P' = 0.66\rho_m g(u_2/10)^2 \cdot D_2^2[1/2 - (D_1/D_2)^2 + 1/2(D_1/D_2)^4]$$

式中　ρ_m——叶轮两侧间隙中气体的密度，可用级进、出口平均密度替代，近来，随着计算机技术的应用，用迭代法计算 p_{r1} 和 p_{r2} 已不困难。

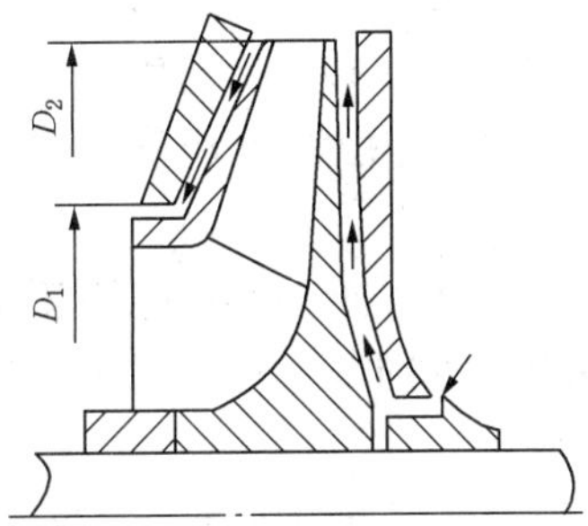

图3－21　叶轮两侧间隙中气体流动情况

轴向力使转子产生轴向位移，从而使轴颈与轴瓦产生相对滑动，容易将轴颈或轴瓦拉伤，更严重时会导致转子元件与定子元件发生摩擦、碰撞，以致使机器损坏。因此应该采取有效措施进行轴向力的平衡，以提高压缩机运行的可靠性。

（2）轴向力的平衡方法

单个叶轮能产生较大的轴向力。若多个叶轮顺排，轴向力为每级叶轮轴向力之和，累计后转子总的轴向力将很大。因此，只要在结构上允许，往往对称布置叶轮。

为降低轴向力，常采用平衡盘来平衡轴向力，平衡盘总是设在转子的高压端处，平衡盘外缘与汽缸间设有迷宫密封，其一侧为压力最高的末级叶轮，另一侧与压力最低的进气管相通，见图3－22。其两侧的压差使转子受到一个与叶轮轴向力反向的力，其大小决定于平衡盘的受力面积：$P = (\pi/4)(d_2^2 - d_1^2)(p_2 - p_j)$。平衡盘可将大部分轴向力（大约70%的轴向力）平衡掉，但通常总要留下10000N左右的残余轴向力（大约30%的轴向力），由推力轴承来承担，以防止转子产生轴向窜动。实践表明，保留一定的轴向力是提高转子平稳运行的有效措施。

联轴器也会产生轴向力，其中齿式联轴器的轴向力 $P_c = (1.95 \times 10^6 \times C_f \times N)/(n \times d)$（$C_f$ 为摩擦系数，一般为0.2～0.3；N 为额定功率，kW；n 为转速，r/min；d 为联轴器节圆直径，mm）。膜片联轴器的轴向力应根据制造商提供的许用最大挠度来计算。

轴向力与轮盖直径有关，适当减小轮盖密封处直径可使轴向力降低。压缩机在减负荷运行时应该注意，由于叶轮进口与出口压差增大，以及气流在进口的冲力减

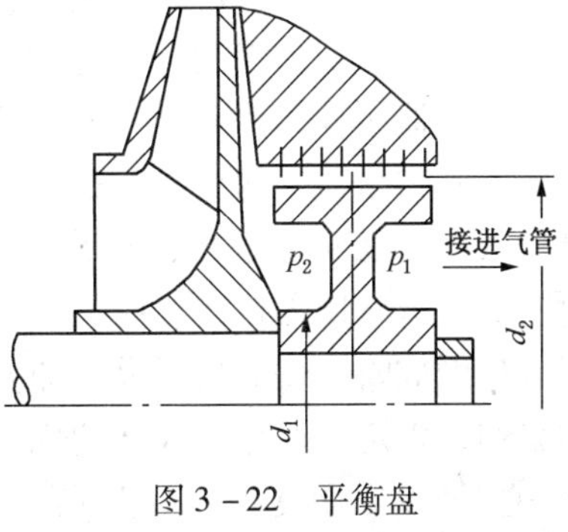

图3－22　平衡盘

小，会导致轴向力增加。因此，压缩机在减负荷运行时，要考虑推力轴承的承载能力。

4. 推力盘

转子上的残余轴向力通过推力盘传给推力轴承上的推力瓦块，实现力的平衡，推力盘两端面的粗糙度及平行度要求很高，安装到转子上后，必须进行相对于轴线的端面跳动检查，应小于0.01～0.02mm。

（二）定子

定子中所有元件均不能转动。定子元件包括汽缸、扩压器、弯道、回流器蜗室，另外还有轮盖密封、隔板密封、轴封、径向轴承和推力轴承等部件。对于定子，一般要求有足够的刚度，以免运行中出现变形；有足够的强度，以承受气体介质的压力；中分面与出入口法兰结合面要有可靠的密封性能，以免气体介质泄漏到机壳以外。

1. 汽缸

汽缸的作用是用来安放由各级隔板所组成的扩压器、弯道、回流器等固定元件，以及承受气体压力和防止外漏。汽缸的材质，在低于1.5MPa（A）时可用铸铁，中压（1.5～5.0MPa）气缸多用铸钢。随着制造技术的提高，钢板焊接汽缸也日见增多，而高压（＞5.0MPa）汽缸必须使用锻钢，并做成筒形，以保证其强度和气密性。一般中低压汽缸均为水平剖分，以便于安装和检修。

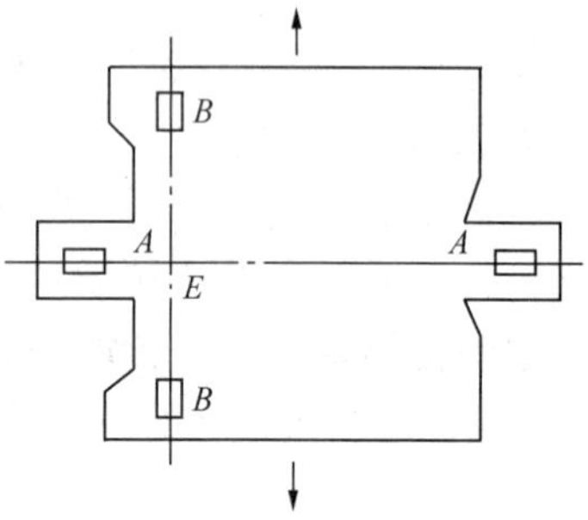

图3－23　汽缸固定

为保证汽缸在工作状态下既能自由膨胀，又能不影响对中，设有轴向键A及水平键B，见图3－23，图中轴线AA线与BB线的交点E即为死点。

死点一般设在进气管一边，因为其热变形小。有时也用垂直键替代轴向键来确定轴线。应充分保证汽缸在热态下以死点为中心沿轴线和水平方向上的自由膨胀，以及防止管道变形对汽缸影响，否则会影响汽缸热态下的对中，引起振动的发生。

吸气室是汽缸的一部分，它的作用是把气体均匀地引入到叶轮中去，为避免气流出现局部降速与分离现象，吸气室的通流截面均做成收敛性的而且其出口处要做到使气流无切向旋绕（$C_{1u}=0$）地进入叶轮。有些吸气室内装有分流筋片，这样可以减少流动损失。吸气室按照结构特点可分径向吸气室、两端支承径向吸气室和半涡形吸气室等。

2. 扩压器

扩压器作用是使从叶轮中出来的具有较大动能的气流减速，使动能有效地转换为压力能。这部分速度能约占气体从叶轮获得的能量的25%～40%。扩压器就具有降速升压的功能，通过扩压器，将大部分速度能转化为压力能，从而提高气体介质的压力，满足生产要求。扩压器3种类型：无叶扩压器、叶片扩压器和直壁扩压器。

无叶扩压器是两个平壁构成的环形通道，通道截面为一系列同心圆锥面，见图3－24。进口截面宽度b_3通常比叶轮出口宽度b_2略宽1～2mm，以便叶轮一旦和扩压器通道不对准时避免气流碰撞隔板壁。而近来的高压离心压缩机为减少进口流动损失，从叶轮出口至扩压器进口做成略有收敛的通道，即$b_2>b_3$。这种扩压器结构简单，造价低廉，而且具有性能曲线平坦，稳定工况范围较宽的优点。从叶轮中流出的气体在进入扩压器通道后，随着环形通道中直径D不断地增大，其通流面积随之增大，因此气体流速降低，而压力增高。因此可以说无叶扩压器就是靠直径 D 增大来降低流速而提高压力的。在不考虑摩擦时，可以证明，气流在流经无叶扩压器时，其径向分速 C_r 和切向分速 C_u 均随直径 D 的增大而下降，即 $C_rD = C_{r3} \times D_3 = C_{r4} \times D_4 =$ 常数，及 $C_uD = C_{u3}D_3 = C_{u4}D_4 =$ 常数。因此有 $\tan\alpha = C_r/C_u = C_{r3}/C_{u3} = C_{r4}/C_{u4} =$ 常数，从而得气流角 $\alpha = \alpha_3 = \alpha_4$。所以在无叶扩压器中，气体的流动规律是按不变方向角 α 在做对数螺旋线流动。无叶扩压器的直径范围一般 $D_3 = (1.03 \sim 1.12)D_2$，$D_4 \leqslant (1.5 \sim 1.7)D_2$。

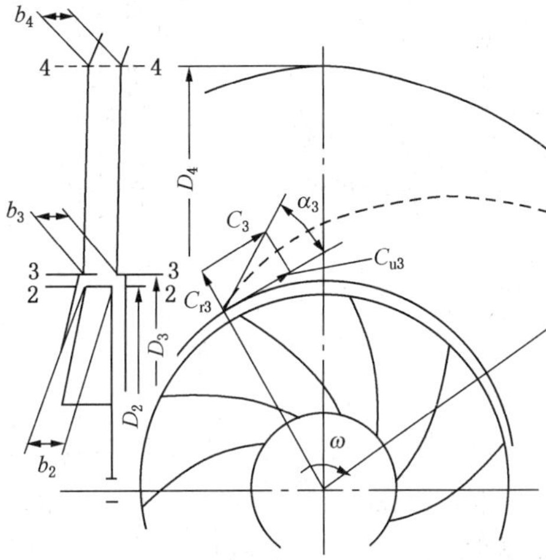

图 3-24　无叶扩压器

若在无叶扩压器的环形通道中，沿圆周装有均匀分布的叶片，就成为有叶扩压器，见图 3-25。在叶片扩压器中，叶片总是强迫气流的流动角 α 不断增大，即 $\alpha_3 < \alpha < \alpha_4$。可以证明 $C_4/C_3 = (D_3\rho_3\sin\alpha_3)/(D_4\rho_4\sin\alpha_4)$，因此，随着 α 角的增大，流速 C 降低得更快，而压力的提高也随之更大一些，也就是说当两种扩压器的 D_3、D_4 尺寸相同时，叶片扩压器的扩压度要大于无叶扩压器。

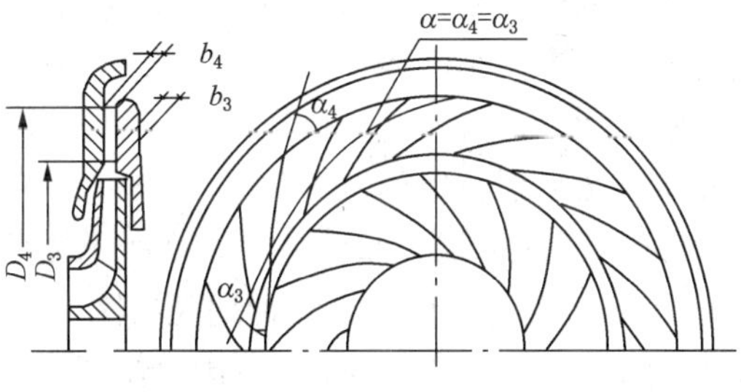

图 3-25　叶片扩压器

与无叶扩压器相比较，叶片扩压器在设计工况下流动状态好，流动损失小，效率高（较无叶扩压器效率提高 3% ~5%）和径向尺寸较小；其缺点是对变工况运行适应性差，不仅效率会有所下降，而且因为有叶片，就会有气流冲角，变工况时会产生分离，严重时还会出现旋转脱离，引起压缩机的喘振。而无叶扩压器的优缺点则正好相反，由于无叶扩压器直径较长，气体流动损失较大，效率低。目前无叶扩压器应用较少，而叶片扩压器应用比较广泛。

直壁扩压器也是一种叶片扩压器，只是在叶片出口有一段直壁通道。由于直壁扩压器的气体流道接近直线形，所以气体流动速度和压力分布比较均匀，不容易产生边界分离和二次涡流，在设计工况下效率较高。但在偏离设计工况时，气体在进口处容易发生冲击，适应性较差。同时由于结构复杂、制造困难而使之难以广泛应用。

3. 弯道

为了把从扩压器中出来的气体引入下一级中继续压缩，必须使之拐弯180°，为此就要采用弯道。弯道是由隔板或隔板与汽缸所组成的弯环形通道，一般不设置叶片，见图3－26，弯道前后的截面度一般相等，也有为改善流动情况，减小损失，做成稍带微收敛性。

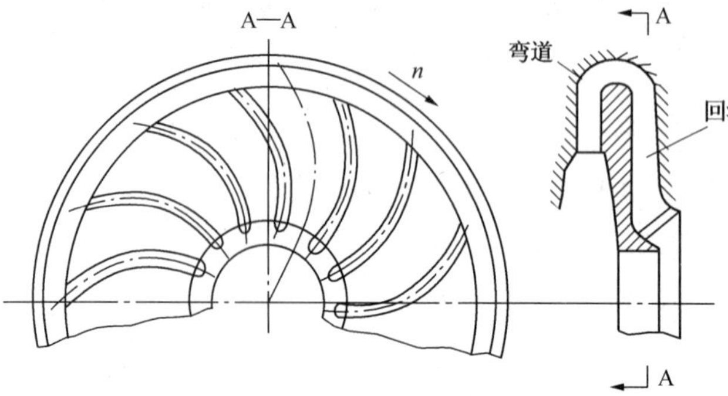

图3－26　弯道和回流器

4. 回流器

回流器的作用是使气流按轴线（或所需）方向均匀地进入下一级，它实际上起着整流作用。回流器通常由隔板和导流叶片整体铸造在一起，见图3－26。导流叶片的型式有等厚度和变厚度两种，一般设12～18片。为达到气体在回流器中通流速变化不大、略加速整流的目的，回流器的通流截面基本保持不变和略带收敛性。采用变厚度叶片时，回流器的宽度基本不变；而采用等厚度叶片时，回流器的宽度逐渐沿径向向内增大。导流叶片的出口安放角一般取90°＋（5°～7°），以便使气流无切向旋绕的情况下，以90°的角度进入叶轮。回流器叶片数一般为12～18片，直径较小时，片数取小值。

5. 蜗室（蜗壳、排气室）

蜗室的作用是把扩压器或叶轮后的气体汇集起来，并将其引到后面的排气管中，使气体流向输送管道或中间冷却器去。在汇集的过程中，绝大多数的蜗室外径逐渐增大，通流面积也逐渐增大，对气流起到一定的降速扩压作用，见图3－27（b）。图3－27（a）所示的等截面排气室，效率低，但因制造简单，仍有采用，尤其对高压筒形汽缸，也只能为此结构。图3－28所示的几种蜗壳型式中，（b）所示蜗壳前无扩压器，气体的流速大，但尺寸较紧凑；（a）、（c）则反之。通常这几种蜗壳在圆周方向上，也是变截面的。蜗壳的截面形状有梯形、圆形、梨形、矩形等，对性能的影响区别不大。

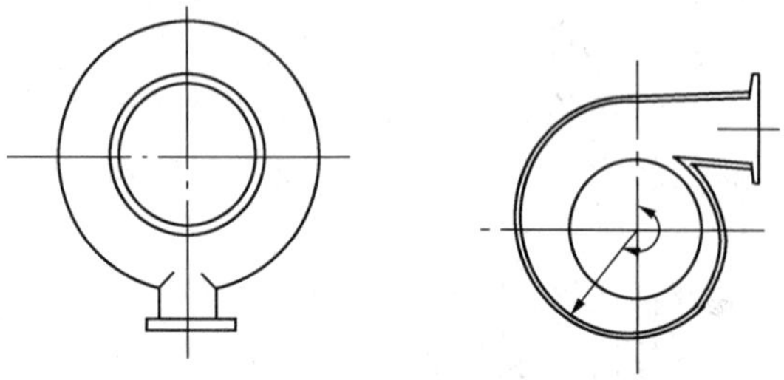

(a) 等截面排气室　　(b) 蜗壳

图3－27　排气室

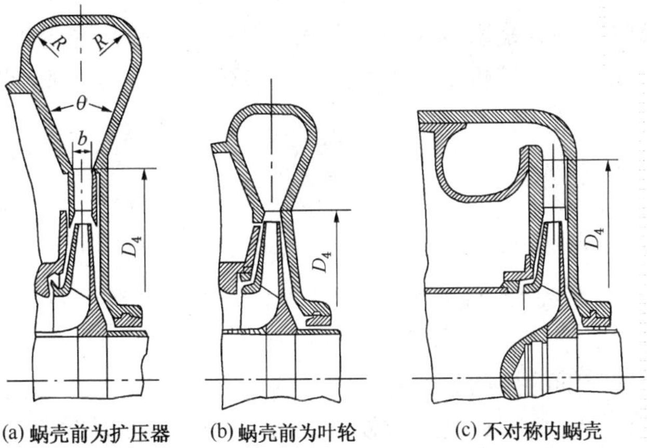

图 3－28　蜗壳的结构型式

6. 密封

密封有轮盖密封、隔板密封和轴端密封。前两种为内密封，基本上均为迷宫密封；轴端密封为防止缸内气体外漏的外密封，所使用的密封形式有机械密封、浮环密封、干气密封等。压缩的气体有毒或易燃易爆，如氢气、富气、石油气等，不允许漏到机体外，多采用机械密封或干气密封等；当压缩的气体无毒，如空气、氮气等，允许少量气体泄漏，亦可以采用迷宫密封。

（1）迷宫密封

迷宫密封也称梳齿密封，主要用于密封气相介质，在蒸汽透平、燃气透平、离心压缩机、鼓风机等机器中作为级间密封和轴端密封，有着广泛的用途。迷宫密封的特殊结构型式——蜂窝密封，除可在上述旋转机械中应用外，还可作为往复密封，用于无油润滑的往复压缩机的活塞密封。

迷宫密封是非接触密封，无固相摩擦，不需润滑，适用于高温、高压、高速和大尺寸密封条件。迷宫密封工作可靠，功耗少，维护简便，寿命长。迷宫密封难于封严。如增加迷宫级数，采取充气或抽气辅助密封手段，可把泄漏量减小，但要做到完全不漏是困难的。

迷宫密封按结构形状分为平齿型、高低齿型和阶梯型，按布置方向分为轴向迷宫密封和径向迷宫密封，按密封齿的结构分为迷宫片和迷宫环及斜齿和直齿。

平齿迷宫密封结构简单，安装容易，是常用的结构型式。高低齿迷宫密封的密封性能较平齿迷宫密封有所改善，因安装的需要，必须作成剖分结构。阶梯型迷宫密封在径向尺寸上有变化，适宜作为轮盖密封。

（2）机械密封

机械密封是一种靠弹性元件对静、动环端面摩擦副的预紧和介质压力与弹性元件的压紧来达到密封的轴向旋转密封装置。其中主要元件有端面摩擦副（动环和静环）、弹性元件（弹簧、波纹管、隔膜等）、辅助密封（O 形环、V 形环、楔形环等异形密封环）、传动件（传动销和传动螺钉等）、防转件（防转销）、紧固件（弹簧座、压环、压盖、紧定螺钉、与轴套等）。机械密封的密封性能良好，标准型机械密封的漏泄量低于 10mL/h。摩擦功率损失小，对轴的磨损轻微，工作状况稳定，使用周期较长，能满足多种特殊工艺条件的需要，可在高压、真空、高温、深冷、高速、大直径、腐蚀、易燃、易爆、有毒、放射性及稀有贵重介质等条件中应用。采取适当措施后亦能用于颗粒性介质中。

机械密封这种密封的特点是密封油的漏损率极低，比一般油密封要小5~10倍，使用寿命比填料密封长。因此，在压缩机中，当被压缩的气体不允许向外泄漏时，也常常用到它。

机械密封的工作参数范围：工作压力由真空10^{-3}mmHg~40MPa；工作温度-196~600℃；线速度150m/s。

因为机械密封比填料密封有许多优点，所以在许多旋转机械上都被广泛采用。机械密封密封性可靠，在正常使用情况下，可以做到不泄漏或很少泄漏，据资料介绍，其泄漏量仅为填料密封的1/100。机械密封寿命长，正常情况下，它可以连续运行1~2a或更长时间，而且在运行期间一般不需要进行维修。摩擦功率损耗小，约为填料密封的10%~50%，且轴和轴套不受磨损。对旋转轴的振摆和轴对壳体孔的偏斜不敏感，适用范围广泛。

机械密封的缺点是比填料密封的结构复杂，动、静环端面加工要求高，需要一定的安装技术且成本也较高。

（3）浮环密封

浮环密封是一种非接触密封，是以轴和浮环之间的狭窄间隙中所产生的节流作用为基础，并在间隙中注入压力高于介质压力的密封油，密封油充满在间隙里，从而达到以压力油封住介质的目的。为了改善润滑效果，带走摩擦热量，向浮环引密封液（油或水）。把对气相介质的气相密封工况，转换成对密封液的液相密封工况。利用密封辅助系统中的调节仪表，调节密封液压力略高于气相介质压力。由于封液压力高于介质压力（通常高0.04~0.06MPa左右），介质被封液封堵隔离，不能外漏，实现了对气相介质的密封。引入浮环的密封液，小部分通过内侧浮环而内漏。内漏密封液与气相介质接触搅混，引出后需进行气液分离，再循环使用。大部分密封液通过外侧浮环而外漏，引回油箱循环使用，浮环密封所产生的热量主要靠外回油带走。

浮升性是浮环独具的宝贵特性，流体通过环与轴间的楔形间隙内时，如同轴承那样产生流体动压效应而获得浮升力。轴不转动时，由于环自身的重力作用，环内壁贴在轴上，并形成一偏心间隙。当轴转动时，轴表面将密封液牵连带入偏心的楔形间端内。在楔形间隙内产生流体动压效应，使环浮动抬升，环内壁脱离轴表面而变成非接触状态。浮升性使浮环具有自动对中作用，能适应轴运动的偏摆等，避免轴与环间出现固相摩擦。浮升性还可使环与轴的间隙变小，以增强节流产生的阻力，改善密封性能。

浮环密封实质是一种径向缝隙密封和轴向端面密封的结合、非接触密封与接触式密封结合以及流体静压密封与流体动压密封相结合的混合密封，浮环具有宽广的密封工作参数范围，耐高温、高压。在离心压缩机中应用，工作线速度可达100m/s，工作压力可达32MPa，工作温度为-100~200℃。浮环密封在各种动密封中是最典型的高参数密封，具有最高的工况加值，可高达2500~2800MPa·m/s。浮环密封利用自身的密封系统，将气相条件转换为液相条件，密封磨损小，耗功很小，因而特别适用于密封气相介质。浮环密封对大气环境可视为零泄漏密封。依靠密封液的隔离作用，确保气相介质不向大气环境泄漏。

由于近代工业大型化，压缩机的容量和尺寸越来越大，转速越来越高，加之气体本身在受压过程中温度升高，使密封条件更加苛刻，所以国内外对浮环密封给予高度重视。目前浮环密封能有效地密封10MPa以上的高压，也能用于10000~20000r/min的高速旋转机械，其许用线速度高达100m/s以上，只要采用耐腐蚀金属材料或衬耐腐蚀的非金属材料（如石墨）作浮动环，可以用于强腐蚀介质的密封。

浮环密封的缺点在于密封件的制造精度要求高，这种密封对液体不能作到封严不漏；对气体虽然可以作到封严，但需要一套自动化供油系统。

(4) 干气密封

干气密封为非接触密封，是一种气体密封。与机械密封相比，具有低功率消耗、无磨损运行、无密封油系统、无油气污染等优点。端面间充满了气体，使密封端面间形成了一个稳定的气膜，保持了一定的间隙，因此，不存在端面的磨损，密封使用精度高、寿命长、磨损小、运行稳定可靠；密封功率消耗小，仅为接触式机械密封的5%左右，在动态状态中，低能量消耗仅仅由端面内气体膜的粘性剪切和密封腔体内的搅动所产生的涡损产生；与其他非接触式密封相比，干气密封气体泄漏量小，可实现介质的零逸出，是一种环保型密封；密封辅助系统操作简单、可靠，使用中维修量低；干气密封在运行时不需要油来润滑与冷却，因此消除了工艺流程中的气体被油污染的可能。凡使用机械密封的场合均可采用干气密封。干气密封是一种在离心式压缩机、轴流式压缩机、齿轮传动压缩机和透平膨胀机上的一种新型的无接触轴封。因此，在压缩机应用领域，干气密封正逐渐替代浮环密封、迷宫密封和油润滑机械密封，成为压缩机正常运转和操作可靠的重要元件。干气密封使用的可靠性和经济性已经被许多工程应用实例所证实。

压缩机轴封和轴套应便于检查和更换，且不必拆卸剖分的上机壳或径向剖分的端盖。目前国外正在大力推广上游泵送干气密封技术，摩擦损失小，气体泄漏非常少，而且对转子振动不敏感，是离心压缩机较为理想的密封技术。上游泵送机械密封是一种新型的非接触式机械密封，它通过端面流体动压槽旋转时产生的上游泵送效应，把少量密封低压侧(下游)中性缓冲流体增压泵送至高压侧(上游)，并在密封端面由缓冲流体形成一层完整的流体膜。这层稳定的流体膜不仅完全阻塞了高压侧被密封介质的泄漏，而且起到了对摩擦副的润滑作用。上游泵送密封可以实现被密封介质的零泄漏，彻底消除被密封介质对环境的污染，满足现代环保的要求。此外，它与普通接触式机械密封相比还具有寿命长、能耗低、效率高、工作状态稳定及适应性强等突出优点，适用于石油、石油化工、精细化工等行业中各种旋转机械的轴封，能够防止工艺流体特别是易汽化、高危险性、高污染性介质的泄漏。

7. 轴承

滑动轴承具有工作平稳、可靠，结构简单、尺寸小、精度高，振动小、噪声比滚动轴承低，可以承受重载等优点，在保证液体润滑的条件下，可以长期在设计转速下运行，在压缩机上得到了广泛的应用。压缩机所使用的径向轴承和推力轴承，无论具体为何种型式，绝大多数均为流体动压滑动轴承。

(1) 径向轴承

径向轴承一般分为圆瓦轴承、椭圆轴承、多油楔轴承、可倾瓦轴承等。

圆瓦轴承结构简单，但高速稳定性差，只能用于中小型和低速机器中。在低速重载时，轴颈处于较大的偏心下工作，工作是稳定的，可是在高速轻载时，油膜较厚，轴颈处于非常小的偏心下工作，而表现出极大的不稳定性，并且油膜涡动发生后，很难抑制，所以在高速轻载下很少采用。圆瓦轴承按照瓦壁厚度 t 与轴承内径 d 之比以及合金层厚度分为厚壁瓦及薄壁瓦两种。

轴承内孔在加工前，在轴瓦剖分面上加合适的垫片，加工后去掉垫片，重新组合后就成为椭圆轴承。这种轴承在润滑中上、下部分形成的两个油楔方向相反，顶部间隙小于侧面间隙，在垂直方向上抗振性能较好，运行稳定，轴承散热好，但功耗较大。多用于中型、轴承比压较高的机器中，也多用于离心压缩机、增速器轴承，在高速工业汽轮机上也采用。

在圆柱轴承内表面加工出 3 个以上的油腔就形成多油楔轴承。在这种轴承中，轴在旋转时形成多个相互独立又均匀分布的油楔，不管轴承是否承载，各油腔都可形成油膜，使轴心无偏移，运转精度提高。由于油楔多，油膜不连续，油膜短，所以不易产生油膜振荡。抗振性能好，可以正反转。强制润滑时各油楔同时进油，油多，油温低。但承载能力稍低，适用于高速轻载。三油楔轴承多用于汽轮发电机上，四油楔轴承用于高速工业汽轮机和离心压缩机上。

可倾瓦轴承（又称活支多瓦轴承），主要由轴承壳、两侧油封和自由摆动的瓦块组成。瓦块有 3、4 或 5 块不等，一般是 5 块瓦，轴瓦沿轴颈圆周均匀分布，其中有块瓦在轴颈的正下方，以便停车时支承轴颈及冷态时找正。瓦块装在壳体内的 T 形槽中，并用装在壳体上与轴瓦松配的销钉或螺钉来定位。5 块瓦工作面都浇铸巴氏合金，瓦块的背面直径小于轴承壳体孔的内径，每块瓦背圆弧与轴承壳孔是线按触，瓦块能在壳体的支承面上自由地摆动，自动调节瓦块的位置，以达到形成最佳承载油楔的位置。每块瓦均能自由摆动，在任何情况下都能形成最佳油膜，高速稳定性好，不易发生油膜振荡，多用于高速轻载机器，如离心压缩机上。

其他类型的径向轴承还有球形轴承。当轴有微量弯曲时，这种轴承可自动调整中心，保证轴瓦与轴颈保持良好接触及在长度方向上负荷分配均匀。它是由轴瓦、轴瓦壳体和瓦枕 3 部分组成，多用于大型电机中的轴承。

（2）推力轴承

推力轴承主要包括整体式推力轴承、米契尔型止推轴承及金斯伯雷轴承等。

米契尔型止推轴承可以整体拆装，主要用在筒形缸体的压缩机中。

米契尔止推轴承，止推块与基环之间有一个定位销（有些采用钢球或刀口接触）。当止推块承受推力时，可以自动调整止推块位置，形成有利油楔。在推力盘两侧分主推力瓦块和副推力瓦块。正常情况下，转子的轴向力通过推力盘经过油膜传给主推力瓦块，然后通过基环传给轴承座。在启动或甩负荷时可能出现反向轴向推力，此推力将由副推力瓦块来承受。瓦块表面上浇铸巴氏合金，其厚度应小于压缩机动、静部分间的最小轴向间隙，这样做是因为一旦巴氏合金熔化后，推力盘尚有钢圈支承着，短时间内不致引起压缩机内动、静部分碰伤，一般巴氏合金厚度为 1 ~ 1.5mm。推力盘在轴向的位置是由止推轴承来保证的，即由止推盘和止推瓦块间的位置来确定。所以，根据压缩机通流部分的尺寸确定好定距套的长度，在维修时不要改变。如果需要更换止推盘，应该注意新止推盘的厚度有无变化，有变化时应重新确定定距套的长度，以便准确保证转子在汽缸里的轴向位置。推力盘和瓦块间留有间隙，可以保证止推盘和瓦块间形成油楔承受转子的轴向推力。另外还有一种被称为单置式推力轴承的结构与之类似，这种推力轴承的推力瓦块的固定是用背面的销孔挂在支持环的销钉上，防止瓦块随推力盘转动。瓦的支点偏心，进油后稍倾，形成油楔。瓦块一般为 8 ~ 16 块。这种轴承多用于透平空压机、大型汽轮机的轴瓦中。

金斯伯雷轴承和米契尔轴承的共同点是活动多块式，在止推块下有一个支点，这个支点一般偏离止推块的中心，止推块可以绕支点摆动，根据载荷和转速的变化形成有利的油膜。米契尔轴承是止推块直接与基环接触，是单层的；金斯伯雷轴承是止推块垫有上水准块、下水准块，然后才是基环，相当于 3 层叠起来的。止推瓦块垫有上水准块、下水准块、基环，它们之间用球面支点接触，保证止推瓦块、水准块可以自由摆动，使载荷分布均匀。止推瓦块由碳钢制成，上面浇铸巴氏合金，止推瓦块体中镶一个工具钢制的支撑块，硬度为HRC 50~60，这个支承块与上水准块接触。上水准块(水准块又叫均压块)用径向安装在圆周方向的调节螺钉定位，上、下水准块一般采用精密铸造铸出，可以用耐磨的QT40-10制成。下水准块装在基环的凹槽中，用它的刃口与基环接触。下水准块用轴向安装的螺钉来定位。为防止基环转动，在基环上设有防转销键。转子的轴向窜量可以用调整垫片调整。润滑油从轴承座与外壳之间进来，经过基环背面铣出的油槽，并通过基环与轴颈之间的空隙进入止推盘与止推块之间。止推盘转动起来，由于离心力的作用，油被甩出，由轴承座的上方排油口排出。金斯伯雷轴承的特点是载荷分布均匀，调节灵活，能补偿转子的不对中、偏斜，并可反转，这种轴承具有良好的均载减载能力。但是轴向尺寸长，结构复杂，多用于离心压缩机上。

径向轴承和止推轴承一般采用压力润滑，这样可以保证压缩机在任何转速下都能维持油膜的稳定性。其中径向轴承多采用水平剖分结构、钢质壳体带可更换的衬里或瓦块；止推轴承多采用扇形瓦块式结构，轴承箱应能有效地防止水和灰尘的侵入。离心压缩机一项突破性技术是应用磁力悬浮轴承，没有摩擦面及润滑油系统，寿命长，损耗小，应大力发展。

（三）主要零部件的材料(见表3-3)。

表3-3　国内压缩机主要零部件的材料

名　称	材料牌号
机　壳	HT25-47，HT200，HT250，QT45-5，QT400-18，ZG25，ZG25Mn，ZG35，20，25，30，25Mn，30Mn，0Cr18Ni9，ZG0Cr18Ni12Mo2Ti
隔　板	HT25-47，HT250，HT200，QT45-5，QT400-18，15，20，25，30，25Mn，30Mn，20Cr2Ni3Mo，ZL105
轮　盘	45，35CrMo，42CrMo，40CrMnMo，45CrMo
轮　盖	35CrMo，35CrMoV，Cr17Mn4，34CrNi3Mo，18CrMnMoB，42CrMo，40CrMnMo，1Cr13，0Cr18Ni9
铸造叶轮	ZL105，ZG1Cr13，ZG0Cr13Ni4Mo
主　轴	40，45，50，35CrMo，42CrMo，45CrMo，35CrMoV，40Cr，45Cr，18CrMnMoB，1Cr13
铆　钉	20Cr，25Cr2MoVA，20CrMo，1Cr13，2Cr13
轴　套	30CrMo，1Cr13，20CrNi2Mo
平衡盘	40，30CrMo，35CrMo，42CrMo，40CrMnMo，45CrMo
叶　片	20MnV，30CrMnSi，2Cr13，35CrMo，40CrMnMo，42CrMo，45CrMo
止推轴承	巴氏合金/碳钢
径向轴承	巴氏合金/碳钢

第四节　离心式压缩机组的保护系统及附属系统

离心压缩机组的平稳运行，离不开保护系统的可靠性及附属系统的正常运行。

一、保护系统

离心压缩机转子是在高速旋转的状态下进行工作的。高速旋转的转子，一方面为气体介质的升压输送提供能量，同时也会存在超温、超压、振动以及磨损、断轴等破坏性事故的可能，因此，应设置有效的保护措施。

（一）压力保护

主要是指压缩机出口压力保护、润滑油和封油供油压力保护以及冷却水压力的保护等。为了保证压缩机轴瓦正常工作所需的压力油膜以及带走因摩擦产生的热量，一般设定润滑油最低供油压力为0.06MPa，油压低于0.05MPa时机组自动联锁停机。

（二）温度保护

压缩机缸、段间进气温度保护，轴瓦温度、润滑油和封油的进机温度以及油箱的油温的保护等。例如，压缩机润滑油进油温度上限一般不超过55℃，下限不低于35℃；封油温度一般控制在25～35℃，当超过50℃报警，以便采取有效的降温措施，保持封油的正常温度。

（三）机械保护

压缩机转子轴位移、轴振动以及转子超速等的保护，其中轴位移保护措施主要包括触点式、电磁式、液压式以及涡流式等几种形式。

二、润滑系统

润滑系统一般是由润滑油箱、润滑油泵、油冷却器、油过滤器、安全阀、止回阀、调压阀、高位油箱及润滑油管路（优先选用不锈钢材质）等组成。

（一）润滑油箱

润滑油箱是用于储存润滑油的设备，通常内部安装有滤油网、通气罩和油位指示器等。有时内部增设可更换的加热器，以便保持冬季用油温度符合机组运行要求。润滑油箱内的润滑油量一般要求满足在最低操作液位下保持8min的正常供油量。油箱本体材质选用碳钢时，应除去氧化皮层，并进行防锈处理，也可选用不锈钢材质。机组正常运行时，应该定时检查油箱外部防腐及箱体锈蚀情况，检查箱体焊缝有无裂纹等缺陷；检查油箱基础有无下沉、裂缝，基础螺栓和螺母有无松动、腐蚀等现象；必要时清洗油箱内表面的锈蚀、油泥和杂质，保证润滑油的质量；检查油箱内焊接支撑板应无变形和裂纹等缺陷；油箱底部加热器应完好、严密、不泄漏；油箱各密封面应光滑平整，密封严密、不泄漏，液位计完好、清洁不漏油。在倾斜的油箱底部的下端应设有排污口，并保证油泵的吸入口位于倾斜的油箱底部的上端，防止油泵吸入污油和杂质等。油箱应设置2个或以上的接地线。

（二）润滑油泵

润滑油泵一般配备2台，一台为主油泵，另一台为辅油泵，如采用电机驱动，一般应该考虑两台油泵使用不同的电网供电，以便电网波动或出现停电事故状态下应急启动另一台油泵时不受影响。轴承的供油压力一般在0.08～0.15MPa左右，温度控制在35～40℃。压缩机的润滑油泵通常采用螺杆泵或齿轮油泵，但多用螺杆泵。

（三）油冷却器

油冷却器一般采用列管式换热器，主要是对使用中的润滑油进行换热冷却，保证润滑油温度在允许范围内使用。冷却器运行一段周期后应进行彻底检查，包括清除油冷却器水侧垢层，检查管子与管板胀接（或焊接）部位，并对管板作着色探伤检查，要求胀接（或焊接）部位无泄漏现象和裂纹产生；清除封头锈垢，筒体各密封、开孔接管部位应无裂纹、无泄漏；油冷却器是否泄漏，可在壳侧采用氨气作氨渗漏检查；定期对油冷却器进行水压试验检查，每次大修应更换O形密封圈；检查壳体、封头防腐层及锈蚀情况，筒体各密封点、开孔接管、焊缝、各连接处应无泄漏、裂纹和变形。

(四) 油过滤器

油过滤器是过滤润滑油的有效方法，一般采用全流量双联型油过滤器，过滤精度一般为10μm左右，控制油过滤器精度一般为5μm左右，并且配有连续工作的切换阀。每次机组大修油循环合格后，开车前应更换全部油过滤器芯子，设计温度与流量下油过滤器压降不超过0.05MPa；检查各密封面、开孔接管部位、筒体焊缝应无泄漏、裂纹等缺陷；筒体上各阀门应关闭严密，不泄漏、无损坏；检查更换O形密封圈，各连接螺栓紧固、齐全；检查外部防腐层及锈蚀情况。

(五) 高位油箱

高位油箱一般安装在距离机组中心线高5m处，否则应由压力油箱代替。其容量应保证供油时间不少于5min，转动惯量大的机组应该适当增大油箱的容量。宏观检查油箱罐体的防腐层及锈蚀情况；检查罐体、液位计、开孔接管、密封处、连接部位等有无泄漏、裂纹或变形等缺陷；罐体保温应完好；检查、试验各报警及联锁系统是否完好。

三、冷却系统

离心压缩机冷却器一般有板式和列管式两种。板式冷却器的换热面积大，体积小，但制作困难。目前应用列管式冷却器的比较广泛。冷却管截面形状有椭圆钢管绕片管、圆钢管L形铝片套片管等。油冷却器一般采用双联型油冷却器，并带连续工作的切换阀。冷却水一般在管侧，冷却水压降一般不超过0.07MPa。

四、封油系统

离心压缩机的轴封是防止汽缸内压缩介质通过缸壁与转轴间隙间泄漏的密封机构。常见的有迷宫密封、机械密封、浮环密封及干气密封等。用于密封的油系统称密封油系统，可以采用与润滑油共同的联合系统，也可采用各自独立的油系统。

第五节　离心式压缩机的安装及检修

一、安装

压缩机的安装应按设计进行施工，具有特殊要求的压缩机应按设计和设备技术文件的规定执行。

离心式压缩机的清洗和检查应满足如下要求：

1）各机件和附属设备应清洗洁净；当有锈蚀时应清除，并应防止安装期间再产生锈蚀；

2）机壳垂直中分面不应拆卸清洗；筒型结构机器的清洗应按设备技术文件的规定执行。扩压器和回流器组装成一体的隔板、与机壳固定在一起的轴承箱等在清洗时不应拆卸；带调整垫结构的组件拆洗时应做好标记，并不得互换组别或位置；

3）润滑系统、密封系统中的油泵、过滤器、油冷却器和安全阀等应拆卸清洗、油冷却器应作严密性试验；

4）气体冷却器应拆卸清洗洁净后，再作严密性试验，气体管路的阀门和调节装置应清洗洁净，当无特殊要求时，可不作严密性试验。

机组安装前，垫铁和底座应满足如下要求：

1）应按机组体积的大小选择成对斜垫铁；对于转速超过3000r/min的机组，各块垫铁之间和垫铁与底座之间的接触面面积均不应小于接合面的70%，局部间隙不应大于0.05mm；

2）座浆法平垫铁的安装水平偏差不应大于0.10/1000，同时各部分的平垫铁应保持在同一标高位置上，其标高的允许偏差为±1mm；无垫铁安装法埋设的临时垫铁安装水平偏差不应大于0.2/1000，其标高允许偏差为±2mm；采用压浆法施工时，应及时检查垫铁之间的间隙；

3）应检查轴承座与底座之间未拧紧螺栓时的间隙，其间隙不应大于0.05mm；

4）底座上的导向键与机体间的配合间隙应均匀，并应符合设备技术文件的规定。当无规定时，其水平导向键在固定键槽内的过盈 G 宜为0～0.03mm；在滑动键槽内的两侧总间隙（c_1+c_2）宜为0.03～0.06mm；顶间隙 c 宜为0.5～1.0mm；埋头螺栓与键顶面的距离 a 应等于或大于0.3mm；垂直导向键的轴向间隙 s_1 和 s_2 应等于或大于3mm（见图3－29）。

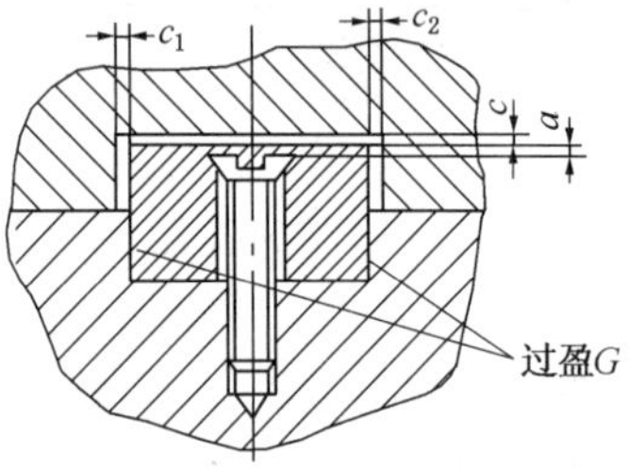

(a) 水平导向键

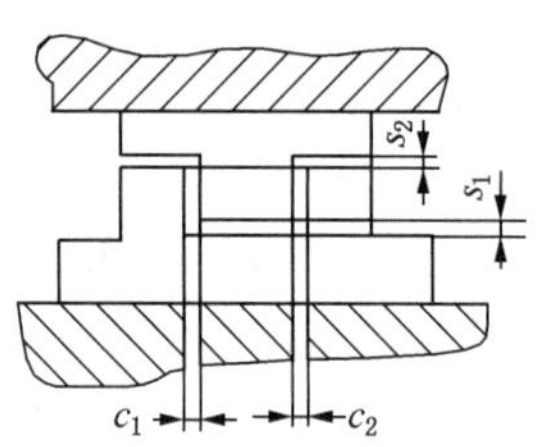
(b) 垂直导向键

图3－29　导向键和键槽

机组中基准设备找正、调平时要满足如下要求：

1）设备中心的标高和位置应符合设计要求，其允许偏差为±2mm；

2）当以压缩机为基准时，其纵向安装水平偏差不应大于0.05/1000，并应在主轴上进行测量；横向安装水平偏差不应大于0.10/1000，并应在机壳中分面上进行测量；

3）当以增速器为基准时，其纵向和横向安装水平偏差均不应大于0.05/1000；横向安装水平应在箱体中分面上进行测量，纵向安装水平应在大齿轮轴上进行测量。

机组中非基准设备找正、调平时要满足如下要求：

1）纵向安装水平应以基准设备为准进行找正调平；横向安装水平应按规范的规定执行；

2）两个半联轴器之间的端面间隙应符合设备技术文件的规定；对具有滑动轴承的电动机，其转子应在磁力中心位置上，并确定联轴器端面间隙。

在电动机、汽轮机与增速器、压缩机之间进行找正时，其同轴度应符合设备技术文件的规定。

压缩机找正、调平时，轴承座和下机壳与底座之间的接合应满足如下要求：

1）轴承座与底座之间或机壳锚爪与底座之间的局部间隙不应大于0.05mm；

2）有导向键的轴承座或机壳锚爪与底座之间的连接螺栓的固定应有利于机壳热膨胀，螺栓与螺栓孔的间隙和螺母与机座间的间隙，应符合设备技术文件的规定。当无规定时，螺栓在螺栓孔内应为偏心放置，其螺母与机座间的间隙宜为0.03～0.06mm（见图3－30）。

径向轴承与轴颈的接触要求和顶间隙、侧间隙，推力轴承与止推盘的接触要求和轴向间隙，轴承与轴承盖的过盈量均应符合设备技术文件的规定。当不符合要求时，应进行调整。

可倾瓦轴承组装后，每块瓦应能自由摆动，无卡阻现象。转子各部位的轴向和径向跳动以及与气密体之间的气密间隙均应符合设备技术文件的规定。

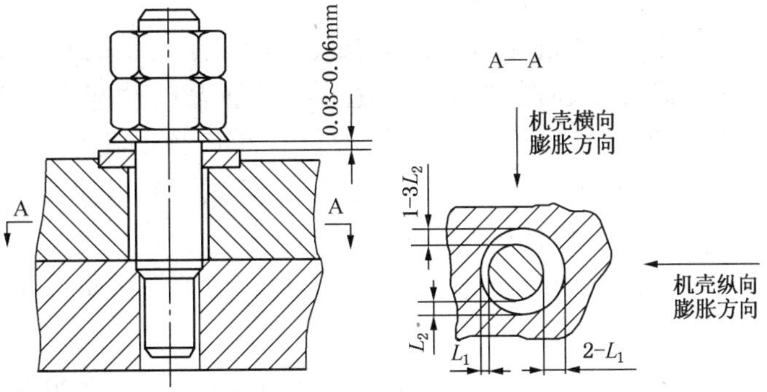

图 3－30　连接螺栓的间隙

轴端密封装置应按设备技术文件的规定进行组装。其中，浮环密封的安装要求有：

1）密封元件(浮环座、内外浮环等)及密封轴或轴套表面，应无毛刺和轴向沟槽，并应清洗洁净；

2）测量各密封元件的有关配合尺寸和检查轴与浮环间的径向间隙应符合设备技术文件的规定，当不符合规定时应进行修整或更换；

3）内环和外环的位置不得装错；

4）浮环安装时，应在其内圆表面和端面涂上透平油。

上下机壳的结合面应贴合；未拧紧螺栓之前其局部间隙，当设备技术文件无规定时，应符合：

1）工作压力小于或等于 1MPa 时，间隙值不应大于 0. 12mm；工作压力大于 1MPa 时，间隙值不应大于 0. 10mm；

2）当超过上述间隙值时应查找原因，并应消除内装件过盈或局部堆高；当因机壳变形引起误差，且在拧紧螺栓后又能消除间隙时，在不影响机器装配精度的情况下，可不作修整；

3）结合面之间，当无特殊要求时，应均匀涂上密封涂料。

增速器组装应符合下列要求：

1）行星齿轮增速器的组装应按设备技术文件的规定执行；

2）增速器底面与底座应紧密贴合；未拧紧螺栓之前应用塞尺检查其局部间隙并不应大于 0. 04mm；

3）轴瓦与轴颈各部位配合的顶间隙、侧间隙、接触要求、轴瓦与轴承压盖的过盈值等，均应符合设备技术文件的规定。当不符合要求时，应进行调整；

4）齿轮组轴间的中心距、平行度、齿侧间隙和齿面接触要求均应符合设备技术文件的规定；

5）增速箱中分面局部间隙不应大于 0. 06mm。

齿轮副的接触迹线和接触斑点的检验与调整应符合下列要求：

1）应在大齿轮若干齿面上均匀涂上颜色，将小齿轮擦净，并对小齿轮施加一定阻力。转动大齿轮数次，被印在小齿轮上的色迹，即为静态接触迹线，再用胶带粘揭色迹，该迹线长度应符合设备技术文件的规定；

2）试运转前，应在大齿轮若干齿面涂上一层不溶于油的颜色；试运转后，应根据颜色的脱落测得动态接触斑点，应符合设备技术文件的规定。

3）DH型压缩机增速器轮齿静态接触迹线长度不应小于齿长的65%，动态接触斑点长度不应小于齿长60%。高速圆弧圆柱齿轮增速器，其静态接触迹线长度不应小于齿长的70%，动态接触斑点长度不应小于90%；接触位置距齿顶的高度 h 凸齿应为 $0.45m \pm 0.2$mm，凹齿应为 $0.75m \pm 0.2$mm，m 为法向模数。渐开线齿轮增速器，其接触斑点长度不应小于齿长的70%，高度不应小于齿高的50%。

4）当轮齿接触调整与齿轮轴线平行度发生矛盾时，应首先满足接触的质量，其平行度可不作调整。

管路与压缩机不应强行连接。当连接时，应采用百分表监控风机联轴器的移动，复检压缩机的找正精度并调整达到要求。

所有油管润滑点、密封、控制和与油接触的机器零件和部件，均应循环冲洗，并要求：

1）应按设备技术文件规定使用的油进行冲洗；

2）冲洗前，润滑点上游的节流阀应全部打开，保持最大流速；

3）冲洗油的温度应尽量与机组运行温度相同或冷热交替；

4）冲洗中，视油的清洁程度应经常清洗滤油器，并定期轻敲油管；

5）冲洗时间不得小于24h；

6）检查滤油器过滤网上不得留有硬质颗粒；在油温相同的条件下，滤油器前后压差应在5h内保持稳定。

二、检修

压缩机检修分小、中、大修或系统停车检修、故障抢修及临时停修等，根据故障情况，将检修内容和规模列入大、中、小修计划。对于配备有随机故障监测和诊断装备的机组，还要根据实际逐步开展预防性检修。

压缩机小修包括对运行中的故障问题采取有针对性的检查修理，以消除设备的跑冒滴漏。

压缩机中修包括小修内容，重点检查轴承间隙、窜量以及轴承、轴颈的磨损情况，修理或更换损坏件，检查联轴器及齿轮箱啮合间隙及窜量并调整，检查缸体滑销及各支架受力情况，检查机组对中情况并进行调整，检查振动、位移探头以及各报警、联锁、安全阀和其他仪表装置，清理入口过滤器，检查并清洗油泵、油冷却器、油过滤器，油冷却器打压，检查各部位的紧固情况等。

压缩机大修包括全部中修内容，并对压缩机的缸体和齿轮箱全面进行解体检修，包括对定子、转子等的清洗、测量、检查修理或更换。压缩机的大修周期一般与装置停工检修周期同步，一般24个月~36个月，也可根据状态监测结果及设备运行状况可适当调整。

（一）拆卸前准备

1）结合检修前机组的运行状况及故障特征，分析可能存在的缺陷和问题，制定检修方案和检修网络，确定检修项目及内容。

2）落实检修材料及备件，校验检修量具，准备好各种检修工器具及专用工具，检查起吊机具设施，备齐必要的图纸资料，准备好记录图表。

3）检修前对检修人员进行技术交底，使之熟悉所承担的检修设备的结构、原理，明确检修内容及技术标准。

4）施工现场应符合安全卫生标准，检修前应办好作业票，并检查确认机组与外部系统水、电、汽、风、介质的有效隔离、置换、排放情况，符合安全检修条件。

5）所有开口，特别是节流孔板的位置，必要时做好复位标记。

（二）拆卸

1）拆卸、检查联轴器，对于高、低压缸串联联结的机组，还要测量中间短套窜量，作好连接标记，并取下中间短套，把高、低压转子推到止推轴承工作面，测量并记录两端轴端间距，复查、对中。测量并记录止推轴承间隙。

2）拆卸上半部轴承箱盖、拆卸外侧推力轴承，检查止推盘锁紧螺帽是否有松动，测量转子半窜量和推力盘两端面跳动，将转子置于工作位置，测量并记录转子轴端至缸体某定位端面的轴向距离，作为转子装复时确定转子工作位置的参考数据。

3）测量轴头到联轴器轮毂端面距离，标记配合位置后，用液压专用工具拆卸联轴器轮毂。测量径向轴承间隙及瓦背紧力、油封间隙等。取出外侧止推轴承瓦块，检测止推盘轴向圆跳动后，取出内侧止推轴承瓦块，松止推盘锁紧螺母，拆走止推盘，测量转子总窜量。拆卸径向轴承，拆除下半轴承室。（注意：当转子落在气封上时，不得盘动转子）。

4）拆检两端浮环密封、干气密封或机械密封（记录机械密封压缩量，供装复时调整的参考）。

5）对于 MCL 型机组，拆除中分面螺栓（必要时编号）及端盖定位销，紧固螺栓螺纹应完好，螺柱无缩颈、损伤等缺陷，螺母与螺柱配合松紧应适度，做好组装标记；装上导向杆，用顶丝均匀顶开上半缸壳体结合面 2 ~ 3mm 后，垂直起吊上机壳，起吊时检查并保证上机壳水平起吊，防止导向杆卡涩，上缸吊出后翻缸放置妥当。复装径向轴承、推力轴承，检测叶轮及扩压器流道对中数据，检查叶轮各部位跳动及气封间隙；拆去内侧止推轴承，测量转子两个方向的窜量和总窜量；拆除推力轴承；安装转子起吊工具，吊起时检查转子是否一直保持水平，吊出转子放置于专用鞍架上，并测量各轴颈的圆度和圆柱度；取出并清理上、下隔板及气封。

6）对于 BCL 型机组，拆卸大盖螺栓，安装导向杆，吊下大盖；抽出内壳体，拆卸上半隔板，检查各气封间隙，并复测转子各部尺寸及径向跳动；起吊转子，清洗、检查转子、隔板等部件。

（三）检查及测量

1）检查联轴器、变速箱及对中找正情况。

2）清洗、检查油过滤器、油冷却器、高位油箱、润滑油箱、油气分离器、油压调节阀和润滑油管路系统。

3）清洗、检查、修理入口过滤网。

4）检查冷却水系统。

5）检查地脚螺栓及紧固螺栓，有无松动。

6）解体检查润滑油泵。

7）检查导向键间隙。

8）检查径向轴承、止推轴承和推力盘。

9）检查、测量轴端浮环密封或干气密封。

10）检查测量迷宫油封、气封。

11）拆装大盖，吊出转子，清洗、检查所有密封、叶轮、隔板等内件。

12）检查转子部件全跳动，轴颈圆度和圆柱度。

13）检查、校验机组自保联锁系统。

14）检查轴颈，测量转子各部间隙：

每台离心式压缩机的图样或有关技术文件中，都规定有该机器各部位的间隙。无规定时，可参考表3－4（表中代号见图3－31）。

表3－4　离心式压缩机主要部位间隙要求值

部　　位	代　　号	要求值/mm	说　　明
径向轴承 圆轴承 椭圆轴承	*B*	(1.5～2)‰*D* (1～1.5)‰*D*	*D*—轴颈直径，mm 椭圆轴承指短轴方向的间隙
四油楔轴承 可倾瓦轴承 止推轴承 径向轴承壳体和轴承座	*A*	(1.2～1.75)‰*D* (1.2～2)‰*D* 0.25～0.40 ±0.01～±0.025	
回流器隔板（或轮盘）的密封环和轴套间隙 轮盖和密封环间隙	*F* *C*	最小间隙：*B*＋0.001D	*D*—轮盘或轮盖的直径，mm
轴　封 迷宫密封 浮环密封	*E*	*B*＋0.001*D* 径向间隙： 高压侧：(0.5～1)‰*D* 低压侧：(2～3)‰*D* 轴向间隙： 每一个浮环0.38 背靠背装的两个浮环：0.64～0.90	*D*—密封处的直径，mm； *D*—浮环密封处轴颈的直径，mm。 浮环的轴向间隙指浮环和浮环座之间的间隙
平衡盘密封 迷宫密封 蜂窝密封		*B*＋0.001*D* (*B*＋0.001*D*)/2	*D*—密封处的直径，mm

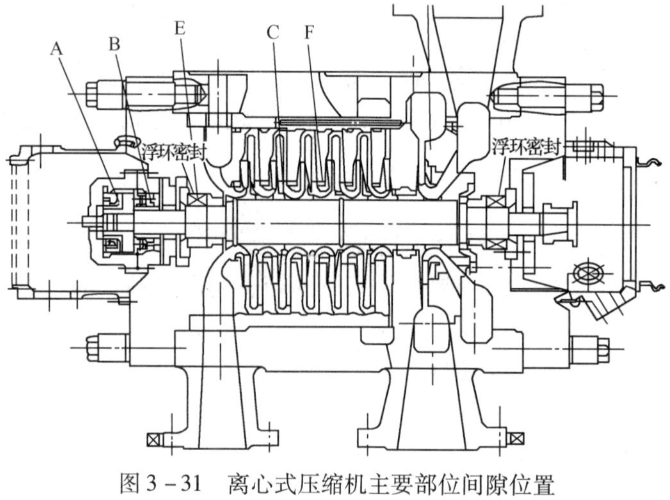

图3－31　离心式压缩机主要部位间隙位置

（四）调整

1. 径向轴承的间隙测量和调整

压铅法是检修现场常用的一种测量径向轴承间隙的方法。对多油楔轴承或可倾瓦轴承还可以采用抬轴法测量径向间隙。椭圆轴承、多油楔轴承和可倾瓦轴承一般都不进行修刮。有些工厂在检修时，对上述的轴承也要进行轻微修刮，不过那不是为了调整间隙，而是为了改善轴承的接触情况。圆轴承当间隙偏小时，可以进行修刮调整。但是刮研量不要大于0.05mm。大于0.05mm时，最好采用机械加工方法进行修整。刮研后的圆轴承，下半轴承和轴颈的接触角不得小于60°。在这个角度范围内沿下半轴承的整个轴向长度，应达到75%以上的均匀接触。轴承两侧间隙应成楔形。用塞尺检查时，塞尺塞入的深度以15～20mm为好，这时的侧隙约为顶间隙的2/3～1/2。侧隙在整个轴承长度上应是一致的。

径向轴承外圆和轴承座的配合间隙也可用压铅法测量，其结果应符合规定。

2. 止推轴承的间隙测量和调整

推力轴承间隙是转子在工作面和非工作面推力轴承之间的轴向窜动量。测量此数值时，是在外露的轴端上，沿轴向装一只百分表，然后窜动转子，百分表前后读数之差即为止推轴承的间隙。调整止推轴承的间隙可以采用加、减止推轴承背面垫片的厚度来实现，数量不超过两片。

对转子、主轴、叶轮、止推盘、平衡盘等各部位检查，应无裂纹和严重的磨损情况，详细记录磨损及冲蚀程度，转子清洗后进行无损探伤。内缸进行表面着色探伤，缸体各导淋孔应干净通畅，并用空气吹扫以防堵塞。外缸内支撑板无变形和严重锈蚀，焊接部位检查无裂纹和开焊，焊接部位视情况作着色检查。

（五）主要部件的检修

1. 轴承箱检修

轴承箱水平剖分面接触良好，在自由状态下的间隙不超过0.005mm；防转销和定位销应长度合适，并与销孔对正不错位；轴承盖定位销不错位，结合面无错口。检修时，油孔、油路、油室应进行彻底吹扫或清洗，应无杂质，畅通无漏，视镜清洁透明。内表面涂料应无缺损、起皮，否则应彻底清除，重新涂料。轴承座与下缸体连接紧固螺栓应无松动，轴承座用煤油作渗漏检查，应无漏油和浸油痕迹。下半瓦壳与轴承座中分面应齐平，轴承座油孔与轴承体相应油孔对正。

2. 径向轴承检修

轴承衬不允许有裂纹、脱壳、夹渣、气孔、重皮等缺陷。水平剖分面自由间隙不大于0.05mm。轴承衬有较深伤痕，但不降低轴承衬与轴的接触面积，且不影响润滑的情况下可以继续使用。轴承衬伤痕深度较浅，但伤痕面积较大，达不到轴承衬与轴的接触面积要求时应更换。用声音判别法或用煤油浸泡法检查，应无脱壳现象。轴承衬背与座孔的接触面积，要求接触均匀，接触面积不得小于75%。轴承衬与轴颈的接触面积，要求接触均匀，接触角在60°～90°，在接触角内接触点不小于2～3点/cm^2。接触部分与不接触面不允许有明显的分界线。径向轴承组装后确保转子由径向轴承支承，检查径向轴承左右支承瓦块受力是否均匀，沿工作方向盘动转子应轻松灵活、旋转自如。轴承衬背过盈量为0.02～0.04mm。

3. 止推轴承检修

用红丹检查止推盘与定位轴肩以及止推盘与锁紧螺母的接触面积，沿周向不少于80%，接触点不少于2～3点/cm^2，各瓦块的厚度差不大于0.02mm；止推盘定位轴肩用千分表检查，端面跳动应小于0.005mm；止推盘与轴的间隙为0.03～0.05mm。上紧推力盘、锁紧螺母时用千分表检查，止推盘端面跳动不超过0.015mm。止推盘径向圆跳动不超过0.02mm。组装后的衬瓦块应保证摆动灵活、无卡涩。止推间隙一般为0.25～0.35mm，间隙超差时应调整止推轴承非工作侧调整垫片厚度；止推轴承油封间隙为0.05～0.10mm；轴承座油挡间隙为0.20～0.35mm。

4. 联轴器检修

拆卸联轴器前，应检查测量并记录半联轴节轴向位置；采用液压或加热法回装时应使半联轴节的轴向预补偿量（移动量）符合制造方的规定，然后才能背紧背帽。回装后应对半联轴节做端面和径向跳动测量，跳动值应符合制造方的规定，一般为≤0.02mm。对于齿式联轴器，检查记录联轴器中间短套轴向窜量，其值应符合制造方的规定，一般不小于3.0mm，并将中间短套置于中间窜量位置，联轴器润滑喷嘴应干净畅通，并对准联轴器进油口；检查联轴节齿面啮合情况，其接触面积沿齿高不小于50%，沿齿宽不小于70%，齿面不得有严重点蚀、剥落、拉毛，内外齿圈间能自由滑动，不得有卡涩或过紧现象。对于膜片式联轴器，检查测量联轴器的预拉伸压缩量，其值应符合制造方的规定；检查膜片应无裂纹等缺陷。联轴器（紧配合）螺栓应完好无损，拆卸后应成对保存，回装前应做无损检测，并注意回装时应对号安装，如须更换应成对更换。联轴器找正按制造厂要求执行，并做好记录。对于由电机－变速箱－低压压缩机－增速箱－高压压缩机联成的机组，一般要求与低压压缩机联结的增速箱和变速箱对中偏差允许值为0.03～0.04mm，而对于电机与变速箱和增速箱与高压压缩机的对中偏差允许值为0.08～0.12mm。

5. 机壳及导向键检修

检查机壳内表面应无裂纹、冲刷、腐蚀和沉积物，机壳结合面应平整，无腐蚀、刻痕、变形，对沟槽及锈蚀等缺陷应研磨处理，冲刷严重应补焊，焊后研平。机壳大盖螺栓应先编号后拆装，以防错乱。扣空缸不紧中分面螺栓，检查、记录中分面的密合情况。对于MCL型，上半大盖复位时应沿着导向杆小心地放下上半大盖，当上下大盖间隙近5～10mm时，放入定位销，然后完全放下上半大盖，再打紧定位销；在上紧1/3螺栓后，应检查测量中分面间隙，间隙值应≤0.05mm。个别能用0.05mm塞尺塞入部位的深度不得超过结合面宽度的1/3，个别部位的中分面间隙偏大时，允许用增加螺栓紧力的方法予以消除，否则应根据情况，制定方案处理。上紧螺栓后，检查缸体中分面在两端密封腔处有无错口。扣大盖经找正以后，检测记录轴颈扬度。机壳的导向键每次检修均应进行拆装清洗，导向键及膨胀螺栓应符合图3－32要求。

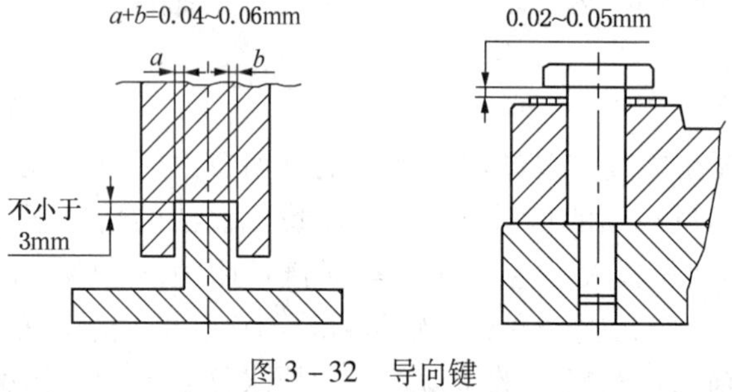

图3－32 导向键

机壳的支撑面与底座必须接触均匀，间隙值应≤0.05mm；机壳纵横向水平度应符合制造方的规定。

6. 隔板检修

隔板表面检查，板体应无变形、磨损、裂缝、划痕；回流器叶片应完好无损，无松动、卷曲、脱落、开焊；中分面应无冲蚀沟槽等缺陷，若有缺陷应进行研磨处理，冲蚀严重时应补焊后研平；所有流道应光滑无锈垢，否则表面应清洗干净。

隔板回装应对号入座，上下隔板剖分面结合严密，中分面间隙在自由状态下应≤0.05mm，隔板与缸体轴向、径向配合不松动、不顶缸，隔板与回流器应进行着色探伤检查，隔板与其安装槽轴向间隙应为0.05～0.10mm，隔板与叶轮的轴向间隙应符合制造方的规定，在装入推力瓦前、止推盘安装后转子的轴向窜量应符合制造方的规定。对于 BCL 型，内部组件在拆出前外筒体与内壳体的轴向相对位置(如图 5－33 中 a 值)应符合符合制造方的规定，一般 a 值为 0.25～0.4mm；同时内筒体和外筒体在水平方向上应画线做记号，如图3－33；外筒体端面与端盖的间隙沿圆周测量，其值应≤0.01mm。各级隔板与轴承的同轴度允许值为 0.10mm。

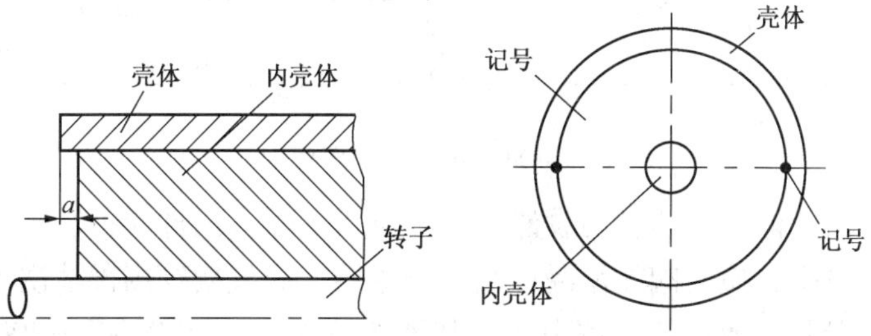

图 3－33　内外筒体轴径向定位图

7. 转子检修

清洗并检查转子轴套、主轴、叶轮、推力盘、平衡盘等，应无裂纹、冲蚀及严重磨损痕迹，必要时进行无损探伤检查。检测转子直线度偏差，要求偏差不大于 0.03mm，轴颈圆度、圆柱度偏差不超过 0.015mm。将转子在下隔板组件上定心，调整转子，检查各级叶轮出口流道与扩压器流道对中情况，如果由于制造原因或其他原因无法同时满足各级流道对中的要求时，应优先保证高压级对中，并兼顾两端安装密封组件的工作长度要求，测量轴端至外缸某定位端面距离与拆卸前数据进行对比，以检查转子是否处于正确安装位置，并做好记录，对中允差小于 0.5mm。如果更换转子或其他零部件等原因需要调整转子工作位置时，应增减止推轴承工作侧调整垫片的厚度来满足要求。检查转子与内壳的同心度，若发现密封偏磨或密封间隙偏向一侧，必须进行调整。对转子进行低速动平衡试验，其精度等级应符合制造方的规定，一般应高于或等于 G2.5 级。动平衡去重位置、打磨深度和表面粗糙度应符合制造厂设计要求。空气压缩机和氨压缩机应在叶轮上的打磨凸台上去重打磨，打磨深度不得低于台阶高度；天然气压缩机和合成气压缩机的动平衡去重打磨部位应远离焊缝和铆钉，离开边缘不得小于 25mm，打磨深度不得超过 0.3mm，所有打磨表面均应光洁且平滑过渡，并用金相砂纸适当抛光。打磨时注意控制打磨进给量和砂轮转速，不得使材料过热。测量转子各部位的圆跳动值，见表 3－5，转子部位见图 3－34。

表 3－5　转子跳动值　　mm

部　位	主轴颈 A	干气密封安装轴颈 B	端封 C	叶轮气封 D	隔板气封 E	联轴器 F	叶轮入口 G	叶轮外缘 H	止推盘 I
标　准	≤0.02	≤0.02	≤0.02	≤0.06	≤0.06	≤0.02	≤0.10	0.2～0.4	≤0.02

转子窜量应在转子处于正确工作位置并装复上半缸、两端径向轴承和不装两侧止推轴承及密封的情况下窜动转子测定的，记录转子向两个方向的窜动量和总窜量，向进气端的窜动量不得小于 1.0mm，向排气端的窜动量不得小于 1.5mm。

8. 附属设备检修

管路系统应清洗干净，检查无异物掉入，切换阀等阀门经试压符合制造方的规定，各密封点无泄漏，支吊架完好，油管看窗干净不漏，压力表、振动探头等仪表检测元件安装到位。

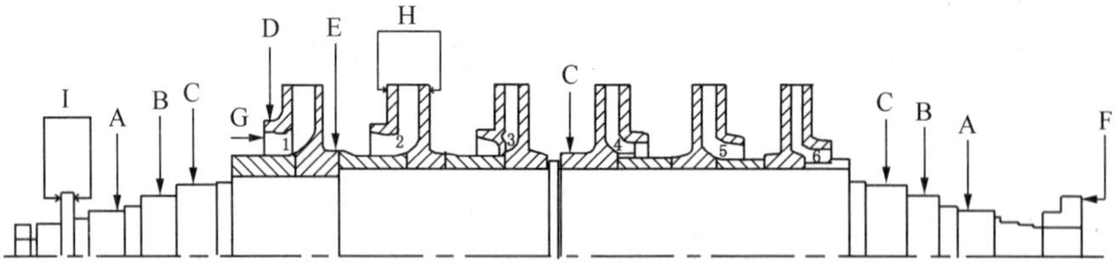

图3－34　转子跳动部位图

油箱及高位油箱应清扫干净，内设滤网、液位指示器等内件应拆装清洗或更换；油过滤器清洗干净，滤芯更换，换向阀无渗漏；油气分离器、脱气槽等内部清洗干净，加热盘管试压无泄漏，隔板无泄漏；油冷却器和中间冷却器检修参照SHS 01009—2004《管壳式换热器维护检修规程》；变速箱检修参照SHS 01028—2004《变速机维护检修规程》；蓄能器应做皮囊泄漏试验，结果应符合制造方的规定。安装轴位移探头时，应确保探头指示的轴向窜动量与百分表测量值相吻合。

油泵检修参照SHS 01016—2004《螺杆泵维护检修规程》或SHS 01017—2004《齿轮泵维护检修规程》。

9. 设备检修其他方面

运行故障已经查清并消除，新换备件符合图纸规定技术要求和有关质量标准，并经全面检查和试装合格，隔板与缸体已经过预组装，全部基础数据已经检测完毕。

（六）主要零部件的质量检查

1. 转子无损探伤检查

可以参照JB1443 JB/T 9095—1999《离心机、分离机锻焊件常规无损探伤技术规范》进行。无损探伤分为着色探伤、超声波探伤和磁粉探伤。

转子进行着色探伤检查，重点检查键槽、螺纹表面、螺纹根部及其过渡处、形状突变部位、过渡圆角部位、焊接叶轮的焊缝、铆接叶轮的铆钉部位以及动平衡打磨部位等。对有怀疑的部位应采用磁粉探伤作进一步检查。

在用着色探伤检查铆接叶轮时，应注意观察并记录铆钉松动的发展情况，同时用塞尺检查轮盖与叶片间的间隙，以便作出判断。根据检查所获得的具体情况，对铆钉部位进行磁粉探伤，检查其有无裂纹。

对易于遭受H_2S侵蚀的天然气压缩机焊接叶轮，特别是焊缝和热影响区，对有可能受氢损害的合成气压缩机高压缸叶轮，轴的螺纹与轴径变化处，应定期用磁粉探伤法进行检查。

对新更换的压缩机转子的焊接叶轮，应检查叶轮材料及其焊缝和热影响区硬度，保证在长期运行中硬度不应升高。

对在运行中振动幅值和相位曾发生无规律变化的转子，应考虑对整个转子轴进行磁粉探伤检查。

主轴轴颈、轴端联轴器工作表面至少每两个大修周期用超声波探伤检查有无缺陷。

转子各部件探伤检验标准见表3－6。

表 3-6　转子各部件探伤检验标准

部　位	超声波探伤	磁 粉 探 伤
转子未装有零件的轴段	1）发现白点或裂纹则判废 2）允许有零星分散的，当量直径小于 ϕ2mm 的非金属夹杂物存在 3）当量直径为 ϕ2～4mm、间距大于 100mm 的非金属夹杂物缺陷不能超过 10 个	1）发现白点或裂纹则判废 2）不允许有与轴线成大于 30°角的横向非金属夹杂物的磁粉痕迹存在。在轴颈台阶过渡圆角处，不允许有非金属夹杂物的磁粉痕迹存在 3）在 100cm^2 的面积上，间距大于 6mm 长度小于 1.5mm 的非金属夹杂物的磁粉痕迹不能超过 5 条
盘状零件（轮盘、轮盖）	1）发现白点或裂纹则判废 2）允许有零星分散当量直径小于 ϕ2mm 的非金属夹杂物存在 3）当量直径为 ϕ2～4mm，间距大于 80mm，零星分散的非金属夹杂物不得超过 10 个 4）在 4cm^2 的面积内，当量直径小于 ϕ2mm 的非金属夹杂物密集区不能超过 3 处，密集区间距须大于 120mm	（当超声波探伤超过规定范围不大或者对缺陷难确定时可进行磁粉探伤） 1）发现白点或裂纹则判废 2）零星分散的非金属夹杂物，在 100cm^2 的面积内，长度 2mm 以下的磁粉痕迹不能超过 5 条 3）在整个探测面积上，长度 2～4mm 的零星分散非金属夹杂物磁粉痕迹，不能超过 7 条
齿式联轴器	1）发现白点或裂纹则判废 2）允许有零星分散当量直径小于 ϕ2mm 的非金属夹杂物存在 3）当量直径为 ϕ2～4mm，间距大于 80mm，零星分散的非金属夹杂物不得超过 5 个 4）在 4cm^2 的面积内，当量直径小于 ϕ2mm 的非金属夹杂物密集区不能超过 3 处，密集区间距须大于 120mm	1）发现白点或裂纹则判废 2）工作齿面不允许有缺陷痕迹。其余部位允许有 3mm 以下的非金属夹杂物存在
焊接叶轮		1）不允许有裂纹存在 2）直径小于 ϕ1mm，且间距大于 5mm 的分散气孔在长度 100mm 范围内不能超过 5 个 3）密集气孔（指直径 ϕ0.5mm 以下，个数 3 个，间距大于 1mm 者）不能超过两处

2. 转子检查部位及要求（见表 3-7）

表 3-7　转子检查部位及要求　　mm

检 查 部 位	精　　度				
	圆锥度	椭圆度	径向跳动	端面跳动	表面粗糙度
轴　颈	≤0.01	≤0.02	≤0.01		R_a0.2
止推盘			≤0.03	≤0.02	R_a0.2
平衡盘外圆			≤0.03	≤0.10	R_a1.6
浮环处轴套	≤0.01	≤0.01	≤0.01		R_a0.2
轴上振动测量点			≤0.005		R_a0.2
轴　套			≤0.03		R_a1.6
叶轮轮盘密封处			≤0.03		R_a1.6
叶轮轮盖密封处			≤0.03		R_a1.6
叶轮外圆			1/2000×叶轮直径		
叶轮外圆处端面				L/1000 叶轮直径	
安装联轴器的轴锥段			≤0.00.5		R_a0.2
机械密封动环处				≤0.01	R_a0.2

3. 径向轴承和止推轴承的检查要点(见表3－8)

表3－8 径向和止推轴承的检查要点

检查项目	径向轴承	止推轴承
尺寸检查	1）轴承体和轴承座的配合尺寸 2）多块瓦轴承，检查瓦块的厚度误差应小于0.01mm	1）轴承体和轴承座的配合尺寸 2）瓦块的厚度误差。误差应小于0.01mm 3）基环上磨痕深度，最好不超过0.12mm
中分面检查	拧紧轴承中分面螺栓后，内圆不能有错口，用0.03mm塞尺在中分面任何部位均不能塞入	
检查轴承体和内衬巴氏合金的贴合情况	检修现场一般用木捧敲击轴承背面，根据发出的声音来判断巴氏合金贴合情况，发声暗哑，则说明巴氏合金贴合不良；进一步检查，可把轴承浸入于净的煤油内，浸泡一段时向，然后取出擦净煤油，再在巴氏合金和轴承体接触断面处涂上粉笔，停一段时间，如发现有煤油渗出痕迹，则说明巴氏合金贴合不良，这种轴承不能使用	

4. 转子检修的基础技术文件和资料要求

转子装配图和检修记录用图，转子材料分析一览表和技术参数表，大修检查记录和无损探伤报告，转子修复记录(包括修复技术方案)，转子缺陷故障记录和分析报告，转子更换记录和运行记录，转子振动分析资料，转子动平衡记录报告。

5. 备用转子的管理

1）对更换下来的旧转子，应进行全面检查，作出完整的鉴定评价记录，根据缺陷的情况，制定详细可靠的方案进行修复。修复后，重新进行必要项目的检查，汇集并建立检查报告档案。

2）在长期存放中，定期对转子进行盘动，避免转子弯曲，建立转子定期盘车制度。

3）转子在长期存放中不应支放在轴颈上，支承部位应确保在盘车中不会损伤轴颈和其他转动元件。

4）长期存放中所选择的防腐剂应适合于存放环境和转子材料，并定期检查防腐效果。

5）转子上未按工作位置和状态装配的零部件应给出明显标识，并在检查报告中指明。

6）建立备用转子的技术档案，详细记录备用转子更换、修复和检查等内容的技术报告。

7）确保备用转子处在备用状态。

三、调试、试运及验收

(一) 调试与试运

1. 调试与检查

检查检修记录，确认检修数据正确。机组与系统气密试验合格。应按设备技术文件的规定将润滑系统、密封系统和液压控制系统清洗洁净并应作循环清洗。加注润滑油的规格和数量应符合设备技术文件的规定。润滑、密封和控制等系统的连锁装置、机组的防喘振装置、水路系统的调节装置等以及阀门、仪表均应灵敏可靠，并应符合设备技术文件的规定。具有浮环密封的压缩机，当采用空气进行试运转时，应取出浮环座及内外浮环，并更换预先准备的梳齿形试车密封；高位油箱的通气管应通大气。主机的进气管和与其连接的有关设备应清扫洁净。电动机、汽轮机和尾气透平机等驱动机器的转向应符合设备技术文件的规定。阀件和控制装置应处于设备技术文件所规定的使压缩机为最小负荷时的启动位置。机组各辅助设备均应按设备技术文件的规定进行单机试运转并应合格。各项安全措施应符合要求。水、电、风已具备运行条件。润滑油经循环过滤，油质化验合格，油箱内油位在液位计1/2～2/3之间，油温、油压正常，润滑油温度控制在40～50℃，润滑油压力差控制在0.2～0.25MPa。电机、润滑油泵等单机试运合格，同时对转向进行确认。机组盘车灵活，无异常现象。机组自保联锁试验合格。仪表指示准确、好用。

2. 试车

压缩机的负荷试运转时，应先试驱动机、增速器后试整机。启动润滑、密封和控制油系统，应符合设备技术文件的规定。当无规定时，应符合下列要求：

1）轴承润滑油的进油温度宜为(40±5)℃，启动时的油温不应小于25℃；轴承的进油压力宜为0.1～0.15MPa，当油压小于0.08MPa时应报警，并启动辅助油泵；当油压下降到0.05MPa时应停机；

2）浮环密封油参与整机试运转的正常进油温度应为(40±5)℃；油压高于气封压力的压差应为50kPa；当采用高位罐压差的系统时，高位罐液面高于或低于正常液位150mm时应报警；低于250mm时应过低报警；低于300mm时应停机。控制油系统应按规定进行调整。

3）以电动机带动的主机，应先点动检查转子与定子并应无摩擦和异常声响；以汽轮机带动的主机在启动时，应按设备技术文件的规定分阶段升速。小负荷试运转1h后，应停机检查各轴承、轴颈的润滑情况，当有磨损时应及时修整；对有齿轮变速器的机组，应检测齿轮的接触斑点，当不符合要求时，应按规范进行调整。小负荷试运转的时间应按设备技术文件的规定执行。当无规定时，工作转速小于或等于3000r/min的机组应为4h，工作转速大于3000r/min的机组应为8h。负荷试运转的开始阶段，主机的排气应缓慢升压，每5min升压不得大于0.1MPa，并应逐步达到设计工况。风机不得在喘振区域内运转；启动时，不得在临界转速附近运转。连续负荷试运转的时间不应小于24h。运转中，每隔一定的时间应检查润滑油温度和压力，冷却水温度和水量，轴承或轴的振动值和轴承的温度，进气与排气管路上各段气体的温度和压力，电动机的电流、电压和功率因数，汽轮机、燃气轮机所要求测量的参数值以及安全保护装置等，并应符合设备技术文件的规定和做记录。试运转中，在轴颈附近测得的轴振动双振幅值(用非接触式测振仪测得的峰－峰值)，应符合设备技术文件的规定。若机组中无此仪器可采用接触式测振仪在轴承壳上检测轴承振动速度有效值，该值应符合设备技术文件的规定。当无规定时，应符合表3－9的规定。

表3－9　轴承壳振动速度有效值和轴振动双振幅值

种　类	压缩机	种　类	压缩机
轴承壳振动速度有效值/(mm/s)	≤4.0	轴振动双振幅值/μm	≤$6750/\sqrt{n}$(n为额定工作转速，r/min

轴承温度或轴承排油温度应符合设备技术文件的规定。当无规定时，应符合表3－10的规定。

表3－10　轴承温度和轴承的排油温度

轴承形式	滑动轴承	轴承形式	滑动轴承
轴承体温度	≤70℃	轴承合金层温度	≤进油温度+50℃
轴承的排油温度	≤进油温度+28℃		

停机后20min或轴承回油温度降到低于40℃后，方可停止油泵的工作，停机后的盘车应按设备技术文件的规定执行。试运转完毕，应将各有关装置调整到准备启动状态。

整机的试运转应先进行小负荷试运转，并将进气节流门开至10°~15°，然后进行负荷试运转。试运转宜采用空气作为压缩介质；当工作介质不是空气时，负荷试运转应按设备技术文件的规定执行。

机组试运工作应严格按照试运方案进行。机组试运前必须编制试运方案，并经主管部门审批后方能进行试运工作。机组的试运转分为空负荷试运和负荷试运两个步骤。汽轮机如单机试车，连续运转时间不小于4h。有关部门检查确认，检修项目均已完成。机、电、仪各工种及生产工艺操作均具备试车条件。严格按操作规程操作，启动压缩机组。启动电机后，在自动控控制状下，压缩机入口碟阀自动开大，热循环控制阀自动关小，根据试车要求，调整控制压缩机负荷。严密监视机组振动、声响、电机电流和压缩机压力，流量变化情况。压缩机组运行平稳后，检查机组振动、声响，轴承温度、润滑油温度和压力。各部位的振幅值应符合SHS 01003—2004《石油化工旋转机械振动标准》。轴承温度小于68℃，润滑油回油温度小于57℃。

3. 验收

机组经过24h满负荷运行，监控试运情况并作记录，检查振动和轴承温度，流量等参数应符合设计要求，各项技术指标达到设计要求，或能满足生产需要。电器、仪表控制灵敏，指示准确，各辅助设备运行良好。机组达到完好标准。机组试运后的验收标准应符合SHS 01001—2004《石油化工设备完好标准》的要求，并有完整、准确的检修、试运记录。工程验收时，应具备下列资料：设备出厂的有关技术文件；设备的开箱检查记录；基础复查记录；主要材料和用于重要部位材料的出厂合格证和检验记录或试验资料；设计变更的有关资料；设备安装过程中的各项实测记录、管道焊接检验记录；隐蔽工程施工记录等；设备试运转记录签证以及必要的竣工图。压缩机应在试运转合格后按规定办理验收手续。

第六节　离心式压缩机组维护与故障处理

一、维护

（一）运行维护

严格按照机组操作规程进行操作，控制机组的各项技术指标。严格执行机组的特级维护制度和按规定的时间和路线做好巡回检查制度，并作好记录，及时处理设备的跑冒滴漏等，发现问题及时采取措施处理。对于不能及时处理的项目应汇报相关部门负责人。机电仪维修人员同样做好巡检检查并做好巡检记录。对于运行中的隐患部位更要加强检查并设法消除隐患。随时对机组的运行状态进行检查和检测并建立档案，严禁在超负荷和振动超标的工况下运行。定时检查轴承温度、振动及位移。严格执行设备润滑管理制度，定时检查润滑油液位、油温、油压等。定期对润滑油品质作分析或光谱分析，定时切换并清洗油过滤器。定时检查出入口及中间冷却器压力、流量及温度。定时检查各密封部位是否泄漏。检查现场仪表指示情况及电气设备和信号装置的运行情况。检查各辅助设备运行情况。正常运行中的自保联锁及防喘振系统均应投自动，因特殊原因须切除时，必须制定可靠的防范措施，并办理相应的审批手续，方可执行并限期恢复。备用机组或设备应定期盘车，定期检查备用设备的电源、仪表、联锁是否正常，保证完好备用。保持设备清洁卫生，时常检查设备各部位的防腐及保温情况是否完好。

离心式压缩机的运转状态是否正常，通常可根据运行参数来判断。因此，合理地监测和控制这些参数，是离心式压缩机维护的一个重要内容。一般来说离心式压缩机的制造厂，都对它制造的机器规定了运行参数。这些规定都是应该严格遵循的。表 3－11 是离心式压缩机运行中，至少应该监控的参数和建议的监测频率及允许的最大波动范围。

表 3－11　离心式压缩机需要监控的运行参数

项　　目	监测频率	允许值	最大值	说　　明
各段进口压力/MPa 各段出口压力/MPa 各段进口温度/℃ 各段排出温度/℃ 转速/(r/min)	连续 连续 连续 连续 连续			
润滑油进口温度/℃	连续	<40	<49	压缩机启动时润滑油温度不能低于 25℃
润滑油压力/MPa	连续			润滑油总管距油泵出口最远端的压力
油箱油位	每 8h			
径向轴承(巴氏合金轴衬)回油温升/℃	连续	<20	<40	允许最高的回油温度不能超过 82℃
止推轴承(巴氏合金轴衬)回油温升/℃	连续	<20	<40	允许最高的回油温度不能超过 82℃
润滑油油质	每 3 个月			

（二）紧急停车

机组发生以下情况之一时，应立即果断采取紧急停机处理，避免事态扩大，并立即向相关人员或部门报告。

1）机组转速升高至危急保安器该动作的转速而危急保安器未能动作。

2）机组发生强烈振动并继续扩大而不能消除。

3）机组联轴器损坏或轴发生断裂。

4）油压过低而保安系统未动作。

5）油系统着火而不能很快的扑灭。

6）压缩机严重出现喘振而不能消除。

7）压缩机密封突然漏气，密封油系统故障不能消除。

8）油箱液位突然下降而使油泵抽空。

9）工艺管道、润滑油管或法兰崩开而不能恢复。

10）设备内发出明显异常响声或轴封摩擦出现火花。

11）轴承断油、冒烟或油温急剧升高到 80℃以上。

12）压缩机分液罐液位满，造成缸体带液。

13）机组位移大幅度增加并超过报警值而不能消除。

14）机组调节系统、控制系统失灵而不能排除故障。

15）工艺系统发生紧急停车情况或工艺系统需要紧急停车。

16）其他危及机组或人身安全的情况。

（三）停机维护

转子完全静止后必须立即投入盘车装置进行盘车。电动液压盘车 8h 后改为手动盘车，每半小时盘动转子 90°，停车 16～24h 期间每 4h 盘车一次，以后可以根据机组故障和预定开车时间每班盘车一次。停车后如果不能进行电动或手动盘车时，机组在停机后 6h 内禁止启动。停机后油系统应正常运行，以满足冷却轴颈和盘车装置运行的需要，盘车装置停运后一般在蒸汽室温度降到 100℃或轴承进出油温相等时再停运油系统。停机后应关闭相关阀门，防止串漏。停机时间在 1 周以上时，应每周进行油系统循环一次并同时盘动转子 540°。长时间停运的机组应进一步考虑采取防腐保护措施，寒冷地区还要考虑采取必要的防冻措施。

二、状态检测

一般采用两种振动评定方法，即机壳表面振动及轴振动的评定方法。在机壳表面，例如轴承部位测得的振动是机器内部应力或运动状态的一种反映。多数现场应用的由机壳表面测得的振动速度，可提供与实践经验相一致的可信评定。

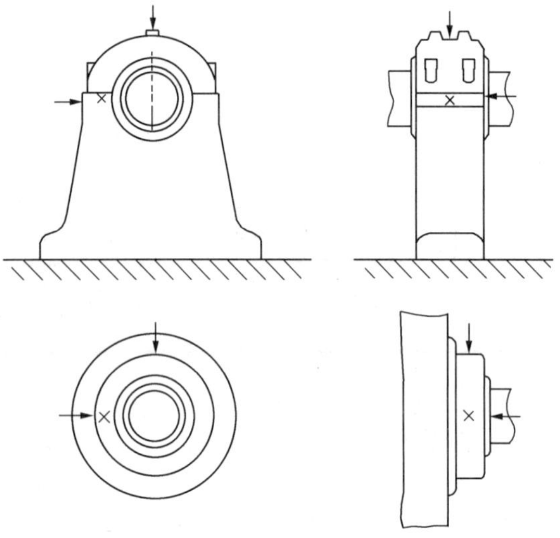

图 3－35　振动测点布置

汽轮机、离心压缩机等大型旋转机械通常含有挠性转子轴系，在固定构件上（如轴承座）测得的振动响应不足以表征机器的运转状态，对这类设备必须测量轴振动，根据实际需要，结合固定构件上的振动情况综合评定设备的振动状态。

测点一般布置在每一主轴承或主轴承座上，并在径向和轴向两个方向上进行测量，如图 3－35 所示。对于立式或倾斜安装的机器，测量点应布置在能得出最大振动读数的位置或规定的位置上，并将测点位置和测量值一同记录。测点位置应固定，一般应作明显标记。机器护罩、盖板等零件，不适宜作测点。

测量仪器一般采用由传感器、滤波放大器、指示器和电源装置等组成的测量仪表，允许采用能取得同样结果的其他仪器。测量时应当掌握在整个测量范围之内仪器的频率响应和精度，并考虑温度变化、磁场、声场、电源波动、传感器的电缆长度、传感器的方位和安装方式等因素对测量系统的影响。

三、故障处理

常见故障及故障处理见表 3－12。

表3－12　常见故障及故障处理

现　　象	可能的原因	处 理 措 施
压缩机的异常振动和异常噪声	不对中或转子运转中心与汽缸中心不一致引起气流激振	卸下联轴器，使原动机单独转动，如果原动机转动时没有异常振动，则故障可能由不对中引起；检查对中情况并参照安装说明书；必要时进行热对中；调整转子与汽缸的同轴度
	压缩机转子不平衡或转子有裂纹或弯曲	检查转子，看是否由污垢或损坏引起；如有必要应对转子重新进行平衡、矫直或更换转子
	叶轮损坏，流道冲蚀	检查叶轮、流道，必要时进行修复或更换；消除流道的污垢等
	轴颈或轴承不正常	检查轴颈或轴承、调整间隙，必要时修复或更换；消除轴承油膜涡动或其他激振因素对轴承的影响
	联轴器故障或不平衡	检查联轴节平衡情况，检查联轴器螺栓、螺母
	吸气量不足	增大吸气量
	密封环不良	检查测定密封环间隙，必要时修复或更换
	油压、油温不正常	检查各注油点油压、油温及油系统工作情况，发现异常设法调整消除油膜涡动
	油中有污垢、水等，不清洁，使轴承磨损	查明污垢来源，检查油质，加强过滤，定期换油，检查轴承，调整间隙；检查油冷却器并排除漏水故障或更换新油
	喘振	检查压缩机运行时是否远离喘振点，防喘裕度是否正确，防喘装置是否工作正常
	机内的固定部件松动与转子发生摩擦或碰撞；叶轮松动	紧急停机，检查并紧固松动部件；消除叶轮与轴的装配过盈小的缺陷
	有异物进入机内	紧急停机，并检查清理异物
	机械密封漏油或进口气体带水	更换机械密封或排放积水
	气体管路的应力传递给机壳，由此引起不对中	气体管路应很好固定。防止有过大的应力作用在压缩机汽缸上；管路应有足够的弹性补偿，以应付热膨胀量
	缸体或气封变形，缸体与气封磨损	消除变形，调整气封间隙，必要时更换气封或缸体
	压缩机附近有机器工作	将它们的基座基础互相分离，并增加连接管的弹性
	机组基础或地脚螺栓松动	修理基础或紧固地脚螺栓
	底座共振	上紧底座或增加底座的刚度
油压急剧下降	油泵出口回油箱阀损坏	联系修理
	油管破裂或联接法兰处有漏油	油管堵漏或拧紧联接法兰的螺栓
	油箱内油量不足	添加润滑油至规定油位
	油过滤器堵塞	切换清洗滤油器的过滤网
	油泵吸入管路漏气	检查排除
	压力表失灵或压力表导管有堵塞	检查排除

现　　象	可能的原因	处 理 措 施
轴承故障	润滑不正常	确保使用合格的润滑油；定期检查，不应有水和污垢进入油中
	轴承的进油口节流圈孔径小，进油量不足	适当加大节流圈孔径
	长期低速盘车使轴承磨损	停车时，不要长期低速盘车，可进行定时间断盘车
	振动过大，引起轴承巴氏合金层的疲劳破坏	限制机器的振动，改善润滑状况
	隔离气漏到轴承腔	调整隔离氮压力
	轴承进油的油温过高或过低	调节油冷却器的冷却水的进水量或检查测温热电偶元件是否松动
	负荷急剧变化或进入喘振工况区工作	迅速调整节流阀的开启度或打开排气阀或旁通阀
	润滑油压力低	调节润滑油压力
	不对中	检查对中情况，必要时应进行调整
	轴承间隙不符要求	检查间隙，必要时应进行调整或更换轴承
	压缩机或联轴器不平衡	检查压缩机转子组件和联轴器，看是否有污物附着或转子组件缺损，必要时转子应重新找平衡
止推轴承故障	轴向推力过大	检查止推轴承间隙，检查气体进出口压差，必要时检查内部密封环环间隙数据是否超标，检查段间平衡盘密封环间隙是否超标
	润滑不正常	检查油泵、油过滤器和油冷器，检查油温、油压和油量，检查油的品质
	止推轴承装反	正确安装止推轴承
油密封环和密封环故障，密封不稳定	不对中和振动	调整对中
	油中有污物	检查油过滤器，更换附有污物的滤芯；加强在线过滤
	密封环间隙有偏差	检查间隙，必要时应给予调整或更换
	油压不足	检查参考气压力，不得低于最小极限值
	密封环精度不够	检查密封环，必要时应修理或更换
	密封油品质或油温不符要求	检查密封油质、指标不符应更换；检查密封油温，并进行调节
	油、气压差系统工作不良	检查参考气压力及线路，并调整到规定值；检查压差系统各元件工作情况
	密封部分磨损或损坏	拆下密封后重新调整间隙组装；按规定进行修理或更换
	浮环座的接触磨损不均匀	应研磨、修正接触面或更换新的备件
	浮环座的端面有缺口或密封面磨损	消除吸入损伤、减少磨损，必要时更换新的备件
	密封环断裂或破坏（组装损伤或空转时热应力破坏）	可能组装时造成损伤，组装应注意；尽量减少空负荷运转；不能修复时应更换
	密封面、密封件、O形环被腐蚀	分析气体性质，更换部件材质或更换新备件
	因低温操作密封部分结冰	消除结冰，或用干燥氮气净化密封大气
	计量仪表工作误差	检查系统的测量仪表，发现失准时检修或更换

续表

现　　象	可能的原因	处 理 措 施
压缩机性能达不到要求	设计错误	审查原始设计，检查技术参数是否符合要求；如发现问题应与卖方和制造厂交涉，采取补救措施
	制造错误	检查原设计及制造工艺要求，检查材质及加工精度；发现问题及时与卖方和制造厂交涉
	气体性质差异	检查气体的各种性质参数，如与原始设计的气体性质相差太大，必然影响压缩机性能指标；根据实际需要与可能设法解决
	运转条件变化	实际运转条件与设计条件相差太大，必然使压缩机运转性能与设计性能偏移。如发现异常应查明原因
	沉积夹杂物	在气体流道和叶轮以及汽缸中是否有夹杂物，如有则应清除
	密封环间隙过大	检查各部间隙，不符要求则必须调整或更换
压缩机喘振	运行点落入喘振区或距喘振边界太近	检查运行点在压缩机特性线上的位置，如距离喘振边界太近或落入喘振区，应及时调整工况并消除喘振
	防喘裕度设定不够	预先测定好各种工况下的防喘裕度；防喘裕度线应调整到最佳
	吸入流量不足	可能进气阀门开度不够，滤芯太脏或结冰，进气通道阻塞，入口气源减少或切断等。打开回流阀或放空阀或降低转速运行，并应查出原因设法解决
	压缩机出口气体系统压力超高	压缩机减速或停机时气体未放空或回流；出口止逆阀失灵或不严，气体倒灌；应查明原因采取措施
	工况变化时放空阀或回流阀未及时打开	进口流量减少或转速下降，或转速急速升高时应查明原因；及时打开防喘振的放空或回流阀门
	防喘振装置未投自动	正常运行时防喘振装置应投自动
	防喘振装置或机构工作失准或失灵	定期检查防喘振装置的工作情况，如发现失灵、失准或卡涩、动作不灵应及时解决
	防喘振整定值不准	严格整定防喘振数值，并定期试验，发现数值不准及时校正
	升速、升压过快	工况变化，升速、升压不可过猛、过快，要交替进行，缓慢、均匀
	压缩介质温度太高	调整工艺参数在设计值，检查段间换热器的换热效果
	气体性质改变或状态改变	调整工艺参数在设计要求范围内
	级间漏气量增大	更换级间密封
	降速未先降压	降速之前应先降压，以免发生喘振
	气体性质改变或状态严重改变；压缩机部件损坏脱落	当气体性质或状态改变之前，应换算特性曲线，根据改变后的特性曲线整定防喘振值 级间密封、平衡盘密封和O形环破损、脱落会诱发喘振；应经常检查，使之处于完好状态
	压缩机气体出口管线上止逆阀失灵	压缩机出口气体管线上的止逆阀应经常检查，保持动作灵活、可靠；以免转速降低或停机时气体倒灌

续表

现　　象	可能的原因	处 理 措 施
压缩机叶轮破损	材质不合格，强度不够	重新审查原设计、制造所用的材质，如材质不合格应更换叶轮
	工作条件不良(强度下降)	工作条件不符合要求，由于条件恶劣，造成强度降低，应改善工作条件，符合设计
	负荷过大，强度降低	因转速过高或流量、压比太大，使叶轮强度降低，造成破坏；禁止严重超负荷或超速运行
	异常振动，动、静部分碰撞	振动过大，造成转动部分与静止部分接触、碰撞，形成破损；严禁振值过大强行运转；消除异常振动
	落入夹杂物	压缩机内进入夹杂物打坏叶轮或其他部件；严禁夹杂物进入压缩机；检查进口过滤器是否损坏
	沉积夹杂物	保持气体洁净，通流部分和汽缸内有沉积物时应尽早清除
	应力腐蚀和化学腐蚀密封系统工作不良	防止发生应力集中，防止有害成分进入压缩机，做好压缩机的防腐措施。检查密封系统各元件，查出原因及时解决
压缩机漏气	O形密封环不良	检查各O形环，如发现不良和老化应更换
	汽缸或管接头漏气	检查汽缸接合面和各法兰接头，发现漏气及时采取措施
	密封胶失效	检查汽缸中分面和其他部位的密封胶及填料，发现失效应更换
	运转不正常	检查运转操作指标是否正确，检查压缩机运行状态，发现不正常及时解决
	密封环破损、断裂、腐蚀、磨损	检查各密封环；发现断裂、破损、磨损和腐蚀应查明原因，并及时修复或更换
压缩机流量和排出压力不足	通流量有问题	将排气压力与流量同特性曲线相比较研究，看是否符合，以发现问题
	压缩机反转	检查旋转方向，旋转方向应与压缩机壳上的箭头方向一致
	吸气压力低	检查入口过滤器
	相对分子质量不符	测定气体实际相对分子质量，和说明书的规定数值相比较；如果实际相对分子质量比规定值为小，排气压力就不足
	原动机转速比设计转速低	检查压缩机运行转速，与说明书对照；如转速确实低，应提升原动机转速
	自排气侧向吸气侧的循环量增大	检查循环气量，检查外部配管；检查循环气阀开度，循环量太大应调整
	压力计或流量计故障	检查各计量仪表，发现问题应高校、修理或更换
原动机超负荷	相对分子质量比规定值大	检查气体实际相对分子质量，与设计说明书相比较
	原动电动机在电气方面有毛病	检查断路器的热容量和动作状况；检查电压是否降低；检查各相电流差是否在3%以内；发现问题及时解决
	与叶轮相邻的扩压器表面腐蚀，扩压度降低	拆开检查，检查扩压器各流道，如有腐蚀应改善材质或提高表面硬度；清扫表面，使表面光滑；如叶轮与扩压器相碰或扩压器变形、应更换
	叶轮或扩压器变形	叶轮或扩压器变形应修复或更换
	转动部分与静止部分相碰	拆开原动机压缩机和齿轮箱；检查各部间隙并与说明书对照；发现问题及时解决
	吸入压力高	吸入压力高，则质量流量增大，功率消耗大；与设计数据对照，找出原因并解决

续表

现　象	可能的原因	处理措施
压缩机排气温度高	隔板密封间隙过大	调整密封间隙
	中分面串气	修理中分面
	中冷器冷却效果差	清扫、修理中冷器
	机组压缩比增大	降低压缩比
润滑油压力低	油泵安全阀失灵	检查安全阀，重新定压
	油过滤器堵塞	清洗过滤器
	油泵发生故障	修理油泵
	油冷却器管束漏油	修油冷却器
	油位低、油泵抽空	加润滑油
	轴承间隙过大	更换轴承
	油管破裂或连接法兰有泄漏	更换油管并拧紧连接法兰螺栓
	压力表失灵	更换压力表
	辅助油泵出口单向阀内漏	修复或更换辅助油泵出口单向阀
	油压调节阀定值过低或卡涩	调整、修理油压调整阀
润滑油耗油量大	润滑油带入系统	检查气封和油封
	润滑油漏入冷却水	检查润滑油冷却器
	润滑油系统管线有漏点	消除漏点

第四章　轴流式压缩机

第一节　轴流式压缩机概述及其特点

轴流式压缩机最早出现于20世纪中叶，由于测试手段的现代化及电子计算机技术的发展，使压缩机的理论研究、试验及设计日臻完善。目前轴流式压缩机的效率可高达90%，而容量也有了很大的提高，功率最大已达150000kW，最大的流量达20000m^3/min。轴流式压缩机单机压比达到7～9，甚至到10～15。

我国陕西鼓风机厂在20世纪70年代末，从瑞士苏尔寿公司引进了标准型轴流式式压缩机的专利和技术，现在可以生产A和AV两个用途广泛的轴流式压缩机系列。此外，南京汽轮电机厂、哈尔滨汽轮机厂也能生产轴流式压缩机。

国外比较有名的轴流式压缩机生产厂，除了瑞士苏尔寿公司外，还有德国GHH公司、美国D－R公司及美国Elliott公司等。

轴流式压缩机与离心式压缩机各有自己合适的工作范围与气动特点。轴流式压缩机与离心式压缩机相比，在性能上有下列一些优、缺点。

轴流式压缩机的优点是：

1）在设计工况下效率较高，绝热效率能提高5%～10%，可达86%～90%。

2）静叶可调时流量调节范围宽。

3）流量大、重量轻、体积较小。

4）结构简单，运行维护方便。

5）在同样操作参数条件下，价格便宜。

轴流式压缩机的缺点是：

1）单级压力比较低。

2）等转速时稳定工况范围较窄，性能曲线较陡，变工况性能较差，容易发生喘振工况。

3）操作不当有可能出现阻塞工况及逆流工况。

4）对工质中的杂质敏感，叶片易受磨损，必需设置入口空气过滤器。

5）动叶片，尤其是前1、2级比较容易损坏。

6）控制系统较复杂，要求高。

第二节　国内外典型轴流式压缩机

一、轴流式压缩机的性能参数及选型的一般要求

（一）轴流式压缩机的性能参数

轴流式压缩机的性能参数主要有压缩机的流量、压比、效率与功率。

压缩机的流量可用容积流量V(m^3/s、m^3/min)或质量流量M(kg/s、kg /min)表示，在给定的进气状况或标准状况下二者可以相互换算。

压缩机的压比 $\varepsilon = p_{out}/p_{in}$。这里 p_{out}、p_{in} 各表示压缩机出口与进口的气体绝对压力。此外，也常用出口压力(背压)表示工质压力提高的程度，单位为 MPa。

压缩机效率的表示方法较多，有绝热效率 η_{ad}、多变效率 η_{pol}，还有将压缩机的外部损失也都考虑进去的压缩机有效效率 η_e。

压缩机功率是指驱动压缩机所需要的轴功率 N_e，单位为 kW。

每一台压缩机产品都有铭牌，其上标明了压缩机主要技术参数、所用的工质和进气条件。

(二) 选用轴流式压缩机的一般要求

1) 在选择机型时，应尽可能使压缩机的运行工况点落入压缩机特性曲线有效使用的区域内，年平均工况点必须位于高效区。

2) 选择额定效率高、高效区较宽广的压缩机，以便压缩机长时间处于经济运行状态。

3) 应具有良好的调节性能和灵活的安全保护系统，以确保安全、稳定、可靠地运行。

4) 在压缩输送可燃、易爆及对人体有害的气体时，应选择轴封严密的压缩机，防止介质泄漏。

5) 选择运行费用低、体积小、重量轻的压缩机，以节省投资。

二、A 及 AV 系列轴流式压缩机

(一) A 及 AV 系列轴流式压缩机型号表示方法

压缩机型号由一组字母和一组数字表示，字母表示轴流压缩机的结构形式；数字表示转鼓名义(公称)直径和级数。例如：

A 71 - 16
- 16 级
- 转鼓名义直径为 71cm
- 静叶不可调的轴流式压缩机

AV100 - 12
- 12 级
- 转鼓名义直径为 100cm
- 静叶可调的轴流式压缩机

(二) A 及 AV 系列轴流式缩机的性能特点

轴流式缩机分为 A 和 AV 两大系列，每个系列按转子转毂直径划分为多种规格和级数。A 系列为静叶不可调的固定式多级轴流式压缩机系列，该系列有 40、45、50、56、63、71、80、90、100、112 等 10 种规格，其流量范围为 $5 \sim 100 \times 10^4 m^3/h$，出口压力范围约为 0.35 ~ 1.2MPa，级数 10 ~ 20 级，其转鼓直径为 40 ~ 112cm。

AV 系列为静叶可调的固定式多级轴流式压缩机系列，静叶角度可以在 14° ~ 80° 范围变化，其规格数、流量和压力范围与 A 系列相同，但由于本系列静叶全部可调，其流量变化范围几乎比 A 系列大 1 倍，不仅有很宽的工作范围，而且保持较高的效率，特性曲见图 4 - 1。等效率线和喘振线平行且平坦，具有 50%、80%、112% 三种反动度供选择和组合，满足不同介质和机型要求。

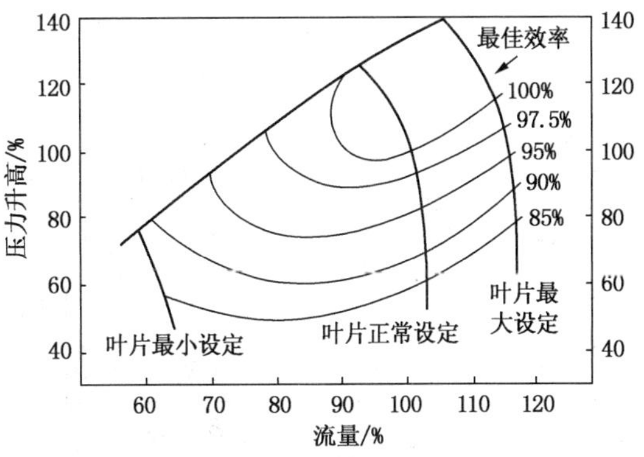

图 4 - 1　AV 系列轴流压缩机特性曲线

A 及 AV 系列轴流式压缩机性能参数见表 4－1 及表 4－2、主要尺寸见表 4－3。

表 4－1　A 系列轴流式压缩机性能参数表（介质：空气）

型　号	级　数	压　比	吸入流量/($10^3 m^3/h$)	功率/10^2kW	转数/(r/min)
A40	9～17	2.9～7.6	65～84	33～83	9549
A45	9～17	2.9～7.7	84～110	45～106	8488
A50	9～17	2.9～7.7	110～132	56～135	
A56	9～17	3～7.7	132～168	72～180	
A63	9～17	3～7.7	168～230	90～220	
A71	9～17	3～7.7	230～275	115～270	
A80	9～17	3～7.7	275～350	149～350	
A90	9～17	3～7.7	350～440	170～440	
A100	9～17	3～7.7	440～550	240～540	
A112	9～17	3～7.7	550～680	290～690	

表 4－2　AV 系列轴流式压缩机性能参数表（介质：空气）

型　号	级　数	压　比	吸入流量/($10^3 m^3/h$)	功率/kW	转数/(r/min)
AV40	9	2.7～3.2	70～85	3400～4000	8833
	18	6.5～7.2	70～85	6300～8000	8833
AV45	9	2.7～3.2	85～110	4000～5100	7852
	18	6.5～7.2	85～110	8000～10000	7852
AV50	9	2.7～3.2	110～135	5100～6200	7066
	18	6.5～7.2	110～135	10000～13000	7066
AV56	9	2.7～3.2	135～165	6200～8000	6309
	18	6.5～7.2	135～165	13000～16000	6309
AV63	9	2.7～3.2	165～215	8000～10000	5608
	18	6.5～7.2	165～215	16000～20000	5608
AV71	9	2.7～3.2	215～275	10000～13500	4976
	18	6.5～7.2	215～275	20000～27000	4976
AV80	9	2.7～3.2	275～350	13500～17000	4417
	18	6.5～7.2	275～350	27000～33000	4417
AV90	9	2.7～3.2	350～425	17000～21000	3926
	18	6.5～7.2	350～425	33000～41000	3926
AV100	9	2.7～3.2	425～550	21000～27000	3533
	18	6.5～7.2	425～550	41000～51000	3533
AV112	9	2.7～3.2	550～680	27000～34000	3153
	18	6.5～7.2	550～680	51000～65000	3153
AV125	9	2.7～3.2	680～850	34000～40000	2827
	18	6.5～7.2	680～850	65000～80000	2827
AV140	9	2.7～3.2	850～1050	40000～50000	2524
	18	6.5～7.2	850～1050	80000～90000	2524

表 4-3　轴流式压缩机主要尺寸

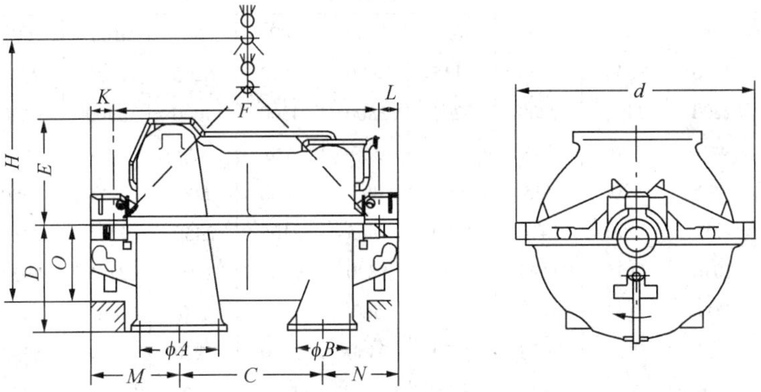

A/AV 型号——转毂直径，cm；F——轴承跨距，mm；G_R——转子质量，t；G_1——总质量，t；mr^2——惯性力，kgm^2；G_2——上机壳质量，t；G_3——装配最大件质量，t；H——拆卸最低高度，mm

12 级

型号	40	45	50	56	63	71	80	90	100	112	125	140
ϕ_A	1000	1100	1200	1400	1500	1700	1900	2200	2400	2600	3000	3400
ϕ_B	650	750	800	900	1000	1100	1300	1500	1600	1800	2000	2200
C	1820	1788	1855	1971	2060	2190	2330	2670	3050	4075	4560	5090
D	1050	1150	1250	1400	1500	1700	2000	2200	2400	2600	2900	3250
E	985	1090	1205	1365	1510	1705	1840	2070	2350	2200	2460	2750
F	3100	3088	3240	3466	3737	4510	4980	5620	6140	7040	7880	8810
H	2100	2200	2400	2800	3200	3800	4300	4900	5400	6200	6800	7600
K	450	490	520	555	660	560	620	800	800	900	1000	1125
L	450	490	520	555	660	805	1000	800	800	1500	1600	1700
M	1155	1210	1290	1410	1610	1865	2105	2450	2535	2415	2690	3020
N	1025	1070	1135	1195	1387	1820	2165	2100	2155	2950	3230	3525
O	650	700	700	800	850	560	630	710	710	900	1000	1125
P	2160	2430	2700	3020	3050	3460	3770	4220	4780	5290	5900	6610
G_R	2. 3	3. 3	4. 3	5. 3	7. 0	10. 0①	13. 4①	18. 0①	28. 0①	27	37	53
G_{1A}	17. 3	22. 5	28. 5	34. 5	44. 5	53. 5	67	96	139	140	195	270
G_{1AV}	18. 5	24. 0	30. 5	37. 0	48. 0	58. 8	73	105	149	165	215	300
G_2	4. 5	6. 0	7. 5	9. 0	11. 5	12. 5	17. 3	25. 1	36. 0	39	54	75
G_3	8. 0	10. 0	12. 5	15. 0	16. 5	15. 5	22. 3	33. 1	43. 0	44	62	85
mr^2	40	65	105	175	300	550②	980②	1780②	3000②	4800	8300	14500

16 级

型号	40	45	50	56	63	71	80	90	100	112	125	140
ϕ_A	1000	1100	1200	1400	1500	1700	1900	2200	2400	2600	3000	3400
ϕ_B	650	750	800	900	1000	1100	1300	1500	1600	1800	2000	2200
C	2220	2200	2255	2375	2468	2670	2860	3250	3690	4825	5380	6030
D	1050	1150	1250	1400	1500	1700	2000	2200	2400	2600	2900	3250
E	985	1090	1205	1365	1510	1705	1840	2070	2350	2200	2460	2750

续表

16级												
型号	40	45	50	56	63	71	80	90	100	112	125	140
F	3500	3500	3640	3870	4145	4990	5510	6200	6780	7790	8700	9750
H	2100	2200	2400	2800	3200	3800	4300	4900	5400	6200	6800	7600
K	450	490	520	555	660	560	620	800	800	900	1000	1125
L	450	490	520	555	660	805	1000	800	800	1500	1600	1700
M	1150	1210	1290	1410	1610	1865	2105	2450	2535	2415	2690	3020
N	1025	1070	1135	1195	1387	1820	2165	2100	2155	2950	3230	3525
O	650	700	700	800	850	560	630	710	710	900	1000	1125
P	2160	2430	700	3020	3050	3460	3770	4220	4780	5290	5900	6610
G_R	2.7	3.8	4.9	6.0	8.0	11.2①	15.5①	21.0①	32.0①	30	42	60
G_{1A}	18.5	24.0	30.5	37.0	46.0	56.7	71	102	146	148	206	290
G_{1AV}	20.0	26.0	33.0	40.0	50.0	62.6	78	112	159	166	230	320
G_2	4.7	6.2	7.7	9.2	11.7	13	18	26	37	40	55	77
G_3	8.3	10.3	12.8	15.3	16.8	16	23	34	44	45	63	88
mr^2	48	78	124	205	350	650②	1140②	2070②	3500②	5500	9600	16800

注：① 空心转子大约轻30%；

② 空心转子大约轻15%。

表4-4为催化裂化装置中使用的几种典型的AV型轴流式压缩机技术参数。

表4-4 轴流式压缩机技术特性参数

序号	型号 / 参数	AV 45—12	AV 50—12	AV 56—13
1	流量/(Nm^3/min)	1700	1662	2500
2	进气温度/℃	3~28	-13.9~23.7	12
3	排气温度/℃	202	240	200
4	进气压力(A)/MPa	0.0961	0.0961	0.098
5	排气压力(A)/MPa	0.3335	0.3924	0.45
6	多变效率/%	88	87	88
7	大气灰尘浓度/(g/m^3)	0.15~0.17	1.6	
8	大气相对湿度/%	63	68~80	
9	轴功率/kW	5624	6285	9040
10	转速/(r/min)	6373	6363	5745
11	一阶临界转速/(r/min)	3690	3180	2850
12	二阶临界转速/(r/min)	10675	9590	7250
13	最大连续转速/(r/min)		6681	
14	跳闸转速/(r/min)		6999	
15	转子飞轮力矩/N·m		4316.4	
16	静叶栅最小角度	17°	15°	
17	静叶栅最小工作角度	37°	22°	
18	静叶栅工作角度	37°~75°	22°~78°	
19	转向	从进气端看为顺时针		

A 及 AV 系列轴流式压缩机具有相同的结构形式和尺寸，其转子、机壳、轴承等所有部件均相同。仅 AV 系列增加了一套静叶可调机构和带动该机构的中间汽缸。虽是两种系列，其通用化的程度是很高的。

机壳是标准化的，同一种型号不同级数的机壳，其进排汽缸的木模是一样的。不同级数机身长度的改变借组合木模来实现。

转鼓是标准化的，当级数不同时，除轴向长度不同外，其他所有结构尺寸均相同。主轴材料一般为镍铬合金钢。

静、动叶片也是标准化的，共有 9 种不同的尺寸而几何形状相似的叶片，其通用性很强。叶片材料一般为铬不锈钢。

通流部分锥度、静叶内缸结构尺寸、轴承、密封、联轴器、静叶可调机构及轴流式压缩机的附属设备，如润滑油系统、控制油系统、各种控制和保护系统的设备也均是标准化的。

三、国外典型轴流式压缩机

(一) 德国 GHH 公司生产的轴流式压缩机

1. 型谱(见图 4－2)

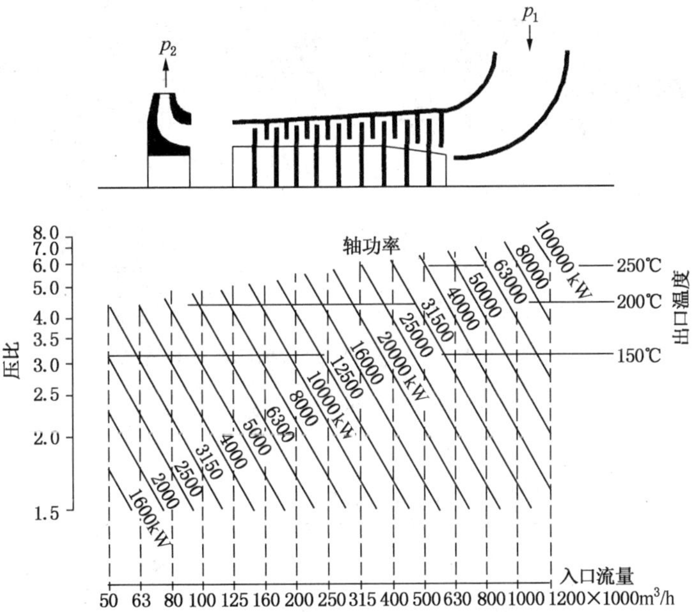

图 4－2　GHH 公司轴流压缩机型谱

2. 特点

1) 反动度为 70% ~100%。

2) 采用串级结构，末级为离心级，轴向尺寸小。

3) 流量范围为 50000 ~ 1200000Nm^3/h，压比可达 8。

4) 对于恒转速的轴流压缩机，只在级少的基本级采用静叶可调。

5) 图 4－3 为采用可调静叶控制方式的流量、压比的变化曲线。图 4－4 为采用速度控制方式的流量、压比变化曲线。

3. 结构

图 4－5 为部分静叶可调的轴流式压缩机，前 6 级的反动度为 70%，以后几级的反动度

为 100%，最后一级为离心级(装有一个叶轮)。

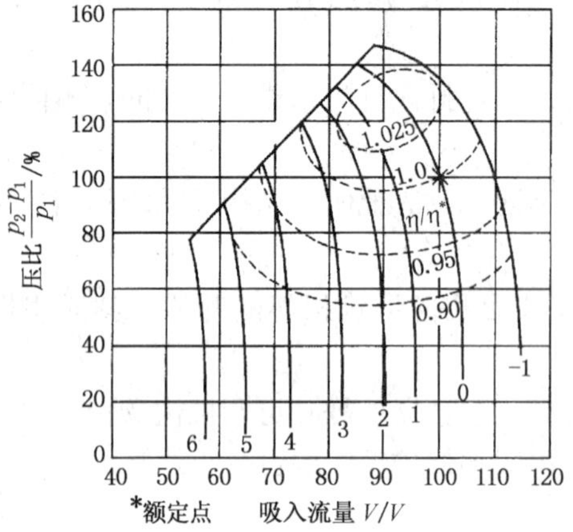

图 4-3　静叶控制

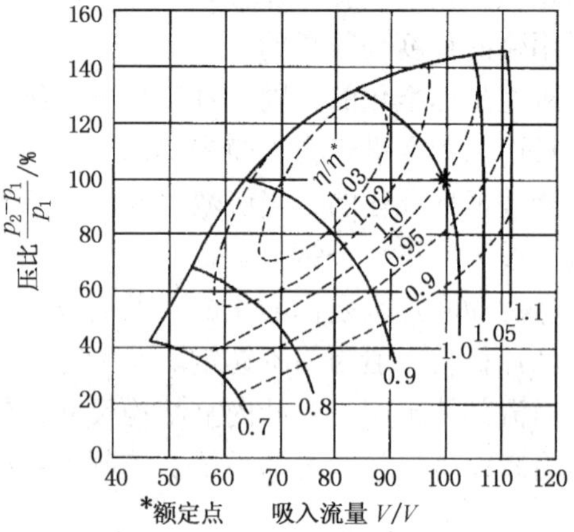

图 4-4　速度控制

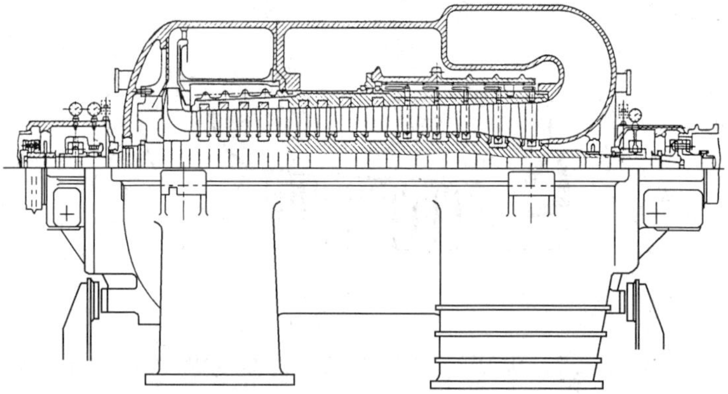

图 4-5　MAN GHH 公司轴流压缩机

(二) 美国 D-R 公司生产的轴流式压缩机

1. 型谱(见表 4-5)

表 4-5　D-R 公司轴流式压缩机系列

系列号	正常转速/(r/min)	流量范围/(m^3/h)	进口尺寸/mm	出口尺寸/mm	机高/mm	机宽/mm	级数	机长/mm	总质量/kg	转子质量/kg
1000	8000	127400	787×1397	686×1143	1651	1575	3 9 15	1956 2616 3276	4717 6214 7983	499 862 1361
1500	6870	186900	940×1676	813×1575	2209	2210	3 9 15	2261 3023 3785	6804 8618 11794	658 1225 2177
3000	5590	271800	1067×2159	762×1854	1854	2743	3 9 15	2438 3327 4216	12427 14423 16328	1179 2222 4218

续表

系列号	正常转速/(r/min)	流量范围/(m^3/h)	进口尺寸/mm	出口尺寸/mm	机高/mm	机宽/mm	级数	机长/mm	总质量/kg	转子质量/kg
4000	4580	390800	1219×2769	864×2235	1981	3099	3 9 15	2870 3962 5055	13971 18507 23043	2132 3991 7529
5000	3750	577700	1524×3200	940×2413	2820	3785	3 9 15	3607 4953 6274	20140 26672 33748	3992 7076 11747
6000	3120	849500	1981×3607	1016×2565	2667	3708	3 9 15	3581 5105 6629	28804 38329 48535	6985 12474 18734

2. 特点

1）叶型采用美国 NASA 航空航天管理局标准型线。

2）反动度为 50%。

3）部分静叶可调。

3. 结构

图 4－6 为美国 D－R 公司轴流式压缩机结构简图。

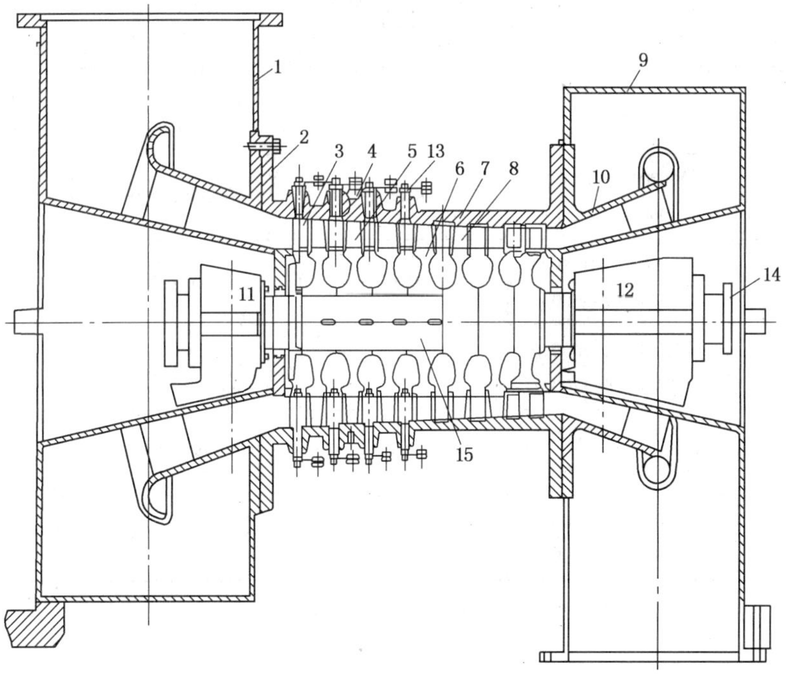

图 4－6　美国 D－R 公司轴流式压缩机结构

1—进口蜗形壳体；2—中间缸体；3—进口导向叶片；4—可调式静叶片；5—转子动叶片；6—转子轮盘；7—固定式静叶片；8—级间密封片；9—出口蜗形壳体；10—出口扩压器；11—径向轴承；12—推力轴承和径向轴承；13—可调静叶的转动杆；14—联轴节；15—转子主轴

（三）美国 Elliott 公司生产的轴流式压缩机

1. 型谱(见表 4－6)

表 4－6

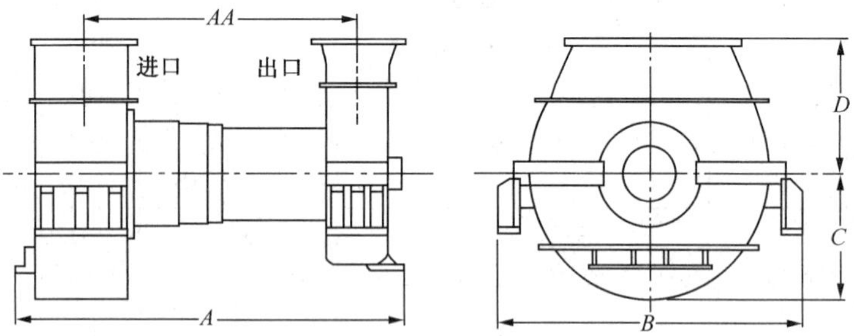

型号	近似尺寸								
	A(11 级)/(in/mm)	AA(11 级)/(in/mm)	每级的长度差/(in/mm)	入口端			出口端		
				B/(in/mm)	C/(in/mm)	D/(in/mm)	B/(in/mm)	C/(in/mm)	D/(in/mm)
21A	129/3277	91/2311	4.4/112	104/2642	42/1067	45/1143	84/2134	32/813	45/1143
26A	152/3861	105/2667	4.9/124	119/3023	50/1270	51/1295	95/2413	38/965	51/1295
32A	182/4623	125/3175	5.9/150	130/3302	59/1499	60/1524	115/2921	45/1143	60/1524
37A	218/5537	150/3810	6.5/165	148/3759	70/1778	72/1829	141/3581	56/1422	72/1829
44A	260/6604	180/4572	7.9/201	180/4572	83/2108	86/2184	168/4267	66/1676	86/2184

型　　号	额定流量①/[ft^3/mm(m^3/h)]	额定转速/(r/min)	近似质量(11 级)/(lb/kg)	每级质量差/(lb/kg)
21A	40000～100000 (67960～169900)	6100	29100/13200	600/272
26A	70000～141000 (118900～239600)	5100	50000/22700	910/413
32A	125000～202000 (212400～343200)	4270	85000/38600	1480/671
37A	190000～285000 (322800～484200)	3600	140000/63500	2140/910
44A	250000～396000 (424800～672800)	3050	230000/104300	3500/1590

注：① 基准空气工况为 60℉，14.7psia。

2. 特点

1）叶型采用美国航空协会 NACA65 系列型线。

2）反动度为 50%。

3）部分静叶可调。

3. 结构

图 4－7 为美国 Elliott 公司轴流式压缩机结构简图。

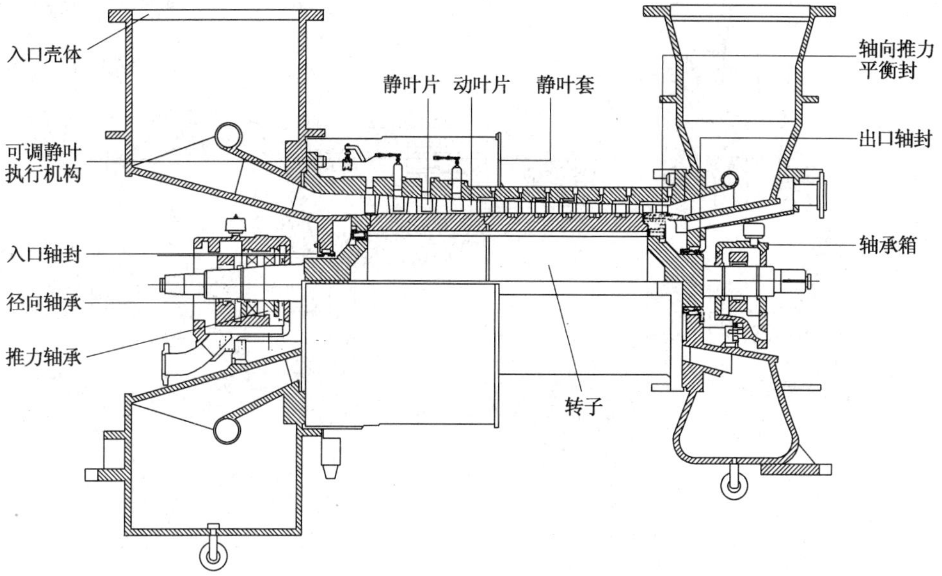

图 4－7　美国 Elliott 公司轴流式压缩机

第三节　轴流式压缩机的结构及附属设备

一、轴流式压缩机的结构

轴流式压缩机的结构，总体有两大基本组成部分：一是以转轴为主体的可以旋转的部分，简称为转子；二是以机壳及装在机壳上各静止部件为主体的固定部分，简称为静子或定子。

轴流式压缩机一般由壳体(或叫汽缸)、转子、密封体、轴承箱、有或无静叶调节机构(或叫执行机构)、联轴器及底座等组成。

(一) 轴流式压缩机的结构

AV 系列轴流式压缩机主要由转子、静叶片承缸、调节缸及支撑、机壳(包括进口、收敛器、出口、扩压器、支耳或叫突缘)、轴承箱或叫轴承座(包括滑动轴承、油封)、可调静叶执行机构或叫伺服马达(包括伺服阀、动力油缸)、联轴器、底座(包括支座)等组成，图 4－8 为 AV 型轴流压缩机剖面图，A 系列的也可参见此图。

1. 机壳(汽缸)

机壳采用铸铁或铸钢件，不易变形，吸收噪音效果好。汽缸为水平剖分的，且为分缸结构。固定静叶型的机壳由内缸(叶片承缸)和外缸两个缸组成。可调静叶型的由内缸、中间汽缸(即静叶调节缸)和外缸 3 个缸组成；中缸通过缸内导向环来移动静叶片的曲柄，达到改变静叶角度的作用。这种双缸、三缸的结构，大大减小了应力和由于热膨胀所造成的变形，而且刚度也大。内缸及调节缸便于机加工和铸造，使废品减少。安装静叶的内缸级数越多，则轴向尺寸越长。内缸有的是作成整体的，也有的做成多段结构的，以便于加工。整个中间静叶调节汽缸由机壳内 4 个凹槽支脚支承。小型号的机器，其轴承座与机壳铸成一体；大型号的机器，轴承座与机壳分开，轴承座为钢板焊接结构。

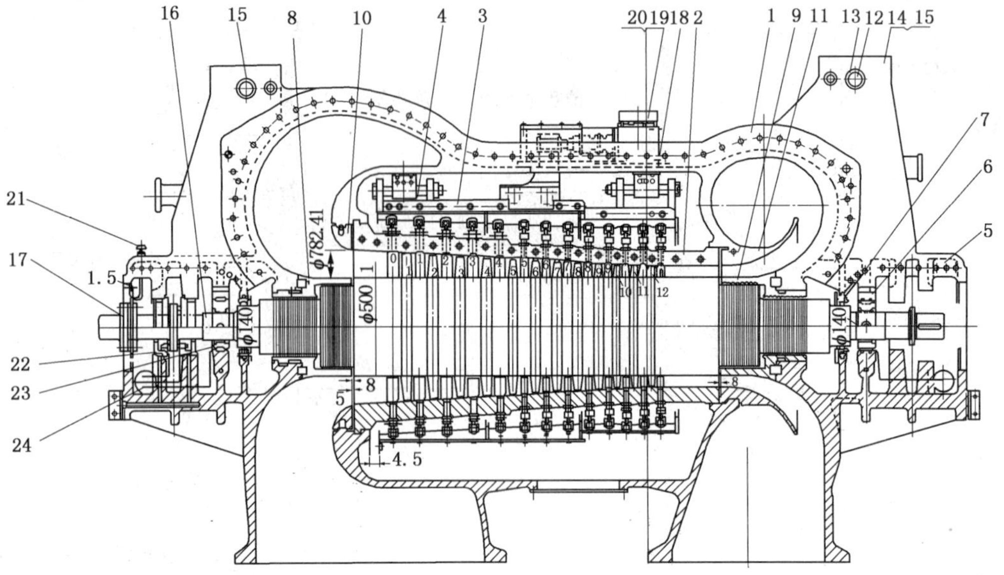

图 4－8　AV 型轴流压缩机剖面图

1—机泵；2—静叶承缸；3—调节缸；4—驱动环；5—轴承箱；6—径向轴承；7—油封；
8—密封套(进气侧)；9—密封套(排气侧)；10—进口收敛通道；11—扩压器；12—螺栓；
13—垫圈；14—支腿；15—导向键；16—转子；17—联轴器；18—调节缸支撑；19—伺服马达(右)；
20—伺服马达(左)；21—位移监测器；22—止推轴承；23—径向轴承；24—热电偶

机壳本体有进气室、进口收敛器、出口扩压器、出气室，壳体两轴端嵌镶有带封齿的密封体。

2. 转子

轴流式压缩机通流部分采用等内径结构，即各级转鼓的直径相同，这样，转轴加工较为方便。转鼓的结构有实心和空心的两种。近年来，由于锻造加工设备能力增大，所有转子已全部做成实心转子。

转子是高速旋转的部件，通过转子上的动叶把机械能变为压力能，转子要求有足够的强度和刚度，结构要紧凑。

转子中间段的两侧可作为平衡盘，平衡盘的吸气侧与排气管连通，引入高压气体，而排气侧的平衡盘与吸气管连通引入低压气体。结果给转子的排气侧一面以轴向推力来平衡转子动叶片上所承受的指向吸气侧的轴向推力。

3. 叶片

转子上的叶片应有足够的强度安全裕量，防止振动疲劳断裂。材料要求防腐防锈，加工型线精确。叶片有动叶和静叶，每一列动叶和其后的静叶组合称为一级。

动叶是扭曲叶片，又称工作轮叶片，是用叶根榫头均匀地固定在转鼓或转盘外缘的槽道中。其作用是将转子上的旋转机械功传给气体，以增加气体的压力能和动能。

静叶是直叶片，又称导流器，位于动叶后用叶根榫头均匀地固定在汽缸内壁的槽道中，其作用是将动叶中流出的气体动能转化为压力能，另外，又使气流在进入下一级动叶前有一定的速度和方向。静叶有可调和不可调两种。可调叶片的叶根为圆柱形结构，使用可调静叶可扩大稳定工况区，减少启动功率。

所有叶片全部采用美国 NACA 的原始叶型，但通过试验做了某些修改。例如，动叶片顶部改薄，根部加厚，静叶沿叶高做成直叶片。叶片沿叶高基本上是按等环量规律扭曲的，并采用反动度80%的N8叶型和反动度为50%的N5叶型叶片。前面几级叶根榫头为纵树型的结构，后面的几级为倒T形(即燕尾形)的结构。各级动叶片沿圆周方向安装在转子的凹型槽内，每两个动叶片间由隔叶块定位，隔叶块是整体的。每级最末安装的两个动叶片之间的隔叶块是由3部分组成的，这是为了装配的方便。在叶根的最下面钻一小孔，其中放一个小弹簧，使叶片安装于转子上后，借弹簧力顶住叶片。

可调静叶的叶根为圆柱形的结构，以便根据需要改变静叶角度。可调静叶支杆上的轴承，是用无油润滑的石墨青铜材料做成。为防止静叶片支杆上转动处漏气或有污垢进入，在支杆处装有特殊橡胶密封圈。

各级可调静叶都有一套调节机构，各级调节机构安装在同一调节汽缸上，这样可便于安装。调节汽缸由液压执行机构驱动。

4. 轴端密封

采用拉别令密封，用不锈钢密封片插入轴端的凹型线槽内，并用钢丝固紧，而不采用在轴上直接加工出密封圈的设计，以便于更换。由于密封片嵌入轴端，一旦机器振动或转子有跳动时，密封片与汽缸相摩擦所产生的局部高温热量就被汽缸散出去了。如果密封片装在汽缸上，这时若产生局部高温，就会传到转轴上，而造成转子弯曲。

5. 进、出口导流器(或叫导叶、导流栅，出口的也常叫整流器)

进口导流器位于初级的前面，用来控制进入第一排动叶前的气流方向。如果不用进口导叶，那么气体一般是轴向方向进入第一排动叶流道，这种情况称作轴向进气。

出口导流器位于末级的后面，其作用是使由最后一排静叶出来的气流方向变为轴向，进入后面的环形扩压器流道后再经排气室排出。静叶不可调时，进、出口导流器安装在机壳内，静叶可调时，安装在静叶承缸内。

6. 轴承箱

轴承箱位于壳体的两端，两端有油封，箱内装有滑动轴承。

压缩机采用的轴承分支承轴承(或叫径向轴承)和止推轴承两类。支承轴承的作用是承受转子重量和其他附加径向力，保持转子转动中心和汽缸中心一致，并在一定转速下正常旋转。止推轴承的作用是承受转子的轴向力，限制转子的轴向窜动，保持转子在汽缸中的轴向位置。压缩机一般采用滑动轴承。

滑动轴承属于动压轴承，即依靠轴颈(或止推盘)本身的旋转，把润滑油带入轴颈(或止推盘)与轴之间，形成楔状油膜，受到负荷的挤压建立起油膜压力以承受载荷。轴承实现液体润滑(油膜具有稳定的承载能力)的必要条件是：①轴颈(或止推盘)和轴承工作面间隙必须使进油处的间隙大于出油处间隙(即油隙呈楔状)；②轴颈有足够高的转速；③有足够的供油量；④润滑油具有一定的黏度；⑤外载荷必须小于油膜的承载能力。

轴承油膜的形成和油膜压强的大小受轴的转速、润滑油黏度、轴承间隙、轴承负荷及轴承结构等因素的影响。一般转速越高，油的黏度越大，被带进的油就越多，油膜压强越大，承受的载荷也越大。但是，油的黏度过大，会使油分布不均，增加摩擦损失，不能保证良好的润滑效果。轴承间隙过大，对油膜形成不利，并增大油的消耗；间隙过小，又会使油量不足，轴瓦就会烧坏。对支承轴承来说，轴承的长度和直径的比 L/d 过大，油不容易从轴端流走，使温度升高，而且由于制造安装误差，不可避免的轴偏斜使轴承端部产生边缘压力过大，造成严重磨损和疲劳破坏。因此，L/d 一般在0.4～1.0。

（1）径向轴承

大功率低转速的采用椭圆瓦两油隙轴承，其椭圆比大于2；小功率高转速的采用可倾瓦（活支多瓦）轴承。

椭圆瓦轴承的结构基本上与圆瓦结构相同，只不过椭圆瓦的内表面呈椭圆形，轴承侧间隙大于或等于顶间隙，一般顶间隙约为轴颈 d 的(1～1.5)/1000，而侧间隙约为(1～3)d/1000，而圆瓦侧间隙为1/2顶间隙。轴颈在旋转中形成上下两部分油膜，这两部分油膜的压力产生的合力与外载荷平衡。椭圆瓦轴承比圆瓦轴承有如下优点：首先，它稳定性好，在运转中若轴上下晃动，比如向上晃动，上面的间隙变小，油膜压力变大，下面的间隙变大，油膜压力变小，两部分力的合力变化会把轴颈推回原来的位置，使轴运转稳定；其次，由于侧隙较大，沿轴向流出的油量大，散热好，轴承温度低，因此它的顶隙可以比同样尺寸的圆瓦轴承的顶隙小。但是，椭圆瓦轴承的承载能力比圆瓦轴承低，由于产生上下两个油膜，功率消耗大，在垂直方向抗振性好，但水平方向抗振性差些。轴承上下两半瓦由螺钉连接在一起，为保证上下瓦对正中心设有销钉；下轴瓦有3个轴瓦垫块，一个位于正下方，其余两个分别位于侧面，其中一个带有进油孔。垫块可保证轴瓦在轴承壳中定位及对中，可以通过磨削垫块与轴承间的垫片来调整轴承的位置。

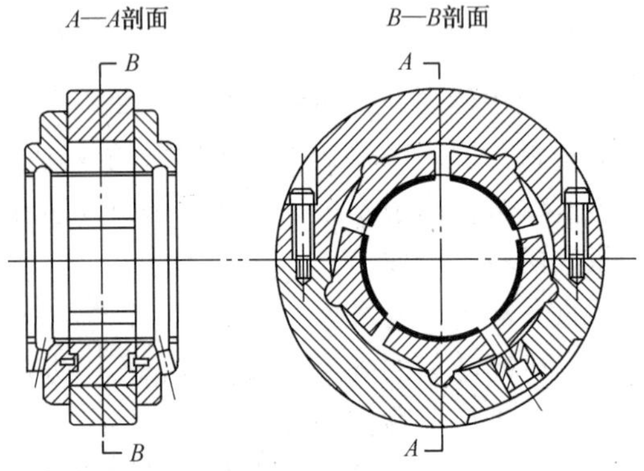

图4-9　可倾瓦轴承

可倾瓦轴承（见图4-9）主要由轴承体（或叫轴承壳）、两侧挡油环（或叫阻油环）和自由摆动的瓦块组成。瓦块有3、4或5块不等，一般有5块可倾斜轴承瓦块，等距离安装在轴承体的槽内，用特制的销钉或螺钉定位，其中有一块瓦在轴颈的正下方，以便停车时支承轴颈及冷态时找正。轴承体在水平中分面分为上下两半，用销钉定位，螺钉固紧。为防止转动，轴承上方有防转销钉。瓦块的背面直径小于轴承壳体孔的内径，每一块瓦背圆弧与轴承壳孔是线接触，能绕其支点自由地摆动，自动调节瓦块的位置，以达到形成最佳承载油楔，保证运转时处于最佳状态。可倾瓦内侧有热电偶热敏元件测温。

轴承体由25或35锻钢制造，瓦块内表面（工作面）浇铸一层轴承合金（通常用锡基巴氏合金 ChSnSb11-6），厚度一般都在1～3mm。这类轴承加工制造精度较高，瓦壳与瓦块配合内径公差及等分的定位销孔中心距公差控制在0.025mm范围内；瓦块厚度公差控制在0.0125mm范围内，这样可保证瓦块的互换性在装配时不必刮研找正。

可倾瓦轴承的特点是① 进一步改善轴瓦的流体动力学性能；② 转轴圆周上受力均匀，因而运转平稳、振动小；③ 允许一定范围的偏差；④ 抗油膜振动性能好。

（2）止推轴承

转子轴向推力大部分由平衡盘承受，剩余的约20～40kN左右的轴向推力，则由止推轴承承受，若采用刚性联轴器，而又是汽轮机拖动时，压缩机上就不设止推轴承，这样，压缩机转子上剩余的轴向推力，可由汽轮机上的止推轴承承担，使结构更为简单。若用电动机拖动，采用刚性联轴器时如齿轮联轴器，则压缩机必须有自己的止推轴承。

止推轴承为米契尔型摆动多瓦块式的，图4-10(b)所示为米契尔轴承与可倾瓦轴承的组合，图4－10(a)为米契尔轴承，它的活动部分为单层扇形止推块，通过瓦块后的刃口与底环(或叫基环)接触，当止推块承受推力时，止推瓦块可以根据承载的大小自动调位，以保持每个块上的负荷均匀分配。将推力盘传来的轴向推力传到轴承座上。米契尔型轴承结构简单，轴向尺寸小，缺点是当瓦块厚度稍有差别或轴承底环与止推盘平行度有误差时，会造成部分瓦块过载。

在推力盘两侧分主推力瓦块和副推力瓦块。正常情况下，转子的轴向力通过推力盘经过主推力瓦块、底环传给轴承座。在起动或甩负荷时可能出现反向轴向推力，此推力将由副推力瓦块来承受。瓦块表面上浇铸巴氏合金，厚度为1～1.5mm，其厚度应小于压缩机动、静部分间的最小轴向间隙。推力盘的轴向位置是由止推轴承来保证的。推力盘和瓦块间留有间隙，通常称为推力间隙或转子的工作窜量，以便保证止推盘和瓦块间形成油楔承受转子的轴向推力。

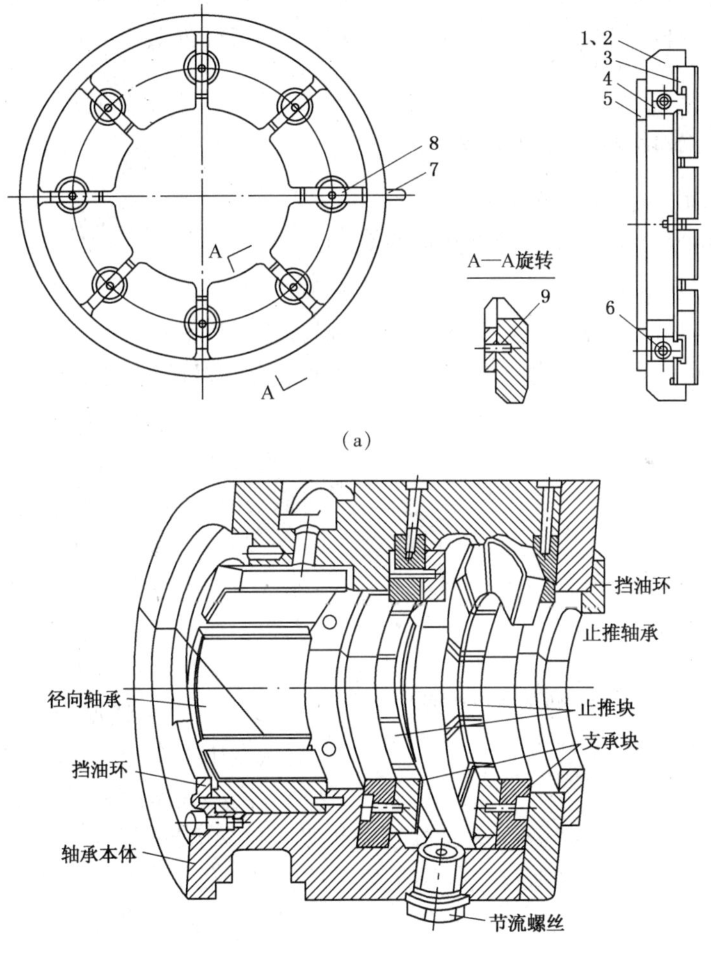

图4－10　米契尔摆动瓦止推轴承

1、2—上、下推力底环(基环)；3—推力瓦块；4—固定位块；5—调整垫片；6—固定螺钉；7—键；8、9—螺钉

7. 联轴器

联轴器用优质合金钢制造，加工精度很高。可根据机器的种类选择合适类型的联轴器，如钢性的齿式、弹性的膜片或膜盘式联轴器等。

8. 底座(或底板)

底座由钢板焊接而成，压缩机本体重量通过下壳体的突缘(支耳、支腿)支承在底座的4个支柱(支座)上，下机壳与底座上的支座间有定位及导向结构。

整个轴流式压缩机的重量支承在4个支柱(支座)上，其低压侧的两个支柱与机壳支腿的上下面做成球面的，支柱与支腿之间有间隙，因此允许机器的低压侧在各个方向上摆动、移动，以适应受热膨胀(其热膨胀量可达几cm)。定子的死点在高压侧，所以高压侧的支柱不允许机器的高压侧轴向移动，只允许在垂直于轴的横向移动。为了保持轴孔的水平高度不变，高压侧的两个支柱为特殊材料做成，不因受热而伸长。

9. 静叶调节机构(执行机构)

它是仪表控制的伺服阀和动力油缸(或叫差动油缸、油动机)组成。通过油缸活塞杆的直线往复运动驱动中缸作往复旋转运动，带动静叶支杆上的曲柄(或叫摇臂)导向环(或叫联动环、驱动环)绕支杆中心转动，以改变静叶片安装角度。静叶支杆上的轴承是用无油润滑的石墨浸铜材料制成，为防止转动处漏气，在支杆处装有可耐250℃高温的橡胶密封圈。

二、轴流式压缩机的附属设备

(一) 轴流式压缩机进风管道

轴流式压缩机常见的进风管道系统见图4－11。

1. 入口空气过滤器

在标准状态下，大气中含尘约为5～20mg/m^3，随工厂的具体生产性质不同，尘粒分布亦不同。大气中所含的粗糙矿物尘粒及各种气体的混合物对透平压缩机有下列危害：

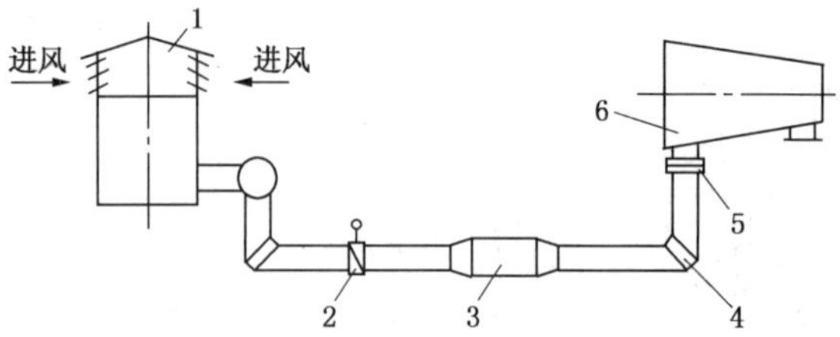

图4－11 轴流式压缩机进风管道系统图

1—空气过滤器；2—进气节流阀；3—进气消声器；4—整流栅；5—柔性补偿器；6—吸气流量装置

1) 对于前几级叶片(约1～3级)，粉尘附着于叶片表面，对叶片造成点状腐蚀，孔径可达1.5mm，深度2mm；

2) 后几级叶片(3级以后)，由于被压缩气体的温度升高，粉尘难以附着于叶片表面，而是随着气流对叶片冲刷磨损，动叶片的尖端磨损最大可达1.5mm；

3) 由于上述原因压缩机的风量降低，喘振点压力降低，效率降低。

离心式压缩机的入口含尘量(标准状态下)≤3～5mg/m^3，粒径≤5μm。轴流式压缩机吸入口含尘量(标准状态下)≤0.6～1.5mg/m^3，粒径≤5μm。为使压缩机吸入气体满足此条件，吸入管道上应设置空气过滤器。用于轴流式压缩机的空气过滤器有卷帘式、布袋式、自洁式以及浸油式等型式。有的入口空气过滤器出气端还装有进气消声器。

2. 进气消声器

轴流式压缩机在运行期间产生的噪声会沿着进气口传出，除空气过滤器采用了消声式结构时可不设进气消声器外，一般均需设置进气消声器。

进气消声器通常采用阻尼式消声结构，其消声性能要求为：在600～2000Hz之间的消声量约25dB(A)，阻损≤50Pa。

3. 整流栅

当吸气管道的弯曲半径由于布置的原因难以满足 $R \geqslant D_w$ 时，应于压缩机入口弯管处设置整流栅，使压缩机所吸入的气流稳定，不影响压缩机的吸入特性，整流栅的结构见图 4－12。

4. 柔性补偿器

轴流式压缩机是高速旋转的机械，必然要将机械振动传递给吸入气管道产生噪声。为隔离压缩机对吸气管道的机械振动、降低噪声，同时补偿压缩机的热膨胀位移，也利于压缩机检修时设备的对中调整，在压缩机与吸入气管道的连接处须设置柔性补偿器。

对柔性补偿器的要求：

1）根据压缩机设备，确定轴向及横向位移值。

2）采用柔性合成橡胶材料，其耐温值以产生逆流时的风温确定。

5. 进风流量装置

由于轴流式压缩机吸入气管道的管径大、线路短，难以满足流量装置对直管段的要求，对于大、中型压缩机来说就要求压缩机设置进气流量装置。进气流量装置设置于压缩机吸入口法兰内部，由制造厂设置。

6. 进气节流阀

进气节流阀用于电动机驱动的轴流式压缩机组。电动机启动时，通过进气节流阀的调节，达到降低启动功率，减少启动设备的容量的目的。因此，进气节流阀仅在压缩机启动时产生一定的阻力，而在压缩机正常运行时，它的阻力应越小越好。

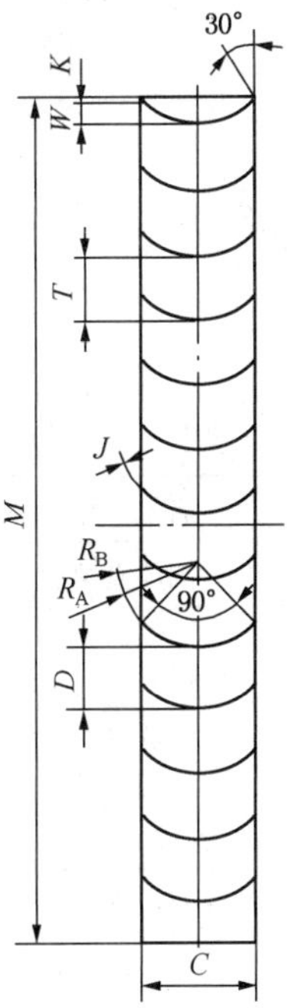

图 4－12　整流栅

进气节流阀通常采用蝶形阀或叶栅式阀，通过调整蝶阀的开度或叶栅的角度来达到节流阻力值。静叶可调的轴流式压缩机的进气节流阀为进口导叶或叫 0 级导叶，它随其他各级导叶一起转动。

(二) 轴流式压缩机出口管道

轴流式压缩机的出口管道系统见图 4－13。

1. 金属补偿器

随着压缩机出口压力的升高，供出气体的温度也随之升高。为减小管道系统对压缩机出口法兰的推力，压缩机出口管道上需设置金属补偿器。金属补偿器在设置时要考虑下列因素：

1）出口管道的热膨胀；

2）压缩机受热的热位移值；

3）压缩机的振动；

4）压缩机检修时，对调整轴中心的要求。

2. 放空阀

小容量压缩机一般装配一个放空阀。当压缩机轴功率大于 3000kW 时，通常装配两个放空阀，即主放空阀和副放空阀，防喘振阀常采用国外阀。

放空阀的作用是防止压缩机喘振、逆流的发生，因此，要求放空阀具有快开、慢关反应的能力及可靠的性能。

主、副放风阀的性能要求见表 4－7。

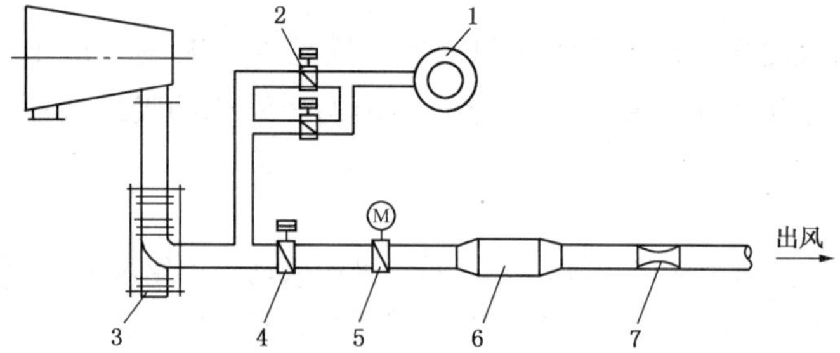

图 4－13　轴流式压缩机出口管道系统

1—放空消声器；2—放空阀；3—金属补偿器；4—止回阀；
5—主风阀；6—出口消声器；7—出口流量装置

表 4－7　主、副放空阀的控制要求

名　称	控 制 内 容	控 制 方 法
副放空阀	喘振防止控制	经常自动控制
主放空阀	(1) 副放空阀开度超过 90% 时	自动全开时间 <30s
	(2) 喘振保护信号发出	自动全开时间 <10s
	(3) 全量放空或部分放空	手动控制
	(4) 紧急停机信号发出	自动全开时间 <10s

注：对石化厂的催化装置主风机中的放空阀要求自动全开的时间 <2s。

为了提高控制系统的可靠和灵敏程度，通常采用油动阀(动力油缸、弹簧执行机构)。

3. 放空消声器

放空消声器入口处噪声功率为 150～160dB(A)，因此要求消声器的降噪值为 40～50dB(A)左右。

放空消声器从结构上常用的有两种：一种为地坑式消声器；另一种为塔式消声器。地坑式消声器对中、高频消声效果好，可达 20～30dB(A)，结构简单，造价少，但要占用室外场地。因此，在室外场地允许的情况下应尽量采用此方式。

图 4－14(a)为轴流压缩机(AV56－9 型)放空用地坑消声器。

塔式消声器通常采用阻抗复合式结构，由于要求的降噪声值大，因此设备高大，其结构形式见图 4－14(b)。

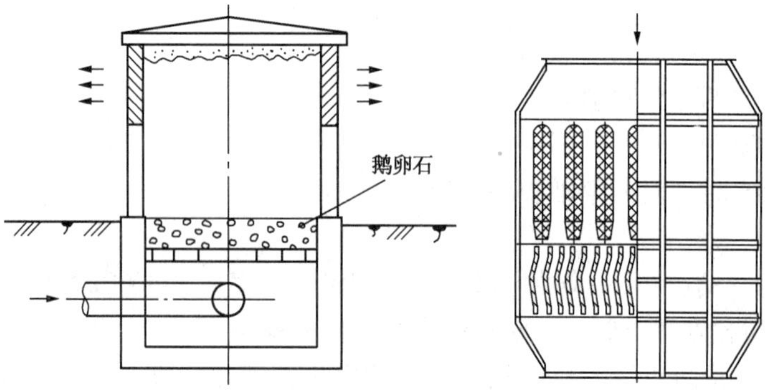

(a) 地坑消声器　　(b) 塔式消声器

图 4－14　放空用消声器

4. 止回阀

止回阀也叫单向阀，为防止因逆流发生对压缩机叶片及进口管道设备的损坏，在出口管道上装设止回阀。要求止回阀随动性能好，快关。由于出口管道内风速高、风压大，快速的关闭易对止回阀造成损坏，因此止回阀采用缓闭式结构。单向阀常采用国外阀，如双偏心带助推汽缸的单向蝶阀。

5. 出口消声器

出口消声器设置的目的是防止压缩机内部的噪声沿管道内传出。

出口消声器通常采用阻尼式，其消声性能：在600～2000Hz之间，消声量≈25dB(A)。

6. 主风阀

主风阀也叫主切断阀，其的目的是有效地关闭压缩机出风管道，即在机组检修过程中，防止管网中高温压缩气体通过而影响机组的检修。因此要求主风阀关闭要严密、开启时阻力要小，开关灵活。

主风阀通常采用金属硬密封或复合密封蝶阀结构，或采用铸钢电动闸阀。

第四节　轴流式压缩机原理

轴流式压缩机是指气体在压缩机内的流动方向大致平行于压缩机旋转轴的压缩机。有的轴流式压缩机在末级还带有一级离心式叶轮，主要是为扩大整机压缩比，这种压缩机称为混合式压缩机，但一般也统称为轴流式压缩机。

一、轴流式压缩机的叶型、叶栅及通流部分

在研究轴流式压缩机的问题时会经常遇到叶栅、叶型、基元级和级的概念。设想用一个直径等于级平均直径，其轴线与压缩机轴线重合的圆柱面去割切级的叶片排，这样就得到了平均半径处的两排叶片(动叶、静叶)切面，如图4－15(a)所示。

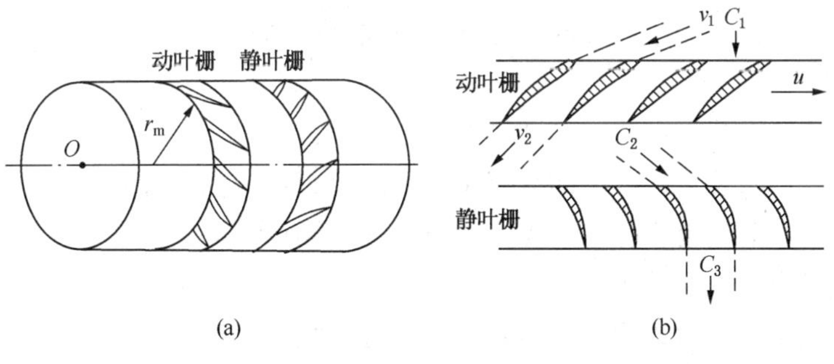

图4－15　平均半径处的环形叶栅及平面叶栅

把由形状相同的叶片切面、彼此以一定距离沿圆周排成一个环形表面称为环形叶栅，图4－15(a)中即为级平均半径处的两排动叶环形叶栅与静叶环形叶栅。这一对环形叶栅组成一个基元级，而叶片的切面为叶片在该半径处的叶型。压缩机的级正是由无数半径不同的基元级叠加而成的。将环形叶栅在平面上展开就成平面叶栅，图4－15(b)为动叶平面叶栅、静叶平面叶栅。

1. 叶型几何参数(见图4－16(a))

型面——叶型型线所包围的切面；

中线——叶型型线内切圆圆心的连线；

b——叶弦，连接中线两端点的直线；

c——叶型最大厚度；

f——叶型中线最大挠度；

e——叶型前缘至最大厚度处的距离；

a——叶型前缘至最大挠度处的距离；

x_1——前缘方向角，叶型前缘点处中线的切线与叶弦间的夹角；

x_2——后缘方向角，叶型后缘点处中线的切线与叶弦间的夹角；

$\theta = x_1 + x_2$——叶型弯曲角；

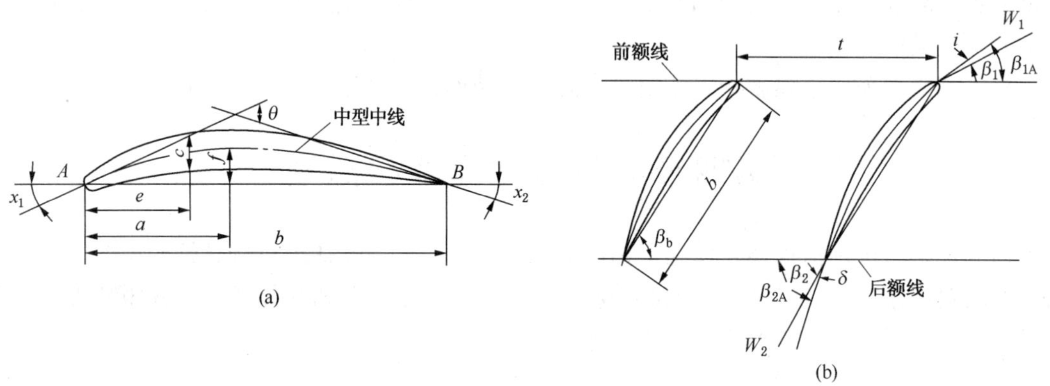

图 4－16　叶型几何参数

2. 叶栅几何参数及气流特征角(见图 4－16(b))

叶栅前额线——叶型前缘点之连线；

叶栅后缘线——叶型后缘点之连线；

t——栅距，叶栅中相邻叶型在圆周方向之距离；

$\iota = b/t$——叶栅稠度；

β_b——叶型安装角，叶弦与圆周方向之夹角；

β_{1A}——进口安装角，叶型前缘点中线切线与圆周方向的夹角；

β_{2A}——出口安装角，叶型后缘点中线切线与圆周方向的夹角；

$\delta = \beta_{2A} - \beta_{1A}$——气流出口落后角；

β_1——气流进口角或称进气角，是气流进口相对速度 w_1 与叶栅额线的夹角；

β_2——气流出口角或称出气角，是气流出口相对速度 w_2 与叶栅后缘线的夹角；

$i = \beta_{1A} - \beta_1$——气流进口冲角；

$\delta = \beta_{2A} - \beta_2$——气流出口落后角或简称落后角；

$\Delta\beta = \beta_2 - \beta_1$——气流转折角。

图 4－17 是一台五级轴流式压缩机的通流部分及级的简图，转鼓形式的转轴上装着 5 排叶片，组成转子的主要部分。当轴流式压缩机运行时，这些叶片随转鼓一起转动，故称为动叶或工作叶片。在每排动叶之后，有一排固定于汽缸体上的静止叶片，称为静叶(或称为导叶)。通常在第一排动叶之前还有一排静止固定的叶片，称为进口导流叶片(或称进口叶片)。

在压缩机最后一排静叶之后，有时还加一排静止叶片，称为整流叶片。

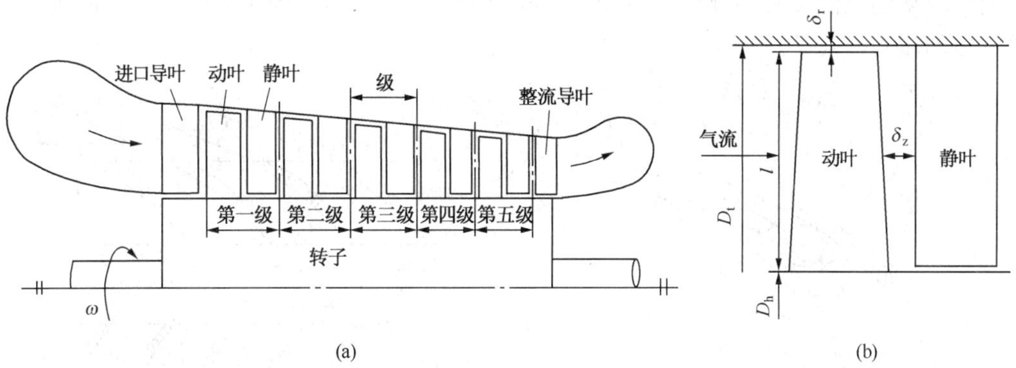

图 4－17　轴流式压缩机通流部分及级的简图

一排动叶排与紧跟其后的一排静叶排，构成轴流压缩机的一个级。这种首尾相接、串联而成的各个级，构成轴流压缩机最主要的工作部分，即称为压缩机的通流部分。

级的主要尺寸参数(见图 6－17(b))：

D_t——级的外径(包括叶片顶部与汽缸之间的径向间隙在内)；

D_h——级的内径，即轮毂直径；

$\bar{d}=D_h/D_t$——轮毂比；

ι——叶片高度；

δ_r——径向间隙，即叶尖与汽缸内壁之间的距离；

δ_z——轴向间隙，即二叶片排之间的轴向距离。

二、轴流式压缩机级的工作原理

工质(即被压缩的气体)通过级时，从外界获得能量，提高了压力，所以级是轴流压缩机最基本的工作单元。只要掌握级中的气流流动特点与增压原理，即可了解其他各级以至整台多级压缩机的工作原理。

(一) 基元级中气体增压

1. 流道形状与增压的关系

图 4－17(b)是轴流式压缩机一个级的简图。若干动叶与若干静叶绕圆柱面均匀分布构成了环形的动叶排与静叶排。气流就在动叶排与静叶排所构成的环形通道内沿箭头所示的方向流动。

为了达到气流增压的目的，除了叶栅中叶型必须做成弯曲的外，还要求构成叶栅时，其流道截面积是逐渐增大的，如图 4－18 所示。此外，为了减小流动损失，改善流动性能，一般采用阻力小的流线型叶型，并进行适当的弯曲。

2. 气流在基元级中的流动

当气流流过扩张形的静止叶栅通道时，压力得到了提高。在静叶栅前有一排随转子一起旋转的动叶栅，动叶栅的通道也是扩张形的，动叶栅流道内气体在动叶的推动下，由动叶进口向出口移动，造成了后面静叶进口的速度。所以轴流式压缩机中必然是动叶栅在前，静叶栅在后，构成一个级。

气体先在动叶栅中得到外加能量，一方面加大了气流的动能，同时又提高了气体的压力，而所获得的动能又有一部分在后面的静叶栅中，进一步转化为压力能，于是通过一个基元级气体的压力提高了。

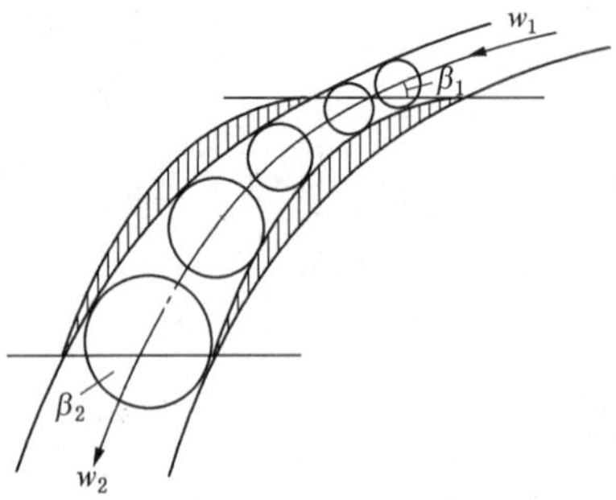

图 4－18　压缩机扩张形叶栅通道

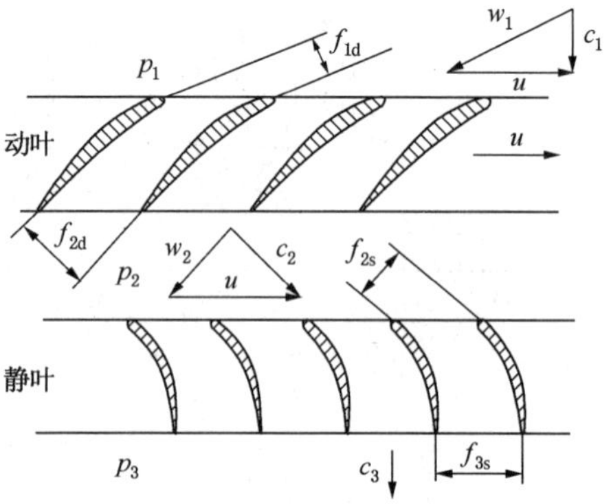

图 4－19　基元级中气流速度的变化

现在来分析动叶栅前后气流速度的变化，见图 4－19，设动叶进口气流的绝对速度 c_1 是轴向的，因动叶随转子以圆周速度 u 运动，则 u 即为牵连速度，那么气流进入动叶栅的相对速度为 w_1，有

$$\vec{c_1} = \vec{w_1} + \vec{u}$$

如气流以相对速度 w_2 离开动叶栅，动叶栅出口的气流绝对速度为 c_2，则有

$$\vec{c_2} = \vec{w_2} + \vec{u}$$

即是气流以 c_2 速度进入后面的静叶栅，并在静叶栅中转向减速，以 c_3 速度流出，进入下一级。

由于动、静叶栅通道都是扩张形的，$f_{1d} < f_{2d}$，$f_{2s} < f_{3s}$，所以有

$$w_2 < w_1 \qquad c_3 < c_2$$

则

$$p_2 > p_1 \qquad p_3 > p_2$$

于是

$$p_3 > p_2 > p_1$$

即在基元级中气体压力得到了提高。

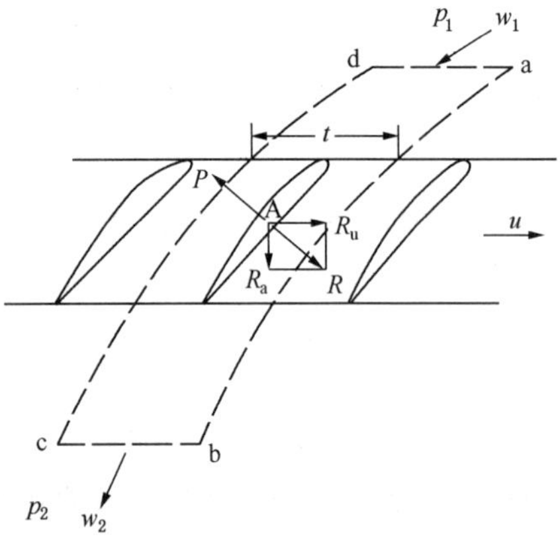

图 4－20　气流经过叶栅时的作用力示意图

3. 动叶栅对气体作功

气体在动叶栅中获得了动能与压力能，在静叶栅中部分动能又进一步转化为压力能，使气流通过级时压力获得提高。归根结底，这是由于转子动叶对气体作功的结果，而这外功又是从原动机输入的。

如图 4－20 所示，在动叶栅相邻流道中取控制体 abcd，设其垂直于纸面的厚度为 1 单位，ad 与 bc 二线平行于叶栅额线，ab 与 dc 各为流道中央的流线，二者是完全相同的，且相隔的距离等于栅距 t。ab 与 dc 两边，由于二流线完全相同，则所受外力的大小相同，方向相反，二者抵消，其作用在控制体上的力为零。而在 ad 与 bc 两边，则具有轴向力 p_{1t}及 p_{2t}。

此外，当气流流过叶型 A 时，对叶型产生作用力 P，则叶片也对气流产生大小相同、方向相反的作用力 R。把 R 分解为轴向与切向的分力 R_a 及 R_u。由于叶片运动的方向是周向的，所以主要对周向即切向的作用力及作功情况用动量与动量矩定理分析。

流体力学中动量定理：单位时间内流出控制体的气体质量和流入控制体的流体质量的动量变化，等于作用于控制体上全部外力之和。

现再用 1－1 及 2－2 截面将叶栅流道中的气体划出成一控制体，如图 4－21 所示。设经过极短时间间隔 Δt 后，这部分气体移到 1′－1′和 2′－2′之间的位置。假定流动是稳定的，在截面 1′－1′与 2－2 之间的气体参数保持不变，则所求的动量变化即等于包含在 2－2 与2′－2′截面之间以及包含在 1－1 与 1′－1′截面之间气体质量的动量差。在稳定流动中，根据连续条件，这两部分的气体质量相等，都等于单位时间流过叶栅的气体质量 Δm 乘以时间间隔 Δt。用 w_{2u}、w_{1u}各代表这两部分流体在 u 方向的速度分量，并在 u 方向利用动量定理，即有

$$\frac{(-\Delta m\Delta t w_{2u})-(-\Delta m\Delta t w_{1u})}{\Delta t}=R_u$$

上式分子中括号内的负号，表示 w_{2u}、w_{1u}的方向与 u 的方向相反。

则得切向叶片对气体的作用力大小为

$$R_u=\Delta m(w_{1u}-w_{2u}) \tag{4-1a}$$

对于流入叶栅的每公斤气体，$\Delta m=1$

$$R_u'=w_{1u}-w_{2u}=\Delta w_u \tag{4-4b}$$

这里称 Δw_u 为扭速。上式说明在动叶栅中，气流受到切向的作用力而产生了扭速，因而扭速 Δw_u 的大小反映了动叶给叶片切向作用力的大小。

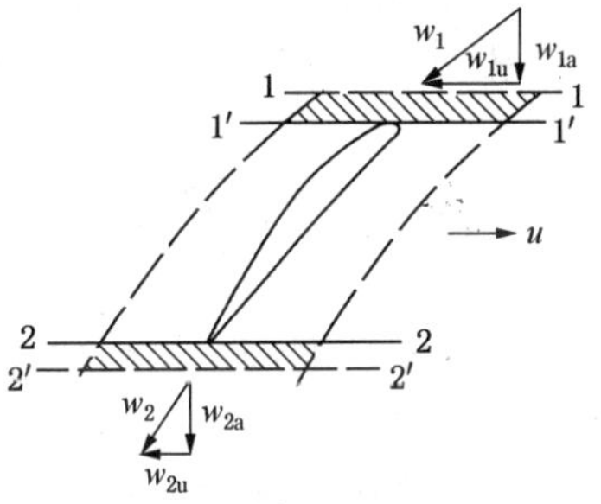

图 4－21　动量定理说明图

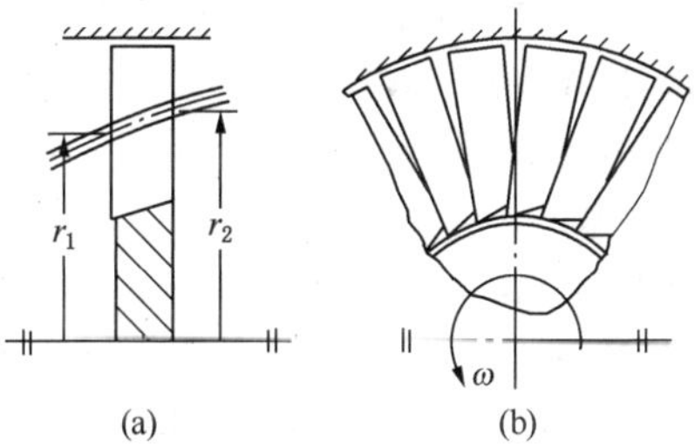

图 4－22　动量矩定理说明图

动叶对气流作功的情况可表述为：对某一固定点或轴，单位时间内流出控制体的流体和流入控制体的流体之动量矩差值，等于作用于控制体内流体的全部外力矩之和，见图 4－22。因为外力矩就是转子所传递的转矩 M，则有

$$M=\Delta m(w_{1u}r_1-w_{2u}r_2)$$

若假定为圆柱面流动，$r_1=r_2=r$，则

$$M=\Delta m r(w_{1u}-w_{2u})$$

设转子的角速度为 ω，则得转子给质量为 Δm 的流体输入的机械功为

$$M\omega=\Delta m u(w_{1u}-w_{2u})$$

而对单位质量输入的机械功为

$$L=\frac{M\omega}{\Delta m}=u(w_{1u}-w_{2u})=u\Delta w_u$$

根据能量守恒与转化定理，这部分机械功转化为气体的能量，所以把转子动叶栅传给单位质量气体的机械功 L，称为每单位质量气体所获得的理论能量头，并用 h_t 表示之。则有

$$h_t = L = u(w_{1u} - w_{2u}) = u\Delta w_u \tag{4-2a}$$

这就是著名的透平机械欧拉方程式。

而当 $c_{1a} = c_{2a} = c_a$ 时欧拉方程式的另一种表示形式为

$$h_t = \frac{c_2^2 - c_1^2}{2} + \frac{w_1^2 - w_2^2}{2} \tag{4-2b}$$

它有着明确的物理意义。式中右边第一项 $(c_2^2 - c_1^2)/2$ 是气流通过动叶栅时其绝对速度动能的增加；第二项 $(w_1^2 - w_2^2)/2$ 是由于动叶栅流道面积的变化使相对速度下降转为压力能的提高。二者都是由于气体在动叶栅中获得了外加能量所产生的。因为在动叶栅中气体得到了外加机械功，所以在这过程中气体的总温与总压都是升高的。

还可把式(4-2a)写成如下形式

$$h_t = u\Delta w_u = u^2 \frac{\Delta w_u}{u} = \bar{h}u^2 \tag{4-2c}$$

而把 $\bar{h}$ 称为能量头系数。

$$\bar{h} = \frac{h_t}{u^2} = \frac{\Delta w_u}{u} = \frac{c_a}{u}(\mathrm{ctan}\beta_1 - \mathrm{ctan}\beta_2) \tag{4-2d}$$

$\bar{h}$ 是一个无因次参数，在 u 一定时，它反映气流在叶栅中的转折程度，也即反映了气流的扩压程度，是叶栅工作性能的重要参数之一。

4. 静叶栅中气流压力的提高

在静叶栅中，叶片静止不动，无外功加入，气流压力的提高完全是由于静叶栅流道扩张所致，见图4-23。弯曲的叶型使静叶栅出口气流速度 c_3 相对于 c_2 向与 u 相反的方向转了一个角度，故 $c_3 < c_2$，$p_3 > p_2$。

根据要求的不同，由静叶栅出来的气流以一定的方向进入下一级，一般情况下 c_3 的方向与 c_1 的方向相近。

因此可知静叶栅的功能有：一是将气流从动叶栅中所得到的动能进一步转化为压力能，以提高整个级的压增；二是使气流以合适的角度进入后一级。

由于叶栅是静止的，所以叶片不对气流作功，气流没有得到外加能量，故其总温不变，而由于有损失存在，其总压将有所降低。

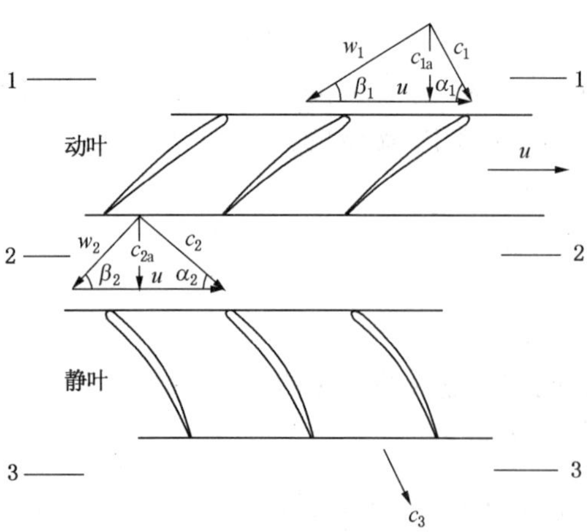

图4-23　基元级进出口速度图形

(二) 基元级速度三角形

压缩机叶栅的主要功能是从外界取得机械功并使之转化为压力能，这种转化可由叶栅进出口速度三角形来反映。

基元级中气流与叶片的相互作用，导致了能量的传递与转化，这种状况必然会反映到叶栅进出口气流速度的变化上来。对静叶栅中的气流流动，以静止的绝对坐标来考察，而对动叶栅中的气流流动，则用与叶栅一起运动的相对坐标来考察比较方便。

如图4-23所示，先考察动叶栅进口截面

的流动，气流以绝对速度 c_1 及角度 α_1 进入动叶流道，α_1 角为 c_1 与 u 的夹角，它由进口导流叶片或前一级静叶出口的气流方向所决定。相对于动叶，气流的进口速度为 w_1，其与 u 的夹角为 β_1。于是矢量 c_1 等于矢量 w_1 和矢量 u 之和$\vec{c_1}=\vec{w_1}+\vec{u}$，而构成动叶进口速度三角形。这里 α_1、β_1 各称为动叶绝对进气角和相对进气角。

由于动叶栅中流道转弯，相对速度折转以 w_2 流出动叶栅，其与 u 的夹角为 β_2。考虑到牵连速度 u，则得动叶出口的绝对速度 c_2。其与 u 的夹角为 α_2，于是有矢量 c_2 等于矢量 w_2 和矢量 u 之和$\vec{c_2}=\vec{w_2}+\vec{u}$，构成了动叶出口速度三角形。这里 α_2、β_2 各为动叶绝对出气角和相对出气角。接着气流以速度 c_2 与角度 α_2 进入静叶栅，在静叶栅中气流再转折，最后以速度 c_3 流出，一般 $c_3\approx c_1$。

为了研究方便，常把动叶栅进出口的两个速度三角形画在一起，如图 4－24(a)所示，即为基元级的速度三角形。

我们使用的固定式轴流式压缩机都是亚音速的，一级的压比很小，动叶进出口容积流量变化不大，一般 c_{1a}与 c_{2a}相差不超过5%，故可近似地认为

$$c_{1a}=w_{1a}=c_{2a}=w_{2a}$$

则可将动叶进出口速度三角形作成如图 4－24(b)所示。

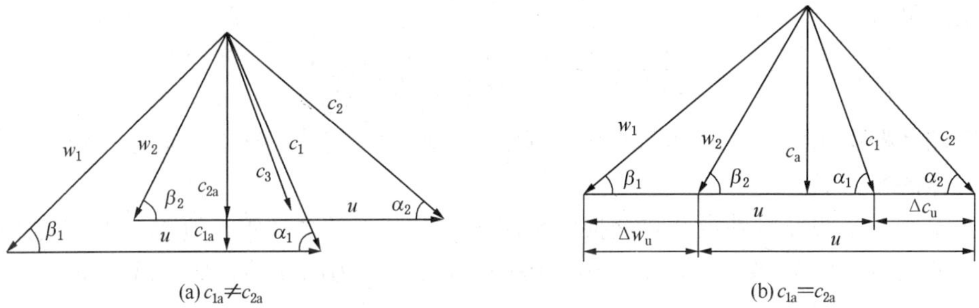

图 4－24　基元级进出口速度三角形

轴向分速度 $c_{1a}=Q/A$(Q 为压缩机容积流量，A 为流通面积)，反映了级的通流能力的大小。在面积一定时，增大 c_{1a}可增大容积流量，在一定的 ρ 下也即增大了质量流量。反之，当 Q 一定时，增大 c_{1a}可减小通流面积，使压缩机径向尺寸缩小。

基元级中还常用流量系数 ϕ 表示通流能力，$\phi=\frac{c_{1a}}{u}$它是一个无因次参数，也是说明基元级工作状况的一个重要参数。

切向分速度 c_{1u}说明气流进入基元级时不是轴向的，而在圆周方向有个偏转，这种偏转可以在设计中人为地安排好，故 c_{1u}又称作预旋。如果 c_{1u}与 u 的方向相同，则称正预旋；若相反，则为负预旋；假使 $c_{1u}=0$，即为无预旋的轴向进气情况。设计中采用哪种预旋都有一定目的。

圆周速度 u：即切向速度，u 的大小对加功量、压比、效率及级的尺寸都有决定性的影响。

由 $h_t=u\Delta w_u$ 知，在一定的圆周速度下，Δw_u 的大小反映了级加功量的大小，它表明气流在叶栅流道中的转折程度。

由速度三角形可以了解与分析级中气流工作状况，如动、静叶栅中，气流速度的大小及变化、流道中气流转折的程度、级的作功能力、负荷在动叶栅和静叶栅中的分配情况，以及

叶栅中叶型大致的安放位置等重要情况。

（三）级中能量分析

1. 级中功、焓、能的变化

因为对有损失的实际流动，由于摩擦、分离及旋涡等损失最终仍会转化为热的形式，被工质所吸收而使其焓值增加，所以能量方程对理想流体和实际流体都同样适用。一元稳定流动的能量方程可表达为

$$i_1 + \frac{c_1^2}{2} + L \pm Q_w = i_2 + \frac{c_2^2}{2} \tag{4-3a}$$

式中 $\pm Q_w$——与外界交换的热量，正值表示从外界得到热量，负值表示向外界放出热量。

该式说明在单位时间内，加入控制体内单位质量工质的能量之和(热焓、动能、外加的机械功以及与外界的热交换)，等于其放出的能量之和（热焓与动能）。

在无冷却的轴流压缩机中，由于气流流动快，容积流量大而机壳传热面积相对有限，与其他项目相比 Q_w 很小，故与外界的热交换可忽略不计，则有

$$L = i_2 - i_1 + \frac{c_2^2 - c_1^2}{2} = c_p(T_2 - T_1) + \frac{c_2^2 - c_1^2}{2} \tag{4-3b}$$

该式说明外加的机械功使工质的热焓与动能有增加。

从上式又可得

$$c_p(T_2 - T_1) = i_2 - i_1 = \frac{w_1^2 - w_2^2}{2} \tag{4-3c}$$

该式说明动叶栅中相对速度及其动能的下降结果，增大了气体的热焓，而这热焓的大部分将转化为气体的压力能。

滞止温度，是假设对外没有热交换的情况下，流动着的气体不论有无损失，其速度被滞止到零时的温度，以 T_{st}或 T^* 表示；相应于滞止温度的焓为滞止焓，以 i_{st}或 i^* 表示。

如用滞止参数表示，由于$i^* = i + \frac{c^2}{2}$，$T^* = T + \frac{c^2}{2c_p}$，这里 i^* 为滞止焓，也称总焓，T^* 为滞止温度，也称总温。则有

$$L = i_2^* - i_1^* = c_p(T_2^* - T_1^*) \quad 或 \quad i_1^* + L = i_2^* \tag{4-3d}$$

该式说明动叶进口气流的总能量加上外加机械功，等于动叶出口的气流总能量。

如对静叶栅进出口截面 2-2 到 3-3 运用能量方程，见图 4-23，由于静叶中无外功加入，$L=0$。则有

$$L = i_3^* - i_2^* = 0, i_3^* = i_2^* = 常量, T_3^* = T_2^* = 常量$$

即总焓、总温保持不变，说明在无热交换的情况下，静叶栅流道中任一截面上气流的总能量相等。

又由

$$L = i_3 - i_2 + \frac{c_3^2 - c_2^2}{2} = 0 \tag{4-4a}$$

则

$$i_3 - i_2 = \frac{c_2^2 - c_3^2}{2} \tag{4-4b}$$

该式说明静叶栅中，焓的增加是由于动能减小的缘故。

2. 级所获得的热量

在压缩机中气体所得到的热量 Q 由两部分组成，一部分是与外界热变换的热量 $\pm Q_w$，

一部分为流动损失最后以热的形式加给气体的 Q_r。因热交换可忽略，即 $Q_w=0$，则 $Q=Q_r$。

热力学第一定律可表述为加入气体微元体的热量使气体内能增加并作膨胀功。即

$$dQ = (c_v + R)dT - vdp = c_p dT - vdp$$

在压缩机应用中，当 $t<200℃$ 时，通常可以将等压比热 c_p 与等容比热 c_v 看作是常数。将上式积分，并用之于压缩机动叶栅，可得

$$Q_r = Q = c_p(T_2 - T_1) - \int_1^2 \frac{dp}{\rho} \tag{4-5a}$$

因 $c_p=\frac{k}{k-1}R$，$k=c_p/c_v$（绝热指数），故有

$$\frac{k}{k-1}R(T_2 - T_1) = \int_1^2 \frac{dp}{\rho} + Q_r \tag{4-5b}$$

当压缩过程是有损失的多变过程时 $\int_1^2 \frac{dp}{\rho} = \frac{n}{n-1}R(T_2-T_1)$，则

$$Q_r = \left(\frac{k}{k-1} - \frac{n}{n-1}\right)R(T_2 - T_1) = h_r \tag{4-5c}$$

该式的 $Q_r=h_r$ 是流动损失所产生的热量，反映了压缩机的能量的损失。

3. 级中功、能与损失

动叶栅中伯努利方程可表达为

$$L = h_t = \int_1^2 \frac{dp}{\rho} + \frac{c_2^2 - c_1^2}{2} + h_{r1-2} \tag{4-6a}$$

该式的物理意义是动叶栅中外界加给工质的机械功，一部分用来压缩气体 $\int_1^2 \frac{dp}{\rho}$；一部分用来增加气体动能 $\frac{c_2^2 - c_1^2}{2}$；一部分用来克服流动损失 h_{r1-2}。

将式(4-6a)与欧拉方程式(4-2b)作比较，得

$$\frac{w_1^2 - w_2^2}{2} = \int_1^2 \frac{dp}{\rho} + h_{r1-2} \tag{4-6b}$$

上式说明，当气流通过动叶栅流道时，由于流通面积扩大，相对速度下降，气流的动能减少。这部分动能大部分转化为压力能而提高了气体的压力，少部分用来克服流动损失。这就是工质在动叶栅中增压的原理。

对静叶栅应用伯努利方程，则有

$$\frac{c_2^2 - c_3^2}{2} = \int_2^3 \frac{dp}{\rho} + h_{r2-3} \tag{4-6c}$$

即静叶栅中，绝对速度度下降，这部分动能转化为压力能与克服静叶栅流道中的损失。

如对整个基元级运用伯努利方程，并且一般情况下 $c_3 \approx c_1$，则有

$$L = \int_1^3 \frac{dp}{\rho} + h_{r1-3} \tag{4-6d}$$

表明基元级中动叶加给气体的机械功，一部分用来提高气体的压力能，一部分用于克服流动损失。

当原动机拖动压缩机运转时，把机械功源源不断地加给工质，除了克服流动损失外，使

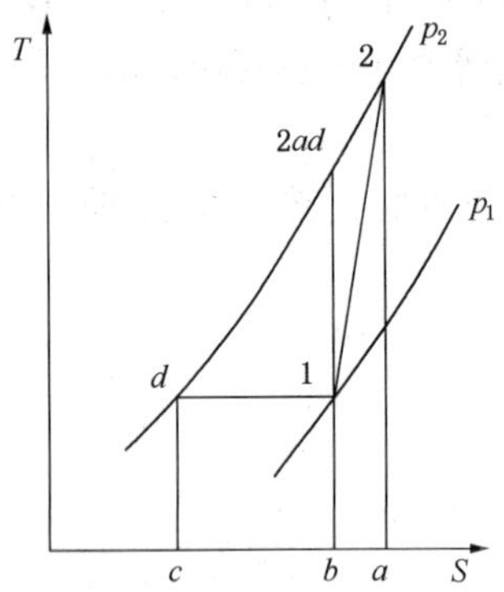

图 4－25　压缩过程的温熵图

气体流经各级时压力不断提高，直至达到所要求的压缩机出口压力。

（四）压缩过程、压缩功及效率

1. 压缩过程与压缩功

压缩过程中，气体的压力与密度都发生变化，压缩功是与压缩过程的性质有关的。这里着重讨论轴流压缩机理论中常遇到的两种压缩过程，即绝热压缩过程与多变压缩过程。

绝热压缩过程是指与外界无热交换，同时又无损失的理想压缩过程，更确切地说，应当叫做绝热等熵压缩过程。不过，现在还沿用以前文献或科技书中习惯使用绝热压缩过程的叫法。

在温熵图上，绝热压缩过程可由 1→2*ad* 线表示，见图 4－25。由式(4－5a)可知

$$c_p(T_2 - T_1) = \int \frac{dp}{\rho} + h_r$$

对绝热过程，$h_r = 0$。

则绝热压缩功 h_{ad} 为

$$h_{ad} = \left(\int \frac{dp}{\rho}\right)_{ad} = c_p(T_{2ad} - T_1) = \frac{k}{k-1}R(T_{2ad} - T_1)$$

$$= \frac{k}{k-1}RT_1\left[\left(\frac{p_2}{p_1}\right)^{\frac{k-1}{k}} - 1\right] = \frac{k}{k-1}RT_1(\varepsilon^{\frac{k-1}{k}} - 1) \qquad (4-7a)$$

这里 T_{2ad} 是绝热等熵压缩过程终了时的气体温度。

多变压缩过程是不论与外界有无热交换，但有损失存在的实际过程，在温熵图上用 1→2 线表示之，并有

$$\frac{p}{\rho^n} = 常数$$

可以用类似的方法，导出多变压缩功为

$$h_{pol} = \left(\int \frac{dp}{\rho}\right)_{pol} = \frac{n}{n-1}R(T_2 - T_1) = \frac{n}{n-1}RT_1\left[\left(\frac{p_2}{p_1}\right)^{\frac{n-1}{n}} - 1\right] \qquad (4-7b)$$

这里 n 是多变指数。

2. 效率

压缩机或级的效率，是表示压缩机或级中能量转化过程的完善程度。由于实际的压缩机工作过程中，总存在着各种损失，外界交给气体的机械功不可能全部变为所需要的气体压缩功，因此效率总低于 1。

对基元级来说，效率表达的方式有好几种，但它们所反映的实质是相同的。下面讨论其中最常用的几种效率。

（1）绝热效率（即绝热等熵效率）η_{ad}

在对外无热交换的情况下，在没有损失的理想压缩过程即绝热（等熵）过程中，将工质的压力由 p_1 提高到 p_2，所需的压缩功应当最少。因此，可用绝热过程的压缩功作为对照比较的标准，来衡量实际级中工作的完善程度。

绝热效率 η_{ad} 的定义式为

$$\eta_{ad} = \frac{h_{ad}}{h_{pol} + h_r} \tag{4-8a}$$

它反映理想（无损失）情况下所需的压缩功，和实际压缩过程中所需的压缩功及耗于流动损失的功之和的比例。式中分母愈大，则说明实际过程离理想情况愈远，η_{ad} 也愈低。

利用温熵图来说明效率是很直观的，见图 4－25。

面积 $2ad-1-b-c-d-2ad$ 代表 h_{ad}。

面积 $2-1-b-c-d-2$ 代表 h_{pol}。

面积 $2-a-b-1-2$ 代表 h_r。

故
$$\eta_{ad} = \frac{h_{ad}}{h_{pol} + h_r} = \frac{\text{面积}\,2ad-1-b-c-d-2ad}{\text{面积}\,2-a-c-d-2}$$

图中可见到，h_{pol} 比 h_{ad} 多了一块小面积 $2-1-2ad-2$，它称为热阻损失 Δh_r，是实际压缩过程中，由于存在流动损失 h_r，它最后以热的形式为工质所吸收，而增加了气体的温度与容积，为了达到所需的压力，须额外增加的功。所以 Δh_r 是与 h_r 有密切的关系，如果流动情况好，损失小，h_r 小，则 Δh_r 也小；当 h_r 等于零时，则 Δh_r 也为零。

在一定的初态及压比下，所需的绝热压缩功 h_{ad} 是一定的，所以当 h_r 减小时，图中 2 点向 $2ad$ 点靠近，则 η_{ad} 提高。

已知
$$h_{ad} = c_p(T_{2ad} - T_1)$$
$$h_{pol} + h_r = c_p(T_2 - T_1)$$

则得
$$\eta_{ad} = \frac{h_{ad}}{h_{pol} + h_r} = \frac{T_{2ad} - T_1}{T_2 - T_1} \tag{4-8b}$$

由于压缩机级中，外加功不仅用来提高气体的静压，同时也改变了它的动能。但上面这种效率表达式并没有反映出动能这一项内容，如把它也考虑进去，则可用以滞止参数的形式表示绝热效率 η_{ad}^*，其定义式为

$$\eta_{ad}^* = \frac{h_{ad} + \dfrac{c_2^2 - c_1^2}{2}}{h_{pol} + \dfrac{c_2^2 - c_1^2}{2} + h_r} = \frac{c_p(T_{2st} - T_1) + \dfrac{c_2^2 - c_1^2}{2}}{c_p(T_2 - T_1) + \dfrac{c_2^2 - c_1^2}{2}} = \frac{T_{2st}^* - T_1^*}{T_2^* - T_1^*} \tag{4-8c}$$

该式的分母就是实际过程中工质所得到的机械功。η_{ad}^* 表示理想无损失情况下压缩过程所需要的外功与实际过程中所需外功之比。过程中损失愈小，愈趋向于理想情况，则 η_{ad}^* 愈趋近 1。

（2）多变效率 η_{pol}

多变效率的定义式为

$$\eta_{pol} = \frac{h_{pol}}{h_{pol} + h_r} \tag{4-9a}$$

其与 η_{ad} 不同之处是式中分子用 h_{pol} 代替了 h_{ad}，而 $h_{pol} = h_{ad} + \Delta h_r$，也即多变效率的定义中只把流动损失 h_r 看作是损失，而不考虑 Δh_r。所以，确切地说，η_{pol} 是反映流动过程的完善程度，是反映过程中流动损失大小的一个指标。

因为 $h_{pol} > h_{ad}$ 故 $\eta_{pol} > \eta_{ad}$，所以在谈到压缩机效率或级效率时，应指明是哪种效率。由式(4－9a)，可得

$$\frac{n}{n-1} = \frac{k}{k-1}\eta_{pol} \tag{4-9b}$$

由式(4－8a)、式(4－9a)可推导出

$$\eta_{ad}=\frac{\varepsilon^{\frac{k-1}{k}}-1}{\varepsilon^{\frac{k-1}{k\eta_{pol}}}-1} \tag{4-9c}$$

这里压比 $\varepsilon=p_2/p_1$。

当压比很小时，η_{ad} 与 η_{pol} 相差甚小，可认为 $\eta_{pol}\approx\eta_{ad}$。

上述各式对基元级、级或整台压缩机都适用，只不过要考虑各自所取的相应参数就是了。另外，在三种情况下，h_r 所包含的具体内容有些不同，例如对基元级，一般 h_r 只是叶型损失，而对级或压缩机而言，则 h_r 所包含的内容就多些了。

(五) 基元级的反动度及预旋

1. 反动度的表达式

气流流过基元级时，在动叶栅与静叶栅中气体的静压都可以分别有所提高，即整个基元级的压增是按一定比例在动叶栅与静叶栅中分配的。这种分配情况对级的工作、其性能及效率都有一定影响。由此引入基元级反动度(亦称反作用度)Ω 的概念。

现定义反动度 Ω 为动叶栅中静压增 h_{st}(包括损失)与基元级理论能量头 h_t 之比。

$$\Omega=\frac{h_{st}}{h_t} \tag{4-10a}$$

而

$$h_{st}=h_t-\frac{c_2^2-c_1^2}{2}=\frac{w_1^2-w_2^2}{2}=\int_1^2\frac{dp}{\rho}+h_{r1-2}$$

一般情况下 $c_3\approx c_1$，所以

$$h_t=\int_1^3\frac{dp}{\rho}+\frac{c_3^2-c_1^2}{2}+h_{1-3}\approx\int_1^3\frac{dp}{\rho}+h_{1-3}=\left(\int_1^2\frac{dp}{\rho}+h_{r1-2}\right)+\left(\int_2^3\frac{dp}{\rho}+h_{r2-3}\right)$$

则

$$\Omega=\frac{\int_1^2\frac{dp}{\rho}+h_{r1-2}}{\left(\int_1^2\frac{dp}{\rho}+h_{r1-2}\right)+\left(\int_2^3\frac{dp}{\rho}+h_{r2-3}\right)} \tag{4-10b}$$

因此 Ω 表明了在基元级中加给气体全部机械功中，有多少用之于动叶栅中压力能的增加及克服损失。

一般情况下，认为 $c_{2a}=c_{1a}$，则有

$$c_2^2-c_1^2=c_{2u}^2-c_{1u}^2=(c_{2u}+c_{1u})(c_{2u}-c_{1u})=(c_{2u}+c_{1u})\Delta c_u$$

则

$$\Omega=\frac{h_{st}}{h_t}=\frac{h_t-\frac{c_2^2-c_1^2}{2}}{h_t}=1-\frac{(c_{2u}+c_{1u})\Delta c_u}{2u\Delta c_u}=1-\frac{c_{2u}+c_{1u}}{2u} \tag{4-10c}$$

将上式右边再变换一下有

$$\Omega=1-\frac{c_{2u}-c_{1u}+2c_{1u}}{2u}=1-\frac{c_{1u}}{u}-\frac{\Delta c_u}{2u} \tag{4-10d}$$

考虑到

$$c_{2u}+c_{1u}=2u-(w_{1u}+w_{2u})$$

代入式(4－10c)还可有

$$\Omega=1-\frac{2u-(w_{1u}+w_{2u})}{2u}=\frac{w_{1u}+w_{2u}}{2u} \tag{4-10e}$$

上述 Ω 的各种表达式，形式虽各异，但实质相同，可视哪种计算方便而任意选用。

2. 反动度与速度三角形的关系

反动度能反映动、静叶栅中压增的分配，而速度三角形又能表明基元级中流动的特征与参数变化，则二者之间必然存在一定的联系。不同的 Ω，必然会导致不同的速度三角形，也就会影响到叶栅中叶型的安置排列情况。

下面将对 $\Omega=0$、0.5、1、0.7～0.9 等4种典型情况的基元级及其速度三角形进行分析比较。

为了便于分析，假定这4种情况都具有相同的 u、c_a、Δc_u，则它们的流量系数 $\phi=\dfrac{c_a}{u}$，能量头系数 $\bar{h}=\dfrac{\Delta c_u}{u}$ 及理论能量头 $h_t=u\Delta c_u$ 也必相同。

（1）$\Omega=0$ 的基元级（见图4-26(a)）

$$h_{st}=\frac{w_1^2-w_2^2}{2}$$

则
$$w_1=w_2$$

又由
$$\Omega=\frac{w_{1u}+w_{2u}}{2u}=0$$

则
$$w_1=-w_{2u}$$

可知这种基元级动叶栅进出口相对速度 w_1、w_2 相等，气流在动叶栅中速度大小不变，只改变方向。因而动叶栅中压增为零，则整个基元级的压增全部发生在静叶栅中，又由

$$h_t=\frac{c_2^2-c_1^2}{2}+\frac{w_1^2-w_2^2}{2}=\frac{c_2^2-c_1^2}{2}$$

可知，在这种基元级中，动叶栅加给气体的外功全部变为动能的增加，而这动能要在后面的静叶栅中再变为压力能。

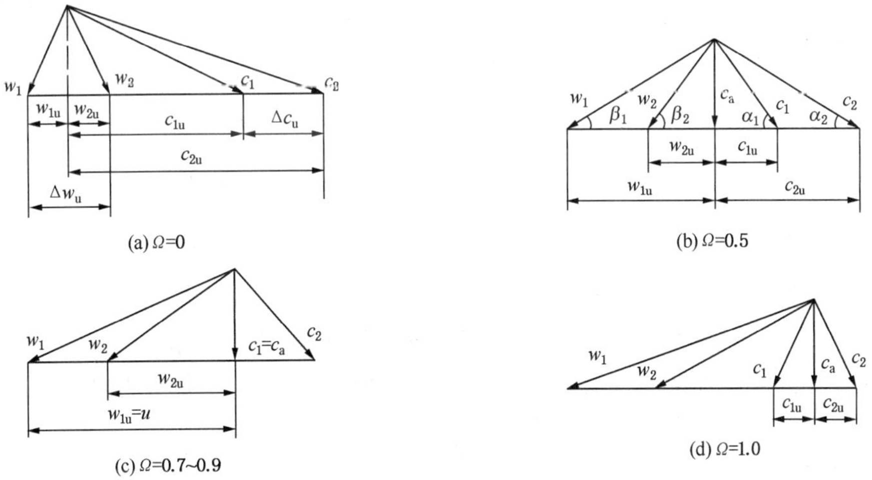

图4-26　基元级的速度三角形

我们把这种 $\Omega=0$ 的基元级称为冲动级，它的缺点是静叶栅中扩压厉害，负荷大，流动易恶化造成较大损失。此外，由动叶栅出口的绝对速度 c_2 太大，马赫数 Ma_2 大，易超过许可值而加大损失，故轴流压缩机一般不采用这种级。

(2) $\Omega=0.5$ 的基元级(见图 4-26(b))

由
$$\Omega=\frac{h_{st}}{h_t}=\frac{\dfrac{w_1^2-w_2^2}{2}}{\dfrac{c_2^2-c_1^2}{2}+\dfrac{w_1^2-w_2^2}{2}}=\frac{1}{2}$$

得
$$\frac{w_1^2-w_2^2}{2}=\frac{c_2^2-c_1^2}{2}=\frac{1}{2}h_t$$

即动叶栅中加给气体的能量，有一半转化为压力能，另一半转化为动能，而后者再在静叶栅中转化为压力能。故在整个基元级中压增是平均分配于动、静叶栅中的，且各为 $h_t/2$。

这种基元级在动、静叶栅中压增相同，负荷平均分配，速度三角形成对称状。故在相同的 u 及 c_a 下其最大速度(w_1 或 c_2)及最大马赫数将小于 $\Omega\neq0.5$ 的基元级，所以流动损失较小，效率 η 较高。从另一角度来看，这种基元级可以有较大的 u 而仍不至使 Ma_1 或 Ma_2 超过许可值，故在 u 较大的情况下采用这种基元级是可取的。

(3) $\Omega=0.7\sim0.9$ 的基元级

即动叶栅进口气流绝对速度 c_1 为轴向或接近轴向的基元级，见图 4-26(c)。

在轴流式压缩机设计中，有时将进入动叶的气流安排成轴向进气的，则这时有
$$c_1=c_{1a},c_{1u}=0,w_{1u}=u$$
这样，在第一级之前不用进气导流叶片，可以减小整机的轴向尺寸。这种基元级的速度三角形及基形都介于 $\Omega=0.5$ 和 $\Omega=1.0$ 的之间，其工作特点也介于二者之间。

(4) $\Omega=1$ 的基元级(见图 4-26(d))

由于
$$\Omega=\frac{h_{st}}{h_t}=1$$

则
$$h_{st}=h_t$$
$$\frac{w_1^2-w_2^2}{2}=\frac{w_1^2-w_2^2}{2}+\frac{c_2^2-c_1^2}{2}$$
$$\frac{c_2^2-c_1^2}{2}=0$$

得
$$c_1=c_2$$

又由
$$\Omega=1-\frac{c_{1u}+c_{2u}}{2u}=1$$

得
$$c_{1u}=-c_{2u}$$

由上述各式可知，这种基元级的速度三角形中，c_1 与 c_2 大小相等，且分别位于轴向两侧，成对称状。$w_1>w_2$，且 $w_1\gg c_2$。此外可知，气流得到的机械功，全部在动叶栅中转化为压力能。静叶栅中无压增，而只起改变绝对速度方向的作用，使气流以合适的角度进入下一级。

从速度三角形知，这种基元级中的速度以 w_1 为最大，故要注意防止 Ma_1 值超过许可值，在固定式的轴流式压缩机中，当 u 与 c_a 都不太大时，可以应用。

3. 基元级的预旋

当基元级动叶栅进口的气流绝对速度 c_1 不是轴向，而在切向存在分速度 c_{1u}时，这个 c_{1u} 就称为预旋。当 c_{1u}与 u 同向，则为正预旋，反向则为负预旋。

反动度 Ω 是与预旋密切相关的。当 Ω 由零逐渐增大时，预旋 c_{1u}可由正值逐渐变为零，

再变为负值，同时速度三角形也由右偏逐渐变为左偏。实际上不同的 Ω 就是改变预旋所引起的结果，预旋小（负预旋），Ω 大；预旋大（正预旋），Ω 小。这也可从下式中看到

$$\Omega = 1 - \frac{c_{1u}}{u} - \frac{\Delta w_u}{2u}$$

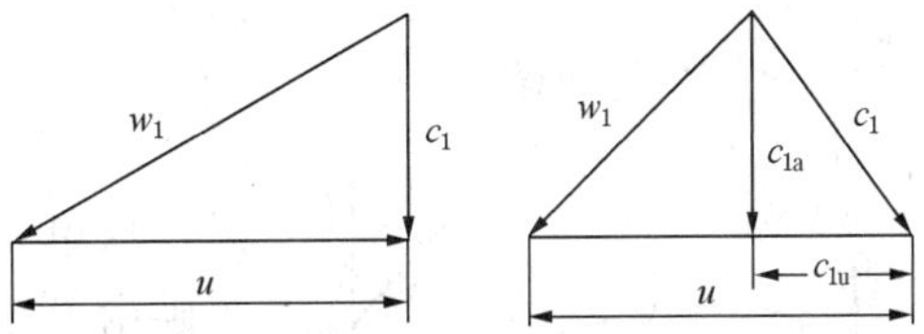

图 4 - 27　u 一定时用正预旋使 w_1 下降

在 u 一定时，采用正预旋可使 w_1 下降（见图 4 - 27），即 Ma_1 减小，以避免大的 u 下产生过大的 Ma_1。但应注意，正预旋过大又会使 Ma_2 增大超过 Ma_1，$\Omega<0.5$ 的级就属于这种情况。当 Ma_1 已达较大值，则在 w_1 一定时可用正预旋来提高 u（见图 4 - 28），以增大 h_t。$\Omega=0.5$ 的级基本上就是利用了这个特点。

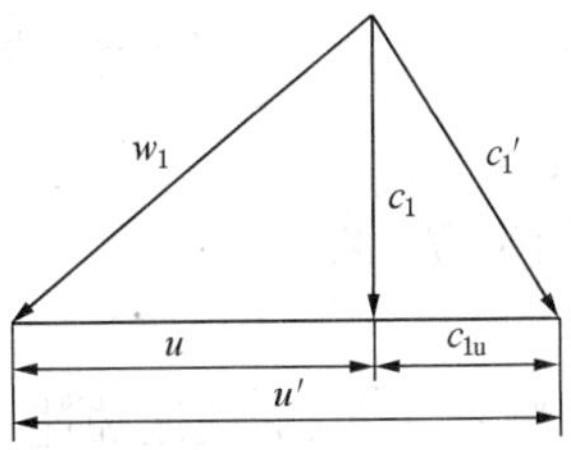

图 4 - 28　w_1 一定时用正预旋提高圆周速度

如果 u 一定而又不大，而 Ma_1 又不超出许可值，则可用负预旋以提高 h_t。例如用 $\Omega=1.0$ 的级，当其 u、$\Delta\beta$ 与 $\Omega=0.5$ 的级相同时，其 h_t 较大，因此在 u 较低的固定式压缩机可采用。特别是多级压缩机的后面各级，其 c_{1a} 小，而温度高，音速大，Ma_1 的问题不大，这时采用负预旋的 $\Omega=1.0$ 的级有利之处。

此外，当 w_1、u 一定时，采用正预旋，可以增大轴向速度 c_{1a}，以增加流量与流量头，见图 4 - 29。

（六）叶栅扩张度与扩压因子

气流流过基元级时，为了达到增压目的，动静叶栅的流道必须做成是扩张形的，使通流面积不断扩大。但这种扩张的程度是受到一定限制的，因为在扩张形流道中流动时，由于压力是沿流动方向不断提高的，使通道壁上附面层易增厚而造成分离。扩张度愈大，扩压程度也愈大，这种情况就愈严重，损失也愈大。所以在设计轴流式压缩机叶栅流道时，要对扩压程度作一定限制。目前广泛采用扩压因子来评定流道的扩压程度。另外，这种扩压程度常用来作为叶片负荷的度量，并把叶型上开始发生严重气流分离的情况称作负荷极限。

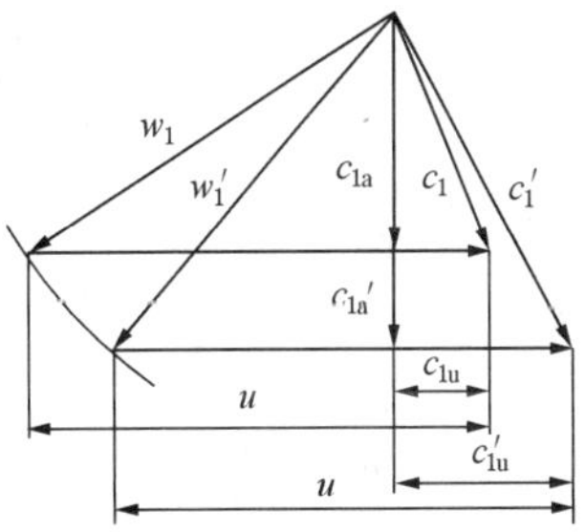

图 4 - 29　u、w_1 一定时用正预旋提高 c_1

扩压因子既然反映了流道扩压程度的大小，那么对由叶型构成的叶栅流道来说，它自然也反映了叶栅负荷的大小，所以也可用扩压因子来控制叶栅的负荷。

图 4 - 30 表示一般轴流式压缩机叶型表面上的速度分布情况。在压缩机叶栅流道中，虽然气流总的趋势是减速扩压的（即 $w_2<w_1$；$c_3<c_2$），但局部地区仍可能存在着加速过程。在叶栅进口处，由于叶型具有一定厚度及叶型弯曲的影响，在开始一段流道中，特别在如图 4 - 30 所示的叶背 ab 段，流道是有些收敛的，而在 b 处形成流道最小截面，从 b 开始到出口是扩张形流道。所以在经过叶背 ab 段，气流是加速的。相对速度由进口处的 w_1，逐渐加大，到 b 点附近达最大速度 w_{max}，然后逐渐减速，在出口处 c 点降到 w_2 值，形成图 4 - 30 所示叶背的速度分布图形。如果叶背气流出现分离，那通常会发生在 bc 一段，因为那里有较大的压力梯度。

在叶栅流道中，一般用速度来表示参数的变化比用压力要方便些。因此可用叶背速度的下降程度来表示其扩压程度，而将扩压因子和叶栅气动参数联系起来。扩压因子 D 的定义

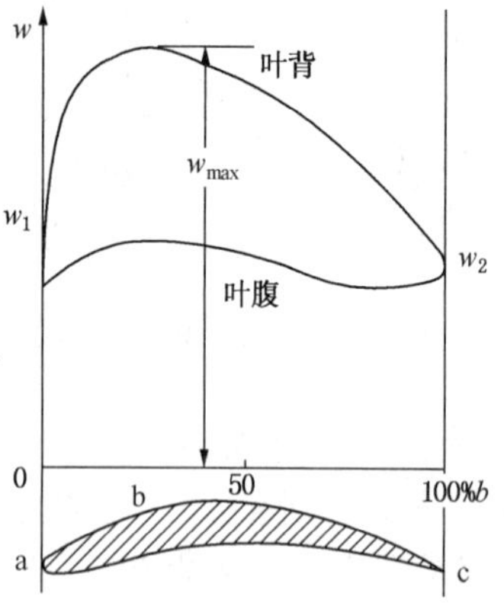

图 4－30　叶型表面上速度分布图

式为

$$D = \frac{w_{max} - w_2}{w_m} \qquad (4-11a)$$

这里 w_m 为整个叶背表面的气流平均速度。上式分子即反映由 b 点到 c 点的扩压程度。当 D 达某个数值后，叶栅流动损失会大大增加，所以一定的 D 值标志着叶栅中允许采用的扩压程度。

由式(4－11a)知，要知道 D 值就要求取 w_2、w_{max}及 w_m。一般测量与计算 w_{max}及 w_m 比较困难，在设计阶段当然更不可能得到准确的 w_{max}与 w_m 值，为此可近似地认为

$$D = \frac{w_{max} - w_2}{w_1} \qquad (4-11b)$$

而

$$w_{max} = w_1 + \Delta w$$

并认为叶背上 w_{max}与 w_1 的差值 Δw 是扭速 Δw_u 及叶栅稠度 $\tau = b/t$ 的函数，即

$$\Delta w = f(\Delta w_u, \tau)$$

因为叶栅中扭速 Δw_u 若增大，则流道中气流转折必定也较大，叶背 ab 段上气流加速比较明显，这时所产生的 w_{max}一定比 w_1 大得多，即 Δw 增大。此外，当叶栅稠度增大，能使叶栅流道的导向性好，流道扩张度减小，则可使 Δw 减小。通过试验数据的整理，可得

$$\Delta w = f\left(\frac{\Delta w_u}{\tau}\right) = \frac{\Delta w_u}{2\tau}$$

则有

$$D = \frac{w_{max} - w_2}{w_1} = \frac{w_1 + \Delta w - w_2}{w_1}$$

$$= \frac{w_1 + \dfrac{\Delta w_u}{2\tau} - w_2}{w_1} = 1 - \frac{w_2}{w_1} + \frac{\Delta w_u}{2w_1\tau} \qquad (4-11c)$$

对静叶栅来说，同样有

$$D = 1 - \frac{c_3}{c_2} + \frac{\Delta c_u}{2c_2\tau} \qquad (4-11d)$$

利用式(4－11c)，只要已知 w_1、w_2、Δw_u 及 τ，即可以很方便地求得 D，而无须测取或计算 w_{max}及 w_m 了。

对式(4－11c)进行分析可知：

1）在 w_1 一定时，减小 w_2 会使 D 上升。w_2 减小得愈多，则流道中减速扩压愈明显，扩压因子 D 也愈大。此外，在 w_2 降低的同时，会使扭速 Δw_u 增大，也使 D 增大。

2）扭速 Δw_u 增大，是由于气流在流道中转折厉害的缘故。而 Δw_u 实质上即反映了叶片与气流在切向的作用力大小，也反映了叶型的负荷大小，Δw_u 增大自然使扩压因子增大。

由速度三角形可以看到，在 w_1 一定的情况下，w_2 与 Δw_u 是密切相关的，w_2 下降 Δw_u 必增大，反之 Δw_u 减小 w_2 必上升，而二者的变化又都同时影响到扩压因子。

3）当 w_1、w_2、Δw_u 一定时，增大叶栅稠度 τ 可使 D 下降。现以栅距 t 不变，增大弦长 b 为例来说明。当叶弦弦长 b 增大时，同样大小的气流折转发生在较长的流道内，因而每单位长度流道中的气流折转就较和缓，则气流不易分离，叶栅的扩压因子也较小。

对叶栅进出口轴向速度不变的情况，利用速度三角形关系

$$\frac{w_2}{w_1}=\frac{\sin\beta_1}{\sin\beta_2}$$

$$\frac{\Delta w_u}{w_1}=\frac{c_a(\text{ctan}\beta_1-\text{ctan}\beta_2)}{w_1}=\sin\beta_1(\text{ctan}\beta_1-\text{ctan}\beta_2)$$

代入式(4 - 11c)，可得用气流角度表示的扩压因子关系式

$$D=\left(1-\frac{\sin\beta_1}{\sin\beta_2}\right)+\frac{\sin\beta_1}{2\tau}(\text{ctan}\beta_1-\text{ctan}\beta_2) \tag{4 - 11e}$$

由于 D 反映了叶栅的扩压程度与负荷大小，为了保证有较小的流动损失以得到高效率的级，设计中常规定 D 的许可值，一些文献中推荐

对动叶：叶尖处 $D<0.4$　　叶根处 $D<0.6$

对静叶：$D<0.6$

在叶栅设计中常根据已知的速度三角形，然后根据 D 的推荐值，利用式(4 - 11c)及(4 - 11d)选取叶栅稠度 τ。

除了这里所介绍的用扩压因子 D 来衡量与控制叶栅的负荷外，还有用 w_{max}/w_2、w_2/w_1 等作为控制叶栅负荷的准则数的，但不如前者普遍。

三、轴流式压缩机级中的流动损失

轴流式压缩机接受外界加入的机械功，不可能全部转化为压缩机中工质的压力能，而有一部分消耗于级组中的流动损失、机械损失、漏气损失等。

气流从动叶栅中得到的机械功，从柏努利方程知

$$L=h_t=\int_1^3\frac{dp}{\rho}+\frac{c_3^2-c_1^2}{2}+h_{r1-3}$$

由于级进出口的速度变化不大，所得到的机械功，大部分用来提高气体压力能 $\int_1^3\frac{dp}{\rho}$，部分用来克服动叶栅与静叶栅中的流动损失 h_{r1-3}。

对基元级平面叶栅而言，其流动损失只是指叶型损失。但从压缩机级的角度来看，由于叶片具有一定的高度，流动损失 h_{r1-3} 中还应当包含叶片排两端限制表面上的环端面损失和由流动空间三元性所带来的所谓二次流损失。

所以对压缩机级来说，流动损失是由叶型损失、环端面损失及二次流损失 3 部分组成的。

（一）叶型损失

基元级的叶型损失又可分为摩擦损失、分离损失及尾迹损失 3 部分。

由于气体的黏性，使靠近叶型壁面的一层气流的流动情况有异于主流，这样的流层称为附面层。叶型附面层包括背面附面层和腹面附面层，在附面层内，流速沿法向各不相同，从紧贴壁面处的流速为零，一直到最外层流速接近主流的速度值。一般认为，黏性的影响只限于很薄的附面层内。这些表面附面层在叶片后缘汇合，同时形成叶片尾迹。在叶片后面受阻滞的尾迹气流与主气流相混合，并在流动的方向上逐渐扩大，在下游足够远处，将发生完全混合，因而流动将变得均匀。

1. 摩擦损失

摩擦损失与叶型表面的附面层的结构类型有关，在叶型表面上所发生的附面层有两种类

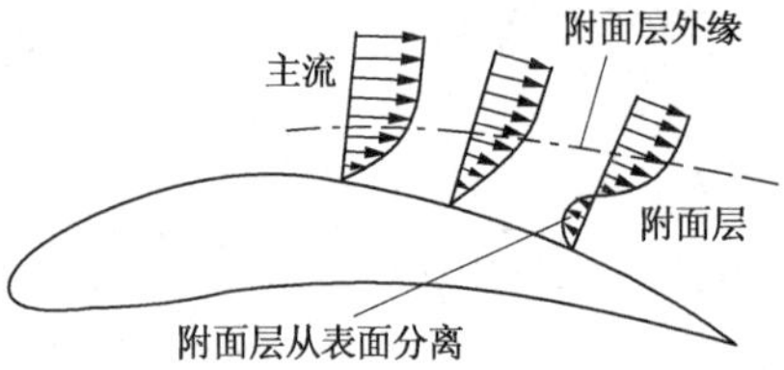

图 4－31　附面层内速度分布及分离

型，即层流附面层与紊流附面层。它们主要与来流的雷诺数 Re、自由紊流度 T_u 及叶栅、叶型的几何参数有关。紊流附面层中，由于流体质点间动量交换比较强烈，具有高能量的质点进入附面层内，其速度较大。而层流附面层中，动量的交换仅仅靠二相邻流层间剪切应力的作用，所以速度较小，由于二者速度分布图谱不同，因此层与层间所产生的摩擦情况与摩擦损失也不同。当主流减速，在附面层中存在反压力梯度时，两种附面层之间的差别就显示出来了。紊流附面层由于有足够的脉动动量加入，使它在发生分离之前仍能逆着压力梯度前进某段距离。而层流附面层只有很少的动量加入，使它不能在升压方向前进很远，而且接近壁面的质点由减慢到停止，最后终于逆着主流的方向开始向上游流动，最后导致附面层从表面上分离，见图 4－31。

在叶栅叶片排中，在通常所遇到的紊流度和雷诺数范围内，层流附面层会在叶片表面的某个地方变成紊流附面层。从层流到紊流流动的转捩区域很小，因而可以把它当作一个点，并称之为转捩点。转捩的发生，可能是由于某一有限扰动，如自由流中的紊流度，或者由于层流的不稳定性；此外无限小的扰动，在适当的条件下，若按指数关系随时间增长，这也可能引起转捩。转捩之前的行程长度或时间，取决于扰动扩大的速度，因而取决于附面层内和附面层外的特殊流动条件。转捩点与流动的雷诺数和自由流的紊流度密切相关，可用附面层雷诺数的转捩准则来判断，转捩时的雷诺数为 $Re\delta = 8000$（$Re\delta = \dfrac{w\delta}{v}$，$\delta$ 是叶型表面的附面层厚度）。气体流经叶型时，粘性摩擦损失产生于附面层内，而主流可以作理想气体来处理。为了估算摩擦损失，求出附面层内的摩擦应力，摩擦应力的值与附面层的结构为层流或紊流有关，在没有涡分离的条件下，须判断转捩点，以便进行理论计算。在工程中常以实验为依据的经验公式进行估算。

2. 分离损失

当叶型表面附面层增厚到一定程度，而逆向的压力梯度又较大时，由于附面层中流速低，附面层内的动量往往不足以克服顺流压力的增加，因而会发生分离，而形成大的分离涡流损失。这种分离显然与叶型形状，附面层状况及流道扩张度等因素有关。此外，工况变化对分离损失也影响很大。叶背处气流分离较明显，这主要由于叶背处压力梯度较大的缘故。

层流和紊流附面层流动的分离点可由壁面上的剪切应力 $\tau_w = 0$ 这个条件来确定，即当 $\left(\dfrac{\partial u}{\partial n}\right)_{n=0} = 0$（$u$ 为附面层中切向速度，n 为法向距离）时就发生分离。当转捩点紧接在层流分离点之后发生时，在一定的条件下已分离的层流附面层，可能以紊流层的形式重新附着于表面，形成一种气泡式的局部分离流动。这时紊流附面层的厚度要比通常的由层流附面层转捩为紊流附面层情况时的厚度要厚得多。因而层流分离气泡最有害的影响是紊流重新附着时，带来的动量厚度相当剧烈的增大，导致阻力系数明显的增加。

当工况变化使叶栅进口速度三角形变化，而导致正冲角增大时，叶栅流道的出口面积与进口面积之比，较变工况前增大，即流道扩压度增大，此时叶背处气流分离明显，见图 4－32(a)。叶背上所产生的这种分离，又由于气流在叶栅流道中的转向所产生的离心力场而加剧，所以分离点将向上游移动，分离易扩大。当工况变化使气流冲角变小，例如图 4－32

(b)出现负冲角，这时叶腹处将可能发生分离，但此时由于流道扩压度减小，且由于转向时气流离心力场的作用，使分离不易扩大，损失较小。

3. 尾迹损失

由于叶型上下表面附面层在叶型后缘汇合，形成停滞涡流区，动能转化为热能而产生损失，见图4－33。此外，由于尾迹中气流规律性差，总压低而速度小，主流中气流流动有规律，总压高而速度大，于是叶型后面这两部分气流相互渗杂混合，随着向下游发展，尾迹逐渐加宽，二者的总压与速度逐渐拉平，最后达到均匀化。这种混合均匀化的过程一般可在1/4弦长的距离内基本完成，但要做到真正均匀化，则要在几倍弦长的距离后才能实现。这种混合渗杂过程也带来能量损耗。

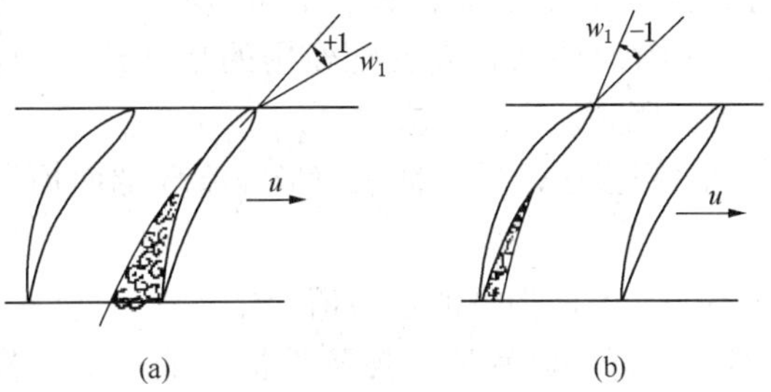

图4－32　叶背及叶腹附面层分离

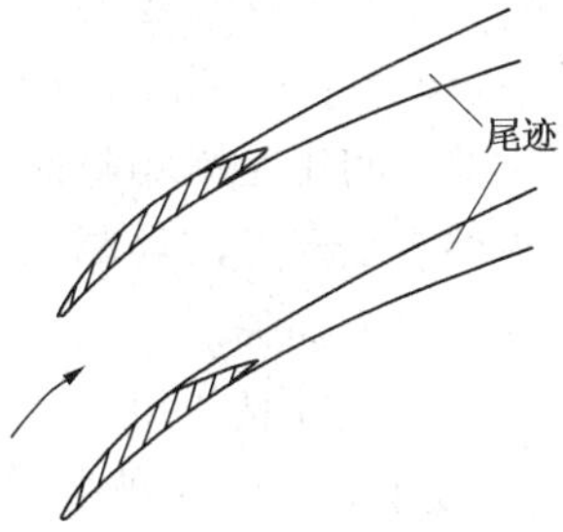

图4－33　附面层与尾迹

根据不同的具体情况，叶型损失可以采用不同的方法来表示与计算，例如可以用附面层理论计算或用半经验的叶型阻力系数 c_{xp} 来表示，也可以用总压损失系数来表示。

4. 雷诺数和自由紊流度对叶型损失的影响

（1）雷诺数对叶型损失的影响

各种情况下的压缩机的雷诺数 Re 随后面级的气体密度增大也增大。

雷诺数在 $0.4\times10^5\sim6\times10^5$ 范围内的叶片流动特性和叶片表面上的压力分布特性：在 $Re>4\times10^5$ 的情况下，流动通常是附着于叶片面上的；当雷诺数减低到 2×10^5 以下时，在叶片表面上将出现以气泡形成开始的局部分离流动；在雷诺数小于 10^5 时，压力分布破坏之后的完全分离(层流)使损失大大地增加。结果，当雷诺数降低较多时，流经级的气流折转角和压升将大大减小。

（2）自由紊流度对叶型损失的影响

在不同的雷诺数范围内，当叶片出现流动分离现象时，可能出现层流分离附面层、层流气泡形成附面层以及向紊流附面层的转捩。在更大的雷诺数下，则为全紊流附面层。在较小的雷诺数($Re<2\times10^5$)范围下，流动将明显的受自由紊流度的影响。

定义 $T_u=\sqrt{u'^2}/w$ 为紊流度或紊流程度，式中$\overline{u}'$表示流动方向的平均脉动速度。

流经压缩机的紊流流动是由转子叶片造成的。在雷诺数相同，紊流度不同的情况下，叶片上的损失和压力分布将不相同。

紊流度由一个不大的数值开始，如从第一级后面的 $T_u=2\%$ 开始，增大到后面级的 $T_u=5\%\sim6\%$，在远下游渐保持为常数。

在低雷诺数情况下，紊流度将使损失大大减小。在较高雷诺数情况下，证明增大紊流度是没有用的，而且由于能量的耗散，增大它甚至反而带来坏处。在低雷诺数和大马赫数情况下，大紊流度具有把叶片叶栅的失速角移向较大值的优点。

由于紊流度对附面层产生有利的影响，所以，随着紊流度增大，气流折转角 $\Delta\beta$ 增大，而损失减小。但这只是在紊流度 T_u 增大到3%以内时有效。如果紊流度大于此值，损失系数则增大，因为大量的能量由于耗散的增大而损失掉了。紊流度很大，但它却并不影响流经叶栅的气流折转角。

（二）环端面损失

这部分损失是由于气流沿着汽缸和转子轮毂表面流动所产生的摩擦和涡流损失，损失影响到轴向速度的分布。在多级轴流式压缩机后继级中，轴向速度分布并没有逐级不断恶化下去，而是保持了相当稳定的形态。把流场分成三部分，即一个主流流动部分和两个端壁附面层部分。壁面附面层流动是十分复杂的，壁面附近的损失大于通道中部的损失。

影响端壁附面层流态的参数是叶栅几何形状、叶尖间隙/弦长、轴向间隙/弦长、转子弦长/静子弦长、叶弦雷诺数以及气动负荷等。对附面层增长起支配作用的是叶片动力负荷，而轴向速度分布也是影响附面层增厚的一个重要因素。

有两种方法来考虑环端面损失：一种是效率修正法，另一种采用半经验环端面损失系数 c_{xa} 来估算环端面损失。

一般说不论叶高长短，环端面面积变化不太，因而损失的绝对值变化不大。此外，当平均栅距 t_m 减小时，叶片排中的叶片数即增多，则每一叶片所分摊到的损失也小了。若叶片很短，则有可能两个环端面附面层交叠起来，损失增大。

（三）二次流损失

由于叶片是有限长的，而叶片排构成的是环形空间，级中的实际流动复杂，特别在叶片顶部与根部附近，存在着一些和主流方向大不相同的流动，这些流动统称为二次流动，它扰乱了主流，形成了所谓二次流损失。二次流损失包括双涡损失、径向间隙端流动损失、叶片附面层径向流动的潜移损失，刮擦涡损失。

1. 双涡损失

如图4－34所示，当动叶在转动时，由于叶片的工作面压力大于非工作面，于是在叶间通道中横贯着主流方向存在着压力差，叶片负荷愈大，这压差也愈大。在叶道中间部分，由于气流在流道中转向而产生离心力场，离心惯性力与流场中压差平衡，并不引起明显的横向流动。但在流道上下环端面处，由于附面层的存在，层内的压力分布与主流的相同，但其气流速度却大大低于主流部分。特别是紧贴壁面处，气动惯性力很小，这就破坏了气动惯性力与压力差之间的平衡，于是该区域内的气体在横向压力梯度的作用下，沿端面壁由叶片的工作面向非工作面移动，当流线接近非工作面时，它向叶高方向偏移，于是卷成涡型流动，在偏向叶背的部位形成两个方向相反的双涡，这种二次流旋涡称为通道涡。这种低能量的气流在流道非工作面附近积累，引起气流扰动和损失，并导致气流偏离正常方向，产生对后面叶片排的不利冲角。

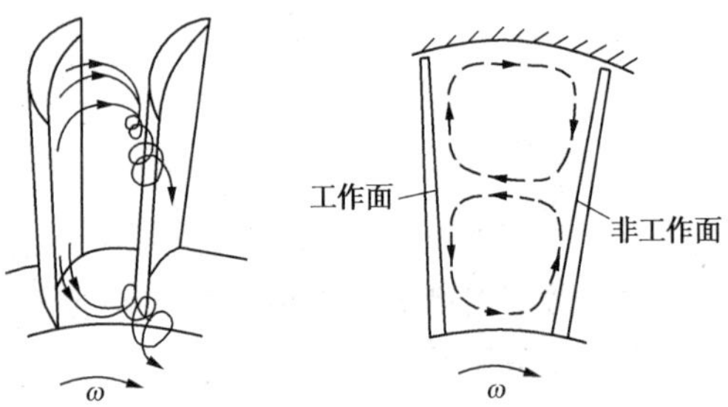

图4－34　双涡损失

2. 径向间隙端流动损失

见图4－35(a)，为了避免压缩机工作时叶顶与汽缸内壁发生碰触（对静叶来说则是与转轴轮毂碰触），在叶片顶部与环端面之间要留有一定的径向间隙。由于叶片端部截面上，工作面的压力大于非工作面的压力，于是有一些气流将通过径向间隙，由压力高的叶腹流向叶背，结果造成叶端附近流动的混乱，且影响叶端附近基元叶栅的增压能力，而带来损失。

另外，由于压缩机中的扩压流动，使叶栅后的压力高于叶栅前。在这个压差的作用下，又有一小部分气体经径向间隙倒流到叶栅前，然后又与主流混合一起向叶栅后流去。我们可以想像会存在着一小部分气体在经径向间隙而循环流动，如图 4－35(b)所示，因而消耗了部分能量。这两种通过径向间隙的流动，称为端流动或端部潜流。叶栅负荷愈大，叶端截面厚度愈薄，径向间隙愈大，则端流动损失愈严重。

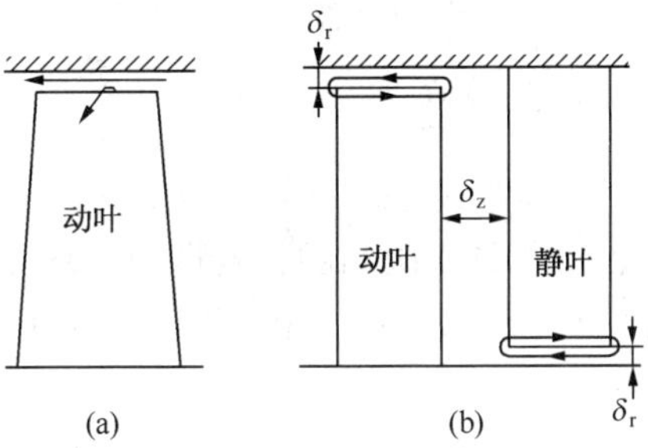

图 4－35　径向间隙的端流动

3. 叶身附面层径向流动的潜移损失

级的流道中，由于气流周向分速度 c_u 的存在而形成离心力，使气体有从动叶片排的内径向外径流动的趋势。为了保持气流基本上沿圆柱面流动，则要使级外径处的压力大于内径处的压力，也即径向要有压力差来平衡离心力，以满足“径向平衡”条件。但在贴近叶片叶身上的附面层中，工质几乎与叶片一起以相同的圆周速度旋转，一般情况下 u 比 c_u 大得多，因此叶身附近工质微团的离心力要大于主流中的，而径向的压差一定，于是叶身附面层内气体即沿叶片根部向顶部移动，这种现象称为叶身附面层的径向潜移，如图 4－36 所示。

在静叶栅中，则由于静叶静止不动($u=0$)，情况刚好相反，于是在压差作用下使静叶叶身附面层由外径向内径移动。这种径向潜流使叶身附面层向动叶顶部与静叶端部(近轮毂处)堆积加厚，而恶化了这些区域的流动。由于动叶栅中 u 比 c_u 大得多，动叶附面层的径向潜移更严重，损失也更大。

4. 刮擦涡损失

在叶片相对于壁面运动时，叶片可以从壁面上把附面层刮下来，于是在叶片的工作面一边形成了类似图 4－37 所示的刮擦涡。

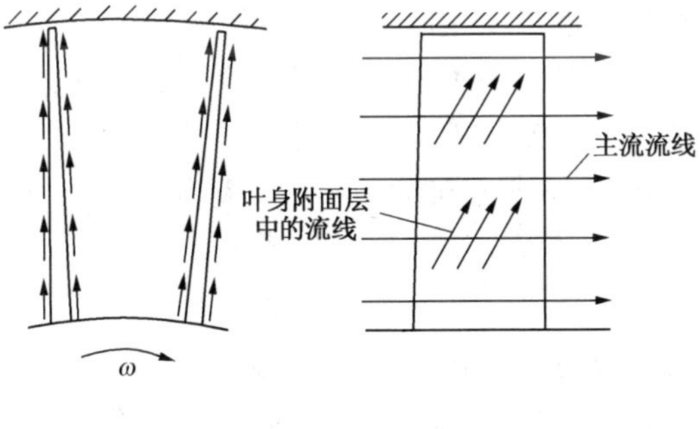

图 4－36　叶身附面层的径向潜移

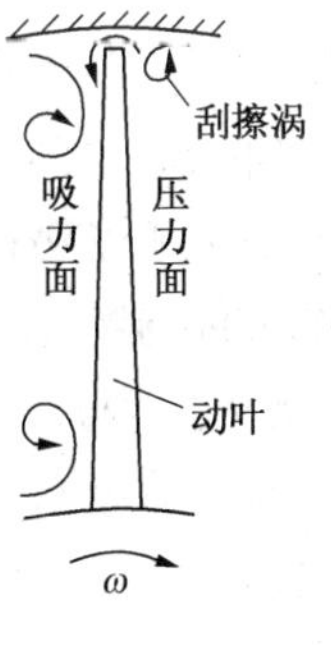

图 4－37　刮擦涡

二次流现象实际情况是十分复杂的，是几种现象的交叉存在，且互相影响，一般二次流损失是和叶型损失成正比的。从整个叶片看来，其两端的损失要比中间部分的大。在流量系数 ϕ 增大时，环端面损失有所增加，这是因为 ϕ 增大时，流量、流速都增大，所以环端面上摩擦损失将增加。二次流损失随 ϕ 的增大而略有降低，但变化不大。叶型损失在设计工况点一般较小，但在偏离设计点较大时会明显增大，这是由于这时进口气流的速度方向与按设计工况确定的叶栅几何参数很不协调，气流发生脱离，流动情况恶化所致。

四、多级轴流式压缩机

就轴流式压缩机的单级来看，其压比较小，因为从增大级压比的两个途径来看，增大 u 及 Δw_u 都是受限制的，所以单级的增压能力总是有限的。目前一般轴流式压缩机的级压比约为 1.10～1.30，有的轴流压缩机单机总压比已达 10～15，这当然远非单级所能承担得了的。

为了获得较高的压比，就要采用多级压缩机，也就是在同一汽缸内，将若干个单级串联排列起来，使气体在经过各级时，依次连续得到增压，最后达到所需的压力。例如，压比为 5 的压缩机，若平均级压比为 1.15～1.20，则通常需要 10 级左右。目前多级轴流压缩机的级数可达 20 级。

轴流式压缩机中，级与级间的串联排列，在结构上远较离心压缩机简单。对后者来说，气流从前一级压缩后进入后一级时，要经过很大的转向，这不仅使结构复杂化，也增加了流动损失。而对轴流压缩机来说，基本上只要把各级在轴向前后衔接，依次排列起来就可以了。结构简单，流动路程短而直，故效率较高。

多级轴流式压缩机的通流部分，除了有依次排列的级组外，有时在第一级之前还装有进口导流器，其功能是使进入第一级的气流具有某种所需的方向(采用进气预旋)。一般在进口导流器中，气流是略有加速的，所以应为收敛叶栅。此外，在末级之后，有时还装有整流器，以使从末级出来的气流最后转为轴向，然后进入后面的扩压器。整流器叶栅可稍带扩压性质。如末级静叶出口气流已设计成轴向出气，那么就不必再加整流器了。

在多级轴流式压缩机中，级的工作条件与孤立的单级有所不同。因为后一级的进口流场及参数状况，决定于前一级出口的气流情况；而后级的流动状况又对前级存在着一定的影响，所以其级与级之间是相互影响、相互联系的。因而其工作情况及要考虑的问题要比单独级复杂。

(一) 各级的特点

在多级轴流式压缩机中，每一个单级的工作原理是完全相同的。但由于各级在通流部分中所处的位置不同，而沿通流部分气流的参数是逐级变化的，所以各级的进气状态及流场就不同，其几何参数也各不相同了。这样就形成了各级中不同的气流流动与工作特点。这些不同点，首先是由于各级的压力、温度、流速及容积流量不同所造成的。

按工作条件与特点，可将整个通流部分的级分成为前级(以第一级为代表)、中间级和后级(以末级为代表)。

1. 第一级(前级)

多级压缩机的第一级的气动性能与几何参数对后面各级有重大的影响。

气体进入第一级时未经压缩，其容积流量 V_1 大，密度 ρ_1 小。因此第一级所需的通流面积最大，叶高 t_1 最长，轮毂比 $\overline{d}_1$ 最小，一般叶片数也最少。轴流压缩机的径向尺寸，基本上取决于第一级参数的选择。

由于叶片长、$\overline{d}$ 小，所以叶片扭曲得较厉害，叶顶与叶根基元级的工作条件相差大，气流的三元性问题突出。由于叶片长，其离心力较大，叶片的强度与振动问题也较突出。

第一级气体温度低、音速低，故 Ma 低。对某些流型来说，其动叶顶部的 M_{w1t} 易超出许可值，使效率下降。为了解决此问题，必须降低 u 或采用正预旋。对等环量流型，由于第一

级 t_1 大、$\bar{d}_1$ 小，叶根处可能出现负的反动度，叶顶处易产生过大的 M_{w1t}，可用等反动度流型或其他中间流型来解决。

当采用等外径形式的通流部分时，第一级叶片根部 D_h 最小，此处基元级的 u_h 也最小。这时若采用等能量头的级型，为了保证沿叶高能量头值不变，则要求叶根基元级有较大的弯曲角，以使整个级的能量头值不致过低。此外，从强度要求来看，叶根截面的叶型要较厚。这些都会使叶根基元级的效率明显下降，而影响到整个级的性能。

当压缩机在非设计工况下工作时，一般是第一级与末级气流参数偏离设计工况最远，其速度三角形也与设计工况时的出入最大。当压缩机转速下降时，若流量减小，将会在第一级最先出现旋转失速，进而引起喘振。所以应使第一级有较宽的稳定工作范围，以防止过早进入不稳定工况。

在多级轴流式压缩机中，沿轴线环形端壁上的附面层会不断加厚。第一级的附面层最薄，流场畸变较少，又由于没有前面级对它的影响，所以其实际工况与设计工况偏差较少。

2. 末级(后级)

轴流式压缩机末级的工作条件与第一级的正好相反。

压缩机末级的 ρ 最大，V 最小，t 最短，$\bar{d}$ 最大。因此，叶片太短将是末级设计中所遇到的主要问题，特别在小流量又采用等外径通流部分形式时，问题就更尖锐。这时，环端面损失、二次流损失等都将大大增加，使效率明显下降。

末级叶片短、$\bar{d}$ 大，故叶片扭曲不厉害，气流流动也较接近圆柱面流动的假设。

末级 T 大、音速大、M_{cr}大，因此马赫数不易超过许可值。假如设计时用 Ω 较大的等环量级，仍可选用较大的 $\bar{h}$ 值，而不必顾虑 M_{w1t}过大的问题。

工况变化时，末级的工况偏离设计值较远。如当实际转速大于设计转速时，一般易在末级最先发生旋转失速，并引起喘振；当实际转速低于设计转速时，则易在末级发生阻塞。

通流部分壁面上附面层逐级加厚，轴向速度沿叶高的分布不均匀性逐级加大，愈到后级流场畸变愈明显，故末级的加功量设计值往往不易在实际运行中得到保证。

3. 中间级

中间各级的工作环境与条件介于首、末级之间。其几何尺寸适中(如叶高、轮毂比等)，无第一级与末级因叶片过长或过短带来的问题，工作条件较好，损失小而效率高。在变工况下其速度三角形的变化也较少，相对来说，不易形成失速或阻塞现象。因此在设计中，在分配加功量时，常让中间级有较大的 h_t 值，以提高整个压缩机的工作能力与效率。

(二) 单级效率与多级效率的关系

现研究压缩机中一个单级与由级组组成的整个通流部分效率之间的关系，分析它们的差异及产生差异的原因。

以一个三级轴流压缩机为例，来分析其压缩过程及参数变化的情况。

如图 4-38(a)所示，以 1-1、2-2、3-3、4-4 截面各代表第一级、第二级、第三级进口截面和第三级出口截面。

现用 $p-V$ 图及 $T-s$ 图表示此压缩机通流部分级组中的热力过程与参数变化情况，如图 4-38(b)、4-38(c)所示。图中点 1 表示第一级进口气流状态；点 2、点 3、点 4 各表示第一、二、三级出口气流的状态。图中线段 1-2、2-3、3-4 各代表第一、第二、第三级中气体的多变压缩过程线。

图中 1-4 线为整个三级的多变压缩过程线，可见，整个三级多变压缩过程线与各级的多变压缩过程线互相重合，也即认为各级都具有相同的多变指数 n。

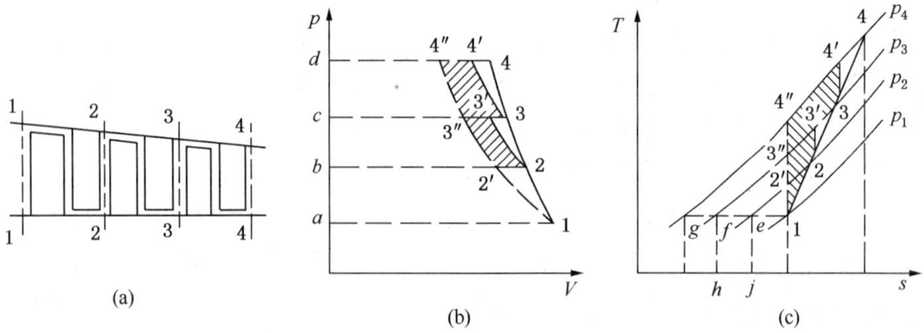

图 4－38　压缩机的 $p-V$ 图与 $T-s$ 图

虽然严格地说，各级的多变指数并不完全相同，但实验表明，工程上这样处理是足够准确的。

由式(4－9b)

$$\frac{n}{n-1}=\frac{k}{k-1}\eta_{\mathrm{pol}}$$

知，若各级的多变指数相等，则各级的 η_{pol} 相等

$$\eta_{\mathrm{pol}\,1}=\eta_{\mathrm{pol}\,2}=\eta_{\mathrm{pol}\,3}$$

则有

$$\frac{h_{\mathrm{pol}\,1}}{h_{\mathrm{t}}}=\frac{h_{\mathrm{pol}\,2}}{h_{\mathrm{t}}}\frac{h_{\mathrm{pol}\,3}}{h_{\mathrm{t}}}$$

这里下角标 1、2、3 表示级序。

如果不考虑速度的变化，则

$$h_{\mathrm{t}}=\int\frac{\mathrm{d}p}{\rho}+h_{\mathrm{r}}=h_{\mathrm{pol}}+h_{\mathrm{r}}$$

故

$$\eta_{\mathrm{pol}\,1}=\frac{h_{\mathrm{pol}}}{h_{\mathrm{pol}}+h_{\mathrm{r}}}$$

由图 4－38(b)、(c)可知，三级压缩机的多变压缩功等于三个单级多变压缩功之和，即

$$H_{\mathrm{pol}}=\sum h_{\mathrm{pol}}=h_{\mathrm{pol}\,1}+h_{\mathrm{pol}\,2}+h_{\mathrm{pol}\,3}$$

则该三级压缩机整机的多变效率

$$\eta_{\mathrm{pol_c}}=\frac{H_{\mathrm{pol}}}{H}=\frac{H_{\mathrm{pol}}}{h_{\mathrm{t1}}+h_{\mathrm{t2}}+h_{\mathrm{t3}}}=H_{\mathrm{pol}}\Big/\left(\frac{h_{\mathrm{pol}\,1}}{\eta_{\mathrm{pol}}}+\frac{h_{\mathrm{pol}\,2}}{\eta_{\mathrm{pol}}}+\frac{h_{\mathrm{pol}\,3}}{\eta_{\mathrm{pol}}}\right)=\frac{H_{\mathrm{pol}}}{\dfrac{\sum h_{\mathrm{pol}}}{\eta_{\mathrm{pol}}}}=\eta_{\mathrm{pol}}$$

式中，H_{pol} 及 H 为整个压缩机的多变压缩功及外加机械功。由上式知，整个压缩机(指通流部分)的多变效率等于级的多变效率。

图 4－38(b)、(c)中，线段 $1-2'$、$2-3'$、$3-4'$ 各表示第一、第二、第三级的绝热等熵压缩过程线，而 $1-4''$ 线表示整个压缩机的绝热等熵压缩过程线。由图知，各级绝热等熵压缩功之和大于压缩机的绝热等熵压缩功，其差值在图中用阴影线部分表示。

$$h_{\mathrm{ad1}}+h_{\mathrm{ad2}}+h_{\mathrm{ad3}}=\sum h_{\mathrm{ad}}>H_{\mathrm{ad}}$$

这是因为实际压缩过程中，出于存在损失，使级出口气体的实际温度高于绝热等熵过程时的出口温度，于是提高了下一级的进气温度。这样，就增大了下一级所需的绝热压缩功。这种现象称为重热现象。

例如，当气体在第一级中作绝热等熵压缩时，在第一级出口的气体状态为图 4 - 38(b)、(c)中的 2′点。但由于存在损失，实际压缩终了时的状态为 2 点。这时，对第二级来说，即使其压缩过程是无损失的绝热等熵过程，其所需的压缩功也增大了，这可从图中看得很清楚。

p—V 图　面积 $b23'cd$ > 面积 $b2'3''cb$

T—s 图　面积 $je23'fhj$ > 面积 $je2'3''fhj$

对第三级来说，同样由于前两级中存在损失，使该级进口温度由绝热过程时的 T''_3，提高到实际情况下的 T_3，因而加大了第三级所需的绝热压缩功，故三级各自的绝热压缩功之和大于整机的绝热压缩功

$$h_{ad1} + h_{ad2} + h_{ad3} > h_{ad}$$

设各级的绝热效率相同

$$\eta_{ad1} = \eta_{ad2} = \eta_{ad3} = \eta_{ad}$$

以 η_{adc} 表示该三级压缩机整机的绝热效率，则

$$\eta_{adc} = \frac{H_{ad}}{H} = \frac{H_{ad}}{h_{t1} + h_{t2} + h_{t3}} = H_{ad} \Big/ \left(\frac{h_{ad\,1}}{\eta_{ad}} + \frac{h_{ad\,2}}{\eta_{ad}} + \frac{h_{ad\,3}}{\eta_{ad}}\right)$$

$$= \frac{H_{ad}}{h_{ad1} + h_{ad2} + h_{ad3}}\eta_{ad} = \frac{H_{ad}}{\Sigma h_{ad}}\eta_{ad}$$

即整机的绝热效率低于各级的绝热效率。这种差别可用重热系数 α 表示

$$\alpha = \frac{\Sigma h_{ad}}{H_{ad}} = \frac{\eta_{ad}}{\eta_{ad_c}} > 1$$

α 的大小与流动损失及级数有关，流动损失愈大，级数愈多(即压缩机压比愈高)，则重热系数 α 愈大。α 大，则要求外加的功量增大。

一般轴流式压缩机可取 $\alpha = 1.02 \sim 1.04$。如已知压缩机的绝热效率、多变效率及级数时，则也可由下式求取 α 值

$$\alpha = 1 + \left(\frac{\eta_{polc}}{\eta_{adc}} - 1\right)\left(1 - \frac{1}{Z}\right) \tag{4 - 12a}$$

式中，Z 为级数，而 η_{polc}/η_{adc} 实际上反映了压缩机中损失的大小。当损失及 Z 增大，α 将增大。

如认为压缩机进出口气流速度相差不大，则

$$\eta_{adc} = \frac{T_{adz} - T_1}{T_z - T_1} = \frac{(T_{adz}/T_1) - 1}{(T_z/T_1) - 1}$$

$$= \frac{\left(\frac{P_z}{p_1}\right)^{\frac{k-1}{k}} - 1}{\left(\frac{P_z}{P_1}\right)^{\frac{n-1}{n}} - 1} = \frac{\varepsilon_c^{\frac{k-1}{k}} - 1}{\varepsilon_c^{\frac{n-1}{n}} - 1} \tag{4 - 12b}$$

这里下角标 z 为压缩机末级出口处参数符号标志。

令 $\frac{k=1}{k} = m$　因 $\alpha = \eta_{ad}/\eta_{adc}$，则

$$\alpha = \frac{\varepsilon_c^{\frac{m}{\eta_{pol}}} - 1}{\varepsilon_c^{m} - 1}\eta_{ad}$$

对一个级来说，压增有限，这时级的多变效率与绝热效率相差甚小，可认为 $\eta_{pol} = \eta_{ad}$，则

$$\alpha = \frac{\varepsilon_c^{\frac{m}{\eta_{ad}}} - 1}{\varepsilon_c^{m} - 1}\eta_{ad} \tag{4-12c}$$

这样，就把重热系数 α 与压缩机压比 ε_c 及级绝热效率联系了起来。假使已知 ε_c 及 η_{ad}，即可算得 α。

图 4－39 根据式(4－12b)算得，表示压缩机绝热效率与级绝热效率的关系，由图可见，当 ε_c 大(反映级数多)，η_{adc}与 η_{ad}之差异将增大。

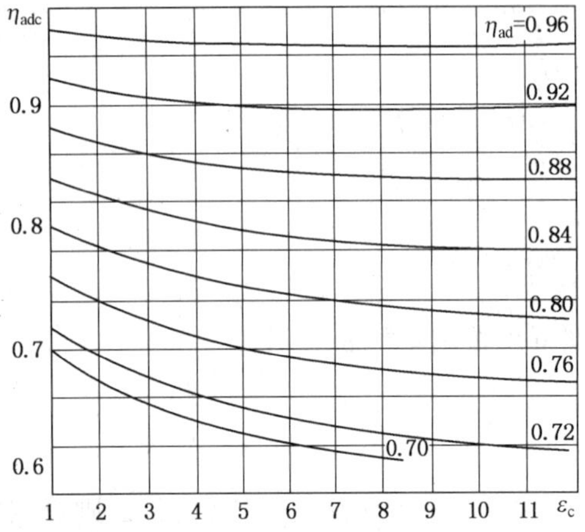

图 4－39　级绝热效率与压缩机绝热效率的关系

目前轴流式压缩机的级绝热效率可达 0.92～0.94，而整机的绝热效率一般不超过 0.90～0.92。

（三）通流部分形式

多级轴流式压缩机中各级是依次串联排列的，其级间的通流面积是按一定规律逐渐变化的，进口处第一级的通流面积最大，最后一级的最小。

在稳定流动肘，压缩机中质量流量应满足连续方程

$$m = F\rho c_a = \text{常数}$$

故面积变化是与各级气流密度 ρ 及轴向速度 c_a 的变化有关的。

在压缩机中，压力与密度是逐级增大的。现以 F_1、F_z，c_{1a}、c_{za}各表示第一级与末级进口截面的通流面积与轴向速度，原则上随着 c_a 的变化，有三种 F 的变化规律

1. $F_z = F_1$　　$c_{za} < c_{1a}$
2. $F_z < F_1$　　$c_{za} = c_{1a}$
3. $F_z < F_1$　　$c_{za} < c_{1a}$

第一种情况表示整个通流部分面积不变，而以 c_a 逐级比较显著的减小来满足连续方程。由速度三角形知

$$\Delta w_u = c_a(\text{ctan}\beta_1 - \text{ctan}\beta_2)$$

在一定的 u，减小 c_a 将降低扭速 Δw_u 而使 h_t 下降，因而降低了级增压能力。此外，过低的末级出口轴向速度也不一定符合后面的管网的要求，而且要求增大管道面积。

第二种情况是沿通流部分各级的 c_a 基本上不变，而以逐级通流面积较快地缩小来满足连续方程。它的缺点是会使后面各级，特别是末级叶片过短，而增大损失。一般希望末级的叶高不小于 3cm。

第三种情况是同时逐级降低 F 与 c_a。由于 c_a 逐级减小，所以缓和了 F 逐级减小的强烈程度，因而可形成一个通流面积变化比较平缓均匀的通流部分，使流动情况比较好，而且基

本上能满足圆柱面流动的假设，故这种方式采用得较为普遍。

针对上述的第三种情况，F 逐级有所减小，可以构成下述几种不同的通流部分形式。

1. 等外径形式的通流部分

如图 4－40(a)所示，在这种形式的通流部分中，各级外径 D_t 相等，动叶叶顶圆周速度 u_t 相等，而平均半径处的 u_m 逐级增大，故可逐级增大一些加功量，以使级数减少，使轴向尺寸缩短。由于 D_t 相等，则汽缸内径加工方便，汽缸结构较简单。但采用这种通流部分时，叶片逐级缩短较快，特别当流量不大而压比又较高时，有可能使末级叶片过短。此外，其内径是逐级增大的，即转子轮毂逐级加大成圆锥形，给转子轮毂加工带来一些麻烦。

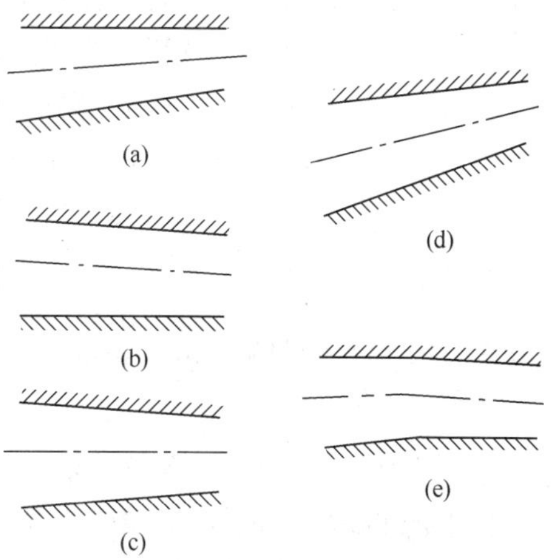

图 4－40　各种通流部分形式示意圈

2. 等内径形式的通流部分

如图 4－40(b)所示，在这种形式的通流部分中，各级内径 D_h 相等，均径与外径逐级下降，其情况与等外径的相反，它的 u_m 是逐级有所减小的，因而加功量减少，级数要增多，轴向尺寸长些。如要保持各级有大致相同的加功量，则要逐级增大均径处的 $\bar{h}$。这种通流部分形式的叶高逐级下降的速度，较上一种形式的慢，在同样的 F_z 下，其末级叶片较前者为高，流动损失较小，效率较高。另外，由于外径变化，汽缸内孔有一定锥度，不利于汽缸加工，特别在汽缸内径尺寸较小时，更是如此。对固定式压缩机，当汽缸直径较大时，为了增加末级叶片高度，通流部分常采用这种结构形式，这时镗孔并不困难，而转鼓加工由于没有锥度，因而大大简化了。

3. 等平均直径形式的通流部分

如图 4－40(c)所示，这种形式中，各级的均径 D_m 及 u_m 不变，外径 D_t 逐级减小，内径 D_h 逐级增大。它的情况介于上述两种形式之间，不过由于它的转子内外径都是变化的，这对轮毂与汽缸的加工都带来不便。目前这种形式在固定式压缩机中用得不多。

4. 外径、均径、内径都逐级增加的通流部分

如图 4－40(d)所示，这种形式中的三个直径都逐级不断增大，尤其以内径增大幅度最快，流道形成较明显的锥度，能量头逐级有较多的增加，一但叶片高度逐级下降也快，末级叶片可能很短，损失大。另外，该种形式将使压缩机的结构、加工大大复杂化。一般固定式压缩机中不使用。

5. 混合式通流部分

如图 4－40(e)所示，这种通流部分形式，一般是前面各级采用等外径，后面各级用等内径，二者结合而成，即根据前后级不同的工作情况配以相应合适的通流部分形式。因为前面各级的容积流量大，采用等外径不致使叶片过短，而逐级可加大加功量；后面各级，由于容积流量逐级减小，采用等内径可使后几级叶片不致太短，以保证后面各级仍有较高的效率。当压缩机的级数较多时，可以考虑采用这种形式的通流部分，当然其结构与加工都要复杂些，在一些运输式压缩机中用得较多。

(四) 级间影响与协调

在多级压缩机中，各个级的工作环境与孤立的单独级不同，前后级之间存在着相互影

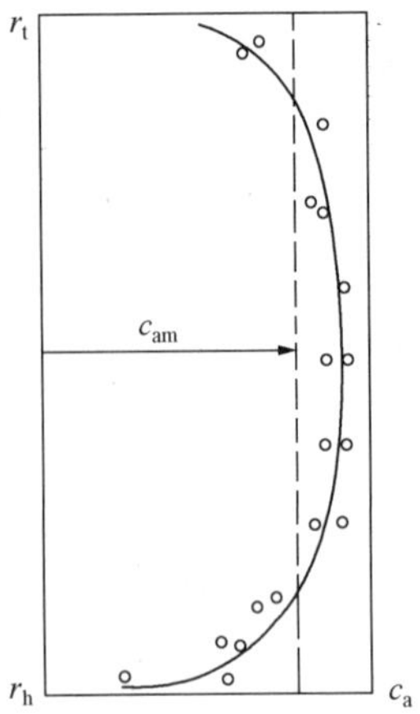

图 4-41 沿叶高轴向速度的分布

响，有时也把这种级间影响称为多级性影响。前一级中产生的某些现象，如尾迹、分离会影响到后面级中的流动，而后级中流动的好坏也在一定程度上影响到前级。

多级轴流式压缩机的通流部分较长，所以沿通道环形壁附面层的增厚比单级的严重，这种附面层的增厚会使靠近环形壁面处的气流轴向速度 c_a 减小，使有效通流截面减小，形成流道部分堵塞。这样，为了通过设计时所规定的流量，两环端处 c_a 的减小必然要由中心部分气流 c_a 的增大来面补充。如图 4-41 所示，沿叶高轴向速度的分布将偏离设计工况。于是，各半径上基元级的速度三角形也将与设计工况下的速度三角形发生偏差。

在工况偏离设计工况不大的情况下，对既定叶栅来说，一般气流的出口方向变化不大，即 β_2（对静叶为 α_3）基本不变，则 c_a 的变化主要将引起 Δw_u 的变化。

如图 4-42(a)中的速度三角形所示，中间主气流由于 c_a 的增大，Δw_u 将减小，而使 h_t 降低。而对叶顶、叶根基元级，由于 c_a 的减小，如图 4-42(a)所示，其 Δw_u 将增大，而使 h_t 增大。从理论上看，似乎主气流中加功量的减小，将由端部加功量的增大而得到补偿。但实际上，由于叶顶、叶根端部附近附面层增厚，流动条件差，同时随着 c_a 的减小使正冲角增大而加大了扩压度，会使气流易于分离，不能期望加功量会有所增加。所以实际上，由于轴向速度 c_a 沿叶高的畸变，将使整个级的能量头减小。

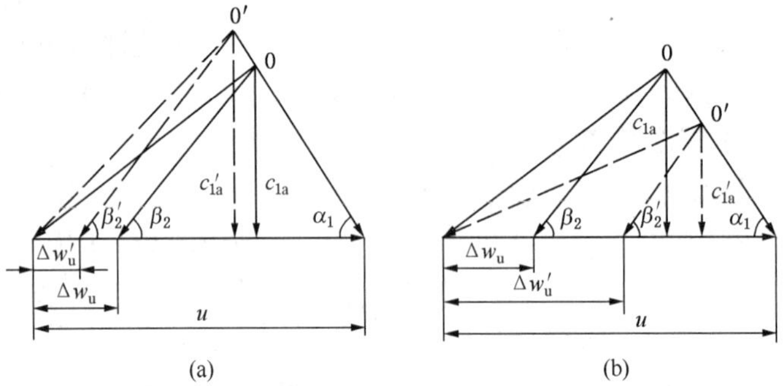

图 4-42 轴向速度沿叶高分布的改变对加功量的影响

轴流压缩机 c_a 逐级沿叶高变化逐级增大，但到一定级数后，其变化基本上固定下来，其畸变情况不再明显加剧。

这种由于轴向速度畸变所造成的级能量头 h_t 的降低，会使实际压缩机所能达到的压比低于设计值，这就要事先考虑到这种使加功量减小的因素，而予以补偿。补偿的方法大致有如下 3 种。

1. 加大叶片中间部分各基元级的冲角

在叶片中间部分的各基元级，设计时使所选的冲角 i 稍大于额定冲角 i^*。这样，在实际工作中，由于在主气流部分 c_a 增加而使冲角减小时，基元级恰好能在 i^* 值附近工作。

2. 引入减功系数（消失功系数）K_L

如果设计所要求达到的级加功量为 h_t，那么在计算速度三角形时可用 h_t/K_L 代替 h_t，而

$K_L < 1$。即是把加功量预先放大 $1/K_L$ 倍计算，以补偿实际工作中的减功因素。

在压缩机压比 $\varepsilon_c < 10$ 时，一般前面级的 K_L 可取为 0.97～1.0；后级的可取为 0.86～0.9，中间各级依次递减。在取 K_L 值时，要考虑到各级的 $\bar{d}$ 值及压缩机通流部分附面层增厚的快慢，可参考图 4－43。

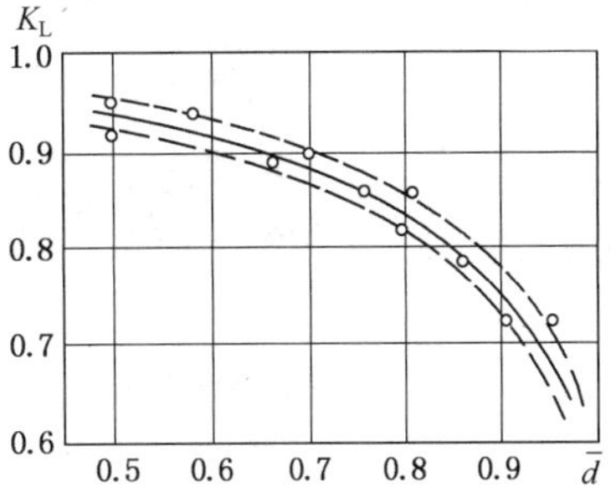

图 4－43　$\bar{d}$ 与减功系数的关系

3. 引入流量储备系数 K_m

把设计中所要求的流量作相应的放大，用 $K_m \cdot m$ 作为流量计算值，来计算各级的通流面积。由于 $K_m > 1$，计算所得的面积相应地放大了，用它来补偿实际情况下由于环端面附面层加厚所造成的主气流 c_a 的增大，使它基本上保持为原设计值，以防止 h_t 的下降。

如果压缩机进口 c_a 沿径向分布较均匀，则 K_m 值的选取从第一级到末级可由 1.00 逐渐增大到 1.08。如分布的均匀性较差，则 K_m 值要相应地取大些。

实际上系数 K_L 与 K_m 所考虑的问题是相互有关的。所以在设计中只要取其中之一即可以了，假使二者都考虑的话，则在选取数值时应加以注意，以免重复。

多级压缩机级间的协调性，主要是指前级出口的气流能以合适的角度（即接近设计角度）进入后一级，使后一级进口具有所希望的冲角与流场。这种协调性的好坏，可由各级沿叶高 c_a 及 h_t 的分布情况与原设计情况的偏差大小来衡量。上面所谈环端面附面层增厚造成的 c_a 与 h_t 分布的畸变，就是协调性恶化的一种反映。而当工况变化时，级间协调问题将更为突出。如轴流式压缩机中的某一级发生不稳定气动现象，如旋转失速，那么与之毗邻的级，特别是后面的级将要受较大的影响，会产生一种周向的气流脉动，使周向气流的均匀性遭到破坏，并影响到前后级的流场。

压缩机在变工况时，级间的相互影响与协调是个很复杂的问题，目前这方面的试验数据很少，还有待于进一步探讨。

（五）各级能量头的分配、流量系数与反动度的沿级变化

1. 各级能量头的分配

在设计压缩机时，各级的负荷（即能量头）应根据对不同用途的压缩机的不同要求，考虑到各级工作条件的不同，合理地加以分配，使其各尽所能，并使整台压缩机有较高的性能与效率。此外，能量头的分配还与压缩机的级数、尺寸有一定关系。下面将介绍几种能量头的分配方法。

（1）各级压比相同的分配方法

如果

$$\varepsilon_1 = \varepsilon_2 = \varepsilon_3 = \cdots\cdots = \varepsilon_4 = \varepsilon$$

则压缩机的总压比

$$\varepsilon_c = \varepsilon_1 \times \varepsilon_2 \times \varepsilon_3 \cdots \varepsilon_z = \varepsilon^z$$

压缩机的级数

$$Z = \lg\varepsilon_c / \lg\varepsilon$$

各级绝热能量头为

$$h_{ad1} = \frac{k}{k-1} R T_1 \left(\varepsilon^{\frac{k-1}{k}} - 1 \right)$$

$$h_{ad2}=\frac{k}{k-1}RT_2(\varepsilon^{\frac{k-1}{k}}-1)$$

$$\cdots\cdots$$

$$h_{adz}=\frac{k}{k-1}RT_z(\varepsilon^{\frac{k-1}{k}}-1)$$

因为各级的压比相等，而 $T_1<T_2<\cdots\cdots<T_z$，则知

$$h_{ad1}<h_{ad2}<h_{ad3}<\cdots\cdots<h_{adz}$$

如认为各级的绝热效率 η_{ad} 相等，由 $h_t=h_{ad}/\eta_{ad}$ 知

$$h_{t1}<h_{t2}<h_{t3}<\cdots\cdots<h_{tz}$$

即 h_{ad} 及 h_t 是逐级增加的，且与各级的进口温度 T 成正比关系。

这种等压比的分配法，使能量头逐级增大较多。级数多时，末级的能量头可能是第一级的 1 ~ 2 倍。为了满足这种能量头逐级以较大幅度的增加，必然要逐级以较大幅度地加大 u、Δw_u 或 c_a，这是不是可能呢?

首先，若要较大幅度地逐级增大 u，就要使通流部分的均径逐级有较大的增加，这无论对转子或汽缸的结构与工艺都会带来不便，并会使后级的 $\bar{d}$ 大大增大，使叶片高度迅速减小，特别会使末级叶片很短，造成效率明显下降。

而轴向速度的逐级上升，也将使通流截面迅速减小，使末级的叶片高度问题更为突出。

此外，u 与 c_a 的同时增大，会使后级的 Ma_1 增大较多而易超过临界值。还有，末级的工作条件差，其效率不高，变工况下性能易恶化，在这种情况下给末级分配以最大的能量头，显然是不合理的。它将使整机效率减低，性能下降。这种分配方法缺点很多，实际上很少采用。

(2) 各级绝热能量头相等的分配方法

$$h_{ad1}=h_{ad2}=\cdots=h_{adz}=h_{ad}$$

则压缩机级数

$$Z=\frac{\Sigma h_{ad}}{h_{ad}}=\frac{\alpha H_{ad}}{h_{ad}}$$

设各级的的 η_{ad} 相等，则各级的 h_t 也相等

$$h_{t1}=h_{t2}=\cdots\cdots=h_{tz}$$

若认为每一级中进出口速度相差不大，则

$$h_{t1}=\frac{k}{k-1}R(T_2-T_1)$$

$$h_{t2}=\frac{k}{k-1}R(T_3-T_2)$$

$$\cdots\cdots$$

$$h_{tz}=\frac{k}{k-1}R(T_{z+1}-T_z)$$

故各级的温升也相等。

又因

$$h_{ad1}=\frac{k}{k-1}RT_1(\varepsilon_1^m-1)$$

$$h_{ad2}=\frac{k}{k-1}RT_2(\varepsilon_2^m-1)$$

……

$$h_{adz}=\frac{k}{k-1}RT_z(\varepsilon_z^m-1)$$

这里令$\frac{k-1}{k}=m$，由于温度是逐级上升的，则知压比将逐级下降

$$\varepsilon_1>\varepsilon_2>\varepsilon_3>\cdots\cdots>\varepsilon_z$$

该分配方法的特点是各级 h_t 相同，负荷相同，故各级均径可以不变或少变。这样，通流部分变化可以比较平缓，可酌情考虑采用常见的等外径、等内径或等均径形式的通流部分结构。但由于级压比逐级递减，则压缩机的级数将会增多。另外，中间级的工作条件较好，而所分配到的能量头是与各级一样的，则其潜力及优点未被充分利用。

（3）根据各级的特点分配能量头的方法

上面已分析过多级压缩机各级的工作特点，知道最前几级与最后几级的工作条件最差，而中间各级的工作条件较好，效率较高，且变工况性能好，故可以在中间各级分配较多的能量头，使其负荷大些；而两头的级分配的能量头适当地减小，使整台压缩机的大部分负荷由高效率的中间各级来承担。

根据上述理由，建议第一级与末级所分配的 h_{ad}低于平均值 h_{adm}。

$$h_{ad1}=(0.8\sim0.9)h_{adm}$$

这里

$$h_{adm}=\Sigma h_{ad}/Z=\alpha H_{ad}/Z$$

一般固定式压缩机的 h_{adm}约为 16000～25000J/kg，如果第一级的 Ma_1 不大，而 $\bar{d}$ 值适中，则 h_{ad1}可取偏大值或接近于 h_{adm}值。

对末级可取

$$h_{adz}=(0.9\sim0.94)h_{adm}$$

如末级 $\bar{d}$ 不大，而叶高也不太短，则也可取偏大值。

中间各级的加功量可取成稍大于其平均值，如

$$h_{adi}=(1.0\sim1.1)h_{adm}$$

各级所分配的能量头经调整平衡后，要满足

$$\sum_i^z h_{ad}=\alpha H_{ad}$$

2. 流量系数 ϕ（或轴向速度 c_a）的逐级变化

ϕ 或 c_a 是压缩机级的一个重要气动参数。在流量确定后，加大 ϕ 或 c_a，可减小压缩机级的通流面积及外径；在通流面积一定时，加大 ϕ 或 c_a 可增大通流能力。

由下式

$$h_t=uc_a(\mathrm{ctan}\beta_1-\mathrm{ctan}\beta_2)$$

$$\bar{h}=\phi(\mathrm{ctan}\beta_1-\mathrm{ctan}\beta_2)$$

知，当其他参数一定时，加大 c_a 可增大级能量头，提高级压比。又由式

$$w_1=\sqrt{c_a^2+(u-c_{1u})^2}$$

知，c_a 增大会使 Ma 增大。故应合理地选择各级的 c_a 分布规律，以达到提高级的能量头，又不致使 Ma_1 过大的要求。

目前 c_a 或 ϕ 的逐级变化规律大致有如下 4 种形式，如图 4－44 所示。

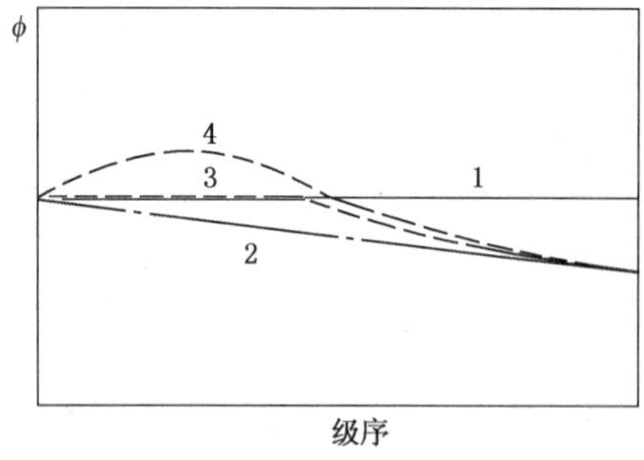

图 4－44　c_a 或 ϕ 的逐级变化规律

一般在固定式压缩机中，较常见的是图中 1、2 两种变化形式，即 c_a（或 ϕ）逐级基本不变或稍有下降。逐级稍减小 c_a，可以缓和由于容积流量减小而使叶高明显下降的矛盾，使末级的叶高不致太短。此外，较低的末级 c_a，可使后面扩压器的负荷减少，缩短扩压器的长度，并降低扩压器中的流动损失。

通常 c_a 沿整个通流部分可下降 10%～15%，对高压比的压缩机，有时可达 20%。在每一级中不允许 c_a 下降过快，其下降不超过 5% 或 10～15m/s。假使原来第一级的 c_a 并不大，如对固定式压缩机 $c_{1a}<100$m/s 时，则可采用逐级 c_a 大致保持相等的规律。图中 3、4 两种变化规律，主要是为了使紧接第一级以后的几级中有较高的加功量。

目前固定式压缩机中常用

第一级　$c_a=90\sim120$m/s

末　级　$c_a=80\sim110$m/s

一般逐级 $c_a(\phi)$ 的变化应当是缓和的，不允许在一、二级内有突然明显的减小或增大，以免通流面积突变而破坏通流部分的平直性与光滑性，给流动带来较大的损失。

此外，在选择各级 c_a 或 ϕ 的变化规律时，还应考虑到变工况的要求及该压缩机可能遇到的变转速情况，例如运行时常遇到的增速或减速工作情况。因为转速的变化会影响到不同级中不稳定气动现象出现的先后。设计时应事先考虑到这种情况，配合以适当的 ϕ 变化规律，以防止某些级中不稳定气动现象提早发生。

3. 反动度 Ω 的逐级变化

反动度 Ω 也是级的一个重要参数，它与级的加功量及效率有很大的关系。在理论上，认为 $\Omega=0.5$ 的基元级有最佳效率，但在选择各级均径处基元级的反动度时，要考虑到各级的工作条件，并要与级所采用的流型相配合。

对于第一级，由于其 c_a 大，Ma 值较小，第一级的叶片又长，故动叶顶部的 Ma_1 易过大。这种情况下，可选用沿叶高等 Ω，或 Ω 变化不大的流型；而在均径选用较低的 Ω 值，如取 $\Omega=0.5\sim0.75$。这样，一方面可以采用较大的 u，仍不会使 Ma_1 超过允许值，叶根基元级的 Ω 又不会出现负值，而级的能量头仍可较高。特别是并不会因为了防止第一级 Ma_1 过大而限制了整机的 u 值，以免不得已用低 u 值而降低各级的压比，使级数增多。

对后面的级，特别是末级，由于温度高，而且叶片较短，沿叶高 Ω 变化不大，马赫数的问题相对已不太严重。这时，如采用等环量流型的级，并提高均径处的 Ω 值，可以提高能量头系数，加大级加功量，弥补由于 c_a 下降造成后级能量头的下降。因为在一定的叶栅稠度下，ϕ 较小时，增大反动度 Ω 可提高级能量头系数 $\bar{h}$。

这样看来，在多级轴流式压缩机中，可以结合各级所采用的流型，原则上在前面级可选用较小的反动度，后面级选用较大的反动度。根据各级的工作条件选用不同的 Ω，既可保证有较高的级效率，又能获得较大的级压比。

逐级增大 Ω，即逐级在静叶中加大扩压度，使气流的正旋绕逐级减小，然后变为负旋绕。要注意到，Ω 的逐级变化应当是逐渐的，要防止相邻级间 Ω 差别太大，影响级间的协调性。

在固定式压缩机中，如级压比不太高，而各级的工作条件又比较适中，则可对各级采用同样的流型与均径处相等的反动度。这样可使级间协调较好，也使计算简化。

（六）参数的确定

在压缩机设计中，除 $c_a(\phi)$ 和 Ω 外，比较常用的参数还有圆周速度 u、转速 n、轮毂比 $\bar{d}$、叶栅稠度 b/t、叶片展弦比 l/b 及轴向间隙 δ_z 与径向间隙 δ_r 等。在设计时应合理地选择这些参数。

1. 圆周速度 u

无论对压缩机的压比或效率来说，u 值的大小都是具有头等重大意义的。它还在相当大程度上决定了整台压缩机的级数和尺寸。

选择 u 值时，首先要考虑到压缩机的使用场合，是固定式的还是运输式的，然后再从气动与强度角度进行考虑。从气动角度来看，u 值的大小会直接影响到级的加功量与 Ma_1 值的大小。u 增大，$h_t = u\Delta w_u$ 将增大。另外，由

$$w_1^2 = c_a^2 + (c_{1u} - u)^2 = c_a^2 + (c_{1u} - u + \Delta c_u/2 - \Delta c_u/2)^2$$

得

$$w_1 = u\phi\sqrt{1 + \left(\frac{\Omega}{\phi} + \frac{h}{2\phi}\right)^2}$$

$$M_{w1} = u\frac{\phi}{\alpha}\sqrt{1 + \left(\frac{\Omega}{\phi} + \frac{h}{2\phi}\right)^2}$$

$$U = \frac{M_{w1}\alpha}{\phi\sqrt{\phi + \left(\frac{\Omega}{\phi} + \frac{h}{2\phi}\right)^2}} = \frac{M_{w1}\alpha}{\sqrt{\phi + \left(\Omega + \frac{h}{2}\right)^2}}$$

则知，在其他参数不变时，u 增大将使 M_{w1} 增大，有可能超出许可值而使效率下降。此外，从上式可知，当 M_{w1} 一定时，u 值的大小与 ϕ、Ω、$\bar{h}$ 有关。

u 值的选择还要考虑到叶片与转子的强度问题，而强度问题又与所用的材料与工艺方法有关。

一般固定式压缩机，动叶顶部的 u_t 可选为 200 ~ 280m/s。固定式压缩机如用鼓筒式转子，则要注意叶根的 u_h 不大于 200 ~ 220m/s。

此外，选择 u 时还应考虑到叶片的振动、噪音、轴承的工作条件等问题。

当用模化法进行压缩机气动设计时，则要注意所选的 u 值，要能利用模型级的试验数据与曲线，即根据模化原理所选的 u_t 值不得大于相应模型级试验的最大外径圆周速度值。

2. 转速 n

转速 n 是与圆周速度 u 密切相关，要考虑到压缩机的用途与拖动问题。

u 确定后，所选的 n 值大小将直接影响到压缩机的外径尺寸、轮毂比及叶高。n 增大时，D_t 减小，$\bar{d}$ 减小，而 1 增大。但 $\bar{d}$、1 等都有一定的限制范围，超过此范围将会在气动性能或结构上带来问题。

如在燃气轮机装置中，压缩机的转速要与燃气轮机配合好。如用汽轮机拖动压缩机，一般要求二者有相同的转速。假使压缩机的转速和原动机的不同，这时就要考虑采用变速箱。

在确定转速对，还应注意与临界转速错开，以免引起共振，造成事故。

3. 轮毂比 $\bar{d}$

$\bar{d}$ 是压缩机级的内外径之比

$$\bar{d} = D_h / D_t$$

它是级的重要几何参数之一，其大小与通流面积及外径尺寸有关。由式

$$D_t = \sqrt{F / \left[\frac{\pi}{4}(1 - \bar{d}^2) \right]}$$

可知，当 D_t 一定时，减小 $\bar{d}$ 可加大通流面积，使通流能力增加。在运输式压缩机中，当 D_t 受到限制时，常采用小的 $\bar{d}$，以增大 F。由上式还可知，当 F 一定后，可改变 $\bar{d}$，以调整压缩机的外径尺寸。

多级压缩机，其 $\bar{d}$ 值是逐级增大的。第一级的 $\bar{d}$ 最小，这时应注意，过小的 $\bar{d}$ 会使叶顶与叶根基元级的工作条件相差很远，且对等能量头流型的级来说，$\bar{d}$ 小则叶根处的 D_h 小，u_h 也小，为了使叶根基元级达到一定的加功量，则只有增大其 $\Delta\beta$ 值，而后者又是有一定限制的，过大的 $\Delta\beta$ 将使气流易于分离，增大损失。所以，小的 $\bar{d}$ 将使叶根处的加功量较小，而对等能量头流型的级来说，也即限制了整级的加功量。此外，过小的 $\bar{d}$ 将给叶根结合部的安装与强度带来问题，且给轴承的安排造成困难。

一般 $\bar{d}$ 的应用范围为 0.5 ~ 0.85，前级的小，后级的大，末级的 $\bar{d}$ 最大。试验表明，过大的 $\bar{d}$ 将使环端面损失所占的比例增加，端部影响与级间影响加大，一般末级的 $\bar{d}$ 不得大于 0.85。

图 4 – 43 中示有 $\bar{d}$ 与减功系数 K_L 的关系，而 K_L 的大小反映了压缩机通流部分附面层发展的情况，$\bar{d}$ 大时环端面附面层及其发展对级性能的影响将增大。

4. 叶栅稠度 b/t（其倒数为相对栅距 $t/b = \bar{t}$）

b/t 也是级的重要几何参数。在其他参数一定时，b/t 大时可有较大的额定工况气流转折角 $\Delta\beta^*$，也即有较大的 $\bar{h}$。但过大的 b/t 会使级中叶片数增多，摩擦损失增大。另外，对前级来说，均径处的 b/t 若已较大，则会使根部的叶栅稠度过大，而造成叶片根部强度下降，安装发生困难。一般叶根处的 $(b/t)_h$ 不能大于 2.0。

在用平面叶栅法设计压缩机时，可根据额定工况特性曲线来选定 b/t。当用模化法设计时，为了保证几何相似，可与模型级取相同的 b/t，否则要进行修正。

在自取 b/t 时，前面级由于叶高 l 长、$\bar{d}$ 小，叶栅稠度沿叶高的变化大，故均径处的 b/t 要取得低些，如 $(b/t)_m = 0.6 \sim 1.0$。后面级 $\bar{d}$ 大，沿叶高 b/t 变化不大，为了提高级的加功量，可取较大的叶栅稠度，如中径处的 $(b/t)_m = 1.3 \sim 1.5$。静叶的 $(b/t)_m$ 一般取为 1.2 ~ 1.3。

5. 叶片展弦比（翼展）l/b

通常在气动计算中可求出叶片长度 l，自行取定 l/b 后，即确定了弦长 b。b 值的大小对压缩机的轴向尺寸有影响，各级的 b 小，可使整机的轴向长度缩短，重量减轻。但大的 l/b 会使叶片显得瘦长，这时要注意叶片的强度与振动问题。从工艺角度看，各级用相同的 b 较为有利，但这样会使前级的 l/b 过大，而后级的过小。常见的是将整个通流部分分成几段，来取不同的 b 值。可以几个级采用同一 b 值，各段的 b 值由前到后依次递减，以大致保证各级的 l/b 相差不大。这样，既可在一定程度上简化了工艺，又能使各级都有较合适的 l/b 值。

过小的 l/b 值将使二次流损失所占的比例增大，通常要求在保证强度的前提下，取大一些的 l/b 值为好。目前固定式压缩机 l/b 可在 1.5 ~ 3 之间选取；运输式的 l/b 较大，前面级可取为 3.5 ~ 4，后面级取为 2 ~ 3，在某些情况下末级的 l/b 可为 1.5。

静叶的 b 值一般取与动叶的相等，进口导流器叶片的 b 等于第一级的 b，出口整流器叶片的 b 与末级的相等。

6. 轴向间隙 δ_z

如图 4－45 所示，轴向间隙分动叶前的轴向间隙 δ_{1z} 与动叶后的轴向间隙 δ_{2z}。

由于尾迹的存在，从前面叶栅出来的气流，在轴向间隙中，其速度场是不均匀的。实验表明，这种速度的不均匀度可达 20%，其在方向上的偏差可达 10%。从理论上说，这种不均匀性要在无穷远的下游处才能消失，这对实际的压缩机当然是无法满足的。

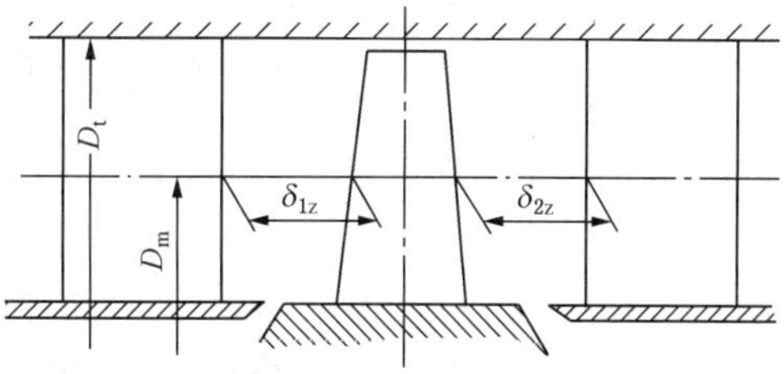

图 4－45　轴向间隙

加大压缩机叶栅间的轴向间隙，虽然可使进入后面叶栅的气流较均匀，但却又会使轴向尺寸增大，而加大了摩擦损失。一般认为当 $\delta_z > (0.2 \sim 0.3) b$ 以后，其对级性能的影响就不大明显了。δ_z 的大小除了对气动性能有影响外，还对叶片的振动与噪音有较大的影响，过小的轴向间隙，将使振动加剧，使噪音水平大大升高。

通常 δ_z 可在 $(0.25 \sim 0.4) b$ 范围内选取。一些试验表明，δ_{1z} 对气动性能的影响比 δ_{2z} 大，故 δ_{1z} 可取偏大值，δ_{2z} 取偏小值。另外，在选取 δ_z 时，还可根据叶片的安装角来考虑，较小的 β_b 将使气流的出气 β_2 也较小。这时，间隙内实际气流的路径 $\delta_z / \sin\beta_2$ 将增大，故可选取较小的 δ_z。

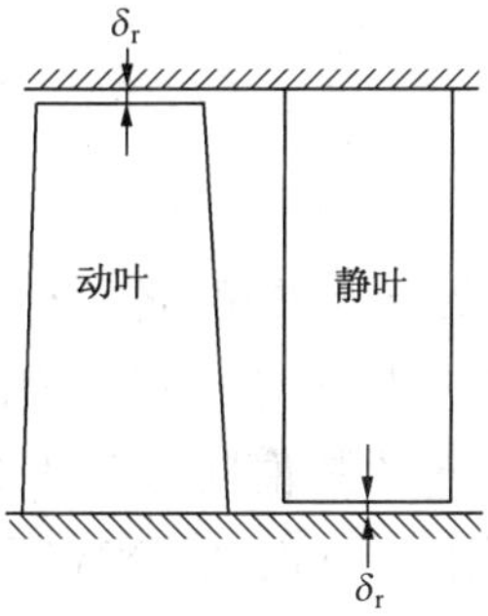

图 4－46　径向间隙

7. 径向间隙

压缩机运转时，由于转子的弯曲、热胀、离心力的作用、运行中的振动及汽缸的变形等原因，有可能使压缩机的运动元件与固定元件相互接触碰撞，而产生事故。为了保证不发生动、静接触，要求在动叶顶部与汽缸之间及静叶端部与轮毂之间，留有一定的径向间隙 δ_r，如图 4－46 所示。

δ_r 的存在又会使叶片顶部出现端流动现象，使级的增压效果减弱而损失增加。所以要正确地选择 δ_r 值，要在保证安全运行的前提下，尽可能采用较小的 δ_r 值。

一般 δ_r 的绝对值在 0.5～1.5mm 之间，短叶片的 δ_r 要取得偏小些。此外，也可根据 $\delta_r / l \leqslant 0.5 \sim 1.0\%$ 的关系来确定 δ_r 值。

（七）耗功和效率的测定

根据 JB 3165—82《离心和轴流式鼓风机、压缩机热力性能试验》来进行耗功和效率的测定。

1. 测定轴流式压缩机多变效率

$$\eta_{pol} = \frac{K-1}{K} \times \frac{\lg(p_2/p_1)}{\lg(T_2/T_1)} \tag{4-13}$$

总效率为

$$\eta = \eta_{pol} \times \eta_m$$

式中　p_1——主风机实测进口压力，MPa(a)；

p_2——主风机实测出口压力，MPa(a)；

T_1——主风机实测进口温度，K；

T_2——主风机实测出口温度，K；

K——绝热指数。对于空气，K = 1.4。

η_m——考虑主风机轴承和轴密封功率损失后的机械效率。

2. 轴流式压缩机耗功的测定

$$N_c = 16.0132 \times p_1 \times V_1 \times \frac{K}{K-1}(\varepsilon^{\frac{K-1}{K \cdot \eta_{pol}}} - 1) \times \frac{1}{\eta_{pol} \times \eta_m} \quad (4-14)$$

式中 p_1——主风机实测进口压力，MPa(a)；

$$p_1 = 0.098(p_0 - p_1')/735$$

p_0——当地大气压，mmHg；

p_1'——主风机入口真空度，mmHg；

V_1——主风机实测进口体积流量，m^3/min；

ε——主风机压缩比，$\varepsilon = p_2/p_1$；

p_2——主风机出口压力，MPa(a)；

$$p_2 = p_2' + p_0, \quad MPa(a)$$

p_2'——主风机出口压力实测值(表压)，MPa；

η_{pol}——实测的主风机多变效率。

五、轴流式压缩机的性能曲线

(一) 性能曲线及其作用

轴流式压缩机与离心式压缩机一样，其主要特性参数为压缩机压比 ε 与效率 η(还有功率 N)，它们的数值可由压缩机的进口温度 T_1、进口压力 p_1、转速 n、质量流量 m 或容积流量 V 等 4 个独立参数来确定。也可以说压缩机的主要特性参数 ε、η 的数值随进口参数 T_1、p_1 及 n 和 m(或 V)的变化而变化。如 T_1、p_1、n、m(或 V)一定，则 ε，η 值也就确定了。而 ε、η 值确定后，功率 N 可以很方便地由相应的公式算出。

通常把轴流式压缩机的主要特性参数 ε、η 与决定它工作状况的 4 个独立参数之间的关系称为压缩机的特性，可以用以下形式表示：

$$\varepsilon = f_1(T_1、p_1、n、m)$$

$$\eta = f_2(T_1、p_1、n、m)$$

为了研究方便，通常把这种关系用图线形式表示，也即在一定的进口温度和进口压力下，画出不同转速时的压缩机压比 ε、效率 η 与流量的关系曲线，称之为压缩机性能曲线或特性曲线。利用这些曲线可以很方便地看出轴流压缩机的基本性能，它可以起到下列一些作用：

1）了解设计工况和非设计工况下，轴流压缩机主要特性参数 ε 与 η 的数值及它们的变化特点；

2）了解压缩机喘振界限和阻塞工况的位置，及稳定工况的范围；

3）当轴流压缩机和管网联合工作时，利用二者的特性曲线，可以了解整个装置的工作性能；

4）选择能满足自己要求的压缩机。

压缩机的性能曲线实质上反映了压缩机的气动参数、热力参数、结构参数与结构形式等因素的综合指标。

轴流式压缩机与离心式压缩机在结构形式上有很大的不同，因此在它们之间的性能曲线上也存在着差异，有着各自固有的特点，这可从图 4 –47 中看出。该图示有进口流量变化范围大致相同的轴流式压缩机与离心式压缩机，在设计转速与非设计转速下的性能曲线。

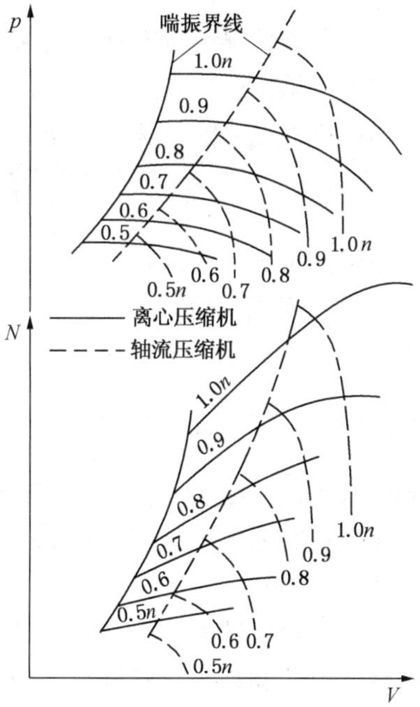

图 4 –47　压缩机变转速时的工况比较

在多级轴流式压缩机中，气体在各级中依次进行压缩，由于级与级之间连接比较简单，流道短而平直，没有像离心式压缩机那样有急剧的转弯，且其工作叶栅又是经过气体动力学方面多年的研究损失较低的一种旋转扩压叶栅，因此其效率比离心式压缩机的为高。另一方面，由于轴流式压缩机是用叶栅流道扩压效果来提高气体压力，而离心式压缩机则主要依靠离心力的作用来提高压力，这就使前者的级压比比后者低。此外，由于轴流式压缩机叶栅对冲角变化比较敏感，因此其特性曲线比较陡，稳定工况区也比较窄。轴流式压缩机的输入功率一般随流量的增大而下降，但在某个范围内，由于流量变化的影响与其他因素的影响相互抵消，可使流量变化时功率曲线的变化较平坦。

（二）性能曲线的表示方法

建立压缩机的性能曲线，最准确可靠的方法是在实物上直接进行试验，测出不同工况下的有关参数，便可画出性能曲线。通过计算得到的性能曲线是很不准确的，只能供设计时参考。通常看到的性能曲线，大部是在机器造好后，通过试验方法得出的，它一般有两种表示方法。

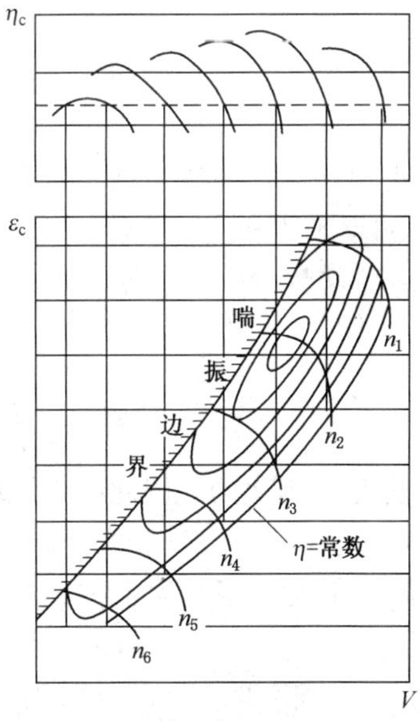

图 4 –48　压缩机性能曲线

1. 进口条件一定时的性能曲线

进口条件一定，即压缩机进口温度 T_1 和压力 p_1 一定时，在不同转速下，压缩机的压比，效率与流量的关系曲线，其函数关系如下：

$$\varepsilon = f_1(n,\ m)$$

$$\eta = f_2(n,\ m)$$

为了方便起见，也可在压比与流量的性能曲线上，直接作出等效率线，这样就可以把两个性能曲线合并在一个图上，如图 4 –48 所示。

图中这些参数有时也用其他形式的参数表示，例如用绝热能量头 H_{ad} 或出口压力 p_{out} 代替压缩机的压比 ε，用容积流量 V 或轴向速度 C_z 代替质量流量 m；用圆周速度 u 代替转速 n 等等。用这些参数代替后，仅在数值上有所不同，对压缩机的原有特性并无影响。这种在进口条件一定的情况下，所绘制得的性能曲线，称为正常性能曲线。如进口条件发生变化，则正常性能曲线也随着改变，其情况大致有如下几种：

（1）在给定转速行下，进口流量 V_1 和进口压力 p_1 均不变，仅 T_1 变化的情况

压缩机的绝热能量头可按下式表示（见式 4－7a）

$$H_{ad} = \frac{k}{k-1}RT_1(\varepsilon^{\frac{k-1}{k}} - 1)$$

假定绝热能量头不变，则从上式可见，T_1 减小时，压比 ε 上升；T_1 增大时，压比 ε 下降。

进口温度 T_1 增加时，进气密度 ρ 变小，则质量流量 $m=\rho V$ 要减小，功率 N 也将减小，当 T_1 减小时，流量 m、功率 N 将增大。

温度的变化还将引起 Ma 数和 Re 数的变化，这可从式 $Ma=\frac{w_1}{\sqrt{kRT_1}}$ 和 $Re=\frac{w_1 b}{v}=\frac{w_1 b p_1}{\mu RT_1}$ 中看到，当进口温度 T_1 增大时，Ma 数和 Re 数均减小。由于温度的变化，动力粘性系数 μ 也将变化，这时如果 Re 数虽减小，但仍保持 $Re>Re_{cr}$，则由于 Ma 数的减小，可能会使 η_{ad} 有某些增加。

（2）在给定转速 n 下，进口流量 V_1 和进口温度 T_1 不变，仅 p_1 变化的情况

从试验得知，当只有进口压力 p_1 变化时，压缩机通流部分各截面上的压力将成比例地变化，而温度和轴向速度都将保持不变，因此对压缩机的压比 ε 和效率 η 并无影响。

p_1 变化将引起 ρ_1 的变化，则质量流量 $m=\rho_1 V_1$ 也要变化，而导致功率的变化。即 p_1 增大时，N 将增大；p_1 减小时，N 将下降。

从 $Ma=\frac{w_1}{\sqrt{kRT_1}}$、$Re=\frac{w_1 b p_1}{\mu RT_1}$ 二式中可见，T_1 不变时，若 p_1 改变，Ma 不受影响，而 Re 将变化。实验得知在压力 0～1MPa 的情况下，μ 值基本上变化很少。故 Re 数随 p_1 的增大而增大，如原来的 Re 已大于 Re_{cr}，则这时 Re 数将更大了，当 p_1 减小时，Re 将减小，但只有 Re 下降到低于 Re_{cr} 时，对压缩机特性才有影响。不过通常轴流式压缩机中的 Re 数是相当大的，在 p_1 减小不多的情况下，一般 Re 仍可大于 Re_{cr}。

2. 用组合参数表示压缩机的性能曲线

有时为了应用上的方便，还可作出不受进口条件限制的性能曲线，这种性能曲线是用组合参数来表示的。

对两台几何相似的压缩机，只要保持二者的 Ma、Re、k、ϕ 值相等，则认为该两台压缩机，或者是同一压缩机在不同工况下，它们的流动是相似的，如果工质相同，则绝热指数 k 相等，再考虑到轴流压缩机中一般 $Re>Re_{cr}$，则二者只要保持马赫数 Ma 和流量系数 ϕ 相等，其压比 ε 和效率 η 即相等。根据相似理论可有

$$\varepsilon = f_1(Ma,\ \phi)$$

$$\eta = f_2(Ma,\ \phi)$$

作出相应的性能曲线，如图 4－49 所示。由于它们的坐标都是无因次的，因此称为无因次性能曲线。

作出这种性能曲线时，需要保持 $Ma=\mu/a$ 相等，比较麻烦，不大使用。为了扩大无因次性能曲线的实用性，可根据相似原理，把上述关系改变如下

$$\varepsilon = f_1(Ma,\ Mc_z)$$

$$\eta = f_2(Ma,\ Mc_z)$$

如用同一种工质，k 及 R 相等，则又可写成

$$\varepsilon = f_1\left(\frac{u}{\sqrt{T_1}}, \frac{c_z}{\sqrt{T_1}}\right)$$

$$\eta = f_1\left(\frac{u}{\sqrt{T_1}}, \frac{c_z}{\sqrt{T_1}}\right)$$

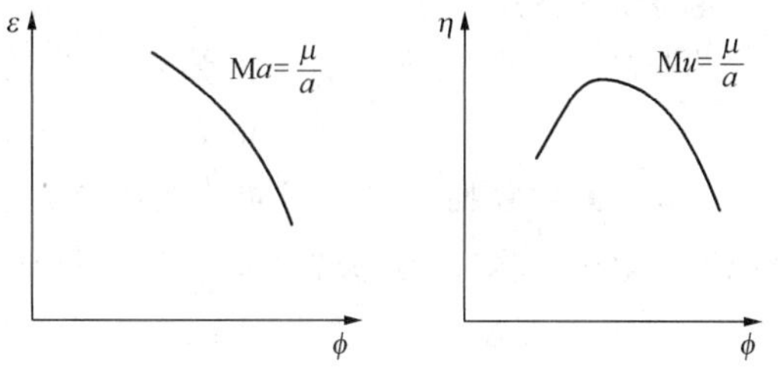

图 4 - 49　无因次性能曲线

如是同一台压缩机，因转子外径 D 为定值，根据 $u = \pi D_n/60$，如用$\frac{n}{\sqrt{T}}$代替$\frac{u}{\sqrt{T}}$，只差一比例常数，故可用 $n/\sqrt{T_1}$代替 $u/\sqrt{T_1}$，因通流面积 F 为定值，由 $V_1 = F_{\mathrm{Cz}}$，可用 $V_1/\sqrt{T_1}$代替 $c_z/\sqrt{T_1}$，故可有

$$\varepsilon = f_1\left(\frac{n}{\sqrt{T_1}}, \frac{V}{\sqrt{T_1}}\right)$$

$$\eta = f_1\left(\frac{n}{\sqrt{T_1}}, \frac{V}{\sqrt{T_1}}\right)$$

又因 $p_1V_1 = mRT_1$，因 R 为定值，故又可用 $m\sqrt{T_1}/p_1$ 代替 $V/\sqrt{T_1}$，则有

$$\varepsilon = f_1(n/\sqrt{T_1},\ m\sqrt{T_1}/p_1)$$

$$\eta = f_2(n/\sqrt{T_1},\ m\sqrt{T_1}/p_1)$$

对不同尺寸的压缩机，只要几何相似，可以根据尺寸比例换算，上面的各关系式仍然成立。

用以上这些函数关系所绘制的性能曲线，都具有无因次性能曲线的特点，都可不受进口条件变化的影响，而且它们比正常性能曲线有较好的通用性。这种由组合参数作出的性能曲线通常称为通用性能曲线。为了便于应用，也可把等效率曲线作在压比曲线图上，如图 4 - 50所示。

用这些组合参数所绘制的性能曲线，其外形与正常性能曲线相似，因此通用性能曲线相当于一定比例尺寸下的正常性能曲线。试验时，作出用组合参数表示的压缩机性能是比较麻烦的，但是它不像正常性能曲线那样，在进口条件变化时，要另作曲线，因而在使用时是比较方便的。

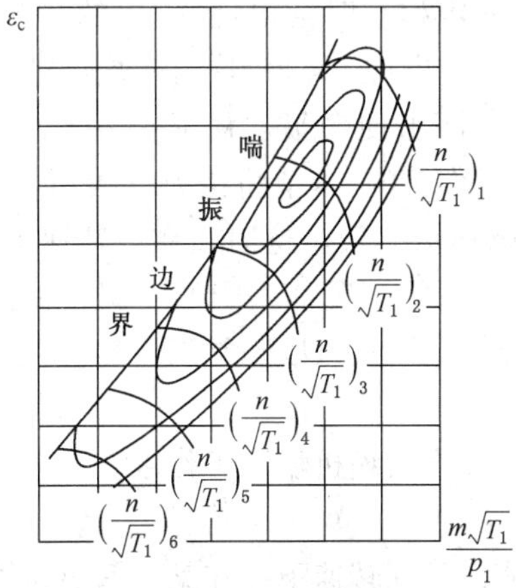

图 4 - 50　作有等效率线的性能曲线

（三）性能曲线的特点

图 4 - 51 表明了不同流量系数 ϕ（即不同冲角）对级效率的影响。从图中可以看出，当冲角变化不大时，环端面损失和二次流损失变化并不大，而叶型损失变化较大，因此可知，$\eta = f(\phi)$ 曲线的形状在很大程度上取决于叶型损失的大小。叶型损失又可分为摩擦损失和分离损失（未考虑尾损失）。冲角变化时，摩擦损失变化不大，分离损失将有较明显的变化。在某个 ϕ 值时，即所谓最佳冲角下，分离损失接近最小值，叶栅中流动情况最好，这时相当于在 $\eta = f(\phi)$ 曲线的最高位置；当冲角变化，大于或小于最佳冲角时，气流会产生分离，损失增加，效率下降。因此，实际上是分离损失对 $\eta = f(\phi)$ 曲线的

形状起了最重要的作用。

根据能量头系数 $\bar{h}$ 与流量系数 ϕ 的关系，有

$$\bar{h}=\phi(\mathrm{ctan}\beta_1-\mathrm{ctan}\beta_2)=1-\phi(\mathrm{ctan}\alpha_1+\mathrm{ctan}\beta_2)$$

式中，α_1 与 β_2 分别是静叶和动叶的出气角。从试验得知，当冲角变化不大时，α_1 与 β_2 变化甚小。由上式知，当 ϕ 增大时，$\bar{h}$ 减小；ϕ 减小时，$\bar{h}$ 增大。在 α_1、β_2 为定值的情况下，$\bar{h}$ 随 ϕ 变化成直线关系，如图 4－52 中线 1 所示。但实际上冲角变化时，α_1、β_2 还是有些变化的，因此 $\bar{h}$ 与 ϕ 的关系一般如图中曲线 2 所示。

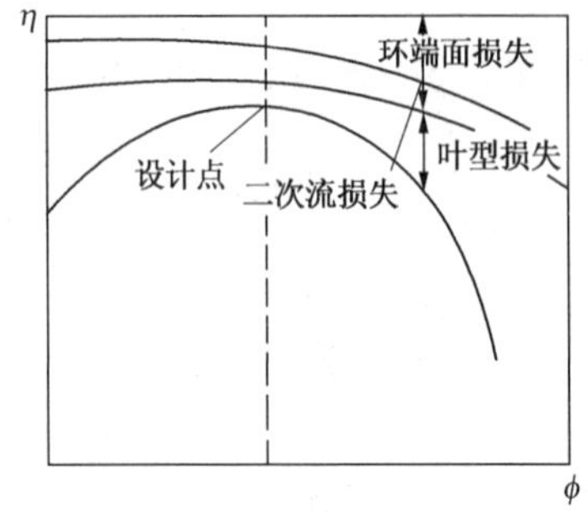

图 4－51　不同冲角对损失的影响

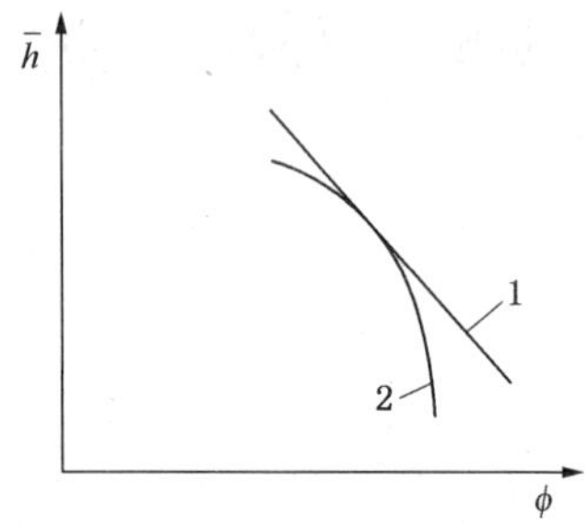

图 4－52　$\bar{h}$ 随 ϕ 的变化关系

现在来分析多级轴流式压缩机性能曲线的特点。

1. 在转速一定时，流量与压比的关系

在转速一定时，流量增大，压比下降；流量减小，压比增加。当压缩机流量减小时，进入叶栅的气流冲角向正的方向增大，这将使气流折转角 $\Delta\beta$ 与叶栅升力系数 c_y 增大，但其增大是有一定限度的。此后，当流量再减小时，由于流动开始恶化，$\Delta\beta$、c_y 就不再增大，且当流量减小到某值时，会使压缩机进入喘振工况，压缩机不能正常工作。通常把喘振工况作为压缩机可以正常工作的最小流量界限。

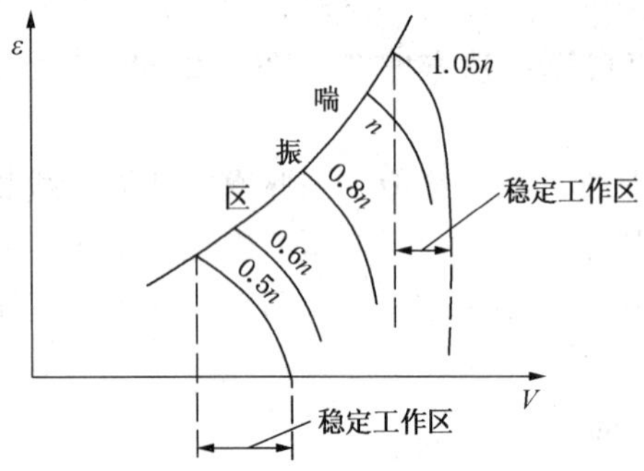

图 4－53　稳定工作区在特性线图上的表示

当流量增大时，正冲角将减小，负冲角增大，压比 ε 将下降，在一定程度时会出现 $\varepsilon=1$ 的情况。而在低转速肘，甚至会出现 $\varepsilon<1$，这时叶栅中的流动不再是压缩过程，而出现膨胀过程了。另外，由于流量增大，进入工作轮的 w_1 值将增大，当 M_{w1} 达到 M_{max} 时，叶栅最小截面上平均气流速度达到音速，流量将达最大值。这时，在该转速下，压缩机的流量不能再增大了，性能曲线变为垂直线形状，这时的工况称为阻塞工况，见图 4－53。在该工况下，压缩机也不能正常工作，因此阻塞工况为压缩机可以正常工作的最大流量界限。

通常把喘振工况与阻塞工况之间，可以正常工作的区域称为压缩机稳定工作区。

2. 转速与效率的关系

转速一定时，在某个进口流量下，压缩机效率有最大值；不同转速下，在某转速时压缩机效率曲线有最高位置。

给定转速下，不同的流量对应着不同的冲角，在某流量下，冲角有最佳值。如偏离此

值，不论冲角增大或减小，均可能在叶栅中出现气流分离，损失增大，效率下降。只有在最佳冲角下，流动情况最好，效率最高。故在给定转速下，效率曲线有一最大值。

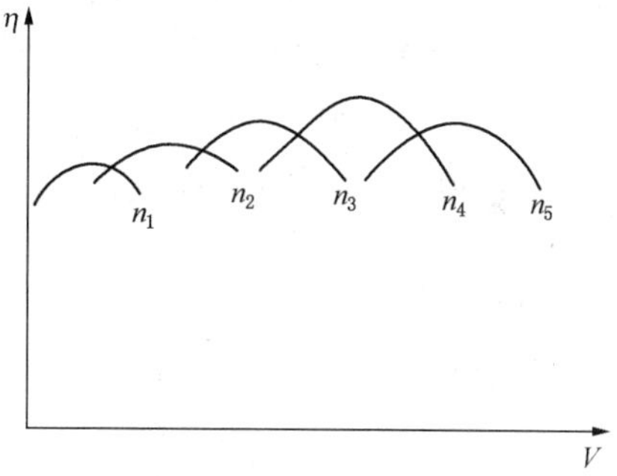

图 4-54　不同转速时的效率曲线

图 4-54 为不同转速下的效率曲线，其中以 n_4 曲线的位置最高，该转速下的最高效率点也比其他转速的为高。这是由于该转速时，*Ma* 数和 *Re* 数的综合影响最小。转速大时，*Ma* 数影响将增大；转速低时，*Re* 数影响将增大。而两种情况下，效率都将有所下降。

3. 转速与压比的关系

转速增大时，压比显著增加，性能曲线变陡，稳定工况区域变窄，并向大流量区移动。

由于压缩机的能量头与圆周速度的平方成正比，转速 n 增大时，能量头和压比将明显增大。高 n 下，*Ma* 数大，在工况变动时，*Ma* 数对 ε 及 η 的影响特别明显，性能曲线变陡，特别在 *Ma* 数值已接近 Ma_{max}时，流量稍有增大，气流即达 Ma_{max}值而发生阻塞工况，故稳定工况区变窄，如图 4-53 所示。

压缩机的稳定工况区大小也可以用 Ma_{min} 和 Ma_{max} 之间的区域大小来表示，有时还可用相对值 $(M_{max}-M_{min})/M_{max}$ 来反映。由于喘振工况和阻塞工况是在一定转速时，最小流量界限和最大流量界限下发生的，因此又可以用 ϕ_{min} 和 ϕ_{max} 之间的范围来表示稳定工作区域。由于 $\phi=c_z/u$，当转速增大 u 增加时，只有同时增大 c_z 才能保证有合适的，能正常工作的 ϕ 值，所以当 n 增大时稳定工作区将向大流量方向移动。

4. 压缩机级数与稳定工作区的关系

压缩机级数愈多，性能曲线愈陡，稳定工作区愈窄。

当压缩机质量流量增加时，第一级的容积流量将增大。而对第二级来说，除了因质量流量增加使其容积流量增加外，还因为第一级 V_1 增大使级压比 ε_1 下降，使比容 ρ 下降而额外地增加了第二级的容积流量。依此类推，第三、第四级也如此。级数愈多，后面几级，容积流量增大愈多。相反，当进口流量减小时，级数愈多，后面各级容积流量减小得也愈多。此外，级数多时压缩机的压比也高，变工况时性能的变化愈敏感，故级数多时性能曲线变陡，稳定工作区变窄。由图 4-55可见，不同级数下压缩机特性曲线有所不同。

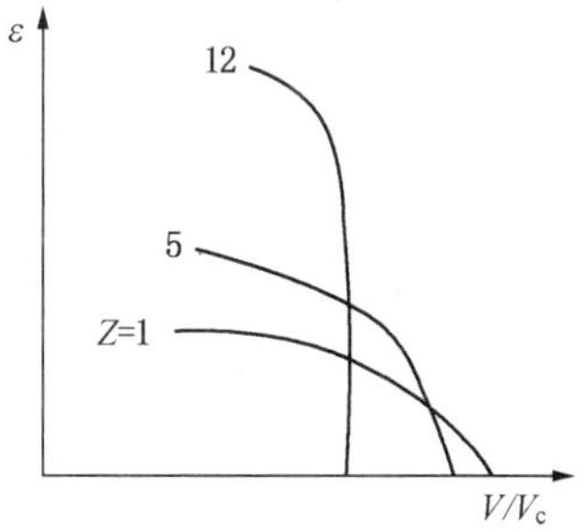

图 4-55　不同级数压缩机的性能曲线

但是，采用静叶可调的轴流压缩机，可以扩大稳定工作区范围，还可使压缩机在变工况时仍保持有较高的效率。

多级压缩机还有一个特点，就是其喘振工况几乎都发生在性能曲线 $\varepsilon=f(V)$ 的右支（即最高点的右面），与离心压缩机的喘振工况往往发生在左支，是有所不同的。

轴流式压缩机由于长期运行，造成叶片积污或被侵蚀，这将会引起性能的下降。会引起压缩机压比与效率下降，而整个特性曲线将向左下方移动，类似于转速降低时性能曲线所发生的变动，如图 4-56 所示。如对叶片积污或叶片表面遭侵蚀的压缩机提高转速，虽可大致回复到初始的性能，但功率消耗却增加了。

（四）平面叶栅正常特性曲线

可用 $\Delta\beta$ 或 c_y 来表示气流在叶栅中的扩压程度，用 c_{xp} 表示叶栅中的损失程度。叶栅的气流转折角 $\Delta\beta$、叶栅的升力系数 c_y 及叶栅的阻力 c_{xp} 与冲角 i 变化的关系曲线称为平面叶栅正常性能曲线，如图 4－57 所示。

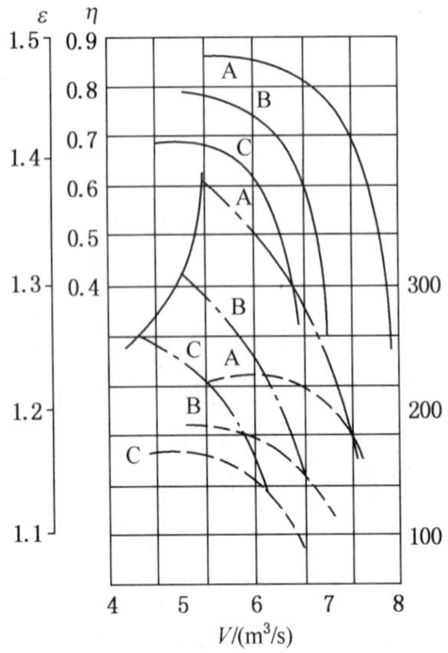

图 4－56　叶片积污时压缩机性能曲线

A—叶片表面良好；*B*—前几级静叶积污；*C*—压缩机全部动、静叶积污

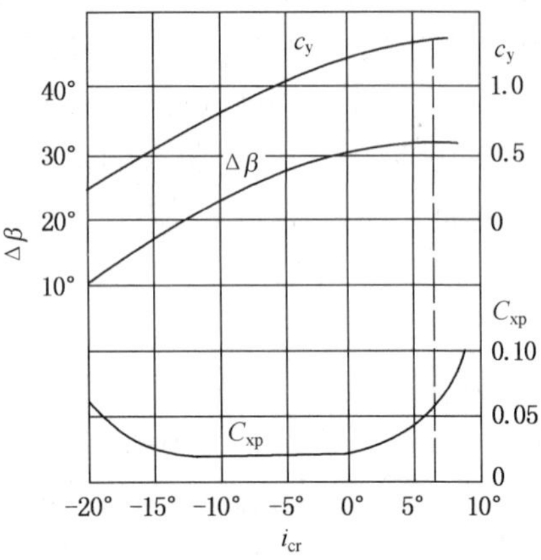

图 4－57　平面叶栅正常特性曲线

正常特性曲线有下述一些特点：

1）反映的是一定的叶栅在不同工况下的性能。横坐标上每一个冲角 i 值，即代表叶栅的某一个工况。每一个具体几何参数的叶栅都有各自对应的正常特性曲线。

2）当 i 值由负到正增大时（$-15° \sim +5°$），$\Delta\beta$ 与 c_y 几乎都成正比例地增大，即在一定的冲角变化范围内，$\Delta\beta$ 与 i 基本上成线性关系。而

$$\Delta\beta = \beta_2 - \beta_1$$

$$\beta_1 = \beta_{1A} - i$$

则

$$\Delta\beta = \beta_2 - \beta_{1A} + i$$

上式中 β_{1A} 是常数，如果 $\Delta\beta$ 与 i 成线性关系，则说明出气角 β_2 也基本上是定值。又因落后角 $\delta = \beta_{2A} - \beta_2$，则 δ 角也基本上无变化。这反映在一定的冲角变化范围内，当 i 增大时，叶型背部附面层并未明显增厚而造成脱离，所以 δ 角基本上未增大。这也可从 c_{xp} 与 i 的关系曲线上看到，在这个 i 变化范围内，叶型损失主要是摩擦损失，c_{xp} 较小，基本上是一条与横坐标轴平行的水平线，说明气流无脱离，叶型损失较小。

3）当冲角再继续增大，则可发现 $\Delta\beta$ 与 c_y 的增加减慢，而 c_{xp} 增大加快。当 i 到达某值时，$\Delta\beta$ 达最大值 $\Delta\beta_{max}$，而 c_{xp} 明显增大。把 c_{xp} 达到相当于 $c_{xp\,min}$ 的二倍时的冲角称为临界冲角 i_{cr}（或失速冲角），这时的工况称为叶栅失速工况。这主要是由于随着 i 的不断增大，叶栅流道的扩压度也不断增大，使叶背处出现分离，损失明显增加。当 $i > i_{cr}$ 后，这时 i 增大，造成气流严重分离，落后角大大增加，使 β_2 减小的程度比 β_1 减小的程度还大，故 $\Delta\beta$ 反下降了。

4）当冲角有较大负值时，（如图中 $i < -15°$），c_{xp} 也明显增加，这是由于在较大的负冲角下，叶腹后段开始出现脱离。

5）虽然临界冲角下有最大的气流转折角 $\Delta\beta_{max}$，但这时的损失大，这不是理想的工况。从正常特性线来看，如取 $\Delta\beta = 0.8\Delta\beta_{max}$，这时叶栅有较大的转折角，而 c_{xp} 仍较小，能满足要求。把 $\Delta\beta = \Delta\beta_{max}$ 的工况称为额定工况，并以上角标 * 表示。常以额定工况作为叶栅的设计工况。

图 4－58 为叶栅在不同冲角下，气流绕流与分离的示意图。当 $i = i_{cr}$ 时，叶背气流分离严重；$i \ll 0°$ 时，叶腹发生分离，在 $i = 0°$ 或 $i = i^*$ 时，分离情况都较轻微。

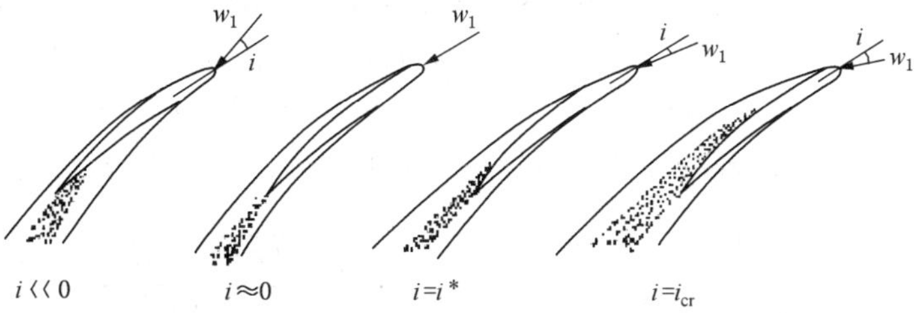

图 4－58　不同冲角下气流的分离

六、轴流式压缩机气体流量与压力的调节

（一）压缩机—管网系统的平衡

压缩机的管网是指压缩机前后，气体所经过的全部管道、管件、阀门、部件（消音器、补偿器、文氏管等）直至用风装置。压缩机与其管网组成压缩机—管网系统。

不同的管网有它自己不同的特性，管网性能曲线是指通过管网的气体流量，与保证这个流量通过管网所需的压力之间的关系曲线，又称管网阻力曲线。管网性能曲线的形状是与管网本身结构及用户要求有关的。

一般管网的阻力是与气体流量或速度的平方成正比的，其数学表达式为：

$$p = AV^2$$

式中，A 为比例常数，与管网结构特性及所输送的气体性质有关。

如果气流不但要克服管网阻力，还要克服某一恒定阻力时，其数学表达式为：

$$p = p_r + AV^2$$

式中，p_r 为定值阻力。图 4－59 示有这两种情况的管网性能曲线。图 a 所示的三条管网性能曲线，表示了管网结构（指管网长度、通流面积、阀门开度等）对管网性能的影响。例如阀门开大，通流截面增大，阻力减小，则管网曲线右移；阀门关小，则左移。

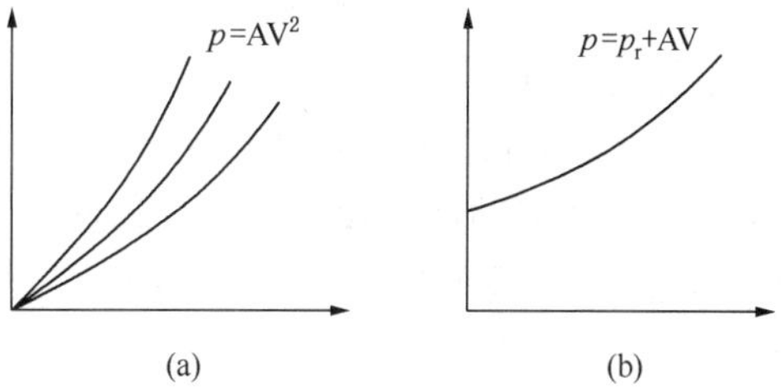

图 4－59　管网性能曲线

在压缩机与管网联合工作时，由于管网阻力的存在，压缩机排出的高压气体通过管网时，气体的压力要逐渐下降。换言之，气体要通过管网就必须克服一系列阻力损失。只有当压缩机的排气量等于管网的通过流量，且压缩机所产生的背压等于管网的阻力时，这时整个系统的工作才满足平衡条件。这时的工作点称为平衡工作点。图 4－60 中压缩机的特性线 1 和管网的特性线 2 的交点 a 即为平衡工作点。

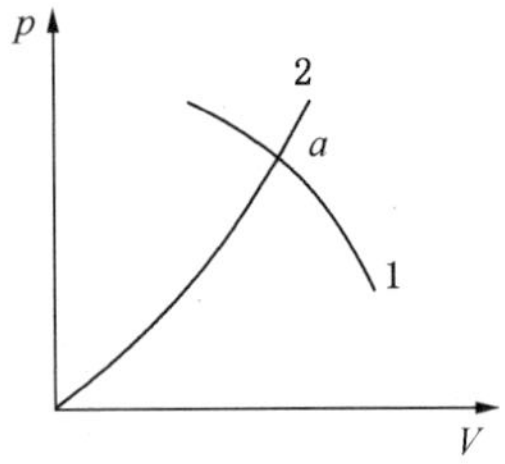

图 4－60　压缩机与管网联合工作

压缩机总是与管网一起联合工作的，当管网的参数及外界条件变化时，要求压缩机适应这些变化，而改变自己的某些参数，这就需要进行调节。

（二）轴流式压缩机的调节方式

1. 静叶调节

如图 4－61(a)，转动静叶片时，假设动叶片出口气流角 β_2 不变，则静叶角度从 α_{10} 转至 α_1，流量系数从 ϕ_0 变为 ϕ，可见，改变静叶角度可在较大范围内改变机组的流量，改善机组的特性线，使其较为平坦，扩大稳定工作范围，如图 4－61(b)所示。缺点是为了保证静叶能转动自如，使静叶径向间隙加大，损失增加；转动机构复杂，增加机组造价。

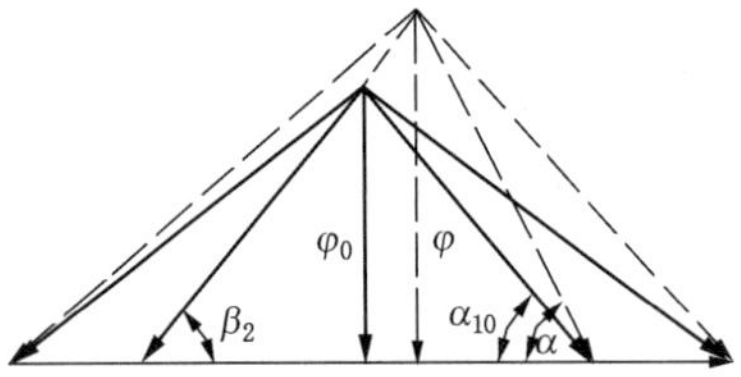

(a) 调节静叶时速度三角形的变化

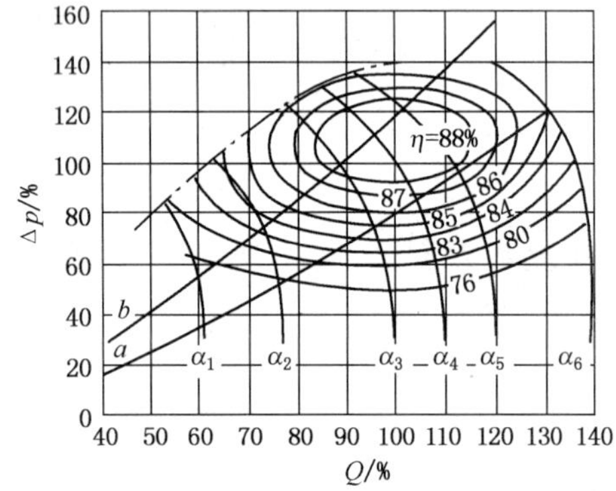

(b) 静叶调节的特性线a、b-工况线

图 4－61　轴流式压缩机的静叶调节

2. 转速调节

不增加机组设备，但要求驱动机能变速运行。在调节范围内，转子、叶片等部件的自振频率应避免与工作转速发生共振。有时为了满足某些工况的需要，在变速后还要用放气方式来补充，经济性差。调节特性线见图 4－62。

由汽轮机拖动的轴流式压缩机，可以用改变转速来进行调节，但不及定转速下的静叶可调法好，因为后者具有如下一些优点：

1）静叶可调的稳定工作区更宽，效率较高，因而有较大的适应性与经济性。

2）可以避免由于调转速而产生共振的可能性，增加了运行的安全性。

3）气流与叶片的几何参数配合得较好，减小了冲击现象，故流动情况较好，噪音较低。

4）静叶可调比转速可调的动作要迅速，反应快。

5）恒定转速的轴流压缩机可由同步电动机拖动，不需用变速箱，可以提高电机工作的经济性。

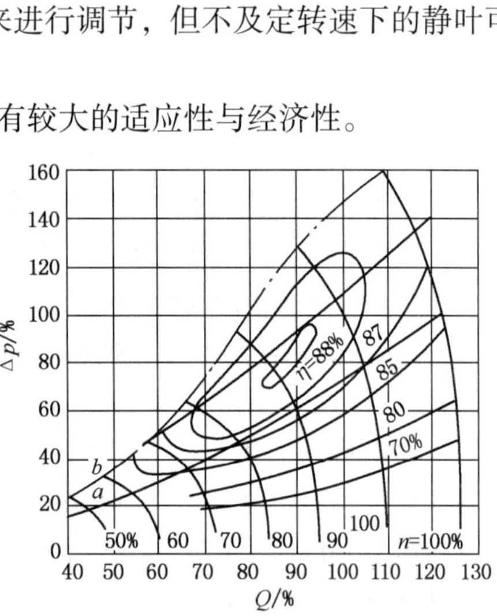

图 4－62　转速调节的压缩机特性线

a、b—工况线

（三）定风量与定风压的调节

当管网的参数及外界条件变化时，为满足生产装置用气流量及压力的要求，就需要对压缩机进行调节，使压缩机在稳定工作区范围内工作。

1. 定风量调节

定风量调节是当系统压力变化时，仍要使系统的风量保持不变。如图4－63所示，管网的阻力曲线为Ⅰ，它与压缩机性能曲线 n 相交于a点，这时的流量为 V_1。如果系统的操作压力提高，即管网阻力要增加，阻力曲线变为Ⅱ，其与压缩机性能曲线交于a′点，则流量变小了。为了保持定风量(V_1)运行，则须进行调节。例如，压缩机采用了静叶可调装置，则可指令伺服马达增大静叶角度，使压缩机性能曲线变为 n'，其与阻力曲线Ⅱ交于b点，工作点b的流量仍为 V_1，即保持了定风量运行。当装置的操作压力减小，管道阻力曲线向右下方移动，这时可通过调节把静叶角度关小，以移动压缩机性能曲线，使二者工作点的流量仍保持不变。如压缩机是采用变转速调节的，则可指令原动机改变转速，以达到调节目的。

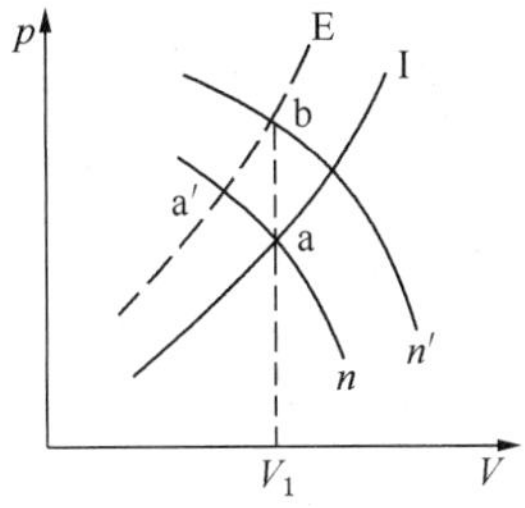

图4－63　定风量调节

2. 定风压调节

在某种运行情况下，如要求压缩机排气压力 p_2 保持不变，见图4－64，当压缩机性能曲线为 n，管网阻力曲线为Ⅰ，则工作点为a。若阻力曲线变为Ⅱ，则二者的工作点为a′，这时压缩机的排气压力下降了。如要维持原排气压力不变，则可指令伺服马达改变静叶角度，使压缩机性能曲线变为 n'，则工作点移至b。这样，就可通过调节保持定风压运行。当管网阻力曲线向另一方向改变时，同样可通过调节，来保持定风压运行。

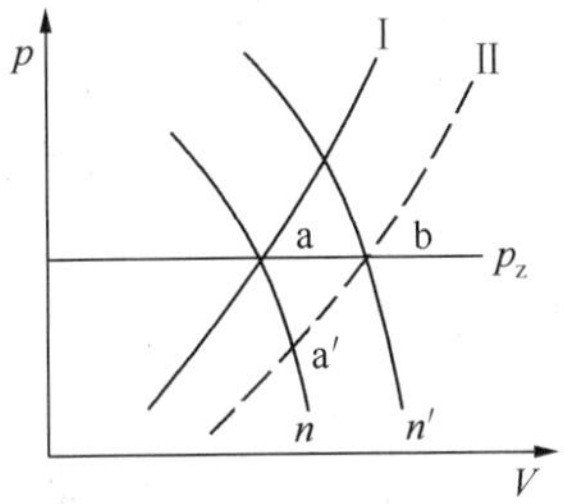

图4－64　定风压调节

七、轴流式压缩机的不稳定工况

轴流式压缩机在实际运行中，并不一定总是在设计工况下工作的，当运行条件改变时，其工况点就会离开设计点，而进入非设计工况区域。这时实际的气流流动情况就与设计工况有差别，而且在一定条件下产生不稳定流动工况。从目前来看，有这样几种比较典型的不稳定工况，即阻塞工况、旋转失速工况、喘振工况、逆流工况及颤振工况。

实践表明，当轴流式压缩机在上述这些不稳定工况下工作时，不仅会大大恶化了工作性能，有时还会发生强烈的振动，使机器不能正常工作，甚至产生严重的破坏事故。轴流式压缩机中不稳定工况是机组安全可靠运行的主要障碍。

（一）阻塞工况

1. 阻塞及其危害

当压缩机的流量增大到某一值时，叶栅进口最小截面上平均气流将达到音速，马赫数 Ma(气流速度与声速之比)达到或接近1，这样，通过压缩机的流量就达到一临界值而不再继续增大，而出现气流堵塞现象，这一现象叫做阻塞。

在给定的吸气条件下，如果通过压缩机的第一级叶栅的气流速度达到音速，则该处的流量值不能再增加了，这种阻塞叫做初级阻塞。初级阻塞决定了压缩机的最大流量。

当排气压力降低时，压缩机内的气体将因膨胀体积增加而使流速增加，当流速在末级叶栅达到音速时，则末级也发生阻塞。

压缩机的初级阻塞和末级阻塞均称为阻塞，在阻塞工况下，会诱发叶片的颤振工况，造

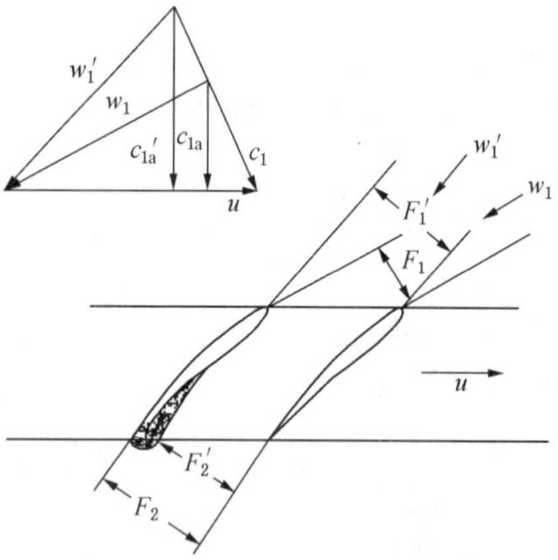

图 4－65　阻塞工况示意图

成叶片断裂。初级阻塞时，叶片的强度达到了最大值；末级阻塞时，因末级叶片前的气压升高，末级叶片后的气压降低，这样叶片前后受力不平衡而产生应力，可能导致叶片的损坏。轴流式压缩机不允许在阻塞线以下的区域长时间运行，美国英格索兰公司制造的轴流式压缩机规定不得超过 2min，每年累计时间不得超过 30min。

但是，压缩机运行时出现阻塞工况的机会是很少的，一般发生在开机过程和放空阀全部放空时，才有可能出现阻塞工况。

2. 阻塞产生的机理

当轴流式压缩机在某一转速下运行时，如果转速不变，而逐渐开大节气门，通过压缩机的流量将增大。在这种情况下，来分析压缩机级中的气流流动特点。

如图 4－65，由于流量增大使进入级的轴向速度 c_{1a} 增大，则进入动叶前缘的气流冲角 i（冲角为气流方向与叶片进口安装角之间的夹角）将减小。当流量进一步加大时，冲角有可能变为较大的负值，这时在动叶叶腹（工作面）将出现气流分离现象。由于气流在叶栅通道内基本上沿近似的圆弧轨迹运动，其所形成的气流惯性，再加上动叶栅本身在旋转，总的来说气流有压向叶型腹面的趋势，使分离现象受到抑制，而不至于像流量减小、冲角增大时，那么易于在叶背（叶型非工作面）处使分离扩展。但由于存在气流分离，会使流道出口的有效通流面积减小，即 $F'_2 < F_2$。加上进口处由于负冲角增大，使 $F'_1 > F_1$。于是在流量增大到一定程度时，就有可能出现 $F'_1 > F'_2$ 的情况，则叶栅中的流动即由扩压性质转变为收敛性质。气流在通过叶栅时不再是受压缩，而是进行膨胀，即产生了所谓“涡轮工况”。这样在叶栅中，气体压力得不到提高，甚至降低，增压比 ε 等于 1 或小于 1。在特性线上反映为如图 4－66 状况。这与轴流式压缩机的增压目的背道而驰，当然也是不容许的。

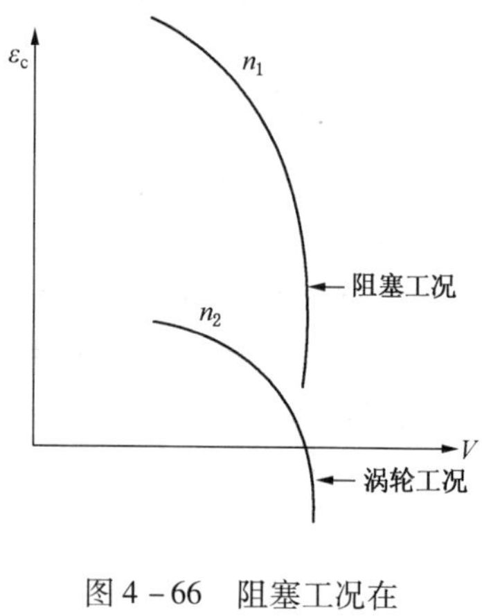

图 4－66　阻塞工况在特性线上的反映

另外一种情况发生于压缩机转速比较高的时候。当叶栅通道中的气流因流量增大而在叶腹产生分离，这时流道的最小截面 F_{min}（喉截面）也减小，而使喉截面处的气流速度 w 值增大。由于原来转速高，此处的 w 值已比较高，这时 w 再增大就很容易达到音速，通过叶栅的流量即达到临界值，此后即使再加大进口气流速度也不能增大通过叶栅的流量，等于叶栅被阻塞，这种工况称为“阻塞工况”。

如图 4－67 所示，阻塞工况在压缩机的特性线上反映为在等转速线上当流量增大时的垂直直线段。

在阻塞工况下，不但使压缩机的性能大大下降外，由于叶片两侧压力变化及超音速时形成的强激波的作用，叶片在圆周方向产生高应力振动，长时间会导致叶片断裂。除有特殊运行要求外，一般压缩机是不能在此线段工作的。把不同 n 下的各阻塞工况点联成一线，即为阻塞界限线，如图 4－67 所示。

通常把上述由于流量增大而产生的两种不稳定工况统称为阻塞工况。

（二）旋转失速工况

1. 旋转失速及其危害

旋转失速是轴流式压缩机最常出现的一种不稳定气动现象。当压缩机在某个转速下运行，流量减小到一定程度时，叶栅中某一个或几个叶片背弧上出现气流分离，并相继影响相邻的叶片出现气流分离，使这分离区（或称脱离团）沿圆周速度 u 的方向传播。这就是旋转脱离或叫旋转失速。

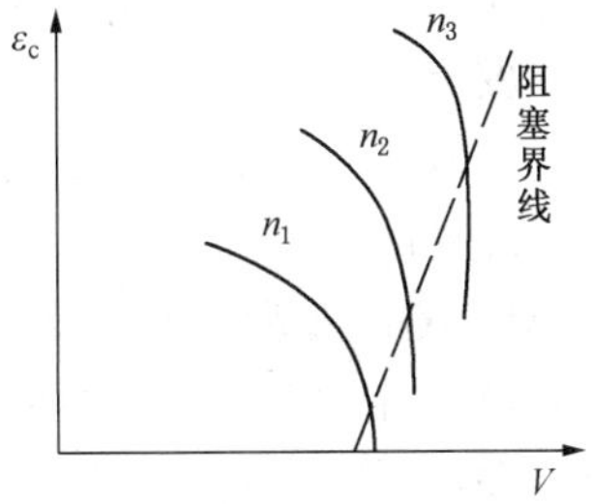

图 4－67　阻塞界限

旋转失速时，叶片受到一种周期性的激振力，会使叶片发生疲劳破坏。如果旋转失速的频率与叶片的固有频率相吻合，则将引起明显振动，使叶片损坏造成事故。旋转失速一般出现在启动过程中，为避免叶片损坏，规定轴流式压缩机启动达到额定转速时应在 3s 内把静叶从启动角度迅速开大到安全角度。

旋转失速使压缩机中流动情况恶化，压比与效率下降。强烈的旋转失速甚至会进一步引起整个压缩机系统一种危险性更大的不稳定气动现象——喘振工况。所以了解旋转失速产生的机理，进而采取有效的防止措施是重要的。

2. 旋转失速产生的机理

轴流式压缩机叶栅的结构及几何尺寸是根据设计工况确定的。当机器在设计工况下行时，通流部分的气流和通流部分的截面变化与叶栅几何尺寸配合得很好，气流的流动方向也与叶片的几何角配合得很好。这时压缩机各级中流动情况良好，工作协调，而且效率高，能达到设计所要求的各项技术指标。但实际运行中压缩机可能会离开设计工况工作，这时其压比、效率等都将发生变化，压缩机的性能会有所下降。如工况变动不大，那么压缩机仍能维持稳定工作；但当工况变化很大时，例如在一定的转速下，当气流流量不断下降，那么进入叶栅的气流正冲角 i 将不断增大，到了某个时候，冲角达到这样的程度，致使叶片背部出现严重的气流分离。由于叶片在制造、安装上的误差，及气流本身的不均匀性等因素，一般总会在一个或几个绕流情况最差的叶片上最先发生分离现象。这时最先产生分离的叶片流道内损失加大，静压增明显下降，于是不能保证有足够的能量以维持气体的止常流动，结果使流过该叶道的流量下降，而形成堵塞，如图 4－68 所示。图中阴影部分即为受阻滞的气流，这受阻滞气流的存在又使其附近的气流受到影响而改变了流动方向。它引起进入右方叶片（图中 A 叶片）气流冲角的减小，使进入左方（图中 B 叶片）叶片冲角的增加。于是使右方的叶片摆脱了脱离状况，而使左方的叶片进入脱离状况。也就是使脱离现象沿叶栅由右方向左方传播。依此类推，于是脱离团相对于叶栅来说由叶片的压力面向吸力面的方向不断移动，形成了旋转脱离现象。

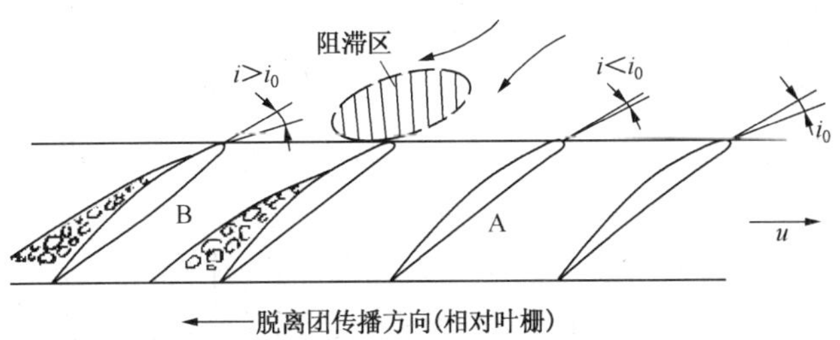

图 4－68　旋转失速示意图

脱离团传播的速度一般小于叶栅转动的圆周速度 u，所以其传播的绝对速度方向仍与圆周速度方向相同。

由旋转脱离所引起的气动不稳定现象称之为旋转失速。旋转失速时的气流脉动状况比正常工况时的明显加大。

3. 旋转失速的类型及其在特性线上的反映

根据旋转失速产生的现象、强烈程度及其在特性线上的不同反映，将其分成渐进失速、突变失速类型以及介于两种失速之间的失速类型。

在某转速下，当流量下降时，压缩机某级中开始出现分离现象，如果分离规模较小，则脱离团较小，且只占据整个叶高的一部分区域（这种失速也可称为部分叶高失速）。随着流量的继续减小，分离区逐渐扩大，脱离团团数逐渐增多，这时压缩机的压头与效率也逐渐下降。这种进展缓慢的失速称为渐进失速。渐进失速时，压缩机的工况点随着流量的下降，如图 4 – 69（a），由 a 点逐渐向 b 点移动，特性曲线是连续的。

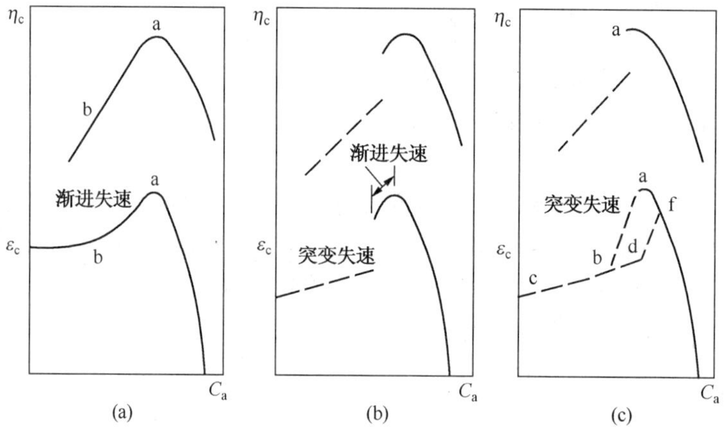

图 4 – 69　旋转失速的类型

另一种情况是当流量下降时，在压缩机的某级叶栅中突然出现大面积的分离区，它不仅占据了整个叶高（也称全叶高失速），而且一下子占据了整个环形通道面积的相当大部分，例如 1/4 甚至一半，这时级性能突然明显下降，如图 4 – 69（c）所示。这时级的压比、效率与流量都有突然变化，工况点由正常特性线上的 a 点突然跳至另一条特性线上的 b 点，当流量再减小，则工作点由 b 点向 c 点移动。反之，若这时逐渐增大流量，则工况点由 c 点回头向 b 点移动，但到达 b 点后工况点并不马上跳回原正常特性线上的 a 点，而是要再进一步加大流量，直至到 d 点后才跳回到正常特性线上的 f 点，这时失速现象才解除。由此可知解除突变失速时的流量并不等于进入突变失速时的流量，前者大于后者。这种现象称为“滞后现象″。一般说，突变失速一开始就以一、二个大脱离团形式出现，随着流量的继续减小，主要是脱离团所占据的面积越来越大，而不大发生团数由少变多的渐变过程。

除了上述两种失速类型外，有时还存在着一种中间的类型，即当流量减少时，开始先出现渐进型失速，后来再发展成突变型失速，如图 6 – 69（b）所示。

压缩机的通流部分流道面积是由大到小的，前级的叶片长，后级的叶片短。所以当失速最先发生在前级，例如第一级时，由于通流面积大，不易堵塞，常常是出现渐进型失速，而后级的情况正相反，一旦发生失速则往往是突变型的。

4. 转速的变化对压缩机旋转失速的影响

压缩机所产生的失速类型与变工况下的转速变化情况有很大关系。

在设计转速下，减小流量时，一般易在末级最先产生失速。这是因为第一级由于流量减小使该级压比升高，这样使进入第二级的容积流量进一步减小，而第二级的流量减小使压比增大，又使第三级的容积流量再减小。依此类推，必然是最后一级容积流量减小得最厉害，而首先发生旋转失速。

假使变工况时，转速大于设计值，则上述现象就更明显，更容易在末级最先发生失速。而且如前所述，一般发生的是突变失速。

在转速小于设计转速的情况下，若减小流量，则易在第一级最先发生失速，而且一般是渐进型失速。

上述情况也可以从转速变动时各级流量系数 ϕ 会发生不同的变化而得到解释。由连续方程和过程方程可得

$$\frac{\phi_z}{\phi_1}(\varepsilon_c)^{\frac{1}{n}} = 常数$$

上式表明压缩机末级与第一级流量系数之比与压缩机压比 $\varepsilon_c^{\frac{1}{n}}$ 成反比关系。变工况时，当转速下降，则压缩机压比减小，这时 ϕ_z/ϕ_1 比值增大。例如，在设计工况下若各级的流量系数相等，$\phi_z=\phi_1$。那么，在变工况下，由于转速降低，压比减小会使 $\phi_z/\phi_1>1$，即是第一级的流量系数 ϕ_1 将小于末级的 ϕ_z。所以这种情况下若减小流量，显然是第一级的 ϕ_1 最先接近失速工况下的 ϕ_{cr}值，故第一级最先产生旋转失速，而对后级影响不大。有时，在转速下降时，第一级虽进入失速工况，但由于各级转速降低，而压比也下降，结果使后面各级容积流量逐级增加，使末级的容积流量大增而产生阻塞工况，形成了所谓前“失”后“阻”现象。

当压缩机中某一级产生突变失速后，整台压缩机即进入不稳定工况。且在有一定管网容量的压缩机系统中，突变失速常导致喘振的发生。而压缩机中某一级或几级中只产生渐进失速时，压缩机一般还能正常工作，只有当流量再进一步减小，使级中产生突变失速时，压缩机才不能正常工作。

（三）喘振工况

1. 喘振及其危害

当轴流式压缩机处在非设计工况工作，在叶栅中发生了旋转失速时，若旋转失速进一步发展成为比较强烈的失速，使叶片背弧气流严重脱离，通道受到阻塞，而且与压缩机联合工作的管网容量又比较大，那么就会出现整个压缩机－管网系统的气流周期性振荡现象，这就是压缩机喘振。

发生喘振时，压缩机的气动参数（如流量、压力等）会作纵向大幅度脉动，整个压缩机发生强烈振动，并发出一种异常的噪音（轰鸣声）。发生喘振时，它会使压缩机转子与静子元件经受交变应力而断裂，使级间压力失常引起强烈振动，导致密封及推力轴承的损坏；使转子与静子相碰，若不及时处理可能导致整个机器损坏。

2. 喘振产生的机理

一般情况下轴流式压缩机总是与某一管网系统一起联合工作的，由于压缩机管网系统在工作时总存在着各种小扰动的可能性。例如气流的不均匀性，进气条件的变化，转速的微小变动，气体流量的某些微小变化等。这些小扰动都可能使工作点离开原来的平衡工作点。如果小扰动过后，工作点仍回到原来的平衡工作点，则这种工况是稳定的，否则就是不稳

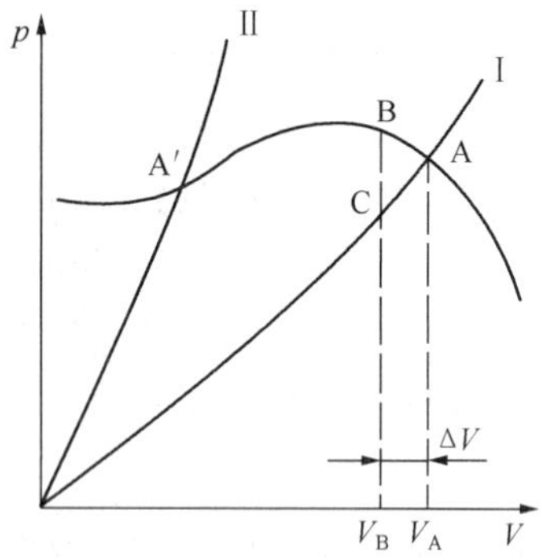

图 4－70　压缩机与管网联合工作特性线

定的。

当与轴流式压缩机联合工作的管网的容量很小，这时不论工作点位于压缩机特性线的左支或右支，扰动后工作点都能回到原来平衡位置。

图 4－70 为压缩机与管网联合工作特性线示意图。图中交点 A 在压缩机特性线的右支，如果压缩机的流量受扰动产生了瞬时变化，例如流量减小了 ΔV，这时压缩机的工况点由 A 点移至 B 点。如果管网的容量很小，其储藏能力小，压缩机的流量一有变化，管网中就及时有反应，其流量与压力也都马上变化。这时管网的工况点就由 A 点移至 C 点。可以看到当扰动过后，压缩机的排气压力 p_B 大于管网阻力 p_c，这样压差($p_B - p_c$)将促使压缩机向管网增加输气。于是通过压缩机与管网的流量同时上升，使二者压差不断减小，最后二者的工况点都回到原来的平衡工作点 A。同样，当产生扰动后若流量瞬时增大，扰动后二者的工况点也能回复至原来的平衡工作点。所以对上述情况而言，不论小扰动的方向如何，扰动过后都能恢复平衡工作，在这种情况下系统工作是稳定的。

当压缩机管网联合工作的工作点位于压缩机特性线的左支(图中 A′点)时，对小容量的管网通过分析，知其也具有上述在右支时那样的性质。所以当压缩机工况点进入左支，虽发生了失速现象，但由于管网容量小，工作仍可以是平衡的，而不会引起喘振。

如图 4－71(a)，当压缩机与容量大的管网联合工作，而压缩机又处于严重失速的情况下，这时压缩机的失速将导致整个系统的喘振。

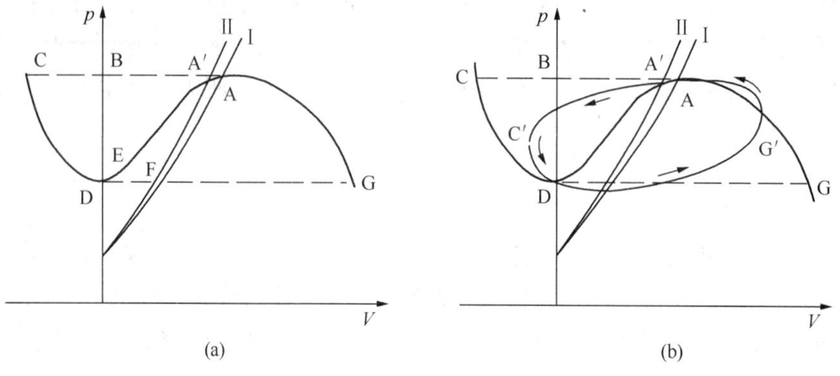

图 4－71　压缩机喘振时的特性曲线

假设系统的平衡工作点为 A，这时若有一个小扰动，例如压缩机的节流阀稍微关小，压缩机即进入失速工况，其流量与排气压力将减小。而管网特性线因节流阀关小而由Ⅰ位置移到Ⅱ位置。但由于管网的容量很大，其反应慢，管网中压力不马上下降，于是就存在管网中的压力大于压缩机的排气压力的情况，这就促使压缩机的流量进一步减小，失速现象更严重，而背压也进一步下降。这时压缩机的动叶虽仍在旋转，但由于失速，流动恶化，叶栅中气流所得到的动能不足以克服二者压差所造成的气体回冲趋势，于是压缩机的流量很快连续下降，由正值到零，又由零到负值。压缩机的工况点相应地也由特性线上的 A 点经 B 点到 C 点。这样管网容器一面向外排气，一面又向压缩机倒流，则管网压力有所下降，工况点由图中 A′向 F 点移动，而压缩机出口的压力也相应地跟着下降，其工况点由 C 向 D 点移动。由于管网容器中压力逐渐下降，则倒流趋势也慢慢减弱，当管网压力降至某一定值后，倒流现象就停止了。压缩机中气流在旋转着的动叶的推动下又开始正向流动，向管网输气。但在这样大小的背压下，压缩机正常流动的流量应相当大，压缩机的工况点很快由 D 点跳到 G 点。这时由于压缩机流量的大大增加，使流入管网的流量大于流出管网的流量，于是管网中的压力又回升，使压缩机的背压也跟着回升，压缩机的工况点由 G 向 A 点移动，管网的工况点由 F 点向 A′移动。当压缩机工况点到达 A 点后，又进入失速状况，流动恶化，管网的压力又大于压缩机的排气压力，于是又开始了倒流。如此周而复始，不断循环，形成了整个系统的喘振工况。

上面所讲的，当喘振发生时压缩机的工况点由图中 A 点跳至 C 点，然后又由 D 点跳至 G 点，而路径 AC 及 DG 基本上是水平的，这种情况只发生在管网容量极大的情况下。但实际上管网总有一定的容量，而不会是无穷大的，所以在倒流产生后，管网容器中的压力也会逐渐相应下降，它的下降又缓和了倒流的强度；同理，在倒流停止后，压缩机工况点由 D 点跳回 G 点时，管网中的压力也随之有所回升，故实际上压缩机的喘振循环路线应是近似于如图 4－71(b)中的虚线所示。当然，具体的循环线路是与许多因素有关的，而且各次循环线路(或称往返途径)也不完全相同，这是轴流压缩机喘振的一种特性。

喘振时，管网中的容器相当于整个系统的基本谐振器。喘振循环中气流参数变化的频率与幅度与管网容量大小有很大关系，管网容量越大，则喘振频率越低，振幅越大。喘振的频率大致与管网容量的平方根成反比关系 。

压缩机在正常工况下与喘振工况下压力与气流速度变化的波形的差别是明显的。在正常工况下其压力与速度的平均值高，二者的脉动振幅都很小，说明气流流动是有规律的。在喘振工况时平均出口压力明显下降，压力与速度脉动的振幅大大增加，说明气流流动的规律性已完全破坏了。

3. 喘振界线与喘振裕度

相对于每一个转速，当压缩机的流量下降时，都可以在特性线上得到一个喘振工况点(或喘振界限点)，将不同转速下喘振点的连线称为喘振界线，如图 4－72(a)所示。压缩机运行中应避免进入喘振界限线工作。

对多级轴流式压缩机来说，喘振首先产生的位置与转速有关。

当转速降低时一般是第一级最先发生失速，这时后面各级可能还未失速。由于第一级的通流面积大，失速可能是发展缓和的渐进失速，脱离团所占据的面积也不大，堵塞现象不太

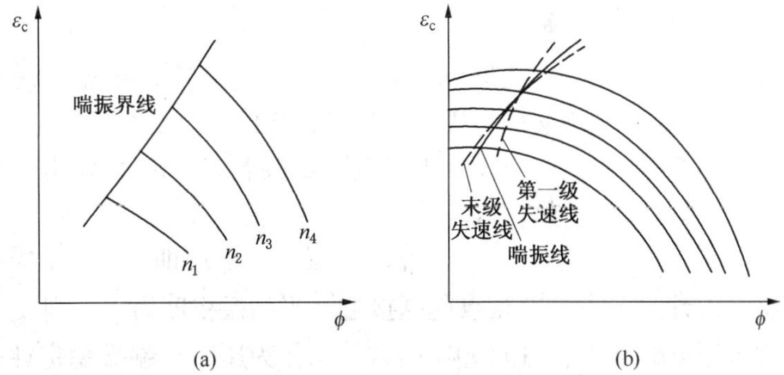

图 6－72 喘振界线与失速线

严重，其余未堵塞的部分仍可以维持正常的流动，所以压缩机的性能下降也不太明显，还不至恶化到足以引起喘振。只有再进一步降低流量使后面的级也相继失速，才会使系统发生喘振。这种情况下在特性线图上，喘振点可以位于第一级失速点之左。当转速高时，一般末级先发生失速，通道面积小，叶片短，一旦出现失速就易是突变型的，情况比较严重，会很快导致压缩机的喘振。所以在高转速区，喘振线基本上与末级失速线重合在一起，如图 4 – 72(b)所示。

如图 4 – 73(a)所示，转速降低时，喘振工况点将沿喘振线向左下方移动，即喘振流量减小。这和变工况时，多级压缩机中各级流量系数 ϕ 的变化情况有关。假设在设计转速下，压缩机的工况点在 A 点，且各级的 ϕ 相等，则各级都在同一流量系数下工作。当运行时，例如转速降为设计转速的 60%（B 工况），则各级的 ϕ 将随压比的变化而变化，相对来说以第一级的 ϕ 值最小，末级的 ϕ 值最大，如图 4 – 73(b)所示。B_1 为工况 B 时的第一级工作点；B_m 为中间级的工作点，B_2 为末级的工况点，则喘振将首先在 ϕ 最小的第一级发生。这说明了低转速时，喘振流量下降的原因。

由于喘振的后果相当严重，一般除了采取专门的防喘振调节措施外，应当在设计时就事先留有一定的喘振裕度，并按变工况的特点确定各级的设计工况点，合理地选定整台压缩机的设计工况点，以避免变工况时进入喘振界限。

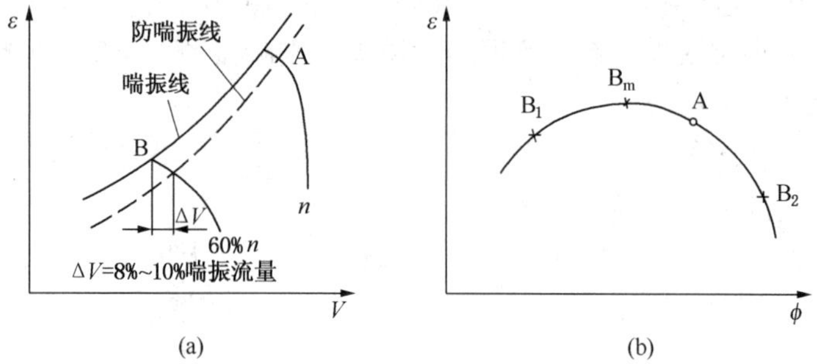

图 4 – 73　低转速时各级 ϕ 的变化

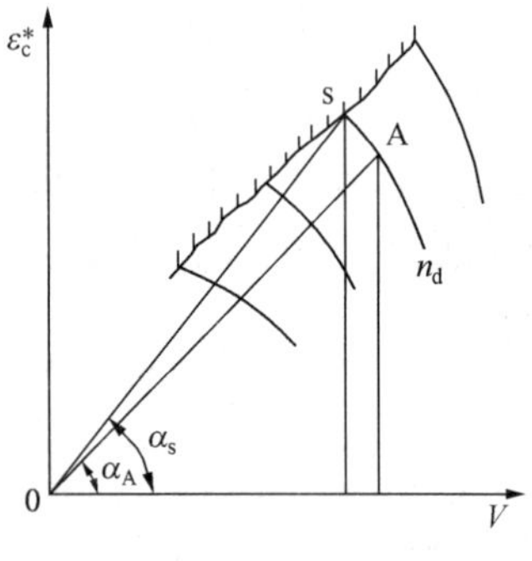

图 4 – 74　喘振裕度

压缩机的喘振裕度表示为在一定转速下压缩机设计工况点与该转速下的喘振边界的距离。

图 4 – 74 中 A 点为设计工况点，s 点为该转速下的喘振界限点。可用下式表示喘振裕度

$$K_y = \frac{(\varepsilon^*/V)_s}{(\varepsilon^*/V)_A} = \frac{\mathrm{tg}\alpha_s}{\mathrm{tg}\alpha_A} \qquad (4-15)$$

这里$(\varepsilon^*/V)_s$、$(\varepsilon^*/V)_A$ 各为喘振工况及设计工况下，压缩机的压比与流量的比值。

当设计工况点距喘振点有一定距离时，就有一定的喘振裕量，这时

$$\angle\alpha_s > \angle\alpha_A \text{ 即 } K_y > 1。$$

喘振裕度越小，设计工况点与喘振点就越接近。当喘振裕度为零，则 $\alpha_s = \alpha_A$，$K_y = 1$。

设计时，通常多用 $\Delta K_y = (K_y - 1)100\%$ 的数值来作为压缩机喘振稳定性裕度，当 $K_y = 1$ 则 $\Delta K_y = 0$，即无稳定性裕度。设计时要保证一定的稳定性裕度，以免压缩机进入喘振工况。

一般在轴流压缩机设计中取 $\Delta K_y \geqslant 15\%$，即 $K_y \geqslant 1.15$。

在取压缩机稳定性裕度时，要考虑到许多因素，如压缩机特性线的形状、管网的容量大小与特性线的形状、叶片负荷高低、压缩机进口流场的均匀性及机件的磨损与损伤的可能性等。

4. 旋转失速与喘振的区别

喘振的产生首先是由于变工况时，压缩机叶栅中气动参数与几何参数不协调，形成旋转失速所造成。但并不是旋转失速都一定导致喘振的发生，还与管网系统有关。旋转失速是喘振发生的内因，使压缩机内部流动恶化，而与管网系统联合工作是喘振发生的外部条件。

喘振与旋转失速虽有联系，但这两种气动不稳定现象本身所反映的机理是不同的，二者有许多基本的差异之处，不可混为一谈，它们的主要区别有：

1）旋转失速时，由于压缩机叶栅中一个或几个脱离团沿周向传播，气流的脉动是沿着压缩机圆周方向的，而喘振时的气流脉动是沿压缩机轴向的，也即纵向脉动。前者的流场是周向不对称的，后者流场基本上是周向对称的。

2）旋转失速时，沿压缩机叶栅周向上各点气流流量是随时间而脉动的，但通过压缩机各个截面的平均流量不随时间而变。而喘振时通过压缩机的平均流量随时间而变，因而压缩机所需的功率将有脉动。

3）旋转失速时，气流的脉动频率与振幅大小主要和压缩机叶栅本身的几何参数及转速有关，而与压缩机的管网容量大小无关。喘振时的频率与振幅和管网容量的大小关系甚大。管网容量越大，喘振的频率就越低，振幅越大。

4）通常轴流式压缩机旋转失速的脉动频率比喘振的频率要高得多。

5）旋转失速属于压缩机本身的气动稳定性问题。喘振不是压缩机单独的问题，而是整个压缩机管网系统的稳定性问题，必须联系整个管网系统来分析。

（四）逆流工况

见图 6－67，当轴流式压缩机发生突变旋转失速时，管网系统中容器一面向外排气，一面又向压缩机倒流气体，即工况点由特性线上的 A 点经 B 点到 C 点，流量由正值到零，又由零到负值，但这一过程是瞬间的，只有 10s 多的时间，并不发生通常所理解的喘振现象，就使压缩机遭到破坏。这种由旋转失速而引起管网内工质倒流的现象称为逆流工况。逆流时，全部能量将会转变为热量，前几级的动叶会迅速膨胀与缸体摩擦，机壳内温度可升至 1000℃以上，甚至将叶片熔化。

轴流式压缩机发生逆流工况是最危险的工况，国内外轴流式压缩机在使用过程中发生突然破坏的现象、其中多数属于逆流事故。

（五）颤振工况

在轴流式压缩机运行过程中，除了可能在非设计工况下工作，会出现如上面所讲的阻塞、旋转失速、喘振、逆流等不稳定气动现象外，还存在着另一种与它们性质不同的气动－弹性不稳定现象，即气动力与叶片弹性特性相互作用而引起的颤振工况。

颤振现象最初是在航空发动机装置的轴流式压缩机中首先发现的。某些压缩机曾因发生颤振，在叶片根部出现裂纹或折断而发生严重的事故。

使叶片发生振动的原因很多，如由于旋转失速及尾迹等原因引起的振动是被激振动，它们的振动频率一般与转速成整倍数关系。又如由喘振导致振动时，会同时发现压缩机的压比明显下降，温度明显上升。而颤振的情况与以上的都不同，它所产生的振动是一种自激振动。发生颤振时压缩机的压比与温度都无大变化，而主要是叶片上的应力突然明显增大，有可能在短时间内造成叶片断裂事故。

一般认为颤振所产生的自激振动，是由于叶片的某一初始微小的振动，使它从周围气流中吸取了能量。如果在一个振动周期内，气流对叶片作负功或者气流虽对叶片作正功但这正功却小于机械阻尼所消耗的功时，这种振动将会逐渐衰减以至消失。当所作的正功正好等于阻尼所消耗的功时，则振动的振幅将维持不变，处于平衡状态。一旦当所作的正功较大而阻尼不足以克服它时，则振动的振幅会不断增大，振动越来越强烈，于是就形成了颤振。发生颤振时，从叶片振动的振型来看，可以是弯曲振型、扭转振型或者是弯扭复合振型。轴流式压缩机的颤振大多发生于叶片较长、轮毂比较小、刚性较差而马赫数又较大的第一级或前几级。

从目前在轴流压缩机上所发现的颤振来说，可以分为失速颤振、阻塞颤振及超音速冲波颤振。阻塞颤振是发生在运转时，叶栅中气流负冲角大大增大的情况下，即是产生阻塞工况时出现的。不论是亚音速级或超音速级都可发生阻塞颤振。超音速冲波颤振是在动叶进口 $Ma>1$ 时发生的一种颤振。失速颤振在压缩机级进入失速状况时发生，它是这三种颤振中最常见的一种。

失速颤振一般发生在叶栅冲角增大、压力梯度升高，叶片上气流分离而产生失速的情况下。这时叶片若由于外界某个原因而发生了一个微小的振动，这小振动将对周围的气体产生扰动，而使气流流场发生变化，叶片上的静压分布也发生变化。如在一个振动周期内，由小振动所导致的周围气体的不稳定气动力对叶片作正功，此正功又大于阻尼功，这时附加力的方向与振动速度方向同相，则叶片振幅不断加大，就形成颤振。也可以说叶片振动过程中，由于附加气动力不断对叶片作功，叶片从周围气流中不断吸取能量，导致振动加强，形成颤振。

图 4－75 为某两台轴流式压缩机的特性曲线图。图上画出了实测所得的喘振界线与颤振界限。可见在不同转速下，颤振工况有先于也有后于喘振工况而发生。

并不是失速工况下，所有小振动因素都一定会导致颤振，这还与阻止振动加剧的阻尼大小有关。这种阻尼主要来自机械阻尼，它由结构阻尼与材料阻尼两部分组成。当叶片产生振动时，在相邻零件之间的接触面上会产生一种相对运动，这相对运动所产生的阻尼称为结构阻尼。因为相对运动会造成零件间接触面上的摩擦，而消耗一部分能量，可促使振动受到阻尼而减弱。这种阻尼主要取决于叶片根部榫头的结构情况与安装情况。材料阻尼是指叶片材料循环应变所产生的能量消耗，不同的叶片材料，其材料阻尼的大小是不一样的。如果机械阻尼足够大，则气动力引起的激振会受到抑制，以致衰减下去，因而可以避免颤振的发生。

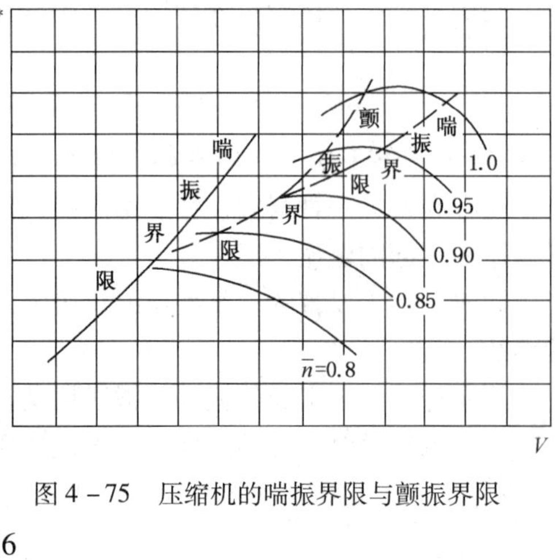

图 4－75　压缩机的喘振界限与颤振界限

由于颤振会给压缩机工作带来十分严重的后果，目前主要从两个方面设法解决此问题。一方面是力图从气动上消除形成颤振的条件，并在设计时加以预测。另一方面，为了防止发生颤振，可以从增大叶片的机械阻尼方面着手，努力提高叶片的刚性，增强抗颤振阻尼。例如选择合适的叶片材料，设计合理的叶型及叶片根部榫头结构，增大叶弦尺寸，改善叶片的安装与固定办法等。

第五节　轴流式压缩机的调节控制及保安系统

为使轴流式压缩机能安、稳、长、满、优运行，它必须在有效使用区域内运行，见图 4 – 76。为了方便操作压缩机，须设置自动调节控制系统；为了防止压缩机进入不稳定工况运行，避免操作上的失误，或意想不到的情况发生，保护机组还必须设置保护系统，使机组免遭破坏。

从目前固定式的轴流式压缩机上所发现的颤振工况来说，可以分为失速颤振、阻塞颤振。对于不稳定工况中的颤振工况、旋转失速工况后面没有单独叙述其保护系统，因为它包括在其他保护系统中了。

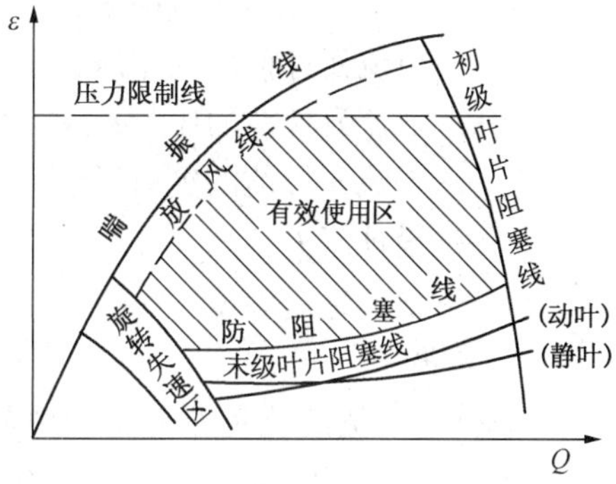

图 4 – 76　轴流式压缩机的有效使用区

一、轴流式压缩机的流量、压力调节控制系统

(一) 定风量调节控制系统

定风量控制是透平压缩机最基本的运行方式。定风量控制的目的是保证压缩机供出的压缩空气量不变。石化企业生产装置轴流式压缩机基本上都采用这种供风方式，如催化裂化装置的主风机。定风量控制系统以图 4 – 77 催化装置主风机流量控制系统为例来叙述。

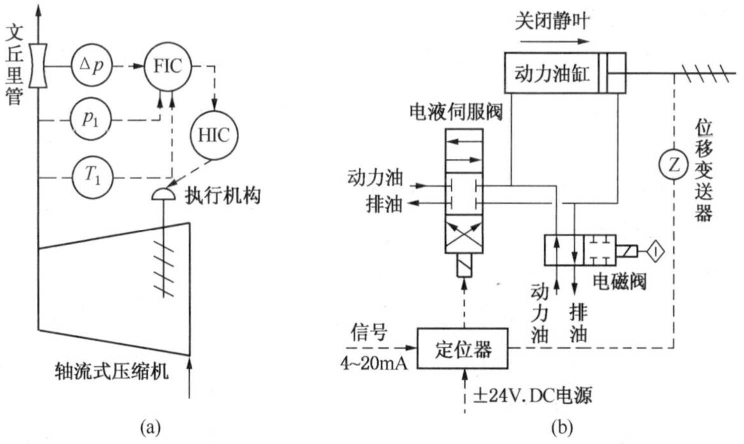

图 4 – 77　催化装置主风机流量控制系统原理图

1. 流量测量、控制

流量的测量有两种：一种是吸入风量的测量（当压缩机放空时可真实反映压缩机的流量值）；另一种是排出风量的测量。吸入侧流量装置设置于压缩机吸入口喉部，风量测量精确度不高。排出侧流量装置由于安装于直管道上，风量测量精确度高，但由于排出侧流量装置前布置有放空装置，当压缩机放空时，排出侧测得的流量值就不能真实反映出流过压缩机的

流量。

压缩机排出侧的流量测量、控制系统由出口管上节流元件(文丘里管或孔板)及流量调节器(FIC)等构成，为调节方便，在系统中还设有手动调节器即手操器 HIC。由于测量的是标准状态流量 G，故在节流元件前装有压力(p_1)、温度(T_1)变送器，以便进行压力、温度的修正。

$$G = CA\sqrt{\frac{\Delta p \times p_1 \times T_0}{T_1 \times p_0}} \tag{4-16}$$

式中 G——标准状态流量；

C——流量系数；

A——节流元件的横截面积；

Δp——节流元件前后的差压；

p_1——节流元件前的压力；

T_1——节流元件前的绝对温度；

p_0——设计压力；

T_0——设计绝对温度。

2. 流量调节

压缩机排出侧的流量调节系统由可调静叶定位器(或叫放大器)、位移(反馈)变送器、电液伺服阀(三位四通电磁阀)、电磁阀及可调静叶执行机构(动力油缸)组成。也可把流量调节系统称为可调静叶调节系统，有气动、电动、液压式等类型。但无论哪种类型，其作用都是将微弱的输入信号，通过定位器进行功率放大，使执行机构(汽缸、油缸或齿轮)产生位移以驱动静叶栅组转动。现在轴流式压缩机中比较普遍采用液压型式的执行机构，如图 6-77(b)。

3. 流量测量及调节过程

由节流元件测得的差压 Δp 送至差压变送器，经变换后的差压信号再送至流量调节器(FIC)，同时测得的压力 p_1 值、温度 T_1 值分别通过变送器也送至流量调节器中。三个测量值在 FIC 内按标量公式进行处理，计算结果为实测的标准状态流量值。该值与给定(人为设定)值进行比较，若有偏差，则 FIC 的输出值将改变，使驱动静叶转动的执行机构动作，达到调节流量的目的。可调静叶定位器的输入(给定)信号来自 FIC 的输出信号。当风量需要变化时，定位器输出信号发生变化，该放大的信号送至电液伺服阀的电磁线圈上。使电液伺服阀原有平衡破坏，该阀动力油路接通，使动力油缸活塞动作，带动压缩机静叶旋转某一角度，输出风量改变，同时位移反馈的信号也相应发生变化，传至静叶可调定位器，直到该反馈信号值与定位器的输入信号值相等时，定位器输出又为零，使电液伺服阀达到一个新的平衡位置，油路关闭，动力油缸活塞停止动作，可调静叶又保持在某一个固定的角度。

电磁阀是两位四通电磁阀。正常运转时，电磁阀带电，四个油路互不相通。一旦电磁阀失电，动力油将从油缸的左端进油，右端排油，即推动静叶栅从全开向全关方向称动。该阀由启动及停机自保逻辑系统控制。

(二) 定风压调节控制系统

定风压控制也是透平压缩机最基本的运行方式。定风压控制的目的是保证压缩机供出的压缩空气压力不变。参见图 6-77(去掉 Δp、T_1，将 FIC 换成 PIC)。

定风压测量控制系统由压力变送器及压力调节器(PIC)组成，压力取自压缩机排出管。调节系统同样由可调静叶定位器(或叫放大器)、位移(反馈)变送器、电液伺服阀(三位四通电磁阀)、电磁阀及可调静叶执行机构(动力油缸)组成。

调节过程与定风量调节基本一样，只是静叶可调定位器的输入(给定)信号来自压力调节器的输出信号。当压力需要变化时，定位器输出信号发生变化，使电液伺服阀原有平衡破坏，令压缩机静叶旋转某一角度，输出风压改变，同时位移反馈的信号相应发生变化，传至定位器，当两信号平衡后，使电液伺服阀达到一个新的平衡位置，油缸活塞停止动作，可调静叶又保持在某一个固定的角度。

(三) 定风量与定风压控制的相互切换

定风压控制与定风量控制的转换，可实现无扰动转换。如在进行定风量控制运行时，虽然定风压调节器是断开的，但调节器压力值总是随着排气压力变化，设定压力与当前压力一致，即将当前压力输入进定风压调节器，使得设定风压与当前风压的偏差为零。这样，当定风量控制转向定风压控制时，就实现了无扰动转换。同样，在定风压控制运行时，当前风量输入进定风量调节器，使得设定风量与当前风量无偏差，从而实现定风压控制向定风量控制的无扰动转换。

二、轴流式压缩机的防喘振保安系统

喘振是压缩机的固有特性。一般制造厂在给出的特性曲线上都标明喘振点(或喘振线)的位置，严禁压缩机的操作点落在喘振线上。因为此时压缩机将会产生剧烈的振动，严重时将损坏机器。轴流式压缩机比离心式压缩机更容易发生喘振，而且叶片比离心式叶轮更容易损坏。

(一) 防喘振原理

轴流式压缩机在给定转速下，当流量减小到某值时，将会发生喘振。流量小于该极限点的流量时，压缩机就不能正常工作了。不同转速下喘振点的连线称为喘振界线。转速降低时，喘振工况点将沿喘振线向左下方移动，即喘振流量减小。

为了确保安全运行，必须使压缩机远离喘振点工作，通常用的一种简便的方法是在喘振点同一压力水平线上，即在喘振线右面，比喘振流量大 8% ~10% 流量的地方定出防喘振线(又称放空线)，它的作用是，如果压缩机的工况点落在防喘振线上时，即通过讯号，发出指令打开放空阀，保证流量不再减小，以使压缩机仍在安全范围内工作，见图 4 - 79 所示。

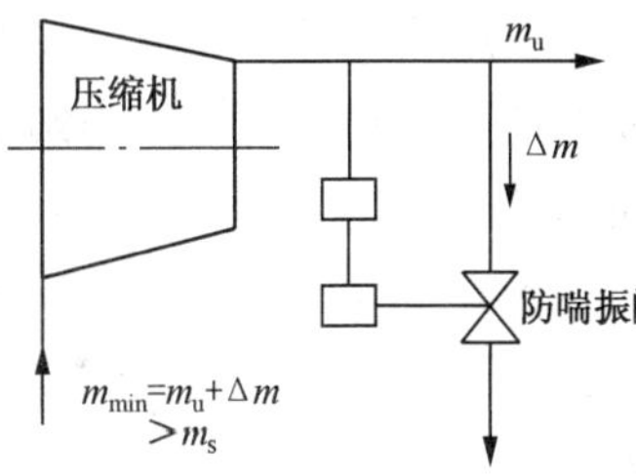

图 4 - 78　排气管上装放气防喘振装置

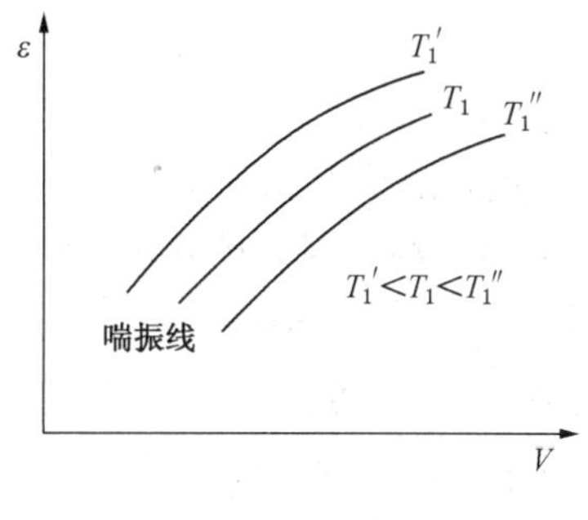

图 4 - 79　喘振线与进口温度关系

在正常特性曲线上，喘振线及防喘振线的位置均是要随压缩机进气温度 T_1 的变化而变化的。如图 4 - 79 所示，如进口温度升高为 T_1''，即 $T_1''>T_1$ 时，喘振线将向右下方移动，即喘振流量增大了；如进口温度下降为 T_1'，即 $T_1 > T_1'$时，喘振线将向左上方移动，喘振流量下降。防喘振线是一种特殊的非线性曲线，在电子控制设备中常用分段线性化来代替防喘振线。

（二）防喘振措施

由于喘振是在流量减小引起正冲角明显增大所致，所以防喘振的基本原则，就是要使压缩机在小流量时，动叶进口的速度三角形仍能与叶片几何参数相适合。这可以通过改变动叶进口速度三角形或改变动叶前导叶的安装角的方法来实现。

1. 中间级或排气管放气法

当压缩机一旦在防喘振线上工作时，可在压缩机中间某级处进行放气，使通过前面几级的流量增大为 $m + \Delta m$，其中 Δm 是从放气阀放出的流量，如图 4 - 80(a)所示。当压缩机转

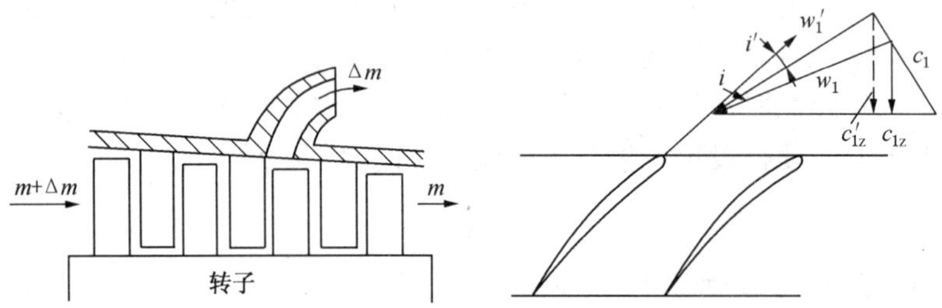

(a)　　(b)

图 4 - 80　中间放气法示意图

速下降而流量减小到 m 时，这时第一级流量系数 ϕ 值最小，最易进入喘振；而末级 ϕ 值最大，易发生阻塞。这时如及时打开中间放气阀，使第一级流量由 m 增加为 $m + \Delta m$，则气流轴向速度由 c_{1z}增大为 c_{1z}'，使正冲角相应地减小，由 i 变为 i'，这样速度三角形就能较好地与叶片几何参数相适应，气流分离现象得以消失，前面几级的压比与效率得以提高，也即防止了喘振。

此外，由于前几级流量增加，工作正常，使进入后面几级的气体密度增大，容积流量减小，ϕ 不致太大，又可以防止末级阻塞工况的发生。

这种方法的缺点是要放掉一部分已进行了一定程度压缩的气体，也即损失了一部分能量。但是，这种方法由于结构简单，使用方便，在低转速、小流量的情况下，能有效地防喘。

当管网所需的流量 m_u 小于喘振流量时，还可用另一种常用的放气防喘法，如图 4 - 78 所示，在压缩机排气管上装有防喘振装置，排气管上的流量调节器用调节机构与防喘振阀相连。当管网流量减小时，也要求压缩机流量减小，在流量减小到稍大于喘振流量 m_s 的某个最小流量 m_{min}时，流量调节器即起作用，打开放气阀门放走流量 Δm。这样即保证了给用户所需的流量 m_u，又防止了压缩机喘振的发生。但由于放走的气体是从压缩机排气管排出的，它具有很高的能量，如不加以利用，将是个相当大的损失。

2. 双转子结构法

中间放气法是改变速度三角形中的轴向速度 c_{1z}值以改变冲角的方法，而双转子法是改变速度三角形中的 u 值，来改变冲角，达到防喘振目的的。图 4 - 81 为双转子结构示意图，压缩机分成高压与低压两部分，分别由两个转速不同的透平转子带动。在低转速小流量时，

前几级易发生喘振，可减小前几级，即低压部分的转速，以减小 u，使正冲角减小；后面几级易发生阻塞，可用高转速(大 u)，使负冲角不过大，而避免了阻塞工况的出现。

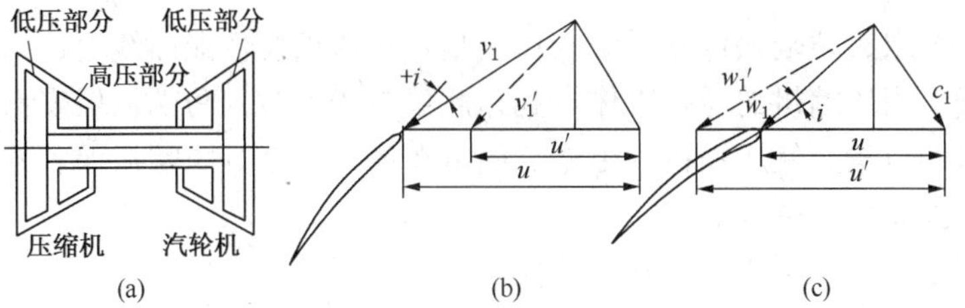

图 4-81　双转子结构示意图及速度三角形

3. 静叶可调法

这是一种用改变动叶前的静叶安装角，以改变速度三角形，使之与动叶几何参数相适应的办法。其作用原理见图 4-82。在给定转速下，流量若减小，则轴向速度减小，正冲角增大，而可能发生喘振。这时如转动静叶使 β_b 角减小至 β_b''，则可保持 w_1 以原有的方向进入动叶，从而防止了流动的恶化，避免了喘振。当流量增大时，可将静叶的 β_b 角增大至 β_b'，保持 w_1 的方向不变，以改善流动情况，又可防止阻塞发生。

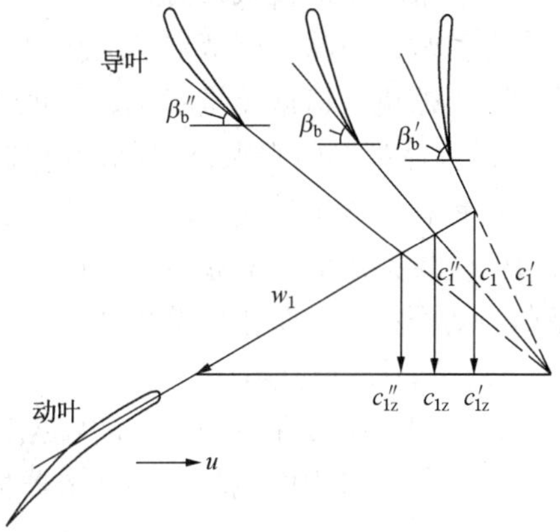

图 4-82　静叶可调法工作原理示意图

对多级轴流压缩机，前面级与后面级的静叶可调角度是不同的，要根据各级流量变化的大小来决定。由于静叶可转动的角度是有限，所以只能在一定范围内进行调节，当工况的变化超出该范围后，则还须配合其他的防喘振措施。

采用静叶可调法，除了能防止喘振、阻塞，扩大稳定工作范围外，还可使压缩机在变工况时，仍保持有较高的效率。

对于反动度 Ω 较大，例如，为80%或100%的轴流压缩机，其性能曲线较平坦，不用静叶可调而用调转速的方法，也可以得到较宽的稳定工作区。

在多级轴流压缩机中，一般不采用动叶可调法，因为这会给结构与传动带来许多复杂的问题。

轴流式压缩机在实际应用上，一般均采用静叶可调法和出口放气法来防止喘振的发生。

(三) 防喘振保安系统

在压缩机的特性线上制定出运行范围，使每个工况点离开喘振边界都有足够的裕度。通常喘振裕度 b 为

$$b = \frac{\varepsilon_{\text{surge}}^{*} - \varepsilon_0^{*}}{\varepsilon_0^{*}} = 12\% \sim 17\%$$

式中　$\varepsilon_{\text{surge}}^{*}$——喘振点压比；

ε_0^{*}——设计压比。

要避免压缩机运行点进入喘振区或旋转失速区内，防喘振保安系统的任务就是当压缩机

的工作点接近喘振线时，将压缩机压缩的一部分气体分流，即加大压缩机的流量。空气可以直接排入到大气中，不能直接排入大气的气体，可以采用排气管与进气管连通的方式，使压缩机保持在安全运行区内。

为达到上述要求，防喘振保安系统的作法是：在压缩机性能曲线上，离开喘振线一定的距离设定放空线。当压缩机的运行工作点到达此放空线上时，防喘振保安系统动作打开放空阀，增加压缩机的流量，使压缩机的工作点固定在放空线上。防喘振保安系统动作时，定风量或定风压自动控制应当解列。

防喘振控制是通过如下3种方式进行控制的。

1. 自动调节防喘振

它是通过防喘振调节器实现的。通过设置在防喘振调节器中的防喘振线，作为该调节器的设定值来对压缩机入口流量(或出口压力)实施监控。在压缩机入口流量接近或低于防喘振设定值时，防喘振调节器就会按PID或ID调节规律控制防喘振放空阀开至一定开度，从而改变压缩机入口低流量状态，保证压缩机运行在正常工况，防止喘振发生。

2. 程序控制防喘振(自保联锁控制)

它是利用逻辑控制系统，对压缩机的出、入口的低流量信号持续时间进行判别，如果出入口低流量持续的时间超过预置时间，根据不同的情况控制器将发出压缩机安全运行或紧急停车的动作指令，防止压缩机受损。

3. 手动控制防喘振

它是利用串接在自动控制防喘振回路中的手操器来实现的。主要目的是作为后备手操。在启车、停车过程中或防喘振调节器失灵时对防喘振放空阀实施遥控操作。

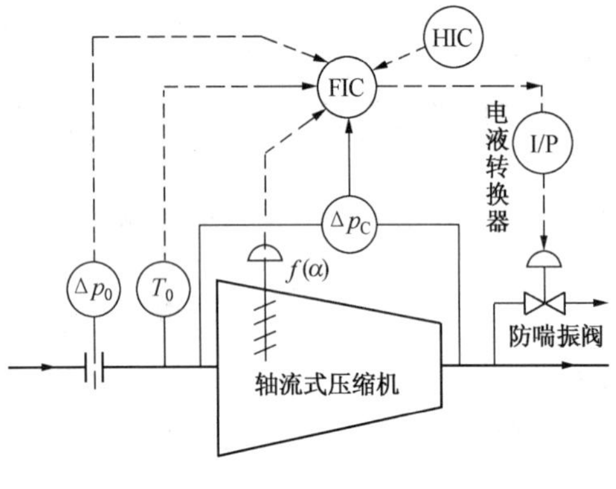

图4－83　防喘振控制系统图

图4－83是目前常用的静叶可调的轴流式压缩机的防喘振控制系统原理图。该系统是按下列方程式设置的：

$$\Delta p_0 \geqslant K \times \frac{\Delta p_C}{T_0} \times f(\alpha) + b \quad (4-17)$$

式中　Δp_0——压缩机入口差压；

Δp_c——压缩机出、入口压差；

T_0——风机入口温度；

$f(\alpha)$——不同静叶角度下，特性曲线喘振点$\Delta_i p_0{}'$与$\Delta_i p_c{}'$比值，

$$f(\alpha) = \Delta_i p_0{}' / \Delta_i p_c{}'$$

下脚标i为$1 \sim n$根特性曲线；

b——防喘振线安全裕度；

K——计算常数。

机组在运转时，压缩机入口的喉部的差压信号Δp_0，入口管的温度信号T_0，出、入口管上的压差信号Δp_c，可调静叶角度信号$f(\alpha)$均送至防喘振控制器(FIC)中。Δp_c、T_0作为给定值，在$f(\alpha)+b$后对应于一个给定的最低喉部差压。只要压缩机的实测喉部差压大于给定值，机组就处于安全状态。FIC的输出经本身内的低值选择器与手操器(HIC)信号相比较，

较低的信号输出送至防喘振阀的定位器，经电液转换器控制防喘振阀动作。一旦测量值小于给定值，HIC 输出值从最大(20mA)降至最小(4mA)，令防喘振阀打开。

防喘振控制器除了正常的比例积分调节外还设有快速打开、防喘振线下调、防喘振阀手动打开、防喘振阀快开、慢关等功能，以确保压缩机尽量不发生喘振，或一旦发生喘振，尽量减少其危害。

防喘振控制器的基本功能见图 4－84，防喘振控制器应具备如下基本的功能：

1）可连续地将输入的各数据，按式(4－17)运算和比较，其偏差值送至比例积分调节器(带防积分饱和)，其输出控制防喘振阀。该控制器还能显示在不同静叶角度下给定值与测量值，以及反喘振阀的开度等。

2）控制线偏移回路：压缩机在运转中，若操作点进入喘振线后，控制器会自动再加一偏值 b。使控制线向下再偏移 3% 左右，若还喘振，还将偏移……最多可偏移5 次。

3）快开阀斜坡回路：在某些情况，压缩机的操作点越过防喘振线，由于防喘振控制器的比例积分作用比较慢，操作点会很快地朝向喘振线移动。因此，控制器设有快开阀斜坡回路，一旦操作点越过防喘振线后，达到设定的第二道防线(通常取喘振线与反喘振线之间)时，快开阀斜坡回路触发，使控制器的增益从原来恒定状态，迅速增加，使防喘振阀迅速打开。

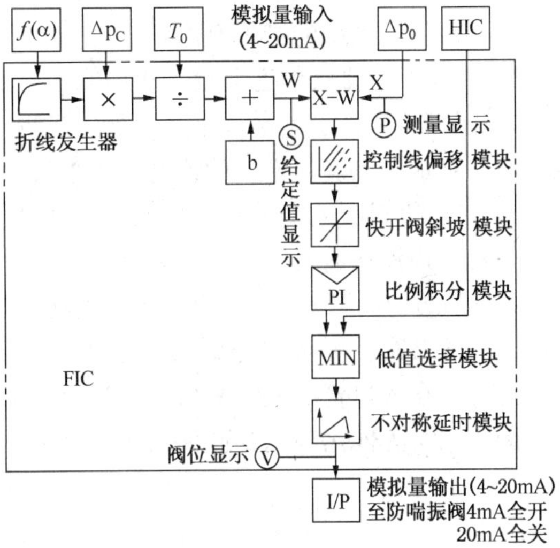

图 4－84　反喘振控制器基本功能原理图

4）手控防喘振阀：为方便操作，在反喘振控制器外还设有一手操器(HIC)，它的输出送至低值选择器，与(PI)输出相比较，当手操器的信号低于自控值时，防喘振阀可直接由手操器控制其打开。

5）反喘振阀快开慢关回路：当操作点因管网阻力增加而超越防喘振线时，防喘振阀会迅速打开。因而使主风机吸入流量 Δp_0 迅速增加，控制器会使防喘振阀又迅速关闭。但由于再生器容量很大，在较短的时间内很难使管网阻力降低，因而操作点还处于防喘振线外，使阀再次快开、快关……这是一种很危险的振荡状态，它可使压缩机频繁地喘振。为此，在控制器中设有不对称延时功能模块，当输入信号是增加时，它将延时输出（一般延时 10～60s），使防喘振阀慢慢关闭。反之，输入信号减小时，将不延时(即快开)。

上述防喘振控制器的基本功能，通常是由一块带微处理机的单回路电调节器经组态、编程而实现。

对防喘振阀有如下的要求

1）防喘振阀的口径应满足放空量的要求，并应附加一定的裕度。

2）防喘振阀在正常调节时的全行程时间约为 3～5s。在紧急放空时，全开时间应为 1～1.5s，全关时应无泄漏。

3）阀的数量：风量较小时，选用一个。若风量大于 2000$\mathrm{Nm^3/min}$ 时，应选用两个，且口径应不相同，口径小的用于调节，口径大的用于快开放空。

三、防逆流保安系统

（一）逆流及逆流的危害

防逆流保护是继防喘振保护之后的第二道保护。因操作不当，由旋转失速而引起管网内工质发生周期性振荡的现象称为喘振，而把发生瞬间的倒流就使压缩机遭到严重破坏的现象称为逆流。因此喘振和逆流有联系，又有区别，而且逆流比喘振更具有破坏性。逆流时，全部能量将会转变为热量，前几级的动叶会迅速膨胀与缸体摩擦，机壳内温度可升至1000℃以上，甚至将叶片熔化。对催化装置的主风机来说，倒流的气体温度达600℃左右，且带有大量热催化剂，因此，轴流式压缩机的破坏程度更加严重。

（二）逆流保护系统

防逆流保安系统的措施有以下几种：

1）在压缩机排气管道上设置止回阀，以防止喘振发生时因逆流对压缩机的损坏；

2）压缩机虽处于额定转速下运行，当吸入流量的压差 Δp_1 却大大低于喘振极限风量的压差值，可认为是发生逆流的前兆，向保安系统发出信号；

3）在压缩机吸入管道的适当位置安装动压检测器，当检测到正流向转向负流向时，可认为是发生逆流的前兆，向保安系统发出信号；

4）测量压缩机吸入口处的风温，当逆流发生时，排气侧的高温气体则流向吸入侧，入口风温突然升高，可认为是发生逆流的前兆，向保安系统发出信号。可在压缩机入口导叶处引一温度，在入口管线上引一温度，当温度差大于17℃时，发出逆流报警信号。

图4－85为催化裂化装置轴流式主风机反逆流保护系统原则流程图。

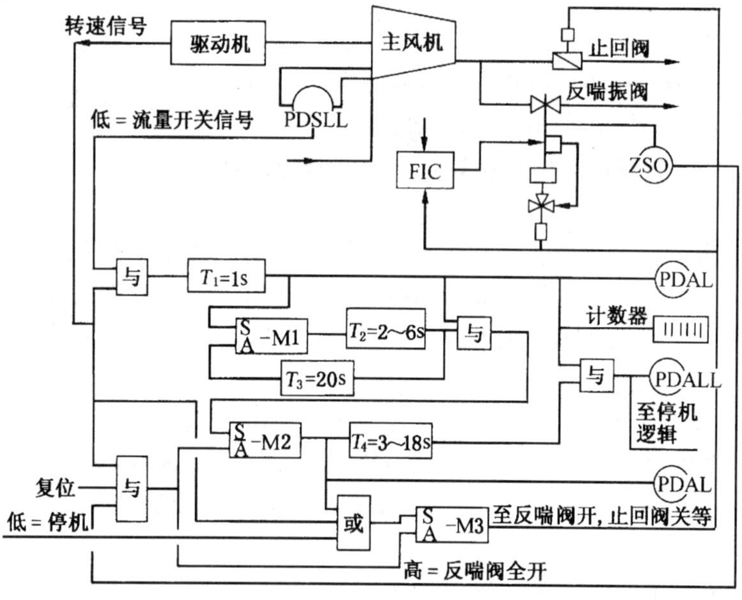

图4－85　反逆流保护系统原则流程图

T—时间继电器；*M*—存储器；*S*—给定；*A*—复位

逆流信号是入口差压开关检测到的极低的流量信号即（PDSLL）信号。检测到该信号后，反逆流保护系统动作如下：

1）入口差压低（PDAL）发出低流量喘振报警信号；

2）时间继电器 T_1 启动，等待 1s；

3）喘振记数器记录一次；

4）启动时间继电器 T_2 和 T_3；

5）启动存储器 M_1。

在 T_2（即 2 ~ 6s 内）时间内，由反喘振控制器去消除喘振。若在 2 ~ 6s 内消除了低流量信号，$M1$ 将自动复位，一切恢复常态。若逆流信号持续时间超过 T_2 或在 T_3（20s）时间内再次有逆流信号时，则令压缩机进入安全运行：

1）存储器 $M2$ 及 $M3$ 接通工作；

2）再次发出低流量报警信号；

3）时间继电器 T_3（20s）计时；

4）发出快速打开反喘振阀的命令，防喘振阀放空，静叶关闭至最小运行位置；

5）发出强制关闭止回阀的命令，压缩机出口单向阀全关；

6）使反喘振控制器输出为最小。

在此同时启动另一时间继电器 T_4，进一步监视逆流信号，若安全运行 3 ~ 18s，逆流信号还未消除，则立即停机。

安全运行时，喘振应消除，通过按复位钮，使系统复位。若在 T_3 时间内逆流信号仍不能消除（大多为反喘振阀卡孔或止回阀未关闭所致），则在 20s 发生的第一次“喘振”时，机组停车（同时发出流量持续低的报警）。

四、防阻塞保安系统

为避免轴流式压缩机长时间在阻塞工况下运行而损坏叶片，须设置防阻塞控制。但是，有的公司生产的轴流式压缩机不要求设置防阻塞控制，不设置防阻塞控制的原因为：短时间的阻塞工况一般不会造成叶片损坏；通过对叶片的特殊设计，可使叶片增加抗阻塞的能力，如苏尔寿公司；把末级叶栅改为离心式叶轮，如 GHH 公司；再有就是阻塞工况出现的几率不多，既使出现阻塞工况，与其他不正常工况相比压缩机损坏的程度较轻。所以，防阻塞保护不像防喘振保护那样非设置不可。

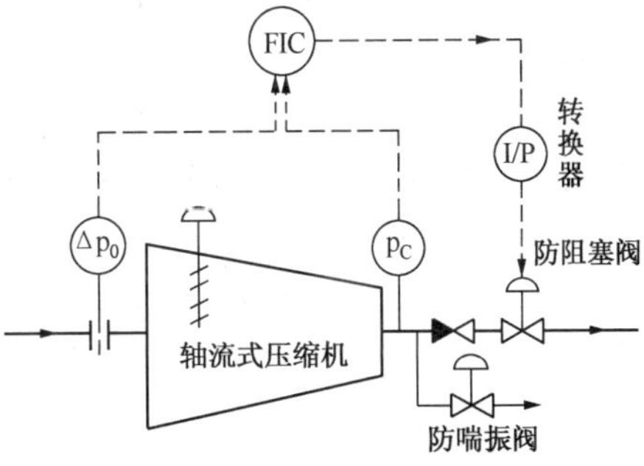

图 4 – 86　防阻塞控制系统

图 4 – 86 是防阻塞控制系统原理图，基本上与防喘振控制系统相同。防阻塞控制实质是控制压缩机的上限流量，采用由压缩机出口压力给定的防阻塞随动流量控制方案。防阻塞在压缩机排出管道上安装一个节流阀（防阻塞阀），当排气压力降低并接近阻塞线时，节流阀适当关小增加管道系统的阻力，使压缩机出口压力提高，容积流量减小，从而避免压缩机在阻塞工况下运行。

1）反阻塞阀安装在主风出口管线上，该阀不要求快速开和关。该阀的结构设计应保证当阀板关闭后，还应留有安全留隙，以防使风机进入喘振工况。

2）当仪表系统或其他系统故障时（即信号为 4mA），反阻塞阀应全关。

3）不是所有轴流式压缩机都设反阻塞保护系统，有些制造厂的产品不要求设置。

五、轴流式压缩机的其他保护

轴流式压缩机除了上述保安系统以外，还有如下保护措施，以避免压缩机遭到损坏。

1. 轴承温度的监测

过去压缩机轴承温度的监测大都采用在轴瓦背部用玻璃管温度计测量轴承的温度，或采用测量轴承进、排油的油温差的办法，这样反映的轴承温度不准确。近年来均采用在轴瓦内钻孔，埋入热电阻，直接测量轴承接触面的温度。轴承瓦背与轴承接触面的温差大约有30℃。一般轴瓦温度正常值为90℃，报警值设定为100℃。一般轴承温度不挂停机联锁，当超过报警值，并且瓦温上升较快时需人为紧急停车。

2. 轴承振动及轴位移的监测

过去压缩机未安装随机检测轴承振动及轴位移的元件，只是用简易的测振仪进行测量轴承箱的振动。轴位移的测量，是用安装在压缩机上的液压式轴位移指示器来指示位移量。现在设计的压缩机均安装了无接触式的轴振动及轴位移检测探头，在操作盘上装有显示仪表。

一般情况下，轴振动报警值设定在90μm，不挂停机联锁。轴位移报警值设定为0.5mm，停机值为0.7mm。

3. 润滑油系统压力监测

一般正常情况下，压缩机轴承进油压力为0.15MPa，主油管的油压为0.3MPa。为了压缩机轴承的正常润滑，设定主油管的油压报警值为0.25MPa，停机值为0.2MPa。

4. 紧急停机按钮

当有危及压缩机安全的情况，又无法排除故障时，可以通过该按钮使压缩机紧急停车。

5. 开机条件

只有满足压缩机的开机条件才能启动机组，否则就是人为去按启动按钮也启动不了机组。压缩机的开机条件有：润滑油油温正常、油箱液位正常、防喘振放空阀打开、可调静叶在启动位置。

6. 停机信号

机组发出停机信号后有如下动作：打开防喘振放空阀、停止启动辅助油泵、电动/发电机停机、出口止回阀快速关闭机构动作、机组转速下降到一定值时电盘车自动启动。

第六节　轴流式压缩机检修

轴流式压缩机检修按检修的性质分为临时停修、故障抢修、装置停工检修；按检修的规模又分为大、中、小修。因为对于关键的大机组，现在都配有状态监测系统，因此大机组的检修都是按状态检修，即预知检修，而不是按年限检修。但是，为了全面了解轴流式压缩机检修的程序、内容及质量标准，下面按大修叙述。轴流式压缩机的检修以AV型为例，其他类型的轴流式压缩机检修可参照此进行。

一、轴流式压缩机的检修周期、程序、准备及安全检查

（一）检修周期

轴流式压缩机的检修周期一般应与装置检修停工检修同步，但检修周期还受机组内其他主要设备的制约。一般情况来说，检修周期为3年，但对状态监测及诊断系统完备的机组，

可根据状态监测结果适当调整检修周期。凡遇装置停工检修的机会，虽然轴流式压缩机运行的时间可能不到2年，但还应进行检修，主要对动叶片，尤其是第一、二级的动叶片进行宏观及无损探伤检验。

（二）检修的基本程序

1）压缩机检修前的准备工作；

2）压缩机检修拆卸前的安全检查；

3）压缩机的拆卸(或叫解体)；

4）压缩机以及零部件的检测及处理；

5）压缩机的组装（或叫回装、装配）；

6）压缩机附属设备及管道检修；

7）压缩机的试运转；

8）压缩机检修后的验收。

（三）检修前的准备工作

1）压缩机的检修应根据现场条件、有关图纸资料、上次检修和本周期压缩机运行中缺陷以及改进措施情况等编写检修方案。

2）备齐机组检修的配件和材料。

3）备齐检修工具和经检验合格的量器具。

4）对起吊设施进行检查，应符合安全规定(SH/T 3515—1990《大型设备吊装工程施工工艺标准》)。

5）准备好零、部件的存放场所。

6）检修记录表、试运转记录表均应准备齐全。

（四）检修拆卸前的安全检查

1）拆卸前将机组电源切断，机组冷却到常温，润滑油退出油系统。

2）检查机组内介质的吹扫以及机组、附属设备与外部水、汽、风系统的隔断情况，均应安全可靠，并做好排凝工作。

3）检修现场应符合安全卫生标准，检修前应办好作业票。

二、AV型轴流式压缩机的拆卸

（一）拆卸、吊装、清洗的注意事项及零部件的保管

1. 拆卸

1）拆卸时使用的工具应不会对零部件产生损伤，严禁用硬质工具直接在零件的工作表面上敲击；

2）对锈死的零件或组合件应用松动剂浸透，再进行拆卸。对某些零部件的拆卸以及过盈配合的零部件拆卸应使用专用工具；

3）重要部位的零部件拆卸前均应做好标记，并测量拆卸件与有关零、部件的相对位置或配合间隙，并做好记录。

2. 吊装

1）起吊前，检查吊耳、绳索应符合要求；

2）吊装索具可用尼龙吊带或钢索具。当采用钢索具时，严禁将钢索具直接绑扎在加工面上，绑扎部位应垫上衬垫并将索具用软材料包裹，绑扎部位不得位于轴颈；

3）内缸及转子吊装时，应使用制造厂提供的专用吊具和索具。吊、索具至少须经200%的吊装载荷试验合格。起吊或就位转子应缓慢平稳，吊装过程应保持轴向水平，严禁发生晃动和碰撞。

3. 零部件清洗

1）严禁使用汽油清洗，应该用煤油或其他清洗剂进行清洗并用风吹干，清洗后的零部件表面应清洁，无锈垢，无杂物粘附；

2）采用低压蒸汽吹洗的零、部件，吹洗后必须及时彻底清除水分，并应涂润滑油或润滑脂防锈。精密零件不得用蒸汽直接吹洗；

4. 零部件的保管

拆卸的零、部件不得直接放在地面上，并应摆放有序。必要时应对零、部件进行编号或标识。对零部件应分类、成套妥善保管，防止丢失。在无人施工时应用苫布或塑料布将下壳体及零、部件盖好。

（二）压缩机的拆卸

压缩机应按拆卸程序进行拆卸，主要拆卸过程见图4－87。

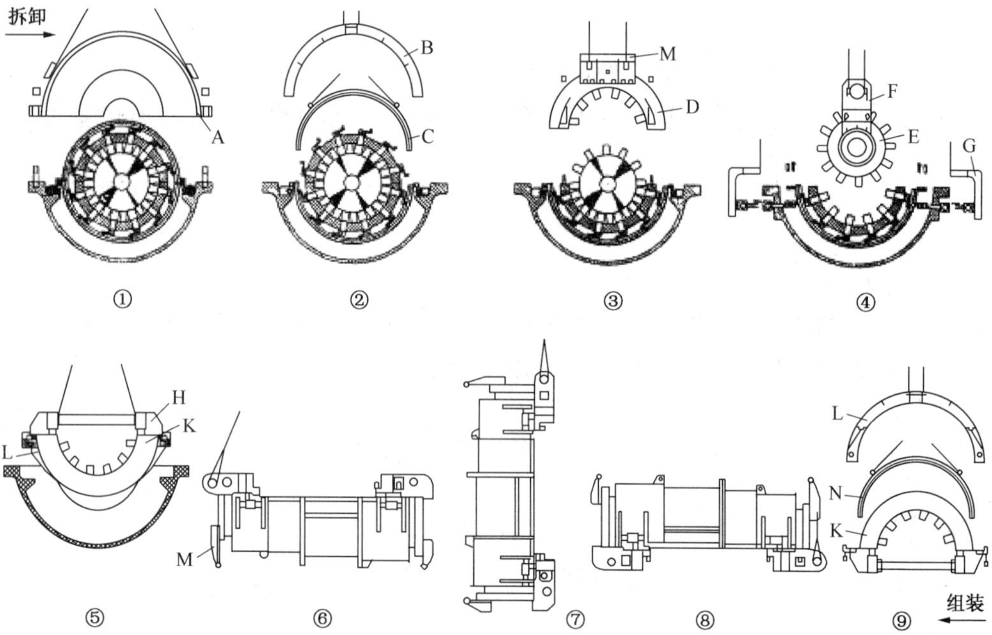

图4－87　AV型轴流式压缩机拆卸与装配过程

A—上机壳；B—上调节缸；C—导向环；D—上静叶承缸；E—转子；F—转子吊具；G—调节缸下部连接板；H—定子吊具；K—下静叶承缸；L—调节缸支承；M—定子吊具；N—导向环

1. 仪表及附属管线的拆卸

拆卸压缩机上的所有仪表引线、元、器件及指示仪表，并保管好；拆卸影响压缩机检修的所有附属管线，并封存好。

有的仪表元件需在压缩机拆卸过程的适当时机才能拆卸，如测温探头等。

2. 联轴器的拆卸

拆卸联轴器护罩及隔套，放好。

拆卸前要进行联轴器的对中检查，并做好详细的记录。

联轴器拆卸的具体步骤见“（三）联轴器拆卸”。

3. 上机壳的拆卸

拆去机壳中分面螺栓，装上导向杆，将上机壳A吊起，放好。

4. 上调节缸及上静叶承缸的拆卸

1）拆去调节缸与所有导向环间的连接螺栓，先将上调节缸B吊起，放好，再将所有上导向环C吊起，放好；

2）拆去静叶承缸中分面螺栓，安装好吊具M将上静叶承缸D吊起，放好；

5. 拆卸轴承及吊出转子

吊出转子与轴承箱的拆卸，这两工序相互衔接。吊出转子的过程如下：

1）拆卸机壳两端轴封；

2）拆卸两轴承箱上盖、上半径向轴承及上下半止推轴承及上下半油封放好；

下轴封、下油封、下副止推轴承也可在吊出转子后再拆卸，但吊转子时一定要使转子推力盘紧靠下副推力轴承，以免碰坏封齿。轴承拆卸的具体步骤见“（四）轴承拆卸”。

轴承箱拆卸时要进行主要间隙的测量与记录，并注意与仪表工的配合，拆卸仪表探头。

3）用吊具F将转子E吊出、放好。

转子E吊出前要进行转子各主要部位的测量。

6. 下调节缸及下静叶承缸的拆卸

1）拆开下调节缸连接板（传动板）G，放好；

2）安装好定子吊具H，拆开调节缸支轴与下机壳的联接螺栓，将下静叶承缸K与下调节缸L一起吊起，放好；

3）安装好定子吊具M，将下静叶承缸和调节缸一起吊起并翻转90°～180°，放好（中分面朝下）；

4）拆开调节缸与导向环之间的联接螺栓，拆掉定子吊具H之后先将下调节缸L吊起，放好、然后将各级导向环N吊起，放好。

上述拆卸的部件根据检修的需要还可以进一步解体。

（三）联轴器拆卸

联轴器拆卸以液压装配的挠性膜片式联轴器为例。联轴器通过带锥孔的轮毂与轴的锥形端面（轴向推进）产生较大的过盈来传递转矩。膜片式联轴器不需要润滑。近几年来，这种联轴器的应用越来越普及，它可以取代齿式联轴器。

1）拆去联轴器护罩，用专用搬手拆去联轴器连接螺栓、螺母，并成对存放。用顶丝将两端膜片顶开，取出中间套筒（隔套）。

2）将两端转子各推至其止推轴承工作面，测量两轴端距，同时测量轮毂与轴端的凹入（或凸出）尺寸，并记录之。检查轮毂与轴端的对位记号是否错位。

3）清洗轴端内外螺纹和内孔，安装联轴器轮毂拆卸专用工具，安装时应使用量程正确，经校验合格的压力表。液压推进器推进泵安全阀整定油压值合格。手动高低压油泵，从连接管线的最后一个接头处排净空气，然后上紧接头，液压推进器上满轴端扣。

4）将推进工具推进靠拢轮毂端面，使推进器与轮毂间的轴向距离不超过2.0mm，以防轮毂高速退出时损坏轴端丝扣。液压推进器应手动推进泵，使推进器与轮毂保持接触。

5）手动高压油泵，缓慢提高油压，检查油管接头各部位有无漏油和异常。

6）继续提高油压，在达到前次装配时记录的胀开油压后，稳定一段时间，再稍稍增压，直到轮毂内孔胀大后从轴上松动退出。然后泄掉油压，将推进工具后退前述距离，重复上述过程，直至联轴器轮毂完全从轴端松开退下。

7）泄掉油泵油压后拆去专用工具。

拆除联轴器轮毂时不使用轴向推进油泵。

（四）轴承拆卸

以径向可倾瓦和组合轴承为例（径向可倾瓦与米契尔止推轴承）来说明拆卸过程。先拆掉轴承箱中分面螺栓、定位销，吊走轴承箱盖，然后才能拆卸里面的轴承。仪表探头和仪表接线由仪表工拆卸。

1. 径向轴承（出口端）

1）拆轴承压盖中分面螺栓和定位销，用顶丝轻轻顶起轴承压盖，然后吊开轴承压盖。

2）拆开轴承体中分面螺栓，拆去上半径向轴承。

3）用抬轴专用工具，轻轻将轴抬起，提起高度以下半轴承体能刚好绕轴转动为限，且不得超过0.15mm。将下轴承体绕轴翻转至轴颈上部，拆去下半轴承。不得在转子两端同时提起转子，也不得在未揭大盖的情况下使用天车起吊转子。

4）记录每个瓦块在轴承壳中的位置和方向，松开并拆去瓦块背部定位螺钉，依次取出各瓦块。

5）拆去径向轴承前后阻油环。

2. 止推轴承（入口端）

入口端轴承往往是径向、止推组合轴承，径向轴承的拆卸与出口端的径向轴承拆卸一样，不再重复。

1）测量轴承止推间隙后，拆去副止推轴承和垫片，并作好每个瓦块的位置记号。

2）拆去主止推轴承。

3）拆去主止推轴承前后阻油环。

（五）伺服马达的拆卸

拆卸顺序见图4－88，组装顺序与此相反。

终端机壳 → 连杆 → 活塞杆螺纹销钉 → 密封轴套 → 端盖 → 活塞 → 活塞杆

图4－88　伺服马达拆卸顺序

拆卸时，要按程序进行，各连接螺栓及销钉等都应拆开取下，以免损伤零部件。

三、AV型轴流式压缩机零部件的检查、处理及质量标准

压缩机在拆卸后要对底座、壳体、轴承箱、转子、调节缸、静叶承缸以及零、部件进行检查和处理。各项检测数据应符合规定，并作好记录。记录应使用规定的记录表，按要求认真填写拆检值和组装值，做到数据齐全，准确、字迹工整。记录各零部件的检查、修复和更换情况。

（一）底座

底座的检查主要是地脚螺栓。

检查地脚螺栓应完好无损，无松动。若须调整或更换地脚螺栓时，在调整或更换后应将地脚螺栓均匀对称地拧紧，并要有防松措施。地脚螺栓的拧紧力矩见表4－8。

表 4－8　地脚螺栓的拧紧力矩　　N·m

螺栓规格	M20×2.5	M24×2	M27×3	M30×3.5	M36×4	M42×4.5
拧紧力矩	220	380	553	752	1311	2094

注：①表中数值是螺栓材料强度极限 $\sigma_b=550MPa$ 时给出的；表中数值是螺纹不涂润滑剂时的数据。

②表中数值不适用于联轴器螺栓、机壳和静叶承缸中分面螺栓。

（二）联轴器

1）外观检查。半联轴器壳体与隔套无裂纹，各接合面平整光洁；螺栓、螺母内外螺纹应完好，螺栓与螺母配合松紧适度；螺栓无局部缩颈、伸长，螺栓与轮毂螺孔配合不松动；传扭螺栓配合段表面无损伤，必要时应进行磁粉探伤检查；膜片组各层表面无碰伤、裂纹、过度的永久变形等缺陷。

2）半联轴器与轴的过盈量应符合制造厂的规定。无规定时，选用下列过盈量：

锥孔键联接应大于或等于 0.001D；直孔键联接为 0.0005D～0.0007D；锥孔液压装配应小于 0.0015D，D 为孔直径。

3）锥孔与轴的接触面积应用着色法检查，并符合制造厂规定。无规定时，对键联接的锥孔，接触面积应大于 70%；对液压装配半联轴器的锥孔，接触面积应大于 85%，且无接触硬点，达不到要求时可用金相砂纸打磨轮毂内孔，反复修磨检查。

4）当技术文件无明确规定时，具有定位圆的联轴器，螺栓与孔的间隙不应大于 0.13mm，具有定位销性能的螺栓，其与孔的配合间隙不应大于 0.04mm。

5）新更换的螺栓与螺母应称重检查，与旧的螺栓、螺母的质量允许偏差为 0.10g。

6）所有联轴器零件均应有匹配的标志。

7）自锁螺栓的拆卸次数按照制造厂的要求执行。

8）检查膜片联轴器端距（或半联轴器法兰面间距）应将预拉伸量或预压缩量计算在内，允许偏差必须符合设计文件要求，无要求时，应符合表 4－9 规定。

表 4－9　膜片联轴器轴端距允许偏差　　mm

联轴器型式	允许偏差	联轴器型式	允许偏差	联轴器型式	允许偏差
四螺栓	±0.60	六螺栓	±0.38	八螺栓及八螺栓以上	±0.25

9）膜片拉伸或压缩量应符合技术文件的规定，组装后的挠性件应无可见变形。

10）半联轴器装配后，其圆跳动应符合表 4－10 的规定。

表 4－10　半联轴器圆跳动值　　mm

转速/（r/min）	≥5000	2000～5000	1000～2000	500～1000	≤500
圆跳动允许值	0.01	0.015	0.02	0.03	0.05

11）螺栓应采用自锁螺母，并应对称均匀拧紧。拧紧力矩应符合设备技术文件规定，当设备技术文件无明确规定时，应符合表 7－28 的规定。

12）中间套筒：筒体圆柱度误差小于 0.05mm；两工作面平整，平行度误差小于 0.03mm；螺孔无变形和磨损，孔径不胀大，对位记号明显。

（三）机壳

机壳检测、处理的项目有机壳本体、机壳的定位键和导向键、机壳与底座的连接及轴封。

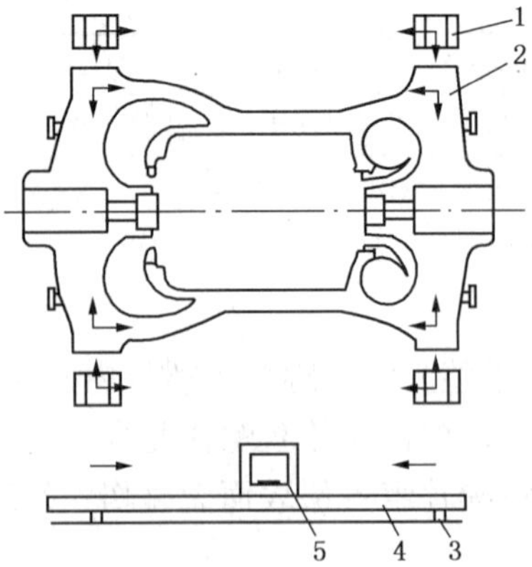

图4-89　机壳水平度检查示意

1—底座；2—机壳；3—块规；4—水平尺；5—水平仪

1. 机壳本体

1）外观检查机壳应无变形、裂纹，水平剖分面应光洁无损伤、划痕。

2）用水平仪复查机壳水平剖分面的横向水平度（见图4－89），横向水平允许偏差为0.10mm/m。纵向水平度应与转子扬度一致，纵向水平度允许偏差为0.05mm/m。

2. 机壳的定位键和导向键

1）横向导向键与底座接触应严密，调节垫片应无毛刺、卷边，螺钉连接应牢固，与键槽的配合（H9/f7）间隙应为0.043～0.170mm，见图4－90。横向导向键顶面与机壳承载面接触局部间隙应小于0.05mm。

2）机壳与垂直导向键组装间隙应符合机器技术文件的规定，无规定时，可参见图4－91的规定。

3. 机壳与底座的连接

支腿、底座、螺栓组装间隙应符合机器技术文件的规定，无规定时参见图4－92的规定。

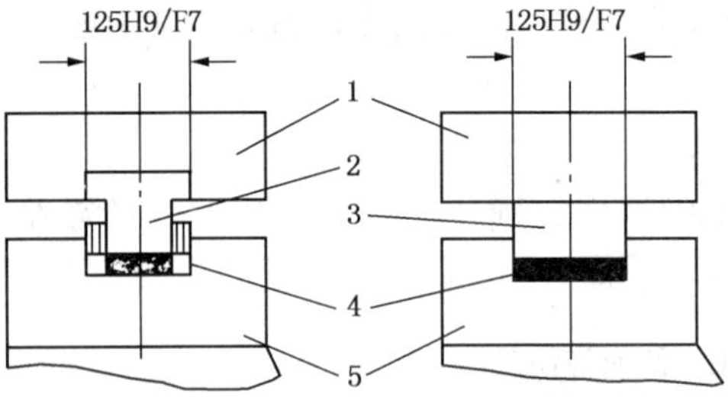

图4－90　横向导向键及滑动键组装示意

1—支腿；2—导向键；3—滑动键；4—调整垫片；5—底座

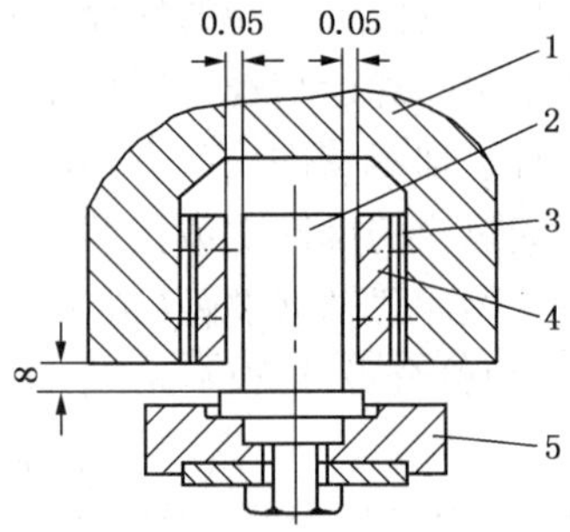

图4－91　机壳与垂直导向键组装示意

1—机壳；2—垂直导向键；3—调整垫片；4—压板；5—导向键支座

4. 轴封

转子轴封为迷宫密封，它是一种非接触式密封，不需润滑，允许热膨胀，可用于高温、高压、高转速场合，而且维修简单，寿命较长。转子轴封间隙见图4－93。

1）密封套外观检查应无缺陷，进、排气孔畅通。

2）密封套应对号组装，密封套与座孔槽道的配合紧密不松动，若配合过紧时，可用锉刀仔细修锉，不得强行打入槽内；连接螺栓应锁紧防松。

3）水平剖分面应平整，接触严密，不错口。

4）密封片径向间隙，在垂直方向应用贴胶布法检测，水平方向用塞尺在下密封检测，塞尺不应超过三片。密封间隙必须逐片检测。

5）密封片的轴向间隙应在止推盘紧贴主止推瓦块时在下密封水平剖分面处检测。

6）密封间隙应符合机器技术文件的规定；几种常用机型的密封间隙规定值见表4－11。若无规定，对于剖分式密封体密封片的径向间隙可这样选用：枞树形的一般为0.30～

0.45mm；J形的一般为0.40~0.60mm；也可按0.2+0.6D/1000（D为轴颈）来经验选取。

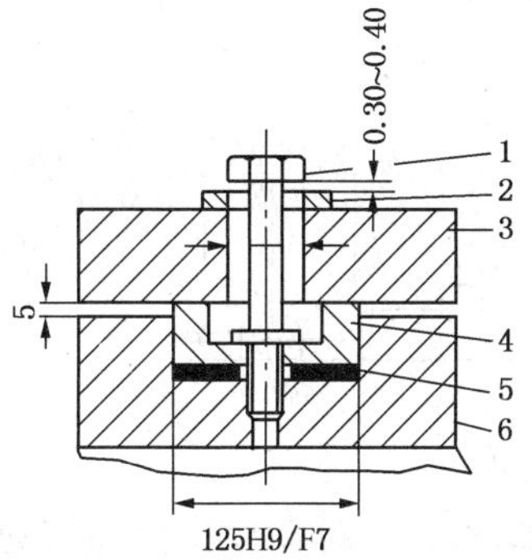

图4-92　支腿、底座、螺栓组装示意

1—螺栓；2—垫圈；3—支腿；4—滑动键；5—调节垫片；6—底座

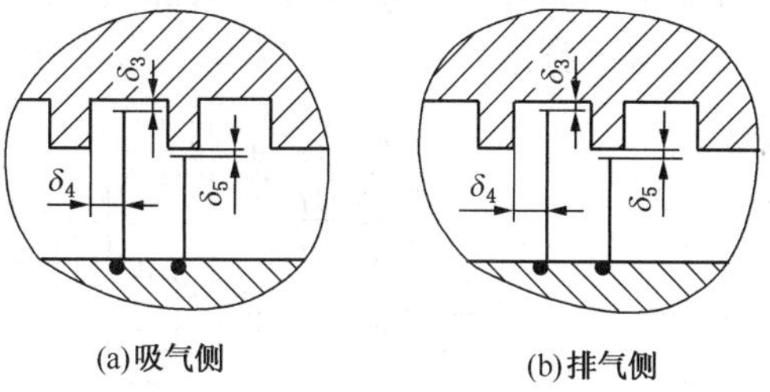

图4-93　轴封间隙

7）密封间隙的调整可用调整密封套背部垫片或修刮密封片的方法来达到规定值。密封间隙过大时，应重新更换密封片。

8）若密封齿顶为削尖形式，则密封齿的修刮，应在出气侧进行，并且不得将齿尖刮成圆角。

表4-11　迷宫密封间隙　mm

机　　型	δ_3	δ_4		δ_5
		吸气侧	排气侧	
AV45—12	0.3~0.5	6.4	5.2	0.3~0.5
AV50—12		4.4	4.0	
AV56—13	0.3	5.8	7.4	0.3

径向间隙的测量方法有压胶布法、塞尺法和假轴法。

（1）压胶布法

因径向间隙为0.30~0.70mm，而医用白胶布一般厚度为0.25mm，所以根据间隙规定值选取胶布的层数，将胶布沿密封齿粘贴在一起。轴封套、转子、上半壳体组装后，拧紧壳体剖分面螺栓，消除结合面间隙，盘动转子数圈后，拆下转子，检查胶布带上接触印痕来判断间隙的大小。

（2）塞尺法

用塞尺直接测量径向间隙，塞尺塞入的力要适当；塞尺塞入的深度，一般为30mm以上。

（3）假轴法

假轴可用ϕ150~250mm的厚壁管子加工制作。吊出转子，吊入假轴，使假轴的位置与转子的位置相同，然后用塞尺测量。根据真假轴的直径差进行修正，即可求出实际间隙。

轴向间隙的一般用楔形塞尺测量。

5. 中分面连接螺栓

螺栓表面无裂纹，丝扣完好。

（四）转子

转子检测、处理的项目有主轴、动叶片、密封片。

1. 转子主轴

1）外观检查：表面应光洁、无裂纹、锈蚀和损伤，平衡重块嵌装应牢固；轴颈与平衡盘工作表面的粗糙度应达 R_a0.4，若表面拉毛轻微时，可采用金相砂纸拉研予以消除。

2）轴颈圆柱度允差值为0.01mm。

3）转子跳动检查

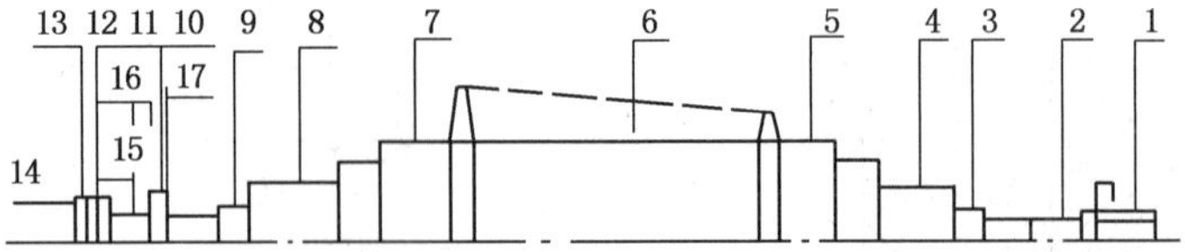

图4-94　转子圆跳动检查部位示意

转子跳动测量部位见图4-94，其中轴颈处做全跳动检查，跳动允许值应符合表4-12的规定。

表4-12　转子跳动值　mm

部　　位	1~2	3~9	10~17
允许跳动值	0.01	0.02	0.01

检查方法是吊走上半壳体、上半调节缸、上半承缸后，以转子0°标记为起点，按旋转方向每转90°测量记录一次。

4）转子轴颈、止推盘应进行无损检验，检查是否存在裂纹。一般进行着色检查，若有怀疑，应用磁粉探伤作进一步检查。

5）所有传感器部位（径向振动和轴位移）其最终表面粗糙度 *Ra* 值应达到0.4~0.8μm，这些部位的电气和机械的综合跳动值不超过：

① 径向振动探头监测部位：6μm；

② 轴位移探头监测部位：13μm。

可在压缩机上或把转子放在车床上，用百分表和仪表探头在同一部位分别测量。当总的机械、仪测跳动值较大而又不能消除时，应在整定振动报警值时计入其影响，并做好记录。

2. 动叶片

外观检查应无裂纹；镶嵌应牢固，叶根应锁紧可靠（如果更换叶片）；动叶片应进行无损检验，检查是否存在裂纹

在轴流式压缩机运行正常的情况下停工检修时，在叶片外观检查合格后，一般只需对第一级、第二级、倒数一、二级动叶片，尤其是第一级、第二级进行无损检验。原因是，压缩机在运行中叶片断裂的部位基本上是在该两级，这里的叶片长与其他级相比受力较大，容易萌生裂纹；末两级是压缩机在运行中容易发生不稳定运行工况的级。

在轴流式压缩机运行中发生过喘振的工况，那么停工检修时，应对全部叶片进行无损检验。

在外观检查时发现叶片有腐蚀坑或者发现有怀疑是裂纹的条状划痕，也应对该叶片进行无损检验。

检验时应将转子从机壳中吊出来。检验方法可根据具体情况采用着色探伤、磁粉探伤、测频法、涡流探伤。

着色检验时，不允许使用含有氯化物的渗透剂。检验前要将叶片的叶身、叶根过渡区认真清理干净。为防止探伤液进入叶根槽，探伤时应将转子的叶根与根槽结合缝用胶带纸保护

起来。

3. 密封片

应嵌装齐整，无歪斜现象。

4. 转子动平衡

遇到以下情况之一时转子必须做动平衡校正：

1）更换联轴器后；

2）机器运转中轴振动偏大或超标时；

3）转子上零部件更换后。

作动平衡合格的标准按制造厂规定的标准执行，如制造厂无要求，可按 ISO 2372 标准，振动烈度≯0.18mm/s；或按 SHS 01003—2004 石油化工旋转机械振动标准轴承振动位移峰峰值 $S_{p-p} < \frac{2782}{\sqrt{N_{max}}}$(μm)进行评定。

挠性转子作动平衡的评定，用轴承振动烈度或用轴承振动位移峰峰值来判定，而不像钢性转子那样可用精度等级来评定。

若转子更换联轴器时，联轴器应事先进行单独动平衡，然后才能组装进行整体动平衡，平衡后联轴器与轴应有装配对位标记。

（五）轴承箱(轴承座)

轴承箱检测、处理的项目有轴承箱体、径和轴承、止推轴承及油封。

1. 轴承箱体(轴承箱壳体)

1）各配合表面应无损伤，水平剖分面应接触严密，自由间隙不大于 0.05mm；

2）清洗后油箱内应无杂质，油路、气孔应无杂质且畅通无阻，法兰面无径向划痕，视镜清洁透明；

3）内表面涂层应无起皮现象，否则应彻底清除后重涂；

4）若机器运行时，轴承箱部有油渗漏现象，检修时轴承箱体应灌煤油试漏，灌入高度不应低于回油孔上缘，经 24h 无渗漏为合格；

5）各联接螺栓数量应齐全，完好无损，否则应更换。

2. 轴承

（1）径向轴承(椭圆瓦)

1）轴承体表面应无损伤。轴承衬不应有裂纹、损坏、烧灼、拉毛、夹渣、空洞和重皮等缺陷；表面不允许存在轴向的划痕，沿周向的划痕深度不超过 0.1mm；表面无偏磨，接触印痕沿轴向均匀。

2）轴衬应无脱壳(脱胎)现象。

检查方法：①将轴承浸入煤油 30min，涂白粉检查；②用渗透着色法和磁粉检查。

目的是检查巴式合金与轴承体金属贴合是否良好。

3）组装后水平剖分面的自由间隙(瓦口间隙)不应大于 0.05mm，定位销配合紧密，把紧中分面螺丝后瓦口应无间隙，不错口。

检查方法：用 0.02mm 塞尺检查，不能通过中分面即为无间隙。

目的是防止润滑油从此间隙流走。

4）轴承衬背与轴承座孔接触面积用着色法检查应大于 75%，油孔应对正，孔四周应连续接触。

目的是使轴承座与轴承体受力均匀，避免局部受力过大。

5）轴承衬与轴颈的接触角为60°～90°，下轴承衬全长的接触面积应达75%以上，并呈斑点状均匀分布(2～3点/cm^2)。

目的是在转子低速时保证巴氏合金层有足够的工作面积，使单位面积承载力较小，又要保证有楔形间隙，避免合金层过早局部损坏。

轴瓦与轴颈接触面所对应的圆心角称为接触角。接触角不应过大或过小。若过小，则轴瓦上所受到的单位压力增加，使轴瓦过快磨损；若过大，就破坏了轴承的楔形间隙，当接触角大于120°时，液体润滑将无法实现，将使轴瓦磨损迅速。故一般接触角应在60°～90°之间。当载荷大，转速低时，取较大的角；当载荷小，转速高时，取较小的角。

6）轴承间隙应符合机器技术文件规定，一般情况下顶间隙约为轴颈 d 的(1～1.5)/1000，而侧间隙约为(1～3)d/1000。

检查方法：①轴承顶间隙可用压铅丝法检查，铅丝直径应为轴承顶间隙的1.3～1.5倍，轴颈上的铅丝用上轴承体压紧后的厚度即为轴承顶间隙；侧间隙用塞尺检查。②用抬瓦法检查，转子吊出放在支架上，抬动轴承用百分表就可测出顶间隙。

7）轴承两侧阻油环无磨损，上下中分接合面密合，不顶轴承体中分面；阻油环间隙不超差，允许间隙值应符合技术文件规定。

8）轴承衬背与轴承座孔应为过盈配合(瓦背紧力)，除机器技术文件另有规定外，过盈量一般为0～0.05mm。

检查方法：①压铅丝测量法：在瓦壳背部及轴承座中分面分别放置直径约0.10～0.20mm的铅丝，两处铅丝用轴承座压盖压后的厚度差值(中分面铅丝平均厚度－上部铅丝平均厚度)，即为瓦背紧力。②直接测量法：测量轴承体外径减去轴承座内孔径之差即为瓦背紧力。

保证瓦背有一定的紧力是为了防止运行中轴承转动和轴向移动。若过盈量过大，将轴瓦装入轴承座后，轴瓦将产生变形，使轴与轴承之间的间隙得不到保证，可能导致抱轴烧瓦事故；若没有过盈量而出现间隙，则机器运转时轴瓦就会在轴承座内振动。

9）防转销应固定牢固。

(2) 径向轴承(可倾瓦)

1）与椭圆瓦的1)、2)、3)、4)、7)、8)、9)相同。

2）瓦块背部承力面光滑，与瓦壳的接触印痕沿轴向均匀并保持线接触，瓦块的受力面接触均匀，与枢轴销配合不松晃，瓦背无烧灼、压痕和重载印痕。

3）瓦块进油边缘过渡应圆滑，以便润滑油的进入。

4）组装后瓦块在瓦壳内摇摆灵活，不顶瓦块。

5）带热敏元件的瓦块，其热敏元件与瓦块固定可靠不松动，引线绝缘保护层良好。组装后，热敏元件及引线不妨碍瓦块在瓦壳内灵活摇摆。

6）同一组瓦块厚度应均匀，厚度误差应不大于0.015mm，再放宽误差也不得大于0.02mm。

7）轴承衬与轴颈的接触状况，瓦块应在弧形中部1/3弧长部分接触，沿长度方向接触面积应大于75%。

8）浮动式阻油环浮动灵活。

9）瓦壳进油和回油孔与相应的轴承座油孔对正，进、回油孔不堵塞；测振探头孔、温度测量孔等均能对正。

10）轴承间隙应符合机器技术文件规定，一般情况下顶间隙约为轴颈 d 的(1 ~ 1.5)/1000，而单侧间隙约为1/2 顶间隙。几种常用机型的径向轴承间隙规定值见表4－13。

表4－13　径向轴承间隙　　mm

机　型	顶间隙	侧间隙	阻油环间隙
AV45—12	0.18 ~ 0.23	0.25 ~ 0.27	0.22 ~ 0.26
AV50—12	0.21 ~ 0.26	0.28 ~ 0.30	0.25 ~ 0.29
AV56—13	0.24 ~ 0.30	0.24 ~ 0.30	0.20 ~ 0.25

检查方法：①轴承顶间隙可用压铅丝法检查，考虑顶部无瓦块，对五块瓦结构，实际顶间隙为测出的间隙 ×1.1；侧间隙用塞尺检查。②用抬瓦法检查，考虑瓦块的倾绕效应，对五块瓦结构，实际顶间隙为测出的间隙 ×0.894。

瓦顶间隙测量采用压铅丝法时，因五块可倾瓦轴承顶部没有瓦块，顶部间隙不能直接测量，而是通过测量上部轴瓦3、4的测量厚度 S(见图6－95)，

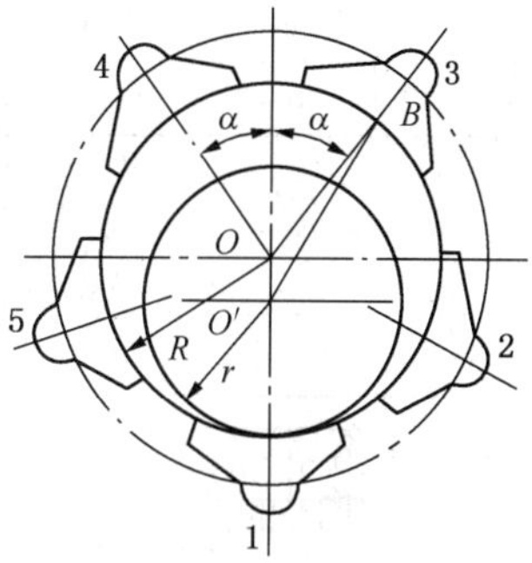

图6－95　可倾瓦顶间隙

再换算成顶间隙，用数学式表达为

$$\Delta = \zeta S$$

式中　ζ——换算系数，它可从三角形 OO′B 的关系中求出：

$$O'B^2 = OO'^2 + OB^2 - 2\,OO' \times OB\cos(180° - \alpha)$$

$\because$　$O'B = r + S$　$OB = R = r + OO' = r + \Delta/2$

$\therefore$　$OO' = \Delta/2$ 将该式代入后，并忽略 Δ 和 S 的二次方项可得

$$\zeta = \Delta/S = 2/(1 + \cos\alpha)$$

对五块可倾瓦来说，$\alpha = 36°$，$\zeta = 1.1$，故换算式为

$$\Delta = 1.1S$$

可倾瓦块一般不推荐刮瓦，但为使整个轴承接触良好，可在瓦量不超差并达到巴氏合金表面技术要求的前提下适当修刮。

瓦块连同瓦壳一起更换时，应用红丹检查新装的下瓦壳与下轴承座的接触情况，新瓦壳在轴承座瓦窝内不得松晃，两侧间隙不大于0.03mm，防转销不高出轴承座中分面。

瓦块相间的位置和方向不得调错。更换单个瓦块时应确保与同组瓦块厚度不超差。

3. 止推轴承(米契尔)

1）止推轴承衬应无缺陷(见可倾瓦的要求)和脱胎现象；表面不允许存在径向的划痕，沿周向的划痕深度不超过0.1mm；表面无偏磨，接触印痕沿周向均匀。

2）用红丹着色法检查瓦块与止推盘的接触情况，整组瓦块沿周向接触接触面积不小于80%。

3）瓦块背部与基环的承力面呈线接触，接触线沿圆周均匀，无压痕、烧灼、和胶合等重载痕迹。组装后瓦块的摆动应灵活可靠，无卡涩现象。瓦块与基环间隔销间无磨损和压痕。

4）止推轴承瓦块间的相互位置在拆装中应做好相互对应标志，不能调错。同一组止推瓦块厚度应均匀一致，厚度允许偏差应为0.015mm，再放宽偏差也不得大于0.02mm。

5）基环承力面应光洁，厚度在测量平台上测量，整圆允许偏差为0.01mm；间隔销在基环上不松动，定位螺钉与螺孔配合松紧适度。

6）瓦块与基环组装后在二级精度平台上测量，沿整圈厚度偏差不超过0.015mm。

7）轴承防转销应组装牢固，回油孔直径应符合设备技术文件要求。

8）止推轴承间隙应用垫片调整，调整垫片应光洁，无卷边、毛刺等缺陷，调整后上、下两半轴承的垫片厚度差应小于0.01mm。

9）用百分表测量止推间隙应符合技术文件规定，几种常用机型的止推轴承间隙规定值见表4－14。

表4－14　止推间隙　　mm

机　型	止推间隙	阻油环间隙	机　型	止推间隙	阻油环间隙	机　型	止推间隙	阻油环间隙
AV45—12	0.40～0.56	0.22～0.26	AV50—12	0.45～0.62	0.25～0.29	AV56—13	0.45～0.55	0.20～0.25

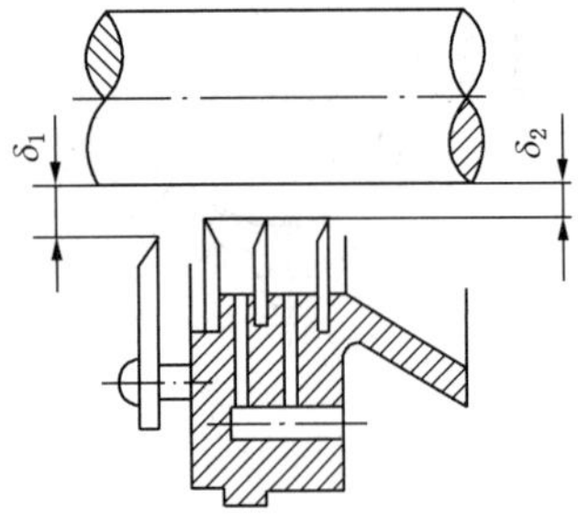

图4－96　油封

如果需要更换止推盘，应该注意新止推盘的厚度有无变化，有变化时应重新确定转子在汽缸里的轴向位置。

为防止止推轴承过载，应严格保证止推盘端面圆跳动不超差。

轴位移探头的零位应与设计的零位相一致，表头指示的位移量应与百分表指示的转子位移量相吻合。

4. 油封(见图4－96)

1）油封体水平剖分面组装后的自由间隙不应大于0.05mm，且不应错口；

2）油封片镶嵌应牢周，无裂纹、卷曲、歪斜等缺陷，回油孔畅通，组装方向应正确。

3）油封间隙用塞尺检查，间隙应符合机器技术文件规定。几种常用机型的油封间隙规定值见表4－15，超过最大值时应更换。

表4－15　油封间隙　　mm

机　型	δ_1	δ_2	机　型	δ_1	δ_2	机　型	δ_1	δ_2
AV45—12	0.45～0.65	0.15～0.35	AV50—12	0.45～0.65	0.15～0.35	AV56—13	0.45～0.65	0.15～0.20

（六）转子在轴承箱中的径向位置和轴向位置

1）径向位置应在下轴承箱左、下、右三个位置检测，见图4－97。

2）轴向位置应在止推盘紧贴主止推瓦块时分别在吸气侧和排气侧检测，见图4－98。

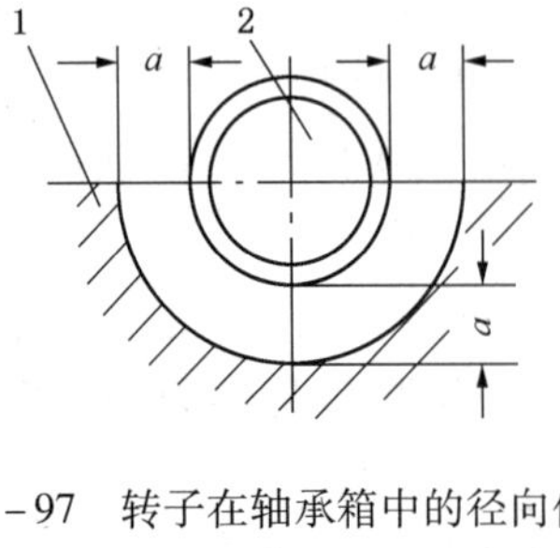

图4－97　转子在轴承箱中的径向位置

1—轴承箱；2—转子

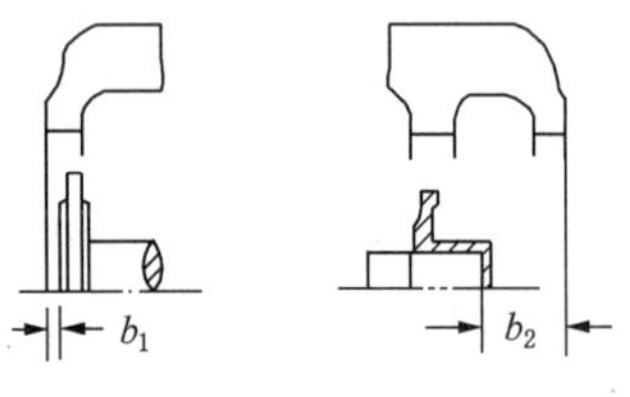

图4－98　转子在轴承箱中的轴向位置

3）径向和轴向位置尺寸应符合机器技术文件的规定。

工作面推力轴承(主推力轴承)的位置决定了转子轴向位置，因此可以增减主推力轴承背面的垫片来改变转子的轴向位置。

（七）静叶承缸

1）静叶承缸应无变形、裂纹。

2）各接合面应光洁、无锈蚀和损伤，各联接螺栓应能用手拧入。

3）静叶承缸背压板和螺栓无松动和锈蚀。

（八）调节缸

1）各接合面应光洁，无锈蚀等损伤，各联接螺栓能用手拧入。

2）驱动环应无扭曲变形，内表面光洁，无锈蚀。外表面涂层完好，各驱动环与滑块接触良好，侧间隙为0.07～0.15mm，见图4－99。

3）调节缸两侧支承应无裂纹，导杆无弯曲、变形。导向套(支撑套)与导杆的配合间隙为0.20～0.30mm，支承滑道与滑板的配合间隙为0.20～0.30mm。

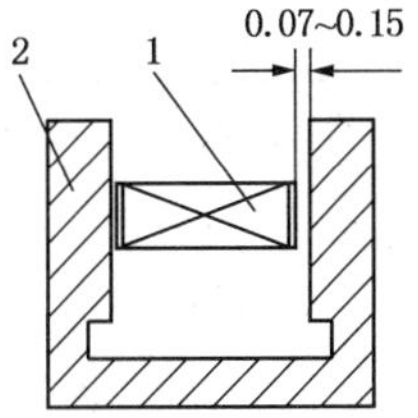

图4－99 驱动环与滑块组装

1—滑块；2—驱动环

（九）可调静叶

1）静叶片应无裂纹、锈蚀、损伤、变形等缺陷。

2）静叶转轴密封圈应密封良好，无老化、断裂等损伤，否则应更换。

3）石墨轴承应无严重磨损，若发现有裂纹、破碎等缺陷应更换。

4）石墨轴承与静叶转轴的配合间隙应符合表4－16要求，若超过最大值，应更换密封轴承。

表4－16 石墨轴承与静叶转轴配合间隙 mm

机 型	间 隙	最大间隙	机 型	间 隙	最大间隙	机 型	间 隙	最大间隙
AV45—12	0.04～0.10	0.20	AV50—12	0.05～0.12	0.25	AV56—13	0.06～0.14	0.25

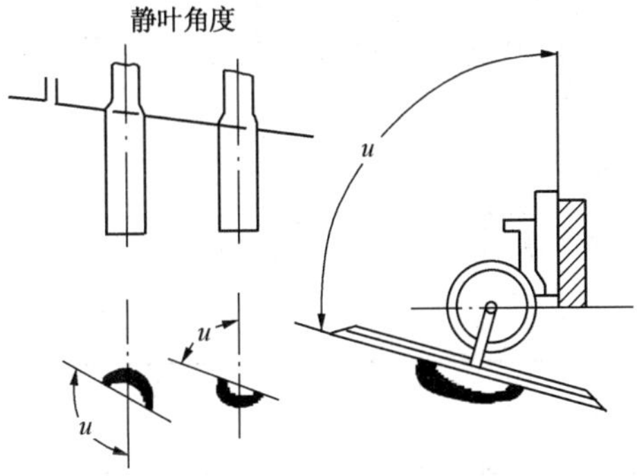

图4－100 静叶栅角度测量

5）各静叶、曲柄、滑块应转动灵活，防松不锈钢丝应牢固，确保联接和锁紧可靠，并能停留在任一角度。

6）测量静叶角度时应符合下列要求：

万能角度尺应靠近叶根，并垂直于叶片轴线(见图4－100)。

各级静叶栅角度应在一级静叶栅角度值在最小开度、中间开度和最大开度时分别测量，并符合设备技术文件的规定。各级静叶栅角度规定值见表4－17。

一级静叶栅特殊角度值与标尺(伺服马达位移)的对应关系应符合设备技术文件的规定，几种常用机型的规定见表4－18。

移动调节缸时应使用千斤顶，左右同步进行。

7）各静叶栅叶顶高度应符合设备技术文件的要求。

表 4－17　静叶栅角度

级　别	进口导叶	1	2	3	4	5	6	7	8	9	10	11	12
最小开度	154°	17°	18°06′	17°06′	20°12′	22°	22°	23°54′	26°36′	46°06′	48°54′	53°24′	53°24′
中间开度	117°	48°	53°	52°	53°	53°	53°	53°	54°	61°	63°	65°	65°
最大开度	79°42′	79°	87°54′	86°54′	85°48′	84°	84°	82°06′	81°24′	75°54′	77°06′	77°36′	77°36′
级　别	进口导叶	1	2	3	4	5	6	7	8	9	10	11	12
最小开度	157°54′	150°	24°	28°12′	31°42′	32°42′	32°42′	35°	35°	36°48′	28°06′	40°18′	40°18′
中间开度	118°	48°	55°	57°	58°	59°	60°	59°	59°	58°	58°	59°	59°
最大开度	79°24′	80°	85°06′	84°54′	84°30′	85°	86°30′	82°18′	82°18′	78°36′	77°18′	77°12′	77°12′

表 4－18　一级静叶栅特殊角度值与标尺的对应关系

特　殊　角		一级静叶栅角度	标尺/mm
AV45—12	最小开度角	17°	24
	最小工作角	37°	41
	中间开度角	48°	50
	最大开度角	79°	76
AV50—12	最小开度角	15°	10.76
	最小工作角	22°	16.96
	中间开度角	48°	40
	最大开度角	80°	68.50
AV56—13	最小开度角	15°	22.7
	最小工作角	22°	28.08
	中间开度角	48°	50
	最大开度角	80°	76.5

（十）动、静叶片顶间隙及动、静叶片轴向间距

1. 动、静叶片顶间隙

确定最高动、静叶片，把最高动叶片转至最上或最下位置，动静叶片顶间隙应在其最上和最下部取 3～4 片用压铅法测量，两侧间隙应在下承缸水平剖面处用塞尺逐片检测。

用压铅法测叶顶间隙时，铅丝直径应比设计最大间隙值大 0.5mm，将铅丝放置各叶顶弯折后，用胶布贴牢。转子吊入后严禁盘动。叶顶间隙应符合表 4－19 要求。

当轴流压缩机的轴承座与机壳是分体结构时，应先找好转子的挠度，然后测量间隙（此时应考虑机壳挠度对测量值的影响）。

表 4－19　叶顶间隙

mm

机　型	动叶顶	静叶顶	机　型	动叶顶	静叶顶	机　型	动叶顶	静叶顶
AV45—12	$0.9^{+0.35}_{-0.15}$	$0.9^{+0.35}_{-0.15}$	AV50—12	$1.0^{+0.30}_{-0.15}$	1.0±0.3	AV56—13	$1.0^{+0.33}_{-0.17}$	$1.0^{+0.33}_{-0.17}$

2. 动、静叶片轴向间距

动、静叶栅的轴向间距应在止推盘紧贴主止推瓦块和一级静叶在最大开度时检查，并符合机器技术文件的规定。

（十一）伺服马达

1）检查各联接螺栓、螺钉及销钉不应有变形，螺纹应完整无缺陷。

2）检查缸套内表面的磨损情况，活塞与缸之间的间隙应在 0.06～0.10mm 之间。

3）检查活塞环表面不得有纵向沟纹，其圆周与缸壁用透光法检查应接触良好。

4）活塞杆的径向全跳动允许偏差为0.04mm。

5）橡胶密封圈应无老化及断裂现象，否则应予更换。

6）见图4－101，一级静叶栅角度在中间开度时，指针应指在标尺中间位置处，传动连杆锁紧螺母的外端面与传动板套筒的外端面间距A、传动盘与伺服马达端盖的端面间距B应符合设备技术文件的规定，几种常用机型的规定值见表4－20。

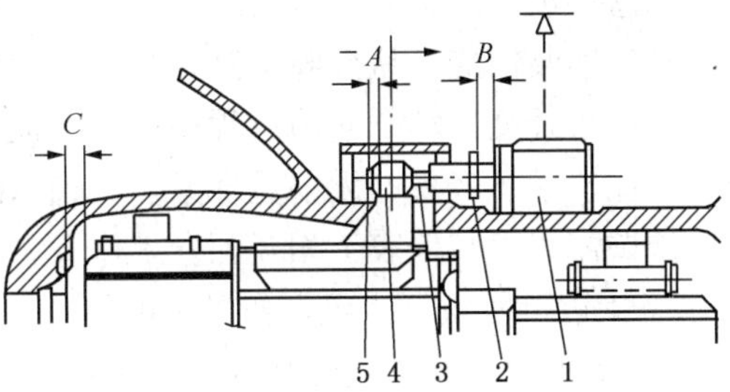

图4－101　伺服马达组装示意

1—伺服马达；2—传动盘；3—连杆；4—传动板套筒；5—锁紧螺母

表4－20　mm

机　　型	A	B	机　　型	A	B	机　　型	A	B
AV45—12	13.5	70	AV50—12	14	64	AV56—13	14	64

四、AV型轴流式压缩机的组装及机组找正

壳体及部件吊装时的注意事项见“二、AV型轴流式压缩机的拆卸”。

（一）压缩机的组装（回装、装配）

压缩机的组装程序与拆卸程序相反，组装过程见图4－87。

1. 下调节缸与下静叶承缸组合后的回装

1）先将下各级导向环（驱动环）N吊起，就位于下静叶承缸K上，再将下调节缸L吊起，就位于下导向环N上，然后回装调节缸与导向环之间的联接螺栓，穿入不锈钢丝防松。

下静叶承缸背部向上放平，调整各级静叶转轴、曲柄和滑块的轴线应位于同一断面内。

2）安装好定子吊具M（在静叶承缸两端装上支承板，在水平剖分面上装上吊板）；将下静叶承缸和调节缸一起吊起并纵向翻转90°～180°。

3）安装好定子吊具H，将下静叶承缸K与下调节缸L一起吊起，水平剖分面保持水平，对正就位于下壳体内。回装调节缸两侧支承导杆和支撑滑板，然后拨动调节缸，使调节缸的连接板G（传动板）与伺服马达的传动板对正、连接防松，拆去吊具。拨动调节缸使伺服马达的行程指针对正标尺中位。检查静叶承缸与环形收敛器和扩压器的轴向间隙，并应符合设备技术文件要求。

静叶承缸和调节缸回装前应确认下壳体清洁、无异物。

2. 转子与轴承的回装

转子回装与轴承回装相互交错衔接，分为如下几个步骤：

1）回装轴承箱的下半径向轴承。

回装前轴承箱内应清洁；轴承应按标记组装；轴承体及轴衬表面回装前先浇涂润滑油，然后再回装。

2）用吊具F将转子E吊起，最好先在轴颈及止推盘上也浇涂一些润滑油，然后把转子就位于下径向瓦上；再回装止推轴承、上径向轴承、油封、轴承箱上盖及壳体轴封。

注意事项：

转子回装前应确认静叶承缸内清洁、无异物。转子吊入前，应拨动调节缸，把静叶栅角度调到最小开度。转子起吊过程中，要保证轴的水平，严禁发生碰撞。转子就位后盘动转子应无碰擦、手感轻松、无偏重现象。对轴承的监测元件和接线应经仪表工检验后装入，轴位移的调试需钳工与仪表工相互配合工作。

3. 上静叶承缸与上调节缸的回装

1）装好吊具 M，回装上静叶承缸。

2）先将上各级导向环（驱动环）C、吊起，就位于上静叶承缸 D 上，然后将上调节缸 B 就位于导向环上。

静叶承缸水平剖分面涂耐温 300℃密封胶，静叶承缸密封环槽内装入 O 型密封圈且插接牢固，上静叶承缸下落以导杆定位。应先拧紧与驱动环的联接螺栓，再拧紧调节缸水平剖分联接螺栓，且均应穿入不锈钢丝防松。再次盘动转子，应无碰擦现象。

4. 上机壳扣合

1）上机壳下落时以导向杆定位，并应缓慢下落，不应有碰撞或卡涩。

2）插入定位销，将联接螺栓的螺纹涂防咬合剂后拧入中分面的螺孔，套上平垫圈，再旋入罩形螺母，从机壳两侧中部对称拧紧螺母。

机壳扣合前应确保机壳内无异物掉入，内部所有缺陷均已处理完毕，各部间隙测量结果均在质量要求的范围内，无漏项；记录齐全、准确无误。上机壳落下后也要试盘转子，应无碰擦现象。罩形螺母与螺栓内部顶间隙不应小于 2mm，螺栓拧紧力矩应符合有关规定。

5. 压缩机上仪表及附属管线的回装

回装压缩机上的所有仪表引线、元、器件及指示仪表以及附属管线。

有的仪表元件需在压缩机回装过程的适当时机才能回装，如测温探头等。

（二）联轴器的组装

1）半联轴器装配采用加热或液压法。采用加热法时应使半联轴器受热均匀，加热装配温度不应大于 175℃；液压装配时应使用专用工具，见图 4－102。装配过程如下：

将轮毂按轴端的记号空推至轴端并适当推紧，测量此时轴端凹入轮毂的深度，根据设计的联轴器轮毂推进量数据，并结合拆卸时测得的数据，计算最终推进后的轴端深度。每次的推进量数据与拆卸前的推进量相比，应保持 0.00～0.10mm 的增加量。

检查轴端油孔后，对准对位记号，然后按照拆卸时的方法，装上联轴器轮毂拆装用液压工具。将液压推进器启压或推进螺母推进器，使轮毂在轴端上允分压紧。然后将高压胀开泵缓缓升压，边升压边推进，用最小的胀开油压将轮毂推至所需的推进位置，并记录推进时的最大胀开油压，作为拆卸时的参考。保持推进器的轴向压力，将高压泵泄压。待高压泵泄压一段时间轮毂收缩后，退出推进器，拆卸液压专用工具，使轴孔内的油全部流出。复查轴头凹入深度（应在原来测量的位置上测量），确认与前述确定的推进位置相符合。

2）调整轴端距离后开始找正，找正后，装中间套筒，对正对位记号，应使用扭矩扳手均匀拧紧连接螺栓至制造厂规定扭矩，检查两侧法兰接合面密合情况，装上联轴器护罩。

① 较长隔套起吊时，应保持轴向水平，防止变形。

② 若更换联轴器零件（螺钉和螺母除外），联轴器应校正动平衡。

③ 螺栓、螺母拆装时不准互相调换；上紧时应转动螺母，不得转动螺栓。

④ 严禁在联轴器部件的任何表面上用机械方法作任何标记。

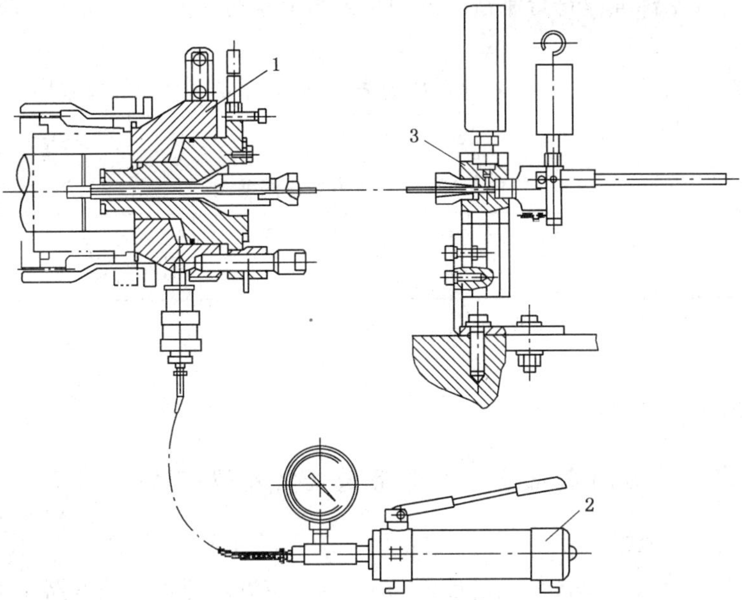

图 4-102　联轴器轮毂拆装专用工具

1—轴向推进器；2—轴向推进油泵；3—径向扩张油泵

⑤ 应在固定位置上测量轴头凸出或凹入联轴器轮毂的深度，测量精度应达 0.02mm。

⑥ 在设计范围内，联轴器轮毂推进量在每次装配时不应小于拆卸前的推进量，并保持 0.00 ~ 0.10mm 的增加量。

⑦ 高压泵在任何时候均不得超压(以防损坏轮毂)，也不得盲目升压，升至装配时的油压时注意稳压，等轮毂内孔缓慢胀开后自行从轴上松脱退出。

⑧ 严禁在不装联轴器推进器或推进间隙过大的情况下启动高压油泵。

（三）伺服马达的组装

组装顺序与拆卸顺序相反，组装顺序见图 4-88。

1）伺服马达各部组装间隙应符合设备技术文件规定。

2）电液转换器，必须在动力油系统冲洗合格后安装。

3）装配时，活塞杆上的定位螺钉要点铆固定。

4）传动连杆内联接套的球型螺母应无松动。

（四）压缩机组的找正

压缩机组的找正主要是通过对联轴器的找正实现的，联轴器的找正又叫联轴器的对中。对中又分冷态对中和热态对中，所谓冷态对中即机组静止状态的对中，所谓热态对中即机组运行一段时间后，机组在热胀状态下的对中。

1）对中应在出入口管道法兰联接后进行，并且必须保证管道对压缩机作用力的允许值，当连接时应采用百分表监控压缩机联轴器的移动；

2）表架应有足够的刚度，表架挠度值应标在表架明显位置上；

3）对中应按制造厂提供的冷态对中曲线进行；当轴流式压缩机的轴承座与机壳为分体结构时，压缩机在扣盖前，必须按找正曲线将轴线位置调整完毕，在机组找正过程中，机壳与轴不应作任何位移。

4）联轴器的找正标准应符合制造厂的规定或按有关标准执行；对中时应采用调整垫片修正偏差。

5）对中时应注意环境温度变化对对中数据的影响。对中允许偏差应符合表4－21的规定。

表4－21　精对中允许偏差　　mm

联轴器型式	径向位移 a	端面位移 b	联轴器型式	径向位移 a	端面位移 b
齿　式	0.02	0.02	膜　片	0.04	0.03

注：端面允许偏差的测量圆用半径为200mm，若测量半径不等于200mm时，按下式计算：

允许偏差＝b×测量半径/2

6）联轴器找正宜采用单表法。

五、轴流式压缩机附属设备、工艺管道及特殊阀门检修

（一）附属设备的检修

附属设备检修主要指油站（包括高位油箱）、入口空气过滤器、消音器及出口消音器。

1. 油站

（1）油箱

油箱清扫后应清洁无污、无锈、防腐层无脱落，箱内过滤网清洁、无破损，电加热器管束干净。

（2）油泵

油泵（润滑油泵、动力油泵）一般采用齿轮泵或螺杆泵。

1）检查、组装应符合设备技术文件的要求，若无要求，可按SHS 01017—2004《齿轮泵维护检修规程》或SHS 01016—2004《螺杆泵维护检修规程》进行检修；

2）组装后盘动应灵活。

（3）油冷却器

1）应进行解体检查，当发现列管污垢较严重时，应进行清洗；

2）油冷却器回装后应做耐压试验；

3）换向阀应灵活、严密，指示标记应明显、无误。

（4）双筒过滤器

1）各滤筒或网片不应有抽丝、开裂及孔洞；

2）金属滤筒或网片应用毛刷、煤油仔细清洗；检查各密封圈应完好无损，并应在装配中保持清洁；

3）转换手柄应灵活好用。

（5）蓄能器

1）蓄能器皮囊氮气试验应符合设备技术文件的规定；

2）各接头联接可靠无松脱，在试验压力下应无泄漏。

2. 空气过滤器

1）箱体各接合面不得出现漏气现象；

2）卷帘式过滤器的滤料滚筒、齿轮箱和电动机联接后盘动应灵活，滤布无损坏；抽吸风机应转动灵活，无刮碰杂音；

3）滤筒式过滤器的滤筒干净、完好无损，与箱体连接密封良好。

4）过滤室内清洁。

（二）工艺管道及特殊阀门的检修

工艺管道检修主要指压缩机的出入口管道本体、管道上的法兰、入口柔性补偿器、入口整流栅、出口金属波纹管补偿器；特殊阀门指压缩机出口防喘振放空阀、单向阀、防阻塞阀（大部分压缩机不配备此阀）及出口切断阀。

1. 管道及管件

一般管道的检修只是开入口管道的人孔，进行管道内部检查和清扫。如果法兰处泄漏就要更换法兰垫片，也有可能需要更换或修理出口金属补偿器。

如果更换管道，管道的检修要按 GB 50235 工业金属管道工程施工及验收规范的规定进行施工，管路与压缩机不应强行连接，必须严格控制管道安装产生的应力及力矩对压缩机的影响。

2. 特殊阀门

特殊阀门对压缩机的安全保护及临时解体抢修压缩机起着非常重要的作用，对其要求是：开关灵活，无卡涩现象、严密。

1）如要解体检修时，零部件应无锈蚀、损伤；

2）各部间隙应符合机器技术文件规定；

3）阀门应按设计要求回装，流向正确；

4）调试合格。

第七节　轴流式压缩机调试、试运转及验收

一、轴流式压缩机油系统冲洗、运转及自保调试

（一）油系统冲洗

1）油系统设备及管道的吹扫和清洗应符合 GB 50235 的有关规定。

2）将静叶调节系统上和防喘振阀上的电/液转换器或气/液转换器拆掉，分别换上冲洗管和盲板，并将阀门保护好。

3）油冲洗时应安装清扫合格的临时跨线，使冲洗油不进入轴承箱和伺服马达，同时各油管道不应安装进油节流孔板。

4）拆除油过滤器的滤芯，装上临时滤网，滤网规格应逐次由小到大进行更换（一般为 100 ~ 200 目），其通流面积不小于管道横截面积的 2 ~ 4 倍。

5）检查油箱和油过滤器，确保无污物、杂物等。

6）用过滤机向清扫合格后的油箱注入符合要求的汽轮机油，直至油箱最高液位。

7）油箱充油时应检查下列项目：

① 油位指示器动作灵活，其指示与油箱中的实际液位相符合；

② 高油位及低油位信号指示准确。

8）油系统冲洗前，各油泵应试运转合格。

9）油冲洗准备工作检查合格后，方可启动油泵进行油系统冲洗。

10）油冲洗以循环的方式进行，循环过程中宜每 8h 在 40 ~ 70℃ 的范围内反复升降油温

2 ~3 次，直至油冲洗合格。

11）油冲洗时应尽量加大流速和流量，并使油充满管道系统的所有空间。

12）油冲洗过程中应用木锤频频敲击管道，特别是焊缝与弯头处。

13）从油管道各处视镜观察，油流应正常。

14）在油冲洗循环中，应根据过滤器差压变化情况经常检查清扫过滤器。

15）油冲洗时间不得少于24h。

16）油冲洗合格标准如下：

① 通油4h后，临时滤网上无硬颗粒及粘稠物，每 $1cm^2$ 可见软杂物不多于3点；

② 在油箱（泵吸入口管下缘100mm处）和冷油器最低放油点取样分析合格；

③ 通油20h后，油过滤器的前后差压增加值不超过0.01 ~0.015MPa。

17）在油系统冲洗合格后，拆掉冲洗管和盲板，换上转换器冲洗伺服马达，合格标准同第16条。

18）油冲洗合格后，应排尽油箱、油冷却器和油过滤器内的脏油，并按第5条、6条的要求重装合格的新油。

19）拆除临时跨线后，应将油系统管道复原。先在各进油管道加临时滤网，然后拆掉油过滤器临时滤网并装入滤芯。

（二）油系统试运转及自保调试

1）打开动力油系统蓄能器充气阀，向蓄能器皮囊充氮气，其压力应符合设备技术文件的规定。充满后将充气阀关闭。

2）在油泵启动前应启动各油箱加热器，使油温升到25℃。

3）准备工作完成后应分别启动润滑油和动力油系统的油泵，建立两个油系统的循环，调整润滑油、动力油系统压力，使润滑油集合管油压及蓄能器油压分别达到技术文件规定的数值。

4）润滑油系统、动力油系统应进行下列自保护项目试验，并符合设备技术文件的规定：

① 低油压报警及备用油泵自启动；

② 低油压停机报警；

③ 油过滤器差压高值报警；

④ 油冷却器出口油温高值报警。

5）在油循环中应对油过滤器切换阀进行严密性检验。

6）油循环中，油过滤器差压大于0.15MPa时应切换过滤器，清扫滤芯。

7）试运转时，应确认高位油箱的充油和回油状况良好。

8）油循环累计24h后，进行油质分析，当符合油系统冲洗的16条规定且各项自保护试验准确无误后，可视为油系统试运转合格。

9）油系统试运转合格后，应清扫油过滤器及轴承，拆除进油管道上的临时滤网，并安装各节流孔板。

10）油系统全部复原后应及时封闭，等待机组试运转。

二、轴流式压缩机机械试运转

下面以催化裂化装置的烟气轮机—主风机组为例，叙述轴流式压缩机的试运转。

（一）试运转前的准备工作

1）机组试运转前应具备下列条件：

① 检修工作全部结束，机组现场整洁并备有必要的安全防护设施和防护用品，以及试运转所需的工具、量具等。

② 油系统冲洗合格，自保调试完毕，并有齐全准确的校验记录和有关检修记录；

③ 与机组相关的工艺管道、电气、仪表控制系统及水、电、汽、气等公用工程安装、吹扫、试压完毕，具备使用条件；

④ 编制好试运转方案，备好试运转记录表格。

2）成立由主管部门领导的及生产车间、机械、电气、仪表等有关单位人员参加的试运转领导小组，进行技术交底，组织及指挥试运转的全面工作。

3）参加试运转工作的岗位工作人员，必须由熟悉本机组结构与特性、掌握机组操作规程、有处理事故能力且经考试合格的人员担任。

4）参加试运转的机械、电气、仪表等维护人员，应由熟悉本机组检修工作的人员担任。

这里强调的是，机组的电气及仪表的自保及自保联锁必须正常，其参数整定值必须准确。

电气的自保主要有：①差动保护，②过流保护，③速断保护，④低电压保护，⑤接地保护等等。

仪表的自保及自保联锁主要有：①油过滤器差压高报警，②油箱液位低报警，③油温低报警，④油压低报警及辅助油泵自启动，⑤油压低低停车，⑥机组轴承温度高报警，⑦机组轴振动高及高高报警，⑧机组轴位移高报警及高高停车，⑨机组转速高报警及高高停车，⑩防喘振、防逆流、防阻塞控制系统。

（二）压缩机低负荷机械试运转

1. 试运转条件

试运转前下列项目必须按要求或规定完成：

1）投入机组全部保护、监测、控制仪表，联锁继电回路系统设备完好、动作准确；

2）电动机应做好启机准备工作（见第七章第三节异步电动机试运）；

3）润滑油分析合格后，按操作规程启动润滑油油泵，建立正常的润滑油系统工作循环；油温、油压符合规定，润滑油的入口温度宜为35～40℃。确认高位油箱回油正常，启动润滑油箱的油雾风机；

4）水、电、风系统引送到位；

5）轴流式压缩机入口过滤器、消声器、出入口管道的清洁度确认合格，人孔封闭；轴流压缩机入口过滤器处于良好的开机准备状态；

6）静叶角度控制仪表与轴流式压缩机上角度标尺对应关系正确，静叶角度处于启动位置（静叶角度应符合机器技术文件的规定），出口各阀门应在指定控制位置；

7）复查对中，连接各联轴器；

8）如机组有盘车器，启动盘车器运行几分钟，检查机内是否有异常声音，否则压缩机只能静态启机。

2. 压缩机开车

1）按启动程序启动电动机，启动后密切监视启动时间、电流、电压、转数、轴振动、轴位移变化，在达到额定转速后，记录静叶由启动角度至最小工作角度的释放时间。待转数、电流正常后，立即检查压缩机轴承温度、轴振动及轴位移等情况，每30min记录一次；

2）轴流压缩机静叶开度应在最小工作角度下，进行低负荷机械试运转。在运转中详细检查机组运转情况，每30min记录一次有关各项参数。

3）连续运行不少于8h，无异常情况，各项指标均符合技术文件规定，可视为轴流压缩机低负荷机械试运转结束。

3. 压缩机停机

1）停机前逐渐关小静叶角度，至最小开度时方可停电动机，并记录惰转时间；

2）如果有动力油泵，停动力油泵；

3）电动机停止运转后，启动电动盘车器，盘车约10min后停盘车器；

4）待轴流式压缩机机壳温度降至80℃以下，进、出轴承润滑油温差小于5℃时，停润滑油泵；

5）切断冷却水、仪表、电气等控制系统。

4. 压缩机紧急停车

当压缩机在试运过程中，出现危急情况，如压缩机振动出现高高报警，轴承温度达到危险值，电动/发电机绕组出现烧焦气味等，危及机组安全时必须立即紧急停车，即按控制盘上的紧急停车按钮。

5. 压缩机停机后的检查

压缩机低负荷机械试运转结束并在停车后，应检查轴承衬磨合情况，如无异常，则视为轴流式压缩机低负荷机械试运转合格。

（三）压缩机负荷机械试运转

压缩机低负荷机械试运转合格后，还应进行压缩机在设计状态下的负荷机械试运转。

1. 试运转的条件

见压缩机低负荷机械试运转的“试运转的条件”。

2. 压缩机开车

1）按启动程序启动电动机，启动后密切监视启动时间、电流、电压、转数、轴振动、轴位移变化，在达到额定转速后，记录静叶由启动角度至最小工作角度的释放时间。待转数、电流正常后，立即检查压缩机轴承温度、轴振动及轴位移等情况，每30min记录一次。

2）静叶角度开度与运转时间应按设备技术文件规定分档次进行。若电机功率不够，静叶角度可开到电机功率允许的最大角度值。分档次运转结束后，将轴流压缩机稳定在设计工况条件下运转时间不少于24h。

3）轴流式压缩机在额定状况连续运行24h，无异常情况，各项运行指标符合要求，视为压缩机负荷机械试运转合格。

3. 压缩机停车及压缩机紧急停车

见压缩机低负荷机械试运转的“压缩机停车及压缩机紧急停车”。

三、轴流式压缩机验收

压缩机试运后必须达到如下要求才能验收：

1）有完整、准确的检修、试运记录；检修质量符合规定；

2）压缩机周围环境清洁，主体整洁，油漆完整美观；

3）基础、机座稳固，地脚螺栓及各连接螺栓应满扣、紧固；

4）压缩机的零、附件齐全好用；

5）润滑油牌号和质量符合规定；油系统及辅属设备运行正常、不漏；备用油泵备用状态良好；

6）设备出力满足正常生产需要；

7）运行平稳，无杂音，电流指示正常；

8）轴承温度、轴振动及轴位移符合规定；

9）保护系统灵活好用；

10）主风阀、止回阀及放空阀灵活好用、不漏。

第八节　轴流式压缩机的维护及故障处理

一、轴流式压缩机的维护

操作员应熟练掌握机器的结构、性能、操作及维护，必须经过严格培训、考试，只有合格后才能上岗操作。操作时严格按操作规程进行操作，严禁机组在超温、超压、超负荷、超振等异常工况下运行。按时巡回检查，发现故障，要及时联系处理，按时认真地做好操作记录。对压缩机运行状态监视的主要参数是油压、轴承温度、轴振动、流量与安全线的距离。

生产车间管理人员（建议设专职工程师，负责机组的工作）必须认真管理好本车间的大机组工作；做好对操作员的技术培训工作，不断提高操作人员的操作水平，特别是提高对事故的处理能力；按规定时间做好大机组的油品采样分析工作，保证机组的润滑。

设备主管部门应牵头做好大机组的特护管理工作，加强对电气、仪表、机械等设备的维护，保养，发现故障要认真分析、诊断，及时处理。按规定进行状态监测工作，并建立档案。正常运行中的自保联锁均应投自动，因特殊原因需摘除时，必须制定可靠的防范措施，并办理相应的审批手续后，方可执行并限期恢复。

这里强调一下的是：

1）一定要做好入口空气过滤器的管理及维护工作，这方面工作常常被人们忽视。因为空气质量达不到要求，往往是轴流式压缩机效率下降、叶片断裂的重要原因之一。

2）启动过程中，如果已经达到正常转速，但是压缩机的可调静叶角度仍处于启动位置，没有到达安全位置，即使轴振动不大，也必须立即停机，处理好仪表故障后才能重新启动，避免旋转失速运行。

二、轴流式压缩机的故障及处理

轴流式压缩机的故障及处理见表4－22。

表4－22　轴流式压缩机的故障及处理

故障名称	现象或原因	处　理
润滑油压低	油过滤器堵塞 油箱液位低 压控阀有故障 安全阀有故障 油泵故障（包括吸入口堵塞、漏气） 测压系统故障	切换过滤器，清洗滤芯 适当加润滑油 处理压控阀故障，重新定位 处理安全阀故障，重新定压 处理油泵故障 处理测压系统故障

续表

故障名称	现象或原因	处　　理
动力油压低	泵出口溢流阀故障(如漏油) 蓄能器未投入或氮气压力不足 其余见“润滑油压低”现象或原因	处理溢流阀故障 投蓄能器或将其充压至规定值 其余见“润滑油压低”处理
轴承温度高	进油量不足、油变质或油带水 冷却水量小或水温高或冷油器结垢 测温系统故障 轴承损坏	适当提高油压或更换润滑油或脱水 增加水量或改用新鲜水或冷油器除垢 不停机处理测温系统故障 若轴承温度超过极限值，则停机处理
风流量降低	入口空气过滤器堵塞 出口系统压力升高 密封间隙过大 静叶执行机构故障 出口流量检测系统故障	更换入口过滤材料 将出口主风阀全开到位 停机更换轴封 停机处理静叶执行机构故障 处理出口流量检测系统故障
停380V电	主油泵停运，油压下降，辅助油泵自启动报警	主油泵停运后，检查辅助油泵是否已启动，若备用泵不能启动，则立即停机
停24V直流电	由UPS供电，若超过UPS允许供电时间，则24VDC彻底断电，所有报警及控制仪表失灵，自保联锁启用，机组停机	由UPS供电时，应立即向班长报告，及时处理并做好停机处理的准备
停仪表风	防喘振阀开，风压力、流量均下降 阻尼单向阀全关	维持机组安全运行状态或停机
停　水	冷油器出口温度上升，轴承温度上升 电动机定子温度升高	循环水切换用新鲜水 若轴承温度>100℃或绕组温度>120℃，紧急停机
振动过大	转子不平衡(如动叶损坏、主轴弯曲) 联轴器对中不良 轴承间隙过大或轴承压盖松动 轴与密封接触 地脚螺栓或支撑螺栓松动 压缩机在失速区运行 测振系统故障	除不停机处理测振系统故障、失速运行、螺栓松动外，其余均需停机检查、处理
喘　振	压缩机出口压力、流量大幅度波动 主电机电流大幅度波动 压缩机入口温度迅速升高 出口管道晃动，机组振动且声音异常	检查原因，消除喘振；如防喘振控制器失灵，机组又不能进入安全运行状态，则应紧急停机 若重新开机后又出现喘振现象，则应停机处理出口管道堵塞处，可能是膨胀节导流筒变形所致
逆　流	瞬间压缩机就会严重破坏，尤其是用于催化裂化装置的压缩机。操作失误；出口没有单向阀或单向阀损坏	吸取教训，提高操作水平 更换质量好的随动单向蝶阀 大修或更换压缩机
防喘振放空阀开	压缩机低流量报警 压缩机进入安全运行状态	从工艺操作上查找原因 从仪表(PLC)上查找原因 从防喘振阀上查找原因
停6000V高压电	电压、电流表指示回零 压缩机流量、出口压力迅速下降	机组自动停车

第五章　螺杆式压缩机

螺杆式压缩机是用途比较广泛的回转式压缩机，属于容积式压缩机的一种。它具有在较低压力下，流量幅度较宽的操作特性。在石油化工生产中，常常用于天然气集输，燃料气的增压、冷冻、压缩(丙烷/丁烷)，放火炬气体压缩以及空气压缩等场合。

螺杆式压缩机常见的使用范围见表5－1。

表5－1　螺杆式压缩机的常用范围

机　　型	转数/(r/min)	排气量/(m^3/min)	排气压力/MPa
无油螺杆式压缩机	1800～22000	3～1000	<1.0
喷油螺杆式压缩机	1000～3000	5～100	<1.7

和往复式压缩机相比，螺杆式压缩机有以下特点：

1）结构简单，运动部件少，没有往复式压缩机需要经常维修的气阀、活塞环，填料密封等零部件，维护简单，费用较低，使用寿命较长；

2）减少或消除了气流脉动；

3）能适应压缩湿气体以及含有液滴的气体；

4）在有冷却润滑剂连续流动的情况下，允许的单级压力比要高得多(可高达20～30)，并且排气温度较低；

5）由于不存在往复惯性力，可在高转数，高压比下工作，特别是喷油或喷液的螺杆式压缩机，由于压缩气体内冷效果好于往复式压缩机的外部冷却，因而功率利用充分；

6）转子型线复杂，加工要求高，不适于作高压压缩机用，特别是干式螺杆压缩机为了减少内部温度的上升，必须用增速齿轮提高其转数，因此机械损失大，运行中气流噪声较大。

第一节　螺杆式压缩机的分类、基本结构和工作原理

一、螺杆式压缩机的分类和基本结构

螺杆式压缩机可分为干式(无油润滑)螺杆压缩机和湿式(喷油或喷液式)螺杆压缩机两类。

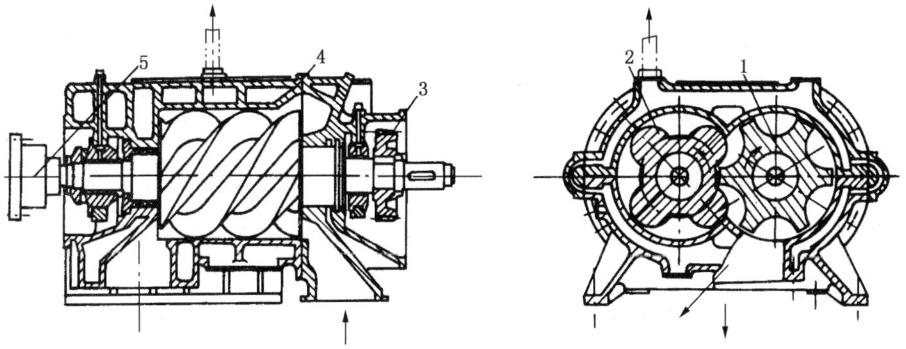

图5－1　无油润滑螺杆式压缩机

1—阴螺杆；2—阳螺杆；3—啮合齿轮；4—机壳；5—联轴节

干式(无油润滑)螺杆式压缩机(见图5-1)为了保障转子间必不可少的间隙，通常采用同步齿轮。干式螺杆压缩机中阳转子(主动转子)靠同步齿轮带动阴转子(从动转子)，转子啮合过程中互不接触，靠有一定间隙的一对螺杆高速旋转，达到密封气体和压缩气体的目的。干式螺杆压缩机的汽缸上带有冷却水套，用来冷却被压缩的气体。其基本结构包括汽缸、阴、阳转子、同步齿轮、轴承、密封装置以及气量调节装置等主要部件组成。

常见的喷油式螺杆制冷压缩机基本结构见图5-2。

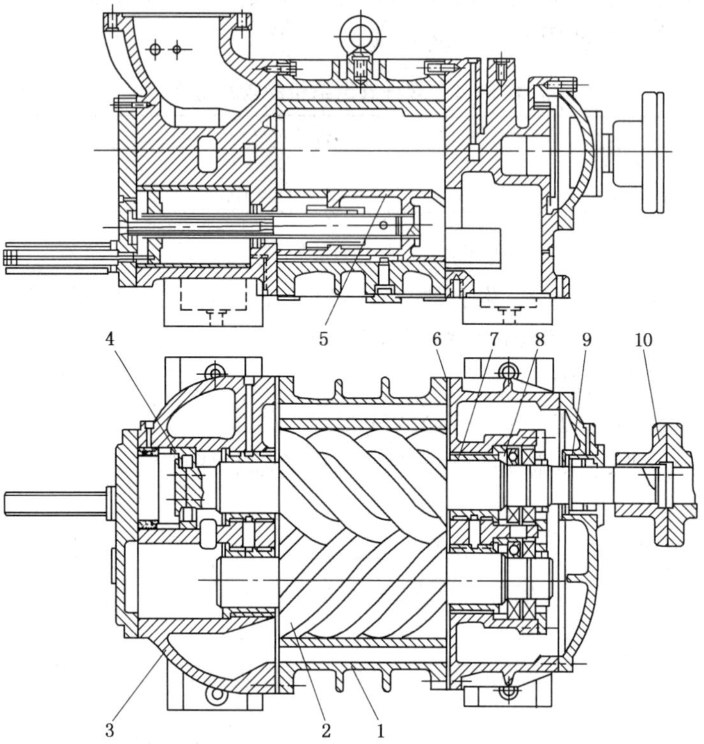

图5-2 喷油式螺杆制冷压缩机剖面图

1—机体；2—阴、阳转子；3—吸气端座；4—平衡活塞；5—滑阀；6—排气端座；7—主轴承；8—径向止推轴承；9—轴封；10—联轴器

喷油式螺杆压缩机通常不设同步齿轮，阳转子直接带动阴转子，并且靠喷入的润滑油在转子间形成油膜，起到密封、润滑和冷却的作用。

喷液式螺杆压缩机是靠喷入制冷剂或喷水起到冷却和密封的作用。它改变了单纯喷油(喷油量甚至高达机器容积排量的1%)而必须增加庞大的油处理、回收系统。但是喷液也不宜全部代替喷油，油的润滑作用是制冷剂所不能取代的。

二、螺杆式压缩机的工作原理

通常螺杆式压缩机的主动转子节圆外具有凸齿，从动转子节圆内具有凹齿。如果将阳转子的齿当作活塞，阴转子的齿槽视为汽缸(齿槽与机体内圆柱面及端壁面共同构成工作容积称为基元容积)，这就如同活塞式压缩机的工作过程，随着一对螺杆旋转啮合运动，转子的基元容积由于阴阳转子的相继侵入而发生改变。

在吸气端设置同步齿轮，由厚齿和薄齿叠合在一起，通过调整厚齿和薄齿的相对位置，可以调整阴阳转子间的啮合间隙，保障阴阳转子即使在反转时也不接触，减少了磨损，提高了使用寿命。图 5 - 3 为螺杆式压缩机工作原理示意图。

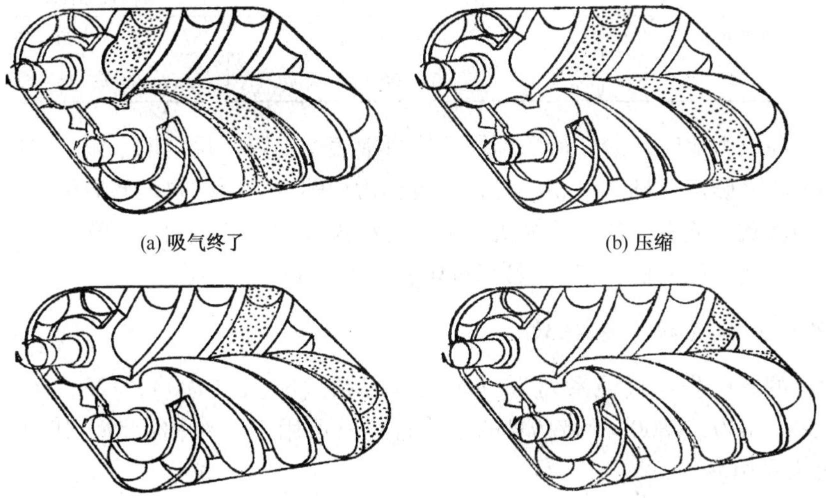

(a) 吸气终了　(b) 压缩

(c) 压缩终了　(d) 排出

图 5 - 3　螺杆式压缩机工作原理

螺杆式压缩机的吸、排气口分别位于机体两端，成对角线布置。气体经吸入口进入基元容积对(阴、阳转子各有一基元容积组成一对基元容积)，由于转子的回转运动，转子的齿连续地脱离另一转子的齿槽，齿槽的空间容积不断增大，直到最大时，吸气终了，见图 5 - 3(a)。基元容积对与吸入口隔开，开始压缩。压缩过程中，基元容积对逐渐推移过程中，容积在逐渐地缩小，气体被压缩，见图 5 - 3(b)。转子继续旋转，在某一特定位置(根据工况确定的压力比而求取的转角位置或螺杆某一长度)，基元容积对与排气口连通，压缩终了，见图 5 - 3(c)。排气过程如图 5 - 3(d)所示，直到气体排尽为止。基元容积由于空间接触线分割，排气的同时，基元容积对在吸气端再次吸气，接着又是压缩、排气。

第二节　螺杆式压缩机的主要参数及其性能指标

一、最佳齿顶圆周速度和转数

螺杆齿顶圆周速度是影响螺杆式压缩机性能的重要参数。而圆周速度的改变又对压力比、机器的泄漏损失和流动损失产生影响，参见图 5 - 4 和图 5 - 5。

最佳圆周速度通常用阳螺杆的齿顶圆周速度来表示，见表 5 - 2。

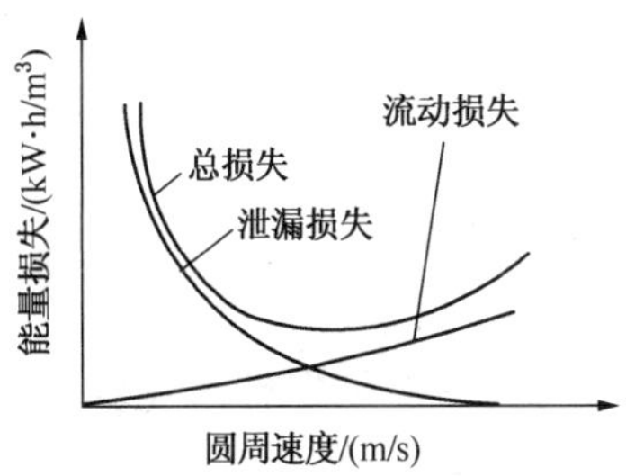

图 5 - 4　螺杆式无油润滑压缩机能量损失和圆周速度的关系

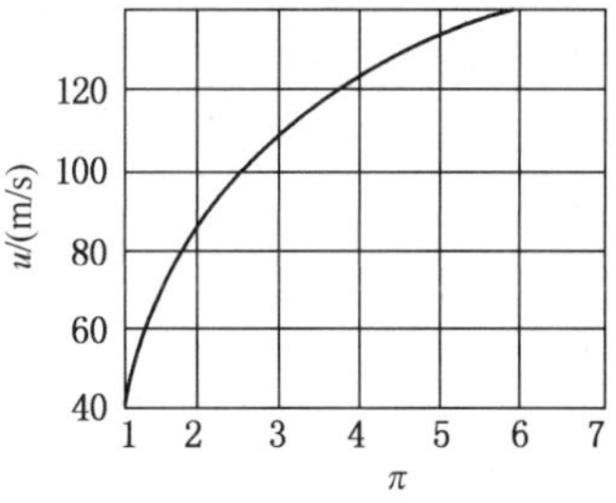

图 5 - 5　无油对称圆弧齿形最佳圆周速度与压力比的关系

表 5-2　螺杆式压缩机最佳齿顶圆周速度

齿　　型	干式螺杆压缩机/(m/s)	喷油式螺杆压缩机/(m/s)
对称圆弧齿型	80～120	30～45
不对称齿型	60～100	15～35

压缩机为高压力比时，最佳齿顶圆周速度可取表中上限，反之取下限。当圆周速度确定之后，转数也随之确定。排气量相同时，不对称齿型螺杆式压缩机的转数远低于对称齿型螺杆式压缩机的转数。通常，喷油压缩机若为不对称齿型时，其转数为 730～4400r/min，可与电动机直连。无油式压缩机转数范围为 2960～15000 r/min，甚至更高。

二、螺杆公称直径和长径比

我国规定的螺杆公称直径系列为(mm)：(63)，(80)，(100)，125，160，200，250，315，400，500，630，(800)。带括号的公称直径只适用于不对称齿型，其中以 160、200、250、315 最为常用。

长径比即螺杆长度与螺杆直径之比，通常为 0.9～1.5。排气量相同时，长径比小的机器螺杆直径大，吸排气口面积也大，气体流动损失小。长径比小的螺杆短而粗，刚性好，增加了运转可靠性，用在高压差级中，结构更为紧凑。对排气量大的压缩机一般长径比较大。较大的制冷螺杆式压缩机通常要求长径比 1.60～1.65。

三、导程和扭转角

螺杆导程、扭转角和长径比间的关系见表 5-3。

表 5-3　螺杆导程，扭转角和长径比间的关系

		短　导　程			长　导　程			特长导程		
对称圆弧齿型	导程 T	$T_1=4/3D_0$；$T_2=2D_0$			$T_1=1.8D_0$；$T_2=2.7D_0$					
	长径比 λ	0.9	1.0	1.12	1.18	1.32	1.50			
	阳螺杆扭转角 τ_1	243	270	302.4	236	264	300			
	阴螺杆扭转角 τ_2	162	180	201.6	157.3	176	200			
不对称齿型	导程 T	$T_1=1.2D_0$；$T_2=1.8D_0$			$T_1=1.8D_0$；$T_2=2.7D_0$			$T_1=2.7D_0$；$T_2=4.05D_0$		
	长径比 λ	0.8	0.9	1.0	1.2	1.35	1.5	1.8	2.0	2.25
	阳螺杆扭转角 τ_1	240	270	300	240	270	300	240	266.7	300
	阴螺杆扭转角 τ_2	160	180	200	160	180	200	160	177.8	200

注：(1) 扭转角 $\tau=360L/T$

(2) D_0 代表螺杆直径。

(3) 此表表达的参数间的关系常用齿数比为 4:6。

四、压力比和级数

压力比和级数是影响压缩机尺寸和性能的重要参数。表 5-4 是螺杆式压缩机各级压力和级数的关系。

喷油式螺杆压缩机一般按实际流量选择级数，$20m^3/min$ 以下选择单级，$20m^3/min$ 以上可选择两级。

表 5-4　螺杆式压缩机各级压力和级数的关系

压缩机类型	级数	压力/MPa
无　油	1	≤0.4
	2	0.4~1.0
	3	1.0~2.0
	4	2.0~3.0
喷　油	1	0.7~1.7
	2	1.3~2.5

注：介质为空气，常压进气。

五、排气量

理论排气量

$$V_L = C_\varphi C_n n_1 \lambda D_0^3$$

式中　C_φ——扭转角系数，圆弧齿型扭转角系数见表 5-5；

C_n——面积利用系数，对称圆弧齿型 $C_n=0.471$；不对称摆线-圆弧型线：单边不对称齿型 $C_n=0.515$；双边不对称齿型 $C_n=0.48$；

n_1——阳螺杆转数；

λ——长径比；

D_0——螺杆直径。

实际排气量

$$V = \eta_v V_L$$

式中　η_v——容积效率，见表 5-6。

表 5-5　圆弧齿型的理论扭转角系数

阳螺杆扭转角 τ_1	240°	270°	300°
扭角系数 C_φ	0.999	0.989	0.971

表 5-6　不同螺杆齿型的容积效率 η_v

螺杆齿型	无油螺杆	喷油螺杆	螺杆齿型	无油螺杆	喷油螺杆
对称圆弧齿型	0.65~0.85	0.75~0.90	不对称齿型	0.70~0.90	0.80~0.95

六、功率

理论功率

$$N_{id} = 16.67 P_s V/\eta_v m/(m-1)[(p_d/p_s)^{m-1/m} - 1] \quad kW$$

式中　m——多变指数。

轴功率

$$N = N_{id}/\eta_m \quad kW$$

式中　η_m——机械效率，一般为 0.95~0.97。

七、排气温度

$$T_2 = T_1 (P_d/P_s)^{(m-1)/m}$$

对于喷油或喷冷却液的螺杆式压缩机的排气温度，还必须考虑喷入介质汽化吸热的性能以及喷入介质的温度，压力以及单位时间内的喷入量。

八、国产LG型无油和喷油螺杆式压缩机主要技术参数(见表5-7)

表5-7 国产LG型螺杆式压缩机的性能参数

无油螺杆压缩机														
产品型号	压缩介质	进气压力/MPa	进气温度/℃	排气量/(m^3/min)	排气压力/MPa	排气温度/℃	冷却水量/(m^3/h)	噪声(声压级)dB(A)	外形尺寸/mm	主机质量/kg	驱动电动机			
											型号	功率/kW	转速/(r/min)	电压/V
LGWD-20/7-X	空气	常压	<40	20	0.7	≤40	13.5	77±3	1950×1300×1540	2600	C280M-2	125	2975	380
LGWD-22/7-X	空气	常压	<40	22	0.7	≤40	14.5	77±3	1950×1300×1540	2700	C280M-2	140	2975	380
LGW-6/2.8-10-X	氮气	0.28	<40	6	1	≤40	8	77±3	1950×1300×1540	2400	G280M-2	75	2975	380
LGWD-20/5-X	空气	常压	<40	20	0.5	≤40	11.6	77±3	1950×1300×1540	2600	G280M-2	125	2975	380
LGWD-35/7-X	空气	常压	<40	35	0.7	≤40	19	77±3	2350×1550×1850	4200	G315M-2	200	2975	380
LGWD-29/7-X	空气	常压	<40	29	0.7	≤40	15.8	77±3	2350×1550×1850	3700	G315M-2	165	2975	380
LGWD-43/7-X	空气	常压	<40	43	0.7	≤40	23.4	77±3	2350×1550×1850	4200	G315M-2	250	2975	380
LGWD-40/8-X	空气	常压	<40	40	0.8	≤40	23.4	77±3	2350×1550×1850	4200	G315M-2	250	2975	380
LGW-40/8-X	空气	常压	<40	40	0.8	≤40	23.4	77±3	2800×1550×1850	4500	G3553-2	250	2975	6000
LGW-40/5-X	空气	常压	<40	40	0.5	≤40	17.3	77±3	2350×1550×1850	4200	G315M-2	200	2975	380
LGW-35/8-X	空气	常压	<40	35	0.8	≤40	19	77±3	2350×1550×1850	4200	315M-2	220	2975	380
LGW-40/2.5-X	空气	常压	<40	40	0.25	≤40	15.8	77±3	2350×1550×1850	3700	G315M-2	165	2975	380
LGW-25/3-X	空气	常压	<40	25	0.3	≤40	11	77±3	2350×1550×1850	3700	YW315M-2	132	2980	380
LGW-25/3.5-Ⅻ	氮气	0.1	<40	25	0.35	≤40	11	77±3	2350×1550×1850	3700	KA3315M-2	132	2980	380
LGW-40/8.5-X	空气	常压	<40	40	0.85	≤40	24	77±3	2800×1550×1850	9800	YA400M2-2P	280	3000	6000
LGW-54/3.3-X	空气	常压	<40	54	0.33	≤40	43	82±3	3940×2400×2200	9800	YKSQ3555-4W	280	1470	6000
IGW-57/3-X	空气	常压	<40	57	0.3	≤40	43	82±3	3940×2400×2200	9800	YKSQ3555-4W	280	1470	6000
IGW-40/1.5-X	空气	常压	<40	40	0.15	≤40	30	82±3	3940×2400×2200	9800	YKSQ3555-4W	110	1470	6000
LGW-50/4-X	空气	常压	<40	50	0.4	≤40	24	82±3	2560×2200×2240	7430	JY3-400-4	250	1470	380/6k
LGW-50/5-X	空气	常压	<40	50	0.5	≤40	24	82±3	2560×2200×2240	7430	JY3-400-4	250	1470	380/6k

续表

无油螺杆压缩机											驱动电动机			
产品型号	压缩介质	进气压力/MPa	进气温度/℃	排气量/(m^3/min)	排气压力/MPa	排气温度/℃	冷却水量/(m^3/h)	噪声(声压级)dB(A)	外形尺寸/mm	主机质量/kg	型号	功率/kW	转速/(r/min)	电压/V
LGW-40/7-X	空气	常压	<40	40	0.7	≤40	24	82±3	3560×2200×2240	7700	JY3-400-4	250	1470	380/3k/6k/10k
LGW-40/8-X	空气	常压	<40	40	0.8	≤40	24	82±3	3560×2200×2240	8600	JY3-450-4	280	1470	10k
LGW-42.5/7-X	空气	常压	<40	42.5	0.7	≤40	24	82±3	3560×2200×2240	7600	JY3-400-4	280	1470	380
LGW-60/7-X	空气	常压	<40	60	0.7	≤40	15(不含后冷)	82±3	3816×2316×2350	10000	Y400-4	355	1488	380/6k/10k
LGW-64/7.5-X	空气	常压	<40	64	0.75	≤40	15(不含后冷)	82±3	3816×2316×2350	10000	Y400-4	400	1488	380/6k/10k
LGW-63/8-X	空气	常压	<40	63	0.8	≤40	15(不含后冷)	82±3	3816×2316×2350	10000	Y400-4	400	1488	380/6k/10k
LGW-76/4.5-X	空气	常压	<40	76	0.45	≤40	机组20,电机24	82±3	4235×2300×2490	11000	YKSQ40003-4W	450	L488	6000
LGW-67/3.5-X	空气	常压	<40	67	0.35	≤40	机组18,电机20	82±3	4235×2300×2490	11000	YKSQ40003-4W	400	1488	6000
LGW-67/4-X	空气	常压	<40	67	0.4	≤40	机组18,电机20	82±3	4235×2300×2490	11000	YKSQ40003-4W	400	1488	6000
LGW-80/7-X	空气	常压	<40	80	0.7	≤40	20.6(不含后冷)	82±3	4235×2300×2490	11000	JY450-4	500	1488	6000/10k
LGW-80/8-X	空气	常压	<40	80	0.8	≤40	20.6(不含后冷)	82±3	4235×2300×2490	11000	JY450-4	560	1488	6000/10k
LGW-90/7-X	空气	常压	<40	90	0.7	≤40	22.9(不含后冷)	82±3	4235×2300×2490	11000	JY450-4	560	1488	6000/10k
LGW-90/8-X	空气	常压	<40	90	0.8	≤40	22.9(含后冷)	82±3	4235×2300×2490	11000	JY450-4	610	1488	6000/10k
LGW-100/7-X	空气	常压	<40	100	0.7	≤40	25.9(不含后冷)	82±3	4235×2300×2490	11000	JY450-4	610	1488	6000/10k
LGW-100/8-X	空气	常压	<40	100	0.8	≤40	25.9(不含后冷)	82±3	4235×2300×2490	11000	JY450-4	630	1488	6000/10k

LGD-40 m^3 系列喷油螺杆压缩机

产品型号	LGD-32/7-X	LGD-35/7-X	LGD-43/7-X	LGD-40/8-X	LGD-35/10-X	LGD-50/5.5-X	LGD-32/7-X	LGD-35/7-X	LGD-43/7-X	LGD-40/8-X	LGD-35/10-X	LGD-50/5.5-X
型式	全罩式固定喷油螺杆压缩机											
压缩介质	空气											
公称容积流量/(m^3/min)	32	35	43	40	35	50	32	35	43	40	35	50

续表

LGD－40 m^3 系列喷油螺杆压缩机												
产品型号	LGD－32/7－X	LGD－35/7－X	LGD－43/7－X	LGD－40/8－X	LGD－35/10－X	LGD－50/5.5－X	LGD－32/7－X	LGD－35/7－X	LGD－43/7－X	LGD－40/8－X	LGD－35/10－X	LGD－50/5.5－X
型　　式	全罩式固定喷油螺杆压缩机											
额定工作压力/MPa	0.7	0.7	0.7	0.8	1.0	0.55	0.7	0.7	0.7	0.8	1.0	0.55
冷却方式	水　　冷						风　　冷					
冷却水耗量/(m^3/h)	≤15	≤20										
冷却水管径	G2″	G2″										
最低工作压力/MPa	0.4						0.4					
传动方式	弹性联轴节及齿轮增速											
功率/kW	185	200	250	250	250	250	185	200	250	250	250	250
电压/V	380/6000/10000						380/6000/10000					
风扇电机功率/kW							7.5×2					
使用环境温度/℃	≤40											
排气温度/℃	≤100											
供气温度/℃	≤40						≤45					
供气管径	*DN*100 *PN*1.6											
噪声/dB(A)	76±2						78±3					
安全阀开启压力	0.77	0.77	0.77	0.88	1.10	0.60	0.77	0.77	0.77	0.88	1.10	0.60
机组净重质量	~5100kg											
外形尺寸(L×W×H)	3400×2280×2550/4110×2280×2550											

第三节　螺杆式压缩机的综合特性曲线

螺杆式压缩机的综合特性曲线，见图5－6，表示不同转数时，排气量和压力比之间的关系。图中同时也给出了不同工况下的等效率曲线。

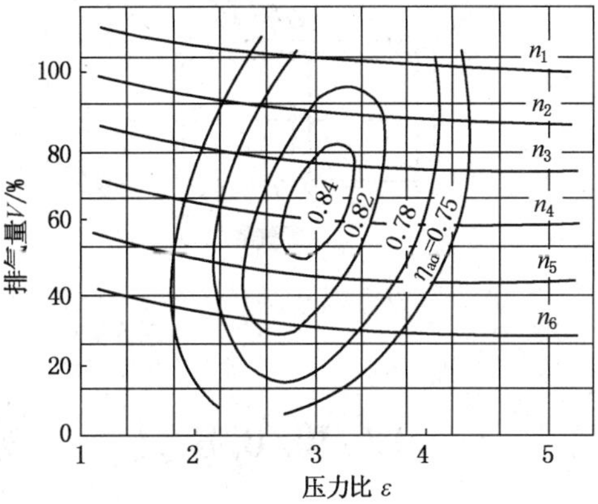

图5－6　螺杆式压缩机综合特性曲线

从螺杆式压缩机综合特性曲线图中可以看出螺杆式压缩机的共同特性：

1）在某一转数条件下，压力比增加时，实际排气量略有下降；这是因为通过间隙的气体泄漏量随压力比的增高而增加，这种影响在低转数时较为明显；

2）在最高效率等于0.84附近，存在一个相当宽广的转数（n_2～n_5）和压力比（2.6～3.4）范围，在此范围内，压缩机效率的降低并不显著。

第四节　螺杆式压缩机的流量调节

一、改变转数调节流量

使用变频调速或变速驱动机，改变转数调节流量。其经济调速范围是

$$n = (0.5 \sim 0.6) n_0$$

式中　n_0——驱动机额定转数，r/min。

二、关闭进口阀调节流量

关闭进口阀调节流量方法适用于小于20m³/min的螺杆式压缩机，但是经济性差，消耗功率大约为额定功率50%～60%；

三、滑阀调节

滑阀调节方法调节范围大，可在10%～100%的排气量范围内实现无级调节，适用于工况变动频繁的制冷、空调等场合。经济性较高，在额定排量的50%～100%范围内，原动机消耗功率的下降值，几乎与排气量的减少成正比，可实现卸载启动，但是机构和自动调节系统较为复杂。

滑阀流量调节原理见图5－7。

滑阀是靠汽缸或油缸内活塞两侧的压力差来推动的。滑阀的背部靠紧进气端的固定部位时，排气量为100%。调节时，滑阀移向排气端，背部便脱离固定部位，使基元容积的一段与进气端相通，相当于减少了螺杆的工作长度，从而降低了排气量。

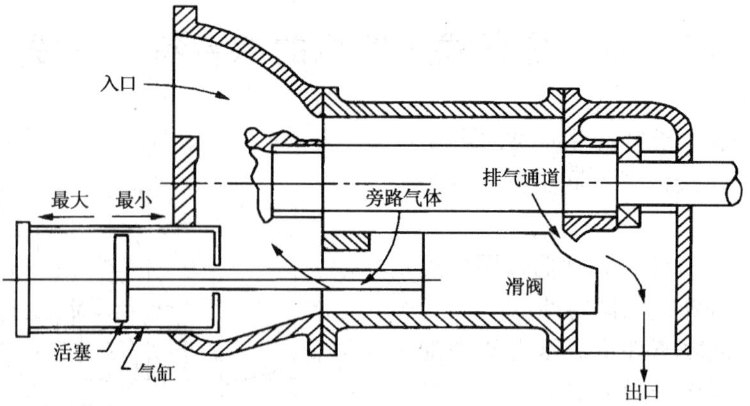

图5－7　滑阀流量调节机构

第五节　LG30/0.8火炬气螺杆式压缩机结构与性能介绍

一、主要技术规范

型号：LG30/0.8

型式：撬装式喷液螺杆式压缩机

压缩机级数：单级

螺杆公称直径：255mm

螺杆长径比 λ：1.65

机组额定总功率：250kW＋4kW(润滑油泵电机)

压缩机冷却方式：喷水内冷，压缩过程控制在85℃以内

机组润滑方式：压力润滑(32#或46#透平油)

机组驱动连接方式：叠片挠性联轴器与电机直联

机组外形尺寸(长×宽×高)：3500mm×2200mm×2000mm

机组总重：约5500kg

二、机组性能参数

进气压力：0～10kPa(G)

进气温度：－5～40℃

排气压力：小于0.8MPa

排气温度：小于80℃

排气量：1800m^3/h(进口状态)

安全阀泄放压力：0.66MPa

转数 n：2950r/min

三、LG系列火炬气螺杆式压缩机主机结构

LG系列火炬气螺杆式压缩机属于喷液式螺杆式压缩机，但是在结构上吸收了干式螺杆

压缩机的优点，设置了同步齿轮和机械密封。主机由汽缸、阳转子(四齿)、阴转子(六齿)、轴封、支承及止推轴承、联轴器等组成如图 5 - 8 所示。

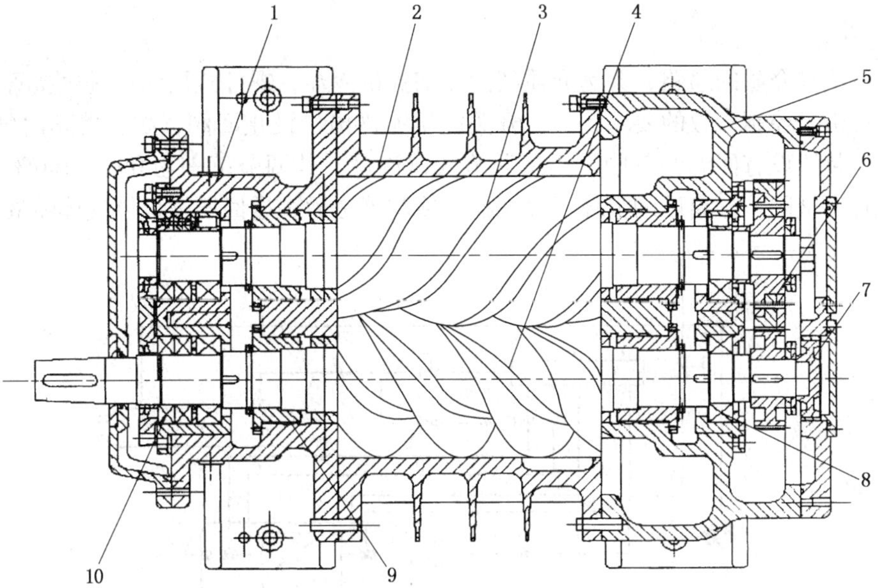

图 5 - 8 LG 系列火炬气螺杆式压缩机主机结构简图

1—排气端座；2—汽缸体；3—阴转子；4—阳转子；5—吸气端座；6—同步齿轮；7—平衡盘；8—径向轴承；9—密封组件；10—止推轴承

1. 汽缸

汽缸结构采用整体垂直剖分，可分为前端盖、吸气端座、汽缸体、排气端座、后端盖 5 大件。各垂直面都经过精密加工，无需任何垫片，安装时只需涂一薄层汽缸密封胶即可(为调整间隙，也可以加垫片)。汽缸采用高强度铸铁制成，表面经特殊防腐处理。一般情况下汽缸无需解体。

2. 转子

转子采用标准单边非对称型线，阳转子为四齿，阴转子为六齿。阳转子一端通过叠片挠性联轴器与电机直联，轴伸处设有油封，防止后端盖油外泄。阳转子另一端设有一油压平衡活塞(供油压力 0.75MPa)，用以平衡一部分转子的轴向力，延长止推轴承的寿命。转子采用优质钢制造，表面经防腐处理。

阴转子一端设有六角头，打开前端盖上的小闷盖，可以进行盘车。转子采用优质钢制成，表面经防腐处理。

在螺杆齿顶和齿根设计了密封筋和卸污槽。不仅增加了密封效果，而且可以把气体中的粉尘和细微杂质输送到排气端，避免在机体内沉积。

3. 油封

转子每一端都有一组阻水密封和机械密封。阻水密封齿设在轴上，与其相配合处均有巴氏合金衬套，以求泄漏量尽可能减少。检查气封时，只需顶出轴承座即可用拉力杆方便取出，无需拆下汽缸和拉出转子。

4. 轴承

径向轴承采用进口 NU 系列向心短圆柱滚子轴承，止推轴承采用一对向心推力球轴承。

径向止推轴承游隙正常值为0.01～0.03mm，可承受双向推力。

四、机组其他系统

1. 气液系统

气液系统是介质的通路，并为介质气的压缩提供冷却。螺杆式压缩机进气接管上装有蝶阀，蝶阀按机组控制参数的要求，执行开关。压缩机出口设止回阀，防止停车时气流倒灌，转子反转。装置设有回流调节阀，用来调节入口流量，其调节范围为0%～100%。气液分离器上设有安全阀。分离后的液体经过滤器、冷却器之后，返回压缩机供气体喷液使用。

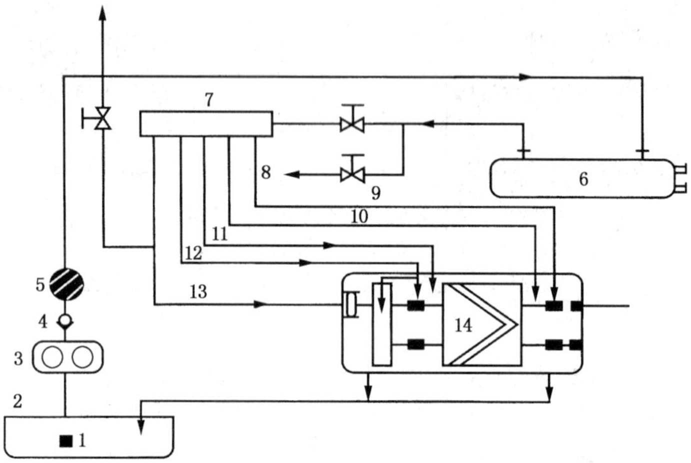

图5－9　油路系统示意图

1—过滤网；2—油箱；3—油泵；4—单向阀；5—油过滤器；6—油冷却器；7—油分配器；8—旁路；9—去排端轴承；10—去排端机械密封；11—去进端机械密封；12—去进端轴承；13—去平衡盘；14—主机

2. 油路系统

油路系统示意图见图5－9。油路测量点压力数据设计值见表5－8。

表5－8　油路测量点压力数据表

过滤器后/MPa	平衡盘/MPa	进气端轴承/MPa	进气端机械密封/MPa	排气端机械密封/MPa	排气端轴承/MPa
0.6～0.8	0.6	0.3～0.4	0.3～0.4	0.6～0.8	0.3～0.4

油路系统采用32#或46#透平油，实行压力润滑，主要用于轴承，同步齿轮以及平衡活塞和机械密封。油箱设在机组底座内，实际容量260L。油箱设有加热器，油位指示及通气罩等。油通过粗滤器吸入齿轮油泵，经精滤器过滤，至冷却器，再到油分配器。油分配器上旋开罩螺母，可以调节各支点压力和流量。

3. 密封系统

从排气端经阻水密封漏出的气体，一部分回到进口，另一部分流入平衡腔。从进气端经阻水密封漏到平衡腔的气体，被高于进气压力的气体封阻，迫使其又回到进气端。由于排气端平衡腔的气体压力，高于进气端平衡腔的气体压力，所以从连接两个平衡腔的油杯中，可以查看机械密封是否漏油。机械密封腔中充入过滤后的润滑油，起到冷却、冲洗和密封的作用。

4. 自动控制系统

机组设有较完备的控制设备和保护系统。现场设有压缩机进出口火炬气温度、压力指示、油泵压力指示等，二次仪控操作柜上可显示压缩机各主要参数，一旦进气压力、排气压力、排气温度、油压、油温任意一项达到报警联锁值，均会发出声光报警或连锁动作。机组运行参数正常、报警、联锁值见表5-9。

表5-9 机组运行参数正常、报警、联锁值

	正常值	报警	联锁
进气温度/℃	0~40		
排气温度/℃	<80	80	85
回油温度/℃	<65	65	75
进气压力/kPa	0~10		
排气压力/MPa	<0.8		
进油压力/MPa	0.6~0.8	0.5	0.3
液位/mm	150~350	<100或>400时报警	

第六节 螺杆式压缩机主机的安装与检修

一、主机的安装

普通螺杆式压缩机，无论其用途是压缩制冷还是工艺气体压缩，主机通常都是经组装、试车合格后，整体包装出厂。在规定质量保证期内，一般不必对主机拆开重新检查。安装程序可按以下步骤进行：

1）基础中间检查验收合格后，将地脚螺栓孔清理干净，并在预留的地脚螺栓孔两侧放置好垫铁组，以便调节机组的水平；

2）主机吊装就位。起吊时不允许利用压缩机和电动机的吊环螺栓，而应该利用机组本身预留的起吊部位；

3）找正、找水平完成后，用混凝土浇灌将地脚螺栓固定；

4）混凝土干固以后，旋紧地脚螺栓，最后以垫铁再次找水平，确认无误后将垫铁组用电焊固定住；

5）二次灌浆，填满机组底座和基础间的空隙，抹光基础；

6）管路连接，注意将管路内部氧化皮及其他杂质清除掉。连接吸排气管路时，不可强制连接，以免造成连接件变形以及主机和电动机对中的偏移。吸排气口带有波纹膨胀节的，按设计要求调整其预拉伸(或压缩)量；

7）机组入口应设置永久性过滤器(40~80目)，安装过程中应严格保证机体内不允许落入异物；

8）试车之前，电动机和压缩机之间的联轴器必须重新找正，机组联轴器对中找正值应满足设备技术文件要求，如果无明确要求，其径向圆跳动和端面圆跳动值均不大于0.05mm。

二、检修

（一）检修周期

进口255、321型螺杆压缩机和国产LG型螺杆压缩机大修周期为36个月，石油气螺杆压缩机大修周期为24个月，进口螺杆压缩机视运行情况可合理延长大修周期。小修期限可根据设备运行情况决定，但是每连续运行一年，应进行小修一次。

（二）检修内容

1. 小修项目

1）检查或更换机械密封（石油气螺杆压缩机组检查或更换滚动轴承）。

2）清洗检查油冷器。

3）清洗油过滤器，包括粗滤器（用于清除自油冷却器向油泵流去的润滑油中杂质）和精滤器（中心部位装有永久磁铁和滤芯，过滤自油泵流来的油中杂质，特别是微小的金属粉末）。

4）清洗压缩机进口过滤网。

5）检查电气、仪表设备的自保动作。

6）检查压力、温度继电器的动作。

7）冷冻机检查能量调节装置的动作灵敏情况。

8）石油气螺杆压缩机组检查同步齿轮磨损情况及啮合侧间隙。

9）校核联轴器的对中情况。

10）油泵的检查参照相应泵的检修规程执行。

2. 大修项目

1）包括小修项目。

2）压缩机组解体检修：

① 测量阴阳转子轴颈径向圆跳动，必要时进行转子动平衡校正；

② 测量阴阳转子与壳体之间的径向间隙、滑阀与机体的径向间隙、轴向窜动；

③ 测量阴阳转子啮合线处间隙；

④ 测量同步齿轮啮合间隙及侧间隙；

⑤ 测量转子排气端面与排气端座、吸气端面与吸气端座之间的间隙；

⑥ 测量平衡活塞与平衡活塞套、油活塞与油缸间的间隙；

⑦ 测量轴承护圈与推力轴承外围端面的间隙；

⑧ 测量滑动轴承间隙。

3）检查机体内表面、滑阀表面、转子表面、两端及吸排气端座磨损情况。

4）测量机体内径、滑阀外径、转子外圆、平衡活塞等各部尺寸。

5）检查轴承，必要时更换。

（三）检修程序

1. 拆卸前准备

1）掌握运行情况，备齐必要的图纸资料和检修记录。

2）备齐检修工具、配件和材料，起重设备必须处于完好状态。

3）切断水、电源，关闭机组所有进出口阀门，放净机内介质，符合安全检修条件。

2. 拆卸与检查

1）拆卸联轴器护罩及螺栓，拆除联轴器中间短节并复查对中情况。

2）拆卸进出口法兰联接螺栓。

3）拆除润滑油管线及其他与机体相连接的管线。

4）拆除压缩机与底座联接螺栓，拆除吸气过滤器联接螺栓。

5）吊下吸气过滤器，拆下吸气逆止阀，联轴器，将压缩机吊至修理平台。

6）冷冻机主机解体检查(见图 5－10)：

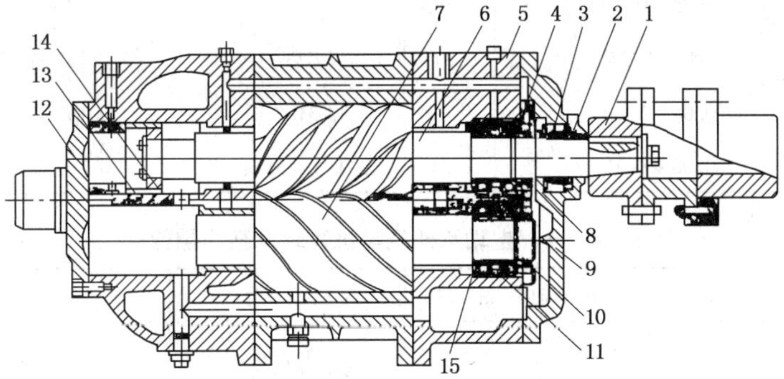

图 5－10　螺杆冷冻机结构图

1—压缩机联轴器；2—轴封压盖；3—轴封组件；4—轴承压盖；5—排气端座；
6—阳转子；7—阴转子；8、10—锁紧螺帽；9—排气端盖；11—滚动轴承；
12—吸气端盖；13—平衡活塞套；14—平衡活塞；15—调整环

① 拆除能量指示器外罩，电气元件等能量指示组件。

② 取出定位销后，平行取下吸气端盖，取出油活塞。(321 型机组为排气端盖，并取出滚动轴承)

③ 取出定位销后，拆下吸气端座。

④ 拆卸轴封盖，取出轴封组件。

⑤ 取出定位销后，拆下排气端盖。

⑥ 松开圆螺母，拆下止推轴承，注意做好装配标记。

⑦ 将机组吸气端面向上竖起放在总装架上 。

⑧ 缓慢吊出阴阳螺杆转子。

⑨ 拆除排气端座与机体的连接螺栓(321 型机组则拆除吸气端座与机体的联接螺栓)，拆下排气端座(321 型机组为吸气端座)。

⑩ 取下滑阀组件。

7）石油气螺杆压缩机解体检查：

① 拔出定位销，分别拆除前端盖和后端盖。

② 检查同步齿轮啮合间隙，做好同步齿轮啮合标记后，取出同步齿轮。

③ 将压缩机吸气座朝上，依次把吸气端轴承盒、机械密封、机械密封盒等部件从吸气座取出。

④ 拆除排气座。

⑤ 把吸气座大平面朝上放在总装架上，缓慢吊出阴、阳螺杆转子。

（四）检修质量标准

1）机组联轴器对中找正值要求：径向圆跳动和端面圆跳动值均不大于 0.05mm。

2）转子排气端面与排气端座间隙值见表 5－10。

3）主轴承外径与机体轴承孔间隙值见表 5－11。

4）阴阳转子啮合线处间隙值见表 5－12。

表 5-10 转子排气端面与排气端座间隙值 mm

机组型号	排气端面与排气端座安装间隙	极限值	机组型号	排气端面与排气端座安装间隙	极限值
255	0.075 ~ 0.100	0.125	LG20	0.08 ~ 0.10	0.15
321	0.30 ~ 0.350	0.375	LG25	0.12 ~ 0.15	0.18
LG12.5	0.04 ~ 0.06	0.10	LG31.5	0.16 ~ 0.18	0.22
LG16	0.08 ~ 0.10	0.15	石油气螺杆机	0.10 ~ 0.15	0.25

表 5-11 主轴承外径与机体轴承孔间隙值 mm

机组型号	主轴承外径与机体轴承孔间隙	机组型号	主轴承外径与机体轴承孔间隙
LG12.5	0.03 ~ 0.05	LG25	-0.01 ~ 0.02
LG16	0.02		
LG20	-0.01 ~ 0.02	LG31.5	-0.01 ~ 0.02

表 5-12 阴阳转子啮合线处间隙值 mm

机组型号	阴阳转子啮合线处间隙	机组型号	阴阳转子啮合线处间隙
LG12.5	0.04 ~ 0.08	LG25	0.05 ~ 0.10
LG16	0.03 ~ 0.08	LG31.5	0.05 ~ 0.12
LG20	0.08 ~ 0.10	石油气螺杆机	0.20 ~ 0.30

5）主轴颈与主轴承孔间隙值见表 5-13。

表 5-13 主轴颈与主轴承孔间隙值 mm

机组型号	轴承间隙	极限值	机组型号	轴承间隙	极限值
LG12.5	0.02 ~ 0.05	0.08	LG31.5	0.06 ~ 0.08	0.11
LG16	0.03 ~ 0.05	0.08			
LG20	0.03 ~ 0.05	0.08	WRV255	0.10 ~ 0.14	0.18
LG25	0.04 ~ 0.06	0.09	WRV321	0.13 ~ 0.17	0.23

6）轴承护圈与推力轴承外圆端面间隙值见表 5-14。

表 5-14 轴承护圈与推力轴承外圆端面间隙值 mm

机组型号	间隙值	机组型号	间隙值
WRV 255	0.04 ~ 0.10	WRV 321	0.04 ~ 0.15

7）平衡活塞与平衡活塞套的间隙值见表 5-15。

表 5-15 平衡活塞与平衡活塞套的间隙值 mm

机组型号	平衡活塞与活塞套间隙	机组型号	平衡活塞与活塞套间隙
LG12.5	0.03 ~ 0.05	LG25	0.05 ~ 0.08
LG16	0.03 ~ 0.07		
LG20	0.03 ~ 0.07	LG31.5	0.05 ~ 0.09

8）平衡活塞套与机体孔间隙值见表5－16。

表5－16 平衡活塞套与机体孔间隙值 mm

机组型号	平衡活塞套与机体孔间隙	机组型号	平衡活塞套与机体孔间隙
LG12.5	0.06～0.09	LG25	0.02～0.07
LG16	0.06～0.13		
LG20	0.02～0.07	LG31.5	0.02～0.07

9）石油气螺杆压缩机螺杆轴向窜动、啮合间隙、端面间隙、同步齿轮侧隙等各项要求见表5－17。

表5－17 石油气螺杆压缩机各处窜动及间隙值 mm

螺杆轴向窜动	0.02～0.04	转子外圆与汽缸体间隙	0.02～0.30
同步齿轮啮合间隙	0.02～0.04	止推轴承游隙	0.02～0.03
同步齿轮侧隙	0.03～0.06	吸、排气端气封间隙	0.07～0.13

10）转子轴颈表面粗糙度为 $R_a0.8$，其径向圆跳动值均应小于0.01mm，圆柱度不大于直径公差的1/2。

11）螺杆两端面对轴心线的垂直度公差值为0.02mm/m，两螺杆平行度公差值为0.02mm/m。

12）滑动轴承的表面不得出现拉毛、气孔、脱壳、砂眼等现象。

13）转子表面的粗糙度均为 $R_a1.6$ ，不允许有气孔，裂缝和伤痕等缺陷，其轴颈处必要时应进行表面磁粉或着色探伤。

14）滚动轴承不允许有脱落、锈蚀或变形等现象，与壳体的配合应为H7/h6或G7/h6，与轴的配合应为H7/k6或H7/js6。

15）转子动平衡的精度等级应不低于G 2.5。

16）同步齿轮：

① 同步齿轮的精度等级应不低于5级。

② 同步齿轮的啮合应良好，接触面沿齿高方向大于50%，沿齿宽方向大于70%。

③ 同步齿轮的啮合间隙不得大于螺杆啮合间隙的1/4。

17）滑阀基本结构见图5－11，滑阀与滑阀座孔间隙值见表5－18。

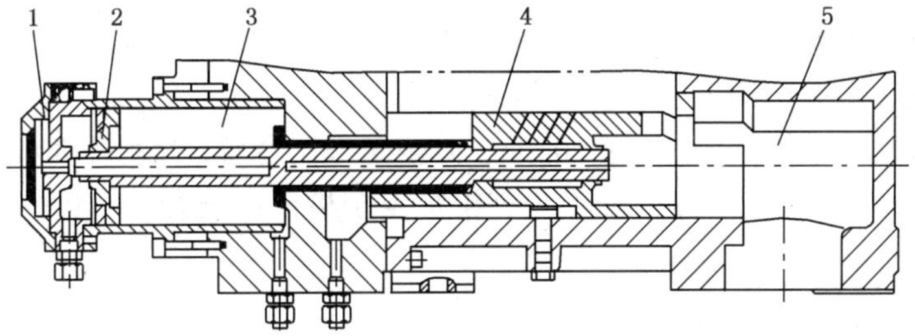

图5－11 滑阀结构图

1—指示器；2—油活塞；3—油缸；4—滑阀；5—排气腔

18）机械密封：

① 静环密封圈不得有损伤。

② 动、静环密封面不允许有划痕、烧伤、拉毛等现象，其密封面粗糙度要求为 $R_a1.6$。

③ 轴封压盖上垫片不能有破损裂缝等现象。

④ 弹簧组件不得有卡阻现象。

⑤ 石油气螺杆机密封在螺杆机头装配完成后进行静压力试验。

19）石油气螺杆机转子的啮合间隙和同步齿轮的啮合间隙应同步进行调整。

表 5－18　滑阀与滑阀座孔间隙值　　mm

机组型号	滑阀与滑阀座孔间隙值	机组型号	滑阀与滑阀座孔间隙值
LG12.5	0.04～0.08	LG25	0.02～0.04
LG16	0.02～0.03		
LG20	0.02～0.04	LG31.5	0.02～0.04

（五）附属设备的检修

1. 油箱

（1）清洗油箱；严禁用棉纱等擦拭，清洗后用面粉团沾净。

（2）检查油箱的接管、垫片、接口等部件的内外锈蚀及泄漏情况。

（3）油箱内电加热器绝缘及接地应良好；蒸汽盘管不应锈蚀、泄漏。

（4）润滑油箱低液位报警系统准确可靠。

（5）检查清洗液面计。

2. 润滑油泵

按 SHS 01017—2004《齿轮泵维护检修规程》进行检查修理。

3. 油冷却器

1）检修内容：清洗除垢，试压试漏。

2）检修质量标准：

① 经清洗除垢，管子每根都畅通。板式油冷器经清洗除垢后，每块板片应清洗干净，显出金属本色。

② 壳体内壁、管与管之间必须干净无污垢。

③ 油冷器的壳体、管箱、头盖等部件因冲蚀、腐蚀减薄应在 GB 150—1998《钢制压力容器》所规定的范围内。

④ 管束因介质腐蚀损坏，允许堵管，但每个管程堵管的数量不得超过管程管子总数的 10%。

⑤ 油冷却器的试压

a. 水压试验按最高工作压力的 1.25 倍进行。

b. 压力升到规定压力后，应保压 10min；降至工作压力后，再保压 30min。

c. 试压所用的压力表必须经过校正并有铅封及合格证；压力表的量程一般为试验压力的两倍。

4. 油过滤器

1）各滤网片不应有抽丝、开裂和洞眼。

2）滤网片应用毛刷、煤油仔细清洗，并在装配中保持清洁。垫片应完好无损。

3）转换手柄应对准左开或右开位置，转动灵活好用。

5. 分离器

1）检修内容

① 检查容器壳体及焊缝。

② 清洗除垢，检查破沫网，随系统试压

2）检修质量要求

① 分离器壳体、头盖等部件因冲蚀、腐蚀减薄应在 GB 150—98《钢制压力容器》所规定的范围内。

② 分离器检修质量要求可参照 SHS 01004—2004《压力容器维护检修规程》执行。

6. 管道

1）油管道，水、汽、风管道均应畅通并消除漏点。

2）油管道一般每两年拆卸清洗一次。

3）进出口管道

① 管道检修不应对机体产生任何附加力。安装时不得采用强力对口、加热管子、加偏垫或多垫等方法来消除接口端面的空隙、错口或不同轴等缺陷；管道预拉伸(或压缩)必须符合设计要求。

② 管道两端法兰位置准确，保持平行，并按配管要求进行。

三、试车与验收

（一）试车前准备

1）点动电机，确定电机转向无误后装联轴器并对中。

2）将合格的润滑油注入油分离器(冷冻机)或油箱(石油气压缩机)至规定的液位。

3）检查油泵电机转向是否正确。

4）启动油泵电机，进行油循环。

5）调整油压至工作状态，检查油液面，注意油过滤器压差。

6）检查机组的自保联锁系统，动作应灵敏准确。

7）手动盘车，应转动灵活、无卡阻现象。

8）打开进、出口截止阀。有能量调节的机组，滑阀开度为 10% ~15%，无能量调节的机组，入口阀开度为 10% ~15%，出口阀全开，出口放空或返回阀打开。

9）检查冷却水系统。

10）检查滑阀移动是否正常，最后将滑阀调至零位。

11）停油泵。

（二）试车

1）启动油泵，油压正常后启动机组。

2）石油气螺杆机启动后再打开喷液管截止阀。

3）检查主机机体及轴承处温度是否正常，是否有异常声音，所有仪表读数正常，然后将四通阀置于增载位置，调节至所需要流量。

4）石油气螺杆机缓慢关闭旁通阀，调节排出截止阀，提高压缩机的出口压力。首次升压要求分三次完成，每次净升的压力值为额定压力的三分之一。稳定 30min，调节喷液量，控制排气温度，逐步把压力升到规定值。

5）检查流量、压力、排出温度、电流、油压等是否正常，测量电机、压缩机的轴承及其他有关部位的振动。

6）调整润滑油压力、油温，稳定在正常运行工况，润滑油压力应大于机组排出压力 0.15 ~0.30MPa(冷冻机)。

7）石油气螺杆机润滑油压力大于0.50MPa，压缩机才允许启动。在排出端机械密封的进油压力为0.60～0.8MPa，在进气端机械密封的进油压力为0.50～0.60MPa。

8）精油过滤器的进出口润滑油压差不得大于0.10MPa。

9）机组启动后，当油温高于40℃时，打开冷却水阀门。

10）机组润滑油管线及各个管路、接头均不得出现漏气、漏油、漏水等现象。机械密封的泄漏应不大于每分钟4滴。

11）润滑油进油温度不得高于65℃。

12）机组排出温度不得高于110℃。

（三）验收

1）机组连续运行24h后，各项技术指标达到设计要求值或满足生产需要。

2）设备达到完好标准。

3）安装或检修记录齐全、准确。按规定办理验收手续。

第七节　维护与故障处理

一、维护

1）定时巡检，严格控制进出口压力、润滑油压力、过滤器前后压差、油温、排气温度等主要操作指标，按时填写操作记录，并做到齐全、准确。

2）定时检查机组各部位的振动情况及有无异常杂音及异常温升。

3）定时检查机组密封、各管线接头、阀门等处是否有漏气、漏水、漏油现象。

4）石油气螺杆机检查油箱上通气帽处是否有大量气体逸出，如有则表明转子轴封已严重损坏，同时注意油质变化，并尽早检查或更换机械密封。

5）定时检查压缩机轴承及电机轴承有无异常现象。

6）定期检查进口蝶阀或滑阀调节动作是否正常、分离器液位是否超过正常液位。

7）严格执行设备润滑管理制度。

8）机器停用时，要求每天按规定盘车一次。

二、常见故障与处理

（一）制冷压缩机常见故障与处理（见表5－19）

表5－19　制冷压缩机故障与处理

序号	故障现象特征	故障原因	处理方法
1	启动负荷大或不能启动	机体内充满油和液体 部分运动部件磨损烧坏 排气端压力过高 滑阀未停在0位	用手盘动压缩机，将液体排出 拆卸检修 启动旁通阀 调整滑阀至0位
2	机组振动	吸入的液体或润滑油过量 滑阀不能定位且振动 吸气腔真空度过高 机组地脚螺栓松动 压缩机与电动机同轴度变差 管道振动引起机组振动加大	停机、手动盘车将液排出 检查油活塞增减载阀是否泄漏 开大吸气截止阀 紧固 重新找正 消除管道振动

续表

序号	故障现象特征	故障原因	处理方法
3	运行中有异常响声	转子内有异物 滑动轴承磨损，转子与壳体摩擦 运转连接杆松动 吸入大量液体 滑阀偏斜	检查压缩机吸气过滤器 更换滑动轴承、对机组进行检修 拆开检查 调整操作或停机排液 检修滑阀导向块及导向柱
4	制冷能力不足	喷油量不足 吸气阻力过大 机器摩擦后间隙过大 吸气管线阻力损失过大 滑阀故障	检查油路、油泵、提高油量 清洗吸气过滤器 调整或更换零件 检查阀门(如吸气截止阀或止回阀) 检查指示器或检修滑阀
5	压缩机机体温度过高	机体与转子有摩擦发热 吸入气体过热	迅速停机、进行检修 降低吸气温度
6	排气温度或油温过高	压缩比过大 油冷却器冷却不够 吸入气体过热 喷油量不足	降低压比或降低负荷 清除污垢，降低水温，增加水量 提高蒸发系统液位 提高油压或检查原因
7	制冷量调节机构不动或不灵活	电磁阀动作不灵 油管路或接头不通 油活塞间隙过大 滑阀或油活塞卡死	检修电磁阀 检修，吹扫 检修，更换 拆修检查
8	润滑油耗量大	排气温度过高，油分离效率下降 回油过滤器或管线脏堵 油分离器效率下降	降低油温 清洗回油过滤器或回油管 更换油分离芯
9	吸气温度过高	系统制冷剂不足吸入气体过热度较高 调节阀及供液管堵塞 调节阀开度小	向系统内充入制冷剂 检修及清理 加大供液量
10	轴封泄漏	封油不足 密封元件失效	检修或加大供油量 检修更换密封元件

(二) 石油气螺杆压缩机组故障与处理(见表5-20)

表5-20　石油气螺杆压缩机组故障与处理

序号	故障现象特征	故障原因	处理方法
1	压缩机达不到额定压力	气量调节的压力控制器上限调得过低	调高压力控制器上限压力
2	压缩机排温过高	喷液量小 进气温度高 环境温度高	调大喷液量 可适当降低排压 降低循环水温度
3	螺杆咬死、汽缸烧损	安装不当，使机组变形 运行后管道外力使机身变形	重新安装 重新校正、安装管道

续表

序号	故障现象特征	故障原因	处理方法
4	排气温度高	吸气温度过低，进气口处结冰引起阻塞造成真空过大，使排温升高 正常情况下，喷液量不足或喷液温度过高引起温度升高	调整工艺系统，检查是否阻塞 调整喷液量
5	轴承温度过高	配油器中油量分配不合理 油变质、进入异物引起轴承失效	调整配油器各阀门 解体检查，更换润滑油
6	油压下降	平衡活塞泄漏太大 齿轮油泵磨损 油温升高	解体检查 解体检查 解体检查
7	油温升高	油冷却器冷却效果下降 某个润滑部位温度太高 环境温度高	解体检查 加大冷却水量、联系循环水系统，降低循环水温度
8	主机振动加大	轴承磨损，轴承间隙大 同步齿轮磨损，侧隙加大 电机与主机联轴器对中变坏	检修 检修 检修

第六章　风　　机

第一节　概　　述

一、风机的组成

风机通常由机壳、转子、定子、密封组件、轴承和润滑冷却装置等组成。

二、风机的分类

风机按其排气压力的范围分为通风机（排出气体压力≤0.015MPa）、鼓风机（0.015MPa＜排出气体压力≤0.2MPa）和压缩机（排出气体压力＞0.2MPa）。通风机根据气体在机内流动方向的不同分为离心式通风机和轴流式通风机。鼓风机按其工作原理和结构分回转式鼓风机和透平式鼓风机，其中回转式鼓风机有滚环式、滑片式、转子式；透平式鼓风机有离心式、轴流式、混流式。

第二节　离心式鼓风机

一、工作原理

离心式鼓风机主要靠离心力的作用，将外部气体吸入旋转叶轮的中心处，在离开叶轮叶片时，气体流速增大，把气体送入管道或容器中。典型的低压离心鼓风机如图6－1。

二、结构特点

离心式鼓风机由机壳、转子组件、密封组件、轴承、润滑装置以及其他辅助零、部件等部分组成。

1. 机壳

鼓风机的机壳由铸铁制成或用钢板焊接而成，其结构形式有水平剖分式和蜗壳式两种。低压离心鼓风机多做成中分式机壳。一般鼓风机的结合面多采用橡胶垫片和石棉橡胶板密封，中分面法兰上装有定位销、导向杆和拆卸螺钉，上机壳装有吊环或铸有吊耳，供起吊用。

机壳的支承有悬臂式及双支承两种形式。悬臂式机壳由螺栓与轴承箱连接，并用平键定位，也有用联轴器与电机直联的。双支承式的机壳靠机座支承，转子组件由两端轴承支承。

蜗壳式的机壳多用于单级鼓风机。它主要的作用是将通过叶轮增压后的气体收集起来，使其流向管道。蜗壳在汇集气体过程中，在多数情况下，流通截面渐渐扩大，使气体产生进一步的降速扩压作用。

多级式鼓风机则是机壳内的回流室、隔板组成机壳组件，用隔板上的扩压器把气体是速度能转化为压力能，以提高气体的压力。当气体由扩压器进入回流室时，回流室可均匀地将气体引入下一级叶轮。

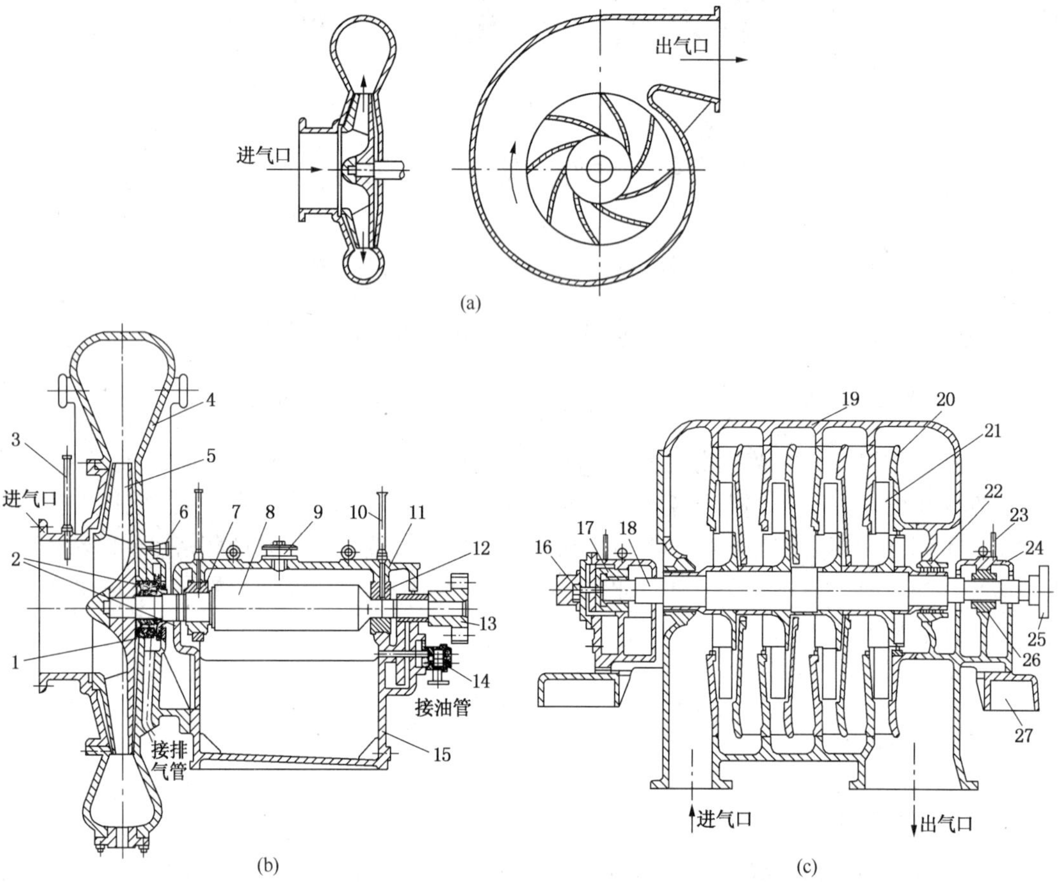

图 6－1　低压离心鼓风机

（a）工作原理图；（b）悬臂式结构图；（c）双支承式结构图；

1—排气管；2、22—密封；3、10—温度计；4、19—机壳；5、21—叶轮；6—油杯；

7、17—止推轴承；8、18—主轴；9—通气罩；11、24—轴承箱；12、26—支承轴衬；

13、25—联轴器；14、16—主油泵；15、27—底座；20—回流室；23—温度计

2. 转子组件

转子组件是鼓风机的主要部件，其形式有悬臂式和双支承式两种，由叶轮、主轴、轴套、密封、平衡盘、联轴器等部件组成。叶轮与轴通常采用过盈配合或过渡配合。如采用加热法装配时，应注意加热温度，一般应略低于装配件材料退火温度的下限，以防止使装配件加工硬化。

（1）叶轮

叶轮是鼓风机中最主要的部件，由轮盘、轮盖和叶片铆接、焊接或整体铸造而成。其主要作用是使通过叶轮后气体的压力、速度得到提高。

（2）主轴

主轴上安装所有旋转的零部件，其作用是支承所有旋转件并传递扭矩。

（3）联轴器

联轴器是用来连接驱动机和风机轴，传递驱动机的转矩，也起安全连接作用。

3. 密封组件

为了防止鼓风机在运行时漏气和多级离心机式鼓风机运行时产生级间串气，防止润滑油泄漏及灰尘、水分等进入轴承，鼓风机采用壳体、轴承或级间密封等密封组件。

石油化工厂用离心式鼓风机的级间密封多是迷宫式气封。应用最多的迷宫式密封结构有拉别令密封和梳齿密封，轴端密封多采用 O 形环和涨圈式密封，如图 6－2、6－3、6－4、6－5。

拉别令密封和梳齿密封的镶片一般是软薄片金属，例如合金铝和不锈钢薄片，以防损坏转子。非金属材料常用塑料板。

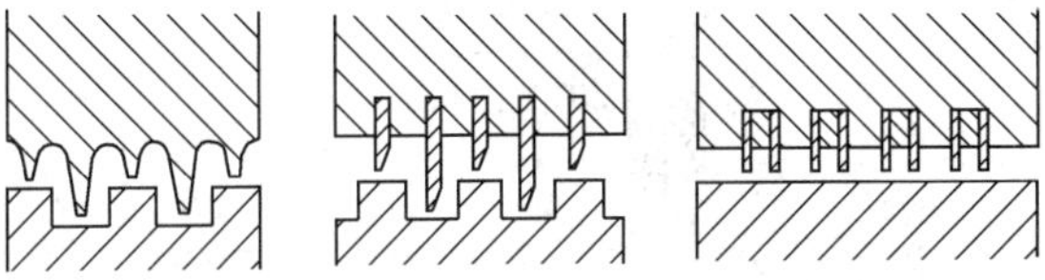

(a) 整体气封　(b) 镶片气封　(c) 梳齿气封

图 6－2　迷宫式密封

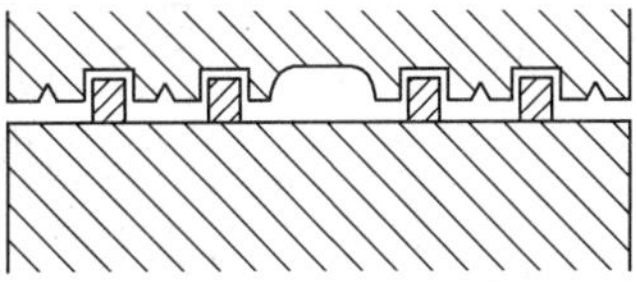

图 6－3　涨圈式气封

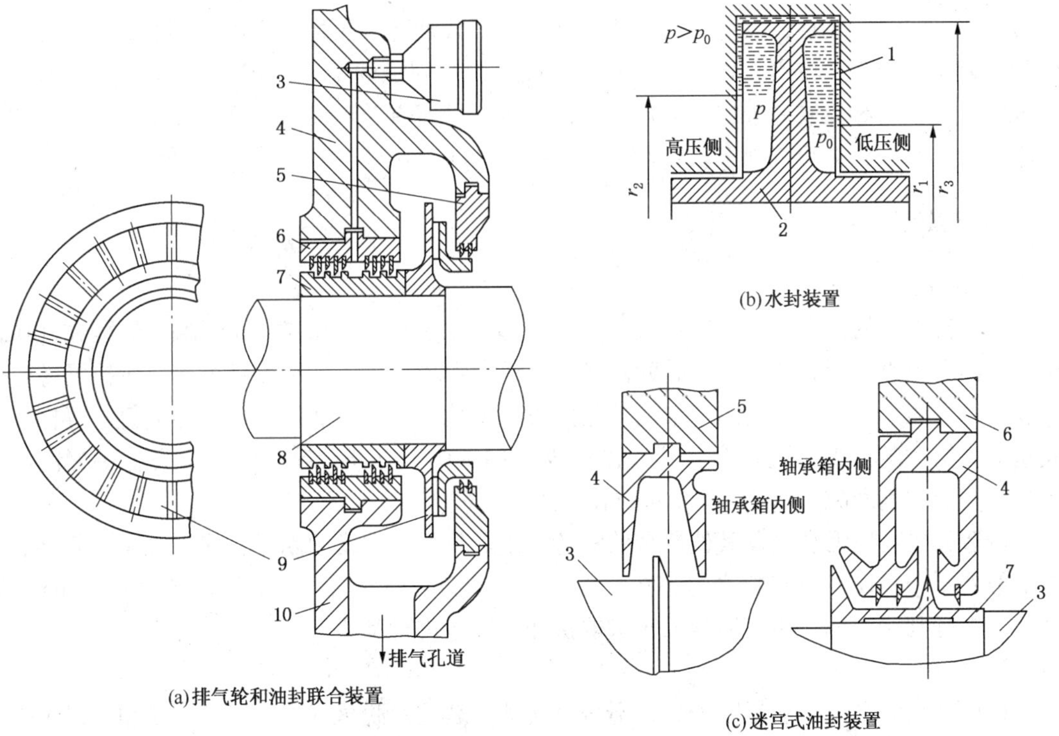

图 6－4　轴端密封

1—水封壳；2—水封环；3—油杯；4—上机壳后壁；5—密封体；6—密封套；7—轴；8—排气轮；9—下机壳后壁；

4. 轴承

轴承上支承转子，是保证转子能平稳旋转的部件，并能承受转子产生径向、轴向推力。

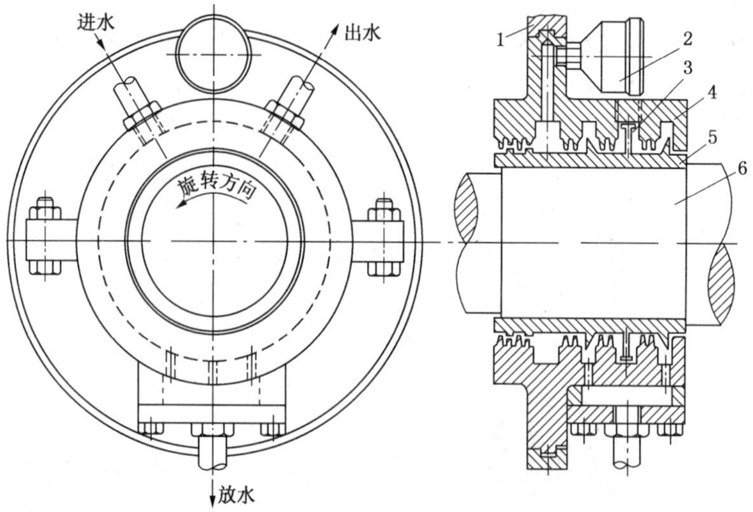

图6－5　气封和水封联合装置

1—机壳；2—油杯；3—水封环；4—密封体；5—密封套；6—主轴

5. 润滑装置

鼓风机的润滑装置，以直通式压注油杯、旋盖式油杯、压配式压注油杯、针阀式注油油杯及油标使用最多。在离心式压缩机的大型风机中，则以油泵、油箱、滤油器、油冷却器、稳压器及安全阀等构成一个加压循环的润滑系统。像所有转动设备一样，风机的润滑装置是机体的重要部分，必须按规定认真对待。

三、检修

1. 机身

机座自由端的固定螺栓不得拧紧，应在螺母下边留0.05～0.07mm间隙。螺栓在孔中的位置应偏离中心，固定端间隙为总间隙的3/4，膨胀端为1/4。应特别注意，在拧紧螺母时不能用力过猛，以免造成垫圈变形而使间隙发生变化。机壳与底座之间有导向键。导向键与底座上键槽的配合为过盈配合，其过盈量为0.01～0.035mm；导向键与机壳上键槽的配合为滑动配合，其间隙为0.01～0.052mm，见图6－6。

铸造的机身应无裂纹及其他严重的铸造缺陷。机身水平度的测定，应以轴承为基准，其水平偏差要求≤1mm/m。机壳组装扣合后，其中分面的局部间隙最大不能超过0.05mm，否则，应进行刮研处理，如变形很大应采取机加工后再进行刮研。

2. 转子

铆接叶轮的铆钉必须是紧固的，不得有松动、裂纹及脱落现象。否则，必须予以重铆或更换，但铆钉损坏过多时，应更换叶轮。焊接叶轮的焊缝不得有裂纹和严重的焊接缺陷，否则应予补焊修复。通常修补的工艺程序是用高速砂轮打磨、丙酮清洗、预热、补焊、着色检查，合格后作动平衡试验。对裂纹深而长的缺陷，裂纹两端应先钻孔，以防补焊时的热应力造成裂纹延伸。

上述缺陷的判断，在检修中一般采用敲击听声或着色检查，前一种检查方法要求检查人员有较丰富实践经验，以防失误。

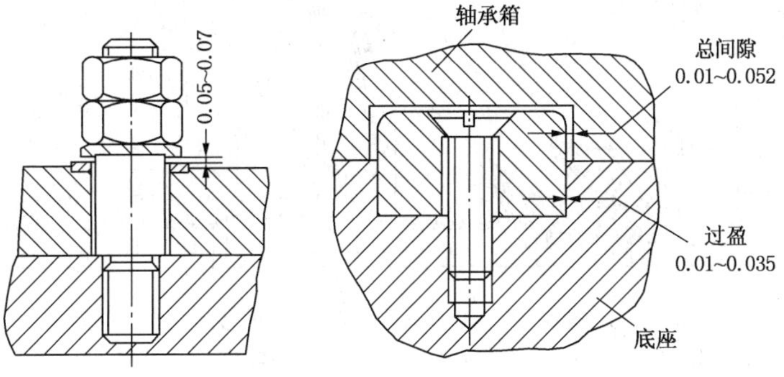

图 6-6　机身与螺母及导向键的间隙示意图

叶轮轮盘的腐蚀、磨损量，不得超过原厚度的 1/3。叶片的腐蚀、磨损量，不得超过原厚度的 1/2。对叶轮的技术要求，除叶片应均匀等距分布外，应满足表 6-1 的各项要求。

主轴应无裂纹、划伤及其他伤痕等缺陷，轴颈表面粗糙度 R_a0.63~1.25μm。如出现以上缺陷，可采用精磨修理，但精磨后的直径尺寸应不小于下偏差的尺寸。若缺陷仍无法消除时，其深度大于 2mm、面积在 10mm^2 以上时，原则上应更换新轴。对表面伤痕较多或磨损量大的，而其他技术条件又都能满足规范要求的轴，也可采用表面喷镀或刷镀法予以修复。对裂纹的检查和处理应持慎重态度，必须保证处理后无痕迹存在，损伤严重者应予以报废。与滑动轴承配合的轴颈，其不圆度应在 0.02mm 以下。主轴的最大不直度和转子各部位的跳动量，分别见表 6-2、表 6-3。

叶轮和主轴组装前应进行静平衡试验，其重径积应合乎转子在额定转速下的要求，两者通常采用静配合或过渡配合。主轴上任何两个零件的接触面之间，均应留有符合规定的膨胀间隙，一般为 0.05~0.20mm。组装后的转子应做动平衡校验。

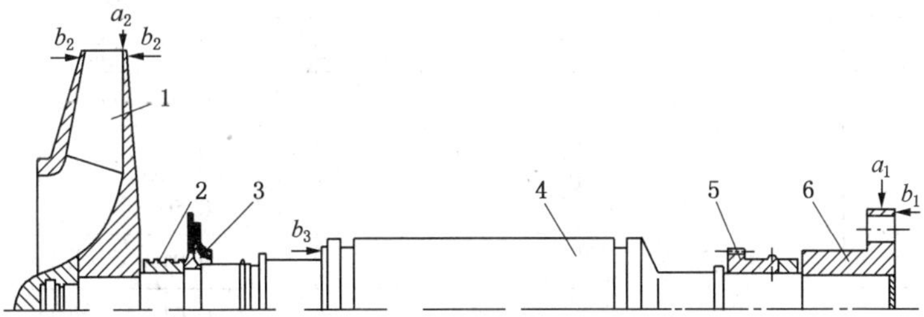

图 6-7　离心式鼓风机悬臂式转子

1—叶轮；2—密封套；3—排气轮；4—主轴；5—主轴泵减速齿轮；6—联轴器

表 6-1　叶轮的技术要求

名　称		符　号	单　位	鼓风机	通风机
				偏差(不大于)/mm	
叶片组装角度	入口角	β_1	度	±2	±3
	出口角	β_2	度	±1	±2
叶片不垂直度		δ_1	mm	0.01B	0.01B
两相邻叶片间弦长		δ_2	mm	0.1D$^{1/2}$	0.1D$^{1/2}$

注：B—叶片宽度，mm；D——叶轮直径，mm。

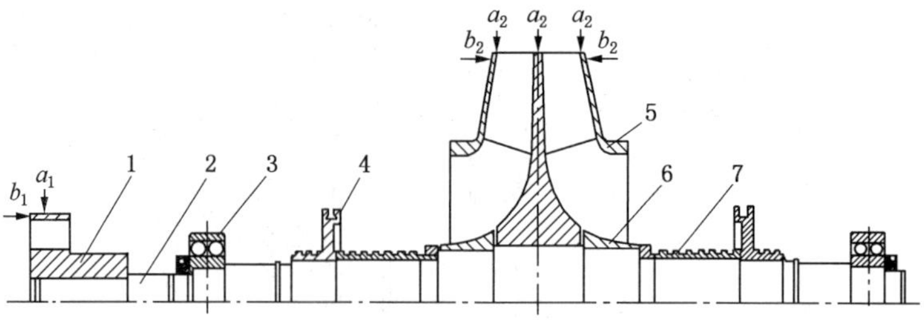

图 6-8　离心式鼓风机双支承转子

1—联轴器；2—主轴；3—滚动轴承；4—衡盘；5—叶轮；6—轴套；7—密封套

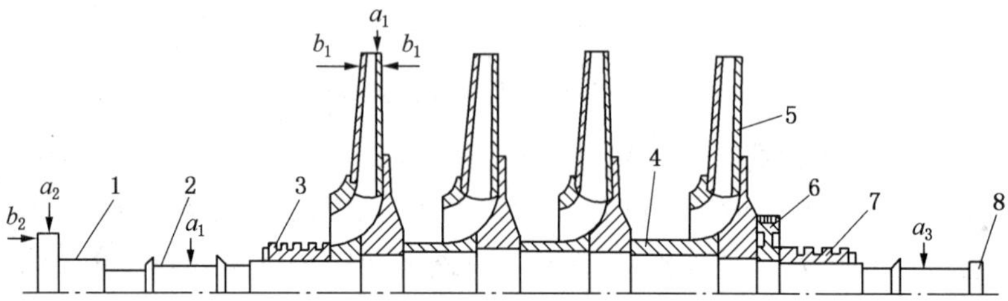

图 6-9　多级离心式鼓风机的双支承转子

1—联轴器；2—主轴；3—密封套；4—轴套；5—叶轮；6—平衡盘气封；7—密封套；8—止推块；

表 6-2　主轴最大不直度

转速/(r/min)	最大不直度/mm	转速/(r/min)	最大不直度/mm	转速/(r/min)	最大不直度/mm
<500	0.07~0.10	500~1500	0.05~0.06	1500~3000	0.03~0.04

表 6-3　转子各部位的跳动量

误差部位	误差名称	符　　号	离心鼓风机	离心通风机
			允差(不大于)/mm	
叶轮的外缘	径向跳动	α_1	0.02	$0.07D^{1/2}$
联轴器的外缘		α_2	0.02	0.05
主轴的轴颈		α_3	0.01	0.01
叶轮外缘的两侧	端面跳动	b_1	0.50	$0.1D^{1/2}$
联轴器外缘端面		b_2	0.01	0.05
推力盘的推力面		b_3	0.01	—

3. 密封

离心式鼓风机的密封间隙应符合表 6-4 要求。但输送含有煤焦油、灰尘等杂质的气体时，其机壳内密封应加大为 0.40~0.55mm，最大允许量为 1mm。

表 6-4　离心式鼓风机的密封间隙

密封间隙	密封每侧间隙/mm		密封间隙	密封每侧间隙/mm	
	安装时	磨损时		安装时	磨损时
滑动轴承箱内密封	0.15~0.25	≤0.35	机壳内的密封	0.20~0.40	≤0.50

密封与机壳配合为滑动配合。梳齿密封的每个齿顶必须为尖齿。胀圈轴封的胀圈应能沉

入槽内，其侧间隙为0.05～0.08mm，其内表面与槽底有0.02～0.03mm不变的间隙。胀圈与胀圈套应均匀接触，胀圈的自由开口间隙为0.10～0.20D，工作状态间隙D/150～200（D为胀圈处于自由状态的外径，mm）。胀圈工作间隙超过规定值的3倍或侧间隙超规定值的2～3倍时，应予以报废。

4. 轴承

对滚动轴承主要是检查运转后有无出现裂纹、脱皮、斑点等缺陷，如有损坏则应更换。如出现斑点，还应考虑油品、油量是否适宜。对滑动轴承需检查与轴颈的接触角度、单位面积上的接触点数及瓦背和轴承座的贴合度。滑动轴承瓦面与轴颈的接触角度应为60°～90°，用涂色法检查时，接触斑点不少于2～3点/cm^2；轴瓦背面与轴承座应均匀贴合，其接触面上、下瓦背应分别不少于40%和50%为宜。轴瓦与轴承座的压紧过盈量应为0.03～0.05mm；轴瓦与轴颈之顶部间隙a，应为轴颈尺寸0.15%～0.20%，侧隙a_1及a_2应为$1/2a \sim 2/3a$，如图6－10。如顶部间隙超过轴颈的0.25%时，轴瓦应报废或重铸巴士合金，经车削、刮研再用。

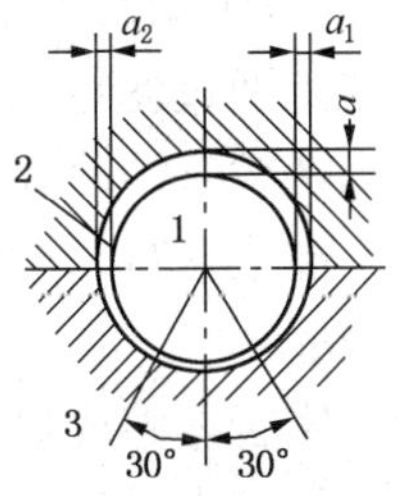

图6－10　轴瓦顶部及两侧间隙示意图

1—轴；2—上轴衬；3—下轴衬

轴瓦与轴颈的侧间隙a_1或a_2，应等于或大于顶部间隙a的一半，理想的是$a_1 = a_2$。轴瓦的中分面应接触均匀良好。止推瓦与轴端止推瓦面，其均匀接触面不得少于70%。两端止推间隙的总和$b(b = b_1 + b_2)$通常在0.30～0.40mm，最大不得超过0.60mm，见图6－11。

轴瓦合金与轴瓦的脱壳面积如超过半个轴瓦面积的20%，或轴瓦合金表面的磨损、擦伤、剥落和熔化等，超过其接触面的25%时，应重新浇铸巴士合金。低于上述数值时，则可进行补焊，但出现裂纹或破损时，则必须重新浇铸。

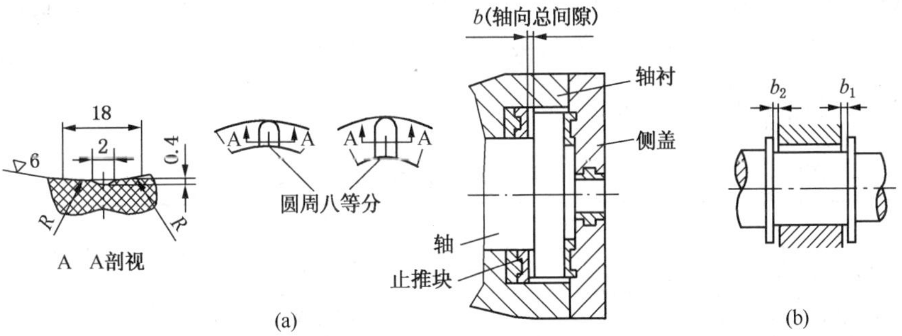

图6－11　止推瓦间隙图

5. 联轴器

最常见的是弹性柱销联轴器。它的弹性元件为梯形断面的橡胶或皮革衬环，不但具有可移性，而且还有缓冲、吸振的能力。它可补偿[a]=0.3～0.6mm的径向位移、[λ]=2～6mm的轴向位移和[ϕ]<1°的偏角。半联轴器材料可用HT20－40、ZG35或30号钢；柱销材料不低于45号钢。

检修中主要是更换磨损过多的弹性元件。各柱销重量应相等，以免影响转子的平衡。组装时，橡胶圈的半联轴器应装于从动轴为宜。

6. 隔板

多级鼓风机的隔板检修，可参阅离心式压缩机隔板的检查内容与检修方法。主要是检查隔板及其中分面有无裂纹、孔洞，如有可采取补焊或镶补进行修复。组装时隔板与机身的同轴度偏差，通常应在 0.5mm 以下。

7. 润滑系统

对齿轮油泵应检查和控制如下间隙：

1）轴承套间隙为 0.04 ~0.08mm，超过 0.1mm 时应予以更新；

2）齿轮与壳体间隙为 0.09 ~0.11mm；

3）齿轮端面与壳体端盖间隙为 0.1 ~0.2mm，超过 0.5mm 时应予更换。

清洗油过滤器。如过滤网破损，应予以更新。

抽芯检查油冷却器。对结垢严重的管束，可用低于 10% 的盐酸溶液，并加入乌洛托品缓蚀剂浸泡，待污垢溶解后，再用碱性溶液和清水洗净。管芯装入壳体后，用氮气或空气试压、查漏。

对胀管环隙或焊管的环焊缝漏气的修理，均可采用重新胀管法。如胀后无效，可补焊管口。如管壁出现裂纹或腐蚀穿孔，对少数管可堵死。否则更新。

8. 组装

鼓风机修理后，除按工作程序组装外，应注意以下各点：

1）电机修理后应作单体试运行，允许振幅值不大于 0.06mm。

2）转子在机体内的水平度在轴颈处测量，不超过 0.05mm/m。

3）多级式风机的各叶轮在扩压器中心，其允许偏差一般不得大于 1mm。

4）各密封间隙应符合质量标准，机壳与叶轮间的进气处到端面间隙、径向间隙，均应符合图纸要求。

5）两半联轴器的找正，其端面间隙通常为 4 ~5mm，允许轴向偏差为 0.04mm、径向偏差为 0.06mm。

6）风机采用滑动轴承时，允许电机比风机的中心高 0.07 ~0.10mm。电机调整垫片最多不得超过 4 层。垫片与基础接触面要贴实，地脚螺栓必须紧固。

四、故障处理（见表 6 -5）

表 6 -5 故障处理

现 象	原 因	处 理 方 法
轴承温升超标	轴瓦和轴承体上的油孔堵塞	疏通油孔
	油管路上限油流量孔板的孔径太小	重新计算并加大孔径
	巴士合金的成分不正确或浇铸质量不良	重新分析合金组分，更换新瓦
	轴瓦间隙小	检查间隙量，刮瓦
	轴瓦下部的接触角太小	加大接触角
	止推轴承与轴颈配合不良	检查接触面，重新刮研
	油中含水，破坏了轴承表面的油膜	消除油中水或更换新油，消除进水源
	油脏	用过滤器过滤或更换新油。用油石抛光轴颈，并刮瓦
	油冷却器堵塞、结垢、冷却效果不佳使轴承进口油温高	加大冷却水量；疏通或清洗油冷器

续表

现象	原因	处理方法
轴承温升超标	给油量不足	补充油或清洗油过滤器或检查油泵
	滚动轴承安装不正确，外座圈与轴承体装配过紧	调整配合公差
	滚动体有麻点或脱皮等缺陷	更换轴承
	润滑脂装填过多	适当减少
	轴承卡住，轴承盖靠外座圈太紧	加大轴承端盖与外座圈的间隙
	轴颈与轴承内圈配合过盈量太大	调整配合公差，从新组装
振动	联轴器找正误差人	重新找正
	气封中发生碰撞	调整气封重装
	叶轮与隔板摩擦	重新组装
	因机壳的热膨胀使隔板发生位移或不正确的变形，从而造成工作轮与隔板的摩擦	停机重新调整，修刮摩擦处
	瓦背无公盈或压盖与瓦松动	更换轴瓦或压紧压盖螺栓
	工作轮与定距套筒之间无足够的间隙，使工作轮因膨胀而发生扭曲	增大膨胀间隙
	转子不平衡	重新清理，进行静或动平衡试验
	润滑油温太低	提高油箱加热温度或减小油冷却器的进水量
	轴承间隙大	调整间隙或更换轴承
	地脚螺栓松动	紧固地脚螺栓
	风机在飞动区运行	调整负荷
	叶轮叶片严重腐蚀	更换叶片
不能启动	电路或电气设备有故障	电工检查原因并处理
	启动轴泵未开或油压低	启动油泵或调整油压
出口总管没压力	入口阀未开，或开度过小	调整入口阀压力
	电机进线接反，使鼓风机反转	检查并重接电机接线
	出口管线漏气	修补出口管
	进口管线积水太多	排放积水
进油管油压降低	油过滤器堵塞	清洗过滤器
	油箱内油面过低	加油并检查油箱及油管有无漏油现象
	油管吸入管道不严	检查管道
	单向阀失灵造成回油，使管道中形成了空气室，油泵不能工作	检查单向阀，消除回油现象
	油泵的压力不足	减小油泵齿轮与泵壳间、端面间隙
油冷却器出口油温提高	油冷却器结垢	清洗油冷器
	油冷却器外壳内积有空气	揭开冷却器上方排气螺盖排气
	冷却水管进水阀损坏无法开启	检修或更换阀门
	冷却水量不足	开大进水阀
	冷却水压力不足	调节进出口水阀提压或提高水源压力

续表

现象	原因	处理方法
油泵壳体发热	工作轮与泵壳摩擦	检查修理
	油泵装的位置不正确	重新调整安装
油泵出现响声	工作轮啮合不良或啮合面出现缺陷	重新调整或检查工作轮的啮合间隙或消除齿面缺陷

第三节　离心式通风机

一、工作原理

离心式通风机的工作原理是靠旋转的叶轮产生的离心力来实现气体输送。

二、结构特点

离心式通风机主要由4部分组成：机壳、叶轮、集流器、传动装置。

1. 机壳

离心式通风机的机壳一般制作成螺线形，其端面沿叶轮旋转方向渐渐扩大，气流出口达到最大。机壳用钢板焊接制成。

2. 叶轮

通风机的叶轮由前盘、后盘、叶片和轮毂组成，一般采用焊接和铆接结构。前盘多数制作为圆锥形和圆弧形。如图6－12。

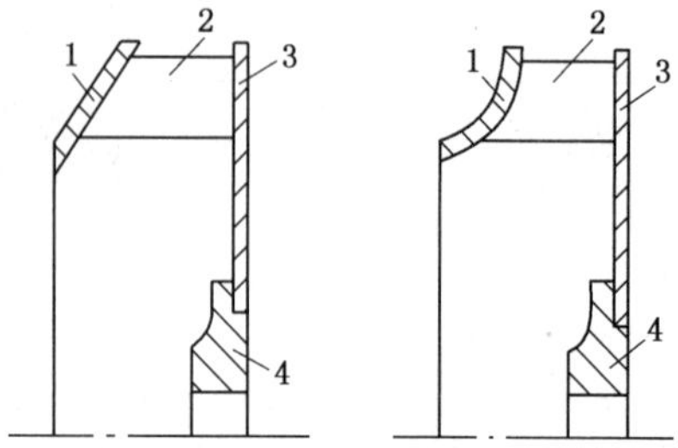

图6－12　叶轮前盘

1—前盘；2—叶片；3—后盘；4—轮毂

通风机的叶轮，根据叶片出口角的不同，可分为前弯、径向和后弯3种型式。在选择通风机时，应注意到在叶轮圆周速度相同的情况下，叶片出口角越大，产生的压力越高。

通风机的叶片形状分为板形、弧形和机翼形，前弯叶轮一般采用弧形叶片，后弯叶轮多采用机翼形叶片。相对于板式和弧形叶片，机翼形叶片具有良好的空气动力性能，而且刚性好、强度高。

3. 集流器

通风机的集流器也称壳体喇叭口，是风机的入口，它的作用是将气体均匀地导入叶轮，目前常用的集流器结构有圆筒形、圆锥形、圆弧形、喷嘴形，如图6－13。

4. 传动装置

通风机的传动装置包括轴、轴承、联轴器或带轮，结构简单。

三、检修

1. 拆装程序

1）拆除与通风机连接的部件、管道和其他部件。

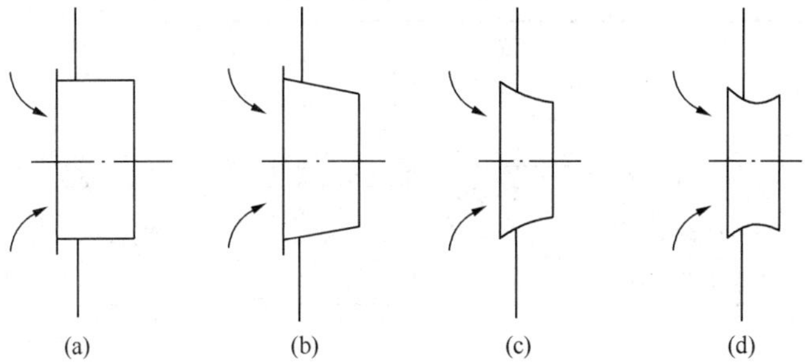

图 6－13　集流器

（a）圆筒形；（b）圆锥形；（c）圆弧形；（d）喷嘴形

2）拆除风机的护罩和电气、仪表的连线。

3）拆除集流器。

4）拆除轴承座上的半压盖。

5）拆下联轴器或带轮。

6）吊出叶轮放在支承上。

7）取下轴瓦。

8）组装程序与上述程序相反。

2. 检修技术

（1）机壳

铸造式机壳应无裂纹、气孔，焊接机壳不应有开焊、变形等缺陷。

机壳上下结合面应贴合紧密，两端平行度公差不大于 3mm。

机壳内表面应平整光滑无毛刺。

（2）叶轮

清洗和检查叶轮，应无裂纹、磨损、腐蚀等缺陷。

叶轮应进行无损探伤。

叶轮铆钉应无松动、变形、缺帽等现象。

叶轮侧板平面度、圆度应符合技术要求。

叶轮应均匀无变形、无扭曲。

叶轮组装好应进行低速静平衡试验，转速为 1500r/min 以下质量偏差应不大于 10g，转速为 1500～3000r/min 的质量偏差应不大于 5g。

（3）主轴

主轴不应有裂纹、凹痕，轴颈表面粗糙度应不超过 R_a0.8～1.6。

主轴直线度公差应符合表 6－6。

表 6－6　主轴直线度公差

转速/（r/min）	公差/mm	转速/（r/min）	公差/mm	转速/（r/min）	公差/mm
<500	0.07	500～1500	0.05	1500～3000	0.03

主轴、叶轮等传动部件组装应进行静平衡试验，转速较高者，必须做动平衡试验，技术要求见表 6－7。

表 6－7　技术要求

名　　称	部　　位	数值/mm	名　　称	部　　位	数值/mm
径向跳动公差	叶轮外缘	≤0.7*D*	侧间隙允差	机壳与叶轮	8～12
	联轴器外圆	≤0.05	顶间隙允差	机壳与叶轮	≤15
	主轴轴颈	≤0.01	间隙允差	机壳与主轴	1～2
端面跳动公差	叶轮外缘两侧	≤0.1	倾斜度允许	外壳与机座	≤0.05
	联轴器外缘两侧	≤0.05			

注：*D* 为叶轮外径。

（4）轴承

对滑动轴承的应检查内衬巴氏合金，不应有裂纹、砂眼、脱壳、脱落等缺陷。

滑动轴承轴瓦与轴颈的接合角度应为60°～90°，用红丹研磨每平方厘米不少于3个点。

轴瓦瓦背应与轴承座均匀贴合，上瓦、下瓦和上瓦座、下瓦座的接触面积不少于40%～50%。

轴瓦最大间隙的要求，见表6－8。

表 6－8　轴瓦最大间隙

轴颈/mm	间隙/mm	轴颈/mm	间隙/mm
50～80	0.10～0.18	120～180	0.23～0.34
80～120	0.15～0.25	180～250	0.34～0.40

滚动轴承内外圈应转动灵活，支承架无裂纹、无变形、无倾斜，滚珠完好。

（5）联轴器

一般采用柱销弹性圈联轴器。

弹性圈和柱销配合应无间隙，弹性圈外径与孔配合应有0.4～0.6mm间隙。

带胶圈的半边联轴器应装于从动轴。

（6）密封

离心式通风机的轴封一般采用牛毛毡密封，但也有用迷宫式密封的，其要求可参考离心式鼓风机。

四、故障处理（见表4－9）

表 6－9　故障处理

故障现象	原　　因	消除方法	故障现象	原　　因	消除方法
风量降低	转速降低	检查电源	振　动	对中找正不好	重新找正
	管路堵	清理		转子不平衡	做动平衡
	密封漏	修理		管路振动	调整配管
风压降低	系统阻力过大	修正系统设计	轴承温度高	轴承损坏	更换
	介质密度变化	进口叶片调整		轴承润滑脂不符	更换油品
	叶轮变形	更换		冷却不够	增大冷却量
振　动	基础下沉和变形	加固		电机和风机不同轴	重新找正
	主轴变形	更换		转子振动	消除
	出口阀开度小	适当调节			

第四节　轴流式通风机

一、结构特点

凉水塔用轴流风机主要用于化工厂循环冷却水系统，用以排送凉水塔的湿热空气，在化工厂中常简称为凉水塔风扇。其特点是风量大、风压低，适应于在相当潮湿的环境中连续运行，并可通过调整叶片的角度在一定范围内改变风量和风压啊，以适应生产的需要。

大型凉水塔用轴流风机由风筒、叶片、轮毂、减速机、传动轴、联轴器等部件、电动机和其他附件组成，见图 6－14。

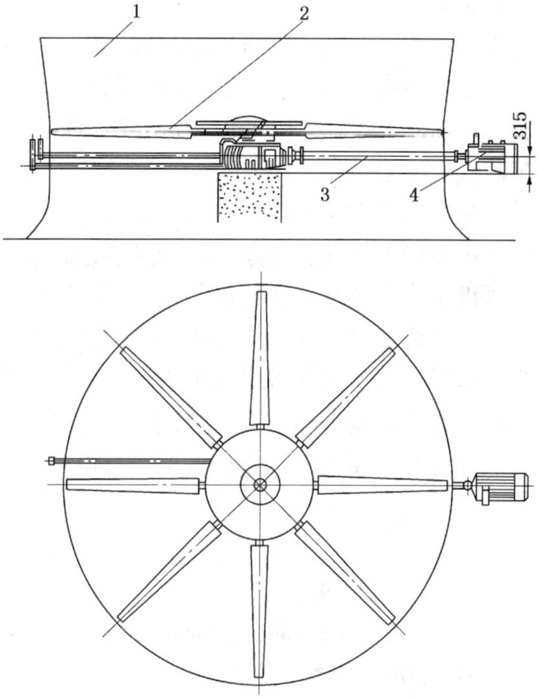

图 6－14　凉水塔轴流式通风机结构

1—风筒；2—风叶组件；3—传动轴；4—传动装置

1. 风筒

风筒的作用是创造良好的空气动力条件，减少通风阻力，将凉水塔的湿热空气排出，减少湿空气的回流。风筒形状多采用圆锥形、抛物线形或双曲线形。对于抽风式轴流风机，有时为了使凉水塔上部结构不至过分复杂，也采用近似直筒形风筒。风筒横截面多为圆形，也有采用矩形、正方形或正多边形。

风筒材料为钢筋混凝土、木材、工程塑料或钢板，我国多采用钢筋混凝土或木材。

2. 叶片

叶片形状分扭曲形和非扭曲形两种。叶片一般内设钢架结构，外包铝合金皮，钢架结构材质有碳钢或不锈钢之分，随不同的使用条件而异。当叶尖圆周速度不超过 80m/s 时，可采用铸铝叶片。叶片可采用铆接结构，铆接叶片一般用于普通碳钢、普通低合金钢或硬质合金等材料。铸铝合金叶片比碳钢叶片重量轻、耐蚀性好，国内外多有采用铸铝合金叶片。对于玻璃钢叶片来讲，金属叶片重量大，在水蒸气中长期运行易被腐蚀，启动稍困难，能耗较高。目前，国内及美国、法国的叶片均采用玻璃钢叶片，这类叶片拆装方便，有比较好的抗腐蚀性能和耐气流冲刷的能力。

3. 轮毂

轮毂和轴相联，起支承叶片和气封罩的作用。轮毂材料一般根据其外缘线速度选定，线速度 30m/s 以下采用普通铸铁，35m/s 以上采用高级铸铁、铸钢、铸不锈钢或碳钢。整个轮毂采用碳钢时，应将轮毂和附件作热浸镀锌防腐处理。

4. 减速机

风机的转速一般低于电机，需采用减速机。现在，电机置于风筒内的结构日趋减少，多将电机置于风筒之外，这种形式决定了减速机的输入和输出两轴须互相垂直，因此，一般均采用圆锥齿轮减速机、两极圆锥－圆柱齿轮减速机过蜗轮－蜗杆减速机。在凉水塔用轴流风机中，国内外广泛采用前两种减速机。

5. 传动轴

传动轴由于距离较长，都采用空心轴，以减轻重量，其材料多采用优质碳素钢，也有采用不锈钢的。

6. 联轴器

联轴器用于电机和减速机之间的联接。为了便于装拆及有利于补偿电机和减速机之间的中心偏差和轴向窜动，一般采用弹性联轴器、链轮式联轴器、调心滚珠弹性联轴器、万向联轴器、浮轴或半浮轴式联轴器、调心滚珠联轴器、浮轴联轴器、链轮式联轴器，联轴器材料为灰铸铁或碳素钢。

7. 电机及其他附件

电机一般为防潮、防爆、三相异步电机。

风机轮毂上部设有气封罩，减速机需连接加油管和排油管。气封罩的作用是限制空气回流以改善风机性能，其外形有平板形或圆弧形，国内及法国、日本的叶片均为平板形，美国的为圆弧形。圆弧形气封罩比平板形的好，它使气流流线圆滑、阻力小，但制造复杂。气封罩材料一般为碳钢经热浸镀锌处理，也可用不饱和聚酯玻璃制造。

加油管及排油管由减速机接至风筒以外，其材料为碳钢管或不锈钢管。

二、检修

1. 检修质量标准

国产凉水塔风机叶轮检修质量标准见表6－10。

2. 叶轮和传动轴的静平衡

在检修时，应仔细检查叶轮的叶片是否有变形、裂纹铆钉松动等缺陷，并修复。经过修复叶片的叶轮或更换了新叶片的叶轮，需作整体静平衡检验。

表6－10　国产凉水塔用轴流风机叶轮检修质量标准　mm

叶轮直径		≤600	>600～800	>800～1200	>1200～2000	>2000～3000	>3000～5000	>5000～8000	>8000
轮毂径向与端面跳动		1.0	1.5	2.0	3.0	4.0	5.0	6.0	8.0
叶轮外缘	径向跳动	1.0	1.5	2.0	2.5	3.0	4.0	6.0	8.0
	端面跳动	2	3	4	5	6	10	15	20
叶片安装角度允差		±1°	±1°	±1°	±1°	±1°	±1°	±1°	±1°
叶片尖端与风筒间隙		1～2	1～3	1.5～4.0	2～6	3～8	4～12	5～16	6～20

叶轮的静平衡，常用导轨平衡机进行，但凉水塔用轴流式风机的叶轮，由于其直径大，在化工厂往往没有与之相应的又高又大的轨道平衡机，为此，可自行制作如图6－15所示的简易立式静平衡装置，用它来进行叶轮静平衡。简易立式静平衡装置的尺寸，按风机轮毂轴孔的尺寸大小确定。

平衡时的操作方法如下：

1）将平衡装置底座放在坚实的平面基础上，用水平仪校正平衡垫板，使其处于水平状态。

2）将球面支承及底座用两个螺栓固定在轮毂轴孔的上端面。

3）将装配好的叶轮放在平衡装置底座上。注意，要尽量使平衡装置底座在轮毂轴孔的中心位置。

4）将水平仪放在轮毂上面的平面上，由水平仪上可读出叶轮倾斜的大小。

5）用逐次试加配重的方法（配重块一般加在叶片尖端或轮毂上），直到使叶轮达到水平状态为止。将配重牢固地固定在一定的位置上。

6）将平衡的叶轮最后再校验一次，使叶轮处于稳定是水平状态，平衡结束。

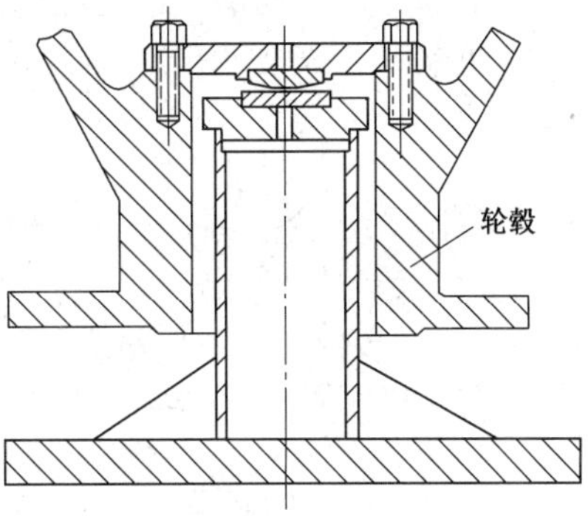

图6－15　简易立式静平衡装置

进行平衡时，加重或去重的位置可选在叶片的尖端部分，有的风机叶轮上设有专门供平衡用的加重或去重位置。

传动轴的平衡工作可以在平衡机上进行，也可在现场进行。传动轴的现场平衡工作是在开动风机或停止风机运转情况下较小进行的，这种方法简便易行，不需要平衡机，对于没有平衡设备的生产厂家是可取的。平衡的方法如下：

1）拆去风机叶轮轮毂，将示振器水平放置在被测风机的电机及齿轮减速机上，然后开动凉水塔系统中的其他风机，测得一组读数。这组读数表示由其他风机运转而引起的被测风机垂直方向的振动值。

2）把被测风机的电机开动，在电机及减速机上测得另一组读数。这组读数表示本风机传动轴不平衡引起的振动和由其他风机运转而引起的振动值之和。

3）其他风机全部停止运转，只开被测的风机，测出第三组读数。这组读数表示被测风机因其传动轴不平衡直接引起的振动值，这个值在数值上应与上两组读数的差相等。

4）测出传动轴的振值以后，在传动轴某一端的联轴器上，于平衡螺栓上增加或减少垫圈，然后在另一端减少或增加垫圈，调整后振值如有所下降，可继续增减垫圈，如振值反而加大，那就恢复原来状况，并在相隔60°的螺栓处进行上述平衡工作，直至得到满意的结果。如按上述方法得不到满意的结果，可把整个传动轴组件倒过头来，再进行上述工作，最后使单元风机传动轴振动读数值降至规定值以下。

3. 组装

凉水塔用轴流风机在大修之后应进行组装，如全部解体修理，组装的大致程序如下：减速机底座（或支架）→减速机→轮毂→叶柄→叶片→轮毂气封罩→电动机底座（或支架）→电动机→风筒→传动轴→联轴器→给油管→排油管。

在全部组装工作中，减速机、传动轴、电动机及叶片的组装是关键部分，下面，对这几部分的组装方法和技术要求分别给予说明。

（1）减速机的清洗与就位

经过修理后的减速机运至现场后，应使用黏度较低的润滑油或减速机润滑油冲洗内部，以进一步除去尘埃、铁屑及其他杂质。清洗后的减速机按风机的纵横中心线在底座上就位、找平、找正，并用螺栓固定。国产风机的减速机安装水平度要求，按相应说明书。

当风机运行两星期后，应将减速机内部的润滑油更换一次，以进一步清洗其内部。

（2）电动机与传动轴找正

在减速机就位之后，下一步工作是将电动机与减速机对中，亦即对减速机、传动轴和电动机三个部件进行找正，这是风机组装工作中的一个关键步骤。

用两个V形架支承传动轴，并将其初步就位。V形架中的支托最好用铜料制成，托住传动轴的两个V形架距传动轴的两个端面距离应相等。用水平仪复查减速机输入轴的水平度，如果该输入轴太短，水平仪无法测量时，可在输入轴端的半联轴器端面上进行测量。然后将水平仪放在传动轴的中部，调整传动轴的水平度，使之和减速机输入轴的水平度相符。在这个过程中要注意控制减速机侧和电动机侧两对联轴器的距离，一般可控制在4mm左右。这样，传动轴中心线和减速机输入轴中心线即已达到平行，再使其对中，并以次为基准找正电动机。只要分别完成减速机和电动机侧的两对联轴器的对中，减速机、传动轴、电动机三个部件间的找正工作即告完成。

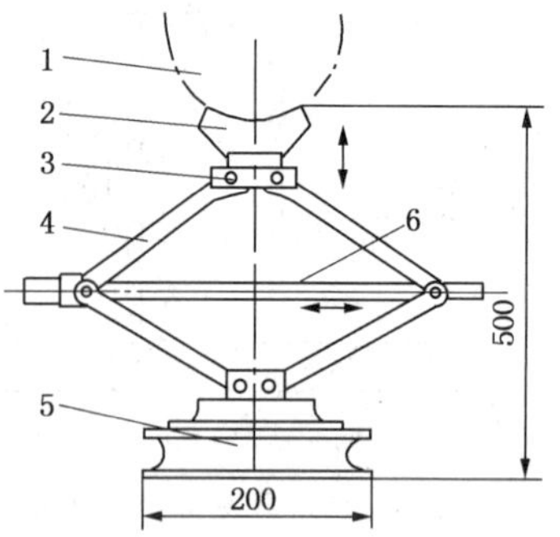

图6-16　传动轴找正专用工具(V形架)

1—传动轴；2—支托；3—铰销；
4—调节架；5—底座；6—调节螺杆

采用这种方法对中电动机时，需注意电动机四个支脚下的垫片厚度不能差异太大，一般应小于0.2mm。

使用V形架找正，是由于风机的传动轴直径和长度均较大，找正时不易移动，特别是在上下左右位移量较小的情况下，如图6-16，转动调节螺杆6，可使调节架4的四个杆件偏转，带动支托2上下移动，如需左右移动，用榔头轻轻敲击底座5即可。

(3) 联轴器组装

联轴器组装，是在电动机与减速机已经对中之后进行的，通过组装，将减速机、传动轴和电动机联结起来。由于各种风机的联轴器结构各异，下面以美国马利公司H4-12型凉水塔用轴流风机的联轴器为例进行介绍。

传动轴的联轴器组装图，见图6-17。

组装步骤如下：

1）辩明装配记号；

2）卸开套框和锥形衬套；把联接锥形衬套和套框的三个端头螺钉卸掉，用定位螺钉(顶丝)或轻击的方法，将锥形衬套拆出来；

3）轴头上(电机轴、减速机轴)涂防锈油；锥形衬套面上涂机械油；

4）将键部分地装入轴的键槽中，将套框套在轴上，把锥形衬套逐渐装到轴上去(轻敲端部)，直至键、锥形衬套和轴头的端部齐平；

5）拧紧锥形衬套的定位螺钉；把套框套在锥形衬套上，逐渐拧紧端头螺钉；

6）上述步骤是电机侧、减速机侧同时进行的；

7）当套框被牵引上锥形衬套并使橡胶圈在

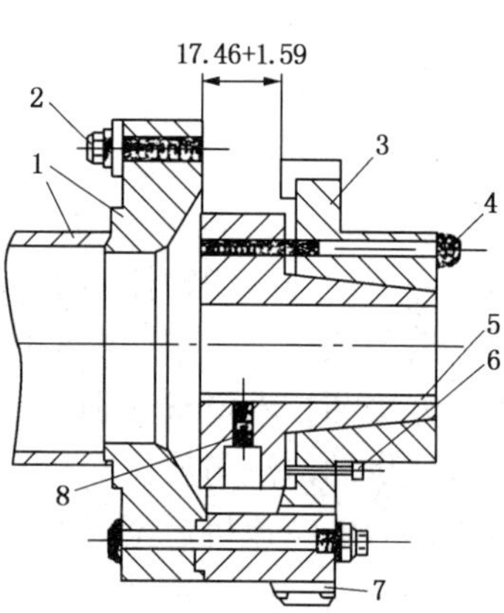

图6-17　传动轴的联轴器组装图

1—筒形轴及半联轴器；2—平衡金属件；3—套框；
4—端头螺钉；5—锥形衬套；6—定位螺钉；
7—橡胶衬圈；8—定位螺钉；

半联轴器处就位时，如套框被牵引过远或不足，则可调整套框、锥形衬套在轴上的位置，使套框和半联轴器平面间的距离为定值（17.46 ±1.59mm）。用螺栓（$\phi9''/16$）将套框和半联轴器联接起来，拧紧即可。

（4）叶片角度调整

叶片角度调整是在轮毂、轮盖、叶柄、叶片等部件装配完后进行的。装配轮毂时，轮毂孔和轴的配合必须紧密可靠，接触面在70%以上。在轮毂上组装叶柄和叶片时，应注意制造厂留下的装配标记，对号入座。只有在这些工作完成之后，方可能调整叶片的角度。调整叶片的角度，关键在于测量叶片的组装角，其方法如下：

1）将铅笔或能划出线条的物体固定在叶片的端部；

2）盘动叶轮，使轻轻旋转的叶片在风筒上划出两条长约500mm的基准水平线；

3）作这两条基准水平线的垂线，交于A、B两点，以A或B点为圆心，叶片尖端弦长为半径画圆，交水平基准线于O点；

4）用量角器测量∠AOB角，此角度即为风机叶片的组装角。

有的风机，本身设有测量叶片角度的位置，可直接进行测量，无需用上述方法。如美型风机在叶片上设有测量角度的凸台，用万能量角器可直接在凸台上量出叶片的组装角度；法型风机测量叶片角度的位置，可从叶片尖端向里25.4mm处是剖面上测得。用划线法测量叶片角度，仅适用于刚度较大、不易变形的叶片，否则，所测出的叶片角度误差较大。

调整叶片角度，可用铅锤或木锤轻轻敲击叶片的根部。

风机组装完成后，应盘动轻快，旋转自如。在更换了减速机以后的运行初期，为使减速机齿轮跑合，应将叶片角度调整到排气量最小的位置，使减速机在最低负荷下运转24～48h，待减速机各项性能指标（如轴承温度、振动、噪音等）稳定后，再把叶片调整到所需角度。

4. 试车与验收

（1）空负荷运转

减速机中应加入规定牌号的润滑油，或用相当牌号的油代替，但其最小黏度范围应控制在32～86cSt（40℃）。冬天或气温较低时，应将油加热至该黏度范围内再进行启动风机。

叶片角度调至最小，在无水流经凉水塔情况下运行24～48h。

风机启动后，观察、检查有无故障。检查电机电流大小是否在规定范围内，电机、减速机轴承温升稳定后，至少连续运转20min，方可记录各轴承温度，轴承温度应小于60℃。

（2）负荷运转

将叶片角度调至最大，此时热水流经凉水塔。

带风机运转正常后，测量电动机、减速机轴承处的振动，测振点和测温点相同，振动值必须在规定范围内。国内风机轴承部位的振幅值不应超过下表6－11的规定。

表6－11　国内风机轴承部位的振幅值

主轴转速/（r/min）	≤375	≤500	≤600	≤750	≤1000	≤1450	≤3000	>3000
允许最大径向振动（双向）/mm	0.18	0.16	0.14	0.12	0.10	0.08	0.06	0.04

满负荷运转时，轴承表面的温度，滚动轴承不应超过70℃，滑动轴承不应超过65℃，齿轮箱中的油温不应超过82℃。（齿轮箱中的油温，指风机经过较长时间的运转停车后，马上打开齿轮箱的观察孔，用温度计直接插入齿轮箱油池内测得，或用仪表在风机运转时直接

测得)。

风机在运转时，噪音必须在规定的范围内，一般控制在85dB(A)以下，该噪音的测定是在规定的转速、风量以及无其他噪音情况下进行的，实际转速允许在规定转速的±5%范围内波动。实际转速 n_2 与规定的转速 n_1 不同时，噪音强度的基准换算式以下式表示：

$$S_1 = S_2 + \Delta S$$

式中 S_1——在转速 n_1 下的噪音 dB(A)；

S_2——在转速 n_2 下的噪音 dB(A)；

ΔS——转速变化时的修正值 dB(A)；

$$\Delta S = 50 \log n_1/n_2$$

噪音测定的位置是在风机径向相等距离的各点，距离风筒一般为1～1.5m。

三、故障处理(见表6－12)

表6－12　常见故障及处理方法

故障现象	原　　因	处 理 方 法
电机不转	电压过低	检查电源电压是否达到铭牌规定值
		检查电机接线柱上的电压
	电源故障、接头松动、接线错误、电机绕组露头、负载过大电机或风扇传动轴卡住转子	检查是否掉线 检查控制装置与电机之间所有接线及接触点 应设置超负荷与短路保护装置 将电机和风扇传动轴断开无负荷试转电机
电机过热	超载、电压不稳	核对各项电压和电流，电压值参照铭牌数据
	电源频率不适当	核对电源电压和频率，其值与铭牌相符
		核对电动机转速
	润滑脂注入过多、脂牌号不对，脂变质，脂内有异物	加润滑脂要适当 更换符合牌号的润滑脂 加脂工具需清洁，严防异物进入
	风冷不良	清扫电机、检查通风情况，加强通风换气
电机过热	电机轴弯曲、轴承损坏	检查电动机轴承
		更换轴承
	转子摩擦定子，单相运转，绕组漏电	重新控制转子与定子间隙，检查绕组，用高兆欧表检查电阻情况；如系单相，则电机不能启动
电机异常噪音	电机单相运转	如系单相，不得启动电机
	电机导线连接不正确或掉线	按接电线路图进行检查
	轴承磨损、损坏	更换轴承，重新加润滑脂
	相不平衡	分别效对相电压、相电流
	转子不平衡	检查电机、调整托架、平衡转子
电机达不到转速、转速波动、反转	由于线路压降，引起电机接线端电压太低	稳压或降低负荷
	相序弄错	变更三根电机引线上任何二根的连接

续表

故障现象	原　因	处 理 方 法
减速机异常噪音	油中混有其他杂物、油位太低	酌情加油、更换新油
	轴承损坏	更换轴承
	齿轮翘曲、齿轮与箱体相摩擦齿轮组磨损	检查齿轮组、轮齿的啮合面、齿轮箱如果为新设备，待运转一星期后，看杂音是否消除或降低，如仍有杂音，应排油，冲洗并重新加新油，再有杂音，应更换新齿轮减速装置
风机噪音	轮壳盖松动	紧固轮壳盖螺栓
	风筒组件松动	检查风筒组件各联接件将松动者紧固
	风机叶片固定螺栓松动	紧固
机体振动	轮毂轴孔与主轴配合不紧密	喷镀、研磨修理
	电机振动	电机空载试运，以便进一步查明原因
	电动轴不平衡，联轴器损坏、找正不好，传动轴弯曲	电机、传动轴、减速机重新找正
		更换损坏的联轴器
		传动轴重新平衡、校直
	叶片组不平衡，表面腐蚀，有附着物	更换新叶片，清扫附着物，重新平衡叶轮组
	叶片角度不一致	调整
	叶片角度过大	调整
	叶片变形	校核各叶片尖端只角度
	叶片紧固螺栓松动，地脚螺栓松动	坚固
	基础刚度不够	加固基础
	减速机轴承损坏	更换轴承

第五节　罗茨鼓风机

一、工作原理

罗茨鼓风机主要由机壳、轴、传动齿轮、同步齿轮以及一对“∞”字形转子组成。典型的罗茨鼓风机的结构如图6－18所示，罗茨鼓风机的两个转子分别由主动轴和从动轴支承在两端的滚动轴承和止推轴承上。当电机通过联轴器或皮带轮带动主动轴转动时，安装在主动轴上的齿轮，便带动从动轴上的齿轮，按相反方向同步旋转，使啮合的转子转动，从而使机壳和转子之间形成一个空间，气体则从进气口进入此空间。然后气体受到压缩并被转子挤出出气口，而另一个转子则转到和第一个转子在压缩开始时的相应位置，与机壳的另一边形成一个新的空间，新的气体又进入这一空间，被挤压排出。

二、分类

按结构特点分立式型罗茨鼓风机和卧式型罗茨鼓风机。立式型罗茨鼓风机两转子中心线在同一垂直平面内，气流水平进，水平出。卧式型罗茨鼓风机两转子中心线在同一水平面内，气流垂直进，垂直出。

按传动方式分风机和电机直联式、风机和电机通过带轮传动式、风机通过减速器和电机传动式。

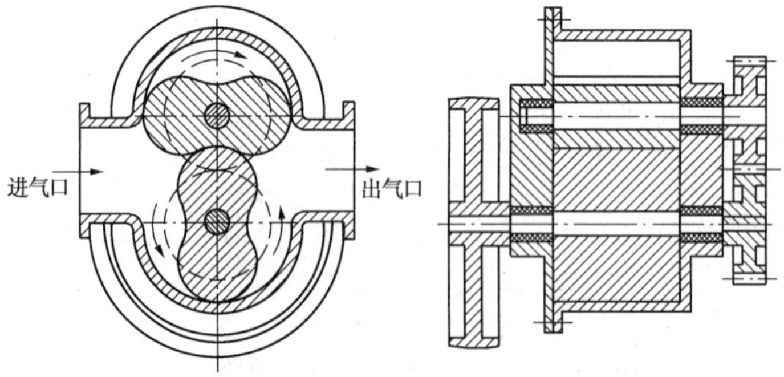

(a)工作原理

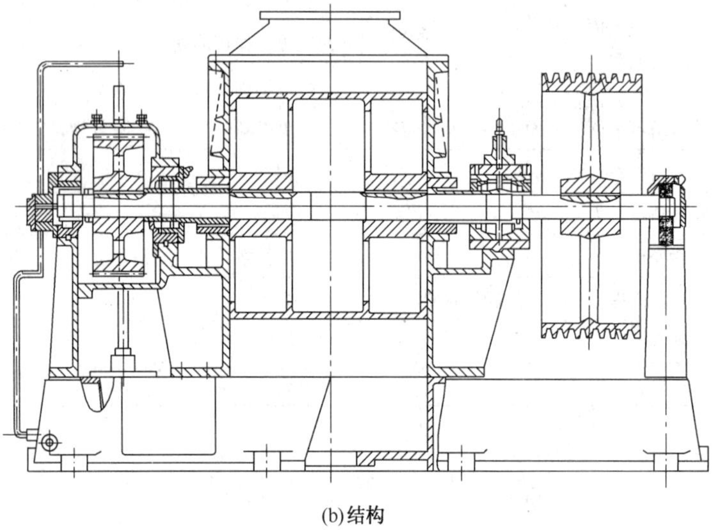

(b)结构

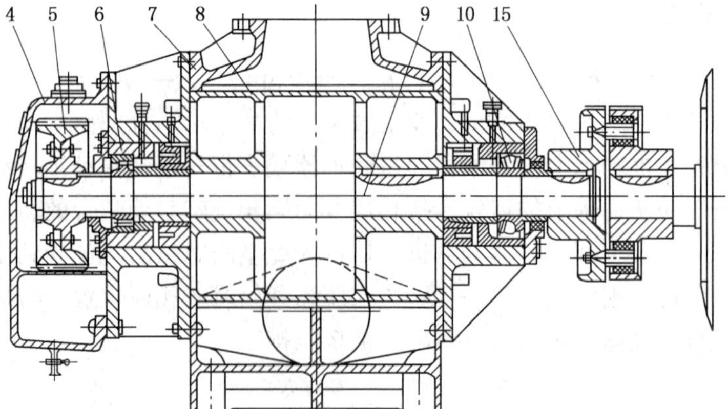

(c)结构

图 6－18　罗茨鼓风机

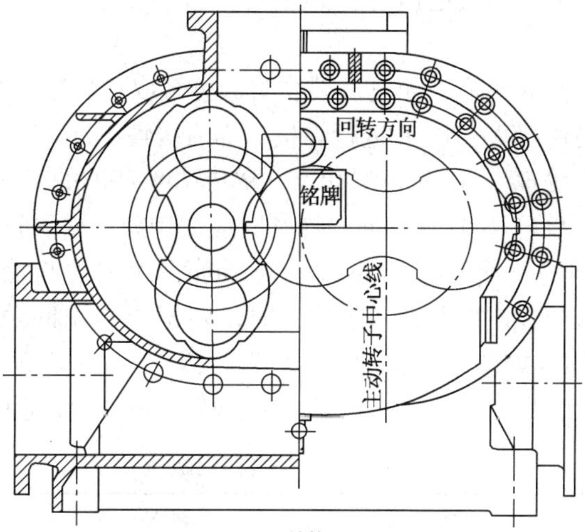

(d)结构

图 6－18　罗茨鼓风机(续)

1—进油管；2—油泵；3—出油管；4—齿轮箱；5—齿轮；6—支承轴承箱；
7—机壳；8—转子；9—主轴；10—滚动轴承；11—止推轴承箱；12—底座；
13—皮带轮；14—轴承支架；15—弹性联轴器

三、结构特点

罗茨鼓风机的结构主要是有一对腰形渐开线转子、齿轮、轴承、密封和机壳等部件组成。它的排风量大，效率高。

1. 转子

罗茨鼓风机的转子由叶轮和轴组成，叶轮可分为直线形和螺旋形，叶轮的叶数一般有两叶、三叶。

2. 齿轮

罗茨鼓风机壳内两叶转子的转动是靠各自的齿轮啮合同步传递扭矩的，所以其齿轮也叫同步齿轮，同步齿轮既作传动，又有叶轮定位作用。同步齿轮结构较为复杂，由齿圈和齿轮毂组成，用圆锥销定位。同步齿轮又分为主动轮和从动轮，主动轮一端与联轴器连接。

3. 轴承

罗茨鼓风机一般选用滚动轴承，滚动轴承具有检修方便、缩小风机的轴向尺寸等优点，而且润滑方便。

4. 密封

罗茨鼓风机的密封部位主要在伸出机壳的传动轴和机壳的间隙密封，其结构比较简单，一般采用迷宫式密封、涨圈式密封或填料密封。轴承的油封采用骨架式橡胶油封。

5. 机壳

罗茨鼓风机的机壳有整体式和水平剖分式，结构简单，对于化工厂常用的煤气鼓风机、吸收塔鼓风机等功率较大的风机，大多采用检修、安装方便的水平剖分鼓风机机壳。

四、检修

拆卸罗茨鼓风机壳体接合螺栓时，应对接合面的垫片厚度及内部各部间隙进行测量，并做好记录。检查机体有无裂纹和其他损伤。

1. 转子

转子不应有砂眼、气孔等缺陷，如发现裂纹时，可采取热焊法或冷焊法修复。

热焊法：将转子预热到650～700℃进行焊接，焊后缓慢冷却。

冷焊法：在裂纹两端钻 ϕ2～3mm 止裂孔，并铲成70°～90°的V形坡口，其深度不小于壁厚的3/5～4/5，钝边厚度应不小于2mm。焊补时应编制并严格执行焊接工艺。

转子组装时两端轴颈的不平行度应不大于0.2mm，两端面与墙板的不平行度不大于0.05mm。当风机进出口方向和主动轴位置不变时，转子压力角间隙应在转子与水平线成45°角两个位置上调整不同，如图6－19，图中 D 为两转子间的总间隙，在转子处于负45°角时的间隙应为 $D/3$，而在正45°角时的间隙为 $2/3D$。转子间的各部间隙应符合表6－13所示。

表6－13　转子各部间隙

序　号	规格型号	风叶与风叶间的间隙	风叶与机壳间的间隙	风叶端面与壳壁间的间隙	
				定位端	非定位端
1	L20*17－5/0.2～0.5 L20*30－10/0.2～0.5	0.2～0.3	0.15～0.25	0.15～0.25	0.15～0.25
2	L32*26－15/0.2～0.5 L32*48－30/0.2～0.5	0.33～0.43	0.20～0.30	0.20～0.30	0.27～0.37
3	L41*37－40/0.2～0.5 L41*52－60/0.2～0.5	0.40～0.50	0.20～0.30	0.20～0.30	0.20～0.30
4	L50*73－80/0.2～0.5 L50*73－120/0.2～0.5	0.40～0.50	0.30～0.45	0.20～0.35	0.35～0.50
5	L60*65－160/0.2～0.5 L60*100－250/0.2～0.5	0.50～0.65	0.35～0.50	0.35～0.50	0.40～0.45

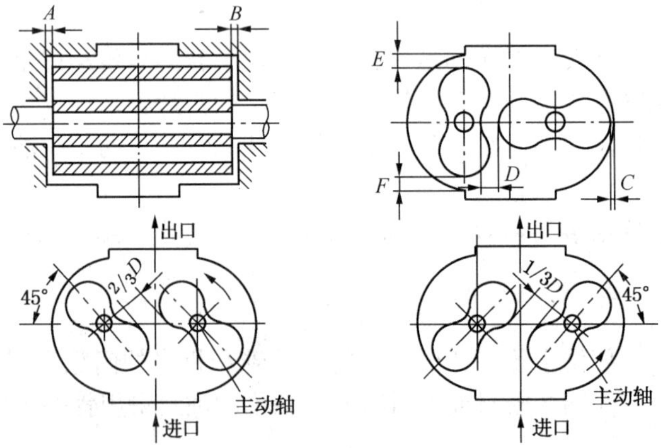

图6－19　转子压力角间隙调整

转子应进行静平衡和动平衡效验，其允许残余不平衡力矩 M，可按下式计算：

$$M = G\mu/10$$

式中　M——允许残余不平衡力矩，g·cm；

G——转子质量，kg；

μ——允许偏心距，μm。

2. 轴

轴的检查和修理与前述同，其主要要求是轴颈的椭圆度和圆锥度不大于轴颈公差之半；轴颈的弯曲度不大于0.02mm；轴与转子不垂直度，在100mm内不大于0.05mm。

3. 联轴器

表面应无裂纹损伤。键与轴键槽侧面应贴合紧密，上平面与联轴器键槽应有0.10～0.40mm的间隙，对旧键槽作加宽修理时，不得超过原键槽宽度的10%。

联轴器安装时的不同轴度及轴向间隙，应符合表6－14的规定。两半联轴器对轴应有0.10～0.40 mm的间隙，对旧键槽作加宽修理时，不得超过原键槽宽度的10%。两半联轴器对轴的径向跳动量，应符合表6－15规定。

表6－14 联轴器不同轴度与轴向间隙 mm

联轴器最大外圆直径	105～170	190～260	290～350
同轴度允许	0.14	0.16	0.18
轴向间隙	2～4	2～4	4～6

表6－15 半联轴器径向与端面跳动量 mm

外圆最大直径	半联轴器的径向跳动量	半联轴器的端面跳动量
105～170	0.07	0.16
190～250	0.08	0.18
290～350	0.09	0.20

4. 轴承

在拆卸时应使用专用工具，严禁硬性敲打或用火焰直接加热。安装时必须紧贴在轴肩或轴肩垫上，其允许振幅如表6－16所示，轴与滑动轴承的顶间隙见表6－17。

表6－16 滚动轴承允许振幅 mm

工作转数/(r/min)	<500	500～750	750～1000	1000～1500	1500～3000
允许振幅/mm	0.20～0.24	0.14～0.16	0.10～0.12	0.08～0.10	0.05～0.06

表6－17 轴与滑动轴承顶部间隙 mm

轴　径	顶部间隙	轴　径	顶部间隙
30～50	0.06～0.08	80～120	0.12～0.16
50～80	0.08～0.12	120～160	0.16～0.20

5. 密封

对各类橡胶密封圈的更换，其各部几何尺寸应符合规定。安装时应能轻打或轻压入为宜。对有切口的密封圈，每圈切口应相错120°安装。

迷宫式密封轴套两端的不平行度，一般不大于0.01mm，密封环座与轴套的间隙，一般为0.2～0.5mm。

机械密封应严格按图纸规定安装。动环对轴中心线的径向跳动量，不得大于0.06mm。要求动环与静环的结合面光滑平整，不得有划痕或崩缺损伤。否则，应予以研磨或更换。

6. 传动齿轮

齿轮啮合应平稳、无杂音。齿轮用键固定后，径向位移不超过0.02mm；齿顶隙常取0.2～0.3模数；侧间隙应符合表6－18的规定。

表 6-18　齿轮啮合侧间隙

mm

中心距	<50	50~80	80~120	120~200	200~320	320~500	500~800
侧间隙	0.085	0.105	0.13	0.17	0.17	0.26	0.34

五、故障处理(见表 6-19)

表 6-19　罗茨鼓风机常见故障及处理方法

故　障	故障原因	处理方法
风压降低风量不足	叶片磨损间隙增大	分析磨损原因，调整叶片间隙
	密封或机壳漏气	修理密封，机壳中分面更换填料
	传送带松动达不到额定转数	调整或更换皮带
	管道法兰漏气	更换法兰垫片
轴承发热	润滑系统失灵；油不清洁、黏度过大或过小	检修润滑系统，更换油品
	轴上甩油环没转动或转动慢，带不上油	修理更换
	轴与轴承偏斜，鼓风机与电动机的轴不同心	重新找正组装
	轴瓦刮研质量不良，接触角过小	检查刮研轴瓦
	轴瓦表面产生裂纹、磨痕或有夹渣等	检修或更换轴瓦
	轴承端与止推垫圈间隙过小	调整间隙
	轴承压盖过紧	调整压盖垫圈
	轴承的滚动件或支架破损	更换轴承
叶板互相撞击	传动齿轮磨损，其啮合间隙过大	调整齿隙，磨损严重时应予更换
	齿轮键槽与键配合松动	更换新键
	气体夹有硬性颗粒杂质，使转子受过载冲击而损伤变形	检修转子，于进气管加过滤器
叶板与壳体摩擦	组装不良使转子与壳体有接触点	调整转子位置，检测各部间隙
	机壳中分面垫片太薄	加厚垫片
	进气管或出气管重量引起的机壳变形	增设管路托架
密封漏气或发热	填料箱缺油	疏通油路或添新油
	胀圈折断	更换胀圈
	梳齿密封尖磨钝或倒尖	更换气封
	密封圈孔径不圆或轴向部分面结合不良	刮研修理
	填料过紧、过松或倾斜不正	调整压盖螺钉；重装或更换填料
齿轮发热或磨损过快	齿轮啮合间隙过小	调整或修大间隙
	润滑油选用不当、变质；油量过多或过少	分析油品质量，必要时更换新油或调整油量
	油泵或油路系统发生故障或漏油	消除故障或泄漏点，确保供油压力、流量

第七章　驱　动　机

第一节　工业汽轮机

一、工作原理及调节

（一）工作原理

汽轮机是用蒸汽来作功的旋转式原动机，蒸汽经主气阀和调节阀进入汽轮机，依次高速流过一系列环形配置的喷嘴（或静叶栅）和动叶栅而膨胀作功，将蒸汽的热能转变为推动汽轮机转子旋转的机械功，从而驱动其他机械。汽轮机将蒸汽的热能转变为机械功通常是通过冲动作用原理和反动作用原理这两种方式实现的，相应汽轮机也分为冲动式汽轮机与反动式汽轮机两大类。

1. 冲动作用原理

冲动式汽轮机最简单的结构如图7－1所示，由一个喷嘴和一级装配有一圈动叶片的叶轮组成。从喷嘴中喷出的高速汽流冲击在装于叶轮3上的动叶片4上，从而使叶轮转动。

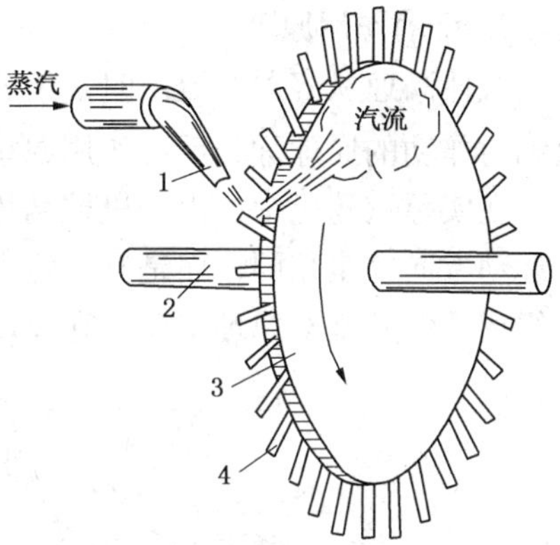

图7－1 单级冲动式汽轮机示意图

1—喷嘴；2—轴；3—叶轮；4—动叶片

图7－2为一动叶片工作的示意图，如果用一个直立的平板，让高速汽流冲击到它的表面上，平板由于受汽流的冲击作用而发生运动，但因在平板的表面附近产生了很大的扰动和涡流损失，如图7－2(a)所示，使蒸汽中大量的有用能量得不到很好的利用，以致造成浪费。所以经过大量的实践改进，现在汽轮机的动叶片都做成弯曲形。要想使产生的作用力最大，就必须使蒸汽的喷射方向同动叶片的运动方向一致，然后以相反方向流出，如图7－2(b)所示。

动叶片的受力分析如图7－3所示，汽流以 c_1 速度流向由动叶片构成的圆弧形流道后，

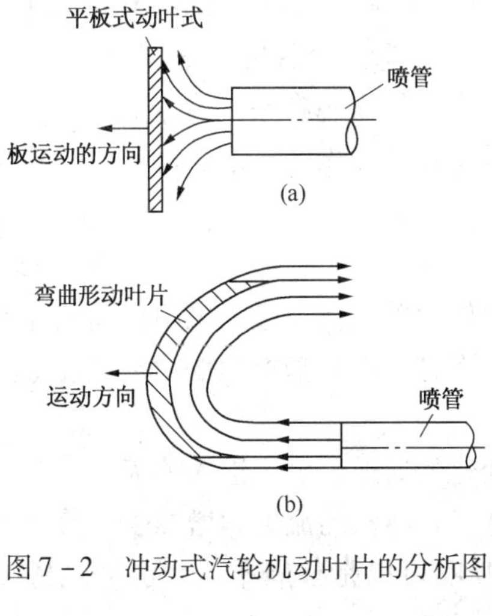

图7－2　冲动式汽轮机动叶片的分析图

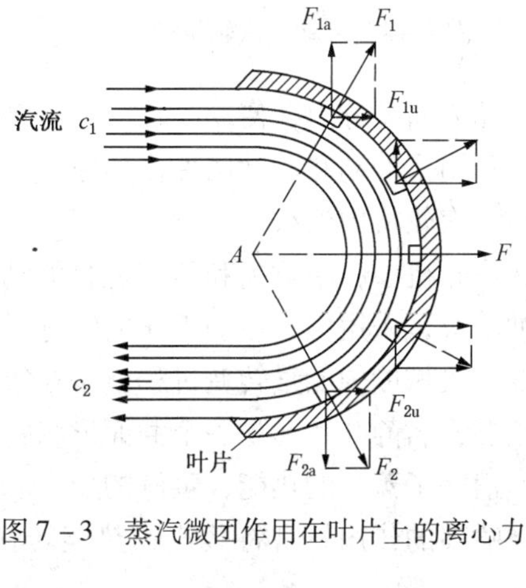

图7－3　蒸汽微团作用在叶片上的离心力

便沿着内弧逐步改变其流动方向，最后以 c_2 速度流出流道。当动叶片固定不动时，c_1 和 c_2 大小相等，方向相反。当汽体流经动叶片的曲面时，实际上在作匀速圆周运动，因此每一个蒸汽微团都受到动叶片流道弧面作用的向心力作用，同时根据牛顿第三定律，动叶片也受蒸汽微团一个大小相等、方向相反的离心力作用。假设 1 点处蒸汽微团的离心力为 F_1，可分解为轴向分力 F_{1z}和运动方向的分力 F_{1u}，同样在 2 点处蒸汽微团的离心力 F_2，可分解为轴向力 F_{2z}和运动方向的力 F_{2u}，其余各点力均可这样分解。因 F_{1z}和 F_{2z}大小相等、方向相反，相互抵消，同样其余对称各点的轴向力也相互抵消，即

$$F_{1z} + F_{2z} + \cdots = \sum F_{iz} = 0$$

在弯曲面运动方向分力之和为

$$F_{1u} + F_{2u} + \cdots = \sum F_{iu} = F$$

在力 F 作用下动叶片右移，通过叶轮及轴产生旋转运动。力 F 称为冲动力，这就是汽轮机的冲动作用原理，采用冲动原理工作的汽轮机称冲动式汽轮机。

2. 反动作用原理

气体高速从容器中流出时，给容器一个与气体流动方向相反的力 F_{re}，称为反动力。用反动力作功的原理称为反动作用原理，采用反动原理工作的汽轮机称反动式汽轮机。

在实际汽轮机中，由于机械结构等方面的限制，使从喷嘴中流出来的汽流，不能与动叶片运动方向完全相同，而是有一定夹角。动叶片也不是一个简单的半圆弧，而是由好几段曲线组成，但其基本原理不变。在反动式汽轮机中，喷嘴和动叶片都作成截面逐渐收缩的汽流通道，蒸汽在喷嘴和动叶片中都要降压、膨胀和加速，如图 7－4 所示为反动式汽轮机的一个级的断面示意图，蒸汽在喷嘴中膨胀升速，以较高的速度 c_1 进入动叶片流道，动叶片就受到由于冲动原理产生的冲动力 F 冲。又由于汽流在动叶片流道中压力由 p_1 降至 p_2，继续膨胀加速（相对于动叶片），蒸汽以更高的速度 c_2 由动叶片中排出，根据反动作用原理动叶片又受到反动力 $F_{反}$。$F_{冲}$ 与 $F_{反}$ 的合力为 F_u。此外，动叶片前后有压差，也在动叶片上引起一个轴向力 $F_{轴}$，F_u 与 $F_{轴}$ 的合力为 $F_{总}$，这就是作用在动叶片上的总力，$F_{总}$ 沿叶片运动方向的分力，使动叶片向左运动，推动转子转动对外作功。由此可见，反动式汽轮机同时利用了冲动和反动两种作用原理。

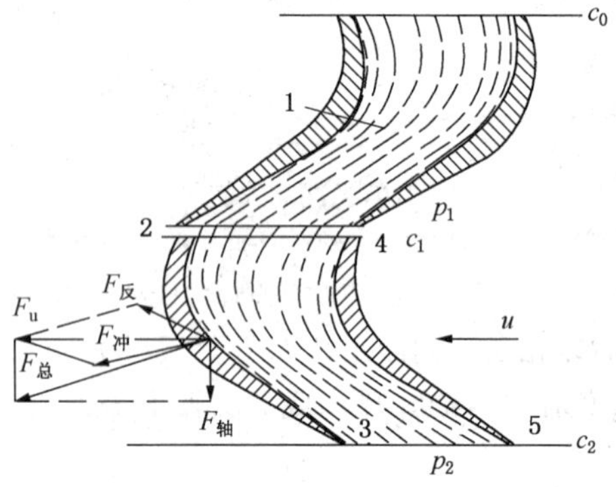

图 7－4　反动式汽轮机的级

（1）汽轮机中的级

在汽轮机中，由喷嘴和与其配合的动叶片构成的作功单元称为级，采用冲动原理工作的级称冲动级，采用反动原理工作的级称反动级。级是汽轮机中最基本的作功单元，蒸汽的热能转变成机械能的能量转变过程就是在级内进行的。

喷嘴又名静叶片，是一个截面形状特殊且不断变化的通道，蒸汽进入喷嘴后，蒸汽发生膨胀，消耗了蒸汽的热能，蒸汽的压力和温度都降低了，蒸汽的流速却增加了，获得了高速汽流。喷嘴的作用就是将蒸汽的热能转换为动能。喷嘴可以是整周布置，也可以是仅几个

弧段。

动叶片又称工作叶片，装满叶轮一周，动叶片的作用就是将蒸汽的动能转变为叶轮转动的机械能，即由喷嘴流出的高速汽流流经动叶片时对动叶片产生作用力，推动叶片运动，通过叶轮和轴产生旋转运动，驱动泵、风机等机械对外作功。

冲动级和反动级的区别在于蒸汽的热能转变为动能的部位不同，冲动级中只在喷嘴内进行，而反动级中一部分在喷嘴内进行，另一部分在动叶片内进行。我们把蒸汽在动叶片中的膨胀程度占级中总的膨胀程度的比例数值，或蒸汽在动叶片中的理想焓降与级中总的焓降之比称为级的反动度，纯冲动级反动度为0，反动级的反动度为0.5，带反动度的冲动级反动度介于0和0.5之间。带不大反动度的冲动级使用最广泛，它可以提高冲动式汽轮机的效率。

（2）单级汽轮机

只有一个级组成的汽轮机叫单级汽轮机，由一个冲动级组成的汽轮机叫单级冲动式汽轮机，由一个反动级组成的汽轮机叫单级反动式汽轮机，实际应用中大多采用单级冲动式汽轮机。单级汽轮机功率小，通常用来驱动功率不大的设备，如润滑油泵、水泵等。

在单级汽轮机中，有时在叶轮上装两列动叶片，在于两列动叶片间的汽缸上还安装有引导蒸汽流向的导向叶片。蒸汽在喷嘴中膨胀加速后，首先流经第一列动叶片作功，后又由导向叶片引入第二列动叶片继续作功，然后再排出机外，这样就减少了蒸汽的能量损失，提高了汽轮机的效率。这种级叫双列速度级，有时还有三列速度级，但常用的还是双列速度级，这种级也可作为多级汽轮机的首级。

（3）多级汽轮机

随着机组功率的增大，单级汽轮机满足不了大功率的要求，因此出现了多级汽轮机，由多个冲动级组成的汽轮机叫冲动式多级汽轮机，由多个反动级组成的汽轮机叫反动式多级汽轮机。也有些汽轮机中有冲动级，又有反动级，称冲动和反动组合式汽轮机。

在多级汽轮机中，蒸汽依次通过一级级膨胀作功，汽轮机的功率等于各级功率的总和，因此多级汽轮机的功率可以作得很大。

（二）转速调节系统

汽轮机的生产厂家、型号、生产时间不同，其转速调节系统也不一样，生产时间较早的汽轮机应用的调速器多为机械式、半机械式、液压式等，近些年生产的汽轮机则多采用较先进的电子调速器，电子调速器不仅操作方便、精度高，而且也简化了转速调节系统的机械部分。汽轮机的安全保护有轴位移过大、超速、振动大、油压低等保护系统，当出现危急情况时均能使机组迅速停车。现以杭州汽轮机厂 NK25/28/25 型凝汽式汽轮机为例介绍汽轮机的转速调节和保安系统。

调节系统主要有转速传感器、转速控制系统 TS3000、电液转换器、油动机和调节气阀组成。TS3000 同时接收二个转速传感器变送的汽轮机转速信号，将接收到的转速信号与转速设定值进行比较后输出执行信号（4～20mA 电流），再经过电液转换器转换成二次油压（1.5～4.5bar），二次油压通过油动机操纵调节气阀。

保护装置是调节系统中另一重要组成部分，主要有危急保安装置和危急遮断器。汽轮机超速使危急遮断器飞锤出击，引起危急保安装置动作，切断速关油路，使速关阀关闭，机组停机。

电磁阀冗余配置的先导电磁阀是速关组合件的组成部分，电磁阀接受到各种外部综合停机信号后，立即切断速关油路，使速关阀关闭。手动停机阀也是速关组合件的组成部分，用于就地手动紧急停机。

1. 调节系统启动装置

利用启动装置可开启速关阀，启动汽轮机，它是汽轮机从启动到调速器投入工作之前这段过程中的操作单元。

启动装置装配在调速器本体的壳体中。汽轮机启动时，松开手柄之后，顺时针方向旋转装有螺杆的手轮，滑阀及导向杆在弹簧作用下跟随螺杆向上移动，导向杆的向上移动最终受挡圈的限制，滑阀向上移到使启动油通道与速关油通道接通的位置，于是速关阀活塞被压在活塞盘上。

导向杆和杠杆相连，当导向杆向上移动时，杠杆随之偏转使放大器套筒也向上运动，二次油压降低，调节气阀处于关闭状态。接着逆时针方向旋转手轮、滑阀、导向杆跟随螺杆一起向下移动到它们的初始位置，在此操作过程中，油路和通向速关阀活塞盘后的速关油接通，速关油通向速关阀活塞盘后，而活塞前的启动油与回油相通，于是速关阀开启。继续旋转手轮、导向杆的下移通过杠杆使放大器的套筒也向下移动，二次油压上升，调节气阀随之开启。手轮也可由带传动有机构的电机来代替，其工作过程与上述一样。

2. 功率限制

利用启动装置可限制调节气阀的开度，从而也就起功率限制作用。这时导向杆可整定在所希望的位置并用手柄固定，导向杆的位置由装在壳体上的指示器表明。

3. 调节系统油动机

油动机将由调速器输入的二次油信号转换成油缸活塞的行程，并通过杠杆系统操纵调节气阀的开度，使进入汽轮机的蒸汽流量与所要求的流量或功率相适应。

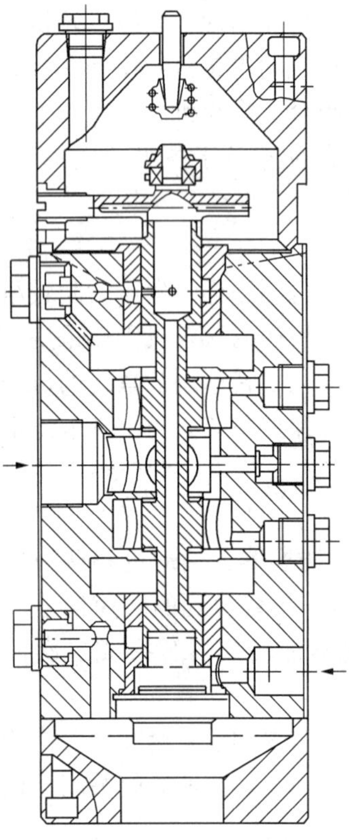

图 7-5　错油门

油动机的错油门从二次油路中得到信号，并控制作为动力的压力油进入油缸活塞的上腔或下腔。

油动机主要由错油门、连接体、油缸和反馈系统组成。双作用油动机由油缸体、活塞、活塞杆及密封件组成。活塞杆上装有反馈导板及与调节气阀杠杆相接的关节轴承。

断流式错油门的滑阀和套筒装在其壳体中，错油门滑阀的上端是转动盘，转动盘与弹簧座之间装有推力球轴承，弹簧的作用力取决与调节螺栓杠杆的位置，见图 7-5。

二次油压的变化使错油门滑阀产生上下运动，当二次油压升高时，滑阀上移，由接口通入的压力油进入油缸活塞上腔，而下腔与回油口相通，于是活塞向下移动，并通过调节气阀杠杆系统使调阀开度增大，与此同时，反馈导板、弯角杠杆将活塞的运动传递给杠杆，杠杆便产生与滑阀反向的运动使反馈弹簧力增加，于是错油门滑阀返回到中间位置。

通过活塞杆上调节螺栓调整反馈导板的斜度可改变二次油压与活塞杆行程之间的比例关系，图示结构中两者是线性关系。如根据需要选用特殊型线的反馈导板，则两者也可以是非线性关系。

反馈系统的作用是使油动机的动作过程稳定，它通过弯角杠杆、杠杆、活塞杆及错油门滑阀构成反馈环节。弯角杠杆一端的滚针轴承顶在反馈导板上，另一端和受弹簧作用的杠杆、调节栓连接。

压力油从接口进入错油门，并经其壳体内的通道进入滑阀中心，而后从转动盘中的径向、切向孔喷出，见图7-6。由于压力油从转动盘的切线方向连续喷出，所以使错油门滑阀产生旋转运动。通过螺钉调节喷油量的大小可改变滑阀的转动频率，这一频率可用专门测量仪表在螺栓套中测出。

为提高油动机动作的灵敏度，在错油门滑阀旋转的同时也使其产生振动，后者是通过在滑阀下部的一只小孔接通一次，这时就有一部分二次油排出，于是引起二次油压下降并导致滑阀下移，当滑阀继续旋转小孔被封闭时，则滑阀又上移。因此随着滑阀的旋转，滑阀一直重复上述动作。这样，就有微量压力油反复进入油缸活塞上腔或下腔，使活塞及调节气阀阀杆出现微幅振动，从而使油动机对调节信号的响应不会迟缓，错油门滑阀的振幅可由螺钉来调节。

4. 保安系统危急遮断器(见图7-7)

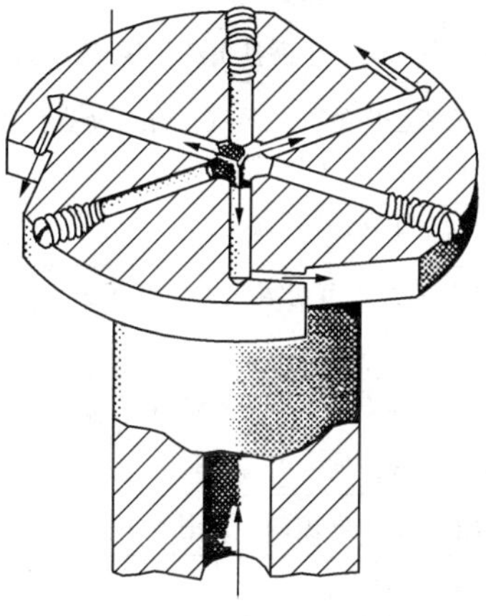

图7-6　转动盘油路

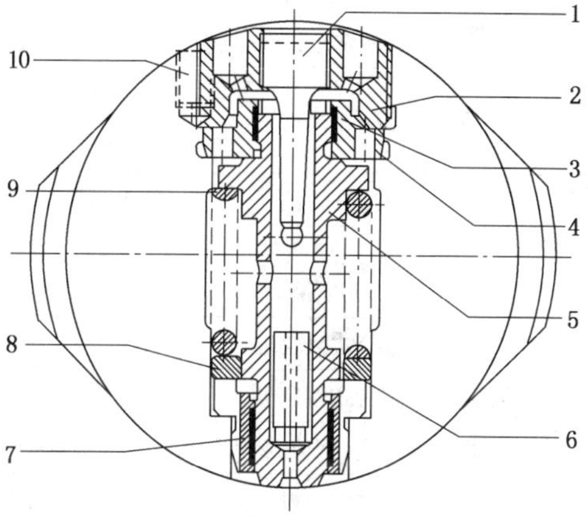

图7-7　危急遮断器

1—螺栓；2—螺纹套筒；3，7，8—导向片；4—导向环；5—飞锤；6—销；9—弹簧；10—螺钉

在汽轮机转子前轴段部分按要求加工的径向孔中，装配有两只导向环，上面一只用螺纹套筒压在转子装配孔中的接触面上；下面一只由弹簧压住，两只导向环中装入被弹簧压着的飞锤，飞锤中装有销，旋入螺纹套筒内的螺栓使销不致落到另一侧。当汽轮机转速超过最高连续运行转速的9%～11%时，飞锤和销的离心力克服弹簧力而使飞锤击出打在危急保安装置的拉钩上，引起速关阀关闭，汽轮机立即停机。

二、分类、结构及主要零部件

(一) 分类及型号

1. 分类

汽轮机的类别和型式很多，有很多分类方法，可按进汽参数、工作原理、热力特性、结构型式、用途等进行分类，见表7-1。

表 7-1　汽轮机分类

分　类	型　式		说　明
按进汽参数（蒸汽初压）	低压汽轮机		蒸汽压力(绝)为1.5MPa以下
	中压汽轮机		蒸汽压力(绝)为3.4MPa左右
	次高压汽轮机		蒸汽压力(绝)为5MPa左右
	高压汽轮机		蒸汽压力(绝)为9MPa左右
	超高压汽轮机		蒸汽压力(绝)为12～14MPa
	亚临界汽轮机		蒸汽压力(绝)为16～18MPa
	超临界汽轮机		蒸汽压力超过蒸汽的临界压力(绝对)22.2MPa
按工作原理	冲动式汽轮机		蒸汽主要在静叶叶栅槽道中膨胀，在动叶叶栅槽道中只改变方向，没有膨胀
	反动式汽轮机		蒸汽在静叶和动叶叶栅槽道中都膨胀
	冲动和反动组合式汽轮机		转子各级动叶片既有冲动级又有反动级
按热力特性	凝汽式汽轮机		汽轮机排汽在低于大气压力的真空状态下进入凝汽器凝结成水
	抽汽凝汽式汽轮机		在汽轮机的级间抽出一定压力蒸汽作为他用，其排汽则进入凝汽器
	背压式汽轮机		汽轮机排汽高于大气压力状态下供其他用户
	抽汽背压式汽轮机		汽轮机排汽压力高于大气压力，中间抽出部分蒸汽供其他用户
	多压式汽轮机		充分利用工业生产工艺流程中的副产蒸汽，将部分蒸汽注入汽轮机某级中作功，热能综合利用好
按结构	单级汽轮机		通流部分只有一级，一般为背压式汽轮机
	多级汽轮机		通流部分具有两个以上的级，可为凝汽式、背压式、抽汽凝汽式、多压式等
按汽流向	轴流式汽轮机		蒸汽在汽轮机内流动的总体方向大致与轴平行
	辐流式汽轮机		蒸汽在汽轮机内流动的总体方向大致与轴垂直
	周流(回流)式汽轮机		蒸汽在汽轮机内大致沿轮周方向流动，功率较小
按用途	电站汽轮机		用于发电或供热并发电的汽轮机
	船用汽轮机		用于驱动船舶螺旋桨的汽轮机
	工业汽轮机	单纯驱动	仅驱动各种工业机械，不向外供热，为凝汽式汽轮机，可以变转速运行，多用于化工、炼油、冶炼及电站等部门，用于驱动泵、风机、压缩机等
		驱动并供热	驱动各种工业机械，并向外供热蒸汽为抽汽凝汽式、抽汽背压式或背压式，可变转速运行，用于化工、炼油和冶炼等部门使用
		单纯发电	工业企业自备电站中用于驱动发电机的汽轮机，不向外供热，定转速运行
		发电并供热	汽轮机为抽汽凝汽式，抽汽背压式或背压式，向外供热，定转速运行

2. 型号

在石油化工装置中，应用的汽轮机数量多、品种杂，但常用的有凝汽式汽轮机、抽汽凝汽式汽轮机、背压式汽轮机、多压汽轮机等。

以杭汽机组为例，一般分为NG、HG、HNG、NK、HNK型。汽轮机为轴流式，蒸汽通过速关阀进入整铸在前缸上部装调节气阀的进汽室，进汽室的形状像一个横放的管道，两头可焊接速关阀阀壳或者留有装配孔。

汽缸的进排汽两部分是选配组合的，必要时还加入不同的中间段。不论背压式还是冷凝式，二者的进汽段是相同的。进汽段的壁厚随新汽参数的不同而有两种。排汽缸有冷凝和背压两大类，按所需要的尺寸与进汽段组合，中间根据需要可加上圆柱形或圆锥形的中间段。进汽、排汽和中间共三段决定了汽缸的总长，整个汽缸有水平中分面，上下缸用法兰面和螺栓连接。

HG 型为高参数高背压（$p_0 = 14\text{MPa(A)}$，$t_0 = 540℃$，$p_k = 4.5\text{MPa(A)}$），汽轮机装有内缸，内缸为整体型，无中分面，结构对称，各横截面上热胀均匀，其内外两面的蒸汽温度几乎相同，所以热应力很小。内缸搁在两只垫块上，它可在垂直于轴线高度上热膨胀。通过在外缸上下半的两只偏心导柱，可以防止内缸向一边错位。内外缸之间通过中分面处左右两边的支承块上缺口轴向固定起来，防止它们轴向错位。内缸与外缸在调节气阀孔处通过角形密封环连接。内缸有五只调节气阀腔室。巨大的蒸汽压力给它以往下的推力，为了抵消这种推力，在内缸下部组成二个反推力面，从最外边两只调节气阀腔室通到下部底面处，开两只孔，利用密封环形成蒸汽环室，产生反推力。内缸中还放置了一只导叶持环。

NG、NK 型属常压参数背压式和冷凝式汽轮机（最高新蒸汽参数 $p_0 = 10\text{MPa(A)}$，$t_0 = 510℃$），不用内缸而用喷嘴室或蒸汽室。在特殊情况下采用节流调节，则喷嘴室或蒸汽室两者均不用。喷嘴室的汽道是按调节气阀的数目而分成弧段，它搁在外缸下半能自由膨胀。在对应喷嘴位置的外缸下部，装有为减少调节级动叶片鼓风损失的护罩。喷嘴室内镶有喷嘴组，和内缸一样，通过角形密封环把外缸中调节气阀孔里来的蒸汽引至喷嘴室或蒸汽室。在喷嘴室或蒸汽室内对应转子的平衡活塞装有汽封。

HNG、HNK 型是高参数背压和冷凝式汽轮机（最高蒸汽参数 $p_0 = 14\text{MPa(A)}$，$t_0 = 510℃$），装有水平剖分的蒸汽室，下部装有为减少调节级叶片鼓风损失的护罩，蒸汽室前面部分的内孔中嵌有汽封片，与转子上平衡活塞处的汽封相配。

（二）结构

工业汽轮机的结构与它的工作原理、工作条件、受力情况、工艺要求、材质特性等有密切的关系。汽轮机中从蒸汽热能到机械功的转换，是经过两个步骤完成的：①是热能转变成动能，这是在静止的喷嘴叶栅中完成的，喷嘴叶栅用各种不同的方法固定在汽缸上，构成汽轮机的静止部分；②在动叶栅中实现由动能转换成机械功，而动叶栅是安装在与转动主轴相联的部套上，也就构成了汽轮机的转动部分。以 NK25/28/25 凝汽式汽轮机为例简单介绍。

1. 转动部分

① 工业汽轮机的转动部分通常称为转子，它包括主轴、叶轮、动叶栅、联轴器和装在轴上的其他零件。

(1) 汽轮机转子（单流冷凝型）

汽轮机转子的作用是将蒸汽的动能转变为机械能，传递作用在叶片上的蒸汽圆周分力所产生的扭矩，向外输出机械功，以驱动压缩机、泵等。

按结构型式转子可分为轮式转子（见图 7-8）和鼓式转子（见图 7-9）两种，NK25/28/25 型鼓式转子由前段、叶片段、后段三大段组成。

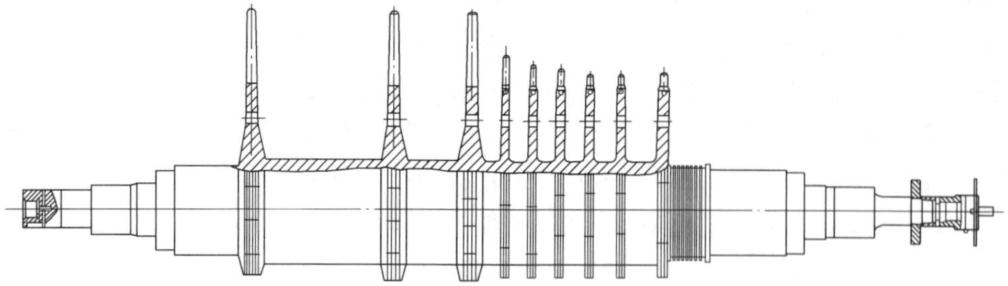

图 7-8　整锻轮式汽轮机转子图

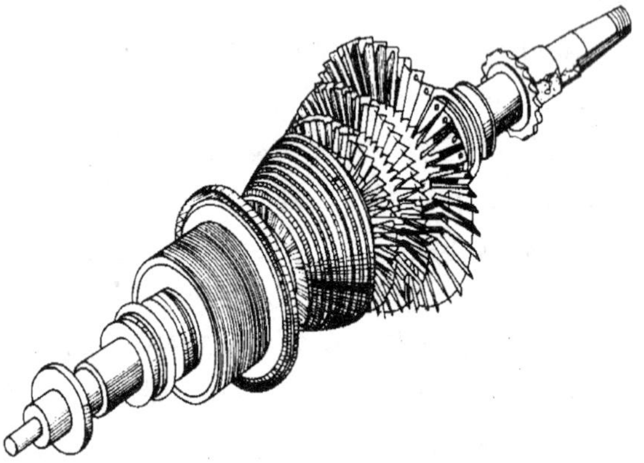

图 7-9　鼓式汽轮机转子图

(2) 叶片

蒸汽的热能在叶片内转换成机械能，因此叶片对于汽轮机的效率和运行的安全起决定作用。

叶片的选择、强度的保证、加工的精确及表面质量对叶片来说是极为重要的，另外还须要避开共振。在结构设计中，对于无围带的动叶片应进行调频，即叶片的自振频率和转动频率应避开一定范围。叶片组装后，须对每只叶片的安装位置和紧固程度进行仔细检查。

无围带的自由叶片，是从整锻转子上用电解加工而成，而插入式的调节级和转鼓级叶片都是连围带一起铣制出来的。

自带围带部分的叶片不要求调频，因为它们的围带部分紧密相连，会产生强大的阻尼，使振幅不会达到危险的程度。低压级扭曲叶片，由于叶型截面积小，而叶片顶部节距大不能采用铣制围带，而是用钢或钛制的松装拉金来阻尼振幅。所有的叶片均用不锈钢材料。

凡需要调节通过喷嘴蒸汽流量的汽轮机，就具有调节级。由于是部分进汽所以采用冲动式叶片，节流调节的汽轮机则没有调节级，气流经过节流调节阀直接进到全周进汽的第一转鼓级。调节级后面的转鼓级就是具有 50% 反动度的反动级，其动叶与静叶的叶型和角度都相同。

动叶是具有围带和倒 T 形叶根的动叶是由整块材料铣制而成，装入轮缘的叶根槽中，用黄铜垫隙条嵌紧。叶根之间不要隔叶块，而靠其自身结构使叶片间保持节距，以形成汽道。在轮缘上为了装叶片而开的装叶槽，应用末叶片填装，末叶片用螺钉固定在轮缘上。

导叶是用棒形材料拉制而成，叶根是钩状，叶根之间装有隔叶块以保证正确的间距，围带是铆上去的。把若干只导叶连成一组，构成导叶组。

冷凝式汽轮机的最后几级(低压级)已经成为标准化级组，不论是单流还是双分流的低压级，都是根据容积流量和转速来选择的，末级轴向排汽流速应在允许范围之内，以使排汽损失较小。由于叶根都和顶部的圆周速度差别很大，故采用扭曲叶型。级组的前面第 1 或第 2 级叶根为倒 T 形，叶片径向装入后用垫隙条胀紧。最后一级为叉形，插入轮槽后用锥形销固牢。叶片的出汽边较薄，避免形成水膜和大的水滴。为了使静叶出来的水滴充分雾化，同时未雾化的水滴也还有较长的离心加速距离，从而使进入动叶的撞击速度降低，这样设计成末级动静叶之间轴向间隙较大。

5%反动度的汽轮机级，在导叶和动叶上都有压力降。这种压差在动静叶的径向间隙中产生流动，从而造成漏汽损失。为减少这种损失，在叶片的径向间隙处装上汽封，对等截面的导叶和动叶，在围带上车出高低部分，它们和汽封片一起组成有效的迷宫式汽封，自已带有围带的单只动叶片，一只接一只地紧密组装成一卷，其顶部就形成了整卷围带，它和嵌在导叶持环上汽封片相配。导叶的围带是铆上去的。它和嵌在转子上的汽封片相配。汽封片由不锈钢制成，它具有足够的强度，以承受较大的压差，另外汽封动静体之间发生碰擦，产生的热量将传给持环或转子。由于汽封片很薄，易磨掉，从而使持环或转子发生热变形。

2. 静止部分

② 工业汽轮机的汽缸、汽缸膨胀所需要的滑销系统、喷嘴组和隔板等零件构成了汽轮机的静止部分。

（1）汽轮机汽缸

根据各种汽轮机型式，外缸内部可装有内缸、喷嘴室或蒸汽室及导叶持环和汽封体，见图7－10。外缸可分前、中、后区段，区段间的连接根据不同结构可铸造、焊接或用螺栓连接。若按后面两种方法则各个区段可选用不同的材料。

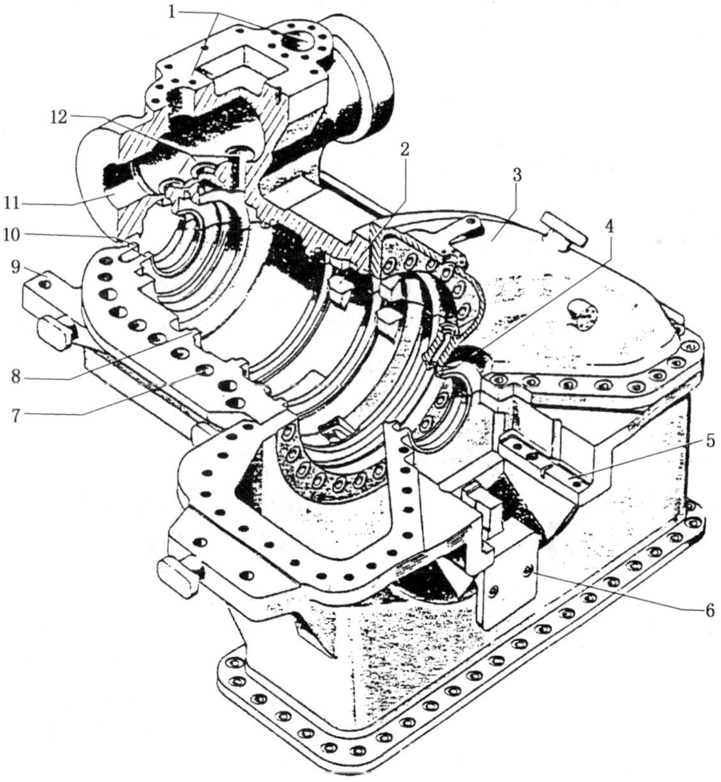

图7－10 外缸

1—调节气阀阀杆孔；2—导叶持环定位铁；3—排汽缸；4—后汽封洼窝；
5—后轴承座支承；6—后汽缸导板；7—中分面螺栓孔；8—导叶持环托环；
9—汽缸猫爪；10—前汽封洼窝；11—新汽进口；12—调节气阀阀座

外缸还可按不同的压力分几个室，安装导叶持环用的托环可作为压力室的分界线，各室的压力取决于进汽和排汽压力，以及不同长度的导叶持环组合和不同的叶片结构设计。抽汽口的配置按照抽汽压力的要求可从不同的压力室引出。

外缸是水平中分面，外缸体一般通过本身的猫爪（或搭脚）支承在机座上，机座又用地脚螺栓固定在基础上。上半缸前端伸出的猫爪作为承力面支承在前机座上，上下两半汽缸用中分面螺栓连接，这种支承法因支承面与汽缸中分面在同一平面内，当缸体受热膨胀后汽缸中心仍与转子中心保持一致。另一种是前端利用下缸体支承法，下缸体前端伸出的猫爪作为承力面支承在前机座上，上缸压在下半缸上。这种支承结构简单，安装和检修方便，但因支承面低于汽缸中心线，当汽缸和猫爪受热膨胀后，汽缸中心线向上抬起，而此时支承在轴承上的转子中心未变，结果会使汽缸中心同转子中心不同心。

汽轮机缸体都设有一套滑销系统，一般采用在汽缸前后端下部设立销，前轴承座或前机座下面设纵销，在排汽端两侧搭板下设横销的办法给缸体定位，保证运行时缸体按规定方向膨胀，也有一些汽轮机外缸体采用挠性支承板支承，利用支承板的弹性变形保证机组均匀合理地膨胀。

汽轮机内缸在外缸中一般采用位于其中心线两侧的挂耳支撑，内缸上的挂耳和外缸间设有定位销，起给内缸轴向膨胀导向的作用，内缸下部同外缸间设有纵向滑销，起给内缸横向定位的作用。对有水平中分面的内缸来说，也有下缸猫爪支承和上缸猫爪支承，两种支承方式，利用上缸猫爪支承法，能有效地保证内缸在受热膨胀后，其内缸中心同外缸体中心保持一致。

（2）蒸汽室

蒸汽室装有喷嘴组和处于平衡活塞处的汽封，蒸汽通过外缸上的调节气阀进入喷嘴组，能活动的角形环有效地封住这股汽流而不致漏入外缸，见图 7－11。嵌有汽封片的汽封组成的迷宫式汽封能避免动静体的机械碰擦。

蒸汽室的轴向定位是由其外圆上的凹槽和外缸上的凸环相配来完成的。在顶部与底部的外缸与蒸汽室之间装有偏心导柱，以调整外缸与蒸汽室之间的横向对中，同时在蒸汽室中分面法兰下半的支承面上还设有调整垫片，作蒸汽室和外缸中心高低调正用。

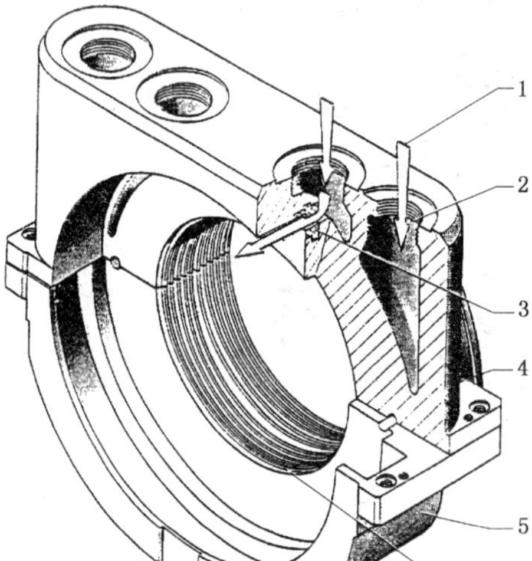

图 7－11　具有内汽封的蒸汽室

1—汽流；2—阀座孔；3—喷嘴组；4—蒸汽室上半；5—蒸汽室下半；6—汽封

喷嘴组焊在蒸汽室上部，下部有一个为调节级而设的鼓风防护罩，蒸汽室的前部圈内装有汽封。

（3）推力轴承

推力轴承（见图 7－12）的作用有两个：承受转子的推力，并给转子轴向定位。推力轴承承受平衡活塞还没有平衡的部分转子推力以及齿式联轴器传过来推力。这些推力的大小，主要决定于汽轮机负荷。推力轴承把这些推力传给前轴承座。另外，推力轴承也起固定转子相对于汽缸轴向位置的作用。

推力轴承放在前轴承座内，其主要零件是水

平部分的轴承体和推力块，若干块可倾式推力块，装配成一个环。推力块通过轴承体和调整垫片把推力传给前轴承座。推力块与推力盘接触的表面浇有轴承合金。每个推力块的背面有一条凸出的支承面，推力块可以绕它倾斜。通过推力盘和推力块之间的相对运动就建立了油膜。由于推力块能够倾斜形成油楔，从而保证良好的润滑和传递推力。推力块由圆柱销径向固定，以防在圆周方向移动，推力盘两面的轴承结构是对称的，这样可以适应来自两个方向的推力。轴承体的外圆上还有左右两付环形垫片以调整它在轴承座里的轴向位置。

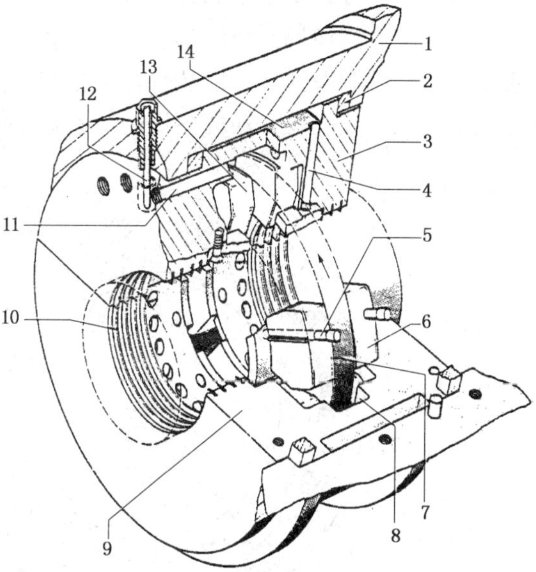

图 7－12　推力轴承

1—前轴承座；2—环形垫片；3—推力轴承体上半；4—进油孔；5—圆柱销；6—推力块；7—推力盘；8—内油槽；9—推力轴承体下半；10—油封齿；11—排油孔；12—温度计；13—推力块；14—外油槽

从润滑油系统来的具有一定压力的润滑油供给推力轴承，润滑油从轴承座下半进入轴承体外圆的环形外油槽，然后经进油孔，进入推力块的接触面，再靠离心作用流入环形内油槽。轴承体上半的两面，开有若干个排油孔，排油总面积是根据转速和轴承尺寸来调整，要求在任何情况下都能保证轴承内部的油压，调整的方式是用螺塞堵掉一个或几个排油孔来进行的。

油温有温度计监测，推力块巴氏合金温度用热电偶温度计测量，推力轴承体两端的油封齿保证了轴承内的油压，从而阻止了沿转轴吸入空气。

（4）径向轴承(可倾瓦轴承)

安装在前后轴承座中的径向轴承将汽轮机转子支承在导叶持环与外缸的中心位置，由于汽轮机转子的振动，稳定性和负荷情况的不同，径向轴承可采用可倾瓦结构、圆瓦轴承、椭圆瓦轴承、多油楔固定轴承。

可倾瓦轴承是由五块可倾瓦块组成的，在安排可倾瓦块时，使其中两块可倾瓦块与下半轴承体中的垂直线相对称，见图 7－13。

每一个可倾瓦块构成为中心角度是 50°的孤块，瓦块的宽度为汽轮机转子直径的 50%，可倾瓦内表面的半径大于汽轮机转子的半径。这样，当转子旋转时，甚至上部的可倾瓦块，由于动态润滑膜的关系也承受载荷。

可倾瓦块处于水平部分的轴承体中其一侧在圆周方面有一圆柱销固定，轴承左、右两侧各有一块挡板，使可倾瓦块保持在轴向位置，轴承体上半部分通过螺栓与轴承座连在一起，下半部分安放在轴承座的下部，在中分面处用圆柱销使其沿轴向和圆周方向固定，轴承体的内表面朝两边倾斜，可倾瓦块就可以同转子的弯曲相适应。

轴承体仅用作可倾瓦块的中间支承，因此轴承间隙也仅仅由轴承座内孔的直径与轴承体和可倾瓦块厚度的总和以及轴承的直径所确定，因此，轴承体的外径对轴承的间隙不发生任何影响。可倾瓦块的滑动面由巴氏合金浇铸而成。

轴承由带压力的油润滑。润滑油通过环形油槽进入可倾瓦块之间的喷油孔输入轴瓦，由于汽轮机转子的旋转运动，将压力油挤入楔形的润滑间隙，而当转速升高时就建立起一流体，动力油膜。当楔形油隙的形状，油的黏度与圆周速度之间的关系适当时，通过摩擦和压缩现象所产生的润滑油压足以从轴瓦上抬起，甚至在重载的条件下也不例外，因此转子将只承在润滑油膜上，且没有任何金属间的直接接触。

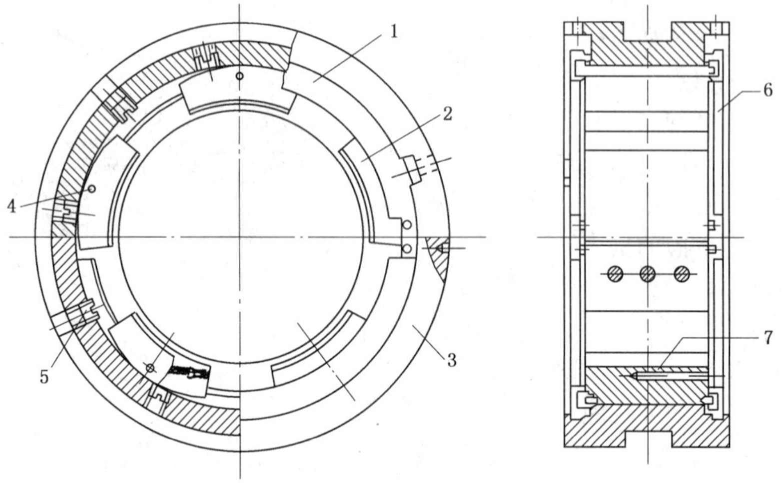

图 7－13　可倾瓦轴承截面图

1—上半轴承体；2—可倾瓦块；3—下半轴承体；4—定位销；5—喷油孔；6—两侧隔板；7—热电偶测温孔

三、附属设备及润滑系统

（一）附属设备

1. 凝汽器

凝汽器是凝汽式汽轮机装置的重要组成部分。凝汽器的主要作用系将汽轮机排出的乏汽冷凝为凝结水，使汽轮机排汽部分建立并保持一定真空，以增大蒸汽的可用焓降，且回收冷凝下来的凝结水作为锅炉的给水，从而提高整个装置的热效率。凝汽器可分为混合式与表面式两大类。混合式凝汽器，由汽轮机的排汽与循环水直接混合进行交换，使两者的温度趋于一致，循环水的温度可以升至凝汽器压力对应的饱和温度。混合式凝汽器的优点是使用的冷却水少、容积小、结构简单、造价低，其缺点是产生的真空度不高，因凝结水与循环水不能分开而造成不能回收凝结水，增加了凝结水的损失及热能的损失，现代的汽轮机装置很少采用。

表面式凝汽器是一种表面式热交换器，排汽和冷却介质各在换热表面一侧流动进行热交换。按冷却介质的不同，又分为空气冷却式凝汽器和水冷式凝汽器两种。以水为冷却介质的表面式凝汽器，在工业汽轮机装置中应用最广泛。

水冷式凝汽器的外壳用钢板焊成，包括前水室、汽室及后水室，两端水室与汽室有管板隔开。冷却水经加工后由进水口进入前水室，流经上下两组管子形成冷却水的两个流程（必要时可设计为四个流程），被排汽加热的冷却水从出水口排出。汽轮机排汽由进汽室进入汽室，在汽室与管内冷却水进行热交换，并形成凝结水，流向凝汽器下部的热井，然后由凝结水泵加压，作为抽气器中冷却水后再输出。汽室中的不凝结汽、气混合物从抽气口经抽气器抽出。

凝汽器的进汽室、进出水管、热井处装有温度指示表，在进汽室还装有真空指示表，根据需要在热井处还可装有凝结水液位指示仪表，液位过高、过低报警及液位自动调节装置。

在凝汽器上部装有安全膜板或排汽安全阀。

2. 盘车装置

汽轮机在冲转起动前，供轴封汽后，为防止由于轴封汽漏入缸内而使转子及汽缸上下受热不均匀，从而造成转子弯曲变形，就需要盘车。同时，起动前通过盘车可以检查汽轮机静、动部件之间有无碰磨，大轴弯度是否正常等。

在汽轮机降速停机的时候，应及时投入盘车装置，使热态转子处于盘车转速的转动中，避免转子产生热态弯曲，持续盘车至汽缸温度下降到某个温度（通常根据产品说明书），说明转子不再会受热态致弯的影响时方可将盘车装置停下。通常要求在蒸汽冲动转子并超过盘车转速后，盘车装置能自动脱开。

3. 抽气器

抽气器的作用是保持凝汽器的真空度。在汽轮机装置的运行中，及时地将空气及其他不凝结气体从凝汽设备中不断地抽出。它在抽凝式和凝汽式工业汽轮机装置中是不可缺少的设备。

抽气器可分为机械式、射气式和射水式三种主要类型。机械式抽气器又称真空泵，由电动机驱动往复或回转式泵而抽出凝汽器中的空气及不凝结气体。由于往复式泵的活塞与汽缸间需加油润滑，将使凝结水污染，现代的工业汽轮机装置中很少采用。回转式真空泵有很多种类型，其中水环式真空泵具有结构紧凑、耗功低、运行维修方便及不污染凝结水等优点，在大型汽轮机设备中已较多地应用于凝汽式电站。对于抽凝式和凝汽式工业汽轮机装置上用得最多的抽气设备是射气式或射水式抽气器。这两种抽气器的基本原理相同，只不过分别采用蒸汽和水作为工作介质，其特点是结构紧凑、工作可靠、成本低、并能在较短时间内建立必需的真空度。

射气式抽气器工作原理如图 7－14 所示，由缩放型喷嘴 A、与凝汽器抽气口相连的混合室 B 及扩压管 C 组成。工作蒸汽在喷嘴 A 中自 1.2～1.6MPa 膨胀至混合室 B 中的压力，由于压降很大，喷嘴出口的汽流速度可高达 1000m/s。喷嘴出口的高速汽流与来自凝汽器存于混合室的周围气体分子进行动量交换，夹带气体分子前进，而在主射流周围形成高度真空。经过混合室后的蒸汽空气混合物在扩压管 C 中将速度能转变为压力能，速度下降、压力升高而排至大气。

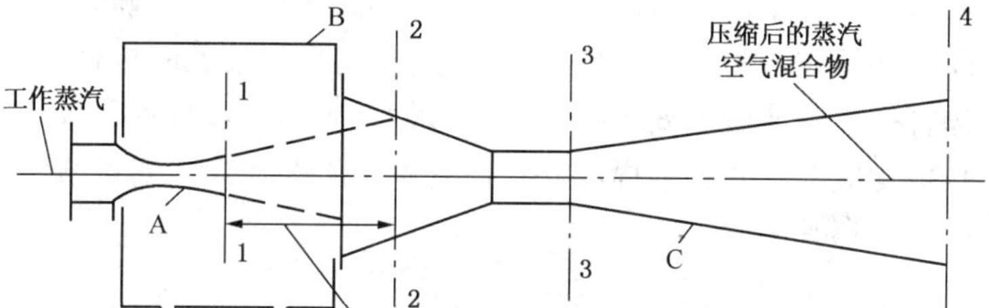

图 7－14　射气式抽气器示意图

A—工作喷嘴；B—外壳；C—扩压管

（二）供油系统

汽轮机的供油系统是汽轮机主要系统之一，也是关系到汽轮机安全和无事故运行的关键性系统，它包括润滑油系统和调节保安油系统。机组在运行中即使是短暂的中断供油，也会造成严重的设备事故，油系统漏油也易引起失火。因此要求供油系统必须做到安全可靠。

汽轮机油系统中的管道按压力可分为两种：一是低压油管道，包括润滑油系统油管道、主油泵进口油管道、调节和保安系统回油管道，压力一般在0.5MPa(G)以下；二是高压油管道，包括主油泵出油管道、液压调节系统及保安系统供油管道，其压力一般为0.8～14MPa(G)，也有高达31.4MPa(G)的。

润滑油的作用是供给机组各轴承的润滑和冷却用油。在大功率的汽轮机中，润滑油一般是由主油泵提供高压动力油，通过射流泵(射流器)或油轮泵(油涡轮)从润滑油箱吸油并使之达到一定压力和流量向轴承供油。在小功率的汽轮机中，也有采用由主油泵经过减压阀直接供润滑油，这种供油方式对大功率机组是不经济的。各轴承进口的油压一般为0.08～0.12MPa(G)，油温应满足各种不同轴承的设计要求。供油系统的清洁度在机组投运前应达到制造厂提出的要求和标准。

润滑油系统有供油母管和回油母管。油从供油母管输送到每个轴承进口，流入轴承的油量可用安装在轴承进口处(或出口处)的节流孔板进行调整，以达到安全而经济地供油。

正常运行期间，主油泵从油箱吸油，出口压力通常在0.6～0.9MPa(G)之间，驱动压缩机或泵时，汽轮机的工作转速在一定的转速范围内，在这些情况下，如果油泵直接由汽轮机主轴驱动，则根据转速范围不同，油压可以在0.6～1.3MPa(G)之间变化。

油压取决于油箱中的油温和油中的空气含量，当进口油温(45℃)和供汽轮机装置的油量为常数时，在汽轮机起动之后的短时间内，油箱温度就处于稳定状态。油的空气分离能力应该在充油量和循环油量确定的循环时间之后，油箱中的油能很好地除去空气。油中空气含量过高，可以导致油的密度变化，另外，主油泵的吸油状态会变坏，可能引起油压波动和快速调节运动时，油压中断。

如果主油泵由汽轮机轴驱动，在汽轮机停机或盘车时，供油由辅助油泵来承担。假如主油泵突然停止运行，或者汽轮机停机时，辅助油泵要自动投入运行。辅助油泵的自起动装置，在一定的周期里，应该进行功能检查。为润滑目的所需要的压力油，在试车时，通过节流装置，调到所需要的固定润滑油压——通常为0.25 MPa。

在汽轮机起动前应对油系统进行试运，在向油箱灌油时必须用铜丝布过滤，滤网应不低于70目。油循环时将轴瓦短路，采取措施不使油进入乌金与轴颈的接触面内，进行油循环，并在接近压力油母管处，把调节保安系统断开，可能事先不经过冷油器进行冲洗，各轴承的进油滤网及节流孔板均应取出。当油样经外观检查基本无杂质后，对调节保安系统进行冲洗并采取措施不使脏物留存其中。

四、检修与拆装

（一）检修周期

工业汽轮机在使用中，随着运行时间的推移，各部件不可避免地会出现磨损、冲刷、腐蚀或其他缺陷，使机器效率和运行的可靠性下降。为保证设备安全、稳定、高效率地运行，必须定期对设备进行预防性维修和不定期地针对性维修，消除故障或故障隐患，使设备恢复和达到原有的完好水平。根据工业汽轮机各零部件劣化和损坏的规律，一般的检修周期如表4－1所示。配置有在线状态监测和故障诊断系统的机组，可根据设备实际运行情况适当延长或缩短检修周期，或根据状态监测结果实行状态维修。

表7－2　检修周期表

项　目	小　修	中　修	大　修
汽轮机	临时停车	计划停车或大修期间	24个月
调节保安系统			36个月
供油系统			24个月

（二）检修内容

根据检修范围不同，汽轮机的检修一般可分为小修、中修、大修。

1. 小修

1）复查机组队中情况。

2）检查修理各部轴承及相应的上、下回油管线。

3）检查清理润滑油室及冷却水系统。

4）消除各种管线、阀门、法兰的跑冒滴漏。

5）消除运行中发生的其他故障及缺陷。

2. 中修

1）包括小修的全部内容。

2）检查轴颈、止推盘磨损情况，必要时进行修整。

3）解体检查径向轴承和止推轴承，检查钨金、瓦背紧力、油间隙，测量调整轴承和油挡间隙、转子窜量和分窜量，必要时进行处理或更换。

4）各联轴器、联轴器螺栓清洗，测量联轴器套筒浮动量，检查内外齿套配合、磨损情况，对联轴器螺栓进行无损探伤。

5）检查清洗缸体滑销，检查、调整各主要管道支架、弹簧吊架。

6）清洗检查危急遮断器，检查动作灵活，测量调整间隙和尺寸，必要时修埋和更换零件。

7）检洗清理调节阀传动机构，检查阀杆活动灵活；试验主气阀动作灵活情况。

8）调节系统作静态调试，汽轮机作超速试验(年度大修期间作)。

9）清理检查凝汽器，必要时汽侧灌水检漏，水位计清洗。

10）主冷凝水泵、主润滑油泵解体检修。

11）机组检修前复查对中，检修后重新找正。

3. 大修

1）包括中修的全部内容。

2）检查汽缸结合面漏汽情况，并记录其间隙，检查、清理上下汽缸及各零部件。

3）清理检查汽缸、隔板、静叶持环、各级静叶片、喷嘴等，测量、调整间隙，并作着色检查。

4）转子清洗除垢，宏观检查、形位状态检查、重点监视部位作无损探伤，必要时对转子作剩磁检查及测振探头机械与电磁偏差检查。

5）根据转子检修前运行情况和实际检查情况，决定对转子是否进行动平衡试验或更换备用转子。

6）检查转子在缸体中工作位置，测量调整各通流部位间隙。

7）对凝汽式汽轮机检查后几级长叶片叶根、拉筋的紧固情况，对长度超过 80mm 的叶片做频率试验。

8）清理、检查、测量汽封及阻汽片间隙，必要时进行修理、调整或更换。测量汽封套膨胀间隙。

9）测量汽缸中分面水平度，测量调整汽缸、隔板与轴承座洼窝中心。

10）清理检查调节阀、错油门油动机、启动器、压力变换器等零件的磨损情况，并测量调整间隙和尺寸，必要时修理和更换零件。

11）解体检查主气阀、危急保安器等安全保护装置，并测量调整间隙和尺寸，必要时修理和更换零件。

12）调速器调校整定。

13）检查清洗调速器减速箱，测量各轴承间隙、减速齿轮啮合间隙以及蜗杆蜗轮啮合间隙。

14）解体检查盘车装置，测量调整各部件间隙。

15）清理检查凝汽器，消除泄漏；检查真空系统和水侧的严密性、水室腐蚀情况，必要时修复防腐层。

16）主辅冷凝水泵、主辅润滑油泵解体检修。

17）检查汽水管道系统，对阀门等设备视情况进行研磨、修理或更换；检查管道支架、吊架，必要时进行调整。

（三）汽轮机的拆装

检修前必须根据设备的运行情况、存在的缺陷，结合上次检修总结进行现场查对，确定检修项目。汽轮机拆装一般应遵守下列规定。

1）拆卸和组装部套应根据制造厂图纸进行，首先要弄清结构情况和相互连接关系，并使用合适的专用工具。当零件拆卸不动时，应找出原因，禁止盲目敲打。

2）拆下的零件应放在专用的零件箱内，精密零件应用干净的塑料布或柔软的布料包好。设备拆除后孔筒应用专用堵板封牢。

3）在安装过程中防止异物落入，特别是汽缸内和轴承内的异物会引起严重的故障。当一部套装好后，必须做到内部清洁，并予以封闭。

4）由于部套零件多，在安装时要注意位置和方向。

汽轮机拆卸前的准备

1）掌握机组运行状况，根据检修内容制定检修方案和检修网络，备齐必要的图纸资料。

2）备齐检修工具、量具、起重机具、配件及材料。

3）切断设备的水、汽源、排净缸内凝液，达到安全检查条件。

汽轮机的主要拆装检修程序：

1）汽轮机停机后，当前汽缸温度降低到 120℃ 以下时允许拆除保温，降到 80℃ 以下时才能进行其他拆卸工作。

2）拆除振动探头等有关仪表元件，注意保护好仪表接线、接头及套管。

3）拆除妨碍检修的附属管线，包扎管口以免异物进入，并做好复位标记。

4）拆除联轴器外罩，复查对中，并做好记录。齿式联轴器要检查测量齿部腐蚀、磨损程度及是否有电流击穿现象。

5）在汽缸前后紧固螺栓下垫入0.5mm厚铜皮压紧；将下半缸前部猫爪下顶丝顶到位，并垫入适当厚度的垫铁，以保证松开中分面螺栓后，下半缸上下工作位置不变。

6）用液压专用工具拆下联轴器轮毂。

7）拆除汽轮机转子与调速器减速齿轮轴之间的弹性联轴器，复查对中；解体检测调速器减速箱的各部位配合间隙。

8）拆除盘车装置、调速器和错油门油动机。

9）窜动转子测量并记录止推轴承间隙；将转子推向工作侧，复查危急遮断器杠杆与转子上轴位移凸台及危急保安器飞锤头部之间的间隙。

10）拆除前后轴承箱上盖，检查径向轴承和止推轴承，测量并记录径向轴承间隙及瓦背过盈量；拆除止推轴承副止推瓦块，并扣上轴承箱上盖，把紧部分螺栓，测量转子自工作位置向进汽侧的分窜量；再拆除主推力瓦块，测量转子总窜量。

11）按低压段到高压段的顺序拆卸汽缸中分面螺栓；拆除定位销。

12）将转子推到总窜量的1/2位置，安装好起吊上汽缸的导向杆，挂好起吊工具。

13）用顶丝将上半缸均匀顶起3～5mm，检查转子、静叶持环、汽封套等部件，不应随之上移，确认正常后慢慢起吊上半缸，将上半缸放在指定位置，并用枕木垫牢。在整个起吊过程中要保持缸体四角吊起高度一致。

14）拆卸蒸汽室、低压段内缸和各静叶持环的中分面螺栓，并吊开上半部分。

15）装复主止推瓦块，将转子靠在主推力瓦块上，测量通流部分各部间隙和所有汽封间隙，之后再取出主止推瓦块。

16）吊出转子放在专用支架上；拆除轴承下瓦。

17）拆出蒸汽室、低压段内缸和各静叶持环的下半部分。

18）拆除上半汽缸上的调节阀、主气阀，将上半汽缸翻转并垫牢。

（四）汽轮机主要零部件的检修

1. 转子组件

（1）转子组件的吊装

1）起吊转子必须使用专用吊具和索具。吊、索具至少须经200%吊装荷载试验合格。

2）起吊转子的绑扎位置应避开轴颈、联轴器安装部位等，索具不得压迫围带和叶片，转子要吊平。

3）起吊和就位转子时，不许在止推轴承中安装止推瓦块。

4）起吊时转子应位于在汽缸中窜量的中间位置，起吊和就位时天车位置应调正，动作应缓慢平稳。转子吊出和放入缸体时应有专人监视，避免转子同缸体内零部件碰撞。

5）缸体扣盖后，不允许再用天车拉抬转子。

6）转子支架应牢固，支承部位应垫有软金属垫或胶皮。

7）运送转子应用专用的运输支架或转子包装箱运输。

（2）转子组件的外观和几何尺寸检查

1）清洗转子，检查各部位有无锈蚀、冲刷、裂纹等缺陷。各平衡配重块、配重螺钉无冲刷、固定良好；各级动叶片叶根固定良好，无松动现象。

2）检查转子通流部分有无结垢，对产生的垢物作定性、定量分析，并作好记录。可采用细砂布将垢轻轻擦除。

3）检查转子叶片、围带、铆钉、拉筋等部件，要求无机械损伤、歪斜、裂纹、松焊等缺陷。详细记录叶片进汽边冲蚀的程度和部位，比较历次检修叶片冲蚀情况及发展趋势，当冲蚀程度比较严重时，应采取处理措施或更换叶片。

4）检查转子汽封、围带、无围带叶片顶部和轮盘端面等部位，应无磨损过热痕迹，若有应查明原因进行处理。

5）检查修理转子轴颈和转子端部装联轴器锥段，必须无麻点、压痕、沟槽等缺陷，表面粗糙度应达 R_a0.40。若表面拉毛轻微时，可采用金相砂纸拉研予以消除，其他损伤应根据实际情况制定方案，选择适当方法处理。

6）测量并记录转子轴颈尺寸和轴颈部位圆度、圆柱度，要求轴颈尺寸无明显减少，轴颈部位圆度、圆柱度误差小于0.01mm。

7）转子上止推盘光滑、无麻点、伤痕、沟槽等缺陷，其表面粗糙度应达 R_a0.80；整周厚度误差小于0.01mm。

8）转子上车床进行有关部位径向跳动和端面跳动值测量，表针应与测量面垂直，测量数据应符合表7－3的要求。

表7－3　转子各部位跳动允许值　　mm

部　　位	径向跳动	端面跳动	部　　位	径向跳动	端面跳动
联轴器轮毂	≤0.01		平衡盘径向	≤0.05	
轴　颈	≤0.01		各级叶轮外缘	≤0.05	
各轴封处	≤0.04		叶轮外缘		≤0.03
止推盘端面		≤0.03			

9）检查并记录同一级叶片的轴向倾斜，当轴向倾斜变化较大时，应更换转子。

10）转子在下半缸内就位后，装上主止推瓦块，将转子推向主止推侧，测量转子动叶片与静叶片的轴向间隙，所测数值应符合要求。如实测数值与要求值不符，可通过调整止推轴承的调整垫片厚度进行调整。

11）对用过盈配合方式联轴器轮毂的转子，在拆卸联轴器前应测量并记录轴头在轮毂孔内的凹入深度。联轴器轮毂回装前应用红丹检查转子轴锥段与联轴器轮毂内孔的配合情况要求接触面达85%以上。

（3）转子组件的探伤和叶片测频检查

1）整个转子着色检查，重点检查叶片、叶根部、铆钉及围带、叶轮平衡孔、轴径突变部位、转子轴径、止推盘等，对有怀疑部位应进一步作磁粉探伤检查。

2）当运行中出现测振仪表显示振动增大而原因不明时，应对轴颈作电磁和机械偏差检查。

3）当转子经过磁粉探伤，或检修中发现下列情况之一而原因不明的，应对转子进行退磁检查。

① 调速器传动机构中的变速齿轮啮合面出现严重点坑、麻点时；

② 转子轴瓦巴氏合金表面出现冲蚀，或巴氏合金基体结合良好，但表面有局部脱落时；

③ 转子轴颈上有点坑、麻点，表面粗糙度变大时；

④ 转子上同静止部件间径向间隙较小部位出现麻点等，有电蚀迹象时；

⑤ 凝汽式汽轮机运行中蒸汽湿度变大或经常带水时。

退磁后转子各部位用高斯计检查剩磁应小于3Gs。

4）对长度超过100mm的叶片，在每次大修中应测定各单独叶片或成组叶片的静频率。无论对单独叶片或成组叶片之间，各级动叶片的频率分散率要求小于8%。

（4）转子组件的动平衡检查：

1）转子发生下列情况之一的，应考虑进行动平衡检查：

① 运行中振动值逐渐增大，特别是经频谱分析工频分量较大时；

② 转子发生弯曲，转子上有关部位径向跳动值较大时；

③ 转子进行维修，进行有可能影响转子平衡的维修项目时，如更换叶片等

④ 转子沿圆周方向有磨损，特别沿圆周方向有不均匀磨损时；

⑤ 转子通过临界转速振幅明显增大，且无其他原因可解释者。

2）转子平衡既可采用高速动平衡，也可用低速动平衡。对刚性转子，采用低速动平衡即可，平衡转速一般选择为一阶临界转速的40%以下。对挠性转子的常规检查，可用低速动平衡进行，但对高速轻载转子，或经低速动平衡后，在工作转速下振动仍较大的转子，或是在维修中更换了影响转子平衡性能的零部件的转子等，都应考虑进行高速动平衡，在转子工作转速下平衡。

3）转子的去重或配重应在制造厂规定的位置进行，配重块在配重槽内、配重螺钉在配重螺孔内固定牢固，不会松动退出。

4）转子的低速动平衡精度应达ISO G1.0级；转子的高速动平衡应保证在正常工作转速下，转子在动平衡机支架上的振动烈度值不超过1.8mm/s，且在直到最大连续转速的范围内无任何振幅和相位飘忽不定的现象。

2. 汽缸及机座

（1）汽缸的吊装

1）按上半缸重量选好索具，索具应不小于10倍的安全系数；索具应挂在规定的起吊位置，索具与设备棱角、加工面接触处应用垫木或软材料垫好。

2）起吊上半缸前，仔细检查所有定位销、中分面螺栓均已拆除。用顶丝将上半缸顶起约3～5mm，检查转子、静叶持环、汽封套等部件不应随之上移。

3）缸体起吊和就位前必须调整呈水平状态，天车要摆正。缸体的翻转必须有足够大的场地，一般用双钩进行。操作要平稳、缓慢，避免急剧地摆动、振荡和冲击。

4）翻缸后缸体要放在指定位置，支承要牢固。

（2）汽缸及机座的检修

1）汽缸表面无裂纹、冲刷、腐蚀、变形等缺陷，并对汽缸内表面作着色探伤检查。对裂纹等缺陷，可用砂轮打磨直至裂纹消失，当打磨深度较浅时，对汽缸强度影响不大，可不作其他处理。当打磨较深，影响汽缸强度时，可进行补焊处理。

2）缸体中分面平整，定位销和销孔不变形，中分面无冲蚀漏汽及腐蚀痕迹。空缸扣合，缸体应能自由落下，打入定位销后紧固1/3中分面螺栓，检查中分面结合情况，高压段用0.03mm塞尺，低压段用0.05mm塞尺检查应塞不进，个别塞入部位的塞入深度不得超过汽缸结合面宽度的1/3。盘动转子，倾听缸体内部无摩擦声，转子转动轻快。

允许用局部适当增加螺栓紧力的方法消除缸体结合面的间隙，但间隙较大时，可用磨床将中分面磨平，或对中分面进行修刮、研磨平，来消除结合面间隙。

3）缸体中分面的横向水平应在0.10mm/m以内，纵向水平与前后轴颈水平扬度应相一致，前后轴颈水平扬度应小于0.03mm/m。不符合要求时，可通过调整缸体、轴承座支承的高度进行调整。

4）缸体上与蒸汽调节阀及主蒸气阀法兰连接的结合面光滑平整，无冲蚀漏汽痕迹。蒸汽调节阀及主蒸气阀阀头、阀座无冲蚀、磨损，阀座焊缝无开裂，阀口和流道光滑。

5）当全部汽封间隙出现规律性磨损，或部分汽封严重磨损时，应检查汽封洼窝、静叶持环或隔板洼窝相对轴承座中心的偏差，一般要求缸体洼窝中心与轴承座中心偏差小于规定值的0.05mm。

6）缸体疏水管、主气阀的漏汽管以及轴封汽各管线检查吹扫，应清洁畅通。

7）清扫检查汽缸螺栓、螺母。高压螺栓进行无损探伤。高压螺栓紧固后，螺杆端部与螺母孔顶部之间应有5mm以上间隙。

8）清扫检查和调整各滑销系统间隙，应符合规定要求。滑销及键槽无磨损、不卡涩。

9）清扫检查各猫爪固定螺栓，测量调整预留膨胀间隙，应符合要求。

10）检查机座应无裂纹、开焊、变形、腐蚀等缺陷，并且在基础上固定稳定。

11）对前后能移动的机座，机座下部滑销应无磨损、不卡涩，固定螺栓予留间隙合适。

（3）汽缸与轴承座中心线找正

工业汽轮机在运行一段时间后，由于基础不均匀下沉、缸体变形、缸体或轴承座左右偏移、更换轴承座支承元件等，会使汽缸与轴承中心发生变化，使转子在缸体中径向位置偏心，甚至发生动静部件间径向摩擦。因此在汽轮机大修后，一般应对汽缸中心与轴承座中心对中情况进行检查。

常用的汽缸与轴承座中心线的找正方法有3种。

1）用转子找正汽缸与轴承座中心线。转子就位后，在转子上架表测量转子与汽缸前、后汽封洼窝中心和转子与前、后轴承座的前、后洼窝中心的偏差，根据测定结果，调整轴承座或缸体位置（一般以缸体为基准调整轴承座）。同时测量和调整缸体、轴承座的纵、横向水平，纵向水平应与转子前、后轴颈扬度一致。

2）用假轴找正汽缸与轴承座中心。假轴轴颈应与转子轴颈相同，另外要对假轴的垂度进行校正/假轴安装方便，又可适当加长，便于同时找正前、后轴承座，缺点是不便于同时测量和调整转子扬度、缸体和轴承座的纵、横向水平。

3）用光学对中仪找正汽缸与轴承座中心。光学对中仪精度高，操作方便，指示和调整可同时进行，但对环境温度要求高，温度变化、光线干扰、振动等都会影响精度。

3. 蒸汽室、汽封、隔板或静叶持环

1）蒸汽室上下剖分面平整，结合严密，结合面定位销不旷动，喷嘴室的进汽口衬套固定良好，表面光滑、无冲刷沟槽，L形密封圈无磨损，活动灵活；各喷嘴无磨伤、裂纹等缺陷，并作无损探伤检查；蒸汽室下部调整偏心销完好，无磨损。

2）蒸汽室、各隔板或静叶持环中分面应光滑、平整，无冲刷沟槽，中分面定位销不变形；上、下半组合后，中分面不错口。检查各级静叶片应固定牢固，无裂纹、损伤、冲蚀等缺陷，并作无损探伤检查。

3）检查蒸汽室、隔板或静叶持环中心相对于轴承中心的偏差，不符合要求时可调整各部件在缸体中的位置。一般左右位置，可通过下部的定位销进行调整；上下位置，可通过其支耳下部的调整装置进行调整。

4）装配在汽缸相应洼窝内的汽封套沿径向和轴向不松动，下汽封套水平剖分面不高出缸体水平剖分面。上下汽封套定位销不旷动，水平接合面严密、不错口，无汽流冲刷沟槽；汽封套防转销不松动。

5）镶嵌的各汽封片不得有松动、缺口、磨损、卷曲等缺陷。

6）检测汽封水平方向径向间隙时，用特制的窄塞尺测量；检测汽封垂直方向径向间隙用贴胶布法测量，0.25mm厚的卫生胶布分别以一层、二层、三层等不同的厚度贴于汽封检测部位，转子和上半缸装复后紧固约一半螺栓，盘动转子数圈后揭去上半缸，吊开转子，检测上、下汽封上胶布的接触印迹，确定汽封的间隙；各汽封间隙应符合要求，径向间隙过大时应更换汽封套或重镶汽封齿。

4. 径向轴承

在工业汽轮机上常用的径向轴承有椭圆瓦轴承、多油楔固定轴承和多油楔可倾瓦轴承。

（1）测量径向轴承瓦量的常用方法

1）压铅法。在瓦的顶部和瓦壳中分面上各放上铅丝，沿轴向不少于两根，之后装上瓦上半部分，均匀上紧螺栓，用塞尺检查轴瓦接合面间隙，应均匀相等。最后打开上半瓦，测量铅丝厚度，顶部铅丝厚度平均值减去中分面铅丝厚度平均值即为轴瓦顶隙。对正顶部无瓦块的轴承(如五油楔可倾瓦轴承)，应把所测间隙换算成顶部间隙。

2）抬轴法。轴颈上安装千分表，轴瓦外壳用千分表监视，将轴轻轻抬起直至接触上瓦，但不使瓦壳上移，此时轴颈上千分表读数即为瓦顶隙。

3）假轴法。加工与轴直径相同的假轴颈，垂直固定于比轴瓦直径稍大的平台上，装入轴瓦，沿水平方向推动轴瓦，用千分表测量出轴瓦直径间隙，在轴瓦实际安装状态时轴瓦直径方向的总间隙即为轴瓦安装位置顶部间隙。

轴瓦和轴颈之间侧隙常用塞尺测量，塞尺塞进间隙中的长度不应小于轴颈直径的1/10～1/12。

（2）径向轴承的检查

1）测量轴承间隙，应符合设计标准，见表7－4。

表7－4　轴承配合间隙

轴承型式	顶间隙	侧间隙	轴承型式	顶间隙	侧间隙
单油楔	(1.5～2)‰D	(1.5～2)‰D/2	双油楔	(1～1.5)‰D	(1.5～2)‰D

注：D—轴颈直径，mm。

2）检查各零部件，应无损伤，轴瓦及油挡巴氏合金层应无剥落、气孔、裂纹、划伤及偏磨，各瓦块与轴接触印痕沿轴向均匀。

3）对可倾瓦轴承，要求各瓦块与瓦壳线接触面光滑无磨损；同组瓦块厚度均匀，误差小于0.01mm。各瓦块定位销钉同对应的瓦块上的销孔无顶压、磨损。组装后瓦块摆动自由。

4）瓦壳上下剖分面密合，定位销不旷动，内圆无错口现象，防转销牢固可靠。瓦壳在瓦窝内接触均匀，其接触面积应大于75%。

5）清洗轴承箱，不得有裂纹、渗油，各供油孔要干净、畅通。

5. 止推轴承

在工业汽轮机上常用的止推轴承有米楔尔轴承和金斯伯雷轴承，这两种轴承的止推瓦块均可自由摆动，以形成最佳油膜。

（1）止推轴承间隙的测量

止推轴承的瓦量常用推轴法检查，在转子轴头上或其他部位架上千分表，来回推动转子，转子轴向窜动的最大量即为止推轴承的间隙。

（2）止推轴承的检查

1）止推轴承的间隙符合设计要求。

2）止推瓦块巴氏合金层应无剥落、气孔、裂纹、划伤、脱层、烧灼、腐蚀麻点等缺陷，同组瓦块工作痕迹应大致相等，如工作痕迹不均匀则说明瓦块承载不均，应查找原因。

3）用红丹检查各止推瓦块与推力盘的接触情况，接触面积应大于80%；测量同组瓦块厚度，厚度误差应小于0.01mm。

4）检查瓦块背部承力面、水准块承力面和基环承力面应光滑、无压坑、压痕，各限位销钉固定可靠，销钉及销孔均无磨损。组装后瓦块和水准块均摆动自由。

5）止推轴承调整垫片为一片，应光滑平整，整周厚度误差小于0.01mm。

6）基环应无变形、翘曲和错口，中分面应严密，基环背面与止推轴承壳体端面承压均匀。基环上防转键固定良好，外壳上对应键槽无磨损。

7）甩油环内外径配合适宜，不松动。

8）清洗轴承箱，各供油孔要与轴承座上油孔吻合、畅通。

6. 轴承座

1）轴承座结合面严密，不渗油；轴承座中分面定位销钉及销孔不变形轴承座洼窝不变形。内圆不错位。

2）轴承座中分面水平，四角支承的球形垫无磨损、调整螺母不松动。轴承座与支座固定螺栓、轴承座与缸体前部悬臂杆联接螺栓完好、不松动。

3）轴承座在机座上固定牢固。对能移动的轴承座，其导向销、支承元件应完好。

7. 联轴器及对中

1）齿式联轴器应无裂纹、缺损、变形、非均匀磨损等缺陷，在齿式联轴器组装时应按规定要求涂抹适宜的润滑脂。

2）齿式联轴器各接合部位装配应按照钢印标记。

3）半联轴器与轴配合的过盈量应符合规定要求。

4）齿式联轴器的联结螺栓必须油防松措施，各螺栓应质量相等。

5）齿式联轴器的径向及端面圆跳动公差值应不大于0.03mm。

6）齿式联轴器的齿侧间隙应不大于0.1mm。

7）齿式联轴器的外圆套装好后应有3～4mm的轴向窜动量。

8）转子冷态对中时，预留热膨胀值A应符合有关规定要求，通常汽轮机的中心轴线偏低，联轴器对中允许偏差见表7－5。

表7－5　联轴器对中允许偏差　　mm

联轴器型式	径向中心允差	轴向端面允差	联轴器型式	径向中心允差	轴向端面允差
刚性	$A\pm0.01$	0.02	膜片式	$A\pm0.03$	0.06
齿式	$A\pm0.02$	0.04			

（五）汽轮机回装

汽轮机回装程序与拆卸程序相反，回装时应遵循以下规定：

1）转子、轴承、联轴器、静叶持环、汽封、缸体均已按各质量标准和检修技术要求进行了清洗和检查，存在的缺陷已消除并作了记录。

2）所有部件和进、出口接管以及缸体疏水管线等均已检查和吹扫，并确认无异物掉入，所加封口用物均已拆除。

3）更换的新备件按质量标准进行了全面检查，并经试装符合组装技术要求。

4）汽轮机本体的下列检查和调整项目已经完成并作了记录：

① 缸体洼窝中心相对转子旋转中心的偏差；

② 上、下汽缸空扣时中分面结合情况；

③ 缸体纵、横向水平度，转子前、后轴颈扬度；

④ 各汽封的上、下、左、右以及前、后间隙，喷嘴间隙和其他通流部分间隙；

⑤ 缸体及轴承座滑销系统已检查、调整；

⑥ 联轴器外齿轮毂与转子轴锥段接触情况符合要求。

5）缸体扣大盖应遵循下列原则：

① 缸内所有检查和检修项目均已完成；

② 确认缸内无异物，缸内零部件无漏装和误装；

③ 中分面密封涂料质量符合要求；

④ 扣大盖、紧固螺栓应连续进行，不应中断，防止涂料干固。

（六）汽轮机转速调节和保安系统的检修（以 NK25/28/25 为例）

各类调速器的检修标准参照制造厂的规定，调速器检修后应调校。原则上每两年送专业厂家检查、调校一次。

1. 压力变换器及启动装置

1）解体清洗压力变换器、启动器。检查压力变换器滑阀与阀套、启动器滑阀与衬套，配合面均应光滑、无磨损、拉毛、锈蚀，相互间滑动灵活，不卡涩。

2）检查各弹簧，应无变形、裂纹、损伤，弹性良好，其刚度和自由长度符合要求。

3）检查调速器、启动器、压力变换器阀套二者间的联接架，应无变形，各联接处转动灵活，不卡涩。

4）压力变换器滑阀上端调节螺钉固定牢靠，不松动。

5）测量压力变换器、启动器滑阀和阀套的各部位配合间隙，应符合要求。

6）检查各密封件不老化，螺纹部位不咬扣、不滑扣，各油路干净畅通。

2. 错油门和油动机

1）检查错油门滑阀及阀套工作面应光滑、无裂纹、毛刺、磨损、锈蚀等缺陷，滑阀在阀套中转动、轴向滑动灵活，滑阀凸缘和阀套窗口刃角应完好。

2）检查弹簧，应无变形、损伤，弹性良好，其刚度和自由长度符合要求。

3）检查滚动轴承滚道、滚珠、保持架，应无点蚀、裂纹等缺陷，转动无杂音。

4）检查油动机活塞及缸体工作表面，应光滑，无拉毛、磨损。活塞行程符合要求，在全行程内无卡涩现象。

5）反馈板与肘形架上滑轮工作面无磨损。各联接部位联接可靠，转动灵活。

6）各油路、油口应干净、畅通。

3. 调节阀及传动机构

1）调节阀阀头及阀座光滑，无磨损及冲刷沟槽，阀头与阀座配合严密，不漏汽。

2）调节阀提板平直，不变形，各调节阀在提板上上、下滑动灵活，活动间隙符合要求；调节阀提板拉杆表面光滑，无损伤、盐垢、腐蚀等，动作时不卡涩，拉杆最大弯曲量小于0.05mm。对调节阀提板、阀头、阀杆应进行无损探伤检查。

3）调节阀关闭弹簧无裂纹、变形、损伤、歪斜等缺陷，且弹性良好，自由长度无明显变化。

4）各传动部件联接可靠，转动灵活，不卡涩。

5）拆卸传动机构前，测量记录各安装尺寸，以便回装时参考。

6）测量有关部位配合间隙，应符合要求。

4. 主气阀

1）检查大、小阀头和阀座密封面，应无冲刷、腐蚀，密封严密，并对阀头、阀座进行探伤检查。主气阀开度符合要求。

2）阀杆无磨损、拉毛、变形、裂纹等缺陷，并作探伤检查。阀套内密封填料完好，沿阀杆不漏汽。阀杆弯曲小于0.03mm。

3）蒸汽滤网干净无堵塞，网眼完好。

4）主气阀外壳法兰与汽缸配合部位光滑、无沟槽、不漏汽。

5）油动缸内弹簧无裂纹、变形，弹性良好，自由长度符合要求。

6）油动缸内试验活塞、筒形活塞与油动缸工作表面光滑，无拉毛、冲蚀沟槽，活塞在油动缸内滑动灵活。油动缸筒形活塞与盘状活塞扣合面无冲刷沟槽，密封严密。

7）检查各油路、主气阀漏汽管接头完好，不泄漏、不堵塞。

8）测量有关部位配合间隙，应符合要求。

5. 危急遮断器

1）检查危急遮断器滑阀及阀套，应光滑，良好，不漏油。滑阀行程符合要求。无磨损、划伤、拉毛等缺陷，各密封面接触。

2）弹簧无裂纹、扭曲、损伤等缺陷，弹性良好，自由长度符合要求。

3）危急遮断器同轴承箱结合面光滑平整，定位销及销孔不错位、不变形。

4）危急遮断杆无磨损，测量其与危急保安器飞锤头部间隙，应为0.8～1.0mm与汽轮机轴上轴位移保护凸台的轴向间隙，应为0.8～1.2mm。

5）各传动部件间联接牢固，转动灵活，无磨损、卡涩，各部间隙符合要求。

6. 危急保安器

1）将危急保安器解体清洗，检测各零部件的有关尺寸，注意调整螺钉等部件的原始安装位置，以便复位时参考。

2）检查弹簧，要求无变形、裂纹、损伤等缺陷，弹性良好，其刚度、自由长度符合要求，在弹簧室内安装不歪斜，并且无卡涩、磨损。

3）各定位销、固定螺丝完好，不松动。

4）检查各部件的滑动工作面应光滑、无卡涩痕迹，应无麻点和腐蚀，飞锤行程符合要求。工作灵活稳定。检查飞锤头部。

5）超速试验不合格时，可调整调节螺钉，使脱扣转速值符合标准要求。

（七）转速调节和保安系统的整定与试验

汽轮机检修后，为保证调节系统和保安装置正常工作，应对调节系统作静态整定，对保安装置进行试验。

1. 调节系统静态整定

1）将启动器手轮上旋到顶，然后慢慢下旋，记录下旋圈数同二次油压关系，与检修前进行比较，必要时可调整压力变换器滑阀的上、下位置，要保证二次油压能升到0.45MPa以上。

2）利用启动器调节二次油压，当二次油压达0.15MPa时，调整错油门滑阀上部弹簧顶紧力，使得油动机刚刚开启。

3）逐步增加二次油压，当二次油压达0.45MPa时，调整油动机上反馈板角度，使油动机行程刚好打开。

4）反复进行上述调整，同时记录二次油压同油动机开度的对应关系，直到0.15～0.45MPa的二次油压，对应油动机行程，并且线性关系良好。

5）在调试过程中，调节阀、油动机及调节传动机构应动作自如，无卡涩、抖动现象。

2. 保安系统动作试验

1）控制油电磁阀复位，提起危急遮断器复位手柄，建立控制油，下旋启动器操纵杆，打开主气阀。给电磁阀加跳车信号，主气阀应立即关闭。

2）控制油电磁阀复位，提起危急遮断器复位手柄，建立控制油，下旋启动器操纵杆，打开主气阀。然后分别在现场打下危急遮断器复位手柄，在现场操作室或主控操作室按下停车按钮进行试验，控制油压力低指示灯应亮，同时主气阀立即关闭。

五、维护及故障处理

（一）维护

1. 正常运行维护

汽轮机在正常运行中的维护和检查，是一项经常性的细致的工作。正常运行维护包括对主要仪表的监视、巡回检查、正常的调整和操作以及对附属设备的定期切换和试验等几方面内容。

（1）运行中的监视

汽轮机在运行中的状况，是通过各种表计或仪器进行测试和反映的。汽轮机表盘上的仪表、信号名目繁多，监视时要抓住重点，掌握全面。

（2）负荷的变化

负荷的变化是运行监视的一个重要指标。汽轮机正常增、减负荷是根据外界用户的需要，手动或远程操作调速器来实现的。而汽轮机负荷的发生变化，则是外界条件影响的结果。针对负荷的变化，应进行相应的检查。汽轮机负荷变化时，应及时检查凝汽器水位、轴封压力等的变化，如出现问题，应及时调整、解决。

（3）新蒸汽参数变化

新蒸汽参数变化将引起汽轮机功率、流量变化，同时，还会使汽轮机的轴向推力和通流部分某些部件的应力也发生变化。当汽温超过制造厂规定值时，应及时调整，如汽温继续上升或较长时间仍不能恢复，则应紧急减负荷，甚至打闸停机。当汽温较低时，应当相应降低新蒸汽压力，以保证足够的过热度。此时，汽轮机负荷也相应地减少。如果维持汽压不变，则当汽温较低时，应开启电动主闸门和自动主气阀的疏水，以防止进入汽轮机中的蒸汽带水，造成过大的轴向推力。

（4）真空的变化

凝汽器真空是标志汽轮机经济运行的主要指标之一。流量不变时，汽轮机负荷下降，真空降低过多时，排汽压力和温度将大大增加，从而造成排汽缸温度过高。严重时，将造成汽轮机死点位移，引起汽轮机强烈的振动。

（5）轴向位移的监视

汽轮机转子的轴向位移是运行中监视推力轴承的工作和汽轮机通流部分的动、静部分间轴向间隙变化的重要指标，通常它是指在轴向推力作用下，推力盘、推力瓦块、推力轴承等弹性变形和油膜厚度变化的总和。

轴向推力是随汽轮机流量的增大而增大的。在最大负荷(或流量)时，所产生的轴向推力最大。但如果汽轮机发生水冲击，则在任何负荷下，都会产生巨大的轴向推力。随着轴向推力的增大，推力盘与推力瓦块乌金之间的摩擦力也增大，因而引起推力轴承出口油温和推力瓦块温度升高。轴向位移过大时，会使推力盘与推力瓦块乌金之间的油膜破裂，推力瓦块损坏，以致发生汽轮机动、静部分摩擦的严重事故。因此，在监视轴向位移的变化时，还应注意推力瓦块的温度。一旦超过规定值，应进行事故停机。

（6）振动的监视

对轴承进行振动监测，汽轮机在正常运行中，通常都有一定程度的振动，但当振动增大时，则说明设备发生了缺陷或运行出现了异常。

（7）其他表计的监视

正常运行中，还要注意润滑油温、油压、汽缸、法兰和轴承的金属温度，各泵电流、电压等表计的监视，发生异常，应迅速查明原因，及时消除。对于润滑油要每月进行油样分析，检查油质、水分、机械杂质等。

2. 长期停机时汽轮机的防护措施

如果汽轮机长期停运，它将容易遭到腐蚀，因为叶片上的任何结垢将使腐蚀变得强烈。对于调速系统的所有部件拆下来(如油动机、调速器等)，小心地将它们涂以抗腐蚀的物质(如 Hariol)，或者将它们灌满滑油。同样小心地处理好轴承和所有可以接触到的部件(轴承箱、调节阀连杆、转子及汽缸等)。按照规定的时间间隔检查这些部件上的抗腐蚀物质或填充在内的滑油，如有必要时则应更新。

汽缸的防腐处理有热空气法和充氮气法。热空气法是被过滤的机房间内的空气通过一只风扇打入汽轮机同时在汽轮机的最低点放进一只加热器，热空气将经过汽封体的两根信号管及开口的泄放系统排出。为了保证汽机所有部件处于比环境空气较高的温度水平，这就要求缸内温度不能低于空气的露点。打入的空气的加热必须调整得使其在最远点得排出温度要比机房内的温度高出 8 ~ 10℃，并有 100 ~ 200Pa 的过压。为了保证温差与过压符合上述要求必须不断地进行检查。冲氮气法是把汽封体区域及阀杆处所有能造成泄漏的地方均用亚麻绑扎带密封扎紧。蒸汽及疏水接头处也要紧闭关死，将氮气充入汽轮机，并维持缸内的氮气压力有 50 ~ 100Pa 的稳定过压。由于氮气需要量取决于整个密封状态的好坏，因此它们只能通过试验来确定。氮气可以从排汽缸或疏水管道处填充进去。

当汽轮机只是短期停机时，循环水不应该排放掉，因为这会造成冷却器管子的腐蚀(冷凝器、冷油器、氢冷器、空冷器)。此时循环水的供应必须仍然维持着，必要时可以减小些流量。对于长期停车冷却水是必须切断的，同时所有冷却器内的冷却水也都排放干净。在这种情况下必须确信所有的管子是真正干燥和清洁的，有清洗管子时应保证管子上的保护层不受损伤。

3. 短时间停机时汽轮机的防护措施

在生产中由于检修工作，或者其他问题均会使汽轮机处于不同长短时间的停机状态中，故通常总是有规律地停机一个时期。在这种停机时期中，最大的直接损伤可能是由腐蚀引起的，以及由于被腐蚀了的零部件还引起了第二种损伤。例如，汽轮机冷却后只要停机数天就可能发生对叶片的危害，因为对于这种高应力的零件，湿气和盐垢的存在会显著地增加腐蚀性疲劳的危险，或者说由于腐蚀坑而降低了持久极限。因此，即使是短期停机，适当的内部防腐措施还是必须要做的。

对于所有防腐方法总是遵循这样一个前提，那就是无论蒸汽或凝结水均不能有接触到汽轮机的机会。为此，不能将全部信赖寄托在截止阀身上，而要合并采用隔离段或闷头法兰，从而使汽轮机和凝汽系统中分离出来。

不管连接管道是否有了隔离段或闷头法兰，对于汽轮机来说总是会有凝结水发生的。这是由于机房内每天的温度变化造成的。汽轮机的零部件的温度也在改变，因而被关在汽轮机内的空气的容积也发生变化，汽轮机将通过轴封及其他孔隙“呼吸”。从图上可以清楚地看出汽缸，还有转子往往在一个较大地范围内，它们的温度总是较低于进入缸内的环境空气的温度的，环境空气将它的热量传给汽机零部件，其结果是使得空气在相应的相对湿度下很容易地将其温度降至露点以下。

有热空气防护和干燥空气防护两种可供选择的办法。缸内的相对湿度因而也即是汽缸内零部件的干燥程度是可以靠鼓进热空气来达到的，热风吸收缸内的湿气，同时将零部件加热到环境温度之上。如果可能的话，可从汽机最低点鼓入热风并从轴封处冒汽管子及疏水口处溢出，为了确保所有汽机的零部件处于比环境较高的温度和汽缸内的湿度不致低于露点，必须对热风的供应量和温度进行调节，使得最远点处排出的空气要比机房内的空气温度高处8～10℃，并具有大致为1～2kPa的表压，必须持续地对温度和压力进行检查。

更好和更为经济的防护汽机的方法是引进预先干燥了的空气，这种方法的优点是汽机可按照要求长期防护而且可在很短的时间内作好投运准备。环境空气是经过一个旋转被干燥的，这个旋转轮充满了吸湿材料，离开旋转轮的空气只有最低的绝对湿度及高的温度送入汽缸中，这就保证了被鼓入的空气，即使在吸取了湿气并被汽机零部件冷到了较低温度之后，仍然可以维持在低于临界腐蚀率的大约为50%的相对湿度以下。任何可能保留的湿气将在短时间内被带出，因而在很大程度上靠得住地防止了腐蚀，系统的连接方法是与热空气防护法一样的。

（二）故障处理

汽轮机是高速旋转的机械，在长期的运行中，难免会发生这样或那样的故障，一旦故障发生，则本着下列原则进行处理：

1）根据仪表指示，设备外部特征、声音、气味等迅速、准确地判断事故发生的原因及部位、范围。

2）迅速消除故障，保证设备正常运行和人身安全。

保证所有未受损害机组能正常运行。

正确执行上级命令，沉着机智，迅速果断，处理事故后作好记录，并及时报告上级。汽轮机常见故障及处理见表7－6。

表7－6　常见故障及处理

故障现象	故障原因	处理措施
调节系统故障（转速波动调速器不能控制）	油质脏	清理检查油过滤器，或清洗油管线
	速油压低或油压波动	检查调速油系统
	错油门、油动机卡涩	清理检查错油门、油动机
	传动机构卡涩	清洗传动机构
	调节气阀卡涩	检修或更换调节阀
	调节系统整定值偏差	调速系统重新调整
	调节阀阀芯漏	停机研磨阀芯或重新调整
	主气阀未开全	大开主气阀
	蒸汽参数太低或蒸汽压力波动	检查蒸汽系统，恢复蒸汽参数
	调速器内部故障	检修调速器
汽轮机轴位移增加	设备长期超负荷运行	降低机组负荷，恢复到正常值
	蒸汽压力、温度突然降低，流量大幅度增加	调整蒸汽参数到正常值
	汽轮机排汽压力高	调整提高真空度
	通流部分结垢，使级前压力增加，级反动度增加使轴向推力增加	监测第一级后压力变化，超过规定值时进行清洗
	负荷增加过快，叶片流道内蒸汽加速度、轴向分速度瞬时增大，轴向力增加	控制加负荷速度
	平衡活塞及级间的密封间隙磨损增大使平衡室及叶轮前压力增高，轴向推力增大	检修时各密封间隙应调整合格，按规定启动和运行，不使密封发生摩擦
	联轴器内、外齿间结垢；中间套筒窜量太小，使一个转子的轴向力传给另外一个转子	联轴器应清洗干净，联轴器套筒有足够的浮动量
	推力盘轴向跳动大，止推轴承座变形	更换推力盘，查找轴承座变形原因，并予以消除
	轴位移探头零位调整不正确或探头性能不好	重新调整探头零位或更换探头
汽轮机异常振动	暖机不彻底，汽缸或转子热变形，产生摩擦	严格按操作规程暖机和开机
	汽缸热膨胀受阻	检查并消除滑销系统卡涩，监测汽缸热膨胀值
	转子不平衡	检查转子弯曲度，消除结垢、叶片或拉筋损坏等，转子作动平衡
	轴颈或轴承故障	修理轴颈，消除由于轴颈偏磨引起的形位公差超差。检查轴承间隙是否太大，瓦壳是否松动，轴承巴氏合金层是否磨损或脱层，检修或更换轴承
	蒸汽带水或水冲击	降低负荷，提高蒸汽参数，如无明显效果则立即停机

续表

故障现象	故障原因	处理措施
汽轮机异常振动	汽轮机进汽量波动	检查调速系统工作情况
	基础不均匀下沉或机座变形	停机消除机座变形，修复后应达到机组台板滑动面冷态和热态均无间隙
	轴承座松动或下沉	检查轴承座支承和紧固系统，消除松动。轴承座下沉时，重新调整轴承座支承，恢复原位
	转子热弯曲	停机后应立即投入盘车，禁止在不盘车情况下通入轴封汽；检查同缸体连通各蒸气阀门关闭是否严密。转子热弯曲一般可通过延长低速暖机时间使之恢复
	转子有裂纹	更换转子
	动、静部件轴向间隙小于热胀差	重新调整动、静部件轴向间隙
	联轴器故障或不平衡	检查修复或更换联轴器，联轴器不平衡时进行动平衡
	联轴器不对中	联轴器重新对中，消除管道外力的影响，必要时进行热态对中检查
	轴颈测振部位机械跳动或电磁偏差过大	修复轴颈或进行消磁处理
轴瓦温度过高	测温热偶问题	检查和校验各热偶
	供油温度高	检查冷却水的压力和流量，必要时投用备用油冷器
	润滑油量减小	检查贮油箱的油位及泵工作情况，检查润滑油过滤器前后的压差、油系统阀门开度和漏油情况，查出原因，予以处理
	润滑油性能下降	对润滑油作性能分析，润滑油变质时更换润滑油，油中含水量太大时进行脱水处理
	轴承间隙太小或损坏	检查修理或更换轴承
	轴向推力增大或止推轴承组装不当	检查汽轮机工作情况，消除使轴向力增大的因素。检查止推轴承，消除缺陷
	汽轮机轴封漏汽量太大	调整轴封漏汽量，必要时更换汽封
	机组对中不好	重新对中
冷凝器真空下降	抽气器喷嘴阻塞	投入备用抽气器，清洗原用抽气器喷嘴
	真空系统不严密、漏气	检查泄漏部位并修理
	冷却水温度高或量小	降低冷却水温度或增加冷却水量
	凝汽器水侧堵塞、结垢	清洗凝汽器
	凝汽器液面高淹没了列管	及时启动两台冷凝泵运行或打开冷凝水总管放水阀
	工作蒸汽压力波动或压力低，抽气器达到工作能力	提高蒸汽工作压力并保持稳定
	汽轮机轴封间隙大或轴封汽压力调整不合适，沿轴封漏入空气	更换汽轮机轴封或调整轴封汽压力
	凝汽器至抽气器的管线阀门未全开	全开该阀门
	汽轮机排汽量太大	调整机组负荷
	汽轮机排汽安全阀未建立水封	送密封水建立水封

续表

故障现象	故障原因	处理措施
汽缸法兰漏汽	汽缸法兰结合面局部不平整	研刮、加网垫、刷镀
	汽缸变形	研刮法兰结合面
	螺栓松紧顺序和紧力不均，不对称或紧力不够	按螺栓松紧顺序对称拧紧
	暖机或机组启动过快，膨胀不均，汽缸法兰与螺栓温差过大	严格控制启动温升时间
	涂料不均或有杂质	严格控制涂料质量重涂涂料
油箱油位下降	系统漏油，事故放油门漏	检查、消漏、加油
油系统着火	系统漏油，油滴到蒸汽管道上；或轴承油档漏油；或润滑油压太高，油从油档处喷出	消除漏油用灭火机扑灭火焰，火大停机，开启事故放油门
凝汽器铜管漏	铜管磨损腐蚀	做静水压试验，检漏
	铜管和管板胀口松动	重新胀管，大量漏时，换铜管

第二节　烟 气 轮 机

一、烟气轮机概述及其特点与设计

（一）烟气轮机概述

烟气轮机简称烟机，国外在20世纪50年代初开始研究催化裂化装置（简称FCCU）烟气轮机能量回收技术，直到1963年才开始工业化。国外制造烟气轮机主要有三大公司，即美国的英格索兰公司Ingersoll－Rand（现为德莱赛－兰公司Dresser－Rand，简称D－R公司）、美国的埃利奥特公司（Elliott）和德国的哥哈哈公司（MAN GHH）。

我国应用烟气轮机起步比较晚，从1974年开始设计研制催化裂化能量回收烟气轮机。兰州炼油化工总厂机械厂生产的第一台YLⅠ型单级烟气轮机于1978年11月11日在抚顺石油二厂投入运行，机组运转平稳，经济效益显著。这是石化系统首次自行设计、研究及制造成功的大功率、高转速、专用尾气回收的膨胀涡轮机。兰州炼油化工总厂机械厂生产的第一台YLⅡ型双级烟气轮机于1982年11月11日在兰州炼油厂投入运行。以后，烟气轮机陆续扩展到全国各主要炼油厂，最大功率可达2×10^4kW。国内西安航空发动机厂以及哈尔滨汽轮机厂也可以生产烟气轮机。典型的催化裂化装置能量回收系统工艺流程见图7－15。

图7－15是既能驱动主风机运转，又能发电的烟机三机组能量回收装置。反应后带有焦炭的催化剂（待生剂）在再生器内用高温热空气（主风）烧焦，使催化剂获得再生（再生剂）重新进行反应，而烧焦后的废热空气（再生烟气或叫尾气）经再生器内一、二级旋分器除尘后，再经第三级旋分器除尘，净化后的烟气经切断阀及调节阀后进入烟气轮机作功，做功后的烟气还可以经后续装置进一步回收其中的显热及化学能（不完全再生烟气中的CO）。当不开烟气轮机时，从再生器出来的烟气经与烟气轮机并联的大、小旁路阀（或滑阀）及降压孔板（图中未画）后进入后续装置。现在，为了回收更多的烟气能量，一般催化裂化装置都把旁路的滑阀改为两个大小旁路蝶阀。

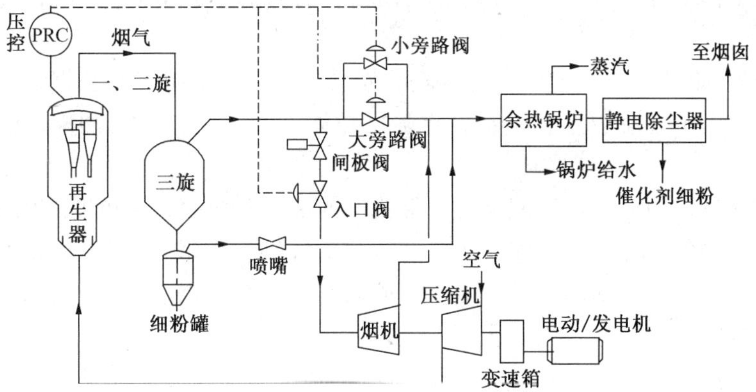

图 7－15　FCCU 能量回收系统三机组工艺流程

四机组的工艺流程基本与三机组的相同，只不过增加了一台汽轮机。为了获得更好的经济效益，电机也可选用同步发电机，但增加了投资及维护费用。

纯发电的烟机二机组能量回收装置，它只输入机械功带动同步发电机发电，不作为驱动机使用，这里暂不讨论。

烟气轮机的回收率为烟气轮机输出功率与主风机所需功率之比，20 世纪 60 年代催化裂化装置的烟气轮机的回收率为 0.80～0.95。随着催化裂化工艺技术的发展，70 年代以来采用了高温再生工艺，再生器压力和温度有了进一步提高，使烟气的可用焓降大为增加，加上烟气轮机和主风机效率的提高，烟气轮机回收功率不但能做到完全满足主风机所需功率，而且还有 5%～10% 左右的剩余动力用于发电，即烟气轮机的回收率可达 1.05～1.10，这使得烟气轮机能量回收系统成为催化裂化装置节能降耗的重要手段之一，这又促进了烟气轮机的发展。

为了发展我国烟气轮机，从国外引进了单级、双级及多级烟气轮机，进而消化吸收，使烟气轮机制造业缩短了与世界先进水平的差距，确立了我国烟气轮机品牌，打进了国际市场。

经过多年对烟气轮机的研究、设计、制造及生产运行的经验，确立了适合我国使用的烟机为水平进气、径向排气、悬臂式单级或双级烟机，即 YL 型烟机。

经过多年的研究和发展，随着新材料，新的喷涂技术的出现，使烟气轮机叶片从初期 1 年左右的寿命大大延长，在正常操作条件下一套叶片可以使用 3～5 年。

（二）烟气轮机的特点与设计

烟气轮机的特点：

1）工质为气固两相流体，对金属材料磨损严重。

烟气轮机与汽轮机、一般的燃气轮机不同，工质（烟气）为气固两相流，由于工质中含有催化剂固体微粒，对金属材料磨损严重。

2）工质温度高。

烟气轮机的烟气温度很高，一般温度在 600～700℃，最高可达 760℃，催化裂化装置在操作过程中有时会产生后燃现象，烟机入口温度短时间可超温到 1600℉（871℃）。

3）工质中含有腐蚀性介质。

工质（烟气）中含有 CO、CO_2、SO_x、NO_x 等腐蚀性介质，对金属材料有腐蚀作用。

烟气轮机工作条件苛刻，为使烟机能有较长的使用寿命和效率，设计上必须做如下的考虑：

由于固相流（催化剂粉尘）的存在，必须考虑气——固两相流的磨损特性和对热力性能的影响。此外，由于气流中存在微粒，将随微粒浓度的不同，改变烟机的流量特性和效率特性。

除了考虑材料选用，严格控制烟气中催化剂的浓度和粒度，尽可能降低烟气速度以及考虑到叶片合适的冲角以外，还要使一次流对叶片的冲蚀尽可能均匀，延长叶片的使用寿命，这就要求烟气中微粒分布均匀以及叶面受弹撞均匀。如果微粒运动轨迹使叶片某一部位有最大撞击几率，这一部分的冲蚀就会加剧，缩短叶片的使用寿命。

在烟气轮机流道设计中，要合理地控制动、静叶气流速度，选择合理的结构参数，在减小磨损和保持较高的效率两个方面进行最优化设计。

1. 烟机对烟气质量的要求

烟机要求烟气内含尘浓度不大于 150mg/Nm^3，放宽一些要求也不能超过 200mg/Nm^3，大于 10μm 的颗粒分布不大于 3%，以保护烟机叶片不被磨坏。要达到这一指标，烟气能量回收系统中必须有高效率的第三级旋风分离器。烟机对烟气中催化剂的浓度和粒度的要求见表 7－7。

表 7－7　烟机对烟气中催化剂的浓度和粒度的要求

项目 烟机类型	浓度/(mg/Nm^3)	粒度			寿命保证
美国 I－R 公司	≤120	＞10μm	≤3%	＞25μm 无	2 年，功率下降≤10%
美国 Elliott 公司	≤138	＞10μm	≤3%		2.8 年，≤10%
德国 GHH 公司	≤250	＞10μm	≤8%		3 年，功率下降≤6%
中　国	≤150	＞10μm	≤3%		≥2 年

2. 烟机材料的选用

在烟机的设计中，首先要考虑烟机的可靠性和足够的使用寿命，相对来说，烟机效率处于第二位。因此，材料的选择是一个非常重要环节。随着烟气温度以及焓降的增加，就需要耐高温性能更好的材料。要确保长周期连续运行，并要考虑烟机部件能承受烟气后燃时的高温应力，这就需要材料不但具有良好的高温机械性能，还要有良好的低周疲劳性能，良好的高温抗腐蚀能力，足够高的持久强度。烟机主要部件的设计寿命为 10×10^4h。为了提高烟机的可靠性，对烟机的关键部件之一的轮盘采用 WASPALOY（GH864）镍基含钴高温合金。

在烟机设计中虽然采用了耐高温材料，但是为确保使用寿命及烟机可靠性，还必需对轮盘表面喷冷却蒸汽降温。

3. 强度准则

（1）动叶片纵树型叶根和轮盘榫槽的稳态应力

动叶片纵树型叶根和轮盘榫槽的稳态应力应处于图 7－16 中的安全区内。图中①为叶片根部截面，②③④为叶片纵树型叶根的三个危险截面。⑤⑥⑦为轮盘榫槽的三个危险截面。$[\sigma_{0.2}]$为材料屈服强度的许用应力，$[\sigma_{10}^{5}]$为材料的 10^5h 持久强度的许用应力。典型机型动叶片和轮盘的稳态应力见表 7－8。

A286 和 waspaloy 材料在不同温度下的屈服强度和持久强度的设计数据，见图 7－17 和图 7－18。

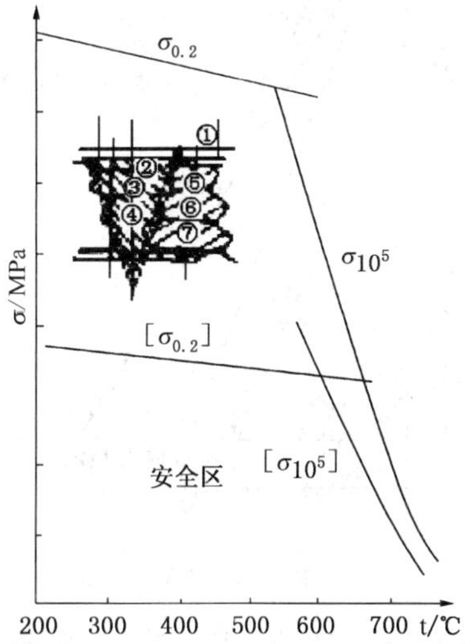

图 7－16

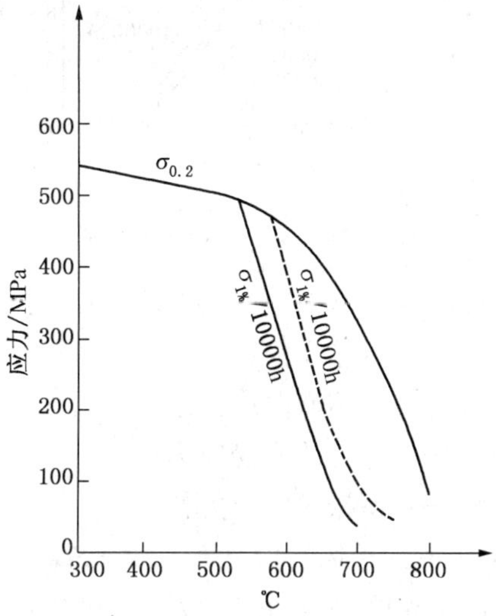

图 7－17　GH132(A286)设计数据

表 7－8　典型机型动叶片和轮盘的稳态应力

项目 \ 机型			中国 YLⅡ－10000A		美国 ElliottT85－2		美国 D－R E－232	
			一级	二级	一级	二级	一级	二级
设计参数	入口温度/℃		700		685		675(最大 730)	
	入口压力/MPa(A)		0.32		0.32		0.325	
	入口流量/(Nm^3/min)		2000		1632		1876	
	轮盘直径/mm		ϕ820		ϕ840		ϕ813	
	转数/(1/min)		5700		6190		6329	
	轮缘周速/(m/s)		244.7		272.2		269.4	
动叶片	材　料		waspaloy		waspaloy		waspaloy	
	最大稳态应力/MPa	叶身	168.9	177.1	197.2	209.3	222.0	263.5
		叶根	128.0	142.9	139.6	146.5	320.1	365.1
	许用稳态应力/MPa	叶身	3200	3450	3938	4102	4344	7044
		叶根	3500	3530	3961	4102	6538	7747
轮盘	材　料		waspaloy		waspaloy		wasploy	
	最大稳态应力/MPa		191.0	211.2	246.5	254.2	373.6	419.8
	许用稳态应力/MPa		350.0	350.0	400.8	410.2	898.4	914.6

(2) 动叶片的疲劳强度

通常采用 GOODMAN 图进行叶片的疲劳强度校核(图 7－19)。图中符号说明如下：

SBR——10^5h 蠕变断裂强度；

*SW*1——10^5h 持久极限，$SW1 = 0.5 \times SBR$；

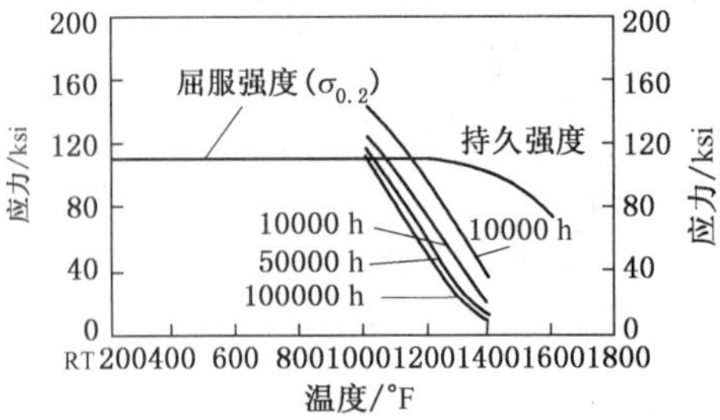

图 7－18　waspaloy 设计数据

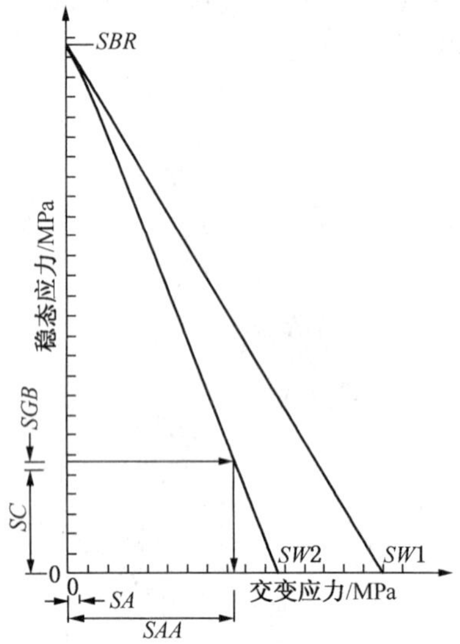

图 7－19　GOODMAN 图

*SW*2——疲劳极限，$SW2 = SW1/1.5$；

SC——离心应力；

SGB——气体弯曲应力；

SAA——允许的交变应力；

SA——谐振时的应力幅。

一般考虑最坏的情况下，$SA = SGB$。

GOODMAN 安全系数 $SF = SAA/SA$，要求的最小安全系数为 $SF = 2.0$，典型机型的 GOODMAN 安全系数见表 7－9。

表 7－9　典型机型的 GOODMAN 安全系数

机型 / 项目	中国 YLⅡ—10000A		德国 GHH 公司三级烟机			美国 D－RE－132	美国 El－liottT85
	1 级	2 级	1 级	2 级	3 级	单级	2 级
入口温度/℃	700		650			732	704
入口压力/MPa	0.32		0.25			0.245	0.3
入口流量/(Nm^3/min)	2000		1750			1912	1770
轮盘直径/mm	ϕ820		ϕ629.5			ϕ812	ϕ840
叶片高度/mm	138	167				159	
转数/(r/min)	5700		5562			6500	6190
叶片材料	waspaloy		Nimonic90			waspaloy	waspaloy
叶片金属温度/℃	632	535	590	540	498	642	539
叶片离力应力/MPa	140.5	161.9	113.0	134.6	155.2	212.9	177.5
叶片气动弯曲应力/MPa	10.3	13.2	11.6	12.4	14.1	19.1	10.4
允许的交变应力/MPa	84.0	315.0	121.6	144.3	210.2	140	294.3
GOODMAN 安全系数	8.1	23.8	10.5	11.64	14.91	7.3	28.3

(3) 叶片和轮盘材料的持久寿命

在烟机材料选用时，必须考虑后燃对叶片和轮盘寿命的影响。美国 Elliott 公司的烟机设计寿命为 10^5h，允许每年后燃超温 6 次(最高为 1600℉)，每次 15min。

通常用 Larson－Miller 公式计算后燃超温对叶片和轮盘寿命的影响：

$$\sigma = T(\lg t + 20)$$

式中　σ——应力，lb/in^2；

t——断裂寿命，h；

T——叶片温度，°R。

举例说明，典型的叶片材料如 Inconel - x，在 1225℉(663℃)时计算寿命为 275000h，而在1800℉(982℃)时叶片计算寿命只有2min。在1500℉(816℃)后燃3min，大约计算寿命要损失 6000h。

4. 耐磨涂层

虽然烟机选用了耐高温、抗腐蚀的材料，为了抗冲蚀还必须在冲蚀的部位上喷涂耐磨涂层，以保障烟机的使用寿命。可在叶片的叶身、衬环内表面、静叶环内表面或过渡环内表面喷涂耐磨涂层。

5. 轴向进气结构和防冲蚀转折台阶

采用轴向进气结构，可使烟气进入烟机时能稳定流动，以确保烟气中催化剂颗粒均匀分布，避免径向进气的离心分离作用，产生颗粒集中的倾向，并减少入口压力损失。

加设防冲蚀转折台阶，防止在叶根部分局部催化剂微粒的集中，在每一叶排前设置防冲蚀的转折台阶(见图 7 - 20)，将边壁催化剂转折到流道中部，消除叶片根部发生折断的危险。

6. 速比 U/C_o 最优化设计

图 7 - 21 为速比 U/C_o 与效率的函数曲线。U 为动叶片中部截面处的圆周速度，m/s，U 与烟气轮机转速和轮盘直径及叶片高度有关；C_o 为烟气的绝对速度，C_o 为焓降的函数，$C_o = 91.5\sqrt{\Delta H}$，m/s，式中 ΔH 为烟机绝热焓降，kcal/kg。

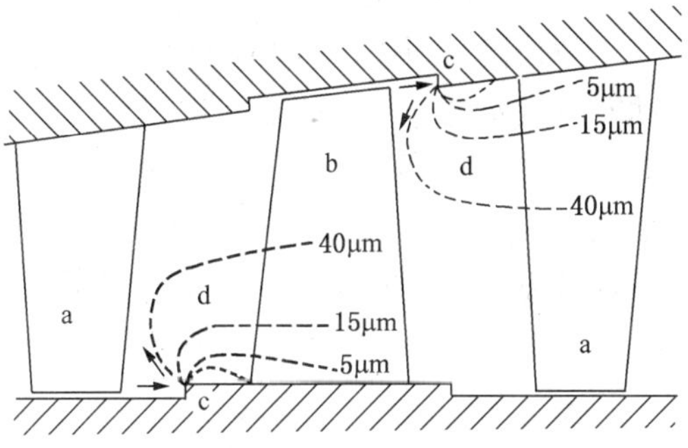

图 7 - 20 防冲蚀转折台阶

a—静叶；b—动叶；c—转折台阶；d—微粒

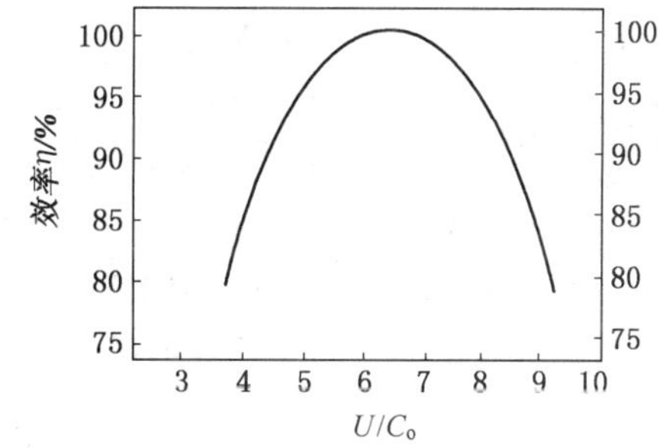

图 7 - 21 U/C_o 与效率曲线

在设计中在满足了强度和动力学要求的前提下，应优化 U/C_o 以取得高的效率。

合理地选择烟机速比 U/C_o，不但能提高烟机的效率，降低烟机的制造成本，而且还能降低与之配套的轴流式主风机的成本。

二、国内外典型烟气轮机

(一) 烟气轮机的配置方式

1. 同轴机组

FCCU 能量回收机组多采用同轴方式，其优点是烟气轮机发出的功率直接驱动主风机，其能量利用效率高。另一优点是当机组超速时，主风机能起制动作用。

同轴机组有以下几种类型：

1）三机组（汽轮机辅助驱动），如图 7－22（a）所示。

2）三机组（电动机辅助驱动），如图 7－22（b）所示。

3）四机组，如图 7－23 所示。

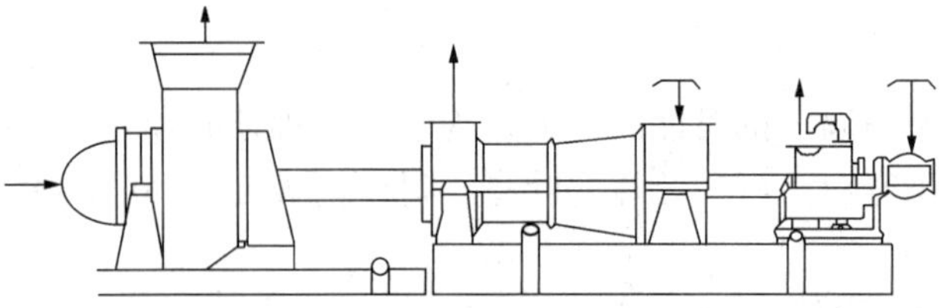

（a）三组示意图（一）

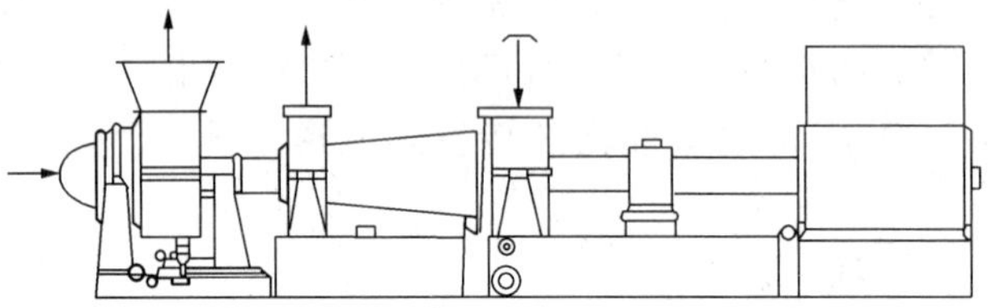

（b）三组示意图（二）

图 7－22　三机组示意图

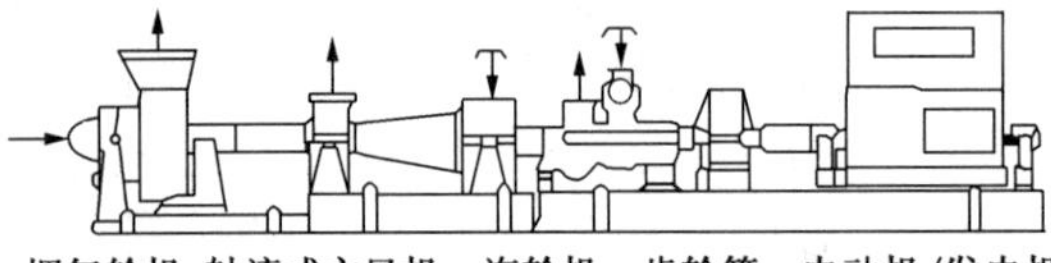

图 7－23　四机组示意图

（汽轮机也有置于图示电机右端的）

2. 分轴机组

分轴机组（图 7－24）的优点是烟机驱动发电机发电，与再生器的供风系统分开，对装置的操作影响小。缺点是对超速保护系统要求严格，需要烟机入口及旁路系统设置快速切断蝶阀（要求关闭时间小于 0.6s）。

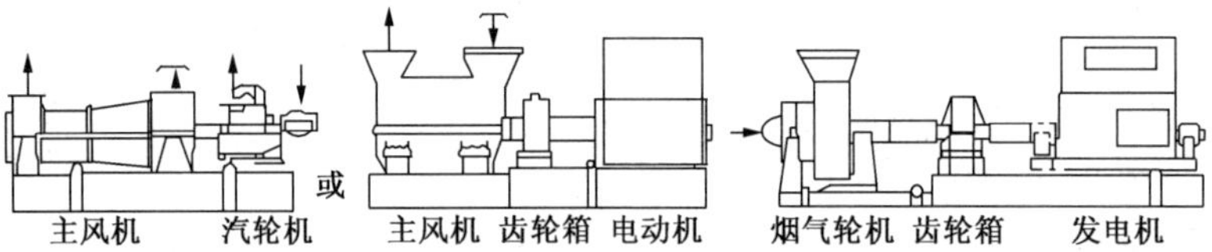

图 7－24　分轴机组示意图

（二）烟气轮机的技术参数

烟气轮机制造出厂后，其说明书上一般有如下技术参数：

额定流量，Nm^3/min；

最大流量，Nm^3/min；

额定进气温度，℃；

最大进气温度，℃；

额定排气温度，℃；

额定进气压力（绝），MPa；

最大进气压力（绝），MPa；

额定排气压力（绝），MPa；

额定转速，r/min；

临界转速，r/min；

额定轴功率，kW；

最大轴功率，kW；

绝热效率或总效率，%；

旋转方向(从电机端视)，正或逆时针；

烟气组分(体积含量)，%。

(三) 选用烟气轮机的一般要求

1. 优选单级烟机

烟气轮机的级数是根据烟机的焓降来确定的。一般而言，对于单级(一个静叶列和一个动叶列)烟机，在峰值效率下，每公斤可回收50kcal(210kJ)热量，当焓降大于此值时，则选用双级。

由于单级烟机具有结构简单、维修方便和成本低的优点，得到了广泛的应用，最大焓降已用到大约260kJ/kg。

对于小流量的烟气轮机，虽然焓降在允许范围内，但由于转数受到压缩机转数的限制，速比 U/C_0 不易达到最佳值，在此情况下选择双级烟机为宜。

采用双级烟机可以明显地提高效率。一般单级烟机的效率为76%～80%，双级烟机的效率为80%～84%。双级烟机不仅能提高效率，而且具有较低的气体速度，因为双级烟机总的焓降分配在两级动、静叶片上，这要使烟气流动速度相对减少。对于一台压比为2.5的单级烟机，静叶片出口速度为450m/s，动叶出口速度为160m/s。而采用双级烟机，则可降低这些速度，可见图7－41。一般，叶片的冲蚀率与气体速度的平方成正比。由于降低了气体速度，在同等条件下对叶片的冲蚀及磨损较单级烟气轮机要小得多。

图7－25为美国D－R公司烟机机型选择图。

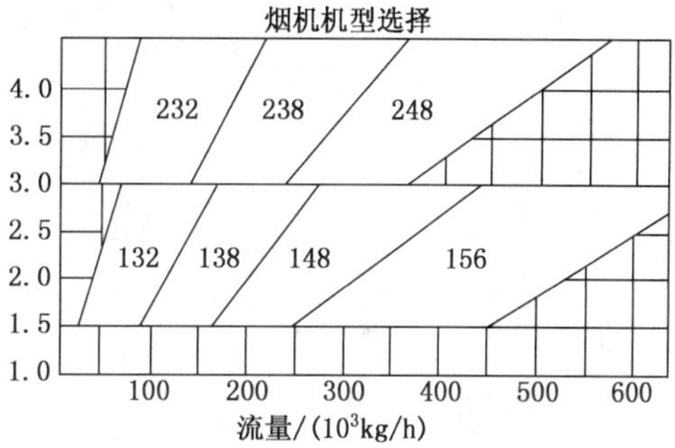

图7－25　美国D－R公司FCC烟机机型选择

从目前烟机实际使用的效果来看，双级烟机的故障率明显比单级高，因此为保证烟机长周期平稳运行，保证装置三年一次大修，一般情况下还是优先选用大焓降、高效率的单级烟机，而不要盲目地去追求双级烟机的高效率。如果双级烟机的结构设计、制造水平能有所突破，运转率能与单级烟机一样，毫无疑问，都会选择双级烟机。

2. 选择适合本厂的同轴机组配置方式的类型

类型选择要根据本厂的具体情况来选择，如果从本厂热电平衡考虑应选用四机组，机组有较大的灵活性，但投资大一些，操作及控制上要复杂一些。大多数的催化裂化装置选用电动/发电机辅助驱动的三机组，操作及控制上较简单。

3. 优选国产YL形烟机

国产YL形烟机已赶上了国外烟机的设计、制造水平，因此选购烟机应立足于国产。不但投资少，而且修理也方便。如有的石化企业从德国GHH公司引进的三级烟机，现均已更换为国产YL形单级烟机，而回收功率与引进的相比基本没有大的变化。

如果是新上烟机组，机组中的齿轮箱可选用无级机械变速行星齿轮箱，进行烟气全压力能回收，以便更多的回收烟气能量。

4. 选择合适的烟机容量

选择合适的烟机容量的目的是为了使烟机入口阀基本上处于常开状态，若选的烟机容量太大，就会使入口阀开度不大，损失一些烟气能量，这就要求提给设计单位或制造厂的烟气流量要准确。

5. 配套高效的三旋

只有配套高效的三旋，才能满足烟机对烟气质量的要求，才能达到烟机长寿命的运行。

(四) 国产 YLⅠ及 YLⅡ系列烟气轮机

YLⅠ形烟气轮机见图 7－26，YLⅡ形烟气轮机见图 7－27，烟气轮机的主要性能参数见表 7－10。

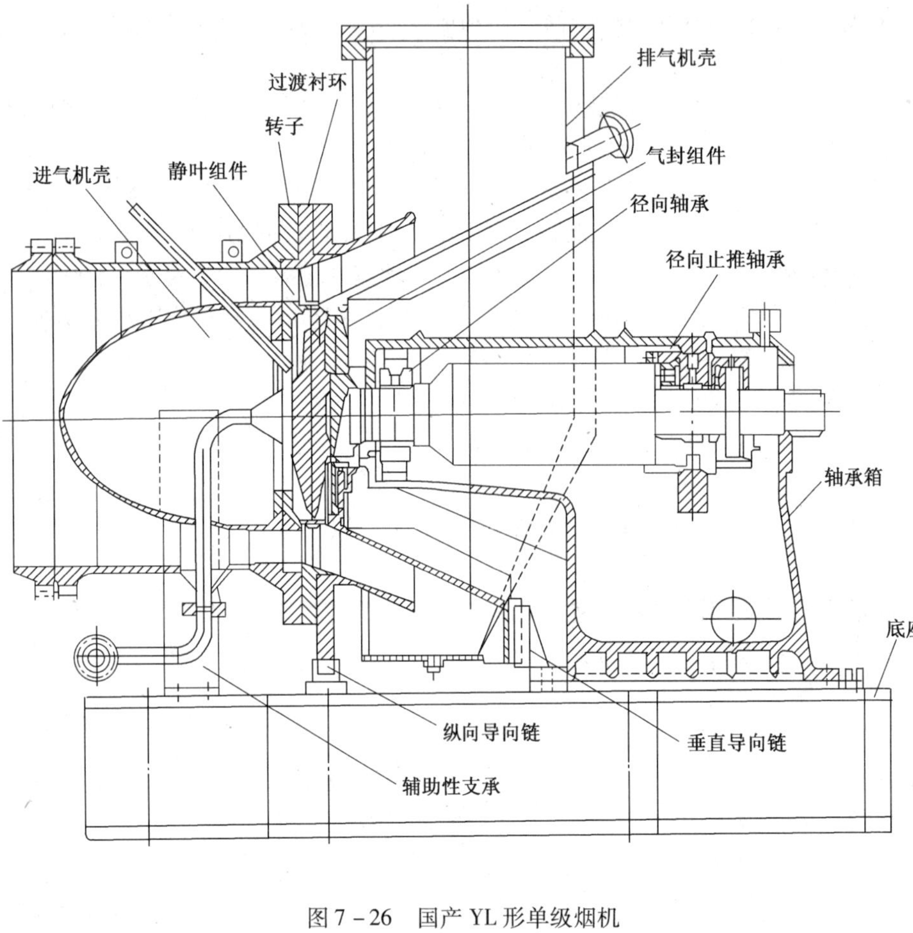

图 7－26　国产 YL 形单级烟机

表 7－10　YL 形烟气轮机主要性能参数

型　号	烟气流量/(Nm³/min)	进气温度/℃	排气温度/℃	进气压力/10^5Pa	排气压力/10^5Pa	工作转速/(r/min)	第一临界转速/(r/min)	前轴径 φ/mm	后轴径 φ/mm
YL3000	900	640	522	2.3	1.06	6295	15629	165	120
YL6000	1850	670	541	2.45	1.08	6250	13022	185	160
YL7000	1400	660	530	2.85	1.08	6170		182	160
YL8000	2260	680	464	2.40	1.07	5800	11500	185	160
YLⅡ4000	1159	600	483	2.30	1.08	6275	7875	180	130

续表

型　号	烟气流量/(Nm^3/min)	进气温度/℃	排气温度/℃	进气压力/10^5Pa	排气压力/10^5Pa	工作转速/(r/min)	第一临界转速/(r/min)	前轴径 φ/mm	后轴径 φ/mm
YLⅡ5000	1100	640	509	3.00	1.08	5970	8000	165	120
YLⅡ6000	1400	660	474	2.85	1.08	6170		182	160
YLⅡ7000	1750	630	482	2.80	1.08	6170	7997	185	160
YLⅡ8000	1600	660	494	3.10	1.05	5904	8265	185	160
YLⅡ10000	2234	600	480	2.90	1.05	5800	8300	185	160
YLⅡ12000	2600	670	502	3.00	1.08	5800	8100	200	165
YLⅡ18000	3833	650	480	3.50	1.05	5351		215	165

注：表中型号 YL 后的数字为标称功率，而该数字后面的字母省略，因此表中数据只适用于该标称功率的某一具体型号，对于该标称功率的其他型号可作为参考。

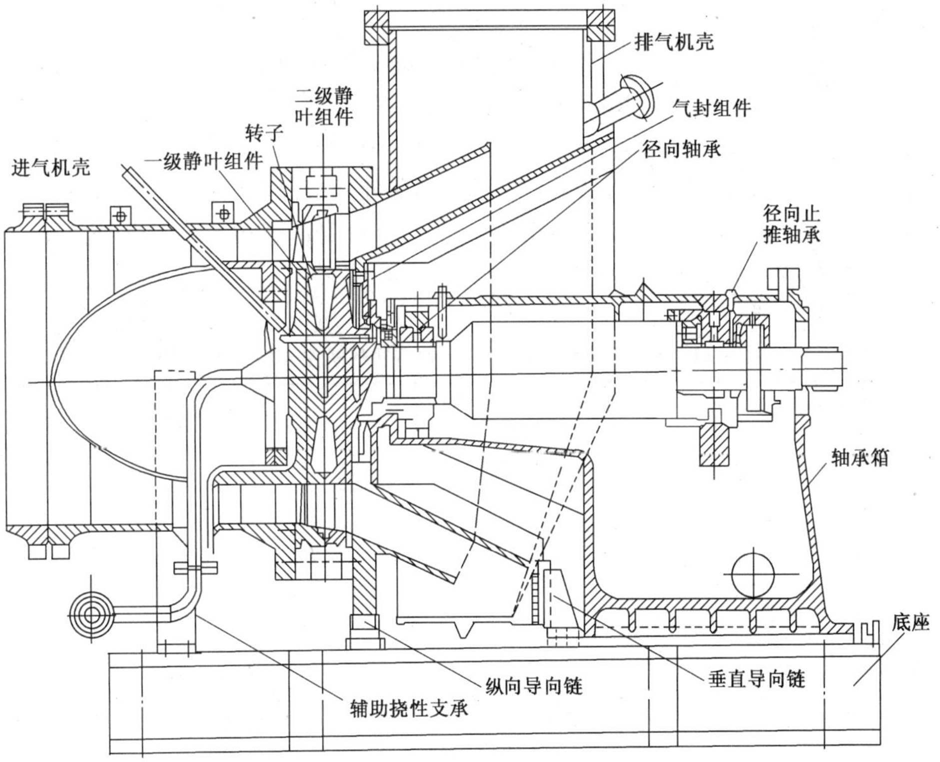

图 7－27　国产 YL 形双级烟机

1. YL 形烟机结构特点

1）采用轴向进气和径向排气结构。轴向进气可使烟气进入烟机时能稳定流动，以确保烟气中催化剂颗粒均匀分布，避免径向进气的离心分离作用，产生颗粒集中的倾向，并减少入口压力损失。

2）机壳采用垂直剖分形式。进气机壳和排气机壳均为整体结构，两者之间为垂直剖分。这种环形结构，可以减少变形，使热膨胀均匀一致，且具有拆装方便的优点。在检修时不需拆装出口大管线，减少检修工作量。

3）在转子装卸时，采用从进气端抽芯的形式，不用长套筒联轴节。美国 I – R 公司的烟机是从后部装卸转子的，必须要采用加长的联轴节，而这种加长的联轴节，对不平衡非常敏感，弄不好会引起转子的强烈振动。

4）单级烟机的轮盘与转轴的联接形式采用特种销钉传递扭矩。而不是用端面齿或径向键。

对于双级烟机的转子，在一、二级轮盘之间，两级轮盘与轴之间，以止口定位，以套筒传递扭矩，用有足够预紧力的拉杆将轮盘与轴把紧。

这两种结构形式的优点是结构牢靠，制造简单和安全可靠。

5）为了有效地冷却轮盘，将冷却蒸汽直接通到轮盘盘面，不是通到进气锥内。YL 型烟机在进气锥内加上挡板，这样不但可避免蒸汽在进气锥内部和外部的烟气进行换热，而且提高了冷却效果，减少了蒸汽耗量。这种冷却方式结构简单，效果好。另外，在设计中考虑到在两个轮盘之间充满冷却蒸汽，保证空腔内蒸汽压力大于烟气压力，以防止在两个轮盘之间沉积催化剂。

6）转子设计成刚性转子，使一阶临界转速远离工作转速。径向轴承采用多油叶轴承，推力轴承采用 LEG 型金斯伯雷（Kingsbury）轴承。

7）加设防冲蚀台阶，防止在叶根部分局部催化剂微粒的集中，在每一叶排前设置防冲蚀的转折台阶，将边壁催化剂转折到流道中部，消除叶片根部发生折断的危险。

8）转折台阶、过渡环（流道环、扩压环、围带）和叶身部分喷涂耐磨涂层。

2. YL 型烟机与多级烟机的特点比较（见表 7 – 11）

表 7 – 11　YL 型单级、两级烟机和多级烟机主要特点的比较

单级或两级悬臂式烟气轮机	双支承多级烟气轮机
单级设计不可能得到全部焓降，而两级烟气轮机有改进，比单级的效率高 4% ~6%	效率较高，比单级高 6% ~8%
轴向进气，使烟气均匀加速，烟气中催化剂分布较均匀	径向进气，烟气中催化剂易分离，使局部浓度增大
相对速度高（冲蚀率与速度平方成正比）	相对速度低
叶列间距较小	加大叶列之间轴向距离，使催化剂在叶列间重新分布
入口烟气中含催化剂粒度和浓度的控制要求较严	入口烟气中含催化剂粒度和浓度的控制标准可降低
冷却蒸汽耗量低	冷却蒸汽耗量高
烟气轮机造价低	烟气轮机制造复杂，造价高

（五）国外典型烟气轮机

国外典型的烟气轮机有美国 I – R 公司和 Elliott 公司生产的烟机，以及德国 GHH 公司生产的烟气轮机。I – R 公司生产的单级烟气轮机结构见图 7 – 28，Elliott 公司生产的双级烟气轮机结构见图 7 – 29，GHH 公司生产的多级烟气轮机结构见图 7 – 30。

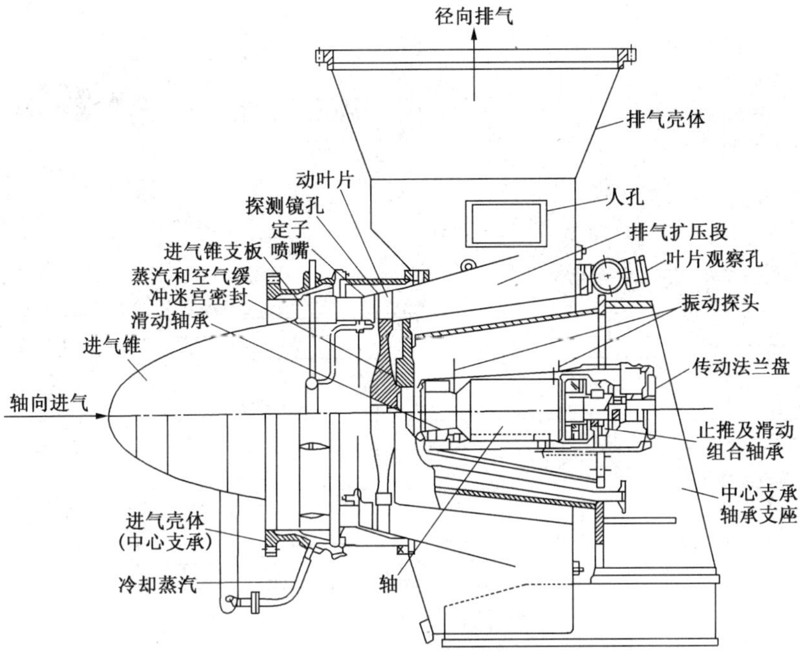

图 7－28　FCCU 单级烟气轮机（lngersoll－Rand）

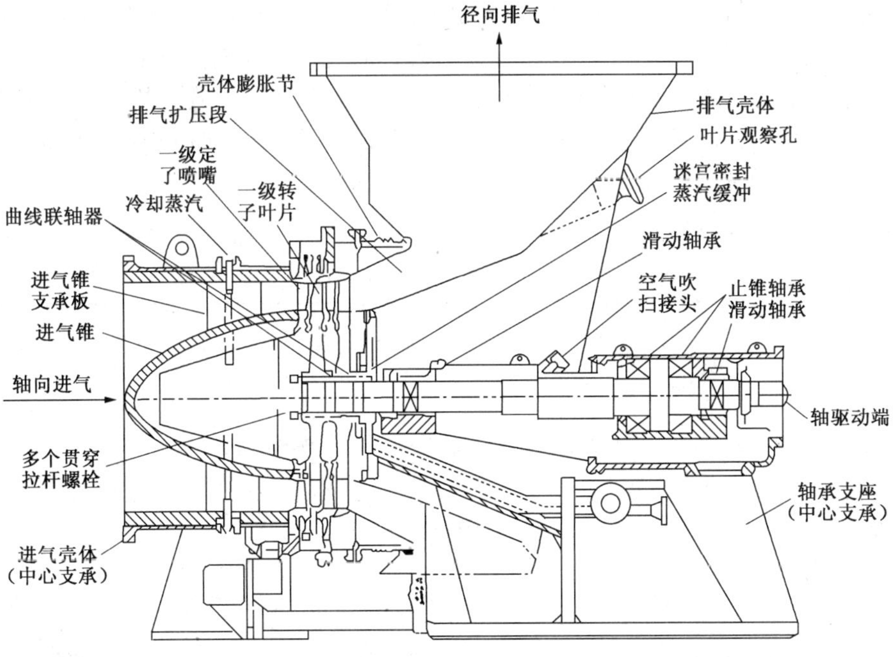

图 7－29　FCCU 双级烟气轮机（Ellott 公司）

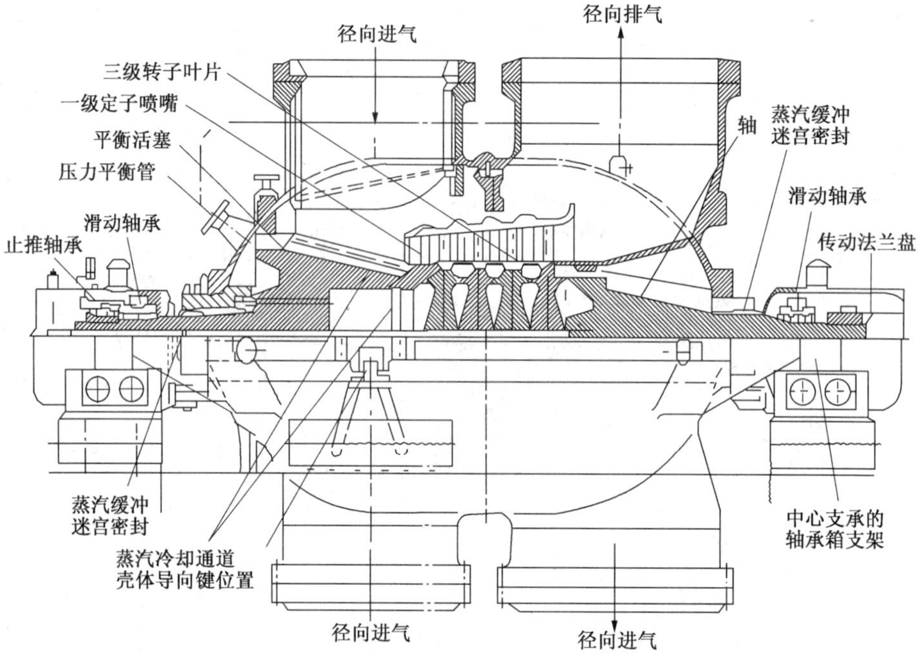

图 7－30　FCCU 多级烟气轮机(MAN－GHH Sterkrade 公司)

三、烟气轮机的结构及其辅助系统

（一）烟气轮机的结构

世界主要烟气轮机生产公司生产的烟气轮机在结构上主要有两种，一是国产 YL 型烟机和美国 I－R 公司和 Elliott 公司生产的烟机，均为轴向进气、径向排气的悬臂支承结构，有单级和双级两种；另一种类型是德国 GHH 公司生产的径向进气、径向排气的两端支承的结构，有三级和四级两种。我国从德国引进的三级烟机为下方径向进、排气的两端支承结构，现均已更换为国产的轴向进气，径向下排气的单级烟机。

这几种烟机的结构特点见表 7－12。

表 7－12　烟机的结构特点

项目＼类型		中国 YL 型	美国 I－R	美国 Elliott	西德 GHH
级数		1～2	1～2	1～2	3～4
进、排气方向		轴向进气、上或下排气	轴向进气、上排气	轴向进气、上排气	上进上出或下进下出
转子支承		悬臂支承	悬臂支承	悬臂支承	两端支承
静叶片		直叶片	直叶片	扭曲叶片	直叶片
动叶	叶型	扭曲	扭曲	扭曲	扭曲
	叶根	三齿纵树型	三齿纵树型	四齿纵树型	四齿纵树型
壳体结构		焊接件、无中心剖分面、转子自进气端抽出	焊接件、无中心剖分面，转子自联轴节方向拉出	焊接件，无中心剖分面，转子自进气端抽出	铸件，中心剖结构，上壳体打开后，转子可直接吊出

续表

项目＼类型		中国YL型	美国I－R	美国Elliott	西德GHH
轮盘与轴的连接		拉杆连接，套筒传扭，止口定位	定位销定位，预应力螺栓固紧，切向销与摩擦传扭	拉杆螺栓连接并固紧，端面齿传扭	有分体结构和整体结构两种，我国引进的为整锻转子
叶片耐磨涂层		等离子喷涂，涂层材料为C－1、C－2；厚度0.1～0.2mm	爆炸喷涂，涂层材料为LW－5；厚度0.1～0.2mm	爆炸喷涂，涂层材料为Cr3C2；厚度0.1～0.12mm	无
轴承	径向	四油叶/四油楔	五块活动瓦	五块活动瓦	五块活动瓦
	止推	米契尔和金斯伯雷	金斯伯雷	金斯伯雷	金斯伯雷
轮盘冷却蒸汽系统		采用蒸汽，沿盘面径向冷却	蒸汽冷却	超温时通蒸汽冷却，正常操作时不冷却	采用蒸汽冷却叶根部分及平衡鼓部分
轴封系统		蒸汽、空气两段迷宫密封并设抽气系统	蒸汽、空气两段迷宫密封，设抽系统和差压控制	蒸汽、空气两段迷宫密封，设抽气系统和差压控制	采用蒸汽迷宫密封，设抽气系统和差压控制

现以YL形烟机为例说明烟气轮机的结构。

YLⅠ形系列单级烟机及YLⅡ形系列双级烟机，均为轴向进气，而排气有径向上排气或径向下排气两种结构。烟气轮机制造后在制造厂内进行密闭热循环机械运转试验。

1. 底座

底座采用不同规格的钢板组焊而成。底座内立板（筋板）采用塞焊形式，以增强底座的刚度。支承排气机壳等部件的支座内设置折板，支座下端开设进水口，上端开设排水口，两侧支座均匀注水，以控制支座的热膨胀。

底座上固定挠性辅助支承机构和垂直、纵向导向键，而横向导向键设置在两侧支座上。底座设有与基础连接固定的孔，地脚螺栓穿过基础锚板后在底座内与垫片、六角螺母连接固定。

2. 转子组件

转子组件为双点支承悬臂刚性转子，双级烟机由一、二级轮盘、一、二级动叶片、主轴拉杆螺栓和螺母组成，而单级烟机只有一个轮盘和一列动叶片。

主轴由合金钢40CrNi2MoA锻造并经机加工而成，与轮盘配合的轴前段外圆为密封段。转子悬臂支承在两个径向轴承上，轴向定位由推力轴承实现。

一、二级轮盘之间，二级轮盘与主轴之间，以止口定位，并热装在轴端，以保证工作时良好地对中。考虑到轮盘和拉杆在热工作时的热膨胀变形等因素，用具有足够预紧力的拉杆将轮盘与主轴连接固定，利用螺栓外面的筒套传扭。

轮盘为实心结构，采用GH864（Waspaloy）高温合金材料，经模锻、热处理，理化性能测试后，进行机加工而成。轮缘开纵树形叶根榫槽（采用成型拉刀拉削成型），装入带枞树形叶根的动叶片后，用锁片锁紧定位。

动叶片由高温合金GH864（Waspaloy）棒材材料模锻成型，使动叶片具有较高的强度和较好的金相组织。为使轮盘轮缘处的枞树型榫槽和动叶片叶根具有较高的配合精度，动叶片枞树型叶根采用强力磨削成型。动叶片叶型为扭曲变截面叶型，为防止烟气中催化剂对叶片的冲蚀，叶型表面喷涂“长城一号(CT－1)”耐高温磨损涂层进行防护。

为保证烟机可靠工作，在出厂前对转子进行低速动平衡和超速试验。

为测量轴的转速、相位，主轴上设置有相应的发讯结构(键相槽及测速槽)。

3. 进气机壳

进气机壳由两端带有法兰(压力等级 *PN*4.0)的筒体、衬环、进气锥及一级静叶组件等组成。筒体为不锈钢焊接件(0Cr18Ni9 或 1Cr18Ni9Ti)，导流锥为不锈钢铸件并经支承板焊接在筒体内。焊接组件经热处理后，进行机加工。

经第三级旋风分离器净化后的烟气，由烟气入口管道水平进入烟机进气机壳。具有一定变化规律的进气锥曲面将烟气整流、均匀加速到静叶片所需要的设计参数。

进气机壳内，设置有轮盘冷却蒸汽管路。在底座上固定有可调式挠性支承，并与进气机壳上的两支耳连接，形成辅助支承。

一级静叶组合件由一级静叶片、一级静叶环及梳齿环(或蜂窝密封)组成，该组件用螺栓紧固在进气锥端部。静叶片采用 K213 镍铬基高温合金材料，精密铸造成型。静叶片叶型表面进行磨削。静叶片固定环和衬环采用 0Cr18Ni9 材质，经固溶热处理后进行机加工。静叶片装入静叶片固定环后，在一定温度下进行焊接，然后进行组合加工。静叶片叶型表面和衬环内径表面，喷涂“长城一号(C－1)”耐高温磨损涂层进行防护。

4. 过渡机壳

单级烟机过渡机壳由扩压衬环(过渡环、流道环、围带)和螺栓、螺母组成。扩压衬环的内径表面喷涂“长城一号(C－1)”耐高温磨损涂层进行防护。扩压衬环上设置防冲蚀台阶。该防冲蚀台阶，除阻挡沿叶顶间隙的烟气损失外，又可使烟气中的固体颗粒，在撞击该台阶后，颗粒反弹而重新分布，从而降低动叶片的磨损。扩压衬环两侧的止口分别与进气机壳、排气机壳上的止口配合与定位。采用 GH132 高温合金螺栓和螺母(固溶热处理)，将扩压衬环与进气机壳、排气机壳连接固定。

双级烟机过渡机壳由固定套及二级静叶组件构成，二级静叶组件由二级导流环体和二级静叶片组成。二级静叶片固定在导流环体上，环体上设有防冲蚀台阶，并喷涂耐磨层。二级静叶片的内环上镶有两组密封齿(新结构为一组密封齿或蜂窝密封)。

5. 排气壳体

烟气经进气机壳、透平级(静、动叶片组成)和扩压衬环后进入排气机壳，由扩压器和涡壳的导流作用，垂直向下(或向上)进入过渡段和出口管道。

排气机壳由不锈钢件焊接而成为一整体(进行热处理，然后再进行机加工)，由进口法兰(圆环形)、出口法兰(长方形)、扩压器及涡体等组成。排气机壳出口法兰压力等级 *PN*2.5，法兰内侧开槽便于内焊密封板。进口法兰和涡壳的两水平端分别设置支耳，四个支耳的配合面与烟机轴中心线在一水平面上，并与底座上的支座搭接和配合。在进口法兰上的两个支耳和支座的支撑面之间设置横向导键，在排气机壳底部的前端和后端设置纵向(水平及垂直)导键，以保证中心不变。

进口法兰上的止口与过渡机壳配合，出口法兰与天圆地方过渡段配合，壳体内锥体的止口与气封组件配合，锥体与壳体间焊有支承板。

气封(轴封)组件由上、下气封体和气封环(Ⅰ、Ⅱ)组成。气封组件采用水平剖分结构。下气封体上开设蒸汽、净化风注入口和排气口。气封可采用迷宫密封，最好采用蜂窝密封。

气封组件与排气机壳上的止口配合定位，采用螺栓连接与固定。

6. 轴承箱

(1) 轴承箱(壳体)

轴承箱与烟机壳体的气封(轴封)组件之间留有一定距离的间隔。

轴承箱由箱体和箱盖组成，安置在底座上，调整后采用定位销钉定位，螺栓拧紧固定。

轴承箱为铸钢件(ZG25)，经热处理后再进行机加工。轴承箱由箱体和箱盖组成，采用水平剖分结构，其中分面(结合面)进行刮研处理。与箱体、箱盖配合的前、后轴承内孔和空气封的内孔(或外表面)，在箱体、箱盖刮研配合和固定的基础上，以共同的基准进行机加工。箱体底面与底座之间设置调整垫片，以保证箱体的中分面与轴中心线在同一平面上。

箱盖上设有轴振动、键相位、轴转速探头开口，开口上配置探头座，以供探头的固定和调整。轴承箱内装有空气封和轴承。箱体上开设进、排油口，采用标准法兰并接有轴承润滑油进、出口管线。箱盖上配置与大气相通的帽罩以消除油沫，使排油通畅。箱体中分面上开设铂热电阻引线槽，箱体侧面配置监测轴瓦温度的接线盒，以方便铂热电阻引线的安装和调试。

(2) 空气封

空气封采用净化空气，位于轴承箱的前端，防止轴承箱内的润滑油外漏以免遇高温着火。

(3) 滑动轴承

轴承体用铸钢材料制成，水平剖分结构，分为前、后轴承。前轴承为径向轴承，后轴承为径向止推轴承。前、后轴承体的下半部，分别固定的箱体上，转子在前、后轴承内就位后，前、后轴承的上半部与下半部用定位销及螺栓连接固定。轴承箱与前、后轴承体的径向配合面之间留有一定的过盈。当箱盖与箱体连接固定后，足够的预紧力将前、后轴承固定在轴承箱内。前、后轴承的径向瓦采用双旋向四油叶结构型式，径向瓦内径和油楔采用机加工方式来完成(以前采用手工刮研)。现在，后轴承内的主、副推力轴承采用 LEG 型金斯伯雷(Kingsbury)轴承(以前副推力轴承米契尔轴承)。该新型推力轴承为高效节油型的八瓦块可倾瓦式轴承，其瓦块上开设进油槽，油腔和油路也作相应改进。采用 LEG 型金斯伯雷轴承，可使埋设在推力瓦块上的铂热电阻持久耐用。前、后轴承的两端，分别装有挡油环以保持轴承内的压力。前轴承的振动探头，通过轴承箱盖上的开孔插入紧靠前轴承的轴颈处；后轴承的振动探头，通过后轴承体(上半部)的开孔，插入后轴承轴颈处。轴位移探头固定在后轴承体(下半部)端面的开孔上，通过该孔将探头插入后轴承止推盘处。主推力瓦块有 4 个测温点，副推力瓦块有 2 个测温点。

(二) 双级烟气轮机的结构改进

1. 1997 年以前制造的 YL 系列双级烟机普遍存在的问题

烟气中的催化剂细粉容易在两级轮盘间空腔堆积、造成转子不平衡，引起烟机振动；一(出气)、二级(进气)轮盘轮缘根部容易产生二次流冲蚀、加剧了轮盘轮缘根部及二级动叶根部的磨损；过渡机壳变形，在检修时拆装及修复工作十分困难。

2. 双级烟机存在问题的原因

一级静叶环体的梳齿密封环与一级轮盘轮缘的轴向间隙较大，泄漏的烟气量较多，并且和冷却蒸汽一起经平衡孔进入一、二级轮盘之间空腔，由于排入后续流道的间隙较小，蒸汽排出不畅从而使部分催化剂堆积，并引起二次流冲蚀。二级静叶固定套为两半结构，二级静叶环为两半或四半结构，二级静叶片固定在二级静叶环体上，此种结构在使用一定周期后；容易产生热变形。

3. 双级烟机改进的措施

针对上述存在的问题，1987 年以后对烟机结构进行了改进［见图 7－31(a)］：改进轮盘冷却蒸汽进入形式，提高密封效果；改进一级静叶环体与一级轮盘密封形式，解决一、二级轮盘间空腔催化剂沉积问题；改进一、二级轮盘级间密封形式，解决一、二级轮盘轮缘根部产生二次涡流冲蚀问题；改进固定套及二级静叶组件结构，增强二级静叶组件刚度，减小组件变形。

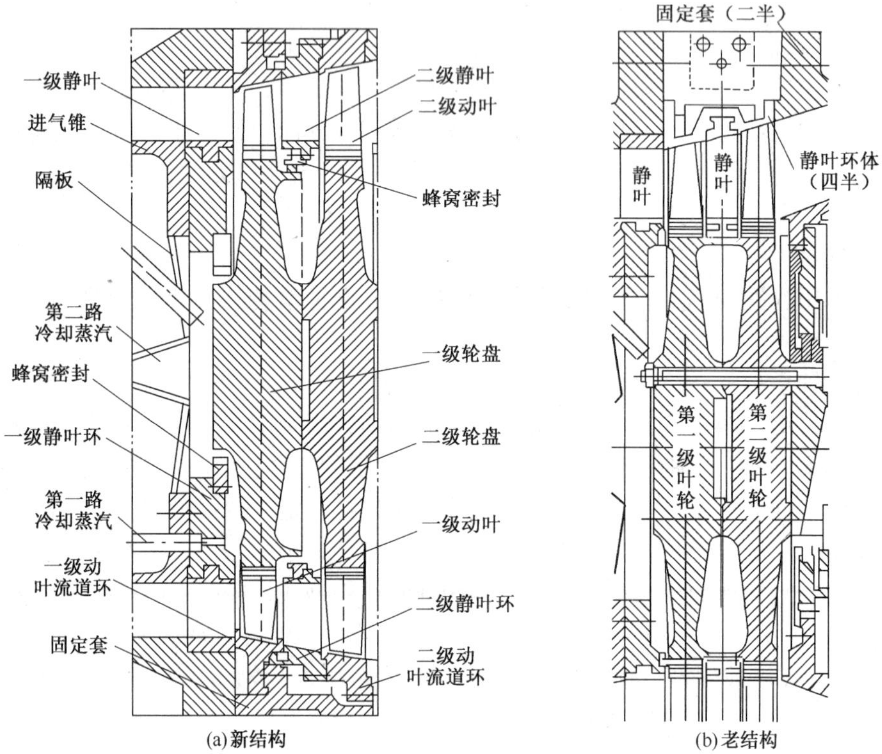

图 7－31　YL 型二级烟机局部结构图

轮盘冷却蒸汽由原来一路变为两路，第一路蒸汽经进气锥体及一级静叶环体的孔道进入一级轮盘前空腔，冷却一级轮盘及加强一级级间密封，然后进入流道，防止了烟气的窜入；第二路蒸汽由隔板中部的孔喷出，冷却一级轮盘并经平衡孔进入一、二级轮盘间的空腔冷却两级轮盘及加强两级间的密封，然后进入流道。

在一级静叶环体上增加径向密封，此密封采用新型 Ni 基合金蜂窝密封结构，从而使该密封与一级轮盘轮毂外圆之间的径向间隙大大减小。取消原来两组级间迷宫密封，采用一组蜂窝密封结构，取消二级轮盘气封台肩，使冷却蒸汽排出顺畅，即使有少量催化剂进入，也会随径向排出的蒸汽进入流道，不会沉积在一、二级轮盘间。蜂窝密封是由非常薄的高温合金片制成的，每个小蜂窝只有不足 1mm 公称直径，虽然密封片很薄，整个密封强度却很好。这样就可以采用 0 ~ 10μm 很小的密封间隙，也就是说密封片可以与旋转密封面接触，这样不但密封效果大大提高，而且动静摩擦时只磨损蜂窝片，轮盘不易损坏。

将原两半固定套改为整环，不再担任二级静叶环体的固定作用。分半的二级静叶环体靠外圆止口固定在二级动叶流道环上，而二级动叶流道环作为一个整体直接固定在出口壳体上，一级动叶流道环为整体，直接固定在固定套上。

此外，对轴承部分也进行了改进，如提高径向轴承油膜刚度，增强推力轴承承载能力，减小润滑油耗量，实现入口油压便于调节；对推力瓦测温引线进行了改进，避免了引线容易断的问题。

使用不刮削径向轴瓦和 LEG 节油型推力轴承。轴瓦间隙容易控制，轴瓦油楔过渡均匀，稳定性好；能将轴承润滑油温升减小大约 10℃；润滑油耗量是普通型推力轴承的 60%，同时摩擦损失减少 45%。

4. 注意事项

烟机的结构进行改进后，虽然解决了以前存在的问题，但由于使用相对密度大活性高的催化剂，易产生催化剂在叶片上的沉积并结成硬块，破坏转子动平衡，使烟机振动加大。解决的办法一是从工艺上尽可能更换催化剂，二是减小三旋前或后的烟道喷水，尽可能不喷水，避免沉积在叶片上的粉尘结块。

（三）主要零部件材料、化学成分、性能及涂层

1. YL 型烟机主要零部件材料

静叶（精铸）K213；动叶（模锻）、轮盘（锻造）GH864；主轴（锻造）4340（40CrNi2MoA）；拉杆螺栓、螺母（锻造）、传扭套筒 GH169；高温螺栓（锻造）GH132、高温螺母（锻造）1Cr18Ni9Ti；入口法兰、进气锥、过渡机壳 ZG1Cr18Ni9Ti；进、排气壳体（板焊）1Cr18Ni9Ti；底座（板焊）Q235 – A；轴承箱（铸造/板焊）ZG25。

2. 烟气轮机常用材料（见表 7 – 13）

表 7 – 13　烟气轮机常用材料

零部件名称	烟气轮机入口温度/℃	中国 YL 型烟气轮机	美国 D – R 公司烟气轮机	美国 Elliott 公司烟气轮机	西德 GHH 公司烟气轮机
静叶片		K13	HS – 31	Incone1713、A286、waspaloy	（AISI – 347）X8CrNiMoNb1616
动叶片	<650 650 ~ 700 700 ~ 760	K13 GH864（waspaloy）	A286 Inconel × waspaloy	A286 Incoloy901 waspaloy	NiCr20Co18Ti（Nimonic90）
轮　盘	<650 650 ~ 700 700 ~ 760	GH132（A286） GH864（waspaloy）	A286 Incoloy901 waspaloy	A286 Incoloy901 waspaloy	A286
拉杆螺栓		GH169（Inconel – 718）	AISI – 422 Inconel – 718	Incoloy901 A286	剖分法兰螺栓 NimoNic80A
主　轴		GH132（A286） AISI4340	AISI4340	AISI4340	A286
壳　体	540 ~ 650 650 ~ 700 700 ~ 760	1Cr18Ni9Ti	$2\frac{1}{4}Cr\frac{1}{2}Mo$ $2\frac{1}{4}Cr\frac{1}{2}Mo$ AISI – 321/347	AISI304	X8CrNiMoNb1616

3. 烟气轮机常用材料的化学成分(见表7－14)

表7－14　烟机常用材料的化学成分

合金牌号	化学成分/%(m)														
	Ni	Cr	Co	Mo	W	Nb	Al	Ti	Fe	Mn	Si	C	B	Zr	其他
K13	36.0	15.0			5.5		1.75	3.5	余			<0.1	0.075		
GH130	37.5	14.0			6.0		1.8	2.8	余	<0.5	<0.6	<0.08	<0.02		
GH132(A286)	26.0	15.0		1.3			0.2	2.0	54	1.35	0.50	0.05	0.015		
HS－31															
Incoloy901	42.5	12.5		5.7			0.2	2.8	36	0.1	0.1	0.05	0.015		
InconelX	73	15.5				1.0	0.7	2.5	7.0	0.5	0.2	0.04			
Incone1713C	74	12.5		4.2		2.0	6.1	0.8				0.12	0.012	0.10	
Incone1718(GH169)	52.5	19.0		3.0		5.1	0.5	0.9	18.5	0.2	0.2	0.04			
Waspaloy(GH864)	58	19.5	13.5	4.3			1.3	3.0				0.08	0.006	0.06	
Nimonic 80A	76	19.5					1.4	2.4		0.30	0.30	0.06	0.003	0.06	
Nimonic 90	59	19.5	16.5				1.45	2.45		0.30	0.30	0.07	0.003	0.06	
AIS14340	1.8	0.8		0.25					余	0.75	0.25	0.4			Cu2.35
AIS1304															
AIS1347															

4. 烟气轮机常用材料的常温和高温机械性能(见表7－15)

表7－15　烟气轮机常用材料的常温和高温机械性能

合金牌号	拉伸强度 σ_b/MPa					屈服强度 $\sigma_{0.2}$/MPa				
	21℃	538℃	649℃	760℃	871℃	21℃	538℃	649℃	760℃	871℃
K13	990	794 (500℃)	794 (650℃)	726 (750℃)	586 (850℃)	745	578 (600℃)	647 (600℃)	637 (750℃)	
GH130	1216	1088 (600℃)	1039 (650℃)	873 (750℃)	603 (850℃)	755		799 (650℃)	730 (750℃)	446 (850℃)
A286(GH132)	1005	905	720	440		725	605	605	430	
IncoloY 901	1205	1030	960	725		895	780	760	635	
InconelX	1200	1050	940			815	725	710		
Incone1713C	850	860	870	940	725	740	705	715	745	495
Incone1 718(GH169)	1365	1195	1105	855		1125	1020	965	800	
Waspaloy(GH864)	1275	1170	1115	795	525	795	725	690	675	520
Nimonic80A	1000	875	795	600	310	620	530	550	505	260
Nimonic90	1235	1075	940	655	330	810	725	685	540	260
AISI 4340	1795					1495				

合金牌号	延伸率 δ/%					断面收缩率 ψ/%			
	21℃	538℃	649℃	760℃	871℃	20℃	500℃	600℃	650℃
K13	4	18.8 (500℃)	19.2 (650℃)	8.6 (750℃)	9.8 (850℃)	4.8	26.1	24.5	26.3
GH130	17～20	18～21 (600℃)	17～22	7～12 (750℃)	12～14 (850℃)	19～21.5		24～28	23～28
A286(GH132)	25	19	13	19					

续表

合金牌号	延伸率 δ/%					断面收缩率 ψ/%			
	21℃	538℃	649℃	760℃	871℃	20℃	500℃	600℃	650℃
IncoloY901	14	14	13	19					
InconelX	27	26	10						
Incone1713C	8	10	7	6	14				
Inconel 718(GH169)	21	20	20	30					
Waspaloy(GH864)	25	23	34	28	35				
Nimonic80A	39	37	21	17	30				
Nimonic90	33	28	14	12	23				
AISI4340	10					30			

合金牌号	冲击韧性 α_K				合金状态
	20℃	500℃	600℃	650℃	
K13	4.0	3.7	4.0	3.6	铸态+1100℃, 9h, 空冷
GH130	5.3~5.8		5.3~6.0	5.0~6.0	1180℃, 1.5h, 空冷; 1050℃, 4h, 空冷; 800℃, 16h, 空冷
A286(GH132)					980℃, 1h, 油淬+720℃, 16h, 空冷
IncoloY 901					1095℃, 2h, 水冷+790℃, 24h, 空冷+720℃, 24h 空冷
InconelX					1150℃, 2h, 空冷+840℃, 24h, 空冷+705℃, 2h 空冷
Incone1713C					铸态
Incone1718(GH169)					980℃, 1h, 空冷+720℃, 8h 炉冷+620℃, 8h, 空冷
Waspaloy(GH864)					1080℃, 4h, 空冷+840℃, 24h, 空冷+760℃, 16h, 空冷
Nimonic80A					1080℃, 8h, 空冷+705℃, 16h, 空冷
Nimonic90					1080℃, 8h, 空冷+705℃, 16h, 空冷
AISI4340					

5. 烟气轮机常用材料的物理性能(见表7-16)

表7-16 烟气轮机常用材料的物理性能

合金牌号	密度 (g/cm³)	弹性模量/10^6kPa								热膨胀系数(20~t℃)/(10^{-6}/℃)						
		21℃	93℃	204℃	316℃	427℃	538℃	649℃	760℃	93℃	204℃	316℃	427℃	538℃	649℃	760℃
K13	8.14	178 (20℃)					147 (500℃)	139 (650℃)	131 (750℃)	12.36 (100℃)	13.98 (200℃)	15.22 (300℃)	15.32 (400℃)	15.97 (500℃)	16.35 (600℃)	17.16 (700℃)
GH130	8.20	196 (20℃)						157 (600℃)	151 (700℃)	13.25 (100℃)	14.04 (200℃)	14.1 (300℃)	14.15 (400℃)	14.94 (500℃)	15.52 (600℃)	16.07 (700℃)
A286 (GH132)	7.91	201	195	187	179	171	162	153	142	16.5	16.8	17.0	17.4	17.5	17.8	18.6
Incoloy 901	8.21	206	204	197	183	179	167	153		14.0	14.1	14.4	14.9	15.3	15.8	16.5
InconelX	8.25	214	207	202	195	189	184	176	166	12.6	12.9	13.4	14.0	14.6	15.1	15.9
Inconel 713C	7.91	206	203	199	193	188	179	172	167	10.6	11.9	12.6	13.1	13.5	14.0	14.8

续表

合金牌号	密度(g/cm³)	弹性模量/10⁶kPa								热膨胀系数(20~t℃)/(10⁻⁶/℃)						
		21℃	93℃	204℃	316℃	427℃	538℃	649℃	760℃	93℃	204℃	316℃	427℃	538℃	649℃	760℃
Inconel 718 (GH169)	8.22	200	196	190	184	178	171	163	154	12.2	13.3	13.8	14.0	14.4	14.9	
Waspaloy (GH864)	8.19	213	210	204	197	191	184	177	168	12.2	12.8	13.3	13.7	14.0	14.4	15.3
Nimonic 80A	8.16	219	215	208	202	195	188	179	170	12.6	13.0	13.3	13.7	13.9	14.2	14.8
Nimonic 90	8.19	226	219	213	206	199	190	181	170	11.5	12.6	13.0	13.5	13.9	14.6	15.3

6. 耐磨涂层

烟机的动、静叶(叶身)、衬环内表面、静叶环内表面或过渡环内表面(单级烟机)喷涂长城一号，涂层厚度0.20~0.25mm。

(1) 国内外烟机叶片耐磨涂层主要化学成分和性能(表7-17)

表7-17　国内外烟机叶片耐磨涂层主要化学成分和性能

烟机类型	涂层型号	喷涂工艺	化学成分	室温硬度 HV/kgf/mm²	室温冲蚀率/[g/(mm²·h·g)]	结合强度/MPa	抗冷热疲劳性能 800℃水淬
中国YL型	X-40 C-1 C-2	等离子	24%~26% Cr, 9.5%~11.5% Ni 余Co,其他W,si,C 28%~30% Cr,8%~12% Ni,余Co,其他W,Si,C,B Cr_3C_2	347 820 1472	2.0×10^{-4} 2.1×10^{-4} 5.2×10^{-4}	50.3 58.3	54次 63次 >150次
美国Elliott		爆炸	Cr_3C_2	1391~1532			>90次
美国I-R	LW-5	爆炸	25% WC, 5% Ni, 70% ($WC+Cr_3C_2$)				

(2) 中国长城系列耐磨涂层(表7-18)

表7-18　长城系列涂层的主要成分、组织及性能、使用温度及应用场合

合同要求内容	C—1	C—2	C—3	C—4	X—40
化学成分	Co基，30Cr，10Ni，W，Si，C等	Cr_3C_2，NiCr等	CO基，25~35Cr，7~15Ni，W，C，Si及稀土氧化物等	Co基，10Ni，30Cr，5Ta，2Si，6Al，0.5Y等	CO基，25Cr，10Ni，W，Si，C等
基本组织	奥氏体+大量复杂第二相	Cr_3C_2，NiCr，Ni_2CrO_4等	奥氏体+大量复杂第二相	奥氏体+β-CoAl+大量第二相	奥氏体，少量碳化物
主要性能					
硬度(HV)					
室温	824	1472	805	339	347
600℃	622		585	305	305
700℃	563		567	245	356
800℃	476		453	224	322

续表

合同要求内容	C—1	C—2	C—3	C—4	X—40
氧化性能/g·m^{-2}					
700℃×100h	11.36	5.30	9.11	2.68	
700℃×200h	12.07		13.80	3.11	
700℃×500h	17.28		17.02	4.72	
800℃×100h	18.21	7.30	16.21	9.64	19.2
800℃×200h	21.04		18.26	11.60	23.1
800℃×500h	29.95		24.92	14.20	
860℃×100h,200h				10.80,11.70	
热腐蚀性能 S的最大穿透深度/μm (750℃×100h)	125 (涂层内)	100 (涂层内)	48 (涂层内)	49 (涂层内)	540 (深入基体260μm)
冷热疲劳性能 (800℃水淬) >10次	>105次,涂层完好无损	>201次,涂层完好无损	>125次,涂层完好无损	>100次,涂层完好无损	54次,破坏
涂/基界面结合力/MPa	58.3	68.7	61.3	59.2	50.3
涂层均匀性					
平均厚度/μn	197	130	192	185	282
波动范围/μm	75~280	76~184	104~280	90~280	10~520
使用温度/℃	600~750	600~800	600~800	750~900	600~700
应用场合	FCC	FCC	PFBC—CC	PFBC—CC	FCC

C-1涂层。自1988年起，C-1涂层开始广泛用于我国炼油厂催化装置烟气能量回收系统的烟气轮机动叶片、静叶片、涡轮盘及叶环防护上。

C-2涂层。它是一种金属陶瓷，与美国Elliott TH85-2型烟机叶片涂层类似，但在成分工艺上又有所区别，有自己独创之处，是一种用等离子喷涂的新涂层，涂层的硬度很高，Cr含量高，厚度较薄，适用于600~800℃冲蚀/腐蚀场合。

C-3涂层。长城3号防护涂层(C-3)为增压流化床联合循环(简称PFBC-CC)发电技术中一座15MW等级的中试电站燃煤燃气轮机叶片而研制，使用温度760℃，短时800℃以上。

PFBC-CC的工况与催化裂化工况存在一定差异，在催化裂化条件下是冲蚀为主，腐蚀为辅，可用冲蚀/腐蚀(E/C)表征，在PFBC-CC条件下应是腐蚀为主，冲蚀为辅，可用腐蚀/冲蚀(C/E)表征，由E/C→C/E是C-3涂层设计的思想基础。显而易见，煤(粒)中含有的各种腐蚀性有害杂质比渣(重)油中还多，但燃气中灰粉硬度一般比催化剂硬度要低。在这一观点指导下，选择以C-1为基础作相应成分调整，在确保原冲蚀抗力不降前提下进一步提高涂层腐蚀抗力。

C-4涂层。这是一种MCrAlX型包覆涂层(Overlay Coatings)，已组成一个系列，有几十种成分，其中M代表Ni、Co、Fe、NiCo或CoNi，X代表Y、Si、Hf、Ta等。这类涂层在国外航空发动机及先进的工业燃气轮机叶片上获得有效的应用，国内应用则刚开始。

涂层为CoNiCrAlTaSiY，采用大气等离子喷涂工艺，镀复在GH864合金上，本涂层有以下特点：

1）使用温度较高，为750～900℃；

2）不仅具有良好的低温及高温抗腐蚀抗力，而且具有一定的氧化抗力、冲蚀抗力；

3）涂/基结合强度较高，热疲劳性能良好。

（四）烟气轮机的辅助系统

为保证烟气轮机的正常工作，烟气轮机设置有如下的辅助系统。

1. 轮盘冷却蒸汽系统

轮盘冷却蒸汽（1.0MPa，250℃）由系统管网引入，通过流量控制阀组经过进气机壳内的进气锥及隔板喷向一级轮盘中心，沿着轮盘表面作径向流动冷却盘面，然后经密封进入流道。对于双级烟机来说，一部分冷却蒸汽经一级级间密封进入流道，另一部分通过平衡孔进入一、二级轮盘之间的空腔冷却两盘面，并经过二级轮盘轮缘与二级静叶环之间的间隙进入流道。

进气机壳上插入双式热电偶，监测轮盘前端的冷却蒸汽温度，通过温度控制信号反馈给冷却蒸汽流量控制的调节阀来进行流量调节，从而将轮盘处的蒸汽温度控制在一定范围内（320～350℃）。

2. 润滑油系统

烟机所需润滑油由机组供油总管引出，经润滑油入口管线和油压调节阀进入前后轴承，手动调节孔板阀控制进入前后轴承的润滑油压力。

润滑油汇集到轴承箱底部后，由润滑油出口管线排入机组回油总管。润滑油出口管线上设有石英玻璃看窗和双金属温度计，以观察润滑油的回油情况。

3. 轴承箱的空气密封（油封空气）系统

为确保轴承箱内润滑油不外泄，避免意外的火灾发生，轴承箱除设置有油封外，轴承箱前端处还设有密封空气系统。该系统采用净化空气，由系统净化空气（0.4～0.6MPa）管网引出，通过孔板阀控制密封空气压力，将密封空气注入到轴承箱前端处的空气密封段，以防止润滑油泄漏。

4. 机壳的蒸汽及空气（缓冲气、阻尼气）密封系统

轴封组件下气封体上开设蒸汽、压缩空气注入口和抽气口。轴端密封由蒸汽和空气两段迷宫密封组成。

蒸汽密封采用由系统管网引出的蒸汽（1.0MPa，250℃），通过压差控制阀组，注入气封体内的蒸汽密封段，通过烟气与密封蒸汽的压差控制，实现轮盘后侧面与气封体之间的蒸汽压力大于动叶片后的烟气压力，蒸汽沿着轮盘后侧面径向流动进入流道，与出口烟气混合排出，除起密封作用外还起到冷却盘面作用。

空气密封采用由系统管网引出的净化或非净化空气（0.4～0.6MPa），通过孔板阀注入气封体内的空气密封段。通过孔板控制密封空气压力，实现密封空气压力略微大于密封蒸汽压力，以防止蒸汽从轴端泄漏。一部分沿气封间隙泄漏到抽气空腔的密封空气，经气封体上的抽气口及管线排出机外，另一部分经迷宫密封泄入大气。

5. 监测系统

（1）轴振动、轴位移、相位及转速监测

烟机的轴振动、轴位移探头一般采用美国 BENTLY 公司 3300 系列产品。烟机的轴转速探头一般采用美国 AIRPAX 公司产品。

前后轴振动在同一监测面上各采用2个探头，分别安装在与轴承箱水平中分面互为45°的轴承箱盖上，分别提供前后轴承处X、Y方向上的轴振动信号。

轴位移采用2个探头，安装在径向止推轴承体上，提供推力盘处轴向位移联锁信号。探头引线由轴承箱体引出后进入接线盒。

在一个监测面上采用3个轴转速探头，以3个信号进入独立配置的超速保护系统。以"三取二"表决方式实行超速保护联锁控制。3个探头分别安装在轴承盖上，通过主轴上开设的凹槽(30个)，提供轴转速信号。

键相位采用1个探头，安装在与轴承箱水平中分面90°的轴承箱盖上。通过主轴上开设的凹槽(键相槽)，提供键相位信号。

前后轴振动探头(4点)、轴位移探头(2点)、键相位探头(1点)分别与延长电缆、前置器连接，前置器安装在接线盒内(轴振动前置器用1个接线盒，轴位移与键相器的前置器用另1个接线盒)。

(2) 润滑油温度、压力及轴承温度监测

前后径向轴瓦分别埋入2个铂热电阻(其中1个为备用)。主推力瓦分别在2块瓦上各埋入2个pt100铂热电阻。副推力瓦分别在2块瓦上各埋入1个pt100铂热电阻。预埋在前、后径向轴瓦(4点)和主、副推力瓦(6点)的铠装铂热电阻，引入到接线盒内的端子排上。

进入前、后径向轴承的润滑油压力，采用就地压力表进行监测。通过可调孔板阀，手动控制油压在0.15～0.18MPa(G)范围内。进油温度由机组润滑油系统控制，进油温度为40～45℃；排油温度由设置在看窗上的温度计进行监测。

(3) 其他监测

烟机支座回水温度由设在回水管线上的温度计直接测量。

烟机配套就地仪表盘监测下列压力值：

1) 轮盘冷却蒸汽压力；

2) 烟机进、出口烟气压力；

3) 蒸汽封入口压力；

4) 空气封入口压力；

5) 油封空气压力。

四、烟气轮机的烟气管道及其设备

(一) 烟气轮机的烟气管道(管路与支承)

对于烟机管道的配置也要选定经济合理、安全可靠的方案，做详细的应力分析，以此来确定U形膨胀节和支吊架的布置形式与位置。

烟气管道操作温度高达700℃左右，烟气轮机配管的好坏，将直接影响机组能否长周期安全运转。

三旋至烟机的不锈钢烟气管道(简称烟道)，在高温条件下也会产生介质或晶间腐蚀，尤其是掺炼含硫量较高的渣油以及加助燃剂后，问题更突出。操作不稳定，经常启用喷水或喷蒸汽降温，将会出现大量Cl^-和硫化物，形成强腐蚀环境。不锈钢处在700℃左右，正是敏化区范围，在各种腐蚀因素联合作用下，腐蚀极度加快，大大缩短了使用寿命。

这种在高温有Cl^-和硫化物存在的条件下，使用较高档次的铁素体不锈钢或用含钛的材料，才能有较长的寿命，但是投资太多。最根本的办法还是要改变工艺操作，力争不喷水或改用喷汽，把喷嘴位置改到带衬里的管段等措施，将会大大延长不锈钢管的使用寿命。

保证烟机入口至蝶阀间有 6 ~ 10 倍入口管径的直管长度，使烟气流入烟机时不产生偏流。介质流动平稳，对烟机叶片的磨损均匀。

烟气管道的施工要求也很高，尤其是在安装顺序和预拉两个环节必须注意。烟机安装顺序，一般是从烟机向外安装，注意管道与烟机同轴度偏差，尤其必须保证离烟机入口最近一个支座的轴线和烟机轴线的对中。管道预组装时膨胀节上的装运螺杆不能拆卸，而管道预拉伸时，必须卸下膨胀节上的装运螺杆。

烟机定子和转子间的间隙特别小，烟机壳体的细小变形或转子和定子间的微小移动，均会导致烟机运转异常和破坏。为保证烟要正常运转，要求烟机与管道连接时必须使烟机受力最小，即要求管线作用在烟机进出口上的力和力矩必须小于某一较小的给定值，这就是通常所说的“无应力连接”。API617 和 NEMA SM23 中的有关烟机进出口法兰的允许受力要求规定，其基本公式

$$F = 500 \times 1.85D - M/3$$

式中 F——合成力，lb；

M——合成力矩，lb · ft；

D——接管直径，in。

当直径小于 8in 时，$D = d$；当直径大于 8in 时，$D = (16 + d)/3$。

在实际安装或检修工作中，验收标准为：当松开烟机与管道连接的法兰时，两法兰密封面错口应不大于 1mm，偏口不大于 3mm，密封面间距小于预变位值；两法兰螺栓孔应对中，每个螺栓都可顺利穿过螺栓孔。

不但要尽量减小热膨胀时的推力，还要恰当地应用支、吊、滚、导向、限位的方法，把管线重量支承在土建结构上，并设法减小支座摩擦力才能满足烟机对推力、力矩的限制要求。因此，不允许因安装误差产生的附加安装力和力矩作用在烟机上，并且要求管线必须干净，任何杂物、焊渣、衬里落入管线进入烟机会使烟机叶片损坏。

1. 三旋至烟机管道

为避免去烟机的烟道积液而腐蚀，去烟机的烟道以及旁路烟道分别由三旋引出。

从三旋到烟机入口的烟气管道，由于控制烟气含尘量的关系，规定采用耐热不锈钢热壁管道。在 700℃ 的高温下，膨胀量为 13mm/m 左右。以三旋出口至烟机入口约有 22m 的高差，其膨胀量达 260mm(较多的情况下是分成两段)。进烟机前的水平管的膨胀量也有 220mm 左右。对此种情况，一般都采用 L 形三铰链式布置 U 形膨胀节的方案，如图 7 - 32 所示。一般竖管上设两个铰，水平管上设一个铰，用万向型膨胀节。竖管上的两铰设为复式或单式，需根据水平管的膨胀量来决定。竖管上的下铰以紧靠下部的弯头或三通为好。

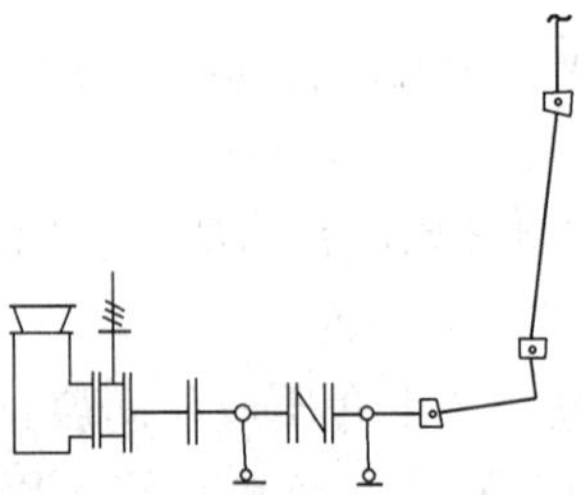
图 7 - 32 烟机入口管线立面示意图

水平管段的支吊形式十分重要，在管的中分面处设支吊点。支吊方式主要有全吊式和全支式两种，如图 7 - 33 所示。根据具体情况，也有支、吊混用的。用摆式支架(或用可调中心滚动支座)来支承，如图(b)所示，这样在位移量较大时，也能保持管中线标高与烟机中心线标高一致。

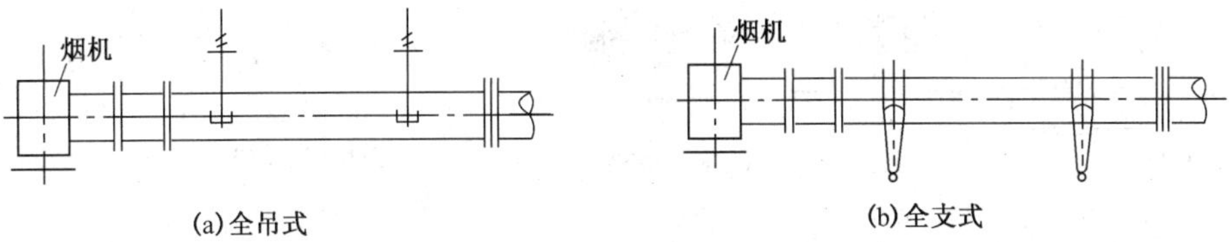

图 7－33　烟机入口管线的两种支吊示意图

为了使热态下烟机受力最小，必需采用预拉措施，在设计图纸上都给出冷热状态下该段管线的单线位移量，预拉方式和步骤。通常预拉 50%，也有主张预拉 100%，使热态烟机入口基本上不受变形力。

烟机入口法兰的受力包括：U 形膨胀节的角变形偏转力、管线荷重（竖管偏斜）的水平分力、介质流动的离心力和支架的摩擦反力，其中支架的摩擦反力和 U 形膨胀节的偏转力较大。上述的摆式支架或滚盘支架都可用来支承入口管线，它们的摩擦力只有垂直荷载的几十或几百分之一。用多层波的 U 形膨胀节大大地减少了偏转力，但它的变形不够均匀，需加限位环，造价较高，一般不推荐采用。

2. 烟机出口至余热锅炉管道

烟气经烟机作功膨胀后，温度降至 500℃左右，压力降至约 0.1MPa。虽然温度和压力都低于入口，但出口管径大。为了使出口受力达到规范要求，一般出口都设固定承重支架和压力平衡型膨胀节。从烟机出口至余热锅炉的烟气管道管径在 2m 以上，一般是采用加 U 形膨胀节来补偿。如果烟机为下出口，则设有固定恒力弹簧吊架和压力平衡型膨胀节。

烟机出口法兰受管道重力、膨胀节变形力、内压盲板力的作用。对于重力可用刚性支承或弹簧吊架来承担。内压盲板力可采用压力平衡型膨胀节来克服。出口 U 形膨胀节常需要预拉，预拉值大约 25mm。自由型膨胀节预拉后可抵消部分重力。压力平衡型膨胀节的预拉是其结构工作原理所必需的措施。

3. 膨胀节至支吊架

用 1Cr18Ni9Ti 不锈钢制做 U 形波节，从使用温度和使用寿命看材质偏低，尤其是三旋内的膨胀节，应选用高档次的材料制做 U 形波节，可选用 FN2 钢，它超过了国外同类型的 Incoloy800合金，尤其是抗晶间腐蚀性能。推荐三旋至烟机的 U 形膨胀节不使用吹扫及保护蒸汽，可以大大延长膨胀节的使用寿命，最好在导流筒与 U 形波节间填充耐高温的不含 Cl 离子的填料并加以封口，使波壁温度保持约 427℃，避过材料敏化区。烟机出口至下游的膨胀节必须取消吹扫蒸汽。

不锈钢壁的烟气管道，管内介质 700℃左右，外加绝热层。在绝热保温不好处，管壁内外温差很大，致使焊缝两侧附近的贫铬区，产生微裂纹。管壁上焊有裸露的附件，也会在焊缝处产生微裂纹。为避免裂纹的产生，可采用一种松环结构，用做支吊架在烟气管上的生根连接，见图 7－34。竖管上的松环是靠其上方的挡圈来固定的，薄挡圈与管外壁间断焊接，这就避免了在高温的管壁上直接焊接较厚附件的情况。

摆式支架的优点是严格保持被支承管的中心标高不变，能运用较大的水平位移，摩擦力特别小，承受较大的荷载和荷载变化率，投资省，能结构简单。一般情况下，摆式支架与松环结构联合使用，如图 7－35 所示。

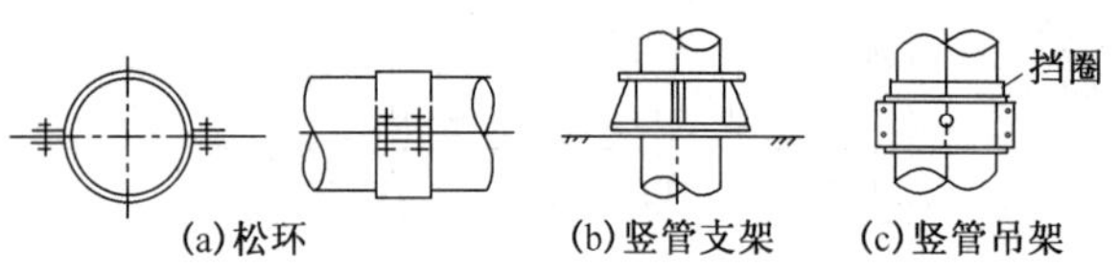

图 7－34　平竖管上的松环结构

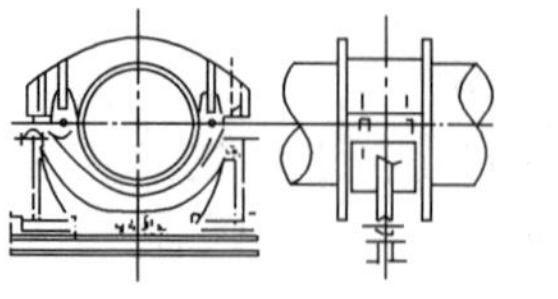

图 7－35　松环结构与摆式支架

各支、吊、限位点的有关尺寸和弹簧标尺应满足图纸要求，当弹簧吊架安装合格并受力后，应取出每个弹簧的限位卡块。

（二）烟道系统的设备

1. 第三级旋风分离器(简称三旋)

烟气净化装置是保证烟机正常运行的关键设备之一，其中三旋尤为重要。图 7－36 是 FCCU 装置的旋风分离器系统示意，在流化催化裂化装置的再生器内都装有多组并联的旋风分离器，它是回收昂贵的催化剂以保证流化床平稳操作的关键设备。再生器内的表观气速较高，接近于湍流床，所以进入旋风分离器的气体内所夹带的催化剂浓度很高，常在 5～8kg/m^3，有的甚至可高达 15～20kg/m^3。排出再生器的高温烟气所含催化剂浓度要求控制在 0.5～1g/m^3 以下，否则剂耗太高而影响经济效益，又会污染大气环境。为此，必须采用两级旋风分离器串联运行，简称为一旋与二旋。再生器顶部从二旋排出的高温烟气一般还含有催化剂浓度0.5～1g/m^3，中位粒径在 20μm 左右，进入烟机时的速度都非常高，催化剂颗粒对烟机叶片有很严重的冲蚀与磨蚀，尤其是 10μm 以上的颗粒，危害更大，若要进入烟机来回收能量，要求进入烟机的高温烟气内含尘浓度不大于 150mg/m^3，还必须进一步将其中大于 10μm 的颗粒除去以保护烟机叶片不被磨坏。

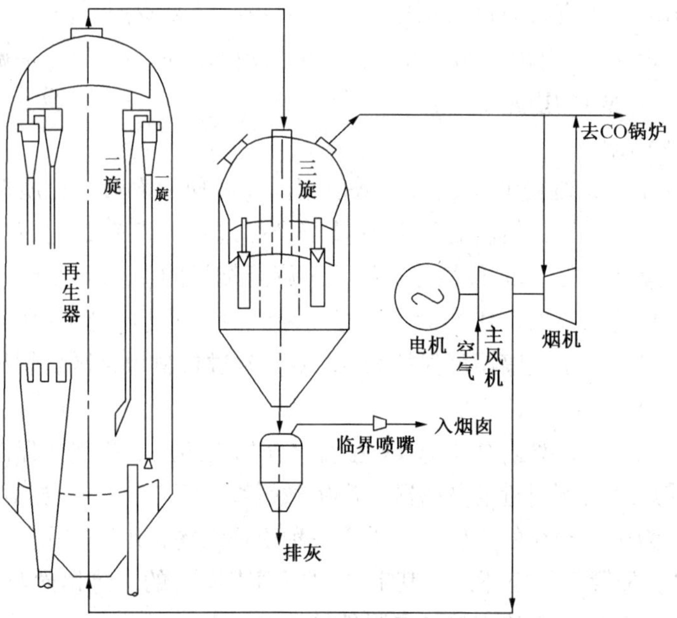

图 7－36　FCCU 装置的旋风分离器系统示意

如图 7－37 所示，含催化剂的烟气从三旋的中心进气管进入上下隔板间，均匀分配进入几十根平行排列的旋风管内，在旋风管内除掉催化剂后，再经各旋风管的排气管而进入上隔板的上面空间，汇集后从净化气出口管排出。除下的催化剂则落入下隔板以下的空间内，汇集后经底部排料口排出。

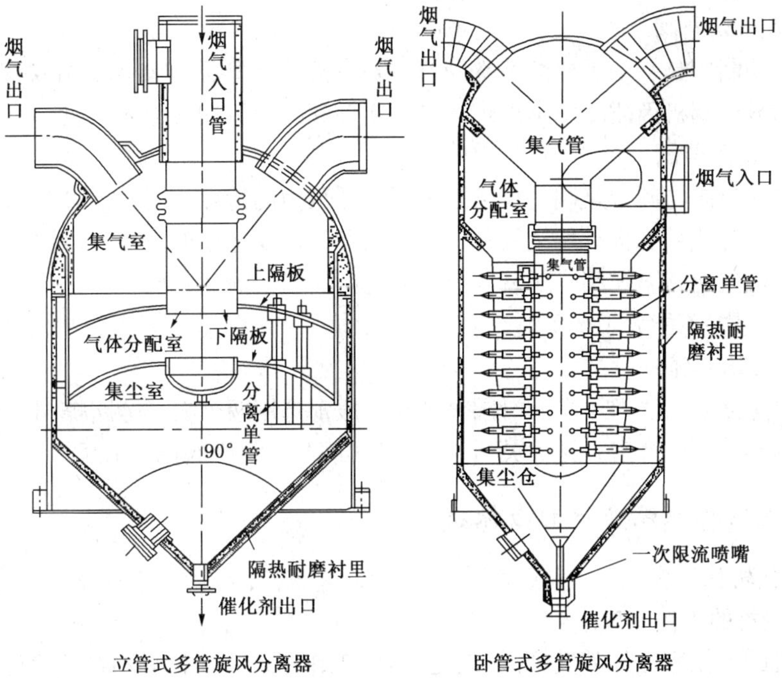

图 7－37　三旋

三旋有立管式三旋及卧管式三旋，立管式三旋用于处理量小于 160×10^4t/a 的重油催化裂化装置，卧管式三旋一般用于处理量大于 160×10^4t/a 的重油催化裂化装置。

能量回收机组对三旋的要求：

1）分离性能良好，特别是对分离细粉的粒级效率要高，能有效地将 10μm 以上的催化剂除去，并要求净化后的烟气含尘量不大于 150mg/Nm^3；

2）弹性好，运行可靠，烟气的流量和含尘量变化时，分离效果不能降低太大；

3）压降要低，当三旋的压力损失大于 15kPa 时，将影响到烟机回收率；

4）抗磨、耐用，能长时间在 700℃左右的高温下操作，并能在短时间内承受 800℃以上的温度；

5）三旋单管的使用寿命应保证在 5 年以上。

使用三旋时的注意事项：

1）三旋底部排尘管道上安装有限流喷嘴（临界喷嘴），以便控制一定的下泄气量；限流喷嘴是易磨损件，一般至少需每操作周期更换一次；

2）三旋的操作不是孤立的，当烟气中有大量催化剂涌入三旋，再好的三旋也难以承受；一般说来，当装置催化剂单耗大于 1 时，三旋出口浓度和粒度往往就难以满足要求；这主要是由于再生器旋风分离器失效、反应—再生系统操作不稳或催化剂质量差造成；

3）装置开工前必须清理烟道，否则大量衬里、焊渣、杂物进入三旋，往往在很短时间内使三旋单管损坏。

2. 水封罐

烟机出口烟道设置水封罐，其功用是当烟机因故障停车处理时，水封罐给上水封，避免后部烟气的回窜。

3. 烟机入口切断阀

烟机入口切断阀是一个重要的特殊阀门，对其要求主要是耐高温，开关灵活，无泄漏。作用是开机前或当烟机因故障停车处理时，关闭该阀，避免烟气进入烟机。

4. 烟机入口调节阀

烟机入口调节阀与其旁路阀是作为控制再生器压力的特殊阀门，还可起到防止烟机超速的保护作用。阀的执行机构有气动的和电液的两种，建议选用电液执行机构，这样对控制和保护有利。一般选用高温蝶阀，对其要求主要是耐高温、耐磨、比较严密、开关灵活、快关(最好≤0.6s，最差不能大于2s)。

5. 烟机入口旁路阀

烟机入口旁路阀以往选用高温滑阀，现在一般都选用两个大小旁路蝶阀。对其要求主要是耐高温、耐磨、比较严密、开关灵活、快关(时间与入口蝶阀同步)。

五、烟气轮机原理、控制与保护

(一) 烟气轮机原理

1. 烟气轮机的工作原理

烟气轮机的工作原理与蒸汽轮机(汽轮机)的工作原理一样，只不过蒸汽轮机的工质(蒸汽)是单相流体，而烟气轮机的工质(烟气)是两相流体(烟气+固体粉尘)。

具有一定压力的高温烟气由进气室进入烟气轮机后，在第一级静叶栅中膨胀，压力降低，绝对速度增加。然后，高速气流进入第一级动叶栅，对动叶栅产生一个冲动力，改变流动方向，而且烟气流在动叶栅中继续膨胀，压力继续降低，相对速度增加，烟气流对动叶产生一个由于加速而引起的反动力。转子在冲动力和反动力共同作用下旋转作功。从第一级流出的烟气依次轴向进入以后各级，重复上述过程。最后，烟气进入出气室，离开烟机，使转子获得旋转机械能。

2. 气、固两相流动的基本规律

带有固体微粒的气流进入烟气轮机，在静叶栅与动叶栅槽道内，除极细小微粒基本上随气流一起运动，造成比单纯气流有较大的黏性作用与黏性损失外，一些较大的颗粒，由于惯性较大，必须会有明显的不同于主气流的方向和速度，在叶片槽道内有自己特定的三元运动轨迹，通过动量以致热量变换，影响气流作功能力，并且由于在槽道内碰撞弹跳，将对烟气轮机叶片和流道进行冲蚀磨损。不同粒度微粒的轨迹见图7-38所示。可以看到叶片内弧出口处，撞击几率较大，造成明显冲蚀。叶片的冲蚀率与许多因素有关，如粉尘微粒的数量和尺寸、微粒撞击的相对速度各冲角、微粒的冲蚀性质和黏着性质、叶片的材料。

冲蚀率(或叫磨损量)的估算可用下面经验公式表示：

(1) 美国埃利奥特(Elliott)公司的FCC膨胀透平叶片磨损方程式

$$\text{磨损比率(失重)} \approx K\frac{M_P V_P^2}{2}\alpha$$

式中 K——常数(取决于叶片材料，颗粒特性和尺寸分布)；

$\frac{M_P V_P^2}{2}$——颗粒动能；

M_P——颗粒质量；

V_P——颗粒速度；

α——冲击在叶片表面上的角度。

图 7－38　气体和微粒通过透平叶栅时轨迹

（2）西德 GHH 公司给出的估算叶片磨损量的经验方程式

$$E = K \times f(Z \cdot m_p, W^n, \alpha)$$

式中　E——磨损率，即单位时间的磨损量；

K——常数（与叶片材料、温度、烟尘性质有关）；

$Z \cdot m_p$——颗粒数量和单个颗粒的质量；

W——撞击在叶片上的速度；

n——指数，近似于 2；

α——冲击在叶片表面上的角度。

（3）日本矿业公司给出的叶片磨损的经验方程式

$$\varepsilon = KV^a \times d^b$$

式中　ε——磨损量；

K——系数，由粒子硬度、形状、冲击角度及叶片材料决定；

V——粒子速度；

d——粒子直径；

a，b——常数，为 2～3。

另一现象是随着叶片通道中气流的转变、加速和二次流、涡流的存在，冷却蒸汽的掺混以及激波的作用等等，微粒有集中成团的趋势。成团的微粒会对叶片起更大的冲蚀破坏作用，一般称为二次冲蚀。烟机动叶的一次冲蚀及二次冲蚀见图 7－39。

3. 叶型

动叶片为按自由旋涡流动设计的扭曲叶片，静叶片一般为直叶片，有些机型也设计成扭曲叶片。

美国 I－R 公司的 E－138 烟机动叶片与一般的燃气轮机动叶片的叶型特点比较，见表 7－19。

1）动叶叶型设计得比一般叶片粗、大。其相对厚度比一般叶片大、楔形度高。

2）采用低的展弦比（即动叶叶片弦长相对于叶片高度比），这样利于气体中的粒子均匀分布，并且粒子进入动叶流道后可以均匀地由叶片根部冲击到顶部。

3）相对前缘厚度比（$2r_1/b$）在偏大范围内，所以头部设计为厚的圆形进气边以增加对气流攻角变化的适应能力，并且减少固有的冲蚀。

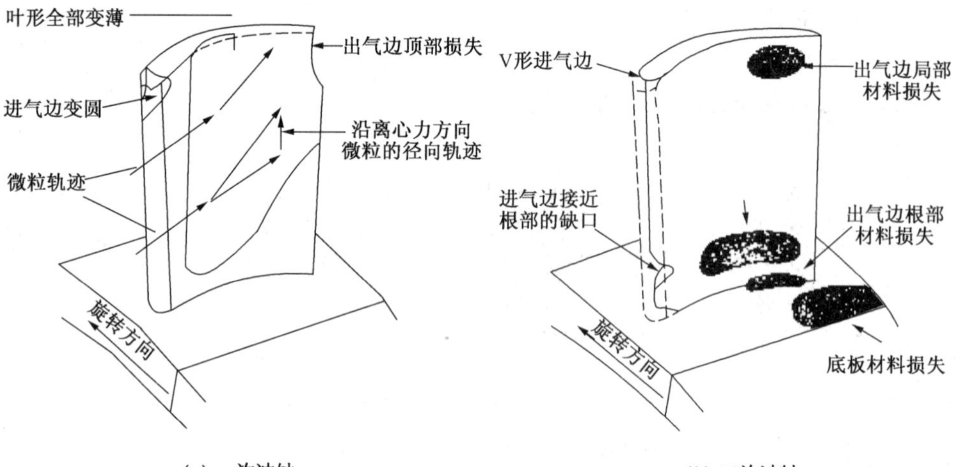

(a) 一次冲蚀　　(b) 二次冲蚀

图 7－39　烟气轮机动叶冲蚀示意图

表 7－19　E－138 烟气轮机与一般燃气轮机动叶片叶型比较

截面 / 类别 / 项目	E－138			一般		
	根	中	顶	根	中	顶
相对厚度 C/b	0.356	0.272	0.205	0.18～0.25	0.11～0.12	0.04～0.07
展弦比 L/b	1.819	1.819	1.722		>2	
楔形度 $C_{顶}/C_{根}$		0.625			0.2～0.4	
前缘相对厚度 $2r_1/b$	0.0702	0.0703	0.0639		0.04～0.08	
尾缘相对厚度 $2r_2/b$	0.035	0.03	0.033		0.02～0.04	
尾缘厚度与喉道宽之比 $2r_2/O_2$	0.132	0.101	0.118		<0.08～0.10	

4）出气边加厚，耐冲蚀，可延长使用寿命。

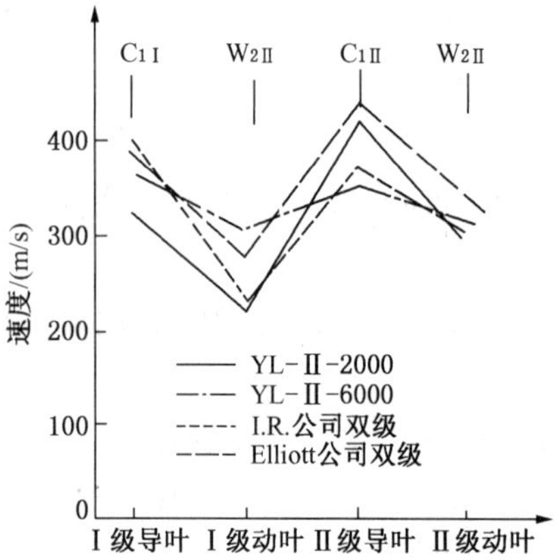

图 7－40　双级烟气轮机的速度分配

4. 叶片反动度的分布

烟气轮机为反动式透平，与冲动式透平相比，具有较高的效率和较低的气体速度。一般取叶高中部反动度为 0.4～0.5。静叶和动叶中的焓降基本相等，以控制气体在静叶和动叶流道中的速度，减少烟气中催化剂固体颗粒对叶片的冲蚀和磨损。图 7－40 为典型的双级烟气轮机的速度分配。

5. 烟机回收功率计算公式

$$(1)\quad N = G \times c_p \times T_1\left[1 - \left(\frac{p_2}{p_1}\right)^{\frac{k-1}{k}}\right] \times \eta$$

式中　N——烟机回收功率，kW；

G——烟气重量流量，kg/s；

c_p——烟气定压比热，kJ/(kg·K)；

T_1——入口温度，K；

p_1——入口压力，MPa(A)；

p_2——出口压力，MPa(A)；

k——烟气比热比；

η——总效率。

(2)
$$N = GRT_1\left(\frac{k}{k-1}\right)\left[1-\left(\frac{p_2}{p_1}\right)^{\frac{k-1}{k}}\right]\times\eta$$

式中 R——气体常数，$R=8.3143/M$，kJ/(kg·K)；

M——气体相对分子质量，kg。

其他符号意义同前。

(3)
$$h_p = \left(\frac{WRT_1}{33000}\right)\left(\frac{k}{k-1}\right)\left[1-\left(\frac{p_2}{p_1}\right)^{\frac{k-1}{k}}\right]\times\eta$$

式中 h_p——烟机回收功率，hp；

W——气体质量流量，lb/min；

R——气体常数，$R=1545.3$/相对分子质量；

T_1——入口温度，K；

p_1——入口压力，lb/in^2(A)；

p_2——出口压力，lb/in^2(A)；

η——总效率。

6. 烟气轮机功率的测定

(1) 功率平衡法

烟机直接发电机组

$$N_c = N_m/\eta_m + N_g + N_p$$

烟机－压缩机－电动/发电机三机组

电机为电动状态时

$$N_e = N_c + N_g + N_p - N_m$$

电机为发电状态时

$$N_e = N_c + N_g + N_p + N_m/\eta_m$$

烟机－压缩机－汽轮机－电动/发电机四机组：

电机为电动状态时

$$N_e = N_c + N_g + N_p - N_m - N_s$$

电机为发电状态时

$$N_e = N_c + N_g + N_p + N_m/\eta_m - N_s$$

式中　N_e——烟机轴功率；

N_c——压缩机轴功率；

N_g——齿轮箱耗功率；

N_p——联轴节耗功率；

N_s——汽轮机轴功率；

N_m——电机轴功率，$N_m = P_m \times \eta_m$；

P_m——发电机输出有功功率或电动机输入有功功率；

η_m——电机效率。

压缩机功率采用下述热平衡公式计算

$$N_c = N_i + N_q + N_{ma}$$

式中　N_i——被压缩气体所接受的功率；

N_q——壳体经辐射和对流传出热量的当量功率；

N_{ma}——轴承消耗的功率。

N_i 按下式计算

$$N_i = G \times c_P (T_K^0 - T_H^0)$$

式中　G——气体流量，kg/s；

c_p——定压比热，J/(kg·K)；

T_K^0、T_H^0——分别表示出、入口滞止温度，K。

N_q 按下式计算：

$$N_q = \alpha \times A \times (T_c - T_e)$$

式中　α——传热系数，J/(m^2·s·K)；

假定环境气体是静止的，可取 $\alpha = 14$J/(m^2·s·K) = 14W/(m^2·K)

该值已考虑了热辐射的散热量。

A——风机的外表面(即换热面积)，m^2；

T_c——风机外表面的平均温度，K；

T_e——环境温度，K。

N_{ma}用热平衡法测定：

$$N_{ma} = \rho \times Q \times c \times \Delta t$$

式中　Q——轴承耗油量，m^3/s；

ρ——润滑油密度，kg/m^3；

c——润滑油比热，J/(kg·K)；

Δt——润滑油温升(即进、出口温差)，K。

汽轮机轴功率按下列热平衡方程式计算(忽略漏气损失)

$$N_s = W \times (h_i - h_e) - N_q - N_{ma}$$

式中　W——蒸汽流量，kg/s；

h_i——蒸汽入口焓，J/kg；

h_e——蒸汽出口焓，J/kg；

N_q——壳体经辐射和对流传出热量的当量功率，W。计算方法同压缩机 N_q 的计算方法；

N_{ma}——轴承损耗，W。计算方法同压缩机 N_{ma}的计算方法。

齿轮箱和齿轮联轴器的耗功均采用测量润滑油流量和温升的热平衡法测定。计算方法同压缩机 N_{ma}的计算方法。

电动/发电机的功率采用双瓦特表直接测量，测量方法参照 ASME PTC 10.4。

（2）热平衡法

烟气轮机的热平衡方程式

$$G_e \times (h_i - h_e) = N_e + N_q + N_{ma}$$

即

$$N_e = G_e \times (h_i - h_e) - N_q - N_{ma}$$

式中 N_e——烟机轴功率，W；

G_e——入口烟气流量，kg/s；

h_i——烟气入口焓，J/kg；

h_e——烟气出口焓，J/kg。

$(h_i - h_e)$可按下式计算：

$$h_i - h_e = c_p(T_i - T_e)$$

式中 c_p——进、出口烟气平均定压比热，J/(kg·K)；

T_i——入口温度，K；

T_e——出口温度，K。

$h_i - h_e$ 也可按下式计算：

$$h_i - h_e = \frac{(T_i - T_e)KRZ}{K - 1}$$

式中 R——$\dfrac{1545}{\text{相对分子质量}}$；

Z——压缩系数；

K——进出口平均温度下的比热比，$K = \dfrac{M_{cp}}{M_{cp} - 1.9859}$；

M_{cp}——摩尔(克分子)比热容，$M_{cp} = c_p \times$摩尔质量。

计算烟机焓降时，考虑冷却蒸汽的影响，烟机出口温度应按下式修正

$$T_e = \frac{G_s \times c_{ps}(T'_e - T_s)}{G_e \times c_{pg}} + T'_e$$

式中 G_s——冷却蒸汽质量流量，kg/s；

G_e——烟气入口质量流量，kg/s；

c_{ps}——冷却蒸汽定压比热；

c_{pg}——出口烟气的定压比热(不包括冷却蒸汽)；

T'_e——直接测量的烟气出口温度；

T_s——冷却蒸汽的温度。

7. 烟机效率的测定

（1）在功率测定后按公式计算效率

$$\eta_e = \frac{N_e}{G_e \times c_{pe} \times T_i\left[1 - \left(\frac{p_e}{p_i}\right)^{\frac{k-1}{k}}\right]}$$

式中 η_e——烟机总效率；

N_e——烟机轴功率，W；

G_e——烟机入口流量，k/s；

c_{pe}——烟机进出口烟气平均定压比热，J/(kg·K)；

T_i——入口烟气温度，K；

p_e——烟气出口压力；

p_i——烟气入口压力；

k——烟气绝热指数。

烟机入口流量的测量采用文丘里管，测量方法参照 ASME PTC 19.4 或 ISO 5167。

（2）由热平衡法测定烟机效率

由烟机热平衡方程式可知

$$N_e = G_e \times c_{pe}(T_i - T_e) - N_q - N_{ma}$$

此方程可改写为

$$N_e = G_e \times c_{pe}(T_i - T_e) - \frac{N_q}{G_e c_{pe}} - \frac{N_{ma}}{G_e c_{pe}}$$

式中 N_e——烟机轴功率，W；

G_e——烟机入口烟气质量流量，kg/s；

c_{pe}——烟机进、出口烟气平均定压比热，J/(kg·K)；

T_i——烟机入口温度，K；

T_e——考虑冷却蒸汽而修正以后的烟机出口温度，K。

$$T_e = \frac{G_s \times c_{ps}(T'_e - T_s)}{G_e \times c_{pg}} + T'_e$$

T'_e——出口烟气温度的测量值，K；

N_q——壳体表面散热的当量功率，W；

N_{ma}——轴承耗功，W。

令 $$\Delta T_q = \frac{N_q}{G_e \times c_{pe}} \quad \Delta T_{ma} = \frac{N_{ma}}{G_e \times c_{pe}} \quad \Delta T_s = \frac{G_s \times c_{ps}(T'_e - T_s)}{G_e \times c_{pg}}$$

则烟机热平衡方程式可写为

$$N_e = G_e \times c_{pe}(T_i - T'_e - \Delta T_q - \Delta T_{ma} - \Delta T_s)$$

烟机总效率为烟机输出的轴功率与工质按照理想绝热过程进行膨胀达到同一出口压力时所发出的理想功率之比

$$\eta_e = \frac{G_e c_{pe}(T_i - T'_e - \Delta T_q - \Delta T_{ma} - \Delta T_s)}{G_e c_{pe} \cdot T_i\left[1 - \left(\frac{P_e}{P_i}\right)^{\frac{k-1}{k}}\right]} = \frac{T_i - T'_e - \Delta T_q - \Delta T_{ma} - \Delta T_s}{T_i\left[1 - \left(\frac{p_e}{p_i}\right)^{\frac{k-1}{k}}\right]}$$

当忽略经转子的主轴传出的热量时，烟气轮机的内效率为

$$\eta_{ei} = \frac{T_i - T'_e - \Delta T_q - \Delta T_s}{T_i\left[1 - \left(\frac{p_e}{p_i}\right)^{\frac{k-1}{k}}\right]}$$

（二）烟气轮机的性能曲线

烟气轮机的性能曲线如图 7－41 所示，主要有在同一温度、进口压力下，轴功率和进口流量的关系曲线；在同一温度下，进口压力和进口流量的关系曲线。

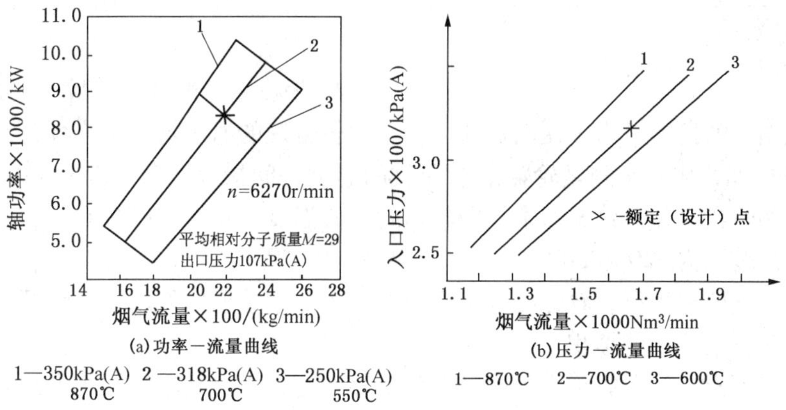

图 7－41 烟机性能曲线

从图中可知，烟气轮机有如下特性：

1）同一温度、压力下，流量增加，轴功率增加；反之，轴功率减少。

2）同一流量下，温度、压力增加，则轴功率增加；反之，轴功率减少。

3）同一轴功率下，温度、压力增加，则流量减少；反之，流量增加。

4）当进气流量减小时，则进气压力相应也减小；反之，流量增加，进气压力也将增加。

5）同一压力下，烟气温度升高时，进气流量将减少；烟气温度降低时，进气流量将增加。

6）同一操作流量下，操作温度若提高（如发生二次燃烧），则进气压力将增加。

综上所述，烟机的额定（设计）点，是特定的流量、介质组成、温度、进口压力、出口压力以及转速等数个参数所确定的。因而在生产中不可能保持在该点上操作，称偏离该点的操作叫做变工况操作，为保证机组操作平稳、多回收功率，就应研究上述的特性曲线。

（三）烟气轮机的控制与保护

烟气轮机的控制与保护以三机组为例，其工艺流程图见 7－17。

1. 再生器压力的分程控制

烟机入口调节蝶阀、大旁路蝶阀和小旁路蝶阀组成了再生器压力的三分程控制。烟气轮机的额定流量通常为总烟气量的 90% ~98% 左右；大旁路蝶阀的设计流量通常约为 100% 总

烟气量，此时蝶阀开度应在45°～50°之间，蝶阀压降为0.01MPa左右；小旁路蝶阀的设计流量通常为10%～15%总烟气量，此时蝶阀开度也应在45°～50°之间，蝶阀压降约为0.01MPa。

当装置在额定负荷下工作时，烟机也处于额定的工作点。烟机入口调节蝶阀全部打开，大旁路蝶阀完全关闭，此时，再生器压力靠小旁路蝶阀来控制。

当装置超过额定负荷工作时，产生的总烟气量也就比较大。此时，烟机入口调节蝶阀全部打开，小旁路蝶阀也完全打开，再生器的压力靠大旁路阀进行控制。

当装置低负荷工作时，总烟气量也小于90%～98%的额定流量时，两个旁路阀门全部关闭，再生器压力靠烟机入口调节蝶阀来控制。

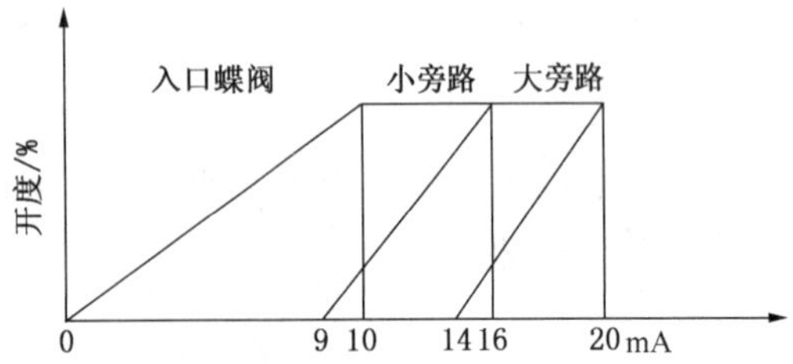

图7－42　PIC信号输出

对于调节系统来讲，随着再生器压力调节器输出信号的增大，烟机入口蝶阀首先打开，当阀门开到约为70%的开度时，小旁路蝶阀开始打开。当小旁路蝶阀开至约70%的开度时，主旁路蝶阀打开，如图7－42所示。

如果烟机的旁路阀为滑阀，则烟机入口蝶阀与旁路滑阀构成再生器压力二分程控制。

2. 烟机轮盘温度和密封压差控制

烟机轮盘温度的控制是为了使轮盘获得一个比较合理的温度场。在一级轮盘轮心前端插入K型双式热电偶，用它来测量轮盘前端介质的温度，间接地测量轮盘轮心的温度。通过温度控制器控制轮盘冷却蒸汽量，来控制轮盘的轮心温度。对于GH864(waspaloy)材质的轮盘，控制温度的范围为320～350℃。

对于双级烟气轮机来讲，轮盘冷却蒸汽还有一个非常重要的作用，那就是对两级轮盘之间进行吹扫，防止催化剂的堆积。

为了使烟气不沿轴封泄露到大气中，仅仅依靠迷宫式密封是不够的。为此需要在迷宫密封的基础上增加缓冲气。第一道是蒸汽封，第二道是空气封，在蒸汽和空气封之间，设有一个排气腔，如图7－46所示。我们利用蒸汽来密封烟气，再利用动力风来密封蒸汽，中间的排气管是为了增加密封的效果而设立的。必要时，可利用抽气器来保证不泄露烟气。为了使蒸汽腔内的压力始终高于烟气的压力，特设了蒸汽和烟气的差压控制，保证了密封的效果。

3. 烟机的启动和转速控制

三机组一般情况下不设置转速调节器(SIC)。烟机在开机之前，烟机入口的切断蝶阀和调节蝶阀都处于全关位置。烟机在盘车转速下先进行蒸汽暖机，也可用烟气暖机。当暖机结束后，根据本厂具体情况，可用电动/发电机直接启动机组或用烟气把机组冲到一定转速后，再启动电动/发电机。

如果是前者，机组启动正常后，打开入口切断阀，按规定的升温速度逐渐打开入口调节阀，同时逐渐撤出暖机蒸汽，直到入口阀开至合适的阀位。

如果是后者，则打开入口切断阀，按规定逐渐打开入口调节阀，用烟气继续升温、升速，同时逐渐撤出暖机蒸汽，当机组达到规定转速时启动电动/发电机。机组启动正常后，再把入口调节阀开到适当的开度，切换到主控室控制，将入口调节阀投入再生器的压力控制，完成了烟机的启机过程。

只要电动/发电机启动后，机组的转速就由电网的频率决定。操作上尤其要注意的是用烟气冲转时一定要小心行事，避免烟机超速。

4. 烟机甩负荷控制和超速保护

（1）烟机甩负荷

烟机甩负荷是指电动/发电机脱网（跳闸），对三机组和四机组而言没有什么危害，因为有主风机这个耗功负载，由于主风机耗功是与转速的三次方成正比的，即使超速，转速的上升也很有限。

在紧急停机状态，烟机入口调节蝶阀在小于2s内完全关闭，旁路蝶阀也相应地迅速打开，使再生器压力的波动在允许范围内。

（2）烟机超速

三机组和四机组在一般的事故状态下，不会出现像二机组甩负荷时的超速现象。只有在烟机与主风机之间的联轴节断裂时才会发生严重的超速现象，比烟机二机组甩负荷时还要严重，这时只能靠机组超速保护，使烟机入口调节阀快速关闭保护机组。这就需要快速关闭的时间小于1s，因此必须选用电液控制的入口高温蝶阀，否则必须使烟机与主风机之间的联轴节万无一失。而现在烟机三机组或四机组入口蝶阀达不到这样快关的时间，因此要选用二机组那样的电液执行机构的蝶阀，快关时间为0.6s。如果现有的入口高温蝶阀快关时间在1～2s内，建议超速跳闸的设定值应为1.02倍额定转速，以便超速时保护可靠。

5. 烟机在线状态监测系统

烟机在线状态监测系统可以对烟机的轴振动、轴位移、轴承温度和转速等重要参数进行实时在线监测，以便了解烟机的运行状态，及时对烟机进行调节。

烟机仪表监测系统，如图7－43。

为了保证烟气轮机机组的长周期的安全运行，应设置振动在线状态监测系统及故障诊断系统。

振动信号取自BENTLY的振动探头，然后经过前置放大器和变送器，进入PLC的I/O卡。经转换器，将信号转换成4～20mA的信号用以显示、报警和连锁停机等功能，这种变换方式只能体现振动的均值或峰值，振动信号中间所包含的大量的信息在转换之中丢失了。在线式分析系统可以捕捉到任何时刻的故障信息和每日的报表信息，不但可以监测和记录振动信号，还可以监测和记录与振动相关的工艺信号和一些开关量，以及这些开关量的发生顺序。这对于我们进行振动分析是十分有益的，有关详细内容见第十章压缩机组的在线监测系统。

六、烟气轮机检修

烟气轮机检修按检修的性质分为临时停修、故障抢修、装置停工检修；按检修的规模又分为大、中、小修。因为对于关键的大机组，现在都配有状态监测系统，大机组的检修都是按状态检修，即预知检修，而不是按年限检修。但是，为了全面了解烟气轮机检修的程序、内容及质量标准，下面按大修叙述。

（一）烟气轮机的检修周期、程序、准备及安全检查

1. 检修周期

烟气轮机的检修周期一般与装置检修停工同步，但检修周期还受机组内其他主要设备的制约。一般情况下，烟机－主风机组的检修周期主要还是由烟机的检修周期来决定，烟机的检修周期一般不超过2年，但对状态监测及故障诊断系统完备的机组，三旋每月催化剂采样分析的结果符合国内标准规定的，则可根据状态监测及催化剂分析的结果适当调整检修周

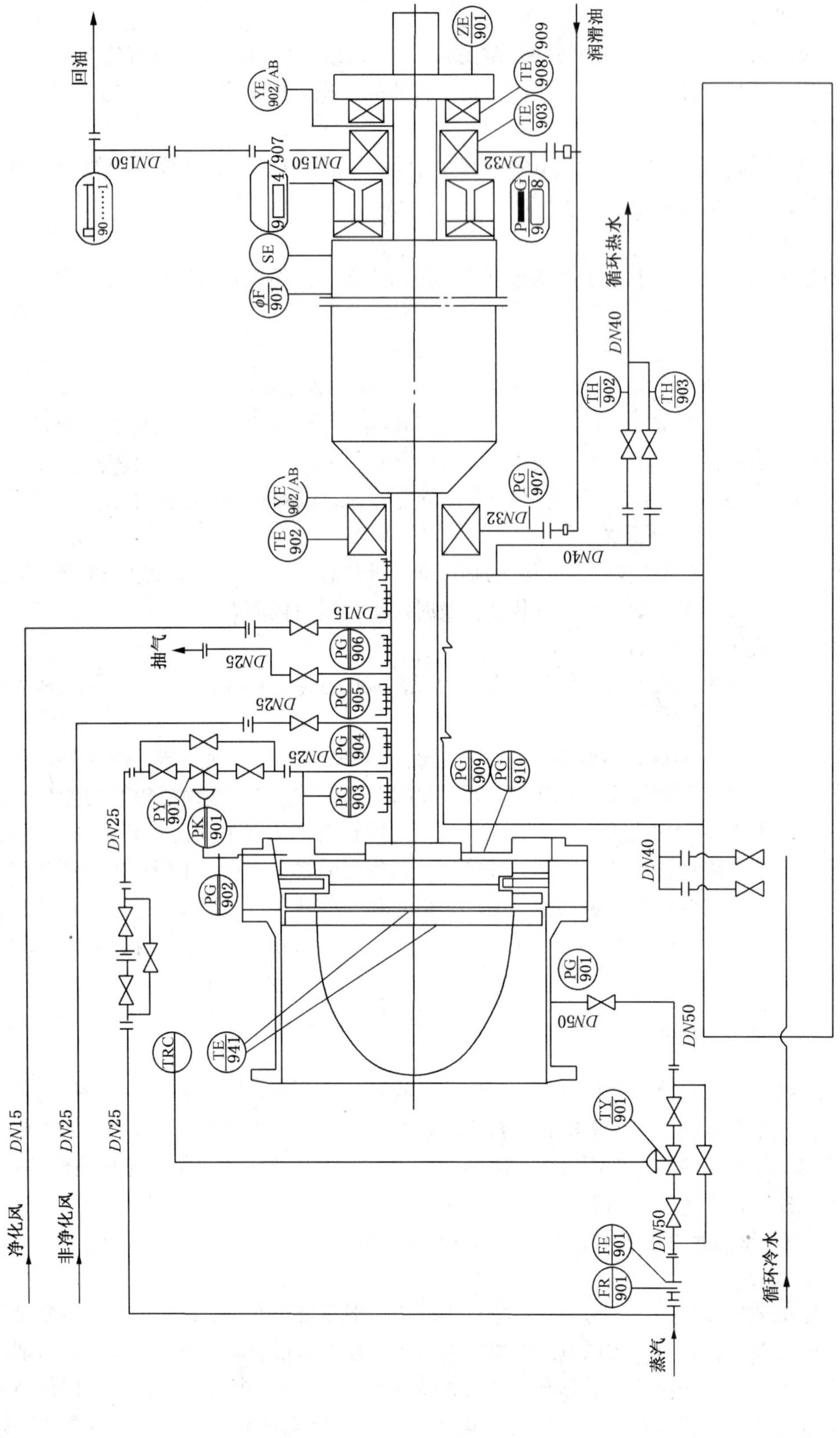
回油
DN150
润滑油
ZE 901
TE 908/909
YE 902/AB
TE 903
DN32
SE
φF 901
循环热水
DN40
TH 902
TH 903
PG 907
TE 902
DN15
抽气
DN25
PG 906
PG 905
PG 904
PG 903
PY 901
PK 901
PG 902
PG 909
PG 910
TE 941
TRC
PG 901
DN50
TY 901
FR 901
FE 901
净化风
非净化风
蒸汽
循环冷水

图7-43　仪表监测系统

期，烟机的检修周期可以达到3年。

2. 检修的基本程序

1）烟气轮机检修前的准备工作；

2）烟气轮机检修拆卸前的安全检查；

3）烟气轮机的拆卸(或叫解体)；

4）烟气轮机以及零部件的检测及处理；

5）烟气轮机的组装（或叫回装、装配）；

6）烟气轮机附属设备及烟道系统检修；

7）烟气轮机的试运转；

8）烟气轮机检修后的验收。

3. 检修前的准备工作

见第四章 轴流式压缩机的“检修前的准备工作”。

4. 烟气轮机检修拆卸前的安全检查

见第四章 轴流式压缩机的“检修拆卸前的安全检查”。

进入烟道内检修时要进行烟道内氧含量的分析工作，只有氧含量合格时(容积比为18% ~23%)才能进入作业。

（二）YL型烟气轮机的拆卸(或叫解体)

1. 拆卸、吊装、清洗的注意事项及零部件的保管

见第四章 轴流式压缩机的“拆卸、吊装、清洗的注意事项及零部件的保管”。

2. YL型烟气轮机的拆卸

烟气轮机应按拆卸程序进行拆卸，YL型烟气轮机结构见图7-26及图7-27。

（1）烟机上仪表、附属管线及烟机入口短节的拆卸。

拆卸烟机上的所有仪表引线、元器件及指示仪表，并保管好；拆卸影响烟机检修的所有附属管线(包括汽、风、油管线)，并封存好；拆卸烟机的入口短节。

有的仪表元件需在烟机拆卸过程的适当时机才能拆卸，如测温探头等。

2）烟机联轴器的拆卸。

拆卸联轴器护罩及隔套，放好。

拆卸前要进行联轴器的对中检查，并做好详细的记录。

联轴器拆卸的具体步骤，见第四章 轴流式压缩机的“联轴器拆卸”。

3）拆卸进气机壳。

4）拆卸过渡机壳。

对于单级烟机，过渡机壳拆卸比较简单。过渡机壳也称为过渡衬环或流道衬环，最早叫做围带(这种叫法不太合适，容易和汽轮机动叶片的围带相混淆)。

对于双级烟机，过渡机壳由固定套及二级导叶(导叶也称导流器)组件构成。拆卸如下：

① 对原结构双级烟机：

拆卸二级导流器固定套的固定螺栓和定位销；拆卸及吊出左半过渡机壳，放好；然后，拆卸及吊出右半过渡机壳，放好。

注意旋转和吊装半过渡机壳时不得碰伤转子。

② 对新结构双级烟机：

拆卸一级动叶流道环；然后拆卸固定套；最后拆卸二级静叶环(剖分式)及二级动叶流

道环。

5）拆卸轴承箱盖。

① 拆卸轴承箱联接螺栓、定位销；

② 吊上盖。

6）拆卸径向轴承上半部、径向止推轴承上半部和上半空气及油密封体；拆卸下半止推轴承、下半空气及油密封体。

7）拆卸机体上、下半气封体，只保留下轴瓦，以免转子吊出时碰坏其余零、部件；如果有拆卸经验，可以保留个别下半油封及下半推力轴承等，但在吊装、移送转子时必须注意不要碰伤油封及推力轴承。

8）将转子吊出放在支架上。轴与支架接触部位应垫上比轴较软的材料。

9）拆卸下轴瓦。

10）如果要进行无损探伤检验或根据外观检查，如果需要可以进一步解体一级静叶组件、二级导流器组件、气封组件及叶轮等等。

（三）YL 型烟气轮机零部件的检查、处理及质量标准

烟机在拆卸后要对壳体的结合面、轴承箱的中分面、转子以及零、部件进行检查、清洗、测量和回装，各项检测数据应符合规定，并作好记录。

检查的项目及其质量标准如下：

1. 机壳（包括进气机壳、过渡机壳及排气机壳）及导流叶片组件

1）外观检查不应有裂纹、锈蚀、损伤等缺陷，所有焊接处不应有焊接缺陷，隔热层应无破损，并固定牢固；

2）镶装在机壳上的零、部件应无裂纹、锈蚀、损伤等缺陷。

（1）进气机壳

1）轮盘冷却蒸汽管路应畅通无阻、无泄漏；

2）检查导流锥、热电偶保护套管及紧固螺栓的冲蚀情况；

3）检查衬环喷涂层是否剥落；

3）挠性辅助支撑应完好，无卡阻现象。

（2）一级导流叶片（或称导流器）组件

1）外观检查不应有锈蚀、损伤等表面缺陷；

2）水平剖分面刮研精度为每 $25 \times 25mm^2$ 内有 8 ~ 16 点印痕；

3）水平剖分面自由间隙不应大于 0.05mm；

4）气封环封齿无损坏，如果气封为蜂窝密封，则网眼中应无异物和损坏；

5）导流器叶片喷涂层不应有龟裂、剥落现象。

（3）过渡机壳

1）对单级烟机为过渡环或叫流道环，只需外观检查即可；

2）对于双级烟机为固定套及二级导流器组件，老式结构与新结构不同。主要检查有无严重变形。

（4）二级静叶片组件

1）外观检查不应有锈蚀、损伤等表面缺陷；

2）水平剖分面刮研精度为每 $25 \times 25mm^2$ 内有 8 ~ 16 点印痕；

3）水平剖分面自由间隙不应大于 0.05mm；

4）气封片不应有碰弯、缺口等缺陷，气封片及气封销应固定牢固，如果气封为蜂窝密封，则网眼中应无异物和损坏；

5）导流器叶片喷涂层不应有龟裂、剥落现象。

注意二级静叶片组件，老式结构与新结构不同。

（5）排气机壳

1）排气机壳内应无污垢及异物；

2）排气机壳与纵向导向键的组装间隙应符合图 7－44(a)的规定，间隙调整合格后应将导向键固定在底座上，并打上定位销。

3）排气机壳与垂直导向键的组装间隙应符合图 7－44(b)的规定；

4）支腿与横向导向键的组装间隙应符合图 7－44(c)的规定；

5）支腿与支座联接螺栓组装间隙应符合图 7－44(d)的规定。

支腿也叫支脚或支耳，联接螺栓也叫膨胀螺栓。排气机壳支承在底座上的两个支座上(主支承)。

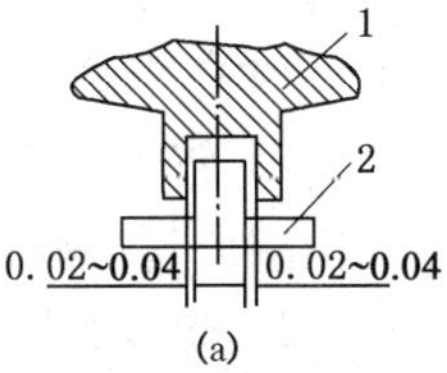

(a)

排气机壳与纵向导向键间隙
1—排气机壳；2—纵向导向键

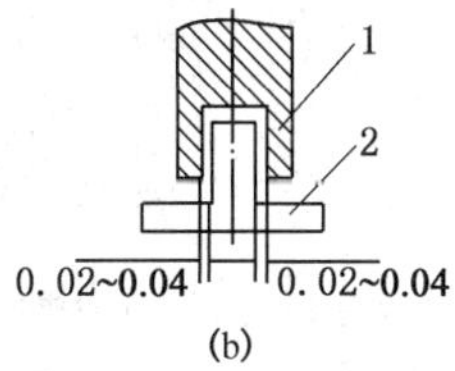

(b)

排气机壳与垂直导向键间隙
1—排气机壳；2—垂直导向键

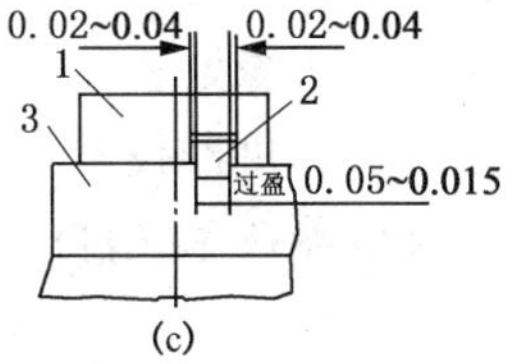

(c)

支腿与横向导向键间隙
1—支腿；2—横向导向键；
3—支座

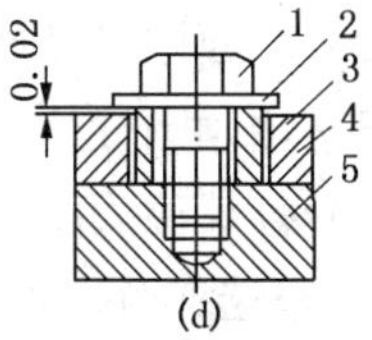

(d)

支腿联接螺栓间隙
1—联接螺栓；2—垫片；
3—衬套；4—支腿；5—支座

图 7－44　YL 型烟机壳体导向键及联接螺栓间隙

（6）机壳联接螺栓

1）联接螺栓应无咬扣，损坏、变形和断裂现象，螺纹完整；

2）高温工作的螺栓除应进行常规检查外，还应进行定期检验，以防脆断，检查项目和要求见表 7－20；

3）高温部分的螺栓与螺母的螺纹面上应涂以防咬合剂，且能用手将螺母旋入。

表 7－20　螺栓检查项目

硬　度	HB240 ~ HB270	金　相	以均匀索氏体为主，无明显网状组织
α_k	M65 以下螺栓 $\alpha_k \geqslant 98N.m/cm^2$ M65 ~ M100 螺栓 $\alpha_k > 78.4N.m/cm^2$	裂　纹	荧光检查

（7）机壳轴封(气封组件)：

气封为迷宫密封或蜂窝密封

1）密封体外观检查应无缺陷，进、排蒸汽和空气孔畅通；冲蚀严重时应更换；

2）密封体与座孔配合紧密不松动，联接螺栓应锁紧防松：

3）水平剖分面应平整，接触严密，不错口；

4）密封径向间隙，在垂直方向应用贴胶布法检测，水平方向用塞尺在下密封检测，塞尺不应超过三片。密封间隙必须逐片检测；

5）密封片的轴向间隙应在止推盘紧贴主止推瓦块时在下密封水平剖分面处检测；

6）密封间隙过小时可通过修刮密封片调整间隙；

7）密封间隙过大时，应重新更换密封片。密封间隙应符合机器技术文件规定(测量点见图 7－45)或参见表 7－22 按轴颈及功率选取安装间隙值：

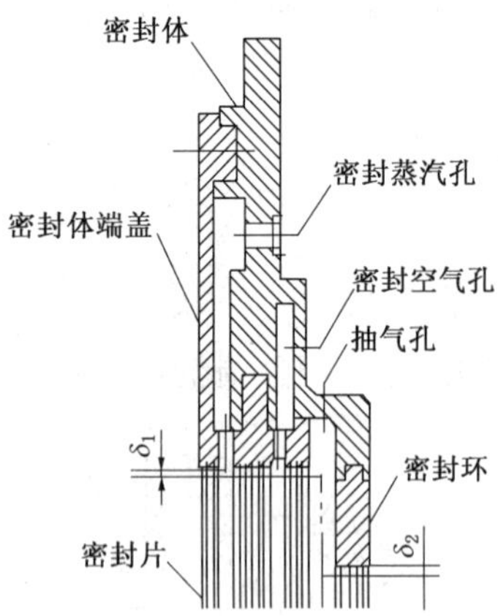

图 7－45　YL 型烟机轴封间隙

如烟机型号为 YLⅡ8000B 按 YLⅡ8000 选取

轴封（包括蒸汽封、空气封）的封齿与主轴半径间隙 $\delta_1=\delta_2=0.35\sim0.45$ mm；

8）密封齿的更换。用尖铲或专用车刀挑出钢丝取出气封条，修整槽道，将气封条和钢丝装入。用专用的回转式滚压轮或手工铆的方法，将钢丝和气封条一起铆牢。刮削或车刀加工使气封间隙达到要求。

2. 转子

（1）外观检查

1）转子应无锈蚀、损伤、裂纹等缺陷，必要时可用渗透检测或超声波检测检查；

2）轮盘紧固螺栓应无松动等异常现象。

（2）转子轴颈圆柱度及各部位圆跳动检查：

1）测点表面应光洁无锈蚀和划伤，对于测振探头对应部位的轻微划伤和锈蚀可用金相砂纸修复，严重损伤必须重新研磨，检测后应立即用塑料胶带包扎好；

2）端面圆跳动的测点应靠近边缘处；

3）轴颈圆柱度允许偏差应符合机器技术文件的规定；

4）各部位圆跳动值应符合机器技术文件的规定，测点见图 7－46，参见表 7－21，按轴颈及功率选取跳动值。

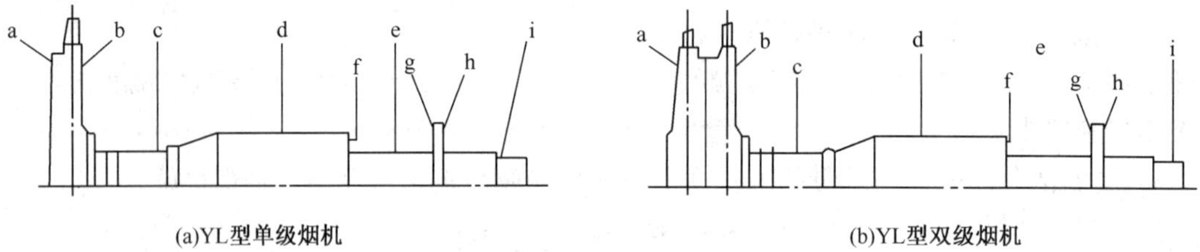

图 7－46　转子各部位圆跳动测点示意

表 7－21　烟机转子主要部位跳动值　　mm

型　号	一级端面 a	一或二级端面 b	前轴颈 c	中间 d	后轴颈 e	推力 f	推力 g	后端 h	对轮轴径 i	其余	允许不平衡量/g·cm
YL3000	0.10	0.10	0.01	0.02	0.01	0.015	0.015	0.015	0.02	0.03	50
YL6000	0.10	0.10	0.01	0.02	0.01	0.015	0.015	0.015	0.02	0.03	80
YL7000	0.10	0.10	0.01	0.02	0.01	0.015	0.015	0.01	0.02	0.03	80
YL8000	0.10	0.10	0.01	0.02	0.01	0.015	0.015	0.015	0.02	0.03	150
YLⅡ4000	0.08	0.08	0.01	0.02	0.01	0.015	0.015	0.01	0.02	0.03	100
YLⅡ5000	0.08	0.08	0.01	0.02	0.01	0.015	0.015	0.01	0.02	0.03	80
YLⅡ6000	0.10	0.10	0.01	0.02	0.01	0.015	0.015	0.01	0.02	0.03	150
YLⅡ7000	0.10	0.10	0.01	0.02	0.01	0.015	0.015	0.015	0.02	0.03	160
YLⅡ8000	0.10	0.10	0.01	0.02	0.01	0.015	0.015	0.015	0.02	0.03	160
YLⅡ10000	0.10	0.10	0.01	0.02	0.01	0.015	0.015	0.015	0.02	0.03	150
YLⅡ12000	0.10	0.10	0.01	0.02	0.01	0.015	0.015	0.015	0.02	0.03	150
YLⅡ18000	0.10	0.10	0.01	0.02	0.01	0.015	0.015	0.015	0.02	0.03	150

注：表中 i 值应为对轮的径向圆跳动值，对该处轴颈应为 0.01mm。

如烟机型号为 YLⅡ8000B 按 YLⅡ8000 选取时

部 位	a	b	c	d	e	f	g	h	i	其余
允许值	0.10	0.10	0.01	0.02	0.01	0.015	0.015	0.015	0.02	0.03

（3）轮盘定期检验

烟机运行一个周期(3 年)或经过明显超温后，应进行硬度、晶粒度及榫槽处的裂纹检测，并同原始数据进行比较。

（4）动叶片

1）叶片表面喷涂层应无龟裂及剥落现象；

2）叶片锁紧片弯折处应无裂纹及折断现象，不允许第二次弯曲，锁紧片应与轮盘端面紧密贴合，其间隙应小于等于 0.02mm；

3）叶片摆动量应符合机器技术文件要求；

4）叶片应无严重的冲蚀(尤其是根部，根据冲蚀的状况及备品的具体情况决定是否更换)；

5）更换动叶片。

将新叶片逐个编号称重，使叶片在轮盘上按重量均匀分布。

（5）转子校正动平衡

遇到以下情况之一时转子必须做动平衡校正：

1）更换联轴器后；

2）机器运转中轴振动偏大或超标时；

3）转子上零部件更换后。

转子动平衡允许剩余不平衡量应符合转子动平衡标准，可按制造厂规定的标准执行，如制造厂无要求，可按 GB9239－88《刚性转子平衡品质许用不平衡的确定》，动平衡精度不低于 G2.5 级。各 YL 型号烟气轮机的允许剩余不平衡量可参见表 7－21。

若转子更换联轴器时，联轴器应事先进行单独动平衡，然后才能组装进行整体动平衡，平衡后联轴器与轴应有装配对位标记。

3. 轴承箱(包括轴承箱体、轴承箱盖、空气封、油封及滑动轴承)

（1）轴承箱

1）各配合表面应无缺陷、损伤，水平剖分面应接触严密，自由间隙不大于 0.05mm；

2）清洗后油箱内应无杂质、油路、气孔畅通无阻，法兰面无渗漏，视镜清洁透明，箱盖呼吸孔畅通；

3）内表面涂层应无缺损、起皮现象，否则应彻底清除，重新刷漆；

4）轴承箱体应灌煤油试漏，灌入高度不应低于回油孔上缘，经 24h 无渗漏为合格；

5）联接螺栓应无咬扣，损坏、变形，螺纹完整，数量应齐全；

6）水平度。轴承箱找水平时，轴向水平以转子轴颈为准，烟机的轴向水平偏差不大于 0.05mm/m；横向水平以轴承箱水平剖分面为准，偏差不大于 0.10mm/m。

（2）空气封、油封

1）气封体及油封体水平剖分面刮研精度应为每 $25\times25mm^2$ 内有 8～16 点接触印痕；

2）组装后的自由间隙不应大于 0.04mm，且不应错口；

3）气封片及油封片镶嵌应牢固，无裂纹、卷曲、歪斜等缺陷，油封组装方向应正确；

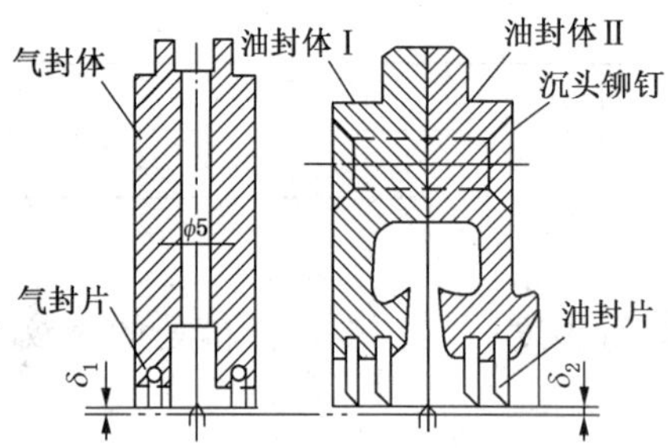

图 7－47　YL 型烟机轴承箱前端轴封间隙

4）空气封及油封间隙用塞尺检查，间隙值应符合技术文件规定（测量点见图 7－47）或参见表 7－22 按轴颈及功率选取安装间隙值：

如烟机型号为 YLⅡ8000B 按 YLⅡ8000 选取时

空气封与主轴半径间隙　$\delta_1 = 0.25 \sim 0.35\text{mm}$；

油封与主轴半径间隙　$\delta_2 = 0.20 \sim 0.23\text{mm}$。

（3）径向轴承（四油楔轴承）

1）轴承表面应无损伤，轴承衬不应有裂纹、夹渣、空洞和重皮等缺陷，非工作面上应有必要的永久标记；

表 7－22　烟机安装主要间隙值

型　号	动叶顶半径间隙/mm	机壳轴封齿半径间隙/mm	前瓦油膜处半径间隙/mm	前瓦瓦口半径间隙/mm	后瓦油膜处半径间隙/mm	后瓦瓦口半径间隙/mm	推力瓦轴向间隙/mm	挡油环半径间隙/mm	空气封半径间隙/mm	油封半径间隙/mm	X/mm
YL3000	1.8～2.0	0.40～0.50	0.10～0.12	0.35～0.37	0.07～0.09	0.24～0.30	0.35～0.40	0.24～0.28	0.30～0.40	0.30～0.34	10
YL6000	2.0～2.2	0.30～0.50	0.11～0.13	0.35～0.37	0.10～0.12	0.31～0.33	0.46～0.50	0.20～0.225	0.25～0.35	0.40～0.55	10
YL7000	2.0～2.2	0.30～0.50	0.11～0.13	0.35～0.37	0.10～0.12	0.31～0.33	0.46～0.50	0.20～0.25	0.25～0.35	0.40～0.55	10
YL8000	2.0～2.2	0.35～0.45	0.14～0.16	0.42～0.48	0.13～0.15	0.39～0.45	0.46～0.50	0.20～0.225	0.25～0.35	0.25～0.35	10
YLⅡ4000	1.8～2.0	0.10～0.12	0.10～0.12	0.10～0.12	0.10～0.12	0.10～0.12	1.8～2.0	0.10～0.12	0.10～0.12	0.10～0.12	10
YLⅡ5000	1.80～2.0	0.35～0.45	0.13～0.15	0.39～0.45	0.13～0.15	0.39～0.45	0.30～0.33	0.20～0.225	0.35～0.55	0.25～0.45	10
YLⅡ6000	2.0～2.2	0.46～0.50	0.12～0.14	0.36～0.42	0.10～0.12	0.36～0.42	0.30～0.36	0.20～0.225	0.30～0.40	0.40～0.55	10
YLⅡ7000	2.0～2.2	0.46～0.50	0.14～0.18	0.39～0.45	0.13～0.15	0.30～0.36	0.33～0.39	0.20～0.225	0.35～0.45	0.25～0.35	10
YLⅡ8000	2.0～2.2	0.35～0.45	0.14～0.16	0.42～0.48	0.13～0.15	0.39～0.45	0.46～0.48	0.20～0.225	0.25～0.35	0.20～0.23	10
YLⅡ10000	2.0～2.2	0.35～0.45	0.14～0.16	0.42～0.48	0.13～0.15	0.39～0.45	0.46～0.50	0.20～0.225	0.20～0.35	0.25～0.35	10
YLⅡ12000	1.8～2.2	0.35～0.45	0.12～0.14	0.35～0.39	0.10～0.12	0.33～0.39	0.46～0.50	0.20～0.225	0.25～0.35	0.25～0.30	10
YLⅡ18000	2.0～2.2	0.35～0.45	0.14～0.16	0.42～0.48	0.13～0.15	0.39～0.45	0.46～0.50	0.20～0.225	0.25～0.35	0.25～0.35	10

注：X—轮盘轮缘端面与排气机壳端面间隙。

2）将轴承浸入煤油 30min，涂白粉检查（或用渗透着色法和磁粉检查），轴衬应无脱壳现象；

3）轴承水平剖分面刮研精度应为每 $25 \times 25\text{mm}^2$ 内有 8～16 点接触印痕，组装后的自由间隙不应大于0.05mm，且不应有错口现象；

4）油孔应对正，孔四周应连续接触，轴承壳体与轴承座孔应均匀贴合，接触面积用着色法检查应大于75%，并有0.02～0.05mm过盈量；

5）轴承衬与轴颈的接触面积状况用着色法检查，可用刮研方法达到要求，轴瓦与轴（或假轴）配研，保证瓦块弧形中部1/3弧长部分接触，沿长度方向接触面积应大于75%，接触印痕点为3～4点/cm^2，至瓦口应均匀过渡；

6）衬块厚度

同一组衬块厚度偏差不大于0.02mm，可用百分尺在瓦块中心测量，若厚度不均，用细锉刀锉研瓦背的高凸处；

7）径向轴承的安装间隙，用假轴法、部件测量法或抬轴计算法检查，轴承间隙可用刮研法或轴承衬背的调整垫来进行调整。轴承间隙及挡油环间隙应符合机器技术文件规定（测点见图7－48），或参见表7－22按轴颈及功率选取安装间隙值：

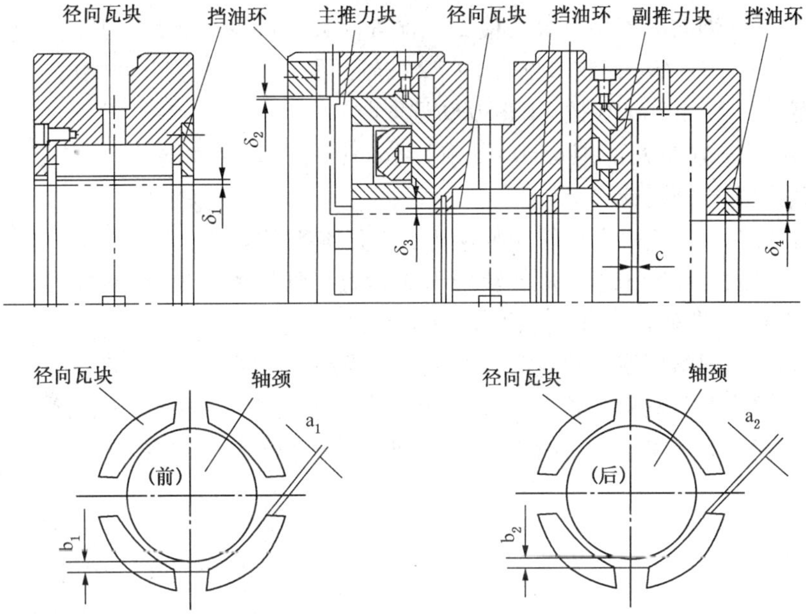

图7－48　YL型烟机轴承间隙测量部位

如烟机型号为YLⅡ8000B按YLⅡ8000选取时

轴颈与前轴承最小油膜厚度处半径间隙 $a_1=0.14\sim0.16$mm；

瓦口半径间隙 $b_1=0.42\sim0.48$mm；

轴颈与前轴承挡油环半径间隙 $\delta_1=0.20\sim0.225$mm；

轴颈与后轴承最小油膜厚度处半径间隙 $a_2=0.13\sim0.15$mm；

轴颈与后轴承瓦口半径间隙 $b_2=0.39\sim0.45$mm；

轴颈与后轴承挡油环半径间隙 $\delta_2=\delta_4=0.20\sim0.225$mm。

轴颈与后轴承径向瓦挡油环半径间隙 $\delta_3=0.15\sim0.21$mm（表中未列）；

8）轴承紧固螺栓情况应良好。

转子在轴承箱中测量（抬轴或压铅法）最小油膜厚度处与轴颈间隙时，其测量间隙值约等于1.7倍制造厂给定间隙值，或参见表7－23中的数值，而瓦口间隙比较容易测量；②比较精确的测量径向轴承最小油膜厚度处与轴颈间隙，应用与轴颈等直径的假轴或将转子吊出后用压铅法测量。

表 7－23　径向轴承最小油膜厚度处与轴颈的测量间隙值　　mm

轴径 D	$\phi120$	$\phi135$	$\phi160\sim180$	$>\phi180$
间　隙	0.18～0.24	0.20～0.28	0.24～0.36	0.27～0.36

（4）止推轴承

1）止推轴承衬应无缺陷和脱壳现象；

2）止推轴承与止推盘的接触面积用着色法检查，应达75%以上；

3）止推瓦块及摆动块厚度应均匀一致，同组瓦块及摆动块厚度差不应大于0.02mm，瓦块边缘应有圆角；

4）定位环承力面应光滑，各点厚度差不应大于0.02mm，各瓦块组装后应摆动灵活无卡涩现象，摆动量符合机器技术文件要求；

5）止推轴承的轴向间隙用百分表检查，检查次数不得少于2次，其间隙值应符合机器技术文件规定（见图7－49），或参见表7－22按轴颈及功率选取安装间隙值：

如烟机型号为 YLⅡ8000B 按 YLⅡ8000 选取时

推力盘与推力瓦轴向总间隙 $c=0.46\sim0.48$mm；

6）轴承紧固螺栓情况应良好。

4. 导流器组件、进气机壳组件安装及转子与壳体各部间隙

1）将百分表固定在转子上，旋转转子360°检查排气机壳定位圆的跳动值，径向圆跳动允许值为0.04mm，端面全跳动允许值为0.08mm；

2）一级动叶顶间隙用塞尺检查时应按上、下、左、右四个方向测量；

3）转子与导流器及机壳各部组装间隙应符合设备技术文件的规定，测点图7－49（a）（b），或参见表7－22按轴颈及功率选取安装间隙值：

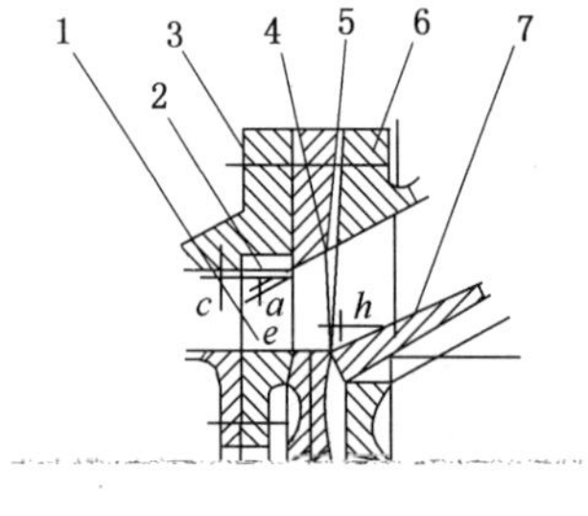

图7－49（a）　单级烟机转子与导流器及机壳组装间隙测点

1—静叶片（或称导流器）；2—进气机壳衬环；3—进气机壳；4—过渡环；5—动叶片；6—排气机壳；7—上半轴密封体

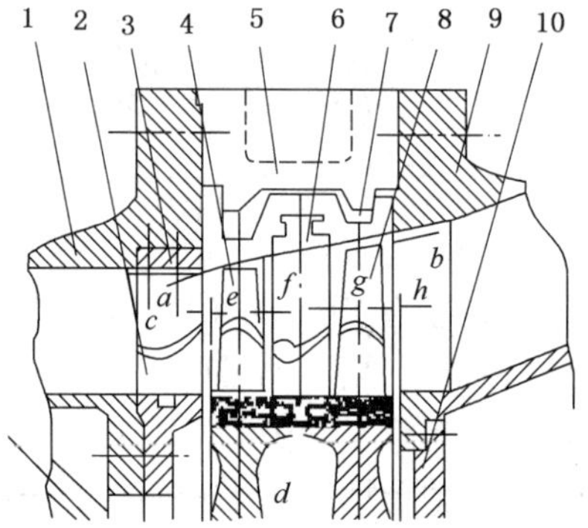

图7－49（b）　双级烟机转子与导流器及机壳组装间隙测点

1—进气机壳；2—一级静叶片；3—衬环；4—一级叶轮；5—二级导流器固定套；6—二级静叶片；7—二级导流叶环体；8—二级叶轮；9—进气机壳；10—密封体上盖

如烟机型号为 YLD6000B 按 YL6000 选取时

静叶顶（与衬环）间隙　$c=0.5$mm（表中没列）；

动叶顶(与过渡环)间隙 $a=2\sim2.2\text{mm}$;

一级级间(静叶环与轮缘)密封间隙 $e=1.2\text{mm}$(表中没列);

轮缘与排气内壳端面间隙 $h=10\text{mm}$;

如烟机型号为 YLⅡ8000B 按 YLⅡ8000 选取时

一级静叶顶(与衬环)半径间隙　$c=0.5$(mm)(表中没列);

一级动叶顶(与流道)半径间隙　$a=2\sim2.2$(mm);

一级级间(一级静叶环与一级轮缘)密封间隙　$e=1.2$(mm)(表中没列);

一、二级间密封(二级静叶环气封与轮盘台肩)半径间隙　$d=1.2$(mm)(表中没列);

二级动叶顶(与流道)半径间隙　$b=2\sim2.2$(mm);

二级轮缘端面与排气内壳端面间隙　$h=10$(mm)。

5. 地脚螺栓及底座

1) 地脚螺栓应无松动、咬扣和变形。

2) 底座应无变形。

(四) YL 形烟气轮机的组装及机组找正

1. 烟机组装程序

与拆卸程序相反,参见本节"(二) YL 形烟气轮机的拆卸"。

2. 烟机组装时的注意事项

1) 进气机壳回装时内部应清洁无异物,轮盘冷却蒸汽管路应彻底清扫,保持畅通无阻、无泄漏;

高温部位(250℃以上)各密封面的联接螺栓应涂防咬合剂,常用防咬合剂见表 7-24。

表 7-24　常用防咬合剂

种　类	空气中氧化温度/℃	稳　定　性
二硫化钼粉 MoS_2	≥400(变酸性)	不溶于水及有机溶液
二硫化钨粉 WS_2	≥510(变酸性)	不溶于水及有机溶液
石墨鳞片 C	≥454	在常温下不与酸、碱及有机溶液起反应
CF-1 型高温防烧剂	使用温度小于等于 500℃。特点:抗高温、耐磨、耐腐蚀	

2) 机壳密封上盖(气封组件上半)扣合时,各密封面应均匀地涂抹一薄层耐温 500℃以上的密封胶,常用密封胶牌号见表 7-25。

表 7-25　常用密封胶的牌号和性能

牌　号	组　成	适 用 介 质	使用温度/℃	使用压力/MPa
铁锚 601	巨酯型聚氨酯	汽、煤油、润滑油,氟里昂、水	150	0.7
铁锚 603	巨醚巨氨酯巨醚环氧	各种油类、水	140	1
铁锚 604		各种油类、水、蒸汽	500	10
铁锚 609	丁腈橡胶—酚醛	各种油类、水	250	1
7302	涤纶树脂改性后的缩紧物、交联剂,增韧剂、填料等	各种油类、水、有机溶剂	-14~120	0.4
7303	聚酯—酚醛	水、蒸汽、盐水、汽油、甲苯、硫酸、盐酸、机油	300	7
J-2F	淡绿色粉末和白色液体(使用时现配)	过热蒸汽、高温油烟气	200~800	20

3）过渡机壳扣合时应在各密封面均匀地涂抹一层耐温800℃的密封胶，螺栓应均匀对称拧紧，拧紧力矩应符合规定。安装后用手盘动转子，应无卡涩和异常声响。

4）回装下半部轴承，油封和气封时，应浇涂上合格的润滑油。吊装转子、特别在移送转子时注意不要碰伤气封、油封。盘动转子仔细检查有无卡阻及异常声响。组装上部轴承、注意标记、油孔位置勿装反。装入定位销，拧紧螺栓、装轴承盖。再次盘动转子检查，确认转子位置准确，转动灵活。回装上半气封、油封确认无误。检查轴承箱，确认无杂物存留，擦拭水平剖分面，在轴承箱水平剖分面上均匀涂一层密封胶，扣合轴承箱盖，从中间部位开始，均匀对称地拧紧轴承箱联接螺栓。

5）对原结构双级烟机的二级导流器组件（过度机壳）回装时，旋转时应特别注意安全，步骤为：

① 擦拭止口贴合面，将左半部二级导流器组件水平剖分面朝下吊起，装入后旋转180°定位，并固定在机壳上；

② 然后将止推盘紧贴主止推瓦块，用塞尺测量二级动叶顶间隙、气封片与轮毂及导流器两侧轴向间隙，最后将右半部二级导流器组件水平剖分面朝下，吊起定位后，联接两半组件水平剖分面紧固螺栓，然后顺时针整体旋转90°，使水平剖分面处于垂直位置，定位后将螺栓均匀对称拧紧。

3. 烟机组的找正

参见“轴流式压缩机组的找正”。

（五）烟气轮机附属设备及烟道系统的检修

烟气轮机的附属设备主要指油站（包括高位油箱）。

烟气轮机的烟道系统分为入口烟道系统及出口烟道系统。入口烟道系统包括三旋、三旋至烟气轮机入口的烟道、旁路烟道及膨胀节、特殊阀门、支座、吊架；

出口烟道系统包括烟气轮机出口至水封罐的烟道、放空管、膨胀节、支座、吊架及水封罐。

1. 附属设备的检修

附属设备的检修要求见“轴流式压缩机的附属设备检修”。

2. 入口烟道系统的检修

（1）三旋（以立管式为例）

1）烟气入口管及膨胀节应完好，无裂纹；

2）上、下隔板应完好，无裂纹；

3）分离单管应无严重磨损；

4）隔热耐磨衬里无脱落、鼓包及裂缝；

5）临界流速喷嘴无严重磨损。

（2）入口烟道及膨胀节

烟道主要检查焊缝处有无裂纹；膨胀节主要检查有无裂纹、腐蚀穿孔、严重变形等。

（3）高温平板闸阀

1）阀体有无腐蚀穿孔；

2）阀盖密封垫片及阀板密封垫片有无损坏；

3）阀板开关是否灵活。

4）高温入口阀及旁路阀（蝶阀或滑阀）

1）阀体有无冲刷、腐蚀穿孔；

2）阀板及阀座圈冲蚀是否严重；

3）阀板转动或移动是否灵活。

3. 出口烟道系统的检修

（1）水封罐

水封罐一般情况下不会有什么问题，只是溢流管会发生腐蚀穿孔，尤其在器壁的根部。以往溢流管采用碳钢管及碳钢阀门，建议改为Cr5Mo管及Cr5Mo阀门。

（2）出口烟道及出口放空

除与烟机出口法兰相连的竖管（膨胀节及接管）外，出口烟道是带隔热耐磨衬里的，一般情况下不会有什么问题，主要检查膨胀节及支、吊架；放空管的阀前段容易发生腐蚀穿孔，建议放空阀及阀前段管改为Cr5Mo材质的。

（3）膨胀节

膨胀节主要检查有无裂纹、腐蚀穿孔、严重变形等。

4. 进、出口烟道的支座、吊架的检修

支座包括固定支座、滑动支座及滚动支座，吊架包括可变弹簧吊及恒力弹簧吊，其均应处于良好状态。

5. 自保系统

所有自保系统的仪表和自保阀门都应经调校并有正式记录。所有自保阀门的安装方向要正确无误，安装时应有验收人员在场确认，否则应拆开核定后重新安装。在试车前应逐台核对和给定各自保阀门的供风压力，并进行自保系统和自保阀门的联动试验并经车间指定验收人员验收后才能交付使用。

七、烟气轮机调试、试运转及验收

（一）烟气轮机油系统试运转及自保调试

1. 油系统冲洗

1）油系统设备及管道的吹扫和清洗应符合GB 50235《工业金属管道工程施工及验收规范》的有关规定。

2）油冲洗时应安装清扫合格的临时跨线，使冲洗油不进入轴承箱，同时各油管道不应安装进油节流孔板。

3）拆除油过滤器的滤芯，装上临时滤网，滤网规格应逐次由小到大进行更换（一般为100～200目），其通流面积不小于管道横截面积的2～4倍。

4）检查油箱和油过滤器，确保无污物、杂物等。

5）用过滤机向清扫合格后的油箱注入符合要求的汽轮机油，直至油箱最高液位。

6）油箱充油时应检查下列项目：

① 油位指示器动作应灵活，其指示与油箱中的实际液位相符合；

② 高油位及低油位信号指示准确。

7）油系统冲洗前，各油泵应试运转合格。

8）油冲洗准备工作检查合格后，方可启动油泵进行油系统冲洗。

9）油冲洗以循环的方式进行，循环过程中宜每8h在40～70℃的范围内反复升降油温2～3次，直至油冲洗合格。

10）油冲洗时应尽量加大流速和流量，并使油充满管道系统的所有空间。

11）油冲洗过程中应用木锤频频敲击管道，特别是焊缝与弯头处。

12）从油管道各处视镜观察，油流应正常。

13）在油冲洗循环中，应根据过滤器差压变化情况经常检查清扫过滤器。

14）油冲洗时间不得少于24h。

15）油冲洗合格标准如下：

① 通油4h后，临时滤网上无硬颗粒及粘稠物，每1cm^2可见软杂物不多于3点；

② 在油箱（泵吸入口管下缘100mm处）和冷油器最低放油点取样分析合格；

③ 通油20h后，油过滤器的前后差压增加值不超过0.01～0.015MPa。

16）油冲洗合格后，应排尽油箱、油冷却器和油过滤器内的脏油，并按第4）条、5）条的要求重装新油。

17）拆除临时跨线后，应将油系统管道复原。先在各进油管道加临时滤网，然后拆掉油过滤器临时滤网并装入滤芯。

上述的与第四章 轴流式压缩机的“油系统冲洗”完全一样，只不过把涉及压缩机的转换器和伺服马达摘出。上述的具体步骤，可根据检修的实际情况而省略。

2. 油系统试运转及自保调试

见第四章 轴流式压缩机的“油系统试运转及自保调试”。

（二）烟气轮机的机械试运转

下面以催化裂化装置的烟气轮机三机组为例，叙述烟气轮机的机械试运转。

1. 试运转前的准备工作

见第四章 轴流式压缩机的“试运转前的准备工作”。

2. 烟气轮机的低负荷机械试运转

烟气轮机检修完毕后，一般不单独做机械试运转，以免发生超速事故。由电动/发电机启动烟机组时，又分为两种情况：当机组中电机的功率较大，能直接启动机组时，蒸汽暖机后烟气轮机可随机组一起全速启动，进行低负荷机械试运转。否则，需要装置开工正常后，用烟气把机组拖到一定的转速后再启动电动/发电机，然后进行烟机的低负荷机械试运转。

（1）试运转的条件

试运转前下列项目必须按要求或规定完成：

1）投入机组全部保护、监测、控制仪表，联锁继电回路系统设备完好、动作准确；

2）电动/发电机应做好启机准备工作；

3）润滑油分析合格后，按操作规程启动润滑油油泵，建立正常的润滑油系统工作循环。油温、油压符合规定，润滑油的入口温度宜为35～40℃。确认高位油箱回油正常，启动润滑油箱的油雾风机；

4）水、电、汽、风系统引送到位；

5）轴流式压缩机入口过滤器、消声器、出入口管道的清洁程度确认合格，人孔封闭；

6）轴流式压缩机静叶角度处于启动位置，出口各阀门的阀位也应在启动的位置；

7）烟机入口管道（从三旋出口至烟机）的清洁程度确认合格，人孔封闭；

8）烟机各出入口阀门应调试合格并在正确开度位置；

9）烟机入口管道排凝阀、烟机壳体排凝阀、烟机冷却蒸汽、密封蒸汽、密封空气等阀门灵活好用；

10）复查对中，连接各联轴器；

11）投入烟机轮盘冷却蒸汽系统、支座冷却水系统，同时打开机壳下部的排凝阀，放水见汽后关闭，静止暖机30min。

（2）启动机组盘车器

检查烟机内有无异常声音，运行时间不得少于10min。

（3）烟气轮机组开车

1）按启动程序启动机组，启动后立即检查烟气轮机轴承温度、轴振动及轴位移等情况，每30min记录一次；

2）机组启动后，轮盘前侧冷却蒸汽应调到最大量；

3）当烟机壳体无液体排出时，关闭壳体排凝阀；

4）轴流式压缩机静叶角度在最小工作角度，烟机入口高温蝶阀、高温平板闸阀全关。

连续运行不少于4h，无异常情况，各项操作指标符合有关技术文件规定，可视为烟机低负荷机械试运转结束。

（4）烟气轮机组停机

1）停电动/发电机，并记录惰转时间；

2）电动/发电机停止运转后，启动电动盘车器，进行低速盘车，待烟机排气机壳温度降至250℃后停止盘车；

3）停动力油泵，停密封及冷却蒸汽；

4）当烟机壳体温度低于150℃时，打开壳体排凝阀；

5）烟机壳体温度降至80℃以下，轴承润滑油进、出油温差小于5℃时，停润滑油泵；

6）停密封空气系统、切断冷却水、仪表、电气等控制系统。

（5）烟气轮机组紧急停车

当烟机组在试运过程中，出现危急情况，如机组振动出现高报警，轴承温度达到危险值，电动/发电机绕组出现烧焦气味等，危及机组安全时必须立即紧急停车，即按仪表控制盘上的紧急停车按钮，然后再与装置主控室联系。

（6）烟气轮机停机后的检查

烟机低负荷机械试运转结束并在停车后，应检查轴承衬磨合情况，如无异常，则视为烟机低负荷机械试运转合格。

3. 烟气轮机的负荷机械试运转

烟机低负荷机械试运转合格后，还应进行烟气温度达到设计状态时的负荷试运转。

烟机热负荷试运转一般是在装置开工正常后进行，热负荷试运转合格后随即转入生产运转。

烟机热负荷试运转的启动方式有两种，一种是由电动/发电机全速启动烟机组，另一种是由电动/发电机和烟机共同启动机组，下面分别叙述。

（1）由电动/发电机全速启动烟机组开车

1）烟机组试运转的条件、启动机组盘车器、烟机组开车与烟机低负荷机械试运转时一样。

2）机组冷态开车正常后，增加负荷的方法和步骤应符合有关技术文件的规定。

3）当装置生产正常并产生足够量高温烟气，烟气质量分析合格后，方可全开入口闸阀，观察机壳升温情况，停 3min 后，再逐渐开大烟机入口蝶阀，此时电动/发电机电流应逐步下降，或电动/发电机处于发电状态。

注意烟机入口高温蝶阀在遥控振作时，往往关得不太严，而手动操作时关得比较严。

4）静叶角度开度与运转时间应按设备技术文件规定分档次进行。

5）机组运转中应密切注意烟机及进、出口管道热膨胀变化情况，有异常现象时应停止升温，分析原因，采取措施，必要时停机处理。

6）密切监视机组在热负荷状态下的运转状态，分析机组参数变化，每 30min 记录一次机组各项指标的运行值。严防烟机入口烟气超温。

7）轴流压缩机与烟机均在额定状况连续运行 72h，无异常情况，机组各项运行指标符合要求。视为烟机组热负荷试运转合格。

8）全面检查机组运转情况，无异常后即可将机组正式投入生产并切换为自动操作。

9）试运转结束后应整理好试运转记录。

（2）由电动/发电机和烟气轮机共同启动机组开车

1）烟机组试运转的条件、启动机组盘车器与烟机低负荷机械试运转时一样。

2）当烟机壳体无液体排出时，关闭壳体排凝阀。

3）轮盘前冷却蒸汽应调到最大量，这时机组转速被拖到约 600r/min（这由烟机有无暖机蒸汽线以及烟机是单级还是双级决定）。

4）当装置生产正常并产生足够量高温烟气，烟气质量（浓度、粒度）分析合格后，全开入口闸阀，观察机壳升温情况，停 3min 后，再逐渐开大烟机入口蝶阀，烟机升速、升温，要求壳体升温速度不超过 100℃/h，且每 15min，不超过 25℃。

5）根据电动/发电机容量大小，用烟气把机组的转速提到机组临界转速以下或以上的安全区域，然后启动电动/发电机。

6）电动/发电机启动正常后，增加负荷的方法和步骤应符合有关技术文件的规定。

（3）烟机组停车

烟机热负荷试运转合格后需要停车，或者在试运过程中出现故障需要停车，可按如下步骤停车：

1）与装置主控室联系好；

2）把可调静叶关至最小工作位置；

3）把烟机入口高温蝶阀逐渐全关，要求壳体降温速度不大于 100℃/h；

4）停电动/发电机；

5）关高温平板闸阀；

6）停轮盘冷却蒸汽，机组在盘车转速下运转；

7）待烟机排气机壳温度降至 250℃后停止盘车，停密封蒸汽；

8）当烟机壳体温度低于 150℃时，打开壳体排凝阀；

9）烟机壳体温度降至 80℃以下停润滑油泵；

10）停密封空气系统、切断冷却水、仪表、电气等控制系统。

（4）烟机组紧急停车

当烟机组在试运过程中，出现危急情况，如机组振动出现高报警，轴承温度达到危险值，电动/发电机绕组出现烧焦气味等，危及机组安全时必须立即紧急停车，即按仪表控制盘上的紧急停车按钮，然后再与装置主控室联系。

（三）烟气轮机的验收

烟气轮机试运后必须达到如下要求才能验收：

1）有完整、准确的检修、试运记录；检修质量符合规定。

2）烟气轮机周围环境清洁，主体整洁，保温良好、美观。

3）基础、机座稳固，地脚螺栓及各连接螺栓应满扣、紧固。

4）烟机的零、附件齐全好用。

5）烟机密封良好，无烟气泄漏。

6）烟机出力满足正常生产需要。

7）烟机运行平稳，无杂音，电流指示正常。

8）烟机轴承温度、轴振动及轴位移符合规定。

9）烟机切断阀开关灵活，严密不漏；入口阀及旁路阀灵活好用、比较严密。

10）保护系统灵敏好用。

11）冷却、密封蒸汽系统符合规定，各密封点不漏。

12）润滑油牌号和质量符合规定；油系统及辅属设备运行正常、不漏；备用油泵备用状态良好。

八、烟气轮机的维护及故障处理

（一）烟气轮机的维护

操作员应熟练掌握机器的结构、性能、操作及维护。操作员必须经过严格培训、考试，只有合格后才能上岗操作。操作时严格按操作规程进行操作，严禁机组在超温、超压、超负荷、超振、超浓度及超粒度等异常工况下运行。按时巡回检查，巡回检查时如发现故障，要及时联系处理；认真做好操作记录。对烟机运行状态监视的主要参数是油压、轴承温度、轴振动、轴位移、入口温度、转速和烟气粉尘的浓度、粒度。当烟机由电动工况转入发电工况时，要注意“零工况状态(即电动和发电之间的临界状态)”。一般来说，当处于“零工况”时齿轮箱的轴振动较电动状态时大，这时应根据具体情况进行操作，如振动值超标，可暂时人为地使电机进入电动状态，减小振动值，等到烟机输出功较大时，再人为地使电机转入发电状态，以避免振动超标。

生产车间管理人员(建议设专职工程师，负责机组的工作)必须认真管理好本车间的大机组工作；做好对操作员的技术培训工作，不断提高操作人员的操作水平，特别是提高对事故的处理能力；按规定时间做好大机组的油品采样分析工作，保证机组的润滑；按规定时间(每月)委托研究所进行三旋出口催化剂采样分析工作，以便掌握粉尘对烟机叶片的磨损情况。

设备主管部门应牵头做好大机组的特护管理工作，加强对电气、仪表、机械等设备的维护，保养，发现故障要认真分析、诊断，及时处理。按规定进行状态监测工作，并建立档案。正常运行中的自保联锁均应投自动，因特殊原因需摘除时，必须制定可靠的防范措施，并办理相应的审批手续后，方可执行并限期恢复。

做好备用机组的良好备用状态，随时可以启动。

1）保持油系统循环，不漏；

2）按规定进行自保联校，一般可每周 1 次；

3）每天按规定对机组盘车，以压缩机为准盘车 180°。

若不保持油系统循环，则每次盘车前需启动油泵，轴承回油后才能盘车。

用备用机组生产期间应注意的问题：

1）做好烟机的低温防腐工作，如排净凝液，关严冷却、密封蒸汽的阀门。

2）做好烟机的烟道低点定期排凝工作。

工艺操作上应注意的问题：

1）尽量避免烟气尾燃，超温烟气对三旋和烟机都有害处。

2）再生烟道尽量不喷水，一是节能，二是防止粉尘的粘结。

3）催化剂加料时应平稳，细水长流，避免粉尘浓度过大。

4）当烟机振动值较大时，再生器压力三分程控制应改为二分程控制，将烟机入口蝶阀改为手动，尽量开大，而由大、小旁路阀自动控制，以便缓解烟机的振动。

因防喘振放空阀放空的机会很少，为避免电液转换器长时间不活动，当要放空时有可能出现滑阀不动故障，造成压缩机发生喘振，因此隔一定时间应进行少许开些放空的试验。

巡检时常见的一些故障现象：

1）烟机入口管道的法兰口垫损坏或接管焊口出现裂缝时会有烟气泄漏的响声。

2）当烟机的振动加大时烟机的噪音会加大，还会引起烟机出入口法兰、入口阀法兰螺栓松动。

3）当冷却蒸汽串油时在轴封处会冒黑烟。

4）当轴承箱空气封压力给得太大时轴承箱盖上呼吸孔会冒油。

5）烟机入口切断阀为气动高温平板闸阀而且为手动控制时，巡检时应注意是否有逐渐关闭的现象。因为该阀常为气关阀，如果动力风的手阀有内漏，会使平板阀逐渐关闭。

（二）烟气轮机故障及处理

烟机的故障处理见表7－26。

表7－26　烟机的故障处理

故障现象	故障原因及分析	故障处理
振动逐渐加大	动叶片磨损不均	开备机生产，停烟机，做转子动平衡
	叶片粘附粉尘，在某些部位烧结成块	开备机生产，停烟机，清除催化剂
	双级烟机两轮盘间堆积粉尘 转子动平衡破坏，振动频率为1x 某些催化剂容易粘附叶片并结成硬块，超温、冷却蒸汽量过大或烟气中含水量过大，会加速结块的形成	提高冷却蒸汽压力 工艺上应使用适宜的催化剂，控制好烟气温度，三旋前后烟道尽可能不喷水，按给定温度控制冷却蒸汽量
振动突然加大	冷却蒸汽带水 轮盘稳定温度场被破坏，水突然汽化产生激振力	提高冷却蒸汽温度
振动突然加大，过一段时间又回落，但较正常值要大	动叶片涂层剥落 叶片涂层质量不好；反复开停机，升温、降温过快；烟机长时间停机时，入口阀门关闭不严，泄漏的烟气对叶片造成低温S或Cl腐蚀	开备机生产，停烟机，重新喷涂叶片，做转子动平衡

续表

故障现象	故障原因及分析	故障处理
振动大	转子不对中 振动频率为1x、2x，不对中越严重，2x越大；轴心轨为香蕉形或"8"字形；联轴器两侧转子产生相位差，平行不对中时，径向振动相位差180°，偏角不对中时，轴向振动相位差180° 找正偏差大；找正曲线不合适，造成热态转子不对中；底座变形或基础下沉，造成找正值变化	开备机生产，停烟机，重新找正
	转子动静轻微接触 主频为1x，也可能会出现少量的分频、倍频或高频成分；相位跳动，大约10°左右；轴心轨迹与正常时不一样 一般由密封间隙小引起或由超温或出口管道的膨胀节损坏或安装不正确造成机壳变形引起	开备机生产，停烟机，处理动静间隙或处理管道
	油膜涡动 频率近似为0.5x，轴心轨迹与正常时不一样，径向振动大	调整油压、油温；改变轴承结构
	瓦盖或地脚螺栓松动	拧紧螺栓
	轴承间隙过大	开备机生产，停烟机，调整轴承间隙或更换轴承
	烟机处于"零工况"	根据具体情况处理
振动突然加剧	动叶断裂	紧急停车，更换叶片，做转子动平衡
	动静严重摩擦(相位不变) 启机加速过程中，一般是由密封间隙过小引起；运转过程中，一般是由超温或出口管道故障造成机壳变形引起	紧急停车，处理动静间隙或处理管道故障
	油膜振荡 当出现油膜涡动，提速至一阶临界转速的2倍或2倍以上时会发生油膜振荡	紧急停车，调整油压、油温；改变轴承结构；设计上，工作转速应在一阶临界转速2倍以下，一阶临界转速以上，余度应符合API617的要求
回收功率下降	叶片磨损严重	应停机，更换叶片，做转子动平衡
	烟气旁路阀磨损严重，泄漏量大	装置停工检修时，修理旁路阀
烟气浓度和粒度超标	装置操作不正常	关烟机入口高温蝶阀、平板闸阀，打开烟气旁路阀，烟机通蒸汽运转，装置正常后烟机再通烟气运转
	三旋损坏	应停机，开备机生产

九、烟气轮机安装施工全过程管理知识

烟气轮机安装施工的全过程管理知识对压缩机组中的其他主要设备，如压缩机(尤其是离心式、轴式压缩机)、变速箱、电动机也都适用，下面以YL形烟气轮机为例来说明。

烟气轮机安装施工的基本程序如下：

1. 烟气轮机安装施工前的准备工作

1）对烟气轮机安装的基础和场地的要求；

2）烟气轮机的开箱检验；

3）准备好技术资料并进行技术交底；

4）检查施工机具，备好工具及用品；

5）烟气轮机安装基础的中间交接及处理；

6）现场应具备的施工条件。

2. 烟气轮机安装施工

1）烟气轮机底座就位；

2）烟气轮机就位；

3）烟气轮机定轴端距及初对中；

4）烟气轮机拆卸，零部件的清洗、检查、处理及组装；

5）烟气轮机二次对中，二次灌浆；

6）烟气轮机精对中和联轴器组装；

7）烟气轮机附属设备及管道安装。

3. 烟气轮机安装后的试运转及验收

1）烟气轮机油系统冲洗及油系统试运转；

2）烟气轮机的机械试运转；

3）烟气轮机验收。

下面按烟气轮机安装施工的基本程序来介绍烟气轮机安装施工全过程管理。

（一）烟气轮机安装施工前的准备工作

1. 对烟气轮机安装的基础和场地的要求

1）机组的基础应做成一个整体，要有足够的承重能力，能承受静的和动的负载，以防基础不均匀的下沉、避免破坏机组中各机器的安装间隙和对中；

2）机组应安装在通风良好的地方，环境温度不大于40℃；

3）确保机组的周围有足够的工作场地，以便对各机器进行拆卸，清扫、检查和组装。

2. 烟气轮机的开箱检验

1）开箱检验应由有关单位组成检验小组按照装箱单和技术资料进行，检验后应提供经有关方面代表签字的检验记录。

2）检验内容包括：

① 检查箱数、箱号及包装箱状况；

② 核对机器及附属设备的位号、名称、型号，随机技术文件、专用工具；

③ 对机器、零部件进行外观检查。核实机器的型号、零部件的种类、规格和数量等。

3）如果检验中发现缺陷和损坏，有关人员应共同分析原因及主要责任方，并采取妥善的方法进行处理。

4）备用零、部件经检验后应列出明细、重新装箱，交建设单位妥善保管。随机的电气、仪表设备及管道配件应由各专业人员进行验收，妥善保管。

5）检验后，设备与零、部件向施工单位的交接工作应在有关部门共同参加下进行，并办理移交手续。

3. 准备好技术资料并进行技术交底

1）机组施工前应具备下列技术资料：

① 制造厂提供的装箱单，各机器和附属设备的出厂合格证书，安装使用说明书；检验和组装记录，机械试运转记录，重要零、部件的材质检验报告，动、静平衡校正报告；总装配图、主要部件图、易损零件和特性曲线图等；

② 基础图，机组的平面布置图，安装图，有关工艺图及设计文件等；

③ 有关的施工及验收技术规范、规程，施工方案，施工记录表等。

2）施工前，参与施工的人员应接受技术交底，并熟悉和掌握有关技术资料。

4. 检查施工机具，备好工具及用品

1）对起吊设施进行检查，应符合安全规定（SH/T 3515—1990《大型设备吊装工程施工工艺标准》）。

2）准备好足够数量的校平用垫铁及垫片。

一般垫铁的厚度约为 8mm、宽度约 120mm，长度应比机器底板或底架每边伸出约 60mm。垫片的宽度及长度至少应等于或大于底脚尺寸，垫片应开适当直径的孔以让开底脚螺栓，在孔的周边上以及当垫片与底脚尺寸相等时外周边上均不得有毛刺。

3）备齐工具（包括专用工具）和经检验合格的量器具，准备好安装记录表等。

5. 烟气轮机安装前基础的中间交接及处理

1）基础中间交接应按 SH 3510 石油化工设备混凝土基础工程施工及验收规范执行。

2）设备就位前应对基础做如下工作：

① 按设备安装图核对基础：

a. 基础的外观、几何尺寸、位置和标高以及地脚螺栓孔的尺寸和位置均应符合图纸要求；

b. 混凝土的表面应平整，不应有裂纹、空洞、蜂窝和露筋等现象。以铁锤敲打检查，声音应清脆，不应有哑声；试凿检查，水泥应无崩塌或散落现象。

② 二次灌浆的所有表面，应铲掉疏松层，并应铲成麻面，每平方分米内的麻点深度不小于 10mm，且不少于 3 点，使基础的顶面粗糙化并冲洗干净，以便使基础与灌浆之间获得良好的结合。

3）复制轴线，并画出设备底座、支承板或垫铁的位置。

4）基础的永久沉降观测点应加以保护。

6. 现场应具备的施工条件

1）土建工程应基本完成，环境整洁，安全防护设施齐备；

2）运输和消防道路畅通；

3）施工用水、电、压缩空气等具备使用条件；

4）起重吊装设施具备使用条件；

5）备有零、部件、工具等的贮存设施和消防器材。

（二）烟气轮机安装施工

1. 烟气轮机底座就位

（1）烟气轮机有垫铁安装

底座就位前应先按垫铁布置图安装垫铁，垫铁有平垫铁和斜垫铁，斜垫铁成对使用。垫铁的安装方法有座浆法和压浆法，具体安装方法见附录三“压缩机组有垫铁安装的方法”。

钢垫铁或垫板的顶面必须组成一个水平面，其标高略低于从机器轴中心线到底座底面最大距离的标高值，以便在机器的底座与安装面之间加垫片以达到机器与机器的最终对中。加垫片来垫高机器比标高太高而需减低基础容易得多。

1）底座就位前应具备下列条件：

① 基础表面处理已完成，如垫铁安装采用座浆法，则座浆混凝土强度应达75%以上；

② 底座底面的防锈漆和油污已清除干净，基准面无损伤及无变形；

③ 底座上各调整螺钉应逐一检查，不得有锈死或过分松动现象，每个螺钉均应调整到露出底面25～30mm。

2）机组有多个底座时，机组的找正找平应符合下列要求：

① 当轴流式压缩机的轴承座与机壳联为一体时，其他底座应以齿轮箱底座为基准；

② 当轴流压缩机的轴承座与机壳为分体结构时，其他底座应以轴流式压缩机底座为基准。

3）按安装图将底座安装就位和找正，使底座上轴线标记对正基础上的轴线，然后穿入地脚螺栓。

4）底座找正找平后应符合下列要求：

① 纵横轴线允许偏差为±3mm；

② 标高允许偏差为±3mm；

③ 在底座基准面上用水平仪检查底座水平度，应符合设备技术文件的规定。无规定时，应符合表7－27的规定，纵向偏差的方向应按各转子扬度确定；

表7－27　底座水平度允许偏差（mm/m）

底座种类		纵　　向	横　　向
单独底座	齿轮箱	0.04	0.04
	轴流压缩机	0.04	0.06
	烟气轮机	0.04	0.05
	电动/发电机	0.04	0.05
公共底座		0.10	0.10

④ 地脚螺栓应均匀对称拧紧；

⑤ 精调后底座与基础的相对位置应符合图7－50的规定。

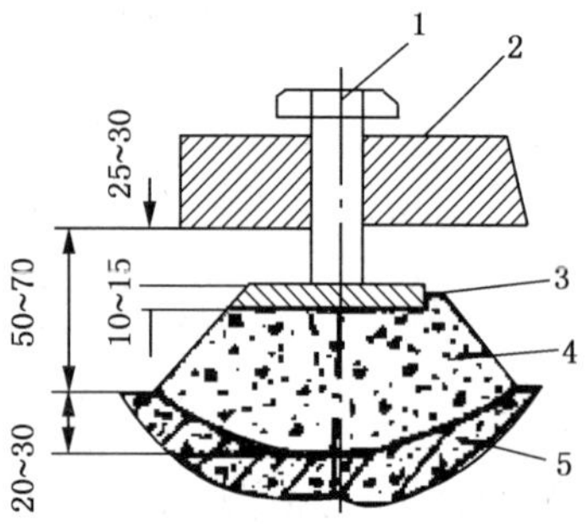

图7－50　底座与基础相对位置示意

1—调整螺钉；2—底座；3—支承板（100×100）；4—支撑板座浆混凝土；5—基础

5）底座吊装时应防止变形。

6）对已和烟机组装在一起的底座，施工现场不应拆卸。

7）烟机地脚螺栓安装

① 放置在预留孔中的地脚螺栓，应符合下列要求：

a. 地脚螺栓的光杆部分应无油污或氧化皮，螺纹部分应涂上少量油脂；

b. 螺栓应垂直；

c. 地脚螺栓不应碰孔底，螺栓上的任一部位离孔壁的距离不得小于15mm；

d. 拧紧螺母后，螺栓应露出螺母1.5~3个螺距；

e. 螺母与垫圈、垫圈与底座间的接触均应良好；

f. 拧紧地脚螺栓应在预留孔内的混凝土达到设计强度的75%以上时进行。拧紧力应均匀，拧紧力矩数值应符合有关规定；

② 放置带锚板的地脚螺栓，除应符合上述要求外，尚应符合下列要求：

a. 地脚螺栓的光杆部分及锚板，应刷防锈漆；

b. 用螺母支托的钢制锚板，锚板与螺母之间应进行固定焊；

c. 当锚板直接焊在地脚螺栓上时，其角焊缝高度不应小于螺杆直径的1/2；

③ 使用沉头地脚螺栓时，其顶端应低于底座顶面2~3mm；

④ 地脚螺栓拧紧力矩，见第四章 轴流式压缩机检修的“表4-8 地脚螺栓的拧紧力矩”；

⑤ 安装后的地脚螺栓外观完好且无松动现象。

（2）烟气轮机无垫铁安装

1）安装前应对基础标高、地脚螺栓孔距进行校核，然后穿地脚螺栓。

2）机组标高和水平度等可用小型千斤顶或调整螺钉调整，用四个小千斤顶将设备顶起。顶起高度应比设计高度高3~5mm，这是因为无垫铁安装在水泥没有全干时就得卸千斤顶，而设备落在水泥面后将下沉一些。

3）调整千斤顶找水平。

4）二次灌浆，有条件时可用微膨胀水泥。

5）在水泥没有全干前，将千斤顶取出，再次找水平。

6）水泥全干后复查水平，然后拧紧地脚螺栓，校正水平。

2. 烟气轮机就位

1）机器就位应符合下列规定：

① 机器与底座应接触良好，局部自由间隙应小于0.05mm，四周接触严密，否则应进行修刮或调整；

② 机器与底座间应加整条不锈钢调整垫；

③ 水平剖分面的水平度允许偏差应符合安装使用说明书的要求，当设备安装说明书未明确规定时，横向水平度不应大于0.06mm/m；

④ 底座与垫铁之间有间隙存在时，则用塞尺测量此间隙，精确到0.05mm。记录间隙值、位置及塞尺片从底座外边插入的深度，按以上测得所需垫片厚度初步制作一套垫片，其长度比所测得塞尺片插入深度大12mm。在适当的位置插入所需的垫片，并沿机座底脚边弯折起伸出部分，以便永久性地标志出垫片插入深度位置，同时使垫片易于操作；

⑤ 当机器放置于底座或底板上时，应尽可能地接近最终对准的位置，并放好初步决定的垫片；

⑥ 烟机及零、部件吊装的注意事项见第四章 轴流式压缩机检修的“吊装时的注意事项”；

⑦ 烟机就位后应对其水平度进行检查，并符合有关标准的要求。测量基准宜为机壳（汽缸）、轴承箱的水平剖分面。烟机水平剖分面的水平度允许偏差应符合安装使用说明书的要求，当设备安装说明书未明确规定时，横向水平度不应大于0.06mm/m。

3. 烟气轮机定轴端距及初对中

1）机组定轴端距时各轴的轴向位置应参照下列要求执行：

① 烟气轮机止推盘应紧贴主止推力瓦块；

② 以齿轮箱两轴端面为基准，测定各轴端面间距应符合图纸规定，定轴端距时应核对联轴器间的隔套尺寸。

③ 轴端距允许偏差应符合设计文件规定，无规定时，应符合下列要求：

a. 齿式联轴器轴端距允许偏差为$_{0}^{+0.3}$mm；

b. 膜片联轴器端距要求，见第四章 轴流式压缩机检修的"膜片联轴器端距要求"。

2）机组初对中(一次对中)应符合下列要求：

① 初对中应在机器就位后进行，并以齿轮箱为基准；

② 表架应有足够的刚度，表架挠度值应标在表架明显位置上；

③ 初对中时应用底座调整螺钉或小型千斤顶进行调整；

④ 联轴器的找正标准应符合制造厂的标准或有关标准的规定；

⑤ 初对中后应核对轴端距。

4. 烟气轮机拆卸，零部件的清洗、检查、处理及组装

烟气轮机就位合格后应进行拆卸、清洗、检查、处理及组装，烟机结构见图 7－28 及图 7－29。

（1）烟气轮机的拆卸

烟气轮机拆卸、清洗的注意事项，见第四章 轴流式压缩机检修的"拆卸、清洗时的注意事项"。

烟气轮机的拆卸见本节烟气轮机检修的"YL 型烟气轮机的拆卸"，从拆卸进气机壳开始。

（2）烟气轮机零部件的清洗、检查、处理及质量标准

烟气轮机零部件的清洗、检查、处理及质量标准见本节烟气轮机检修的"YL 型烟气轮机零部件的检查、处理及质量标准"。

（3）烟气轮机组装

① 烟气轮机组装程序与拆卸程序相反，参见"烟气轮机的拆卸"。

② 烟气轮机组装时的注意事项

烟机组装时的注意事项见本节烟气轮机检修的"烟气轮机组装时的注意事项"。

5. 烟气轮机二次对中和二次灌浆

1）二次对中应符合下列要求：

① 应在机器检查、清洗、组装后进行；

② 应按制造厂提供的冷态对中曲线进行。

2）二次灌浆应符合下列要求

① 应在二次对中后进行；

② 应使用无收缩水泥砂浆或专用灌浆材料(如 CGM 等)；

③ 应符合 SH 3510《石油化工设备混凝土基础工程施工及验收规范》的规定：

浆泥一般是将清洁的砂与水泥按 1∶1 的比例混合而成，加水至混合物薄到能够使底架或底板之下充分填塞为止。底架或底板都需灌浆到离顶面 25mm 以内为止。浆泥搅拌及浇灌的整个操作过程不能间断并尽可能地快。浆泥应该充填底架或底板的所有结构空间并且浇注到与底架或底板的顶面齐平，这样使得底架或底板与基础的粗糙面之间获得牢固的固定。

④ 灌浆前后，应按技术文件要求对底座的调整螺钉或小型千斤顶进行处理；

⑤ 灌浆后的地脚螺栓拧紧力矩应符合规定，最终拧紧后应有防松措施。

机组对中宜采用单表法，其对中方法见本节附录一“压缩机组对中单表法”。

6. 烟气轮机精对中(三次对中)和联轴器组装

(1) 精对中要求

见第四章 轴流式压缩机检修的“压缩机组的找正”。

(2) 联轴器组装

1) 联轴器组装前应进行下列检查:

① 联轴器零件外观检查应无锈蚀、损伤，各接合面应平整光洁；必要时应进行着色检查；

② 可拆卸的半联轴器与轴的过盈量应符合制造厂的规定。无规定时，宜选用下列过盈量:

锥孔键联接应大于或等于 0.001D；直孔键联接为 0.0005D～0.0007D；锥孔液压装配应小于 0.0015D，D 为孔直径。

③ 锥孔与轴的接触面积应用着色法检查，并符合制造厂规定。无规定时，对液压装配半联轴器的锥孔，接触面积应大于85%；对键联接的锥孔，接触面积应大于70%；

④ 当技术文件无明确规定时，具有定位圆的联轴器，螺栓与孔的间隙不应大于0.13mm，具有定位销性能的螺栓，其与孔的配合间隙不应大于0.04mm；

⑤ 必须拆卸的螺栓与螺母应分别作称重检查，其质量允许偏差为0.10g；

⑥ 所有联轴器零件均应有匹配的标志；

⑦ 半联轴器装配后其圆跳动值，见第四章 轴流式压缩机检修的“表4－10 半联轴器圆跳动值”。

2) 联轴器组装应符合下列要求:

① 半联轴器装配应采用加热或液压法，加热时应使半联轴器受热均匀，液压装配时应使用专用工具；

② 螺栓应采用自锁螺母，并应对称均匀拧紧。拧紧力矩应符合设备技术文件规定，当设备技术文件无明确规定时应符合附录表7.2F－1的有关规定；

③ 若更换联轴器零件(螺钉和螺母除外)，联轴器应校正动平衡。

3) 齿式联轴器组装应符合下列要求:

① 表面硬化渗碳钢制的半联轴器，加热装配温度不应大于200℃；

② 齿的硬度不应低于HRC45，齿的啮合间隙应符合技术文件的规定；

③ 强制润滑的联轴器油嘴的孔径和喷射方向应符合技术文件规定；

④ 除非另有规定，组装后齿式联轴器隔套的轴向位移，不应小于6.5mm；

⑤ 各O形密封圈应无损伤和老化现象。

4) 膜片联轴器组装要求，见第四章 轴流式压缩机检修的“膜片联轴器组装要求及质量标准”。

7. 附属设备及管道安装

(1) 附属设备安装

1) 润滑油站和动力油站(以下简称油站)安装应符合下列要求:

① 油站整体就位于设备基础上，底座下空间应灌满砂浆，底座水平度不应大于1mm/m，并应向油槽排油方向倾斜；

② 底座与基础的纵横轴线允许偏差为±5mm。

2）油箱（润滑、动力和高位油箱）检查应符合下列要求：

① 碳钢油箱内部的保护涂层，经检验质量不合格时，应全部除掉后重涂。不锈钢油箱内部应清理干净；

② 油箱在安装前应用煤油做严密性试验，4h 不渗不漏为合格；

③ 高位油箱安装标高允许偏差为 ±10mm。

3）油泵（润滑油泵、动力油泵）检查、组装应符合设备技术文件的要求，组装后盘动应灵活。

4）油冷却器检查应符合下列要求：

① 油冷却器应进行解体检查，并用净化空气吹扫。当发现内筒壁或列管锈蚀、污垢较严重时，应先脱脂后进行化学清洗；

② 油冷却器应做耐压试验；

③ 换向阀应灵活、严密，指示标记应明显、无误。

5）双筒网片过滤器应符合下列要求：

① 各网片不应有抽丝、开裂及孔洞；

② 金属网片应用毛刷、煤油仔细清洗；检查各密封圈应完好无损，并应在装配中保持清洁；

③ 转换手柄应灵活好用。

6）蓄能器皮囊氮气试验应符合设备技术文件的规定。

7）空气过滤器安装应符合下列要求：

① 零、部件完好无损；

② 箱体各接合面加密封垫片，不得出现漏气现象。中间箱体和上部箱体采用焊接时，组合后应满焊；采用螺栓连接时，螺栓紧固后应进行固定焊；

③ 滤料滚筒、齿轮箱和电动机联接后盘动应灵活；

④ 抽吸风机应转动灵活，叶轮与机壳的径向、轴向间隙应符合设备技术文件的规定。

8）消声器安装时应将内部的灰尘及杂物吹扫干净。消声器元件的护面穿孔板及吸声材料应完好无损，消声片应固定牢固。

（2）管道安装

1）油、水、汽、气管道安装除应符合 GB 50235《工业金属管道工程施工及验收规范》的规定外，油管道安装还应符合下列要求：

① 用法兰联接；

② 每一管段只允许有一处固定弯，管段预制件尺寸，应适于酸洗处理：

③ 管道焊接时，底层焊道应采用氩弧焊，其余焊道可采用手工电弧焊；

④ 管材和预制件应先进行酸洗、钝化处理。

2）出入口管道安装应符合 GB 50235 的规定并严格控制管道安装产生的应力及力矩对机器的影响，机器出入口法兰与管道法兰应在机组二次灌浆后联接。

3）特殊阀门安装时应符合下列要求：

① 特殊阀门宜解体检查，各部间隙应符合机器技术文件规定，并调试合格；

② 主体无损伤，零、部件齐全；

③ 开关灵活，无卡涩现象；

④ 阀门应按设计要求安装，流向正确。

（三）烟气轮机安装后的试运转及验收

1. 烟气轮机油系统冲洗及油系统试运转

见本节烟气轮机检修的“烟气轮机油系统冲洗及油系统试运转”。

2. 烟气轮机的机械试运转

见本节烟气轮机检修的“烟气轮机的机械试运转”。

3. 烟气轮机验收

烟机试运转合格后，建设单位即可进行验收，施工单位需向建设单位做如下工作：

1）施工单位完成机组安装后，应按 SH 3503《石油化工工程建设交工技术文件规定》的要求向建设单位提交交工技术文件。

2）交工技术文件除应符合 SH 3503 的有关规定外，机组施工单位尚应增填下列记录：

① 开箱检验记录；

② 基础处理记录；

③ 机组二次灌浆记录；

④ 机组平面位置、标高和水平度记录；

⑤ 联轴器组装记录；

⑥ 机器组装记录；

⑦ 机器中间检验记录；

⑧ 机组联轴器对中记录。

附　　录

一、压缩机组对中单表法

（一）单表对中方法

单表法对中是将对中表架和百分表分别固定在相邻两机器的半联轴器上，然后各自转动两轴或同时转动两轴，通过百分表的读数来计算和调整对中状况。该法的优点是直观明确、表架简单、计算调整方便。

（二）单表法对中的基本程序

1）测定对中表架(以下简称表架)的挠度，将挠度值在表架上打永久性标志。对中时用实测值减去表架挠度。即为表的实际读数值，底部的读数值应减去挠度的二倍，左、右的读数应减挠度；

2）将相邻机器的两半联轴器沿圆周做出四等分标志(见图 7－51)；

3）将表架固定在 A 轴上，表头触在 B 轴半联轴器外圆上，百分表不动，转动 B 轴 360°此时百分表的读数为半联轴器外圆的圆度偏差。在实测时应减去此偏差值，两轴同时转动不产生偏差值；

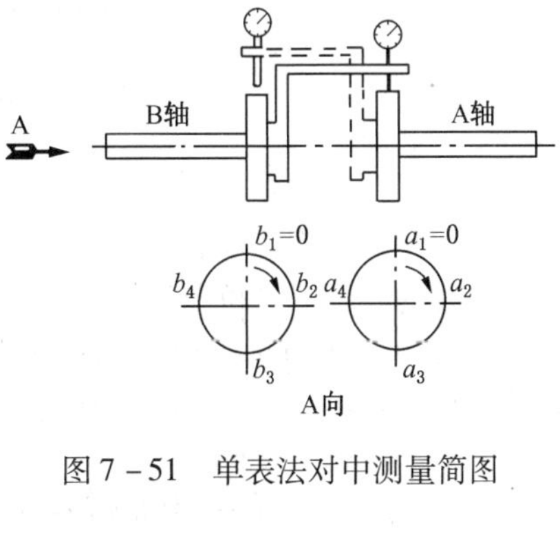

图 7－51　单表法对中测量简图

4）调整百分表到 $b_1=0$。按转动方向转动 A 轴(或同时转动两轴)，在 B 轴联轴器外圆测出 b_2、b_3、b_4 的值，检查读数应使 $b_1+b_3=b_2+b_4$(误差应小于 0.02mm)，若不等时查明原因重新测量。

百分表读数是对中时应进行调整的依据，因此要求百分表读数应准确无误，并注意数值的“正”“负”；

5）同样将表架固定在 B 轴上，重复步骤 3、4，调整 $a_1=0$，并测出 a_2、a_3、a_4 数值。(注意：两次盘车方向和读数方向应保持一致)；

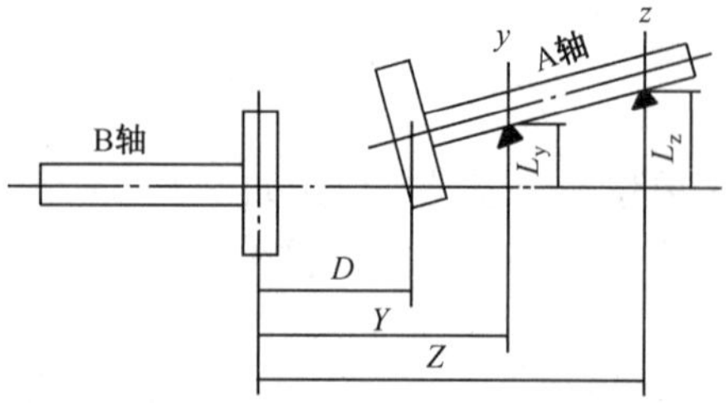

图 7－52　单表法对中示意图

6）根据两组百分表读数，确定支架在垂直和水平方向的调整量和调整方向，调整量可用计算法、作图法和填表计算法确定。

（三）支脚调整量的确定

这里只介绍作图法。

1）在坐标纸上画出机组运转时的热态线，按比例标出机组各段轴向尺寸和相应的位置(见图 7－52)。

2）在热态线上通过各支座点分别作热态线的垂线，按比例将制造厂提供的或计算出的轴中心在各处所要求的预留膨胀量数值标在各自的垂线上(见图 7－53)，膨胀量向下，收缩量向上，得出 A_1、A_2、B_1、B_2 四点，连接 A_1、A_2 和 B_1、B_2，延长两直线分别与各自联器处的垂线交于 A_3 和 B_3 点，此 A_1A_3 和 B_1B_3 线即是 A 轴和 B 轴在冷态时要求的对中曲线，称冷态线。

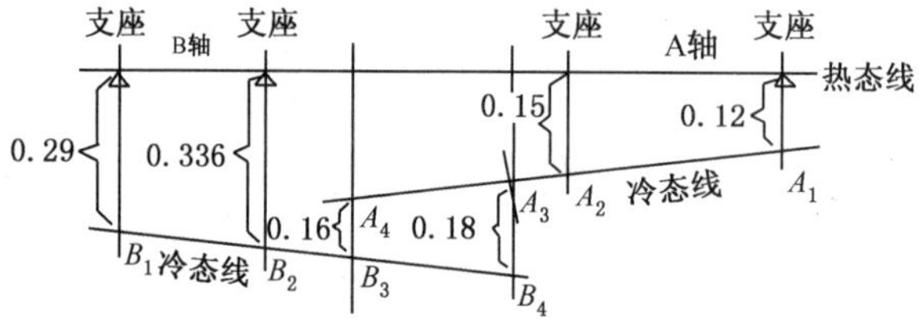

图 7－53　机组对中曲线示意图

3）确定对中时百分表要求读数值，把 a_1a_3 和 b_1b_3 直线再延长到相邻联轴器处的垂线上，得出 a_4 和 b_4 两点，按坐标图比例测出 a_4b_3 为 0.16mm、a_3b_4 为 0.18mm。分别为 O 轴与 A 轴在两半联轴器轴中心应有的偏差值，百分表读数应为中心偏差的两倍，见图 7－54。

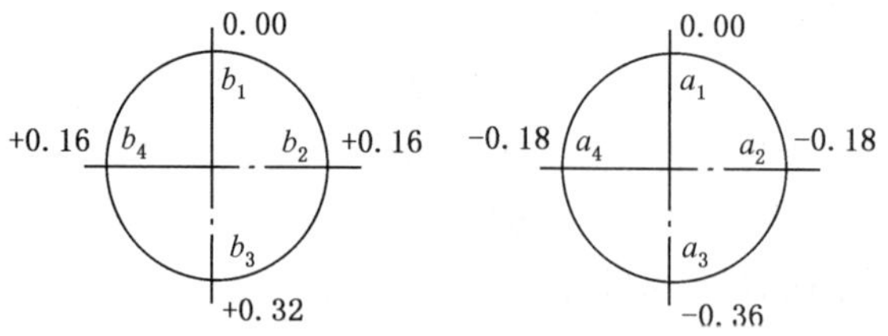

图 7－54　百分表要求的读数

读数的“正”、“负”值由两轴相互高低位置决定(表针顺时针转为正)。

4）画出对中时各轴的实际位置曲线。B 轴与 A 轴在对中调整前，应先测出自联轴器处的实际偏差数据，算出轴中心的偏差：

$$B\text{ 轴中心偏差}=\frac{b_2-b_1}{2},\quad A\text{ 轴中心偏差}=\frac{a_2-a_1}{2}$$

把各轴中心偏差值分别标在画有安装曲线的坐标纸上，得出 C、D 两点。连接 C、D 两点成一直线并向 A 轴侧延长，与 A 轴支座处垂直线分别交于 E、F 两点，此 DEF 线(虚线)即是 A 轴中心调整前实际所处的位置线(见图 7 - 55)；

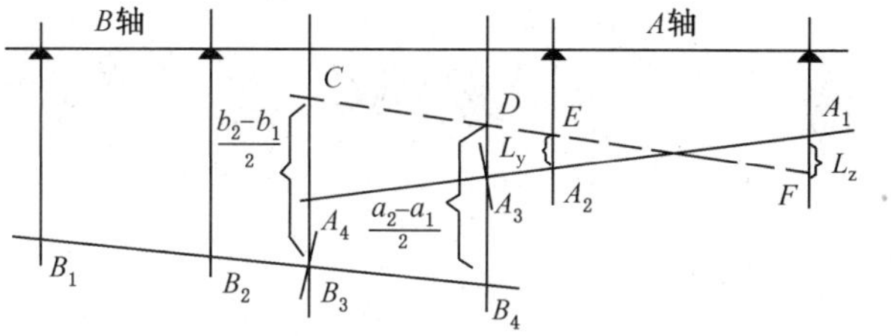

图 7 - 55　调整前的实际位置曲线

5）确定支座处的调整量，在画出安装曲线的图上画出 A 轴的实际位置曲线后，两轴线在 A 轴支座处的偏差量 L_y 和 L_z 即是支座处的调整量。经对中调整后的最终实际曲线应与对中曲线基本重合，两线的最大误差值应小于 0.04mm。用同样的方法可以进行位置的调整。

如果制造厂技术文件给出机组的对中曲线和各联轴器处的百分表读数值，上述步骤可简略，在坐标纸上直接按比例画出冷态安装曲线和实际对中时的曲线，进行比较后即可确定支座处的调整量。

二、联轴器联接螺栓拧紧力矩(见表 7 - 28、表 7 - 29)

表 7 - 28　挠性联轴器连接螺栓拧紧力矩(N·m)

螺栓规格	制造厂		螺栓规格	制造厂	
	THOMAS	TURBOFLEX		THOMAS	TURBOFLEX
¼″ - 28	17.63		⅞″ - 14	772.81	568.4 ~ 735
⅜″ - 24	61.01		1″ - 12	1125.31	803.6
7/16″ - 20	94.91		1⅛″ - 24	1599.84	2156
½″ - 20	142.36		M10 × 1.25P		58.8
⅝″ - 18	291.50		M12 × 1.25P		98
¾″ - 16	494.87		M16 × 1.5P		176.4 ~ 303.8

注：①表中数据是螺纹涂机械油情况下给出；

②表中数据是近似值，使用时需参看装配图。

表 7 - 29　齿式联轴器联接螺栓拧紧力矩(N·m)

螺栓规格	六角头螺栓和螺母	内六角螺栓	锁紧螺母
M6	9.5	17	9.5
M8	23	39	23
M10	43	75	43
M12	74	128	74
M16	160	280	160
M20	310	540	310
M24	540	950	540
M30	1000	1850	1000
M36	1700		
M42	2620		
M48	3850		

续表

螺栓规格	六角头螺栓和螺母	内六角螺栓	锁紧螺母
¼″－28		12	
5/16″－24		23	
⅜″－24		35	
½″－20		77	
9/16″－18		110	
⅝″－18		140	
¾″－16		230	

注：① 表中数据为“MAAG”齿式联轴器；

② 表中力矩值是材料屈服点 $\sigma_s=880\text{MPa}$ 时给出的，并且是螺纹不涂润滑剂时的数据，当螺纹涂润滑剂时表格中的数值减少 50%。

三、压缩机组有垫铁安装的方法

垫铁安装应符合 GB 50231《机械设备安装工程施工及验收通用规范》的有关规定。垫铁的安装有座浆法和压浆法两种方法。

（一）座浆法

1）垫铁表面作除油处理；

2）按垫铁布置图在设置垫铁的混凝土基础部位凿出座浆坑。座浆坑的长度和宽度应分别比垫铁的长度和宽度大 60～80mm，座浆坑凿入基础表面的深度不应小于 30mm，且座浆层混凝土的厚度不应小于 50mm；

3）应用水冲或用压缩空气吹扫清除坑内的杂物，并浸润混凝土坑约 30min，除尽坑内积水。坑内不得沾有油污；

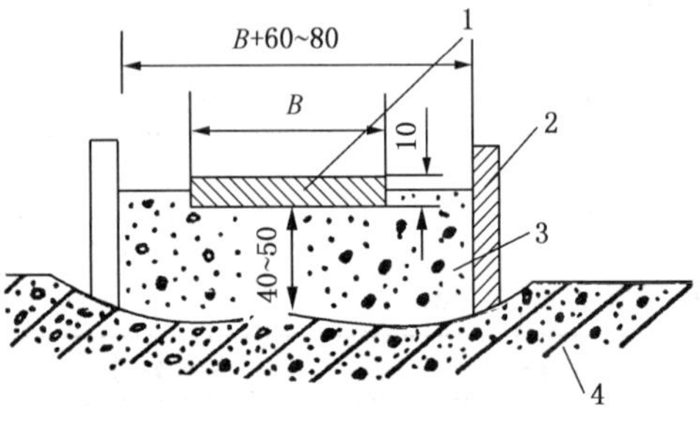

图 7－56　座浆层安装示意图

1—垫铁（B 为垫铁宽度）；2—模板；3—混凝土；4—基础

4）在坑内涂一层薄的水泥浆。水泥浆的水灰比宜为 2～2.4∶1；

5）在座浆坑处支模，随即将搅拌好的混凝土灌入坑内。灌筑时应分层捣固，连续捣至浆浮表层。混凝土表面形状应呈中间高四周低的弧形，如图 7－56 所示。

6）当混凝土表面不再泌水或水迹消失后（具体时间视水泥性能、混凝土配合比和施工季节而定），即可放置垫铁并测定标高。垫铁上表面标高允许偏差为 ±3mm，水平度不应大于 2mm/m。垫铁放置于混凝土上，应用手压、用木锤敲击或手锤垫木板敲击垫铁面，使其平稳下降，敲击时不得斜击；

7）垫铁标高测定后，应拍实垫铁四周混凝土。混凝土表面应低于支承板面 2～5mm，混凝土初凝前应再次复查垫铁标高；

8）座浆混凝土配合比应符合表 7－30 的规定；

9）养护 3～7 天，养护温度低于 5℃时，应采取保温和防冻措施。

表 7－30　座浆混凝土材料配合比

配合比(质量)	材　　料	水灰比	
		夏季	冬季
1	水泥：525 号普通硅酸盐水泥	0.33～0.37	0.30 左右
1	砂子：河砂，中偏细，细度模数为 1.83		
1	石子：碎石，粒度为 5～10mm		

（二）压浆法

1）基础验收合格后，把基础表面清理干净，按垫铁布置图将所有的垫铁位置在基础上标出来，并凿出比垫铁长宽略大的方坑，然后用水将坑冲洗干净；

2）机器吊装就位。用几组临时垫铁支承机器，对机器进行找平、找正。合格后，对地脚螺栓预留孔进行灌浆；

3）待混凝土达到设计强度的 75% 以上时，用水冲净放置正式垫铁组位置的基础表面，并清除积水；

4）根据需要，在此位置堆积一定量的水泥砂浆，把搭配好的垫铁组放在砂浆上。然后，内外同时推进斜垫铁，挤出砂浆；

5）垫铁四周的砂浆抹成 45°的光坡后进行养护；

6）当水泥达到 75% 以上设计强度时，拆除临时垫铁，用正式垫铁来调整、复查机器的安装精度，同时打紧垫铁，并在垫铁层间固定焊，拧紧地脚螺栓。

第三节　异步电动机

一、异步电动机分类

异步电动机和同步电动机同称为交流电动机。异步电动机，又称为感应电动机。异步电动机从转子结构上讲，可分为鼠笼型和绕线型两类，前者又分为铸铝笼和焊接铜(或铝)笼两种。转子铁芯由整圆或扇形冲片压装，铸铝转子的铁芯由铸造的笼型绕组将其紧固，焊接笼型转子和绕线型转子的铁芯冲片、齿压板、压圈用弧键紧固在轴上。

1）异步电动机按转子结构不同可分为：鼠笼型和绕线型两种。鼠笼型又可分为普通鼠笼、双鼠笼和深槽鼠笼型三种。

2）按防护形式不同可分为：开启式、防护式、封闭式、防水式、潜水式、水密式、隔爆式。

3）按机座地脚平面至轴中心高度不同可分为：大型、中型和小型三种。大型电动机：16 号机座及以上，机坐中心高度大于 630mm，或定子铁芯外径大于 990mm 者。中型电动机：11～15 号机座，机座中心高度在 355～630mm，或定子铁芯外径在 560～990mm 之间者。小型电动机：10 号机座及以下，机座中心高度在 80～315mm，或定子铁芯外径在 125～560mm 之间者。

4）按安装结构一般可分为：卧式和立式两种。

5）按冷却形式的不同可分为：空气冷却式、液体冷却式、闭路循环气体冷却式、表面冷却和内部冷却式五种。空气冷却式又可分为：自冷却式、自扇冷却式、他扇冷却式、管道通风式四种。

6）按绝缘等级可分为：A 级、B 级、E 级、F 级和 H 级等。

二、异步电动机型号

异步电动机中 J、Y 表示异步电动机，T 表示同步电动机。中小型电动机型号用中心高（机座号）mm、机座长度（S 表示短机座，M 表示中机座，L 表示长机座）、铁芯长度（用阿拉伯数字 1、2、3……表示）、极数表示；大型电动机型号用功率、极数、定子铁芯外径表示。对特殊用途的中小型电动机应在极数后加以标明。例如：

Y 315 M 3—8

- 8——极数 8 级
- 3——铁芯长度 3 号
- M——机座规格中型
- 315——轴中心高 315mm
- Y——异步电动机

Y 630—10 /1180

- 1180——定子铁芯外径 1180mm
- 10——极数 10 级
- 630——轴中心高 630mm
- Y——异步电动机

Y B 160 M—4—WF

- WF——环境代号：W— 户外；F— 防腐
- 4——极数 4 级
- M——中型座
- 160——中心高 160mm
- B——隔爆型
- Y——异步电动机

一般用途的异步电动机是应用面最广，其中 Y 系列为鼠笼型转子三相异步电动机系列，YR 系列为绕线型转子三相异步电动机系列。额定电压分别为 380V、6000V，转速为 3000r/min、1500r/min、1000r/min、750r/min。

电磁调速异步电动机，由一般用途的鼠笼形异步电动机、电磁转差离合器与控制器组成。离合器包括电枢、磁极和励磁线圈等基本部件，当励磁线圈通入直流电时，沿气隙圆周各爪极将形成若干对极性交替的磁极，当电枢随传动电动机旋转时感应产生涡流，涡流与磁通相互作用而产生转矩，驱动带磁极的转子同向旋转，改变离合器的励磁电流，即可调节离合器的输出转矩和转速。

转矩异步电动机，其机械特性有近似卷绕特性（恒功率）和近似导辊特性（恒转矩）两类。转矩电动机从接近同步转速开始直至堵转都能稳定运行，一般以堵转时输出的转矩作为额定值。转矩电动机的笼型转子导条常用电阻率较高的黄铜制成，或用整块实心钢转子，其转子阻抗一般较高，定子绕组匝数也较多。输出转矩较大者，还装有独立风机作强迫通风。

防爆异步电动机为封闭式结构，以增强外壳的机械强度，并保证组成外壳的各零部件之间的各接合面上具有一定的间隙参数，一旦电动机内部爆炸也不致引起周围环境的爆炸性混合物爆炸。电动机的隔爆接合面有静止部分和活动部分，前者包括机座与端盖、端盖与轴承、机座与接线盒、接线盒内各有关部件间、绝缘压制件与金属件之间以及绝缘压制件相互间的接合面，后者指转轴与轴孔间的接合面，接合面的结构参数包括最大允许间隙 W、最小允许有效长度 L、接合面边缘至螺孔边缘的最小有效长度 L_1 和表面粗糙度等。

增安型（e）防爆异步电动机在正常运行时应不产生火花、电弧或危险温度，并采取适当措施，如降低各部分温升限度、增强绝缘、提高导体连接的可靠性、提高对固体异物和水的防护等级等，以提高防爆安全性。

正压型(p)防爆异步电动机，由电动机与通风装置组成一体，机体内连续通以不含爆炸性混合物的新鲜空气或充以惰性气体，内部保持一定的正压，以阻止爆炸性混合物从外部进入电动机。

无火花型(n)防爆异步电动机，是在其产品部件上采取适当措施，使电动机在正常运行条件下不会点燃周围爆炸性气体混合物，且一般不会发生点燃的故障。

高效率异步电动机，一般用途的小型电动机，其损耗要为输入功率的6% ~25%，平均13%左右，随着电动机功率的增大，损耗相对值下降，效率提高。效率不同的电动机，当降低相同的损耗比值时，效率提高的幅度是不同的，因此常以损耗相对于一般用途的电动机下降的百分比作为衡量高效率电动机的指标。

高效率电动机可分为两类：第一类电动机的损耗较一般电动机下降20% ~30%，成本相应增加20% ~30%，功率与机座号对应关系和一般电动机相同；第二类电动机损耗较一般电动机下降40% ~50%，成本增加50%以上，功率与机座号对应关系和一般电动机不同。

井用潜水异步电动机，一般为二极的立式三相异步电动机，它与多极离心泵组成潜油电泵，潜油电动机内腔充油密封，由定子、转子、基本支承件、引出线装置和循环过滤器组成。定、转子铁芯分为若干段，定子各段间用黄铜冲片隔开，每段转子铁芯具有独立的笼型绕组，各段转子间装有中间滑动轴承，其青铜轴套固定在轴上，轴瓦固定在黄铜冲片的内圆上。滑动轴承和黄铜冲片等组成基本支承件，用以保持定子、转子的正常位置。循环过滤器由泵叶轮、过滤筒、过滤网及永久磁铁组成，起过滤和循环油液的作用。电动机定子绕组导线绝缘及槽绝缘一般采用聚酰亚胺薄膜，用穿线工艺嵌线，绕组嵌线和连接后用环氧树脂真空加压浇注，固化成型。

异步电动机种类繁多，用途广泛，表7-31列出了部分异步电动机的产品名称、新老产品代号及汉字意义供参考。

表7-31　部分异步电动机产品名称及代号

序 号	产 品 名 称	新产品代号	汉字意义	老产品代号
1	异步电动机	Y	异	J、JO、JO_2
2	绕线转子异步电动机	YR	异绕	JR、JRO
3	大型高速异步电动机	YK	异(快)	JK
4	大型绕线转子高速异步电动机	YRK	异绕(快)	YRG
5	防爆增安型异步电动机	YA	异安	JAO
6	隔爆型异步电动机	YB	异爆	JB、JBS
7	高启动转矩异步电动机	YQ	异起	JQ、JGO
8	多速异步电动机	YD	异多	JD、JDO
9	立式异步电动机	YL	异立	JLL
10	绕线转子立式异步电动机	YRL	异绕立	
11	增安型绕线转子异步电动机	YAR	异安绕	
12	隔爆型多速异步电动机	YBD	异爆多	
13	钻探用异步电动机	YTZ	异探	JTZ
14	隔爆绕线转子异步电动机	YBR	异爆绕	JBK
15	电磁调速异步电动机	YCT	异磁调	KJZT
16	异步电动机(高效率)	YX	异效	

三、异步电动机技术数据

一般异步电动机的主要技术数据有额定功率、额定转速、额定电压、效率、功率因数、启动电流、启动转矩和最大转矩。

为便于了解和应用，表7-32列出了企业常用的部分异步电动机技术数据。

表7-32　部分异步电动机型号及参数

型　　号	额定功率/kW	额定电压/V	额定电流/A	额定转速/(r/min)	接线	绝缘	质量/kg	出厂编号	制造厂家
YBA5600-16/1180	600	6000	90.8	372	▮	F		96001-4	佳木斯电机厂
YB315M2-6	110	380	205.5	989	△	B		0028	沈阳电机厂
YA355L-2-W	160	6000	17.8	2980	▮	F	2100	5JD301-D-1	佳木斯电机厂
YB400M1	250	6000	28.8	2981	▮			6EC1058-0-1	佳木斯电机厂
Y315S-4	110	380	200.84	1486	△		1030	Y710004	南通电机厂
YB315M-2	132	380	238	2980	△			7IIEC702-4	佳木斯电机厂
YB315S-2	110	380	200	2978	△			9BC701-2-1	佳木斯电机厂
YB315L1-2	160	380	290.5	2980	△	F	1200	6K115-1	南阳电机厂
YB560S1-2	200	6000	23.6	2979	▮			1FJ751-2	佳木斯电机厂
JB560M	280	6000	33.1	2970	▮			3W6004-1	佳木斯电机厂
YBA5600-16/1180	1600	6000	172	2983	▮	F		6292AA-01	美国
Y355-4	280	6000	32.8	1482	▮	F	1900	004	湖北电机厂
Y355-4-W	220	6000	26.6	1487	▮	F	2940	002	湖北电机厂
JS1410-8	280	6000	35	740	▮	B	3300	003	沈阳电机厂
Y4001-2	450	6000	52.2	2971	▮	F	2400	JI107-6	南阳电机厂
YJS400-4	220	6000	25.1	1488	▮	F	2570	800874	兰州电机厂
Y400-6	355	6000	42.8	988	▮	F	2610	001	湖北电机厂
Y_2-355M_1-6	160	380	291	990	△	F	1550	030002	河北电机厂
$Y315M_1-4$	132	380	237	1486	△	B	110	014	湖北电机厂
JB560S	220	6000	28.25	2978	▮	B	2700	82-064-2	佳木斯电机厂
JB560S1	200	6000	24	2979	▮	B	2100	1CJ751-2	佳木斯电机厂
JB560S2-2	220	6000	26	2970	▮	B	3000	TE118-1	南阳电机厂
JB315M-6	132	380	242.5	988	△	B		SG660-1	佳木斯电机厂
JB710S1-2	500	6000	61.2	2960	▮	B		2F6009-1	佳木斯电机厂
JSQ1410-6	380	6000	44.6	986	▮	E	3450	76575016	北京重型电机厂
$JB630M_2$	500	6000	61.2	2965	▮	B	5200	3F6009-1	佳木斯电机厂
JK134-2	440	6000	50	2965	▮	B	2300	760648	张店电机厂
JK134-2	440	6000	51.5	2965	▮	B	2300	L2073	沈阳电机厂
BJ02102-2	160	380	292	2970	△	H	1150	85-62-1	佳木斯电机厂
YB55S1-2	185	380	332	2986	△	F	1176	OFC705-3	佳木斯电机厂
JB315M-2	160	380	291	2977	△	F	1150	TE662-9-1	南阳电机厂
JB400S-2	200	380	352	2958	△	B	2003	OB01-8	南阳电机厂
Y400-2	630	6000	68.6	2975	▮	F	2720	11998-3	佳木斯电机厂
JS128-8	155	380	301	735	▮	B	1530	0009	北京电机总厂
JS1410-6	380	6000	45	985	▮	B	3500	80013	湖北电机厂
YB315M-2	132	380	232	2980	△	E	1200	41C702-91	佳木斯电机厂
YB400S1-2-W	200	6000	23.6	2980	▮	F	2500	2JC1056-4	佳木斯电机厂
YB400S2-6-W	185	6000	23	988	▮	F		4FC1085-D-1	佳木斯电机厂
YB315S-2-W	110	380	192	2980	△	E	1000	101039-1	南阳电机厂
YB450M1-4	450	6000	45.1	1481	▮	F	3740	7F123-1	南阳电机厂
Y315S-2	110	380	200	2982	△	B	920	148	邯郸电机厂

四、异步电动机工作原理

由于三相绕组在定子铁芯上按空间位置互差120°分布，当对称的三相交流电通入定子的三相绕组时，就会在空间产生一个旋转磁场，这个旋转磁场的转向就是交流电的相序方向，所产生的转速为同步转速。

异步电动机的转子所以能够转动，是由于旋转磁场对转子有相对运动。只有异步电动机的转速 n 始终低于电动机旋转磁场的转速 n_0，转子导体才能感应出电动势并产生电流，使转子产生转矩而旋转。如果 $n = n_0$，则旋转磁场与转子导体就相对静止，而旋转磁场对转子导体的作用为零，所以转子导体中就不能感应出电动势产生电流，转子就不会产生转矩而转动。由于异步电动机的转动是基于电磁感应原理，所以就称为感应电动机。由于异步电动机的转速 n 总是略小于同步转速 n_0，所以又称为异步电动机。

旋转磁场的转速 n_0 与转子转速 n 之差用 Δn 表示，叫做转速差，转速差与同步转速的百分比叫做转差率。

$$S = \frac{n_0 - n}{n_0} \times 100\% = \frac{\Delta n}{n_0} \times 100\%$$

式中 S——转差率；

Δn——转速差，r/min；

n_0——同步转速，r/min；

n——电动机转速，r/min。

转差率 S 是说明异步电动机特性的重要参数之一。由于空载和轻负载时，电动机转速比较接近同步转速，所以转差率比较小，在额定状态下，$S = 2\% \sim 5\%$ 左右。当电动机接通电源但还没有启动的瞬间，$n = 0$，$S = 1$，这时的转差率最大；若电动机达到同步转速时，$S = 0$。因此，异步电动机的转差率在 $0 \sim 1$ 之间变化。

五、异步电动机作发电机运行

异步电动机作发电机运行，是异步电动机的一种特殊运行方式，广泛用于石油、化工行业。异步电动机多数与烟气轮机、主风机同轴连接，或与烟气轮机、压缩机同轴连接。运行中，当烟气轮机输出的功率小于负载机的功耗时，作电动机运行，带动负载机组正常运转，以满足生产的需要；当烟气轮机输出的功率大于负载机的功耗时，作发电机运行，向系统发出电能。

从理论上讲，当异步电动机定子三相绕组接入电网，并用原动机驱动电动机转子，使其转速 n 超过同步转速 n_0，即转差率 $S = \frac{n_0 - n}{n_0}$ 为负值时，电动机即作发电机运行。此时电动机向电网输送有功功率，从电网吸取无功电流来励磁，以达到定、转子磁场的平衡。也就是说异步电动机接入电网作发电机运行时，只能向电网输送有功功率，不能输送无功功率，而是吸取电网的无功功率来建立自己的磁场。

异步电动机也可脱开电网作发电机单独运行，这种单机运行的异步发电机称为自激异步发电机。自激异步发电机运行时，必须在定子绕组的出线端并联适当容量的电容器，利用电容器来供给异步发电机的激磁电流，使发电机建立起电压，并在定、转子气隙中产生旋转磁场。

自激异步发电机利用电容激磁的作用原理是：首先自激异步发电机的转子要有剩磁存在，如果转子的剩磁消失，可将干电池接在异步发电机定子绕组上充电，使转子获得剩磁。当原动机带动异步发电机的转子旋转后，转子的剩磁磁通 ϕ_s 将会切割定子绕组，并在定子绕组中感应出剩磁电动势 E_s。如图 7－57(b)中所示，E_s 的相位落后于 ϕ_s 90°。电动势 E_s 加在电容器上，使定子绕组中流过超前 E_s 90°的电容电流 I_{C0}，I_{C0}通过定子绕组产生的 ϕ_s的方向相同，使异步发电机中磁通增大，由图 7－57(a)可见，这时定子电动势增大到 E_1，电动势 E_1 又使电容电流增加到 I_{C1}，I_{C1}再使定子电动势增大到 E_2；如此反复激励，直到异步发电机的端电压上升到稳定值 U_0，这时电容电流增大到稳定值 I_0，即异步发电机的工作状态就在异步发电机空载特性曲线 1 和电容线 2 的交点。稳定电压的大小与电容的数值及异步发电机转子的转速有关。如果电容器的电容值增大(即电容器的容抗减小)，则电容线的斜率就变小，如图 7－58(a)中曲线 3 所示，因此稳定电压就增大。如果原动机带动转子的转速增加，图 7－58(a)中的空载特性曲线 1 将会上移，也使稳定的电压值增高，这时异步发电机电动势频率也随之增大。

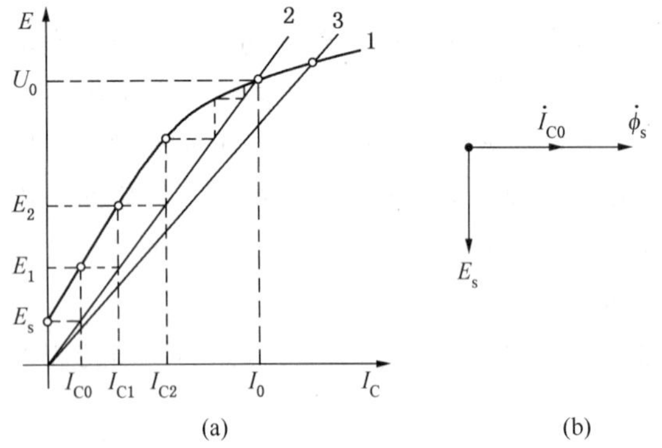

图 7－57

1—异步发电机的空载特性曲线；

2—电容为 C_2 时的端电压与线电流的关系曲线称为电容线；

3—电容为 $C_2>C_1$ 时的端电压与线电流的关系曲线

为了使异步发电机的空载电压达到额定电压，自激异步发电机电容的大小要选择合适，必须使电容电流等于异步发电机在额定电压下的激磁电流。如果电容选的过大，则空载电压太高，在过电压的情况下运行，会使设备损坏；如果电容选的偏小，又会使空载电压偏低，不能适合供电要求。自激异步发电机空载时建立额定电压所需的电容，叫主电容器。

电容器的额定电压必须高于工作电压，一般在 380V 系统中，当电容器接成△形时，它的额定电压应不低于 450V，当电容器接成 ▮ 形时，它的额定电压应不低于 250V。

自激异步发电机在负载运行时，由于负载的增加，转差率 $|s|$ 将要增大，为了保持异步发电机输出电压的频率 f 不变，就必须相应的提高转子的转速 n，否则负载增加后频率 f 及异步发电机的端电压下降，而端电压下降又导致激磁的电容电流减小，进一步使端电压下降，因此自激异步发电机负载增大时，端电压下降很快。如果负载为感性负载(如异步电动机等)，则端电压下降比电阻性负载更严重的多，这是因为负载中的感性电流将抵消一部分电容电流(激磁电流)而使端电压急剧下降。为了使端电压保持不变，必须在负载增加的同时增加电容，增加的这部分电容称为辅助电容器。

当负载为纯电阻性时(如照明负载)，负载功率因数 $\cos\phi=1$，异步发电机达到满载时要保持额定电压 U_e不变，所需要增加的辅助电容 C_1 约为空载电容 C 的 125%，即 $C_1=1.25C$ (微法)。

当负载为感性时，负载功率因数 $\cos\phi<1$。这时负载的无功功率 Q 为：$Q=P_e\sin\phi$，(P_e 是异步发电机的额定视在功率)。

总之，自激异步发电机在负载变化时，如果没有自动调节装置，其端电压和频率的变化是很难免的。切除负载时，应同时切除相应的辅助电容，以防止运行中电压过高，损坏电容器和其他设备。如果负载为异步电动机时，其单机容量不应超过异步发电机容量的10%，电动机负载的总容量不应超过异步发电机容量的25%。如果运行中突然发生端电压消失，可以立刻断开负载，端电压便会重新建立起来。空载电压建立起来以后再逐渐增加负载。

异步发电机与电网并联运行时，异步发电机所需的激磁电流就由电网供给。异步发电机的激磁电流对电网来说是一个功率因数很低的滞后电流，这就增加了电网供给无功功率的负担。异步发电机和电网并联运行时向电网吸收激磁电流来建立气息旋转磁场，同时把原动机的功率转换为有功功率供给电网。

六、异步电动机的安装

（一）安装前的一般要求

1）电动机应符合现场环境的要求。

2）电动机运到现场后应进行外观检查：包装应完整，运输过程中无碰撞损坏现象，轴颈保护层应完好，无锈蚀现象，有铭牌、有旋转方向标志，安装使用说明书及图纸资料齐全。

3）电动机的基础、地脚螺栓孔、沟道、孔洞及电缆管的位置、尺寸和质量应符合设计与土建的要求。混凝土的强度达到设计值的40%～50%时方可进行电动机安装。

4）主纵轴线及主横轴线的确定，利用主纵轴线和主横轴线检查基础尺寸和底板上地脚螺栓孔的轴线，并正确安装好轴承座和电动机。

确定主纵轴线和主横轴线的方法，一般是用架子把一根0.3～0.4mm的钢丝架在基础上方，用15kg的重物将钢丝拉紧。根据分布在主纵轴线两边的基础底脚螺栓孔中心距为中点，把钢丝调整好。然后悬上重锤，用冲子在基础中预埋的钢板上冲出两点记号，再在基础上画出主纵轴线。用同样的方法，在基础上划出与主纵轴线正交的主横轴线。

（二）底板的安装和调整

底板安装时，下面要垫以金属垫块和成对的楔形垫块，用以调整底板的标高和水平度。安装底板前，应先根据底板的负载分布和地脚螺栓分布位置，在基础上划出垫块放置位置。一般垫块应放置在轴承座和定子机座下边，地脚螺栓两旁。两组垫块间的距离应为250～300mm，其余地方两组垫块间的距离可按600～800mm，各垫块组要垫稳、垫实，受力均匀。同时，还要求二次灌浆层与底板底面接触严密。否则会引起机组振动和转子轴向窜动，严重的会造成轴承、轴瓦的损坏，定转子相擦。垫块的面积可按下式计算：

$$A = C\frac{100(Q_1 + Q_2)}{R}$$

式中 A——垫块面积（，mm^2；

C——安全系数，通常取1.5～3；

Q_1——设备重量加在垫块组上的负荷，kg；

Q_2——地脚螺栓拧紧（采用地脚螺栓的许用抗拉强度）后分布在垫块组上的压力，kg；

R——基础或地坪混凝土的单位抗拉强度（混凝土设计标号），kg/cm^2。

每一垫块组应尽量减少垫块的数量，一般不超过5块，尽量少用薄垫块。放置平垫块时，最厚的放在下面，最薄的放在中间，并应将各垫块相互焊牢。

每一垫块组的总厚度不应小于20mm，要放置整齐平稳。垫块与基础接触面应进行研磨找平，接触要良好，接触面积应大于65%。底板找平后，每一垫块组应均匀被压紧，并用0.5kg手锤逐组轻击听音检查。

垫块安装好后，应露出底板底面外缘，平垫块应露出10～30mm，斜垫块应露出10～50mm。

垫块一般采用平垫块和斜垫块两种，斜垫块的斜面一般取1/10～1/20，斜面与斜面应相互吻合，要成对放置。

一般中小型电机采用垫块宽度为50～80mm，大型电机一般采用垫块宽度为80～130mm，垫块长度通常中小型电机伸入底座底面应超过设备地脚螺栓孔，大型电机的垫块长度应大于底板面宽度的25～50mm。吊放底板前，如果地脚螺栓是丁字形的栓头，则要预先放入地脚螺栓孔内，双头螺栓则不用预先放入。吊放底板时应注意钢丝绳不被压住。底板放到基础上即可进行调整，先按其标高近似的尺寸放置水平，并按纵、横基准线进行调整，然后再将底板的位置较精确地调整到规定的标高和水平位置。为加速这一调整过程，在施工中往往采用三点法或多点法找正底板，其步骤如下：

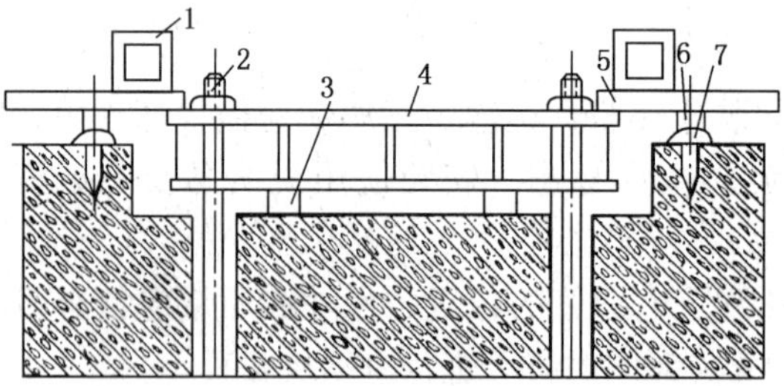

图7－58　底板标高测定

1—方水平；2—地脚螺栓；3—千斤顶或可调垫块；4—底板；5—平尺；6—垫块；7—标高铆钉

1）基础浇灌时，先在基础旁边埋入圆头铁钉，再由测量人员测好标高，利用此标高点，用平尺和方水平找好底板与基础的标高，如图7－58、图7－59所示。

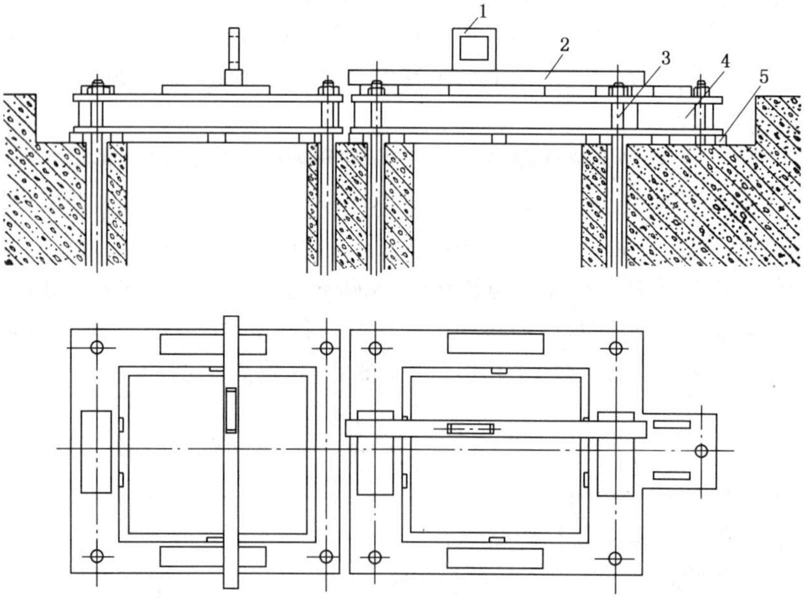

图7－59　底板找平

1—方水平；2—平尺；3—地脚螺栓；4—底板；5—千斤顶或垫块

2）每测量一个方向要反复测2～4次，在测2、4次时，必须将水平尺与原来位置旋转180°，求其平均值。在调整中若底板发生移动必须重新测量。

3）利用千斤顶放在底座底面的三个位置（中型和单机底座），大型交流机组底板应相应增加调整点的位置。在调整的过程中要根据设计和安装的要求来逐步调整相应点位置的高低，直到符合规定为止。

4）利用三点法或多点法调整好底板后，即可稍拧紧地脚螺帽，同时将应放置的平垫块或斜垫块安放好。

5）拆除调整用的千斤顶，复查底板水平度和标高是否合乎要求。要求水平度不得大于0.25mm/m，而且要按基础的纵、横轴线正确的放置好，在达到安装质量标准时，将地脚螺栓拧紧。拧紧时应注意螺栓受力应均匀，一般采用对角循环拧紧的方式来使螺栓受力均匀，拧紧后的螺栓头部必须露出螺帽2～5个螺距。

在调整底板的过程中，除注意上述的事项外，还应注意已安装好的其他设备的转轴中心，并在定子底座处和轴承座底面上应留有2～3mm的装配调整余量。

（三）轴承座的安装和调整

底板安装结束后，要进行 轴承座的安装。轴承座安装前应拆开进行全面清洗和检查，轴承座油室要清洁、干净，油路畅通。轴承盖与轴承座结合面，轴承座与轴承挡油盖结合面应进行刮研配合，并用塞尺检查，其间隙不得大于0.03mm。

放置轴承座的底板表面也要清洗干净，不应有碰伤、锈蚀和毛刺。确保轴承座和底板接触紧密，间隙不大于0.05mm。紧固轴承座的螺栓及底板的螺纹均要仔细检查，并试拧螺栓检查是否过紧或脱扣。

无论是单个的电机轴承座还是机组的多轴承座，都应当安装在被连接的机械主纵轴线上或者机组的纵轴线上，测量轴承的中心一般是用挂钢丝和线锤的方法。

轴承座位置的调整，可从最边上的轴承座开始，用水平尺放在轴承座的面上，来检查这些平面的水平度。用经纬仪或水平仪检查几个轴承座的平面是否在同一水平面内，以及用吊线锤等方法找正各轴承中心是否在同一轴线上，如图7－60所示。在消除偏差的过程中，应用千斤顶式的工具来移动轴承座，切勿采用撞击、锤打的方法。

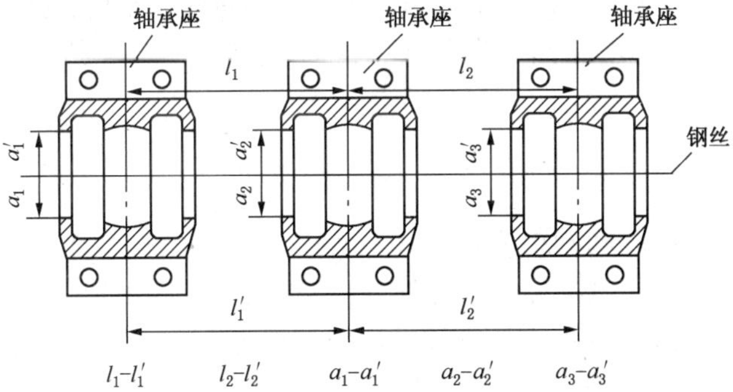

图7－60　轴承座定心方法

轴承座同轴度的调整，一般是用拉钢丝定心的方法进行，各轴承的中心应在同一条轴线上，左右允许偏差±0.1mm，轴向两侧中心距允许偏差±0.5mm。

应当指出，此次轴承座的安装调整仅仅是预调，轴承座预调好后，只是将螺栓均匀的拧紧（按对角循环拧紧），在定心时还要详细调整以达到轴心线一致的要求。对于带绝缘垫的轴承座，螺栓上的绝缘套管和稳钉可暂时不放，等定心工作完成后或试车前再放入。

（四）异步电动机本体的安装

电动机在安装前，除大型电动机需要抽出转子检查外。有下列情况之一时，也应抽出转子进行检查：出厂期超过制造厂保证期限；当制造厂无保证期限时，出厂日期已超过一年；经外观检查或电气试验，质量可疑；开启式电动机经端部检查可疑；试运过程中出现异常情况者。

1. 异步电动机本体安装前的检查

1）盘动转子应灵活，不得有碰卡声。

2）电动机的引出线鼻子焊接或压接应良好，编号齐全，裸露带电部分的电气间隙应符合产品标准的规定。

3）电动机内部清洁无杂物，定子线圈绝缘层应完好，绑线无松动现象。

4）铁芯硅钢片应紧密，无松动、无锈蚀。通风孔和风道应清洁，无堵塞。

5）定子槽楔无断裂、凸起和松动现象。

6）转子各部应完好，平衡块和平衡螺丝应牢固，无松动和变位。

7）电机风扇应无裂纹、方向正确、固定键或螺丝应紧固。

8）滑环表面应光滑，不得有凹穴、毛刺、黑斑等。

9）检查刷架及刷握应符合要求，电刷在刷握内应上下自如。

10）鼠笼式电动机转子铜条和端环应无裂纹，焊接应良好。

11）轴承工作面应光滑清洁，无麻点，裂纹或锈蚀。

12）轴承的滚动体与内外圈接触良好，无松动、卡涩，转动灵活。

13）电动机定、转子间的气隙应符合制造厂要求。

2. 异步电动机定子、转子的安装

定子和转子全部检查完毕后，应对底板上安装定子底脚的配合面进行仔细的清理，检查螺纹孔有无锈蚀，螺栓拧入螺孔有无困难，螺栓的螺纹上最好涂以润滑油。

在确定定子、转子和负载机的位置时，首先要考虑到电动机转子在负载情况下因温度升高而产生的轴向热膨胀以及负载机转子轴向伸长对电动机转子轴向位置的影响。为了保证满载时电动机定、转子磁极中心之间的误差在 ±1mm 范围内，定子铁芯中心线应向非传动端移动一距离 a：

$$a = \frac{l}{2} \times 10^{-3} + C \text{ (mm)}$$

式中 l——转子轴颈中心线间的距离，mm；

C——由于负载机转子轴向伸长引起的电动机转子轴向位移，一般 $C = 2 \sim 3$mm，较大容量机组的 C 值在制造厂安装文件中有规定。

大型异步电动机在安装前应抽出转子进行检查，各部件符合要求后进行安装。在装转子时，如果转子轴的一端不能伸出定子之外，则须接一段假轴，以达到能吊起转子的目的。对于大型电动机，需要接一端带法兰盘的假轴，此法兰盘要同电动机轴上的法兰盘相同。对于中小型电动机，假轴可不做法兰盘，直接采用一根内径略大于电动机转轴外径的钢管作假轴。

为了避免定子内孔和转子外表面互相碰伤，装转子时可在定子内孔下半部用青稞纸或胶皮垫好，同时用手灯照向定子内孔中插入的转子端，使另一端能观察到转子与定子之间是否保持有间隙的滑行。在吊装转子时，钢丝绳与转子接触部分应用木块及胶皮垫好，以免擦伤转子，并严禁在轴径等重要配合面上绕绳起吊。吊装转子时，还须保持其水平和平稳，以免撞伤轴承及瓦衬。抽装转子可采用接假轴的方法，也可采用专用工具的方法。

抽装转子的顺序及要求同异步电动机检修中的抽装转子的顺序及要求相同。

为了保证电动机能平稳运转，必须按规定把电动机牢固的固定在底座上。无固定底座时，一般中小型电动机可用螺栓固定在已固定的金属底板或槽轨上，也可将电动机固定在事先埋入混凝土基础内的地脚螺栓或槽轨上。

（1）电动机的水平校正

电动机的水平校正，可用普通的水平仪（水准器）对电动机进行纵向和横向的水平校正。如果不平可用0.5～2mm的铜皮垫在电动机底座与底板之间，使调整到符合要求为止。

（2）电动机磁力中心线的测量

在电动机试车和运行中，因磁力中心线调整不好，使电动机转子发生轴向窜动，造成撞瓦或者严重磨损瓦侧的现象。因此，磁力中心线的测量在安装和检修中是一个必不可少的工序。在调整磁力中心线时，一般采用机械的方法来调整，即在转子的磁极端选择相应的几点和定子磁极相应的点上作间距测量，使各间距测量的数据接近相等。为了防止误差，测量时要以0°、90°、180°、270°的位置测量，还要将轴的两端窜动数值记录下来，并在调整中和所测量的定、转子磁极上的间距作相应地考虑。每次所调整的误差，是所测量数值误差的1/2。调整的方法是保持定、转子气隙不变的情况下，将定子沿轴向方向移动。

（3）轴向窜动间隙的调整

电动机定子与转子装配后，应初步调整轴向窜动间隙和定子与转子间的气隙。轴向窜动间隙是指轴肩和轴瓦端面间的活动距离，这是考虑到轴受热后能自由伸长以及使转子在定子磁场作用下自由定位而设置的。轴瓦与轴径的轴向间隙可用塞尺或卡尺测量，如图7－61所示：每一面测量两点，主要检查轴瓦装的是否歪斜，相对两点的间隙 a_1 和 a'_1，应相等，轴瓦的全长应贴紧轴颈，传动侧间隙 a_1 和 b_1 大致相同，非传动侧间隙 a_2 大于 b_2。大型电动机轴颈中心两边的轴向窜动间隙值一般为轴颈直径的2%，调整间隙是通过移动轴承座来达到所需要的数值的。同侧各点间隙应均匀，允许偏差不大于平均间隙的10%。对于有推力轴承的电动机，止推环与推力瓦端面间的间隙约为1～1.5mm。

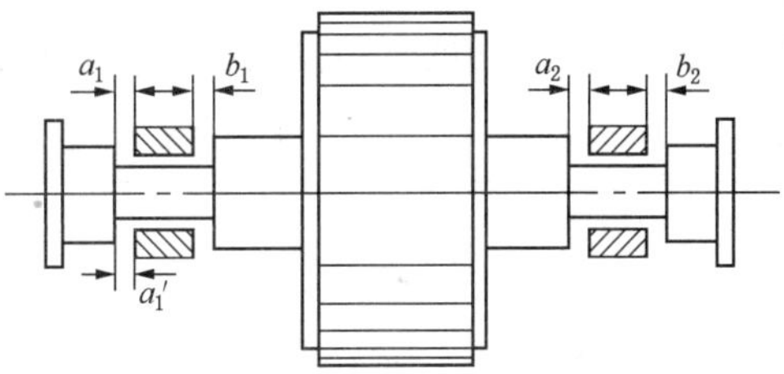

图7－61　转子轴向窜动间隙

在安装调整过程中，有时发现轴的窜动量不均匀或过小，在试车中转轴向一个方向窜动，这样的现象会使轴瓦的端面或止推轴瓦发热，严重的会发生撞瓦等现象。

电动机轴向窜动现象，一般是运行时的轴向磁拉力和重力不断平衡的过程。因此首先应复查磁力中心线和水平度。在磁力中心线和水平度相差不大的情况下，可作如下处理：

1）轴瓦两边的轴向间隙数值相差不多，小于电动机轴向窜动量，这时在乌金层厚度允许的情况下，用车削或刮研乌金的办法来扩大轴向间隙。

2）移动轴承座，解决轴瓦两边的轴向间隙不均匀的问题。在移动轴承座后，其定位销、孔必须重新扩铰，并装配新的定位销。固定轴承座用的螺栓，可以在允许的范围内加以车削，一般车削后的螺栓直径不能小于螺纹内经。

（4）轴颈径向跳动的调整

检查转子的轴颈有无径向跳动，可用千分表测量。把被检查的轴颈圆周分成八等份，使千分表指在轴颈的某一点上，用撬棍或吊车使转子缓慢转动，记录八个位置的每次千分表测量的读数。把千分表读数的记录，按其指针的偏转方向注明“+”“-”号，其差数则是被检查表面的偏心跳动值。

最大的跳动值，就是读数有最大代数差的径向对称分布的二点，轴对其轴线的弯曲大小等于摆动值的1/2。为了测量正确必须使千分表没有位移。当再次回复到原来的测点上时，千分表应指如前测的相同读数，同时要注意转动转子后纲丝绳 应当放松，并使转子和轴不被任何东西卡住或受力，这样测量的读数应反复验正 2 ~ 3 次。径向跳动的允许值可参考表 7 - 33所示：

表 7 - 33　轴颈径向跳动允许值

轴颈/mm	轴颈处的径向跳动值/mm
100 ~ 200	0.02
>200	0.03

（5）异步电动机气隙的调整

在电动机安装中，测量气隙的目的是检查气隙值大小和气隙的不均匀度（不对称性）是否符合规定，电动机定、转子间的气隙，最大值与最小值之差不多大于平均值的 10%，超过后应进行调整。风档间隙各处应均匀，不能小于 1mm，各处间隙互差不大于 10%。异步电动机定、转子间的气隙值见表 7 - 34 所示。

表 7 - 34　电动机气隙值与极数、机座号关系　　mm

极数 / 机坐号	2	4	6	8	10	12
11	1.5	0.9	0.8	0.8	0.8	—
12	1.8	1.0	0.8	0.8	0.8	—
13	2.2	1.1	0.9	0.9	0.8	—
14	3.0	1.3	1.1	1.1	0.9	0.9
15	3.5	2.0	1.2	1.2	1.1	1.1
16	5	—	1.9	1.5	1.3	1.3
17	6	—	2.1	1.7	1.5	1.5
18	—	—	—	—	1.9	1.9
19	—	—	—	—	2.1	2.1

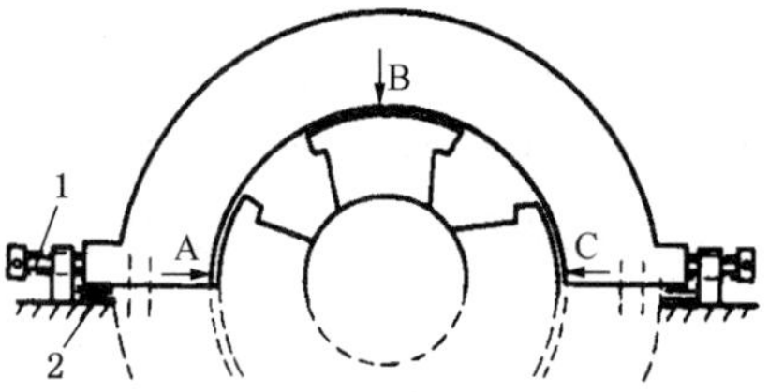

图 7 - 62　大型电动机调整气隙
1—顶丝；2—垫片

大型电动机在安装时，定、转子间气隙的调整主要是通过轴承座与底板间的垫片，机座间的垫片、机座两侧顶丝来调整电动机上下、左右的气隙。如图 7 - 62■所示，上下气隙通过垫片调整，左右气隙通过顶丝调整。对于经常检修的电动机，只要测量 A、B、C 三点的气隙就可以了，测量工具用塞尺。对于中小型滚动轴承的电动机安装时，就依轴承与轴套的配合气隙装入转子，一般不需要调整定、转子间的气隙。

测量工具通常采用宽度为10~15mm、长度300~1000mm的塞尺。测量时，将不同厚度的塞尺片试插入定、转子齿间，使塞尺插入的松紧程度适当，并且每次测量时要保持同样的松紧程度，塞尺的总厚度即为气隙值大小。

测量时将塞尺沿定子端盖上互隔120°的三个测隙孔进行测量，然后将转子转动120°，再重复测量三次，也可上下、左右垂直测量四点(应据电机结构情况决定)。测量气隙的人要正确掌握测量方法，并要细心，还要注意下列要求：

1）塞尺要顺轴向插入，不可偏斜，否则测出的值偏小。

2）塞尺要插在定子的齿表面上，不可插在槽楔上(尤其开口槽)，并且注意不要插在铁芯表面有漆瘤处。

3）塞尺插入铁芯的长度不应小于30cm。

3. 靠背轮的安装

大型电动机的靠背轮，很多是在安装电动机的同时热装在轴上。靠背轮的轴孔与轴的配和是制造厂按工作的性质和要求来确定的。

热装靠背轮是采用不同的加热方法，使靠背轮膨胀一定的尺寸后热装在轴上。一般来说，加热方法可分为热油煮、氧气乙炔烤及感应加热等。如果靠背轮重量轻、体积小可采用冷装的方法，直接用铜棒打入即可。对于冷装难度大的靠背轮，直接采用热油煮和氧气乙炔烤的加热方法。对于大型的靠背轮，大都采用感应加热法。因为大型靠背轮重量大，在加热和安装时必须依靠检修现场的吊车来吊运。感应加热由于站地面积小，可以在检修现场进行而不影响其他施工，加热过程中干净无污染，同时还可准确控制靠背轮内孔的热膨胀量。

感应加热的方法是在靠背轮上缠绕上一定匝数的导线作为感应绕组，当接入交流电后，感应绕组就会产生交变磁通，磁通随电流的交变而变化。由此被加热的靠背轮将产生交变磁场(即产生涡流)，而使靠背轮发热、升温。

靠背轮的加热温度，一般需加热到250℃左右。测定加热温度可用红外线测温仪、温度表或温度计测量。升温的时间不宜太快，以免影响靠背轮温度的均匀性，最终的加热时间要根据膨胀量确定。为了获得合理的靠背轮内径，并测量加热后所膨胀的数值，专门制成大小量辊，以便随时测量靠背轮膨胀后的内径，直至把加热膨胀的内径数值最大量辊能够放入靠背轮内径孔内为止，即靠背轮加热便可停止，并立即进行热装工作。

应当指出，靠背轮和轴颈在进行热装前，必须作好一切准备工作。热装的过程一定要迅速，以免热装过程中温度下降，靠背轮孔径缩小，造成热装困难。

热装靠背轮的注意事项：

1）加热前应核对靠背轮是否与另一个相联结的靠背轮成对，特别是几个同样的机组安装中，要查明成对的号码或记号。

2）靠背轮配合面上应无毛刺、擦伤等缺陷。

3）加热区域应有灭火器材。

4）经常记录温升和电流数值，温升不应超过30℃/h。

5）温升至100℃后，检查人员要注意安全。

6）当用样杆测量孔径数值时，必须停电后操作。

7）靠背轮热装到轴上以后，根据靠背轮的温度情况，可用冷水浇轴颈使其冷却，以防止热量向电枢中扩散影响绝缘。

七、异步电动机的调试

电动机安装或大修后，都要进行电气试验。对低压电动机只做绝缘电阻(测量绝缘电阻时，对500V以下的电动机用500V的兆欧表；对500～3000V的电动机用1000V的兆欧表；对3000V以上的电动机用2500V的兆欧表)、直流电阻测量和空转试验就可以了，对高压电动机还要根据具体的检修项目及要求增加直流耐压和泄漏电流、工频交流耐压、温升等试验。

1. 绝缘电阻和吸收比的测量

对检修后电动机的绝缘电阻值一般不做规定，只要求检查绕组相间和对地不短路。一般1000V以下的定子绕组要求绝缘电阻大于0.5MΩ；1000V以上的定子绕组，在接近运行温度时绝缘电阻值，一般不低于1MΩ/kV；转子绕组要求大于0.5MΩ，否则要经过干燥后才能投入运行。在绕组清扫和干燥后，绝缘电阻值比前次检修时在同一温度下的测定值降低两倍以上着需查明原因。

对高压电动机还要进行吸收比的测量，绝缘电阻正常时，吸收比应在1.3以上，若低于1.3或发现比上次检修测得的数值下降很多，可以判定线圈受潮或产生局部缺陷。

2. 直流电阻的测定

测量直流电阻一般用双臂电桥，能避免测量时连接引线电阻引起得误差。测量时通过被测绕组的电流应远小于正常时的工作电流，以免被测绕组发热使电阻值偏大。同时要记录测量时的环境温度，并将测得的电阻值换算到20℃时的电阻值。当三相直流电阻值的不平衡度小于1.5%时，可认为三相电阻平衡。

各相之间的直流电阻值的差别与平均值的比不应大于±3%，与以前测量的数值比较也不得大于±3%，若超出±3%的范围则应寻找出原因。

3. 工频交流耐压试验

工频交流耐压试验的试验电压，是根据要确保绝缘水平而又不至于引起绝缘劣化来确定的。在电动机修理中若更换线圈，则耐压试验电压应与生产厂相同，若未更换线圈或只是局部修理，则试验电压定为新电机试验电压的75%。

4. 空转试验

电动机检修后都要进行空转试验，检查转动时的振动、响声、轴承及电刷部分的运行情况，并调整到完好状态。空转试验的持续运行时间为1～2h，同时还要测量电动机的空载电流和三相电流的平衡度。

一般中小型异步电动机的空载电流大约是电动机额定电流的30%～60%，高速大容量电动机的空载电流小些，低速及小容量的电动机大些。

5. 温升试验

电动机在额定电压、额定频率和额定负载下进行温升试验。保持电动机是额定负载的方法是维持定子电流等于额定电流，另外可维持电动机输出功率等于额定功率，但不控制定子电流。为了缩短试验时间，在试验开始时可先过载1.1倍运行约30min，然后根据温度上升情况，确定温升是否稳定。

试验中电动机的温升随时间按指数曲线变化，开始温度上升快，以后缓慢，最后稳定。当一小时内电动机铁芯温度变化不超过2℃时，则可认为温升已处于稳定。

6. 直流电动机的试验

并励电动机起动时，应在电枢回路中串入适当的可变电阻，限止起动电流在 2 ~ 2. 5 倍额定电流范围内，同时应使励磁绕组调节电阻为 0，使励磁绕组全压起动，以缩短起动时间，见图 7 – 63 所示。

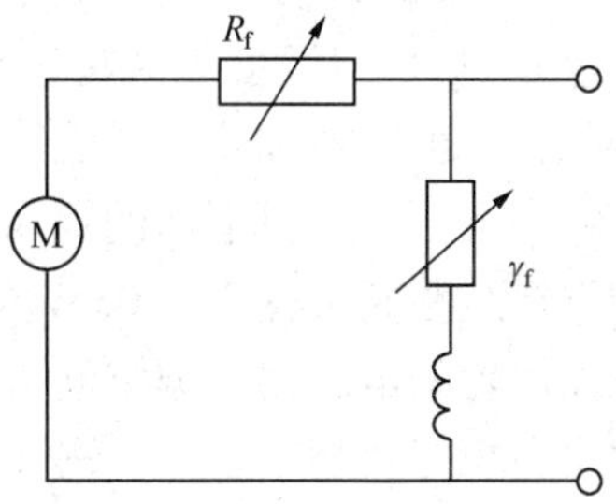

图 7 – 63　并励电动机的起动电阻接线

他励电动机起动时，励磁绕组应全压，电枢绕组适当低压，等完全起动后，再调节电枢电压至额定值，再调节励磁电阻器，使电机转速达到额定转速。

复励电动机的起动与并励电动机完全相同，但要注意差复励的情况，若把并励和串励同时进行励磁时，前者自感比后者大，接通电流的瞬时将使电动机反转。

串励电动机直接起动时通常应带 30% ~40% 的负载，以避免“飞车”事故，也可将串励改为他励起动。

八、异步电动机的干燥

1. 电动机干燥的原因

电动机在运输储存和安装过程中绝缘容易受潮。绝缘受潮后，其电气强度大大降低，在直接通电时容易发生击穿事故。所以对于因受潮而绝缘电阻值较低的电动机应进行干燥驱逐潮气，提高绝缘电阻值和电气强度，以保证电动机的安全运行。

2. 需要干燥的电动机

新安装的电动机，由于在运输、储存和安装过程中可能受潮，一般需要干燥。

已经投入运行的电动机，由于长期停止使用而绝缘电阻值下降，低于规定值时需进行干燥。

电动机因检修或因使用条件较差及其他原因受潮，而使绝缘电阻值低于规定值时需进行干燥。

3. 不需干燥的电动机

如果在运输、储存和安装过程中保管较好，不曾受潮的电动机，并满足下列条件者，可以不经干燥投入运行：

1）接近工作温度时，绝缘电阻值大于规定值。

2）绝缘电阻的吸收比 R60/R15 应大于 1. 33。

4. 电动机干燥的方法

电动机干燥的方法很多，要根据现场的具体条件和电动机的具体情况而定，最常用的有 4 种方法。

（1）热风干燥法

把电动机用帆布盖好，除留有进出风口外，把其余部分封闭起来，装设一台专用的鼓风机，将空气打入一台加热器中，等空气加热到 100℃时再吹入电动机。通常用的加热器是用电热丝或蒸汽来加热的，加热器的容量 P(kW) 可按下式来估算：

$$P = \frac{0.4P_n}{100} + 20$$

式中　P_n——被干燥的电动机的额定功率，kW。

在吹风中应定时地更换吹风位置，应控制电动机线圈表面的温度不应超过85℃（温度计测量），进风口温度不应超过90℃。

（2）电阻器加热干燥法

在大型电动机下面的通风道内放置电阻箱若干个，接上临时电源通电加热。电阻箱距电动机绕组距离不得小于0.5m（参考值），而且不应有明火和火花以免引起火灾。中型电动机下面放置的电阻器应据空间大小情况决定，小型电动机下面不方便放置电阻器时，可放置大功率白炽灯代替电阻器。采用这种方法时，温度最高是在电动机的顶部，要注意绕组最高温度不应超过90℃。

（3）短路电流干燥法

电动机干燥时，首先将转子堵住，然后在定子线圈内通入低压三相交流电。所用电压一般为额定电压的8%～10%，使定子电流不致太大，通常约为定子额定电流的60%～70%，以免定子线圈过热烧坏。由于定子产生旋转磁场，在转子绕组内感应出短路电流，并在转子铁芯内引起涡流损耗使转子得到加热。

这种方法干燥电动机的缺点是，需要一台一定功率的降压自耦变压器，而且温度不易控制；在转子的个别地方产生过热，所以要特别注意。

（4）利用电动机的损耗热量通风干燥

对低电压的电动机表面受潮，可考虑带负荷运行。对封闭式通风的电动机，可以关闭风机和冷却器进水阀门，利用电动机的自身损耗来加热空气和电机各部件。电动机开始可在50%左右负载下运行，逐步增加到额定负载。电动机在运行中要定时检查绝缘电阻值。

5. 干燥时注意事项：

1）电动机在干燥前，必须用压缩空气将积灰吹扫干净，电枢、绕组等部件上的油污必须擦净。

2）在电动机本体内进行干燥时，必须在外壳上加盖毡布保温，而且在机座或端罩上面要开一个排潮小窗口。

3）在利用通电干燥时，机壳必须可靠接地。

4）电动机升温不能过快，一般大型电动机的温度上升速度为5～8℃/h，中、小型电动机温度上升速度为7～15℃/h，最终的温度和干燥方法有关。监视温度计应放置在电动机的上下左右和不同绕组的部位。

5）在干燥过程中，应随时测量电动机的绝缘电阻（所用兆欧表的电压等级应符合电动机绝缘电阻的测量标准），并记录干燥曲线。开始每15min记录一次，以后每1h记录一次。干燥曲线内容应包括时间、温度和部分绝缘电阻值。

干燥开始后，由于温度升高和排潮，绝缘电阻下降，然后开始回升，直到稳定。一般稳定4～5h后，可以认为干燥完毕。

九、异步电动机验收

（一）电动机试运前的检查

1）建筑工程全部结束，现场清扫整理完毕。

2）电动机本体安装、检查结束，起动前应进行的试验项目，按电气设备交接试验标准试验合格。

3）电动机保护、控制、测量、信号等回路调试完毕。

4）测定电动机定子绕组、转子绕组的绝缘电阻应符合要求。

5）电刷与集电环的接触应良好。

6）盘转电动机转子时，应转动灵活，无碰卡现象。

7）电动机引出线应相序正确，固定牢固，连接紧密。

8）电动机外壳油漆完整，接地良好。

（二）电动机试运行中的检查

1）电动机的旋转方向符合要求，无异常声音。

2）集电环及电刷的工作情况正常。

3）电动机各部温度，不应超过电动机技术条件的规定。

4）滑动轴承温度不应超过80℃，滚动轴承温度不应超过95℃。

5）电动机振动的双倍振幅值，不应大于表7－35值的规定。

表7－35　电动机振动的双倍振幅值

同步转速/（r/min）	3000	1500	1000	750及以下
双倍振幅/mm	0.05	0.085	0.1	0.12

电动机宜在空载情况下，作第一次启动，空载运行时间为2h，并记录电动机的空载电流。

电动机的带负荷启动次数，应符合电动机技术条件的规定，技术条件无规定时，可符合下列规定：

1）在冷态时，可启动2次，每次间隔时间不得小于5min。

2）在热态时，可启动1次。当在处理事故以及电动机启动时间不超过2～3h时，可再启动1次。

（三）电动机在验收时应提交的文件和资料

1）变更设计部分的实际施工图。

2）变更设计的证明文件。

3）制造厂提供的说明书，检查及试验记录，合格证件及安装使用图纸等文件。

4）安装验收技术记录，签证电动机抽转子检查及干燥记录。

5）调整试验记录及报告。

十、异步电动机试运

（一）电动机起动前的准备及检查

1）工程全部结束，现场清扫整理完毕。

2）检查电动机接地良好，起动系统正常。各部螺栓，紧固无松动。

3）检查电源电压和电动机电压、频率相符，接法正确。

4）检查电动机绕组各相间及对地的绝缘电阻。

5）检查电动机轴承是否有油，滑动轴承的油是否在规定油位。

6）检查电动机转轴是否灵活。

7）检查电动机所配熔体的额定电流值及过载保护的整定电流值是否符合要求。

8）对转子为绕线式电动机，还应检查集电环上的电刷及提刷装置是否灵活，电刷接触是否良好，压力是否合适，一般压力应为1.5～2.5N/cm^2。

9）对于只允许单向运转的电动机，应首先测定三相电源相序，然后按电动机出线端的标记接线，如三相电源 D_1、D_2、D_3 分别与电动机出线端 U_1、V_1、W_1 相接。如果电源相序或电动机的出线端不好判断的话，只有将电动机同负载解列，进行电动机的单机试转。必须指出的是：对用首尾判别法得出的 U_1、V_1、W_1，并不一定是实际的相组顺序。因此不能采用这种方法。

（二）电动机的启动

电动机在刚接通电源的瞬间，转速 $n=0$，转差率 $S=1$，转子电流最大，定子电流也最大。随后转速逐渐升高，转差率逐渐减小，定、转子的电流也逐渐减小，最后，在某一稳定转速下运转，这就是电动机的启动过程。在生产实际中，异步电动机要经常开停车。虽然启动时间很短，一般只有几秒钟到十几秒钟，但启动电流比额定电流大 4 ~7 倍，这样大的启动电流，在一定条件下会使电动机严重发热。

在一般情况下，电动机由于启动时间较短，启动电流虽大，但还来不及使电动机发热。就达到了额定转速，电流也就随即降到了额定值的水平。不过对于启动频繁的电动机(如桥式吊车的电动机等)，将会造成热量积累，而使电动机温升过高。所以，一般情况下应尽量避免电动机的频繁启动。

经过上述各项准备和检查合格后，方可启动电动机。电动机启动时应先点动，预检电动机有无异常声音及转向是否正确，对于不允许反转的机械设备点动试车前应与电动机脱开，待电动机点动预检正常后，应进行空载运行，电动机的空载运行一般为 2h。电动机在空载运行中应观察电动机各部有无不正常声音，振动及局部过热等。记录电动机的启动时间和空载电流。对转子为绕线式电动机还应检查滑环上的电刷表面是否全部贴紧滑环，动作灵活，电刷的压力是否正常，导线是否相碰。电动机空载运行正常后即可带负载运行。

1. 直接启动

直接启动就是利用开关或接触器把电动机直接接到与电动机电压相同的电源上，这种启动方法的优点是："操作和启动设备都很简单"。缺点是；"启动电流特别大，能达到电动机额定电流的 4 ~7 倍，会使开关、接触器、继电器等回路设备短时过电流。"对电动机本身而言，鼠笼型电动机允许直接启动。电动机的直接启动主要是受到电网容量的限制，当电网容量不够大时，电动机的启动电流可能会使电网的电压显著下降，影响到接在同一电网的其他电气设备的正常运行。

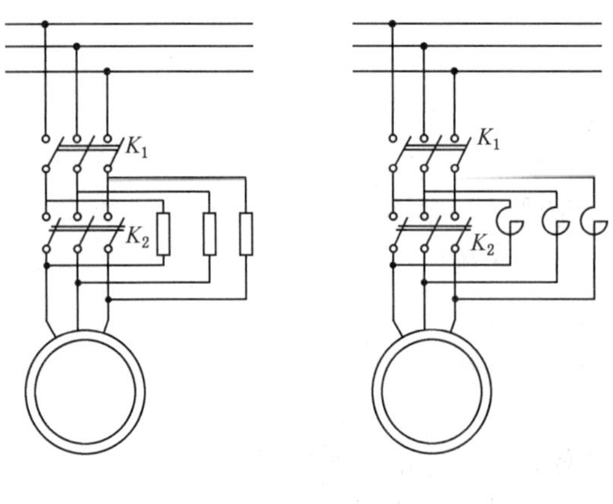

图 7 –64

2. 电阻或电抗器降压启动

这种启动方法，是在鼠笼型电动机定子绕组回路中串入一个三相电阻器或电抗器，使电动机启动时一部分电压降落在电阻或电抗器上，于是加在电动机上的电压就低于电网电压，从而减小了启动电流。当电动机启动到接近额定转速时，再将电阻器或电抗器短接，使电动机在额定电压下正常运行，其启动回路如图 7 –64 所示。启动时先将刀开关 K_1 合上，电阻器或电抗器就串入定子回路启动，这时电动机的端电压 U_q低于额定电

压 U_e，其比值用 $K=\frac{U_e}{U_q}$表示；待电动机转速接近额定转速时合上开关 K_2，使电阻器或电抗器短接，电动机便在额定电压下运行。

由于电动机的转矩与电压的平方成正比，所以随着电压的降低，虽然启动电流只是正比于电压减小，但电动机的转矩减小更多，这是电阻器降压或电抗器降压启动方法的缺点。同时，启动时在电阻上的功率损耗较大。所以这种方法仅用于启动要求不大，而启动也不太频繁的电动机上。

3. 星/三角(Y/△)启动

这种启动方法，只适用于定子绕组在正常工作时是三角形接法的电动机，其启动回路如图 7－65 所示。在启动时先合上刀开关 K_1，然后再把 Y/△开关 K_2 投向启动位置(Y)。此时定子绕组为星型接法，定子每相绕组的电压为$\frac{1}{\sqrt{3}}U_1$，其中 U_1 为电网的额定线电压。待电动机接近额定转速时，把 Y/△开关很快地投向运行位置(△)，这时定子绕组改为三角形接法，定子每相绕组便承受额定电压 U_1，启动过程结束。由于 Y/△启动方法的设备比较简单，所以在轻载或空载启动的情况下常采用这种方法。

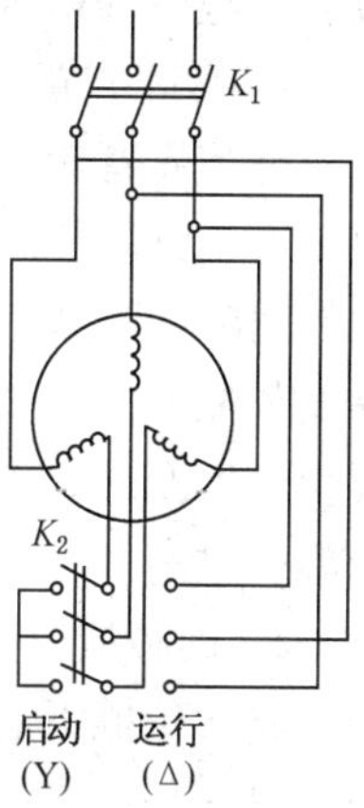

图 7－65

(三) 电动机的连续启动

电动机的连续启动，如无制造厂的规定时，可按下列规定：

1) 冷态时，可启动 2 次。每次间隔时间不得小于 5min。

2) 热态时，可启动 1 次。

(四) 电动机启动后的检查

1) 电动机的负载电流不得超过额定值。

2) 电动机三相电流平衡，三相电流中任一相电流与三相平均值之差值不允许超过 10%。

3) 电动机轴承是否过热，是否有漏油现象。

4) 电动机的振动、声音是否正常。

5) 对绕线转子电动机，应检查电刷与集电环间的接触压力，磨损及火花情况。

6) 电动机通风良好，进风口和出风口畅通。

十一、异步电动机的检修

(一) 大修前的准备工作

首先组织全班检修人员学习安全作业规程，订出现场工作安全措施。结合平时设备存在的缺陷和实际情况，认真讨论检修计划和措施，同时按照检修规程确定具体的检修项目和处理方法，以保证按计划进行检修。

大修前还应安排好拆开后的配件的放置地点，特别是细小零件更应专人妥善保管。对检修现场临近的带电设备，工作负责人应向工作人员交待好注意事项。

确定专人记录，做好检修前的原始数据的测量和记录。对大型电动机应用塞尺测量并记录轴承端盖与轴的间隙；测量定、转子间的空气气隙以及外部情况检查等。

(二) 异步电动机拆卸

电动机的主要检修项目均在电动机拆卸后进行，因此，电动机的正确拆卸非常重要，在日常检修中往往因忽视这一工作而造成返工或设备损坏，所以电动机检修工一定要熟练掌握拆卸工序。在拆卸过程中与全体工作人员互相配合，协调一致，并注意电动机各部有无原始记录中没有的新的缺陷，拆下的零件应放置妥当，在起吊电机时，还应注意检查起吊用的倒链、钢丝绳等是否能满足起吊重量的要求。

1. 拆卸靠背轮

拆卸靠背轮应使用拆卸工具将靠背轮从轴上拉下来，拆卸靠背轮的顺序及注意事项应参照专用工具的使用说明及实际拆卸经验。如果遇到靠背轮与轴配合较紧时，应先在靠背轮和轴的间隙处喷些松动剂，然后用木手锤或铜棒敲打靠背轮。也可根据靠背轮尺寸的大小以及厚度和配合情况适当加热，一般加热温度应控制在 190 ~ 240℃之间，温度过高则可能使靠背轮产生变形，为防止温度过高，应掌握开始加执的时间，因为过早加热往往会造成靠背轮的温度过高。

2. 拆卸端盖

靠背轮拆下后，在电动机两侧端盖及定子外壳上做好记号，注意两边端盖的记号不应相同，目的是防止回装时弄错。对于大型电动机的端盖，必须在拆卸前先用起重工具把它系牢，以免在吊起端盖脱离电动机时，碰伤定子线圈绝缘。松开端盖螺栓，并取出稳钉，用卸下的端盖螺栓拧入顶丝孔内，对角将螺栓拧紧，用力要均匀。在端盖与机座分开时，应用手扶持，使其缓慢拆下。

在拆卸防爆电动机前，应标记好各零部件的相互位置。在拆卸中，应记录好各有关技术数据。为了保证其防爆性能，在拆卸防爆电动机时不得丢失紧固螺栓、螺母、弹簧垫圈等。新配的螺栓、螺母、垫圈应按原来的尺寸要求配制，不能任意改变。

3. 拆卸轴承

由于拆卸滚动轴承时，会磨损配合表面，降低配合强度，不应轻易拆卸轴承。在检修中，遇到下列情况时才考虑拆卸轴承：

1）修理或更换有故障的轴承；

2）轴承正常磨损已超过使用寿命；

3）更换其他零部件必须拆卸轴承方能进行时，如换轴、处理转子缺陷；

4）轴承安装不良，须返工重新装配等。

拆卸轴承时，通常是使用专用工具进行拆卸。目前拆卸滚动轴承的专用工具有螺旋型和液压型两大类多种型号。

在架设拆卸专用工具时，要使各拉杆的长度相等，各拉杆距主螺杆中心的距离也要相等，不要偏斜。钩爪要等距离的、垂直的钩住轴承内圈，同时检查主螺杆应与转轴中心线重合。为了保护转轴端的顶尖孔，不要使主螺杆直接顶在顶尖孔上，在它们之间应垫上金属板或滚珠进行保护。在架设较重的拆卸工具时，应用倒链或天车吊住拆卸工具进行架设。

在拆卸过程中，要使轴承的受力点正确，轴承内外圈受力均匀。保持转轴的轴径配合面的精度不受损伤。

拆卸轴承与轴径配合较紧的轴承时，因过盈量较大，不应用冷拆的方法。因为冷拆不但拆卸困难，而且也会损伤轴径表面的配合精度，也容易增大轴承的噪音。所以最好采用热拆法，其拆卸步骤如下：

1）把拆卸工具架设好，钩爪钩住轴承内圈后，要把螺杆拧紧到一定紧度；

2）用石棉布把轴承附近的转轴表面包好，以防止热油淋上使转轴与轴承内圈同时膨胀而不好拆卸；

3）把油加热至100℃左右(可用废变压器油)，然后用油壶或油勺将热油迅速浇在轴承内圈上，当轴承受热膨胀后，轴承内圈与轴径的配合强度就会降低，这时轴承就会很容易的被拆下来。

4. 抽转子

当拆下靠背轮和端盖后，结构不同的电动机可采用不同的方法将转子抽出。小型电动机可用人力直接将转子抽出；大、中型的电动机可采用接假轴和单腿扁担的方法。

(1) 接假轴法

接假轴抽转子用的假轴和横梁要根据电动机的尺寸制作，如图7－66所示。图中(b)为自制的横梁，根据电动机尺寸用工字钢制成。孔内穿装起重卡环及用来穿钢丝绳。图中(c)为自制假轴，根据电动机轴的尺寸制成，法兰用20mm厚的碳钢板车圆制成，钢管为普通碳钢钢管。法兰上的长孔为螺栓孔，用以对装不同型号的靠背轮。根据现场情况，对于中小型电动机，假轴也可以不作法兰，只用一根内径略大于转轴最大外径的钢管作假轴，抽转子时直接将钢管套在转轴上即可。钢管与转轴之间要垫上软的材料，如铝板、胶皮等。但应注意不能用钢管直接套在轴承或轴颈的位置上抽转子，以防损伤轴肩及轴面。抽转子前，首先在电动机轴靠背轮侧接好假轴，准备好支撑转子的枕木，其高度应低于转子铁芯最低点15～25mm。用两根等长的钢丝绳分别挂住转轴的两侧，通过卡环将钢丝绳的另两端挂在自制的横梁上，横梁上的另两个卡环通过一根钢丝绳挂在天车(或倒链)的吊钩上，如图7－67所示。检查横梁、卡环固定良好后，调整钢丝绳使横梁及所吊转子达到水平位置。正确后可稍起吊一下转子，待各处吃力后，即可缓慢起吊。起吊时电动机两端要设专人监视转子与定子间隙，当转子底面稍离开定子铁芯内圆时，可向抽出方向缓慢的移出转子，抽转子中，应随时监视定、转子间的间隙，以防止定、转子相碰。抽出转子后要用枕木块将转子垫好。最后移走定子，拆下假轴。抽大型电动机转子时，也可将转子的一端支承在可移动的小车上，另一端通过假轴用天车吊起，并利用定车的方法将转子抽出。

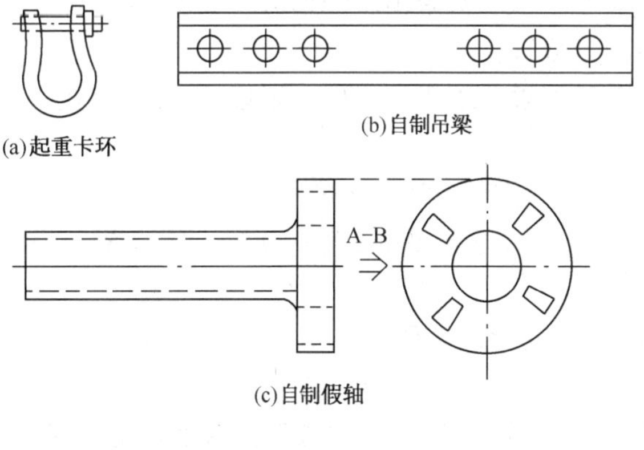

图7－66　自制抽转子工具

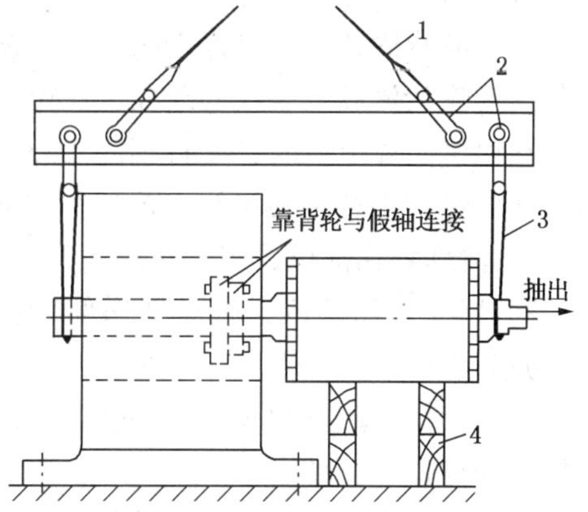

图7－67　利用假轴抽转子

1—钢丝绳；2—卡环；3—钢丝绳；4—枕木块

(2) 单腿扁担法

单腿扁担法操作方便并省去假轴，采用型钢或槽钢制成，大小和吊重能力要符合转子的大小和重量的要求。单腿扁担的套轴要依转子的重量和轴颈的大小制作，以适应不同型号的

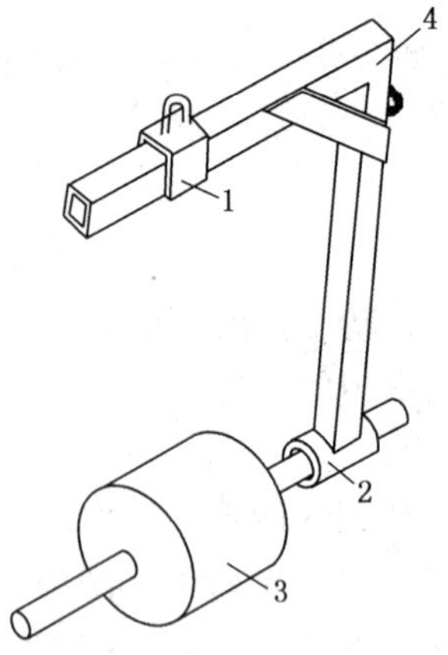

图 7－68　单腿扁担抽转子
1—活动起吊箍；2—套箍短管；3—电动机转子；4—扁担腿

电动机抽转子使用。目前，许多电厂已经使用单腿扁担进行较大型电动机转子的抽装，其操作步骤是：首先用天车或倒链的吊钩吊住单腿扁担，然后将单腿扁担的套轴短管套入转子一端的轴头，套轴短管与轴头之间要垫上软质物质（大、中型电机可垫铝板，小型电机可垫胶皮），以免损坏轴头表面，如图 7－68 所示。起吊前，首先要调整活动起吊箍，使之找好平衡后方可起吊。起吊过程的顺序及注意事项同于接假轴抽转子的方法。等转子水平稍稍吊起，转子底面离开定子铁芯内圆后，从定子中将转子平移着徐徐抽出。抽转子时，无论采用上述哪一种方法，都应注意以下几点：

1）大、中型电动机抽转子，一般都使用起吊设备，有关起吊的安全问题应符合规程规定，荷重的假轴、吊架等设备应进行严格检查；

2）抽转子过程中要特别小心，防止把定子线圈碰坏，必要时可在定子线圈端部垫胶皮垫或纸板保护线圈；

3）严禁转子在空中悬吊时进行检查和作业，一般悬吊时间应尽量短及尽快将转子放置到检修场地或支架上，要注意支架的稳固性，放在地面上时应垫以防止滚动的木楔。

（三）定子的检修

电动机解体后，首先需用干燥的压缩空气吹扫机壳内外，引线盒、定子线圈和铁芯，然后再用布擦拭线圈，对擦不掉的油污可用四氯化碳或绝缘清洗剂浸在布上擦洗，如有吹不到或擦不到的部位可使用小竹片或小木片包上布进行擦拭，但应注意不得使用金属工具清理。清理后的铁芯、机壳内外应干净，通风孔畅通，线圈端部及连线绝缘应光亮，引出线的绝缘子板和瓷瓶应清洁干净、无碎裂。

铁芯应紧固完好，无锈斑、摩擦、过热及松动现象。对铁芯出现的锈斑，要用细砂布打磨，打磨后吹净碎硝，并用绝缘漆涂刷铁芯表面。

槽楔应紧固，用工具敲击时应无空振声。对于铁芯楔条出现的松动以及线圈出现的绝缘脱落、变焦、流胶、裂纹等现象，应由专业人员处理。

在检修防爆电机时，要特别注意外壳各部件隔爆面不得有碰撞、划痕等损伤和锈蚀，如有损伤要进行修补。其修补工艺过程如下：

1）清理划伤部位，用砂布或刮刀等工具，将划伤部位清理干净；

2）焊补划伤部位，先对划伤部位加热，然后用铜锡焊料（铜—20%，锡—75%，铝—5%）进行补焊；

3）刮磨修理，对补焊后的划伤部位先用挂刀或用油石研磨平滑，然后按技术要求试验合格，便可进行回装。

定子检修完后还应对定子端部线圈涂刷 1～2 遍符合要求的绝缘漆，以延长定子线圈的使用寿命。

1. 定子绕组绝缘不良的修理

定子绕组绝缘不良，一般是指绕组的绝缘电阻在 0.5MΩ 以下。对于绝缘受潮的电动机，首先应清扫，并用压缩空气吹掉绕组绝缘层上的碳粉和积尘，然后经烘干驱除绕组绝缘中的潮气，使绝缘电阻恢复正常。对于小型电动机绕组，如有必要可进行浸漆或浇漆，然后烘干。

对于被油泥、尘垢沾污的电动机绕组，最好先清洗(可选用清洗剂或用蒸汽加热至80～100℃)，然后再进行烘干浸漆处理。清洗前，先用压缩空气吹净绕组绝缘表面的灰尘，再用清洗剂进行冲洗。一定要把绕组缝隙中的油泥和尘垢彻底冲洗干净，一直到露出绝缘层的本色为止。用清洗剂冲净后再用热水冲洗，去掉残余的清洗剂，最后将绕组进行烘干，(烘干温度保持在120℃左右)，直到绝缘电阻稳定为止。如果绕组绝缘有老化或损伤现象，最好浸1～2次符合要求的绝缘漆，以延长电动机绕组的使用寿命。

2. 定子绕组接地的修理

定子绕组接地，是指绕组与铁芯或绕组与机壳之间的绝缘破坏而引起的通地现象。定子绕组接地后，只要故障的程度较轻，又便于查找和修理时，都可以进行局部修理。

(1) 定子槽口接地的修理

当接地点在槽口附近的地方，而且没有严重烧伤时，可在接地的绕组中通入低压电流加热，等绝缘软化后打出槽楔；然后用专用工具把槽口的接地点撬开，使导体与铁芯之间产生间隙，这时将符合电动机绝缘等级的绝缘材料(E级电动机可用0.3mm厚的环氧酚醛玻璃布板3240，B级电动机可用天然云母板等)剪成适当的尺寸，插入接地处的导体与铁芯之间，用小锤轻轻地将其打入；绝缘材料垫好后将槽垫对摺后放在绝缘材料上面再打入，最后在槽垫上垫上绝缘纸把槽楔打入。

(2) 定子绕组端部接地的修理

如果接地点在绕组端部，先把损坏的绝缘层刮掉并将接地点清理干净；然后用专用工具对接地部位进行整形处理。需要时可用电吹风将接地的绕组进行加热，使绝缘软化，处理时，用力要适当，以免损坏接地点周围的绝缘。处理完后，再包扎符合绕组绝缘等级的绝缘层，最后涂刷符合要求的绝缘漆并进行烘干处理。

3. 定子绕组短路的修理

定子绕组短路，多见于匝间短路(同一相绕组里导线之间的短路)和相间短路(两相绕组之间短路)。短路的原因，通常是由于匝间或相间的绝缘损坏造成。在查明短路故障后，应分情况进行处理。如果绕组没有烧毁，一般可以采用重新恢复局部绝缘的方法进行修理。如果是绕组的个别线圈烧毁，就需要局部更换线圈。

(1) 绕组相间短路的修理

如果在单层交叉处或绕组端部相间短路，先将短路的绕组加热使绝缘层软化后，用专用工具把短路的两相绕组撬开，使之出现方便处理的间距。待短路点处理后，包扎与原绕组绝缘厚度相同的绝缘层，以符合耐压的要求。如果两相绕组撬开的间距太小，不能进行绝缘层的包扎，可将同等耐压的绝缘材料直接垫在两绕组之间，即垫在短路点的位置上，再涂以符合要求的快干绝缘漆。

双层绕组相间短路，主要发生在槽内的相间。其修理方法可参考撤换线圈的方法，就是将上层线圈从槽内翻出，重新垫相间绝缘，再将翻出的线圈嵌入槽内。

(2) 匝间短路的修理

如果匝间短路点在外部，可用绝缘带将每根绝缘破裂的导线包扎起来。包扎前要对线圈通电流加热，待线圈软化后，用专用工具将绝缘破裂的导线全部撬起来。用漆绸带包扎每一根导线，或用聚酯薄膜垫在两短路匝之间，并用其他导线将薄膜压紧防止滑动，再涂以符合要求的快干绝缘漆。

如果匝间短路严重或是短路点在线圈的内部无法修理时，则应用调换线圈的方法，换上一只新线圈。

4. 定子绕组断路的修理

定子绕组断路，多因焊接不良或机械损伤所造成，也有因接地，短路烧断导线造成的。因此，绕组断路的位置多发生在绕组端部，线圈接头及绕组与引出线的连接处。

（1）绕组焊接不良的修理

如果绕组焊接不良，先拆去包扎的绝缘层，然后断开接头仔细清理，去掉接头上的油污或焊渣。如原来是锡焊焊的，则应先进行搪锡，然后再用烙铁或气焊重新焊接。如果原来是铜焊，则应按铜焊的要求进行焊接。

（2）绕组引出线断路的修理

如果引出线断路，可重新换线，或将引出线缩短，重新焊接接头。

（3）槽内绕组断路的修理

如果是槽内线圈断线，则按要求打出槽楔，翻出断路线圈，进行焊接，并包好绝缘，需要时可涂绝缘漆以加强绝缘，然后再嵌回原线槽。当线圈焊接难度大时，可更换新的线圈。

（4）绕组端部断路的修理

如果绕组端部出现一根断线时，可采用电吹风对断线处加热，待绝缘软化后把断头端挑起来，刮掉两断头端的绝缘层。用0.5mm左右厚的紫铜皮，弯在导线上制成与导线直径相应的套管，套管的长度约为导线直径的8倍。然后将两个线端插入套管内，并顶接在套管的中间位置进行焊接。如果线短不能顶接，要再剪一段同直径的导线顶在两接头端的中间并在套管内，焊接后包扎绝缘或利用接线前穿好的绝缘套管移在接线位置上，作为接线后的绝缘。处理完断线后，还要检查临近的导线有无损伤。

当绕组端部有多根断线时，必须细心查出哪两根断线对应相接，否则运行后将造成短路。然后再采用上述单根断线修理的方法进行修理。

（四）转子的检修

首先用毛刷清理通风沟、通风孔内的灰尘，然后再用干燥的压缩空气吹净转子中的灰尘；对积尘和油垢可用抹布浸绝缘清洗剂或煤油擦净；检查鼠笼式转子笼条有无断裂，松脱情况，笼条的断裂口多发生在伸长端上并靠近与短路环的焊接处，也有个别断口发生在槽内铜条上，断口的两个断裂面往往不易发现，须仔细敲击检查或用放大镜检查，铜条断口不大时，可在铜条断裂处打成坡口再用银补焊，此时应注意保护好铁芯，防止烤伤；如果铜条疲劳断裂，可更换铜条；铸铝转子发生铝条断裂时，可考虑重新铸铝，也可改换为铜条，如确已不能修复，则应进行更换；对绕线式转子，因其端部线圈是用钢丝绑线，所以应着重检查有无导体与钢线搭接短路，钢线脱落，断裂及开焊甩头等现象；以上故障的处理应由专业人员配合或直接由专业人员处理。检查风扇叶片应固定牢固，叶片应没有裂纹及损坏折断，并保持清洁无油垢；检查转子平衡块应紧固，如是用螺丝固定的应将螺母锁死。

（五）滚动轴承的检修

1. 滚动轴承的清洗

检修滚动轴承时，只要不坏一般不从轴上取下轴承，只在原位将轴承清洗干净后进行检查。否则会损坏轴承，造成不必要的损失。

电机检修中有三种清洗轴承的方法：① 轴承在转轴安装位置上清洗（现场清洗）；② 轴

承拆下后清洗；③ 新轴承清洗。

(1) 现场清洗

当现场具有高压蒸汽或高压风时，可利用这些设备清洗轴承，然后再用清洗剂(或洗油)冲洗两遍。如无此设备，可先用竹板刮除旧润滑脂，然后再用清洗剂(或洗油)将剩余的润滑脂清洗干净。

(2) 轴承拆下后清洗

首先用竹板刮除旧润滑脂，然后把轴承放入80～90℃的中性洗液(或变压器油)的煮锅煮洗，约20min取出，再用清洗剂(或洗油)清洗两遍晾干使用。

(3) 新轴承清洗

新轴承必须洗掉防锈剂才能使用，清洗前必须弄清防锈剂的类型是油剂防锈剂、水剂防锈剂还是气相防锈剂，以确定洗液类型。对油剂防锈剂可用清洗剂清洗，对水剂防锈剂和气相防锈剂可用油酸钠皂水溶液或664号水溶液清洗。对全封闭轴承不必清洗，可直接使用。

2. 滚动轴承的检查

滚动轴承有径向间隙和轴向间隙，检修时通常只测径向间隙。测量方法有压锡丝法和塞尺法两种。

压锡丝法是将轴承内圈固定，用直径1～2mm的锡丝事先压扁，压扁的厚度比轴承间隙稍大，然后将此锡丝塞入滚动轴承的滚体和滚道间隙内。转动轴承外圈将锡丝继续压扁，等滚体转过锡丝后，取出锡丝用千分尺测量厚度，即为轴承间隙。

塞尺法是将轴承内圈固定，用50N左右的力将轴承外圈推向径向的一边，然后将塞尺插入要测量的滚体和滚道间隙内，塞尺厚度便是轴承径向间隙。如果轴承径向间隙超过下表7－36的允许值时应更换新轴承。

表7－36　滚动轴承径向间隙最大磨损允许值　　mm

轴承内径 \ 径向间隙 \ 轴承类型	新滚球轴承	新滚柱轴承	磨损最大允许值
20～30	0.01～0.02	0.03～0.05	0.12
35～50	0.01～0.02	0.05～0.07	0.2
55～80	0.01～0.02	0.06～0.08	0.2
80～120	0.02～0.03	0.08～0.1	0.25
130～150	0.02～0.04	0.1～0.12	0.3

检查轴承的简易方法是用手转动轴承外圈，如果转动平滑自如，无杂音，没有松动的感觉，说明间隙正常；如果转动中有杂音、松动或卡涩等不灵活的现象，说明轴承有问题；用手摇晃轴承时发出明显撞击声，说明轴承间隙不正常。

3. 滚动轴承质量标准

1) 洗净的轴承转动时应无异音、振动和摆动。

2) 滚珠、滚柱、滚道表面应光洁无裂纹，锈蚀及疤痕。

3) 保持架铆钉应紧固，无裂纹和锈蚀，与内外圈不应有直接接触。

4) 测量滚珠与内外圈间隙应符合表7－37要求。

表 7-37　滚珠、滚柱与圈间的径向间隙表

轴承内径/mm	新滚珠轴承	新滚柱轴承	最大磨损
35~50	0.015~0.030	0.05~0.07	0.2
55~80	0.015~0.035	0.08~0.10	0.2
85~120	0.016~0.0465	0.10~0.12	0.2
130~150	0.023~0.058	0.10~0.12	0.3

4. 滚动轴承的润滑

滚动轴承润滑脂的选用应根据电动机的轴承型号、转速选择，一般来说转速低的电动机应加稠一些的润滑脂，转速高的电动机应加稀一些的润滑脂。

润滑脂加入轴承的量不能不足或过多，否则会使运行中的轴承温度升高。所以对低速电动机（1500r/min 以下），可加入轴承空腔的 2/3，对高速电动机（1500r/min 以上）可加入轴承空腔的 1/2。简易的方法是先将润滑脂填满轴承内外圈空腔，然后用手指抹掉一侧润滑脂，翻过来轻轻抹掉另一侧润滑脂，剩余的润滑脂就是要求的脂量。常用润滑脂的牌号、用途见表 7-38。

表 7-38　常用润滑脂的牌号和用途

牌　　号	名　　称	针入度(25℃)/1/10mm	滴点/℃	主要用途
ZG—1 ZG—2 ZG—3 ZG—4 ZG—5	钙基润滑脂	310~340 265~295 220~250 175~205 130~160	75 80 85 90 95	用于工业、农业和交通运输等机械设备的润滑，使用温度 1 号和 2 号不高于 55℃，3 号和 4 号不高于 65℃
ZN—2 ZN—3 ZN—4	钠基润滑脂	265~295 220~250 175~205	140 140 150	用于工业和农业机械的润滑，耐高温不抗水，使用温度，2 号和 3 号不高于 110℃，4 号不高于 120℃
ZL—1 ZL—2 ZL—3 ZL—4	锂基润滑脂	310~340 265~295 220~250 175~205	170 175 180 185	抗水，耐高温，使用温度在 -20~120℃
ZFG—1 ZFG—2 ZFG—31 ZFG—4	复合钙基润滑脂	310~340 265~295 220~250 175~205	180 200 220 240	用于高温(150~200℃)和潮湿条件下工作的设备润滑
1 2 3 4 5	二硫化钼锂基脂	310~340 265~295 220~250 175~205 130~160	175	具有良好的挤压性能，用于高负荷、高温操作的冶金、矿山、化工机械的润滑
0 1 2 3 4	二硫化钼复合铝基脂	355~385 310~340 265~295 220~250 175~205	140 180 200 220 240	具有良好的挤压性能，用于高负荷，高温和潮湿条件下的冶金、化工机械的润滑

（六）通风冷却系统检修

首先检查电动机的风扇、风罩、过滤器(网)、挡风板应紧固完好，如有油污须清洗干净。对于全封闭自冷式电动机，机座表面排风道不得有泥土，脏物堵塞，以防影响通风量，使电动机冷却条件变坏；对于专用通风道的冷却系统，风道应无积水和杂物、畅通无阻；对于密闭式装有水冷却器的大型电动机，应检查冷却器铜管有无异状或堵塞，若有应先刷洗干净，再检查铜管胀口应无裂纹、渗漏现象。水压试验应符合标准，如管内渗漏，一时不能更换的，可采用临时堵塞铜管的办法，但被堵铜管的根数不得超过总数的5%；空气过滤器(网)应清扫干净，清除积灰及油污，所有通风管道及挡风板应严密。

（七）异步电动机组装

电动机定子，转子以及全部附件检修完毕即可进行组装。组装的顺序与拆卸时的顺序相反。全部组装完毕后，应进行一次复查，检查所有的螺栓、销钉等零件是否齐全紧固。应将所遗留的问题，作一详细记录，以便在下一次检修进行处理。

1）首先在装配前要检查定子膛内无杂物，以保证内部干净。槽楔、齿压板、绕组端部的绝缘垫块和绑线完好，铁芯通风沟畅通。

2）用抽出转子的方法装入转子，然后在装轴承的轴颈上涂上一层润滑脂，便于轴承安装。

3）装配轴承。先将内轴承盖涂好润滑脂套入轴上，然后用轴承加热器将轴承加热到95℃左右，最高不大于100℃，趁热套入轴颈。没有轴承加热器时，可在机油中煮5min左右，当轴承内圈涨大后迅速将轴承套入轴颈上。对于全密封式轴承，因内部已涂满润滑脂，不能用油煮加热。对小型轴承也可以用铜棒直接打入。

4）装配端盖。装端盖时，要按拆卸时的记号进行装配，要注意端盖止口不要损坏。组装时用木锤和铜棒转圈敲打，不能用铁锤敲打，以免损坏端盖。拧螺丝时应注意对角加力以防拧偏。

对于防爆电动机，装配时防爆面上不得涂油漆，只允许涂薄层工业凡士林或其他防锈油脂。各紧固螺栓应均匀地交替拧紧。敲打端盖时，需用木锤或垫上木板敲打，以免将端盖或其他部件敲坏。

5）装配轴承外盖。装配中要注意转子的转动情况，转子转动不灵活时，应将外盖螺栓松开重新对角紧固。

6）装配风扇、风罩。

7）装靠背轮。中小型靠背轮安装时，可用铜棒直接打入。大型的靠背轮也可用铜棒直接打入或加热后打入。加热温度应控制在190～240℃之间。

8）对于大、中型电动机要用塞尺检查定转子间的气隙是否符合规定值。

（八）定、转子间气隙的测量

电动机检修中，测量气隙的目的是检查气隙值大小和气隙的不均匀度(不对称性)是否符合规定，电动机定、转子间气隙的测量方法和技术要求见电动机的安装部分。

（九）异步电动机的完好标准

1）外壳完整清洁，表面油漆色调一致，铭牌清晰。

2）润滑油脂质量符合要求，油量适当、不漏油。

3）电动机内部无积灰、油垢、风道畅通。

4）外壳防护等级或防爆性能良好，既符合电动机出厂标准又符合周围环境要求。

5）定、转子绕组及铁芯无老化、变色和松动现象、绕组槽楔，端部垫块及绑线应紧固。
6）定、转子间隙符合标准。
7）风扇叶片齐全，牢固无裂纹，角度正确。
8）外壳接地良好。
9）各部件连接螺栓齐全紧固。
10）通风系统完好，风道不漏风、风机运行正常。

十二、异步电动机常见故障及处理方法

电动机的故障，一般分为机械故障和电气故障两大类，其中机械方面的故障大多发生在转子和轴承方面，电气方面的故障大多发生在绕组方面。只有对故障了解清楚，才可针对故障特点进行维修。三相异步电动机常见故障及处理方法见表7－39。

表7－39　异步电动机常见故障及处理方法

故障现象	故障原因	处理办法
电动机不能启动，或带负载运行时转速低于额定值	电源未接通；开关有一相或二相在分断状态	线路上的接头有油污、烟灰，可用电工刀刮干净； 接线头松脱时，须将螺栓旋紧；检查开关的触点，如不能修复就更换新开关
	熔体熔断	按设备容量计算、更换新熔体
	电压太低	室内外的绝缘导线太细，启动时电压降太大，可更换适当的较粗导线； 电动机本来是三角形（△）连接，现错接成了星形（Y），又加之负载过重，处理方法可将星形（Y）连接改回三角形（△）连接；与供电部门协商把变压器电压适当提高
	控制设备接线错误，或三角形（△）连接，电动机能空载启动，但不能满载启动	详细核对接线图，加以校正；按正确接法改正接线
	机械负载过大或传动机构被卡住	选择较大容量电动机或减少负载；如传动机构被卡住，则应查明原因予以排除
	过载保护动作	若因过载保护的选用和调整不当，则可适当提高整定值
	定子绕组中或外部电路有一相断线	用万用表、兆欧表等检查确定定子绕组的断路处，发现故障，酌情处理；检查电源电压
	定子或转子绕组短路	当个别绕组发生局部短路时，电动机还是能启动的，这时只能引起熔体熔断；如果短路严重，电动机绕组很快冒烟，这时电动机必须拆线重绕
	笼型电动机转子断条或脱焊，电动机能空载启动，但不能加负载启动运转	将电动机接到电压较低（约为额定电压的15%～30%）的三相交流电源上，同时测量定子的电流，如果转子绕组有断条或脱焊，随着转子位置的不同，定子电流也会发生变化，针对断条或脱焊情况进行修理
	轴承轧住	将转子拨动，用螺丝刀尖端放在轴承盖处用耳听或用手摸，检查出来后更换新的轴承
	润滑脂太硬	一遇严冬尤甚，只要在轴承内外圈滚道上加点稀油（机器油）即可
	电动机内部首、尾端线接错	拆开电动机，将低压直流电源（6V左右）接入某相绕组内，用指南针法逐相检查，然后按正确方法改正接线

续表

故障现象	故障原因	处理办法
电动机有不正常的振动或响声	电动机的基础不平，电动机安装的不符合要求	检查基础及电动机安装情况，加以纠正，并将松脱的地脚螺栓用螺母旋紧
	电动机有不正常的振动或响声	校正转子中心线；锉去定子、转子内外圆上的硅钢片突出部分；或更换轴承
	转子不平	将转子在车床上用千分表找正后 针对具体情况，将转子铁心或轴加以修复
	滚动轴承在轴上装配不良或轴承损坏	检查轴承的装配情况或更换新轴承
	轴承严重缺油	清洗轴承加新油，加油量不能超过轴承室容积的2/3
	转子风叶碰壳	清除杂物，校正风叶，旋紧螺栓
	电动机单相运转，有嗡嗡声	发现故障，立即停机检查，检查熔丝及开关触点，排除故障
	电动机转子或轴上所带有的联轴器、带轮、飞轮、齿轮等不平衡	作静平衡或动平衡试验，将其调正
	轴承损坏	更换轴承
电动机温升过高或冒烟	电动机过载	降低负载或更换容量较大的电动机
	电源电压过高或过低	调整电源电压；三角形（△）连接的电动机误接成星形（Y）工作，或星形（Y）连接的电动机误接成三 角形（△）工作，查明后，改正接线
	电动机的通风不畅	检查风扇是否脱落，移开堵塞通风的杂物，使空气对流
	环境温度过高	采取降温措施，室外搭凉棚遮挡，避免阳光直接照射电动机
	定子绕组有短路或接地故障	打开电动机，检查定子线圈，用目测、耳闻、手摸检测短路处，如局部短路，可用跳接法临时解决急用；如短路严重，只有拆线重绕； 用电桥测量各相线圈或各元件的直流电阻
	缺相运转	检查三相熔体有否熔断及开关三相触点有否接触不良，针对情况排除故障
	转子运转时和定子铁心相摩擦，致使定子局部过热	检查定子铁心是否变形，轴是否弯曲，校正好转轴中心线；更换磨损的轴承
	电动机受潮或浸漆后未烘干	检查绕组的受潮情况，进行烘干处理

第四节　同步电动机

同步电动机与异步电动机相比具有以下特点：

1）同步电动机在运行中，其转速恒等于旋转磁场的转速，不随负载的变化而变化；

2）通过调节同步电动机的励磁电流，可改善电网的功率因数；

3）同步电动机的转矩只与电源电压成正比，异步电动机的电磁转矩与电压平方成正比，同步电动机的过载能力强，稳定性高；

4）同步电动机的功率因数比异步电动机高，所以功率也高，特别是低速同步电动机效率更高。

一、同步电动机分类

① 按同步电动机转子结构不同可分为隐极式和凸极式两种，如图 7－69 所示。隐极式同步电动机的转子为圆柱形，气隙是均匀的，凸极式同步电动机的气隙是不均匀的。

② 按转子结构不同可分为旋转电枢式和旋转磁极式两种，如图 7－69、图 7－70 所示。

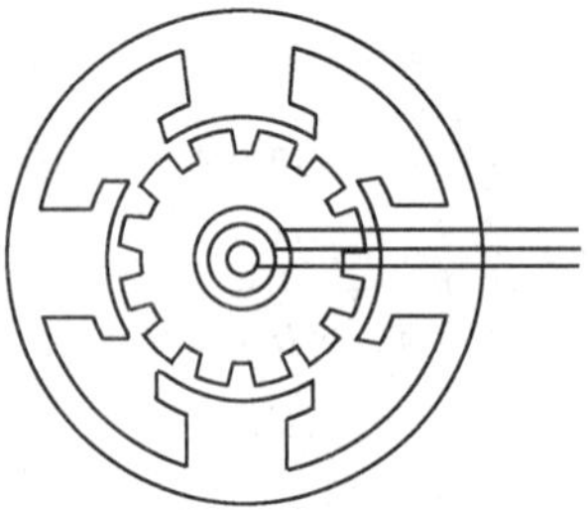

图 7－69　旋转电枢式同步电动机

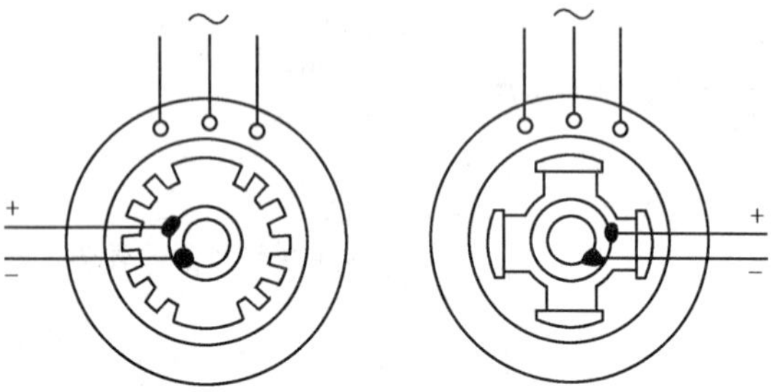

图 7－70　旋转磁极式同步电动机

③ 按安装形式可分为卧式和立式两种。同步电动机主要用来驱动恒速运转的大、中型机械，如鼓风机、水泵、球磨机、压缩机、轧钢机等，也可用做调相机，改变同步电动机的运行方式，可向电网输送电感性的无功功率或电容性的无功功率。

二、同步电动机型号

同步电动机的型号表示方法与异步电动机的型号表示方法相同，只是前字母不同。例如：

T　2500 — 4 / 2150
- 2150——定子铁芯外径 2150mm
- 4——极数 4 极
- 2500——功率 2500kW
- T——同步电动机

T　900 － 2 － 12
- 900－2－12——规格代号，中心高 900mm　2 号铁芯长，12 极
- T——同步电动机

同步电动机种类很多，分别用于不同的场合，表 7－40 所示列出了部分同步电动机的产品名称和产品代号供参考。

表 7－40　部分同步电动机产品及代号

序	产 品 名 称	新产品代号	汉字意义	老产品代号
1	同步电动机	T	同	TD、TDD
2	立式同步电动机	TL	同立	TDL
3	多速同步电动机	TD	同多	
4	减速同步电动机	TJ	同减	
5	中频同步电动机	TZP	同中频	TP
6	永磁式同步电动机	TYC	同永磁	

续表

序	产 品 名 称	新产品代号	汉字意义	老产品代号
7	空压机用同步电动机	TK	同空	TDK
8	通风机用同步电动机	TTF	同通风	
9	磨机用同步电动机	TM	同磨	TDMK
10	增安型同步电动机	TA	同安	
11	隔爆型同步电动机	TB	同爆	
12	同步异步电动机	TYD	同异动	
13	亚同步电动机	TS	同(亚)	

三、同步电动机技术数据

(1) 额定功率

额定功率是指电动机在额定工作状态下的输出功率，即电动机轴上输出的机械功率。

(2) 额定电压

额定电压是指电动机在额定工作状态下运行时定子的线端电压。

(3) 额定电流

额定电流是指电动机在额定工作状态下运行时的定子线端电流。即电动机的输入电流。

(4) 励磁电压

励磁电压是指电动机在额定工作状态下运行时，转子励磁绕组两端的电压。

(5) 励磁电流

励磁电流是指电动机在额定工作状态下运行时，通过转子励磁绕组的电流。

(6) 额定转速

额定转速是指电动机在额定功率时，转子每分钟的转数。表7－41列出了部分企业常用的同步电动机的技术数据。

表7－41　常用同步电动机技术数据

型　　号	额定功率/kW	额定电压/V	额定电流/A	额定转速/(r/s)	接线	绝缘	重量/kg	出厂编号	制造厂家
TAKW630－260－18	710	6000	81	333	星接	F/F	18000	T214－98－001	北重电机厂
TDK118/26－14	250	6000	29	428	星接	B		496	沈阳电机厂
TAKM650－310－16	710	6000	80	375	星接	F	18880	T192A98001	北重电机厂
TAQW630－1/18	450	6000	51.5	333	星接	B		88－032－1	佳木斯电机厂
TAQW650－18/1730	650	6000	76.3	333	星接	F	19000	98－001－61	佳木斯电机厂
TAKW800－18	800	6000	91.3	333	星接	B		I110.89004	北重电机厂
TAQW630－3/18	550	6000	62	333	星接	B		88－030－1	佳木斯电机厂
TK630－16/1730	630	6000	73	375	星接	B	8600		上海电机厂
KD99/27－10	250	6000	29.4	600	星接	A	2850	T477034	北重电机厂
TK560－14/1430	560	6000	64.4	428	星接	B	5200		北重电机厂
TK550－14/1430	550	6000	64	428	星接	B	8750		沈阳电机厂
TK350－14/1180	350	6000	40.6	428	星接	B	3600		北重电机厂
TK250－10/990	250	6000	29.4	600	星接	B	2820		北重电机厂
TDK134/25－12	500	6000	63.7	600	星接	B		14471012	北重电机厂

四、同步电动机的工作原理

1. 异步电动机同步运行的工作原理

由三相异步电动机的工作原理可知，异步电动机的转速只有低于旋转磁场的同步转速时，转子绕组才能产生感应电动势和电流，从而产生电磁转矩。但是，要使转子绕组中产生电流，除了利用电磁感应的方法以外，还可以用外接电源直接通入转子回路的方法来产生。如图 7－71 所示为绕线式转子的三相异步电动机，设转子绕组为 Y 接，转子绕组由电刷 a、b、c 引出，将 b、c 两相并联后接于直流电源负极，a 相接于直流电源正极。这样直流电流从 a 端流入，从 b、c 的连接点流出。这时，由于转子绕组通入直流电而建立了磁场。如果定子通入三相对称的交流电流就会产生旋转磁场，如果用磁铁代替绕线转子，用旋转的磁极代替定子电流产生的旋转磁场，两极电动机的物理模型如图 7－72 所示。

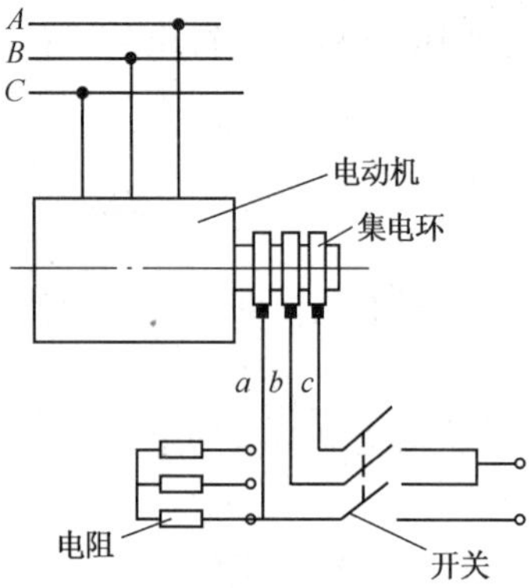

图 7－71　异步电动机运行接线图

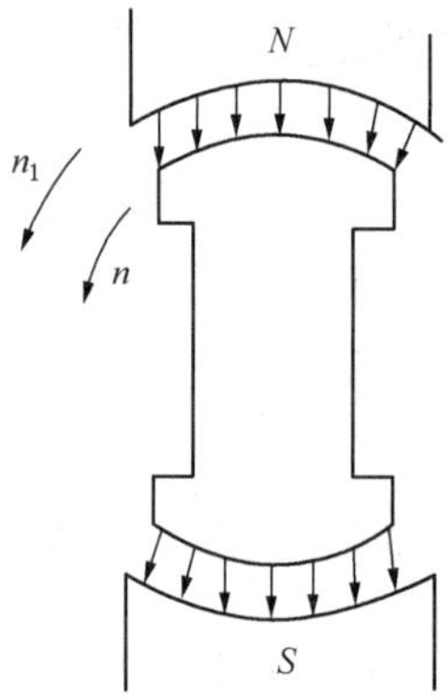

图 7－72　异步电动机同步运行的物理模型

根据同性相斥，异性相吸的原理，可以判断无论旋转磁极与转子磁极的相对位置如何，结果总是旋转磁极 N 和 S 分别与转子磁极 S 和 N 相互吸引，最终两者的相对位置如图 7－79 所示，定、转子之间的磁性吸引力(磁拉力)，如同互相联系着的无形弹簧。如果此时旋转磁极以同步转速 n 旋转，磁拉力必然拖着转子磁极以同样的转速转动。因此，电动机的转速 n_1，等于旋转磁场的转速 n，这时的异步电动机就作同步运行。

2. 同步电动机的工作原理

从三相异步电动机同步运行分析可知，它的电磁转矩是由通入绕组的直流电流所产生的磁场与定子旋转磁场相互吸引，形成磁拉力而产生的。所以，只要保持定子绕组不变，把转子结构改变一下，使通入转子绕组的直流电流，励磁形成的磁极与定子旋转磁场的磁极数对应相等，就变成了同步电动机。

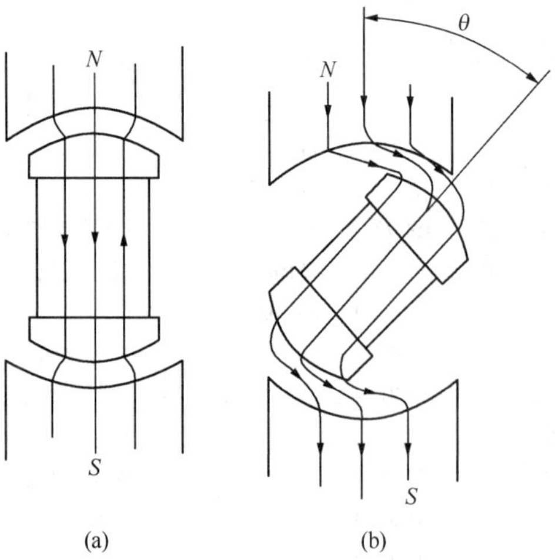

图 7－73　磁阻转矩的物理解释

把同步电动机未励磁的凸极转子置于旋转磁场中，转子磁极被磁化后也会形成磁拉力，如图 7－73 所示。在图(a)中当转子极轴线与旋转磁场轴线重合时，磁拉力是垂直穿过空气隙的。这时只存在沿磁极轴向的磁拉力，不产生电磁转矩。但当旋转磁场稍一偏离原来位置时，如图(b)所示，两者的轴线就偏离了一个 θ 角。这时磁力线是斜穿过空气隙的，转子磁极受到与本身轴线相垂直的磁拉力的作用而产生电磁转矩，使凸极转子以同步转速运转。这就形成了没有励磁绕组的同步电动机，通常把它叫做反应式同步电动机。

3. 同步电动机作发电机运行

同步电动机作发电机运行就是在电网中空载运行，只向电网发出无功功率，不发有功功率，甚至还要从电网吸取一定的有功功率。同步电动机发出的无功功率是为了改善电网的功率因数。因此，同步电动机总是在电磁功率和功率因数接近于零的情况下运行。因为 $\cos\phi \approx 0$，$\phi \approx 90°$，从同步电动机的相量可知，过励时，电流 I 超前电网电压 U 约 90°；欠励时，电流 I 滞后于 U 90°。所以同步电动机在过励时对电网是电容性无功负载，而欠励时则是电感性无功负载。调节励磁电流，就可调节无功功率的性质及其大小。

电网的负载大多是异步电动机、变压器等感性负载，从电网吸收感性无功功率。所以同步电动机是在过励状态下运行，吸收电容性无功功率，来改善电网的功率因数。

五、同步电动机的安装

（一）电动机安装前的一般要求

1）电动机性能应符合现场周围环境的要求。

2）电动机基础，地脚螺栓孔、沟道、孔洞及电缆管的位置、尺寸、及质量符合设计及土建本身质量要求外，还应符合下列要求：

① 基础、风道及地脚螺栓孔内的模板及杂物应清除干净；

② 地脚螺栓孔应垂直，沿其全长的允许偏差不超过地脚螺栓孔直径或短边长的1/10，螺栓孔与纵横中心线的允许偏差不超过地脚螺栓孔直径或短边的1/10，上述两误差不得叠加；

③ 各设备下的混凝土承力面及电机混凝土风道顶部的标高与设计标高的允许误差为10mm；

④ 管沟底部应平整，并有符合设计要求的倾斜度和正确的倾斜方向。

3）电动机在运输过程中，无碰撞损坏现象，轴颈部分保护层应完好，无锈蚀；有铭牌、有旋转方向标志，安装使用说明书及图纸资料齐全；

4）电动机外壳应有良好的接地，如电动机机座与基础框架能保证可靠的接触，则可将基础框架接地，基础框架的接地线应明显，便于检查；

5）起吊转子时，不允许将吊绳绑在换向器、轴颈及其他加工面上。

（二）底板、轴承座的安装

同步电动机底板及轴承座的安装，与异步电动机底板及轴承座的安装基本相似。具体的安装方法见异步电动机底板及轴承座的安装部分。

1）底板在安装前应除去油污，去掉防锈漆。特别是在与水泥浇灌的结合面，要用除漆剂和钢刷擦洗干净。在清洗底板中要注意轴承座安装面和定子机坐安装面是否有划伤或锈蚀，如有类似的缺陷应用锉刀和砂布清除干净。底板吊放到基础上，应按其标高近似地放成水平，然后再将底板的位置较精确的调整到规定标高和水平位置。安装中，底板的找正同样采用三点法和多点法。

2）在底板安装时，底板下放置的垫块，如无制造厂规定时，应满足下列要求：

① 底板下的垫块应布置在负荷集中的地方，即底板地脚螺栓的两侧及底板的四角处。

② 平垫块一般宽为 50 ~ 100mm，长为底板梁宽加 75 ~ 100mm。

③ 底板下部的垫块可用斜垫块，其斜率一般为 1/10 ~ 1/25，其宽度为 60 ~ 100mm。

④ 放置垫块处的混凝土面应磨平，垫块放置应水平，垫块与混凝土面，垫块与底板及垫块与垫块间应接触严密。斜垫块间应点焊牢固。

3）轴承座与底板之间的绝缘垫板，是防止轴电流危害的，安装时，要按厂家的技术要求安装。无厂家资料时，绝缘垫板最好用环氧树脂板制成，厚度为 3 ~ 5mm。安装后，绝缘垫板应比轴承座每边宽出 5 ~ 10mm，对地绝缘电阻用 500V 兆欧表测量，应大于 5MΩ。除此之外，固定轴承座的地脚螺栓及稳钉也要加以绝缘，绝缘垫圈可用厚度 2 ~ 5mm 的环氧树脂板制成，其外径应比铁垫圈的外径大 4 ~ 5mm。与轴承座相连接的油管也要绝缘，固定油管用的螺栓要外加绝缘套管，绝缘套管的外径应略小于油管的螺栓孔，绝缘垫圈可用厚度为 2 ~ 5mm 的绝缘橡胶板或环氧树脂板制成。电动机总装后，在轴和轴瓦有径向间隙的条件下，轴承座对地的绝缘电阻用 500V 兆欧表测量应大于 1MΩ。

4）当电动机对中、找正完毕后，在进行基础二次灌浆前须将基础表面打毛、清扫、并用水清洗干净，底板与混凝土结合部分的表面铁锈，油漆及油垢等应清除。在二次浇灌时为防止轴承座下部的绝缘垫板受潮，浇灌混凝土的高度应符合设计要求，一般在底板外应略低于底板上部表面 20 ~ 30mm，并向外倾斜以防水流向机座。在底板内部至底板上表面须留出调整螺丝用的地方。

（三）电动机本体的安装

电动机在安装前，除大型电动机需要抽出转子检查外，有下列情况之一时，也应抽出转子进行检查：出厂日期超过制造厂保证期限时；当制造厂无保证期限时，出厂日期已超过一年；经外观检查或电气试验，质量可疑；试运转过程中出现异常情况。

1. 电动机本体安装前的检查

1）盘动转子应灵活，不得有碰卡声。

2）电动机的引出线鼻子焊接或压接应良好，编号齐全，裸露带电部分的电气间隙应符合产品标准的规定。

3）定子端部线圈绝缘表面应清洁，没有伤痕，层间垫板、绑线应紧固，无松动。

4）定子铁芯应紧密，无锈蚀，通风口内不应有尘垢及杂物阻塞。线槽内的楔条无断裂凸出松动现象。

5）磁极及铁轭应固定良好，电枢与磁极上压紧线圈的楔条及垫片应紧固。励磁线圈应紧贴磁极。

6）电动机风扇牢固无裂纹，转向正确。

7）凸极式电动机的磁极线圈绝缘完好，磁极固定牢固，磁极间的联线紧固。

8）滑环表面应光滑，刷架、刷握及电刷应符合要求。

9）转子平衡块及平衡螺丝应紧固锁牢。

10）轴承的滚动体与内外圈接触良好，无松动、卡涩，转动灵活。

11）电动机定、转子间的气隙应符合制造厂要求。

2. 电动机定子、转子的安装

定子和转子在全部检查完毕后即可进行安装。电动机在安装前，需要抽出转子进行检查的电动机，其抽装转子的方法，可参照异步电动机检修部分，抽装转子的顺序及要求也与异步电动机相同。

同步电动机在安装中，其装转子工作应按电动机形式和现场条件，选择合适的装转子方法。可以采用固定定子，将转子装入定子中，也可采用固定转子，将定子套入转子中。

在定子放在底板上时，有的定子内孔高于底板平面，也有的定子内孔凹入底板平面。就底板而言，有的较长，定子和转子可同时排放在两轴承座之间。也有的底板较短，定子和转子不能同时排放在两轴承座之间，因此其装转子方法只能根据现场的具体条件而定。一般来讲，定子内孔高于底板平面，两轴承座间可排放上定子和转子，装转子时，可先将定子放在底板上，然后拆除前轴承座，并将转子吊到底板上，再将前轴承座装上，使转子落位在轴承座上，将定子内孔对准转子，并仔细地将定子套入转子。

如果前轴承座不妨碍转子套入定子内孔，则可不必拆除，但应将轴瓦取出，以免起吊时碰坏瓦衬。

当定子内孔凹入底板平面，或底板上两轴承座之间的长度不适宜同时排放转子和定子时。那么在装转子时，应将定子垫起，把底板上的后轴承座拆掉，将转子吊到底板上，使其一端轴头装入定子，此时，将转子轴两端用方木垫好，并将转子的绳扣改拴在转子轴瓦两端，重新起吊转子对准定子内孔装入。将后轴承座重新安装好，并将定子和转子同时吊起，撤去所垫的方木，缓慢地落于底板和轴承座上。

为了保证电动机的平稳运行，一般中、小型电动机要用螺栓固定在固定的金属底板或槽轨上，也可将电动机直接固定在事先埋好的混凝土基础内的地脚螺栓上。

3. 刷架和刷握的安装

刷架安装后，刷握应牢固的固定在刷架上，同时应使刷握与滑环表面垂直，并使同极的刷握在滑环的上表面均匀分布。刷握与滑环表面的间隙应在 2～3mm 之间。电刷的编织铜线应连接牢固，接触良好，不得与转动部分或弹簧片碰触。每个电刷上的弹簧要压紧电刷，弹簧的压力既不能太大也不能太小，要调整均匀。

4. 电动机的干燥

新安装的电动机，由于在运输、储存和安装过程中可能受潮，一般需要干燥。如果在运输、储存和安装过程中保管较好，可以不经干燥投入运行。是否需要干燥的具体条件及干燥中的注意事项见异步电动机的干燥部分。

同步电动机干燥的方法也很多，有的与异步电动机相同，如电阻器加热干燥法，干燥过程及要求见异步电动机干燥部分。短路电流干燥法与异步电动机就有些区别，其方法如下：

首先让电动机当发电机三相短接后运转，转子中加入励磁电流，使定子绕组内产生一定的短路电流，一般为额定电流的 50%～70%，电动机不一定在额定转速下运转，只要保证有足够的励磁就行。但转速不应随时变动，以免发热不稳定。

干燥开始时，先保持定子电流在 50%～70% 额定电流下运转 4～5h，然后逐渐升高电流值，使热空气的温度达到 65～70℃，并在整个干燥时间内保持这个温度，此时线圈的温度不应超过 70℃，温度的控制可以用调节电流的大小来实现。

这种方法的优点是定、转子可以同时干燥，转动时的风量可以帮助散除潮气，加速干燥。但是用此法干燥需要用原动机带动。

六、同步电动机的调试

同步电动机安装和大修后，要对定子线圈、转子线圈、励磁回路、灭磁电阻、轴承座等部件测量绝缘电阻和吸收比(测量绝缘电阻时，对于500V以下的电动机用500V兆欧表；对于500~3000V的电动机用1000V兆欧表；对于3000V以上的电动机用2500V兆欧表)，同时还要测量定子线圈、转子线圈、灭磁电阻器的直流电阻。对于高压电动机还要根据具体的检修项目及要求增加直流耐压和泄漏电流、交流耐压等试验，对于大型电动机还应测量其轴电压，试验标准见《电力设备预防性试验规程》。

在装配电刷时，要检查电刷的型号是否符合设计要求，调整电刷在刷握内能上下自由移动，电刷与刷握的间隙应符合厂家规定。如无厂家规定时，其间隙可为0.1~0.3mm。调整同一极上电刷弹簧压力要均匀，偏差不宜超过5%。研磨电刷的接触面与滑环的孤度相吻合，电刷与滑环的接触面积应大于单个电刷截面的70%，电刷应在滑环的整个表面上工作，不得靠近滑环的边缘。

当负载增加而励磁电流保持不变时，电动机定子电流的有功分量增加，无功分量减小，这就导致了电动机超前的功率因数角减小。如果负载超过电动机的额定值继续增加时，有可能使电动机定子电流滞后于定子电压，使其以滞后的状态运行，这不利于电动机的稳定运行。当电动机的容量很大时，还会影响电网的稳定运行。因此，对于拖动冲击负载的同步电动机，特别是冲击负载的大型同步电动机，在其励磁系统中都设有无功补偿环节。所谓无功补偿，就是当电动机负载增加时，按照负载增加的一定比例增加其励磁电流，以保持其定子电流无功分量的恒定，使电动机稳定运行。

同步电动机对励磁系统的要求：

1）在同步电动机的启动过程中，励磁系统应自动将灭磁电阻接入励磁绕组的回路中，实现对励磁绕组的短接。当转子转速达到亚同步转速时，又能自动地将该电阻切除并投入励磁；

2）为改善电网的功率，应能实现对励磁电流的调节，并能按无功电流恒定或功率因数恒定自动调节励磁电流；

3）当电网电压降低到额定值的85%时，应能实行强励，以保持电动机的转矩，避免失步。

虽然同步电动机在结构上及转速上与异步电动机有所不同，但它也具有异步电动机的定子、转子等相同的部件，在安装形式上与异步电动机也基本相同。所以，在同步电动机的具体安装及各部分的调试时，可参看异步电动机的安装、调试部分。

同步电动机励磁系统复杂，环节繁多，调试难度大，所以同步电动机励磁系统的调试应参考《电气检修手册》有关章节。

七、同步电动机的试运

1. 试运前的检查

1）检查同步电动机定子电压与电源电压相等，励磁额定电压与励磁装置的输出电压相等。

2）检查灭磁电阻阻值与要求值相符。

3）检查控制柜，励磁装置，高压开关和电动机保护接地或接零良好。

4）电动机，控制柜内部接线正确。

5）检查各保护元件的额定值和整定值正确。

6）检查电动机线圈绝缘合格。

7）电动机电刷在刷握中能活动自由，与滑环接触符合要求。

8）电动机能轻松盘车，转子转动灵活无磨擦声。

9）同步电动机的励磁电源必须与电动机主电源在同一系统上。

2. 空投励试车

在上述各项检查无误后，方能进行空投励试车。

同步电动机采用的励磁系统有可控硅励磁系统和无刷励磁系统等。以标准接线为例，合上励磁柜开关，接通励磁装置的电源和低压控制柜电源；将励磁柜上的转换开关拧到“调定”位置，使励磁柜有电流输出，电流的大小应为电动机额定励磁电流的50%。这时，按下灭磁按钮，励磁柜上的直流电流表指示应立刻按近零，松开按钮后，电流应恢复到原值。然后将转换开关拧到“自动”位置。

按下控制柜上电动机的启动按钮，此时，高压开关应立即合闸（由于高压隔离开关断开，所以，电动机未接通高压电源），励磁柜开始工作。当达到投励时间后励磁柜就输出励磁电流。对于时间投励，从合上高压开关起应在调定的投励时间内进行投励。也就是把电动机启动的加速过程用时间来计算。对于某一台电动机，启动时转子从静止升速到95%同步转速所需要的时间基本不变（一般为6～12s），时间投励是强迫投励。投励早将会引起电动机振动，定子电流过大，牵入同步困难。因此，投励时间宁可略加放长也不可稍短，这样牵入同步较为轻松且不会造成启动失败。

对于滑差投励，由于电动机主回路没有接通电源，因此，电动机不会启动。此时应立即投励尽快输出励磁电流。滑差投励是按电动机转子转速原则进行投励，即当转子转速达到同步转速的95%时才发出投励信号，而不考虑电动机的启动时间。这种投励方法属于顺极性投励，在投励过程中电动机定子电流小，振动小，牵入同步比较容易。

按下电动机停止按钮，高压开关断开，空投励试车完成。

3. 同步电动机牵入同步的条件

同步电动机在空载或轻载下启动，达到亚同步转速时投入励磁即可顺利牵入同步。但在重载或被驱动机械的飞轮力矩 GD^2 很大（如大型鼓风机的 GD^2 约为电动机 GD^2 的8～10倍）的情况下启动时，要使电动机顺利的牵入同步，投励时的转差率 S 应满足 $S < S_{max}$ 的要求，而且要求 $S_{max} \geqslant S_o$，S_o 是异步启动过程中可能达到的最小转差率，S_{max} 是可能牵入同步的最大转差率，计算公式如下：

$$S_{max} = \frac{758}{n_o} \cdot \frac{K_f \cdot K_m \cdot P_n}{S \cdot GD^2}$$

式中 n_o——同步转速，r/min；

P_n——电动机额定功率，kW；

GD^2——电动机转子和被驱动机械的总飞轮力矩，$N \cdot M^2$；

K_f——投励时的励磁电流与额定励磁电流之比；

K_m——静过载系数。

4. 同步电动机启动

在电动机启动前，应重新检查灭磁系统有无异常，在每次电动机启动前均应进行灭磁系统检查以确保电动机的平稳启动。检查完后要进行点动试车，按下电动机启动按钮，电动机一经转动立刻停车。主要检查电动机的转向是否正确，对于不允许反转的机械设备点动试车前应与电动机脱开。确认电动机的转向正确后方可进行正常启动。

同步电动机因为没有启动转矩，所以不能自启动，故同步电动机启动时可采用：辅助电动机启动、异步启动、调频启动、全压启动与降压启动。

（1）辅助电动机启动

同步电动机的转轴与另一台三相异步电动机的转轴用传动装置相连接，在定子绕组接通三相电源时，异步电动机顺着同步电动机旋转的方向拖动同步电动机旋转而启动。这种启动方法要有原动机及其控制设备，占地面积大，而且不经济。在启动重载的同步电动机时，更需大容量的原动机，其缺点更为明显，故实际工作中很少采用。

（2）异步启动

异步电动机最常用的启动方法就是异步启动。异步启动的同步电动机，转子表面上装有与异步电动机完全相同的笼型绕组，在同步电动机定子绕组接通电源时，转子的笼型绕组所起的作用与异步电动机绕组相同，从而同步电动机得以启动。这种启动方法操作简便，而且经济，较辅助电动机启动方法要优越的多。所以，目前生产的同步电动机，其转子上往往都装有笼型绕组，以便于异步启动。

（3）调频启动

启动时利用极低频率的电源接到同步电动机的定子绕组，以克服转子的惯性，慢慢启动，逐渐提高电源频率以达到同步转速。这种启动方法需要一套大功率的变频电源设备，使设备费用增加，技术上的难度也较大，故只有在特殊情况下才予以采用。

不论采用何种启动方法，在启动过程中，转子绕组中是不通入励磁电流的，否则将增加电动机的启动困难。同时，为避免转子绕组中感应的高电压、开路电动势击穿绝缘，损坏元件，通常在启动过程中，用放电电阻将励磁绕组加以短接。此放电电阻的阻值一般为励磁绕组电阻的 5 ~ 10 倍。启动过程结束前再切除，也就是说待转子的转速接近同步转速时（通常为同步转速的 95% 左右），切除放电电阻，投入励磁。

（4）全压启动与降压启动

同步电动机启动时，根据需要可以全压启动，也可以降压启动。对于轻载启动的电动机常采用全压启动。这是因为全压启动具有较大的启动转矩，而且在转子绕组投入励磁后，能产生较大的牵入同步转矩，便于电动机迅速启动和进入正常同步运行，但全压启动时对电源及机械设备的冲击较大。降压启动适用于重载启动，通常用电抗器串接在定子回路中，启动时可按电流原则或时间原则在启动过程中再切除。这样启动时对电源及机械设备的冲击均变小。

空载降压启动时，虽然启动电流较小，但因启动转矩降低，以致启动时间延长。其结果，定子绕组的温升基本上和全压启动时的相近。带负载降压启动时，由于启动时间更加延长，定子绕组的温升反而比全压启动时的高。

对转子来说，空载降压启动时由于启动时间的延长，有利于热量的扩散。因此，阻尼绕组或者实芯磁极极靴的温升，均比全压启动时的要低些。带负载降压启动时，因为增加了为克服负载转矩所需要的能量，而在启动过程中，同步电动机产生的转矩又相应减小，因此阻尼绕组的温升会高于全压启动时的数值。至于实心磁极同步电动机，则有可能选择在某一合适的电压下带负载启动，使极靴表面的启动温升低于全压启动时的温升。

电动机正常启动后，应将励磁电流调整到电动机的额定励磁电流空运 2h，等一切正常后再进行负载实验。电动机带负载运行后，应尽快根据负载的大小和功率因数的要求调节励磁电流。

电动机正常启动后还应进行以下检查：

1）电动机定子电流应在正常范围内。

2）电动机各部无过热现象。

3）电动机在运行中无异常声音。

4）电刷接触良好无火花。

5）轴承无异常无过热，振动值在标准范围内。

5. 对励磁系统的要求

1）对带重载启动及有自动再同步要求的同步电动机，在启动过程中转速达到亚同步转速以前（$S>4\%\sim5\%$），励磁绕组应经一电阻器短接（其电阻值为励磁绕组电阻的7～10倍），当转速达到亚同步转速后，将电阻器切除并投入励磁。

2）为改善电网功率因数，大容量同步电动机的励磁系统应按输出无功电流恒定或按功率因数恒定进行励磁调节。

3）为提高同步电动机的动态稳定性，当电网电压降低或过负载时应实行强行励磁。

4）在停机时，应进行灭磁

6. 同步电动机连续启动的次数

同步电动机连续启动的次数是运行中经常遇到的实际问题，而制造厂一般并无明确规定。同步电动机连续启动的次数和启动方式、被拖动的机械、通风方式和阻尼绕组热量有关。准同步启动，则不受限制。

根据现场经验，一般全压启动或降压启动的同步电动机，连续两次启动是可以的。在实际运行中，并不会给电机造成危害。

连续多次启动，不但会冲击电网，而且会严重损坏同步电动机，所以一般是不允许的。现场实际情况下，有时确实需要第三次启动。在分析启动时对同步电动机的影响后，遇下列情况，同步电动机可以第三次启动。

1）同步电动机第一次启动是从冷态开始的。

2）同步电动机通风方式是强迫通风，而不是自带风扇冷却的通风方式。

3）检查阻尼绕组和定子绕组温度并不太高，没有超过允许值。

4）检查启动设备（如启动电抗器、自耦变压器）的温度不是很高，没有超过允许值。

满足上述条件，进行第三次启动时，也应再仔细检查其他设备和继电保护系统。当第三次启动不成时，则必须彻底寻找原因，并待同步电动机冷却到周围介质温度时，才允许再启动。

八、同步电动机验收

（一）电动机试运行前的检查

1）工程全部结束，现场清扫整理完毕。

2）电动机本体安装检查结束，启动前应进行的试验项目按电气设备交接试验标准试验合格。

3）电动机的保护、控制、测量、信号、励磁等回路调试完毕，动作正确。

4）测定电动机定子绕组，转子绕组及励磁回路的绝缘电阻，应符合要求。

5）电刷与滑环的接触应良好。

6）盘转电动机转子时应转动灵活，无碰卡现象。

7）电动机引出线应相序正确，固定牢固，连接紧密。

8）电动机外壳油漆完整，接地良好。

（二）电动机试运行中的检查

1）电动机的旋转方向符合要求，无异常声响。

2）滑环及电刷的工作情况正常。

3）检查电动机各部温度，不应超过电动机技术条件的规定。

4）滑动轴承温度不应超过80℃，滚动轴承温度不应超过95℃。

5）电动机振动的双倍振幅值不应大于表7－42值的规定。

表7－42 电动机振动的双倍振幅值

同步转速/(r/min)	3000	1500	1000	750及以下
双倍振幅/mm	0.05	0.085	0.1	0.12

在空载情况下作第一次启动时，空载运行的时间为2h，并记录电动机的空载电流。

电动机的带负荷启动次数，应符合电动机技术条件的规定。当技术条件无规定时，可符合下列规定：

1）在冷态时，可启动二次，每次间隔不得小于5min。

2）在热态时，可启动一次。当在处理事故以及电动机启动时间不超过2～3h时，可再启动1次。

（三）电动机在验收时提交的文件和资料

1）变更设计部分的实际施工图。

2）变更设计的证明文件。

3）制造厂提供的说明书，检查及试验记录，合格证件及安装使用图纸等技术文件。

4）安装验收技术记录，签证和电动机抽转子检查及干燥记录。

5）调整试验记录及报告。

九、同步电动机的检修

虽然同步电动机的检修内容与异步电动机有所不同，但同步电动机各个机械部件的拆卸和装配、抽装转子的方法及所使用的工具与异步电动机是相同的。所以，同步电动机的拆卸和安装可参看异步电动机检修部分。正确的拆卸和组装很重要，如果拆卸和组装的工艺不恰当，轻者运行起来不正常，严重时甚至会导致意外事故。因此，检修人员应当熟悉和掌握拆装的方法和技术。

（一）同步电动机的拆卸步骤

1）拆开电动机的电源线和接地线。

2）拆下靠背轮。

3）励磁机装在电机轴端时，须拆开励磁机。

4）拆下刷架。

5）拆下风罩和风扇。

6）拆下挡风板。

7）拆下两侧端盖。拆卸端盖时要考虑到端盖一端拆下后，转子会倾斜下沉，使另一端轴承受到损伤。解决的办法是将拆端盖的轴端用千斤顶顶住或在转子尚未沉下时，垫上胶皮垫。

8）拆下轴承。拆卸滚动轴承时会磨损配合表面，降低配合强度。所以，不应轻易拆卸轴承。在检修中，对轴承要进行仔细的检查和测试，确认为轴承有故障时或轴承已超过使用寿命时，才拆卸更换。

9）抽出转子。

（二）同步电动机定、转子的检修

同步电动机定子绕组及机械结构，与异步电动机相同，故产生的故障现象、原因分析以及修理方法可参看异步电动机的检修部分。

1. 转子的修理

（1）转子槽口绝缘损坏的修理

应先拆下绕组端部和槽口处的垫块，用竹片作成的工具和毛刷清除损坏处的积灰，再用压力为0.2～0.3MPa的压缩空气将端部和槽口处的积灰吹干净，并测量绝缘电阻应大于1MΩ，然后修理槽口绝缘。先将填充泥塞加在槽口绝缘损坏处的缝隙内和线圈与本体之间的转角处。然后用符合要求的玻璃丝带包2～4层，应尽可能的将填充泥形成的圆角处全部包进。最后在新包玻璃丝带和槽口绝缘损坏处涂上绝缘漆，再在线圈端部喷上一层H302环氧漆即可。槽口绝缘修好后，要测量绝缘电阻合格，才可进行下一步的安装。

（2）转子引线接地的修理

当引出线的绝缘损坏造成损坏时，应先设法打出引出线的槽楔，再将引出线与滑环拆开，剥去损坏的绝缘。使新旧绝缘搭接处要有一定的锥度，重包绝缘的厚度应与原来一样。如果槽楔有松动，可加垫绝缘垫条。如果包扎困难，可抬起引出线在四周加垫绝缘条。如果滑环影响修理，可将滑环拉出后再进行修理。

对于凸极式电动机转子引出线绝缘损坏造成接地时，可先将引出线与滑环拆开，剥掉损坏的绝缘，重新包扎引出线的绝缘即可。

（3）转子绕组端部匝间短路的修理

如果匝间短路发生在绕组端部各线圈的连接处或极间接线处，在修理时，可用专用工具将短路处撬开，剥去短路点的绝缘并清洗干净，重新用绝缘带包扎好。重包绝缘前，一般先用云母板或环氧酚醛层压玻璃布板制成的绝缘条垫好，然后用厚度为0.14mm的醇酸云母带将铜线和垫条一起绕包一层，外面再包一层玻璃丝带，最后再涂以符合要求的绝缘漆。

如果匝间短路发生在大线圈的端部，则可用专用工具将短路部位撬开，以上面的修理方法进行修理。如果原来匝间绝缘是包扎的，则应采取包绝缘或改用绝缘垫条来垫。如果原来的匝间绝缘是垫条的，只要在撬开的缝隙中垫入与原来垫条宽度、厚度相同并涂好绝缘漆的垫条即可。

2. 滑环的修理

滑环表面损伤轻微时，如斑点、刷痕、轻度磨伤等。先用锉刀、油石等在转动情况下对滑环进行研磨，磨到表面损伤消除后，再用00号砂布把滑环在高速旋转下进行抛光。

滑环表面烧伤、槽纹、凹凸程度比较严重，表面损伤深度达1mm，损伤面积占滑环表面的20%～30%时，一般只能用车削的方法修理。车削时车刀必须锋利，进刀量要小，一次切削深度为0.1mm左右，切削线速度约为1～1.5mm/s，加工后同轴度的误差不大于0.03～0.05mm。车完后，先用00号砂布抛光，然后在高速旋转情况下，在00号砂布上涂一层薄薄的凡士林，进一步抛光表面，使表面粗糙度达到要求。

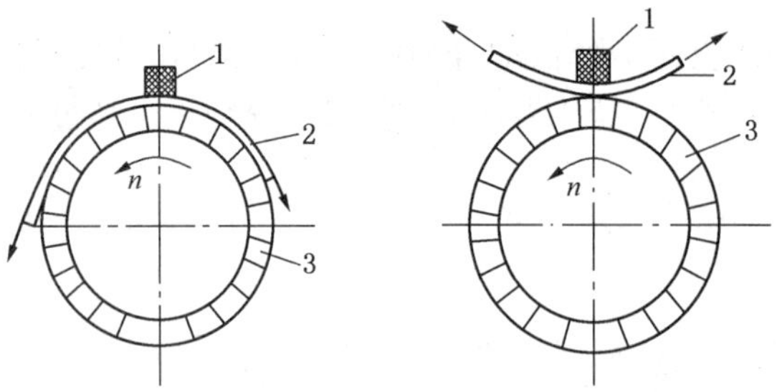

(a)正确的研磨方法　　(b)不正确的研磨方法

图 7－74

1—电刷；2—细玻璃砂纸；3—滑环

滑环温度较高时，应检查电刷的型号是否正确，如果是该型号的电刷允许电流密度偏小，可更换电流密度较大的电刷。另外还应该调整电刷弹簧的压力和检查电刷的接触面积，如小于面积 75% 时，应重新进行研磨，使其接触面积大于 80% 以上。电刷研磨的方法如图 7－74 所示。如上述工作仍未解决问题，可考虑新增加一组电刷的方案。实践证明此种方法能解决电刷冒火和过热问题。

3. 刷架的修理

同步电动机的刷架结构简单，一般不用检修，只是在绝缘电阻降低时或刷握的位置变化时才进行修理。

1）当刷握与滑环的工作面不垂直时，应松开紧固螺栓重新进行调整，应使刷握的底边与滑环弧边的切线平行，刷握底边与滑环间的距离为 2～4mm。保证电刷与滑环的工作表面接触要在 80% 左右，否则由于电流密度增大而造成滑环的温度过高。

2）当刷握出现裂纹或变形时，应进行更换。

3）当刷架的绝缘电阻降低时，首先应该清除污垢，如是受潮应进行烘干处理。否则应检查绝缘垫或更换。

4）电刷与刷握壁的间隙为 0.1～0.2mm，电刷在刷握中应上下自如，各电刷间的压力差不应超过其平均值得 20%。弹簧的压力均匀。当电刷的压力过大或过小时，应进行调整或更换弹簧。

（三）装转子前的检查

1）定、转子的铁芯、线圈、外壳及底座应清洁、无尘土、油垢、杂物。

2）检查定、转子线圈表面绝缘良好。

3）检查定、转子端部绑线，垫块无松动，固定环应牢固。

4）铁芯通风孔及风道应清洁，无尘土及杂物阻塞。

5）定子内不得遗留任何工具和杂物。

（四）同步电动机的装配

1）清洗零部件。

2）转子装配，将轴承内盖和轴承装于轴上。

3）将转子装入定子内。

4）装两侧端盖。装端盖时，要按拆卸时的记号装配。拧螺丝时要对角循环加力拧紧，防止拧偏。

5）装挡风板。

6）装风罩和风扇。

7）装刷架，装电刷及调节压力。

8）装励磁机。

9）装靠背轮。

10）装其余附件。

（五）抽装转子的注意事项

1）抽出或装入转子的钢丝绳不应碰到转子，线圈和滑环。

2）用纲丝绳绑在转子的部位，必须垫上厚度为5mm 的胶皮，以防转子受到损伤。

3）抽装转子时，电机两端要有专业人员指挥和监视。

4）对于定、转子间隙较小，抽装转子困难时，可采用定、转子间隙内垫青稞纸的抽装方法。青稞纸塞进定、转子间隙后，要求两头留有余量，便于抽动。

（六）同步电动机气隙的测量

测量同步电动机气隙时，塞尺须顺着电动机转轴的方向插入铁芯，若左右偏斜会使测量值偏小，如果恰好松紧适宜，塞尺的厚度就作为气隙的间隙值。塞尺插入铁芯的深度不得少于30mm，尽可能达到两个铁芯段的长度。由于铁芯的齿胀现象，插的太浅会使测量值偏大。采用开口槽铁芯的电机，塞尺不得插在线圈的槽契上。

对于小型电动机，一般只用塞尺来检查气隙的对称性，气隙的大小按定子铁芯内径与转子铁芯外径之差来确定。

大型座式轴承电动机的气隙，需要在圆周的上下、左右测量四点，以便在装配时调整定子的位置。对于大型凸极式电动机，为了仔细检查气隙的均匀度，除按上述测量外，还要在定子上固定某一点，然后转动转子测量每个转子磁极中心点所对应定子固定点的气隙值。测量气隙时，要由铁芯两端分别进行。大型座式轴承电动机的气隙不均匀度按下式计算：

$$\text{气隙不均匀度} = \frac{|\text{气隙(最大值或最小值)} - \text{气隙(平均值)}|}{\text{气隙(平均值)}} \times 100\%$$

同步电动机的气隙较大，通常用塞规测量，如果不具备时，可自制专用的塞块测量气隙，如图 7－75 所示。塞块厚度按电动机实际气隙的平均值选择。

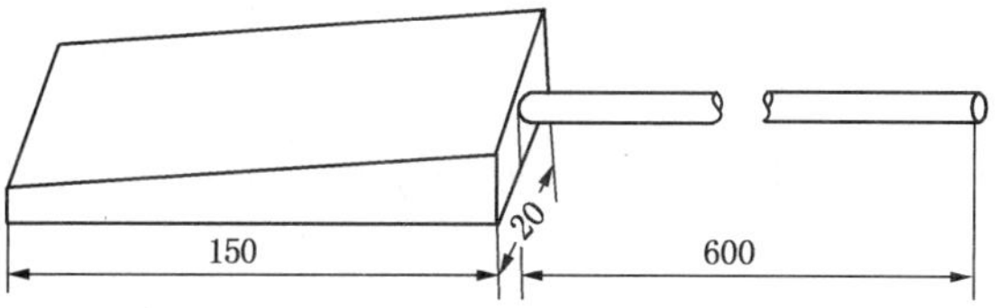

图 7－75　测量气隙用的自制塞块

测量时，先在塞块表面擦上粉笔灰，塞块要顺轴向插入，不可偏斜，否则测出的值偏小。还应注意塞块要插在定子的齿表面上，不可插在槽楔（尤其是开口槽）上，更不可插在定子铁芯齿表面的漆瘤上。塞入气隙后铁芯在塞块表面刻出痕迹，然后用千分尺测量此刻痕位置的厚度，即为电动机气隙的大小。实践证明，用塞块测量能测出足够的准确度。

因为大型电动机的气隙可调，并且气隙均匀度对电动机的运行性能影响较大。一般要求由铁芯任一端测量的气隙不均匀度不应大于5%～10%。同时，由同一轴向铁芯两端测出的气隙值之差不应超过气隙平均值的5%。

电动机全部组装完毕后，应进行一次全面复查，检查所有的螺栓、销钉是否齐全紧固，各部有无遗留问题。工作负责人复查后应将遗留问题做一详细记录，以便下一次检修时再进行处理。

十、同步电动机常见故障及处理方法

同步电动机的常见故障同异步电动机有的相同，有的不同。要针对故障的特点，仔细观察所发生的现象，分析原因、找出故障、提出处理的方法。同步电动机的常见故障及处理方法见表 7－43 所示。

表 7-43 同步电动机常见故障及处理方法

故障现象	故障原因	处理办法
轴承发热	润滑油过多、过少或油太脏，进入铁削杂质	调整油量或换油，润滑脂的容量不宜超过轴承室容积的2/3
	轴承太紧	检查轴承的配合状况
	轴承因振动而松动	检修轴承
	轴承与轴配合过松和过紧	过松时在轴承上镶套，过紧时重新加工到标准尺寸
轴承发热但没有超过其他部分	电动机过载	减小电动机的负载至额定值及以下
	励磁电流过大	适当减小励磁电流至额定值
定子绕组的某几点发热冒烟，某几个槽楔有灼痕	定子绕组有部分匝间短路	检修或大修电动机定子绕组
	定、转子铁心相擦	校正定、转子的同轴度
电动机不能启动	定子绕组的电源电压太低，启动转矩过小	如是降压启动，则适当提高启动电压，以提高启动转矩
	定子绕组开路	检修开路的绕组
	轴承太紧或安装不当使定转子铁心相擦	调整定子之间的气隙达正常值
	油开关故障合不上闸	检查开关处理故障
	继电保护误动作	检查继电器的整定值或校验继电器
	负载过重	使电动机轻载启动
	定子绕组的电源或控制电路有缺陷或错误	检查定、转子的主电路和控制电路
	启动笼有断条或连接处接触不良	检修电动机的阻尼绕组和端环铜排的连接
	电刷接触不良	调整弹簧压力与接触面
电动机启动后转速不能增加到正常速度，且有较大振动	励磁系统有故障不能投入额定励磁电流	检修励磁系统，用电流表测试励磁电流值
	励磁绕组有匝间短路	检修或更换短路的线圈
	励磁绕组的接线有错误或绕制方向匝数有错误	检查励磁线圈的方向匝数和接线方式
定子绕组各部分发热	电动机过载	减少电动机的负载
	磁场过励，功率因数低	适当降低励磁电流
电刷接触面出现火花	电刷与滑环接触不良	重新研磨电刷，使电刷的接触面接触良好
	刷握松动或刷架不正	紧固刷握和调整刷架
	电刷与刷握配合太紧	按技术要求选择电刷
	电刷磨损过度	更换新电刷
	电刷分布不等分	校正刷握，使之等分
	电刷间的电流分布不均匀	找出原因，调整均匀

续表

故障现象	故障原因	处理办法
电动机在运转中振动过大或异常噪声	励磁绕组松动或有位移	检查绕组的固定情况
	励磁绕组有匝间短路、绕制错误或接线不正确	检查线圈有无短路、绕制错误接线不正确
	定子与转子之间的气隙不均匀	调整定子或转子的安装位置
	转子不平衡	将转子作静平衡或动平衡
	转子轴上所带的机械设备不正常	检查转子轴上的机械设备
	底座固定情况不良或基础强度不够	检查底座固定情况及基础是否振动
	机座或轴承支座安装不良	检查机座或轴承支座的安装
	转轴弯曲	检查转轴是否弯曲
绝缘击穿	工作电压过高	检测工作电压
	线圈被有害气体、潮气等侵蚀	局部修理或大修已经击穿的绕组
	工作线路上产生过电压	检查过电压保护元件是否正常
	环境温度太低	改善电动机的工作环境

第八章　传动机构

第一节　联　轴　器

一、联轴器分类

联轴器是机械传动装置中的重要通用部件，是用来连接原动机和工作机的两轴，在传递运动和扭矩过程中一同回转而不脱开的一种装置。在传动过程中不改变转动方向和转矩的大小。联轴器类型繁多，根据其有无补偿相对位移的能力，联轴器可分为刚性联轴器和挠性联轴器。挠性联轴器又分为无弹性元件挠性联轴器和有弹性元件挠性联轴器。

大功率、高速、高温、高黏度、重载机械设备的广泛应用，对联轴器提出了新的更高要求。除传递运动和转矩外，还要求具有补偿两轴相对偏移、减振、缓冲、提高传动效率、提高传动精度、降低噪音、节能、改善传动系统工作性能，并要求联轴器可靠性高、工艺性能好、便于制造、装拆方便、维护量小等。

下面介绍石油化工装置压缩机普遍应用的无弹性元件挠性联轴器（齿轮联轴器）及金属弹性元件挠性联轴器（膜盘式联轴器、叠层膜片联轴器）的标准、选用及检维修规范。

二、联轴器的标准

联轴器没有在国内形成统一标准，对联轴器的选用，新产品开发研制，标准产品的先进性与国际存在相当大的差距。国内标准目前主要是基础通用标准及行业和专业标准，生产制造商标准。

（1）国内标准

基础标准：GB/T 3852—1997
　　　　　GB/T 3931—1997
通用标准：JB/T 7937—1995
　　　　　JB/T 7934—1999

产品标准：JB/T 9147—1999 膜片联轴器
　　　　　JB/T 9559—1999 工业汽轮机用
　　　　　JB/T 8854.1—1999 挠性联轴器
　　　　　JB/T 8854.2—1999 鼓形齿式联轴器

（2）国际标准

ISO 标准中联轴器部分标准：

TC14 ISO/R775—69　　TC108 ISO/4863—84

（3）美国标准

AGMA 标准：AGMA510.02—69　　AMGA515.02—90

SAE 标准

API 标准：API671—90 炼油厂用特殊用途联轴器

（4）德国标准

DIN 标准　　VDI 标准

（5）英国标准

BS 标准　　AU 标准

(6) 法国标准

NF 标准

(7) 日本标准

JIS 标准：JISB1453—88 齿式联轴器

JEM 标准　　JASO 标准

JIMS 标准　　TES 标准

三、齿式联轴器

齿式联轴器传递扭矩的范围为 710 ~ 4000000N · m。主要由内齿圈和外齿半联轴器等零件组成。主要优点是外形尺寸小、承载能力大，在高速下工作可靠。

按齿形分有直线齿、鼓形齿和弧形齿等几类，其齿轮的齿廓曲线常采用渐开线，压力角通常为20°。轴颈范围一般为 18 ~ 560mm，转速范围为 300 ~ 3780r/min；

1. 结构特点

齿轮联轴器有 CL 形和 CLZ 形两种型式，CL 形用于直接连接两轴；CLZ 形是借中间轴来连接两轴。目前，大型离心压缩机组用的高速齿轮联轴器的典型结构有哑铃式齿轮联轴器和套筒式齿轮联轴器，它们均属于 CLZ 形。CL 形和 CLZ 形两种型式的齿轮联轴器的结构，参见图 8 - 1 ~ 图 8 - 3。

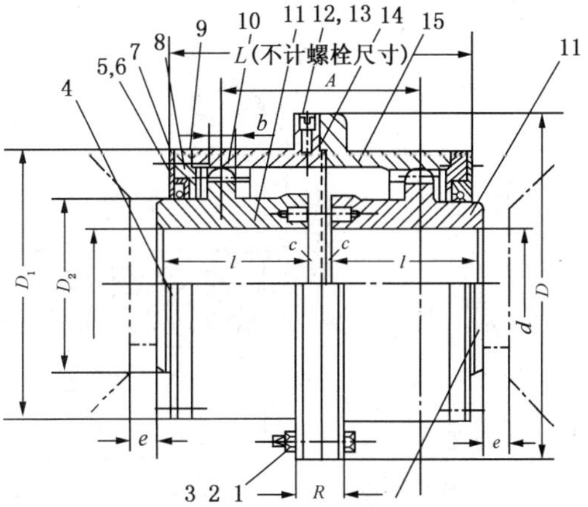

图 8 - 1　CL 形齿轮联轴器

1—螺栓；2—螺母；3—弹簧垫圈；4—盖板；5—胶质密封圈；6—弹簧；7—螺栓；8—盖；9—纸垫；10—内齿圈Ⅰ；11—外齿轴套；12—注油孔螺钉；13—垫圈；14—纸垫；15—内齿圈Ⅱ

CLZ 形哑铃式齿轮联轴器的两个半联轴器用一个外齿套的接筒连接起来，两个半联轴器为内齿圈。采用喷油嘴向联轴器内喷压力油，油压为 0. 1 ~ 0. 2MPa。润滑油分别由内侧喷入

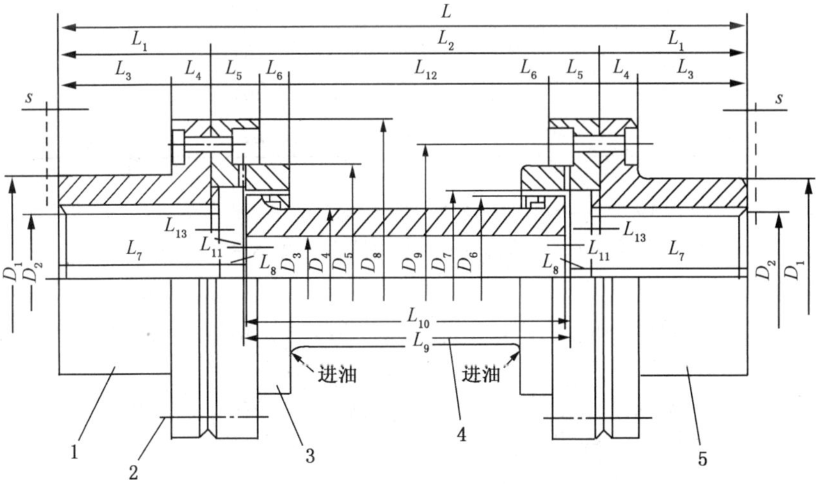

图 8 - 2　CLZ 形哑铃式齿轮联轴器

1—半联轴器Ⅰ；2—螺栓；3—内齿套；4—外齿套的接筒；5—半联轴器Ⅱ

外齿套的径向小孔。润滑齿面后，由内齿圈的径向小孔甩出来。

CLZ 形套筒式齿轮联轴器的外齿轴套套在转子上，内齿圈与接筒相连，接筒较长。其外齿轴套齿轮顶部是球面，轮齿是鼓形齿。为避免振动和齿面发生胶合，对加工精度和动平衡精度要求较高。并且需要用喷油嘴向联轴器内喷压力油，连续润滑。齿轮联轴器材料要求较高，采用合金钢，齿面氮化，表面硬度高，不易胶合。这种加长型齿轮联轴器的接筒较长，增大了角度和径向位移的补偿能力。

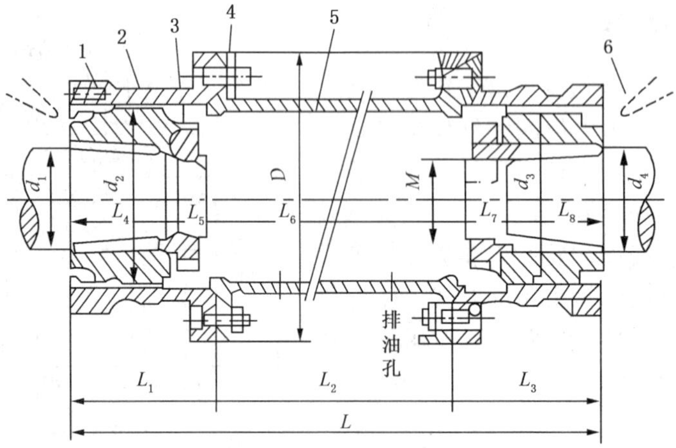

图 8－3　CLZ 形套筒式齿轮联轴器

1—外齿轴套；2—内齿圈；3—锁紧螺母；4—螺栓；5—接筒；6—喷油嘴

齿轮联轴器外齿轮齿顶制成球心位于齿轮轴线上的球面，齿侧制成鼓形，内外齿啮合时，要保证具有适当的顶隙和侧隙。因此，在一定范围内可用来补偿两轴间可能出现的径向位移和角位移，见图 8－4 和表 8－1。两轴套端面间留有一定的间隙，因此也允许微量的轴向位移。CL 形和 CLZ 形齿轮联轴器允许的角位移 $\omega \leqslant 30'$，CL 形的径向位移 $y = 0.4 \sim 6.3$mm。

表 8－1　CL 形齿轮联轴器的允许径向位移　　mm

联轴节编号	1	2	3	4	5	6	7	8	9	10
径向位移 y	0.4	0.65	0.8	1.0	1.25	1.35	1.6	1.8	1.9	2.1
联轴节编号	11	12	13	14	15	16	17	18	19	
径向位移 y	2.4	3.0	3.2	3.5	4.5	4.6	5.4	6.1	6.3	

CLZ 形的允许径向位移 $y = A\text{tg}\omega = 0.00873A$

式中　A——中间轴两端连接的外齿套齿中心线间距（见图 8－5），mm。

2. 零部件材料

齿轮联轴器的齿轮材料一般采用 45 号钢或者 ZG45 或 40Cr，为提高弧形齿轮联轴器的

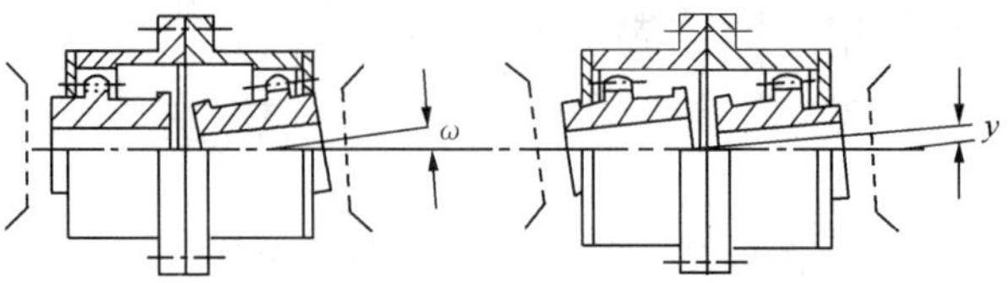

图 8－4　CL 形齿轮联轴器的径向位移和角位移示意图

强度，内、外齿必须进行适当的热处理如调质、表面淬火等。按照设计及使用惯例，内、外齿采用同一材质较为适宜。通常外齿面热处理后的硬度 $HB \geqslant 286$，外齿圈齿面硬度 $HB \geqslant 250$；如弧型齿轮联轴器的外齿半联轴器和内齿圈的材质均为 40Cr，热处理后硬度为 $HB209 \sim HB230$。

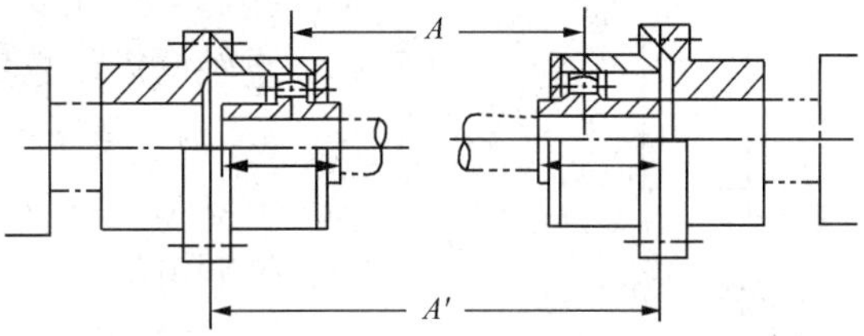

图 8－5　CLZ 形齿轮联轴器的外齿套齿中心线

3. 齿型联轴器的检修

大型石油化工设备调整两轴对中比较困难，应选择使用耐久和更换易损件方便，性能可靠的联轴器。齿式联轴器虽然在理论上传递扭矩大，但必须在润滑和密封良好的条件下才能耐久工作，并且需要经常检查密封状况，及时检查润滑油脂。

（1）拆卸与检查

1）拆卸中间接筒，联接螺栓螺母应做好标记配套存放。

2）取下内齿圈检查内、外齿的齿面磨损、腐蚀和点蚀等情况、必要时应使用超声波等无损探伤方法，检验可能产生裂纹的部位。

3）必要时拆卸联轴器轮毂（外齿套），无键连接的轮毂使用油压膨胀法拆卸时，轴头应加设厚铅垫挡板，并用轴向螺母锁紧，防止轮毂弹出伤人。拆卸轮毂的油压应缓慢升高，最高油压不能超过规定的允许值。升到规定油压后，往往需要 1h 左右的时间，轮壳才能退出，不可操之过急。

键连接的轮毂拆卸时应使用专用工具。

（2）装配与机组找正

1）轮毂（外齿套）与轴装配。无键轮毂装配时应检查轴孔与轴的接触情况，接触面积应不小于 80%，不够时应修整轴孔、研磨，修整中将外齿圈推上轴时，应对准所作的记号。轮毂装配应采用热装法或液压法，轮毂推入轴端的距离必须达到规定值，有键轮毂与轴配合采用 H7/s6，装配采用热装或压装。

2）无论是键连接还是无键连接的轮毂（外齿套），装到轴上后，都应检查轮毂的径向圆跳动，其允许值见表 8－2。

表 8－2　轮毂径向圆跳动　　mm

转速/（r/min）	≥5000	2000～5000	1000～2000	500～1000	≤500
径向圆跳动	0.01	0.015	0.02	0.03	0.05

内齿圈和外齿轴套端面 A、B 对中心线之端面振摆允差（见图 8－6）应符合设计要求。设备技术文件无规定时，可参照表 8－3。

表 8－3　端面振摆允差　　mm

直径 D	摆动量不大于	直径 D	摆动量不大于
40～100	±0.01	>400～800	±0.08
>100～200	±0.02	>800～1200	±0.12
>200～400	±0.04		

3）装上内齿圈，内齿与外齿配合不能有卡涩现象，回装中间套筒前，对内存润滑脂的联轴器要加好润滑脂，螺栓、螺母、垫圈应按标记配套回装；将一对联轴节通过中间套筒连

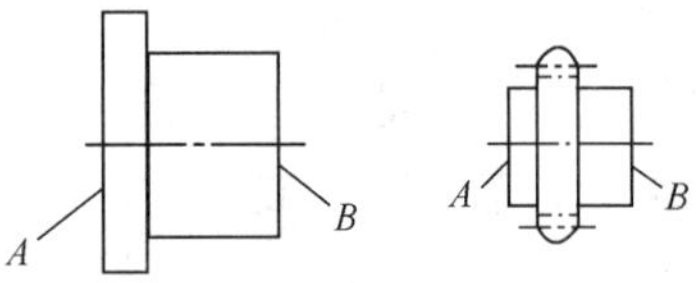

图 8 -6

接起来，往复拨动中间套筒到两端极限位置，用百分表测量轴向窜动总量，应为 3 ~5mm。

4）强制连续润滑的联轴器应疏通排油孔，内存润滑剂的联轴器应按规定数量注入润滑剂，并按规定期限定期更换润滑油。

5）联轴器两轴对中见表 8 -4。

表 8 -4　联轴器两轴对中

直径/mm	端面圆跳动/(mm/m)	径向圆跳动/mm	直径/mm	端面圆跳动/(mm/m)	径向圆跳动/mm
150 ~300	<0.5	<0.05	300 ~500	<0.5	<0.10

6）齿轮联轴器啮合尺寸和公差见表 8 -5；

4. 常见故障与处理方法

齿型联轴器常见故障与处理方法见表 8 -6。

四、膜盘式联轴器

1. 结构特点

金属膜盘式挠性联轴器是一种通过极薄的双曲线型面的挠性盘来传递扭矩的装置。利用膜盘材料的挠性来吸收输入与输出轴间的相对位移，利用双曲线型膜盘薄截面腹壁来传递扭矩和提供挠性，利用内、外径用刚性的轮缘和轮毂在相邻膜盘和输入、输出法兰之间传递扭矩。为了避免过早发生疲劳，型面部分和刚性轮毂、轮毂连接的过渡段上要有足够大的过度圆角，以减小局部应力集中，保证发生挠曲的成型部分上消除高应力集中点。

根据实际要求，膜盘可以是单个或多个组合应用的，见图 8 -7。

膜盘间以及膜盘与主、从动构件法兰间的连接，根据不同的使用要求可用螺栓、端面齿、夹紧环、焊接、铆接。

根据膜盘承受负荷和速度，每个膜盘所允许的不对中为不大于 0.5° ~1°。膜盘吸收轴向变形的能力有限。在需要增大轴向位移量时，可采用预加轴向载荷使联轴器安装不在零位，工作时，因热膨胀等因素使它通过零位而进入负荷位置，从而可使轴向变形能力增大一倍。

采用图 8 -7(c)、(d)结构时，当膜盘万一发生事故，虽然它失去了传递功率的能力，

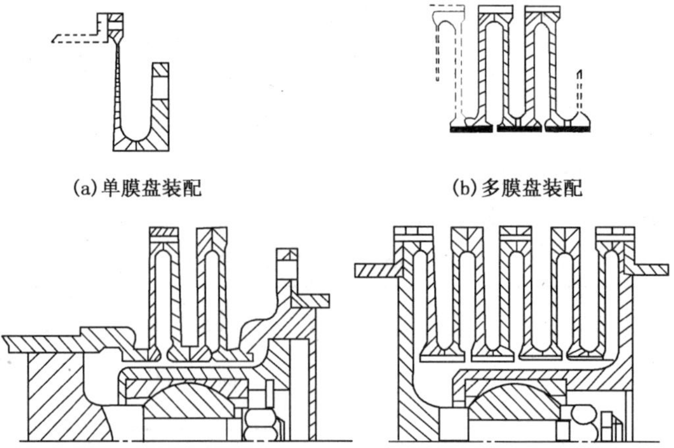
(a) 单膜盘装配　(b) 多膜盘装配
(c) 带球开关的四膜盘接头　(d) 带球开关的八膜盘接头

图 8 -7　膜盘

表 8－5　齿轮联轴器啮合尺寸和公差数据

mm

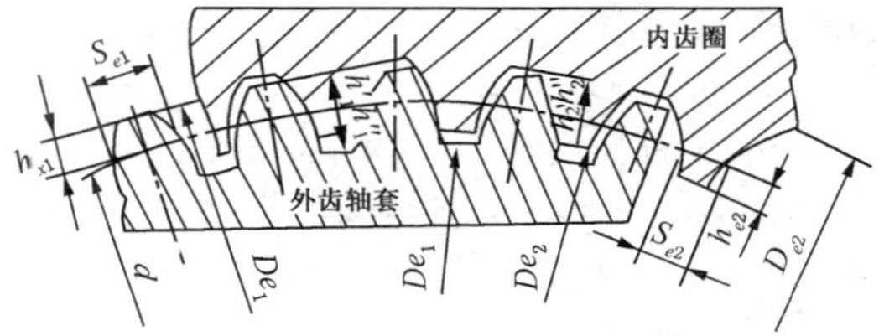

联轴器编号	模数/mm	齿数 z	内齿圈 齿顶圆直径 D_{e2}	内齿圈 齿根圆直径 D_{i2}	内齿圈 节圆上法弦齿厚 S_{x2}	内齿圈 节圆上法弦齿高 h_{x2}	内齿圈 齿顶高 h'_2	内齿圈 齿根高 h''_2	外齿轴套 齿顶圆直径 D_{e1}	外齿轴套 齿根圆直径 D_{i1}	外齿轴套 节圆上法弦齿厚 S_{x1}	外齿轴套 节圆上法弦高 h_{x1}	外齿轴套 齿顶高 h'_1	外齿轴套 齿根高 h''_1	节圆直径 d	公差 相邻周节差的公差 δ_t	公差 周节积累误差的公差 δ_t	公差 齿向公差 δ_{Bx}	公差 外齿轴套齿顶圆径向跳动允差 E_D	公差 公法线长度公差 δ_L
1	2.5	30	$71^{+0.06}$	$80^{+0.12}_{+0.04}$	$3.65_{-0.07}$	1.97	2.0	2.5	$80_{-0.06}$	68.75	$3.65_{-0.07}$	2.55	2.5	3.125	75	0.04	0.10	0.018	0.04	0.09
2		38	$91^{+0.07}$	$100^{+0.14}_{+0.05}$	$3.65_{-0.07}$	1.98			$100_{-0.07}$	88.75	$3.65_{-0.07}$	2.54			95	0.04	0.10	0.018	0.04	0.09
3	3	40	$115.2^{+0.07}$	$126^{+0.165}_{+0.06}$	$4.35_{-0.07}$	2.37	2.4	3.0	$106_{-0.08}$	112.5	$4.35_{-0.07}$	3.05	3	3.75	120	0.045	0.12	0.018	0.05	0.09
4		48	$139.2^{+0.08}$	$150^{+0.165}_{+0.06}$	$4.35_{-0.07}$	2.38			$150_{-0.08}$	136.5	$4.35_{-0.07}$	3.04			144	0.045	0.12	0.018	0.05	0.09
5		56	$163.2^{+0.08}$	$174^{+0.165}_{+0.06}$	$4.35_{-0.07}$	2.38			$174_{-0.08}$	160.5	$4.35_{-0.07}$	3.03			168	0.045	0.12	0.018	0.05	0.09
6	4	48	$185.6^{+0.09}$	$200^{+0.195}_{+0.075}$	$4.35_{-0.07}$	3.17	3.2	4	$200_{-0.09}$	182	$5.83_{-0.07}$	4.05	4	5	192	0.045	0.12	0.018	0.05	0.09
7		56	$217.6^{+0.09}$	$232^{+0.195}_{+0.075}$	$5.83_{-0.09}$	3.17			$232_{-0.09}$	214	$5.83_{-0.09}$	4.04			224	0.05	0.16	0.018	0.07	0.11
8		62	$241.6^{+0.09}$	$256^{+0.195}_{+0.075}$	$5.83_{-0.09}$	3.18			$256_{-0.09}$	238	$5.83_{-0.09}$	4.04			248	0.05	0.16	0.018	0.07	0.11

续表

联轴器编号	模数/mm	齿数 z	内齿圈 齿顶圆直径 D_{e2}	内齿圈 齿根圆直径 D_{i2}	内齿圈 节圆上法弦齿厚 S_{x2}	内齿圈 节圆上法弦齿高 h_{x2}	内齿圈 齿顶高 h'_2	内齿圈 齿根高 h''_2	外齿轴套 齿顶圆直径 D_{e1}	外齿轴套 齿根圆直径 D_{i1}	外齿轴套 节圆上法弦齿厚 S_{x1}	外齿轴套 节圆上法弦高 h_{x1}	外齿轴套 齿顶高 h'_1	外齿轴套 齿根高 h''_1	节圆直径 d	公差 相邻周节差的公差 δ_t	公差 周节积累误差的公差 δ_t	公差 齿向公差 δ_{Bx}	公差 外齿轴套齿顶圆径向跳动允差 E_D	公差 公法线长度公差 δ_L
9	6	46	$266.4^{+0.10}$	$288^{+0.225}_{+0.090}$	$8.91_{-0.09}$	4.75	4.8	6	$288_{-0.10}$	261	$8.91_{-0.09}$	6.08	6	7.5	276	0.06	0.16	0.020	0.07	0.11
10		56	$326.4^{+0.10}$	$348^{+0.225}_{+0.090}$	$8.91_{-0.09}$	4.75			$348_{-0.10}$	321	$8.91_{-0.09}$	6.07			336	0.06	0.16	0.020	0.07	0.11
11	8	48	$371.2^{+0.12}$	$400^{+0.255}_{+0.105}$	$11.92_{-0.10}$	6.34	6.4	8	$400_{-0.12}$	364	$11.92_{-0.1}$	8.1	8	10	384	0.06	0.166	0.025	0.07	0.12
12		54	$419.2^{+0.12}$	$448^{+0.255}_{+0.105}$	$11.92_{-0.13}$	6.34			$448_{-0.12}$	412	$11.92_{-0.1}$	8.09			432	0.08	0.25	0.025	0.08	0.16
13	10	48	$464^{+0.12}$	$500^{+0.225}_{+0.105}$	$14.91_{-0.13}$	7.94	8	10	$500_{-0.12}$	455	$14.91_{-0.13}$	10.13	10	12.5	480	0.08	0.27	0.030	0.08	0.17
14		54	$524^{+0.14}$	$560^{+0.26}_{+0.12}$	$14.91_{-0.13}$	7.94			$560_{-0.14}$	515	$14.91_{-0.13}$	10.11			540	0.08	0.27	0.030	0.08	0.17
15		58	$564^{+0.14}$	$600^{+0.26}_{+0.12}$	$14.91_{-0.13}$	7.96			$600_{-0.14}$	555	$14.91_{-0.13}$	10.11			580	0.08	0.27	0.030	0.08	0.17
16	12	56	$652.8^{+0.15}$	$696^{+0.28}_{+0.13}$	$17.8_{-0.14}$	9.54	9.6	12	$696_{-0.15}$	642	$17.8_{-0.14}$	12.13	12	15	672	0.09	0.27	0.035	0.08	0.17
17		64	$748.8^{+0.15}$	$792^{+0.26}_{+0.13}$	$17.8_{-0.14}$	9.54			$792_{-0.15}$	738	$17.8_{-0.14}$	12.12			768	0.09	0.27	0.035	0.08	0.17
18		72	$844.8^{+0.17}$	$888^{+0.32}_{+0.15}$	$17.8_{-0.18}$	9.56			$888_{-0.17}$	834	$17.8_{-0.18}$	12.10			864	0.11	0.39	0.035	0.10	0.22
19		80	$949.8_{+0.17}$	$984^{+0.32}_{+0.15}$	$17.8_{-0.18}$	9.55			$984_{-0.17}$	930	$17.8_{-0.18}$	12.09			960	0.11	0.39	0.035	0.10	0.22

注：De_2 的内齿圈表面锥度应在 Di_2 公差范围内。

表 8－6　齿型联轴器常见故障与处理方法

故障现象	故障原因	处理方法
齿面磨损	对中偏差过大，齿面相对位移过大	重新对中
	齿面硬度低	选用合适材质及热处理，齿面硬度经热处理后 HRC 在 50～60 左右
	润滑不充分，干磨或油质不合格	检查润滑油系统，更换或过滤润滑油
	齿型设计不合理、加工精度不高、联轴器	选用性能好的鼓型齿，按要求安装
	轮毂安装过盈过大，引起内外齿径向间隙过小等	检查内外齿径向间隙

但挠性轴仍保持在球窝关节内转动，直到停止。有的联轴器也可采用牵制短轴，如图 8－8。正常状态下它与传动轴间保持间隙，在膜盘初始破损后与传动轴接触，使转轴继续工作。有的结构，为了防止过载，采用在正常运行中不接触的齿形表面，当超载时用来保护膜盘，在膜盘损坏时用它来传递全部扭矩。如果需要，也有在挠性轴上装设其他附件，如扭矩限制器等。

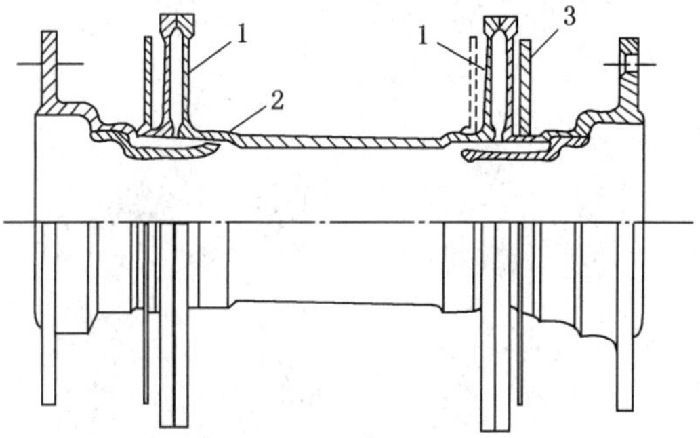

图 8－8
1—四个膜盘电子束焊接；2—牵制短轴；3—防护板

这种联轴器的优点有：

1）传递功率大，达到 100000kW；转速高，最高速度达到 100000r/min。目前正在应用的膜盘式挠性联轴器传递的扭矩达 1730000N · m。

2）寿命长，通过合理的设计和使用，可使膜盘上的稳态和交变应力之和远低于材料无限寿命的疲劳强度，保证膜盘多年无保养地使用工作；

3）能适应大的相对位移，它适应相对位移的能力取决于膜盘数、尺寸及间隔，当最大角位移为 8°左右时，还能连续运转。采用预加载荷方法可使轴向变形能力增加一倍，其适应平行相对位移能力与间隔轴长度有关；

4）能在环境温度为 －50～480℃、腐蚀性大气、高海拔、受振动和冲击载荷，核环境辐射等恶劣条件下连续工作；

5）安装、使用和维护简便，这种联轴器安装找正容易，可不必移动其他部件，通常无需保养和检查，膜盘上没有摩擦面，也没有游隙，无需润滑；

6）作用于系统中的负荷小，由于膜盘重量轻，且能在运转中保持长久不变的低不平衡质量的特点，从而减轻了因离心力作用在支承上的载荷，又因膜盘挠性大，由膜盘挠曲而作用在连接件上的反作用负荷以及轴向推力较小；

7）噪音小，由于这种联轴器能在主动和被动轴间以定速率传递扭矩，不产生或放大扭转振动，没有游隙和摩擦件，故能显著消除噪音，这一特点使它适用在不允许产生噪音或要求低噪音的场合。

2. 膜盘式联轴器受力分析

膜盘式联轴器工作时受到下列力或力矩作用，同时这些力最后将传递到联轴器基座支承轴承上。

1）轴连接部件的质量引起的重力；

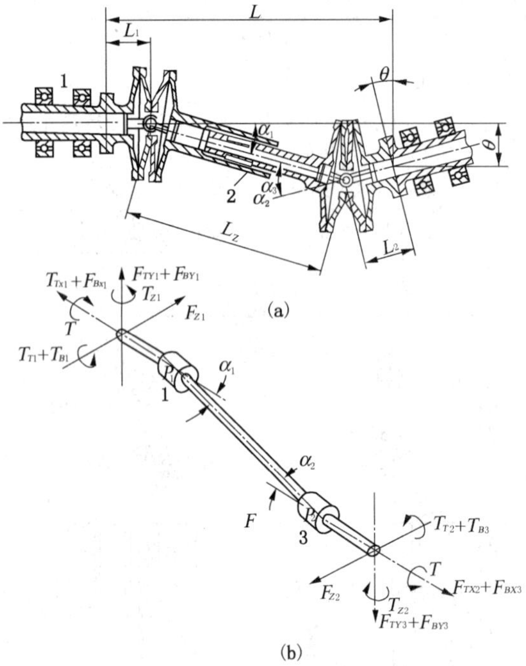

图 8-9　负荷图

1—输入端；2—滑动花键；3—输出端

2）产生加速度负荷的振动和冲击力；

3）运动部件的不平衡力，它与速度平方成正比；

4）由于联轴器角位移下传递扭矩而引起的力和力矩；

5）两基座间距离的变化，因联轴器的弹性或在负荷作用下，花键连接移动而产生的力和力矩；

6）联轴器因相对于关节中心弯曲弹性率引起的支承力。

前 3 种力一般得到充分的注意，对它们可以进行常规和简明的分析。后 3 种力在分析时易被忽略。图 8-9 所示是安装膜盘挠性联轴器的典型动力传递在某角度下传递扭矩时产生的相关负荷图。

图示一个四只膜盘组成的恒速联轴器，在关节心部有一只球节，以限制联轴器的轴向运动，使因轴向花键滑动而产生的轴向力仅取决于所传递的扭矩和摩擦系数。如果不采用滑动花键，轴向力就取决于包括联轴器在内的轴系的轴向弹性率。图中弯曲角 α_1 和 α_2 可按下式计算：$\alpha_1 = \tan - 1[(e + L_2\sin\theta)/(L - L_1 - L_2\cos\theta)]$

$$\alpha_2 = \alpha_1 + \theta$$

$$L_Z = (e + L_2\sin\theta)/\sin\alpha_1$$

图 8-9 中 F_{BX1}、F_{BX2}——联轴器弯曲时，支座上产生的轴向力；

F_{TX1}、F_{TX2}——花键滑动阻抗在支座上产生的轴向力；

F_{BY1}、F_{BY2}——联轴器弯曲时支座上产生的径向力；

F_{TY1}、F_{TY2}——花键滑动阻抗在支座上产生的径向力；

F_{Z1}、F_{Z2}——在某一角度下传递扭矩时在中心或关节处产生的力；

T_{B1}、T_{B2}——联轴器弯曲时支座上产生的力矩；

T_{F1}、T_{F2}——在某一角度下传递扭矩时在支座上产生的力矩；

T_{Z1}、T_{Z2}——在某一角度下传递扭矩时在关节中心产生的力矩；

T_{T1}、T_{T2}——花键滑动阻抗在支座上产生的力矩。

3. 膜盘

膜盘式联轴器的关键零件是膜盘。膜盘对材料的要求是具有良好的韧性、机械性能好，特别是高的疲劳强度、良好的锻造性能和可焊性、能耐高温和抗腐蚀性、低的弹性模量以减小膜盘上的弯曲应力。

目前在工业燃气轮机中常采用在 315℃ 下真空冶炼的 AISI4340（我国牌号 40CrNiMoA）钢。当运行温度高于 315℃时可用 H-11 工具钢(一种铬热加工工具钢，我国无对应牌号）。在航空上常采用含 Ni18% 的钢。要求高温下有高抗蚀性的系统采用 inco718（我国牌号 GH169）。

钛合金，如6AL4V钛(我国牌号TC4)，由于具有弹性模量低和机械性能好的特点，也被用于制造膜盘。在相同的尺寸下，钛合金制成的联轴器比钢的联轴器应力要低40%。在船舶上使用时，由于钛合金具有天然的抗腐蚀性，不要求采用防蚀保护。

膜盘常用锻造和机械加工，并用抛光来消除加工痕迹。有时为进一步提高疲劳强度采用表面强化处理。

采用高能锻造法，尽可能保持材料变形的方向性，同时，由于高能量集中加工一次成形，成形薄的部分硬度显著上升。由于在极高压力下进行快速冲击，在膜盘上重生一种致密的和垂直于中心轴的晶粒结构，使薄截面上强度最大。这种加工方法，可使膜盘在一次快速冲击中同时达到严格的公差和高强度。

通常按给定的功率来选择盘数、内径、外径、断面形状和材料。联轴器在稳速运行时，离心力引起的应力是稳定的、而轴偏移引起的弯曲应力在轴每转半周时改变一次方向。轴向变形和传递扭矩产生的应力对于透平机械和电力机械也几乎是稳定的。通常，它主要产生稳定状态的应力，另外还要考虑应力集中和波动应力，安全系数一般较大。然而，当盘式挠性联轴器以较大的偏移不对中运转时，则要求精确地确定最大偏斜应力，并适当考虑稳定状态下的应力值以及与材料疲劳范围有关的应力。通常一个绝对稳定应力运转的钢膜盘是不可能损坏的，甚至偶尔达到屈服点时也不会损坏。但是，如果它受到交变应力，包括应力集中造成疲劳极限时，则联轴器将损坏。

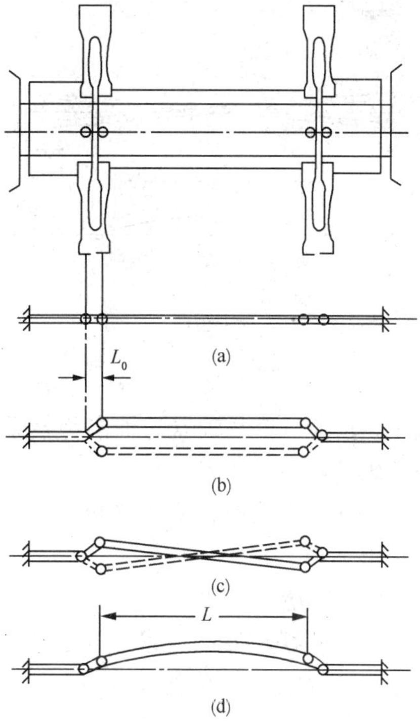

图 8－10

4. 系统的横向振动

采用单膜盘时可把这种挠性连接视为有无穷大径向弹簧系数的铰链连接(原理图如图8－10所示)。

图8－10(b)，(c)所示为刚体运动的两种形式，K_1 代表支持轴承的横向弹簧系数。如果联轴器重量平均分配在每一个支点上，而且每一支点的弹簧系数又相等，则振动形式将和图示一样，其自然频率可用下式近似求出：

$$\omega_n = (K_{1g}W)^{1/2}/2\pi \quad (s^{-1})$$

式中，W 为联轴器作用在支点上的有效质量。

图8－10(d)所示是间隔轴在第一极限转速下作单纯动力回转的情况，极限转速可用下式计算：

$$N_c = \pi^2(E_I/U_L^4)^{1/2} \cdot 60/2\pi$$

式中，U——单位长度上的质量；

U——$\dfrac{\text{总重量}}{gL}$，$(kg \cdot s^2/cm^2)$。

采用双膜盘串联(图8－11所示)时，就不能对这种挠性连接型式采用横向无穷大弹簧系数的假定，应按下式计算横向弹簧系数：

$$K_d = 360K_b/\pi L_e$$

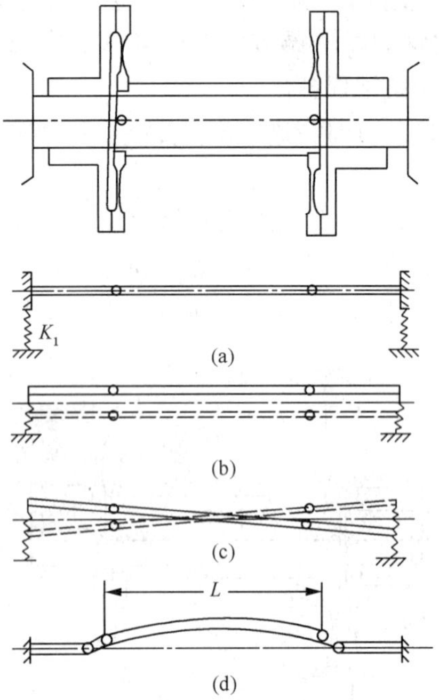

图 8－11

式中，K_b 为单膜盘弯曲弹性率；L_e 膜盘中心线之间距离。

系统的自然频率为：

$$\omega_n = (K_d \cdot g/W)^{1/2} \cdot 60/2\pi (s^{-1})$$

对于双膜盘单纯动力回转的第一临界转速仍可用下式计算。

$$N_c = \pi^2 (E_I/U_L^4)^{1/2} \cdot 60/2\pi$$

5. 系统的轴向振动

膜盘式联轴器的中间空心轴通常仅用两个膜盘相连(图 8－12)，因此它相当于一个自由悬浮在弹簧上的质量。在这种情况下，总的轴向弹簧系数如间隔空心轴那样为膜片弹簧系数两倍。中间空心轴将受到一个轴向输入振动，并且以其共振频率振动。

一般说来这种振动不会引起事故，除非大量的振幅恰好以共振频率存在。

对应于共振轴向频率的转速运行，可能引起振动。尽管它通常不太严重，但不应在这种转速下持续运行。轴向共振频率可按下式计算：

$$\omega_n = (K \cdot g/W_s)^{1/2} \cdot 60/2\pi$$

式中，K 为每个联轴器的轴向弹簧系数之和；W_s 为间隔空心轴的质量。

当使用上式时，必须考虑到轴向弹簧系数与变形的非线形关系。

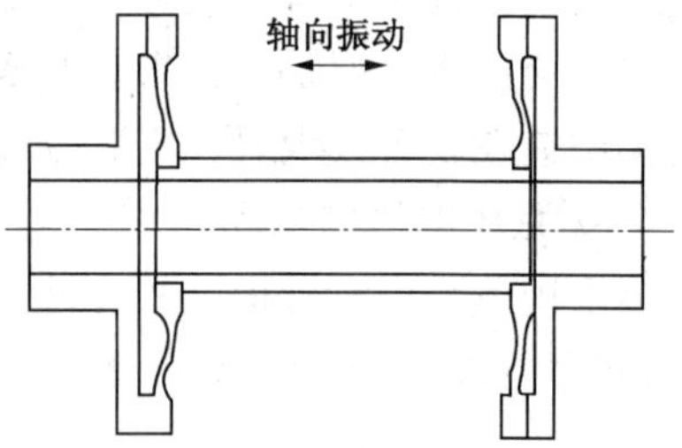

图 8－12

6. 典型应用实例

膜盘式联轴器已大量用于航空、船舶和工业透平系统中。挠性很大的膜盘可以吸收动力涡轮延伸轴的热膨胀和轴的不对中。如图 8－13 所示齿轮箱端的联轴器，连接动力涡轮与齿轮箱。它由两个外径为 558.8mm 的膜盘组成，在最初对中安装时，它受到了 3.8mm 的预拉伸位移，在热态运转温度下压缩联轴器 7.6mm，联轴器受一个 3.8mm 的压缩位移。在整个工作过程中，输出轴加在涡轮上的轴向负荷限制在 450kg 内。

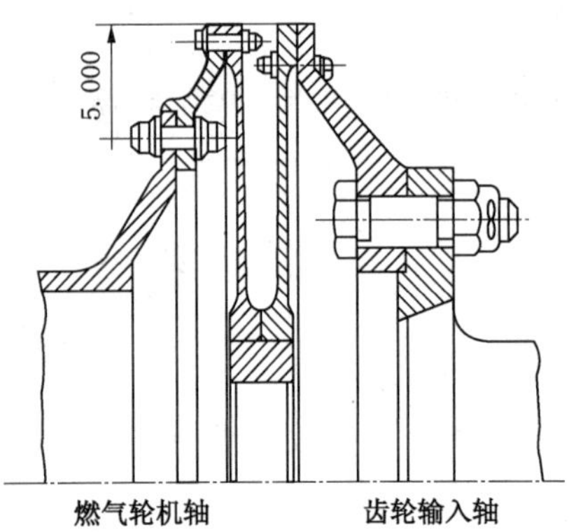

图 8－13

图 8－14 所示是一种非接触式扭矩测量系统中应用膜盘联轴器实例。由应变计桥路所得的信号通过遥测单元传到静止耦合环，经电缆至显示单元。电子单元所需之动力由分离变压器供电单元通过一对静、动耦合环供给。

电子单元与应变计密封在膜盘联轴器内，膜盘对于扭矩负荷网的确定提供了一个理想的元件，它使机器所承受的弯矩和轴向力最小。因此，应变桥路上膜盘的弯曲和轴向应变也最小，这就最大地减小了由于应变计桥路中补偿网路不完整而可能给扭矩读数带来的误差，使精度达 ±1%。

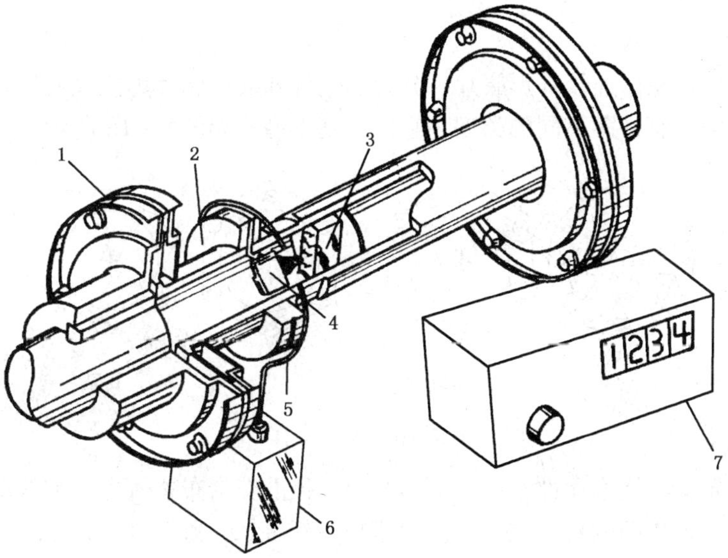

图 8－14

1—膜盘挠性联轴器；2—转动耦合环；3—旋转电子单元；4—应变计桥路；
5—静止耦合环；6—分离变压器供电元件；7—输出显示单元

图 8－15 所示是一种用于同步挠形联轴器的专利设计实例。这种联轴器能连接交叉轴线和执行角小于 180°的连接，在传动中可保持全转角同步，以及能承受环境条件变化和传递大扭矩。这种装置具体用于控制飞机的方向舵、升降舵、补助翼及喷气发动机的进排气等。

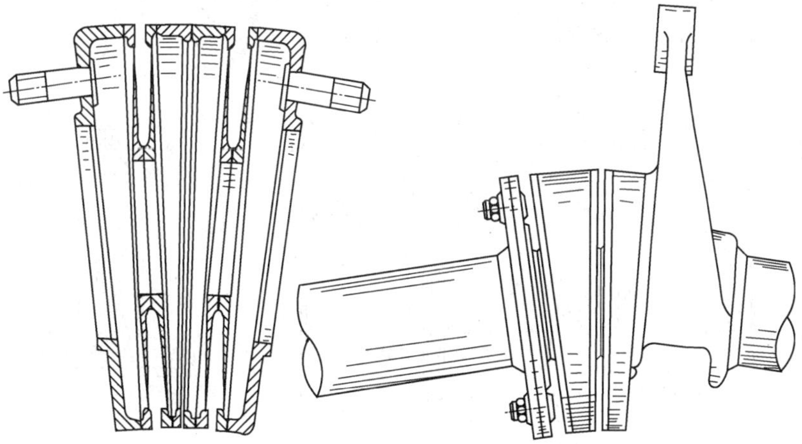

(a) (b)

图 8－15

这种联轴器的膜盘可在远超过工作条件负荷和位移下进行试验，证明它具有足够的运动应力和耐久循环余量。用于船舶中的这种联轴器在水下冲击试验证明，它的输出轴可承受最大的冲击力，即使经受了 43mm 的尖峰位移，轴对中破坏后，在 100h 冲击边负荷试验期间运行仍完全正常。

五、叠层膜片联轴器

1. 结构特点

叠层膜片联轴器是以连续环形膜片、分开的连杆和波形膜片为挠性元件来传递扭矩的装置。叠层元件通常可有许多不同的类型，它们的基本型式如图 8 – 16 所示。

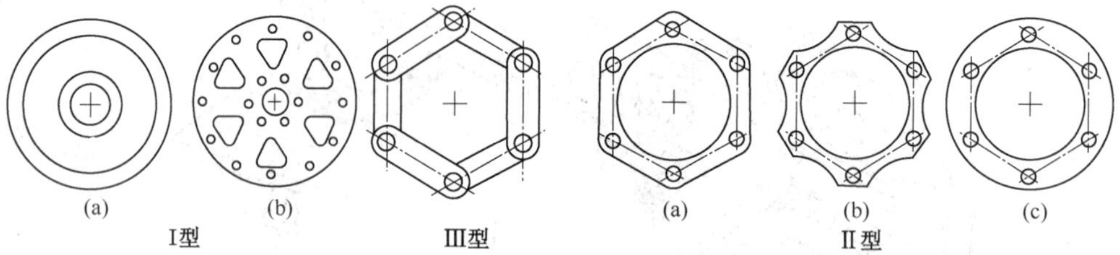

图 8 – 16　叠层元件

叠层膜片联轴器的挠形元件，在相同的节圆直径上交错布置着主动和从动螺栓。Ⅱ型和Ⅲ型是依靠这些螺栓之间的直接拉力来传递扭矩。在Ⅱ(a)和Ⅱ(b)型中，幅片内将只产生简单的拉应力，Ⅱ(b)型中去掉了叠层中不起作用的部分，试图在整个幅片的主动部分给出一个均匀的拉应力型线。对Ⅱ(c)型，主从动螺栓间的负荷是通过一段曲梁传递的，结果导致了膜片的外径受压而内径受拉。如果主从动螺栓间作用线落到了膜片材料的外边，则拉应力将很高。Ⅰ(a)和Ⅰ(b)型中，传递扭矩时膜片受剪切，在中等应力水平时，需要用足够大的内径。当需要适当的挠性时，则径向尺寸要足够大，故一般Ⅰ(b)型联轴器直径较大且比Ⅱ型重。

为了提高这种联轴器的挠性和减振性能，膜片还可预制成波状，如图 8 – 17。它的联接方式是膜片外圈借螺栓与轮毂相连，内圈借花键与齿环相连，并有隔环与中间套相连，见图 8 – 17。叠层波状膜片联轴器尺寸系列，列于表 8 – 7。

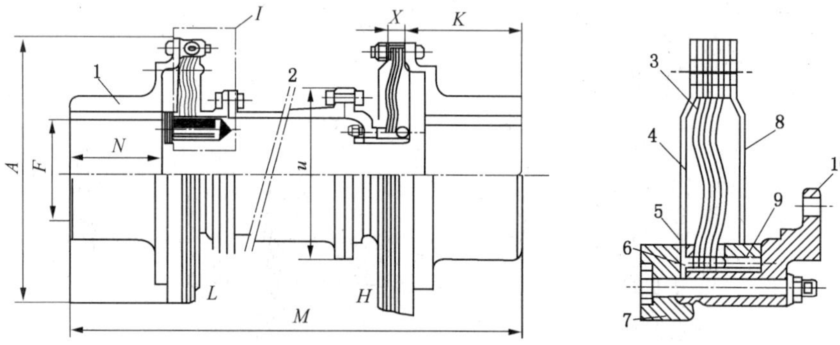

图 8 – 17　波状膜片

1—轴壳；2—中间套筒；3—波状膜片组合件；4—前挡环；6—花键齿；7—压紧环；8—后挡环；9—后隔环；10—齿环；*L*—低扭矩情况；*H*—高扭矩情况

叠层膜片联轴器具有很多突出的优点：

1）这种联轴器完全不需要润滑；

2）对于给定的额定扭矩，它的径向尺寸小于膜盘式，在某些情况下，可与完成传递同样功率的齿轮联轴器相同；

3）对于一给定的负荷，可以比膜盘式提供较大的位移。关于膜盘式、叠层膜片、叠层波状膜片三种联轴器的轴向位移与弹性复位力间关系如图 8－19。

表 8－7　叠层波状膜片联轴器尺寸系列

号码	A	F	K	N	u	x		M		允许最大扭矩/N·m		允许最大轴向位移/±mm	允许最大转速/(r/min)	
						L 型	H 型	$\alpha=0.5$	$\alpha=0.375$	$\alpha=0.5°$	$\alpha=0.375$		HH、HL	LL、LH
155－5	155	50	80	62	102	4.5	4.5	308	308	2950	4520	2.34	21000	8200
180－6	180	65	97	77	124	5.5	5.5	352	352	6870	10170	3.05	18000	7000
230－8	230	90	132	107	143	5.5	7.0	444	463	15800	25760	3.81	14000	5400
280－10	280	100	149	122	188	6.5	8.0	500	528	33900	44720	4.75	12000	4400
330－12	330	130	183	153	210	8.0	10.5	587	640	44700	76840	5.40	10000	3750
375－14	375	140	202	168	235	9.5	12.0	682	700	83600	124300	6.86	8500	3200
430－16	430	150	226	184	286	9.5	12.0	730	832	119780	185300	7.62	7200	2800
500－19	500	180	263	214	310	13.0	15.5	892	925	237300	339000	8.90	6000	2400
580－22	580	230	325	275	360	13.0	15.5	1021	1070	339000	452000	10.16	4500	2000
740－28	740	300	431	366	470	16.5	19.0	1365	1380	847500	1130000	15.80	3600	1800

注：α—角向偏斜角；HH—高速重载；LL—低速轻载。

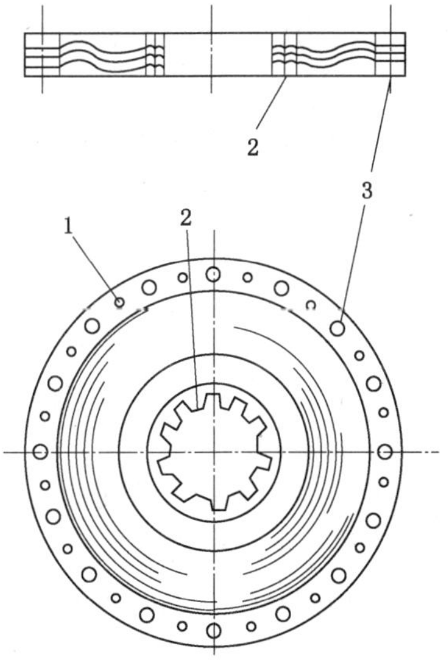

图 8－18　波状膜片的连接

1—拼合孔（与挡环铆合）；2—花键齿；3—螺栓孔

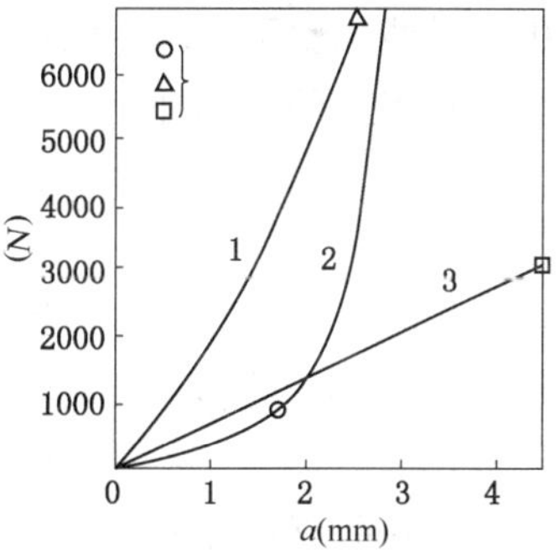

图 8－19　三种联轴器轴向位移与弹性复位力间的关系图

1—盘状叠片式；2—膜盘式；3—波状叠片式；N—复位力；α—轴向位移

4）对于连续环式膜片，轴端弯矩及必然要加到轴承上的径向负荷是很低的。

5）由于轴向位移所产生的推力，变化范围可以很宽，总小于膜盘式，且总是成倍地小于齿轮联轴器。

6）它的使用不受功率和转速的限制，可应用于各种动力传动装置。

（二）膜片简化力学模型

图 8－20 所示为一典型的 8 螺栓孔膜片。A_1、A_2、A_3、A_4 为主动螺栓孔，与主动轴轮壳相连。B_1、B_2、B_3、B_4 为从动螺栓孔，与从动轴轮壳相连。图 8－20 示简化力学模型，L_1、L_2、L_3、L_4 为 4 根拉力杆，U_1、U_2、U_3、U_4 为 4 根受压杆。它们分别受到扭矩 T_H、轴线偏斜而引起的弯矩 M、螺栓与膜片质量引起的离心力、膜片轴向位移引起的弹性推力 F_a 等。扭矩 M_H 使膜片产生拉伸或压缩应力，离心应力随转速而变化，当安装情况一定，T_H、M 和 F_a 属不变应力。弯矩 M 使膜片产生弯曲应力，而且轴每转一周应力循环交变一次。大量实践证明，这种联轴器的主要失效原因是膜片和螺栓在交变循环，复合应力作用下的疲劳所致，而往往不是因为膜片传扭矩能力的不足。

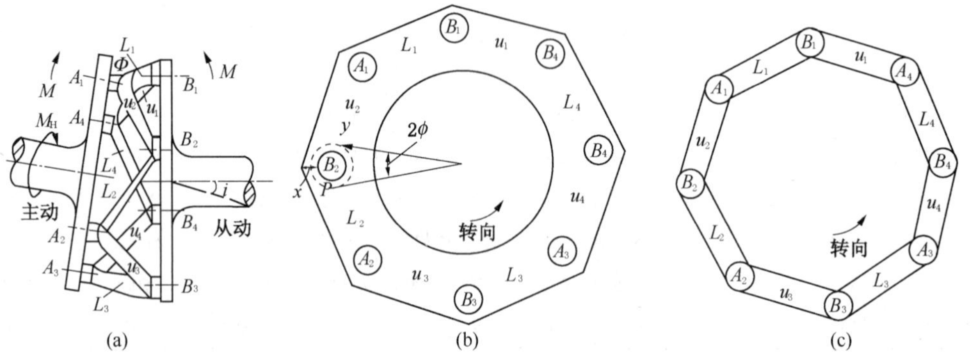

图 8－20　典型的 8 螺栓孔膜片

关于交变应力分量有膜片组合件的弯曲应力、轴向振动应力、轴向推力和螺栓应力。

（1）膜片组合件的弯曲应力

它是由于轴线偏斜引起的弯曲应力，当连杆中心位于倾斜张口最大位置时，其弯曲应力最大，多层膜片组件的二侧外层，一侧受拉，一侧受压，中间层近为零。每转一周交变循环一次。

（2）轴向振动应力

联轴器旋转时，连杆端部的周期性轴向偏移，会产生一种频率等于轴的旋转频率，振幅等于角偏移乘以螺栓所处的半径的轴向振动应力。当连杆处于最大轴向间隙位置时，这种应力达到最大值。

由于杆件受弯时支点处应力最大，可知螺栓夹紧时最外层膜片螺栓夹紧圈的边缘点为危险点。当夹紧力不足时，该点移向 X 点，此时 X 点为危险点，并伴有膜片间滑移，可能沿此径向折断。为分散和降低夹紧圈边角处的应力集中，夹紧圈的结构形式如图 8－21 所示。

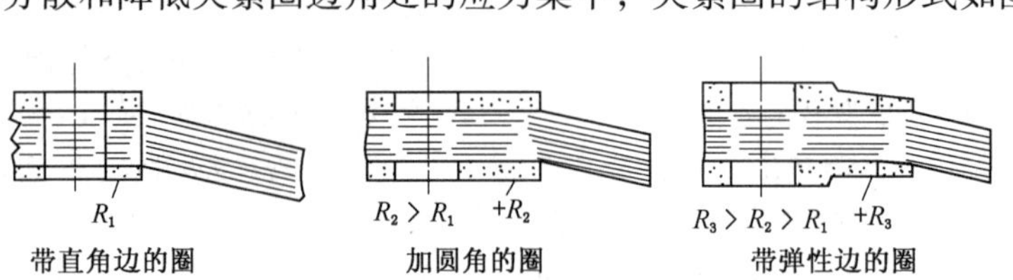

图 8－21

（3）轴向推力

图 8－22 所示为一具有 4 个主动螺栓、4 个从动螺栓的典型挠性元件。运行中，输出膜

片 L_T 受拉伸，输入膜片 L_L 受压缩。因此，该 8 个螺栓孔的膜片可简化成为主动拉力杆和被动受压杆各四根。图 8－22(a)所示为不传扭矩时主动和从动连杆均为自由长度 L。图 8－22(b)为施加一轴向力 F_a 的情况。力 F_a 将引起一个轴向偏斜 y，此时膜片自由长度被拉长。可以证明，力 F_a 的变化与偏斜 y 三次方成比例。图 8－22(c)所示为无轴向位移纯粹传递力 P，主动杆伸长，从动杆压缩。图 8－22(d)所示为当从动杆松弛时，主动杆进一步伸长，轴向位移产生，此时 F_t 与位移成正比。图 8－22(e)所示为轴向力 F_t 线性增长到从动杆松弛部分全部消失为止，此时从动杆回复到自由长度，此时称为"临界点"，相应的轴向位移为 y_c。图 8－22(f)所示为轴向位移超过 y_c 时，轴向力合力为 F_a+F_t，从动杆也参与传递部分扭矩。图 8－22(g)所示为高速运行下引起离心力 F_c 作用情况。图 8－22(h)所示为离心力 F_c 和轴向 F_a 联合作用的情况。

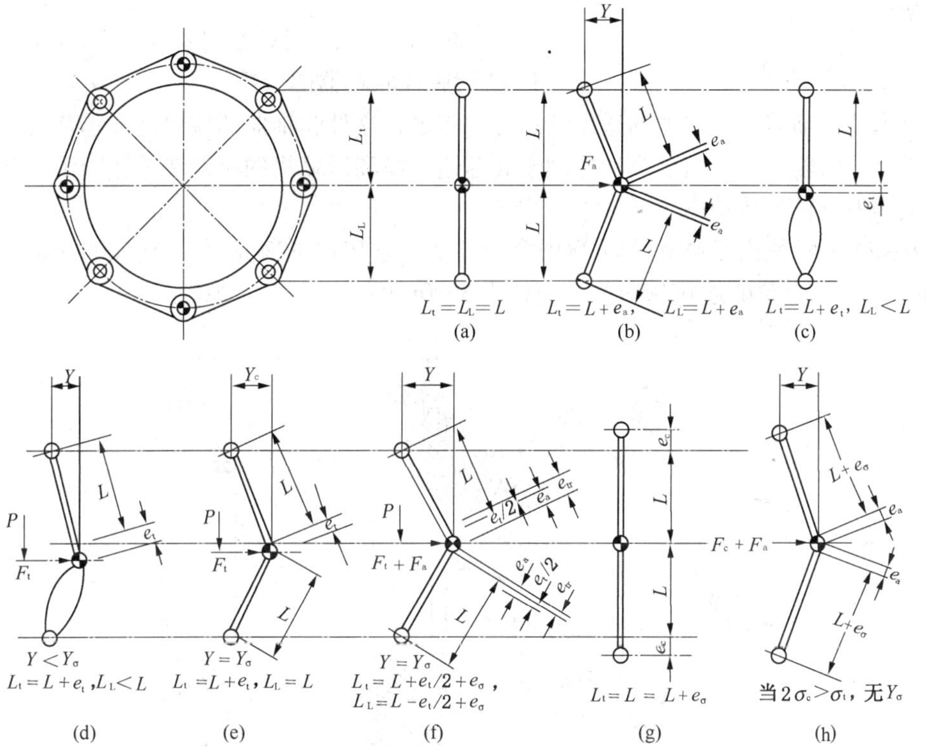

图 8－22

（4）螺栓应力

足够的螺栓夹紧力可以使：

1）连杆危险的应力点内移，从而可减低交变弯曲应力，并避开螺孔；

2）联轴器的轴向刚度增加；

3）消除组装好的联轴器的轴向自由移动等。

反之，如果夹紧力不足以克服膜片间相对滑移，不仅降低了传扭能力，而且对螺栓产生振动剪力和弯曲，并伴有危害极大的振动磨损。由破坏实例可见夹紧圈附近暗亮部分即细微磨屑所致。因而合理设计夹紧力对联轴器安全可靠十分重要。一般推荐按螺栓应变 0.2% 来决定拧紧螺栓力矩。为提高螺栓疲劳强度，结构上采取"缩腰结构"。为了防止转子突然卡住或电机短路时，扭矩比正常扭矩大 4～6 倍，易使螺栓孔撕裂，故需要加安全保护装置。

如图 8－23 所示，结构(a)的缺点是装配和拆卸时主螺栓要全部卸下，因而难以达到精确的平衡和螺栓夹紧力的一致。结构(b)、(c)可避免上述缺点，且可以在制造厂精确平衡和装配好。尤其是(c)倒置轴壳，可使悬臂力矩大大减小。

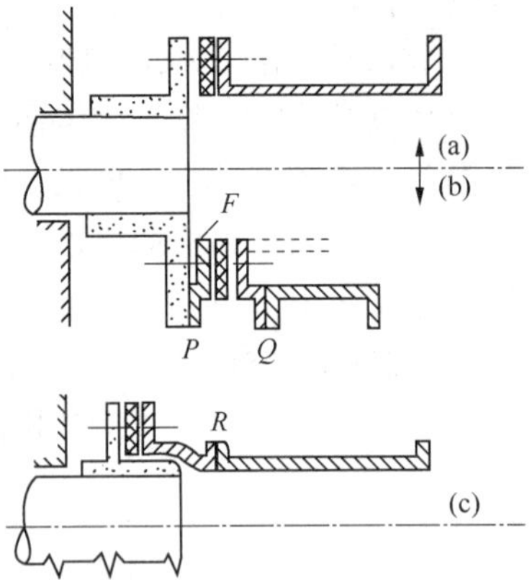

图 8－23

（三）膜片材料

理想的膜片材料应具有高的抗拉强度和疲劳强度，低的弹性模量和密度，良好的抗腐蚀性和抗微振磨损性能。膜片通常用不锈钢制造，对用于有海水腐蚀的场合，则要求用更合适的材料。膜片厚度一般为 0.25～0.5mm。螺栓用高强度合金钢制造，螺母采用自锁螺母和防松装置。

（四）叠层膜片联轴器的应用及检修

1. 叠层膜片联轴器的应用

叠层膜片联轴器具有很大的适用性。近几年来，这种联轴器的应用越来越普及，它可以直接取代齿形联轴器。目前已成功地用于高速透平泵和压缩机的驱动装置，船用主推进装置和透平交流发电机等传动中。

图 8－24 所示是用于高速大功率场合的实例。它传递的额定功率为 60000kW、转速为 3000r/min、短期超载能达 65000kW、超速为 3600r/min。

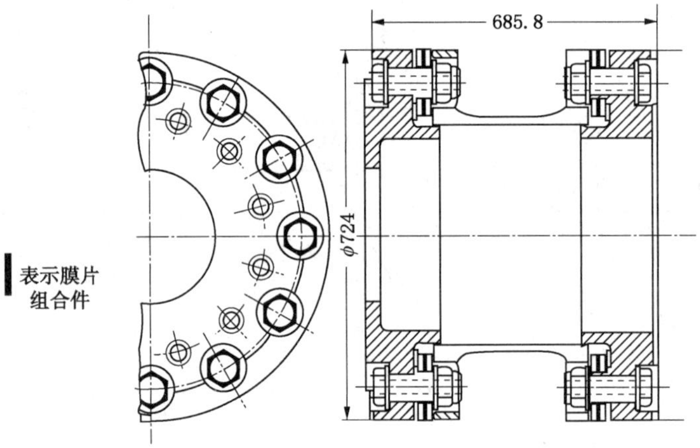

图 8－24

图 8－25 所示是用于中等功率的一个实例。它传递的额定功率为 14000kW、额定转速为 6500r/min、超负荷能力为额定 6 倍。

图 8－26 所示是用于超高速的一个实例。它传递的额定功率为 29000kW、额定转速为 12000r/min。用于超高速的联轴器的位移相对要求很小，使实际上不存在高的冲击载荷。

由于这种联轴器的挠性元件具有轴向和角度的两个自由度。通过一个中间轴，可以把角位移转换成轴的平行位移。在旋转方向和径向，元件是绝对刚性的，因此，这种联轴器一般不能单个元件或无中间轴的情况下使用。

此外，这种联轴器不宜用于扭矩波动很大的驱动装置。它将把扭振从一个装置传给另一个装置，有时会产生灾难性结果。

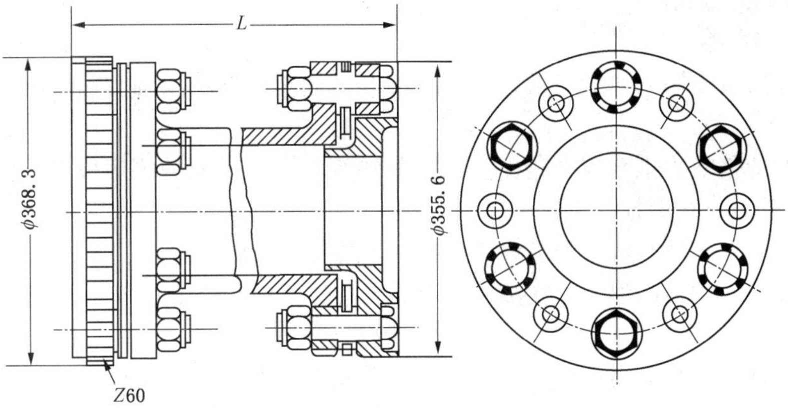

图 8－25

2. 叠片弹性联轴器的检修

（1）拆卸与检查

1）拆卸螺栓、垫圈、螺母应做好标记，配套存放，若有损坏应全部更换。

2）检查叠片有无裂纹和变形情况。

3）检查中心环组件有无损坏。

4）轮毂拆卸时应使用专用工具，检查轮毂磨损情况。

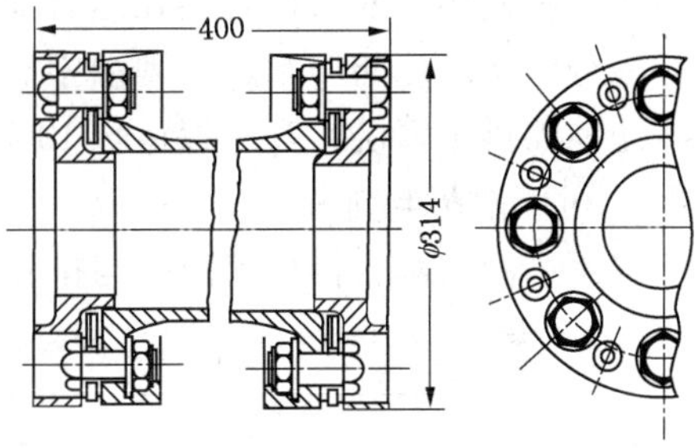

图 8－26

（2）装配与机组的找正

1）清洗所有部件，检查两轴端及两轮毂孔应光滑无毛刺；

2）轮毂与轴配合采用 H7/k6，装配时采用热装或压装；

3）叠片应无裂纹和永久性变形，若需更换应成套更换，叠片应按原位回装到中心环组件上；

4）螺栓组应按标记原位回装；

5）联轴器两轴的对中：径向圆跳动偏差小于 0.10mm，端面圆跳动应小于 0.5mm/m。

（3）调整两轴对中时的注意事项

1）机器进入正常运行时，若由于机器温度变化等因素，引起两半联轴器产生相对位移，则在确定两轴的对中数值时应根据设计要求予以考虑；

2）联轴器对中时，电动机下边的垫片每组不得超过四块，调整垫片应选用不锈钢或铜片，表面不能有毛刺；

3）对中所用表架必须有足够的刚度；

4）用双表调整时，两轴应同步转动，并应克服轴向串动的影响；

5）调整两轴对中时，不允许用调整螺栓松紧的办法。

六、液力联轴器

液力联轴器有机械式连轴器功能，并具有液力传动所特有的功能。液力联轴器于动力机与工作机之间传递动力，变机械连接的刚性传动为柔性传动，可改善传动性能，节约能源。

1. 安装使用及检修

限矩型液力耦合器在安装中不能用金属锤敲打，使耦合器有较好的通风冷却条件。保持油液清洁，控制充液量。

调速液力耦合器：

1）为减少安装不同心对液力耦合器轴承的不良影响，在输入轴和输出轴均应配用弹性联轴器；

2）安装时应使液力耦合器底座板放在地基的有较大接触面的钢底板上，以防由于液力耦合器的振动使基础被磨损而影响标高；

3）液力耦合器安装时应按产品说明书预留轴心标高热膨胀量；

4）冷却器自身的最高油面处在液力耦合器出口法兰中心位置0.5mm以下，以防油液倒灌进入箱体油池；

5）工作液体以6号液力传动油或8号液力传动油为最佳，也可以用22号透平油代替，向箱体注油时必须保证清洁和过滤、液力耦合器通油管路必须清洗干净，不允许有任何锈蚀物残留。新使用的液力耦合器在运转500h后要对工作液体进行抽样检查，以后每用3000h抽样检查一次。严防串水，发现油中有水应立即更换全部工作液体。新机第一次运转500h应将滤油器拆下清洗，其后每运转1000h清洗一次。

2. 可能故障与排除方法

限矩型液力耦合器可能故障与排除方法，见表8－8。

表8－8　限矩型液力耦合器可能故障与排除方法

故　　障	可能原因	排除方法
达不到额定转速	电机有故障或连接不正确	检修电动机的电流、转速和消耗的功率
	工作机卡死	检查工作机，消除卡死原因
	工作机消耗功率过大	检查功率消耗，核算是否超规定
	充液过多，电动机无法达到额定转速	检测充液量，放出适量的油
	充液太少	检查充液量，按规定量充液
	液力耦合器漏油	更换密封，拧紧螺栓
易熔塞经常熔化	充液量太少	按规定量充液
	液力耦合器漏油	按规定量充液，更换密封，拧紧螺栓
	工作机功率消耗过高	核实功率是否超过额定值
	起动时间过长	加速时电动机切换三角形连接
运行不平稳	安装不当，不对中	
	轴承损坏	根据噪声和振动判断轴承是否损坏，如损坏更换轴承
	基础松动	检查并拧紧基础螺栓

调速型液力耦合器可能故障与排除方法，见表8－9。

表8－9　调速型液力耦合器可能故障与排除方法

故　　障	可能原因	排除方法
油温过高	冷却效果不良	清洗或更换冷却器
	耦合器箱体油位过高	调整至规定油位
	滤清器堵塞	清洗滤清器
	供油泵安全阀有故障	检修安全阀
	工作液不合要求	按规定更换新油
	油路堵塞	疏通清洗油路

续表

故　　障	可 能 原 因	排 除 方 法
涡轮不转	安全阀调整压力过低	调整至正确位置使压力合适
	油冷却器堵塞	清理或更换冷却器
	油泵损坏	修理或更换油泵
	导管口方向不对	改变导管方向
	耦合器旋转方向不对	纠正转向
	油箱存油量太少	加至规定油位
	油泵入口漏气	把紧吸入管和法兰
	电动机转速过低	更换电动机
	滤油器堵塞	清洗滤油器
	工作机卡死	清除工作机故障
输出转速降不下来	导管口方向不对	纠正导管口方向
	导管控制失灵	调整或修理
油路系统无压力	安全阀调定值过低	重新调整达到规定值
	油泵安装的不正确	重新调整安装
	电动机转向不对	重新接线换方向
	电动机转速过低	换电动机
	滤清器堵塞	清洗或更换
	油泵入口漏气	拧紧油泵入口
	油路堵塞	疏通管路
润滑系统无压力	润滑泵的安全阀调定压力过低	把压力调到规定值
	没装节流板或节流阀孔过大	更换合适节流板
	报警开关压力调定值过低	调到正确值
	润滑泵单独工作时系统有压力，但主泵没有工作时没有压力，换向阀动作失灵	检查换向阀，修理好
	滤清器堵塞	清洗滤清器
	管路堵塞或损坏	疏通或修理
	润滑油泵转速过低	更换油泵电机
	油泵安装不正确	重新安装
滑动轴承油温过高	轴承间隙大	换轴承
	轴承工作面被划伤	修理
	测温电阻安装过紧	重装测温电阻
	滤清器堵塞	清洗滤清器
	工作液不合格	按规定更换工作液
	管路堵塞	疏通管路
滑动轴承损坏	油中含水量过高	检查
轴端窜动量过大	滚动轴承损坏	换轴承
	轴承挡圈损坏	换挡圈
	推力轴承损坏	换推力轴承

续表

故障	可能原因	排除方法
轴端漏油	油封损坏	换油封
	油封没装好	重装
	联轴器产生吸油效应	加一挡风板
油泵更换	油泵外转子无沟槽	开出沟槽
	装配间隙不合规定	按图样要求间隙配装
	油箱油位过低	加油至规定油位
	滤清器不洁或损坏	清洗或更换滤清器
振动超差	电动机振动过大	隔离或消除振动
	工作机振动过大	隔离或消除振动
	基础刚性不良	加固基础
	耦合器与电动机不同心	重新找正
	联轴器不平衡	联轴器进行平衡
	轴承间隙过大或损坏	换轴承
	耦合器旋转件动平衡精度不够	重做动平衡，达到规定精度值

第二节 齿轮箱

一、简介

石油化工厂中，和压缩机配套的变速齿轮箱，圆周速度在100m/s以上的，已不罕见。传递的功率已达几千到上万kW。对增速齿轮，不仅要求能长期、安全、可靠地运行，而且还要求振动和噪声低。能满足这些要求的齿轮有两种，一种是加工精度很高，软齿面的圆弧齿斜齿轮和人字齿轮。我国的GY系列的变速器所用的齿轮，就属于这类产品，其齿轮的圆周速度已达到100m/s，传递的功率已达到600kW。另一种是加工精度很高，具有高硬齿面的渐开线斜齿轮和人字齿轮。这种齿轮为了补偿由于制造误差、力变形、温度变形的影响，一般都进行了齿高和齿长修型。从国外引进的一些离心压缩机的增速齿轮，就是这类产品。

渐开线的增速齿轮采用的精度等级，依精度高低分别为5级、6级、7级、8级和9级。圆周速度在50 m/s以上的齿轮，采用5级精度。

增速齿轮的常用材料见表8－10。采用各种表面硬化法处理齿面时的硬化深度见表8－11。推荐的大齿轮和小齿轮的硬度配合值见表8－12。

增速齿轮均需进行动平衡。一般可按刚性转子进行动平衡，允许的不平衡值见表8－13。

表 8-10　增速齿轮常用材料

材料牌号	热处理种类	硬度近似值		材料牌号	热处理种类	硬度近似值	
		HB	HRC			HB	HRC
35SiMn	调质	229~286		20CrMnTi	渗碳淬火、回火		56~62
	表面淬火		45~55		渗碳		57~63
50SiMn	调质	229~286		20CrMnMo	渗碳淬火、回火		56~62
	表面淬火		45~50				
40Cr	调质	241~286		38CrMoALA	调质		
	表面淬火		48~50		渗氮		HV>850
38CrMo	调质	207~269		20MnVB			56~62
	表面淬火		40~45				
20Cr	渗碳淬火、回火		56~62	42SiMn	调质	229~286	
	渗碳		53~60		表面淬火		45~55

表 8-11　各种表面硬化法的硬化深度

表面硬化法	有效硬化层深度mm/mm	表面硬化法	有效硬化层深度mm/mm
渗碳、淬火	m=1.5~4　0.25m	高频及火焰淬火	0.3m
	m=4~30　0.5m	氮化	0.1~0.6

表 8-12　推荐的大小齿轮硬度配合值

	最小布氏硬度 HB										洛氏硬度 HRC		
大齿轮	180	210	225	255	270	285	300	315	335	350	51	55	58
小齿轮	210	245	265	300	315	335	350	365	385	400	51	55	58

表 8-13　增速齿轮动平衡要求

转速/(r/min)	允许的不平衡值/g·cm	转速/(r/min)	允许的不平衡值/g·cm
<6000	0.3G	>10000	0.1G
6000~10000	0.2G		

二、齿轮箱的检修

1. 齿轮无损探伤

进行无损探伤时，将齿轮分为Ⅰ区和Ⅱ区，见图8-27。

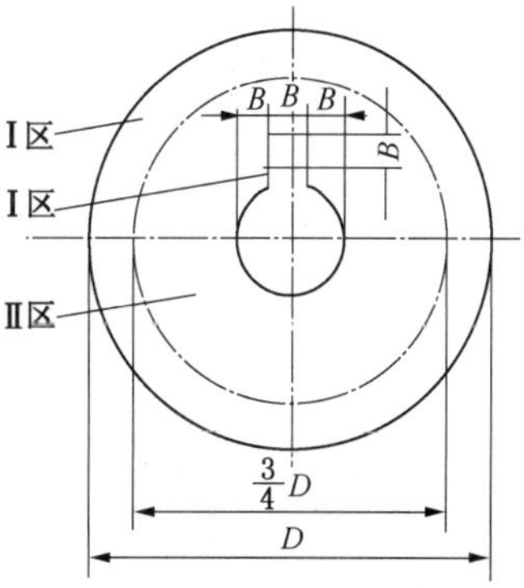

图 8-27　齿轮检验分区

超声波探伤的检验标准：在Ⅰ区发现裂纹或白点则判废。但允许有零星分散的，当量直径ϕ2mm以下的非金属夹杂物存在。当量直径ϕ2~4mm零星分散的非金属夹杂物不得多于5个，且间距须大于80mm。面积为4cm^2，当量直径ϕ2mm以下的非金属夹杂物密集区不得多于3处，且间距须大于120mm。在Ⅱ区发现白点或裂纹则判废，但允许有零星分散，当量直径ϕ1mm以下的非金属夹杂物存在；当量直径ϕ2~4mm非金属夹杂物不得超过10个，且间距须大于80mm；当

量直径 $\phi 2 \sim 6mm$ 的非金属夹杂物不得超过 3 处，且间距须大于 80mm。

除了超声波探伤外，对 I 区还需要进行磁粉或着色探伤。检验时，发现白点或裂纹则判废。工作齿面不允许有缺陷痕迹，其余部位允许有 3mm 以下的非金属夹杂物存在。

2. 齿轮检查

齿轮检修主要检查齿轮副的接触斑点和侧隙。接触斑点反映齿轮的接触精度。点啮合的圆弧齿轮，出厂时均经完善的“跑合”。因此，接触一般良好，但也需进行检查。

检查接触斑点时，需在齿轮副的一个齿轮上均匀抹上一层薄薄的红丹。在轻微制动的情况下，转动齿轮。然后，在未抹红丹的齿轮上，观察接触斑点，并在齿面展开图上用百分比计算。对渐开线的齿轮，沿齿长方向的接触斑点 b''（扣除超过模数的断开部分 c）和工作长度 b' 之比为：$(b''-c)/b' \times 100\%$

沿齿高方向，接触斑点的平均高度 h'' 和工作高度 h' 之比

$h''/h' \times 100\%$，圆弧齿轮齿宽方向 $a/B \times 100\%$。

齿高方向 $h_p/h_w \times 100\%$。

接触斑点应达到的数值，见表 8－14。对于进行了齿形和齿向修形的齿轮，有特殊要求时，可不按此表要求。

表 8－14　接触斑点的要求

接触斑点	渐开线齿轮		圆弧齿轮	
	精度等级		精度等级	
	5	6	5	6
齿高方向	45	40	60（跑合后）	55（跑合后）
齿长方向	80	70	95（跑合后）	90（跑合后）

齿轮副的侧隙，建议杠杆式百分表进行检查。杠杆式百分表的触头，应触及齿高的中部，即齿轮的节圆处。在保证一个齿轮不动的情况下，以最大可能来回转动另一个齿轮。此时，百分表的读书为齿轮副侧隙。测量时，圆周方向的检查点应不少于四点，切均匀分布。为了使每次测得的数据便于对比，检查点应该基本固定。可在齿轮端面作上永久性的记号。

侧隙的要求，对圆弧齿齿轮和 JB926－67 的基准齿形，其设计侧隙为：法面模数 $m_n = 2 \sim 6$ 时，为 0.06mn；法面模数 $m_n = 7 \sim 32$ 时，为 0.04mn。

由于跑合的原故，可能出现侧隙和上述数值稍有差异，但不能少于上述值的 2/3。用于一级齿轮增速箱的渐开线齿轮其合适的侧隙见表 8－15。

表 8－15　齿隙计算表

端面模数	齿　隙	节圆直径/mm						
		25～50	50～100	100～200	200～400	400～800	800～1600	1600～3200
0.5	最小值	45	60	70	90			
	最大值	100	130	160	200			
1	最小值	50	60	70	90	110		
	最大值	110	140	170	210	250		
1.5	最小值	50	60	80	100	120	140	
	最大值	120	150	180	220	260	320	

端面模数	齿　隙	节圆直径/mm						
		25～50	50～100	100～200	200～400	400～800	800～1600	1600～3200
2	最小值	60	70	80	100	120	150	
	最大值	130	150	190	220	270	330	
2.5	最小值	60	70	90	100	130	150	
	最大值	140	160	190	230	280	340	
3	最小值	70	80	90	110	130	160	190
	最大值	150	170	200	240	290	350	430
3.5	最小值	70	80	90	110	130	160	200
	最大值	160	180	210	250	300	360	440
4	最小值	70	90	100	120	140	170	200
	最大值	170	190	220	260	310	370	450
5	最小值	80	90	110	120	150	170	210
	最大值	180	210	240	280	330	390	470
6	最小值	90	100	120	130	150	180	220
	最大值	210	230	260	300	350	410	430
7	最小值	100	110	120	140	160	190	220
	最大值	220	250	280	320	360	420	500
8	最小值	110	120	130	150	170	200	230
	最大值	240	260	290	330	380	440	520
10	最小值	—	130	150	160	190	210	250
	最大值	—	300	330	370	420	480	560

注：（1）斜齿轮应先换算成端面模数；

（2）模数在表中数值之间取最大值；

（3）大小齿轮应分别求取，以其和为齿轮副的侧隙。

3. 箱体和轴承系统

轴承系统的检修和压缩机轴承系统检修方法相同。为了使轴承的油温不要过高，圆柱径向轴承间隙可取得大一点，可参见下列数值。

轴颈直径为 d，当轴颈圆周速度 $v \leqslant 35\text{m/s}$ 时，

顶间隙　$\Delta = (0.002 - 0.0025)d$；

当 $35 \leqslant v \leqslant 45\text{m/s}$ 时，$\Delta = (0.0023 - 0.0027)d$；

当 $v > 45\text{m/s}$ 时，$\Delta = (0.003 - 0.0033)d$。

对齿轮箱箱体，检修时检查其变形情况。箱体在自由状态时(不拧紧地脚螺栓)，其底座平面，上下箱体结合平面，用 0.03mm 塞尺检查，在任何部位应不能通过。

4. 增速机常见故障及故障处理

增速机常见故障及故障处理，参见表 8-16。

表 8－16　增速机常见故障及故障处理

现　　象	可能原因	处理措施
压缩机的异常振动和异常噪声	不对中	卸下联轴器，使原动机单独转动，如果原动机转动时没有异常振动，则故障可能由不对中引起，检查对中情况并参照安装说明书
	压缩机转子不平衡	检查转子，看是否由污垢或损坏引起；如有必要对转子重新进行平衡
	叶轮损坏	检查叶轮，必要时进行修复或更换
	轴承不正常	检查轴承、调整间隙，必要时修复或更换
	联轴器故障或不平衡	检查联轴节平衡情况，检查联轴器螺栓、螺母
	密封环不良	检查测定密封环间隙，必要时修复或更换
	油压、油温不正常	检查各注油点油压、油位及油系统工作情况，发现异常设法调整
	油中有污垢、不清洁，使轴承磨损	查明污垢来源，检查油质，加强过滤，定期换油，检查轴承，调整间隙
	喘振	检查压缩机运行时是否远离喘振点，防喘裕度是否正常，防喘装置是否正常工作
	气体管路的应力传递给机壳，由此引起不对中	气体管路应很好固定，防止有过大的应力作用在压缩机汽缸上；管路应有足够的弹性补偿，以应付热膨胀量
	压缩机附近有机器工作	将它们的基座基础互相分离，并增加连接管的弹性
轴承故障	润滑不正常	确保使用合格的润滑油；定期检查，不应有水和污垢进入油中
	不对中	检查对中情况，必要时进行调整
	轴承间隙不符要求	检查间隙，必要时进行调整或更换轴承
	压缩机或联轴器不平衡	检查压缩机转子组件和联轴器，是否有污物附着或转子组件缺损，必要时转子重新找动平衡
止推轴承故障	轴向推力过大	检查止推轴承间隙，检查气体进出口压差，必要时检查内部密封环间隙数据是否超标，检查段间平衡盘密封环间隙是否超标
	润滑不正常	检查油泵、油过滤器和油冷器，检查油温、油压和油量，检查油的品质
	不对中和振动	参阅振动部分
油密封环和密封环故障，密封不稳定	油中有污物	检查油过滤器，更换附有污物的滤芯；加强在线过滤
	密封环间隙有偏差	检查间隙，必要时应给予调整或更换
	油压不足	检查参考气压力，不得低于最小极限值
	密封环精度不够	检查密封环，必要时修理或更换
	密封油品质和油温不符合要求	检查油质、油温，并予以解决

续表

现　　象	可 能 原 因	处 理 措 施
密封系统工作不稳定，不正常	密封环精度不够	检查密封环，必要时修理或更换
	密封油品质或油温不符要求	检查密封油质、指标不符应更换；检查密封油温，进行调节
	油、气压差系统工作不正常	检查参考气压力及线路，并调整到规定值，检查压差系统各元件工作情况
	密封部分磨损或损坏	拆下密封后重新调整间隙组装；按规定进行修理或更换
	浮环座的接触磨损不均匀	应研磨、修正接触面或更换新的备件
	浮环座的端面有缺口或密封面磨损	消除吸入损伤，减少磨损，必要时更换新的备件
	密封环断裂或破坏	可能组装时造成损伤，组装应注意，尽量减少空负荷运转；不能修复时应更换
	密封面、密封件、O形环被腐蚀	分析气体性质，更换部件材质或更换新备件
	因低温操作密封部分结冰	消除结冰，或用干燥氮气净化密封大气
	计量仪表工作误差	检查系统的测量仪表，发现失准时检修或更换
压缩机性能达不到要求	设计错误	审查原始设计，检查技术参数是否符合要求；发现问题应与卖方和制造厂交涉，采取补救措施
	制造错误	检查原设计及制造工艺要求；发现问题及时与卖方和制造厂交涉
	气体性质差异	检查气体的各种性质参数，如与原始设计的气体性质相差太大，必然影响压缩机性能指标
	运转条件变化	实际运转条件与设计条件相差太大，必然使压缩机性能与设计性能偏移，如发现异常问题应查明原因
	沉积夹杂物	在气体流道和叶轮以及汽缸中是否有夹杂物，如有应清除
	密封环间隙过大	检查各部间隙，不符要求则必须调整或更换
压缩机喘振	运行点落入喘振区或距喘振边缘太近	检查运行点在压缩机特性线上的位置，如距离喘振边界太近或落入喘振区，应及时调整工况并消除喘振
	防喘裕度设定不够	预先测好各种工况的防喘裕度；防喘裕度线应调整到最佳
	吸入流量不足	可能进气阀开度不够，滤芯太脏或结冰，进气通道堵塞，入口气源减少或切断等．应查出原因设法解决

续表

现　象	可能原因	处理措施
压缩机喘振	压缩机出口气体系统压力超高	压缩机减速或停机时气体未放空或回流；出口止逆阀失灵或不严，气体倒灌，应查明原因采取措施
	工况变化时放空阀或回流阀未及时打开	进口流量减少或转速下降，或转速急速升高时应查明原因，及时打开防喘的放空或回流阀门
	防喘振装置未投自动	正常运行时防喘振装置应投自动
	防喘振装置或机构工作失准或失灵	定期检查防喘振装置的工况情况，如发现失灵、失准或卡涩、动作不灵应及时解决
	防喘振定值不准	严格整定防喘数值，并定期试验，发现数值不准及时校正
	升速、升压过快	工况变化，升速、升压不可过猛、过快，要交替进行，缓慢、均匀
	降速未先降压	降速之前应先降压，以免发生喘振
	气体性质改变或状态严重改变压缩机部件损坏脱落	当气体性质或状态改变之前，应换算特性线，根据改变后的特性线整定防喘振值 级间密封、平衡盘密封和 O 形环破损、脱硫会诱发喘振，应经常检查，使之处于完好状态
	压缩机气体出口管线上止逆阀不灵	压缩机出口气体管线上的止逆阀经常检查，保持动作灵活，可靠，以免转速降低或停机时气体倒灌
压缩机叶轮破坏	材质不合格，强度不够	重新审查原设计、制造所有的材质，如材质不合格应更换
	工作条件不良	工作条件不符合要求，由于条件恶劣，造成强度降低，造成破坏；禁止严重超负荷或超速运行
	负荷过大，强度降低	因转速过高或流量、压力太大，使叶轮强度降低，造成破坏；禁止严重超负荷或超速运行
	异常振动，动、静部分碰撞	振动过大，造成转动部分与静止部分接触、碰撞，形成破坏；严禁振动过大强行运转，消除异常振动
	落入夹杂物	压缩机内进入夹杂物打坏叶轮或其他部件；严禁夹杂物进入压缩机；检查进口过滤器是否损坏

续表

现　　象	可能原因	处理措施
压缩机叶轮破损，压缩机漏气	沉积夹杂物	保持气体纯洁 通六部分和汽缸内有沉积物时应尽早清除
	应力腐蚀和化学腐蚀密封系统工作不良	防止发生应力集中，防止有害成分进入压缩机，做好压缩机的防腐措施。检查密封系统各元件，查出原因及时解决
	O形密封环不良	检查O形环，如发现不良和老化应更换
	汽缸或管接头漏气	检查汽缸接合面和各法兰接头，发现漏气及时采取措施
	密封胶失效	检查汽缸中分面和其他部件的密封胶及填料，发现失效应更换
	运转不正常	检查运转操作指标是否正常，检查压缩机运行状态，发现不正常及时解决
	密封环破损、断裂、腐蚀、磨损	检查各密封环；发现断裂、破损、磨损、和腐蚀应查明原因，并及时修复或更换
压缩机流量和排出压力不足	通流量有问题	将排气压力与流量同特性曲线比较研究，看是否符合，以发现问题
	压缩机逆转	检查旋转方向，旋转方向应与压缩机壳上的箭头方向一致
	吸气压力低	检查入口过滤器
	分子量不符	测定分子实际分子量，和说明书的规定数值比较，如果实际分子量比规定值为小，排气压力不足
	原动机转速比设计转速低	检查压缩机运行转速，与说明书对照；如转速确实低，应提升原动机转速
	自排气侧向吸气侧的循环量增大	检查循环气量，检查外部配管；检查循环气阀开度，消耗量太大应调节
	压力计或流量计故障	检查各计量仪表，发现问题应高校，修理或更换
原动机超负荷	分子量比规定量大	检查气体实际分子量，与设计说明书比较
	原动电动机在电气方面有毛病	检查电压是否降低，检查各相电流差是否在3%内，方向问题及时解决
	与叶轮相邻的扩压器表面腐蚀，扩压度降低	拆开检查，检查扩压器各流道，如有腐蚀应改善材质或提高表面硬度，清扫表面，使表面光滑
	压力或扩压器变形	叶轮或扩压器变形应修复或更换
	转动部分与静止部分相碰	拆开原动机压缩机和齿轮箱，检查各部间隙并与说明书对照；发现问题及时解决
	吸入压力高	吸入压力高，质量流量增大，功率消耗大，与设计数据对照，找出原因，并解决

第九章　转子动平衡

第一节　转子及机组轴系的振动特性

一、转子不平衡

（一）振动的危害及减振措施

一般石油化工企业中常见的机器都装有旋转部件，即转子。转子连同它的轴承和支座等统称为转子系统。像气体压缩机、电动机、发电机、汽轮机以及离心机等都是典型的旋转机器，都以转子作为工作的主体，工作转速很高。

高速旋转机器工作时转子系统难免出现机械振动，而且有时会产生剧烈的振动。机器振动的危害很大，会产生下列不良后果：

1）产生噪声，转子的振动会通过轴承、基座传递到基础和建筑物上，恶化了工作环境；

2）加速零部件的磨损，尤其过早的损坏轴承及密封等，降低机器的使用寿命和效率；

3）引起转子的反复弯曲和内应力，这种弯曲和内应力会引起转子疲劳，甚至会引起转子断裂；

4）严重时会震坏轴承，拔断地脚螺栓，震裂出入口接管，震断出入口法兰螺栓，或者使阀位发生变化，造成重大事故。

振动的方式有多种，减小振动的措施也有多种。为了避免和减小振动，设计时应使机器的工作转速远离其系统的临界转速，这是一方面的措施；另一方面是要求转子材料质量有较好的均匀性，保证加工、装配和安装的质量达到规定的技术条件要求；再有就是保证转子有良好的动平衡。否则，会引起和加剧高速回转机器的振动。此外，在工艺操作上以及机器检修时也应注意机器的振动问题，如压缩机发生喘振，联轴器对中不良，轴承发生油膜涡动，转子上粘结异物，介质温度变化的幅度过大，连接件(包括地脚螺栓)松动，机壳变形，以及基础的变形、下沉等等也都会引起振动。

引起机器振动的原因很多，但转子质量不平衡(简称转子不平衡或转子失衡)是其中最常见的重要原因之一。据统计有 30% 以上的振动是由于转子质量不平衡所引起，不平衡质量越大，振动就越严重，反之振动就越小。

（二）转子不平衡的原因及其振动的产生

旋转机器的转子由于材料的不均匀性，加工精度、装配及安装过程中产生的误差等方面的原因，最终制造出来的转子上的质量分布相对于旋转中心线不可能绝对地对称，也就是必然存在一定的偏心质量，即不平衡质量。这就是造成转子质量不平衡的原因。

旋转机器的转子由于质量中心和旋转中心之间总是有一定的偏心距存在，即存在一定的不平衡量，或者说有偏重现象。它在旋转后使通过转子重心的主惯性轴与旋转轴线不相重合，使转子产生不平衡离心力。这种不平衡离心力是周期性的离心干扰力，在轴承上产生动载荷，使机器发生振动。

以支承在跨度为 L 的两个轴承上的带有薄圆盘的转子为例，这相当于一个只有一个轮盘

的较短的转子，见图9－1。其离心惯性力为

$$F = Me\omega^2 = \frac{G}{g}e\left(\frac{2\pi n}{60}\right)^2 \approx \frac{Gen^2}{900} \tag{9－1}$$

式中 F——离心惯性力，N；

M——总质量，kg；

G——总重量，N；

g——重力加速度；

e——偏心距，m；

n——转速，r/min。

离心惯性力 F 是一个向量，与转速的平方成正比，其方向与偏心距 e 的方向相同，是以角速度 ω 绕轴线旋转的。力 F 通过转轴作用在轴承上，使轴承承受附加动载荷。

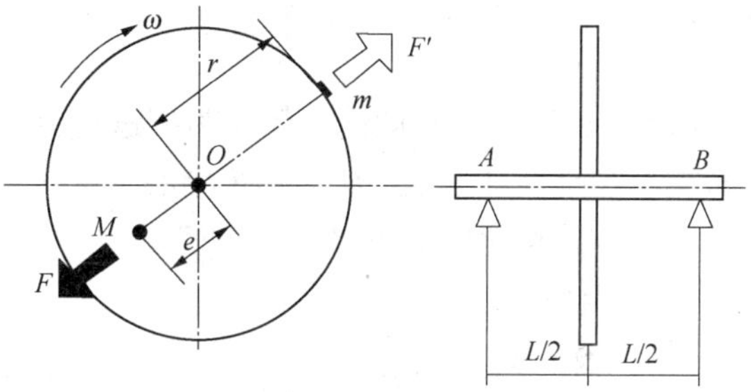

图9－1 转子不平衡产生的离心惯性力及其平衡

转子因不平衡而产生的离心惯性力，其方向随着物体的旋转而不断地周期性改变，因而旋转件的旋转中心位置也将不断变化，即离心惯性力周期性地作用在轴上，使轴系统产生了振动。这就是转子产生振动的最基本原因。

二、转子及机组轴系的振动特性分析

石油化工企业的大、中型压缩机组各式各样，有的包括多台主要设备，如炼油催化裂化装置中的轴流压缩机－烟气轮机组的四机组。压缩机组的振动十分复杂，影响振动的因素很多。转子不但要有足够的强度，还要有良好的振动特性来确保机组安全运行。转子振动特性不良，将会引起机组极大的振动，甚至会发生事故。因此，分析转子及机组轴系的振动特性是十分必要的。

转子振动特性的优劣不但与转子的固有频率有关，还取决于转子的支承条件(轴承和轴承座)、工作条件(气流的激振)、动平衡以及和材质均匀性、加工、安装情况。对大功率多转子的轴系还要分析轴系的整体特性和转子间的相互影响。以往仅仅考虑转子临界转速的做法已不能满足转子安全性的要求。对大、中型机组振动特性的分析内容主要有：轴系静态参数的计算、轴系临界转速的计算、轴系不平衡影响的计算、轴系稳定性计算、轴系扭振频率和剪切应力的计算。

计算转子振动特性方法很多，目前应用较为广泛的是传递矩阵法和有限元法。转子振动特性也常称为转子动力特性。

转子动力特性指的是临界转速及其振型、频位、不平衡响应(或说不敏感性)，以及稳定性等等。转子工作转速 ω 对临界转速 ω_n 的比值 $\eta_n = \frac{\omega}{\omega_n}$ 称为工作转速的频位(简称频位)。工作转速对第一阶临界转速的比值称一阶频位，对第二阶临界转速的比值称二阶频位，依次类推。

下面概略地介绍一下转子及机组轴系的振动特性分析的主要内容。

（一）单转子振动特性分析

单转子振动特性计算的内容主要是横振和稳定性，一般不计算单转子的扭振。横振特性计算是求出单转子的临界转速和不平衡响应，稳定性计算是求出单转子的失稳转速和对数衰减率。单转子振动特性的好坏直接影响轴系的振动特性。

在分析单转子振动特性之前，先论述一下转子的临界转速。

高速旋转机器有一种特殊现象，即转子的转速接近某一个数值时会产生强烈的振动。如果转速低于或高于这个数值却都不会产生强烈振动，这个产生强烈振动的转速就称为“临界转速”。临界转速实质上是一个共振现象，即扰动力的频率与转子的固有(自由)频率两者相等时发生共振现象，两个振幅相迭加，振幅急剧增大，可导致转子破坏，机器发生重大事故。转子本身的固有频率与转子结构、尺寸、重量、材质及支承情况有关，可通过计算求得。

以图9-2(a)所示的简单转子为例进行分析。转子两端对称，中间有一个质量为 m 的圆盘，支承在刚性轴承上，O 为轴承中心，O'为圆盘几何中心，G 为圆盘质量中心，e 为偏心距。当转子以角速度 ω 旋转时，圆盘的离心力使轴发生挠曲。

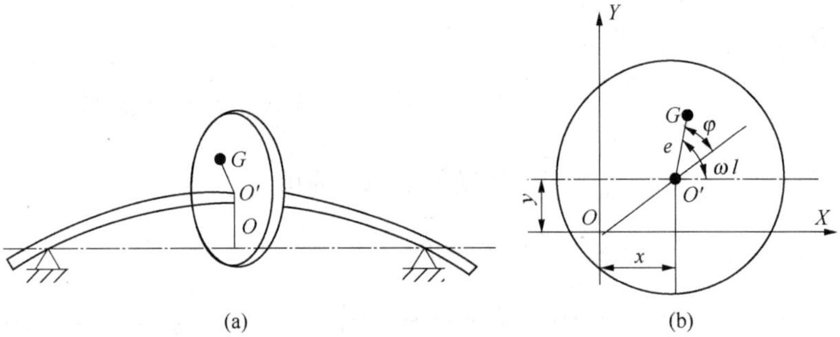

图9-2　转子运动的力学模型

转子在低速情况下质心 G 在圆盘中心 O'之外，且 O、O'、G 三点成一直线。当不计圆盘重力影响时，转子受到的离心力 $m(e+\delta)\omega^2$ 和弹性恢复力 $k\delta$ 相等，即

$$m(e+\delta)\omega^2 = k\delta \tag{9-2}$$

式中　k——轴在中点的刚度系数，可由材料力学求得。

由式(9-2)可得转盘处的挠度为

$$\delta = \frac{e\omega^2}{\frac{k}{m} - \omega^2} \tag{9-3}$$

令 $\omega_n = \sqrt{\frac{k}{m}}$，称为转子无阻尼时的横向固有频率，则式(9-3)可以写为

$$\delta = \frac{e\omega^2}{\omega_n^2 - \omega^2} = \frac{\left(\frac{\omega}{\omega_n}\right)^2 e}{1 - \left(\frac{\omega}{\omega_n}\right)^2} \tag{9-4}$$

当转速 $\omega = \omega_n$ 时，轴的挠度 δ 理论上可为无穷大，这时的角速度 ω 就称为轴的临界转速，在临界转速下，转子的转速频率等于其横向固有频率。

实际转子是存在阻尼的，这种阻尼来自于轴承的油膜阻尼、气体或液体阻尼、滑动面之

间的摩擦阻尼，以及材料不是完全弹性引起的内摩擦阻尼等方面。阻尼力与速度成正比，它的方向与速度方向相反。对于有阻尼的转子，圆盘上的 O、O'、G 三点就不一定在同一条直线上。如图 9－2(b)所示，取坐标系 OXY，圆盘几何中心 O'的坐标为 x 和 y，则质心 G 的坐标为 $x+e\cos\omega t$ 和 $y+e\sin\omega t$，在 X 和 Y 两坐标方向上列平衡式并整理可得

$$\begin{cases} m\ddot{x} + c\dot{x} + kx = me\omega^2\cos\omega t \\ m\ddot{y} + c\dot{y} + ky = me\omega^2\sin\omega t \end{cases} \tag{9-5}$$

式中 C——阻尼系数。

式(10－5)表示强迫振动部分的特解为

$$\begin{cases} x = A\cos(\omega t - \varphi) \\ y = A\sin(\omega t - \varphi) \end{cases} \tag{9-6}$$

式中 φ——相位角；

A——振幅。

由式(9－5)、式(9－6)可解得

$$A = \frac{me\omega^2}{\sqrt{(k - m\omega^2)^2 + (c\omega)^2}} = \frac{e\left(\frac{\omega}{\omega_n}\right)^2}{\sqrt{\left[1 - \left(\frac{\omega}{\omega_n}\right)^2\right]^2 + \left(2s\frac{\omega}{\omega_n}\right)^2}} \tag{9-7}$$

式中 s——阻尼比，$s = c/2m\omega_n$。

将式(9－7)写成无量纲的形式

$$\beta = \frac{A}{e} = \frac{\left(\frac{\omega}{\omega_n}\right)^2}{\sqrt{\left[1 - \left(\frac{\omega}{\omega_n}\right)^2\right]^2 + \left(2s\frac{\omega}{\omega_n}\right)^2}} \tag{9-8}$$

β 称为放大因子，其大小反映了振幅的高低。由式(9－8)看出，β 值不仅取决于频率比 ω/ω_n，还取决于阻尼比 s，图 9－3 示出了按式(9－8)绘制的振动频率比 ω/ω_n 与放大因子 β 的关系曲线(也称幅频特性曲线)。由图可见，振幅的高低与转速是否接近转子固有频率的程度有很大关系。当 $\omega/\omega_n=1$ 时，在无阻尼的情况下，振幅趋于无穷大；当存在阻尼时，放大因子变为 $\beta=\frac{1}{2s}$，即阻尼对振幅具有衰减作用。

1. 单转子临界转速

每个单转子系统都有自振频率，如果转子的工作转速等于转子的自振频率(涡动频率)时，转子就发生强烈的振动，这种现象称为共振，此时的涡动频率就是转子系统的临界转速。根据支承条件的不同，可计算转子系统的各种临界转速。如果支承刚度无穷大(一般取 1.0×10^{12} N/m)，求得的是刚性临界转速；如果计入轴承油膜和支座的刚度，不计入阻尼，求得的是弹性临界转速；如果计入支承的刚度和阻尼，按不平衡响应计算求得的轴颈响应峰值转速，称为转子的阻尼临界

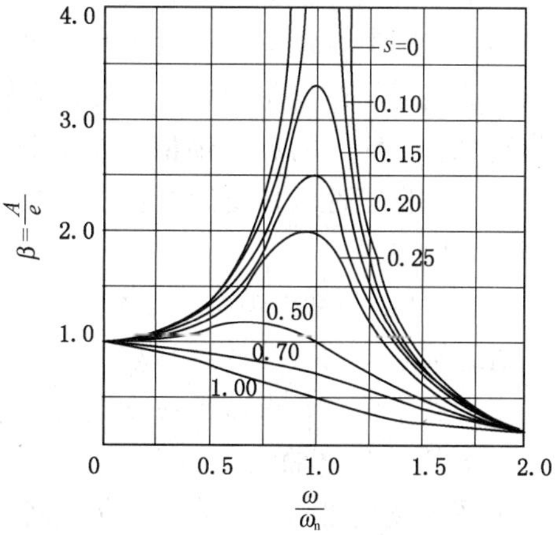

图 9－3 转子振动幅频特性曲线

转速。临界转速计算的方法很多，有简便法、能量法、初参数法和传递矩阵法。

2. 单转子不平衡响应

转子在不平衡力或力矩的激励下产生的振动称为不平衡响应，它是一种与转速同频的强迫振动。转子不平衡响应计算是在给定不平衡力或力矩的条件下，计算转子各个截面在不同转速上响应幅值的大小，通常应对支承处(轴颈和轴承)进行计算。计算的目的主要是求解升速过程中响应峰值的大小和响应峰值转速，同时也要确定额定转速下和升速过程中响应幅值的大小，以便研究转子对某些位置上的不平衡量的敏感程度，确定临界转速，预测转子工作时的振动值，从而评定机组运行是否安全。

在各向异性支承条件下，转子振动轨迹为一椭圆，为了表征转子某一截面振动幅值随转速的变化关系，经常用振动椭圆的长半轴和转速绘制成幅频曲线，如果截面位置和现场振动测试位置相同，则该截面的幅频曲线和实测的伯德图有对应关系。理论分析表明，不平衡响应峰值与不平衡量的大小成线性关系，如果转子上不平衡量愈大，则响应峰值就愈高，所以降低转子上不平衡量是减小响应峰值的有效方法。

不平衡响应计算方法通常采用传递矩阵法，求解过程与临界转速计算步骤一样。在求得转子某轴颈截面的幅频曲线后，在某一转速下，响应有最大值，该转速就是转子系统的阻尼临界转速。对于不同的转子系统，峰值的大小和带宽也不相同，峰值愈高，带宽愈窄，说明转子对不平衡响应愈敏感。否则，对不平衡响应的敏感性较差，转子稳定性较好。为了评定转子敏感性，可用峰值响应敏感性系数 Q 来表示：

$$Q = \frac{n}{n_2 - n_1} \tag{9-9}$$

式中　n——阻尼临界转速，峰值为 1.0；

n_2——对应响应峰值为 0.707 的较高转速；

n_1——对应响应峰值为 0.707 的较低转速。

峰值响应敏感性系数 Q 值仅是敏感性评定指标之一，在考虑敏感性时，还必须考虑响应峰值的大小，如果 Q 值较小，但幅频曲线的振动幅值较大，这样的转子系统的振动特性也是不好的。

3. 单转子稳定性

转子稳定性是转子——支承系统内部产生的自激振动的振动特性。在一定的工作条件下，转子系统内部产生了不平衡力，系统丧失了动力稳定性而出现自激振动，油膜振荡就是一种不稳定的典型例子。一般将开始出现油膜涡动时轴的转速称为失稳转速。为了评定转子振动幅值随时间的变化趋势，还要计算转子的对数衰减率。对数衰减率表征了转子受到突然的作用之后，转子的振动幅值增加到某一值，然后该幅值随时间的延长而衰减的情况。因此，转子的稳定性就是要计算转子系统的失稳转速和对数衰减率。稳定性计算通常也用传递矩阵法。

(二) 机组轴系振动特性分析

机组轴系振动特性计算基本上和单转子振动特性计算一样，但由于轴系是由多根转子组成，支承大于两个，求转子各支点的位移是静不定问题，需要补充方程才能求解。

1. 轴系静挠度曲线

轴系静挠度曲线的计算就是求出各转子在静止状态下垂直方向的位移、斜率、切力和弯矩，从而确定轴承的标高和载荷。轴承标高是为机组安装提供依据，载荷是为轴系动态计算打下基础。在轴系各个轴承中确定两个轴承标高为零(不计安装预抬量)，对其他轴承标高计算时，就必须补充 $n-2$ 个方程(n 为轴系支承数目)，使静不定计算静定化。确定补充方程的方法有：一是假设联轴器端面的弯矩切力为零，使连接螺栓受力较小，另一种是假设轴承中心线处轴段载面的弯矩为零，以改善轴和轴承的受力状态。静挠度曲线计算的结果应给出联轴器中心线的高差和联轴器底部的开口值，以便安装时使用。

2. 轴系临界转速

单转子各阶临界在数值上有明显的区别，振型也比较有规律。在轴系中，由于转子间的相互影响，振动的相互传递，使得迭加后的振动峰值增多，对应转速也有一定的偏移，轴系临界转速与转子间的关系难以确认，这种现象在高阶临界转速时更为明显，例如某一阶临界转速的振型可以跨越几根转子。对于单转子来说，通过几何参数的调整和支承条件的改变，可使单转子的各阶临界转速相对于工作转速都避开一定的裕量。对轴系而言，虽然轴系中的每根转子都满足上述要求，但连成轴系后，可能某阶临界转速相对于工作转速避开裕量就不能满足要求，这时要对轴系作进一步的调整。

当两个或多个转子用联轴器组合成一个系统后，由于连接处的线位移及角位移要连续，这就相当于在原系统上增加了若干个线性约束条件，使系统的刚度有所增加，故组合后整个系统的各阶临界转速将有不同程度的提高。如果知道各单个转子的临界转速，利用这一规律，就可以估计组合转子的临界转速的分布情况，此外也可估计在组合转子的每一主振型中，那一个转子的振动特别显著等。

API617 规定，当轴振动探头测得的峰值响应敏感性系数 Q(见式 9－9)大于或等于 2.5 时，该频率称为临界频率，相应的轴转速称为临界转速。如图 9－4(b)所示，n_{cl}为转子第一临界转速中心频率；n_{ci}为第 i 个临界转速的中心频率；n_m 为最大连续转速的 105%；n_1 为第 1 临界转速峰值 0.707 倍处的较低转速；n_2 为第 1 临界转速峰值 0.707 倍处的较大转速；SM 为分离限；CRE 为临界响应区；A_{cl}为 n_{cl}处的振幅值；A_w 为工作转速的振幅。

转子振幅值随转速的变化曲线称为转子的不平衡响应曲线，如图 9－4(a)所示。不平衡响应曲线可以用来判断转子是否存在某种振型的不平衡分量，如转子在第一临界转速下轴承出现了明显的振动峰值，则可以肯定该转子存在着明显的一阶不平衡振型分量。转子在第二临界转速下轴承出现的振动峰值的大小，也同样可以判断转子是否存在第二阶不平衡振型分量。

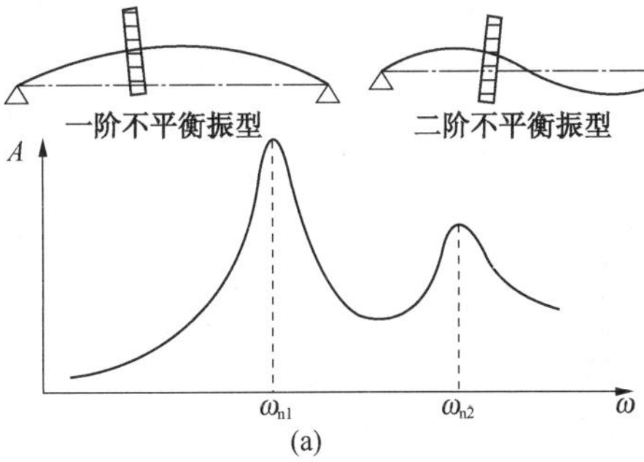

(a)

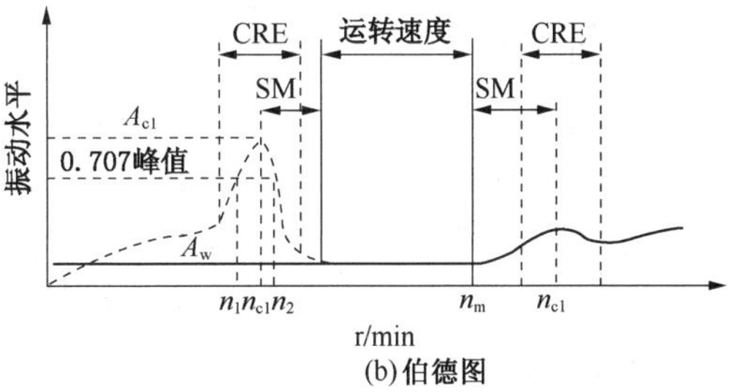

(b)伯德图

图 9－4　转子的不平衡响应曲线

API617 规定临界转速应通过转子的阻尼不平衡响应分析来确定，并应采用试车台上的实验数据来验证。由于轴承油膜阻尼对转子振幅的抑制作用，特别是在无阻尼状态下计算的临界转速附近，它将大大抑制振幅的大小。因此，临界转速的最终确定，必须通过转子阻尼不平衡计算和试验台上的试验数据最终来确定。在工作转速以下，如敏感性系数 Q 小于或等于2.5则可确定转子为刚性转子，否则，为挠性转子。

3. 轴系不平衡响应

轴系不平衡响应的计算和单转子一样，大都采用传递矩阵法，但轴系的不平衡响应的计算要复杂得多，例如单转子不平衡量的相位可根据一阶或二阶振型来施加，而轴系也按此方法处理时，就必须求出轴系的各价临界转速振型，这就使得计算工作量成倍增长。计算实践表明，按轴系一阶振型来施加不平衡量所求得的阻尼临界转速与现场实测结果有较好的吻合性，而高阶(二阶)或工作转速下的计算结果与实测值相比差距较大，除了现场运行条件与理论计算条件有出入外，主要取决于不平衡质量的大小和相位。轴系不平衡响应计算中考虑了转子间的相互作用，这种相互作用可以从各轴颈的阻尼临界转速中看出，如转子1在通过一阶临界转速时可以在相连的转子2上产生动态响应，即在转子2上也出现转子1的振动峰值。

4. 轴系扭振

当轴系超速时才会发生轴系扭转频率与工频或倍频的偶合问题。轴系扭振计算方法也是采用传递矩阵法。除一般轴段的扭振计算外，在轴系扭振计算中还要考虑一价自由振动频率小于150Hz的叶片与转子的耦合振动。轴系的扭振频率与轴系长度、惯性直径、附加转动惯量有关，轴系的扭转阻尼特性对扭振频率也有一定的影响。

5. 轴系稳定性

轴系稳定性计算方法和计算内容与单转子基本相同。由于转子间的相互影响，处理不好，很难确认对数衰减率和转子间的对应关系。一般说来，稳定性较差的转子是一阶临界转速较低和采用圆轴承的转子，如果提高转子的刚性，采用椭圆轴承和可倾瓦轴承，可以提高稳定性。

轴系的稳定性可以用转子的瞬态响应分析来说明，这种分析就是转子在给定的速度和时间段的响应分析，它可以计算不平衡量、轴的弯曲、轮盘的倾斜、静载、重力以及瞬态力的影响。在外力干扰下，如果转子的轴心轨迹图依然是一个椭圆，则该轴系具有很好的稳定性。

在轴系振动分析中，采用转子——轴承系统进行计算，即认为基础是绝对刚性的，一般能满足机组实际振动的要求。但是，在某些场合下，尤其是大功率机组的场合下，采用上述计算的结果有可能满足不了机组实际振动的要求，为了更好地反映机组的振动特性，应当把基础的影响也考虑进去，分析整个转子——轴承——基础系统，可以采用模态综合法或阻抗匹配法进行分析。

（三）机组轴系振动特性的评判

轴系振动特性理论计算是在理想状态下，给出一定的计算边界条件(如不平衡量等)所求得的结果，它有一定的局限性，而实测结果是综合各种因素共同作用的结果，它比理论分析更切合实际。

1. 理论计算结果的评判(供参考)

理论计算结果评判的目的是在设计阶段使轴系的振动特性限制在一定的范围内，从而保证机组投运后实际测量时能获得良好振动品质。

1）不论是单转子或者是轴系的弹性临界转速相对于工作转速的避开裕量应大于 ±10%，

对于大功率多转子的轴系如不能满足上述要求，应进一步考虑轴系的不平衡响应。

2）在给定不平衡量和相位的条件下，求得轴系各轴颈的阻尼临界转速相对于工作转速的避开裕量应大于±10%。轴颈最大响应的峰峰值应满足下列要求，在25%～85%工作转速范围内，轴系不平衡响应峰峰值应小于0.229mm，在85%～125%工作转速范围内，轴系不平衡响应峰峰值应小于0.076mm。对于某些转子如不能满足上述要求，应进一步考核轴系的稳定性。

3）轴系稳定性的考核标准有两个内容，一是峰值响应敏感性系数 Q；二是对数衰减率和失稳转速。对于稳定性较差，特别是阻尼临界转速位于工作转速附近的转子应给予适当的改进设计。工作转速时轴系的最小对数衰减率应大于零，同时轴系的最低失稳转速应大于 $1.25n_0$（n_0 为工作转速）。

4）如果轴系的稳定性仍不能满足上述考核标准，在对转子进行改进设计之前，看是否有类似的机组在正常运行，如果有，就说明综合各种因素的结果使轴系振动特性已得到改善，转子可无需修改。

5）对于轴系的各阶扭振频率都需避开工频和倍频的±10%，当发生超速时，最大的剪应力应小于材料的许用剪切应力。

2. 实测数据的评判

轴系振动特性的优劣，最终的考核标准是实际测量，它是各种因素的共同作用下产生的振动品质。目前国内外对振动品质的评定划分成4个区，各区的使用规定如下：

A区　新交付使用的机器

B区　在该区域内，机器可以长期运行；

C区　在该区域内，机器尚可短期运行，但必须采取补救措施；

D区　停机，不允许运行。

实测数据的内容主要是支座的振动烈度和轴颈的相对和绝对振动幅值。

通常用来描述振动响应的三个参数是位移、速度和加速度。一般情况下，低频时的振动强度由位移值度量，中频时的振动强度由速度值度量，高频时的振动强度由加速度值度量。对大多数机器来说，最佳参数是速度。

根据转子的不同类别，机组振动的评定尺度也是不同的。对于刚性、准刚性、半挠性的转子一般可采用轴承振动烈度，而对于挠性转子有时也可用轴承振动烈度，但近代趋向于用轴承振动位移最大峰峰值。

完全消除转子的振动是不可能的，工程上规定一个允许值。振动标准的作用是便于国家有关部门及生产工厂对机器、精密设备进行有效的质量管理和控制，有助于用户根据具体要求选用合适的设备，并对设备的可靠性、工作质量、维护状态进行正确的评定，采用相应的对策保证生产的正常进行。

对于机组振动评定标准及设备振动标准的较详细内容请参见“第十章压缩机组在线监测系统”的有关部分。

第二节　转子分类、平衡精度及平衡精度等级

一、转子分类

转子的临界转速按其振型可分两种：振型中轴承处的振动位移明显大于转子轴线弯曲

者，称弯曲刚性临界转速；反之称弯曲挠性临界转速。

如果转子在远低于第一阶临界转速下运行，此时转子比较刚硬，不平衡引起的转子挠曲很小，从而可以忽略，这种转子称为刚性转子，它的特点是转子重量轻，轴粗。反之，不平衡力引起转子的挠曲变形不能忽略的转子，称为挠性转子(或柔性转子)，它的特点是转子重量重，轴细又长。一般来说，通常把工作转速是否超过其第一阶临界转速，作为划分挠性转子与刚性转子的依据。但从平衡的角度来说，K. Federn 提出的确定转子柔性的办法(见图 9-5)，更科学一些。其方法是在转子两端面上，加上两相同的质量块 Q。仅考虑第一阶弯曲振型，在工作转速下测得轴承的振幅为 A_1，然后把两质量块同时移到转子中央，测得轴承振幅为 A_2，放大系数 $\beta=\frac{A_2-A_1}{A_1}$，作为转子“柔度”的度量。

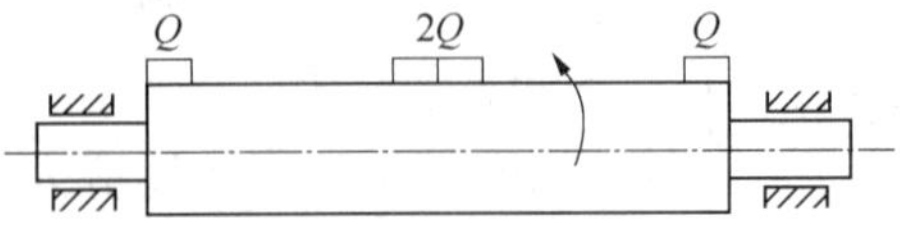

图 9-5　转子简图

当 $0<\beta<0.4$ 时为刚性转子，对于等截面转子来说，这相当于工作转速 n 与第一临界转速 n_1 之比(频位)，即 $n/n_1<0.5$。

当 $0.4\leqslant\beta<1.25$，即 $0.5\leqslant n/n_1<0.7$，称为准刚性转子；$\beta\geqslant1.25$，即 $n/n_1\geqslant0.7$，称为挠性转子。

刚性转子与挠性转子在振动特性方面有很大不同，因而它们的平衡方法差异也很大。

根据 ISO1925 定义，“凡可在二(任选)校正平面上进行校正，并且校正后在任意转速直至最高工作转速，它的不平衡量不会明显超过平衡允差(相对于轴线)，其中转子运行条件近于最后支承系统的条件，这样的转子可认为是刚性转子”。这里所指的校正是用低速动平衡技术完成的，主要校正力与力偶不平衡量。工程上一般把一阶频位小于 0.7 者称刚性转子。

不符合刚性转子定义的，一般说来属于挠性转子。它是要用高速动平衡技术来完成校正的，主要校正振型不平衡量。

工程实践证明，某些非刚性转子是可用改良的低速动平衡技术来完成校正的，使其运行达到平稳，这类转子称为准刚性转子。然而也有些非挠性转子却要求用高速动平衡技术来完成校正，才能使其运行平稳，这类转子被称为半挠性转子。

转子按振动特性可分为四类，它们可以在频率一刚度图中表示出来(见图 9-6)。图中Ⅰ与Ⅱ区为刚性转子区，但Ⅱ区中频位接近 1，且转速较高(大约 9000r/min)者，属半挠性转子，Ⅲ与Ⅳ区为挠性转子区，但Ⅲ区中频位偏离 1 较大者，如 $\eta_1>1.4$ 和 $\eta_2<0.7$，往往可归属于准刚性转子。

(一) 刚性转子

工程上一般把一阶频位小于 0.7 者称刚性转子(转子在远低于第一阶临界转速下运行，不平衡引起的转子挠曲可以忽略)。不平衡量校正可以用一个平衡转速、任意的两个校正平面在低速动平衡机上完成，主要校正力与力偶不平衡量。经平衡校正后，转子的平衡状态不随转速的变化而改变。

(二) 挠性转子

不符合刚性转子定义的(一阶频位大于或等于 0.7 的)，一般来说属于挠性转子(工作转速超过第一阶临界转速)。在高速动平衡机上在工作转速范围内进行多平衡转速、多平面校正，主要校正振型不平衡量，而且还要保证低速下力与力偶的平衡。

(三) 准刚性转子

工程上某些非刚性转子，但可用改良的低速动平衡技术来完成校正的，使其在高速时运行达到平稳，这类转子称为准刚性转子。如平衡中出现的是弯曲刚性临界转速，转子属于半挠性的，则平衡中主要校正力与力偶不平衡量，只是灵敏度高些。其频位范围为 $\eta_1>1.4$ 和 $\eta_2<0.7$。

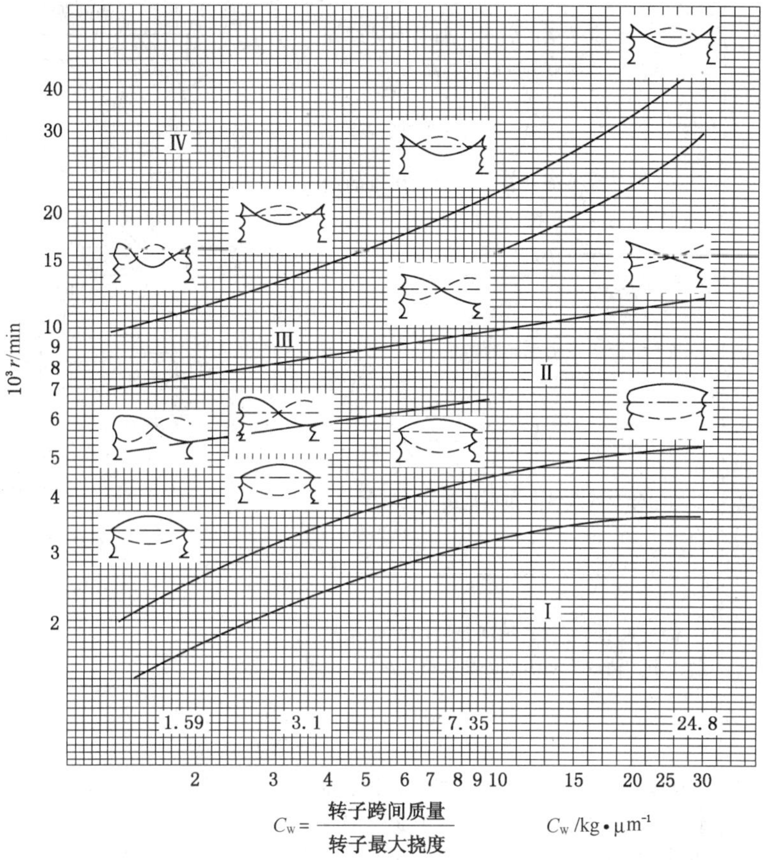

图 9－6　转子频率－刚度特性

（四）半挠性转子

有些非挠性转子却要求用高速动平衡技术来完成校正，才能使其运行平稳，这类转子被称为半挠性转子。从频位和转速看，一阶频位接近 1，转速较高（大约 9000r/min）。

ISO/DIS 5406 把转子分成五大类，见表 9－1。其中，把转子的质量分布和不平衡量分布的因素也考虑了进去。

表 9－1　ISO/DIS 5406 的转子分类

类　别	说　明	实　例
1 类（刚性转子）	可以用任意两个平面平衡的转子，校正后，不平衡量在任意转速直至最高工作转速不会有很大变化	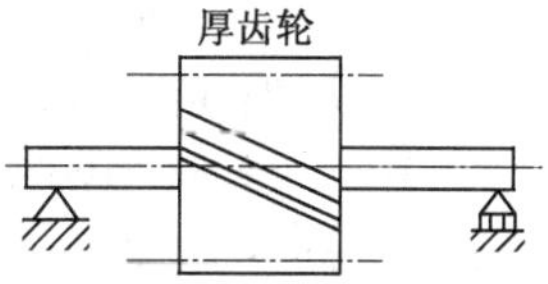
2 类（准刚性转子）	不能看作刚性的转子，但能用改良的刚性转子平衡技术校正	

类　　别	说　　明	实　　例
不平衡量轴向分布已知的转子		
2a 类	一个不平衡平面的转子，如单质量的细柔性轴、轴的不平衡量可被忽略	薄砂轮 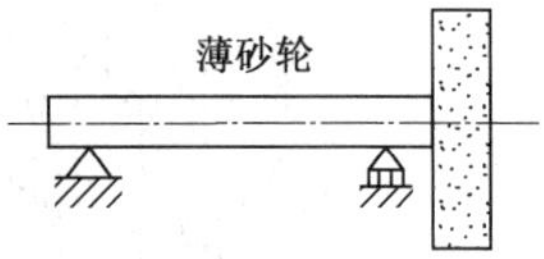
2b 类	两个不平衡平面的转子，如双质量的细柔性轴，轴的不平衡量可被忽略	带皮带轮的砂轮 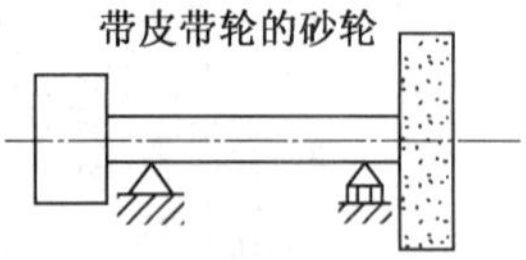
2c 类	多于两个不平衡平面的转子	压缩机转子 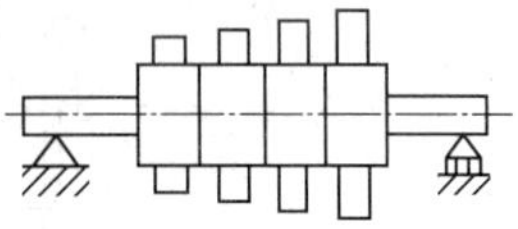
2d 类	均匀分布或线性分布不平衡量的转子	印刷机滚筒 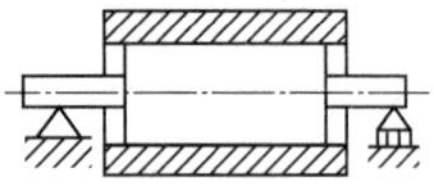
2c 类	柔性轴上只有相当轴向长度的刚性质量的转子、轴的不平衡量可被忽略	计算机存储磁鼓 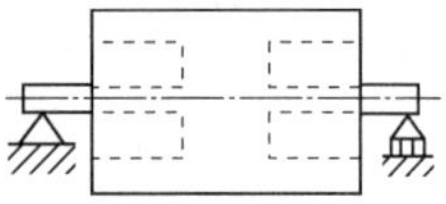
不平衡量轴向分布不知的转子		
2f 类	两端有两个校正面的对称转子，其最高转速远离第二临界转速，工作转速范围内也不包括第一临界转速，且控制了初始不平衡量	多级离心泵 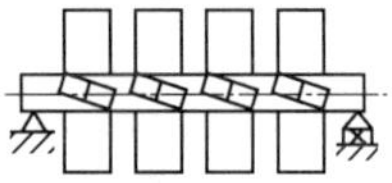
2g 类	有两个端部和一个中间校正面的对称转子，其最高转速远离第二临界转速，且控制了初始不平衡量	高速离心泵 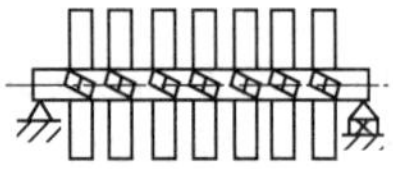
2h 类	与 2f 类类似的非对称转子，其原始不平衡量是被控制的	蒸汽透平转子 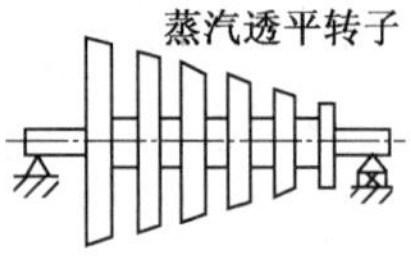
3 类(柔性转子)	不能用改良的刚性转子动平衡技术，而要求用高速动平衡方法校正的转子	
3a 类	不平衡量任意分布，只有第一阶振型不平衡量有明显作用的转子	四极发电机转子 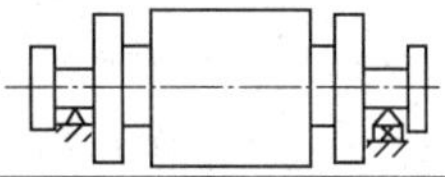
3b 类	不平衡量任意分布，只有第一与第二阶段振型不平衡量有明显作用的转子	小型双极发电机转子 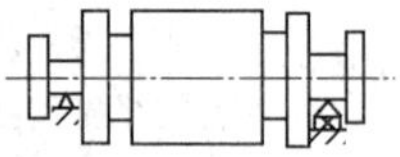

类　别	说　明	实　例
不平衡量轴向分布不知的转子		
3c 类	第一、第二及更高阶振型不平衡量有明显作用的转子	大型双极发电机转子 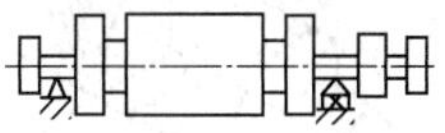
4 类	可以归入 1、2 或 3 类的转子，但附有一个或几个本身是弹性或弹性连接的零件	带离心开关的转子 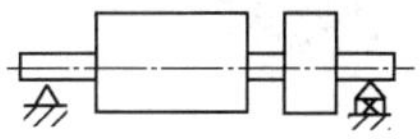
5 类	可以归入 3 类的转子，由于某种原因（如经济）只需在一个工作转速上平衡的转子	高速电机 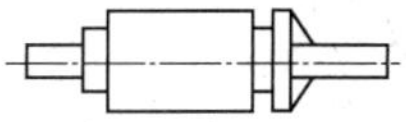

二、转子平衡精度及平衡精度等级

转子质量不平衡（简称转子不平衡）是引起机器振动的最常见的重要原因之一，为了使机组正常运行必须使转子“平衡”。

（一）转子不平衡振动的主要特征

不平衡引起的振动是旋转机械中最常见的一种现象。不平衡引起的振动一般也比较易于判别，因它具有一些显著的特征。

1. 刚性转子不平衡的主要特征

1）振动频率与机械转速一致；

2）振幅与转速的平方成正比（在某一范围里，如振幅不超过轴承间隙），因为转子不平衡量产生的离心力 $F = mr\omega^2$ 与转速的平方成正比，如图 9－7（a）所示。

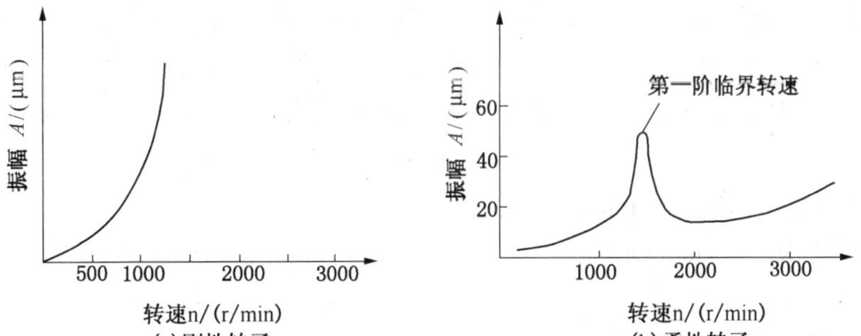

(a)刚性转子　　(b)柔性转子

图 9－7　转子不平衡振动的主要特征

2. 柔性转子不平衡的主要特征

柔性转子不平衡的主要特征与刚性转子相似，其主要差别是振幅的变化并不与转速的平方成正比，如图 9－7（b）所示。

（二）转子不平衡量及其表示方法

1. 不平衡量

转子质量沿旋转中心线的不均匀分布称为转子质量不平衡，简称为转子不平衡。转子不

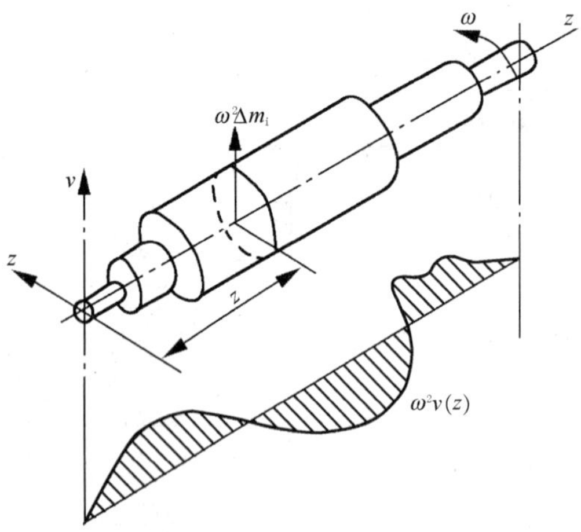

图 9－8　实际不平衡转子

平衡也可以理解为处于平衡状态的转子上存在多余（或不足）的质量。

压缩机的转子及其零部件在设计上一般都是相对于旋转轴线对称的。由于受材料的不均匀性、加工、装配、安装等各方面的影响，使转子的几何中心线都或多或少地偏离其旋转轴线，使最终安装的转子存在一定的（质量）不平衡量，这种不平衡量通常称之为原始不平衡量。

实际转子的不平衡分布情况，如图 9－8 所示，转子可以看作是由无穷多个薄片沿轴向所组成。当这些薄片的质量中心与旋转中心不重合时，将引起不平衡。设其薄片的质量为 Δm_i，偏心为 e_i，由于各片偏心大小不一，所以在径向的位置也各异，由此这些不平衡量是一个定向向量，记作 $u(z)$。当转子以角速度 ω 旋转时，形成了一个分布的离心惯性力系 $\omega^2 u(z)$。

转子的实际不平衡量是一个沿轴线 z 的不平衡量分布函数 $u(z)$，它是一个随机量，不是轻易可知的，不平衡量分布函数主要在理论分析中使用。工程上在指定位置测量到的不平衡量只是与实际不平衡量分布等效的一个不平衡当量。

2. 不平衡量的表示方法

如图 9－1 所示，有一质量为 M 的圆盘以角速度 ω 绕轴线旋转，其重心和旋转中心的距离（偏心距）为 e，原始不平衡产生的离心力为 F，如在相反方向上半径为 r 处加一平衡质量 m，它所产生的离心力为 F'，假如 $F = -F'$，则转子达到“完全平衡”，即

$$Me\omega^2 = -mr\omega^2$$

由上式可知，离心力在不同转速下有不同的量值，转子转速越高，产生的离心力就越大，在高转速下机器允许的不平衡程度应该就越小。显然用离心力的大小来反映不平衡量的大小是不合理的。为了使不平衡量与转速无关，用上式去除 ω^2 因子，就得到

$$U = Me \tag{9-10}$$

U 称为质径积，代表了不平衡量的大小。

式中　U——质径积，g · mm；

M——转子质量，kg；

e——转子偏心距，μm。

须注意，U 是指向半径方向上的一个向量，而不是力矩，它在转子校正平衡时经常用到。

（三）转子平衡校正方法

一个不平衡的转子会产生离心力，而离心力是大部分旋转机器中引起轴承振动的一个主要原因。把改变不平衡转子的质量分布来消除离心力对转子的作用，使转子达到运转平稳的这个过程称为平衡。

为了消除压缩机因转子不平衡引起的振动，转子在最终加工、装配后必须进行转子的平衡。从制造和装配方面来说，避免振动的关键问题，仍然是力求回转部分的平衡，以尽量减小引起振动的不平衡力和力矩。解决实际运转中的压缩机振动现象时，转子不平衡引起振动

占有很大的比例。在检修压缩机转子及各转子间的联轴节时，拆卸过程中必须先做标记，回装时也必须按标记回装，其目的就是要保证转子的平衡；当更换转子或联轴节上的零件时，必须进行转子的动平衡，这样才能避免由于转子不平衡产生的振动。

对于实际转子来说，它的不平衡量沿转子轴向和径向的分布是任意的、随机的，因此在实际的平衡过程中，一般不可能也没有必要来确定不平衡量的实际分布状况，然后在每一个平面上来进行平衡。而只能人为地在转子某一些平面上，加上或减去一些质量，这些质量我们称为校正质量。平衡过程就是要在平衡面上找到加或减去校正质量的位置和大小，加上或减去校正质量。这些校正质量激发的振动与原始不平衡所产生的振动尽可能地抵消，达到平衡转子、减小振动的目的，从而达到减小离心力引起的转子挠曲、振动等不良影响，以达到机器安全可靠运行的目的。

从上述平衡过程来看，即使一个转子已经经过平衡，但从任意一小段来看，不平衡还是存在的。

转子平衡一般在垂直于旋转轴线，且被称为校正面的平面上进行。刚性转子的静平衡，一般只需要一个校正面即可，校正面应为质心所在的平面或离其很近。

对于刚性转子的动平衡，一般应选择两个校正面。

对柔性转子来说，一般应根据其工作转速超过其临界转速的阶数，选择三个或三个以上的校正面。校正面的位置，一般由回转体的结构决定，还应考虑要平衡的那一阶不平衡量的分布，兼顾其他几阶不平衡量的分布而决定。

无论是刚性转子，还是柔性转子，无论是作静平衡，还是作动平衡，校正方法均可划分加重、去重、调整校正质量以及极坐标校正与分量校正等方法。

1. 加重法

加重就是在已知该校正面上折算的不平衡量 U 的大小及方向后，有意在 U 的负方向上给回转体附加上一部分质量 m，并使质量 m 到旋转轴线的距离 r 与 m 的乘积等于 $|U|$，即 $mr=|U|$，显然，该校正面上的不平衡被消除了。加重可采用补焊、喷镀、胶接、铆接和螺纹连接等多种工艺方法加配质量。加重中，若附加质量体积较大，应准确计算出其质心的位置，并按此位置计算 r。

2. 去重法

去重就是在已知该校正面上折算的不平衡量 U 的大小及方向后，有意在正方向上从回转体上去除一部分质量 m，$mr=|U|$ 时，去除的质量 m 产生的不平衡量就是 U，因而该校正面上的不平衡也被消除了。可采用钻、磨、铣、锉及激光打孔等多种工艺方法去除质量。

3. 调整校正质量法

调整校正质量则是预先设计出各种结构如平衡槽、偏心块、可调整径向位置的螺纹质量小块等，通过调整各种结构中的校正质量块的数量，或径向位置，或角度分布，达到抵消不平衡量 U 的目的。

无论哪一种校正方法，要求加上或去掉或进行调整的不平衡量的大小和方向应该准确，有些工艺过程需要进行一定的数学计算，才能精确地控制调整量。

例如，调整平衡槽内平衡块的块数及角度分布时，由于平衡块的块数只能为整数，并且只可能一块紧靠另一块安装，而不能重叠起来等特点，所以应按三角函数关系进行有关计算。图 9-9 为平衡槽结构示意。设需要校正的不平衡量为 U，大小及方向均已知。可以采取这样一种安装方式，即假设需要 n 个平衡块，并满足条件 $(n-1)mr<|U|<nmr$，其中

m 为平衡块的质量(g)；r 为不平衡块质心至平衡槽圆心的距离(mm)；$|U|$ 为不平衡量的大小(g·mm)。

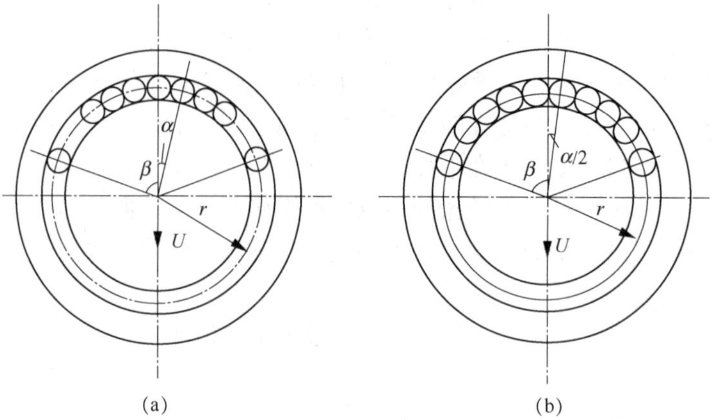

图 9-9　平衡块的安装位置

可将前 $n-2$ 只平衡块一块紧靠一块并对称于不平衡量 U 的负方向上安装，最后两块按计算出的 β 角安装。对称安装是为了相互抵消平衡块产生的垂直于不平衡量 U 方向上的分量，而平行于不平衡量 U 方向上的分量则迭加用于抵消不平衡量 U。

当 n 为奇数时，安装位置如图 9-9(a)所示，有一个平衡块安装在 U 的负方向上，其余平衡块依次排列在两旁，最后两个平衡块的安装角度 β 为

$$\beta = \arccos\left[\frac{|U|}{2mr} - \frac{1}{2} - \sum_{j=1}^{(n-3)/2}\cos(j\alpha)\right] \quad n = 3,5,7\cdots \tag{9-11}$$

当 n 为偶数时，安装位置如图 9-9(b)所示，所有平衡块均对称 U 的负方向安装，最后两个平衡块的安装角度 β 为

$$\beta = \arccos\left\{\frac{|U|}{2mr} - \sum_{j=1}^{(n-2)/2}\cos[(2j-1)\alpha/2]\right\} \quad n = 2,4,6\cdots \tag{9-12}$$

α 为在平衡槽内每个平衡块所占的圆心角(rad)，若已知平衡块的直径为 d(mm)，则 $\alpha = 2\arcsin(d/2r)$。

若 $n=1$ 即 $|U| < mr$，可以再增加一块平衡块，按式(9-12)进行计算；或增加两块平衡块，按式(9-11)进行计算。

若 $n\alpha > 180°$时，说明不平衡量 U 太大，应先采取其他措施消除一部分不平衡量，再重新进行上述计算。

若计算出的 $\beta < (n-1)\alpha/2$，显然最后一对平衡块是无法安装的，此时应将 n 再增大 1 或 2，重新按式(9-11)或式(9-12)进行计算。

4. 极坐标校正与分量校正

当回转体的校正面上任一角度位置，均可去重或加重时，则可用极坐标校正法[见图 9-10(a)]。曲轴、叶轮等类回转体，由于结构上的原因，不平衡量的校正位置，被限定在特定的角度范围内，就采用 60°、90°、120°或校正面的几何形状所允许的任意角度的分量校正法[见图 9-10(b)、(c)、(d)]，各分量的大小可按三角函数关系简单算出。

（四）平衡精度及平衡精度等级

1. 刚性转子的平衡精度及平衡精度等级

平衡是相对的，不平衡是绝对的，要做到绝对平衡是不可能的。因此，我们用平衡精度表示转子平衡后的不平衡程度，也称许用不平衡量，或叫不平衡剩(残)余允许值，即人为地规定一个允许值，在这范围内机器振动不大，可以保证正常操作。转子的偏心距用下式表示

$$e = \frac{U}{M} = \frac{mr}{M} \tag{9-13}$$

式中 e——转子偏心距，μm；

U——质径积，g · mm；

M——转子平衡前的质量，kg；

m——平衡校正质量，g；

r——平衡校正半径，mm。

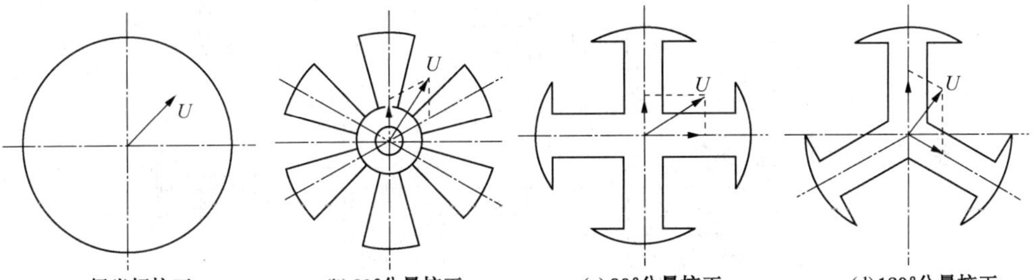

图 9-10 极坐标校正与分量校正示意

评价转子平衡精度(许用不平衡量)的大小用参量表示。

可用转子的许用质径积(重径积)U_p 表示：

$$U_p = Me_p \tag{9-14}$$

式中 U_p——许用质径积，g · mm；

M——转子质量，kg；

e_p——转子允许偏心距即许用偏心距(由图 9-11 选取)，μm。

但是，为了更方便地衡量一个转子平衡情况的好坏(不平衡程度的高低)或平衡机的测量精度，常用另一个名称——许用不平衡率(度)，即许用偏心距(单位质量许用不平衡质径积)e_p 表示：

$$e_p = U_p/M \tag{9-15}$$

经过动平衡后各种转子的许用不平衡量的度量一般都用“平衡精度等级”表示，其根据是从统计求算故障的实际经验表明，对于同类型转子(即几何相似的转子)，许用不平衡度 e 与转速 ω 成反比，这种关系可以表示为

$$e\omega = 常数$$

或者更明确定义为

$$G = \frac{e\omega}{1000} \tag{9-16}$$

式中 G——转子的平衡精度等级，mm/s；

e——转子的许用不平衡度(许用偏心距)，g · mm/kg 或 μm；

ω——转子的旋转角速度，s^{-1}。

因此，转子的平衡精度等级 G 为许用偏心距 e(μm)与转子角速度 ω(s^{-1})的乘积 $e\omega$ 除以1000，单位为mm/s。

国际标准化组织所制定的“刚性转子平衡精度”标准ISO 1940就是以 G 值来划分精度等级的。精度等级之间的公比为2.5，共分为 G4000、G1600、G630、G250、G100、G40，G16、G6.3、G2.5、G1、G0.4共11级。

图9－11为式(9－14)在双对数坐标下的图解表示，从图中已知 G、e 或 ω 中的任两个参数，很容易查出第三个参数来。

例：有一转子总重40kg，最高转速 $n=3000$r/min，要求的平衡精度为G6.3级，求其最大允许残余不平衡量。

当 $n=3000$r/min，G 为6.3时查图9－11，得 $e_p=20\mu m$。

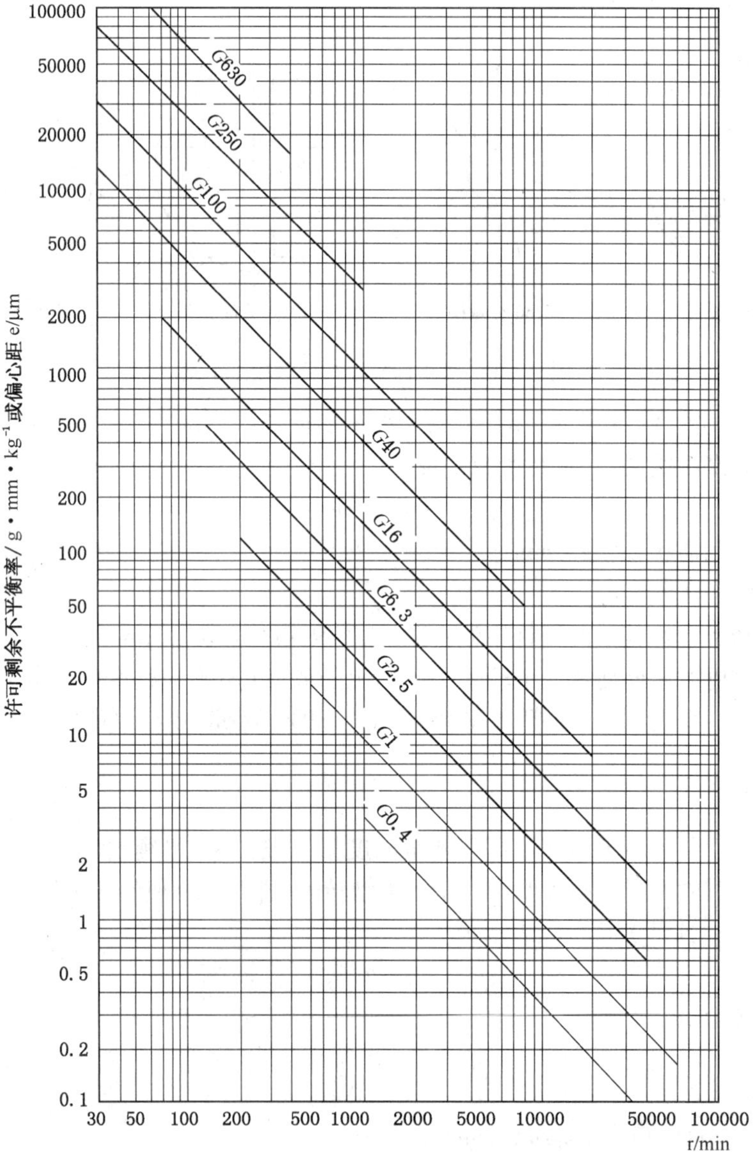

图9－11　平衡精度 G 与转速 n 及偏心距 e 的关系

按平衡精度定义也可计算得，$e_p = 1000G/\omega \approx \frac{G \times 10^4}{n} = 21\mu m$。

$$\text{或} \quad e_p = 1000G/\omega = \frac{G \times 10^3}{n\pi/30} \approx 20\mu m。$$

最大允许残余不平衡质径积 $U_P = Me_p = 40 \times 20 = 800g \cdot mm$。

在确定某一转子的精度等级 G 时，不仅要考虑技术上的先进性，而且还要注意其经济上的合理性，不应盲目追求高精度等级。工程中可根据不同类型的机器、使用场合、转速高低、用户意见等来确定。表 9－2 可供选择平衡精度等级时参考。

表 9－2　各种具有代表性的刚性转子平衡精度等级

精度等级 G	$e\omega$①/$mm \cdot s^{-1}$	转子类型举例
0.4	0.4	精密磨床主轴、磨轮及电枢，回转仪
1.0	1	磨床驱动件，特殊要求的小型电枢、磁带录音机及记录器的驱动件
2.5	2.5	汽轮机和燃气轮机转子，发电机转子，离心压缩机转子，机床驱动件，特殊要求的中型和大型电机转子，小型电机转子，汽轮机驱动的水泵转子
6.3	6.3	船用主汽轮机齿轮，离心分离机的转鼓，通风机、航空用燃气轮机转子，飞轮，叶轮泵，机床及一般机械的转动件，一般电机转子，特殊要求的曲轴转动件
16	16	特殊要求的驱动轴(螺旋桨轴、万向联轴节的轴)，粉碎机械和农业机械的转动件，轿车、卡车和机车发动机的个别传动件，特殊要求的六缸和多缸发动机②的曲轴驱动件
40	40	汽车车轮、轮辋、整套车轮、驱动轴，弹性安装六缸和多缸高速四冲程发动机③的曲轴驱动件，桥车、卡车和机车发动机的曲轴驱动件
100	100	六缸和多缸高速柴油发动机③的曲轴驱动件，桥车、卡车、机车发动机的整机转子④
250	250	刚性安装的四缸高速柴油发动机③的曲轴驱动件
630	630	刚性安装的大型四冲程发动机的曲轴驱动件，弹性安装的船用柴油机的曲轴驱动件
1600	1600	刚性安装的大型二冲程发动机的曲轴驱动件
4000	4000	刚性安装的单数汽缸低速船用柴油发动机③的曲轴驱动件②

注：① 若 n 用 r/min、ω 用 rad/s 测定，则 $\omega = 2\pi n/60 \approx n/10$。

② 指曲轴驱动件是一个组合体，包括曲轴、飞轮、离合器、皮带轮、减振器和连杆的转动部分等。

③ 指活塞速度低于 9m/s 为低速柴油发动机，活塞速度高于 9m/s 为高速柴油发动机。

④ 发动机的整机转子其质量包括注②所述的曲轴驱动件的全部质量。

2. 柔性转子的平衡精度

对于柔性转子的平衡精度问题，因其不平衡量随着校正面位置选择的不同而变化，故很难有一个统一的标准，国际标准见表 9－3。

例：转子为新机器的小型透平机转子,工作转速 $n = 12000r/min$,在硬支承型动平衡机上进行动平衡试验,传感器安装在轴承上,测得振值(在 12000r/min 时)$a_1 = 0.005mm$(峰－峰值)。

从表 9－3 可知该转子属于第 2 种转子，A 类精度范围。因运转条件不同，选取修正系数 $c_1 = 0.63$。因传感器安装在轴承上，因此不需附加其余修正系数。

由第 2 种转子，A 类精度范围可查得允许的轴振动速度有效值（V）应为 0.71mm/s。对于本试验条件，该值应予修正：

$$V_C = VC_1 = 0.71 \times 0.63 = 0.45mm/s$$

由注①中的公式计算出实测的振动速度有效值：

$$V_1 = 0.7 \times a_1 \times \omega_1 = 0.7 \times 0.005 \times 12000 \times \frac{\pi}{30} = 0.44\text{mm/s}$$

因为 $V_1 < V_C$　结论：本透平机转子动平衡合格。

表 9－3　挠性转子平衡精度标准 ISO/TC 108/SC1〈草案〉

转子种类	允许的轴振动速度有效值 V①/（mm/s）														修正系数	
	0.28	0.45	0.71	1.12	1.8	2.8	4.5	7.1	11.2	18	28	45	71	C1	C2	C3
1	A		B		C		D		精度范围②							
	功率小于 20HP 的小型电动机													0.63		
	增压器													0.63	2	
	陀螺													0.63	2	
2	A			B		C		D						0.63		
	造纸机械：20～100HP 中型电动机和发动机，正常基础上的 400HP 以下的电动机和发电机													0.63	4	
														0.63	4	20
	泵和压缩机：小型透平机													0.63	8	15
														0.63	4	8
3	A				B		C		D							
	大型电动机													0.63	5	20
	在刚性和重型基础上的透平及发电机													0.63	5	
4	A				B		C		D							
	重量轻的基础上的大型发电机、电动机和透平小型喷气发电机													0.63		
														0.63	3	10
5	A					B		C		D						
	第 4 类更大的喷气发动机													0.63	2	10

注：① 如果不在轴上进行测量，而且试验的条件又与运行时不同，则表中所列允许振动值必须按下列修正系数进于修正：

C_1——在和运转时的轴承条件完全不同的高速平衡机上进行测量；

C_2——在轴承上或靠近轴承处所测得的轴的振动；

C_3——在轴的横向变形最大处所测得的轴的振动；

修正后允许的轴承振动速度有效值

$$V_C = V \times C_1 \times C_2 \times C_3$$

实测的轴振动速度有效值

$$V_1 = 0.7 \times a_1 \times \omega_1 \quad (\text{mm/s})$$

式中　a_1——测得的振幅值（峰－峰值），mm；

ω_1——角速度，1/s。

② 精度范围：

A—当机器是新机器时的许可值；B—商业上的许可值；C—下次维修时需要注意；D—须立即注意。

三、各类转子的平衡方法

（一）1 类刚性转子

按刚性转子的平衡方法进行校正：可以用任意的两个校正平面平衡，经平衡校正后，转子的平衡状态不随转速的变化而改变。在低速动平衡机上用两平面进行平衡。

（二）2 类准刚性转子

1. 2a 类

这类转子的不平衡量，仅存在于一个已知平面内，如一个可以忽略不平衡质量的轻的轴上集中有一个质量的砂轮轴。只需在低速动平衡机上对该平面作不平衡校正，即可在任意转速下都获得平衡。

2. 2b 类

这类转子不平衡量在两个已知的平面上，只需在低速动平衡机上对两平面作不平衡校正，即可在任意转速下都获得平衡。

3. 2c 类

这类转子不平衡面超过两个，如转子由两个以上的零件沿轴向组装而成时，可认为每个零件就是一个不平衡平面。如果在组装前对每个零件都作了较精细的平衡，或者采用边装配边平衡的方法，则最后组装成的转子只需在低速平衡机上在两个校正面上平衡，就能达到满意效果。

4. 2d 类

由于结构设计，不平衡量沿全长的分布是均匀的或者说是成线性分布的转子。这种转子有可能通过选择适当位置上的两个校正面，并在低速平衡机上平衡，就能得到满意的效果。至于如何选择这两个校正面使效果最佳，只能通过实验确定。否则采用三平面法进行平衡。

5. 2e 类

厚度较长的刚性旋转体装在柔性轴上的转子，如果不平衡量只表现在刚性心子上，则平衡校正只需对这部分进行，平衡后不可能再分解出各阶不平衡量。这类转子只需在低速动平衡机上进行平衡。

6. 2f 类

这类转子是由几个零件沿轴向组装而成，组装后的不平衡量沿轴向分布是未知的，两端面为不平衡校正面的对称转子，最高工作转速低于二阶临界转速，又不工作在第一临界转速附近，但初始不平衡量应控制在某一限值范围内。

若不平衡量对一阶临界转速最不利的情况是各零件的剩余不平衡量恰好处于同一相位上，则可以按此条件规定每个零件的剩余不平衡量，在低速动平衡机上经过对组装体的两面不平衡校正后，就能达到满意效果。

7. 2g 类

这类转子除了多一个中间校正面外，与 2f 类转子一样，可以允许它具有比 2f 类转子大 1 倍的初始不平衡量。根据经验，初始不平衡量的 30% ~60% 会在中间平面上。校正可像刚性转子一样在低速平衡机上进行，但要对三个平面进行校正。

8. 2h 类

不符合 2f 类所述条件（对称、无悬臂等）的转子，也可按 2f 类转子那样规定初始不平衡量的大小，然后在任意给定的校正面上得到满意的平衡。但在与 2f 类的条件相差太多的情况下，按前述方法所得的初始不平衡量可能太小，这时只能采用别的方法来平衡。

（三）3 类柔性转子

这类转子可采用振型平衡法或影响系数法进行平衡。3a 类、3b 类、3c 类的划分，主要是在校正面数目多少的选择上有区别。

（四）4 类转子

这类转子大体可以分为两类。

1. 其平衡状态随转速变化而变化，如橡皮桨叶，可在规定必须平衡的那个转速下进行平衡。

2. 其平衡状态会变化，但到某一转速后就保持不变了，如带离心启动开关的单向感应电动机，可在平衡机上高于平衡状态不再变化的那个转速的任意转速下进行平衡。

（五）5 类转子

这类转子的工作转速高于一阶或几阶临界转速，但只要满足下列一个或几个条件，就可以只在工作转速下平衡。

1）升速至工作转速，或从工作转速减速的过程都很快，以至在通过临界转速时，还来不及使振幅超过不能容忍的限度。

2）阻尼足够大，使过临界转速时的振幅不致超过允许的限度。

3）转子支承在充分的弹性支座中，不致超过允许的限度。

4）转子过临界转速时的大振幅是允许的。

5）有结构上的限幅装置。

6）转子长期作全速运行仅偶尔经历的启动或停止过程中产生的大振幅是可以接受的。

这类转子应在高速动平衡机上或等效的设备上，按其要求的工作转速进行平衡。对上述条件 3)，平衡机的支承应尽量模仿工况条件，以保证在平衡转速下，其主要振型与工作条件下产生的振型是一致的。

对于各类大型或重型转子，如无合适的动平衡机，只能采用现场平衡的办法。

为了降低转子的原始不平衡量，转子（特别是非刚性转子）的零部件的重量约大于转子整体重量的 10% 时，零部件在装配前应作静平衡。

工作实践证明，对于位于跨中间的单叶轮转子，如果一阶频位远小于 1，也可能只进行静平衡，转子就能达到运行平稳。

值得注意的是转子重心对其振型的影响，特别是对弯曲刚性临界转速振型的影响更大。图 9－12 为单级叶轮转子中叶轮不同位置（共 A、B、C 和 D 四个模型）对前三阶振型的影

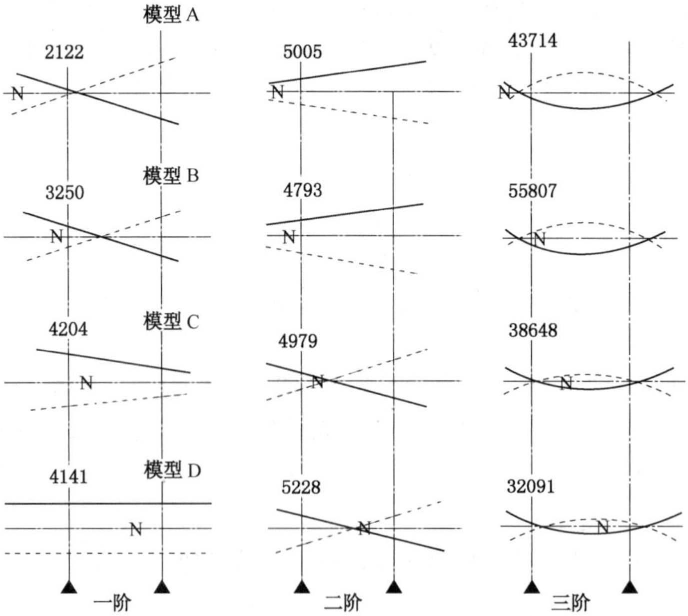

图 9－12　轮盘位置对振型的影响

N—轮盘位置；▲—支承位置

响。这与动平衡关系甚大。叶轮位于轴承跨外的转子，动平衡需特别注意。

四、转子不平衡的种类及其静、动不平衡校正的判别

前面所述的转子，广义地说包括一切回转体，当然包括转子上的零部件。

(一) 转子不平衡的种类

旋转零部件以及刚性转子的不平衡，从效果上说基本只有二种，即力（静）不平衡量与力偶不平衡，由它们在不同情况的结合，又有派生出准静不平衡与动不平衡两种，总共四种，见表9－4。

如果转子在运转中轴线变形比较明显，就会产生第三种基本不平衡量——振型不平衡。

表9－4　转子不平衡的种类

项　目	图　　示	轴承力	$u(z)$ 满足的条件	特　点
力不平衡量 U_s	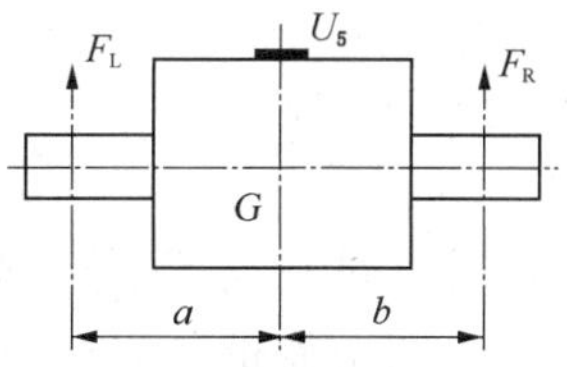 G为转子重心	$F_L = \frac{b}{a+b} \times \frac{U_s}{g}\omega^2$ $F_R = \frac{a}{a+b} \times \frac{U_s}{g}\Omega^2$	$\int_{-a}^{b} u(z)dz = U_s$ $\int_{-a}^{b} u(z)zdz = 0$	可以用重心 G 截面上的一个校正量来平衡
力偶不平衡量 U_m	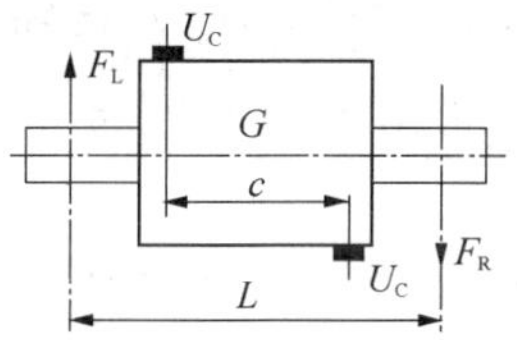 $U_m = U_C\ C$ G为转子重心	$F_L = \frac{c}{L} \times \frac{U_s}{g}\omega^2$ $F_R = -F_L$	$\int_{-a}^{b} u(z)dz = 0$ $\int_{-a}^{b} u(z)zdz = U_m$	必须用两个截面上大小相同相位差180°的校正量偶来平衡
准静不平衡量 U_a	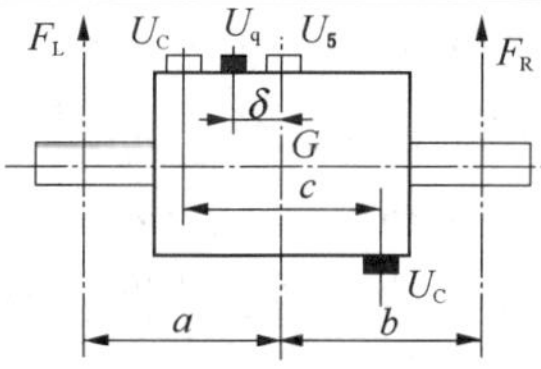 G为转子重心	$F_L = \frac{b+\delta}{a+b} \times \frac{U_G}{g}\omega^2$ $F_R = \frac{a-\delta}{a+b} \times \frac{U_G}{g}\omega^2$	$\int_{-a}^{b} u(z)dg = U_G = U_s$ $\int_{-(a-\delta)}^{b+\delta} u(z)zdz = 0$	这种不平衡量是由同一轴向截面上的 U_s 与 U_m 合成的。可以用距重心 G 为 δ 的截面上的一个校正量来平衡
动不平衡量 U_d	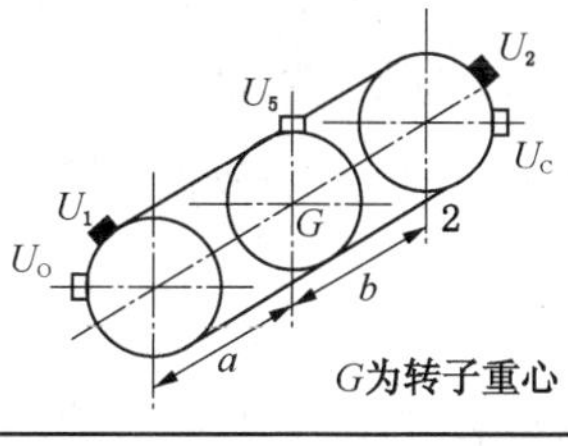 G为转子重心	这是最常见的一种不平衡量，是由不同轴向截面上的 U_s 与 U_m 合成的，因此平面1和平面2上的不平衡量分别为 $U_1 = \frac{1}{a+b}(U_s b + U_m)$ $U_2 = -\frac{1}{a+b}(U_s a + U_m)$ 这种不平衡量需用不同截面上的两个校正量来平衡		

注：g—重力加速度；ω—转速。

一般我们经常说，转子等旋转件的不平衡有静不平衡、动不平衡和动、静(或混合)不平衡三种状态。

1. 静不平衡

如果一个转子的不平衡离心惯性力系向质心简化为一合力，则称此转子具有静不平衡。

就是指转子上各截面不平衡的质量能简化为一个，那么转子在旋转时只产生一个不平衡的离心力，这种转子可以在静力状态下确定不平衡状况，称其为静不平衡。静不平衡一般出现在长度与直径之比(L/D)较小的转子上。

如图9－1所示，一个较短的转子，如转子上只有一个轮盘，其质量为M，质心和轴线的偏心为e。当它以ω角速度旋转时，便产生一个离心惯性力$F=M\omega^2e$周期性地作用在轴上，使轴系统产生了振动，这种转子的不平衡情况称为静不平衡。

再如一个没有轴向偏摆的单圆盘转子也是具有静不平衡转子的典型例子,如图9－13(a)。

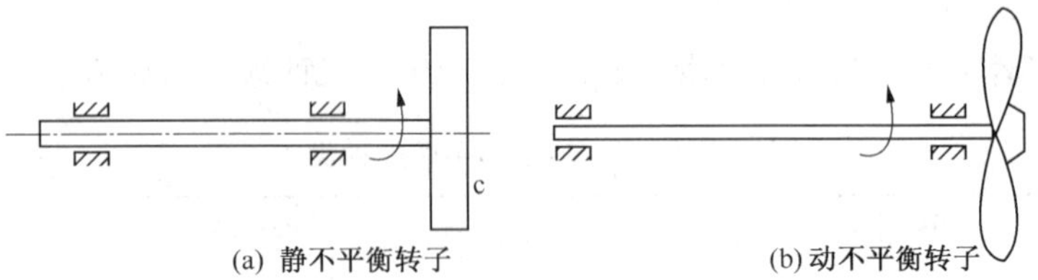

图9－13　静、动不平衡转子

2. 动不平衡(即前面所说的力偶不平衡)

如果不平衡离心惯性力系向质心简化为一力偶，则称此转子具有动不平衡。指在转子上能够综合出大小相等，但不在同一直径上的两个不平衡质量，两个偏重可能自动抵消，表现为静平衡。但由于轴上两个偏重相隔一定距离，当转子转动时两个离心力组成力距，即产生不平衡力偶，使机器产生振动。这个力偶不能在静力状态下确定，只能在转动状态下确定，故称其为静平衡而动不平衡，简称为动不平衡。动不平衡一般出现在长度与直径之比(L/D)较大的转子上。

对于轴向尺寸较长的转子，常常不仅存在离心惯性力F，而且还产生了离心惯性力矩。作静平衡时离心惯性力可以平衡，但旋转时会产生离心惯性力偶，$M=Fe$，这种转子的不平衡情况称为动不平衡。

如电风扇扇叶的平衡就是动不平衡的例子。扇叶除存在质量不平衡外，还存在着三个叶片不完全对称产生的风力不平衡，这些力的合力向质心简化是一个力偶，如图9－13(b)。

3. 静、动(或混合)不平衡(即前面所说的准静不平衡和动不平衡)

指在转子上，既有静不平衡，又有动不平衡，称其为静、动不平衡或混合不平衡。实际的转子很少存在单独的静不平衡，或单独的动不平衡，这种混合不平衡是最普遍的失衡状态，它多出现在长度和直径之比较大的转子上。

由于转子工作转速、结构(长径比)、转子刚性不同和各类转子要求不同的平衡精确度，可以采用静平衡，或低速动平衡，或高速动平衡，使转子获得所需要的平衡精确度。

(二) 转子作静、动不平衡校正的判别

1. 转子平衡

转子不平衡是引起旋转机器振动的重要原因，为了消除由于转子不平衡引起的振动，需要对转子进行平衡。

所谓静平衡，就是使回转轴线通过转子重心，消除由于质量偏心引起的离心惯性力。如只有一个轮盘的较短的转子，它的不平衡情况就是转子静不平衡的典型例子之一。当它旋转时便产生一个周期性的不平衡力$F=M\omega^2e$作用在轴上，使轴系统产生了振动。校正的办法是在质心的对面同一直径上距回转轴心线为r处加上质量Q，使之产生的离心惯性力能正好

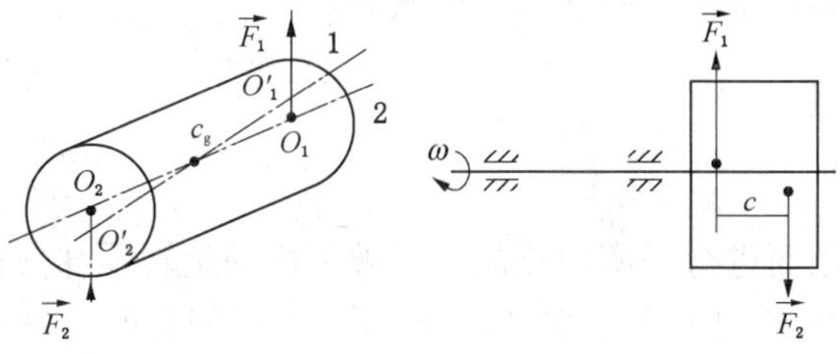

图 9－14　静平衡而动不平衡

O_1O_2—几何轴，$O'_1O'_2$—主惯性轴

抵消上述不平衡力，则转子就能达到平衡。即 $Me\omega^2 = Qr\omega^2$ 则得到 $Me = Qr = q$，q 称为转子的不平衡度，也叫质径积，即前面所说的不平衡量。

动平衡除了要求达到力的平衡外，还要求校正由于力偶的作用而使主惯性轴绕回转轴线产生的倾斜，当 $\vec{F}_1$ 与 $\vec{F}_2$ 大小相等但方向相反时达到静平衡，但未保证动平衡，如图 9－14 所示。

动平衡的目的就是消除不平衡的离心惯性力偶。实际生产中制成的转子很少存在单独的静不平衡，或单独的动不平衡，总是既有静不平衡又有动不平衡。这种情况工程上仍称为动不平衡。

一般转子作动平衡校验时先做静平衡试验，然后在动平衡机上再进行动平衡试验。动平衡试验不仅可以消除不平衡力，也可以消除不平衡力矩。

例如对多级叶轮的转子，先将单个叶轮与轴一起分别进行静不平衡校正。然后每加一个叶轮进行一次静不平衡校正，直到最后，再作整个转子动平衡，则效果较好。

2. 转子作静、动不平衡校正的判别

对不同的零部件或转子需要用不同的平衡方法进行平衡。高速的转子或转子上叶轮较多时，一般都需要做动平衡，但究竟什么样的零部件或转子应该作静平衡或动平衡，取决于转子的转数 n 与长径比 L/D，一般可根据图 9－15 选取。图中下斜线下方为静平衡区，上斜线上方为动平衡区，两斜线之间的区域主要用于比较重要的零部件或转子。但对振动要求不大严格的场合，在实际生产时零部件或转子的静平衡，一般作到“随遇平衡”就可以了。

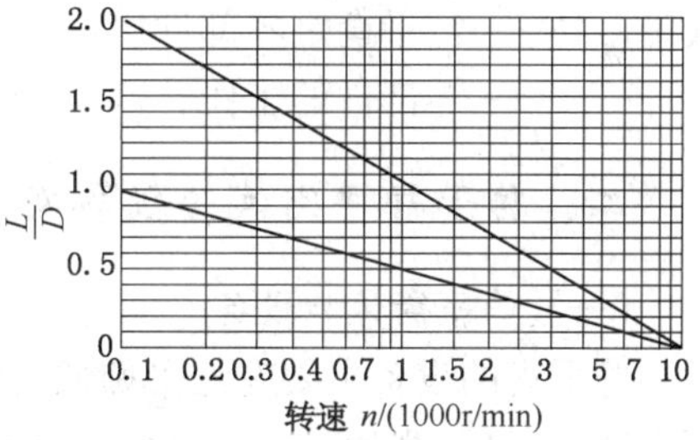

图 9－15　平衡的应用范围

一般情况下，长度与直径之比小于 0.2 的盘状转子，一般只需进行静平衡；长度与直径之比大于 0.2 的盘状转子或圆柱形转子，应根据转子的工作转速来决定平衡的方式。下斜线以下的转子只需进行静平衡；上斜线以上的转子必须进行动平衡；两斜线之间区域内的转子需根据转子的质量、制造工艺、加工情况（部分加工还是全部加工）及轴承的距离等因素，来确定是否需要进行动平衡，也可根据使用精度要求来考虑，如要求不高，也可以只做静平衡即可。

一般情况下，对于刚性转子，当转速 $n < 1800$r/min 和长径比 $L/D \leqslant 0.5$ 或者转速 $n < 900$r/min 的情况，只需作静平衡；而当转速 $n > 900$r/min 和 $L/D > 0.5$，或者转速 $n > 1800$r/min的情况，则必须进行动平衡。对于柔性转子，必须进行动平衡。

第三节　转子静平衡试验

为保证机器的平稳正常运转，凡转速较高或直径较大的旋转件，即使表面上几何形状完全对称也应在装配前进行平衡试验，如压缩机转子在零件组装前后，必须进行平衡试验和校正，以达到所要求的平衡精度。平衡试验包括静平衡试验和动平衡试验。

一、转子静平衡原理及许用不平衡量

（一）静平衡原理

静平衡是利用地心引力对不平衡量的作用而进行平衡校正的。当被平衡的旋转零部件在光滑的平面来回摆动静止时，若无滚动摩擦的影响，当零部件的重（质）心有偏移时，重心一定位于通过轴心的垂线下方，即不平衡量的正方向垂直向下。

静平衡试验的实质，在于确定旋转件上不平衡量的大小和位置。

由于重力加速度是一定的，所以一般说来灵敏度较低，而且只能校力不平衡量，而不能校正力偶不平衡量。因此只有当零部件的直径对长度之比 D/L 大于 1 时，静平衡才能获得较好的效果。

（二）许用不平衡量

评定转子静平衡好坏的许用不平衡量用下述参数表示：

1. 许用质径积 U_P（参见式 9－10$U_P = Me_p$），单位为 g · mm，即转子质量与许用偏心距的乘积。

2. 许用偏心距 e_p，单位为 μm（g · mm/kg），e_p 值可取图 9－11 中的数值。

JB 3329—83 规定静平衡的剩余不平衡量（重）应小于下列允许值（许用质径积）：

$$U_{RA} = 44.7\frac{M}{n^2}\times 10^4 \quad \text{g · m} \tag{9-17}$$

式中 M——被平衡之零部件质量，kg；

n——零部件的工作转速，r/min。

二、转子静平衡试验设备及其技术要求

（一）静平衡试验设备

静平衡的设备主要有静平衡架与静平衡试验机（与动平衡机类似，动平衡机也能检查静不平衡）。静平衡架是工程中常用的设备。图 9－16 ~ 图 19 所示为几种常用的静平衡架结构，其中，平行导轨式静平衡架应用最广。导轨截面有刃口形、梯形、棱柱形和圆形等多种形式。其中棱柱导轨有四个宽度各不相同的工作面，可以平衡重力不同的转子；圆形导轨没有固定的工作面，加工简单，只要把导轨转过一个小角度就可以把损伤部位移出接触区。

使用静平衡机或动平衡机，可以一次读出静不平衡量的大小及方向。

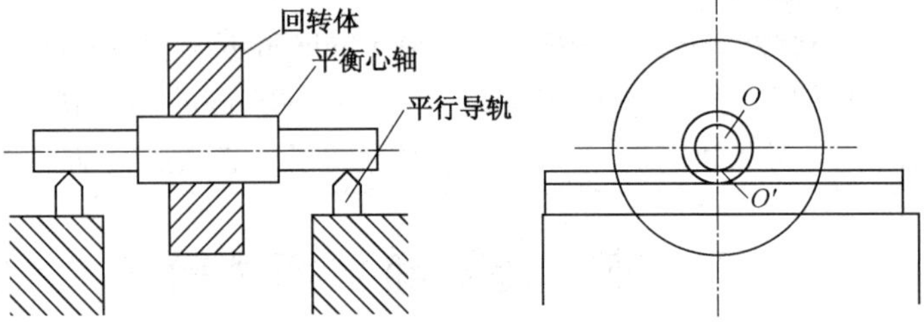

图 9－16　平行导轨式静平衡架

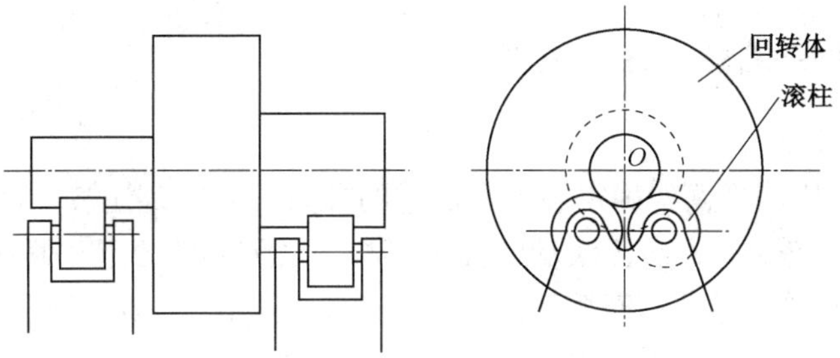

图 9－17　滚柱式静平衡架

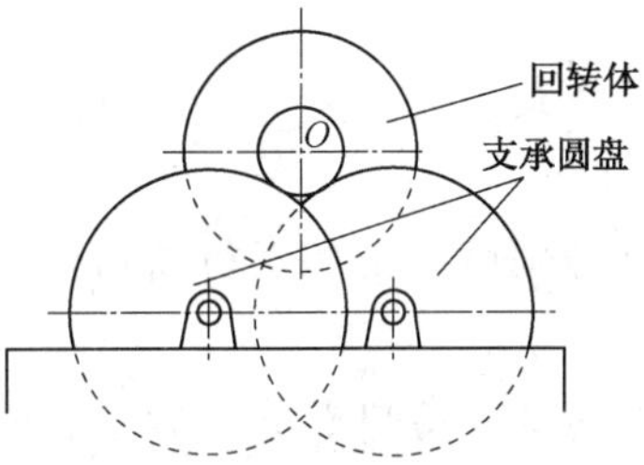

图 9－18　圆盘式静平衡架

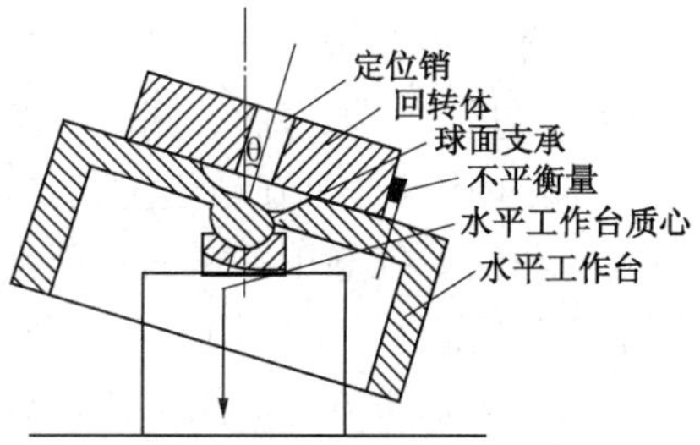

图 9－19　球面支承式静平衡架

（二）静平衡试验设备技术要求

静平衡试验的场地必须无振动和风速的干扰，试验通常是在平行导轨式平衡架上进行，轨道长度应大于(1.5～2)πd，d 为轴颈直径。两端轴颈应有相同直径，如不等径可临时加套，有条件时采用能调节高度的滚动平衡机。要保证静平衡试验能有较高的平衡精度，平衡支架和心轴都应有相应的精度。所以，要求平衡支架的支承面（导轨）必须坚硬（保持在 $HRC50\sim60$）、光滑（表面粗糙度 $<R_a0.4$）和具有较好的直线度（≤0.005mm）；两个支承工作面在水平面内必须相互平行（平行度≤1mm），并应严格找正至水平位置（水平度≤0.02/1000）。专用心轴，本身应具有较好的平衡精度、心轴的直线度和圆柱面的表面粗糙度都应有较良好的质量。平行导轨的技术条件见表 9－5，平衡心轴的技术条件见表 9－6。

表 9－5　平行导轨技术条件

技术要求项目	指　　标	技术要求项目	指　　标
支承面不平度	0.005mm	支承面锈蚀斑痕	无
支承面水平度	(0.01～0.02)/1000	支承面推荐宽度：	
两支承面在水平面的不平行虎	≤1mm	零部件质量≤3kg	约 0.3mm 或圆柱形
支承面粗糙度	R_a 的最大允许值为 0.80μm	零部件质量＞3kg	约 3.0mm
支承面最小长度	大于轴颈直径的 7 倍	零部件质量＞30kg	约 10.0mm
支承面硬度	$HRC50\sim60$	零部件质量＞300kg	约 30.0mm

表 9－6　平衡心轴技术条件

技术要求项目	指　标	技术要求项目	指　标
心轴的圆跳动	＜0.005	表面粗糙度	R_a 的最大允许值为 0.80μm
心轴两端同轴度	＜ϕ0.01	表面硬度	$HRC50\sim60$
外圆加工精度	不低于 2 级	表面锈蚀斑痕	无

三、转子静平衡试验的方法及步骤

（一）静平衡试验方法

见图9－20，利用静平衡架确定静不平衡量的方向很简单，让被平衡的旋转零部件在静平衡架上来回摆动，静止时，若无滚动摩擦的影响，当零部件的重心偏移时，不平衡量的方向一定垂直向下。若需考虑滚动摩擦的影响时，可反复几次，做出标记，取停下次数最多的方向为静不平衡的方向。然后在下方去重或在上方选择某一半径处加重，观察其是否能达到随遇平衡，即在任意位置时都能平衡。如转子在平行导轨上任何角度均能静止，即达到静平衡要求。

（二）用平衡架找静平衡试验的步骤

1）轴清洗后检查轴弯曲、圆度和圆柱度应符合规定要求。如轴颈磨损不圆时，应先进行修复，为减少摩擦，可在轨道上稍加润滑油。

2）首先将需要找静不平衡的零部件套在轴上，并将轴颈放在两条平行轨道上，或者将待平衡的旋转零部件装上专用心轴后放在平衡支架上。

3）寻找不平衡重方位。用手推动旋转件，使其缓慢转动，待自然静止后在它的正下方做一记号，因为偏重部分总是朝下，因而就可以判断出不平衡位置；重复转动若干次，若每次自然静止后，记号的位置保持不变，说明静平衡工艺具有一定的准确性，记号的位置就是不平衡量的所在处。

4）测求不平衡量

① 试加平衡重法。在记号位置的相对部位（在偏重的对称方向）临时粘上一定质量的橡皮泥，再缓慢转动转子，经几次试粘后，如果它在任何方位都可以停止，这时橡皮泥质量 M 对旋转中心产生的力矩，恰好等于不平衡量 G 对旋转中心产生的力矩，即 $Mr = Gl$，见图9－20（b），这样旋转件便获得了静平衡，就可以判断不平衡重的数量与方位。

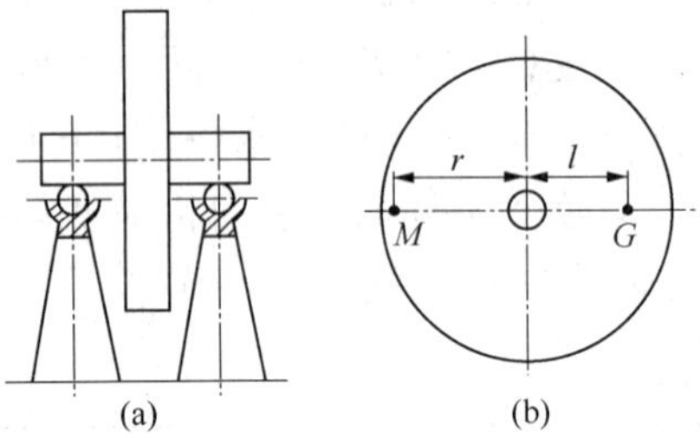

图9－20　旋转件的静平衡

在加重处做标记，去掉橡皮泥，称出其质量。

② 时间平衡法。确定了静不平衡量的方向之后，仍在静平衡架上搬动被平衡的旋转零部件，使其静不平衡量方向偏离垂线方向为某一角度 ϕ_m（一般 $\phi_m < 90°$），然后放手，同时用秒表测出其来回摆动一次的周期 T。为了提高测试精度，也可测出被平衡的旋转零部件多次摆动至某个位置的总时间，除以摆动次数，求出较精确的单次摆动周期。此时不平衡量的大小 $|U|$ 为

$$|U| = \frac{16 \times 10^6 I_C}{g} \times \frac{F^2(k, \pi/2)}{T^2} \qquad (9-18)$$

式中　$|U|$——静不平衡量的大小，g·mm；

I_c——被平衡的零部件（包括平衡心轴）绕转动中心 O' 点的转动惯量（对于图9－16，O' 为轴颈与平行导轨的接触点。对于图9－17及图9－18，O' 即轴心 O 点）；

g——重力加速度，$g = 9.80665\text{m/s}^2$；

T——摆动周期，s；

$F(k,\ \pi/2)$——第一类完全椭圆积分，可查各种数学手册，$k=\sin(\phi_m/2)$。

为了免去计算 I_c 及 $F(k,\ \pi/2)$，可通过实验将其替代。设第一次测出被平衡的旋转零部件的摆动周期为 T_1，然后在 U 的反方向与轴心的距离为 r 处加上一小块质量 m，并使 $mr<|U|$，且 $mr^2\times10^9\ll I_c$，用同样的方法测出摆动周期 T_2，则

$$I_C=\frac{T_1^2T_2^2}{T_2^2-T_1^2}\times\frac{mr\times10^{-6}}{16F^2(k,\pi/2)} \tag{9-19}$$

将式(9－19)代入式(9－18)，得

$$|U|=\frac{T_2^2}{T_2^2-T_1^2}\times mr \tag{9-20}$$

5）用配重（焊接添补金属）或去重（钻孔等）方法，在不平衡位置去除适当的材料或在其相对位置焊接适当材料（其质量按力矩平衡的原理算出），直至旋转件在任意角度都能自然地静止不动，静平衡试验便告完成。

6）剩余不平衡重检查

测量零部件静平衡后的剩余不平衡量 U_R，测量方法如图 9－21 所示。先将旋转体的圆周 8 等分，依次把各等分线置于水平位置。在半径 r 上由小到大试加重量 G，试得旋转体刚刚能转动的重量。显然各等分点上这个重量是各不相同的，把它们画在图上，见图 9－21(b)，可得 G_{max} 与 G_{min}。由此可算得剩余不平衡量为：

$$U_R=\frac{r}{2}(G_{max}-G_{min})\quad(\text{gf}\cdot\text{mm}) \tag{9-21}$$

式中　r——试重 G 所在的半径，mm；

这个数值按 JB 3329—83 应小于允许值 U_{RA}（见式 9－15）。

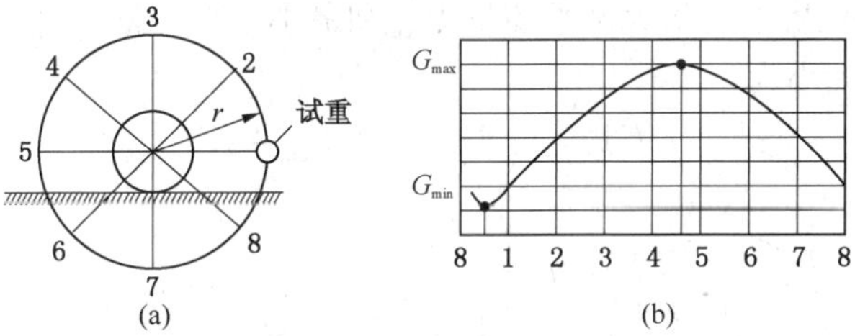

图 9－21　剩余不平衡量的测量

如无规范可查，可以按叶轮质量的 5% 为限作为参考。如叶轮质量 M(kg)，半径为 r(m)，转速为 n(r/min)，则：

$$\frac{U_{RA}r}{g}\left(\frac{n\pi}{30}\right)^2=G\times1000\times0.05$$

$$U_{RA}=\frac{45000G}{n^2r}\quad(\text{g}\cdot\text{mm}) \tag{9-22}$$

例：某一转子质量 200kg，转速 3000r/min，转子半径 120mm，则：

$$U_{RA}=\frac{45000\times200}{3000^2\times0.12}=8$$

即许用质径积（许用静不平衡量）为 8g·mm；而按（式 9－17）算为 9.9g·mm。

如果出现 $U_R>U_{RA}$ 的情况，则应改进静平衡设备，提高灵敏度。

四、转子静平衡试验的注意事项

（一）转子较重

当转子较重时，转子在轨道上摩擦力较大，易将少许不平衡重量掩盖住，为精确起见可按下述方法进行：

1）将转子上零件划成等分，2、4、6、8 偶数为好。

2）从一点开始（如图 9－22 所示）逐渐加给悬挂重量，直到转子从静止开始滚动为止（即克服摩擦力开始滚动），记下重量。其他各点以此类推试验。

3）绘成如图 9－23 曲线，曲线最高点就是附加平衡重的位置，其重量可取：$\frac{G_{最大}+G_{最小}}{2}$。

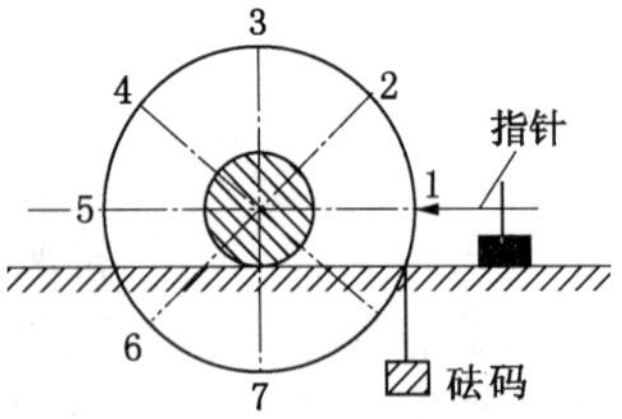

图 9－22　精确找平衡法

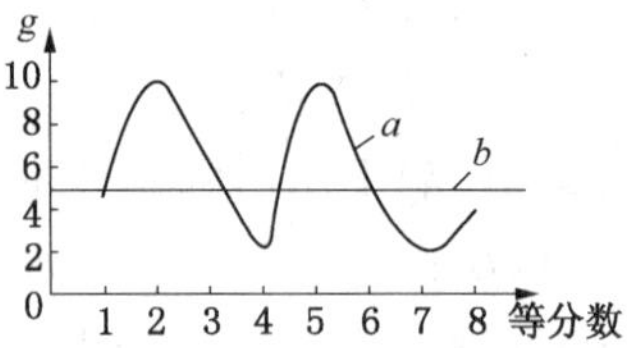

图 9－23　不平衡曲线图

（二）剩余不平衡量太小

如果剩余不平衡量太小，由于滚动摩擦的影响，很难测准。这时可将被平衡的旋转零部件半径为 r 的圆周划分为 8 等份，在每个等份处依次附加测试质量块 m，并依次测出被平衡的旋转零部件的总的不平衡量，作出曲线（见图 9－24）。曲线一般为正弦曲线形状，应在某两个相隔 180°相位的位置上有最大不平衡量 U_{max} 和最小不平衡量 U_{min}，实际的剩余不平衡量应与 U_{max} 同方向，其大小为

$$|U| = (|U_{max}| - |U_{min}|)/2 \qquad (9-23)$$

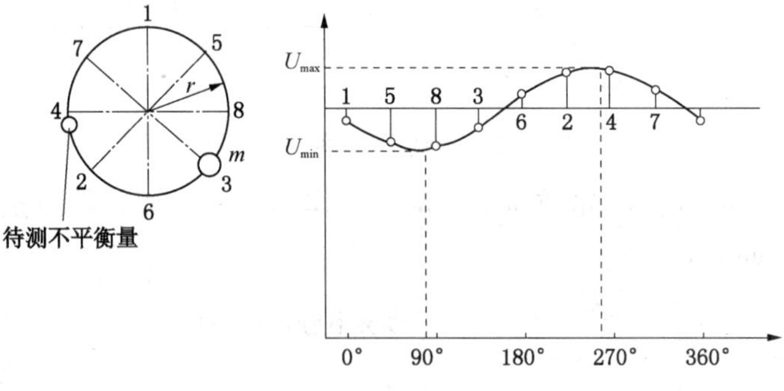

图 9－24　测试较小剩余不平衡量的方法

第四节　转子动平衡试验

动平衡是利用转子不平衡量在旋转时所产生的离心力而进行平衡校正的。由于离心加速度往往大于重力加速度，所以可以获得比静平衡较高的灵敏度，并且不仅能校正力不平衡

量，还能校正力偶不平衡量。显然，在同样的测试系统下，平衡转速越高，灵敏度也越高。

动平衡试验，按平衡时所使用的转速不同，可分为低速动平衡试验和高速动平衡试验。

动平衡转速的高低对平衡的精度也有一定影响，有些转速和要求不高的旋转件，可以只作低速动平衡，而转速高的旋转件则必须进行高速动平衡试验。为了防止动平衡时因不平衡量过大而产生剧烈的振动，在低速动平衡前一般都要先经过静平衡，而在高速动平衡之前都要先作低速动平衡。

一、转子低速动平衡

低速动平衡是指平衡转速较低的动平衡过程，一般为转子工作转速的20%左右（低速动平衡机的转速有几个档次，150～500r/min），平衡转速也可取工作转速或一阶临界转速的30%～40%以下。因为低速时转子总是刚性的，所以转子低速动平衡又称为刚性转子动平衡。刚性转子动平衡只是完成不平衡质量产生的离心力及力偶的简单平衡，不能消除转子因弹性变形而产生的动挠度影响。

低速动平衡是在任选的两个平面上（一般选在转子的两个端面），增加或减少质量，使之消除不平衡离心惯性力和力矩。对称性转子可以同时平衡两端，不对称转子可以先平衡重端或不平衡量大的一端。

动平衡试验，一般情况下是在动平衡机上（也有现场动平衡）进行。旋转件在旋转时，使动平衡机的支承（或轴承座）产生振动，依靠测振仪器测出振动的幅值和相位，再通过一定的计算，便可进行平衡测试工作。

（一）刚性转子动平衡原理

对于刚性转子，不平衡力引起的转子挠曲可以忽略，因此我们可用刚体力学的办法来处理其平衡问题。对于转子，无论其具有怎样的分布不平衡，转子的离心惯性力系，向质心的简化总能得到一个不平衡离心惯性力的合力 F 和合力偶（矩）M，如图 9－25 所示。

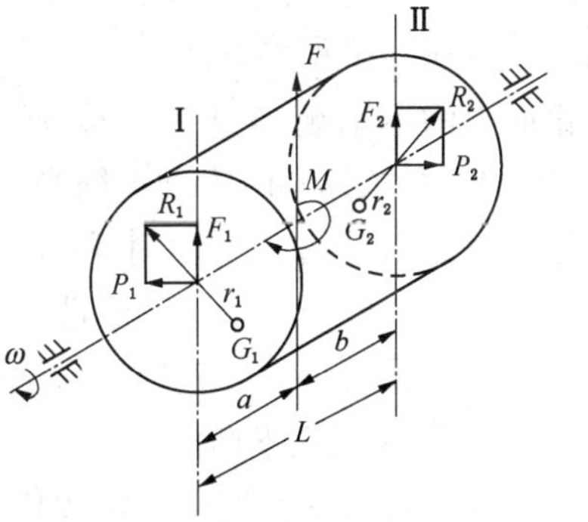

图 9－25　转子动平衡原理

在转子上，可任选两个垂直于旋转轴心线的平面Ⅰ、Ⅱ作为校正平面（或称加重平面），两平面的距离为 L。它们与质心所在的垂直于轴线的平面相距各为 a 和 b。先将合力 F 分解在平面Ⅰ、Ⅱ内的力 F_1 和 F_2，F_1、F_2 必然都平行于 F。

再用两平面内的力 P_1 和 P_2 组成的力偶来代替合力偶 M。显然。$F = F_1 + F_2$　$F_1 = (b/L) \times F$　$F_2 = (a/L) \times F$　$P_1 = P_2$　$M = P_1 L = P_2 L$。最后，分别将两平面内 F_1 与 P_1 合成合力为 R_1，F_2 与 P_2 合成合力为 R_2。这样，两个力 R_1、R_2 就和整个转子不平衡离心力系相等效。

转子经过低速动平衡，从动力学上应满足下列两个平衡方程。

力平衡方程

$$\int u(z)\mathrm{d}z = \sum_{j=1}^{n} W_j = 0 \qquad (9-24)$$

力偶平衡方

$$\int u(z)z\mathrm{d}z + \Sigma W_j \overset{n}{\underset{j=1}{Z_j}} = 0 \tag{9-25}$$

式中　$u(z)$——不平衡量分布函数；

W_j——第 j 个校正量；

z_j——W_j 所在的轴向坐标；

n——校正量个数。

根据这两个方程的兼容性，可以得知低速动平衡必要和充分的校正量个数(即校正平面数)n 为2，这是低速动平衡的一大特点。

因此，只要在平面Ⅰ中 R_1 同一直径上轴线的另一边某半径 r_1 处，加上一质量 m_1，使 $m_1r_1\omega^2=R_1$，就可以抵消不平衡力 R_1，达到平面Ⅰ内力的平衡，或者在 R_1 的同一边半径 r_1 处去掉质量 m_1，也能达到平衡。按同样的方法，在平面Ⅱ内 R_2 的反方向加 m_2(半径为 r_2)，可以平衡掉 R_2。

由上述分析可见，任一刚性转子的不平衡均可采用在两个校正面上，用加(减)校正质量来平衡整个转子。校正面的轴向位置理论上是没有限制的，但工程上为了使校正量尽量小些，总是使校正面的间距尽量大些(接近于支承轴承)。

另外，由于刚性转子，其转子本身的弯曲变形很小，转子的不平衡分布不会因转速的变化而变化。因此，刚性转子在一个转速平衡好后，则无论在什么转速下，只要保证转子仍然是刚性的条件，转子仍然是保持平衡的。

m_1r_1 和 m_2r_2 都称为原转子的动不平衡量(度)。

加质量的方法多是拧上一些平衡螺钉，或焊上平衡块；去掉质量则是钻掉或磨削掉一些材料。为了使得去质量时不致影响零件的强度，去质量部位和所去质量的大小都要在设计时预先考虑，并在图纸上加以注明。

(二) 刚性转子动平衡方法

低速动平衡的方法，一般都是测量转子轴承的振动，从而分离出与 $u(z)$ 等效的位于校正面上的不平衡当量 U_j，取 W_j 与 U_j 的大小相同，方向相反，就能达到式(9-24)和式(9-25)的要求。随着动平衡测量技术的发展，分离技术已由仪器中的固化软件所承担，仪器可直接指示出 W_j 的大小和方位。

本节主要介绍用于准刚性转子的改良低速动平衡方法，这些方法都是从挠性转子动平衡原理中推导得出的，另外再介绍一些低速动平衡中需注意的问题。

1. 逐级低速平衡法

这个方法主要用于二阶频位 η_2 小于0.7的多级离心压缩机转子，对 η_2 大于0.7的情况，也能起到降低原始不平衡量的作用。

1) 未装叶轮前，轴先进行平衡，并且最好在全长度上给予校正。

2) 套上一级或两级叶轮后再进行平衡，校正只能在叶轮上进行。

3) 再套上一级或两级叶轮后进行平衡，校正只能在新装叶轮上进行。

4) 按3)项进行，直至全部叶轮装上。

每次平衡校正中都应达到整体转子的平衡品质要求。

2. 三平面低速平衡法

这个方法主要用于一阶频位 η_1 接近1，而二阶频位 η_2 小于0.7的2d类转子，如图9-26所示，其平衡分布函数基本上符合线性规律，即

$$u(z) \approx a + b\frac{z}{L} \tag{9-26}$$

式中　a，b——常数；

L——轴长度；

z——轴向坐标。

式(9－26)对于转鼓式转子较为适用，其他转子也可参照使用。

首先按下式计算系数 α

$$a = \frac{\frac{2}{\pi} - \sin\xi}{1 - \sin\pi\xi} \tag{9-27}$$

α 值也可从图 9－27 中查取。

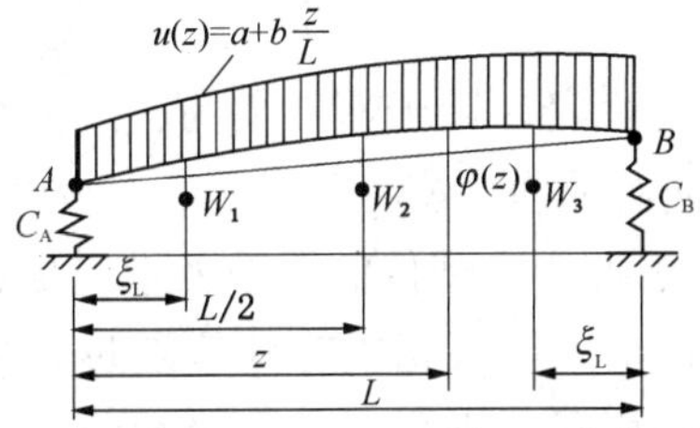

图 9－26　2d 类转子力学模型

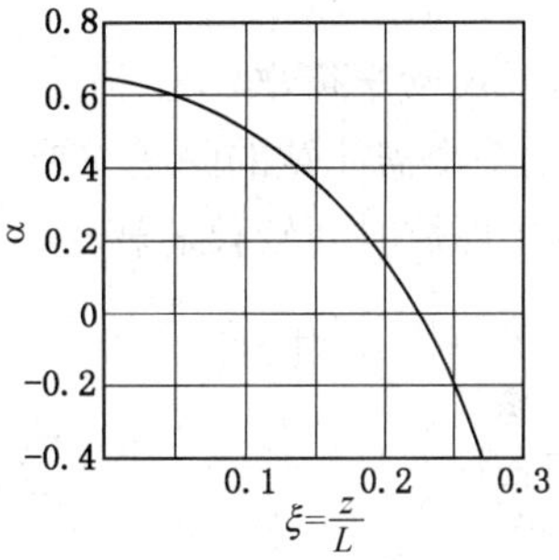

图 9－27　$\alpha-\xi$ 曲线

如果低速动平衡中测量到左右两个校正平面上的不平衡当量分别为 U_L 与 U_R，则三个平面上的校正量的关系可从图 9－28 中得到。图中平行四边形的对角线的方向为中间校正量 W_2 的方向，W_2 的模量为

$$|W_2| = -a|U_L + U_R| \tag{9-28}$$

即对角线长度乘以 α。

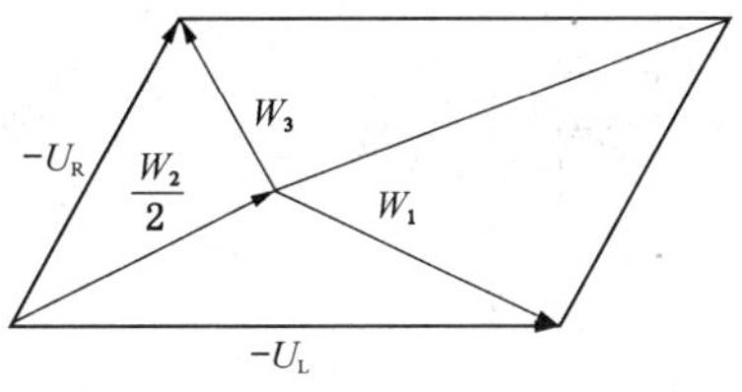

图 9－28　W_1 与 W_2 图解

3. 控制原始不平衡量的低速平衡法

这种方法主要用于一阶频位 η_1 大于 1、而二阶频位 η_2 小于 0.7 且质量比较集中在轴承跨中间的 2f 类转子。平衡工艺与一般的完全相同，校正平面数也是 2，只是转子的原始不平衡量是受限制的，方法如下：

1）估计轴承总刚度对转子刚度的比值 α。

2）估计一阶频位 η_1。

3）用上述 α 与 η_1 值从图 9－29 中查取 $\varepsilon_1/\varepsilon_2$。

4）从图 9－11 中查取该转子看做刚性转子应达到的品级所允许的剩余不平衡偏心 e 作为 ε_2。

5）由 $\varepsilon_1/\varepsilon_2$ 与 ε_2 值和转子的质量计算允许原始不平衡量。

例如，一个准刚性转子由 6 个部件组成。

看作刚性转子的允许剩余不平衡量 ε_2 为 600g・mm。

按 α 与 η_1 值从图 9－29 查得 $\varepsilon_1/\varepsilon_2$ 为 15。

转子的允许原始不平衡量(ε_1)为 $600 \times 15 = 9000$g・mm。

每个部件所允许的剩余不平衡量为 9000/(3×6)=500g·mm或为 600g·mm。

应该注意下列问题：

1）这个方法在很多假设条件下推导而来，实际转子与假设条件总有差别，特别是在 $\eta_1 \to 1$ 的情况时，假设中的无阻尼推导误差较大。

2）如果转子实际的剩余不平衡量比允许的小 50%，则原始不平衡量只能增加 5%～10%，其效果随 α 的减小而增加。

3）假设中两个校正面是紧靠轴承的，实际上最佳校正平面可能距各轴承有一定距离，因此较正面可以是远离轴承的。

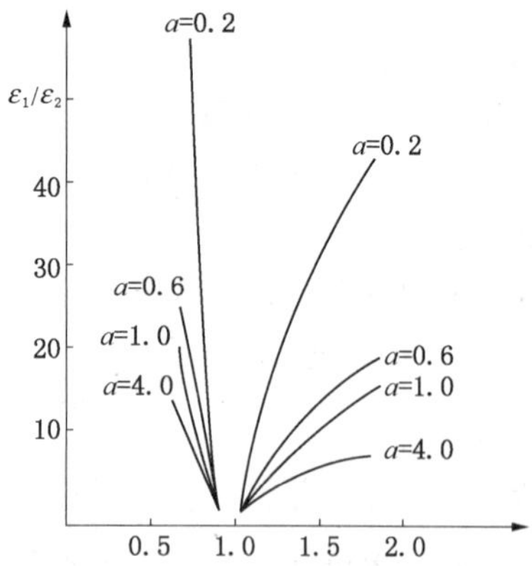

图 9－29　$\varepsilon_1/\varepsilon_2$ 值曲线

（三）低速动平衡中注意事项

低速动平衡需注意的问题主要有下面 3 点：

1）对于停放时间较长的转子，为了保证测量数据的稳定，转子需在平衡转速上维持一段时间再进行测量。

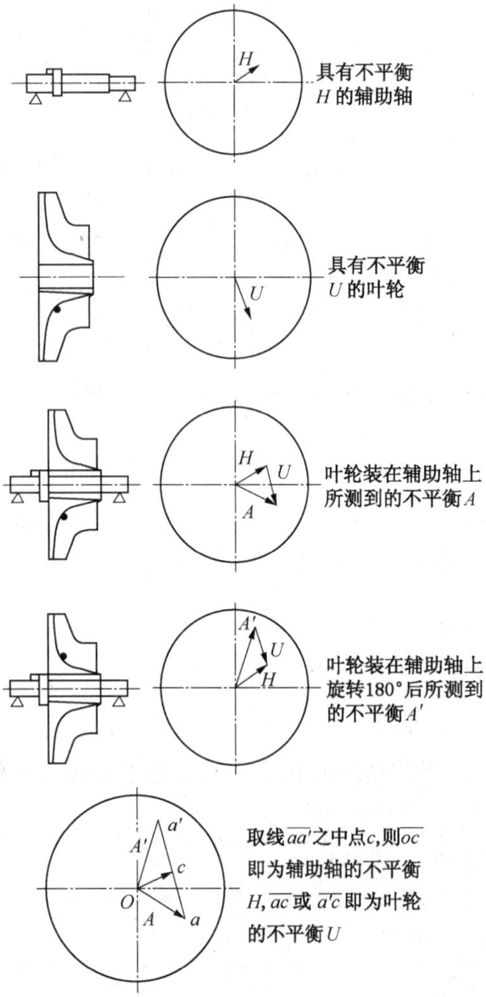

图 9－30　180°法求零部件的不平衡

2）转子各个零部件的不平衡量应尽量在自身上平衡较正。如汽轮机叶片应通过合理安排来降低各叶片间差别引起的不平衡量，联轴器应自带平衡槽。

3）转子的零部件安装前，如在辅助轴上进行预平衡，则应注意辅助轴的影响，并采用既可靠又简单的方法——180°翻转法（见图 9－30）加以消除。这种方法也可用来消除在辅助轴上进行驱动联轴器预平衡的影响。

（四）刚性转子动平衡品质评定

在平衡试验中，通过加质量和去质量使转子逐渐趋于平衡，但要达到绝对平衡一般是难以做到的。总有一个残余或剩余不平衡量，要求此残余不平衡量越小，则平衡试验的工作就越繁。为了使转子得到较小的残余不平衡量，而又不过于加繁平衡试验工作，设计时应根据机器要求的不同，规定转子允许的残余不平衡量，此不平衡量一般以质心处的质径积表示，也称残余质径积，即许用质径积 U_p，$U_p = Me_p$。

因为 U_p 是质心处总的许用质径积，在动平衡试验时，应将它分解在Ⅰ、Ⅱ两个平面上。由图 9－25 知：

$$U_{P1} = U_P b/(a+b)$$

$$U_{P2} = U_P a/(a+b)$$

式中　U_{P1}、U_{P2}——Ⅰ、Ⅱ平面上的许用质径积；

a——零(部)件质心到Ⅰ平面的轴向距离；

b——零(部)件质心到Ⅱ平面的轴向距离。

在选取校正平面时，应考虑在校正平面上加质量或去质量不致影响转子的强度和工作及两个平行校正面之间的距离应尽可能远，以减少加、去质量的大小。

对不同类型的机器，动平衡精度要求是不同的。对同类型的机器，转速高的精度要求高，转速低时要求精度低。

ISO 1940 与 JB 3330—83、GB 9239—1988 都规定了低速动平衡品质的衡量尺度。下面将对允许剩余不平衡量的确定、分配和允许误差作一介绍。

1. 转子允许剩余不平衡量及平衡精度的确定

为了清楚起见，下面用实例说明。

例 1：

假定某汽轮机转子质量 $M=1000$kg，工作转速 $n=10000$r/min，平衡品级为 G2.5，若转子质量对称分布，求两端平衡校正面上允许的剩余不平衡量。

由(9－16)知

$$G = \frac{e\omega}{1000} = 2.5\text{mm/s}$$

$$\omega = \frac{2\pi n}{60}$$

允许剩余不平衡偏心距为

$$e_p = \frac{1000G}{\omega} = \frac{30 \times 10^3 \times 2.5}{\pi \times 10000} = 2.39\text{g}\cdot\text{mm/kg} = 2.39\mu\text{m}$$

也可根据品级 $G2.5$ 及转速 $n=10000$r/min 从图 9－11 中查取允许剩余不平衡偏心距 e_p。

允许剩余不平衡量为 $U_p = Me_p = 2.39 \times 1000 = 2390$g·mm。

由于两个平衡校正面与转子质心对称，则每个校正面剩余不平衡量为 $U_P/2 = 2390/2 = 1195$g·mm。

注：有的把“允许剩余不平衡量”称为“允许剩余不平衡力矩”。

例 2：

某转子重 $W=8180$kg，工作转速为 3000r/min，许用不平衡量 $U_{P左}=14600$g·mm，$U_{P右}=10800$g·mm，求该转子的平衡精度等级。

设两个校正面与转子质心对称，先计算左右两端校正面的许用偏心矩。

$$e_{p左} = \frac{U_{p左}}{W/2} = \frac{14600}{8180/2} = 3.57\mu\text{m}$$

$$e_{p右} = \frac{U_{p右}}{W/2} = \frac{10800}{8180/2} = 2.64\mu\text{m}$$

再计算左右两端的平衡精度。

$$G_{左} = \frac{e\omega}{1000} = \frac{3.57 \times \pi \times 3000}{1000 \times 30} = 1.2\text{mm/s}$$

$$G_{右} = \frac{e\omega}{1000} = \frac{2.64 \times \pi \times 3000}{1000 \times 30} = 0.80\text{mm/s}$$

根据图 9-11 该转子的动平衡精度为：左端 G2.5 级，右端 G1.0 级。评价整个转子的平衡精度应取较差的一端作为整个转子的平衡精度等级，故该转子的平衡精度等级属 G2.5 级。

2. 允许剩余不平衡量的分配

用公式 $U_p = Me_p$ 计算得的允许剩余不平衡量，按 ISO 1940 的规定，是指转子重心位置上的，而实际转子的两个校正面可能都不在转子重心上，因此要把 U_P 分配到两个校正面上去，大多数情况下，只能规定两个校正面上允许剩余不平衡量的大小，而不能规定其相位的范围。工程中常按质量分布情况，轴承许用动载荷，轴承处许可振动的大小等条件来分配，也可根据具体情况及实验结果决定合理的分配值。表 9-7 给出典型的两支承刚性转子允许剩余不平衡量 U 按质量分配或按轴承动载荷分配的几种分配方案。

两个校正面上允许剩余不平衡量分配的原则可按照，两个校正面上所分得的允许剩余不平衡量(许用质径积)U_{P1} 与 U_{P2} 所产生的轴承力应不大于总的许用质径积 U_P 位于质心上所产生的轴承力。

根据 ISO 1940 第二版修订提案推荐，分配方法有 3 种，其分配方法 Ⅰ 的原则是(这在 ISO 1940 第一版中就提出了)：

（1）对于一般的转子，重心位于中间三分之一跨度内的，且校正面距轴承不远，与重心距离基本相同，那么可取 $U_{P1} = U_{P2} = U_P/2$。

（2）如果两个校正面与重心的距离差别较大，则应按共比例分配，靠近重心者应大些，但最大比例为 $0.7U_P : 0.3U_P$。

（3）跨距 L 小于校正面间距 C 的转子，例如双外伸转子，U_P 应予修正：

$$U'_p = U_p \times \frac{L}{C}$$

3. 低速动平衡品质评定中的允许误差

对于刚性转子和准刚性转子，低速动平衡品质属于转子验收项目之一，因此有一个允许误差问题。ISO 1940 中规定允许误差表示为百分比的形式，并且只有 G16 级以上才有允许误差，见表 9-8。

如果各校正面上允许剩余不平衡量为 U_{Pj}，则允许误差为 ΔU_{Pj}，而实际测量到的各校正面上的剩余不平衡量为 U_{Rj}，那么应满足下列要求：

验收在制造厂的动平衡机上进行时，$|U_{Rj}| + |\Delta U_{Pj}| \leq |U_{Pj}|$。

验收在用户者的动平衡机上进行时，$|U_{Rj}| - |\Delta U_{Pj}| \leq |U_{Pj}|$。

（五）低速动平衡机

1. 动平衡机简介

动平衡机的种类繁多，以适应不同的平衡对象和不同的平衡要求。动平衡机有各种不同的分类方法。从用途来分，可分为通用动平衡机和专用动平衡机；从结构形式来分，又可分为卧式和立式两种；从支承形式上来分，又可分为硬支承和软支承两种。

通用动平衡机是产品中数量较多，用途较广的产品，其规格和性能适用于不同形状，不同重量的转子，功能较全，平衡精度也较高，调节比较灵活，测量系统适用范围较宽，通用卧式平衡机产品系列见表 9-9。专用动平衡机的平衡精度很高，针对性较强，但适用范围小。

表 9-7　允许剩余不平衡量的分配

转子类型	按质量分布分配		按轴承动载荷分配		按加权系数法分配	
	静不平衡	偶不平衡	静不平衡	偶不平衡	静不平衡	偶不平衡
	$U_{\mathrm{I}}=Ub/l$ $U_{\mathrm{II}}=Ua/l$	$U_{\mathrm{I}}=Ub/l$ $U_{\mathrm{II}}=-Ua/l$	$R_A=\omega^2U/2$ $R_B=\omega^2U/2$	$R_A=\omega^2U/2$ $R_B=-\omega^2U/2$	$U_{\mathrm{I}}=U_{\mathrm{II}}=$ $U(a_1+a_2L/l)/2$	$U_{\mathrm{I}}=-U_{\mathrm{II}}=$ $U(a_1+a_2L/l)/2$
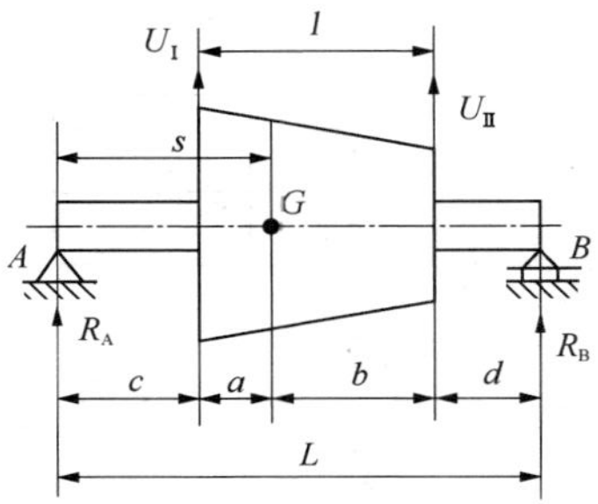	$R_A=\omega^2U(L-s)/L$ $R_B=\omega^2U_s/L$	$R_A=\omega^2U(bl-bc-ad)Ll$ $R_B=\omega^2U(bc+ad-al)Ll$	$U_1=U(L-2d)/2l$ $U_2=U(L-2c)/2l$	$U_1=UL/2l$ $U_2=-UL/2l$	$R_A=\omega^2U_{\mathrm{I}}(l+2d)/L$ $R_B=\omega^2U_{\mathrm{II}}(l+2c)/L$	$R_A=\omega^2U_{\mathrm{I}}l/L$ $R_B=-\omega^2U_{\mathrm{II}}l/L$
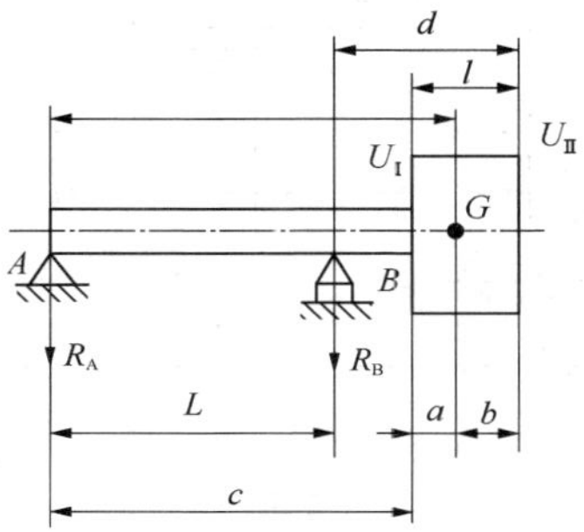	$R_A=\omega^2U(L-s)/L$ $R_B=\omega^2U_s/L$	$R_A=\omega^2U(bl-bc+ad)Ll$ $R_B=\omega^2U(bc-ad-al)Ll$		$U_{\mathrm{I}}=UL/2l$ $U_{\mathrm{II}}=-UL/2l$	$R_A=\omega^2U_{\mathrm{I}}(L-c-d)/L$ $R_B=\omega^2U_{\mathrm{II}}(L+c+d)/L$	$R_A=\omega^2U_{\mathrm{I}}l/L$ $R_B=-\omega^2U_{\mathrm{II}}l/L$

续表

转子类型	按质量分布分配		按轴承动载荷分配		按加权系数法分配	
	静不平衡	偶不平衡	静不平衡	偶不平衡	静不平衡	偶不平衡
	$U_{\mathrm{I}}=Ub/l$ $U_{\mathrm{II}}=Ua/l$	$U_{\mathrm{I}}=Ub/l$ $U_{\mathrm{II}}=-Ua/l$	$R_{\mathrm{A}}=\omega^2U/2$ $R_{\mathrm{B}}=\omega^2U/2$	$R_{\mathrm{A}}=\omega^2U/2$ $R_{\mathrm{B}}=-\omega^2U/2$	$U_{\mathrm{I}}=U_{\mathrm{II}}=$ $U(a_1+a_2L/l)/2$	$U_{\mathrm{I}}=-U_{\mathrm{II}}=$ $U(a_1+a_2L/l)/2$
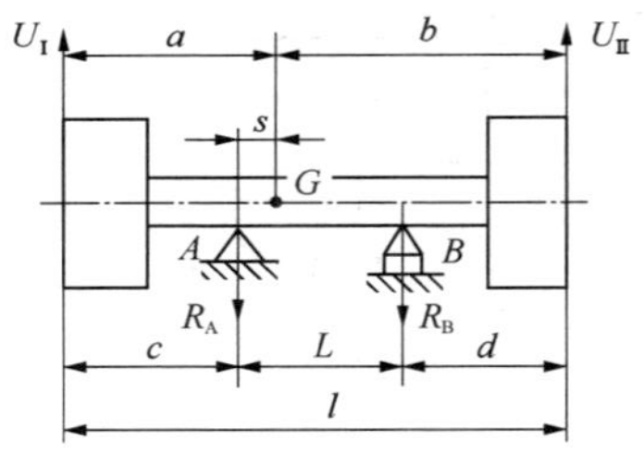	$R_{\mathrm{A}}=\omega^2U(L-s)/L$ $R_{\mathrm{B}}=\omega^2U_s/L$	$R_{\mathrm{A}}=\omega^2U(bl+bc+ad)Ll$ $R_{\mathrm{B}}=\omega^2U(bc+ad+al)Ll$	$U_{\mathrm{I}}=U(L+2d)/2l$ $U_{\mathrm{II}}=U(L+2c)/2l$	$U_{\mathrm{I}}=UL/2l$ $U_{\mathrm{II}}=-UL/2l$	$R_{\mathrm{A}}=\omega^2U_{\mathrm{I}}(L+c-d)/L$ $R_{\mathrm{B}}=\omega^2U_{\mathrm{II}}(L-c+d)/L$	$R_{\mathrm{A}}=\omega^2U_{\mathrm{I}}l/L$ $R_{\mathrm{B}}=-\omega^2U_{\mathrm{II}}l/L$
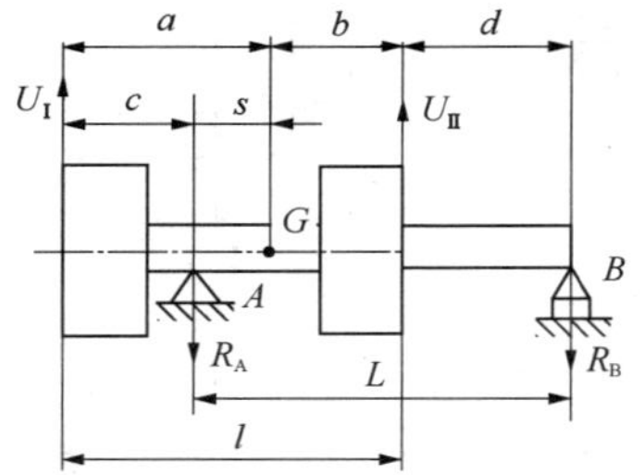	$R_{\mathrm{A}}=\omega^2U(L-s)/L$ $R_{\mathrm{B}}=\omega^2U_s/L$	$R_{\mathrm{A}}=\omega^2U(bl-bc+ad)Ll$ $R_{\mathrm{B}}=\omega^2U(bc-ad-al)Ll$	$U_{\mathrm{I}}=U(L+2d)/2l$ $U_{\mathrm{II}}=U(L-2c)/2l$	$U_{\mathrm{II}}=UL/2l$ $U_{\mathrm{I}}=-UL/2l$	$R_{\mathrm{A}}=\omega^2U_{\mathrm{I}}(L-c-d)/L$ $R_{\mathrm{B}}=\omega^2U_{\mathrm{II}}(L+c+d)/L$	$R_{\mathrm{A}}=\omega^2U_{\mathrm{I}}l/L$ $R_{\mathrm{B}}=-\omega^2U_{\mathrm{II}}l/L$

表 9-8　品质评定允差

品　　级	允许误差 Δ	品　　级	允许误差 Δ
G2.5～16 G1	10% 20%	G0.4	30%

表 9-9　通用卧式平衡机产品系列

名　　称	型　号	转子重量/kg	平衡转速/(r/min)	最小可达剩余不平衡量/μm	不平衡一次减少率/%
闪光式平衡机	RYS-30	3～30	1000～4000	0.5	
闪光式平衡机	RYS-100B	5～100	1700～2700	0.5	
通用平衡机	RYW　100	10～100	900～1800	1.5	85
相敏式平衡机	RYX-300B	30～300	700～1400	0.4	
硬支承平衡机	YYW-300A	3～300	640/1100 1900	1	
硬支承平衡机	YYW-300	10～300	1300/650 325	3	
通用平衡机	DD-300	30～300	700/1400	3	
硬支承平衡机	YYW-1000	20～1000	1100/640 1900	1	85
硬支承平衡机	YYW-3000	100～3000	1100/560 1280	0.5	
相敏式平衡机	RYX-1000A	100～1000	600/1200	0.6	
相敏式平衡机	RYX-3000	300～3000	400～800	1	
通用平衡机	DD-6000	6000	1000	0.75	90
硬支承平衡机	YYW-60T	67～607	400～1000	0.5	90
高速平衡机	DG-200	157～2007	1800～2430 3600～4320		

虽然动平衡机的种类繁多，但一般有下列几个基本部分组成，见图 9-31。

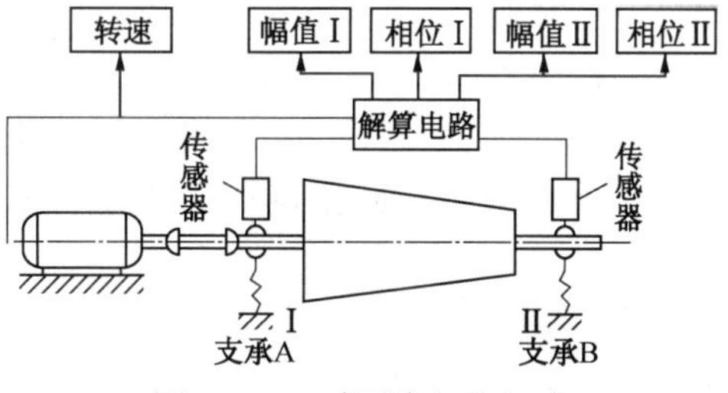

图 9-31　动平衡机的组成

底座、驱动系统、支承系统、传感器及测试仪器。测试仪器一般由解算电路、标定电路、幅值、相位、转速测量电路等组成。

下面简单介绍各组成部分的作用。

支承系统——用以支承转子，并设计成在转子不平衡力的激发下作确定的振动。这种振动通过传感器把振动信号转换成电信号。根据支承的动力特性，支承可分为硬支承和软支承两种。

驱动系统——驱动转子以所选定的平衡转速转动。驱动方式有万向节驱动、围带驱动、摩擦轮驱动、气驱动、磁驱动以及转子本身驱动等。

传感器——主要用以把支承系统的振动信号转换成电信号。通常采用速度传感器、电容传感器等。

测试仪器——解算和标定电路，将传感器送来的电信号加以分析和变换，分离左右两个校正平面的相互影响，并确定测量系统的灵敏度。相位、幅值、转速仪表，将指示出平衡转速下两校正面上应加的校正质量的大小和相位。

底座——主要用于支承驱动系统和支承系统及仪表等。

有些平衡机上还有加重(或去重)系统，能根据仪器显示的校正质量自动加重或去重。

下面就对软支承和硬支承动平衡机的基本原理和主要特点作一介绍。

在软支承动平衡机中，每一个支承作为一个在水平方向可以自由摆动的摆架，见图9-32(a)。摆架的振动固有频率远远低于平衡转速。摆架的振幅与转子的偏心距成比例，因而传感器的输出信号正比于偏心。

硬支承动平衡机是近十几年来出现的新型动平衡机。这种平衡机的支承比较刚硬，其固有频率远高于平衡转速，这时支承的振幅直接与转子离心力成正比，其支承如图9-32(b)所示。

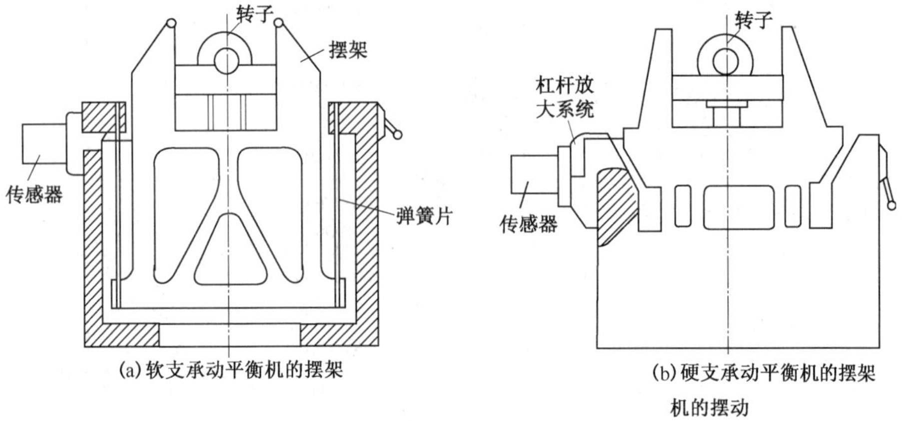

图9-32　动平衡机的摆架

软支承动平衡机的主要优点是：精度比较高，适用于微型及精密转子。缺点是转子在摆架上，振幅较大，与机器实际工作时差别较大，解算电路需加试重调整，操作较复杂，时间较长。

硬支承动平衡机的主要优点是适应性广，比较符合机器的实际工作条件，启动、停车时间短，效率高，机械结构支承坚固，适合于生产车间等一般环境条件。缺点是由于灵敏度的限制，进一步提高精度有困难。

软支承和硬支承的低速动平衡机的动力工作区表示在图9-33中。软支承一般是悬挂式结构(俗称摆架)，其支承频率很低，平衡转速频率总是高于它，因此支承振动反映的是转子偏心，所以用位移测量传感器。硬支承一般采用H形支架，其自振频率较高，平衡转速总是低于它，所以采用力或速度测量传感器。图9-34所示为一种国产低速动平衡机。

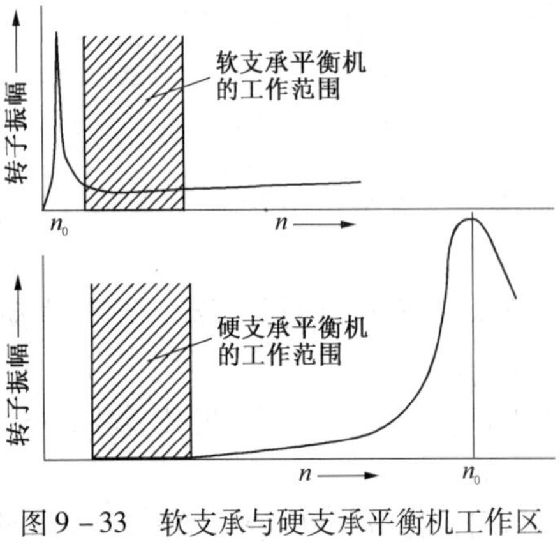

图9-33　软支承与硬支承平衡机工作区

2. 用 YYW-$\frac{300}{300A}$平衡机对设备进行动平衡

(1) YYW-$\frac{300}{300A}$平衡机参数。

YYW-$\frac{300}{300A}$平衡机参数见表9-10。

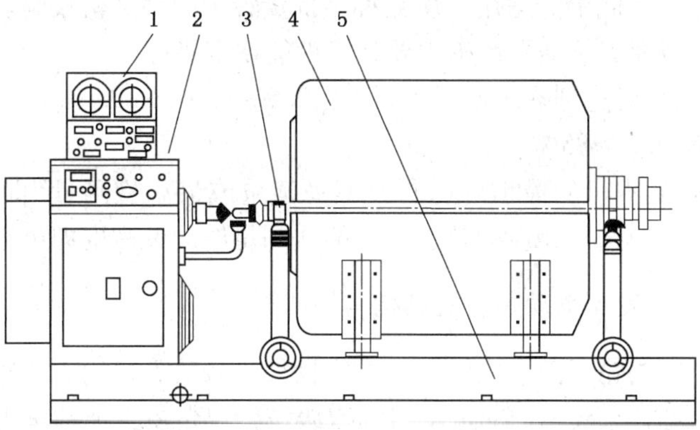

图 9－34　国产低速动平衡机

1—仪表箱；2—机头箱；3—摆架；4—防风罩壳；5—机座

表 9－10　YYW－$\frac{300}{300A}$型硬支承动平衡机参数

项　　目	单位	YYW－300	YYW－300A
试件重量范围	kg	10～300	10～300 3～30
摆架中心距床面高度	mm	600	600
试件轴颈范围 标准滚轮架附加滚轮架	mm	ϕ20～ϕ80	ϕ10～ϕ90 ϕ90～ϕ180
联接端面距尾摆架中心的最大距离	mm	1700	1700
二摆架中心间最小距离	mm	200	200

项　　目	单位	YYW－300	YYW－300A
平衡转速高速（试件≤160kg） 中速 低速	r/min r/min r/min	1300 850 325	1300 650 325
最大灵敏度 S^*（设修正处最小直径 D 为 100mm） 高速 中速 低速	 gf·mm/格 gf·mm/格 gf·mm/格	 5 50 260	 2.5 25 250
电动机功率（JD03－T－1121－8/4·380V）	kW	2.2/3.5	2.2/3.5
平衡机体积（长×宽×高）	mm	2900×900×1600	2900×850×1600
平衡机重量	kg	约 2200	约 2100

＊灵敏度：一般以 0.5gf·mm/格显示较为适宜。若灵敏度放得过大，则易引起光点晃动影响读数精确度。

（2）YYW－300 型硬支撑动平衡机特点

1）采用光点矢量瓦特表作为显示仪表，显示直观，能记忆显示量。

2）测量系统采用线性集成电路，性能稳定可靠。

3）机电换能器采用杠杆机械放大式磁电速度传感器，其特点是输出不平衡振幅较大，性能稳定可靠。

4）采用双通道测量系统能同时对左右两校正面进行平衡，操作简单，测量迅速。

5）设计有较低的转速（325r/min），试件轴颈范围较大，可达 ϕ180mm。若备有矢量分解标度盘，对校验如曲轴和需作矢量分解平衡的转子、以及初始不平衡量较大的转子的动平衡提供了方便。

6）硬支承动平衡机的最大特点是采用“A、B、C”旋钮，根据各种不同类型转子的几何尺寸，校正平面与支承轴承之间的距离进行调整，经一次启动运转后即能正确地显示出不平衡量的克数和相位角，因此十分适用于多品种小批量转子的动平衡校验。

（3）YYW－300 型硬支承动平衡机主要技术性能精度指标

1）每校正平面最小可达到剩余不平衡量 U_{max}0.5～1g·mm/kg；

2）不平衡减少率 U_{RR}≥85%；

3）校验转子要达到本机的最小可达剩余不平衡量或最小检测量（即本机的最高精度），根据转子的重量大小，应选择相应的转速，以能达到足够的灵敏度即可。

（4）YYW－$\frac{300}{300\mathrm{A}}$型硬支承动平衡机结构与检测原理

该平衡机结构由车头箱、万向联轴节、左右摆架讯号放大机构、传感器、电测箱共 6 个部套组成（见图 9－35），车头箱内的电动机经双级塔轮三角皮带拖动车头主轴旋转，主轴经万向联轴节传动工件旋转，由于工件的不平衡产生离心惯性力，迫使左右摆架振动，摆架刚度较大，所以振动幅度较小，经机械式的信号放大机构（放大 10 倍）将振幅放大后传递给传感器，传感器将机械振动讯号转换成电讯号，输入电测箱。另一方面在车头主轴尾端经一小型联轴节，传动一永磁小型基准电压发电机，它发出与工件转动频率相同、相位成 90°的两组基准电流。左右传感器输出不平衡讯号进电测箱，基准发电机输出的基准讯号也进电测箱，经电测箱运算、放大以后，送入左右二个光点矢量瓦特表以显示出左右两个校正平面上不平衡量大小和相位。

该平衡机测量原理如图 9－36 所示。

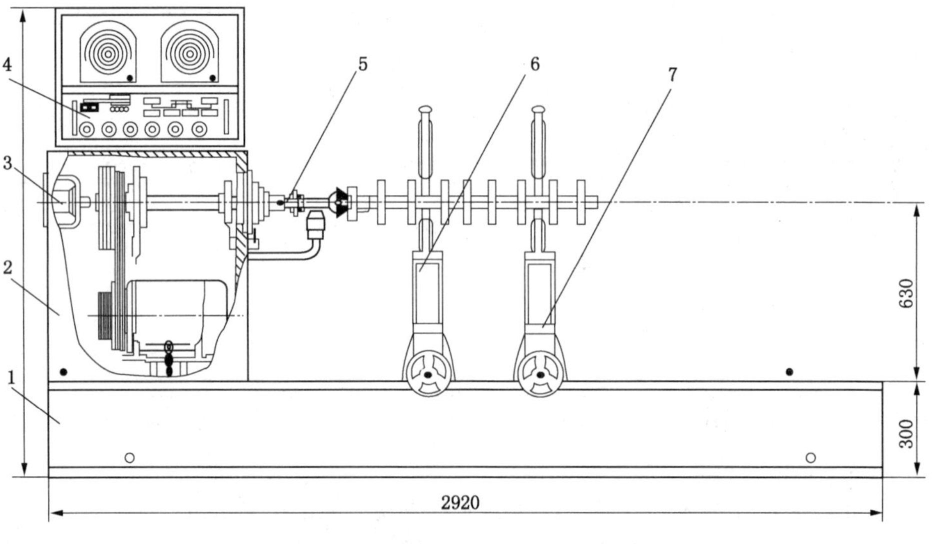

图 9－35　YYW－300 型硬支承动平衡机简图

1—床身　2—车头箱　3—基准电压发电机　4—电测箱　5—万向联轴节　6—左摆架　7—右摆架

不同形状的转子，按其校正平面与支承轴承之间的相对位置，安装在动平衡机上有 6 种不同的形式。这 6 种安装形式的平衡方程式通过计算，可得到 4 组模拟运算方程式，为了使该物理概念清晰明了，模拟运算方程是以测量平面上所测得的力换算到校正平面上应有的离心力形式来表达的（见表 9－11）。

（六）低速动平衡机精度鉴定

低速动平衡机的精度鉴定在 ISO 2953 中有详细规定。

1. 一个校正面的转子

一个校正面的转子是指单轮盘对称转子，具体校正步骤如下：

表 9－11　安装方式及模拟运算方程式

转子及载装形式	模拟运算方程	转子及载装形式	模拟运算方程
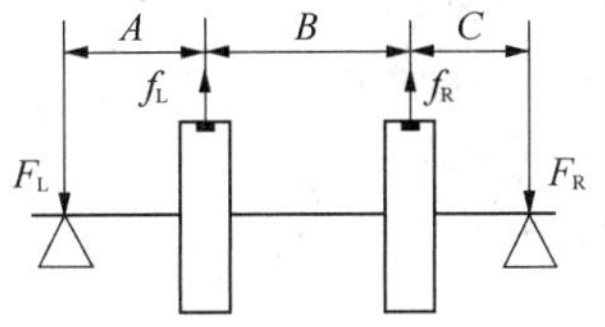	$f_L=\left(1+\frac{A}{B}\right)F_L-\frac{C}{B}F_R$ $f_R=\left(1+\frac{C}{B}\right)F_R-\frac{A}{B}F_L$	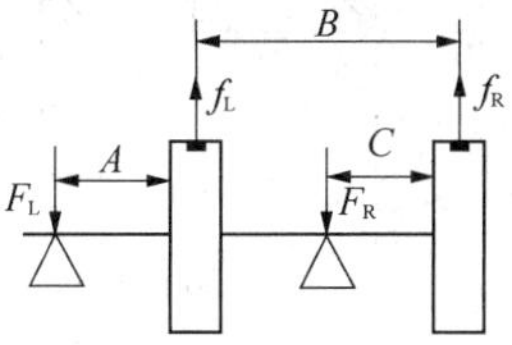	$f_L=\left(1+\frac{A}{B}\right)F_L+\frac{C}{B}F_R$
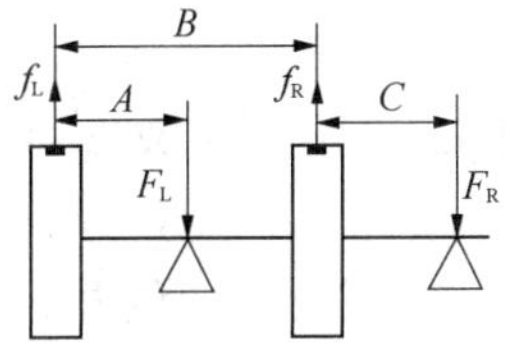	$f_L=\left(1-\frac{A}{B}\right)F_L-\frac{C}{B}F_R$	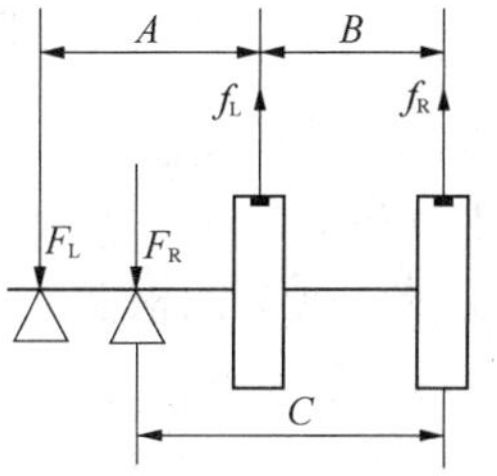	$f_R=\left(1-\frac{C}{B}\right)F_R-\frac{A}{B}F_L$
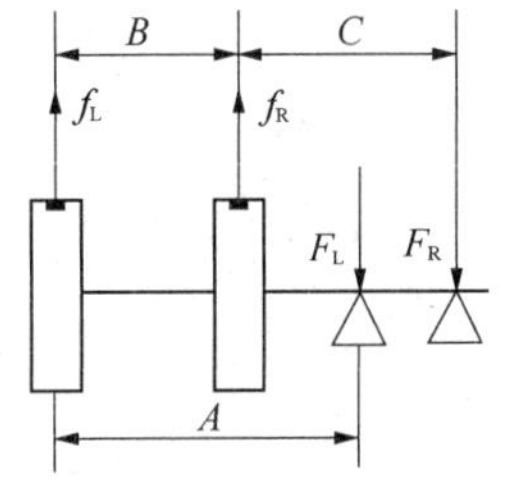	$f_R=\left(1+\frac{C}{B}\right)F_R+\frac{A}{B}F_L$	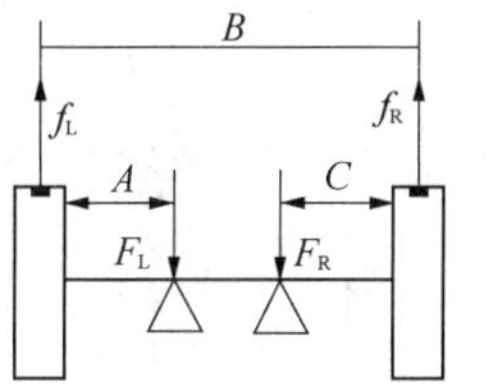	$f_L=\left(1-\frac{A}{B}\right)F_L+\frac{C}{B}F_R$ $f_R=\left(1-\frac{C}{B}\right)F_R+\frac{A}{B}F_L$

1）将转子的不平衡量校正到平衡机所能达到的最低限度；

2）取一试量 T，约为所估计的剩余不平衡量的 5～10 倍；

3）将校正面沿圆周分成 8 等份或 12 等份；

4）将试量以任意次序放在校正面的各等分点上，并记录平衡指示；

5）将上述记录按图 9－37 绘制曲线，则曲线摆幅的一半即为转子校正面上的剩余不平衡量，也就是平衡机最小可达的数值。

上述方法中只要求转子支承刚性及测试系统灵敏度在所试验的范围中具有一定的线性即可。

2. 两个校正面的转子

这要用影响系数法，具体步骤如下：

1）将转子的不平衡量在二个校正面上校正到平衡机所能达到的最低限度，假定支承振动测量值为 $|A_1|$ 与 $|A_2|$；

2）取试量 T_j，约为所估计的剩余不平衡量的 5～10 倍；

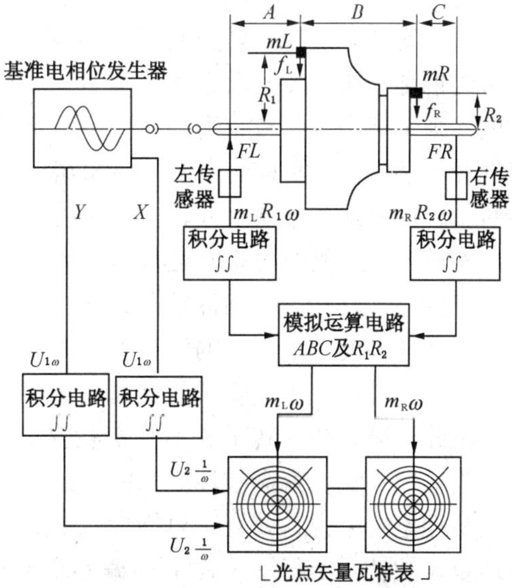

图 9－36　YYW—300 型动平衡机测量原理图

3）将两个校正面在圆周方向分成 8 等份或 12 等份；

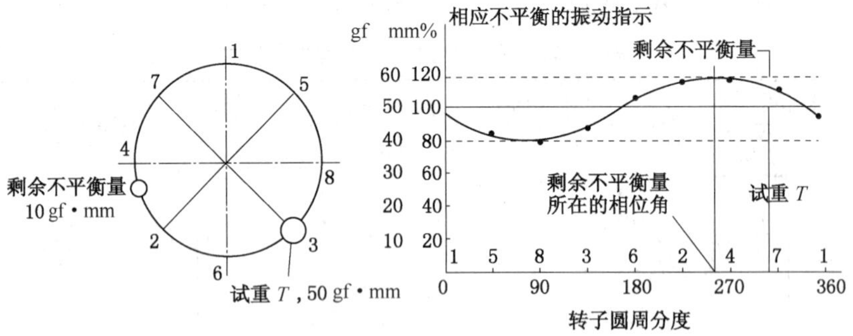

图 9－37　剩余不平衡量的试验方法

4）将试量轮流放在校正面上各等分点上，并记录下二支承的振动 $|B_{ij}|k$，如果 8 等分，$k=8$，则总共有 32 个数据；

5）按图 9－37 绘制曲线，则有四根曲线，分别求出 4 个 $|B_{ij}|_{max}$，以及相应的相位角 ϕ_{ij}，$i=1$，2 为支承号，$j=1$，2 为校正面号；

6）按下式求出 4 个影响系数

$$C_{ij}=\frac{|B_{ij}|_{max}-|A_i|}{T_j}\exp(-\sqrt{-1}\cdot\phi_{ij})$$

7）按下式求出两个校正面上的剩余不平衡量

$$\begin{Bmatrix}|U_{R1}|\\|U_{R2}|\end{Bmatrix}=\begin{bmatrix}C_{11} & C_{12}\\C_{21} & C_{22}\end{bmatrix}^{-1}\begin{Bmatrix}|A_1|\\|A_2|\end{Bmatrix}$$

二、转子高速动平衡

高速动平衡是 20 世纪 50 年代后期发展起来的技术。顾名思义，它是用高速动平衡机进行高转速转子(在工作转速范围内)的动平衡试验。

对于挠性转子进行动平衡校正，主要校正振型不平衡量，这是高速动平衡中的主要内容。由于高转速的转子转速高(如 13400r/min 的转子)，均设计成挠性转子，所以高速动平衡有时也称为挠性转子动平衡。但是，如平衡中出现的是弯曲刚性临界转速，转子属于半挠性的，则平衡中主要校正力与力偶不平衡量，只是灵敏度高些。所以高速动平衡又不完全是挠性转子动平衡。目前，汽轮发电机组的工作转速都高于第一阶临界转速，原则上讲都属挠性转子，但对那些轴向尺寸较小，一阶临转速较高，机组容量不大的转子，其挠曲特性接近于刚性转子，平衡时可把它近似地视为刚性转子。

挠性转子动平衡与刚性转子不同，在于必须考虑转子的挠曲变形，这种变形是由于不平衡离心惯性力的作用引起的。在不同的转速下，离心力大小不一样，因此转子有不同的挠曲变形。另一方面，由于转子的挠曲改变了质量的分布情况，当然也就改变了离心力的分布。

由此可见，挠性转子的不平衡状况是随转速而变化的。即使在某一转速下平衡好的转子，当转速变化，就会破坏原来的平衡状态。

从理论上来说，要真正对挠性转子进行平衡，只有在沿转子的轴向无穷多个平面上加校正质量，把转子上每一平面上的偏心全部校正过来后，挠性转子才算完全平衡好。只有这样，转子在任何转速下才都能达到平衡。当然，实际上不可能做到。实际的平衡过程只能在一个和几个转速下，在有限的几个校正平面内加校正质量。

（一）高速动平衡原理

由于挠性转子的工作转速超过转子的一阶临界转速，这时转子因挠曲变形而产生的质心偏移将增大，即改变了质量分布情况，当然也改变了离心力的分布，而且由于离心力的作用，使得挠曲变形又随着转速的变化而变化，因此挠性转子的不平衡状况是随着转速而变化的。它的平衡原理不同于刚性转子，挠性转子的平衡效果不仅和校正质量在转子上的轴向位置有关，也和转速有关。

挠性转子由不平衡力引起振动时，在不同转速下有其不同的振型。图9－38示出了典型转子在最低三阶自振频率下的主振型。无阻尼的转子轴承系统各阶振型基本上是一条绕转子轴线旋转的平面曲线，但是有阻尼的转子轴承系统，振型曲线将是一条绕转子轴线旋转的空间曲线，在很多情况下也可近似地看为平面曲线。当转子不在临界转速的某一转速下运转时，转子的动挠度曲线也为一条绕轴线旋转的空间曲线，它可以看成是由许多阶主振型曲线迭加而成。因为各阶主振型曲线不在同一平面内，所以迭加后的动挠度曲线是在轴向呈空间形分布的，图9－39示出了某动挠度曲线分解为前三阶主振型曲线。当转速恒定不变时，该空间曲线形状也不变，转速变化，动挠度曲线也跟着变化。

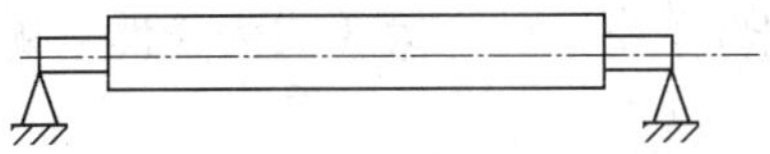
(a) 典型转子

(b) 一阶主振型

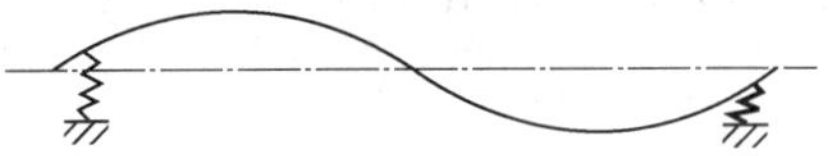
(c) 二阶主振型

(d) 三阶主振型

图9－38　弹性支承挠性转子的主振型

挠性转子的不平衡响应是转子上的各个不平衡量分布可以用各阶振型分量的形式来表示，而每阶振型是由相应的振型不平衡量所引起的。例如，在图9－39中，假如转子中间位置存在一个不平衡量，则主要引起一阶振型振动，并且在一阶临界转速时振动响应达到最大，因此可以把转子在一阶临界转速下的动挠度曲线看成是一阶主振型曲线。同样在转子其他位置上的不平衡量也可激起其余各阶振型，并在相应阶的临界转速时振动响应达到最大。转子不平衡量的某阶振型分量，只引起转子相应同阶振型的挠曲变形，而不会引起转子其他不同阶振型的变形，这种特性称为振型的正交性。

从上面的讨论中可知，挠性转子的动平衡，不仅要求减小轴或轴承座的振动或动载荷，而且同时要求减小转子的挠曲变形，也就是说要对转子进行动挠度校直。

挠性转子的动挠度曲线在理论上为无限多阶振型迭加而成，因此，为使一根挠性转子达到理想的平衡状态，必须保证转子的每阶振型都得到平衡，即在各阶振型下达到轴或轴承座的动载荷为零，转子本身的动挠曲变形也为零。另外要求在高速下平

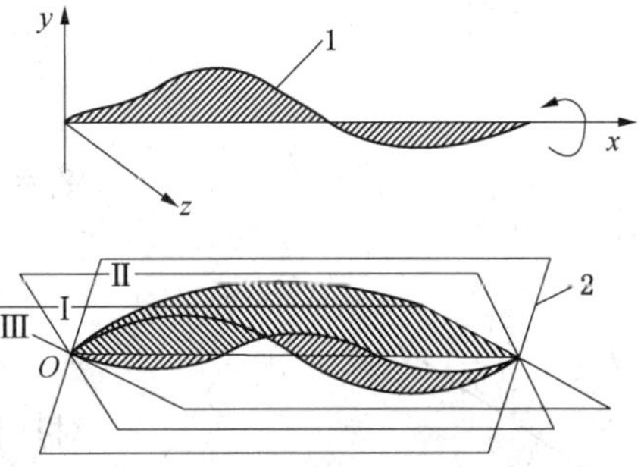

图9－39　转子动挠度曲线按振型分解

1—动挠度曲线；2—各阶振型平面

衡转子时所施加的校正量应不破坏低速下的刚性转子平衡以及低阶振型平衡。因此挠性转子应满足的平衡条件为

$$\sum_{i=1}^{n} u_i = -\int_0^l u(z)\mathrm{d}z$$

$$\sum_{i=1}^{n} u_i = -\int_0^l u(z)z\mathrm{d}z$$

$$\sum_{i=1}^{n} u_i\varphi(z_i) = -\int_0^l u(z)\varphi(2)\mathrm{d}z \tag{9-29}$$

式中 u_i——第 i 个校正平面上的校正量；

$u(z)$——转子不平衡量沿轴向分布；

z_i——第 i 个校正平面的轴向坐标；

$\varphi(z_i)$——第 i 个校正平面的振型函数；

$\varphi(z)$——各阶主振型函数；

n——校正平面数；

l——转子全长。

式(9－29)第 1 式为静力平衡条件，第 2 式为力矩平衡条件，第 3 式为不平衡各阶振型分布力平衡条件。实际上，第 1、第 2 两式为刚性平衡条件，第 3 式为挠性平衡条件。

（二）高速动平衡方法

最初的挠性转子平衡的方法是沿用刚性转子平衡中的试重法（或称矢量法），以后发展成振型平衡法和影响系数平衡法，近代又将两方法结合起来，出现了振型影响系数法和混合法等。

1. 试重法

这是动平衡中最基本的方法，过程如下：

1）将转子安装在平衡机上；

2）转子升速至平衡转速，测量 i 点上的原始振动 A_i；

3）在转子的 j 校正面上加试量 T；

4）在与第 2）项相同的转速上测量转子 i 点的振动 B_{ij}；

5）将上述试验结果按图 9－40 求出$(B_{ij}-A_i)$，为了消除 i 点振动，在 j 校正面上需加的校正量 W_j 的相位相对试量 T 应旋 θ 角，校正量 W_j 值按下式计算：

$$W_i = -\alpha T, \alpha = \frac{A_i}{B_{ij}-A_i} \tag{9-30}$$

或

$$W_j = -C_{ij}^{-1}A_i, C_{ij} = \frac{B_{ij}-A_i}{T} \tag{9-31}$$

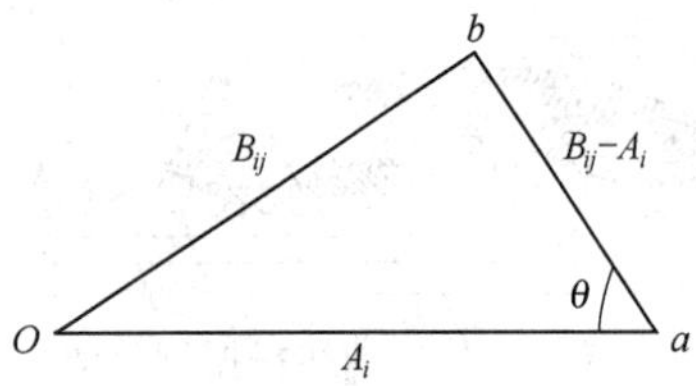

图 9－40 向量平衡三角形

式(9－30)和式(9－31)也可用矢量运算，α 称反应系数，C_{ij}称影响系数。这种方法对刚性转子是很有效的，但对挠性转子，如校正面位置不恰当，就会出现校正量大得无法实施的情况，另外也只适用于单测点单校正的情况，然而它是振型平衡法与影响系数平衡法的基础。

2. 振型平衡法

振型平衡法是振型分离平衡法的简称，挠性转子振型平衡法的基本原理是：

将转子上轴向分布的不平衡量分解为与主振型对应的各阶不平衡量，按照振型的正交性，第 i 阶的不平衡量仅对第 i 阶主振型起作用，对其余各阶主振型没有影响，这样，如将不平衡量逐阶平衡，则在理论上可获得转子的完全平衡。但是，实际上并不可能对转子无限多阶的振型分量进行逐阶平衡，也就是使转子各个截面上的不平衡量都平衡掉的做法既不可能，又无必要。因为一般挠性转子多数在低阶临界转速（如前二阶或三阶）以下运转，而且低阶振幅往往比较大，所以只要平衡好低阶不平衡分量，转子在工作转速下运转就可以把振幅控制在允许的范围内。

振型平衡法分 N 平面法和 $N+2$ 平面法，两者区别在于后者还兼顾到低速时的刚性平衡，故又称为刚性转子和振型平衡组合法。

一般认为，当 $N \geqslant 3 \sim 4$ 时，校正平面已较多，可采用 N 平面平衡法。当 $N<3$，可以采用 $N+2$ 平面平衡法。

N 平面平衡法的具体步骤是：

1）将转子放在硬支承动平衡机上或与现场情况相同的支承上；转子进行低速动平衡时，校正平面应靠近轴承以利于力偶不平衡量的校正；

2）启动转子升速到第一阶临界转速附近（一般取 ω_{cr1} 的 90% 左右），并保持转速稳定；这时，相应于第一阶振型不平衡量影响将大大放大，转子或轴承的振动多半是由一阶不平衡所引起，测量并记录转子或两个轴承的振幅和相位后停车；

3）选择一组适当的试重 $m_t r_t$ 尽量加在转子中间（如图 9－41 中的振型曲线的波峰附近的Ⅲ平面），使它对第一阶振型影响较大，相位角可任意选定；再次驱动转子尽量靠近第一阶临界试验转速，测量转子或轴承的不平衡振幅和相位；

4）进行一阶振型平衡，即对一阶振型曲线进行动挠度校直，为此可根据步骤 2）、3）所记录的数据，用作图法或矢量运算方法，求出第一阶振型的平衡校正量大小和方位（此时的平衡步骤又相同于影响系数平衡法）；转子加上校正量后，应能平稳地通过第一阶临界转速；

5）启动转子至第二阶临界转速附近，测量并记录转子或两个轴承的振幅和相位后停车；

6）在转子的两个校正面上分别加上试重，这两个试重在圆周方向上相差 180°；校正面所处的轴向位置应对第二阶振型影响较大，即设置在振型曲线的两个波峰附近（如图 9－41 中Ⅳ、Ⅴ平面），试重的大小和位置必须不影响第一阶振型的平衡，重复步骤（5）；

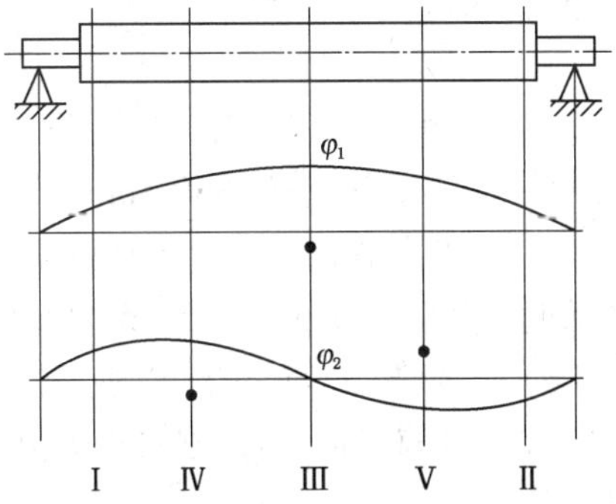

图 9－41　N 平面法的振型平衡

7）进行转子的二阶振型平衡，即校正二阶振型曲线的不平衡分量；由一次不带试重和一次带试重的启动运转中测得转子或轴承的振幅和相位，然后根据矢量运算方法，求出转子二阶振型的平衡校正量大小和方位；加上两个校正量后，转子应能平稳地通过第二阶临界转速；

8）经过二阶振型平衡后，转子应从低速直到超过第二阶临界转速的各个转速下都能平稳地运转；按上述步骤，平衡到转子最高工作转速以下所有各阶临界转速的阶数为止；如果经过上述平衡后，转子在最高工作转速下振动仍然较大，则振动通常是由比最高工作转速更高的那阶临界转速相应的振型不平衡量所引起，此时可在最高工作转速下再平衡一次。

例 某转子最高工作转速为3150r/min，经低速平衡后达到刚性转子合格标准，但在工作转速以下要出现第一与第二阶振型振动，因此要进行高速动平衡，校正面按振型平衡原理选了左、中、右三个，平衡过程如下所述。

1）将转子放在平衡机上，升速至第一临界转速附近，即860r/min。测量左右端轴承振动，分别为3.5mm/s∠175°和4mm/s∠195°。

2）转子中间校正面加试量24gf∠263°（这里省略了试量所在半径），升速至860r/min时，左右轴承振动分别为5.5mm/s∠130°和7.5mm/s∠150°。

3）将1）与2）项结果作图，如图9－42（a）所示，可得试量对左右轴承的响应分别为3.9mm/s和5.1mm/s；方向角差θ分别为94°和110°。由此可按式（9－30）算出校正量分别为$24\times\frac{3.5}{3.9}=21.6$gf，$24\times\frac{4}{5.1}=19.3$gf。实际所加的校正量大小与方向都取平均值20.4gf∠5°。加上后转子升速至860r/min时，左右轴承振动分别为0.3mm/s和1mm/s。

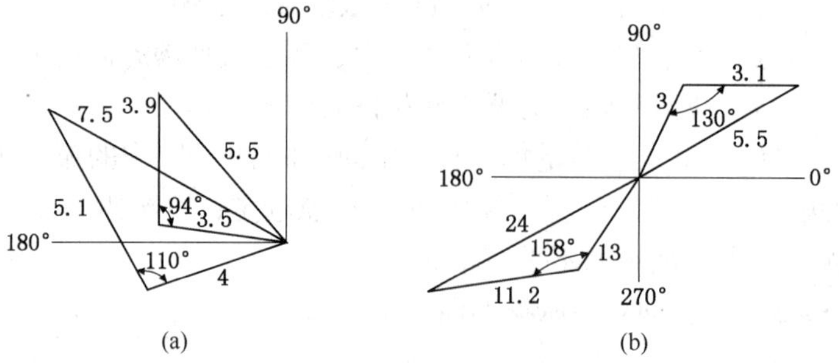

图9－42　振型平衡法中各阶振型平衡三角形

4）将转子升速至2800r/min，测得左右轴承振动分别为3mm/s∠50°和13mm/s∠210°。

5）转子左右校正面上各加试量6.4gf∠86°和5.7gf∠266°，升速至2800r/min，测量左右轴承振动分别为5.5mm/s∠25°和24mm/s∠200°。

6）将4）与5）项结果作图，如图9－42（b）所示，可得试量对左右轴承的响应分别为3.1mm/s和11.2mm/s，方向角差θ分别为130°和158°。由此可算出校正量分别为$6.4\times\frac{3}{3.1}=6.2$gf，$5.7\times\frac{13}{11.2}=6.6$gf。实际所加的校正量大小与方向仍取平均值6.4gf∠230°，6.4gf∠50°。加上校正量后转子升速至2800r/min时，左右轴承振动分别为1mm/s，4mm/s。

7）将转子升速至3150r/min，测量左右轴承振动分别为3.5mm/s∠160°和9.5mm/s∠310°。

8）由于转子尚处在第二临界转速附近，仍在左右校正面上加试量分别为2.5gf∠43°和2.5gf∠223°。升速至3150r/min，测量得左右轴承振动分别为10.5mm/s∠150°和28.5mm/s∠310°。

9）将7）与8）项结果作图，可得应加校正量分别为7.6gf∠223°，7.6gf∠43°。加上校正量后转子升速至3150r/min，测得左右轴承振动分别为2mm/s∠230°，1.6mm/s∠160°。此已属合格，平衡过程结束。

如果需要，可以把左平面上6.4gf∠230°与7.6gf∠223°两个校正量合并起来，右平面也可以如此。

下面是杭汽为石炼化催化车间烟机组中的主风机转子出具的报告：

杭州工业汽轮机研究所 转子动平衡试验报告 10.02.04 16:38

转子型号：AG060/13RV	用户：石家庄炼油化工股份有限公司
名义工作转速：5406r/min	转子重量：2816kg

校正重组(0°标记)

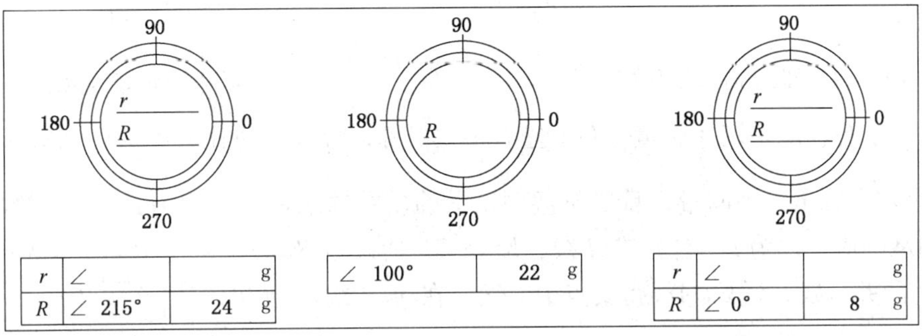

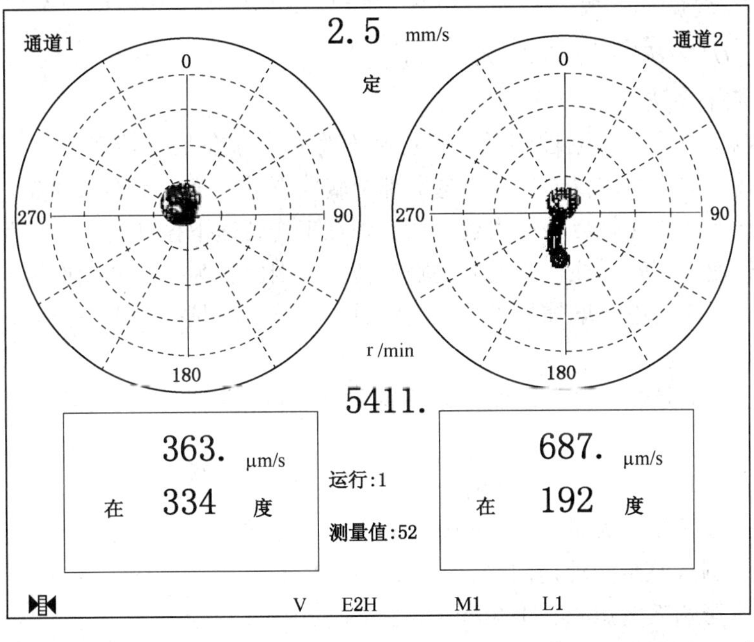

在振型法平衡中，如果转子的二阶频位接近于1，这时就很可能出现二阶与三阶振型的混合振动。轴承振动反映了二阶与三阶振型振动的合成，所以首先应将混合振动中的振动矢量分离。

如果转子与轴承系统在质量分布上左右基本对称，则分离方法很简单，见图9－43。设$\overrightarrow{OA}$与$\overrightarrow{OB}$为左右轴承振动向量，连$\overline{AB}$线，取中点C，则$\overrightarrow{OC}$即为两轴承上的同向分量，显然向量$\overrightarrow{OB}$和$\overrightarrow{OA}$之间所以出现了差异，那是由三阶振型不平衡量引起的，而$\overrightarrow{CA}$与$\overrightarrow{CB}$为两轴承之反向分量，则由二阶振型不平衡量引起。

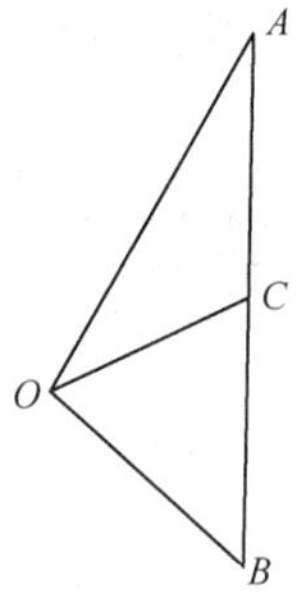

图 9－43　振动向量分离之一

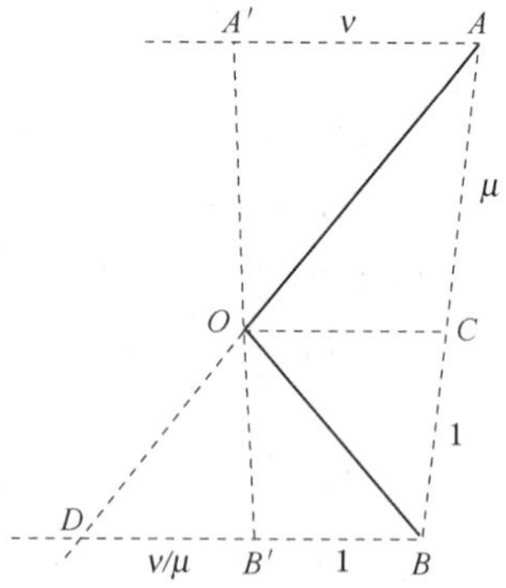

图 9－44　振动向量分离之二

如果转子与轴承系统在质量分布上左右不太对称，分离方法比较麻烦，见图 9－44。设 $\overrightarrow{OA}$与$\overrightarrow{OB}$为左右轴承振动向量，且二阶振型试量的左右轴承响应之比为 μ，而三阶振型试量的左右轴承响应之比为 ν。首先连$\overline{AB}$线，取点 C，使$\overline{CA}/\overline{CB}=\mu$。再连$\overline{OC}$线，且通过 A 与 B 点作与$\overline{OC}$的并行线，延长$\overline{OA}$线得交点 D。然后在$\overline{DB}$在线取点 B'，使$\overline{DB'}/\overline{BB'}=\nu/\mu$。最后连$\overline{OB'}$，并延长得交点 A'。这样，$\overrightarrow{OA'}$与$\overrightarrow{OB'}$为左右轴承的反向分量，而$\overrightarrow{A'A}$与$\overrightarrow{B'B}$为同向分量。不难证明，$\overrightarrow{OA'}/\overrightarrow{OB'}=\mu$，而$\overrightarrow{A'A}/\overrightarrow{B'B}=\nu$。

3. 影响系数平衡法

平衡的影响系数法对于刚性转子，校正平面为两个，在某一转速下平衡了就能满足要求。但对挠性转子这样做，仅能保证所选的那个转速下的平衡，不能保证在一个转速范围内都能达到平衡。例如，在临界转速附近平衡，则在工作转速下振动过大；相反，如果选定工作转速为平衡转速，则转子往往不能通过临界转速。因此，为了平衡挠性转子，必须增加平衡转速的数目，相应地也要增加校正平面的数目。所以，这是一种多平面多转速影响系数平衡方法。

这种方法实际上是试重法在多测点多平面平衡中的推广，其中校正量的计算可从式(9－31)演变而得。

$$\{W_j\} = -[C_{ij}]^{-1}\{A_i\} \tag{9-32}$$

式中　$\{W_j\}$——校正量列矢量，$j=1, \cdots, N$；

$\{A_i\}$——测点原始振动列向量，$i=1, \cdots, M\times L$；

$[C_{ij}]$——影响系数矩阵，上角标 -1 表示逆矩阵。

平衡过程如下所述。

1）转子完成低速动平衡后，选择高速动平衡中的 N 个校正面、M 个测点和 L 个平衡转速。

2）在每个平衡转速上记下各个测点的原始振动。

3）将试量加在标号为 1 的校正面任意指定的方位上。

4）如 2)项记下各个振动。

5）将试量从标号 1 校正面移到标号 2 校正面，其方位不必与前者相同。

6）重复第 4)项。

7）上述过程对各校正面都进行一次，共需 N 次。

8）按式(9－31)计算影响系数，此为复数运算。

9）按照测点标号与转速标号编制统一的测量值标号 i。建立原始振动列阵$\{A_i\}$和相应的影响系数矩阵$[C_{ij}]$。

10）根据$\{A_i\}$和$[C_{ij}]$，计算$\{W_j\}$。

对于这样的平衡过程中应注意以下几项内容：

1）为了使方程式(9－32)相容，以求得惟一解，尽量使 $M \times L = N$；

2）对于 $M \times L > N$ 的情况，可使用最小二乘法，这时校正量为

$$\{W_j\} = -\{[C_{ij}]^T[C_{ij}]\}^{-1}[C_{ij}]^T\{A_i\} \quad (9-33)$$

按此校正后，倘若个别测点振动尚大，还可使用加权优化；

3）对于平衡转速高于临界转速的情况，所加试量不宜过大，以免过临界转速时振动过大出现危险；

4）校正面的选择务必仔细，不要选在不敏感处，以免出现工程上无法实施的过大校正量。

下面就是一个采用影响系数法平衡大型发电机转子的实例。

这是一台我国生产的30万kW汽轮发电机组转子。在工作转速下有两阶临界转速，其重量为60t。制成后由于制造厂平衡设备的限制无法作动平衡，因此只能在超速台上进行高速动平衡。当时转子在通过第一临界转速时，振幅达300μm以上，过第二临界转速时振幅达330μm以上，因此决定平衡工作分3步进行：

1）在第一临界转速附近作平衡；

2）在第二临界转速附近作平衡；

3）在工作转速3000r/min作动平衡。

下面仅介绍在第一临界转速附近作平衡的情况。

在两个轴承座上安装传感器测量水平方向的振动。当转子通过800r/min时振动峰值达300μm以上，同时两个轴承相位基本相同，这说明800r/min是第一临界转速。因此采取在750r/min作动平衡。按照第一阶振型进行加重。由于在两侧护环上加重比在本体上方便，所以先采取在两侧护环平衡槽上，加对称的试加重量，求出影响系数，计算出应加重量，再通过计算将应加重量移入本体，其过程见表9－12。

表9－12　在第一临界转速附近作动平衡(750r/min)主要过程

序号	情　　况	单　位	汽轮机侧	励磁机侧
1)	原始振动(750r/min)	μm∠(°)	54∠48	42∠58
2)	在两侧护环上对称加试加重量：2×21.6N∠160°	μm∠(°)	53∠20	42∠26
	试加重量前后的矢量差 影响系数(汽侧加重为代表)	μm∠(°) $\frac{\mu m}{kg}$∠(°)	53∠20－54∠48＝26∠303 $\frac{26\angle303}{21.6\angle160}=12\angle138$	42∠25－42∠58＝23.6∠312 $\frac{23.6\angle312}{21.6\angle160}=10.9\angle147$
	以(2)为原始求出应加重量	kg∠(°)	$\frac{-54\angle48}{12\angle138}=\frac{54}{12}\angle90=45\angle90$	$\frac{-42\angle58}{10.9\angle147}=\frac{42}{10.9}\angle91=38.6\angle91$

序号	情　况	单　位	汽轮机侧	励磁机侧
3)	实际在护环上对称加上重量：2 × 38.4N ∠90° 后的振动	μm∠(°)	19∠110	16∠100
4)	将(3)的加重移入本体上，实加62.4N∠90°后的振动	μm∠(°)	22∠95	17∠80

移重是根据对称加重的总重量乘以经验系数0.85移入本体的，同时考虑到加重半径的不同(护环加重半径约为490mm，本体加重半径为500mm)，其计算如下：

$$2\times 38.4\times 0.85\times\frac{490}{500}=62.4\text{N}$$

实际移入本体上加重为62.4 N，两个轴承振幅都下降到满意的数值。在此基础上升速通过第一临界转速时，振幅均在30μm以下。第一临界转速附近作动平衡即告结束。

4. 质量组平衡法

这个方法实际上也是试重法的推广，振型法与影响系数法中都推荐使用。这个方法平衡过程可用振型法，也可用影响系数法，其中关键是质量组中比值的确定。对于无阻尼系统的质量组计算用实例说明。

6.5×10^5kW 汽轮发电机转子，前三阶临界转速为604r/min、1840r/min、4651r/min，其相应的振型函数在三个校正面上的数值 $\phi_n(z_j)$ 见表9－13。

表9－13　$\phi_n(z_j)$值

校正面序号	1	2	3
$\xi_i=z_j/L$	0.078	0.513	0.922
$\phi_n(z_j)$	+0.37 +0.63 +0.87	+1.00 −0.04 −0.68	+0.40 −0.72 +0.94

质量组的计算可利用式(9－22)计算，首先将表9－13中数值代入方程得

$$+0.37W_1+1.00W_2+0.40W_3=-\int u(z)\phi_1(z)\mathrm{d}z=-U_1$$

$$+0.63W_1-0.04W_2-0.72W_3=-\int u(z)\phi_2(z)\mathrm{d}z=-U_2$$

$$+0.87W_1-0.68W_2+0.94W_3=-\int u(z)\phi_3(z)\mathrm{d}z=-U_3$$

(1) 一阶振型质量组计算

当平衡转速接近604r/min时，$U_2\approx U_3\approx 0$，则从方程可解得

$$W_1=-0.3356U_1,W_2=-0.7756U_1,W_3=0.2505U_1$$

如相对 W_2 而言，质量组中比值为

$$W_1^{(1)}\times\frac{W_1}{|W_2|}=-0.43,W_2^{(1)}=-1.00,W_3^{(1)}=0.32$$

(2) 二阶振型质量组计算

当平衡转速接近1840r/min时，$U_1\approx U_3\approx 0$，则从方程可解得

$$W_1^{(2)}\times\frac{W_1}{|W_1|}=-1.00,W_2^{(2)}\approx 0,W_3^{(2)}=+0.93$$

(3) 三阶振型质量组计算

假设转速靠近4651r/min，则 $U_1\approx U_2\approx 0$，从方程可解得

$$W_1^{(3)}\times\frac{W_1}{|W_1|}=-1.00,W_2^{(3)}=+0.74,W_3^{(3)}=-0.92$$

各质量组只对本阶振型起作用。由于透平机械中一般阻尼都较小，用上述方法算得的质量组还是有效的。

挠性转子动平衡方法有十余种，但都可归入振型法或影响系数法之中，这两大方法的优缺点比较，见表9－14。由表可见，这两者的优缺点是相互补偿的，所以目前趋向于结合起来，于是出现了振型影响系数法和混合法等。

表9－14　振型法与影响系数法优缺点比较

特　点	振　型　法	影响系数法
优点	① 在最高平衡转速上测量试验次数最少 ② 在最高平衡转速上能得到良好的灵敏度 ③ 不影响低阶的平衡转速 ④ 可以完全凭试验进行	① 是完全凭试验进行的 ② 两个振型或更多的振型可以同时进行平衡 ③ 可以采用计算机辅助和自动化 ④ 对于测量值较多的情况可用最小二剩法 ⑤ 可以利用测量误差补偿优化影响系数 ⑥ 要求操作者所具有的知识不多
缺点	① 转子－轴承系统阻尼较大时不太有效 ② 要求操作者具有较丰富的经验和知识 ③ 一般只能考虑一个或两个测量数据	① 在最高平衡转速上测量次数可能较多 ② 对于较高阶振型的灵敏度不可能很高 ③ 要求有早先平衡过的振型数据 ④ 校正面选用不当会出现无法实施的很大的校正量 ⑤ 未涉及如何合理确定转子平衡校正面的数目及其在转子轴向位置上的分配

(三) 高速动平衡的品质评定

高速动平衡的品质评定与低速动平衡的截然不同，柔性转子不平衡状态的评定，不只是在动平衡机上进行，也常在试验台或工作现场进行。若在动平衡机或试验台上进行评定，则要求其支承动力特性(刚度、阻尼、质量等)应尽可能接近现场使用条件，以保证平衡标准的一致性及安全平稳地在现场运转。这时也可类似于刚性转子那样，采取按校正面内的剩余不平衡量进行评定，但在现场平衡中，测量支承处(或其他测量点)的动力响应(速度、支反力等)更方便，目前尚无统一的标准。品质评定的指标是直接从机组振动允许值推算过来的。由于机组振动的衡量尺度有几种，因此平衡品质的评定尺度也有几种。国际标准化组织推荐按测量处的振动烈度进行评定。

1. 现场振动烈度的评定

振动烈度是指回转体旋转过程中产生的宽频(10～1000Hz)振动速度信号的均方根值。振动烈度与不平衡量有关，也与转子的大小、支承条件、运转情况等有关系，不同的转子有不同的振动烈度允许值。表9－15为按ISO 2372对振动烈度的分类及其适用范围。表9－15中将各类旋转机械分为四类，每个等级按从A～D的四个等级进行评价，A级最高，烈度允许值较低，D级最低，烈度允许值较高。

表 9－15　各类机器的允许振动烈度

<table>
<tr><th rowspan="2">振动烈度/mm·s^-1</th><th colspan="4">机器分类</th></tr>
<tr><th>Ⅰ类</th><th>Ⅱ类</th><th>Ⅲ类</th><th>Ⅳ类</th></tr>
<tr><td>0.28 以下</td><td rowspan="3">A</td><td rowspan="4">A</td><td rowspan="5">A</td><td rowspan="6">A</td></tr>
<tr><td>0.28～0.45</td></tr>
<tr><td>0.45～0.71</td></tr>
<tr><td>0.71～1.12</td><td rowspan="2">B</td></tr>
<tr><td>1.12～1.8</td><td rowspan="2">B</td></tr>
<tr><td>1.8～2.8</td><td rowspan="2">C</td><td rowspan="2">B</td></tr>
<tr><td>2.8～4.5</td><td rowspan="2">C</td><td rowspan="2">B</td></tr>
<tr><td>4.5～7.1</td><td rowspan="6">D</td><td rowspan="2">C</td></tr>
<tr><td>7.1～11.2</td><td rowspan="5">D</td><td rowspan="2">C</td></tr>
<tr><td>11.2～18</td><td rowspan="4">D</td></tr>
<tr><td>18～28</td><td rowspan="3">D</td></tr>
<tr><td>28～45</td></tr>
<tr><td>45～71</td></tr>
</table>

第Ⅰ类为小型机器，如 15kW 以下的电动机；第Ⅱ类为中型机器，如 15～75kW 的电动机或刚性安装在专用基础上的发动机和其他机器；第Ⅲ类为安装在刚度很大（在测振方向）的重型基础上的大型原动机和其他大型机器；第Ⅳ类为安装在刚度很小（在测振方向）的基础上的大型原动机和其他大型机器，如透平发电机组。

2. 在平衡机上振动烈度的评定

由于转子在平衡机上的运行条件，与工作时的真实条件不同，故表 9－15 所列的允许振动烈度不能直接用在平衡机上，但可规定出一些修正系数，得到在平衡机上可使用的振动烈度评价 V_B（见 ISO/D1S 5343），即

$$V_B = C_0 C_1 C_2 C_3 V_0 \tag{9-34a}$$

如果机组上给出了允许的轴振幅的合格标准值 S_0，则 V_B 可按下式推算：

$$V_B = \frac{C_0 \times C_1}{C_2 \times C_3} \frac{\pi n}{60\sqrt{2}} S_0 \tag{9-34b}$$

式中　V_B——产品规定的转子在现场轴承上于工作转速下的允许振动烈度，它包含了所有原因导致的振动，若产品未作规定，可参考表 9－15 中给定的值选取；

C_0——轴承处与回转体同频的允许振动与总的允许振动之比，总的振动包括如滚动轴承或一些发电机上易产生的倍频振动等（如不考虑此项修正，则 $C_0 = 1$）；

C_1——回转体在平衡设备上轴承外壳的同频振动与在现场轴承外壳同频振动之比，用于平衡设备的轴承或回转体连接系统不同于现场的情况（如不考虑此项修正，则 $C_1 = 1$）；

C_2——当测量轴的振动时，轴在轴承内或轴承附近的同频振动与轴承外壳同频振动之比（如不测量轴的振动，则 $C_2 = 1$）；

C_3——当测量轴的最大挠曲处的振动时，轴的最大挠曲与轴承附近挠曲之比（如不测量轴的最大挠曲处的振动，或仅测量轴承附近的振动时，则 $C_3 = 1$）；

n——与 S_0 相对应的转速，即平衡转速；

S_0——产品在现场所要求的轴振幅合格标准。

对于不同的机器，这些修正系数差别很大，应通过实验确定。表 9－16 给出了各类机器的修正系数范围以供参考。

表 9－16　在平衡机上进行平衡的允许振动烈度的修正系数

机器分类	典型机器	修正系数范围 C_0	修正系数范围 C_1	修正系数范围 C_2	修正系数范围 C_3	V/(mm/s)
Ⅰ	透平增压机	1.0	0.6～1.6	2～6	采用 $C_3>1.0$ 否则 $C_3=1.0$	1.12
	小于 15*kW* 的电机	1.0				
Ⅱ	造纸机	0.7～1.0				1.8
	15～7515*kW* 的电机	0.7～1.0				
	专用基础上小于 3005*kW* 的电机	0.7～1.0				
	压缩机	0.7～1.0				
	小透平	1.0				
Ⅲ	大型电机	0.7～1.0		2～5		2.8
	泵	0.7～1.0		2～6		
	二级发电机	0.8～1.0		2～6		
	透平和多级发电机	0.9～1.0		2～6		
Ⅳ	燃气透平	1.0		2～5		4.5
	二级发电机	0.8～1.0		2～6		
	透平和多级发电机	0.9～1.0		2～6		

注：表中的机器分类与表 9－15 中的一致。

例如，离心压缩机转子：

运行转速　　11230r/min

机组上允许轴振幅　　1.4mil

测量场合　　高速动平衡机上

测量位置　　轴承上

修正系数　　$C_0=0.9$，$C_1=1$，$C_2=5$，$C_3=1.3$

可按式(9－34b)计算 V_B 值

$$V_B=\frac{0.9\times1}{5\times1.3}\frac{\pi\cdot11230}{60\sqrt{2}}25.4\cdot1.4\cdot10^{-3}=2.0\text{mm/s}$$

3. 按轴振幅评定

这种方法也是属于 *ISO/DIS* 5406 所推荐的第一种方法的。如果机组上的允许值为轴振幅 S_0，则动平衡品质要求的轴振幅 S_B 为：

$$S_B=C_0\times C_1\times S_0 \tag{9-35a}$$

如果机组上给出的是允许轴承振动烈度 V_0，则 S_B 可按下式推算：

$$S_B=C_0\times C_1\times C_2\times C_3\frac{60\sqrt{2}}{\pi n}V_0 \tag{9-35b}$$

以上二式中各符号通用于式 9－34(a)与 9－34(b)，系数查阅表 9－16。

例如，安装在刚性基础上的汽轮机转子：

运行转速　　6000r/min

机组上允许振动烈度　　2.5mm/s

测量场合　　高速动平衡机上

测量位置　　　　　　　　　轴承处的轴上

修正系数　　　　　　　　　$C_0 = 0.9$　$C_1 = 1.3$　$C_2 = 2.0$　$C_3 = 1.0$

按式(9－35b)计算 S_B 值：

$$S_B = 0.9 \times 1.3 \times 2.0 \times 1.0 \frac{60\sqrt{2}}{\pi 6000} 2.5 \cdot 10^3 = 26.3\mu m$$

4. 按轴承力评定

这个方法是美国 *API* 612 标准所推荐的，它的优点是不受动平衡机支承系统动力刚度及测试仪表指示精度的影响，因此国际商业上使用较多。标准规定，转子动平衡后的合格值是，在最大连续转速下轴承的动载荷(轴承力)不得超过轴承静载荷的10%，这个规定简单明了，因此商品验收者喜欢使用。应该指出的是 *API* 612 在评定机组振动中规定使用轴承力作为动平衡品质的评定指针，对于转速高的机组来说有些过严，但对于转速在 3000*r/min* 以下的机组来说又有偏宽之弊。另外，动平衡机测量指示往往是轴承和轴的振动，不能直接指示轴承力的大小，因此要通过换算试验，下面用实例说明。

实例 转子质量 M 为 340*kg*，两个轴承静载荷基本相同，平衡转速 n 为 12085*r/min*，平衡机测量指示为振动烈度，其换算试验步骤如下。

1）转子平衡认为合格后，在品质验收的转速上，测量左右轴承振动烈度分别为$\overrightarrow{OA_1}$与$\overrightarrow{OA_2}$，$\overrightarrow{OA_1}$与$\overrightarrow{OA_2}$为加 U_T 前两个轴承的振动，如图 9－45 所示。

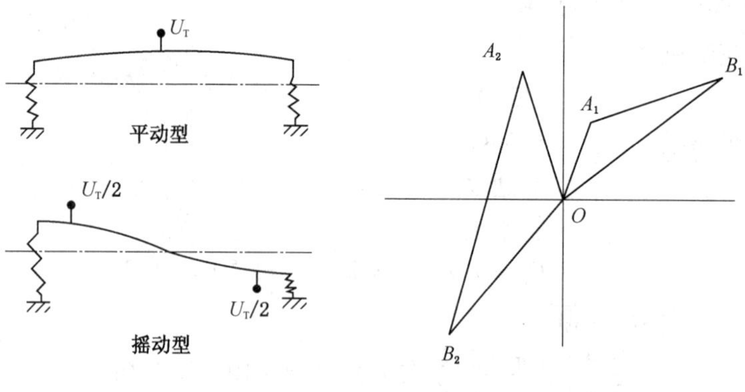

图 9－45　测定轴承力的响应试验

2）计算 10%静载荷相应的不平衡量 U_e 为

$$U_e = 89456 \times \frac{M}{n^2} = 89456 \times \frac{340}{(12085)^2} \times 10^3 = 208g \cdot mm$$

3）取试量 U_T 为 1520g · mm，则倍数 K 为

$$K = \frac{U_T}{U_e} = \frac{1520}{208} = 7.30$$

4）把试量加在转子上，加的方法如图 9－45 所示，转子是平动型振型，因此加在转子中间部位。

5）如 1)项测量左右轴承振动烈度为$\overrightarrow{OB_1}$与$\overrightarrow{OB_2}$，$\overrightarrow{OB_1}$与$\overrightarrow{OB_2}$为加 U_T 后两个轴承的振动，则总响应 S 为

$$S = |\overrightarrow{A_1B_1}| + |\overrightarrow{A_2B_2}| = 10.7 + 8.5 = 19.2mm/s$$

6）与10%静载荷相应的轴承振动烈度为

$$V_B = \frac{S}{2K} = \frac{19.2}{2 \times 7.3} = 1.3\text{mm/s}$$

由此可见 API 612 的关于轴承力的合格指标要求对高速转子来说是较高的。

5. 按校正面上的剩余不平衡量评定

这个方法是 ISO/DIS 5343 中所推荐的第二种方法，它和 ISO 1940 准则相似。ISO 1940 为刚性转子制定了控制剩余不平衡量的指标，而 ISO/DIS 5343 则为挠性转子制定了控制剩余不平衡量（静不平衡量和力偶不平衡量的线性组合）的指标。剩余不平衡量指标和轴承力评定指标一样，也简单明了，例如，它规定对于有较大影响的振型（可能是第一阶振型，也可能是第二阶振型），其振型不平衡量不得超过当量刚性转子总剩余不平衡量的 60% 等。

由于柔性转子各校正面上剩余不平衡量的大小及相位变化多样，像对待刚性转子那样，规定出不平衡量的相位的范围是不可能的；但另一方面，又希望不平衡量有某种相位分布，即最好不要为第一阶或第二阶振型形式的分配，这样可以允许每个平衡面处有较大的剩余不平衡量。为此，可按影响系数法求出一个平衡后的柔性转子在每个校正面处的剩余不平衡量，从而综合判别剩余不平衡量的分布是否有不利的情形。

不同类型的转子，允许的剩余不平衡量规范如下。

1）对于2类转子，其剩余不平衡量应不大于国际标准 ISO 1940 中所推荐的等效的刚性转子剩余不平衡量值（参见图9－11，表9－2）。两校正面上允许剩余不平衡量的分配，可参考表9－7确定。

2）对于3a类转子，若与其相当的刚性转子在最高工作转速时按国际标准 ISO 1940 所推荐的允许剩余不平衡量为 U_{max}，则

等效的第一阶不平衡量 $U_{eq}^{1} \leqslant 0.6U_{max}$；

如进行低速动平衡，则按刚性转子对待允许的剩余不平衡量为 U_{max}，并适当分配给两校正面。

3）对于3b类转子，若与其相当的刚性转子在最高工作转速时按国际标准 ISO 1940 所推荐的允许剩余不平衡量为 U_{max}，则

等效的第一阶不平衡量 $U_{eq}^{1} \leqslant U_{max}$；

等效的第二阶不平衡量 $U_{eq}^{2} \leqslant 0.6U_{max}$；

若进行低速动平衡，则按刚性转子对待允许的剩余不平衡量为 U_{max}，并适当分配给两校正面。

4）对于3c类转子，因通常转速太高，按 ISO 1940 给出的剩余不平衡量太小，难以达到，要给出较理想的推荐值是很困难的，只有从实践中解决。

5）对于4类和5类转子，可参考3类转子的规范，确定允许的剩余不平衡量。

前面已介绍了几种高速动平衡品质评定方法，各有优缺点，使用中可根据已有经验选择。此外尚需注意如下问题。

（1）转子归类原则

刚性转子，准刚性转子——按低速动平衡品质评定；

挠性转子，半挠性转子——按高速动平衡品质评定；

对于难于归类的转子，为妥善起见，按高速动平衡品质评定。

（2）动平衡机的选择

对用户来说，可以选择在制造厂的动平衡机上，也可以在其他被认为可靠的动平衡机上。无论何种情况，平衡机必须符合 ISO 2953 的要求，支承以等刚度为宜。

（3）转子状态

这有两方面内容，一是完整性，二是稳固性。完整性要求转子在品质评定时其零部件应全部装上，但不包括诸如联轴器等的拆换件。品质评定应包括未装拆换件与装上拆换件两部分。拆换件的不平衡量应单独在自身上校正。

有稳固性要求的汽轮机转子在品质评定后不走样，因此对于有稳固性要求的新转子，品质评定总是在超速试验以后进行。

（4）安装状态

这指支承和联轴器状况及测量方向。由于转子动力特性受轴承影响很大，因此平衡中应尽量采用产品轴承，支承刚度也应尽量接近产品支承刚度。根据联轴器传递转矩的要求，应使联轴器的扭转刚度大，而弯曲刚度小，所以一般采用卡登联轴器，但超过 8000r/min，应用弹性联轴器。关于测量方向，原则上应垂直并通过旋转轴线。

（5）评定的测量

尽可能在平衡认为合格后立即进行，否则转子应低速运转 20min 后进行，并且高速测量应至少保持 2min。原则上应待指示稳定后测量其同频振动。

（6）最后数据的处理

原则上数值应取转子同频振动的最大值。如果支承不是等刚度的，则应从相互垂直的分量中合成出最大值。

（7）平衡后机组振动大于允许值

如出现这种情况，应考虑提高平衡的品质。

（8）临界转速落入工作区

对于临界转速落入 85% 工作转速至 120 % 最大连续转速范围的转子，应做不敏感试验。

（四）转子不敏感试验

这种试验又称为不平衡响应试验，是美国 API 612 标准 1979 年版提出的。试验过程与④ 按轴承力评定的轴承力换算试验基本相同，不同之处有下列几点。

1）不敏感试验的试量 U_B 按下式计算。

$$U_B = 5 \times 89456 \times \frac{M}{n_{mc}^2}$$

式中 n_{mc}——105% 最高连续转速。

2）振动参数规定为轴振动，测量应尽量在临界转速上进行，但不能超过 n_{mc}。

3）试验要求不平衡量试量在轴承处轴振幅响应$\overrightarrow{A_1B_1}$与$\overrightarrow{A_2B_2}$（见图 9－45）应满足

$$\overrightarrow{A_1B_1} < \frac{5565}{\sqrt{n}}(\mu m), \overrightarrow{A_2B_2} < \frac{5565}{\sqrt{n}}(\mu m)$$

式中 n——最高连续转速。

满足不敏感试验要求的转子是允许在临界转速上运行的。

（五）高速动平衡机简介

高速动平衡机是在挠性转子动平衡的基础上发展起来的，主要用于解决刚性转子动平衡机上无法解决的挠性转子动平衡的问题。其具体结构与刚性转子动平衡机类似，同样由支承系统、驱动系统、传感器及测试仪表组成，与一般低速动平衡机不同在于：

1）平衡机转速是可以改变的，转速一般较高(可达每分钟几万转)；

2）适应多平面平衡的需要，因此测试面比较多，在多平面上直接测量轴的振动，具有较多的测试传感器，大多采用非接触测振传感器；

3）配有计算机和挠性转子动平衡的软件；

4）动平衡机或转子系统安装在真空室中，并附有一套真空系统，以保证在平衡叶片类转子时，减小驱动功率。

高速动平衡机与低速动平衡机的转速不同，但由于平衡转速提高，动平衡设备大大复杂化了。表9－17列出了国内拥有的适用于化工流程中透平机械转子的高速动平衡机的型号规格。图9－46所示为DH4/DH6型高速动平衡机的两个视图，占地约600m^2，由以下3大部分组成。

表9－17　国内中型高速动平衡机的型号与规格

项　目	DH30	DH4	DH5	DH50	DH6	DH8
转子质量范围/kg	30～630	60～1250	150～3000	250～4500	400～8000	1600～25000
轴承最大静载/kN	3150	6250	15000	22500	40000	160000
轴承最大动载/kN	20	40	63	100	100	630
支撑刚度/$N\cdot\mu m^{-1}$	160/400	280/560	350/700	450/900	600/1150	1350/2250
轴承内径/mm	125	160	200	250	320	560
轴承最小间距/mm	200	400	250	1200	480	1200
轴承最大间距/mm	4000	4800	4000	7500	4800	7800
轴承最大油量/$L\cdot m^{-1}$	35	45	55	70	90	225
轴颈允许最大值/mm	80	100	125	180	220	400
转子最大外径/mm	1200	2000	1200	2800	2000	2800
最高转速/$r\cdot min^{-1}$	20000	24000	20000	18000	24000	8000
最高灵敏度/$mm\cdot s^{-1}$	0.01	0.02	0.01	0.02	0.02	0.02

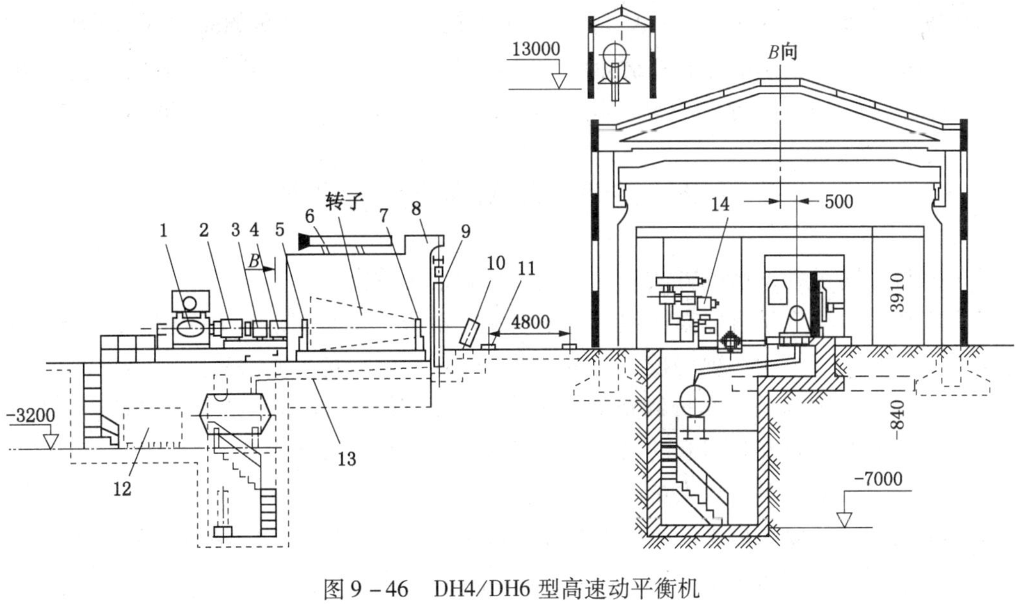

图9－46　DH4/DH6型高速动平衡机

1—驱动直流主电机；2—增速齿轮箱组；3—轴；4—联轴器；5,7—支架；6—通风系统；8—真空筒体；9—大门；10—翻板；11—转子支架载运车；12—大气润滑油系统；13—真空润滑油系统；14—筒体抽真空系统

1）主机部分包括：驱动直流主电机1，增速齿轮箱组2，中间连接轴3及联轴器4，转子等刚度支架5、7，真空筒体8，大门9，翻板10及转子支架载运车11。

2）辅机部分包括：筒体通风系统6，大气润滑油系统12，真空润滑油系统13，真空油系统和筒体抽真空系统14，及图中未示出的等刚度支架附加刚度高压油系统，轴顶起高压油系统，大门及翻板液压驱动油系统，润滑油系统备用电源系统，筒体照明系统等。

3）控制监视及测量分析部分包括(图9－46中没有示出)：主电机启动停机控制系统，轴承力监视报警系统，筒体内闭路电视系统，润滑油及真空等监视报警系统，轴承振动烈度及轴承振幅测量系统，计算机辅助动平衡系统。

高速动平衡机的支架都是“硬支承”，但不用H型，而是等刚度的，即支架在圆周任意方向刚度基本相同。它的工作区的动力特性并非如图9－33所示，而是根据不同转子而异。为了扩大使用范围，支架一般具备二副。

高速动平衡机的测量系统十分简单，仅提供轴承的振动烈度或轴振幅，动平衡过程中要依赖高速动平衡的原理和方法，发展趋势是采用计算机辅助系统。

高速动平衡机的精度目前ISO尚未提出标准，API 612推荐了一种检验灵敏度的方法，共步骤如下：

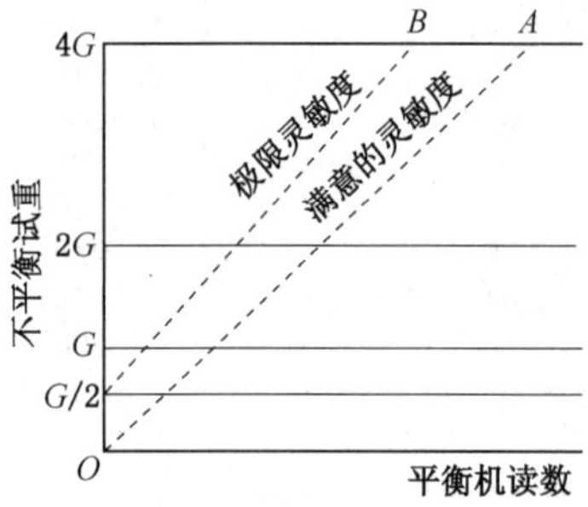

图9－47　平衡机响应试验

1）计算试验不平衡量 $U_T = 89456\dfrac{M}{n^2}$gf·mm，$M$ 为转子重量gf，n 为最高连续转速r/min；

2）计算试重 $G = \dfrac{U_T}{r}$gf，r 为 G 所处的半径mm；

3）准备好试重 $G/2$，G，$2G$ 和 $4G$；

4）将试重依次加在转子比较敏感的部分，测量左右轴承和轴振动；

5）绘制平衡机振动读数－试重的曲线图，见图9－47。

理想的情况左右轴承的振动—试重线的延长直线应通过坐标零点。如果曲线超出图9－47中的极限灵敏度，特别是与纵坐标相交点超过 $G/2$，说明平衡机的灵敏度不合格。

第五节　转子及轴系现场动平衡

总的来说，转子动平衡的方法有动平衡机法和现场平衡法。

动平衡机法的优点是可以高速地，精密地平衡转子，且适用于不平衡较大，不能在运行转速下平衡的转子、不能在现场校正的转子，工作效率比现场平衡法高。

现场平衡法的优点是不需拆卸机器，吊出转子，不需要配备平衡机或试验台，比较安全，可避免拆卸和重新安装引起的误差，平衡的效果可直接反映出来。但现场平衡法在安装传感器时有一定难度，对操作人员的技术水平要求较高。

现场平衡即转子放在自身的机器上直接进行动平衡。这种方法经常用于挠性转子的动平衡，对于刚性转子很少采用。

在生产实际中，由于安装条件的的限制或出于经济上的考虑，不能在专用的动平衡机上进行动平衡；有些转子体积巨大，以至于没有合适的动平衡机能支承得住它；有些转子的工作环境为高热或高电磁场等，由于热变形或磁滞伸缩变形等，使在动平衡机上已达到的平衡遭到破坏，所有这些情况，均需要在现场原机器上进行转子动平衡。

现场平衡也分为刚性转子和挠性转子两种不同的平衡方法，常用刚性转子的现场平衡方法主要是影响系数法，而挠性转子的现场平衡方法则主要采用振型平衡法和影响系数法的组合。按照平衡面的多少又可分为单面平衡、双面平衡和多面平衡。

一、低速(刚性)转子现场动平衡

现场动平衡方法多种多样，影响系数法、振心圆法、周移法、一点法、二点法、三圆法、矢量合成法、矢量重心法、标线法、梁分析法、快速简便法等。选用何种方法，要考虑平衡精度要求、现场运行条件、以及可使用的仪器等情况。有时不只用一种方法，可以两种方法结合起来使用。

转子动平衡试验(尤其对单面平衡)常用的比较简便的方法有周移法、一点法、二点法、三点法、标线法等。周移法的精确性高，所需仪器简单(仅用一台能测振幅的测振仪)，这是它的优点，但程序较烦琐，所需时间较长，要多次启动电机，这对大功率电机是不利的，这是它的缺点。三点法程序简单，可迅速找出不平衡方位与重量，但精度较差。二点法操作最简单，精度最差。工作中可根据情况穿插利用各种方法，如先用两点法将大振幅减轻，然后再用周移法仔细平衡，这样既简单又准确。

在现场平衡中，需要直接测出转子的振动情况作为平衡操作的依据。如果转子是装在滚动轴承中，则可以在机壳上测量振动，测出的振幅与转子失衡的大小有直接的关系。对于装在滑动轴承中的转子，最好用非接触的位移传感器来直接测量转子运动的轴心轨迹。

在现场平衡中，还需要注意转子的额定转速与轴承、壳体以及传感器本身的自振频率间的关系。一般，转子的额定转速应远离这些自振频率区。

(一) 影响系数法

在转子与轴承组成的振动系统中，轴承的振动响应是各平衡面产生的不平衡量引起的振动响应的叠加，其振动响应就被称为影响系数。

1. 现场仪器布置及要求

图9－48所示是现场动平衡的原理图，传感器安装在轴承的支座上，由于支座在水平方向的刚性较差，因此需测量的是水平方向的振动。如垂直方向的刚性也较差，则还需测量垂直方向的振动。以刚性较差的最大振动值为准。此外，在轴上没有键相槽时，轴上还需旋入一个紧定螺钉，当轴转动携带紧定螺钉通过涡流传感器时，便产生一个电压脉冲，借此脉

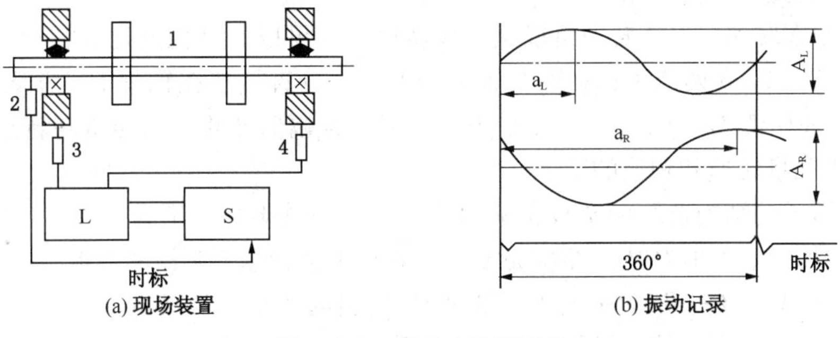

图9－48　现场动平衡原理

1—转轴；2—涡流传感器；3、4—加速度传感器；L—带通滤波器；
S—存贮示波器；A_L—左侧测出的振幅；A_R—右侧测出的振幅

冲便可用作相位的参考标记。为了便于确定安置配重的角位置，涡流传感器和另外两个加速度传感器最好安置在同一平面内。

为了消除现场中来自其他机器的振动干扰和机器本身失衡以外其他因素的干扰，装有通带滤波器。如果将滤波器的通带调节到机组的回转频率上，便可提高振幅和相角的测量精确度。

低速转子采用的平衡方法两平面影响系数法是挠性转子平衡方法的基础。

现场平衡转子的安装方式和机器实际情况相同，但转子要有适当的外露部分或可接触到的部分作为校正平面，以安放试加重和校正质量。单面平衡的转子需要有一个校正面，双面平衡的转子在靠近两侧轴承处要有两个校正面。测量方法上可在转轴上用非接触式传感器拾取振动信号，也可用接触式传感器直接在轴承上拾取振动信号。为了测量不平衡矢量的相位，动平衡仪上须有键相器信号输入，即由测速传感器所提供的键相器脉冲信号作为振动信号相位的参考基准。另外，作为动平衡用的仪器必须具有优良的选频特性。图 9－49 示出了一种用做双面平衡的转子测试装置。

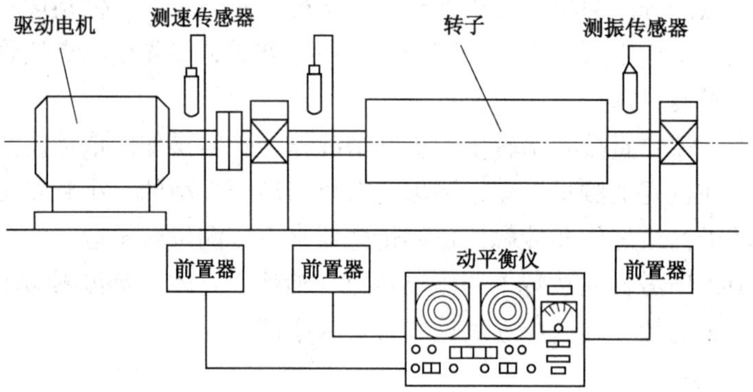

图 9－49　现场平衡测试装置

2. 影响系数法平衡原理及主要步骤

影响系数法，首先在转子的平衡面上试加平衡量，测量试加平衡量前后轴承处的振动影响，由此确定各影响系数，从而求得应该加(减)的平衡校正量。

1）选定平衡所需的传感器和仪器。传感器一般选用速度传感器，直接测量轴承座的振动。也可选用非接触位移传感器(常采用电涡流传感器)，直接测量轴的振动。平衡用仪表主要用来测量转速、幅值和相位。

2）选定平衡转速。平衡转速可以是工作转速，也可以是其他选定的转速。同时确定两个测振点 A、B。A、B 两点可选在两个轴承盖上，也可直接选在轴颈上。并测出平衡前 A、B 两点振动的原始值 A_0、B_0。A_0、B_0 是矢量，它包含幅值和相位。通常在转子上还标有基准信号，作为测量转速和相位的基准。

3）根据转子的结构选取两个校正平面 Ⅰ、Ⅱ，加重半径分别为 r_1，r_2。先在平面 Ⅰ 上加一试重 P_1(其质量大小为 P_1，角度为 γ_{P1})，并在平衡转速下测得两轴承的振动为 A_1、B_1。

显然，A_1—A_0、B_1—B_0 为平面 Ⅰ 上试重 P_1 所引起的轴承振动的变化，称为试重 P_1 的效果向量。单位试重引起的效果矢量称为影响系数 α_1、β_1，即

$$\alpha_1 = \frac{A_1 - A_0}{P_1}$$

$$\beta_1 = \frac{B_1 - B_0}{P_1} \tag{9-36}$$

4）取走 P_1，再在平面Ⅱ上加试重 P_2（质量大小为 P_2，角度为 γ_{P2}，加重半径为 r_2）。同样测得轴承振动为 A_2、B_2，同理可得 $A_2—A_0$ 和 $B_2—B_0$ 以及影响系数 α_2、β_2。

5）设校正平面Ⅰ，Ⅱ中所需的校正质量为 W_1、W_2。则 W_1、W_2 应满足下列方程：

$$\alpha_1 W_1 + \alpha_2 W_2 = -A_0$$
$$\beta_1 W_1 + \beta_2 W_2 = -B_0$$

即

$$\begin{bmatrix} \alpha_1 & \alpha_2 \\ \beta_1 & \beta_2 \end{bmatrix} \begin{bmatrix} W_1 \\ W_2 \end{bmatrix} = - \begin{bmatrix} A_0 \\ B_0 \end{bmatrix} \tag{9-37}$$

其物理意义是加上 W_1、W_2 校正质量后，抵消了转子原来的不平衡。

在式(9－37)中，α_1、α_2、β_1、β_2 和 A_0、B_0 均为已知数，即可求出 W_1 和 W_2，W_1、W_2 的模分别表示校正质量的大小 W_1、W_2，其相角分别为 γ_{W1}、γ_{W2}，加重半径为 r_1、r_2。

6）在转子上加上校正质量，重新转动转子，如振动已减小到满意的程度，则平衡结束，否则需再平衡或更换测点或修正影响系数。

（二）周移法

周移法的主要步骤如下：

1. 在配重盘面上均分配重圆

将转子的两个靠近轴承的配重轮盘面沿周向均匀划分为 6～8 等份并作好标记，这里选用分成 6 等份（可利用对轮的螺栓孔或在轮盘上作标志）。

2. 测定轴承原始振幅值

在工作转速下，测定两轴承的原始振幅 A_0。在轴承径向、横向、轴向 3 个方向测定振幅，应取振动最大值作为根据（一般为刚性较差的横向振动值）。

3. 确定试加重量

在振动最大的轴承侧的配重轮盘上，按经验式确定试加重量 P_T。试加重量的选择，如果合理，可以减少找平衡的盲目性。

1）平衡通风机、鼓风机等推荐用

$$P_T \leqslant 250A_0 \frac{P}{D}\left(\frac{3000}{n}\right)^2 \quad (g) \tag{9-38}$$

$P_T = \frac{P}{R}\varepsilon \quad g$（$P_T$ 也可查表 9－18，不用计算）　(9－39)

$$\varepsilon = 1000\sqrt{\frac{7.742}{n}}$$

表 9－18　每 100kg 转子所用试加重量 P_{100} 选用值

转子工作转速 n/(r/min)	固定试加重 P^T 的回转半径 R/mm					
	150	200	250	300	400	500
	P_{100}/g					
400	93	59.6	55.6	46.4	34.8	27.8
750	67.7	50.8	40.6	33.8	25.4	20.3
1500	47.9	36	28.7	24	18	14.4
3000	33.9	25.4	20.3	17	12.7	10.2
6000	24	18	14.4	12	9	7.2

（2）平衡汽轮机推荐用

$$P_{T}=\frac{P_{100}P}{100}\left(\frac{3000}{n}\right)^{2}\lambda \quad (g) \tag{9-40}$$

式中 P_T——试加重量，g；

P——转子重量，kg；

A_0——原始最大振幅，mm；

R——试重块固定位置距转子轴心的距离，单位 mm；

D——试加重量位置的直径，mm；

n——试验转速，r/min；

P_{100}——每 100kg 转子在全振幅下选用的配重，g(查表 9－18 或表 9－19)；

λ——试加重量应小于配重的系数，一般 $\lambda=0.5$；

ε——安全允许值。

表 9－19　每 100kg 转子所用试加重量 P_{100} 选用值

在找平衡前轴承的最大振动的振幅值 A_0/mm	固定试加重 P_T 的圆周半径/mm					
	150	200	250	300	400	500
	P_{100}/g					
0.1	10	8	6	5	4	3
0.2	16	12	10	8	6	5
0.3	26	20	16	13	10	8
0.4	34	26	20	16	12	10
0.5	40	30	24	20	15	12

4. 用试重分别测定均分点处振动值

将试加配重用可拆卸但又牢固的方法固定在第 1 点上，然后开车测定振动值 A_1。将试加配重依次加在 2、3……6 点上，逐点测定振动值 A_2、A_3……A_6。

5. 确定配重方位

根据 A_1 ~ A_6 振动值，画出圆周 6 等份与各等份点试加重后的振幅曲线，确定不平衡重位置点 K 及加重方位点 M，如图 9－50 所示。从图中可以看出 2，3 点振幅较小，配重位置在 2，3 点之间，且偏向 3 点的地方(因最低点振幅靠近 3 点)。

如用加重法，则振幅最小点(轻点)M 为其位置，如用去重法，则振幅最大点(重点)K

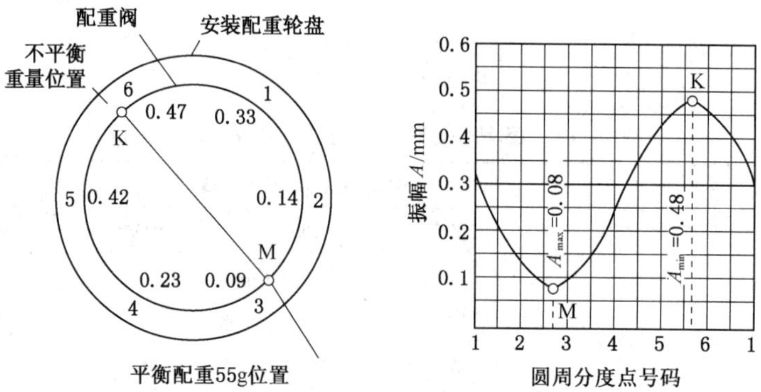

图 9－50　周移法配重振幅

为其位置。

6. 计算平衡重量

先求出平均振幅：

$$A_m = \frac{A_{max} + A_{min}}{2}$$

当平均振幅小于原始振幅时（$A_m \leqslant A_0$），平均配重为：

$$P_S = \frac{A_m P_T}{A_m - A_{min}}$$

当平均振幅大于原始振幅时（$A_m \geqslant A_0$），平均配重为：

$$P_S = \frac{A_m - A_{min}}{A_m} P_T$$

7. 精确找平衡配重

一般来说，若采用的试重 P_T 恰当，A_{min}应接近于零，则说明按上式计算得到的 P_S 值较准确。

如 A_{min}值较大，则可取计算得到的 P_T 值为中心值，取与计算所得配重稍小与稍大的配重，轮流将各配重固定于平衡点，根据选取配重的数目再开车数次，每次都测取振动值，然后根据各配重及其振幅，画出各配重与振幅曲线，如图 9－51 所示，两条直线（或曲线）交点 S 为振幅最小点即为最佳配重值。

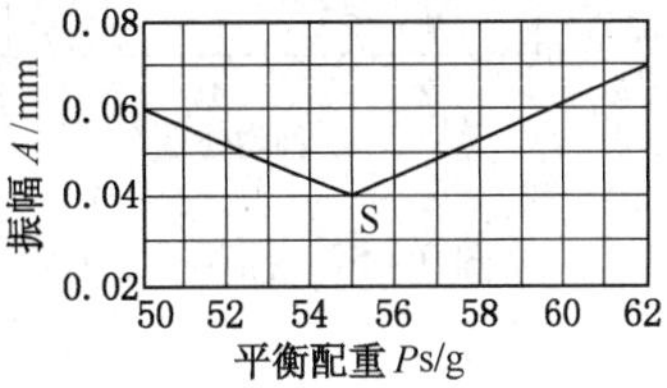

图 9－51 平均配重与振幅

以最佳配重值用去重法或加重法平衡。

如需找另一端的不平衡，可照上述办法重复。

例：风机转子重 $P = 500$kg，转子直径 $D = 1000$mm，转速 $n = 3000$r/min，最大初振幅$A_0 = 0.32$mm。

方法一：

（1）先计算试加配重

$$P_T \leqslant 250A_0 \frac{P}{D}\left(\frac{3000}{n}\right)^2 = \frac{250 \times 0.32 \times 500}{1000}\left(\frac{3000}{3000}\right)^2 = 40(\text{g})$$

（2）用试重分别测定均分点处振动值

加配重后各点所测得振幅依次为 0.33、0.14、0.09、0.23、0.42、0.47mm，$A_{max} = 0.48$mm，$A_{min} = 0.08$mm。

（3）确定配重方位

不平衡重量位置为 K 点，采用加重法，加重方位为 M 点，如图 9－50。

（4）计算平衡重量

$$A_m = \frac{A_{max} + A_{min}}{2} = \frac{0.48 + 0.08}{2} = 0.28(\text{mm})$$

因 $A_m \leqslant A_0$，所以平衡配重应为：

$$P_S = \frac{A_m P_T}{A_m - A_{min}} = \frac{0.28 \times 40}{0.28 - 0.08} = 56(\text{g})$$

（5）精确找平衡配重

以 P_S 为 50g、52g、54g、56g、58g、60g、62g 等几种配重加于 M 点，测得各振幅，画曲线如图 10－51 两线交点，则精确配重应为 55g，此时可保证振幅 0.04mm。

再开车校验。然后再用补焊法平衡，或在对轮螺栓中加金属垫为平衡重亦可。

如果另一侧轴承振动也很大，还应按上述方法进行该侧轮盘面的平衡工作。

方法二：

（1）先计算试加配重

$$\varepsilon = 1000\sqrt{7.742/n} = 1000\sqrt{7.742/3000} = 50.8(\text{mm})$$

$$P_T = \frac{P}{R}\varepsilon = 500 \times 50.8/500 = 50.8(\text{g})$$

取 $P_T = 51\text{g}$

查表9-18，$n = 3000\text{r/min}$ 时，若固定试加重 P_T 的迴转半径 $R = 500\text{mm}$，则每100kg转子所用试加重量为10.2g。500kg转子所用试加重量为51g，与计算值相符。

（2）用试重分别测定均分点处振动值

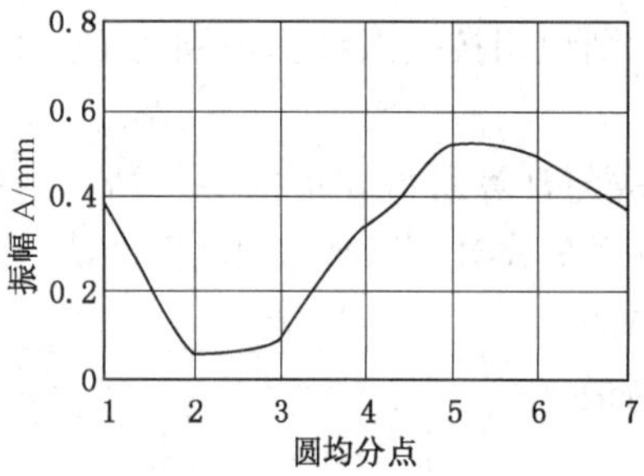

图9-52　振幅曲线图

将试加重依次分别固定在各等分点上测出各点振幅。即 $A_1 = 0.4\text{mm}$、$A_2 = 0.05\text{mm}$、$A_3 = 0.08\text{mm}$、$A_4 = 0.32\text{mm}$、$A_5 = 0.56\text{mm}$、$A_6 = 0.49\text{mm}$（见图9-52）。

（3）确定配重方位

从图9-52中可以看出2点和3点振幅最小，配重位置在2~3之间且偏向2的地方。经配重后，风机转子运转时的振幅值从0.32mm下降到0.05mm，从平衡效果来看，该转子已达到良好运转状态，可以不用再进行精确动平衡。

（4）计算平衡重量

$$A_{max} = A_5 = 0.56$$

$$A_{min} = A_2 = 0.05$$

$$A_m = (A_{max} + A_{min})/2 = (0.56 + 0.05)/2 = 0.305$$

$\because \quad A_m < A_0$

$\therefore$
$$P_S = \frac{A_m P_T}{A_m - A_{min}} = \frac{0.305 \times 51}{0.305 - 0.05} = 61(\text{g})$$

（三）二点法（也称二点三圆法）

二点法的主要步骤如下：

1）参照周移法试加重计算公式，计算出试加重重量。

2）测出原始振幅，记下最大振幅 A_0。

3）将试加重 P_T 固定在配重盘任意一点，测取最大振幅 A_1。

4）将试加重 P_T 取下，加在沿旋转方向与第一点相差90°位置上，测取最大振幅 A_2。

5）画圆（见图9-53(a)），以原始振幅 A_0 值为半径，按一定比例放大画 A_0 圆，然后以该圆圆周上任意一点为圆心，与前相同比例以 A_1 为半径画出 A_1 圆。再以 A_0 圆圆周上沿旋转方向与第一点相差90°的点为圆心，与前相同比例以 A_2 为半径画出 A_2 圆。A_1 圆和 A_2 圆在 A_0 圆内有相交点 K，OK 线上 N 点就是应加配重的方位。

6）确定配重 P_S 为：

$$P_S = P_T \frac{A_0}{OK} \quad (\text{g})$$

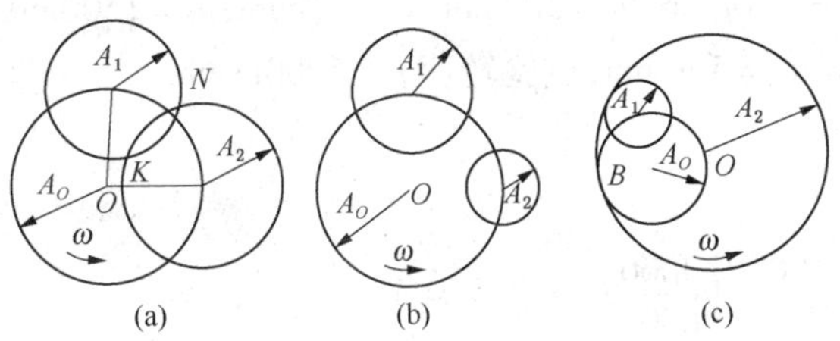

图 9－53　二点三圆法作图

A_0 与 OK 的长度均可在图上直接量得，但要求它们的单位统一。

7）以此方位在配重盘上加配重 P_S，再测振幅，如在允许范围内即为合格。当 A_1、A_2 两圆太小，无交点时，如图 9－53(b)，可在较小振幅圆附近再试验。当两圆一大一小无交点时，应在与产生大圆的配重相差 180°的位置上再试，并测取其最大振幅。然后以 A_0 圆上与原大圆原点(圆心)成 180°的点(如图 9－53(c)上的 B 点)为原心，以重新测得的振幅同比例长度为半径重新画圆。轴的另一端用同样方法进行找平衡。

（四）三点法(也称三点四圆法)

1. 方法一

1）测出转子在工作转速下两个轴承的原始最大振幅 A_0 与 B_0。将配重盘按转子旋转方向分三等份，并依次编以 a_1、b_2、c_3 标号。

2）参照前述周移法，计算出试加重量 P_{AT}或 P_{BT}。

3）先从振动较大的 A 侧找平衡。将试加重量 P_{AT}依次固定在配重盘标号点上，分别测出各点最大振幅 A_1、A_2、A_3。

4）用图解求不平衡方位与配重

用同一比例放大振幅，一般取 1000∶1。以 A_1、A_2、A_3 为半径，画同心圆，见图 9－54。

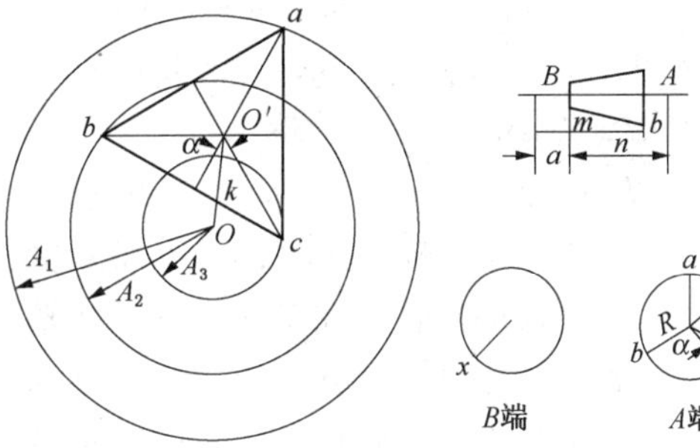

图 9－54　三点四圆作图法

在上述同心圆里寻找一个等边三角形 abc，要使每一个圆周上都有一个三角形的顶点，顶点的符号须与试加重量各位置符号一致。

在三角形 abc 内求出中心点 O'，画出外切圆，其半径为 r。连接两中心 O、O'，OO'线与三角形外切圆的交点为 K，此点即为应加配重的方向，再量出与邻近点的夹角 α 值。

确定配重值 P_{AS}：

$$P_{AS} = \frac{OO'}{O'K} P_{AT}$$

5）求另一端配重 P_{BS}及方位，方法同上。

6）但在平衡另一端 B 时，已平衡的 A 端会重新产生不平衡现象。为精确起见，必须将 B 端平衡重量 P_{BS}分成 x 与 y。以 x 值代替 P_{BS}，y 值则加在已平衡的一端，其方向与 x 成 180°，x 与 y 值的计算式如下：

$$x = P_{BS} \frac{m \times n}{m \times n - a \times b}$$

$$y = P_{BS} \frac{a \times m}{m \times n - a \times b}$$

7）B 端的配重为 x，A 端配重应在 P_{AS}基础上再加上 y。y 的方位与 x 相反。

8）试车检验振幅是否符合规定值。

例:已知(如图 9－54):A 端振动较大,$A_0=0.08\text{mm}$,$a=300\text{mm}$,$b=300\text{mm}$,$m=1500\text{mm}$,$n=1500\text{mm}$,转子重 800kg,配重处的半径 $R_B=R_A=150\text{mm}$,试验转速 $n=6000\text{r/min}$。

计算试重 P_{AT}:

查表 9－18,得 $P_{100}=10\text{g}$,取 $\lambda=0.5$

$$P_{AT}=\frac{P_{100}P}{100}\left(\frac{3000}{n}\right)^2\lambda=\frac{10\times 800}{100}\left(\frac{3000}{6000}\right)^2\times 0.5=10(\text{g})$$

试验三点最大振幅为:$A_1=0.09\text{mm}$,$A_2=0.06\text{mm}$,$A_3=0.02\text{mm}$。

用图解求得配重方位 K 点与邻近 C 点的夹角 α,即可在相应轮盘圆上定出 K 点位置。

$$\frac{OO'}{O'K}=3.33$$

计算配重:

$$P_{AS}=\frac{OO'}{O'K}P_{AT}=3.33\times 10=33.3(\text{g})$$

B 端以同样方法求得:$P_{BT}=20\text{g}$,方位如图 9－54 所示。

计算 B 端配重 P_{BT}分解的 x、y 点:

$$x=P_{BS}\frac{m\times n}{m\times n-a\times b}=20\frac{1.5\times .5}{1.5\times 1.5-0.3\times 0.3}=20.8(\text{g})$$

$$y=P_{BS}=\frac{a\times m}{m\times n-a\times b}=20\frac{0.3\times 1.5}{1.5\times 1.5-0.3\times 0.3}=4.16(\text{g})$$

结果:A 端 K 点 33.3g,y 点 4.16g

B 端 x 点 20.8g

2. 方法二

1)当平衡 A 侧校正面时,将 B 轴承紧固,稍松动 A 轴承(可参见图 9－54 中的设备简图)。用测振仪测出转子在工作转速下 A 轴承的原始最大振幅 A_0(一般为刚性差的水平方向,例如 42μm),然后在 A 侧校正面内标出互成 120°角的三个点 1、2、3(这三点的半径均相等)。

2)任选一试验质量 P_{AT1}(例如 25g),将该试加量 P_{AT1} 依次固定在校正面标号点上,分别测出各点最大振幅 A_1(例如 47.3μm)、A_2(例如 35.5μm)、A_3(例如 8.7μm)。

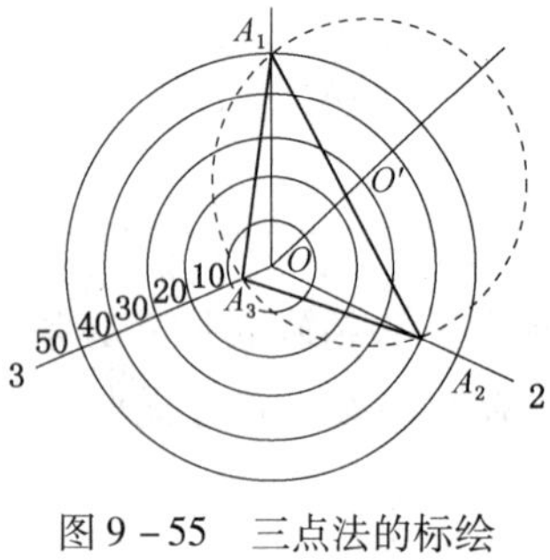

图 9－55 三点法的标绘

3)用图解求不平衡方位。按三次测得的振幅值标绘在极坐标图上,如图 9－55 所示。同时将通过该三点圆的圆心 O' 和坐标原点 O 相连,此线即为偏重的方向。

4)在偏重方向上的另一边对称位置上某处加上试验质量 P_{AT2}(例如 14g),测得此时轴承的振幅为 A_T(例如 31.0μm)。

5)计算所需的平衡配重量 P_{AS}应为:

$$P_{AS}=P_{AT2}\times A_0/(A_0-A_T) \qquad (9-41)$$

$$P_{AS}=14\times 42/(42-31)=53.5(\text{g})$$

6)求另一端轴承 B 的平衡配重量 P_{BS},方法同上。

3. 方法三

1)测出转子在工作转速下原始最大振幅值 A_0。将配重盘按转子旋转方向分 3 等份,并依次编以"1"、"2"、"3"标号。

2)参照前述周移法公式ⅲ,计算出试加重量 P_T。

3)将试加重依次固定在配重盘标号点上,并分别测出试加重后的各点最大振幅 A_1、

A_2、A_3。

4）作图，找出不平衡点

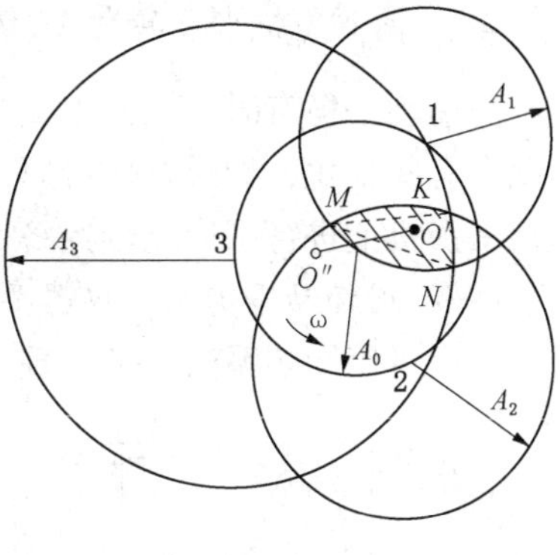

图 9－56　三圆法作图

首先用适当的比例以 O 为圆心 A_0 为半径作 A_0 圆，然后在 A_0 圆周上分 3 等份，并与配重盘上的顺序号一致。分别以 1、2、3 点为圆心，以 A_1、A_2、A_3 的相同比例线段为半径作 A_1 圆、A_2 圆、A_3 圆（见图 9－56）。A_1 圆、A_2 圆、A_3 圆，相交包络的阴影面就是该转子不平衡轻点所在位置范围。为准确找到轻点位置，一般将三个圆两两相交的交点 M、N、K 连成一个三角形，并找出该三角形中心 O'，O、O'的连线 OO'即为该转子轻点方向线半径，该转子重点则在 OO'连线的对称反方向 OO''上。如采用去重的方法，则在配重盘上 O''点去掉不平衡重量。如采用加重法，则在 O'点加配重。

5）计算配加重量

$$P_S = (A_0/O'O) \times P_T \tag{9-42}$$

式中　P_T——试加重量，g；

A_0，$O'O$ 可直接从图上量得(单位统一)。

例： 有一个转子，转速 3000r/min，转子自重 15kg，原始振幅 0.21mm，转子直径 200mm。

将配重盘按转子旋转方向分 3 等份，并依次编以“1”、“2”、“3”标号。

计算出试加重量 P_T(参照前述周移法公式ⅲ)

$$\varepsilon = 1000\sqrt{\frac{7.742}{n}} = 1000\sqrt{\frac{7.742}{3000}} = 50.8$$

$$P_T = \frac{P}{R}\varepsilon = 15 \times 50.8/100 = 7.62 \approx 8(\mathrm{g})$$

将试加重依次固定在配重盘标号点上，并分别测出试加重后的各点最大振幅 A_1、A_2、A_3。$A_1 = 0.30$mm，$A_2 = 0.32$mm，$A_3 = 0.46$mm。

作图，找出不平衡点

将 A_1、A_2、A_3 值放大 50 倍，按比例作图(见图 9－56)。该转子不平衡轻点在三个圆相交包络的阴影区内。将三个圆两两相交的交点 M、N、K 连成一个三角形，找出该三角形中心点 O'，OO'即为该转子轻点方向线，该转子重点则在 $O'O$ 的反方向 OO''上。如采用去重的方法，则重点在 OO''方向线上去掉不平衡量。如采用加重法，则在 OO'方向线的配重盘半径上配重。

计算配重量

先量得 OO'' 长度为 4mm，按原放大比例缩小 50 倍，即 $OO'' = 4/50 = 0.08$mm，$A_0 = 0.21$mm，则

$$P_S = (A_0/OO'') \times P_T = 0.21 \times 8/0.08 = 21(\mathrm{g})$$

用去重法将配重盘沿 OO''方向半径为试重块固定的位置上去掉 21g。

平衡完毕后，试车测得最大振幅 A_0 为 0.05mm，符合平衡质量要求。

二、高速(挠性)转子现场动平衡

高速动平衡有时也在机组安装现场进行，特别是热机的转子，经过一段时间运行，平衡状况会有些变化，如果方便可以进行现场平衡，但对于装拆比较复杂的机械，最好还是在高速动平衡机上进行平衡比较经济。

(一) 现场动平衡测试仪器要求

一般可用影响系数法进行现场动平衡，在应用影响系数法进行现场动平衡时，不能用普通测振仪，必须用能测相位和振幅的测振仪，而且在所使用的传感器中，应有非接触式传感器，以便做相位参考标准的迹点测量。国内测试仪器有福州试验机厂生产的 FX－1 型现场动平衡测试仪，见图 9－57。国外产品如丹麦 B&K 公司 4911 运动分析仪，美国本特公司生产的 *TK*20 向量滤波相位表，英国输力强公司 1170 频率响应分析仪等。

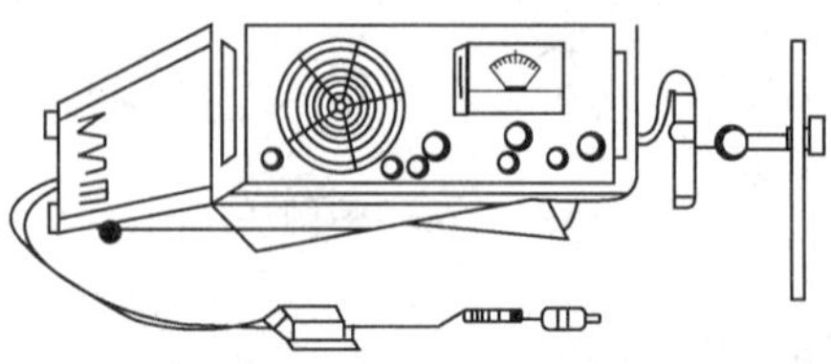

图 9－57　FX－1 型动平衡仪

(二) 用 TI－59 型可编程序计算机进行现场动平衡计算

TI－59 是英国德克萨斯仪器公司的产品,它具有 120 个可供存放数据和程序的存储器,并可使磁盘存放数据和程序。同时它体积小,运算语言简单,价格便宜。如果利用 TI－59 型可编程序计算机进行现场动平衡的数据处理工作,用磁盘送入动平衡程序,即可进行多平面综合加重计算工作,同时该计算机可配用 PC－100 型打印机将数据自动打印出来。现场使用起来就更为方便。

TI－59 型可编程序计算机程序编制充分考虑到平衡计算机中会有大量向量运算以及TI－59 存储量较小的情况，实现了直接在复数域内进行各种向量运算，并在一个存储器内存放多个数据的功能。

TI－59 采用的是机器语言，动平衡程序实现了用小数点值表示一向量。小数点前表示幅值，小数点后表示相角。

例如，204μm∠245°表示为 204. 245。204 表示振动值(μm)，245 表示相角。

TI－59 用于动平衡计算中，其计算规模见表 9－20。

表 9－20　计算规模

平面数	1	2	3	4	5	6
测点数	22	14	10	8	6	5

由于 TI－59 型计算机内存储容量较小，所以在程序编制过程中把程序分为三个部分。

1. 单平面加重平衡程序

(1) 单平面加重平衡程序框图(见图 9－58)

(2) 单平面加重平衡程序操作步骤(见表 9－21)

2. 2～4 个加重平面平衡程序

(1) 2～4 个加重平面平衡程序框图(见图 9－59)

表 9－21　单平面加重平衡程序操作步骤

步骤	输入	按键	显示	打印	说　明
1	1	INV　Write	1		插入磁盘输入单平面程序
2		A	6	INPUT	启动程序

续表

步骤	输入	按键	显示	打印	说明
3	P	R/S	5	P	输入
	$\angle P$	R/S	4	P	试加重
	A_0	R/S	3	A_0	
	$\angle a_0$	R/S	2	a_0	原始振幅值
	A_1	R/S	1	A_1	
	$\angle a_1$	R/S		a_1	试加重后振幅值
				COEFF	打印
				K，000000	幅值影响系数
				∠K. 00	(以列为序)
				B－C	
				∠U. 000000	
				∠U. 00	
4		R/S	K，000000		显示(如不用打印机可以显示屏幕中读取幅值影响系数)
		R/S	∠K. 00		
		R/S	U. 000000		
			∠U. 00		
5		E	K，000000		重复显示
		R/S	∠K. 00		幅值影响系数
		R/S	U. 000000		需加平衡配重值
		R/S	∠U. 00		

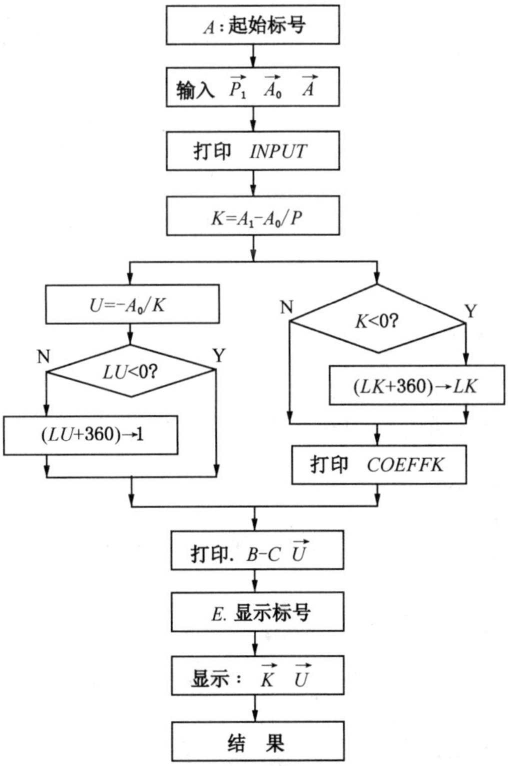

图 9－58 单平面加重平衡程序

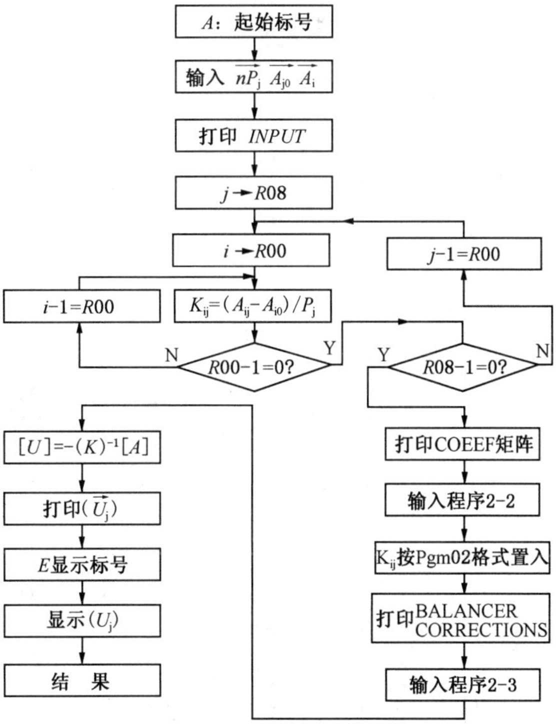

图 9－59 2～4 个平面平衡程序

(2) 2 ~4 个加重平面平衡程序操作步骤(见表 9 -22)

表 9 -22　2 ~4 个平面平衡程序操作步骤

步骤	输入	按键	显示	打印	说　明
1	9	[OP] 17	239.89		计算器重新分区
2	1	[INV] [Write]	1		插入磁盘 2 -1 输入程序
3		[A]	32	INPUT	启动程序
4	n	[R/S]	m		输入平面数 $\begin{cases} n=2 & m=16 \\ n=3 & m=32 \\ n=4 & m=48 \end{cases}$
5	P_1	[R/S]	$m-1$	P_1	
	$\angle P_1$	[R/S]	$m-2$	$\angle P_1$	输入：试加重量 $P_1 \sim P_j$
	P_2	[R/S]	$m-3$	P_2	
		⋮	⋮		
	A_{10}	[R/S]		A_{01}	原始振幅值 $A_{10} \sim A_{n0}$
	$\angle a_{10}$	[R/S]		$\angle a_1$	
	A_{20}	[R/S]		A_{02}	
	⋮	⋮			
	A_{11}	[R/S]		A_{11}	试加重后振动 $A_{11} \sim A_{nn}$ 以列为序
	$\angle a_{11}$	[R/S]		$\angle a_{11}$	
	A_{21}	[R/S]		A_{12}	
	⋮	⋮			
	A_{12}	[R/S]		A_{21}	
	A_{22}	[R/S]		A_{22}	
	⋮	⋮			
	A_{nn}	[R/S]	1	A_{nn}	所有数据输入完毕将磁盘 2 -2 插入，以各程序自动输入打印影响系数矩阵，以列为序，同时输入程序 2 -2，并继续计算，这时可再插入磁盘 2 -3，以各程序自动输入
	$\angle a_{nn}$	[R/S]		$\angle A_{nn}$	
				COEFF	
				K11000000	
				$\angle K$11.00	
				K21000000	
				⋮	
				$\angle K_{nn}$	
				BALANCER	打印：平衡校正值并且程序 2 -3 自动输入
				CORRECTIONS	
				U1.000	
				$\angle U$1.000	打印需加平衡重量及加重相角
				U2.000	
				$\angle U$2.000	
6		[E]		U1.000	
		[R/S]		$\angle U$1.000	如果不用打印机可直接在显示窗口中读取计算结果
		[R/S]		U.2000	
		[R/S]		$\angle U$2.000	

当试验人员已经掌握要做动平衡设备的影响系数，可用下面输入影响系数计算 2 ~ 4 个加重平面平衡程序操作步骤表进行动平衡计算。优点是可省去试验加重的过程，用一次或两次即可取得较为满意的效果。

3. 输入影响系数计算 2 ~ 4 个加重平面的平衡程序

（1）输入影响系数计算 2 ~ 4 个加重平面平衡程序框图（见图 9 – 60）

（2）输入影响系数计算 2 ~ 4 加重平面平衡程序操作步骤（见表 9 – 23）

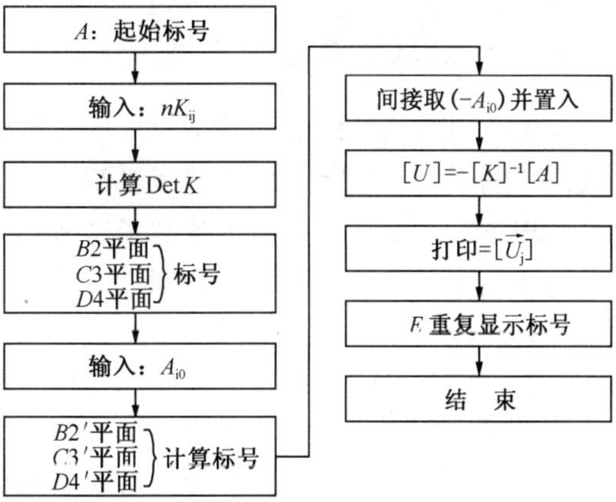

图 9 – 60　输入影响系数平衡程序

表 9 – 23　输入影响系数平衡程序操作步骤

步骤	输入	按键	显示	打印	说　明
1	9	OP　17	239. 89		计算器重新分区
2	1	INV　Write	1		输入程序 3
3		A	8		启动程序
4	n	R/S	$2n$		输入平面数
5	K_{11} $\angle K_{11}$ K_{21} $\angle K_{21}$ ⋮ K_{12} $\angle K_{12}$ K_{22} $\angle K_{22}$ ⋮ K_{nn} $\angle K_{nn}$		不定 3 1 3 ⋮ $2n$ 3 1 3 1 Det[K]	A_{11} $\angle a_{11}$ A_{12}	输入影响系数矩阵 （C′ · D′）
6	A_{10} $\angle a_{10}$ A_{20} ⋮	B或 （C · D）	2		计算 2 平面用 B，3 平面用 C，4 平面用 D，输入原始振动值 A_{10} ~ A_{n0}
7		B′或 （C′ · D′）		$U1.000$ $\angle U1.000$ $U2.000$ $\angle U2.000$	启动计算程序，2 平面用 B′，3 平面用 C′，4 平面用 D′，打印计算结果需加平衡配重值
8		E R/S R/S R/S ⋮	$U1.000$ $\angle U1.000$ $U2.000$ $\angle U2.000$ ⋮		重复显示计算结果

三、机组轴系现场动平衡

像压缩机组这样由多个转子组成的挠性转子轴系，虽然各个转子在制造厂都已经作过低速或高速动平衡，但是在现场组成机组进行试车或者日后进行大修时，有时还需要进行整个轴系的现场动平衡。这是因为各转子连成轴系后，临界转速和振型都发生了变化，因而单个转子的残余不平衡量可能激发起轴系较明显的振动，或转子运行后发生热变形和内应力的变化等。

轴系现场动平衡由于校正平面的选择有很大限制，平衡效果有相当的局限性。决不应该用轴系的平衡来代替各转子的单独平衡。经验表明，如果各转子单独动平衡得好，轴系动平衡往往比较顺利，有时甚至根本没有必要再进行轴系动平衡。因此，只有在单个转子动平衡良好，而组成轴系后由于上述原因非进行整体动平衡不可的场合，才进行轴系动平衡。

从原理上说，轴系的动平衡与单转子的动平衡并没有什么两样，方法上仍然是振型平衡法和影响系数平衡法两大类，轴系的平衡方法也同样适用于单个转子的平衡。由于问题的复杂性和现场条件的限制，两类方法在实施中都有一些变异和发展。例如对影响系数法来说，有可能要求增加很多平衡转速和测振点，但在现场能装拆质量块的校正平面并没有多少。因此就发展了用最小二乘法来处理一个矛盾方程组，即方程组中校正平面数目 < 测振点数目 × 平衡转速数目，以控制各测振点残余振幅平方和为最小的方法。对于振型平衡法来说，用测量或计算方法得到轴系振型比之单个转子的困难。此外由于跨数增加，各临界转速间的间距减小，这样要在某一临界转速附近得到单纯的该阶振型而不混入其他阶振型亦较困难。因此开发了在全部转速范围内采用多点连续测量并自动绘制"模态响应圆"的办法提高振型分离的精度。

(一) 最小二乘法的影响系数法

校正量如式(9-33)：$\{W_i\} = -\{[C_{ij}]^T[C_{ij}]\}^{-1}[C_{ij}]^T\{A_i\}$

校正后，若个别测点振动大，还可使用加权优化，直到满意为止。

(二) 模态响应圆平衡法(振型圆平衡法)

在振型平衡法中，为分离出单一主振型，要求平衡转速正好选在该阶临界转速上。但在临界转速附近，振动的幅值和相位对于转速的变化十分敏感(系统阻尼较小时尤其如此)，因此很难测得正确可靠的数据。实用上常取临界转速的 80% ~90% 为平衡转速，这样，振型的分离必定不太彻底，降低了平衡的精度。

模态响应圆平衡法采用多点振动连续检测，并绘制各测振点"模态响应圆"的办法，能较好地在临界转速分离出该阶振型。此外，根据这些响应圆的特点可以初步确定主要的不平衡在轴系的哪一跨中，在跨中的哪一侧，这对正确选择校正平面有很大帮助。这种平衡方法能减少开车次数，提高平衡精度。

至于校正质量大小和方位的确定，一般仍要用加试重求效果矢量的办法。所以该方法实质上是把振型平衡法和影响系数法结合起来了。

模态响应圆俗称振型圆，它是以转速为参变量在极坐标中绘制的某测振点振动响应的矢量端图。

图 9-61 为一个单跨对称转子的两个轴颈上的模态响应圆。不平衡质量在平面Ⅰ，可以看到，对于靠近不平衡量的轴承，第一阶与第二阶临界转速时的共振直径矢量是基本同相

的；而对另一侧轴承则基本是反相的。

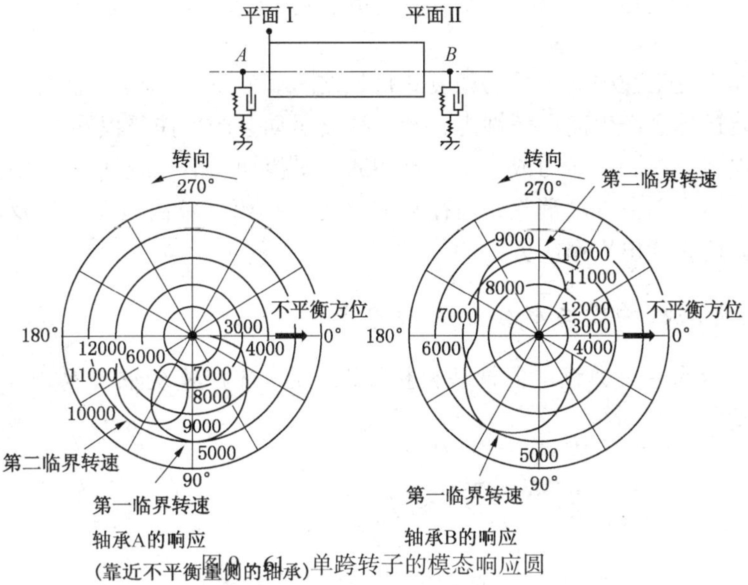

图 9－61　单跨转子的模态响应圆

图 9－62 为一简单轴系的模态响应圆，测振点为第 1 至第 4 号轴承，不平衡量在平面 1 至平面 5。一般说，不平衡所在跨的轴承较其他跨的轴承有较大的响应圆，靠近不平衡的轴承的各阶共振直径间夹角较小，而另一侧轴承相应的夹角较大。综合这些特点对于确定不平衡所在的轴向位置是很有参考意义的。

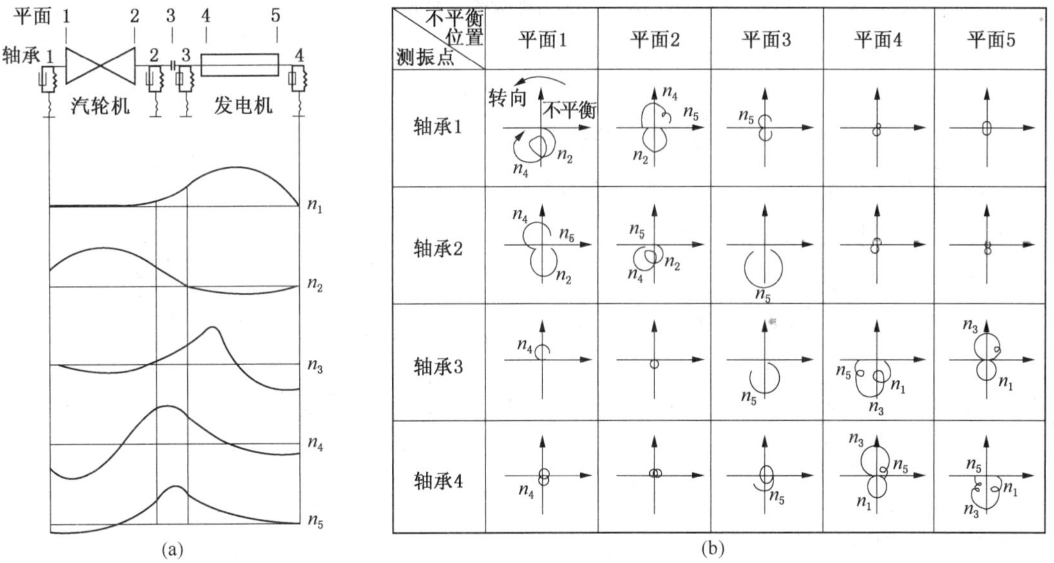

图 9－62　轴系的模态响应圆

在较简单的系统中，不平衡的周向位置可以由共振直径顺转向转 90°度来找到。如果已知该校正平面的影响系数，一次开车就能找到校正质量的大小和方位。在较复杂的情况下，一般要通过试加重的办法。如果手头有同一或类似型的转子系统的模态响应圆及效果矢量等资料加以参考，无疑这会大大提高平衡的效率。

第六节　往复机械惯性力的平衡

活塞式压缩机是工程中最常见的往复式机械之一，它的特点是具有曲柄连杆滑块机构。工作中曲柄旋转运动会产生离心惯性力，滑块往复运动会产生往复惯性力，连杆平面运动则产生惯性力及惯性力偶。这些力或力偶都希望通过平衡加以消除或减少。离心惯性力及力偶可按前面介绍的转子平衡方法消除，而往复惯性力的平衡，应从运动分析及动力分析着手，在机构的设计阶段就找出平衡的方案。

一、曲柄滑块机构的运动分析与动力分析

图 9－63 所示为一个典型的曲柄块机构简图。设曲柄 OA 绕轴心 O 以角速度 ω 匀速转动，曲柄的运动方程为

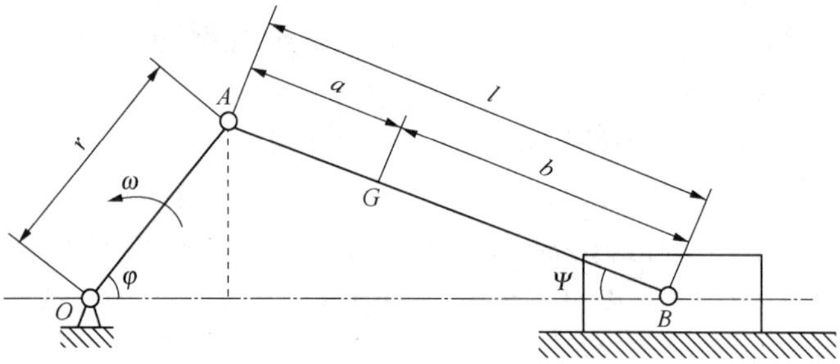

图 9－63　曲柄滑块机构

$$\phi = \omega t + \phi_0 \qquad (9-43)$$

滑块 B 受连杆带动作往复运动，其运动方程为

$$x = r\cos\varphi + \sqrt{l^2 - r^2\sin^2\varphi} = r\cos\varphi + l\sqrt{1 - \lambda^2\sin^2\varphi} \qquad (9-44)$$

式中　l——连杆长度，mm；

r——曲柄长度，mm；

λ——曲柄连杆长度比，$\lambda = r/l$；

ϕ_0——初始角，可取 $\phi_0 = 0$。

一般的往复机械中，曲柄连杆长度比 λ 为小值，如对于柴油机 $1/5 \leqslant \lambda \leqslant 1/3$，故取 $\phi_0 = 0$，进一步简化式(9－44)，得

$$x = l(1 - \lambda^2/4) + r[\cos\omega t + (\lambda/4)\cos^2\omega t] \qquad (9-45)$$

滑块 B 的加速度为

$$\ddot{x} = -r\omega^2(\cos\omega t + \lambda\cos^2\omega t) \qquad (9-46)$$

连杆 AB 的平面运动可分解为随同滑块 B 的平动和绕 B 点的转动，连杆质心 G 的加速度为

$$\alpha_G = \alpha_B + \alpha'_{BG} + \alpha''_{BG} \qquad (9-47)$$

式中　α_B——滑块 B 的加速度向量，始终为水平方向，$|a_B| = \ddot{x}$；

α^t_{BG}——连杆绕 B 点转动的切向加速度向量，方向始终垂直于线段 AB，$|a^t_{BG}| =$

$\dot{BG}\dot{\psi}^2 = b\dot{\psi}$；

α_{BG}^n——连杆绕 B 点转动时 G 点的向心加速度向量，方向始终沿 AB 联机并指向 B 点，

$|a_{BG}^n| = \dot{BG}\psi^2 = b\dot{\psi}$

$\ddot{\psi}$——连杆绕 B 点转动的角加速度；

$\dot{\psi}$——连杆绕 B 点转动的角速度。

因为

$$\sin\psi = \lambda\sin\varphi = \lambda\sin\omega t$$

所以

$$\begin{cases} \psi = \arcsin(\lambda\sin\omega t) \\ \dot{\psi} = \lambda\omega\cos\omega t/\sqrt{1-\lambda^2\sin^2\omega t} \\ \ddot{\psi} = \lambda\omega^2(1-\lambda^2)\sin\omega t/\sqrt{(1-\lambda^2\sin^2\omega t)^3} \end{cases} \tag{9-48}$$

计算惯性力时，假设曲柄的质量为 m_1，连杆的质量为 m_2，滑块的质量为 m_3，连杆绕质心 G 的转动惯量为 I_G，则连杆的惯性力系由 $m_2\alpha_G$ 加上 $I_G\ddot{\psi}$ 组成。$m_2\alpha_G$ 在水平方向上的投影为往复惯性力的一部分，但 α_G 的表达式实在太复杂，通常可按静力等效的原则将连杆质量分成两个质点以简化计算，一部分质量为 m_2b/l，作用在 A 点上，另一部分质量为 $m_2\alpha/l$，作用在 B 点上，这样代换后两个质点对 G 点的转动惯量严格说不等于连杆的转动惯量 I_G，因此精确计算时，还应考虑代换不完的转动惯量，其大小为

$$(m_2b/l)\alpha^2 + (m_2\alpha/l)b^2 - I_G = m_2\alpha b - I_G = m_2(\alpha b - \rho^2)$$

$$I_G = m_2\rho^2 \tag{9-49}$$

式中 ρ——连杆的回转半径。

曲柄也可按静力等效的原则将质量 m_1 分成两部分 m_{1A} 和 m_{10}，m_{1A} 作用在 A 点，m_{10} 作用在 O 点。

此时，整个曲柄滑块机构简化为只有两个质点在运动中会产生惯性力，即作用在 A 点的质点 m_A 为 $m_A = m_{1A} + m_2b/l$，作回转运动，只产生离心惯性力，大小为

$$F_s = m_Ar\omega^2 \tag{9-50}$$

方向沿着曲柄向外。另一个为作用在 B 点的质点 m_B 为 $m_B = m_3 + m_2\alpha/l$，作往复运动，只产生往复惯性力，大小为

$$F_x = -m_B|\alpha_B| = m_Br\omega^2\cos\omega t + \lambda m_Br\omega^2\cos2\omega t \tag{9-51}$$

式中，第一项称为一次往复惯性力 F_{1x}，第二项称为二次往复惯性力 F_{2x}。

$$F_{1x} = m_Br\omega^2\cos\omega t \tag{9-52}$$

$$F_{2x} = \lambda m_Br\omega^2\cos2\omega t \tag{9-53}$$

因而，可在设计阶段针对离心惯性力及往复惯性力分别进行平衡。若作较精确平衡时，还应平衡连杆的惯性力偶 M。

$$M = -m_2(ab-\rho^2)\ddot{\psi} = m_2(\rho^2 - ab)\omega^2\lambda(1-\lambda^2)\sin\omega t/\sqrt{1-\lambda^2\sin^2\omega t)^3} \tag{9-54}$$

将式(10－49)展成傅氏级数，并且仅取第一阶谐量 M_1 为

$$M_1 = \gamma\lambda(1-\lambda^2)C\sin\omega t$$

其中

$$\gamma = m_2(\rho^2 - ab)\omega^2$$

$$C = 1 + 3\lambda^2/8 + 15\lambda^4/64 + 175\lambda^6/1024 + \cdots$$

为方便计算，表 9－24 给出了不同的 λ 值所对应的 C 值。

表 9-24 不同的 λ 值所对应的 C 值

λ	1/3	1/3.5	1/4	1/4.5	1/5	1/6	1/7
C	1.04406	1.02874	1.02418	1.01945	1.01547	1.01073	1.00750

二、多缸发动机的惯性力系

多缸发动机可视为多个单缸发动机组合而成，其惯性力系为各缸惯性力的向量和。由于各缸惯性力不作用在同一平面内，故多缸发动机不仅有不平衡惯性力，还有不平衡惯性力偶(若汽缸的轴线方向为 x，曲轴的轴线方向为 z，则此力偶作用在 xoz 平面上)。表 9-25 为常见的 4 种不同结构的多缸发动机的惯性力系合成结果，表中的合力 R 及合力偶 M，均为向中点 o 简化后合成的结果。

从表 9-25 中可以总结出一些规律，即在多缸发动机中，曲柄通常均匀地排列在圆周上，所以旋转惯性力系的合力 R_s 和一次往复惯性力系的合力 R_1 总是为零。另外，如果曲柄沿旋转轴线 z 的分布对称于中点 o，且垂直于旋转轴线的平面，则旋转惯性力系的合力偶 M_{os} 和一次往复惯性力系的合力偶也总是为零。

对于二次往复惯性力系合成的结果是否为零，有如下一组判别法则，即

$$\left.\begin{aligned}&\text{若}\sum_{j=1}^{N}\cos 2\gamma_{1j}=0\\&\sum_{j=1}^{N}\sin 2\gamma_{1j}=0\\&\text{则}\ R_2=0\\&\text{若}\sum_{j=1}^{N}z_j\cos 2\gamma_{1j}=0\\&\sum_{j=1}^{N}z_j\sin 2\gamma_{1j}=0\\&\text{则}\ M_{oz}=0\end{aligned}\right\}\tag{9-55}$$

式中 N——汽缸数；

γ_{1j}——第 1 个曲柄与第 j 个曲柄之间的夹角；

z_j——第 j 个汽缸中心线到力系简化中心 o 的坐标(有正负之分)。

若将多缸发动机的曲轴视为刚体，有时不需要采取任何措施，便达到惯性力的平衡(如六缸发动机的情形)，或只校正二次往复惯性力即可(如四缸发动机曲柄为 180°排列的情形)，这可简化平衡机构的设计。但若多缸发动机的曲轴不能视为刚体时，则仅外力平衡是不够的，此时应针对每一缸分别平衡，以减小曲轴的弯曲应力。因此，单曲柄滑块机构的平衡，是更复杂机构平衡的基础。

三、曲柄滑块机构惯性力的平衡

平衡曲柄滑块机构的旋转惯性力 F_s，可在曲腕上设计出平衡块部分，设平衡块质量为 m_b，它的质心距曲柄转动轴线为 r_b(见图 9-64)，若令 $2m_b r_b = m_A r$，则旋转惯性力 F_s 得到平衡。工艺处理时，常将平衡块部分做得稍重，最后作动平衡时，在平衡块部分钻孔去重，

表 9－25　多缸发动机惯性力系合成结果

多缸发动机结构示意	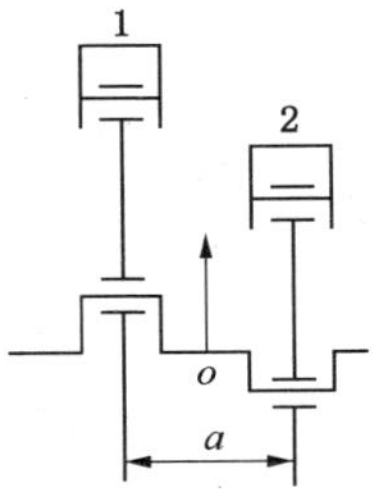	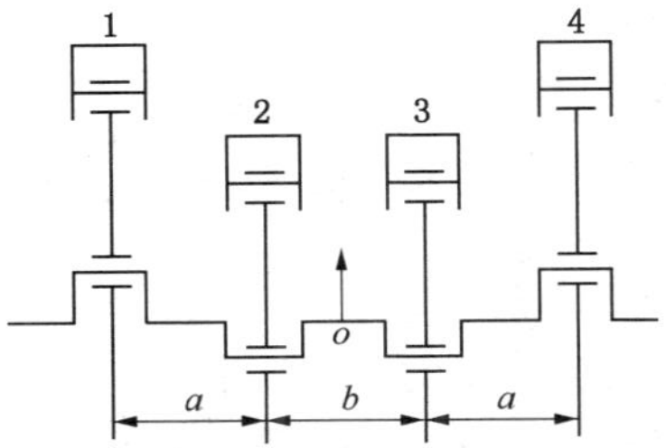	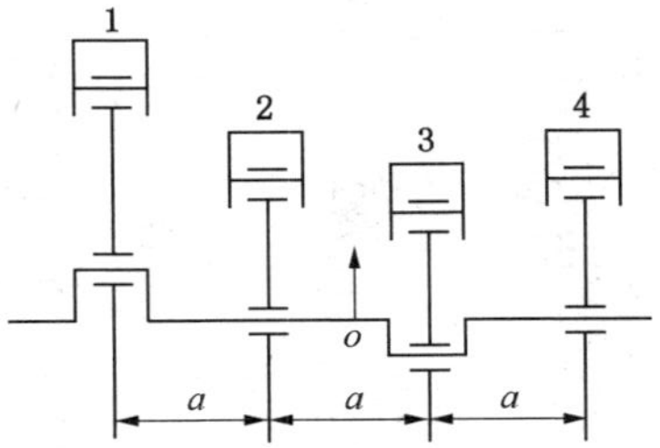	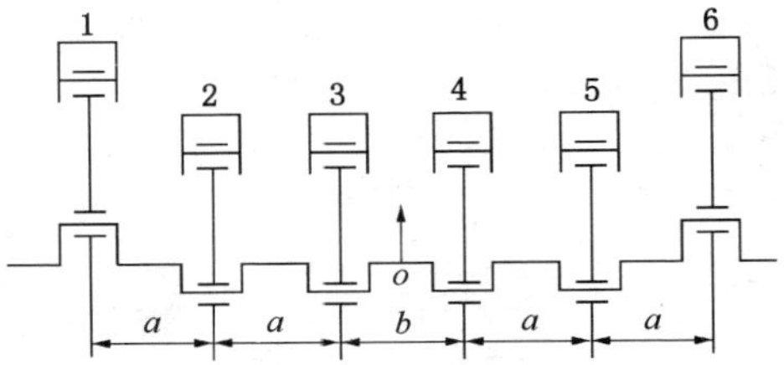
曲柄排列角度示意			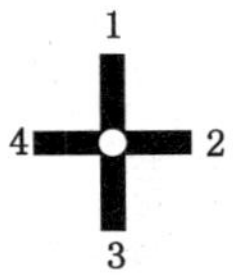	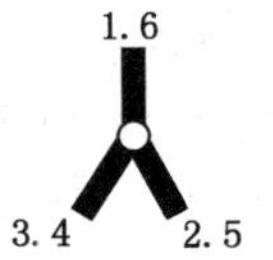
离心惯性力 R_s	0	0	0	0
离心惯性力偶 M_{os}	$m_A r\omega^2$	0	$2\sqrt{2}m_A r\omega^2$	0
一次往复惯性力 R_1	0	0	0	0
一次往复惯性力偶 M_{o1}	$m_B r\omega^2 \cos\omega t$	0	$\sqrt{2}m_B(a+b)\omega^2\cos(\omega t-\pi/4)$	0
二次往复惯性力 R_2	$2\lambda m_B r\omega^2\cos2\omega t$	$4\lambda m_B r\omega^2\cos2\omega t$	0	0
二次往复惯性力偶 M_{oz}	0	0	$2\lambda m_B r\omega^2\cos2\omega t$	0
二次往复惯性力偶 M_{oz}	0	0		0

以求得最后的平衡。

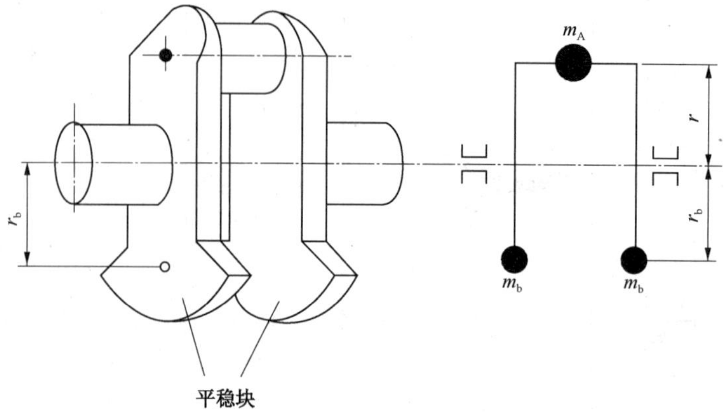

图 9－64　曲柄平衡示意

平衡曲柄滑块机构的一次往复惯性力 F_{1x} 或二次往复惯性力 F_{2x}，常用的方法有三种，分别如下。

（一）半平衡法

如图 9－65 所示，在曲柄的延长线上增加一平衡质量 m_d，使 $m_d r_d = m_B r/2$，则 m_d 产生的回转惯性力在 x 方向上的分力为

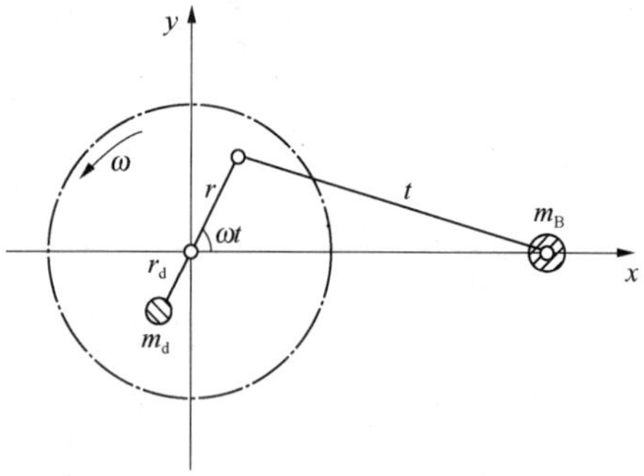

图 9－65　半平衡法

$$F_{dx} = -\frac{1}{2}m_B r\omega^2\cos\omega t$$

它使一次往复惯性力 F_{1x} 减少一半，故称为半平衡法。但同时 m_d 产生的回转惯性力在 y 方向上增加了一个不平衡的惯性力分量，为

$$F_{dy} = -\frac{1}{2}m_B r\omega^2\sin\omega t$$

（二）单轴平衡法

如图 9－66 所示，在半平衡法的基础上，增加与曲柄旋转轴之间的距离为 A_0 的一根平衡轴，故称为单轴平衡法。与曲柄同心的齿轮 z_1 带动平衡轴上齿数相等的齿轮 z_2 等速反向旋转，若在平衡轴上安装另一个大小也为 $m_d r_d$，但与 $m_d r_d$ 对称于 x 轴的不平衡量，因为仍有 $m_d r_d = m_B r/2$，所以这两个质量产生的回转惯性力在 x 轴上的分力之和为

$$F_{dx} = -m_B r\omega^2\cos\omega t$$

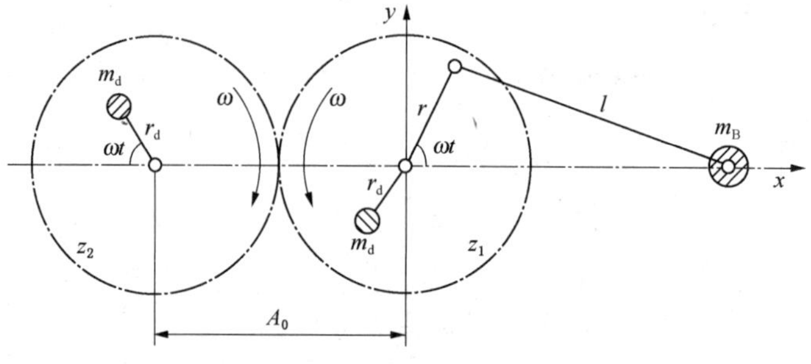

图 9－66　单轴平衡法

此合力正好完全抵消了一次往复惯性力 F_{1x}，而这两个质量产生的回转惯性力在 y 轴上的分力之和为零，但由于两分力不同线，故组成一个力偶，为

$$M_d = \frac{1}{2}m_B r\omega^2 A_0 \sin\omega t$$

可利用此力偶消除连杆惯性力偶 M_1，即令

$$\frac{1}{2}m_B r\omega^2 A_0 \sin\omega t = \gamma\lambda(1-\lambda^2)C\sin\omega t$$

可求出

$$A_0 = \frac{2\gamma\lambda(1-\lambda^2)C}{m_B r\omega^2} \tag{9-56}$$

若按式(9－56)确定两轴中心距 A_0，便可平衡连杆惯性力偶的一阶谐量 M_1。

(三) 双轴平衡法

图 9－67 所示的双轴平衡机构，可以完全平衡一次往复惯性力，与单轴法相比，只不过将原来安置在曲柄上的不平衡量 $m_d r_d$，移动到另一根平衡轴上而已。与单轴平衡法不同的是，此时两块质量产生的回转惯性力，在 y 方向上的分力将完全抵消，不会产生任何力偶，也不可能用来抵消连杆惯性力偶。

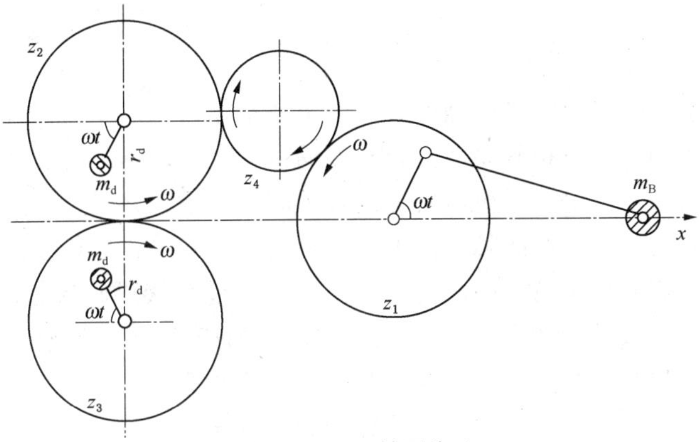

图 9－67　双轴平衡法

图 9－68 所示的双轴平衡机构，可以完全平衡二次往复惯性力，通过齿轮升速机构，使两平衡轴以等角速度 2ω 反向旋转，若每个平衡轴上的不平衡量为 $m_c r_c = \lambda r m_B/8$，则两个质量产生的回转惯性力，在 x 方向上的分力之和，将完全抵消二次往复惯性力 F_{2x}，在 y 方向上的分力之和为零，与图 9－64 所示的机构类似，也不会产生惯性力偶。

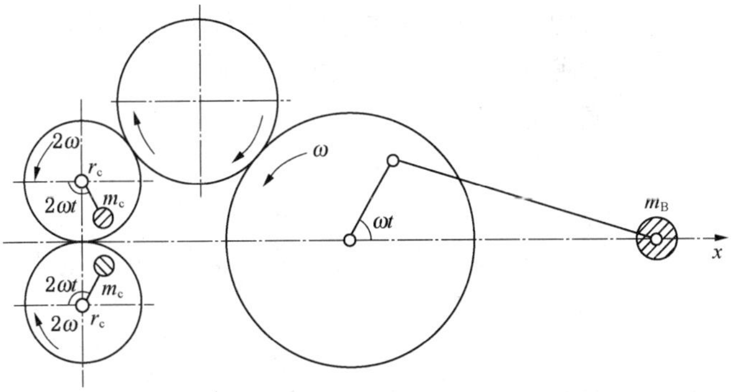

图 9－68　双轴平衡法(可平衡二次往复惯性力)

第十章　压缩机组的状态监测及故障诊断

本章重点介绍和讨论压缩机组的状态监测及故障诊断技术，包括相关基础知识和目前国内应用较广的几种在线监测与分析系统的构成及特点。

第一节　状态监测与故障诊断基础知识

一、设备故障诊断中常用的基本参数

为了准确、有效地掌握机械设备在运行中所处的状态，必须首先取得有关的正确状态信息，这些信息也就是在诊断过程中需要监测的基本参数，其中包括描述振动状态的动态参数、描述位置的静态参数以及其他参数。

1. 动态参数

（1）振幅

振幅是表示机组振动严重程度或烈度的一个重要指标，可以用位移、速度或加速度来表示。根据对振幅的监测，可以很容易地判断机器的振动状态，判断机器是否在平稳地运转。

过去比较常用的方法都是测量机器机壳或轴承座的振幅，并以此作为振幅参数。虽然机壳的振幅能够用于判明某些机械故障，但由于机械结构、安装、运行条件以及机壳的位置和转轴与机壳之间存在着机械阻抗，因此机壳的振动并不能直接反映转轴的振动情况。所以，机壳振动不能认为是故障诊断的最合适参数，但是，机壳振动通常可以作为定期监测的参数，用于早期发现诸如叶片共振、齿轮啮合等高频振动的故障现象。

利用电涡流传感器能够直接测量得到转轴相对于机壳的振动，其振幅为位移，一般以微米(μm)峰－峰值来表示。每一台机组，其振幅都有一个允许的限定值，机组正常运行时要求它的转轴的振幅稳定在这个限定值内。一般来说，振幅值的任何变化都表明了机器的状态发生了改变，并且无论振幅是增大是减小，都应该对机器作进一步的调查。

（2）频率

频率是分析振动原因的重要依据。通常，不同的振动源其振动频率一般也是不同的。对于旋转机械，其振动频率还可用转速的倍数或非倍数来表示，称为阶次，主要原因是机器的振动频率多与转速有关，用这种方法来表示频率非常清晰、简便而且实用。

在机壳振动测量中，振幅和频率是可供测量和分析的主要参数，而且大多数故障现象都与频率有关，所以频率在机壳振幅测量中是非常重要的。但是应当注意，振动频率与故障并非总保持一一对应关系，实际上，一种特定频率的振动往往与一种以上的故障有关。

根据振动频率，可以把振动分为同步振动和非同步振动。同步振动的频率是机器转速的整数倍或分数。

（3）相角

相角是指旋转机械测量中转子某一瞬间的振动基频信号与轴上某一固定标志之间的相位

差。一个完整的相角测量系统能够确定出转子上每一个被测截面的“高点”位置。所谓“高点”可看作轴上的某一点，当该点转到径向振动传感器测点的位置时，振动正好是正峰值。这个“高点”位置的确定是相对于转子上某个固定点而言的。通过确定转子上“高点”的位置，便能够知道转子的平衡状态及残余不平衡量的位置。换句话说，由于转子平衡状态的改变而导致的“高点”改变会显示为相角的改变。

精确的相角测量在转子平衡及分析某些机械故障中是非常重要的，相角测量对于确定转子固有的平衡响应即临界转速也是很有用的。

（4）振动形式

振动形式一般是指以时基图或轴心轨迹图的方式所给出的原始振动波形。它是分析振动数据的最常用的和最简便快速的方法。通过对振动形式的观测，能直接地了解机器的运行状态。

（5）振型

所谓振型是转轴在一定的转速下，沿轴向的一种变形。测量振型的方法是沿转轴的轴向每隔一定的间距放置一组互成90°的 X－Y 传感器，分别测得相应转轴截面的中心线振动情况，综合所测量的这些数据便可得到转轴的振型。振型有助于估算转子与固定部件之间的间隙，并能估算出转轴上的“节点”的位置。

2. 静态参数

（1）轴心位置

轴心位置是对油膜轴承中的转轴振动平衡或稳态位置的测量值。轴心位置的测量能够知道预加负荷状态以及了解轴承是否出现磨损。轴心位置的测量是通过安装在轴承处的监测径向振动的同一个电涡流传感器来完成的，其输出信号的直流成分即代表了轴心位置。

（2）轴向位置

轴向位置是指止推环对止推轴承的相对位置测量值，轴向位置或称轴位移是蒸汽透平和离心压缩机最重要的监测参数之一。

监测轴向位置是通过沿轴向安装至少一个电涡流传感器，最好是安装两个，以便提供可靠的信息。

（3）偏心峰－峰值

偏心峰－峰值是指静态时对转轴在弯曲的测量值。转轴的这种弯曲量可以利用电涡流传感器，在极低转速下测量转轴变化的峰－峰值来表示。对于许多大型机组，只有当偏心峰－峰值处于允计值以下时方可启动，此时无需顾虑因残余弯曲和相应的不平衡引起的密封件与转轴之间的摩擦影响。

（4）差胀

差胀是指机组内缸与转子的相对膨胀，可以用安装在机壳上的电涡流传感器测量得到。对于大型蒸汽透平机组，要求在启动时机壳与转子必须以同样的比率受热膨胀，否则就可能发生轴向动静部分摩擦而使机器受到损坏。

（5）机壳膨胀

对于某些大型机组，除了监测差胀之外，还是监测机壳的膨胀，通常由安装在机壳外部，以地基为基准的线性可变差动变压器（LVDT）来完成测量。

3. 其他参数

（1）转速

转速是指每分钟转轴的转数，单位是 r/min。大多数机组都要求连续显示机组的转速，以便一目了然了解机组的运行工况。

（2）温度

温度也是分析机器某些特定部件状态的重要参数，尤其是轴向和径向滑动轴承中巴氏合金衬套的温度一般都需要长期监测。同时综合分析温度和振动、位置等参数的关系，能更准确地确定机器故障。

此外，还有压力、流量等状态参数，以及磨损残余物，这些参数对综合、全面的监测和分析机器的运行状态也都是必不可少的。

二、典型故障诊断技术和方法简述

设备故障诊断技术和方法很多，而且必须结合设备故障的特点，获取故障征兆信号的有效性，相应地采用不同的诊断技术和方法。下面介绍常用的典型诊断技术和方法。

1. 振动诊断技术

利用正常机器或结构的动态特性(如固有频率、振型、传递函数等)，与异常机器或结构的动态特性的不同，来判断机器或结构是否存在故障的技术叫做振动诊断技术。对于在生产中连续运转的机器设备，根据它在运转中产生的代表其动态特性的振动信号，采用振动诊断技术可以在不停车的条件下实现在线监测和故障诊断；对于静设备和工程结构，可以对它施加激励，然后根据反映其动态特性的响应，采用振动诊断技术可以诊断是否存在损伤或裂纹。振动诊断技术所采用的方法，可以有很多，例如，振动特征分析、振动谱分析、振动倒谱分析、振动包络分析、振动全息踏分析、振动三维图分析、振动时域分析、振动模态分析等。振动诊断技术在设备故障诊断中应用得十分广泛，方便而且可靠，在故障预报中用得较多。

另一方面，在机器产品的无损检验中，振动诊断也有它的特殊地位，例如，在焊接和胶接的质量用超声波或 X 射线透视无法判别的情况下，用振动诊断可以明显地区别开。再例如，铝合金自行车车架是用高强度航空胶粘接的，往往由于粘接表面清理不干净，产生假粘接现象，表面上胶充满粘接空间，而实际是虚粘，若用 X 射线和超声波探测并无异常现象，而用振动诊断却可以很准确地区别出胶接质量的好坏。

2. 声诊断技术

声诊断技术是利用声学原理进行故障诊断的技术，包括声和噪声诊断、超声波诊断和声发射诊断等。

（1）声和噪声诊断法

根据设备在运行中发出的声和噪声来判别其是否发生故障的技术称为声和噪声诊断技术。

利用传声器一类声学传感器采集声音信号，然后进行信号处理，可以进行频谱和倒频谱、频率和倒频率的分析，根据这些分析的图形进行故障诊断。

对于工程结构和机械零部件的损伤常采用敲击声诊断法。

（2）超声波诊断法

回波脉冲法：用一个探头同时发射和接收反射回来的超声波。

穿透传输法：用一个探头发射超声波，另一外探头接受超声波。

共振测量法：利用超声波共振来判别被测物的厚度。

超声波监测常用于管壁腐蚀、铸锻焊件缺陷、柴油机活塞裂纹等关键零件的现场监测。

（3）声发射诊断法

金属材料内部的结晶位错、晶界位移和裂纹发生及发展都要释放弹性波，称为声发射现象，其频率范围为从能听到的声音到超声波，声发射的特点是只有在载荷作用下零件可结构裂纹发生和发展时才有声发射可接收，它是试件本身发射的弹性波。

声发射诊断用于检测和诊断构件的裂纹发生和发展、中子辐射脆化、应变老化、周期性超载焊接质量等。

3. 温度诊断技术

许多机械设备的运行状态与温度有关，例如传热率与温度梯度和原动机与加工设备的性能密切相关，因此，根据系统及其周围环境温度的变化，可以识别系统的运行状态的变化，温度检测技术在机器诊断中是最早采用的一种技术，随着现代热学传感器和检测技术的发明和发展，温度诊断技术已成为故障诊断技术的重要方向。

（1）一般温度监测诊断技术

以温度、温差、温度场的变化为检测目标，采用各种类型的温度传感器，进行不同状态量的比较和分析。

（2）红外监测诊断技术

采用红外测温或红外热成像方法（ITI）进行各种不同状态的识别、分析和诊断。

4. 铁谱分析技术

铁谱分析技术是一种一般的称呼，泛指磨损残粒分析技术或油样分析技术，以机器润滑油中的磨损残粒（磨损残粒简称磨粒）进行分析，是一种不解体的检验方法。

铁谱分析分为采样、检测、诊断、预测和处理 5 个步骤，如图 10－1 所示。

1）采样：必须采集能反映当前机器中零部件运行状态的有代表性的油样；

2）检测：测定油样中磨粒的形态、大小、数量、材料性质、粒度分布等；

3）诊断：初步回答机器的磨损部位的状态是否异常，对异常磨损还要确定是哪些零部件磨损和磨损类型，例如磨损、疲劳剥落等；

4）预测：估计异常磨损的零部件的磨损趋势和今后可能发生的磨损类型；

5）处理：根据预测的情况确定维修的方式、时间和部位。

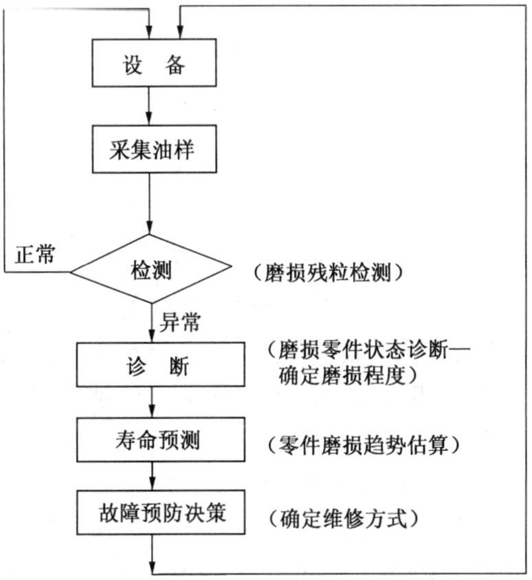

图 10－1　油样分析的步骤

三、设备故障的评定标准

1. 判断标准

为了对设备的状态作出判断，确定是否存在故障及故障的程度，必须对表征机器状态的测量值与规定的标准值进行比较。常用的有 3 种判断标准，即绝对判断标准、相对判断标准以及类比判断标准。

（1）绝对判断标准

它要求在设备在同一部位或按一定的要求

测得的表征机器设备状态的值与某种相应的判断标准相比较，以评定设备的状态。

(2) 相对判断标准

采用这种判断标准时，要求设备的同一部位(同一工况)同一种量值进行测值与初始值进行比较来判断设备状态。

(3) 类比判断标准

若有数台机型相同、规格相同的设备，在相同条件下对它们进行测定，经过相互比较作出判断，用这种方法对机器设备的状态进行评实而制定的标准称作类比判断标准。

2. 旋转机械的绝对判断标准

对旋转机械来说振动是衡量设备状态的重要参数，因而在国际上制定了一系列以振动量为衡量机器状态的国际标准，我国参照国际标准也制定了相应的国家标准。

评定机器振动状态的物理量可以是振动加速度、振动速度或振动位移。在航空工业上习惯用振动加速度，因航空结构振动频率较高，且通过加速度测量可以了解构件的受力情况。对于地面的旋转机械如汽轮发电机组、压缩机组等则以振动位移作为评定的物理量，因为位移可以更直观、更直接地反映转子的运动情况。对于轴承座，国际上规定用振动烈度(振动速度有效量)作为评定的物理量，因为振动烈度反映了振动能量的大小，也就是说，可以从能量的角度直接反映振动物的动强度。

设 $\nu(t)$ 表示振动速度的时间历程，则振动烈度 V_{rms} 可表示为

$$V_{\mathrm{rms}} = \sqrt{\frac{1}{T}\int_0^T \nu^2(t)\,\mathrm{d}t}$$

在利用计算机进行离散化的数据处理时，上式成如下的形式

$$V_{\mathrm{rms}} = \sqrt{\frac{1}{N}\sum_{i=1}^{N} \boldsymbol{v}_i^2}$$

其中，N 为采样点数；V_i 为速信号离散化后的样本值。

若由频谱分析得到了角频率为 ω_j 时的加速度峰值 a_j，或速度峰值 V_j，或位移峰值 $d_j(j=1,2,\cdots,N)$，则振动速度有效值可用下式表示

$$\begin{aligned} V_{\mathrm{rms}} &= \sqrt{\frac{1}{N}[(a_1/\omega_1)^2 + (a_2/\omega_2)^2 + \cdots + (a_{\mathrm{N}}/\omega_{\mathrm{N}})^2]} \\ &= \sqrt{\frac{1}{N}[(d_1\omega_1)^2 + (d_2\omega_2)^2 + \cdots + (d_{\mathrm{N}}\omega_{\mathrm{N}})^2]} \\ &= \sqrt{\frac{1}{N}(\nu_1^2\nu_2^2 + \cdots + \nu_n^2)} \end{aligned}$$

由上式可知，振动烈度反映的是各次谐分量振动能量之均方根值，不受其相互之间相位差影响，因此各次谐分量的变化都会在振动烈度上反映出来。

旋转机械振动的评定除上述按轴振幅及轴承振动烈度作为评定值外，也可以按轴承振幅进行评定。

(1) 按轴承振幅的评定标准

这是一种比较早期用的评定方法，使用较方便，由于在国内使用多年，大家比较习惯，目前仍在沿用。1969 年国际电工委员会(IEC)推荐了电厂汽轮发电机组的振动标准，如表 10－1所示。

表 10－1　IEC 振动标准

转速/(r/min)	1000	1500	1800	3000	3600	6000	1200
在轴承上测量值/μm	75	50	42	25	21	12	6
在靠近轴承的轴上测量值/μm	150	100	84	50	42	25	12

我国原水电部规定的评定汽轮发电机组等级的标准与 IEC 标准基本相符，如表 10－2 所示。

表 10－2　我国原水电部规定的振动标准　μm

转速/(r/min)	优	良	合　格
1500	30 以下	50 以下	70 以下
3000	20 以下	30 以下	50 以下

(2) 按轴承振动烈度的评定标准

国际标准化组织 ISO 曾颁布了一系列振动标准作为机器质量评定的依据。

1) ISO2372 于 1974 年正式颁布，适用于工作转速为 600～12000r/min，在轴承盖上振动频率在 10～1000Hz 范围内的机器振动烈度的等级评定。该标准中将机器分成 4 类：

① Ⅰ类为固定的小机器或固定在整机上的小电机，功率小于 15kW；

② Ⅱ类为没有专用基础的中型机器，功率为 15～75kW，刚性安装在专用基础上功率小于 300kW 的机器；

③ Ⅲ类为刚性或重型基础上的大型旋转机械，如透平发电机组；

④ Ⅳ类为轻型结构基础上的大型旋转机械，如透平发电机组。

每类机器都有 A、B、C、D 4 个品质级。各类机器同样的品质级所对应的振动烈度范围是相互交错的，见表 10－3。

A 级：优良，振动在良好限值以下，振动状态良好。

B 级：合格，振动在良好限值和报警值之间，机组振动状态是可接受的(合格)，可长期运行。

C 级：尚合格，振动在报警限值和停机限值之间，机组可短期运行，但必须加强监测并采取措施。

D 级：不合格，振动超过停机限值，应立即停机。

表 10－3　ISO 2372 推荐的各类机器的振动评定标准

振动烈度及范围		品 质 级			
振动烈度/(mm/s)	分贝(dB)	Ⅰ	Ⅱ	Ⅲ	Ⅳ
0.18～0.28 0.28～0.45 0.45～0.71	85～89 89～93 93～97	A	A	A	A
0.71～1.12 1.12～1.8	97～101 101～105	B	B	B	B

续表

振动烈度及范围		品 质 级			
振动烈度/(mm/s)	分贝(dB)	Ⅰ	Ⅱ	Ⅲ	Ⅳ
1.8 ~ 2.8 2.8 ~ 4.5	105 ~ 109 109 ~ 113	C	C	C	C
4.5 ~ 7.1 7.1 ~ 11.2 11.2 ~ 18 18 ~ 28 28 ~ 45 45 ~ 71	113 ~ 117 117 ~ 121 121 ~ 125 125 ~ 129 129 ~ 133 133 ~ 139	D	D	D	D

注：振动烈度以 dB 表示时，采用 $V_{rms} = 10^{-5}$ mm/s 作为参考值。

振动烈度以人们可感觉的门槛值 0.071mm/s 为起点，并将 0.071 ~ 71mm/s 的范围内分为 15 个量级，相邻两个烈度量级的比约为 1.6，即相差 4dB。

2）ISO3945 标准是针对大型旋转机械现场振动烈度测量和评定的，1985 年颁布了新的版本，包括电动机、发电机、汽轮机、燃气轮机、涡轮压缩机、涡轮泵和风机等。在规定评定准则时，考虑机器性能、机器振动引起的应力和安全运行需要，同时也考虑了机器振动对人及周围环境的影响以及测量仪表的特性因素。

通常在机器表面测得的机械振动，是机器在振动应力或运动状态的一种反映。一般来说，控制机器的振动烈度，就有可能有效地控制机器的振动应力。因此在工业实际中，只需按规定进行简单的测量，就能比较可靠地作出与实际经验相一致的评价。

显然，在机器在表面的机械振动，并不是在任何情况下都能代表键零部件的实际振动应力、运动状态或机器传递给周围结构的振动力。在有特殊要求时，应测量其他参数。

表 10 - 4 给出了功率大于 300kW、转速为 600 ~ 12000r/min 大型旋机械的振动烈度的评定等级。

表 10 - 4　ISO 3945 评定等级

振 动 烈 度		支 承 类 型	
振动烈度/(mm/s)	分贝(dB)	刚性支承	挠性支承
0.46 ~ 0.71 0.71 ~ 1.12 1.12 ~ 1.8	93 ~ 97 97 ~ 101 101 ~ 105	良好	良好
1.8 ~ 2.8 2.8 ~ 4.6	105 ~ 109 109 ~ 113	满意	满意
4.6 ~ 7.1 7.1 ~ 11.2	113 ~ 117 117 ~ 121	不满意	不满意
11.2 ~ 18.0 18.0 ~ 28.0 28.0 ~ 71.0	121 ~ 125 125 ~ 129 129 ~ 139	不允许	不允许

标准所规定的振动烈度评定等级决定于机器系统的支承状态，它分为刚性支承和挠性支承两大类，相当于 ISO 2372 中的Ⅲ与Ⅳ类。对于挠性支承，机器—支承系统的基本

固有频率低于它的工作频率，而对于刚性支承，机器—支承系统的基本固有频率高于它的工作频率。

在具体应用该标准对机组振动进行评定时应注意有关运行条件、测点布置、校准及有关振动环境的确定。GB 11347—89 的规定与 ISO 3945 基本相同。

（3）按轴振幅的评定标准

轴振动的测量与评定标准首先由德国 DIN 提出，现已成为国际标准 ISO 7919。目前 ISO 7919/1 转轴振动的测量与评定——第一部分：总则于 1986 年正式颁布。ISO/DIS 7919—2 旋转机器轴振动的测量与评定——第二部分：大型汽轮发电机组应用指南于 1987 年制定，它规定了 50MW 以上汽轮发电机组轴振限值，见表 10－5 和表 10－6，分别适用于轴的相对振动与轴的绝对振动。

表 10－5　汽轮发电机组轴相对振动的限值(位移峰－峰值)　　μm

级　段	转速/(r/min)			
	1500	1800	3000	3600
	轴的最大相对振动位移			
A	100	90	80	75
B	200	185	165	150
C	300	290	260	240

表 10－6　汽轮发电机组轴绝对振动的限值(移峰－峰值)　　μm

级　段	转速/(r/min)			
	1500	1800	3000	3600
	轴的最大相对振动位移			
A	120	110	100	90
B	240	220	200	180
C	385	350	300	290

表中级段 A，B，C 的定义与前述相同。轴振动的测量应用电涡流传感器。

有关轴承座与轴振动评定标准的几点说明：

1）根据 ISO 2372 及 ISO 7919 的规定，应用中应注意以下两个准则：

准则一：在额定转速下整下负荷范围内的稳定工况下运行时，各轴承座和轴振动不超过某个规定的限值。

准则二：即使轴承座或轴的振动幅值合格，但变化量超过报警限值的 25%，且不论变大还是变小都要报警。因为振动变化大意味着机组可能有故障，特别是振动变化较大、变化较快时更应注意。

2）根据我国情况，功率在 50MW 以下的机组一般只测量轴承振动，不要求测量轴振动。功率在 200MW 以上的机组要求同时测量轴承座振动和轴振动。功率大于 50MW，小于 200MW 以上的机组要求测量轴承座振动，而在有条件情况下或在新机组启动及对机组故障分析时，则测量轴振动。

3）轴承座振动与轴振动之间一般不存在一种固定的比例关系。这是因为两者振动与很多因素有关，如油膜参数、轴承座刚度、基础刚度等，一般可根据统计资料给出一个比例的变化范围。根据 ISO 资料，机组轴振动与轴承座振动的比例一般为 2～6。

4）关于机组振动限值的规定，英、美、德、瑞曲等国曾做过大量机组现场振动普查工作。根据 ISO 标准，结合我国具体情况，也制定了相应标准。国外有的公司也制定了公司的标准，一般来说比 ISO 规定的要更严一些。

（4）其他相关标准

1）日本标准

1973 年日本通产省对 400MW 以上的汽轮发电机组报警限值作出规定，见表 10－7。

1974 年日本电气协会 JEAC－3717 将上述规定的适用范围扩大至 10MW 以上机组，并对停机限值作出规定，见表 10－8。

表 10－7　日本 400MW 以上机组报警限值(位移峰－峰值)　μm

测定位置		轴承座		轴	
额定转速(r/min)		3000 或 3600	1500 或 1800	3000 或 3600	1500 或 1800
报警限值	在额定转速以下	75	105	150	210
	在额定转速以上	62	87	125	175

表 10－8　10MW 以上机组振动的停机限值(位移峰－峰值)　μm

额定转速/(r/min)	轴	轴承座	4000≤额定转速＜6000	200	100
额定转速＜2000	350	175	6000≤额定转速＜1000	150	75
2000≤额定转速＜4000	250	125	1000≤额定转速	125	62

2）美国标准

美国石油协会 API－622 标准规定，石油精炼通用蒸汽轮机轴承附近的轴振动测量值 S_{P-P}不应超过下述限值或者 2miI。

$$S_{P-P} = \sqrt{\frac{12000}{n}}\text{mil} = \frac{2782}{\sqrt{n}}\mu\text{m}$$

式中，n 为转速，(r/min)；1mil＝25.4μm。

美国西屋公其 300MW 机组制定的振动标准值如表 10－9 所示。

表 10－9　美国西层公司 300MW 机组的振动标准

品　质	良　好	合　格	报　警	停　机
轴绝对振动位移/mil	＜3	＜5	＜5	＜10

德国 VD 12059 标准规定了 3 个界限值。

$$S_{P-Pmax.A} = \frac{4200}{\sqrt{n_{max}}}\mu\text{m}\quad 良好界限值$$

$$S_{P-Pmax.B} = \frac{7875}{\sqrt{n_{max}}}\mu\text{m}\quad 报警界限值$$

$$S_{P-Pmax.C} = \frac{11550}{\sqrt{n_{max}}}\mu\text{m}\quad 停机界限值$$

式中，n_{max}为最大工作转速。

我国制定的 JB 4057 中对工业汽轮机也参考了上述标准。

四、状态监测常用传感器

（一）压电式加速度传感器

压电式加速度传感器又称压电加速度计，它是利用某些晶体材料的压电效应制成的，它的输出电量正比于被测物体的振动加速度值。

由于压电式加速度传感器具有体积小、重量轻、频率范围宽、灵敏度高、工作稳定可靠等优点，一直是振动测量中使用最多的传感器。特别是近年来与其配套的后续仪器（如电荷放大器、恒流源等）制造技术水平和性能日益提高，这种传感器的总体性能也不断提高，应用范围也越来越广泛。

1. 压电效应和压电晶片

某些物质，如石英、钛酸钡等，当受到外力作用时，不仅几何尺寸发生变化，而且内部极化，表面上有电荷出现，形成电场。外力去掉后，又恢复到原来状态。这种现象称为压电效应。

具有压电效应的材料称为压电材料，常见的压电材料有两类，即压电单晶体，如石英、酒石酸钾钠等；多晶压电陶瓷，如钛酸钡、锆钛酸铅等。

石英（SiO_2）晶体结晶形状为六角形晶柱，如果从晶体中切下一个平行六面体，这个晶片在正常状态下不呈现电性。当施加外力时，其电荷分布在垂直于 x 轴的平面上。如图 10－2 所示，沿 z 轴方向施加力产生纵向压电效应，沿 y 轴加力产生横向压电效应，沿相对两平面加力产生切向压电效应。

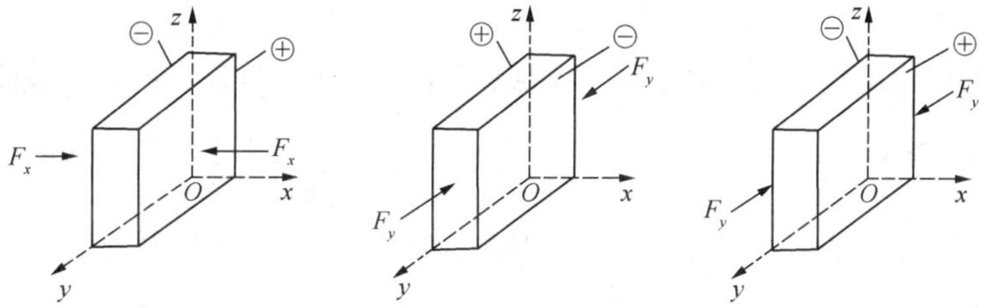

（a）纵向效应　　（b）横向效应　　（c）切向效应

图 10－2　压电效应模型

在压电晶片的两个工作面上进行金属蒸镀，形成金属膜，构成两个电极，如图 10－3 所示。当晶片受到外力作用时，在两个极板上积聚数量相等而极性相反的电荷，形成了电场。因此压电传感器可以看作是一个电荷发生器，也是一个电容器。

实际压电传感器中，往往用两个或两个以上的晶片进行并接或串接，以适应不同的使用要求，并接可以输出较大的电荷量，而串接可以输出较高的电压。

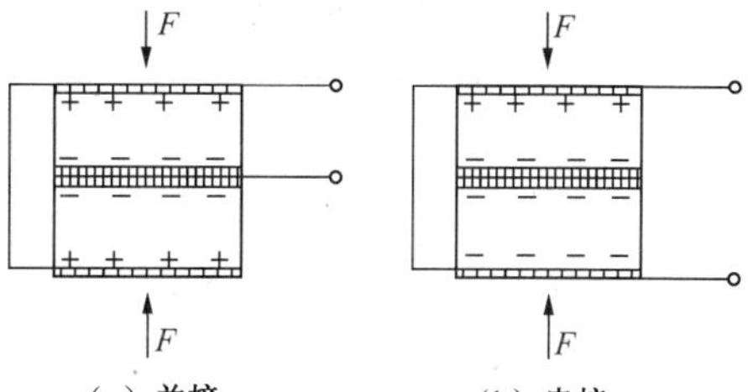

（a）并接　　（b）串接

图 10－3　压电晶片

2. 结构型式

常用的压电式加速度传感器分为压缩式和剪切式两种，如图 10－4 所示，压缩式以外缘固定型[图 10－4(a)]、中心固定型[图 10－4(b)]、倒置中心固定型[图 10－4(c)]3 种结构较为常用；剪切式以环状剪切型[图 10－4(d)]和三角剪切型[图 10 -4(e)]结构较为常用。

压电式加速度传感器主要由 4 部分组成，即由压电元件 P、惯性质量块 M、弹簧 S 和附加元件 B(基座、外壳等)组成。在压电晶体片两面镀上银层并在银层上引线，压缩式加速度计有两个或多个压电片 P 放在一个高密度合金块 M 下面，并通过强弹簧 S 压紧在一个相当厚的金属基座 B 上，构成一个振动系统。在一定的频率范围内，压电片所呈现的电荷量和加速度计所承受的加速度成正比。

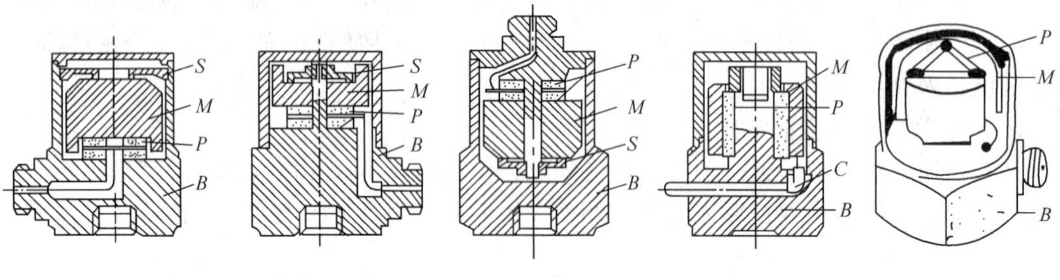

（a）外缘固定型　（b）中间固定型　（c）倒置中间固定型　（d）环状剪切型　（e）三角剪切型

图 10 -4　压电式加速度计的构造

剪切型加速度传感器是指传感器和被测物体一起振动时，其内部的压电材料受到剪切变形而呈现电荷。环状剪切形的压电材料 P 制成圆筒状，并粘结在中心架上，而外圆周再粘结一个圆筒状的质量块 M。三角剪切形有一个三角形中心杆，杆的每一边有压电材料 P 和质量块 M，外面再用一个预紧筒以较大的压力将其夹紧，当传感器沿其中线振动时，压电片剪切变形而产生电荷。

剪切型压电加速度传感器可以较好地避免外界条件变化的影响，具有较高的灵敏度和共振频率，并有利于结构的小型化。

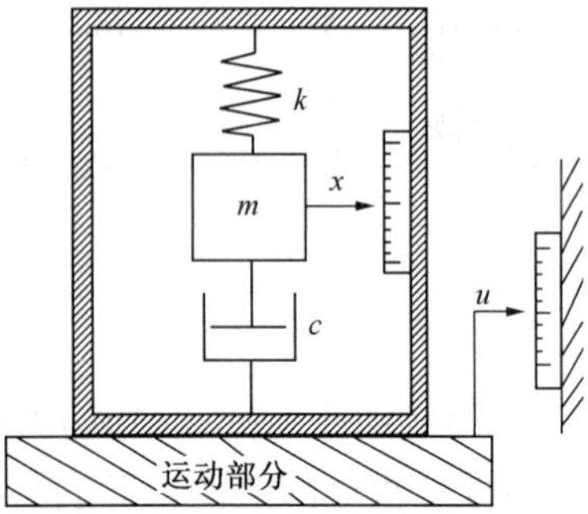

图 10 -5　压电加速度传感器力学模型

3. 工作原理与特性曲线

下面以压缩型压电加速度传感器为例介绍其工作原理。

图 10 -5 为压电加速度传感器的力学模型。

设 k 简化的弹簧刚度，它是预压弹簧刚度 k_1 与压电片等效刚度 k_2 之和。质量 m 为质量块质量和压电晶体片质量之和，c 为系统的等效阻尼。

设加速度传感器的基座随被测物体的绝对运动规律为“ =u0cos ~0t，质量块相对于基座的强迫振动规律为 $x=X\cos(wt-0)$ 根据牛顿第二定律质量运动方程可以推得：

$$X = \frac{\left(\frac{\omega}{\omega_n}\right)^2}{2\sqrt{\left[1-\left(\frac{\omega}{\omega_n}\right)^2\right]^2-\left(2\zeta\frac{\omega}{\omega_n}\right)^2}}u_0 \qquad (10-1)$$

$$\theta = \arctan\frac{2\zeta\frac{\omega}{\omega_n}}{1-\left(\frac{\omega}{\omega_n}\right)^2} \qquad (10-2)$$

式中　ω_n——无阻尼固有频率，$\omega_n=\sqrt{k/m}$；

ζ——简化系统的阻尼比，$\zeta=\dfrac{c}{2\sqrt{km}}$；

θ——质量块的位移与基座位移之间的相位差；

u_0——传感器基座位移幅值。

由此可得质量块的相对位移幅值 X 与被测物体的绝对加速度幅值 A 之间的关系为

$$\frac{X}{A}=\frac{1}{\omega_n^2\sqrt{\left[1-\left(\dfrac{\omega}{\omega_n}\right)^2\right]^2+\left(2\zeta\dfrac{\omega}{\omega_n}\right)^2}} \tag{10-3}$$

X 与 A 之间的相位差为

$$\varphi=\arctan\frac{2\zeta\dfrac{\omega}{\omega_n}}{1-\left(\dfrac{\omega}{\omega_n}\right)^2} \tag{10-4}$$

以式(10－3)作出的曲线称为传感器的幅频特性；以式(10－4)作出的曲线表示质量块相对于基座位移与绝对加速度的相位滞后，称为传感器的相频特性，如图 10－6 所示。

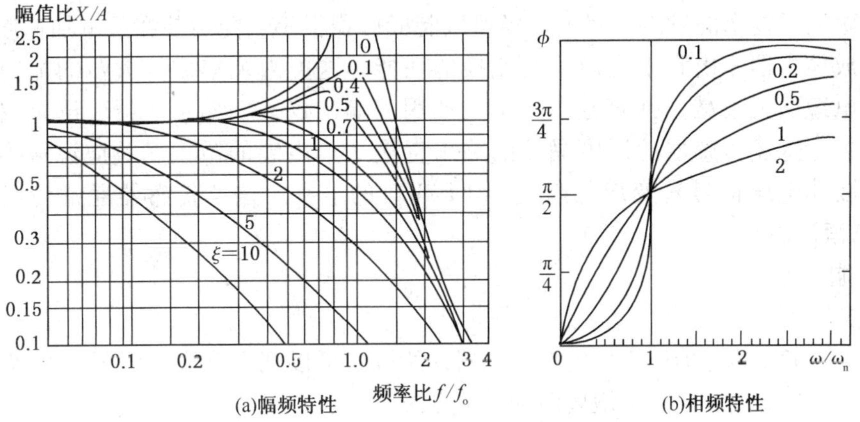

图 10－6　相对位移与绝对加速度之间关系

相对位移 X 就是压电元件在质量块的惯性力 F 作用下所产生的变形，可以推得，加速度传感器的固有频率远远大于其工作频率时，则相对位移的幅值 X 正比于被测正弦振动加速度幅值 A，而两者之间的相位差趋近于零度。

由此可见，对于给定的加速度传感器和测量系统，传感器的电荷输出量 Q 正比于被测振动的加速度幅值 A。

4. 测量电路

由于压电式传感器的输出电信号是很微弱的电荷，而且传感器本身有很大内阻，故输出能量甚微，这给后续测量电路带来一定困难。为此，通常把传感器信号先输到高输入阻抗的前置放大器，经过阻抗变换以后，再用一般的放大、检波电路将信号输给指示仪表或记录器。

前置放大器的电路有两种形式，一种是用电阻反馈的电压放大器，其输出电压与输入电压(即传感器的输出)成正比；另一种是带电容反馈的电荷放大器，其输出电压与输入电荷

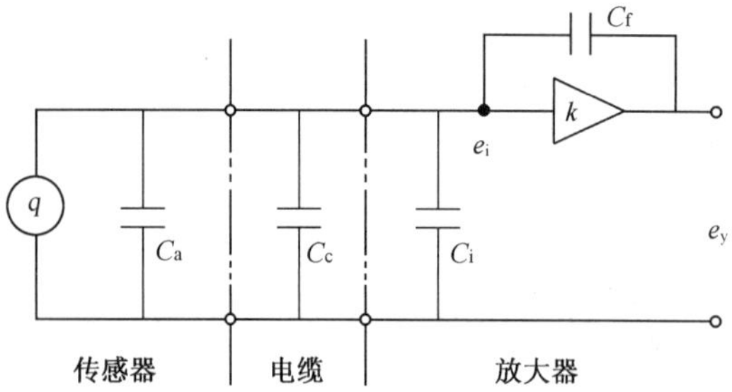

图 10-7 电荷放大器等效电路

成正比。电压放大器与电荷放大器相比，电路简单，价格便宜，但电缆分布电容对传感器测量精度影响很大，因此限制了其应用。电荷放大器电路比较复杂，但电缆长度变化的影响几乎可以忽略不计，而电荷放大器的应用日益增多。

电荷放大器是一个高增益带电容反馈的运算放大器，当略去传感器漏电电阻及放大器输入电阻时，它的等效电路如图 10-7 所示。忽略漏电电阻，假定电荷放大器开环放大倍数为 k，则

$$e_y = \frac{-Kq}{(C + C_f) + KC_f} \tag{10-5}$$

如果放大器开环增益足够大，则 $KC_f \geqslant (C + C_f)$，上式可简化为

$$e_y \approx \frac{-q}{C_f} \tag{10-6}$$

式 10-6 表明，在一定条件下，电荷放大器的输出电压与传感器的电荷量成正比，并且与电缆分布电容无关。因此，采用电荷放大器时，即使连接电缆长度达百米以上时，其灵敏度也无明显变化，这是电荷放大器突出的优点。

随着微电子技术的发展，目前已经可以制成体积很小、能封装在压电加速度传感器壳体内的集成放大器，由它来完成阻抗变换的功能。这类内装集成放大器的加速度传感器可使用长电缆而无衰减，并直接与大多数通用的输出仪表，如示波器、记录仪、数字电压表等连接。这类传感器的压电晶体的输出直接送给内装的微型场效应源输出电路，将高阻抗的晶体电压信号转变成低阻抗（约 100Q）的电平。这类传感器通常使用专用电源（4～20mA恒流源）。

5. 性能指标

（1）灵敏度

压电式加速度传感器属于发电型传感器，所以，可以把它看成电压源或电荷源。因此，灵敏度有电压灵敏度和电荷灵敏度两种表示方式。

电压灵敏度定义为传感器输出电压与所承受的加速度之比，即 $S_u = \frac{U_a}{A}$。常用传感器一般为 0.04～1000mV/(m/s^2)。

电荷灵敏度定义为传感器输出电荷与所承受的加速度之比，即 $S_q = \frac{Q}{A}$，常用传感器一般为 0.1～500pC/(m/s^2)。

（2）横向灵敏度

对于一个理想的压电加速度传感器来说，只有当传感器沿轴向振动时，压电材料受变形而呈现电荷，才有信号输出，而在其他方向的振动，应该没有信号输出，然而实际的传感器并非如此，因此需要了解其横向灵敏度。

横向灵敏度是与加速度传感器轴向成直角方向的振动所输出的电压或电荷量。

横向灵敏度通常用传感器主轴方向灵敏度的百分数来表示，并且要求尽可能地小。对于一个良好的加速度传感器，它的最大横向灵敏度应小于主轴方向灵敏度的 3%。

(3) 幅频特性

图 10－8 所示为压电加速度传感器的幅值灵敏 S。随频率变化的情况，即传感器的幅频特性。由图示可知，曲线的上限受到加速度传感器固有频率的限制。

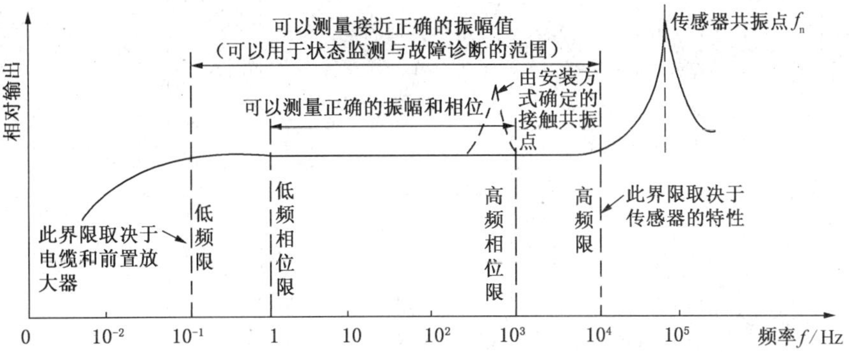

图 10－8　加速度传感器的幅频特性

通常传感器仅使用频响特性的直线部分，因此有效工作频率上限远低于其共振频率叫。一般测量的上限频率取传感器固有频率的 1/3，这时测得的振动值误差不大于 12%（约 1dB）。对于灵敏度较高的通用型加速度传感器，其固有频率在 30kHz 左右，测量上限频率约为 10kHz。轻小型加速度传感器的固有频率可高达 180kHz，因此频率上限可达 60kHz 左右。

当然，对于某些着重考虑重复性而对线性度要求不高的场合，例如振动测量用于机器设备监测时，所采用的频率范围可适当放宽一些。

6. 传感器的使用与安装

由加速度传感器的幅频特性和相频特性可知，传感器的使用上限频率应远远低于传感器的一阶共振频率。一般来讲，为保证测量精度，加速度传感器的使用上限频率应小于传感器一阶共振频率的 1/3。而实际使用时，传感器的一阶共振频率取决于在被测物体上的固定方式。固定方式决定了一阶共振频率，直接影响到测量的结果。

表 10－10 加速度传感器的安装方法及特性。

表 10－10　加速度传感器的安装方法及工作特性

序号	安装方法	特　点	工作特性
1	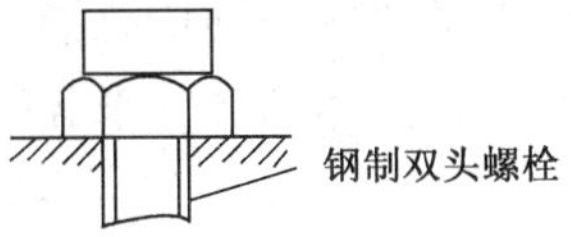	最好的安装法，按频率特性大体可将传感器与被测物体看成为整体	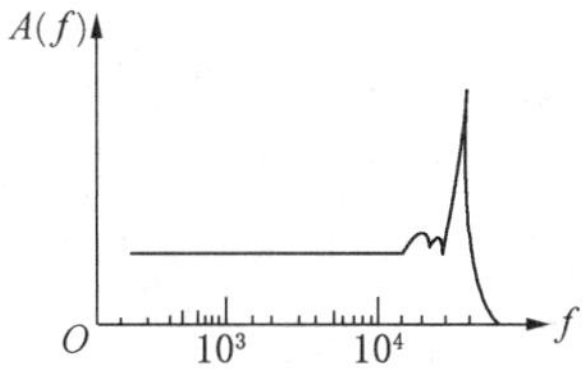
2	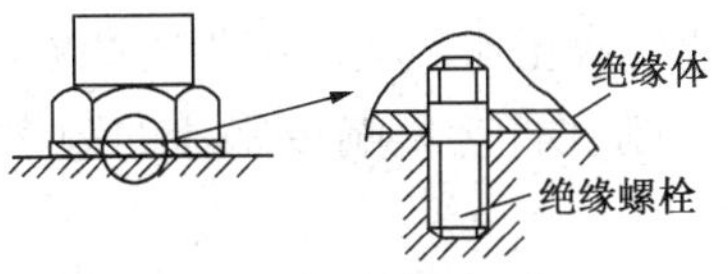	用绝缘螺栓固定，特点和钢制双头螺栓一样，用于需要电气绝缘时	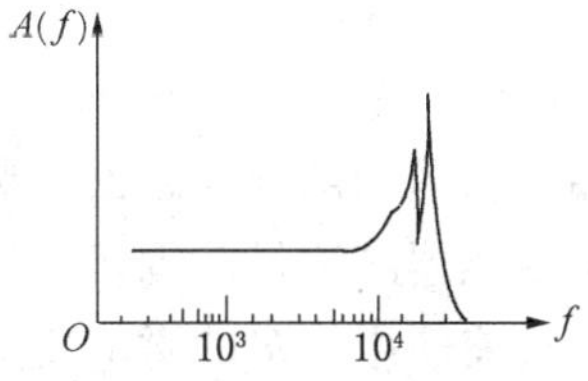

序号	安装方法	特　点	工作特性
3	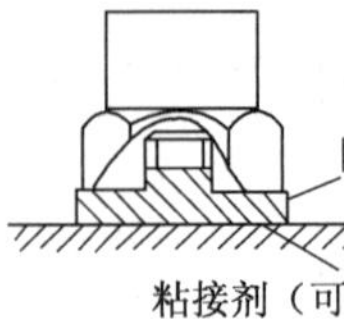	用粘接剂固定，和绝缘法一样，频率特性良好，可达到 10kHz 水平	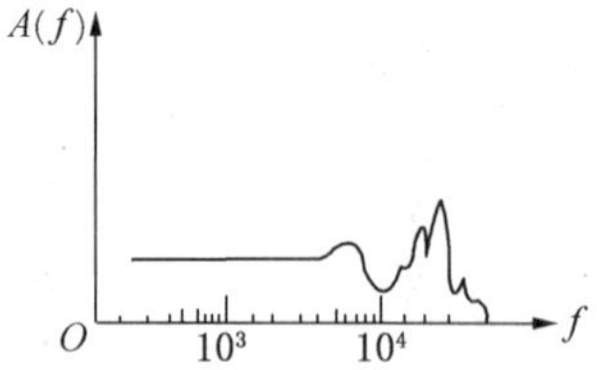
4	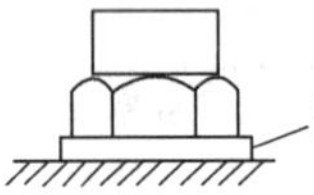	用蜡固定，频率特性好，但不耐温	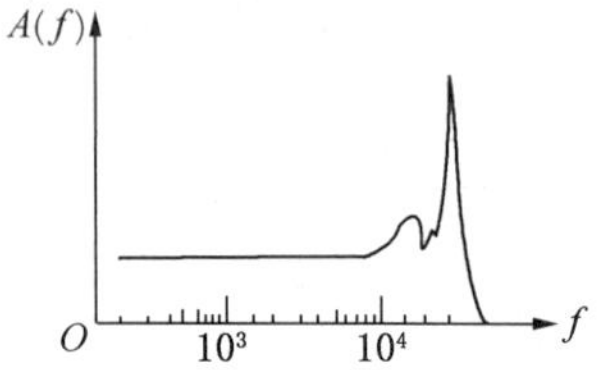
5	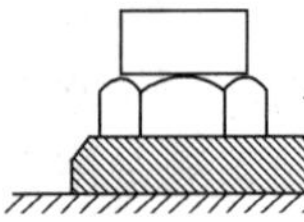	用磁性固定，仅适用于 1 ~ 2kHz 的频率	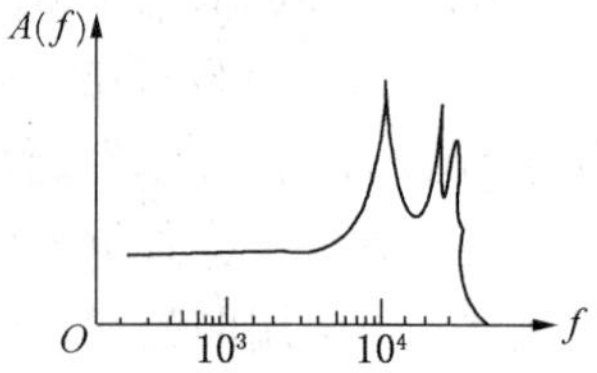
6	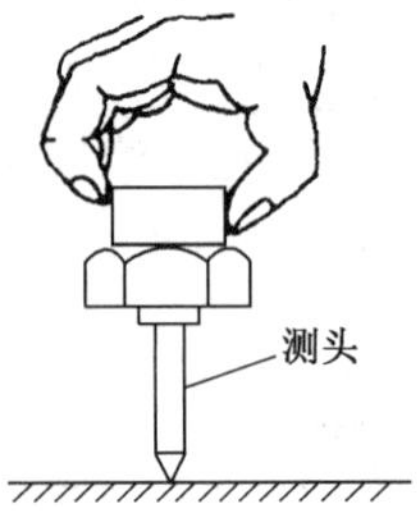	用手按住，仅适用于数百赫的频率	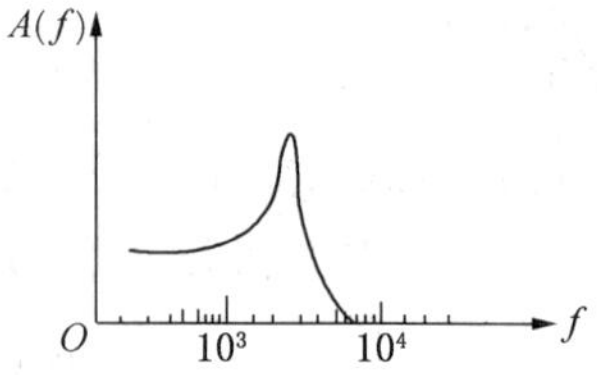

（二）磁电式速度传感器

磁电式速度传感器是把被测物体的振动速度转换为感应电动势的一种传感器，它的输出电压与被测对象的振动速度成正比。常用的磁电式速度传感器按其运动部件来分有动圈式和动磁式，按其测量方式来分有惯性式和相对式。

1. 结构型式

磁电式速度传感器包括磁路系统、惯性质量、线圈和弹簧阻尼系统等。磁路系统用以产生恒定的直流磁场，为减小体积，一般采用永久磁铁。线圈在磁场中切割磁场产生感应电动势，而感应电动势与磁通变化率或线圈与磁场相对运动速度成正比。运动部件为线圈的称为动圈式，运动部件为磁铁的称为动磁式。弹簧阻尼系统的刚度直接影响传感器的频率响应，决定传感器的测量范围。

目前使用较多的磁电式速度传感器的结构形式有线圈活动型、磁铁活动型，可以构成绝对式和相对式速度传感器。

(1) 绝对式速度传感器

图 10-9 是 CD-1 型磁电式绝对速度传感器(速度拾振器)的结构,它的壳体与磁钢构成一体,并在它们之间的气隙形成强磁场。芯轴、线圈和阻尼环构成惯性系统的质量块,并用两弹簧片支持在壳体中。沿径向弹簧片有很大的刚度,能可靠地保持线圈的径向位置;沿轴向弹簧片的刚度很小,以保证惯性系统具有较低的固有频率。当速度传感器承受沿其轴向的振动时,包括线圈在内的"质量块"与壳体发生相对运动,线圈在壳体和磁钢之间的气隙中切割磁力线,产生感应电动势 e,感应电动势 e 的大小与相对速度成正比。如前所述,当 $\omega \gg \omega_n$ 时,相对速度可以看成壳体的绝对速度,所以,输出电压实际上与壳体的绝对速度成正比。

阻尼环一方面可以增加质量块的质量,另一方面利用这样的闭合铜环在磁场中运动将产生一定的阻尼作用,使振动系统有较大的阻尼率,以减小共振对测量精度的影响,并能扩大速度拾振器的频率范围,同时有助于衰减意外引起的自由振动和冲击。

(2) 相对式速度传感器

磁电式传感器也常用来将两被测物体之间的相对速度变换成电压信号,这种相对速度传感器的结构如图 10-10 所示。使用时,壳体固定在一个被测件上,而顶杆压在另一个被测件上,两被测件之间的相对速度就被变换成线圈与壳体和磁钢之间的相对速度,而最终在线圈中产生与相对速度成正比的电动势。由于顶杆是靠预加的弹簧力顶在被测件上的,因此拾振器正常工作时顶杆不能与被测件脱开,这就要求预加弹簧力必须大于线圈—顶杆组件的惯性力。这种传感器能够测量的最大振幅将随振动频率的增加而急剧减小。

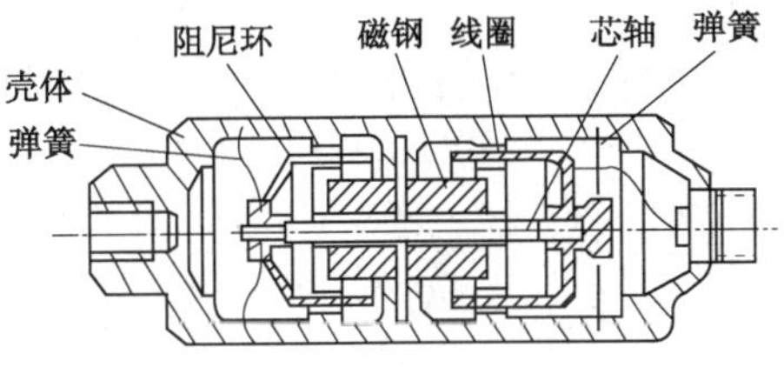

图 10-9 磁电式速度传感器

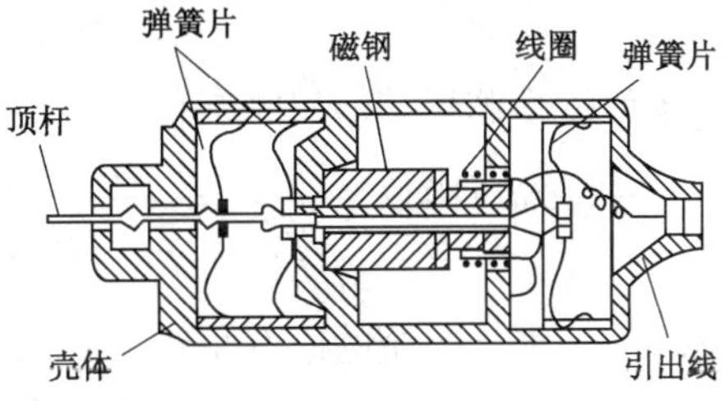

图 10-10 磁电式相对速度传感器

2. 工作原理与特性曲线

由电工学可知,对于一个匝数为 W 的线圈,当穿过该线圈的磁通量 ϕ 发生变化时,其感应电动势

$$e = -W\frac{\mathrm{d}\Phi}{\mathrm{d}t} \qquad (10-7)$$

由此可见,线圈感应电动势的大小取决于匝数和穿过线圈的磁通量变化率。磁通量变化率与磁场强度、磁路磁阻、线圈的运动速度有关,若改变其中一个因素,都会改变线圈的感应电动势。

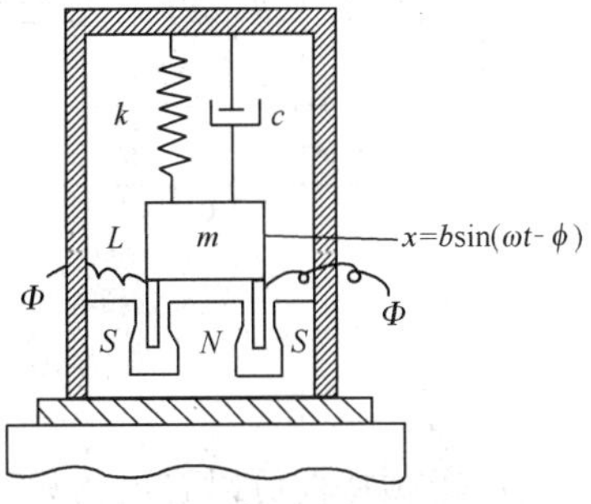

图 10-11 动圈式速度传感器模型

动圈式速度传感器的模型如图 10-11 所示,其惯性质量 m 下有一线圈 L,当传感器与被测物体一起振动时,m 相对于外壳的运动为 $z = b\sin(\omega t - \varphi)$,即在永久磁铁的

磁路缝隙中按此规律运动。根据电磁感应原理，线圈中将产生与相对运动速度 $\mathrm{d}x/\mathrm{d}t$ 成正比的电动势 e，即

$$P = WBL(\mathrm{d}x/\mathrm{d}t)\sin\theta = WBLv\sin\theta \tag{10-8}$$

式中 W——线圈匝数；

B——磁场的磁感应强度；

L——单线圈的有效长度；

v——线圈与磁场的相对运动速度；

θ——线圈运动方向与磁场方向的夹角。

由上式可知，当传感器结构一定时，B、W、L 均为常数，因此感应电动势 e 与线圈相对于磁场的运动速度 v 成正比，测得 e 值便可求得振动速度值。

在实际工程中，应用较多的是绝对式速度传感器，又称惯性式速度传感器。下面以此为例来分析其幅频特性和相频特性。

绝对式速度传感器与压电加速度传感器同属惯性式传感器，参考压电加速度传感器幅频特性、相频特性分析过程，可以得到绝对式速度传感器的幅频特性 $A(\omega)$、相频特性 $\varphi(\omega)$

$$A(\omega) = \frac{\left(\frac{\omega}{\omega_n}\right)^2}{\sqrt{\left[1-\left(\frac{\omega}{\omega_n}\right)^2\right]^2+\left[2\zeta\left(\frac{\omega}{\omega_n}\right)\right]^2}} \tag{10-9}$$

$$\varphi(\omega) = -\arctan\frac{2\zeta\left(\frac{\omega}{\omega_n}\right)^2}{1-\left(\frac{\omega}{\omega_n}\right)^2} \tag{10-10}$$

式中 ω——被测振动的角频率；

ζ——简化阻尼系数，$\zeta=\dfrac{c}{2\sqrt{mk}}$。

ω_n——惯性系统的固有角频率，$\omega_n=\sqrt{\dfrac{k}{m}}$。

典型的速度传感器的幅频特性如图 10－12(a)所示，相频特征如图 10－12(b)所示。

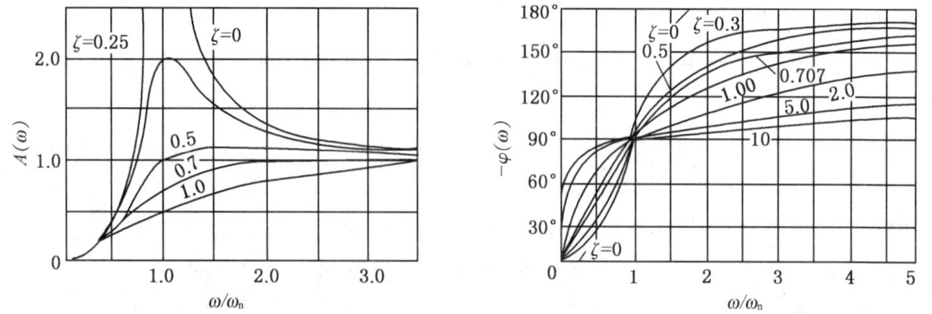

(a)幅频特性 (b)相频特性

图 10－12 速度传感器的幅频特性与相频特性

由幅频特性可以看出，只有在 $\omega \gg \omega_n$ 的情况下，$A(\omega)\approx 1$，相对速度的大小才近似为壳体振动速度。因此惯性式速度拾振器的固有频率都比较低，一般为 10～15Hz。为了抑制

共振峰值，从减小幅值误差来扩大工作频率范围，一般需要采用较大的阻尼，使 $\zeta=0.5\sim0.7$。这样的阻尼率也有助于衰减由意外扰动所引起的冲击振动。

由相频特性可以看出，在低频范围内，惯性式速度传感器的相频特性很差，例如，对于 $\zeta=0.6$ 的速度传感器，其幅值误差一般不超过5%，但有130°左右的相位差，这样大的相位差无法满足振动相位的测量要求。此外，速度传感器在 ω 大于又接近于 ω_n 的一段频率范围内，其相位差也不与频率成线性关系。因此，在这一频率范围内它也无法保证含有多频率成分的波形不失真。只有在 $\omega>(7\sim8)\omega_n$。时，这些缺点才能够得到克服，这时相位差接近于180°。

根据以上分析，常用惯性式速度传感器($f_n\approx15\text{Hz}$，$\zeta=0.5\sim0.7$)用来测量低频($1.7\omega_n<\omega<6\omega_n$)振动只能保证幅值精度，无法保证相位精度和多频率成分的波形不失真。在低频范围内，惯性式速度传感器的相频特性较差，在涉及相位测量时应特别注意，确认其是否适用，以免产生过大的误差。

3. 等效电路与积分电路

将传感器中线圈产生的感应电势通过电缆与电压放大器连接时，其等效电路如图10－13所示，图中，e_0 是线圈的感应电势；R_0 是线圈内阻；R_1 是负载电阻(放大器输入电阻)；C_c 是电缆导线的分布电容；R_c 是电缆导线的电阻。

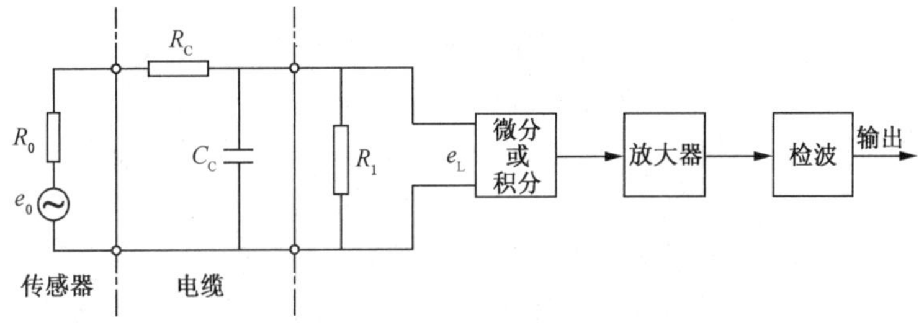

图10－13　动圈磁电式传感器等效电路

从以上的等效电路和前面的介绍可以看出，速度传感器的输出电压与振动速度成正比，目前的大多数设备状态监测判断标准都是以振动速度为参数制定的，速度传感器的输出电压可直接提供分析和处理。而早期的设备状态监测判断标准多是以位移幅值为参数来制定的，则需对传感器的电压输出进行积分处理，使传感器的输出电压正比于振动位移。

常用的积分线路有两种：一种是无源积分，另一种是有源积分。

无源积分是一种近似积分，它是以对输入信号大幅度削减为代价，在低频段积分特性较差，并且有严重的相移。但无源积分线路极其简单，所以还是在一定范围内被采用。

有源积分电路的主要元件是运算放大器，电路相对比较复杂，但它克服了无源积分的缺点，适用于要求较高的场合。

4. 性能特点及应用领域

磁电式速度传感器的性能特点是：

1）输出信号与振动速度成正比，因此较好地兼顾了高频和低频振动，符合目前ISO标准对旋转机械的振动评判标准；

2）由永久磁铁感应出电动势，传感器本身不需要电源，使用方便；

3）磁钢－线圈型结构，容易获得高灵敏度，可测量微小振动；

4）输出信号大，输出阻抗低，电气稳定性好，不受外部噪声干扰，有较高的信噪比，对后接电路无特殊要求。

由于本身结构特点所限，磁电式速度传感器也有其相应的缺点：

1）体积大，重量大，不适用于狭小空间的振动测量和轻小型设备；

2）缺点是动态范围有限，低频线性差，尺寸和重量较大，弹簧件容易失效；

3）对安装角度要求较高，使用时应注意有些型号仅适用于垂直安装，而有些型号只适用于水平安装。

由速度传感器输出的电压信号除了可以直接用于测量、显示、记录被测物体的振动速度外，还可以经积分电路转换成位移振幅或经微分转换成加速度振幅，再经过放大后，送至检波指示，也可经功率放大后送至记录仪表。

由于以上特性，速度传感器可以固定安装在机器上，长期监测其振动速度，也可以临时安装在机器的相应测点上巡检其振动速度。

（三）压电式内置积分电路速度传感器

由于磁电式传感器的体积和重量都比较大，具有易损的运动部件，因此其使用范围受到了一定的限制。例如在测量过程中，由于其过大的重量会改变测量对象的振动频率和振幅；内部运动、易损部件又限制了其安装角度和使用寿命，特别是其低频特性较差，也限制了其使用范围。

近年来，集成电路的发展已使积分电路的体积大大减小，以至于可以安装到压电式加速度传感器的内部并可以稳定、长期工作，因此在压电加速度传感器的基础上，又派生出了压电式内置积分电路的速度型传感器，目前这种传感器在工业现场也得到了广泛的应用。

1. 工作原理

前面已经述及，加速度信号经过一次积分便可以得到速度信号。那么，只要在压电加速度传感器的基础上增加一个积分电路便可得到压电式速度型传感器，如图 10－14 所示。

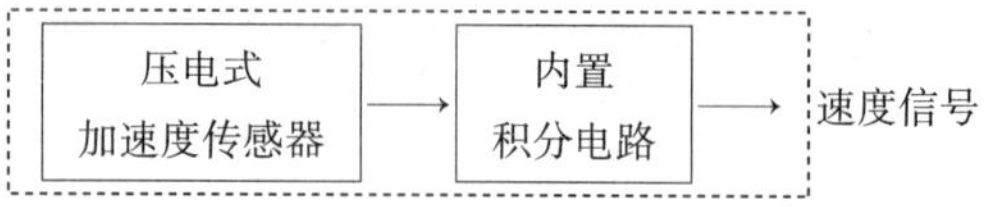

图 10－14　内置积分电路速度传感器结构框图

2. 特点与应用

压电式速度型传感器整合了压电式加速度传感器和磁电式速度传感器的优点，同时克服了二者的缺点，其主要特点是：

1）体积小，重量轻，安装方便；

2）结构简单，价格低廉；

3）极低频特性和高频特性都比较好；

4）没有运动部件，无易损件，使用寿命长，工作稳定可靠；

5）信噪比高，易于远距离传输，便于后续仪器仪表的连接使用。

由于以上优势，目前这种传感器已广泛应用于蒸汽透平、压缩机、风机、水轮机组等大型关键设备的状态监测与故障诊断系统，并且大有逐步替代磁电式传感器的势头。

（四）电涡流位移传感器

世界上第一支电涡流位移传感器由美国 Donald E. Bently 于 1954 年研制出并应用于工业生产，由于它可以实现非接触测量，能够直接测量转轴等物体的振动，并且具有灵敏度高、抗干扰能力强、低频特性好、响应速度快、不受油水等介质影响、长期工作稳定可靠等诸多优点，多年来一直是大型旋转机械振动测量、轴向位移测量的首选。随着相关技术的发展，目前电涡流位移传感器的应用领域已不再局限于振动、位移的测量，在其他行业、相关领域的应用也十分广泛。

1. 工作原理

电涡流位移传感器的工作原理是电涡流效应。当接通传感器系统电源时，在前置器内会产生一个高频电流信号，该信号通过电缆送到探头的头部，在头部周围产生交变磁场 H_1（如图 10－15 所示）。如果在磁场 H_1 的范围内没有金属导体材料接近，则发射到这一范围内的能量会全部释放；反之，如果有金属导体材料接近探头头部，则交变磁场 H_1 将在导体的表面产生电涡流场，该电涡流场也会产生一个方向与 H_1 相反的交变磁场 H_2。由于 H_2 的反作用，就会改变探头头部线圈高频电流的幅度和相位，即改变了线圈的有效阻抗。这种变化既与电涡流效应有关，又与静磁学效应有关，即与金属导体的电导率、磁导率、几何形状、线圈几何参数、激励电流频率以及线圈到金属导体的距离等参数有关。假定金属导体是均质的，则线圈一金属导体系统的物理性能通常可由金属导体的磁导率 μ、电导率 δ、尺寸因子 r、线圈与金属导体距离 d、线圈激励电流强度 I 和频率 Γ 等参数来描述。

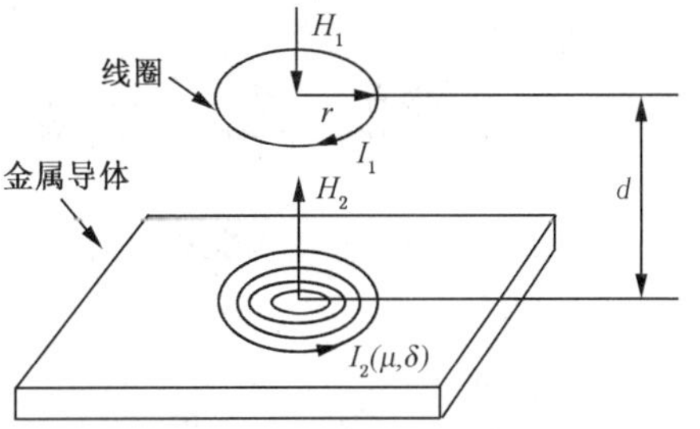

图 10－15　电涡流作用原理

因此线圈的阻抗可用如下函数来表示：

$$Z:F(\mu,\delta,r,d,J,.\Gamma) \tag{10－11}$$

对于特定的传感器，线圈的尺寸因子 r、线圈的激励电流强度 I 和频率 Γ 恒定不变；对于特定的测试对象，金属导体的磁导率 μ、电导率 δ 恒定不变，那么阻抗 Z 就成为距离 d 的单值函数。由麦克斯韦尔公式可以求得此函数为一非线性函数，其曲线为“S”形曲线，在一定范围内可以近似为一线性函数（如图 10－16所示）。

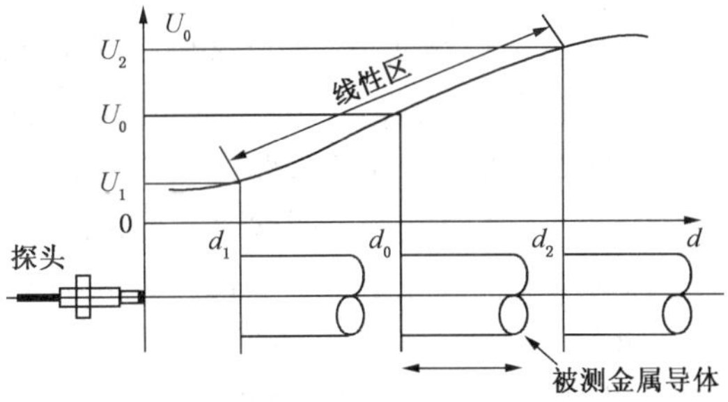

图 10－16　传感器输出特性曲线

在实际应用中，通常是将线圈密封在探头中，线圈阻抗的变化通过封装在前置器中的电子线路的处理转换成电压或电流输出。这个电子线路并不是直接测量线圈的阻抗，而是采用并联谐振法（如图 10－17），即在前置器中将一个固定电容 $C_0=\dfrac{C_1C_2}{C_1+C_2}$ 和探头线圈 L 并联与晶体管 T 一起构成一个振荡器，振荡器的振荡幅度 U_x 与线圈阻抗成比例，因此振荡器的振荡幅度 U_x 会随探头与被测间距 d 改变。U_x 经检波滤波、放大，非线性修正后输出电压 U_0，U_0 与 d 的关系曲线如图 10－16 所示，可以看出该曲线呈“S”形，即在线性

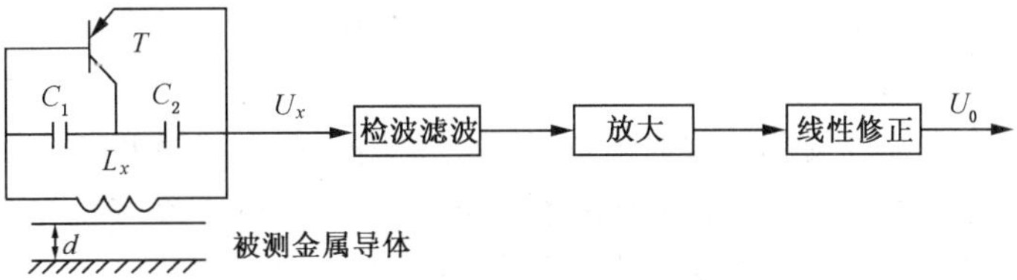

图 10－17　传感器原理框图

区中点 d_0 处(对应输出电压 U_0)线性最好，其斜率(即灵敏度)较大；在线性区两端，斜率(灵敏度)逐渐下降，线性变差。(d_1，U_1)为线性起点，(d_2，U_2)为线性末点。

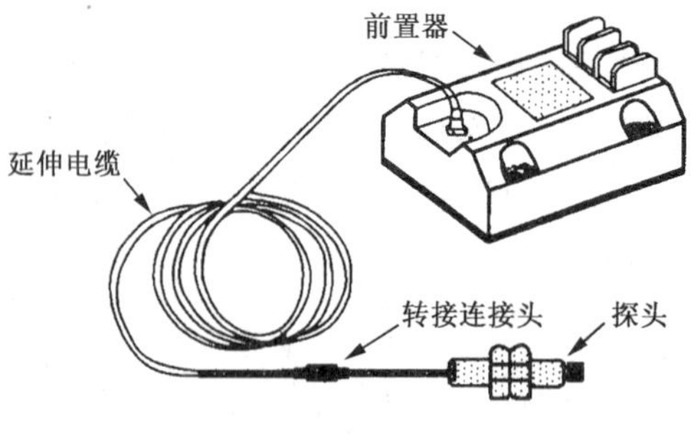

图 10－18　传感器系统的组成

2. 系统组成与传感器结构

如图 10－18 所示，典型的电涡流传感器系统主要包括传感器(又称探头)、延伸电缆和前置放大器。根据使用场合不同，也有延伸电缆与探头一体的(不带中间接头)。随着微电子技术水平的提高，也有将前置放大器直接做在传感器内部的。目前在用的传感器系统，仍以由三部分组成的情况为最多。配置一套测量系统时，可选探头的型号较多，而延伸电缆和前置放大器是根据探头来配套的，型号变化较少。

(1) 探头

一套典型的探头如图 10－19 所示，通常由线圈、头部、壳体、高频电缆、高频接头组成。

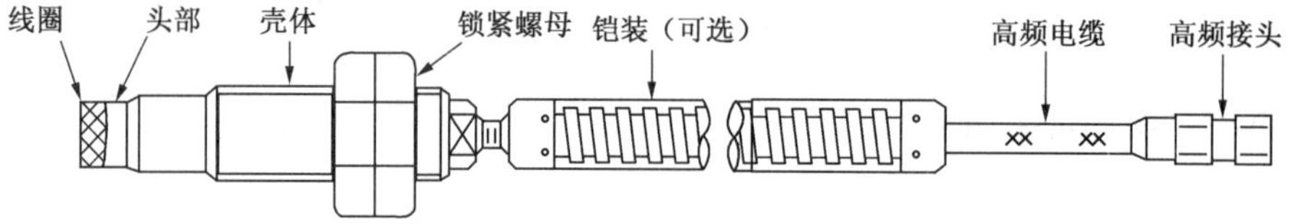

图 10－19　探头结构图

线圈是探头的核心，它是整个传感器系统的敏感元件，线圈的物理尺寸和电气参数决定传感器系统的线性量程以及探头的电气参数稳定性。

国产传感器头部一般采用耐高低温的 PPS 工程塑料，进口传感器(如 Bently 公司)则采用经过特殊处理的聚亚苯基硫，通过“二次注塑”工艺将线圈密封在其中。这项技术增强了探头头部的强度和密封性，在恶劣环境中可以保护头部线圈可靠工作。头部直径取决于其内部线圈直径，由于线圈直径决定传感器系统的基本性能——线性量程，因此通常用头部直径来分类和表征各型号探头，一般情况下传感器系统的线性量程大致是探头头部直径的 1/4 ~ 1/2。常用传感器的头部直径有 ϕ5mm、ϕ8mm、ϕ11mm、ϕ25mm 几种。探头壳体用于支承探头头部，并作为探头安装时的装夹结构。壳体采用不锈钢制成，一般上面加工有螺纹，并配有锁紧螺母。螺纹分公制螺纹(如 ϕ8mm 传感器的螺纹为 M10 ×1)和英制螺纹(如 ϕ5mm 传感器的螺纹为 1/4″－28 牙)，以适合不同的应用和安装场合。

传感器尾部电缆是用于连接到延伸电缆，再通过延伸电缆与前置放大器连接的。尾部电缆与延伸电缆之间通过特制的中间接头连接。尾部电缆是用氟塑料绝缘的射频同轴电缆。传感器总长(包括尾部电缆)通常有 0.5m、0.8m、1m 等多种选择。

(2) 延伸电缆

延伸电缆是用于连接探头和前置放大器的，也是用氟塑料绝缘的射频同轴电缆，长度需要根据传感器的总长度配置，以保证系统总的长度为 5m 或 9m。至于选择 5m 还是 9m 系统，应根据前置器与安装在设备上的探头二者之间的距离来确定。

采用延伸电缆的目的是为了缩短探头尾部电缆长度，因为通常安装时需要转动探头，过长的电缆不便随探头转动，容易扭断电缆。

也有不使用中间接头和延伸电缆的情况（即探头电缆直接同前置放大器连接），这时的系统总长度也应为5m或9m。

根据探头的使用场合和安装环境，可以选用带有不锈钢铠甲的延伸电缆以保护电缆。

（3）前置放大器

前置放大器简称前置器，它实际上是一个电子信号处理器：一方面前置器为探头线圈提供高频交流电源，早期产品通常为24VDC，近几年的新产品通常为18VDC。另一方面，前置器感受探头前面由于金属导体靠近引起探头参数的变化，经过前置器的处理，产生随探头端面与被测金属导体间隙线性变化的输出电压或电流信号。

目前前置放大器的输出有两种方式，一种是未经进一步处理的、在直流电压上叠加交流信号的“原始信号”，这是进行状态监测与故障诊断所需要的信号；另一种是经过进一步处理得到的4～20mA或1～5V的标准信号。

前置放大器要求具有容错性，即电源端、公共端（信号地）、输出端任意接线错误不会损坏前置器；同时具有电源极性错误保护、输出短路保护。

3. 被测体尺寸与材料的影响

前面介绍了被测金属导体的磁导率μ、电导率δ、尺寸因子r对测量也有影响，因此除了探头、延伸电缆、前置器决定传感器系统的性能外，严格地讲被测体也是传感器系统的一部分，即被测体的性能参数也会影响整个传感器系统的性能。

（1）被测物体表面尺寸的影响

探头线圈产生的磁场范围是一定的，在被测物体表面形成的涡流场也是一定的。试验表明，当被测面为平面时，以正对探头中心线的点为中心，被测面直径应当大于探头头部直径1.5倍以上；当被测体为圆轴而且探头中心线与轴心线正交时，一般要求被测轴直径为探头头部直径的3倍以上，否则灵敏度就会下降。一般当被测面大小与探头头部直径相同时，灵敏度会下降至70%左右。

（2）被测物体厚度的影响

被测物体的厚度也会影响测量结果。在被测物体中电涡流场作用的深度由频率、材料导电、导磁率决定。

（3）被测物体表面加工状况的影响

不规则的被测体表面会给实际的测量值造成附加误差，特别是对于振动测量，这个附加误差信号与实际的振动信号叠加在一起，很难进行分离，因此被测表面应该光洁。通常，对于振动测量表面粗糙度R_a要求在0.4～0.8μm之间（API670标准推荐值），一般需要对被测面进行衍磨或抛光；对于位移测量，由于指示仪表的滤波效应或平均效应，可稍放宽。一般表面粗糙度R_a不超过0.8～1.6μm。

（4）被测体材料的影响

传感器特性与被测体的电导率和磁导率有关，当被测体为导磁材料（如普通钢、结构钢等）时，由于磁效应和涡流效应同时存在，而且磁效应与涡流效应相反，要抵消部分涡流效应，使得传感器感应灵敏度低；而当被测体为非导磁或弱导磁材料（如铜、铝、合金钢等）时，由于磁效应弱，相对来说涡流效应要强，因此传感器感应灵敏度要高。

因为大多数的汽轮机、鼓风机等设备的转轴都是用40CrMo材料或者与之相近的材料制造，因此传感器系统一般都用40CrMo材料做出厂校准，当被测体的材料与40CrMo成分相差很大时，则需进行重新校准，否则可能造成较大的测量误差。

（5）被测体表面残磁效应的影响

电涡流效应主要集中在被测体表面，由于加工过程中形成的残磁效应，以及淬火不均匀，硬度不均匀，结晶结构不均匀等都会影响传感器特性，API670 标准推荐被测体表面残磁不超过 0.5μT。当需要更高的测量精度时，应该用实际被测体进行校准。

（6）被测体表面镀层的影响

被测物体表面的镀层对传感器测量的影响，相当于改变了被测物体材料，视镀层的材质，传感器灵敏度会变化。如果镀层均匀，且厚度大于涡流渗透深度，则将传感器按镀层材料重新校准，不会影响使用，否则应考虑镀层的影响。

4. 探头的安装

安装探头时，应重点注意以下问题。

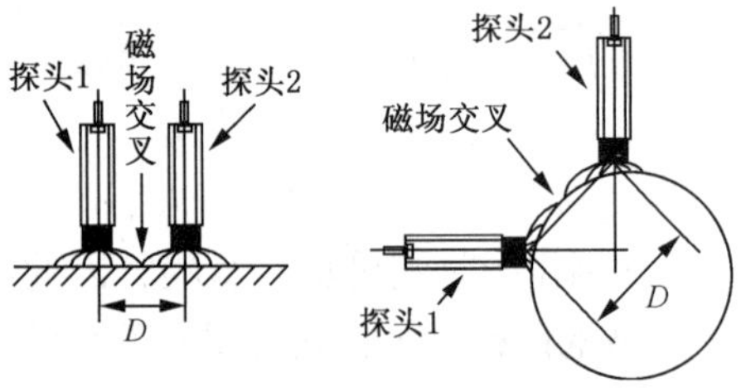

图 10－20　各探头间的距离

（1）各探头间的距离

探头头部线圈中的电流会在头部周围会产生磁场，因此在安装时要注意两个探头的安装距离不能太近，否则两探头之间会互相干扰（如图 10－20 所示），在输出信号上叠加两探头的差频信号，造成测量结果的失真，这种情况称之为相邻干扰。相邻干扰与被测体的形状，探头的头部直径以及安装方式等有关。通常情况下探头之间的最小距离见表 10－11。

表 10－11　各种型号探头之间最小距离

探头头部直径/mm	两探头平行安装 D/mm	两探头垂直安装 D/mm	探头头部直径/mm	两探头平行安装 D/mm	两探头垂直安装 D/mm
φ5	40.6	35.6	φ25	150	120
φ8	40.6	35.6	φ50	200	180
φ11	80	70			

（2）探头与安装面之间的距离

探头头部发射的磁场在径向和轴向上都有一定的扩散。因此在安装时，就必须考虑安装面金属导体材料的影响，应保证探头的头部与安装面之间不小于一定的距离，工程塑料头部体要完全露出安装面，否则应将安装面加工成平底孔或倒角，如图 10－21 所示。

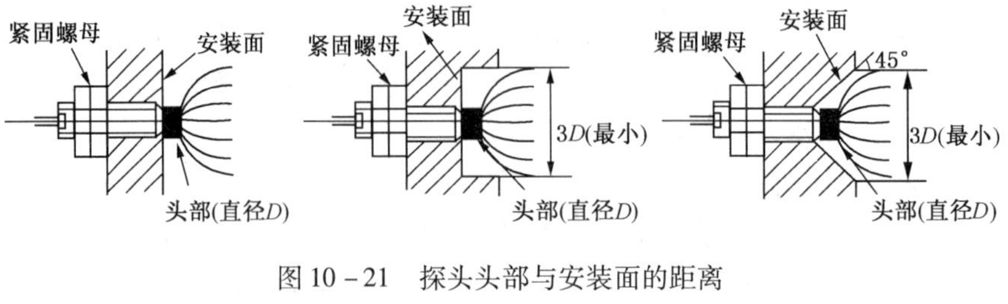

图 10－21　探头头部与安装面的距离

（3）探头安装支架选择

实际的测量值是被测体相对于探头的相对值，而需要的测量结果是被测体相对于其基座的，因此探头必须牢固地安装在基座上，通常需要用安装支架来固定探头。对于不同的测量要求和不同的结构，安装支架的形状和尺寸各种各样，常用的有机器内部探头安装支架和机器外部探头安装支架。

在机器内部安装探头，对探头规格要求比较灵活。内部安装探头时通常采用角型支架，但在设计加工角型支架时，应保证支架的刚度，否则会由于支架的振动造成附加误差(如图10－22所示)。

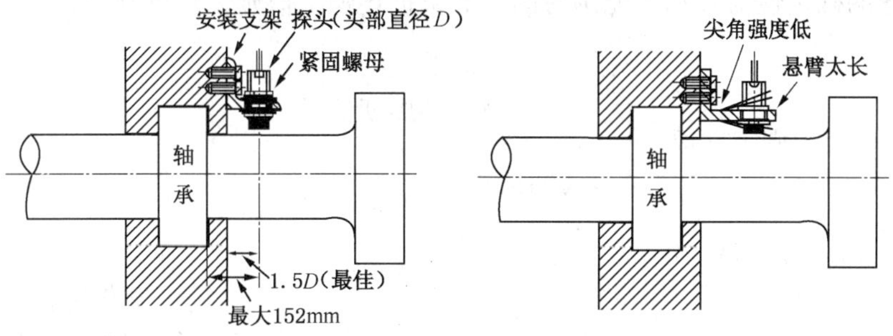

较好的安装支架　　不好的安装支架

图10－22　探头安装支架的影响

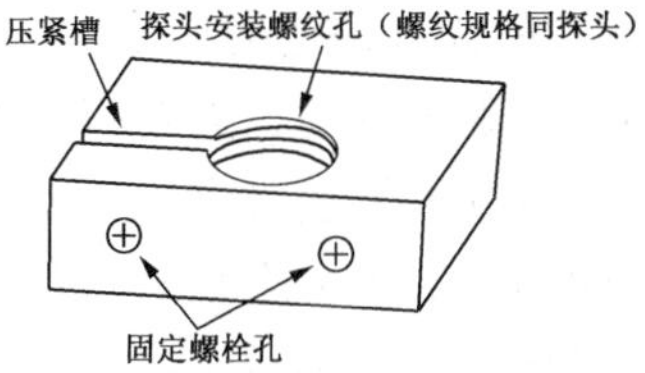

图10－23　内部探头安装支架

一种常见的机器内部探头安装支架如图10－23所示。这种支架的结构便于调整探头安装间隙：当探头与被测面间隙调整到合适位置时，拧紧固定螺栓，即可将探头安装间隙锁定。这种安装支架还可有效地防止由于震动而造成的探头松动。

也可以采用专用的安装支架组件通过机器的外壳(如轴承盖)将探头固定，如图10－24所示。这种安装的好处是，不必打开机壳就可以调整探头安装间隙、拆卸或者更换探头，另外这种专用的安装支架可以起到电缆密封保护作用，不需另外的电缆密封装置。

轴向位移通常采用双探头同时测量，当两探头并列测量同一轴端面时，可以采用类似于图10－24的双探头安装支架组件通过机器的外壳将探头固定。这种支架组件的结构可以在机器外面分别调整每个探头的安装间隙、拆卸或者更换探头，这种装置同样也能起到电缆密封保护作用，不需另外的电缆密封装置。

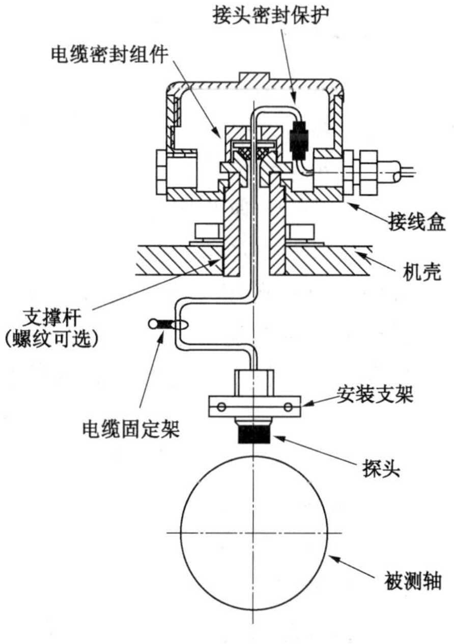

图10－24　机器外部双探头安装支架

五、信号的分类与描述

设备在运行过程中会产生各种表征其状态的物理现象，并引起相应参数的变化，这些为设备的观测、监视提供了可能性。通常把这些参数变换成容易测量、处理的物理量，如电压、电流等，这些物理量统称为信号。通过对信号进行分析、处理、变换、综合、识别，可以作为判断设备运行状态和诊断设备故障的依据，同时也可以预测设备的运行趋势。

（一）信号的分类与基本描述

信号的幅值不随时间变化时称为静态信号。实际上，幅值随时间变化很缓慢的信号也可以看作静态信号或准静态信号。

工程中所遇到的信号多为动态信号，其幅值随时间变化。动态信号可以分为用确定的时间函数来表达的确定性信号和不能用时间函数来描述随机信号，具体分类如下：

- 动态信号
  - 确定性信号
    - 周期信号
      - 简谐信号
      - 复杂周期信号
    - 非周期信号
      - 准周期信号
      - 瞬变信号
  - 随机信号（非确定性信号）
    - 平稳随机信号
      - 各态历经信号
        - 宽带随机信号
        - 窄带随机信号
      - 非各态历经信号
    - 非平稳随机信号

确定性信号是指能精确地用明确的数学关系式来描述的信号。

在实际工程中，判断信号是确定性的还是非确定性的，通常以实验为依据，在一定误差范围之内，如果一个物理过程能够通过多次重复得到相同的结果，则可以认为这种信号是确定性的。如果一个物理过程不能通过重复实验而得到相同的结果，或者不能预测其观测结果，则可以认为这种信号是非确定性信号或随机信号。

如图 10－25 所示，集中参数的单自由度系统作无阻尼自由振动时，其位移信号 $x(t)$ 是确定性。它可以用式（10－12）来描述质量块 m 的精确位置：

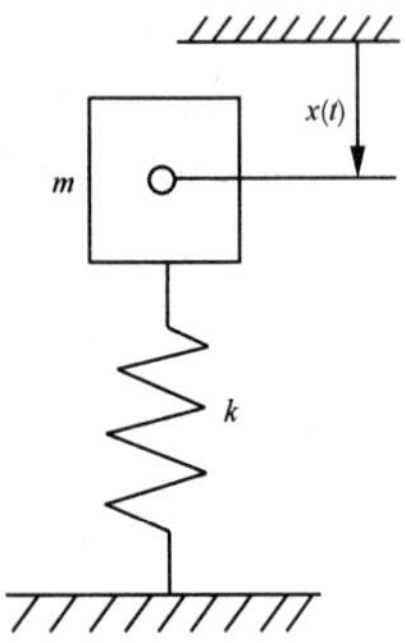

图 10－25　简单弹性质量系统

$$x(t) = x_0 \sin\left(\sqrt{\frac{k}{m}}t + \varphi_0\right) \tag{10-12}$$

式中　x_0、φ_0——取决于初始条件的常数；

m——质量；

k——弹簧常数；

t——时间变量。

式（10－12）确定了质量块 m 的瞬时精确位置，因此位移信号 $x(t)$ 是确定性信号。而且它也是最简单的周期信号，只有一个频率成分。

周期信号是按一定的周期 T 不断重复的信号，它满足下列关系：

$$x(t) = x(t \pm nT) \tag{10-13}$$

式中　$X(t)$——时间 t 上的瞬时值；

n——1，2，3，…；

T——周期。

（1）简谐信号

简谐信号是周期信号中最简单的一类信号，如图 10－25 所示的简单弹性质量系统，其振动波形如图 10－26 所示，可以用下式描述：

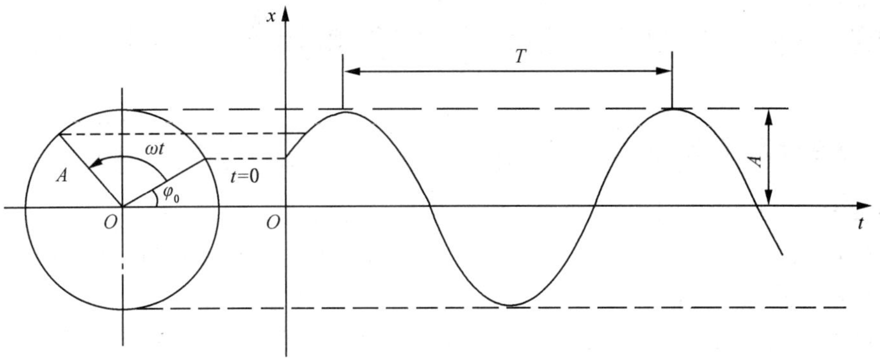

图 10 - 26　简谐振动信号

$$x(t) = A\sin(\omega t + \varphi_0) \tag{10-14}$$

式中　t——时间；

A——振幅；

ω——角速度；

φ_0——初始相位。

简谐信号是由两个或多个简单周期信号叠加而成的。图 10 - 27 所示是由 4 个不同频率的正弦波合成的一个复杂周期信号。

（2）非周期信号

不按一定周期重复的确定性信号称为非周期信号。

非周期信号可以分为准周期信号和瞬态信号。

复杂周期信号是由两个或多个简单周期信号叠加而成的，而当信号的各谐波成分周期的最小公倍数(即合成后信号的周期)趋于无穷大时，这种信号就称为准周期信号。

一般将持续时间很短，有明显的开始和结果的信号称为瞬态信号，如爆炸、敲击等形成的振动信号。

实际工程中，旋转机械开车、停车数据也被称为“瞬态数据”，大家已习惯这种叫法。为避免二者混淆，本书中将前者称为瞬变信号，请注意区别。

图 10 - 28 为一典型的瞬变信号波形。

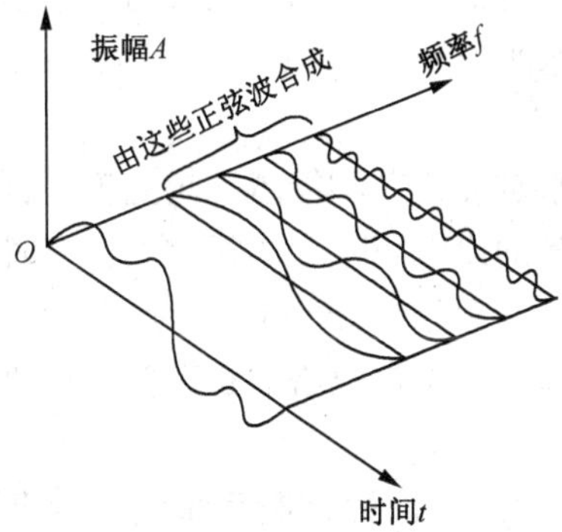

图 10 - 27　复杂周期信号的合成

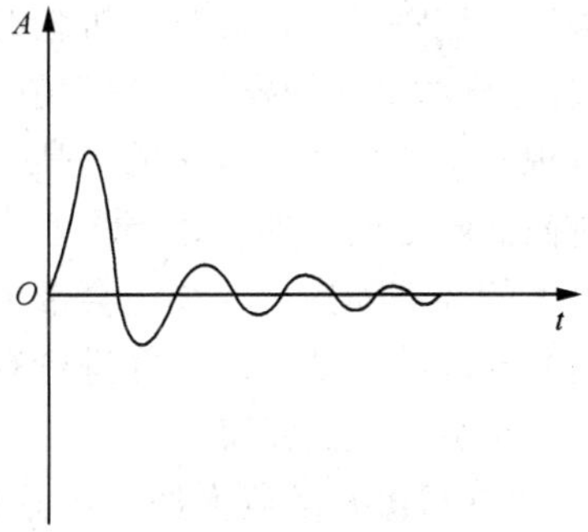

图 10 - 28　典型瞬变信号波形

第二节　大型旋转机组状态监测的意义和发展概况

一、必要性及意义

1. 必要性

大型旋转机组是石油化工、电力、冶金等行业生产厂家的核心设备，任何一台发生故障都会给生产厂家造成巨大的经济损失。

为了确保大型旋转机组的安全运行，提高产品质量，节约大型机组的维修费用，提高企业的经济效益和社会效益，选择合理的维修体制显得特别重要。设备维修体制大致可分为故障维修、定期维修、预测维修、预知维修。

故障维修(或称被动维修)，它的主要特征为事故发生后采取的行动，在这种维修方式下往往已经给设备造成直接经济损失。

定期维修(或称预防维修)，在固定时间的维修方式尽管可以在一定程度下避免设备的一些故障，但是也不可避免地造成人力和生产的损失，甚至造成过剩维修。

预测维修，这种方式的维修是当前世界先进石化企业普遍采用的一种较为先进的维修方式。它的主要特点就是基于采集机组运行数据的基础上完成的。其优点是对正在运行的机组的状态进行在线的管理。设备维修的时间主要根据设备的运行状态确定，当设备的运行状态无法满足生产的需要或影响到设备的安稳运行时在停机检修，从而避免了不必要的人力和利润损失。

预知维修，这种方式与预测维修的区别在于它是基于信息基础上维修。其最大的优点在于系统不光为生产的管理部门提供相关的机组数据，而且更为管理者提供了可以实施的建议。

综上所述，为了加强对关键设备的管理及预测维修，就必须大力开展设备的状态监测及故障分析工作，特别是在线状态监测工作。

2. 意义

1）有利于设备管理水平的提高。

设备远程监测与故障诊断网络平台为发挥全员管理提供了强有力的支持，它可对全厂所有大型机组进行全天候的不间断监测，并不断地向生产调度、机动管理、诊断、维修部门及厂部领导发送实时数据，发现问题时可及时采取措施，从而使各部门之间成为一个密切相联的有机整体，这将极大地提高大机组的全员优化管理水平。

2）避免重大事故的发生，减少事故的危害性。

随着现代工业化生产水平的提高，设备的结构越来越复杂，功能越来越完善，自动化程度越来越高。随之而来的是，当设备出现故障时所带来的影响程度也明显增大，有时不仅仅是造成巨大的经济损失，往往还会带来灾难性的事故，其后果十分严重。因此，发展机械设备状态监测与故障诊断技术，并进行有效合理的实施，对于掌握设备的状态变化规律及发展趋势，具有十分巨大的意义。

3）可以获得潜在的巨大经济效益和社会效益。有效配置故障诊断系统能减少事故停机率，具有很高的收益/投资比。

大型石油化工关键设备，一旦发生故障，哪怕是一个零件或组件的问题，都有可能导致整个生产线停机停工，造成生产损失。这种损失可达每小时数十万元之巨。曾报道美国 pe-krul 发电厂实施故障诊断技术后的经济效益情况分析，障诊断系统所带来的经济效益达到其本身投入的 36 倍。

正确使用故障诊断系统有助于延长设备检修周期，缩短维修时间，为推行状态(视情)维修体制提供基础，总体上提高经济效益和管理水平。

如辽阳石油化纤公司，从 1986 年开始正式建立总厂和分厂两组状态监测站，大力开展与推广状态监测与故障诊断，将全公司范围每年 1 次的停车大修制度改为每两年 1 次，仅减少停车维修时间一项就使该公司多得益 2740 万元，另一方面，其分厂在实施状态监测与故障诊断后，使机泵检修由过去年均 50 台次降低为 20 台次；离心机运行周期则由平均 4 个月延长至 18 个月从上面的分析可以看出，设备状态监测与故障诊断技术在保证机器设备安全可靠运行、产生经济效益和社会效益上，其意义是十分明显的。

二、国内外现状及发展趋势

目前在国际上，以美国为主的西方发达国家在设备在线监测与诊断技术的综合研究方面处于领先地位。一方面，美国的信号处理与数据分析技术发展较快，而这些处理机、分析仪和数据采集系统是机械设备状态监测的基础和核心，是发展后续技术(故障诊断)所不可分割的部分；另一方面，美国的几家专业公司，如 Bently、IRD 等，对大型旋转设备的运行及监控、机组可靠性、安全性、维修性与经济管理技术已从事有 50 多年的研究历史，建立了庞大的数据库管理系统，开展了专家系统的研究，具有雄厚的数据与软件实力。此外，国际上还有许多著名的诊断仪器公司，如丹麦的 B&K、英国的 DI、德国的申克及日本的武田理研等，生产有多种用于设备诊断的分析仪器及软件系统。国外在设备在线监测与诊断系统的研究起步较早，就目前国际市场的类似产品而言，有美国的 Bently 公司的 DM2000 系统，美国 Entek 公司的在线监测系统以及德国 SHENCK 公司的 5000 系统等。

我国工业企业的设备诊断技术自 1983 年起步，初期主要应用于石油化工、冶金及电力等行业，进入 20 世纪 90 年代后，迅速渗透到国民经济的各个主要行业。其中旋转机械的故障诊断是诊断技术应用最广、涉及行业最多的应用领域，如电力行业中的汽轮发电机组、石油化工行业的压缩机、化肥五大机组、航空工业的各种航空发动机等。

三、状态监测和故障诊断的基础技术

1. 故障诊断技术的发展

设备故障诊断的过程有 3 个主要步骤，即信号测取、征兆提取和状态识别。结合这 3 个步骤及设备故障诊断技术的发展来看，故障诊断技术经历了二个阶段，一是以电子技术、传感器技术、计算机技术为基础，以各种信号处理为手段的发展阶段。这一阶段最为突出的特点是各种检测方法和信号处理手段的大量涌现，极大地丰富了设备故障诊断技术的内容，产生了铁谱、光谱、振动、噪声、声发射、红外成像、性能监测等测试技术，发展了状态空间法、对比法、统计分析法、故障树法、模糊评判法、灰色关联度法、时序分析等多种信号处理手段。传统的傅里叶谱分析也发展到短时傅立叶分析、Wigner 谱分析、小波变换等多种信号分析形式，大大弥补了传统分析方法的不足。这些技术在齿轮箱、滚动轴承、压缩机、燃汽轮机、汽轮发电机组等回转机械、船用和车用发动机、内燃机车等往复运动机械以及工程结构、管道、钢丝绳、液压系统等设备的故障诊断中得到了实际应用，获得很大的经济效益。然而同时在实际应用中也碰到了较大困难，常常会有这种情况，采用昂贵的数据采集和信号分析设备所得的分析诊断结果还不如凭有关领域专家的经验得出的结论正确，这就迫使人们考虑人类长期以来所积累的经验知识在故障诊断系统中的应用。

人工智能技术的发展，特别是专家系统和人工神经网络在设备诊断中的应用，为设备诊断技术的智能化发展提供了可能，使诊断技术的发展得以从常规诊断技术的阶段进入到第二阶段，即以人工智能技术为核心的智能诊断技术阶段。这种发展较好地解决了设备诊断过程的第三阶段的问题，即判别设备所处的状态和故障的性质及发生故障的部位。事实这也是设备诊断的目的所在，智能诊断技术实现的关键。在这一阶段中，原来以数值计算和信号处理为核心的诊断过程将被以知识处理与知识推理为核心的诊断过程所代替。同时在这一阶段中，诊断技术的发展将由过去单纯的监测、诊断向监测、诊断、管理和调度的集成化方向发展，监测、诊断将直接服务于设备的维修、管理乃至参与生产的调度，变定期维修为视情维修。随着微电子技术、计算机技术、各种信号处理方法、转子动力学、人工智能与神经网络技术及现代企业管理方法的研究和发展，设备故障诊断技术必将获得更加蓬勃的发展。

2. 信号采集与分析技术的发展

大型旋转机械振动信号分析的目的是提取出转子运行的状态信息，有效的信号处理和运行信息的提取是完成转子状态监测和故障诊断的关键。目前，振动信号处理的方法很多，如倒频谱分析、双谱分析、Wigner 分析、ANC 技术等。但是，对于大型旋转机械振动信号处理和故障诊断来说，目前仍主要采用 FFT 谱分析对转子的振动信号进行处理，提取转子运行状态变化和转子故障信息。与 FFT 频谱相结合的时域分析方法有轴心轨迹、时域波形分析和用于转子机械启停车信号分析时的瀑布图、Bode 图、Nyquist 图。为了更好地提取转子运行信息，基于 FFT 的谱分析，R. B. Randall 提取了谱的趋势分析；Brian R. Humes 将一倍频和二倍频的幅值和相位结合绘制在极坐标图上，建立了矢量监测图(Vector Monitoring Pinpoints)，监测工作转速下一倍频响应向量和二倍频响应向量的变化，以发现转子机械状态的变化；I. Iman 提取了 Histogram 信号分析技术(Histogram Signature Analysis Technique)，将正常运行状态下的转子振动时域波形与故障状态下转子振动时域波形相减，然后求 FFT 频谱，这样 FFT 频谱主要反映了故障引起的转子振动信息。虽然在大型旋转机械的监测与诊断中，转子振动信号的 FFT 频谱分析法是使用最多的方法。但利用 FFT 计算频谱只能截取振动信号中的一段并人为周期化(频率离散化)处理，就产生了泄漏和栅栏效应，从而使振动信号的分析精度大打折扣。针对 FFT 时出现的泄漏和栅栏效应，有两种不同的有效解决方法。

(1) 整振动信号工频周期采样方法

为了避免转子振动信号频谱分析时的泄漏和栅栏效应，人们往往采用与振动信号工频的同步分析技术，即按工频整周期采样分析技术。这时振动信号的采样频率不是简单地采用等时间采样，而应根据基波的周期和在每个周期的预定采样点数进行自动调节。因此，合理的采样方式是按转轴的等角度间隔采样(即等空间采样)以替代通常所用的等时间采样。其实现方式可采用机械齿轮(盘)、光学分度盘或借助电子锁相倍频器。由于工业现场的特定条件，前两种等空间采样方法的使用往往受到限制，因此常用的方法仍借助于电子锁相倍频器。

（2）FFT 频谱分析结果校正方法

为了克服信号频谱分析时因泄漏和栅栏效应而带来的误差，在 1979 年，Vijay K. Jain 提出了利用插值(Interpolation)方法来对信号频域的频率、幅值和相位各参量进行校正，在此之后，又有许多学者对这一方法进行了相应的补充。这一方法的思路为在两根局部最高谱线间进行插值，以求出信号的真实频率、幅值和相位。

中国科学院声学研究所陶笃纯同志于 1985 年提出一种 FFT 功率谱幅度和频率泄漏修正的实用方法。这一方法是根据窗频谱的形状来找出 DFT 后两根局部最高谱线幅值与真实幅值间的关系，并建立起了矩形窗和 Hanning 窗的信号强度修正曲线和频率修正曲线以对信号的频谱进行修正。同时，也给出了使用此方法的 4 个限制，分别为待修正信号必须为单频信号、信号的信噪比高、要求信号分量间的频率间隔足够大、被分析的信号长度范围内信号频率保持稳定。

西安交通大学的屈梁生教授提出了采用内插法来确定准确的幅值、频率和相位的插值 AFFT 算法。

重庆大学的丁康教授提出一种频谱分析的校正方法——比值法。这一方法利用窗频谱主瓣内的两条最高谱线来求出主瓣中心频率，进而达到信号的频率、幅值相位的校正，并推导出矩形窗、Hanning 窗、Hamming 窗和高斯窗的具体修正公式。中国纺织大学的黄迪山博士提出了一种 FFT 相位误差的实用修正算法。这些方法都有力地提高了离散频谱信号的频谱分析精度。

3. 状态监测技术的发展

设备状态监测系统包括传感器子系统、数据采集子系统和计算机信号分析子系统。监测系统主要是提供可靠的设备运行状态信息，因此可以说是故障诊断的关键。国外自 20 世纪 70 年代以来，大体上走过了从专用便携式数据采集、分析诊断仪器发展到各种层次的状态监测、分析及故障诊断系统，进行而发展到采用专家系统实施故障诊断的道路。在故障诊断技术发展的不同阶段，监测系统也扮演着不同的角色。在故障诊断技术发展的第一阶段中，由于这时故障诊断大部分是离线分析，监测系统所承担的信息量少，这时监测系统主要是起到了检测的作用，当然这时主要是针对结构简单的零部件的简易诊断。随着系统复杂程度的提高，诊断技术也就进入到智能诊断阶段，必须采用实时在线监测技术才能满足诊断要求。

而要实现实时在线监测，必须提供以下技术保障：

（1）高速数据采集

高速数据采集是要保证监测系统能跟上设备运行状态的变化速度。如对于汽轮发电机组，不仅要采集稳态工况下的数据，而且也必须采集启停机等过渡过程的数据。由于相位关系在旋转机械的故障诊断中起到的重要作用，为了保证相位信息的准确性与真实性，必须同时对相关通道的信号实行无相差采集，这时只有采用高速数据采集技术才能满足要求。

（2）高速数据的缓冲技术

智能诊断往往面对的是大型复杂机械设备，为了实现智能诊断，安装的测点常常几十甚至上百个，这样带来数据传输量的成倍增加，由于监测系统各部分之间速度不匹配，给数据传输带来一定的困难。采用存储器缓冲技术是解决这类问题的较好办法，其具体实现方式为 FIFO 技术、双端口 RAM 技术等。

（3）实时分析

为了监测并预报设备运行过程可能突然发生的事故，要求监测系统具有实时分析的功能，实时分析能够使数据采集和处理同步进行，实现实时分析的条件是数据处理时间小于采样间隔所花的时间。随着高速专用器件的出现，实时分析技术将获得越来越广泛的应用。实际应用中由于成本的限制，常常采用折衷的办法——巡检来保证二者的匹配。

（4）分布式的体系结构

由于监测对象的大型化，需监测的信号量也急剧增大。同时，各信号的监测速度相差很大，如普通的谱巡检只要求在5s左右，而为了准确地分辨开关量的变化状态，必须每隔1ms就查询开关量的状态。显然采用集中式监测体系结构是不合理的，这时只有采用分布式监测结构。

分布式系统是通信技术、计算机技术和控制技术三者相结合的产物。它特别适合于那些大部分是局部处理，而仅有少量必要的、需全局性处理的应用。分布式系统在设备故障诊断中特别是监测系统中的应用产生了分布式监测系统。它也可说是属于分散型系统。分布式监测系统使系统各部分之间的关系由紧密耦合向松散型发展。在实际应用中，往往采用的是多级分布式模块化的监测结构。

（5）信号高速同步、并行采集技术

为了严格满足对振动信号采集的特殊要求，在线状态监测系统必须采用并行、同步的高速数据采集方案。

并行采集是指对各个振动测点、以及过程量测点在同一时刻进行信号采集，特别是振动信号的并行采集，可以提供振动信号间的相位可比性，为振动信号的横向比较提供有力依据。

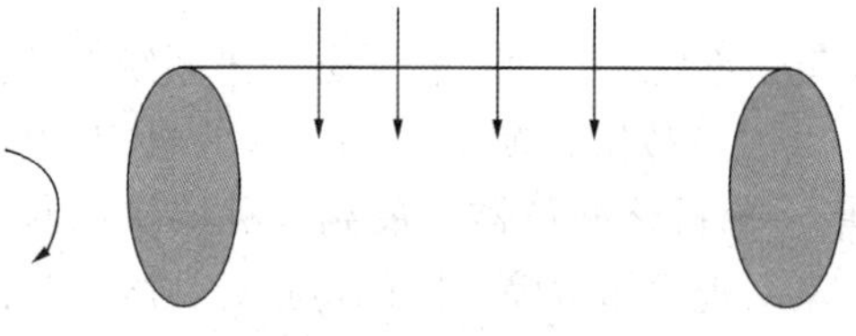

图10－29　振动信号的并行采集示意图

并行采集包括了同一轴系上不同振动信号的同时采集，以及振动信号与过程量信号的同时采集。这种采集方案是通过专制的数据采集器的高速通道扫描采集方案实现的如图10－29。

并行数据采集不仅为并行轴心轨迹和全息谱分析提供了更好的信号数据基础，为分析各振动测点之间的相关性提供了有利依据，而且可以进一步分析振动与过程参数的相关性。

同步采集是根据机组转子的旋转速度进行振动量的整周期信号采集，包括两方面的内容，一是根据监测系统的设定，转子每转一圈，对每个振动测点采集设定数量的数据。二是每次采样的起始点由键相信号来决定，这样，每次采样所得数据有相同的相位基准，便于不同历史时刻的数据之间的纵向比较。

整周期采样即是按照信号的周期进行采样，假如信号的周期为 T，信号采集时采集信号的时间长度可为 $16T$、$32T$ 或 $64T$ 等，对采集信号进行频谱分析时，其周期延拓不会造成跳变，而且周期延拓得到的信号可真实反映周期信号。

与转子同步的整周期采集，如图10－30所示。

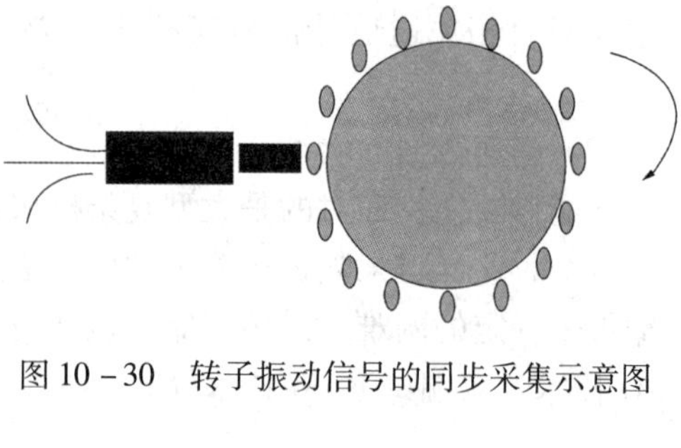

图10－30　转子振动信号的同步采集示意图

1周采64个点，采集16周＝1024点；

1周采128个点，采集8周＝1024点。

与信号的整周期采样相对应，在转子的振动信号的采样中，采用与转子同步的数据采集技术。由于人们往往采用基2 FFT，因此，转子每转1周，监测系统将采集 $2n$ 数据。

同步采集的优点：

1）克服泄漏。采用转子的同步采样技术，可避免信号分析时的泄漏，大大提高了系统的分析精度，最重要的是可准确提取信号中的相位信息。

2）保证历史数据的可比较性。为了保证每次信号采集的起始点采用的基准相同，系统采用键相信号的上升沿触发采集，从而所有历史振动数据的相位就有纵向可比性。

第三节　国内应用较广的状态监测与分析系统

一、创为实远程监测诊断中心及 S8000 系统

1. 创为实公司远程监测中心概述

创为实公司是国内机组远程在线监测系统的供应商和服务商。

创为实远程监测诊断中心是针对集团公司、机组制造企业及各机组诊断服务商而设计。

该远程监测诊断中心是以基于 INTERNET 的远程监测技术以及大规模数据仓库为技术基础，提供机组的远程管理平台、远程诊断和维护平台以及远程信息沟通交流平台。在该平台的基础上，企业可以根据自身的管理体系和实际情况，进一步建设和发展更有效率、更科学的机组管理、诊断或售后服务管理体系。

通过远程监测诊断技术，各集团公司总部可以方便地对所属企业的现场设备进行远程管理和远程监控，做到统一管理各下属企业机组的运行数据，进行各机组的实时监测与数据统计，有助于加强集团公司对现场设备的统一管理和维护指导，有助于推广实施状态维修。同时也有助于所属各企业之间的信息共享和经验交流。

同时，实施远程监测诊断技术，使得为企业提供诊断服务的专家远在千里之外就可以“随时随地”掌握机组的运行状态，进而可以打破现有的以“事后服务，现场服务”为主的诊断服务模式，变被动服务为主动服务，实现对机组的早期故障预警以及远程专家会诊。

远程监测诊断中心是由大型远程中心服务器（RMD8000）和分布于全国的创为实旋转机械状态监测系统（S8000）构成。

2. 系统结构

图10－31为远程监测中心的实施拓朴图，诊断中心由高性能服务器（RMD8000）、多个企业级创为实旋转机械状态监测系统（S8000）等组成。RMD8000 中心服务器安置在集团公司或设备诊断服务商厂内，S8000 系统安置在最终用户厂内。

3. 远程监测中心服务器 RMD8000

远程监测中心服务器 RMD8000 由大型数据服务器、专用软件等组成。RMD8000 可以完成对多个企业级 S8000 系统的管理与设置，对多套机组运行数据进行长期存储和管理，提供专业的诊断图谱，为行业专家提供网上共享的工作平台，并提供其他通用网站的功能，并可根据用户需要，为用户开发其他个性化功能。

4. S8000 系统

S8000 系统由 WEB8000 企业级服务器（可选）、NET8000 现场监测分站、FAS8100 机泵

群现场数据采集分站等组成；后二者负责数据的采集和分析处理，同时也可以独立地负责将数据传输给远程监测中心，前者负责运行数据的集中传输以及数据的本地存储和管理。

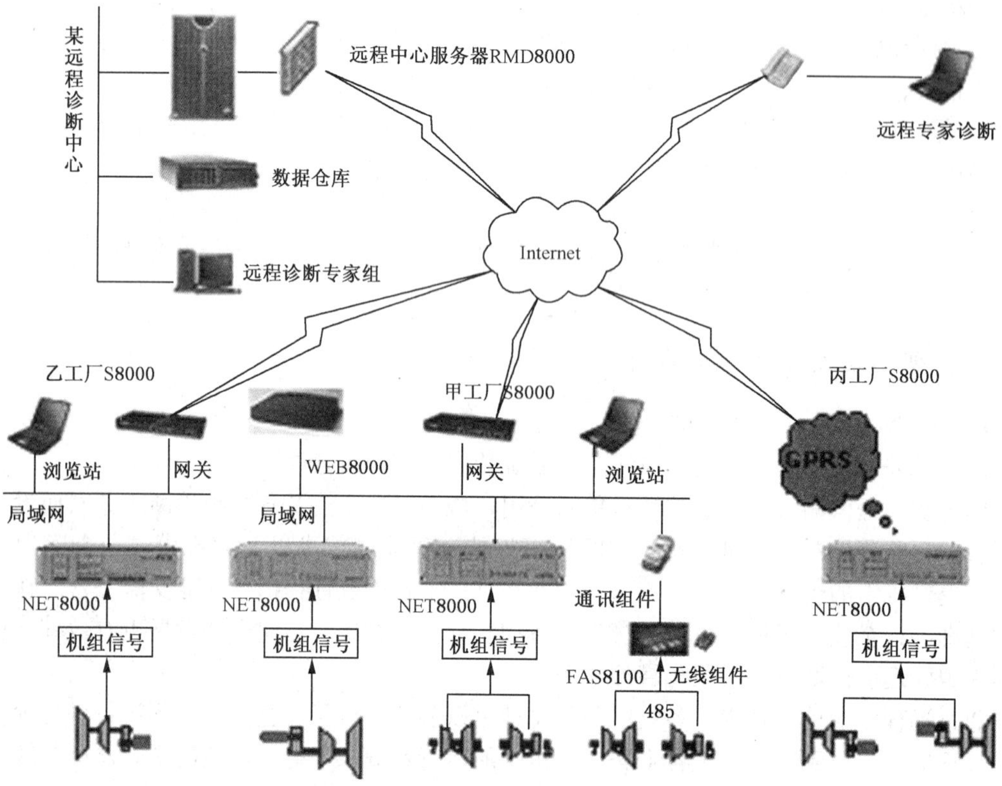

图 10－31　远程监测中心的实施拓扑图

S8000 系统作为远程监测中心位于各个工厂的数据采集终端，起到了采集和分析工厂机组运行数据并将数据通过 INTERNET 实时传输给远程监测中心服务器的作用。

由于采用了大规模、高保真的数据压缩技术，S8000 系统可以保证大量烟机及关键机泵运行数据传输的快速及时性，1s 就可以向远程监测中心传送一组数据(包括了机组所有测点全部原始数据，如波形、频谱、工艺参数等)。同时，该系统采用了基于 HTTP 协议的数据传输方案，大大降低了机组数据接入远程中心的“门槛”，对于已具备基本局域网条件的工厂，其网络投入成本和数据接入工作量为零。

5. 系统功能概述

远程监测诊断中心是以 INTERNET 的远程监测技术以及大规模数据仓库技术为基础，提供机组的远程管理平台、远程诊断和维护平台以及远程信息沟通交流平台。在该平台的基础上，企业可以根据自身的管理体系和实际情况，进一步建设和发展更有效率、更科学的机组管理、诊断或售后服务管理体系。

6. 远程数据管理

在企业总部建设运行信息的历史数据仓库。通过 INTERNET 将位于各个最终用户的数据终端设备采集的机组运行数据，包括用于诊断分析的机组键相、振动波形频谱、轴位移以及故障频率特征值等，机组的工艺参数(温度、压力、流量等)，实时传输给远程中心数据仓库，通过仓库进行统一的数据管理。

7. 远程监测诊断

远程监测中心作为一个在 INTERNET 上发布信息的网站，将保证“将合适的信息传递给合适的人”。先进的基于 B/S 技术的 WEB 浏览方式，保证设备管理和诊断维护人员无需在个人计算机上安装任何专用软件，仅需访问远程监测中心网站就可以“随时、随地、实时”地得到所需要的机组管理信息以及机组的运行状态数据。从而真正实现对机组的远程专家会诊。

8. 故障诊断功能

针对设备诊断服务商在故障诊断及管理方面需求，RMD8000 提供了强大的专业诊断图谱，提供了多种专家远程在线会诊功能，建立了故障诊断案例库，并提供了多种设备管理、交流和学习功能。

S8000 系统提供了三大类 23 种图谱分析功能及 8 种设置管理功能，见表 10－12。

表 10－12

常规图谱 10 种	机组总貌	单值棒图	统计报表及日志：8 种	机组状态列表	振动参数列表
	多值棒图	轴心轨迹图		过程量参数表	振动报警日志
	波形频谱图	轴心位置图		过程报警日志	监测报表
	极坐标图	振动趋势图		系统日志	用户记录
	过程振动趋势图	全息谱图	系统设置管理功能：8 种	系统设置功能	机组信息管理
起停机专用图谱：5 种	转速时间图	波德图		灵敏监测学习	用户管理
	奈奎斯特图	频谱瀑布图		浏览诊断案例	新建诊断案例
	级联图			诊断帮助分析	问题反馈

诊断帮助分析功能可以诊断机组的各种常见故障，如转子不平衡、转子不对中、转子碰摩、油膜振荡、轴弯曲、汽流激振、轴瓦松动、部件脱落、部件摩损、润滑不良等。

通过 RMD8000 系统的数据共享，诊断专家可以真正通过网络进行远程在线会诊。该功能的实现将大大方便专家之间彼此的交流，充分调动“诊断专家”这一稀缺资源，成立基于远程中心的诊断专家联盟，为机组的诊断和维护提供了强有力的手段。专家远程在线会诊功能主要包括设备运行数据的在线共享功能、设备故障分析图谱的协同浏览和共享功能、专家的文字交流、专家的公用写字板功能、专家的文件共享功能、专家的语音图像传输功能。

通过远程监测和诊断中心，在各类机组实际运行数据的基础上，通过现场用户和远程专家在实际工作中的诊断案例，以及远程诊断中心人员进行定期的搜集和整理，并通过对数据的深层次加工，从而不断添加故障诊断案例库。这样随着故障诊断案例库的不断丰富完善，必将成为行业内故障诊断人员共同的宝贵资源，可为诊断人员彼此之间的交流和学习提供一个诱人的平台。

9. 数据统计分析

对机组的现场运行数据进行综合分析和“深加工”，提供如自动汇总电子报表、机组运行综合分析等分析手段，从而为集团公司或设备诊断服务商各个环节的管理人员以及设计、诊断专家提供及时、准确、智能化的分析数据和管理手段。

10. 通用网站的功能

另外，S8000 系统还提供设备管理运行情况的网上申报、信息发布、故障诊断论文资料下载、用户讨论交流以及远程培训学习等各项网站一般性功能。以全方位满足最终用户对设备的远程管理、远程讨论交流以及远程培训学习的需要，从而企业与各个用户以及各个用户彼此之间的沟通和交流。

11. 远程监测中心的关键技术

（1）基于 B/S 结构的数据传输技术

B/S 结构即浏览器/服务器结构，浏览器为 Internet 网或局域网中的任何一台计算机，该计算机不需安装任何专用软件，用户只需通过 IE 方式访问服务器 IP 或域名，打开服务器网页，通过一次握手，就可以通过浏览器自带的 java 虚拟机从服务器中下载用户端程序，并在浏览器下直接运行。用户在真正浏览机组数据时，在网络中传输的只是高保真压缩的机组状态数据，最后用户就可以看到设备运行的实时刷新的各种分析图谱（而不是静态页面）。

采用 B/S 结构的优点首先是使用方便，可以使得服务人员对机组的分析诊断做到“随时随地”，特别是对于现场维护人员以及可能外聘的诊断专家，优势更加明显。其次是维护方便，服务人员不必担心自己的计算机重新安装或误删除应用软件。再次是升级方便，远程监测中心提供某项新功能或推出某个升级软件版本后，不需要对所有服务人员的计算机进行软件升级工作，而只需企业本地服务器通过网络自动下载升级补丁即可，使用户免除对系统老化过时的担心。最后是维护费用大大降低，供应商通过远程维护，可以解决用户系统 95% 以上的问题，从而降低系统整体费用。

（2）系统稳定性和可靠性的实施技术

S8000 系统采用了国内首创的全集成专用现场数据采集分析设备，打破了国内系统工控机 + 数采卡 + Windows 或 Dos 操作系统的局限。较传统的国内 TDM 系统相比，其稳定性和可靠性得到大大提高。

在硬件的稳定性与可靠方面，系统采用大型的 FPGA（大规模可编程逻辑器件）的多 CPU 风险分散技术；采用多个内置结构调理板，以排除干扰；采用无硬盘、风扇、键盘、鼠标的 All in one 结构，以减少现场易损部件；并采用完善的系统自检功能，通过面板指示灯，方便了解现场信号及系统自身的故障。

在软件的稳定性与可靠性方面，采用 LINUX 嵌入式实时操作系统，更稳定、更可靠，可避免病毒的感染。

在系统结构的稳定性与可靠性方面，系统的各组成部分都可以独立的工作，不受其他组成部分的干扰；数据处理终端（NET8000）可以作为一个独立的工作站，在服务器或网络故障时，可以独立工作，一样存储实时及变工况数据；机组历史数据可以多方冗余存储，如 RMD 8000 及 WEB8000 中的冗余大型数据库；同时系统采用标准的 TCP/IP 网络通讯协议，以提高网络连接的可靠性。

（3）灵敏监测的数据采集技术

本中心的根本目的是存储机组“有用”的数据，以供机组诊断管理人员进行决策。什么是“有用”的数据，“有用”的数据是指机组运行状态变化的数据，异常的、可能反映故障征兆的数据，及启停机、变负荷、超速试验等变工况下的数据；怎么才能区分“垃圾”数据及“有用”数据，在 S8000 系统中，引入了“灵敏监测”的数据采集思想和技术。

灵敏监测，顾名思义就是能够更加灵敏地甄别机组的运行过程中的异常状态，一旦机组运行有任何“风吹草动”都能够准确灵敏地产生报警并进行历史数据的存储。它是一个关于系统的报警监测、统计学习以及历史数据存储的综合概念。

灵敏监测的核心思想有三部分组成。首先，灵敏监测对机组振动的报警是区分振动的各个分频的，而不是仅仅对总振值进行报警，同时不仅仅对振动值本身进行报警，同时也对振动的各种变化情况进行报警。其次，灵敏监测对一台机组振动各个分频的报警门限是通过对该机组自身的历史数据进行统计学习得到的，换言之，是以一段时间平稳运行的状态为基准，一旦超过了这个基准，就会产生报警。最后一点，也是最重要的一点，系统提出了事件驱动的概念，也就是说，机组运行历史数据的存储不是由时间决定的，而是当机组运行发生报警的前提下，也就是当事件发生的情况下，保留历史数据。

采用“灵敏监测”数据存储技术，从根本上摆脱了数据存储量与数据有效性之间的矛盾，效果远远超出传统的“黑匣子”功能。可保存机组全部有效数据，不丢失机组的任何重要信息。解决了传统存储方式(基于时间平均或基于瞬时)有效数据遗漏的严重问题。大大减少了存储量，保证没有与诊断无关的多余数据存储，即“有诊断价值的数据多保留，无价值的数据少保留”。

这里另外描述一下机组在启停机、变负荷等变工况下数据采集的重要性及采集方案。其重要性表现在：一方面是因为在变工况过程中，机组要经历在各种转速下运行的状态，而在这种情况下反映的机组故障征兆，比机组仅仅在正常工作转速下运行要丰富得多(如机组在临界转速下的状态)；另一方面，当机组遇到异常停机的情况时，可以根据停机过程中采集到的数据(包括过程量信息)，为判断异常停机的原因提供帮助。S8000 系统采用了基于全过程录波的机组启停机数据采集方案，可以自动判别机组是否进入启停机状态，可完整保留转子动特性数据及过程量信息。

(4) 多种设备运行数据的处理和采集技术

针对机组的重要性及类型的不同，并针对机组需监测的振动量及工艺量有不同，S8000 系统提供了多种设备的不同运行参数的不同解决方案。

为了严格满足对振动信号处理的特殊要求，S8000 系统在信号采集上采用了并行、同步的高速数据处理方案，并采用数字预测倍频器技术；在特征值提取方案上，S8000 系统采用了窗谱校正技术，以保证现场信号采集和分析处理的实时性、稳定性和准确性。

S8000 系统不但可以监测机组的振动数据，同时可以监测机组日常运行的工艺量数据，这两种类型的数据对于实时监控机组运行，分析诊断机组故障缺一不可，并且可以进行振动量与工艺量的相关性分析。

对于关键机泵，大都没有安装振动及温度等传感器，设备数量多、分布广，其现场接线麻烦，对监测与诊断的要求不高，同时要求监测方案的经济性；根据上述要求，该系统采用了机泵群现场数据采集和监测分站 FAS8100 的解决方案，该方案费用投入较少，结构简单，接线方便，满足信号采集和分析的实时性、同步性要求。

二、本特利 System 1™ 系统

本特利内华达公司是世界上早期进行设备状态监测及管理的公司之一。早在 20 世纪 80 年代初，该公司就推出 TDM(瞬态数据管理)系统，并在 20 世纪 90 年代初应用在我国的一些石油化工和电力企业。随着管理理念的更新换代，本特利公司也在不断更新它的产品以适应管理水平的需要。特别是在最近几年，随着世界范围的资产管理概念的深化，本特利公司又推出了与之相适应的 System 1™ 系统。

目前，本特利内华达公司是全球惟一的能够针对全厂动、静设备提供整体解决方案的状态监测与管理系统的供应商。它的产品从提供各型类型振动传感器系统、监测与保护系统仪表框架，到数据采集处理与分析系统、决策知识系统(专家系统)等。

1. 振动数据的采样及处理方式

首先，通过不断地系统优化，本特利内华达的3300、3500监测保护系统框架在执行对机组的保护功能的同时，已经能对采集到的信号在3300、3500系统内部进行预处理，并储存在模块中的缓冲寄存器中。通过框架接口模块上的TDI瞬态数据接口(3300/02、3500/22)以数字通讯的方式将采集到的数据传送到带有SQL关系型数据库的组态、显示计算机(服务器)。

3300/02及3500/22模块中的缓冲积存器把瞬态数据通过二次表框架内部的总线直接储存起来。它的存储方式可以通过上位机的组态软件直接组态。

根据固定时间间隔(ΔT)采样，整周期采样或称为非同步采样。这种采样方式主要是针对机组处于稳定运行状态，各项工艺参数及相关的设备部件都相对稳定，在一定的时间内不会发生突变。因此可以采用这种方式以节省数据库的存储空间；ΔT采样的触发方式可以是振动的幅值(通频、$1X$倍频、$2X$倍频以及nX倍频)，振动的相位角，甚至系统输入的其他工艺参数。

根据转速变化(ΔRPM)采样。它是高速同步采样，即对所有通道同时进行高速采样，此方式主要应用于工厂的大型关键设备和重要设备在启、停机以及机组负荷变化的过程中。这种方式下的采样触发方式除了有ΔT方式所采用的方式以外，还增加了直接通过键相信号的转速变化触发方式。

通过System 1™系统组态，工程技术人员可以根据机组的运行特点，灵活运用上述两种采样方式分别以单独或组合的方式进行相关的采样组态。

System 1™除了在组态软件上充分考虑了机组实际运行时的各种工况，提供了灵活的组态方式以外，在存储器硬件的处理上也充分体现了专业水准。不论在本特利内华达公司的外部数采箱内(TDIX、TDXNET)，还是在框架嵌入模块上(3300/02、3500/22)，均采用了3个缓冲寄存器，其中两个为ΔRPM缓存器，一个为ΔT缓存器。它们与采样组态相结合，构成了丰富的采样模式，见图10-32。

以上我们所讨论的对象是关键机组，但是作为全厂性的设备管理系统，在重视大机组监测的同时，也应该考虑其他的动、静设备。

较之大投入的关键设备，小机组的投入相对较少，甚至有备份。针对这种情况，如果采用上述的监测手段显然是不合适的。因此，巡测式的数据采集方式应运而生，主要应用于较重要的辅助设备上。其特点是在现场的设备上安装永久的传感器，通过现场总线把数据传送到数采器中。这种数采器所采用的数采方式是巡检式采样，即利用一个采集通道循环采集不同的测量数据，其监测成本较之实时采样而言相对较低。

另外，点检式手工数据采集的方式同样在石油化工企业和其他企业应用。对于小型附属设备，人工定期数据采集是一种有效的监测手段和补充。但是，其缺陷也显而易见。例如，不同的运行人员手持同样的检测仪对同一设备采样时，很可能得到不同的结果。另外，这种方式还受到现场条件、气候条件的限制。

但是，无论何种方式System 1™状态管理平台均可接受相关的采集数据。

对采集到的数据进行的处理应根据不同的设备和应用对象特别定制。如对汽轮机和压缩机等大型涡轮机械，应用全频谱功能可以对进动方向进行明确的分析，以确定诸如不平衡、涡动、碰磨等与进动方向有明确关系的故障。而对滚动轴承部件采用包络谱技术进行信号分析则可将轴承缺陷的识别时间大大提前，这种技术已经成熟地应用到本特利的Trendmaster

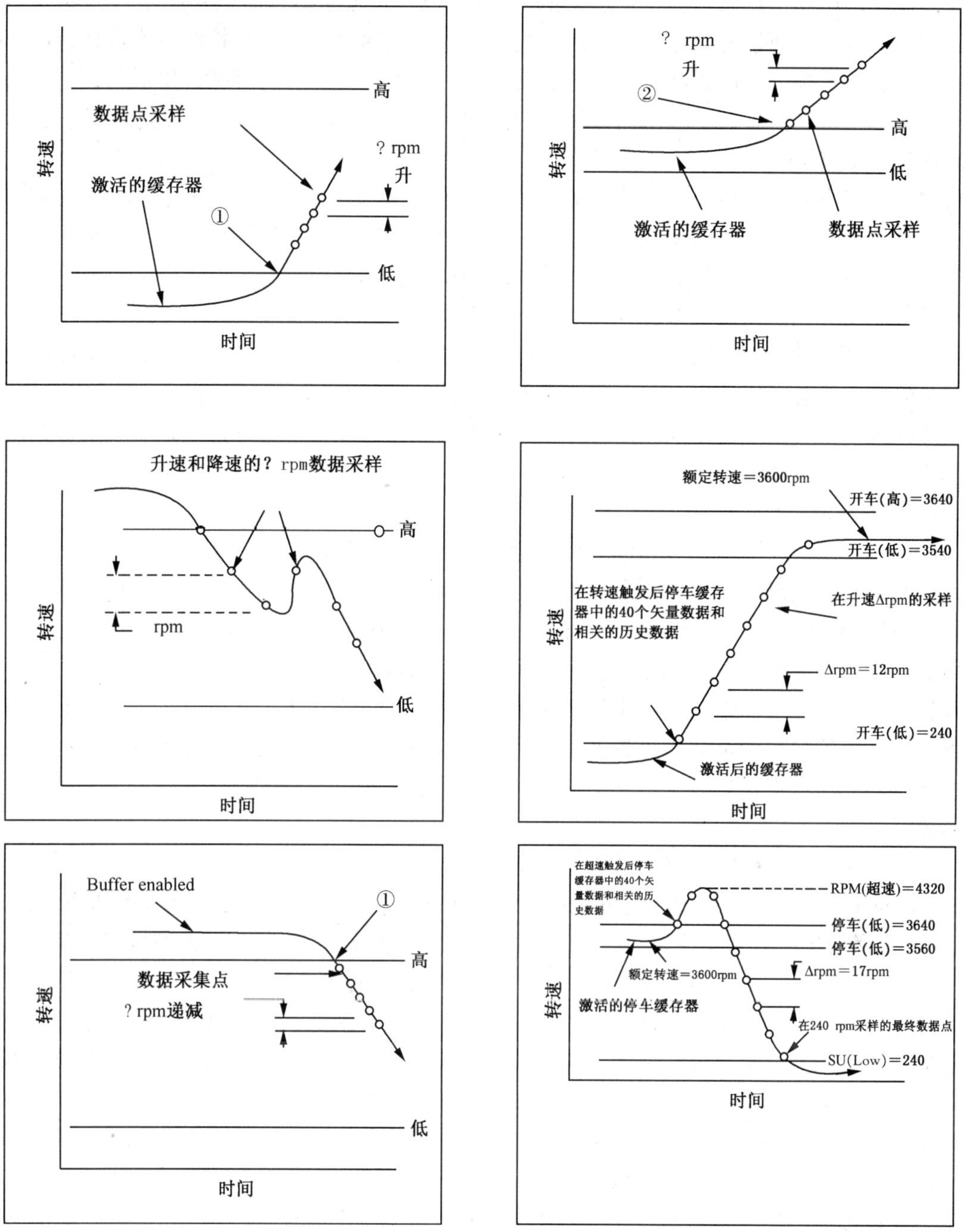

图 10－32

Pro 数据采集系统上。

三、ENTEK 设备状态监测系统

企业资产健康管理系统是保障企业设备运行与维护能够顺利进行的一种有效措施，它重点保证企业的生产设备系统能够可靠地发挥其预期的功能。ENTEK 设备状态监测集成系统是有效的企业资产健康管理系统进行状态监测和评估的核心，它实现了预测维修监测技术与其他资产管理应用信息系统(如控制和维护管理系统)的无缝结合。该系统不仅为状态监测者提供分析数据，而且为其他资产管理系统提供了链接通道。它可直接向生产或运行部门提供设备状态评定报告，使该部门根据这些信息决定生产系统是否可继续健康运行，它也可直接向维修部门提供信息，使该部门专注于设备中有问题的部件，而非简单地按计划表运作，从而优化其维修资源。

现在，国内的大型企业都非常重视各种状态监测技术在其生产设备与生产系统中的应用。越来越多的企业希望能够正确的运用可靠性分析技术，实现机械设备的最大利用率。这不仅要求设备管理和维修人员能够根据设备故障所造成的后果来选择最好和最有效的技术监测其设备，而且他们也需要考虑到当意外事故发生时每一台设备在系统中的重要性和价值。ENTEK 在线监测系统采用多种适用技术来获取设备状态数据，利用机械设备状态数据来识别设备的健康状态，以及提供状态预测和诊断结果，这恰恰满足了当前业界的需求。目前，该系统在国内各大企业内得到广泛应用，应用数量多达数百套。本文通过以下几项标题简述 ENTEK 在线监测系统的架构和特性。

1. 系统组成

ENTEK 在线监测系统以 Enshare 设备状态监测系统为软件平台，兼容罗克韦尔公司 ENTEK 产品部的不同级别在线监测硬件系统(如 Enwatch 自动巡检系统、XM 实时在线监测保护系统、Entrx 高速在线分析系统等)和其他设备信息数据(如设备温度、压力、流量等)，从而实现对全厂重要设备的状态监测和分析。它不仅可以向维修管理和执行部门提供诊断信息和检修建议，还可以跟踪检修工作的进展和验证检修结果。Enshare 软件将来自不同在线监测硬件系统的数据和其他信息数据集成到一个公共的数据库，通过企业内的局域网实现信息共享。其突出特点是集成了最广泛应用的状态监测技术、提供网络化在线监测分析功能和被监测机器状况的完整信息。

2. Enwatch 在线巡检式监测系统

Enwatch 巡检式在线系统作为 RA - ENTEK 状态监测系统的一部分，其基本部件 Enwatch 是 16 通道网络化在线采集模块，每个采集模块均配有标准的 RJ - 45 以太网接口，其外形小巧，机箱满足 IP66 工业标准，可直接安装在被监测设备附近，可用于人员无法接近或危险区域的设备的监测，数据采集回放的周期也比人工数采方式快得多，其采集的数据通过以太网定期回放到数据库中与离线监测数据集成在一起使用。目前的 Enwatch 有三种型号：基本型、CSA 型和 PX 型。基本型可适用于振动(加速度传感器、速度传感器)和工艺量的监测；CSA 型的应用功能和基本型完全一样，但它是设计并得到认证可用于 Class1 Div. 2 危险区域；PX 型可同时采集两个通道的数据，一个 Enwatch™ PX 可最多接 8 对双通道信号，对来自 8 对电涡流传感器的任一对数据，还可以显示轴心轨迹和轴中心位置图。

3. XM 实时在线监测与保护系统

XM 实时在线监测与保护系统是恩泰克 - 爱迪(ENTEK - IRD)公司合并入罗克韦尔自动化(Rockwell Automation)公司后，结合 ENTEK 传统的在线监测系统和 Rockwell Automation 的三层网络架构和模块化在线产品设计思想，最新开发的新一代在线监测与保护系统。它是世界上第一个基于 DeviceNET 总线的在线监测与保护系统。其分布式、模块化、可集成、易维修、可扩展性等功能是目前其他保护系统所无法比拟的。

XM 系统中，包括了十分完整的各种功能模块，其中动态量监测模块(根据监测的频率范围分为 XM120/XM121/XM122 等三种类型)，可支持电涡流传感器、压电式加速度传感器、速度传感器等一次元件，用来对设备的轴振、瓦振等信号进行监测和继电保护；速度监测模块(XM220)，用来对设备的转速信号进行监测和继电保护；静态量监测模块(XM320)，用来对设备的轴位移、阀位、热膨胀、差涨等信号进行监测和继电保护；温度和过程量保护模块(XM360/361/362)，用来对设备的温度、压力及其他监测量进行监测；继电器模块(XM440/441)，用来为上述监测模块提供扩展的继电器保护功能；网关模块(XM500/501/502)，用于将上述监测模块的参数传送到其他标准网络，如 Ether - NET、Control - NET、Modbus 等。

XM 系统的模块化和分布式设计，使得 XM 系统的应用十分灵活，既适合小型机组单独应用，也适合大型机组联合应用或多台小型机组联合成网。对于小型机组单独应用的情况，不需要任何计算机就可以对机组进行实时监测和保护，XM 模块内配有内置或分离的继电器，每个通道具有 4 - 20mA 输出和缓冲输出接口，结合实时显示的重要故障指示灯和多达 16 对报警/危险指示(具有逻辑表决功能)，从而为企业提供了一个低成本、易安装维护的功能强大的监测和保护系统解决方案；对于大型机组联合应用或多台小型机组联合成网的情况，只需将 XM 模块之间用 DeviceNET 网络连接起来，通过网关模块，即可实现与其他网络和计算机的信息传输和设备状态的分析评估。

1. 石油化工常见介质的理化性质

名称	化学式	标准状态密度/(kg/m³)[或相对密度d_4^{20}]	相对原子质量或相对分子质量	标准沸点/℃	熔点/℃	爆炸极限/%(V)		自燃点/℃	卫生容许最高浓度/(mg/L)	比热容(20℃,1atm)/(kcal/k·℃)		$K=c_p/c_v$	标准状态的蒸发潜热/(kcal/kg)	标准状态的粘度/10^{-2}cP	临界性质			标准状态的导热系数/kcal/(m·h·℃)
						上限	下限			C_p	C_v	标准状态			温度/℃	压力/atm(A)	密度/(kg/m³)	
氦	He	0.1769	4.003	-268.9	-272.2					1.25(15℃)	0.75(15℃)	1.66	5.52		-267.9	2.26	69.3	0.1226
氮	N_2	1.2507	28.02	-195.78	-209.9					0.250	0.178	1.40	47.58	1.70	-147.13	33.49	310.96	0.0196
氢	H_2	0.898	2.016	-252.75	-259.18	74.2	4.1	510		3.408	2.42	1.407	108.5	0.842	-239.9	12.80	31	0.140
氧	O_2	1.4289	32	-182.98	-218.4					0.218	0.156	1.4	50.92	2.03	-118.82	49.713	429.9	0.0206
氯	Cl_2	3.217	70.91		-101.6				0.002	0.115	0.0848	1.36	72.95	1.29(16℃)	144.0	76.1	573	0.0062
氟	F_2	1.6354	38.00	-187	-223								40.52		-129	55.0		
氨	NH_3	0.771	17.03	-33.4	-77.7	27	15.5		0.030	0.53	0.40	1.29	328	0.918	132.4	111.5	236	0.0185
一氧化碳	CO	1.2501	28	-191.48	-205	74.2	12.5	610	0.030	0.250	0.180	1.40	50.5	1.66	-140.2	34.53	311	0.0194
二氧化碳	CO_2	1.9768	44	-78.2(升华)	-56.6(5.2atm)					0.200	0.156	1.30	137	1.37	31.1	72.9	460	0.0118
二氧化氮	NO_2	1.49	46.01	21.2	-9.3					0.192	0.147	1.31		170	158.2	100.0	570	0.0344
二氧化硫	SO_2	2.9268	64.06	-10.8	-75.5				0.020	0.151	0.120	1.25	94	1.17	157.5	77.78	52.0	0.0066
硫化氢	H_2S	1.5392	34.09	-60.2	-82.9	45.5	4.3	290	0.010	0.253	0.192	1.30	131	1.166	100.4	88.9		0.0113
氯化氢	HCl	1.6394	36.465	-84.95	-114				0.015	0.1939	0.1375	1.41	106		51.5	81.5	42.2	
氟化氢	HF	0.9218	20.01	19.4	-83				0.001				372.76		230.2			
氯甲烷	CH_3Cl	2.308	50.48	-24.1	-44.5	20	8			0.177	0.139	1.28	96.9	0.989	148	66	370	0.0073
氯乙烷	C_2H_5Cl			12.27			14.8	3.6										
氯乙烯	C_2H_3Cl	0.9195(15℃)	62.50	-13.9	-159.7	22	4											

名称	化学式	标准状态密度/(kg/m^3)[或相对密度 d_4^{20}]	相对原子质量或相对分子质量	标准沸点/℃	熔点/℃	爆炸极限/%(V)		自燃点/℃	卫生容许最高浓度/(mg/L)	蒸气密度(常压16.5℃)/(kg/m^3)	粘度(20℃)		临界性质			比热容(15.6℃,常压)				蒸发潜热(沸点下)kcal/kg
						上限	下限				cSt[ ]cP	温度/℃	压力/atm(A)	密度/g/mL		理想气体 C_p	理想气体 C_v	C_p/C_v	C_p 液体	
甲烷	CH_4	0.4240(沸点)	16.042	-161.49	-182.48	15.0	5.0	645		0.6785		0.010(气)	-82.5	45.80	0.161	0.5271	0.402	1.308		121.87
乙烷	C_2H_6	0.5462(沸点)	30.068	-88.63	-183.27	12.45	3.22	530		1.2794		0.0090(气)	32.27	48.19	0.204	0.4097	0.343	1.193	1.2006(25℃)	116.97
丙烷	C_3H_8	0.5824(沸点)	44.094	-42.07	-187.69	9.50	2.37	510		1.8910	0.246(10℃)	0.125(10℃)	96.81	42.01	0.219	0.3885	0.342	1.133	0.543(-41.7℃)	101.8
丁烷	C_4H_{10}	0.5788	58.120	-0.50	-138.35	8.41	1.86			2.5318	0.300	0.174	152.01	37.47	0.228	0.3970	0.363	1.094	0.548(-17.8℃)	92.13
戊烷	C_5H_{12}	0.6262	72.146	-36.07	-129.72	7.80	1.40			3.0453	0.366	0.229	196.62	33.31	0.232	0.3972	0.370	1.074	0.536	85.38
乙烯	C_2H_4	0.5674(-103℃)	28.052	-103.71	-169.15	28.6	3.05	540		1.184		0.0093(气)	9.9	50.49	0.227	0.3622	0.2914	1.2430		115.31
丙烯	C_3H_6	0.5139	42.078	-47.70	-185.25	11.1	2.0	455		1.776		0.0078(气)	91.89	45.4	0.232	0.3541	0.3069	1.1538		104.55
1-丁烯	C_4H_8	0.5951	56.104	-6.26	-185.35	9.3	1.6			2.368		0.0070(气)	146.4	39.7	0.232	0.3703	0.3349	1.1051	0.53	93.3
1.2-丁二烯	C_4H_6	0.652	54.088	10.3	-136.3	12	2			2.283			171	44.4	(0.247)	(0.3458)	(0.3091)	(1.12)		101
1,3-丁二烯	C_4H_6	0.6211	54.088	-4.41	-108.92	11.5	2			2.283			152	42.7	(0.246)	(0.3412)	(0.3045)	(1.12)	0.53	97

续表

名称	化学式	标准状态密度/(kg/m³)[或相对密度 d_4^{20}]	相对原子质量或相对分子质量	标准沸点/℃	熔点/℃	爆炸极限/%(V)		自燃点/℃	卫生容许最高浓度/(mg/L)	蒸气密度(常压16.5℃)/(kg/m³)	粘度(20℃)		临界性质			比热容(15.6℃,常压)				蒸发潜热(沸点下) kcal/kg
						上限	下限				cSt[ ]cP	温度/℃	压力/atm(A)	密度/g/mL		理想气体 C_p	理想气体 C_v	C_p/C_v	C_p 液体	
乙炔	C_2H_2	0.6208(沸点)	26.036	−84.0(挥发点)	−81	80	2.5	335		1.099		0.0102(气)	36.3	61.6	0.242	0.3966	0.3203	1.238		
二硫化碳	CS_2	1.262	76.13	46.3(0.1MPa)		50	1.0	124	1.01				277.7	75.5						84(0.1MPa)
丙酮	CH_3COCH_3	0.791	58.08	56.2(0.1MPa)		13	2.1	540	0.40				235	48.6						125(0.1MPa)
乙醚	$(C_2H_5)_2O$	0.714	74.12	34.6	−116.3	40	1.85		0.6	3.31(标准状态)			194.7	37.5						86
苯	C_6H_6	0.8790	78.108	80.10	5.533	6.75	1.41	580		3.2970	0.737	0.648	289.5	48.7	0.304	0.2404	0.2150	1.118	0.407	94.08
甲苯	C_7H_8	0.8670	92.134	110.63	−94.991	6.75	1.27	550		3.8891	0.675	0.585	320.8	41.6	0.280	0.2599	0.2383	1.091	0.406	86.8
邻二甲苯	C_8H_{10}	0.8802	106.160	144.42	−25.18	6.4	1.1	500		4.4811	0.920	0.811	359.1	36.9	0.280	0.2914	0.2727	1.069	0.416	82.8
间二甲苯	C_8H_{10}	0.8642	106.160	139.10	−47.87	6.4	1.1			4.4811	0.714	0.617	346.1	35.8	0.280	0.2782	0.2595	1.072	0.406	81.9
对二甲苯	C_8H_{10}	0.8611	106.160	138.35	13.26	6.6	1.1			4.4811	0.747	0.643	345.2	35.0	0 290	0.2769	0.2582	1.072	0.407	81.2
乙醇	C_2H_5OH	0.7892	46.07	78.3(0.1MPa)	−114.2	20	3.1	425	1.5	2.06(标准状态)			234.3	64.4						202
氨	NH_3		17.0306	239.75K(常压)		27	15.5						405.65K	115.2 kg/cm²		0.516 kcal/kg℃		1.32		
空气			28.96	78.8K									132.42K	38.5 kg/cm²		0.2397 kcal/kg·℃		1.4		

2. 常用计量单位换算

物理量	法定计量单位符号	非法定计量单位符号	换 算 关 系
长度	米 m 千米(公里) km	英里 mile	1 英里 = 1609. 344m
		码 yd	1yd = 0. 9144m
		英尺 ft	1ft = 0. 3048m
		英寸 in	1in = 2. 54cm
		密耳	1 密耳 = 0. 0254mm
		里	1 里 = 500m
		丈	1 丈 = 3. 33m
		尺	1 尺 = 0. 33m
面积	米^2 m^2	英里^2 mile^2	lmile^2 = 2. 5899 × 10^{8}m^2
		英尺^{2}ft^2	1ft^2 = 9. 2903 × 10^{-2}m^2
		英寸^{2}in^2	1in^2 = 645. 16mm^2
		英亩 acre	1 英亩 = 4046. 87m^2
		公亩 a	1a = 100m^2
		〔市〕亩	1〔市〕亩 = 666. 67m^2
		公顷 ha	1ha = 10000m^2
容积	米^3 m^3 升 L	英尺^3 ft^3	1 ft^3 = 2. 8316 × 10^{-2}m^3
		英寸^3 in^3	1 in^3 = 16. 3871cm^3
		英加仑 UKgal	1 Ukgal = 4. 5461dm^3
		美加仑 USgal	1 Usgal = 3. 7854dm^3
		英桶 UKbbl	1 UkbbI = 163. 654dm^3
		美桶 USbbl	1 Usbbl = 158. 987dm^3
		美液夸脱 liq qt	1 1iqqt = 0. 9464dm^3
		英品脱 UK pt	1 Ukpt = 0. 5683dm^3
		美液品脱 liq pt	1 1iqPt = 0. 4732dm^3
质量	千克(公斤) kg 吨 t	磅 1b	1 lb = 0. 4536kg
		长吨	1 长吨 = 1016. 0469kg
		短吨 Sh ton	1Sh ton = 907. 1847kg
		英吨	1 英吨 = 1016. 0469kg
		盎司 oz	1 oz = 28. 3495g
力	牛(顿) N	千克力 kgf	1 kgf = 9. 8067N
		吨力 tf	1 tf = 9. 8067 × 10^{3}N
		磅力 lbf	1 1bf = 4. 4482N
		达因 dyn	1 dyn = 10^{-5}N
压力 压强	帕(斯卡) Pa (Pa = N/m^2)	巴 bar	1 bar = 10^{5}Pa
		工程大气压 at	1 at = 9. 8067 × 10^{4}Pa
		标准大气压 atm	1 atm = 1. 01325 × 10^{5}Pa
		磅力/英尺^{2}lbf/ft^2	1 lbf/ft^2 = 47. 8803Pa
		磅/英寸^{2}lbf/in^2	1 lbf/in^2 = 6. 8948 × 10^{5}Pa
		达因/厘米^{2}dyn/cm^2	1 dyn/cm^2 = 0. 1Pa
		千克力/厘米^{2}kgf/cm^2	1 kgf/cm^2 = 9. 8067 × 10^{4}Pa
		千克力/米^{2}kgf/m^2	1 kgf/m^2 = 9. 8067Pa
		毫米汞柱(0℃) mmHg	1 mmHg = 133. 3224Pa
		毫米水柱(3. 98℃) mmH_2O	1 mmH_2O = 9. 8064Pa
温度	开(尔文) K 摄氏度 ℃	华氏度 ℉	摄氏度 t 换算成 K：K = t + 273. 15 摄氏度 t 换算成华氏度：℉ = 9t/5 + 32 华氏度 t 换算成 K：K = (t + 459. 67)5/9

物理量	法定计量单位符号	非法定计量单位符号	换算关系
热·功·能	焦(耳) J 千瓦(特)小时 kW·h 瓦(特)小时 W·h 瓦(特)秒 W·s	卡 cal 英热单位 Btu 千卡 kcal 千卡力米 kgf·m 英尺磅力 ft·lbf (米制)马力小时 ps·h 英马力小时 hP·h	1 kW·h = 3.6MJ = 860kcal 1 W·h = 3.6kJ 1 W·s = 1J = 1N·m 1 cal = 4.1868J, 1kcal = 427.2kg. m 1 Btu = 1.0551 × 10^3J 1 kg·m = 9.8067J 1 ft·lbf = 1.3558J 1(米制)马力小时 ps·h = 2.6478 × 10^6J 1hP·h = 2.6845 × 10^5J
功率·热流量	瓦(特) W	英热单位/小时 Btu/h 卡/秒 cal/s 尔格/秒 erg/s 英尺磅力/秒 ft·lbf/s 英马力 hp (米制)马力 ps 伏安 V·A 千克力米/秒 kgf·m/s	1 Btu/h = 0.2931W 1 cal/s = 4.1868W, 1kW = 1kJ/S 1 erg/s = 10^{-7}W 1 ft·1bf/s = 1.3558W 1 hp = 745.6998W 1 (米制)ps = 735.4988W 1 V. A = 1W 1 kgf·m/s = 9.8067W
速度	米/秒 m/s 千米/小时 km/h	英尺/小时 ft/h 英里/小时 mile/h 英尺/秒 ft/s 英寸/秒 in/s 码/小时 yb/h	1 ft/h = 8.4667 × 10^{-5}m/s 1 mile/h = 0.4470m/s 1 ft/s = 0.3048m/s 1 in/s = 0.0254m/s 1 yd/h = 0.254 × 10^{-3}m/s
旋转频率	每秒(负一次方秒) s^{-1} 转/每分 r/min 转/每秒 r/s	弧度/每分 rad/min 度/每分 (°)/min 度/每秒 (°)/s	1 rad/min = 0.0166667rad/s 1 (°)/min = 2.90888 × 10^{-4}rad/s 1 (°)/s = 0.0174533rad/s 1 r/min = 0.104720rad/s 1 r/s = 6.28319rad/s
密度	千克/米³ kg/m^3 吨/米³ t/m^3 千克/升 kg/L	磅/英尺³ lb/ft^3 磅/英寸³ lb/in^3 磅/码³ lb/yb^3 英吨/英尺³ ton/ft^3 美吨/英尺³ USton/ft^3 磅/英加仑 lb/UKgal 磅/美加仑 lb/USgal 磅/石油桶 lb/bbl	1 Ib/ft^3 = 16.0185kg/m^3 1 lb/in^3 = 2.7680 × 10^4kg/m^3 1 lb/yb^3 = 593.2764kg/m^3 1 ton/ft^3 = 3.5881 × 10^4kg/m^3 1 USton/ft^3 = 3.2037 × 10^4kg/m^3 1 lb/Ukgal = 99.7764kg/m^3 1 lb/Usgal = 119.8264kg/m^3 1 lb/bbl = 2.853kg/m^3
运动粘度	米²/秒 m^2/s	英尺²/秒 ft^2/s 英寸²/秒 in^2/s 斯 St 厘斯 cSt	1 ft^2/s = 9.2903 × $10^{-2}$$m^2$/s 1 in^2/s = 6.4516 × $10^{-4}$$m^2$/s 1 St = $10^{-4}$$m^2$/s = 100cSt 1 cSt = $10^{-6}$$m^2$/s
动力粘度	帕(斯卡)·秒 Pa·s	磅力·秒/英尺² lbf·s/ft^2 千克力．秒/米² kgf. s/m^2 泊 P 厘泊 cP	1 ft·s/ft^2 = 47.8803Pa·s 1 kgf·s/m^2 = 9.8067Pa·s 1 P = 0.1Pa·s 1 cP = 10^{-3}Pa·s 1 Pa·s = 1N·s/m^2 1 P = 1dyn·s/cm^2

续表

物理量	法定计量单位符号	非法定计量单位符号	换算关系
传热系数	瓦(特)/(米^2·开尔文) W/(m^2·K)	英热单位/(英尺^2·时·°F) Btu/(ft^2·h·°F) 英热单位/(英尺^2·秒·°F) Btu/(ft^2·s·°F) 卡/(厘米^2·秒·°C) cal/(cm^2·s·°C) 千卡/(米^2·时·°C) kcal/(m^2·h·°C)	1 Btu/(ft^2·h·°F)=5.6783W/(m^2·k) 1 Btu/(ft^2·s·°F)=2.0442×10^{4}W/(m^2·K) 1 cal/(cm^2·s·°C)=4.1868×10^{4}W(m^2·K) 1 kcal/(m^2·h·°C)=1.1628W/(m^2·K)
热流密度	瓦(特)/米^2 W/m^2	英热单位/(英尺^2·秒) Btu/(ft^2·s) 英热单位/(英尺^2·时) Btu/(ft^2·h) 卡/(厘米^2·秒)cal/(cm^2·s) 千卡/(米^2·时)kcal/(m^2·h)	1 Btu/(ft^2·s)=1.1357×10^{4}W/m^2 1 Btu/(ft^2·h)=3.1546W/m^2 1 cal/(cm^2·s)=4.1868×10^{4}W/m^2 1 kcal/(m^2·h)=1.1628W/m^2
热导率	瓦(特)/(米·开) W/(m·K)	英热单位/(英尺·时·°F) Btu/(ft·h·°F) 瓦(特)/(英尺·°F) W/(ft·°F) 千卡/(米·h·°C) kcal/(m·h·°C)	1 Btu/(ft·h·°F)=1.7307W/(m·K) 1 W/(ft·°F)=5.9055W/(m·K) 1 kcal/(m·h·°C)=1.1628W/(m·K)
比热容比熵	焦耳/(千克.开) J/(kg·K)	英热单位/(磅·°F) Btu/(lb·°F) 千卡/(千克·°C) kcal/(kg·°C) 千克力.米/(千克·°C) kgf·m/(kg·°C)	1 Btu/(lb·°F)=4.1868×10^{3}J/(kg·K) 1 kcal/(kg·°C)=4.1868×10^{3}J/(kg·K) 1 kgf·m/(kg·°C)=9.8067J/(kg·K)

3. 压缩机常用润滑油

(1) L-AN 全损耗系统用油　　GB 443—89

项　目	质量指标										试验方法
品　种	L-AN										
黏度等级(按 GB 443—89)	5	7	10	15	22	32	46	68	100	150	GB/T 265
运动黏度 40℃/(mm^2/s)	4.14~5.06	6.12~7.48	9.00~11.00	13.5~16.5	19.8~24.2	28.8~35.2	41.4~50.6	61.2~74.8	90.0~110	135~165	
倾点①/℃ 不高于	-5										GB/T 3535
水溶性酸或碱	无										GB/T 259
中和值/mgKOH/g	报告										GB/T 4945
机械杂质②/% 不大于	无			0.005		0.007					GB/T 511

续表

项 目	质量指标						试验方法
品 种	L-AN						
水分 不大于	痕迹						GB/T 260
闪点(开口)℃ 不低于	80	110	130	150	160	180	GB/T 3536
腐蚀试验(铜片100℃3h) 不大于	1级						GB/T 5096
色度 不大于	2号			2.5号	报告		GB/T 6540

注：L-AN全损耗系统用油(GB 443—89)是合并了原机械油、缝纫机油和高速机械油标准而形成的。这类油品适用于过去使用机械油的各个场合。

生产厂：大连石化公司、大庆石化总厂炼油厂、兰州炼化总厂、吉化公司江南炼油厂、抚顺石化公司石油一厂、三厂、锦西炼油化工总厂、独山子炼油厂、克拉玛依炼油厂、燕山石化公司炼油厂、大港油田炼油厂、上海高桥石化公司炼油厂、济南炼油厂、茂名石化公司南海高润公司、荆门石化总厂、泰州石化总厂等。

① 当本产品用于寒冷地区时，倾点指标可由供需双方协商后另定。

② 机械杂质的百分数为质量分数。

（2）汽轮机油分类标准　　GB/T 7631.10—1992

组别代号	应用范围	特殊应用	更具体应用	组成和性质	品种代号	典型应用
T	汽轮机	蒸汽、直接或齿轮连接到负荷	一般用途	具有防锈性和氧化安定性的深度精制的石油基润滑油	TSA	发动机、工业驱动装置及其配套的控制系统，不需改善齿轮承载能力的船舶驱动装置
			特殊用途	不具有特殊难燃性的合成液	TSC	要求使用具有某些特殊性：如氧化安定性和低温性液体的发电机、工业驱动装置及其配套的控制系统
			难燃	磷酸酯润滑剂	TSD	要求使用具有耐燃性液体的发电机、工业驱动装置及其配套的控制系统
			高承载能力	具有防锈性、氧化安定性和高承载能力的深度精制的石油基润滑油	TSE	要求改善齿轮承载能力的发电机、工业驱动装置和船舶齿轮装置及其配套的控制系统
		气体（燃气）、直接或齿轮连接到负荷	一般用途	具有防锈性和氧化安定性的深度精制的石油基润滑油	TGA	发电机、工业驱动装置及其配套的控制系统，不需改善齿轮承载能力的船舶驱动装置
			较高温度下使用	具有防锈性和改善氧化安定性的深度精制的石油基润滑油	TGB	由于有热点出现，要求耐高温的发电机、工业驱动装置及其配套的控制系统
			特殊用途	不具有特殊难燃性的合成液	TGC	要求使用具有某些特殊性：如氧化安定性和低温性液体的发电机、工业驱动装置及其配套的控制系统

续表

组别代号	应用范围	特殊应用	更具体应用	组成和性质	品种代号	典型应用
T	汽轮机	气体（燃气）、直接或齿轮连接到负荷	难燃	磷酸酯润滑剂	TGD	要求使用具有耐燃性液体的发电机、工业驱动装置及其配套的控制系统
			高承载能力	具有防锈性、氧化安定性和高承载能力的深度精制的石油基润滑油	TGE	要求改善齿轮承载能力的发电机、工业驱动装置和船舶齿轮装置及其配套的控制系统
		控制系统	难燃	磷酸酯控制液	TCD	要求液体和润滑剂分别供给，并有耐热要求的蒸汽轮机、汽轮机控制机构
		航空蜗轮发动机			TA	
		液压传动装置			TB	

注：我国等效采用国际标准 ISO6743/5 - 1988 制定了 GB/T 7631. 10—1992

（3）L－TSA 汽轮机油技术要求　　GB 11120—89

项　目	合格品质量指标				试验方法
黏度等级（按 GB 3141）	32	46	68	100	
运动黏度（40℃）/cSt	28. 8～35. 2	41. 4～50. 6	61. 2～74. 8	90. 0～110. 0	GB/T 265
黏度指数[①]　不小于	90	90	90	90	GB/ 1995
倾点[②]/℃　不高于	－7	－7	－7	－7	GB/T 3535
闪点（开口）/℃　不低于	180	180	195	195	GB/T3536
密度（20℃）/（kg/m^3）	报告				GB/T 1884
酸值/（mgKOH/g）　不大于	0. 3				GB/T 264
中和值/（mgKOH/g）　不大于	—				

项　目	合格品质量指标				试验方法
牌　号	32	46	68	100	
机械杂质/%	无	无	无	无	GB/T 511
水分/%	无	无	无	无	GB/T 260
抗乳化性/[（40－37－3）mL][③]/min （54）℃　不大于 （82）℃　不大于	15	15	30	30	GB/T 7305
起泡性试验[④]/（mL/mL） 24℃　不大于 93℃　不大于 后 24℃　不大于	 600/0 100/0 600/0				GB/T 12579
氧化安定性[⑤] a 总氧化产物 沉淀物	 — —				
b 氧化后酸值达 2. 0mgKOH/g 时/h　不小于	1500	1500	1000	1000	GB 12581
铜片锈蚀试验（100℃）3h　不大于	1 级				GB/T 5096

生产厂：大连石化公司、抚顺石化公司石油一厂、大庆石化总厂炼油厂、锦西炼油化工总厂、兰州炼化总厂、玉门炼油厂、独山子炼油厂、上海高桥石化公司炼油厂、济南炼油厂、茂名石化公司南海高润公司荆门石化总厂等。

注：① 对中间基原油生产的汽轮机油，L－TSAHG 合格品黏度指数允许不低于 70。一级品黏度指数允许不低于 80。根据生产和使用实际，经于用户协商，可不受本标准限制。

② 倾点指标，根据生产和使用实际。经与用户协商，可不受本标准限制。

③ 作为军用时，破乳化值由部队和生产厂双方协商。

④ 测起泡性试验时，只要泡沫未完全盖住油的表面，结果报告为零

⑤ 氧化安定性为保证项目，一年抽查一次。

⑥ 对一级品中空气释放值根据生产和使用实际，经于用户协商，可不受本标准限制。

（4）抗氨汽轮机油技术要求　　SH/T—0362—1996

项　目	合格品质量指标				试验方法
牌　号	32	32D	46	68	GB 3141
运动黏度(40℃)/cSt	28.8－35.2	28.8－35.2	41.4－50.6	61.2－74.8	GB/T 265
黏度指数　不小于	95①				GB/T 1995
倾点/℃　不高于	－17	－27	－17	－17	GB/T 3535
闪点(开口)/℃　不低于	180				GB/T 3536
加剂前中和值/mgKOH/g　不大于 加剂后中和值/mgKOH/g　不大于	报告 0.06				GB/T 4945
灰分加剂(前)/%　不大于	0.005				GB/T 508
水分	无				GB/T 260
机械杂质	无				GB/T 511
氧化安定性(酸值达 2.0mmKOH/g)/h　不大于	1000				GB/T 12581②
破乳化时间(54℃)/min　不大于	30				GB/T 7305
液相锈蚀试验(15 号钢棒)蒸馏水,24h	无锈				GB/T 1143
抗氨性试验	合格				SH/T 0302

生产厂:大连石化公司、兰州炼化总厂等

① 中间基原油生产的抗氨汽轮机油黏度指数允许不低于 75;

② 氧化安定性试验作为保证项目,每年测定一次。

③ 灰分的百分数为质量分数。

（5）压缩机油　　SY 1216—77

项　目	质量指标		试验方法
	HS—13	HS—19	
运动黏度(100℃)/cSt	11～14	17～21	GB 265
酸值(未加添加剂时)/mgKOH/g　不大于	0.15	0.10	GB 264
氧化安定性(氧化后沉淀)/%　不大于	0.3	0.02	SY 2652
灰分/%			GB 508
未加添加剂时　不大于	0.015	0.010	
加添加剂后　不大于		0.08	
水溶性酸或碱	无	无	GB 259
机械杂质/%　不大于	0.007	0.007	GB 511
水分/%	无	无	GB 260
闪点(开口)/℃　不低于	215	240	GB 267
腐蚀度/g/m^2	60	10	GB 391

用途：13 号压缩机油主要用作低压及中压，(至 40atm)压缩机的润滑。

19 号压缩机油主要用作高压多级压缩机的润滑。

注：① 压缩机油，绝对不允许用于氧气或氯气的压缩机，否则发生爆炸。

② 压缩机油在使用中，要严格控制压缩机的进气温度，因为进气温度高，则压缩机的排气温度也就高，这样容易促使压缩机的积炭生成，使积炭增加，易引起爆炸。

③ 压缩机的给油量要适宜，过多的油进入压缩机不仅是浪费且污染压缩气体的质量更严重的是会使积炭增加，从而容易发生爆炸。

④ 在空气中灰尘较多的场合，要特别注意空气的过滤，要防止灰尘进入压缩机，否则影响压缩机的正常运转。

组别代号	应用范围	特殊应用	更具体应用	产品类型和性能要求	品种代号	典型应用	备注
D	空气压缩机	压缩腔室有油润滑的容积型压缩机	往复式或滴油回转(滑片)式压缩机		DAA	轻负荷	见 GB/T 7631.9 附录A
D	空气压缩机	压缩腔室有油润滑的容积型压缩机	往复式或滴油回转(滑片)式压缩机		DAB	中负荷	见 GB/T 7631.9 附录A
D	空气压缩机	压缩腔室有油润滑的容积型压缩机	往复式或滴油回转(滑片)式压缩机		DAC	重负荷	见 GB/T 7631.9 附录A
D	空气压缩机	压缩腔室有油润滑的容积型压缩机	喷油回转(滑片和螺杆)式压缩机		DAG	轻负荷	见 GB/T 7631.9 附录A
D	空气压缩机	压缩腔室有油润滑的容积型压缩机	喷油回转(滑片和螺杆)式压缩机		DAH	中负荷	见 GB/T 7631.9 附录A
D	空气压缩机	压缩腔室有油润滑的容积型压缩机	喷油回转(滑片和螺杆)式压缩机		DAJ	重负荷	见 GB/T 7631.9 附录A
D	空气压缩机	压缩腔室无油润滑的容积型压缩机	液环式压缩机，喷水滑片和螺杆式压缩机，无油润滑的往复式压缩机，无油润滑的回转式压缩机		—	—	润滑油用于齿轮、轴承和运动部件
D	空气压缩机	速度型压缩机	离心和轴流式压缩机		—	—	润滑油用于齿轮、轴承
D	气体压缩机	容积型往复式和回转式压缩机，用于除冷冻循环或热泵循环或空气压缩机的所有气体压缩机	不与深度精制矿油起化学反应或不使矿油的黏度降低到不能使用程度的气体	深度精制矿油	DGA	小于 10^4kPa 压力的氮、氢、氩、氦、二氧化碳。任何压力的氦、二氧化硫、硫化氢小于 10^3kPa 压力的一氧化碳	在有些润滑油中所含的某些添加剂要与氨反应
D	气体压缩机	容积型往复式和回转式压缩机，用于除冷冻循环或热泵循环或空气压缩机的所有气体压缩机	用于 DGA 油的气体，但含有湿气或冷凝物	特定矿油	DGB		
D	气体压缩机	容积型往复式和回转式压缩机，用于除冷冻循环或热泵循环或空气压缩机的所有气体压缩机	在矿油中有高的溶解度而降低黏度的气体	常用合成液	DGC	任何压力的烃类大于 10^4kPa 压力的氨、二氧化碳	在有些润滑油中所含的某些添加剂要与氨反应
D	气体压缩机	容积型往复式和回转式压缩机，用于除冷冻循环或热泵循环或空气压缩机的所有气体压缩机	与矿油发生化学反应的气体	常用合成液	DGD	任何压力的氯化氢、氯、氧和富氧空气大于 10^3kPa 压力的一氧化碳	氧和富氧空气应禁止使用矿油，只有少数合成液是合适的
D	气体压缩机	容积型往复式和回转式压缩机，用于除冷冻循环或热泵循环或空气压缩机的所有气体压缩机	非常干燥的惰性气或还原气(露点 -40℃)	常用合成液	DGE	大于 10^4kPa 压力的氮、氢、氩	这些气体使润滑困难，应特殊考虑

(7) 空气压缩机油技术指标

项　目	质 量 指 标										试验方法
品　种	L－DAA					L－DAB					
黏度等级(按 GB 3141)	32	46	68	100	150	32	46	68	100	150	
运动黏度 40℃/mm^2/s	28.8－35.2	41.6－50.6	61.2－74.8	90.9－110	135－165	28.8－35.2	41.6－50.6	61.2－74.8	90.9－110	135－165	
100℃/mm^2/s	报告					报告					
倾点/℃　不高于	－9				－3	－9				－3	GB/T 3535
闪点(开口)/℃　不低于	175	185	195	205	215	175	185	195	205	215	GB/T 3536
腐蚀(铜 100℃,3h)/级,不大于	1 级					1 级					GB/T 5096
抗乳化性[(40－37－3)mL]/min(54)/℃　不大于	—					30			—		GB/T 7305
抗乳化性(82)/℃　不大于	—					—			30		
液相锈蚀试验(蒸馏水)	—					无锈					GB/T 11143
硫酸盐灰分/%	—					报告					GB/T 2433
老化特性 a. 200℃,φ(空气蒸发损失)/%　不大于	15					—					
康氏残碳增值/%　不大于	1.5			2.0							
b. 200℃(空气,Fe_2O_3)蒸发损失/%　不大于	—					20					SH/T 0192
康氏残碳增值/%　不大于						2.5			3.0		
减压蒸馏蒸出 80% 后残留物性质	—					0.3				0.6	GB/T 9168
a. 残留物康氏残碳/%　不大于 b. 新旧油 40℃,运动黏度比　不大于	—					5					GB/T 268 GB/T 265
中和值/mgKOH/g 未加剂 加剂后	报告 报告					报告 报告					GB/T 4945
水溶性酸或碱	无					无					GB/T 259
水分　不大于	痕迹					痕迹					GB/T 260
机械杂质　不大于	0.01					0.01					GB/T 511

注:表中机械杂、质残碳增值均指质量分数,φ(组成物)/% 指体积分数。

生产厂:大连石化公司、锦西炼油化工总厂、燕山石化公司炼油厂、营口石化厂、大港油田炼油厂、上海高桥石化公司炼油厂、济南炼油厂、兰州炼化总厂、独山子炼油厂、玉门炼油厂、茂名石化公司南海高润公司、荆门石化总厂、濮阳润滑油公司等。

（8）DAG 轻载荷喷油回转式空气压缩机油技术指标　　　　GB 5904—86

项　　目	质量指标						试验方法
黏度等级	15	22	32	46	68	100	GB 3141
40℃黏度/mm^2/s 10%	15	22	32	46	68	100	GB/T 265
黏度指数　　不小于	90						GB/T 2541
闪点(开口)/℃　　不低于	165	175	190	200	210	220	GB/T 267
倾点/℃　　不高于	-9						GB/T 3535
起泡性(24℃)/mL 泡沫倾向　不大于 泡沫稳定性　不大于	 100 0						GB/T 12579
破乳化性(40-37-3)mL/min 54℃　不大于 82℃　不大于	 30 30						GB/T 7305
水溶性酸或碱	无						GB/T 259
腐蚀（T3 铜片，100℃，3h)/级　不大于	1 级						GB/T 5096
防锈试验(A 法)	无锈						GB/T 11143
氧化安定性/h　不小于	1000						GB/T 12581
机械杂质	0.01						GB/T 511
水分　　不大于	痕迹						GB/T 260
残碳(加剂前)/%	报告						GB/T 268

注：机械杂质百分数为质量分数。

生产厂：锦西炼油化工总厂、抚顺石化公司石油三厂、无锡炼油厂等。

（9）冷冻机油分类标准　　　　GB/T 7631—1997

组别代号	应用范围	特殊应用	更具体应用	产品类型和性能要求	品种代号	典型应用	备　注
D	制冷压缩机、冷冻机	容积型往复式和回转式压缩机(封闭、半封闭或开放式)	大于-40℃(蒸发器)氨或卤代烷	深度精制矿油(环烷基油、石蜡基油或白油)和合成烃油	DRA	普通冷冻机、空调	
			小于-40℃(蒸发器)氨或卤代烷	合成烃油,允许烃/制冷剂混合物有相当相容性控制。这些合成烃必须互容	DRB	普通冷冻机	装有干蒸发器时,相容性不重要。在某些情况下,根据制冷剂类型,可使用深度精制矿油(要考虑低温和相容性)

续表

组别代号	应用范围	特殊应用	更具体应用	产品类型和性能要求	品种代号	典型应用	备注
D	制冷压缩机、冷冻机	容积型往复式和回转式压缩机(封闭、半封闭或开放式)	大于-40℃(蒸发器或冷凝器)和/或高排气压力和温度卤代烷	深度精制矿油 具有良好热化学稳定性的合成烃油	DRC	热泵 空调 普通冷冻机	允许对烃/制冷剂的相容性适当控制的合成烃油或烃/矿物油的混合物
			所有蒸发温度(蒸发器)烃类	合成液(与制冷剂、矿油或合成烃油无相容性)	DRD	润滑剂和制冷剂必须不互溶,并能迅速分离	通常用于某些开放式压缩机

(10)冷冻机油行业标准　　SH 0349—92

项　　目	质量指标					试验方法
黏度等级	N15	N22	N32	N46	N68	GB 3141
运动黏度 40℃/mm^2/s	13.5~16.5	19.8~24.2	28.8~35.2	41.4~50.6	61.2~74.8	GB/T 265
闪点(开口)℃　不低于	150	160	160	170	180	GB/T 267
凝点/℃　不高于	-40				-35	GB/T 510
倾点/℃	报告					GB/T 3535
酸值/(mgKOH/g)　不大于	0.02			0.03	0.05	GB/T 264
水溶性酸或碱	无					GB/T 259
腐蚀(T3 铜片,100℃,3h)/级　不大于	1					GB/T 5096
氧化安定性: 氧化后酸值/mgKOH/g　不大于	0.05	0.2	0.05	0.10		SH/T 0196 及注①
氧化后沉淀物/%　不大于	0.005	0.02	0.005	0.02		
机械杂质	无					GB/T 511
水分	无					GB/T 260
微量水分/10^{-6}	报告	—	报告			GB/ 1133
颜色	报告					GB/T 6540
浊点(与氟氯烷的混合液)/℃　不高于	—		-28	—		SH/T 0292
灰分/%　不大于	0.005	0.01	0.005	0.01		GB/T 508

注:① 氧化条件:140℃,14h,空气流速 50ml/min。
② N32 号冷冻机油不得加入降凝剂。
③ 供蒸发温度不低于-20℃的冷冻机使用的 N22 冷冻机油允许其倾点不高于-25℃。
④ 沉淀物、灰分、水分百分数为质量分数。

生产厂:大连石化公司、抚顺石化公司石油一厂、三厂、大庆石化总厂炼油厂、锦西炼油化工总厂、兰州炼化总厂、独山子炼油厂、克拉玛依炼油厂、燕山石化公司炼油厂、大港油田炼油厂、济南炼油厂、茂名石化公司南海高润公司、洛阳石油化工厂等。

（11）DRA 冷冻机油技术指标

项　　目	质　量　指　标														试验方法
品　种	L－DRA/A					L－DRA/B									
质量等级	一等品					二等品									
ISO 粘度等级（按 GB/T 3141）	15	22	32	46	68	15	22	32	46	68	100	150	220	320	
运动粘度/(mm^2/s) 40℃	13.5～16.5	19.8～24.2	28.8～35.2	41.4～50.6	61.2～74.8	13.5～16.5	19.8～24.2	28.8～35.2	41.4～50.6	61.2～74.8	90～110	135～165	198～242	288～352	GB/T 265
100℃	—					报告									
闪点（开口）/℃　不低于	150	150	160	160	170	150	150	160	160	170	170	210	225	225	GB/T 3536
倾点/℃　不高于	－35	－35	－30	－30	－25	－35	－35	－30	－30	－25	－20	－10	－10	－10	GB/T 3535
U 型管流动性/℃　不高于	－35	－30	－25	－20	－15	－35	－30	－25	－20	－15	－10	－10	－10	－10	GB/T 12578
水分/%（质量分数）	无					—									GB/T 260
微量水分/(mg/kg)　不大于	—					50									GB/T 11133
介电强度/kV　不小于	—					25									GB/T 507
中和值/(mgKOH/g)　不大于	0.08					0.03									GB/T 7304 或 GB/T 4945
硫含量/%（质量分数）　不大于	—					0.3									SH/T 0172
残碳/%（质量分数）　不大于	0.10					0.05									GB/T 268
灰分/%（质量分数）　不大于	0.01					0.005									GB/T 508

续表

项目	质量指标														试验方法
品种	L－DRA/A					L－DRA/B									
质量等级	一等品					二等品									
颜色/号　不大于	1	1	1.5	2.0	2.5	1	1	1	1.5	2.0	2.5	3.0	3.5	4.0	GB/T 6540
皂化值/(mgKOH/g)	—					报告									GB/T 8021
腐蚀试验(铜片 100℃3h)级,不大于	1b					1b									GB/T 5096
絮凝点/℃　不高于	—					－45	－40	－40	－35	－35	－25	－20	－20	－20	GB/T 12577
R12 不溶物含量/%(－30℃)(质量分数) 不大于	—					0.05						0.10			SH/T 0603
化学稳定性(250℃)/h　不小于	—					96(粘度等级≥150 的用 175℃)									SH/T 0104
泡沫性(泡沫倾向/泡沫稳定性 24℃)/(ml/ml)	—					报告									GB/T 12579
机械杂质/%(质量分数)	无					无									GB/T 511
氧化安定性:(140℃14h) 氧化油酸值/(mgKOH/g)　不大于	0.2					0.05									SH/T 0196
氧化油沉淀/%(质量分数)　不大于	0.02					0.005									

生产厂:大连石化公司、抚顺石化公司石油一厂、三厂、大庆石化总厂炼油厂、锦西炼油化工总厂、兰州炼化总厂、燕山石化公司炼油厂、独山子炼油厂、克拉玛依炼油厂、茂名石化公司南海高润公司、洛阳石油化工厂、大港油田炼油厂、济南特种油品厂等。

4. 常用进口金属材料的化学成分和力学性能

标准	钢号	化学成分										状态	力学性能							对应的中国钢号	备注
		C	Si	Mn	S	P	Cr	Ni	Mo	V	其他		σ_b/MPa	σ_s/MPa	δ/%	ψ/%	α_{k_2}/J. cm^2	硬度 HB	硬度 HR		
AISI	C1045	0. 43 ~ 0. 5	0. 2 ~ 0. 35	0. 6 ~ 0. 9	< 0. 05	< 0. 04						热轧	574	315	16	40		163		45	
AISI	C1064	0. 6 ~ 0. 7	0. 2 ~ 0. 35	0. 5 ~ 0. 8	< 0. 05	< 0. 04						热轧	679	374. 5	12	30		201		65	
AISI	C1065	0. 6 ~ 0. 7	0. 2 ~ 0. 3	0. 6 ~ 0. 9	< 0. 05	< 0. 04						热轧	700	385	12	30		207		65Mn	
AISI	C1115	0. 13 ~ 0. 18	< 0. 2	0. 6 ~ 0. 9	0. 08 ~ 0. 13	< 0. 04						热轧	385	210	25	50		111		15Mn	
AISI	C1020	0. 18 ~ 0. 23	0. 1 ~ 0. 2	0. 3 ~ 0. 6	< 0. 05	< 0. 04						热轧	385	210	25	50		111		20	
AISI	4130	0. 28 ~ 0. 33	0. 2 ~ 0. 35	0. 4 ~ 0. 6	< 0. 04	< 0. 04	0. 8 ~ 1. 1					淬火回火	1253	1078	15	57		370		30CrMo	
AISI	4132	0. 3 ~ 0. 35	0. 2 ~ 0. 35	0. 4 ~ 0. 6	< 0. 025	< 0. 025	0. 8 ~ 1. 1					淬火回火	700	595	12	45	80	241		35CrMo	
AISI	4140	0. 38 ~ 0. 43	0. 1 ~ 0. 2	0. 75 ~ 1. 0	< 0. 04	< 0. 04	0. 9 ~ 1. 2					淬火回火	1386	1218	12	42		397		42CrMo	
AISI	5120	0. 17 ~ 0. 22	0. 2 ~ 0. 3	0. 6 ~ 0. 9	< 0. 04	< 0. 04	0. 7 ~ 0. 9					冷拔	644	539	20	55		187		20Cr 或 20CrMo	
AISI	5140	0. 38 ~ 0. 43	0. 2 ~ 0. 35	0. 7 ~ 0. 9	< 0. 04	< 0. 04	0. 7 ~ 0. 9					冷拔	735	616	18	52		212		40Cr 或 40CrMo	
AISI	6150	0. 48 ~ 0. 53	0. 2 ~ 0. 35	0. 7 ~ 0. 9	< 0. 04	< 0. 04	0. 8 ~ 1. 1			< 0. 15		正火	1106	616	23	62		240		50CrVA	
ASTM	Gr60 – 30	< 0. 3	< 0. 8	< 0. 6	< 0. 06	< 0. 05							> 420	> 210	> 24	> 35				ZG25	
ASTM	Gr70 – 36	< 0. 35	< 0. 8	< 0. 7	< 0. 06	< 0. 05							> 490	> 252	> 22	> 30				ZG35	
ASTM	Gr. Ⅱ	< 0. 35	< 0. 35	< 0. 9	< 0. 05	< 0. 05							> 490	> 252	> 22	> 30				30	
ASTM	A194 – 59TGr. 4	0. 4 ~ 0. 5	> 0. 15	0. 5 ~ 0. 95	0. 05	0. 04			> 0. 2			热轧	427	252	16	40	50	241		45	

续表

标准	钢号	化学成分										状态	力学性能							对应的中国钢号	备注
		C	Si	Mn	S	P	Cr	Ni	Mo	V	其他		σ_b/MPa	σ_s/MPa	δ/%	ψ/%	α_{k_2}/J. cm^2	硬度 HB	硬度 HR		
ASTM	A213 -61T Gr. TP347	<0. 08	<0. 75	<2. 0	<0. 03	<0. 03							525	210	35					1Cr18Ni9Ti	
ASTM	A285 -57T 法兰用 C 级	<0. 25	<0. 6	0. 5 ~ 0. 8	<0. 06	<0. 05							>455	>245	>24	>35				20Mn	
ASTM A234 WP11	A335 -61T	<0. 15	0. 5 ~ 0. 8	0. 3 ~ 0. 6	<0. 03	<0. 03	1. 0 ~ 1. 5		0. 44 ~ 0. 65				>420	>210	>20 纵向 >14 横向					15CrMo	
ASME	SA182Gr. F1	0. 28	0. 15 ~ 0. 35	0. 6 ~ 0. 9	0. 045	0. 045							343	196	25	35		192		25	
ASME	4119	0. 17 ~ 0. 22	0. 20 ~ 0. 35	0. 7 ~ 0. 9	<0. 04	<0. 04	0. 4 ~ 0. 6		0. 2 ~ 0. 3			正火 回火	294	189	24	60	14	156		12CrMo	
AISI	304	<0. 08	<1. 0	<2. 0	<0. 03	<0. 045	18 ~ 20	8 ~ 12				退火	595	245	60	70				0Cr18Ni9	
AISI	315	0. 08	<1. 0	<2. 0	<0. 03	<0. 045	16 ~ 18	10 ~ 14	2 ~ 3			退火	560	210	60	70		150	B -78	Cr18Ni12Mo2Ti	
AISI	316L	<0. 03	<1. 0	<2. 0	<0. 03	<0. 045	16 ~ 18	10 ~ 14	2 ~ 3			退火	525	224	50			145		Cr18Ni12Mo2Ti	
AISI	321	<0. 08	<1. 0	2. 0	<0. 03	<0. 045	17 ~ 19	9 ~ 12				退火	595	210	55			160		1Cr18Ni9Ti	
AISI	403	<0. 15	<0. 5	<1. 0	<0. 03	<0. 04	11. 5 ~ 14. 1					退火	525	280	35	70		155	B -82	1Cr13 或 2Cr13	
AISI	410	<0. 15	<1. 0	<1. 0	<0. 03	<0. 04	11. 5 ~ 13. 5					回火	770	595	23	65		225	B -97	1Cr13 或 0Cr13	
AISI	420	0. 3 ~ 0. 4	<1. 0	<1. 0	<0. 03	<0. 04	12 ~ 14					退火	665	350	25	55		195	B -92	3Cr13	
ARM CO	18 -8	<0. 15	<1. 0	<2. 0			17 ~ 19	8 ~ 10												1Cr18Ni9	
SAE	30321	<0. 08	<1. 0	<2. 0	<0. 03	<0. 04	17 ~ 19	8 ~ 12	<0. 5											1Cr18Ni9Ti	

5. 国内常用金属材料的力学性能

牌　　号	热处理	抗拉强度 σ_b/MPa	抗压强度 σ_{bc}/MPa	抗剪强度 τ/MPa	扭转疲劳强度 τ^{-1}/MPa	对称弯曲疲劳强度 σ^{-1}/MPa	屈服强度 σ_s/MPa	伸长率 δ/%	冲击值 α_k/MPa	收缩率 ψ/%	硬度 HB
HT150		150	650	240	50	70					163 ~ 229
HT200	时效	200	750	280	80	100					170 ~ 241
HT250		250	1000	350	110	140					170 ~ 241
HT300		300	1100	390	110	140					187 ~ 255
QT500 – 1. 5		500					380	1. 5	15		187 ~ 255
QT600 – 2		600					420	20.	15		197 ~ 269
QT450 – 2		450					330	5. 0	20		170 ~ 207
QT450 – 10	退火	450			140	160	330	10			207
QT400 – 10		400					300	10	30		156 ~ 197
ZG25	退火回火	450					240	20	45	32	
ZG35		500					280	16	35	25	
ZG45		580					320	12	30	20	
ZG20CrMo	正火回火	700					550	16	78	20	
ZG15Cr1Mo1V	正火回火	480					260	21	59	35	
Q235D		380 ~ 470				170 ~ 220	235	27	7 ~ 10	17 ~ 22	
Q235A		375 ~ 460				170 ~ 220	235	26	7 ~ 10	17 ~ 22	
Q235B		375 ~ 460				170 ~ 220	235	26	7 ~ 10	17 ~ 22	
20	正火	420			130	210	250	25	100	55	156
30	正火	490			130	210	295	21	100	50	179
35	正火	540			150	270	320	20	70	45	187
40	正火	580			180	300	340	19	60	45	217
45	正火	610			180 ~ 200	300	360	16	50	40	241
20Cr	渗碳	850			215	380	550	10	60	40	179
40Cr	调质	1000			280	380	800	9	60	45	207
15CrMo	正火回火	450					240	21	59		
20CrMoA		800					600	12	90	50	197
35CrMoA		1000			250	470	850	12	80	45	241
30CrMnSiA		1100				380	900	10	50	45	229
1Cr13	调质	600			155	275	420				217
2Cr13	调质	660			170	295	450	16	80	55	179 ~ 248
3Cr13		850					650	12	50	45	241
4Cr13		1140					910	12	12	32	

续表

牌　　号	热处理	抗拉强度 σ_b/MPa	抗压强度 σ_{bc}/MPa	抗剪强度 τ/MPa	扭转疲劳强度 τ^{-1}/MPa	对称弯曲疲劳强度 σ^{-1}/MPa	屈服强度 σ_s/MPa	伸长率 δ/%	冲击值 α_k/MPa	收缩率 ψ/%	硬度 *HB*
1Cr18Ni9		550					200	45	50	50	
2Cr18Ni9		600					280	45	80	54	160 ~ 200
1Cr18Ni9Ti	淬火	550			120	205	220	40	100	55	192
30Mn		540					315	20		45	217
40Mn		590					355	17		45	229
65Mn		1000				440	800	8	45	30	289
40MnB	调质	750			195	485	500				
60Si2		1600				430	1400	5	40	30	302
50CrVA		1300				665	1200	6	40	35	321
38CrMoAlA		1000				485	850	15	90	50	229
30CrMo		950				310	800	12	80	45	229
33CrNiMoA		1100					900	12	80	45	
纯铜 T3		220						18			
黄铜 H62		330					110	49	140		56
硅青铜 Hsi80 - 3		300					160	58			
磷青铜 QP10 - 1		200					140	3	6		80
锡青铜 QSn10 - 1		300					180	3 ~ 10	6 ~ 9		80 ~ 120
锡青铜 QSn6 - 6 - 3		180					100	4	17 ~ 30		60
铅青铜 QPb30		60					38	4	5 ~ 10		25
工业用铝 L3	退火	100					80	4	400		25
铝镁合金 LMg1. 54		200					130	0. 5			95
锡锑轴承合金 ChSnSb11 - 6	[ ]90					82	6	6		30	
铅锑轴承合金 ChPbSb16 - 1. 8		78					86	0. 2	4		30

6. 部分国外压缩机制造公司名称及网址

COOPER 公司	http://www. coopercameron. com/
DEMAG 公司	http://www. demag. com/delaval/index. htm
DRESSER RAND 公司	http://www. dresser - rand. com/
ELLIOTT 公司	http://www. elliott - turbo. com/
GE - NUOVO PIGNONE 公司	http://www. ge. com/nuovopignone/
GHH - BORSIG 公司	http://www. ge. com/nuovopignone/
MITSUBISHI 公司	http://www. mhi. co. jp/
SULZER TURBO 公司	http://www. sulzerturbo. com/
SUNDYNE 公司	http://www. sfh. com/
NEA 公司	http://www. neuman - esser. com/
PERTERBROTHER 公司	http://www. peterbrotherhood. co. uk
KOBELCO 公司	http://www. kobelco. co. jp/

参 考 文 献

1 [美]汉隆(PaulC. Hanlon)著,郝点等译. 压缩机手册. 中国石化出版社,2003
2 中国石油和石化工程研究会编著. 炼油设备工程师手册. 中国石化出版,2003
3 朱圣东,邓建,吴家声编著. 无油润滑压缩机. 机械工业出版社,2001
4 华中工学院吴宝志编. 螺杆式压缩机. 机械工业出版社,1985
5 [美]威廉·迪莫普朗等著. 薛敦松,汪云瑛译. 压缩机指南. 烃加工出版社,1988
6 陈安民编著. 石油化工过程节能方法和技术. 中国石化出版社,1995
7 《炼油厂设备检修手册》编写组编.《炼油厂设备检修手册》第Ⅱ篇 机泵,石油工业出版社,1979
8 中国石油化工总公司. 大型化肥厂汽轮机离心式压缩机组运行规程,大连理工大学出版社,1988
9 张世康等编. 热工与热机. 石油工业出版社,1981
10 王新月,扬清真编. 热力学与气体动力学基础. 西北工业大学出版社,2004
11 西安交通大学透平压缩机教研室编. 离心式压缩机原理. 机械工业出版社,1980
12 华中工学院乐志成,吕文灿编. 轴流式压缩机. 机械工业出版社,1982
13 朱胜东,邓建,吴家声编著. 无油润滑压缩机. 机械工业出版社,2001
14 GB 50275—98 压缩机、风机安装工程施工及验收规范
15 中国石油化工集团公司. 活塞式压缩机维护检修规程(SHS01013—2004),中国石化出版社,2004
16 《化工机械手册》编辑委员会编. 化工机械手册,化学工业出版社,1993
17 [美]E. E. 路德维希编著. 化工装置的工艺设计(第四册). 化学工业出版社,1980
18 化学工业部人事教育司,化学工业部教育培训中心. 化工机器和设备安装. 化学工业出版社,1997
19 中国机械工程学会设备维修专业学会. 机修手册(第五卷)动力设备修理. 机械工业出版社,1993
20 黄志远,韩立江主编. 实用检修钳工手册. 化学工业出版社,2003
21 王书敏,何可禹. 离心压缩机技术问答. 中国石化出版社,2005
22 崔继哲. 化工机器与设备检修技术. 化学工业出版社,2000
23 王世厚. 泵和压缩机. 中国石化出版社,1992
24 石油、化学和气体工业用离心压缩机(JB/T6443—2002). 机械工业出版社,2003
25 任晓善. 化工机械维修手册. 化学工业出版社,2004
26 催化裂化装置轴流压缩机 - 烟气轮机机组施工技术规程(SH/T 3519—2001). 中国石化出版社,2002
27 李超俊,余文龙编. 轴流压缩机原理与气动设计. 机械工业出版社,1987
28 中国石油化工集团公司. 石油化工设备维护检修规程 - 炼油设备(第二册). 中国石化出版社,2004
29 动力工程师手册编委会编著. 动力工程师手册. 机械工业出版社,1999
30 刘相臣,张秉淑编著. 化工装备事故分析与预防(第2版). 化学工业出版社,2003
31 中国石油化工集团公司. 螺杆压缩机维护检修规程(SHS01021—2004). 中国石化出版社,2004
32 王松汉主编. 石油化工设计手册(第三卷). 化学工业出版社,2002
33 余国琮,孙启才,朱企新. 化工机器. 天津大学出版社. 1987
34 侯曼西编箸. 工业汽轮机. 北京. 机械工业出版社,2003
35 黄钟岳主编. 化工透平式压缩机. 大连理工大学出版社,1989
36 潘成林主编. 电机检修实用手册. 机械工业出版社,1994
37 电机工程手册编委会编. 电气工程师手册. 机械工业出版社,1993
38 花家寿. 新型联轴器与离合器. 上海科学技术出版社,1989
39 张正松,傅尚新,冯冠平,徐玉铮等编著. 旋转机械振动监测及故障诊断. 机械工业出版社,1991
40 陈大禧,李志强主编. 机械设备故障诊断基础知识. 湖南大学出版社,1989
41 徐灏主编. 机械设计手册(第一卷). 机械工业出版社,1991
42 中国动力工程学会主编,火力发电设备技术手册(第二卷)汽轮机. 机械工业出版社,1998